AF557937

Schatt
Werkstoffwissenschaft

Schatt
Werkstoffwissenschaft

Herausgegeben von Hartmut Worch, Wolfgang Pompe und Christoph Leyens

Elfte Auflage

Herausgegeben von

Professor Dr. Hartmut Worch
Technische Universität Dresden
Institut für Werkstoffwissenschaft
Helmholtzstr. 10
01069 Dresden
Deutschland

Professor Dr. Wolfgang Pompe
Technische Universität Dresden
Institut für Werkstoffwissenschaft
Helmholtzstr. 10
01069 Dresden
Deutschland

Professor Dr. Christoph Leyens
Technische Universität Dresden
Institut für Werkstoffwissenschaft
Helmholtzstr. 10
01069 Dresden
Deutschland

Professor Dr. Werner Schatt†

Titelbild
Abbildungen mit freundlicher Genehmigung von Hartmut Worch, Technische Universität Dresden, und Martin Worch, Filderstadt.

11. Auflage 2025

Bibliografische Information der Deutschen Nationalbibliothek

Die Deutsche Nationalbibliothek verzeichnet diese Publikation in der Deutschen Nationalbibliografie; detaillierte bibliografische Daten sind im Internet über http://dnb.d-nb.de abrufbar.

Print ISBN: 978-3-527-35224-1
ePDF ISBN: 978-3-527-84428-9
ePub ISBN: 978-3-527-84429-6

Umschlaggestaltung: Wiley
Satz: Newgen KnowledgeWorks (P) Ltd., Chennai, India
Druck und Bindung: CPI books GmbH Leck, Germany
Gedruckt auf säurefreiem Papier.

Inhaltsverzeichnis

Vorwort für die 11. Auflage

Im Jahr 1972 erschien die erste Auflage der „Einführung in die Werkstoffwissenschaft". Die Zielstellung des damaligen alleinigen Herausgebers, Herrn Prof. Dr. Ing. habil. Dr. eh. Werner Schatt, war es, die drei verschiedenen Werkstoffgruppen (keramische, polymere und metallische) mit Hilfe von wenigen, sie charakterisierenden Eigenheiten zusammenzuführen. Dieses Ziel wurde seinerzeit von Fachkollegen als schwierig angesehen und kritisch begleitet. Dank der klaren und präzisen Ausführungen in den vorgelegten Kapiteln verstummte die Kritik bereits nach dem ersten Erscheinen sehr schnell. Der ersten Auflage folgten neun weitere mit Ergänzungen und Korrekturen, die jeweils den erreichten Erkenntnisstand widerspiegelten. Mit jeder Neuauflage vertiefte und erweiterte sich das Wissen über die Werkstoffe, sodass sich daraus die „Werkstoffwissenschaft" formierte. Unterdessen ist es ein Standardfachbuch auf dem Gebiet der Werkstoffe geworden. Wegen des regen Zuspruches sprach sich daher der WILEY – Verlag für eine elfte Auflage aus.

Im letzten Jahrzehnt hat sich die Deutsche Gesellschaft für Metallkunde in die Deutsche Gesellschaft für Materialkunde umbenannt. Diese Umbenennung ist vor dem Hintergrund geschehen, dass die englische Sprache zur Weltsprache im technischen und wissenschaftlichen Sprachgebrauch geworden ist. Um die Umbenennung wurde hart gerungen, weil es im deutschen Sprachgebrauch einen feinen Unterschied zwischen Werkstoff und Material gibt. Werkstoffe sind Stoffe, mit deren Hilfe eine technische Anwendung erreicht wird. Der Begriff Material geht darüber hinaus. Hierunter werden alle möglichen Stoffe, auch Rohstoffe verstanden, deren Anwendung jedoch nicht oder noch nicht erlangt wurde. Sie können einmal Werkstoffe werden. Vor diesem Hintergrund haben sich die Herausgeber entschieden, bei dem Titel des Buches „Werkstoffwissenschaft" zu bleiben.

Gegenwärtig steht die Welt vor riesigen Herausforderungen, allem voran auf dem Gebiet des Klimaschutzes. Auf dem Werkstoffsektor geht es um die Bereitstellung von Rohstoffen, ihre Aufbereitung und den dazu notwendigen Energieaufwand sowie die Wiederverwendung von Werkstoffen. Für das Recycling von ausgewählten Werkstoffgruppen gibt es schon gute Lösungen, für andere müssen sie noch erarbeitet werden. Voraussichtlich müssen dafür auch neue Werkstoffe entwickelt werden. Die Natur hat im Zuge der Evolution umfänglich Materialien hervorgebracht, die für spezifische Anwendungen sowohl hinsichtlich ihrer Eigenschaften, als auch des Recyclings sowie ihre Umweltverträglichkeit optimale Lösungen darstellen. Für komplexe Anforderungen sind es oftmals Verbundmaterialien, die mit vergleichbar niedrigem Energieaufwand hergestellt werden. Sie können uns als Vorbild für neue Werkstoffentwicklungen dienen. Aus diesem Grund haben sich die Herausgeber entschlossen, ein 11. Kapitel über „Bioinspirierte Materialien“ in die „Werkstoffwissenschaft“ aufzunehmen, um beispielhaft zu zeigen, wie optimale Lösungen für ein bestimmtes Anwendungsgebiet entstanden sind und diese auch im Sinne eines Nachahmens – der Biomimetik- genutzt werden können. Übersehen konnten wir auch nicht, wie gegenwärtig Materialien mit völlig neuen Eigenschaften im Entstehen sind. Es sind metallische Nanogläser, deren Elektronenstrukturen bisher noch nie gesehen wurden und zu völlig neue Eigenschaften führen. Als Mitautor konnten wir dafür Herrn Prof. Dr. h.c. mult. Herbert Gleiter, den „Vater der Nanomaterialien“, gewinnen. Als Mitautoren wirkten darüber hinaus neben den zwei Herausgebern Herr Prof. Dr. Hans- Jürgen Ullrich, der seit der 2. Auflage mitarbeitete, Herr Prof. Dr. Thomas Horst, Frau Dr. Birgit Vetter, Frau Dr. Veneta Schubert, Frau Dr. Ute Bergmann, Herr Dr. Mario Rentsch und Herr Dipl. Phys. Axel Mensch mit. Für kritische Hinweise sind wir Herrn Prof. Dr. med. Stefan Rammelt und Herrn Dr. Michael Ruhnow sehr dankbar. Danken möchten wir ausdrücklich für 3 D – Darstellungen mit Hilfe der Computertechnik Herrn Dipl. Phys. Martin Worch und Herrn Dr. Gunter Eschmann. Die Metallografin Frau Petra Lutze trug durch neue Gefügeaufnahmen zu einer besseren Verständlichkeit der Textinhalte bei. Es war eine Freude zu erleben, mit wie viel Engagement sie wirkte.

Herrn Dr. Martin Preuss und Herrn Dr. Andreas Sendtko danken die Herausgeber im Namen aller Mitautoren für ihre ausgezeichnete Unterstützung und Begleitung auf dem zweijährigen Weg der Überarbeitung. Im Zuge der Drucklegung und Herstellung trug Frau Andrea Ramachandran mit viel Hingabe dazu bei, dass unsere digitale Vorlage technisch umgesetzt werden konnte. Auch ihr danken wir herzlich und damit dem Verlag Wiley-VCH.

Dresden im April 2025 *Hartmut Worch, Wolfgang Pompe* und *Christoph Leyens*

Autorenverzeichnis

Dr. Ing. Ute Bergmann, Dresden
Prof. Dr. Dr. hc. mult. Herbert Gleiter, Eggenstein
Prof. Dr.-Ing. Thomas Horst, Zwickau
Prof. Dr.-Ing. habil. Christoph Leyens, Dresden
Dipl.-Phys. Axel Mensch, Dresden
Prof. Dr. rer. nat. habil. Wolfgang Pompe, Dresden
Dr.-Ing. Mario Rentsch, Dresden
Dr.-Ing. Veneta Schubert, Dresden
Prof. Dr. rer. nat. habil. Hans- Jürgen Ullrich, Dresden
Dr.-Ing. Birgit Vetter, Dresden
Prof. Dr.-Ing. habil. Hartmut Worch, Dresden

1
Einleitung

Es hat sich allgemein durchgesetzt, von „Werkstoffwissenschaft" zu sprechen, wenn es um ein Wissensgebiet geht, das ein in den Einzelheiten bei weitem nicht vollständiges, doch aber in den wesentlichen Zügen umrissenes und wissenschaftlich begründetes Bild von den Werkstoffeigenschaften und deren Ursachen sowie den Möglichkeiten, diese beeinflussen und verändern zu können, gibt.

Bis vor etwa fünf Jahrzehnten bestand kaum Anlass, die an Spannweite äquivalente Bezeichnung „Werkstoffkunde" durch eine andere zu ersetzen. Mit ihr waren damals vorwiegend empirisch ermittelte Fakten gemeint, die, soweit möglich, mit Erkenntnissen der Naturwissenschaften in Verbindung gebracht wurden, jedoch zum größeren Teil nicht oder nur locker – und das auch häufig lediglich über Plausibilitätserklärungen – in ihrem inneren Zusammenhang dargestellt werden konnten. Seitdem hat – nicht zuletzt aus ökonomischen Beweggründen – die Werkstoffforschung einen nie gekannten Aufschwung genommen und mit der Vielfalt der Werkstoffe auch das Wissen über die Werkstoffe eine starke Bereicherung und Vertiefung erfahren. Bei weitgehender Einbeziehung von Ergebnissen der Festkörperphysik und -chemie hat sich eine weiter im Zunehmen begriffene Kohärenz zwischen Wissensteilen, die das Verhalten der einzelnen Werkstoffe verständlich machen, herausgebildet. Viele ehemals zusammenhangslos scheinende Einzelbeobachtungen fügten sich zu systematisierbaren größeren verbindenden Zusammenhängen, mit denen gleichzeitig der Abbau herkömmlicher und die verschiedenen Werkstoffarten trennender Schranken begann.

Es ist nicht nur eine Frage der Zweckmäßigkeit, diesem Tatbestand mit einer aussagefähigeren Benennung des Wissensgebietes zu entsprechen, die seinen vor allem qualitativen Veränderungen gerecht wird und in einer Zeit der Entstehung ständig neuer Termini geeignet ist, der Gefahr des Missverständnisses, der Mehrdeutigkeit und der Einführung bedeutungsunlogischer Begriffe entgegenzuwirken. Die Vergangenheit lehrt, dass die Wahl einer treffenden Bezeichnung nicht allein der Verständigung dient, sondern auch die Formung, Entwicklung und Verselbständigung des sich hinter ihr verbergenden Sachverhaltes fördern kann.

Die Herausbildung umfassender Wissenszusammenhänge ist eine notwendige, jedoch nicht hinreichende Voraussetzung, um von einem eigenständigen Wissensgebiet sprechen zu dürfen. Dessen bedarf es eines weiteren: einer einenden und zugleich ordnenden Betrachtungsweise, von der geleitet der Inhalt des Gebietes in etwa bemessen werden

Schatt Werkstoffwissenschaft, 11. Auflage. Hartmut Worch, Wolfgang Pompe und Christoph Leyens.

kann. Danach lässt sich die große Mannigfaltigkeit der Werkstoffe und ihrer Eigenschaften ursächlich auf das Zusammenwirken relativ weniger Eigenheiten zurückführen. Das sind (um beim Makroskopischen zu beginnen) der Gefügeaufbau und -zustand, das Ausmaß und die Art der Abweichungen (Defekte) von einer im Raum regelmäßigen Anordnung der Bausteine innerhalb der Gefügebestandteile (Realstruktur) sowie die Bedingungen, unter denen sie sich einstellen, und die Natur der Bausteine des Stoffes sowie die Beschaffenheit der zwischen ihnen bestehenden Wechselwirkungen. Daraus folgt, dass sich im Grundsätzlichen alle Werkstoffe zwischen zwei extreme Vertreter, die realen Einkristalle und die realen amorphen Körper, einordnen lassen, wenn man davon ausgeht, dass in dieser Richtung die Defektdichte zunimmt und im Falle mehrphasiger Stoffe ein „Verbund" von Kristalliten, die hinsichtlich Struktur und/oder chemischer Zusammensetzung verschieden sind, oder auch ein „Verbund" kristalliner und amorpher Phasen vorliegt.

Es erscheint notwendig, darauf hinzuweisen, dass eine derartige Betrachtungsweise auch zur Konsequenz hat, dass es nur *eine* Werkstoffwissenschaft gibt, und im Plural zu sprechen hieße, die Notwendigkeit einer Vervollkommnung der Integration auf diesem Wissensgebiet zu verkennen oder gar die weitere inhaltliche Verflechtung zu hemmen. Aber allein sie bietet die Gewähr, dass bei der schon großen und mit der Zeit wachsenden Zahl der metallischen, der anorganisch-nichtmetallischen und der organischen Werkstoffe unterschiedlichster Zustände noch sachlich fundierte, dauerhafte und ökonomisch vorteilhafte Lösungen der Werkstoffsubstitution und des differenzierter werdenden Werkstoffeinsatzes gefunden werden können.

Die Entwicklung der Werkstoffwissenschaft zeigt eine zunehmende Tendenz, das Werkstoffeigenschaftsbild über die Ausbildung von bisher (auf das jeweilige Material bezogen) ungewohnten Zuständen mehr oder weniger einschneidend zu verändern. Die Inhalte der ehemals durch menschliche Erfahrung geprägten Begriffe, die in der Vorstellung auch mit bestimmten sich dahinter verbergenden Zuständen verknüpft sind, wie z. B. Metallkristallin oder Glasamorph, erweitern sich ständig. Es werden, um bei den genannten Beispielen zu bleiben, unterdessen amorphe Metalle und kristalline (keramische) Gläser industriell produziert. Aber auch Legierungen, die dem (Gleichgewichts-)Zustandsdiagramm zufolge nicht existent sind, lassen sich beispielsweise über mechanisches Legieren, Ionenimplantation oder physikalische Beschichtungsmethoden nun erzeugen. Oder mithilfe verschiedenartigster Technologien ist es möglich, metallische und nichtmetallische kristalline Materialien zu gewinnen, deren Kristallitgröße über sieben bis neun Größenordnungen reicht, angefangen von makroskopischen Einkristallen mit einer Ausdehnung von $10^0 \ldots 10^{-1}$ m bis herunter zu nanostrukturierten Werkstoffen mit Kristallitgrößen von $10^{-8} \ldots 10^{-9}$ m, die auch bei gleich bleibender Zusammensetzung allein über die Variation der Korngröße gravierende Eigenschaftsänderungen erfahren.

Voraussetzung für solche Entwicklungen sind immer Technologien, die es gestatten, extreme Parameter (wie höchste Abkühlgeschwindigkeit) sowie geeignete Wirkmechanismen (z. B. gesteuerte Kristallisation) zur Geltung zu bringen. Dabei ist die Zahl entsprechender Wirkmechanismen offensichtlich relativ gering, aber ausreichend, um ein breites Band thermodynamisch metastabiler Zustände herstellen zu können und damit die herkömmliche Anschauung, dass Zustände und die diesen zugehöriges Verhalten ein für alle Mal Eigenschaften des Materials (gemäß seiner chemischen Zusammensetzung) seien, zu verdrängen. Die Nutzung einer verhältnismäßig eng begrenzten Zahl von Wirkmechanismen einerseits und die bei Verfügbarkeit geeigneter Technologien zunehmende Zahl der im Einzelfall einstellbaren Werkstoffzustände andererseits, sind gleichbedeutend mit einer Erhöhung des Verflechtungs- wie auch Verallgemeinerungsgrades der elementaren Vorgänge und ihres Verständnisses. Dies wiederum gestattet in einer mehr gezielten und stärker vorausschauend gelenkten Werkstoffforschung in größerem Umfang stoffliche Träger nichtkonservativer Eigenschaften und Verhaltensweisen zu entwickeln. Der künftige Fortschritt auf dem Werkstoffsektor dürfte weniger durch grundsätzlich andere chemische Zusammensetzungen als vielmehr durch die Erzeugung von Zuständen, die von den gegebenen Materialien bisher nicht bekannt waren, gekennzeichnet sein.

Die Werkstoffwissenschaft ist (wie alle technischen Wissenschaften) eine ausgesprochen integrative Disziplin, die elementare Erkenntnisse der unterschiedlichen Bereiche wie der Kristallographie, der Mineralogie, der Metallphysik, der physikalischen, Elektro-, Polymer- und Silicat-Chemie, der Thermodynamik oder der Mechanik aufgreift, um sie unter dem Gesichtspunkt einer letztlich technischen Umsetzbarkeit zu überprüfen und zu adaptieren sowie weiterzuentwickeln, wobei sie zu eigener Gesetzeserkenntnis gelangt und neues, vor allem für die Praxis relevantes Wissen hervorbringt. Das schließt ein, dass anders als in den vergangenen Jahrzehnten, in denen die wissenschaftliche Entwicklung der technischen meist nachstand, die Werkstoffwissenschaft immer bewusster den Stand der Werkstofftechnik beeinflusst und mitbestimmt, indem sie über eine eigenständige Grundlagenforschung den Wissensvorlauf erbringt, der notwendig ist, um Konstruktions- und Funktionswerkstoffe sowie Technologien ihrer Herstellung, Ver- und Bearbeitung bedürfnisgerecht verbessern bzw. neu schaffen zu können.

Für die Stellung der Werkstoffwissenschaft ist es von grundsätzlicher Bedeutung, dass ihr Objekt, der Werkstoff, von ausgeprägt komplexer Natur sowie mit vielen „Schmutzeffekten" behaftet ist und ein für einen bestimmten technischen Verwendungszweck gedachtes Erzeugnis darstellt, dessen Bereitstellung immer nur mit so viel Aufwand betrieben wird, wie nötig ist, um die bei seinem Einsatz geforderten Eigenschaften gerade zu erbringen. Das verlangt, stets das ganze technische Erscheinungsbild im Auge zu behalten und sich einer eigenen Methodologie zu bedienen, die auch bei wachsender Bedeutung der Theorie der empirischen Forschung weiterhin einen wichtigen und geachteten Platz einräumt. Es gehört zu den vorrangigen Bemühungen der Werkstoffwissenschaft, das Erfahrungswissen mit dem zunehmenden Theorieanteil zu durchdringen und die theoretische Aussage im Hinblick auf den konkreten Fall in ihrer Zuverlässigkeit zu verbessern. Doch liegt darin nicht ihr Ziel, sondern im Angebot von praktisch realisierbaren und gesellschaftlich geforderten Lösungen. Die zentrale Funktion der Werkstoffwissenschaft ist – und damit reiht sie sich unter die technischen Grundlagenwissenschaften ein –, den Kreis zwischen fundamentalen Entdeckungen und ihrer Nutzbarkeit in der materiellen Produktion zu schließen.

2
Zustände des festen Körpers

Die uns umgebende stoffliche Materie ist aus Atomen, Ionen und Molekülen aufgebaut, die untereinander eine mehr oder weniger starke Wechselwirkung ausüben, der zufolge sich Gase, Flüssigkeiten und Festkörper bilden.

Im *gasförmigen Zustand* herrscht eine geringe Teilchendichte vor (10^{19} cm^{-3}). Die einzelnen Atome bzw. Moleküle bewegen sich gegeneinander mit hoher Geschwindigkeit (einige 100 $m \cdot s^{-1}$ bei Raumtemperatur) und haben im Vergleich zu ihrer Größe eine große mittlere freie Weglänge (Bild 2.1a). Für die Wahrscheinlichkeit $W(r)$, mit der ein benachbartes Teilchen im Abstand r von einem im Koordinatenursprung untergebrachten Teilchen anzutreffen ist, erhält man die im Bild 2.1 dargestellte Funktion.

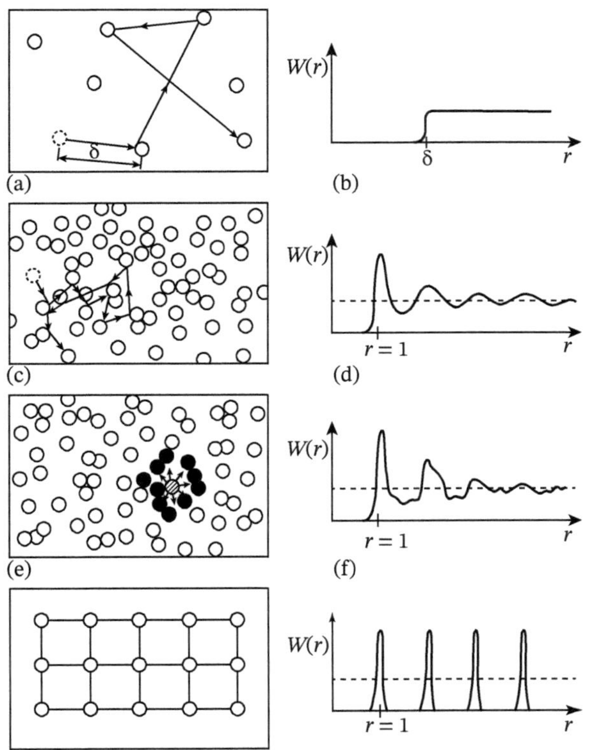

Bild 2.1 Schematische Darstellung der Atomanordnung und der Wahrscheinlichkeitsverteilung *W* (*r*) der Atome. (a) + (b) in einem Gas; (c) + (d) in einer Flüssigkeit; (e) + (f) in einem amorphen Festkörper; (g) + (h) in einem Kristall.

Schatt Werkstoffwissenschaft, 11. Auflage. Hartmut Worch, Wolfgang Pompe und Christoph Leyens.

Sie sagt aus, dass in einem Gas ab einer bestimmten, von der Teilchengröße abhängigen Entfernung δ immer mit gleicher Wahrscheinlichkeit ein Teilchen angetroffen wird.

Im *flüssigen Zustand* liegt die Teilchendichte bei 10^{22} cm^{-3}. Die Teilchen befinden sich ständig miteinander im Kontakt und bewegen sich gegeneinander. Ihre mittlere Weglänge ist mit der Teilchengröße vergleichbar (Bild 2.1c). Die Zahl der nächsten Nachbarn um ein herausgegriffenes Atom beträgt etwa 10, d. h. die Teilchenanordnung ist relativ dicht. Ein weiteres Merkmal besteht darin, dass in einem bestimmten Augenblick in der unmittelbaren Umgebung (etwa 1 bis 2 Atomdurchmesser) eine geordnete Teilchenkonfiguration vorliegt. In der weiteren Umgebung besteht zum Ausgangsatom (Atom im Koordinatenursprung) keine Korrelation mehr. Man bezeichnet diesen Sachverhalt als *Nahordnung*. Im nächsten Augenblick ist infolge der ständigen Teilchenbewegung die Nahordnung um das herausgegriffene Teilchen verändert.

Bild 2.1d zeigt die zugehörige Verteilungsfunktion $W(r)$ mit einem ausgeprägten Maximum bei $r = 1$ Atomdurchmesser. Das heißt, vom herausgegriffenen Atom entfernt, trifft man dort mit hoher Wahrscheinlichkeit ein Atom an. Es liegt eine gewisse geometrische Anordnung (Struktur) vor. Mit zunehmender Entfernung (etwa ab 1,5 Teilchendurchmesser) entspricht die Wahrscheinlichkeit, ein Flüssigkeitsteilchen anzutreffen, einer Anordnung mit einer zufälligen Teilchenverteilung.

In Abweichung von Gasen und Flüssigkeiten sind kristalline und amorphe Stoffe unterhalb der Kristallisations- bzw. Einfriertemperatur durch ihre Formbeständigkeit gekennzeichnet. Sie sind im betrachteten Temperaturbereich Festkörper.

Die Atomanordnung im *amorphen Festkörper* (Bild 2.1e) ist im Vergleich zur Flüssigkeit infolge der stark eingeschränkten Beweglichkeit der Atome inhomogener (Bild 2.1f).

Sie weist wie Flüssigkeiten eine Nahordnung auf, die sich aber zeitlich nicht ändert.

Die größte Teilchendichte 10^{23} cm^{-3} zeigen die *kristallinen Festkörper.* In ihnen sind die Teilchen geordnet (Bild 2.1g) und homogen verteilt (Bild 2.1h). Demzufolge befindet sich der kristalline Festkörper auch im energieärmsten und damit stabilsten Zustand. Gasförmiger, flüssiger, amorpher und kristalliner Zustand sind nicht, wie man bei oberflächlicher Betrachtung meinen möchte, an bestimmte Stoffe gebunden. Grundsätzlich kann – wenn auch heute noch nicht in jedem Fall realisierbar – jeder Stoff alle diese Zustände einnehmen. Freilich müssen dafür häufig erst geeignete stoffliche Voraussetzungen – wie bei der Gewinnung von kristallinem Glas – geschaffen oder Technologien entwickelt werden, die es – wie bei der Herstellung amorpher Metalle – gestatten, extreme Parameter zu verwirklichen.

Im Hinblick auf die Werkstoffe sind der kristalline und der amorphe Zustand der Festkörper von besonderer Bedeutung. Sie stellen jedoch nur denkbare Grenzfälle dar, denn weder der ideal kristalline Festkörper (regelmäßige Anordnung der Bausteine und ortsfeste Lage in allen Raumrichtungen) noch der völlig amorphe Körper (ideal zufällige Verteilung der Bausteine im Raum) existiert. Bereits die Wärmeschwingungen der Bausteine und alle Oberflächen, einschließlich der Korngrenzen, sind Störungen der Ordnung des Kristalls. Sie und zahlreiche andere Defekte machten die Einführung des Begriffs *Realstruktur* notwendig. Ganz entsprechend weist auch der reale amorphe Festkörper keine durchgängige Unordnung auf. Vielmehr sind in eine fehlgeordnete Grundmasse geringerer Teilchendichte kleine geordnete (nahgeordnete) Bereiche eingebettet, deren hohe Teilchendichte kontinuierlich in die geringere der Grundmasse übergeht.

Mit zunehmender Abweichung der Bausteine von der Kugelform (Atom bis Makromolekül) wächst die Neigung, bei der Erstarrung aus der Schmelze in einer fehlgeordneten Struktur zu verharren. In der Reihenfolge Realkristall–Polykristall–teilkristalliner Festkörper–amorpher Festkörper–Schmelze nimmt das Ausmaß der Fehlordnung zu. Andererseits sind die Störungen des Kristalls eine wichtige Voraussetzung für viele Technologien der Werkstoffver- und -bearbeitung. Da in ihnen sog. freie Energie gebunden ist, erniedrigen sie die zur Einleitung (Aktivierung) einer Reihe von Vorgängen im Werkstoff zu überwindenden Energieschwellen. Die *Freie Energie* ist ein Maß für die Entfernung vom möglichen Gleichgewichtszustand, dem zuzustreben und sich anzunähern die Triebkraft für zahlreiche technisch genutzte Prozesse im Festkörper ist – wie beispielsweise beim Homogenisierungsglühen oder beim Sintern.

2.1 Kristalliner Zustand

Im kristallinen Zustand nehmen die Atome, Ionen und Moleküle (Bausteine) eine dreidimensional-periodische Anordnung über größere Entfernungen ein (Bild 2.1g), d. h. über Entfernungen, die weitaus größer als die Reichweite der Wechselwirkungskräfte des einzelnen Bausteins sind. Es existiert eine Fernordnung. Legt man in eine solche Anordnung ein Koordinatensystem und schreitet in einer bestimmten Richtung fort, so ergibt sich die in Bild 2.1h dargestellte Verteilungsfunktion. Sie ist durch eine streng periodische Wiederholung von Maxima gekennzeichnet. Das bedeutet, dass identische Bausteine, vom Ursprung des Koordinatensystems aus betrachtet, in einer bestimmten Richtung immer gleichmäßig wiederkehrend anzutreffen sind. Körper, die eine derartige Fernordnung aufweisen, sind kristallin und heißen Kristalle. Mit dem Rastertunnelmikroskop oder hochauflösenden Transmissionselektronenmikroskopen ist es möglich, die kristalline Struktur direkt sichtbar zu machen, wie das in Bild 2.2 am Beispiel des Siliciums dargestellt ist (s. a. Abschn. 10.10.2.1).

2.1.1 Raumgitter und Kristallsysteme

Das entscheidende Merkmal eines Kristalls ist die dreidimensional-periodische Wiederholung seiner Bausteine. Denkt man sich jeden Baustein am Ort seines Gestaltmittelpunktes durch einen Punkt ersetzt, so lässt sich die Anordnung der Materie in einem

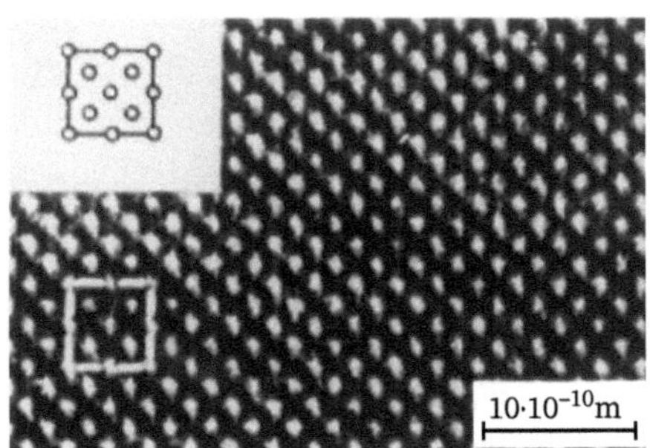

Bild 2.2 Transmissionselektronenmikroskopische Aufnahme von Silicium (nach *K. Izui, S. Furino* und *H. Otsu*). Die Atome des im kubischen Diamantgitter (Bild 2.31b) kristallisierenden Si sind parallel der Würfelkante auf die Würfelfläche projiziert abgebildet worden.

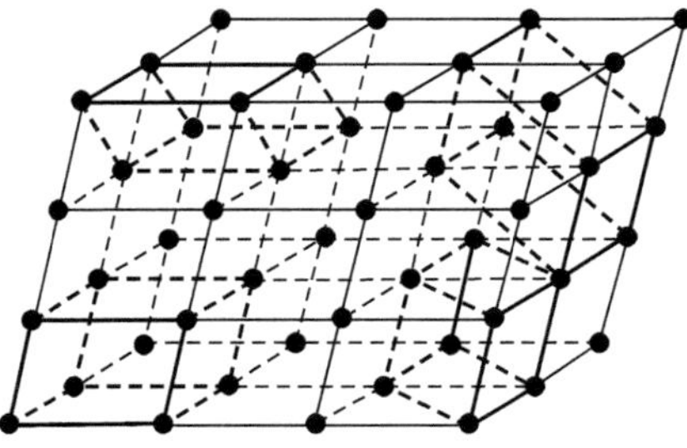

Bild 2.3 Raumgitter (mathematisches Punktgitter) und Beispiele für seine Unterteilung in Parallelepipede.

Kristall in übersichtlicher Weise durch ein räumliches Punktgitter, ein sog. *Raumgitter,* darstellen. Man versteht darunter eine nach drei Richtungen periodische Wiederholung der Gitterpunkte. Alle dargestellten Punkte im Raumgitter sind mathematisch definiert und müssen keiner genauen Atompostion entsprechen. In Bild 2.3 ist ein beliebiges dargestellt. Um die Gesetzmäßigkeit der Punktanordnung beschreiben zu können, legt man in das Raumgitter ein Koordinatensystem. Dabei wird aus Gründen der Zweckmäßigkeit der Koordinatenursprung in einen Gitterpunkt gelegt, und zu dessen Nachbarpunkten werden 3 nichtkomplanare Vektoren gezeichnet. Auf diese Weise wird ein Körper mit parallelen Flächenpaaren aufgespannt (Parallelepiped). Wird das Parallelepiped längs der 3 Achsen um jeweils eine Kantenlänge verschoben, so erhält man immer wieder dieselbe Anordnung, sodass sich das gesamte Raumgitter aus Parallelepipedzellen aufbauen lässt. Bezüglich der Zellform besteht eine gewisse Willkür. In Bild 2.3 sind verschiedene Möglichkeiten der Einteilung des Raumgitters in derartige Zellen dargestellt. Um die bestehende Mehrdeutigkeit auszuschließen, wurden bestimmte Konventionen festgelegt und das unter deren Berücksichtigung gebildete Parallelepiped als *Elementarzelle* oder auch *Einheitszelle* EZ (des Raumgitters) bezeichnet. Dabei handelt es sich um folgende Festlegungen:

- Die EZ soll möglichst klein sein, muss aber die volle Symmetrie des Gitters zeigen. Ihre Koordinatenachsen sollen sich möglichst unter 90° bzw. 120° schneiden.
- Die Achsenkreuze sind Rechtssysteme, d.h. wie in Bild 2.4 dargestellt zeigt die positive x-Achse auf den Betrachter, die positive y-Achse nach rechts und die positive z-Achse nach oben. Die Längenabmessungen der EZ in Richtung x, y und z werden mit a, b und c sowie die Winkel, die die Achsen miteinander einschließen, mit α, β und γ bezeichnet. Die Größen a, b und c sind die Gitterkonstanten (Gitterparameter) der EZ (Bild 2.4).

Es zeigt sich, dass alle möglichen Raumgitter mit sieben verschiedenen Achsenkreuzen beschrieben werden können. Die Definitionsgrößen der 7 *Kristallsysteme* sind in Tab. 2.1 zusammengestellt.

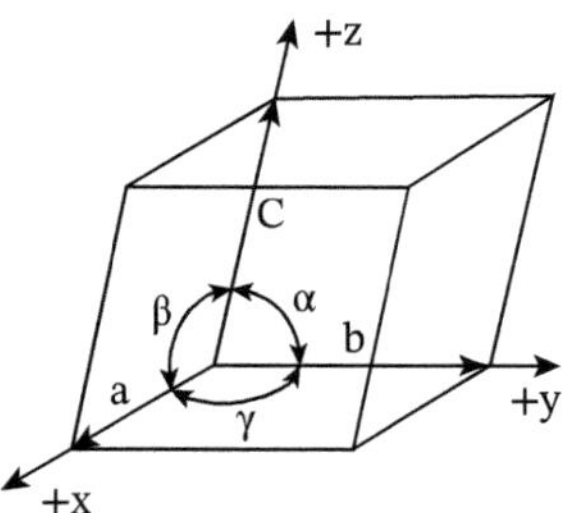

Bild 2.4 Elementarzelle (EZ) und ihre Bemaßung durch Gitterkonstanten (a), (b), (c) und Achsenwinkel α, β, γ.

Tab. 2.1 Definitionsgrößen der 7 kristallographischen Koordinatensysteme (7 Kristallsysteme).

triklin	$a \neq b \neq c$	$\alpha \neq \beta \neq \gamma\ (\neq 90°)$
monoklin	$a \neq b \neq c$	$\alpha = \gamma = 90°, \beta \neq 90°$
orthorhombisch	$a \neq b \neq c$	$\alpha = \beta = \gamma = 90°$
rhomboedrisch	$a = b = c$	$\alpha = \beta = \gamma \neq 90°$
hexagonal	$a = b \neq c$	$\alpha = = \beta = 90°, \gamma = 120°$
tetragonal	$a = b \neq c$	$\alpha = \beta = \gamma = 90°$
kubisch	$a = b = c$	$\alpha = \beta = \gamma = 90°$

2.1.2 Bravais-Gitter und Kristallstruktur

Alle Kristallstrukturen lassen sich bezüglich ihrer Symmetrie durch sieben Kristallsysteme beschreiben. Diese sieben Kristallsysteme werden durch primitive Elementarzellen charakterisiert. Das Kennzeichen primitiver Elementarzellen ist, dass diese immer nur einen Gitterpunkt enthalten. Ein Nachteil dieser Beschreibung der Kristallstruktur ist, dass die Symmetrie der Elementarzelle und mit ihr die Symmetrie der Gitterstruktur teilweise nicht mit dem makroskopischen Erscheinungsbild der Kristalle übereinstimmt. So werden beispielsweise eine Vielzahl kubischer Kristalle durch primitive Elementarzellen beschrieben, die keine 90°-Winkel aufweisen.

A. Bravais schlug vor, dass es vielfach vorteilhafter ist, nichtprimitive Elementarzellen mit mehr als einem Gitterpunkt pro Elementarzelle zu verwenden, die die Winkel der makroskopischen Kristalle widerspiegeln.

Zum Beispiel zeigen die Bilder 2.5a und 2.5b zwei rhomboedrische EZ (stark gezeichnet) mit $\alpha = 60°$ bzw. $\gamma = 109{,}47°$. Eine Aneinanderreihung jeder dieser EZ für sich würde ein lückenloses rhomboedrisches Raumgitter liefern. Man sieht jedoch auf den ersten Blick, dass es günstiger ist, die Kanten der dünn eingezeichneten Parallelepipede als Achsenkreuz zugrunde zu legen. Auf diese Weise erhält man eine kubische (höhere) Symmetrie, und die entsprechenden einfacher darstellbaren EZ heißen kubisch flächenzentriert (Bild 2.5a) und kubisch raumzentriert (Bild 2.5b).

Die kubisch-flächenzentrierte Elementarzelle im Bild 2.5a enthält somit 4 Gitterpunkte (Eckpunkte: $8 \times 1/8$ plus flächenzentrierte Punkte: $6 \times 1/2$). Die kubisch-raumzentrierte Elementarzelle aus Bild 2.5b weist 2 Gitterpunkte auf (Eckpunkte: $8 \times 1/8$ plus der raumzentrierte Punkt) und die kubisch-primitive Gitterzelle aus Bild 2.5c enthält definitionsgemäß nur einen Gitterpunkt (Eckpunkte: $8 \times 1/8$).

Durch Zulassung von zentrierten Elementarzellen wird die volle Symmetrie der Kristallstrukturen deutlicher und eine einfachere Darstellung sowie ein besseres Erfassen der Vorgänge im Gitter (z. B. bei der plastischen Verformung) ermöglicht. Unter Berücksichtigung aller Zentrierungsmöglichkeiten ergeben sich auf der Grundlage der sieben Kristallsysteme insgesamt vierzehn Bravais-Gitter (Bild 2.6).

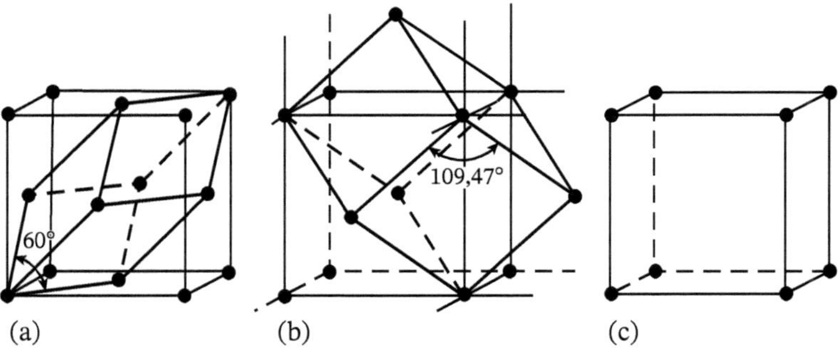

Bild 2.5 Die drei Elementarzellen des kubischen Kristallsystems: (a) kfz EZ; (b) krz EZ; (c) einfach-primitive kubische EZ.

Bisher wurde mit den sieben Kristallsystemen bzw. 14 Bravais-Gittern nur die Symmetrie der Kristalle beschrieben. Dabei handelt es sich um abstrakte mathematische Punktgitter, die sich aus der lückenlosen translatorischen Aneinanderreihung der jeweiligen Elementarzellen ergeben.

Das Punktgitter der Kristallsysteme bzw. der Bravais-Gitter entspricht im Allgemeinen aber noch nicht der Kristallstruktur. Erst durch die Besetzung aller Gitterpunkte mit einer Basis entsteht die reale, atomistische Kristallstruktur.

Aus Strukturuntersuchungen komplizierterer Kristallstrukturen (z. B. intermetallischer Phasen oder Molekülkristalle s. a. Bild 2.49) ist bekannt, dass eine Elementarzelle mehrere hundert Atome bzw. Ionen enthalten kann. Dennoch können auch diese Kristallstrukturen mit den sieben Kristallsystemen bzw. vierzehn Bravais-Gittern beschrieben werden.

Die dafür benötigte Basis beschreibt die lokale Position von Atomen und Ionen bezüglich des Gitterpunktes, d. h. der Gitterpunkt stellt den Koordinatenursprung für die Anordnung der verschiedenen Atome und Ionen bezogen auf den jeweiligen Gitterpunkt dar. Je nach Kristallstruktur kann die Basis aus 1, 2, 3, ..., n Atomen bestehen.

Dabei gibt es keinerlei Unterschied zwischen Eckpunkten und zentrierten Gitterpunkten der Elementarzellen. An alle Gitterpunkte muss die gleiche Basis angeheftet werden. In Bild 2.7 sind dafür Beispiele dargestellt.

Während durch die Besetzung der Gitterpunkte mit je einem Atom für einige Elemente des Periodensystems mit kubisch-raum- oder -flächenzentrierter Elementarzelle bereits die Kristallstruktur erhalten werden kann, ist das für die hexagonal dichteste Kristallstruktur nicht möglich. Eine Elementarzelle der hexagonal dichtesten Struktur bzw. Kugelpackung enthält ein weiteres Atom zwischen den hexagonalen Basisflächen. Demzufolge wird für die hexagonal dichteste Struktur zwingend eine Basis aus 2 Atomen benötigt, wobei sich das innenliegende Atome auf keinem zentrierten Platz befindet. Die hexagonal dichteste Struktur ist daher eine primitive Struktur mit nur einem Gitterpunkt (s. a. 2.1.7.3).

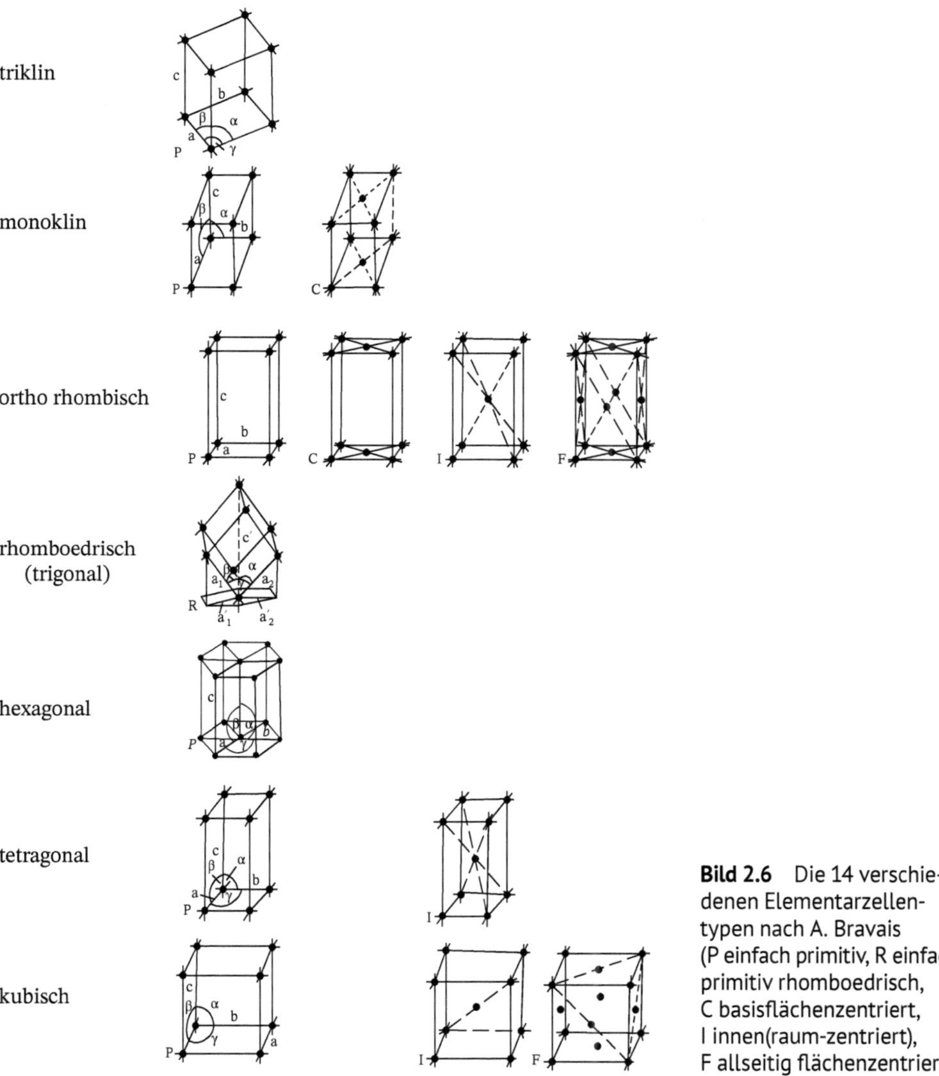

Bild 2.6 Die 14 verschiedenen Elementarzellentypen nach A. Bravais (P einfach primitiv, R einfach primitiv rhomboedrisch, C basisflächenzentriert, I innen(raum-zentriert), F allseitig flächenzentriert).

Zur Charakterisierung einer gegebenen Kristallstruktur, die man sich als unbegrenzte Aneinanderreihung von EZ vorzustellen hat, reicht die Abbildung einer einzigen EZ mit der Bemaßung und der Angabe der Basis innerhalb einer EZ aus. Definitionsgemäß enthält die EZ alle in der Kristallstruktur regelmäßig wiederkehrenden Einzelheiten und weist die gleichen Symmetrieeigenschaften auf, die zur Erklärung der makroskopischen Eigenschaften des Kristalls notwendig sind.

Für die bildhafte Wiedergabe von Kristallstrukturen haben sich verschiedene Darstellungsweisen als zweckmäßig erwiesen:

- Die Bausteine werden nicht maßstabgerecht, sondern im Vergleich zum Atomabstand verkleinert in die Gitter eingezeichnet. Damit erhält der Betrachter einen

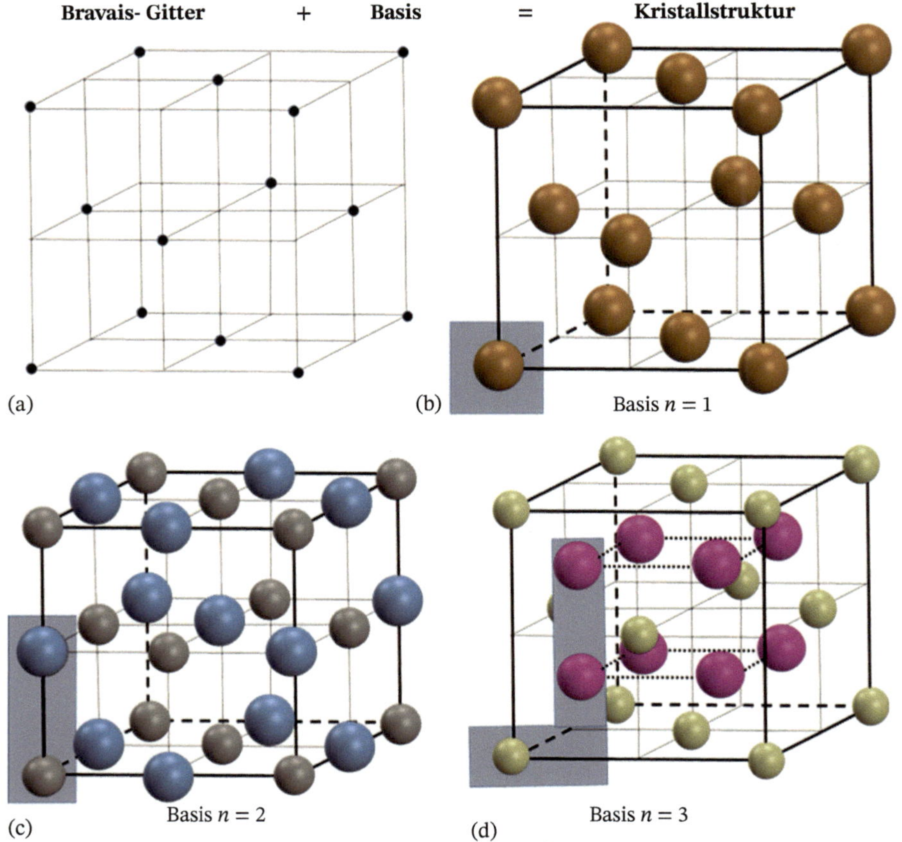

Bild 2.7 Kristallstrukturen mit Kennzeichnung der Basis (die Atome sind in der Darstellung blau untersetzt). (a) kubisch flächenzentriertes Bravais-Gitter; (b) Basis 1 Cu-Strukturtyp (gelb); (c) Basis 2 z. B. NaCl-Strukturtyp: Natriumionen (grau), Chloridionen 2 (blau); (d) Basis 3 z. B. CaF2-Strukturtyp: Calciumionen (hellgelb), Fluoridionen (violett) (Anm. die Fluoridionen befinden sich in Raummitte der in acht kleinere Würfel unterteilten Elementarzelle).

räumlichen Einblick in die Struktur (Bild 2.7 und Bild 2.38a), und es lassen sich die Nachbarschaftsverhältnisse erkennen: Im krz Gitter beispielsweise ist jedes Atom A von 8 Atomen ($x_1 \ldots x_8$) im gleichen Schwerpunktabstand umgeben (Bild 2.38b).

- Die Atome werden als starre, sich berührende Kugeln (Hartkugelmodell) dargestellt (z. B. Bild 2.38c und Bild 2.27). Es ergeben sich *Kugelpackungen,* die für bestimmte Metall-, Legierungs- und Ionenstrukturen dichtest gepackt sein können, d. h., eine dichtere Aneinanderlagerung von Bausteinen ist aus geometrischen Gründen nicht möglich (s. Abschn. 2.1.7)
- Zur Bestimmung der anteiligen Zugehörigkeit der einzelnen Bausteine zur EZ ist es berechtigt, die EZ-Begrenzung durch Atome laufen zu lassen, d. h., der Ursprung der Koordinatensysteme wird in den Mittelpunkt eines Eckatoms gelegt (z. B. Bild 2.38c). Es lässt sich dann abzählen, wie viel Bausteine die EZ enthält. Außerdem vermittelt eine derartige Darstellung eine Vorstellung von den Abmessungen der Atome bzw. Ionen.

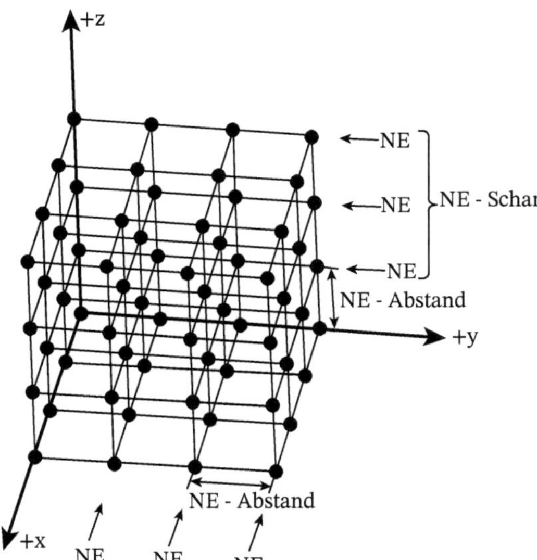

Bild 2.8 Veranschaulichung von Netzebenen (NE), Netzebenenscharen und Netzebenenabstand d_{hkl} eines Raumgitters.

2.1.3 Analytische Beschreibung des Raumgitters

Die Periodizität des Raumgitters bedingt, dass verschiedene Scharen paralleler Ebenen durch seine Gitterpunkte gelegt werden können (Bild 2.8). Eine solche Ebene im Raumgitter bezeichnet man als *Netzebene* (NE). Zu einer *Netzebenenschar* gehören alle zu der betreffenden NE parallelen Ebenen. Der kleinste Abstand zweier nächst benachbarter NE der gleichen NE-Schar heißt *NE-Abstand* d_{hkl}. Die Raumlage einer beliebigen NE (Bild 2.9) wird eindeutig durch ihre Koordinaten im jeweils vorliegenden Achsenkreuz bestimmt. Dafür verwendet man eine vereinbarte Symbolik, die *Millerschen Indizes* (*hkl*). Sie werden folgendermaßen festgelegt:

- Man bestimmt die Schnittpunkte der Ebene mit den Koordinatenachsen *x, y, z* und die sich daraus vom Koordinatenursprung bis zu den Schnittpunkten ergebenden Strecken (Achsenabschnitte). Das Ergebnis wird in Einheiten der Gitterkonstanten *ma, nb, pc* ausgedrückt.

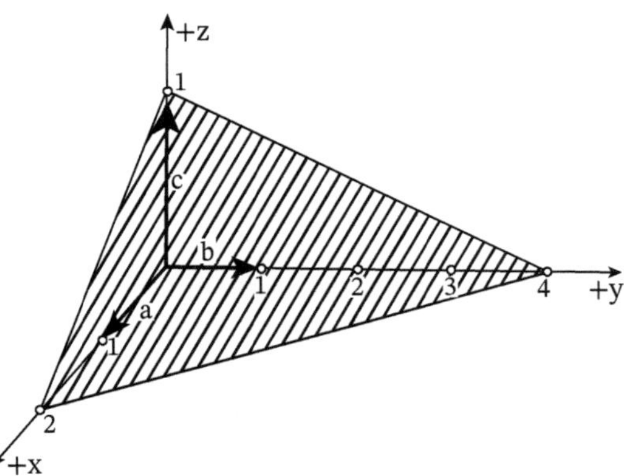

Bild 2.9 Zur Ableitung der Millerschen Indizes.

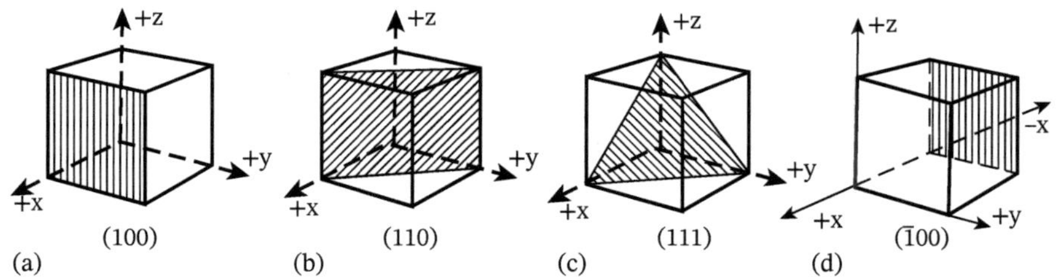

Bild 2.10 Millersche Indizes wichtiger Netzebenen des kubischen Kristalls (nach [1]). (100), $(\bar{1}00)$ Würfelebenen; (110) Rhombendodekaederebene; (111) Oktaederebene. Die Namen der Symbole der Ebenen besagen, dass alle Ebenen der jeweiligen Form (Gesamtheit gleichwertiger NE), der sie angehören, als Gesamtkörper einen Würfel, einen Rhombendodekaeder bzw. ein Oktaeder bilden.

- Danach bildet man die Kehrwerte $\frac{1}{m}, \frac{1}{n}, \frac{1}{p}$ und sucht drei ganze Zahlen h, k, l, die sich wie diese Kehrwerte verhalten $\frac{1}{m} : \frac{1}{n} : \frac{1}{p} = h : k : l$. Die Zahlen sollen teilerfremd sein. Das Ergebnis wird in runde Klammern gesetzt $(h\,k\,l)$.

Für die Ebene mit den Achsenabschnitten 2 a, 4 b, 1 c des Bildes 2.9 sind $m = 2$, $n = 4$ und $p = 1$. Die Kehrwerte lauten $\frac{1}{2}, \frac{1}{4}$, 1. Die Brüche mit dem kleinsten gemeinsamen Vielfachen der Nenner multipliziert, ergeben die Millerschen Indizes $(hkl) = (214)$. Läuft die Ebene einer Koordinatenachse parallel, dann liegt ihr Schnittpunkt mit dieser Achse im Unendlichen, und der zugehörige Index lautet wegen $1/\infty = 0$ (Null). In Bild 2.10 sind weitere für das kubische Gitter wichtige NE und Indizes dargestellt.

Die Achsenabschnitte einer NE, die auf negativen Koordinatenachsen liegen, werden durch ein Minuszeichen über den entsprechenden Millerschen Indizes symbolisiert. So die $(\bar{1}00)$-Fläche (sprich: minus 1, Null, Null) im Bild 2.10d. Sie ist die zur (100)-Fläche von Bild 2.10a parallele NE. An diesem Beispiel erkennt man, dass die Indizes $(h\,k\,l)$ sowohl als Symbol für eine einzige Ebene als auch für eine NE-Schar verwendet werden können. Netzebenen im kubischen Kristallsystem, deren Indizes sich nur durch ihre Stellung in der Klammer oder durch ihre Vorzeichen unterscheiden, sind gleichwertige Netzebenen oder *Netzebenen einer kristallographischen Form*. Will man alle Netzebenen einer Form kennzeichnen bzw. keine bestimmte von ihnen hervorheben, dann schreibt man die Indizes in geschweiften Klammern $\{h\,k\,l\}$. Für das kubische Kristallsystem beispielsweise bedeuten: {100} die Gesamtheit der Würfelflächen (100), (010), (001), $(\bar{1}00)$, $(0\bar{1}0)$, und $(00\bar{1})$, d. h., es existieren 6 Würfelflächen; {110} die Gesamtheit aller Rhombendodekaederflächen (110), (101), (011), $(1\bar{1}0)$, $(\bar{1}10)$, $(10\bar{1})$, $(\bar{1}01)$, $(01\bar{1})$, $(0\bar{1}1)$, $(\bar{1}\bar{1}0)$, $(\bar{1}0\bar{1})$, und $(0\bar{1}1)$, d. h., es gibt 12 Rhombendodekaederflächen; {111} die Gesamtheit aller Oktaederflächen (111), $(\bar{1}11)$, $(1\bar{1}1)$, $(11\bar{1})$, $(1\bar{1}\bar{1})$, $(\bar{1}1\bar{1})$, $(1\bar{1}\bar{1})$ und $(\bar{1}\bar{1}\bar{1})$, d. h., es existieren in der kubischen EZ 8 Oktaederflächen.

Die Orte von Punkten $[[x, y, z]]$ in der EZ werden in Einheiten der Gitterkonstanten, die in eckige Doppelklammern gesetzt werden, gekennzeichnet. So trägt der Nullpunkt des Koordinatensystems, den man in eine Ecke der EZ legt, die Bezeichnung [[000]]. Die Koordinaten weiterer Eckpunkte der EZ lauten (s. Bild 2.11) [[100]], [[110]], [[010]], [[111]]. Für die Koordinaten des Mittelpunktes einer EZ ergibt sich $\left[\left[\frac{1}{2}\frac{1}{2}\frac{1}{2}\right]\right]$ (s. a. Bild 2.38a, wo

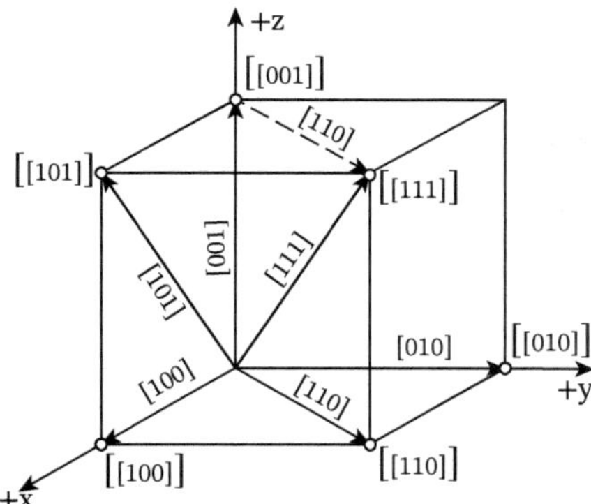

Bild 2.11 Gitterpunkte und Gitterrichtungen im kubischen Kristallsystem.

an dieser Stelle das raumzentrierte Atom des krz Gitters sitzt) und für die Flächenmitten $\left[\left[0\frac{1}{2}\frac{1}{2}\right]\right]$, $\left[\left[\frac{1}{2}\frac{1}{2}0\right]\right]$, $\left[\left[\frac{1}{2}0\frac{1}{2}\right]\right]$ (s. a. Bild 2.39a) usw., wo an diesen Stellen die flächenzentrierten Atome des kfz Gitters sitzen.

Die Bezeichnung der *Richtung einer Gittergeraden* geschieht mit Hilfe der Angabe des ihr entsprechenden Ortsvektors $\boldsymbol{r} = u\boldsymbol{a} + v\boldsymbol{b} + w\boldsymbol{c}$, wobei $\boldsymbol{a}$, $\boldsymbol{b}$, $\boldsymbol{c}$ die Vektoren der EZ-Kanten bedeuten. Die ganzen Zahlen $u\ v\ w$ sind dabei Koordinaten des Punktes, durch den die vom Koordinatenursprung aus verlaufende Gitterrichtung geht. Allein ihre Aneinanderreihung, in eckige Klammern geschrieben, reicht zur eindeutigen Kennzeichnung einer Gitterrichtung $[u\ v\ w]$ aus. Demnach trägt die Raumdiagonale jeder EZ das Symbol [111], die in x-, y- und z-Richtung verlaufenden Kanten haben die Bezeichnung [100], [010] und [001] (Bild 2.11). Gitterrichtungen, die nicht durch den Koordinatenursprung laufen, werden durch Parallelverschiebung zu sich selbst in den Koordinatenursprung verlegt (z. B. [110] in Bild 2.11 gestrichelt).

Das Symbol $\langle u\ v\ w\rangle$ fasst alle „gleichwertigen" Richtungen zusammen, deren Indizes permutiert sind. So erfasst im kubischen System $\langle 100\rangle$ die Richtungen der Würfelkanten: [100], [010], [001] und $[\bar{1}00]$, $[0\bar{1}0]$, $[00\bar{1}]$, die in Richtung der negativen x-, y- und z-Achse weisen. Die Richtungen der Flächendiagonalen werden durch $\langle 110\rangle$ und die aller Raumdiagonalen durch das Symbol $\langle 111\rangle$ ausgedrückt (Bild 2.11). Im *kubischen System* (und nur hier) gilt, dass die Richtung $[u\ v\ w]$ immer senkrecht auf der Ebene $(h\ k\ l)$ gleicher Indizes steht ($u = h$; $v = k$; $w = l$).

Ein weiterer Begriff der analytischen Beschreibung des Raumgitters ist die *Zone*. Unter ihr versteht man die Gesamtheit aller NE verschiedener Raumlage $(h\ k\ l)$, die einer Richtung $[u\ v\ w]$ parallel sind. $[u\ v\ w]$ wird als *Zonenachse* bezeichnet. Da die NE einer Zone meist verschiedenen NE-Formen $\{h\ k\ l\}$ angehören, kennzeichnet man eine Zone durch das Symbol ihrer Zonenachse $[u\ v\ w]$. Anhand der *Zonengleichung*

$$hu + kv + lw = 0 \tag{2.1}$$

lässt sich überprüfen, ob eine bestimmte NE $(h\ k\ l)$ einer bekannten Zone $[u\ v\ w]$ angehört. Zum Beispiel gehört im kubischen Kristallsystem die NE (120) zur Zone [001], da $1{\cdot}0 + 2{\cdot}0 + 0{\cdot}1 = 0$ ist. Umgekehrt lässt sich mit Gl. (2.1) feststellen, ob eine gegebene Gitterrichtung in einer bestimmten Netzebene liegt, wie beispielsweise $[uvw] = [1\bar{1}0]$ in

$(h\ k\ l) = (111)$. Wegen $1{\cdot}(+1) + 1{\cdot}(-1) + 1{\cdot}0 = 0$ ist die $[1\bar{1}0]$-Richtung in der (111)-Ebene enthalten.

Mithilfe der Geraden- und NE-Symbole ist auch die Berechnung des Winkels φ zwischen zwei Gittergeraden oder Zonenachsen, zwischen zwei NE bzw. NE-Normalen oder zwischen einer Gittergeraden und einer NE bzw. deren Normale möglich. Im orthorhombischen System gilt beispielsweise für den Winkel φ zwischen zwei Gittergeraden $[y_1v_1w_1]$ und $[y_2v_2w_2]$

$$\cos\varphi = \frac{a^2u_1u_2 + b^2v_1v_2 + c^2w_1w_2}{\sqrt{a^2u_1^2 + b^2v_1^2 + c^2w_1^2} \cdot \sqrt{a^2u_2^2 + b^2v_2^2 + c^2w_2^2}} \tag{2.2}$$

Im kubischen System heben sich die nun gleich langen Achsen heraus, und die Gleichung vereinfacht sich zu

$$\cos\varphi = \frac{u_1u_2 + v_1v_2 + w_1w_2}{\sqrt{u_1^2 + v_1^2 + w_1^2} \cdot \sqrt{u_2^2 + v_2^2 + w_2^2}} \tag{2.3}$$

Da im kubischen System Richtungen $[u\ v\ w]$, deren $u = h$, $v = k$ und $w = l$ sind, auf NE $(h\ k\ l)$ senkrecht stehen, können in Gl. (2.3) außerdem auch $(h\ k\ l)$ und $[u\ v\ w]$ oder $(h_1\ k_1\ l_1)$ und $(h_2\ k_2\ l_2)$ eingesetzt werden.

Auch der NE-Abstand d_{hkl}, der kürzeste, d. h. senkrechte Abstand zweier benachbarter NE einer NE-Schar, kann mithilfe der NE-Symbole errechnet werden: Für orthorhombische Gitter $a \neq b \neq c$ ist

$$d_{\mathrm{hkl}} = \frac{1}{\sqrt{\left(\frac{h}{a}\right)^2 + \left(\frac{k}{b}\right)^2 + \left(\frac{l}{c}\right)^2}} \tag{2.4}$$

Für hexagonale und tetragonale Gitter $a = b \neq c$ ist

$\lesssim\gtrsim$

$$d_{\mathrm{hkl}} = \frac{1}{\sqrt{\frac{h^2 + k^2}{a^2} + \frac{l^2}{c^2}}} = \frac{a}{\sqrt{h^2 + k^2 + \frac{a^2}{c^2}l^2}} \tag{2.5}$$

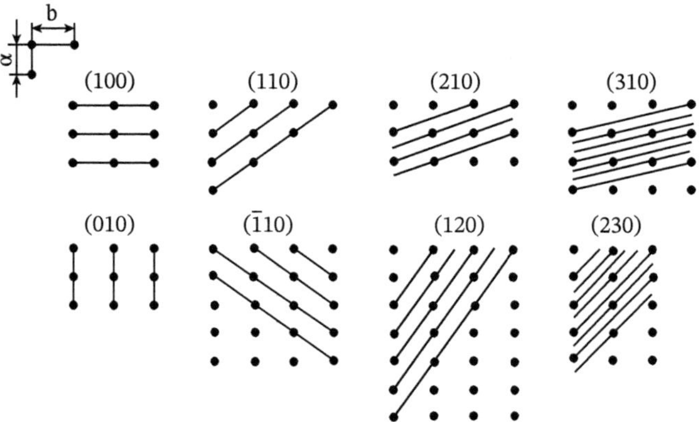

Bild 2.12 Die Spuren verschiedener Netzebenen und ihre Belegungsdichte.

Bild 2.13 Frei gewachsener, synthetisch gewonnener Quarzkristall zur Herstellung von Piezoquarzen und Quarzuhren.

für kubische Gitter ist

$$d_{\mathrm{hkl}} = \frac{1}{\sqrt{\dfrac{h^2 + k^2 + l^2}{a^2}}} = \frac{a}{\sqrt{h^2 + k^2 + l^2}} \tag{2.6}$$

Zwischen dem NE-Abstand und der *Belegungsdichte* besteht ein Zusammenhang. Wie Bild 2.12 verdeutlicht, sind die NE mit der niedrigsten Indizierung am dichtesten mit Atomen belegt und haben den größten NE-Abstand. Aufgrund der dichten Belegung ist auch die Oberflächenspannung dieser Ebenen, wenn sie den Kristall begrenzen, minimal (Abschn. 6.2). Das hat weiterhin zur Folge, dass sie die äußere Begrenzung des Kristalls bilden (Abschn. 3.1.1). Die makroskopisch regelmäßigen, bestimmten Gesetzmäßigkeiten gehorchende Gestalt des frei gewachsenen Kristalls (Bild 2.13) ist Ausdruck seines dreidimensional streng periodischen inneren Aufbaus.

2.1.4 Polkugel und stereographische Projektion

Für Messungen an Kristallen zur Ableitung bestimmter Eigenschaften von Kristallgittern, insbesondere zur Darstellung richtungsabhängiger Vorgänge im Kristallgitter, sind ebene Projektionen gebräuchlich. Von den verschiedenen Projektionsarten ist die *stereographische Projektion* für praxisbezogene Zwecke von besonderer Bedeutung. Sie ist die Abbildung einer Kugeloberfläche auf einer Ebene.

Man denke sich den Mittelpunkt eines kubischen Kristalls oder einer kubischen EZ in das Zentrum einer Kugel gerückt und alle NE-Normalen so weit verlängert, dass sie die Kugeloberfläche durchstoßen. Die Durchstoßpunkte werden als Pole P_{hkl} der NE, bei frei gewachsenen, von kristallographisch definierten Flächen begrenzten Kristallen auch als *Flächenpole* bezeichnet. Die mit Polen markierte Kugeloberfläche trägt die Bezeichnung *Polkugel* PK oder *Lagekugel* (Bild 2.14).

Mithilfe des Feldionenmikroskopes lassen sich die Pole P_{hkl} als (verzerrte) Draufsicht auf die Lagehalbkugel real abbilden (Bild 2.15) Entsprechend der Aufnahmetechnik stellen die weißen Flecken des Feldionenbildes die Abbildung jener Atome dar, die als Eck- oder Kantenatome (Abschn. 6.2.) die unterschiedlichen indizierten Kristallflächen säumen.

Der Darstellungsweise von Ebenenlagen auf der PK haftet bei aller Anschaulichkeit jedoch der Mangel an, dass die Kugel als räumliches Gebilde keine graphische Lösung von bestimmten Aufgaben zulässt. Um das tun zu können, werden die Punkte von der PK auf

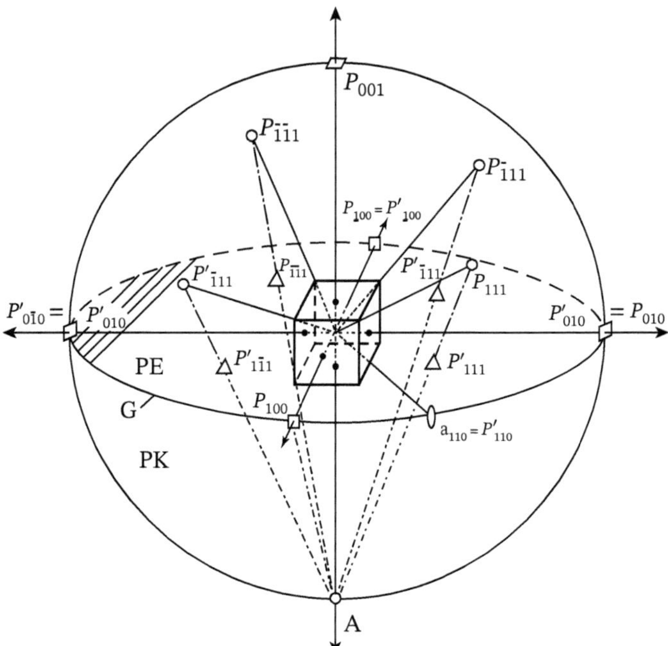

Bild 2.14 Entstehung der stereographischen Projektion der Pol- oder Lagekugel PK (am Beispiel von Würfelflächen und charakteristischen Richtungen).

eine Ebene (Projektionsebene PE) projiziert, indem die Pole der nördlichen Lagehalbkugel mit dem Südpol (Augpunkt A) verbunden werden.

Dabei erzeugen die Verbindungsstrahlen in der Äquatorebene, die man zweckmäßigerweise als *Projektionsebene* PE wählt, Schnittpunkte P'_{hkl}. Der Äquator selbst markiert sich als *Grundkreis* G der stereographischen Projektion. Die Punkte P'_{hkl} in der PE sind die stereographisch projizierten Pole. In entsprechender Weise lassen sich auch die Pole der

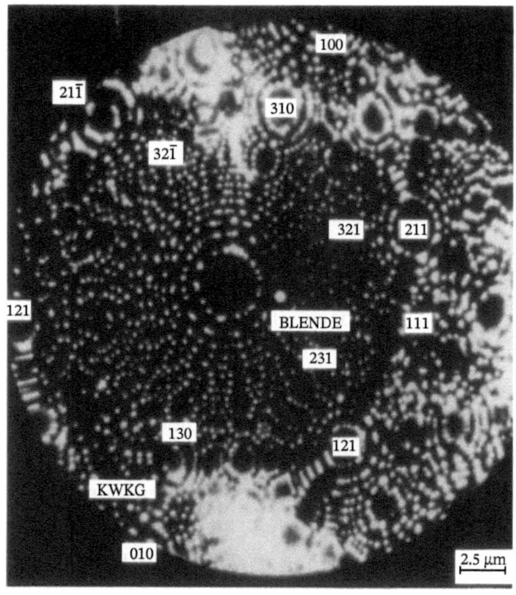

Bild 2.15 Feldionenbild von Fe (nach *H. Wendt* und *R. Wagner*). Ausgewählte kristallographische Pole sind eingezeichnet. In der linken unteren Hälfte ist eine Kleinwinkelkorngrenze (KWKG) markiert. Die Abbildung der Blende ist aufnahmetechnisch bedingt.

südlichen Halbkugel (im Bild 2.15 nicht eingezeichnet) mit dem Nordpol verbinden und deren Schnittpunkte in der gleichen PE abbilden.

Die stereographische Projektion hat folgende nützliche geometrische Eigenschaften:

- Sie ist winkeltreu, d. h., der Winkel zwischen zwei Richtungen auf der PK wird in der PE richtig und ohne Verzerrung wiedergegeben.
- Sie ist kreistreu, d. h., Groß- und Kleinkreise auf der Lagekugel werden auch in der PE als Kreise abgebildet.
- Überspannt man die PK in geeigneter Weise mit einem Gradnetz aus Längen- und Breitenkreisen konstanten Winkelabstandes, so ergibt deren stereographische kreistreue Projektion ein Netz von Groß- und Kleinkreisen, das sog. *Wulffsche Netz.* Mit ihm können die im Raum (z. B. der EZ) auftretenden Winkel in der ebenen Projektion ausgemessen werden.
- Die Projektionspunkte aller NE einer Zone liegen auf einem Großkreis.

Ein wichtiges Hilfsmittel für die Orientierungsbestimmung, d. h. die Ermittlung der Lage des Kristallkoordinatensystems zu einem Probenkoordinatensystem, beispielsweise einer Walzblechoberfläche, sind die *Standardprojektionen.* Sie enthalten nur stereographische Flächenpole niedrigindizierter NE. Bild 2.16 zeigt als Beispiel die Standardprojektion für das kubische Kristallsystem mit dem Projektionszentrum (001). Zur Aufstellung solcher Standardprojektionen werden die Winkel zwischen den Netzebenen nach Gl. (2.3) berechnet und mithilfe des Wulffschen Netzes eingetragen.

Im Falle des kubischen Kristallsystems kann die Standardprojektion der NE-Pole gleichzeitig als Standardprojektion für die kristallographischen Richtungen dienen, da alle Richtungen $[h\ k\ l]$ auf den indizesgleichen Ebenen $(h\ k\ l)$ senkrecht stehen.

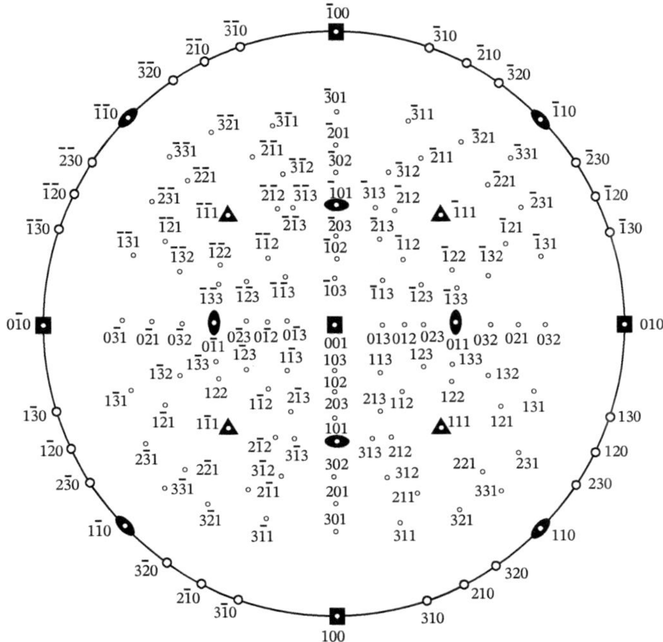

Bild 2.16 Stereographische Standardprojektion der Flächen (bzw. Richtungen) eines kubischen Kristalls in Würfellage (nach *H. Neff*).

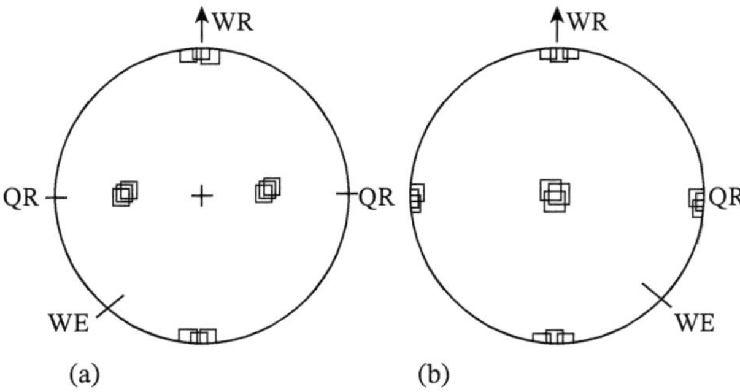

Bild 2.17 Polfiguren (Stereogramme) mit [100]-Ebenen. (a) einer [100] (011)-Textur; (b) einer [100] (001)-Textur.

Bei der Erörterung der plastischen Verformung wird zur Angabe der Orientierung häufig die stereographische Projektion benötigt. Hier genügt es, wenn es sich um kubisch kristallisierende Materialien handelt, das so genannte *Orientierungsdreieck* heranzuziehen. Es besteht (s. Bild 2.16) aus den Flächenpolen [001], [011] und $\left[\bar{1}11\right]$ und tritt im Halbraum 24-mal auf. Deshalb ist auch eine Vertauschung möglich, z. B. [100], [110] und [111]. Wird beispielsweise ein Einkristallstab verformt, so wird seine Stabachse in dieses Dreieck eingezeichnet. Damit ist die Lage seines Kristallkoordinatensystems zur Stabachse (und umgekehrt) bekannt (s. Bild 9.13). Eine weitere wichtige Form der Anwendung der stereographischen Projektion besteht in der Aufstellung von *Polfiguren*. Hier werden nur Pole einer kristallographischen Form, z. B. nur {100}-Pole, in das Stereogramm eingetragen. Nutzung finden die Polfiguren vor allem in Verbindung mit der Darstellung von Texturen (s. Abschn. 7.2.4, 2.3.5 und 10.6.3), d. h. bei der quantitativen Wiedergabe des Bestehens bestimmter kristallographischer Vorzugslagen im Kristallhaufwerk eines polykristallinen bzw. teilkristallinen Werkstoffes. Beispiele hierfür sind Bleche und polymere Halbzeuge (Folien, Platten, Stäbe, Rohre). Bei Blechen, Folien oder Platten ist das Probenkoordinatensystem durch die Form vorgegeben (Walz-, Folien- oder Plattenebene WE, Walz- bzw. Maschinenrichtung WR bzw. MR, Querrichtung QR). Die Polkugel wird so gelegt, dass die Polebene mit der Walzebene zusammenfällt. Auf diese Weise erhält man für den im Bild 10.37 (links) dargestellten Fall die Polfigur des Bild 2.17a und im Falle des Bildes 10.37 (rechts) die Polfigur Bild 2.17b.

Die Körner des in Bild 10.37 schematisch wiedergegebenen Bleches sind in bestimmter Weise ausgerichtet, d. h., das Blech weist eine Textur auf. Als weiteres Beispiel sind in Bild 2.18a und b die Polfiguren verschiedener Flächenpole von Aluminiumfolie (Walztextur) dargestellt. Sie zeigen anschaulich die Häufung von {100}- bzw. {111}-Flächenpolen. Das Bild ist so zu verstehen, dass ihre Belegungsdichte mit der Schraffurdichte zunimmt. Den gleichen Sachverhalt zeigen Polymere infolge der Ausrichtung der kristallinen Bereiche beim Blasformen (Bild 2.18c bis e), Extrudieren und Spritzgießen (Bild 2.18f). Polfiguren werden über die Beugung von Röntgenstrahlen mit dem Röntgendiffraktometer (s. Abschn. 10.10.2.1) gewonnen.

2.1.5 Bindung im Festkörper

In allen Festkörpern stehen sich Anziehungs- und Abstoßungskräfte gegenüber. Die *Anziehungskräfte* wirken zwischen den Festkörperbausteinen (Atomen, Ionen und Molekülen) sowie auch innerhalb der Moleküle und gewährleisten den Zusammenhalt des

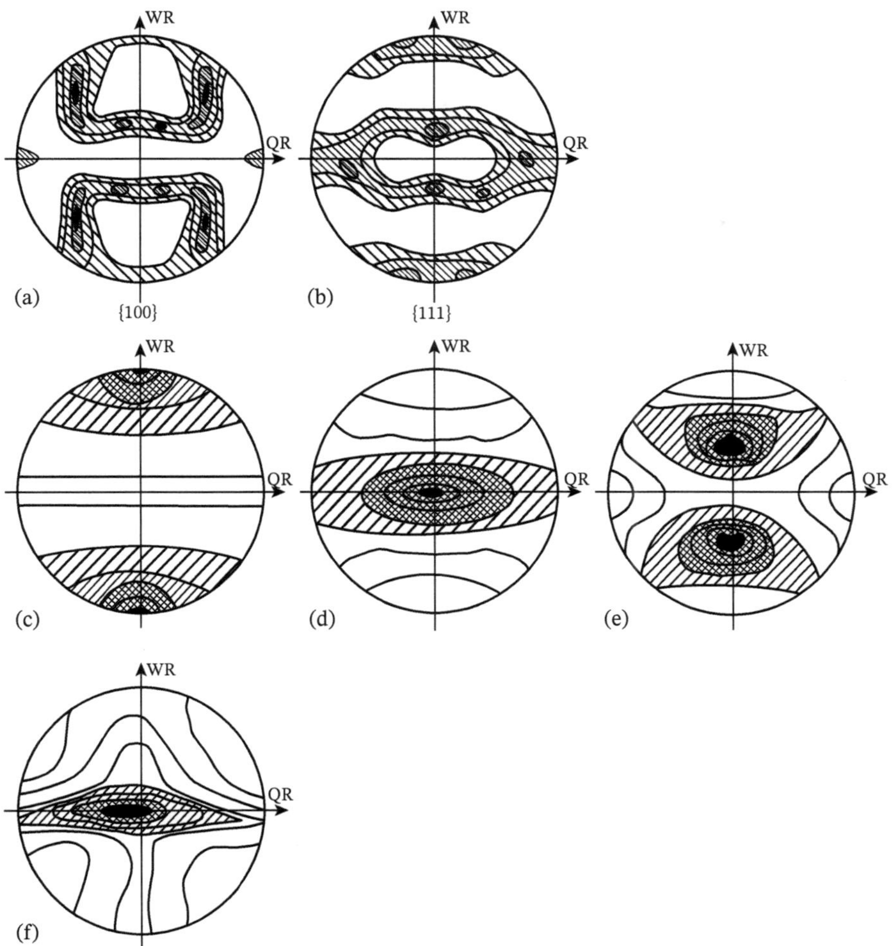

Bild 2.18 Polfiguren von Aluminium und Polyethylen. (a) und (b) nach [2], *M. May und Chr. Walther. Walztextur von Al-Folie*; (c) bis (f) nach *M-May und Chr. Walther.* Walztextur von Al-Folie: {100}-Flächenpole (a); {111}-Flächenpole (b); Textur von Polyethylenblasfolie: {100}-Flächenpole mit kleinem (c), großem (d) bzw. mittleren Quotienten (e) der Längs-/Querverstreckung, Polyethylenspritzgussteil: {100}-Flächenpole, Textur durch Fießrichtung (f).

Bausteinverbandes. Die *Abstoßungskräfte* verhindern ein Ineinanderstürzen der Einzelatome bzw. -ionen. Außerdem erfordert die Stabilität der Bindung, dass die potenzielle Energie benachbarter Bausteine einen Minimalwert einnimmt und geringer ist als die Energie der einzelnen, voneinander getrennten Bausteine Bild 2.19 veranschaulicht diesen Sachverhalt.

Zwei Atome, die sich im Abstand r voneinander befinden, üben aufeinander anziehende und abstoßende Kräfte aus. Diese sind sehr schwach, wenn die Atome weit voneinander entfernt, und sehr stark, wenn sie nahe beieinander sind. Die insgesamt (resultierend) wirkende Kraft ist die Summe der beiden Teilkräfte. Ihr Verlauf als Funktion des Abstandes r ist ebenfalls in Bild 2.19 angegeben. Aus ihr lässt sich die Energiekurve als Produkt von Kraft und Abstand über

$$E = \int (P_{\mathrm{an}} + P_{\mathrm{ab}})\,\mathrm{d}r \tag{2.7}$$

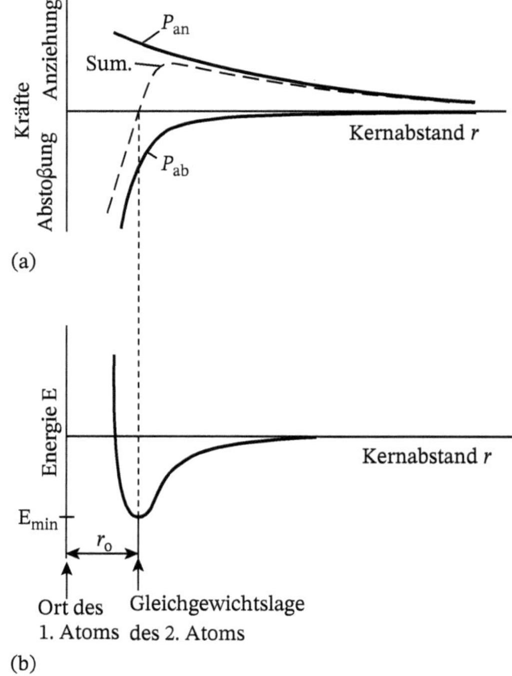

Bild 2.19 (a) allgemeine Form anziehender und abstoßender Kräfte zwischen zwei Atomen im Abstand r; (b) Form der daraus resultierenden (Potenzial-)Energiekurve.

berechnen. An der Stelle $r = r_0$ ($\mathrm{d}E/\mathrm{d}r = 0$), wo $P_{an} = P_{ab}$ ist, durchläuft die Energie ein Minimum. Der Ort des Minimums ist der, den das Nachbaratom in der Gleichgewichtslage einnimmt. E_{min} ist die *Dissoziationsenergie*, die aufgebracht werden muss, um zwei Atome zu trennen (dissoziieren).

Verschiedene Arten von Energien sind in der Lage, die Atome aus ihrer Gleichgewichtslage zu entfernen. Durch Zuführen von thermischer Energie (Erwärmen) können die Schwingungen der Bausteine um ihre Schwerpunktlage so stark zunehmen, dass die Bausteine voneinander getrennt werden (Schmelzen, Verdampfen, Laserablation). Hohe elektrische und mechanische Energien können ebenfalls die Bindungen zwischen den Bausteinen zerreißen, z. B. beim Abfunken und beim Bruchvorgang. Umgekehrt widersetzt sich der Festkörper oder die Flüssigkeit einer Kompression, da die Abstoßungskräfte bei einer Annäherung der Atome unterhalb r_0 extrem anwachsen. Die Stärke der Bindung zwischen den Bausteinen des Festkörpers wird durch die *Gitterenergie* beschrieben (s. a. Kap. 3). Sie ist der Energiebetrag, den man einer Einheitsmenge von Bausteinen zuführen muss, um den Festkörper aus der Anordnung seiner Bausteine vom absoluten Nullpunkt in den Dampf seiner chemischen Zusammensetzung zu verwandeln. Für hochpolymere Festkörper organischer wie silicatischer Art ist diese Größe nur auf Umwegen, nicht aber direkt bestimmbar, da sich deren Makromoleküle vor dem Verdampfen zersetzen.

Der schwächste Bindungstyp ist die *Nebenvalenzbindung,* die über rein elektrische Wechselwirkungen organische Makromoleküle sowie Edelgasatome und Gasmoleküle zu Festkörpern verknüpft. Letztere sind nur bei sehr niedrigen Temperaturen beständig, wie beispielsweise CO_2 als „Trockeneis" unterhalb -78,5 °C bei Normaldruck. Von anderer

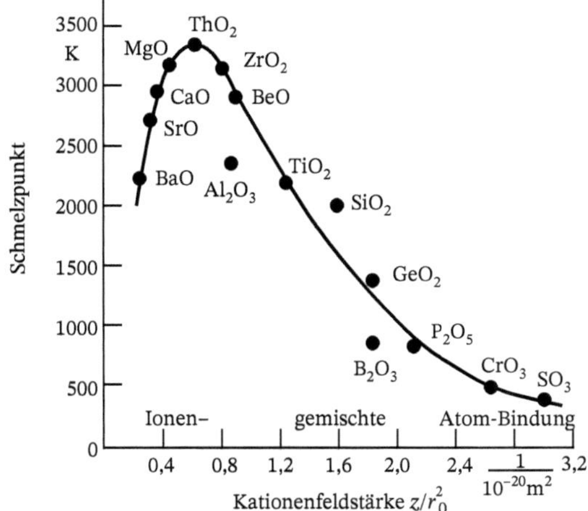

Bild 2.20 Einfluss der Bindungsart und der Kationenfeldstärke (s. Abschn. 2.2.1) auf die Schmelztemperatur von Oxiden (nach A *Dietzel*).

Natur und wesentlich stärker sind die *Hauptvalenzbindungen*, die als metallische Bindung, als Ionenbindung und als Atombindung in den Festkörpern vorkommen. In der Mehrzahl der Stoffe findet sich jedoch nicht nur eine einzige Bindungsart, sondern es wirken gleichzeitig mehrere Anteile verschiedener Bindungstypen (Mischbindung).

Die Art der Bindung bzw. die Größe der Anteile verschiedener Bindungen kommt in wichtigen Eigenschaften der Stoffe wie Härte, Festigkeit oder Schmelztemperatur (Bild 2.20) zum Ausdruck und ist nicht vom Zustand des jeweiligen Stoffes abhängig. So dominiert in einem Metall, gleich ob es unter Gleichgewichtsbedingungen im kristallinen oder nach extrem schneller Abkühlung der Schmelze im amorphen Zustand vorliegt, die metallische Bindung. Dennoch auftretende Unterschiede z. B. im Festigkeitsverhalten sind nicht auf Änderungen der Bindungsverhältnisse, sondern auf die Tatsache zurückzuführen, dass das kristalline Metall entlang bestimmten Kristallgitterebenen und -richtungen plastisch verformbar und deshalb „weicher" ist (Abschn. 9.2).

Die im Festkörper wirkenden verbindenden und abstoßenden Kräfte sind in erster Linie auf den Bau der Elektronenhülle der Atome zurückzuführen, und auf der Grundlage der den verschiedenen Elektronen zuzuordnenden Energieniveaus und Aufenthaltsräume (Orbitale) zu erklären.

2.1.5.1 Aufbau und Energieniveaus der Atomhülle

Jedes Atom besteht aus einem *Z*-fach positiv geladenen Kern und einer ihn umgebenden negativen Atomhülle. Der Kerndurchmesser beträgt 10^{-15} m, der Hüllendurchmesser $\approx 10^{-10}$ m. Die Hülle besteht aus *Z* Elektronen, die die positive Kernladung kompensieren und das Volumen des Atoms bestimmen. *Z* ist die Kernladungs- bzw. *Ordnungszahl* im Periodensystem der Elemente (Bild 2.21).

Obwohl der Kern nur äußerst wenig zur Größe des Atoms beiträgt, vereinigt er in sich nahezu die gesamte Atommasse. Außer für die Dichte liefert die Atommasse keinen Beitrag zu den technisch im Vordergrund stehenden Werkstoffeigenschaften. Hierfür sind vielmehr die Elektronen maßgebend, von deren Anordnung zunächst ein *energetisches Modell* und hernach eine „bildhafte" räumliche Vorstellung entworfen werden sollen.

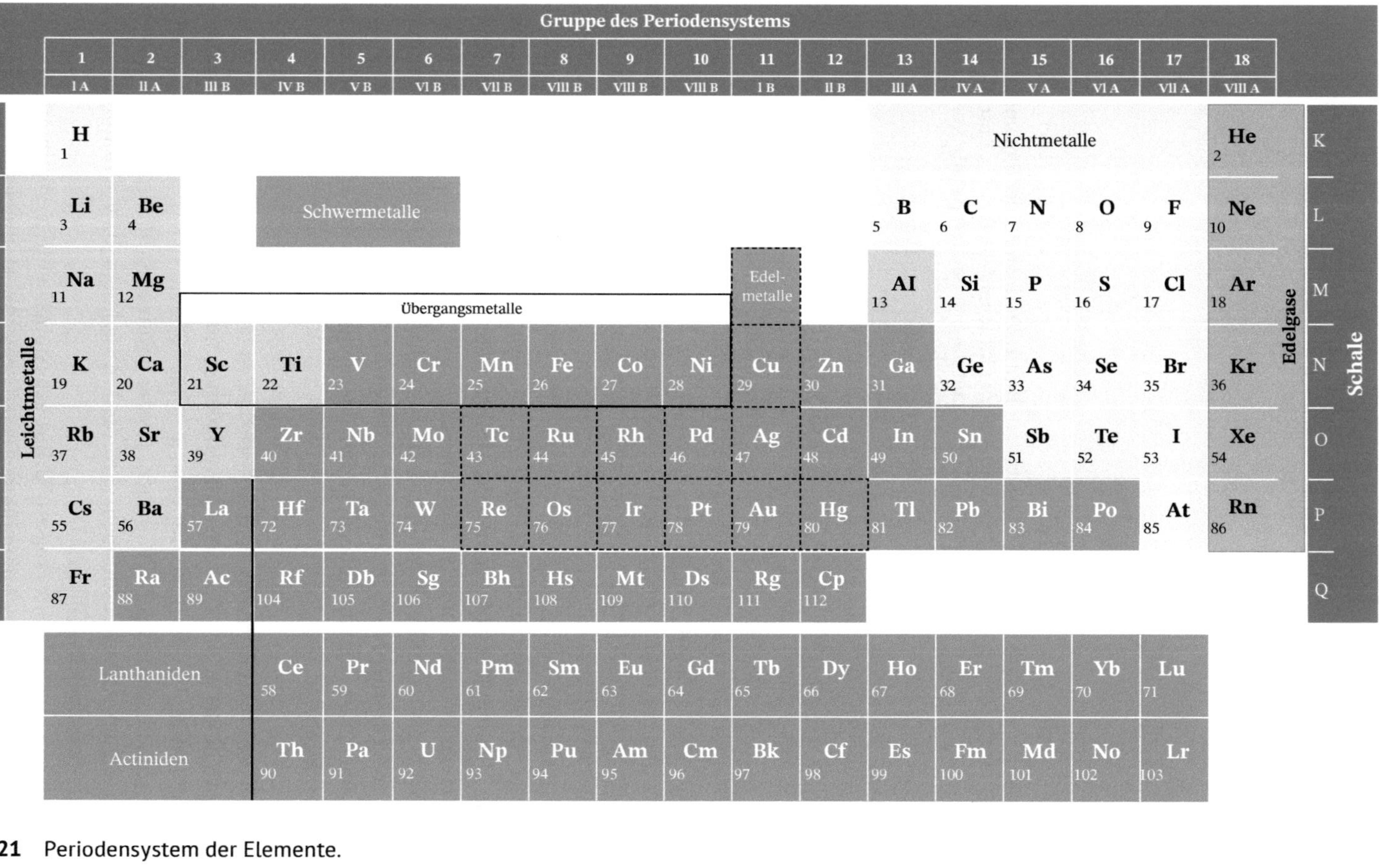

Bild 2.21 Periodensystem der Elemente.

Nach der Quantenmechanik ist die Atomhülle ein System von erlaubten Energieniveaus. Nur die durch dieses System vorgegebenen Energiewerte dürfen die Elektronen annehmen. Andere Energiewerte sind für sie verboten. Die erlaubten Energiestufen sind nach einem Schema aufgegliedert, das mithilfe der Quantenzahlen gewonnen wird. Man unterscheidet die Hauptquantenzahl n, die Nebenquantenzahl l (die nur ganzzahlige Werte von 0 bis $n - 1$ durchlaufen darf) die magnetische Quantenzahl m_l (die nur ganzzahlige Werte zwischen $+l$ und $-l$ annimmt) und die Spinquantenzahl m_s (die entweder den Wert $+\frac{1}{2}$ oder $-\frac{1}{2}$ hat).

Die *Hauptquantenzahl* bestimmt das Hauptenergieniveau des betreffenden Elektrons ($n = 1, 2, 3$ bis 7). Die *Neben- oder Drehimpulsquantenzahl* gibt das Unterniveau eines Elektrons innerhalb des Hauptenergieniveaus an und liefert ebenfalls einen (kleinen) energetischen Beitrag. Sie kennzeichnet in etwa die räumliche Verteilung seiner Ladung (Elektronendichteverteilung, Orbitale). Den Nebenquantenzahlen entsprechen die Bezeichnungen s, p, d, f ($l = 0$: s-Elektronen, $l = 1$: p-Elektronen, $l = 2$: d-Elektronen und $l = 3$: f-Elektronen). Demnach wird beispielsweise ein Elektron mit $n = 2$ und $l = 0$ als ein 2 s-Elektron und ein Elektron mit $n = 3$ und $l = 2$ als ein 3 d-Elektron bezeichnet.

Die *Magnetquantenzahl* charakterisiert die Ausrichtung des Bahndrehmomentes des Elektrons im magnetischen Feld. Über sie lässt sich die Zahl der Orbitale bei gegebenem l berechnen:

s-Elektronen:	$m_l = 0$	1 Orbital
p-Elektronen:	$m_l = -1, 0, +1$	3 Orbitale
d-Elektronen:	$m_l = -2, -1, 0, +1, +2$	5 Orbitale
f-Elektronen:	$m_l = -2, -1, 0, +1, +2, +3$	7 Orbitale

Die *Spinquantenzahl* wird als Eigendrehimpuls des Elektrons gedeutet. Das Elektron führt demnach eine Eigendrehung aus (im Uhrzeigersinn oder im Gegenuhrzeigersinn), die auch mit einem magnetischen Moment verbunden ist (Abschn. 10.6.1). Die Vorzeichen der Spinquantenzahlen geben den Richtungssinn des Drehimpulses an.

Die nach diesen Gesetzmäßigkeiten gegebene Aufgliederung der Elektronenhülle in mögliche, von den Elektronen besetzbare Zustände zeigt Bild 2.22.

Aus ihm ist ersichtlich, dass die Anzahl der Energieniveaus mit der Hauptquantenzahl n zunimmt. Um den Aufbau der Hülle eines bestimmten Atoms zu erfahren, muss die durch die Ordnungszahl Z gegebene Anzahl der Elektronen nach dem Pauli-Prinzip auf diese Energieniveaus verteilt werden. Das *Pauli-Prinzip* besagt, dass in einem Atom oder Atomverband (z. B. auch einem Metall) zwei Elektronen niemals in allen vier Quantenzahlen übereinstimmen dürfen. Auf Bild 2.22 bezogen heißt das, dass jeder in der äußersten rechten Spalte angedeutete Zustand nur durch ein einziges Elektron besetzt werden darf. Zum vollständigen energetischen Modell der Elektronenhülle gelangt man, wenn für jede der in Bild 2.22 angeführten Besetzungsmöglichkeiten der Energiewert angegeben wird. Dabei gilt die Vereinbarung, dass einem Elektron, das gerade die Atomhülle verlassen kann, der Energiewert Null zugeordnet wird und Elektronen, die der Atomhülle angehören, negative Energiewerte haben. Der jedem Elektron eigene Wert kennzeichnet die Energie, die aufgebracht werden muss, um das Elektron aus der Atomhülle zu entfernen; im Falle der die Wertigkeit charakterisierenden Elektronen ist es die *Ionisierungsenergie*.

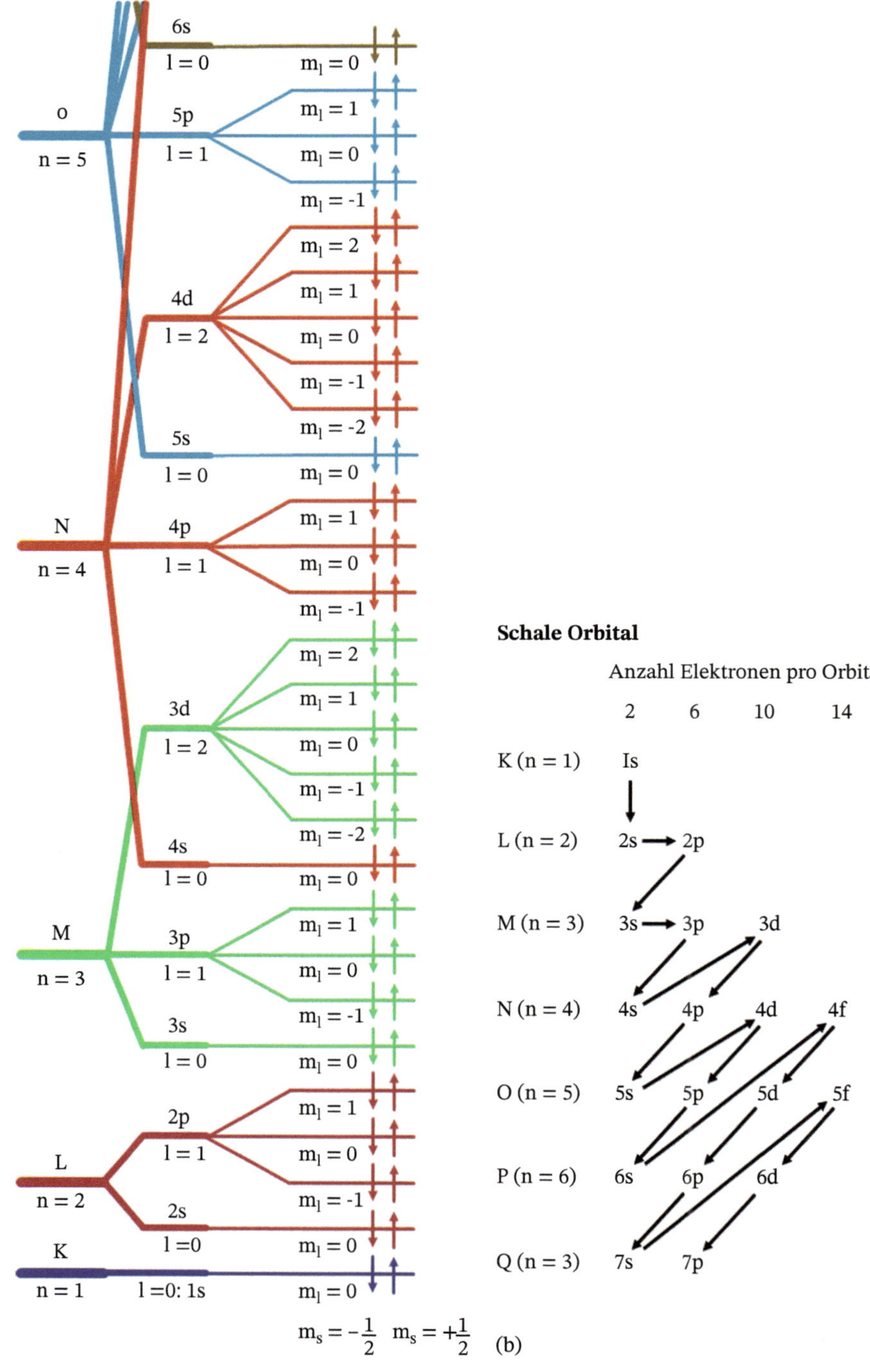

Bild 2.22 a) Elektronenkonfiguration der Atome; b) Schema der Besetzungsreihenfolge der Orbitale.

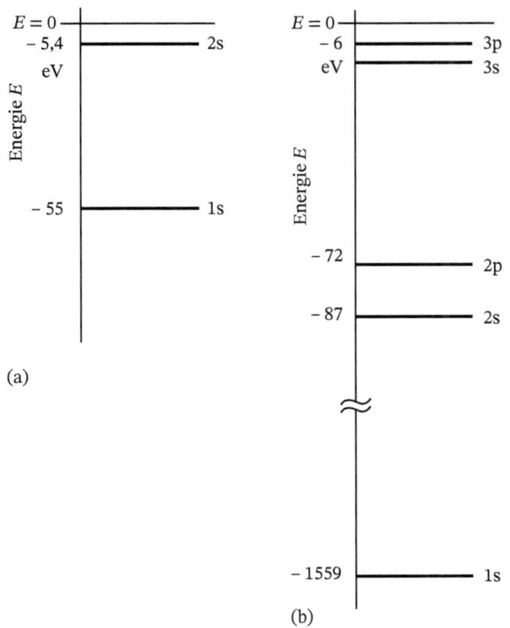

Bild 2.23 Energieniveauschema der Atomhülle von Lithium (a) bzw. Aluminium (b).

Zwei solcher experimentell gewonnenen Energieniveauschemata sind in Bild 2.23 aufgeführt. Es ist zu erkennen, dass bestimmte der in Bild 2.22 angegebenen Besetzungsmöglichkeiten denselben Energiewert annehmen. Mithilfe des energetischen Modells lassen sich die Atomhüllen aller Elemente des Periodensystems aufbauen, indem in der Reihenfolge ihrer Ordnungszahlen von den energetisch am tiefsten liegenden Zuständen beginnend, die erlaubten Energieniveaus mit Elektronen aufgefüllt werden. Man bezeichnet diese Vorgehensweise als Aufbauprinzip der Atomhülle bzw. des Periodensystems (Bild 2.23 und Tab. 10.1).

Die Elektronenhülle und damit die Stellung des Elements im *Periodensystem* ist auch für die Metall- oder Nichtmetalleigenschaften des betreffenden Elements verantwortlich. Gemäß Bild 2.21 stehen die *Metalle* im Periodensystem links, und ihr Metallcharakter nimmt von oben nach unten zu. Die *Nichtmetalle*, von denen einige, wie B, C oder P, auch als *Metalloide* bzw. *Halbmetalle* bezeichnet werden, sind auf der rechten Seite des Periodensystems zu finden. Eine Ausnahme bildet der Wasserstoff, der bei sehr hohen Drücken metallische Eigenschaften annehmen kann, was aufgrund seiner elektronischen Struktur – man vergleiche z. B. die Ähnlichkeit zum Lithium in Bild 2.23 – auch verständlich erscheint. Einige Metalle, die an der Grenze zwischen Metallen und Nichtmetallen stehen, wie Arsen, Antimon und Wismut, werden manchmal auch als *Halbmetalle* bezeichnet. Unter *Übergangsmetallen* versteht man solche, die unaufgefüllte 3 d-Energieniveaus haben und sich wegen dieser Besonderheit anders (z. B. ferromagnetisch, Abschn. 10.6.) als die typischen Metalle der ersten (Alkalimetalle) und zweiten Hauptgruppe (Erdalkalimetalle) verhalten.

Zur Erklärung der chemischen, der elektrischen und der magnetischen Eigenschaften benötigt man häufig die Angabe der gesamten *Elektronenkonfiguration* (Grundzustand). Hierzu sind die besetzten Niveaus in der Weise aufzuschreiben, dass man der Hauptquantenzahl die Anzahl der Elektronen in den s-, p-, d- und f-Niveaus als Hochzahlen

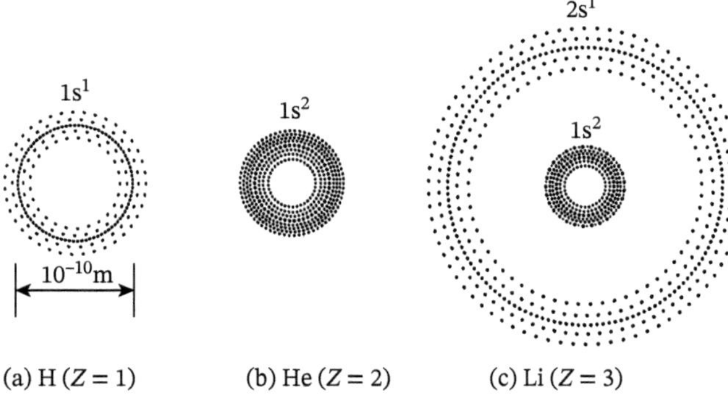

Bild 2.24 Maßstabgerechte „Bilder" von Atomen. (a) Schnitt durch ein Wasserstoffatom; (b) Schnitt durch ein Heliumatom; (c) Schnitt durch ein Lithiumatom.

hinzufügt. Der Grundzustand der Elektronenhülle im Lithiumatom ($Z = 3$) wäre demnach $1s^2 2s^1$, derjenige von Aluminium ($Z = 13$) $1s^2 2s^2 2p^6 3s^2 3p^1$ (vgl. Tab. 10.1).

Der Übergang vom energetischen Modell der Atomhülle zu einer „bildhaften" räumlichen Darstellung ist gegeben, wenn die mit der Quantentheorie für jedes Elektron berechenbare Aufenthaltswahrscheinlichkeit in der Atomhülle (Orbital) herangezogen wird. Danach lässt sich die Atomhülle nicht als eine Anordnung von Elektronen, die sich, wie beim *Bohrschen Atommodell angenommen*, auf genau festgelegten Bahnen bewegen, sondern nur als Elektronendichteverteilung darstellen. Für die Veranschaulichung der Orbitale ist die Vorstellung einer diffusen Wolke, deren Abmessungen und Form für jedes Elektron festgelegt sind, treffend. Einfache Beispiele dazu (Wasserstoff-, Helium- und Lithiumatom) sind in Bild 2.24 wiedergegeben.

Beim Stickstoffatom ($Z = 7$) lautet der Grundzustand $1s^2 2s^2 2p^3$. Die drei Elektronen des 2p-Niveaus sind von einheitlicher Spinrichtung. Jedes dieser p-Elektronen beansprucht einen aus zwei eiförmigen Hälften bestehenden Doppelraum. Im freien Stickstoffatom sind die drei Doppelräume nach den Achsen des rechtwinkligen Koordinatensystems angeordnet. Im Falle des Neons ($Z = 10$) wird eine sehr stabile Elektronenkonfiguration erreicht, indem die in Bild 2.25 gezeichneten 2p-Zustände (Grundzustand $1s^2 2s^2 2p^6$) aufgefüllt sind.

Um ein Elektron aus dem 2p-Niveau herauszuspalten, d. h. das Atom zu ionisieren, bedarf es einer Energie von 21,6 eV. Im Vergleich dazu sind die Ionisierungsenergien des Lithiums mit 5,4 eV (Bild 2.22a) und des Kohlenstoffes mit 14,5 eV weitaus geringer. Eine hohe Ionisierungsenergie ist kennzeichnend für eine stabile Elektronenkonfiguration und erklärt die

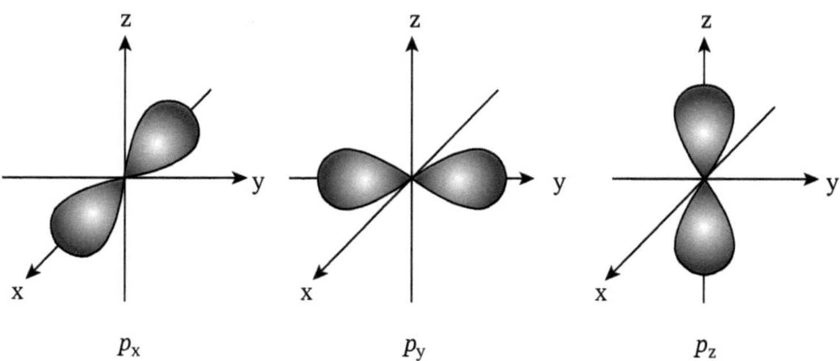

Bild 2.25 Die drei 2p-Elektroden des Stickstoffatoms (Die 1 s- und 2 s-Elektronenwolken wurden der Übersicht wegen nicht eingezeichnet.).

chemische Trägheit der Edelgase. Damit einher geht auch, dass die Edelgasatome innerhalb ihrer Periode die kleinsten Atome sind. Die bezogen auf die Ordnungszahl den Edelgasatomen folgenden Alkaliatome haben dagegen in der neuen Periode den größten Durchmesser, d.h. die am lockersten gebundenen Außenelektronen, was sich in einer niedrigen Ionisierungsenergie, der elektrischen Leitfähigkeit und ihrer sehr hohen Reaktionsfreudigkeit äußert.

Die Quantentheorie hat zeigen können, dass die eingangs genannte Unterscheidung verschiedener Bindungsarten streng genommen nicht aufrechterhalten werden kann, sondern dass diese lediglich Spezialfälle eines einheitlichen quantenmechanischen Bindungsmechanismus sind. Wenn sie im Weiteren trotzdem erörtert werden, so geschieht dies, weil das Wesen eines komplizierten Sachverhaltes anhand seiner Grenzfälle oft am besten verständlich gemacht werden kann.

2.1.5.2 Ionenbindung

Im Bild 2.26a sind die Energieniveaus der Elektronen in einem freien Magnesiumatom und in einem freien Sauerstoffatom wiedergegeben. Das – räumlich gesehen – trichterförmige Gebilde stellt den Verlauf des Energiepotenzials dar. Es ist die örtliche Begrenzung des Aufenthaltsraumes der Elektronen, die sich auf den erlaubten Energieniveaus befinden. Außerhalb des Potenzialtrichters existiert nur eine äußerst geringe Wahrscheinlichkeit für den Aufenthalt von Elektronen. Bei der Bindungsbildung Mg–O überlappen sich die Begrenzungspotenziale beider Atome. Ihr Summenpotenzial liegt jetzt niedriger als das 3 s-Niveau des Magnesiums. Durch Abgabe zweier Elektronen an das Sauerstoffatom

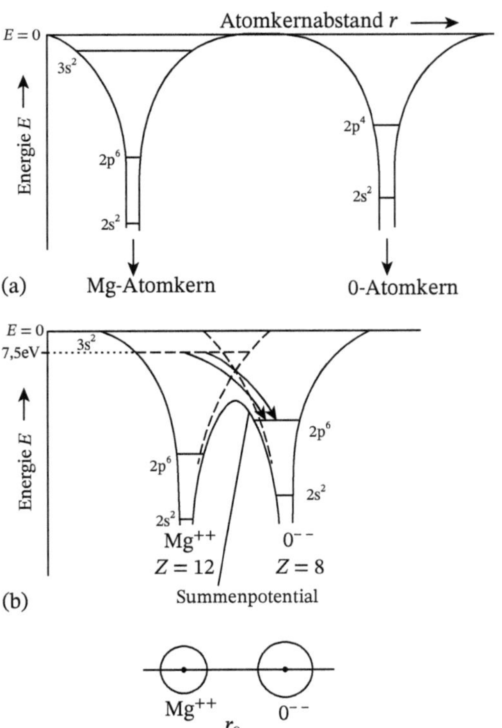

Bild 2.26 Zur Erklärung der Ionenbindung. (a) Energieniveauschema des einzelnen Magnesium- und Sauerstoffatoms; (b) Überlappung der Potenziale und Energiegewinnung durch Übergang der beiden 3 s-Elektronen vom Mg in den 2p-Zustand von O; (c) Entstehung des Gleichgewichtsabstandes r_0 der gebildeten Ionen in der MgO-Struktur.

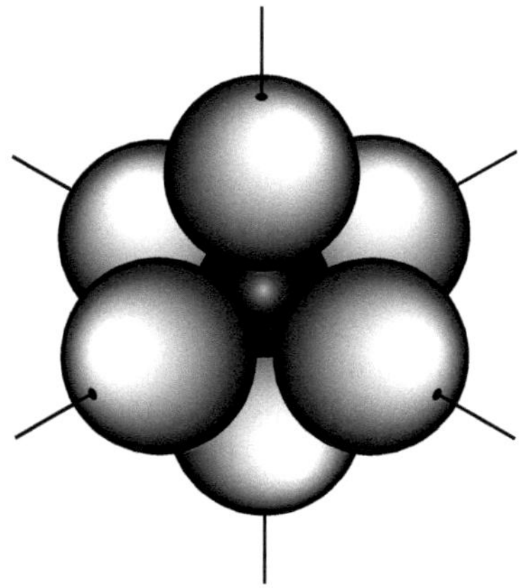

Bild 2.27 Dreidimensionale Anordnung (Struktur) von MgO. Das zweifach positive Mg-Ion hat gleich starke Bindungskräfte zu allen sechs benachbarten zweifach negativen O-Ionen (vgl. auch Bild 2.52) Die räumliche Zusammenlagerung der Atome wird durch gittergeometrische Gesichtspunkte bestimmt (Abschn. 2.1.9).

geht das Magnesiumatom sofort in den Bindungszustand $2p^6$ über, und Sauerstoff, dessen Grundzustand bisher $2p^4$ lautete, wird ebenfalls mit $2p^6$ besetzt. Wie aus Bild 2.26b ersichtlich, entstehen infolge der Bindungsbildung ein doppelt positiv geladenes Magnesiumion und ein doppelt negativ geladenes Sauerstoffatom. Der quantenmechanische Bindungsmechanismus reduziert sich hier auf eine nahezu reine *Coulombsche Anziehung* (elektrostatische Anziehung) zwischen den entgegengesetzt geladenen Ionen. Deshalb auch die Bezeichnung *Ionenbindung*. Die gleichzeitig wirkenden Abstoßungskräfte rühren daher, dass bei weiterer Annäherung sich die inneren Elektronenwolken beider Atome durchdringen müssen. Dies bewirkt eine Abstoßungskraft, die mit der Verkleinerung des Abstandes sehr schnell ansteigt. Damit ist die qualitative Gültigkeit von Bild 2.19 für diesen Bindungstyp aufgezeigt. Die übrigbleibende Elektronenkonfiguration entspricht für beide Atome der des Elementes Neon, wohlgemerkt aber mit unterschiedlichen Kernladungszahlen.

Die Ionenbindung – auch als *heteropolare Bindung* bezeichnet – ist dadurch charakterisiert, dass die positiv geladenen Ionen in allen Richtungen die gleiche Anziehung auf die negativ geladenen Ionen ausüben und umgekehrt (Bild 2.27). Man spricht deshalb von einer *ungerichteten Bindung.*

Da bei der Ionenbindung keine freien Elektronen, d. h. Elektronen, die dem gesamten Gitterverband angehören, auftreten, sind alle Stoffe mit vorherrschender Ionenbindung (s. a. Tab. 2.7) schlechte Leiter für die Elektrizität und Wärme, sie sind diamagnetisch und im sichtbaren Licht durchsichtig (s. Abschn. 10.10.1). Weitgehende Ionenbindung tritt nur zwischen einfach bis dreifach geladenen Ionen auf. Höher geladene Kationen verstärken mit ihrer größeren Fähigkeit, die Anionen zu polarisieren, den kovalenten Bindungsanteil (Anteil der Atombindung).

Gitterbaufehler der Ionenkristalle (Abschn. 2.1.11 und 7.1.1) unterliegen der Forderung nach Ladungsneutralität. Es müssen immer ebenso viele Kationenladungen wie Anionenladungen davon betroffen sein, d. h. fehlen oder auf Zwischengitterplätzen sitzen oder bei der Verformung gleichzeitig durch das Gitter wandern. Bei dicht gepackten Ionenkristallen ist dennoch eine metallartig leichte Verformung möglich; komplizierte, komplexe Ionengitter sind aber extrem schlecht verformbar und brechen längs glatter *Spaltflächen* (s. a. Abschn. 6.2).

2.1.5.3 Kovalente Bindung (Atombindung)

Dieser Bindungstyp lässt sich zunächst am besten anhand des Wasserstoffmoleküls H_2 erläutern. Werden zwei Wasserstoffatome einander angenähert, so durchdringen sich die beiden 1 s-Elektronenwolken (1 s-Orbitale). Die quantentheoretische Berechnung liefert einen energetisch günstigen Zustand für den Fall, dass beide 1 s-Elektronen eine einzige Elektronenwolke bilden, in der die beiden Elektronen einen entgegengesetzten Spin haben (Bild 2.28). Nach dem Pauli-Prinzip finden dann beide im tiefsten Energieniveau des Moleküls (Hauptquantenzahl $n = 1$) Platz und liefern den für die Bindung notwendigen Energiegewinn. Auch innerhalb komplex aufgebauter Moleküle wirkt die Atombindung und bestimmt den Molekülaufbau, wie das in Bild 2.29 am Beispiel des Ammoniaks deutlich wird. Das Stickstoffatom (Bild 2.25) mit seinen keulenförmigen Elektronendichteverteilungen (p-Orbitalen) tritt mit den 1 s-Orbitalen der 3 Wasserstoffatome derart in Wechselwirkung, dass sie sich in bestimmter Weise überlappen und unter Energiegewinn das NH_3-Molekül bilden.

Ein sehr wichtiges Beispiel ist der Kohlenstoff. Gegenüber dem Grundzustand $1s^22s^22p^2$ des freien C-Atoms ist die Elektronenkonfiguration im Molekül $1s^22s^12p^3$. Man bezeichnet diese Erscheinung als *Hybridisierung* und das entsprechende Orbital als Hybrid- oder Überlagerungsorbital (Bild 2.30a). Bei der Molekülbildung (z. B. CH_4-Bildung, Bild 2.30b) und beim Aufbau des Diamantgitters ordnen sich die sp^3-Hybridorbitale vom C-Atom ausgehend unter bestimmten Winkeln, den so genannten *Valenzwinkeln* (< 180°), an. Die stabilste Bindung liegt dann vor, wenn sie einen Tetraeder (Bild 2.31a) bilden, d. h., dass das im Zentrum sitzende C-Atom seine keulenförmigen Orbitale nach den Eckpunkten eines Tetraeders ausstreckt. In diesem Fall beträgt der Valenzwinkel 109,47° (s. Bild 2.54a und c).

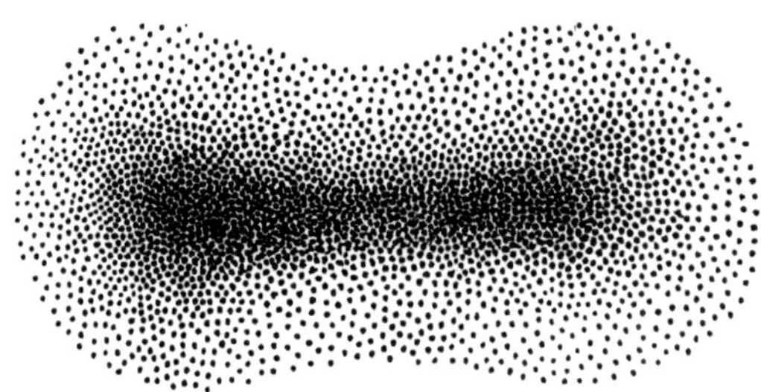

Bild 2.28 Atombindung im Wasserstoffmolekül infolge der Durchdringung der beiden 1 s-Elektronenwolken (1 s-Orbitale).

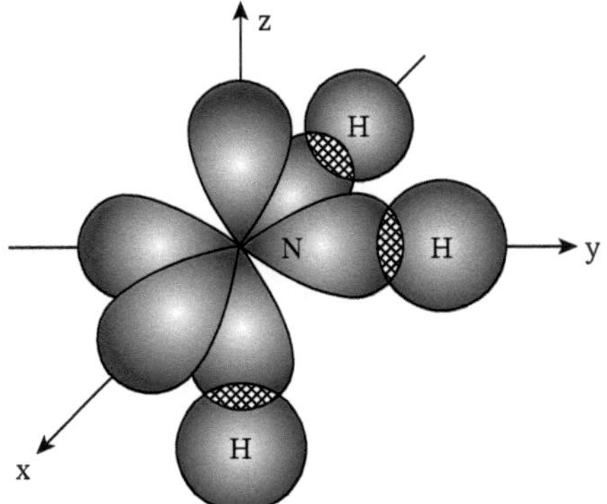

Bild 2.29 Schematische Darstellung der Atombindung in NH_3 durch Überlappung von Atomorbitalen (schraffierte Bereiche).

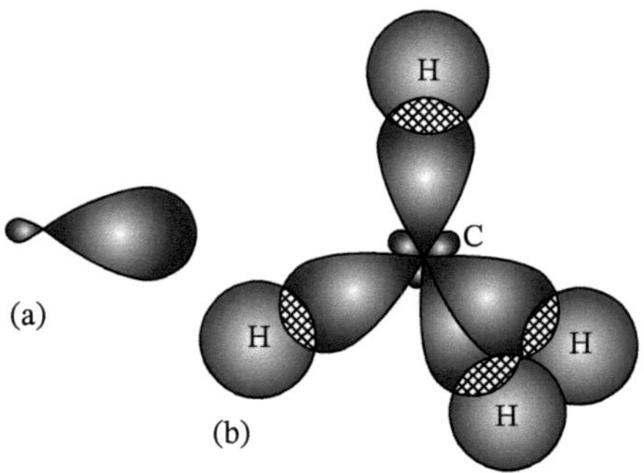

Bild 2.30 (a) sp^3-Hybridorbital (Überlagerungsorbital) des Kohlenstoffs; (b) Atombindung im CH_4-Molekül.

Die Bindung der C-Atome untereinander geschieht durch Überlappen ihrer Orbitale (Bild 2.31b). Deshalb kehrt der Valenzwinkel auch bei den an ein gegebenes C-Atom seitlich gebundenen Kohlenstoffatomen wieder. Er wird aus diesem Grunde auch als Winkel zwischen den *Bindungsachsen* bezeichnet.

Die Atombindung ist nicht nur eine starke, sondern dank der Existenz der Valenzwinkel auch eine *gerichtete Bindung*. Die Valenzwinkel bedingen kleine Zahlen erstnächster Nachbarn von 1 bis 6, im Diamant 4. Auch der Zickzack-Verlauf der aus C-Atomen aufgebauten Hauptketten von Makromolekülen (Abschn. 2.1.10.1) ist eine Folge des Auftretens von Valenzwinkeln.

Besonders am Diamant (kubischer Kohlenstoff) mit praktisch reiner Atombindung werden die sehr starken Kräfte, die mit diesem Bindungstyp verbunden sind, deutlich. Er ist das härteste in der Natur vorkommende Material und zeichnet sich durch gute Isolatoreigenschaften gegenüber Elektrizität, Durchsichtigkeit, Diamagnetismus und einen hohen Schmelzpunkt aus (seine Struktur wird erst bei 6.000 K durch thermische Energie zerstört). Die in Bild 2.31b schematisch gezeigte Verknüpfung der von jedem C-Atom ausgehenden

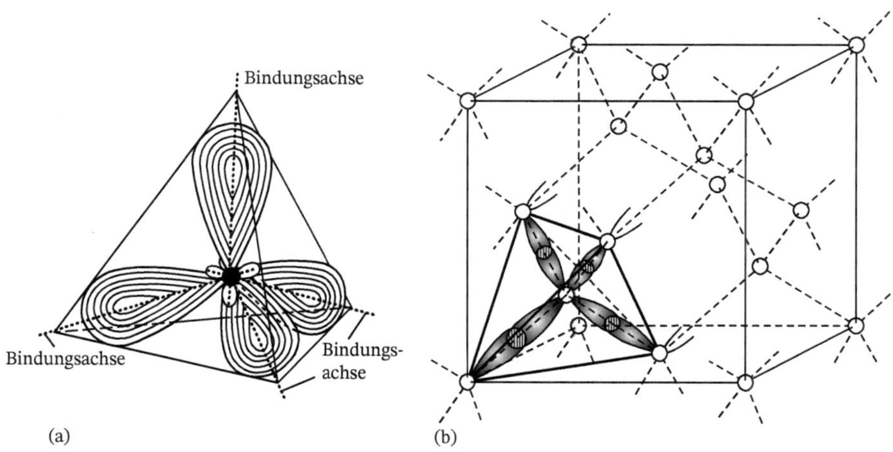

Bild 2.31 Die tetraedrischen Hybridorbitale (a) der C-Atome führen zur tetraedrischen Anordnung der Atome im Diamantgitter (b).

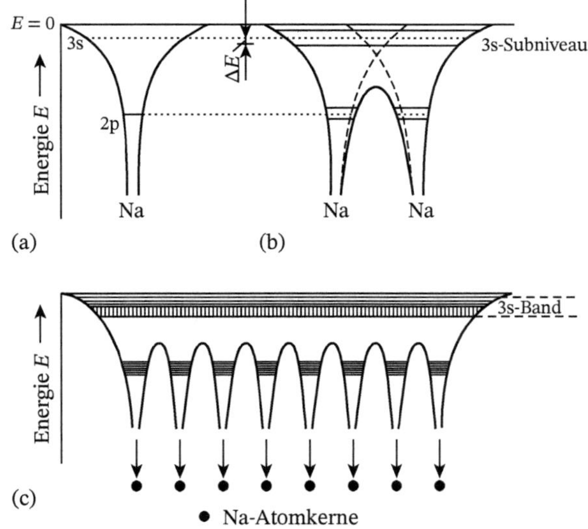

Bild 2.32 Schematische Darstellung zur Entstehung der Metallbindung. (a) Energieniveauschema des freien Na-Atoms; (b) In zwei nahe beieinander angeordneten Na-Atomen spalten sich die im freien Atom scharfen Energieniveaus in Subniveaus auf (ΔE Energiegewinn, der für die Bindung zur Verfügung steht); (c) Herausbildung von Energiebändern, wenn viele Atome eine Bindung eingehen. Bei Na ist das 3 s-Band halb mit Elektronen gefüllt (durch Schraffur in senkrechter Richtung angedeutet).

Hybridorbitale liefert gleichzeitig die Erklärung für die Entstehung der kubischen Diamant-Kristallstruktur (s. a. Bild 2.2).

Ein andersartiger Fall liegt vor, wenn die C-Atome

2.1.5.4 Metallbindung

Die quantentheoretischen Vorstellungen von der Metallbindung lassen sich nicht anhand solch einfacher Modelle wie im Falle der Ionen- und Atombindung nahebringen. Als Ausgangspunkt sei wieder das Potenzialtrichtermodell gewählt. In Bild 2.32a ist der Grundzustand eines freien Na-Atoms dargestellt. Wird ihm ein zweites Na-Atom angenähert, dann durchdringen sich ihre Potenzialwände, und aus dem ehemals im freien Atom einfach vorhandenen 3 s-Niveau entstehen durch die Wechselwirkung zwischen beiden Na-Atomen zwei 3 s-Subniveaus, von denen das eine oberhalb, das andere unterhalb des ursprünglichen 3 s-Niveaus liegt (Bild 2.32b). Die Subniveaus befinden sich oberhalb einer im Atomverband nicht mehr trennend wirkenden Potenzialschwelle. Die von den zwei Na-Atomen beigesteuerten 3 s-Elektronen können (ohne das Pauli-Prinzip zu verletzen) auf dem niedrigsten der beiden

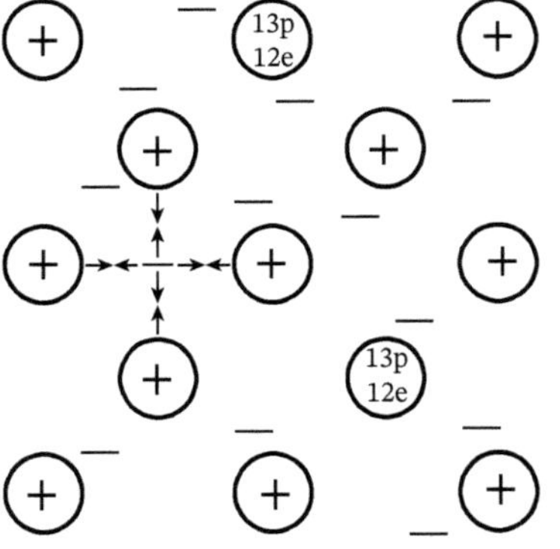

Bild 2.33 Die Metallbindung kann als Anziehung zwischen den positiven Atomrümpfen (Kern + Resthülle) und den negativen, dem ganzen Metall angehörenden freien Elektronen erklärt werden (Beispiel Aluminium $Z = 13$).

Subniveaus unterkommen, d.h. die 3s-Subniveaus sind damit zur Hälfte gefüllt. Der dabei je Atom freiwerdende Energiebetrag liefert im Wesentlichen die Bindungsenergie und ist die Ursache für Bindungskraft. Treten drei Atome zu einem Verband zusammen, dann entstehen drei Subniveaus, die wieder zur Hälfte besetzt sind usw. (Bild 2.32c). Schließlich entsteht in einem Kristall mit *N* Atomen ein den ganzen Kristall durchsetzendes halbgefülltes 3s Energieband (eigentlich sind es *N* Subniveaus, wobei *N* für 1 cm^3 Material den Wert 10^{23} erreicht).

Die im 3 s-Band befindlichen Elektronen gehören nicht mehr einem einzelnen Atom an, sondern dem ganzen Metall. Sie bilden das so genannte *Elektronengas*, das – wie in älteren Darstellungen ausgedrückt wird – in seiner Gesamtheit anziehend auf die positiven Atomrümpfe wirkt, wobei es zu keiner Ionisation im Sinne einer Ladungstrennung kommt, da jeder positive Atomrumpf ein Elektron behält. Es entsteht eine allseitige, scheinbar von den Zentren der Atomrümpfe ausgehende *ungerichtete Bindung* (Bild 2.33). Damit ist das Bestreben verbunden, eine möglichst dichte Raumerfüllung – so genannte Kugelpackungen der Atome – zu bilden, vorzugsweise kfz und hdP (hexagonal dichteste Packung) und z. T. auch krz (Tab 2.3). Auf sie ist auch die gute plastische Verformbarkeit der Metalle zurückzuführen (Abschn. 9.2). Außerdem sind die freien Elektronen die Ursache für den Glanz der Metalle, ihre gute elektrische und thermische Leitfähigkeit. Diese Eigenschaften weisen Stoffe mit vorherrschender Ionen- oder Atombindung nicht auf. Auch werden bei diesem Bindungstyp die Gitterfehler nicht ladungsmäßig verankert, sodass beispielsweise die auf Versetzungsbewegungen beruhende plastische Verformung schon durch eine relativ geringe Zufuhr mechanischer oder thermischer Energie möglich ist.

2.1.5.5 Nebenvalenzbindung

Die *Neben-* oder *Restvalenzbindung* umfasst mehrere, verschieden stark wirkende Bindungen, die durch weitreichende *van-der-Waals-Kräfte* geknüpft werden. Dieser Bindungstyp bedingt die Entstehung von Festkörpern aus Gasmolekülen (O_2, CO_2, H_2 oder Edelgasen) bei tiefen Temperaturen. Charakteristisch für solche Festkörper ist, dass die Bindungsenergie zwischen Molekülen, die bei Raumtemperatur Gase bilden, sehr niedrig sein muss. Des Weiteren stellt dieser Bindungstyp die wichtigste Form der Bindung zwischen den Makromolekülen der Polymeren dar (Abschn. 2.1.10.2). Bis zu einem gewissen Grad kommt er jedoch in der Mehrzahl der Festkörper vor.

Ordnet man die Nebenvalenzbindungen nach abnehmender Bindungsstärke, so ergibt sich die Reihenfolge: Wasserstoffbrückenbindung (zwischen Molekülen), Dispersionskräfte (zwischen Multipolen) und Orientierungskräfte, die als Dipol-Dipol-Bindung (zwischen permanenten Dipolen), als Dipol-Ion-Bindung (zwischen permanentem und im Ion induziertem Dipol) oder als Induktions-Bindung (zwischen permanentem und im neutralen Atom induziertem Dipol) auftreten können.

Die an N-, C- oder O-Atome gebundenen H-Atome vermögen infolge ihrer außerordentlich geringen Größe und unabgeschirmten positiven Kernladungen in die viel größeren Zentralatome hineinzuschlüpfen. Sie ordnen sich in deren Elektronenhülle so, dass oberflächlich eine tetraedrische Ladungsverteilung von 1 bis 3 positiven und 3 bis 1 negativen Ladungen, ein Quadrupol, entsteht. Die Quadrupole lagern sich im Raum derart, dass sie sich mit antipolar geladenen Oberflächenpunkten gegenüberstehen wie … $H_2CH + -CH_3$…
Diese als *Wasserstoffbrückenbindung* bezeichnete Bindungsart spielt in Polymeren eine

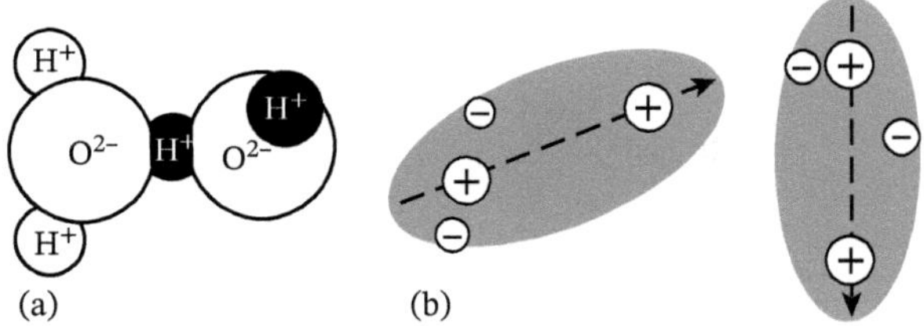

Bild 2.34 Schematische Darstellung von Restvalenzbindungen. (a) Wasserstoffbrückenbindung zwischen 2 Wassermolekülen; (b) Dipol-Dipol-Bindung.

große Rolle. Durch ständigen Wechsel der Lage von einem Zentralatom zum anderen und zurück, der eine so genannte Resonanzbindung zur Folge hat, wird die Bindungskraft noch zusätzlich erhöht (Bild 2.34).

Die etwas schwächeren *Dispersionskräfte* wirken zwischen Multipolen. Diese entstehen durch den dauernden Wechsel der gegenseitigen Lagen der Hüllelektronen, demzufolge sich ständig Gebiete unvollkommener Abschirmung der positiven Kernladung neben Gebieten höherer Elektronegativität bilden, die stärker und wieder schwächer werden oder an anderen Stellen vorher guter Abschirmung neu entstehen. Damit sind wechselnde Zahlen positiv und negativ geladener Oberflächenstellen unterschiedlicher und wechselnder Stärke über die Atomoberfläche verteilt. Infolge einer Resonanz, d. h. eines dauernden Wechsels der Polaritätsverteilung an den Berührungsstellen solcher Multipole, ist diese Bindung fester, als bei stationärer Anordnung und Stärke der Pole zu erwarten wäre.

Schwingen ein positiv geladener Atomkern und seine negativ geladene Atomhülle gegeneinander, so entsteht in dem Atom ein permanentes Dipolmoment. Bei starker Annäherung zweier Atome mit permanentem Dipolmoment wirken die so genannten *Dipol-Dipol-* oder *Orientierungskräfte*, da beide Dipolmomente sich zueinander in stets antipolare Lage orientieren (Bild 2.34b). Orientierungskräfte sind stark temperaturabhängig, da die überlagerte Wärmeschwingung den „Orientierungsgleichklang" zunehmend „verstimmt", d. h. außer Phase, „außer Tritt" geraten lässt. Bei Annäherung eines Atoms mit permanentem Dipolmoment an ein lediglich schwingungsfähiges neutrales Atom oder ein geladenes Atom, ein Ion, werden in diesem antipolar orientierte Dipolschwingungen induziert, und es entstehen die schwachen, temperaturabhängigen *Induktions-* und *Dipol-Ion-Kräfte*. Außer den Dipol-Ion-Kräften haben alle Restvalenz-Kräfte für den Zusammenhalt der Makromoleküle in den organischen Werkstoffen große Bedeutung.

2.1.5.6 Mischbindung

Es war schon gesagt worden, dass die *Hauptvalenzbindungen* Extremfälle ein und desselben quantenmechanischen Bindungsmechanismus sind und dass sie sich lediglich hinsichtlich der Aufenthaltsräume (Orbitale) der am Zustandekommen der Bindung beteiligten Elektronen sowie der Überlappung der Orbitale unterscheiden. Es ist deshalb nicht mehr als natürlich, dass zwischen den verschiedenen Bindungszuständen *Mischbindungen* auftreten können (Bild 2.35). So nimmt allgemein der Anteil der Metallbindung bei Metallen mit steigender Kernladungszahl im Periodensystem innerhalb einer Periode bis zur Gruppe Ib zu und darüber hinaus schnell ab. Der Atombindungsanteil verhält sich gegenläufig. Die Übergangs- und Leichtmetalle sowie die tiefschmelzenden Metalle Pb und Tl (Bild 2.21) kristallisieren allein oder als Austauschmischkristalle mit nahezu reiner Metallbindung.

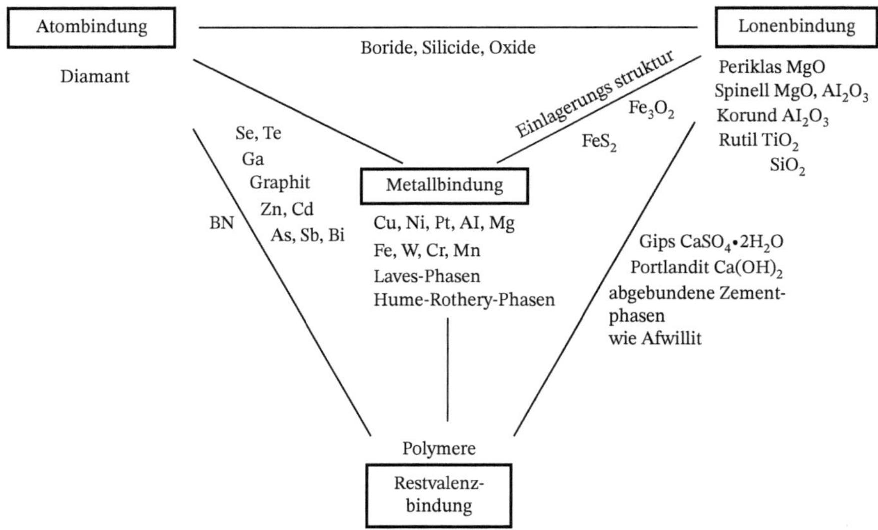

Bild 2.35 Die Bindungsarten und ihre Zwischenformen (Mischbindung).

Die übrigen niedrigschmelzenden Metalle und die Halbmetalle bilden allein und miteinander Gitter mit vorwiegend kovalenter, d. h. Atombindung. In Kristallen, die aus metallischen und nichtmetallischen Elementen bestehen, wie in Oxid- und Sulfidkristallen, liegt meist eine Mischbindung mit Anteilen von Ionen- und Atombindung vor. In den Oxiden überwiegt die Ionen-, in Sulfiden die Atombindung.

Diese Verhältnisse kommen auch in Eigenschaften dementsprechender Festkörper zum Ausdruck. So sind bei den Halbmetallen mit definiertem Valenzwinkel As, Sb, Bi Metallglanz mit hoher Sprödigkeit, bei Halbleitern, wie CdSe, Durchsichtigkeit mit von der Belichtungsintensität abhängigem elektrischem Widerstand gepaart. Sprödigkeit und definierte Valenzwinkel sind für die Atombindung, Spaltbarkeit und Durchsichtigkeit für die Atom- sowie Ionenbindung und Elektronenleitfähigkeit, Photoeffekt und Metallglanz für die Metallbindung charakteristisch. Weitere Zusammenhänge bestehen zwischen der Bindungsart und der Größe der Atomdurchmesserunterschiede in Mehrkomponenten-Kristallen sowie der so genannten Koordinationszahl. Metall- und Atombindung setzen annähernd gleich große Atome voraus. Daher bilden sich metallische Austauschmischkristalle mit Metallbindung und mehrkomponentige Strukturen mit kovalenter Bindung vorwiegend aus benachbarten Elementen einer Periode wie Ni–Cu-Mischkristalle oder das kubische, superharte Bornitrid BN und Borcarbid B_4C.

2.1.6 Koordination

Die *Koordinationszahl* KZ ist eine wichtige Stoffkenngröße, die die Packungsdichte des kristallinen Körpers kennzeichnet. Sie ist die Anzahl der um einen herausgegriffenen zentralen Gitterbaustein in gleicher Entfernung platzierten nächsten Nachbarn (Liganden). Der herausgegriffene Gitterbaustein *A* bildet mit den ihm nächstbenachbarten

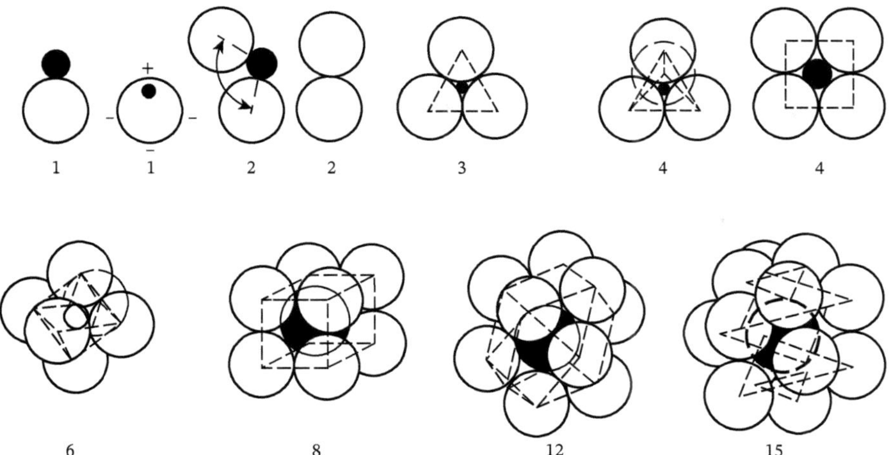

Bild 2.36 Mögliche Koordinationspolyeder kugelförmiger Gitterbausteine. Zentralatom A schwarz, Liganden X hell. Die angeführten Zahlen sind die zugehörigen Koordinationszahlen (s. a. Tab. 2.2).

Gitterbausteinen, den *Liganden X*, einen so genannten *Koordinationspolyeder* AX_n, dessen KZ für A gleich n ist (Bild 2.36).

Die KZ ist von der Gestalt der Gitterbausteine wie der tetraederförmigen SiO_4- oder der oktaederförmigen AlO_6-Moleküle oder der lang gestreckten organischen Makromoleküle abhängig. Bei kugelförmigen Bausteinen, auf die allein im Weiteren eingegangen werden soll, wird sie für KZ $\geqq$ 3 vom Verhältnis der Bausteinradien r_A/r_X bestimmt. In Kristallen mit der ungerichteten Metallbindung ist – wie auch Tab. 2.2 verdeutlicht – die KZ wegen der gleichen oder etwa gleichen Größe (Radienverhältnis $\cong$ 1) von Zentralatom und Nachbaratomen (Liganden) besonders hoch. Im kubisch primitiven Gitter beträgt sie 6, im krz 8 und im kfz sowie hdP 12 (Abschn. 2.1.7).

In den Kristallen mit der gleichfalls ungerichteten Ionenbindung wird die angestrebte höhere KZ durch die Bedingung, dass die Ionenkristalle nach außen elektrisch neutral sind, auf maximal 8 eingeschränkt. In Abweichung davon können sich bei einer gerichteten Bindung die Gitterbausteine nur in bestimmten Bindungsrichtungen aneinander lagern, sodass die Anzahl nächster Nachbarn um ein Zentralatom klein ist. In Kristallen mit Atombindung sind deshalb Koordinationszahlen von 1 bis 6 (z. B. Diamant KZ = 4) verwirklicht.

In den Koordinationspolyedern besetzen die n Liganden X die Ecken der dem Atom A umschriebenen geometrischen Figuren (Bild 2.36). Für $r_A/r_X = 1$ können A und X vom gleichen Element besetzt sein, wie bei den Kristallstrukturen reiner Metalle. Liegt dann das Radienverhältnis an der Grenze zweier aufeinander folgender r_A/r_X-Bereiche (Tab. 2.2), so kann dieses Element in den beiden diesen Bereichen entsprechenden KZ und Gittertypen auftreten (Polymorphie). Das trifft beispielsweise für das Fe zu, das mit KZ = 8 und KZ = 12 in der krz und kfz Modifikation (α-Fe und γ-Fe) auftreten kann.

Für den Fall, dass $r_A/r_B = 1$ aber A und X von verschiedenen Elementen besetzt sind, kann der dementsprechende Koordinationspolyeder Bestandteil eines metallischen Austauschmischkristalls oder auch eines Ionenkristalls wie CsCl und NaCl sein.

Tab. 2.2 Mögliche Koordinationszahlen für kugelförmige Bausteine X um A in Verbindung mit Bild 2.36.

KZ	Koordinationspolyeder	Radienverhältnis r_A/r_X	Beispiele für AX_n
1	linear hantelförmige Komplexe; kugelförmige Komplexe	ohne Bedeutung	AsS im FeAsS (Erzphase); $(OH)^-$ in Zementphasen
2	bei kovalenter Bindung: ebene Gebilde; bei Wasserstoffbrückenbindung: lineare Gebilde	ohne Bedeutung	CC_2, OC_2, NC_2 in Polymeren, MoS_2 oder $Ca(OH)_2$ mit $-OH^+ \ldots -OH^-$
3	ebenes Dreieck um A	0,155 … 0,225	CO_3 in Carbonaten; BO_3 in Boratgläsern
4	räumlicher Tetraeder um A ebenes Quadrat um A	0,225 … 0,414 0,414 … 0,732	SiO_4 in Silicaten; FeO_4 in Magnetit $PtAs_4$ in Sperrylith (Erzphase)
6	räumlicher Oktaeder um A	0,414 … 0,732	MgO_6 in MgO; TiO_6 in TiO_2
8	räumlicher Würfel um A	0,732 … 1	α-Fe, Cr, Mo, W
12	räumlicher Kub-Oktaeder um A	1	γ-Fe, Ni, Cu, Ag, Au
14 …	räumliche *Harker-Kasper*	1	intermetallische Phasen
16	Polyeder um A	–	wie $AlCu_3$, $AlFe_3$, $SiFe_3$, AlCuMg, $SiCu_3Mg_2$

Ebenso wie aus Elementarzellen (Abschn. 2.1.1) lässt sich das Raumgitter kristalliner Stoffe auch aus Koordinationspolyedern zusammengesetzt denken (Koordinationsgitter). Die Verknüpfung gleichartiger Koordinationspolyeder zu einem dreidimensionalen Koordinationsgitter kann über gemeinsame Ecken, Kanten und Flächen erfolgen. Bei vorherrschender Ionenbindung nimmt erfahrungsgemäß die Gitterstabilität in dieser Reihenfolge ab, bei metallischer Bindung steigt sie an.

2.1.7 Elementstrukturen

Etwa drei Viertel aller Elemente sind Metallstrukturen. Die Mehrzahl von diesen kristallisieren zu 30 % im kubisch raumzentrierten (krz) Wolfram-Strukturtyp, mehr als 30 % im kubisch flächenzentrierten (kfz) Kupfer-Strukturtyp und 35 % im hexagonal dichtest gepackten (hdP) Magnesium-Strukturtyp. In Tabelle 2.3 sind bekannte Beispiele für diese wichtigen Elementstrukturtypen zusammengefasst.

Die restlichen, technisch in der Regel weniger bedeutsamen Vertreter verteilen sich auf Elementstrukturen mit geringer Packungsdichte (PD) und Kettenstrukturen (KS) (z. B. Se, Te) oder Schichtstrukturen (z. B. As, Sb, Bi). Zu den letzten zählt auch die hexagonale Kohlenstoffmodifikation Graphit, bei der die C-Atome innerhalb der Schichtebenen (Bild 2.37) – wie im Gitter der kubischen Kohlenstoffmodifikation Diamant (Bild 2.31b) – durch die festere Atombindung, senkrecht dazu jedoch durch schwache Nebenvalenzkräfte gebunden sind.

Daher können die Ebenen leicht aufeinander gleiten, worauf die gute Schmierwirkung des Graphits beruht. Mit der dreidimensionalen Struktur des Graphits ist *Graphen* eng verwandt. Dessen Struktur besteht aus einlagigen Kohlenstoffschichten entsprechend Bild 2.37b). Graphenflächen sind innerhalb der Flächen außerordentlich steif und haben eine hohe Festigkeit. Der Elastizitätsmodul beträgt 1.020 GPa, ist nahezu so groß wie der des Diamants. Die Zugfestigkeit des Graphens liegt bei 125 GPa und ist damit am höchsten von allen Werkstoffen. Durch Graphen gebildete Schichten lassen sich aufrollen und führen

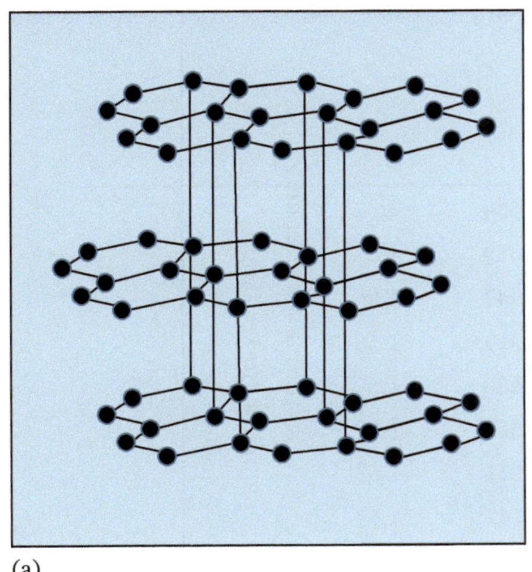

(a)

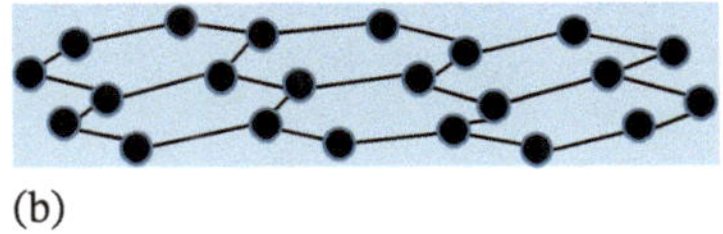

(b)

Bild 2.37 (a) Ausschnitt aus der Graphit-Kristallstruktur und (b) der Graphenstruktur.

Tab. 2.3 Kristallstrukturen und Gitterkonstanten einiger Metalle bei Normaldruck (die Werte ohne Temperaturangabe beziehen sich auf 20 °C; *c* = Betrag auf der *c*-Achse der hexagonalen EZ).

			Gitterkonstanten (Hartkugelmodell)		
Struktur	**Metall**	**Temperatur °C**	***a*** 10^{-10} m	***c*** 10^{-10} m	**Gitterkonstantenverhältnis** *c/a*
krz	α-Fe	–	2,866	–	–
	δ-Fe	1.390	2,932	–	–
	Cr	–	2,884	–	–
	V	–	3,027	–	–
	Mo	–	3,147	–	–
	W	–	3,165	–	–
	Nb	–	3,303	–	–
	Ta	–	3,306	–	–
	β-Ti	920	3,311	–	–
	β-Zr	862	3,545	–	–
	Na	–	4,291	–	–
	K	–	5,328	–	–
kfz	Ni	–	3,524	–	–
	β-Co	467	3,560	–	–
	Cu	–	3,615	–	–
	γ-Fe	1.000	3,654	–	–
	Ir	–	3,839	–	–
	Pt	–	3,923	–	–
	Al	–	4,049	–	–
	Au	–	4,079	–	–
	Ag	–	4,086	–	–
	Pb	–	4,951	–	–
hdP	Be	–	2,286	3,584	1,57
	α-Co	–	2,505	4,060	1,62
	Zn	–	2,665	4,947	1,86
	Os	–	2,734	4,319	1,58
	α-Ti	–	2,950	4,686	1,59
	Cd	–	2,979	5,618	1,89
	Mg	–	3,209	5,211	1,62
	α-Zr	–	3,232	5,147	1,59
	„ideal“	–	–	–	1,633

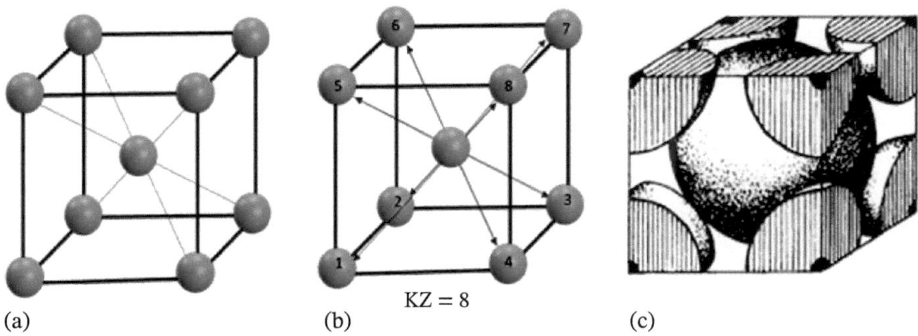

Bild 2.38 (a) Kubisch raumzentrierte EZ des Wolfram-Strukturtyps, Lage der Atome in der EZ; (b) zur Ableitung der Koordinationszahl; (c) zur Veranschaulichung der Anzahl der Atome in der EZ im Hartkugelmodell (nach [3]).

zu *Kohlenstoffnanoröhren*. Die Zugfestigkeit von Nanoröhren erreicht Werte von 30 GPa bei einer Schicht, bei mehreren bis zu 63 GPa.Werden in Graphen eine definierte Anzahl von Sechserringen durch Fünferringe ersetzt wölbt sich die vormals ebene Fläche zu einer Kugel. Diese Materialien tragen die Bezeichnung *Fullerene*.

2.1.7.1 Kubisch raumzentrierte Metalle (Wolfram-Strukturtyp)

In dieser Struktur kristallisieren z. B. die Schwermetalle W, Mo und Ta sowie das α-Fe (Tab. 2.3). Bild 2.38a) zeigt die Elementarzelle. Jedes Atom ist von 8 nächsten Nachbarn (KZ = 8) umgeben (Bild 2.38b) und kontaktiert mit diesen (Bild 2.38c).

Fasst man die Atome als Kugeln mit dem Radius r (Hartkugelmodell) auf, dann ergibt sich über die Raumdiagonale der Zusammenhang zwischen Gitterkonstante a und Atomradius r zu

$$a_{\text{krz}} = 4r/\sqrt{3} \tag{2.8}$$

Hiermit lässt sich die *Packungsdichte* PD angeben, die als Quotient des auf die EZ entfallenden Volumens der Atome und des Volumens der EZ selbst definiert ist und die *Raumerfüllung* darstellt. Berücksichtigt man, dass die krz EZ 2 Atome (8 Eckatome mal 1/8 und 1 Zentralatom) enthält (Bild 2.38c), dann ist mit Gl. 2.9

$$\text{PD}_{\text{krz}} = \frac{2 \cdot 4\pi r^3}{3a^3} = 0{,}68 \tag{2.9}$$

Für die krz-Struktur ist die Atomzahl/EZ stets $2n$, wobei n die Anzahl von Basisatomen ist.

2.1.7.2 Kubisch flächenzentrierte Metalle (Kupfer-Strukturtyp)

In dieser Kristallstruktur kristallisieren beispielsweise die Metalle Ag, Cu und Al, die eine hohe elektrische Leitfähigkeit aufweisen, aber auch das γ-Fe mit einer vergleichbar weniger guten Leitfähigkeit. Die Elementarzelle dieses Strukturtyps ist in Bild 2.39a dargestellt. Jedes Atom (Bild 2.39b) berührt 12 nächstgelegene Nachbaratome (KZ = 12). Auf einer (111)-Ebene entsteht nach einer ABCA-Stapelung entsprechend des Bildes 2.39c) die dichteste

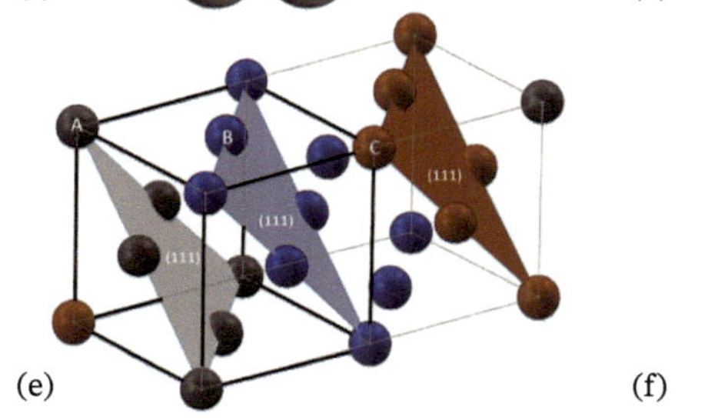

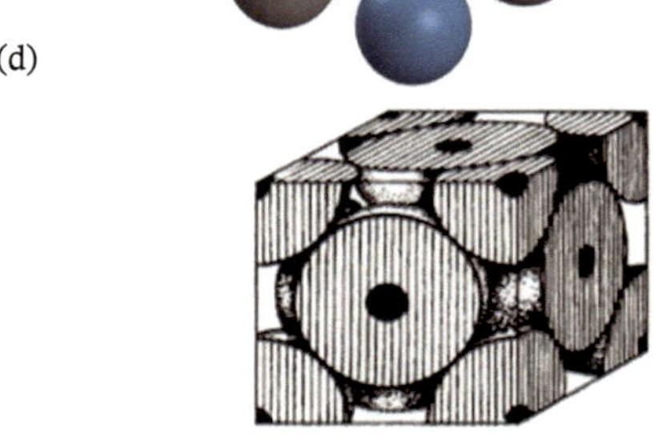

Bild 2.39 Kubisch flächenzentrierte EZ des Cu-Strukturtyps. (a) Lage der Atome in der EZ des Kupferstrukturtyps; (b) zur Ableitung der Koordinationszahl; (c) räumliche Darstellung der ABCA-Stapelfolge von {111}-Ebenen; (d) Entstehung einer kfz-Elementarzelle nach einer Stapelfolge ABC; (e) Anordnung von zwei Elementarzellen mit gekennzeichneten (111)-Ebenen; f) zur Veranschaulichung der Anzahl der Atome je EZ (nach [4]).

Anordnung von Atomen. Die räumliche Darstellung in Bild 2.39d veranschaulicht, wie nach einer ABC-Stapelung von {111}-Ebenen die kubisch flächenzentrierte Elementarzelle entsteht. Die dritte (111)-Ebene (gelb gezeichnet) liegt mit nur einem Atom in dieser Elementarzelle. Die restlichen Atome dieser Ebene gehoren bereits zu der danebenliegenden Elementarzelle (Bild 2.39e).

Die Gitterkonstante a steht mit dem Atomradius r in folgender Relation

$$a_{\text{kfz}} = 4r/\sqrt{2} \tag{2.10}$$

Die Packungsdichte berechnet sich zu

$$\text{PD}_{\text{kfz}} = \frac{4 \cdot 4\pi \cdot r^3}{3 \cdot a^3} = 0{,}74 \tag{2.11}$$

Die kfz EZ (Bild 2.39f) besteht nach dem Hartkugelmodell aus 4 Atomen (8-mal 1/8 auf den Ecken, 6-mal 1/2 auf den Flächenmitten). Die Elementarzelle hat demzufolge 4 Raumgitterpunkte und ist mit der Basis $n = 1$ Atom besetzt.

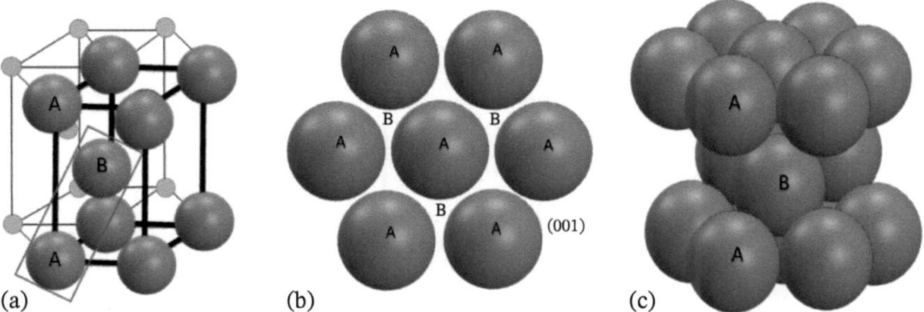

Bild 2.40 (a) Hexagonal dichtestgepackte EZ des Magnesium-Strukturtyps, Darstellung als Teil eines Hexagons, Basis 2 Atome blau umrahmt; (b) (001)-Ebene vom hdp-Magnesium-Strukturtyp mit Markierung der B-Zwickel; (c) räumliche Darstellung der ABA .... Stapelung.

Die kfz Struktur hat von allen kubischen Elementstrukturen die höchste PD und wird deshalb auch als kubisch-dichtestgepackte Struktur bezeichnet. Die hohe KZ und PD haben zur Folge, dass das kfz Gitter auch eine große Zahl von Gleitelementen aufweist und die darin kristallisierenden Werkstoffe sich durch hohe Duktilität und gute Verformbarkeit auszeichnen (Abschn. 9.2.1).

2.1.7.3 Hexagonal dichtest gepackte (hdp) Metalle (Magnesium-Strukturtyp)

Unter den mit dieser Struktur kristallisierenden Metallen sind vor allem die Leichtmetalle Mg, Be und α-Ti zu nennen.

Die EZ hat ein primitives hexagonales Gitter (s. Bild 2.6) und ist in Bild 2.40a dargestellt. Die EZ der Kristallstruktur ergibt sich, indem jedem Gitterpunkt eine Basis $n = 2$ Atome zugeordnet wird. (s. a. Abschn. 2.1.2). Die Stapelfolge ABAB … ergibt sich aus der Belegung mit Atomen der in Bild 2.40b markierten Zwickel B. Das Bild 2.40c vermittelt einen räumlichen Eindruck von dieser Stapelfolge. Die Koordinationszahl beträgt 12 und die Packungsdichte ist PD = 0,74. Es sind somit die gleichen Werte wie die der kfz-Struktur. Dennoch ist die Verformbarkeit der hdp-Strukturen wegen der kleineren Zahl von Gleitsystemen deutlich schlechter als die des kfz-Strukturtyps. Die Gründe dafür sind die unterschiedliche Stapelung der Atome (ABCA … im kfz- und ABAB … im hdp-Strukturtyp) und als Folge daraus ergeben sich im kfz-Strukturtyp die {111}-Ebenen als dichtest gepackt und die (001)-Ebenen im hdp-Strukturtyp (s. a. Abschn. 9.2.1).

2.1.7.4 Kubisch flächenzentrierter Diamant-Strukturtyp

In dieser Kristallstruktur kristallisieren neben Kohlenstoff in seiner kubischen Modifikation auch Silicium und Germanium. Die Elementarzelle ist in Bild 2.41 dargestellt.

Den Diamantstrukturtyp kann man sich auch vorstellen als Kombination von zwei ineinander gestellten kubisch flächenzentrierten Gittern, welche um 1/4 der Raumdiagonale gegeneinander verschoben sind. Die Elementarzelle besteht aus 8 Atomen pro EZ. Die Anzahl acht ergibt sich aus den 4 mathematischen Gitterpunkten des kfz Raumgitters (Bravais-Gitter) und der Belegung jeder dieser Gitterpunkte mit C-Atomen der im Bild 2.41 grau untersetzter Basis $n = 2$. Jedes Kohlenstoffatom liegt im Mittelpunkt eines Tetraeders mit 4 weiteren C-Atomen als nächste Nachbarn, wie Bild 2.41 beispielhaft mit roten

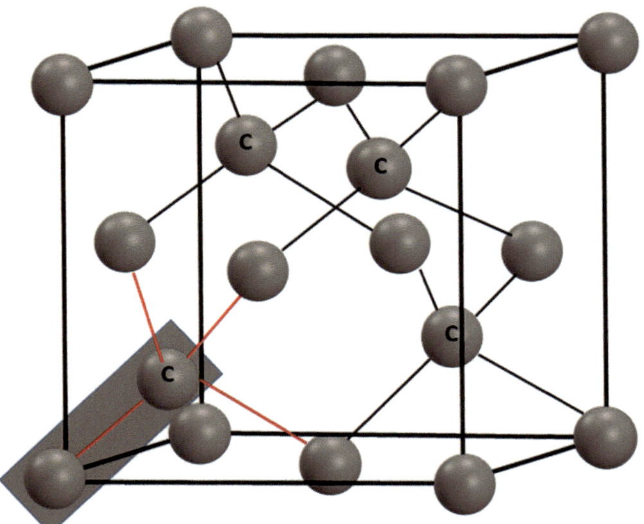

Bild 2.41 Elementarzelle des Diamantstrukturtyps (die Basis 2 ist farblich grau untersetzt; die tetraedrisch angeordneten C-Atome sind beispielhaft mithilfe roter Bindungsstriche hervorgehoben; alle C-Atome, die im Inneren der EZ liegen sind mit C bezeichnet).

Bindungslinien hervorhebt. Wie bereits in Bild 2.31 dargestellt, ergibt sich die Anordnung der Atome aus den tetraedrisch angeordneten Hybridorbitalen der C-Atome. Jedes C-Atom ist sowohl Zentral- als auch Eckatom von Koordinationstetraedern. Der Zusammenhang zwischen dem Atomradius r und der Gitterkonstante a lautet:

$$2r = 1/4\ a\sqrt{3} \tag{2.12}$$

woraus sich eine Packungsdichte PD = 0,34 ergibt. Die vergleichsweise niedrige Packungsdichte bedeutet eine sehr „offene" Kristallstruktur. Mit ihr einher geht die niedrige Anzahl nächster Nachbarn, die in dieser Kristallstruktur KZ = 4 beträgt.

Diamant hat eine Mohshärte von 10 und ist damit der härteste Werkstoff. Diese Eigenschaft macht Diamant, der auch synthetisch hergestellt werden kann, interessant für einen Einsatz als Schneidwerkstoff. Diese Härte resultiert aus den besonders festen und gerichteten kovalenten Bindungen, die die tetraedrischen sp^3-Orbitale des Kohlenstoffs eingehen. Diamant wie auch Silicium und Germanium sind Halbleiter. (s. a. Kap. 10.1.2).

2.1.8 Legierungsstrukturen

Die überwiegende Mehrzahl der technisch genutzten Metalle sind, gewollt oder ungewollt, Legierungen mit geringen bis wesentlichen Gehalten an Fremdelementen. Je nach der Art der Fremdatome stellen sie Mischkristalle (Mkr) mit nur etwas aufgeweitetem oder zusammengezogenem Wirtsgitter ohne Änderung des Gittertyps oder intermetallische Phasen (im weitesten Sinne des Wortes) mit meist komplizierteren Gittern dar. Ordnungs- oder Überstrukturen bilden die Übergänge zwischen beiden Legierungstypen.

Tab. 2.4 Beispiele für Mischkristallbildung.

Element	Gittertyp	Atomradius r in 10^{-10} m	Mischung
Ag	kfz	1,44	lückenlose Mkr-Reihe
Au	kfz	1,44	–
Cu	kfz	1,28	lückenlose Mkr-Reihe
Ni	kfz	1,25	–
Cu	kfz	1,28	lückenlose Mkr-Reihe und Überstrukturen CuAu und Cu_3Au
Au	kfz	1,44	
γ-Fe	kfz	1,26	lückenlose Mkr-Reihe
Ni	kfz	1,25	(austenitische Stähle)
Cr	krz	1,25	lückenlose Mkr-Reihe
Mo	krz	1,36	–
Mo	krz	1,36	lückenlose Mkr-Reihe
W	krz	1,37	–
Cd	hdP	1,49	lückenlose Mkr-Reihe
Mg	hdP	1,60	–
a-Ti	hdP	1,46	lückenlose Mkr-Reihe
a-Zr	hdP	1,58	–
Cu	kfz	1,28	begrenzte Mischbarkeit mehrere intermetallische Phasen
Zn	hdP	1,33	
Cu	kfz	1,28	begrenzte Mischbarkeit
Ag	kfz	1,44	–
Ni	kfz	1,25	begrenzte Mischbarkeit
Ag	kfz	1,44	–

2.1.8.1 Austauschmischkristalle

Austausch- oder *Substitutionsmischkristalle* ohne Mischungslücke bilden sich nach *Hume-Rothery* nur zwischen Elementen, die isotyp sind, d. h. im gleichen Gittertyp kristallisieren, deren Atomradien sich um nicht mehr als 15 % unterscheiden und deren Atome nur eine geringe chemische Affinität zueinander aufweisen, da sie sonst Verbindungen bilden. Diese Bedingungen sind zwar notwendig, aber, wie Tab. 2.4 verdeutlicht, nicht hinreichend.

Im Austausch-Mkr werden Fremdatome auf Gitterplätzen des Wirtsgitters eingebaut (Bild 2.42). Sie substituieren, d. h. ersetzen Wirtsgitteratome. Im Beispiel Ni–Cu können die Ni-Atome 100 %ig von Cu-Atomen ersetzt werden und umgekehrt. Man spricht von einer *lückenlosen Mischkristallreihe* bzw. unbegrenzter Löslichkeit (s. a. Bild 5.11). Im Falle des Legierungssystems Cu–Zn (Messing) kann das Zn die Cu-Atome in der kfz Struktur nur bis etwa 45 Masseprozent substituieren. Geht der Zn-Anteil darüber hinaus, wird die kfz Struktur instabil, und es bildet sich ein neuer Strukturtyp (krz). In diesem Fall besteht für

Bild 2.42 Schematische Darstellung eines Austauschmischkristalls.

das Zn in der kfz Cu-Struktur eine begrenzte Löslichkeit *(begrenzte Mischbarkeit).* Im Austausch-Mkr ändert sich beim Zulegieren eines Elementes die Gitterkonstante etwa linear mit der Konzentration *(Vegardsche Regel).* Die Gitterkonstanten der Mischkristallphasen setzen sich additiv aus denen der Kristalle der reinen Komponenten zusammen. Die Abweichungen von der Linearität liegen bei $\pm$ 1 %.

Die Verteilung der Atomarten über die Gitterplätze des Mkr ist nicht völlig statistisch. Es bilden sich „Cluster", d. h. Schwärme gleicher Atome, die eine stärkere Deformation des Gitters hervorrufen. Daraus sind auch die Mischkristalleigenschaften verständlich: ein höherer elektrischer und thermischer Widerstand sowie eine größere Festigkeit und Härte bzw. Sprödigkeit.

2.1.8.2 Überstrukturen

Überstrukturen treten in Legierungen, die Austausch-Mkr bilden, auf. Bei bestimmten Mengenverhältnissen und Temperaturen (s. a. Bild 5.15a) kann es vorkommen, dass sich die ehemals statistisch verteilten Atomarten auf ganz bestimmten Gitterplätzen anordnen und somit ein „Übergitter" bilden (s. a. Abschn. 4.4). Man spricht in diesem Fall auch von geordneten Mkr oder Ordnungsphasen, die nun andere elektrische, magnetische und mechanische Eigenschaften als die ungeordneten Phasen gleicher Zusammensetzung aufweisen.

Ein sofort überschaubares Beispiel ist das Legierungssystem Fe–Al. Im Gitter des krz α-Fe können mehr als 50 % der Fe-Atome durch Al-Atome substituiert werden. Bei einem Mengenverhältnis von 50:50 wird unter bestimmten Bedingungen die statistische Verteilung so verändert, dass alle Fe-Atome nun auf den Ecken der kubischen EZ und die Al-Atome im EZ-Zentrum untergebracht sind. Es entsteht die in Bild 2.43 wiedergegebene Überstruktur, bei der die Al-Atome (helle Kreisflächen) eine halbe Gitterkonstante tiefer

Bild 2.43 Struktur eines geordneten FeAl-Austauschmischkristalls (schematisch).

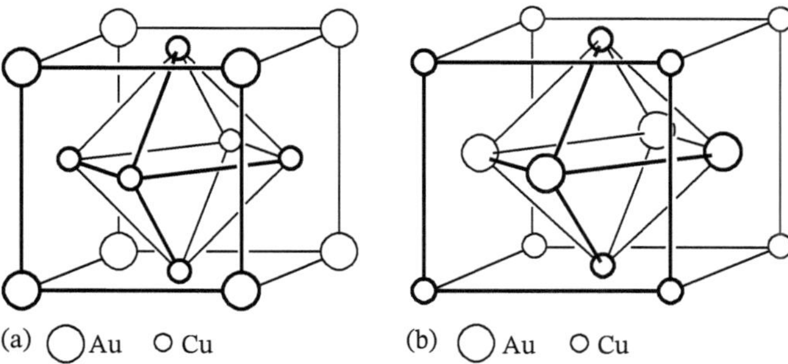

Bild 2.44 Überstruktur im System Cu–Au (nach [5]). (a) beim Mengenverhältnis 3:1 (Cu_3Au-Typ); (b) beim Mengenverhältnis 1:1 (CuAu-Typ, dessen EZ nicht mehr kubisch, sondern tetragonal verzerrt ist).

liegen als die mit schwarzen Kreisflächen markierten Fe-Atome. Ein bekannter Fall ist die Bildung der Ordnungsphasen Cu_3Au und CuAu im System Cu–Au (Bild 2.44 und Bild 10.10). Für den Cu_3Au-Typ sind bisher rund 200 Vertreter bekannt, zu denen Ni_3Al, Ni_3Fe, Ni_3Cr, Ni_3Pt oder Co_3Al gehören. Zum CuAu-Typ zählen TiAl, CoPt oder FePt; von ihnen sind etwa 50 Vertreter bekannt.

Die mit der Bildung der Überstruktur verbundene Änderung der Atomverteilung verläuft stets unter Symmetrieverlust, entweder unter Beibehaltung des Kristallsystems und Bildung primitiver Untergitter (wie Cu_3Au) oder mit Bildung andersartiger Übergitter (FeAl, Fe_3Al).

Wachsen die Überstrukturbereiche im Mkr-Gitter von verschiedenen Keimpunkten aus, dann entsteht beim Zusammenstoßen beispielsweise einer Au- und einer Cu-Ebene (Bild 2.44b) in der gleichen Netzebene eine *Antiphasengrenze* (Abschn. 4.4 und Bild 2.87).

Die Stabilität von Ordnungsphasen ist nicht groß. Sie wird vom Größenunterschied der Atome, vom Symmetrieunterschied der Gitter sowie von der Wertigkeit und dem Bau der Hülle der Atome bestimmt, die an der Ordnungsbildung teilnehmen. Ordnungsphasen sind thermisch leicht zerstörbar, da sie sich auch nur bei langsamer Abkühlung bilden (Bild 10.10). Durch mechanische Verformung können sie ebenfalls zerstört werden, sich aber bei der Rekristallisation erneut ausbilden.

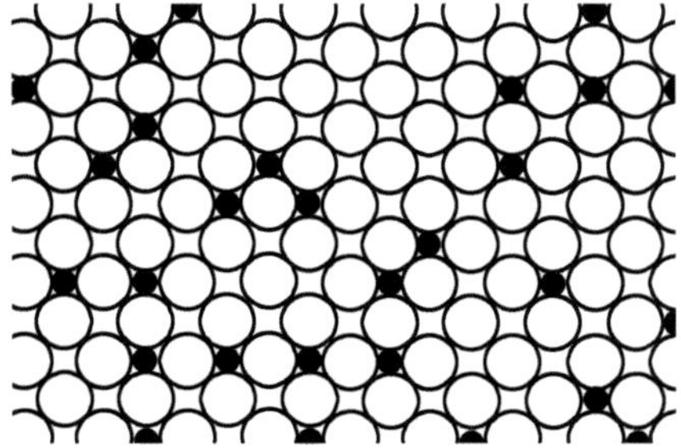

Bild 2.45 Schematische Darstellung eines Einlagerungsmischkristalls.

2.1.8.3 Einlagerungsmischkristalle

Bei dieser Art von Mkr, denen eine große praktische Bedeutung zukommt, lagern sich kleine Nichtmetallatome (NM) in Lücken des Metallgitters (Bild 2.45) ein. Notwendige Bedingungen für die Entstehung von *Einlagerungsmischkristallen* sind, dass im Grundmetall Gitterlücken ausreichender Größe vorhanden sind – das trifft für Übergangsmetalle zu – und dass das Radienverhältnis der Atome $r_{NM}/r_M \leq 0{,}59$ ist, was meist von den Elementen C, N, B und O erfüllt wird.

Da den Nichtmetallatomen für eine zufällige Unterbringung auf Zwischengitterplätzen von Übergangsmetallen nur sehr beschränkte Möglichkeiten zur Verfügung stehen, ist ihre Löslichkeit gering (maximal wenige Prozent), sodass auch die metallischen Eigenschaften des Grundmetalls durch die Einlagerung nicht grundsätzlich verändert werden. Zudem nimmt die Löslichkeit der Nichtmetallatome im Metall mit fallender Temperatur schnell ab, da die Amplitude der Schwingungen, die die Gitterbausteine um ihre Schwerpunktlagen ausführen, kleiner und damit die Zwischengitterplätze „enger“ werden.

Die mit abnehmender Temperatur stark zurückgehende Nichtmetalllöslichkeit hat zur Folge, dass bei schneller Abkühlung die Auswanderung der *Zwischengitteratome* behindert wird und durch Übersättigung des Wirtsgitters mit Nichtmetallatomen verursachte Zwangszustände, die von Gitterverzerrungen begleitet sind, entstehen. Die Zwangszustände und deren Abbau können technisch unerwünschte wie erwünschte Erscheinungen nach sich ziehen. So führt die Übersättigung des γ-Fe mit N-Atomen bei der Zufuhr von thermischer oder mechanischer Energie zur Ausscheidung von Eisennitriden, die eine Ausscheidungshärtung (s. Abschn. 4.2) und unerwünschte Versprödung des Stahls (*Alterung* des Stahls) bedingen.

Dagegen weit genutzt sind die Einlagerungsmischkristallbildung des C und die Möglichkeit seiner Zwangslösung im Fe. Das kfz γ-Fe kann bei hohen Temperaturen maximal 2 % C lösen (Bild 5.20), der auf oktaedrischen Gitterlücken, d. h. auf Kanten oder im Inneren der EZ untergebracht ist (s. a. Bild 2.50). Wird das kfz γ-Fe genügend schnell abgekühlt, bleibt auch der über die wesentlich niedrigere Raumtemperaturlöslichkeit des Fe für C (sie beträgt nur 10^{-3} %) hinaus vorhandene C im Gitter zwangsgelöst, wodurch die raumzentrierte Fe–EZ tetragonal verzerrt wird. Diese Erscheinung *(Martensitbildung)* ist der Grundmechanismus der Stahlhärtung (s. Abschn. 4.1.3 und 5.6).

2.1.8.4 Intermetallische Phasen

Werden in ein Metall Atome eines zweiten, nicht vollständig löslichen Metalls eingebaut und entsteht eine neue, von der Kristallstruktur des zweiten Metalls verschiedene Kristallstruktur (Bild 5.14), dann bezeichnet man das als *intermetallische Phase.* Intermetallische Phasen sind stabiler als Ordnungsphasen, aber hart und spröde. In neuerer Zeit rechnet man auch die Einlagerungsstrukturen, die außer Metallatomen Atome von Nichtmetallen enthalten, zu den intermetallischen Phasen.

Die Raumtemperatursprödigkeit binärer intermetallischer Phasen resultiert aus der Tatsache, dass ihre Struktur aus zwei sich gegenseitig durchdringenden Untergittern besteht, die von Atomen mit jeweils merklich unterschiedlichen Radien besetzt sind. Dies hat allgemein zur Folge, dass die für die Gleitung maßgeblichen jeweiligen *Peierlsspannungen* und Burgers-Vektoren im Vergleich zu denen der Metalle groß sind und deshalb die plastische Verformung sehr erschwert ist (s. Abschn. 2.1.11.2).

Tab. 2.5 Beispiele für Einlagerungsstrukturen.

Anordnung der Metallatome	Hartstoffphase
hexagonal einfache	WC, NbN
hexagonal dichteste	W_2C, Mo_2C, Ta_2N, Nb_2N,
kubisch-flächenzentrierte	TiC, ZrC,VC, NbC, TaC, TiN, ZrN, Mo_2N W_2N, Fe_4N

Intermetallische Phasen werden durch Formeln ihrer Zusammensetzung wie Ce_2Ni_7, $CaZn_5$ oder $ReBe_{22}$ gekennzeichnet, die nach den klassischen Vorstellungen der Chemie unverständlich und durch keinerlei „Valenzen" der Komponenten erklärbar sind. Sie sind nicht – wie angenommen werden sollte – definiert stöchiometrisch zusammengesetzt, sondern weisen einen mehr oder weniger breiten, von der Temperatur beeinflussten Homogenitätsbereich auf; so das CuZn mit 43,8 bis 48,2 At.-% Zn oder das TiC, das von $TiC_{0,28}$ bis TiC reicht. Die ihre chemische Zusammensetzung ausdrückende Formel hat also nur Mittelwertcharakter. Diese Verbindungen bezeichnet man als Berthollide. Im Gegensatz dazu stehen die streng stöchiometrisch zusammen gesetzten Daltonide, die auch unter den intermetallischen Verbindungen viele Vertreter haben, wie z.B. GaAs oder

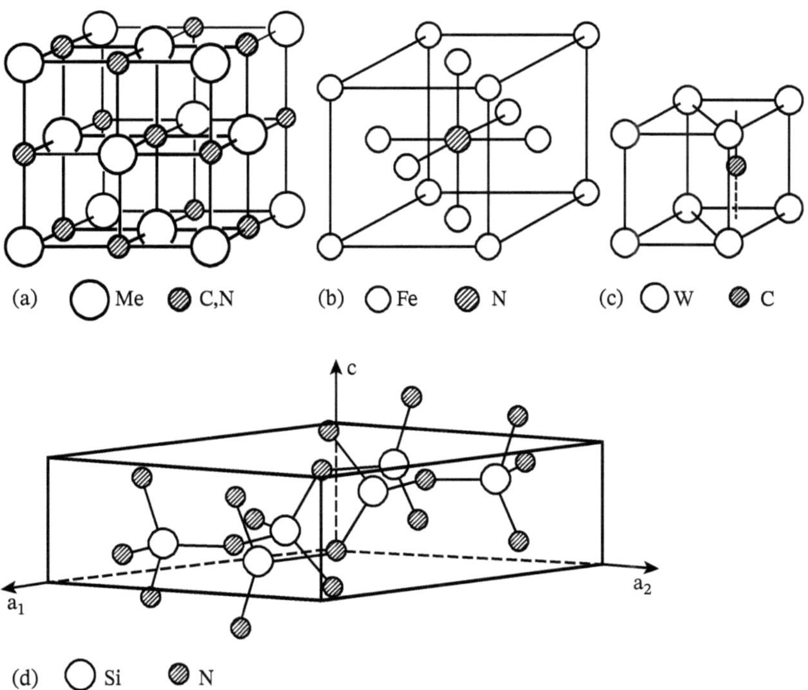

Bild 2.46 Gitter von Hartstoffen (a, b, c Einlagerungsstrukturen). (a) EZ des NaCl-Typs; danach kristallisieren TiC,TaC,TiN u. a.; (b) EZ von Fe_4N (nach P. Ettmayer); (c) EZ von WC (nach H. Nowotny); (d) EZ von β-Si_3N_4 (nach R. Grün).

Tab. 2.6 Beispiele von Hartstoffen (Einlagerungsstrukturen) T_S Schmelzpunkt in °C; H Mikrohärte bzw. MH Mohs-Härte (nach R. Kieffer und P. Schwarzkopf).

TiC	VC	Mo_2C	TiN	ZrC	NbC	WC	ZrN	TaC
T_S 3140	T_S 2830	T_S 2690	T_S 2950	T_S 3530	T_S 3500	T_S 2870	T_S 2980	T_S 3880
H 3200	H 2800	H 1500	MH 8 … 9	H 2600	H 2400	H 2400	MH 8	H 1800

AlAs. Vorherrschender Bindungstyp ist die Metallbindung, der in unterschiedlichem Maße Atom- und Ionenbindungsanteile „zugemischt“ sind.

Strukturell sind die *Einlagerungsstrukturen* geordnete Einlagerungsmischkristalle. Gegenüber den klassischen intermetallischen Phasen weisen sie grundsätzlich einfache, hochsymmetrische Strukturen auf (Tab. 2.5). In die Lücken des Metallwirtsgitters mit dichtester kubischer und hexagonaler Packung oder primitiv hexagonaler Anordnung sind wesentlich kleinere Nichtmetallatome eingelagert (Bild 2.46). Für ihren Stabilitätsbereich gilt ein Radienverhältnis von $0{,}43 < r_{NM}/r_M < 0{,}59$, sodass eigentlich – wenn man auch noch das technische Interesse mit in Rechnung stellt – nur Carbide und Nitride von Übergangsmetallen der 4., 5. und 6. Hauptgruppe des Periodensystems dem Einlagerungsprinzip gehorchen und in Betracht kommen. Wegen ihrer außerordentlichen Härte (Tab. 2.6) werden sie auch zu den *Hartstoffen* gezählt, zu denen noch andere Carbide und Nitride, die keine Einlagerungsstrukturen darstellen, sowie Boride, Silicide und Oxide entsprechend der Härte gehören. Die Hartstoffe sind – wenn man davon absieht, dass ihre Bausteine durch Hauptvalenzkräfte gebunden sind – keine einheitliche Stoffgruppe. Ihre Charakterisierung ist rein empirischer Art (hohe Härte, Sprödigkeit, Verschleißfestigkeit und z. T. auch Korrosionsbeständigkeit sowie hoher Schmelzpunkt).

Unter den Hartstoffen mit Einlagerungsstrukturen haben WC, TiC und TaC die größte technische Verbreitung erlangt. Die isotypen kfz Carbide TiC und TaC bilden eine lückenlose Mkr-Reihe. Ihre Löslichkeit für das hexagonale WC ist begrenzt, jedoch beträchtlich. Die genannten Carbide werden als Hartstoffkomponenten in den so genannten *Hartmetallen* verwendet, die als Werkstoffe für Werkzeuge der Zerspanungs- und Umformtechnik

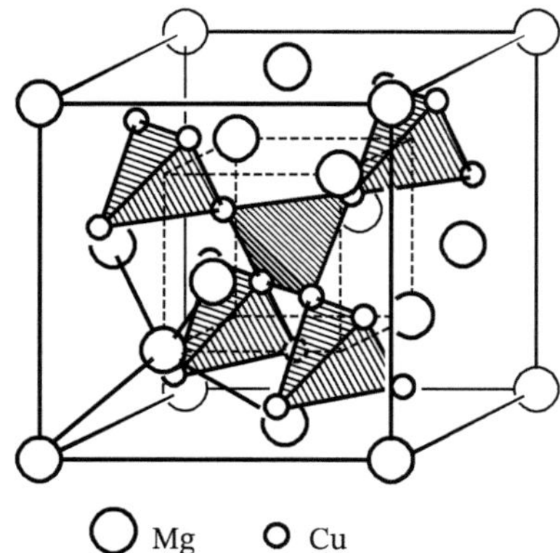

Bild 2.47 EZ des $MgCu_2$ (Prototyp der $MgCu_2$-Struktur; nach [5]).

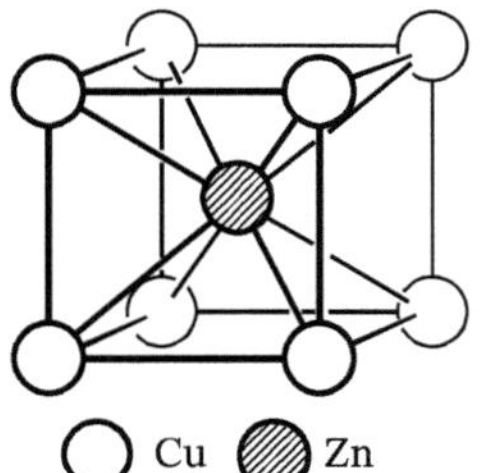

Bild 2.48 EZ des CuZn (β-Messing; CsCl-Typ).

höchste Bedeutung haben. Andere Hartstoffe wie SiC, Si_3N_4 sind die Hauptbestandteile wichtiger Materialien aus der Gruppe der *Konstruktions-*(Hochleistungs-)*Keramik.*

Unter den klassischen intermetallischen Phasen stellen die *Laves-Phasen* die zahlenmäßig stärkste Gruppe (einige hundert Vertreter) dar. Sie kommen in den drei miteinander verwandten Strukturtypen $MgCu_2$ (Bild 2.47), $MgZn_2$ und $MgNi_2$ vor. Ihre besonderen Kennzeichen sind hohe Koordinationszahlen (KZ = 13,5), Atomradien Verhältnisse von meist ≈ 1,23, bei Raumtemperatur keine plastische Verformbarkeit und hohe elektrische Leitfähigkeit, die für das $MgCu_2$ z. B. in der Größenordnung der Metalle liegt.

Eine gleichfalls recht häufige Gruppe sind die *Hume-Rothery-Phasen.* Bekannte Vertreter sind die drei Messing-Typen: das im CsCl-Typ kristallisierende β-Messing CuZn (Bild 2.48), das γ-Messing Cu_5Zn_8 mit 52 Atomen in der kubischen EZ (Bild 2.49) und das ε-Messing $CuZn_3$ mit einer hdP EZ. Weitere Beispiele für Hume-Rothery-Phasen, die den genannten Messingphasen entsprechen, sind die intermetallischen Phasen CuBe, AgMg, FeAl oder NiAl, die intermetallischen Phasen Cu_9Al_4, Ag_5Zn_8 oder $Cu_{31}Sn_8$ (Bronze) und die intermetallischen Phasen Ni_3Sn, $AgZn_3$, Cu_3Fe oder Cu_3Sn (Bronze; Abschn. 5.5.2). Die beiden letzten Typen sind nicht nur sehr spröde, sondern leiten auch die Wärme und Elektrizität schlecht. Die Hume-Rothery-Phasen reichen von typisch metallischen Phasen wie Messing bis zu salzartigen Phasen wie CaTl.

Es gibt noch weitere Strukturtypen, in denen intermetallische Phasen kristallisieren. Die Zahl ihrer Vertreter ist jedoch wesentlich geringer. Unter ihnen finden sich auch das Eisenkarbid (Zementit) Fe_3C, ein wichtiger Gefügebestandteil des unlegierten Stahls, und

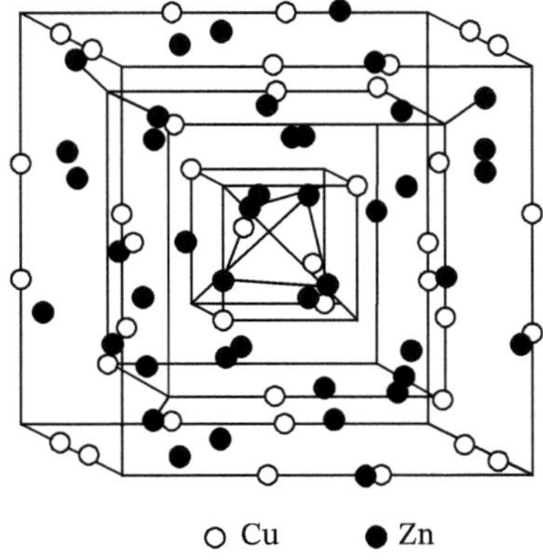

Bild 2.49 EZ des Cu_5Zn_8 (γ-Messing).

das Al_2Cu im System Al–Cu, dem bekannte aushärtbare Al-Basislegierungen entstammen (s. a. Abschn. 4.2).

2.1.9 Ionenstrukturen

Heteropolar gebundene *Ionenstrukturen* bestehen ebenfalls wie Einlagerungsstrukturen aus Metall- und Nichtmetall-Teilchen. Positiv geladene Kationen (Metall) und negativ geladene Anionen (Nichtmetall) bilden sich gegenseitig durchdringende Teilgitter. Die Bedingung äußerer Elektroneutralität sollte im Prinzip zu streng stöchiometrischen, also ganzzahligen Mengenverhältnissen führen, wie es auch die Formeln ihrer Zusammensetzung und Bezeichnung erwarten lassen. Doch zeigen gerade so wichtige Ionenkristalle wie Oxide und Sulfide eine deutliche Nichtstöchiometrie. Die Stöchiometrie ist besonders dann gestört, wenn eine Ionenart unterschiedliche Ladungen annehmen kann, wie Fe^{2+} und Fe^{3+} oder Cr^{2+}, Cr^{3+} und Cr^{6+}. Kommen die Ionenarten nur in einer Wertigkeit vor wie beim Mg^{2+} oder O^{2-}, ist die Stöchiometrie nur sehr wenig gestört.

Bei *stöchiometrischer* Zusammensetzung der *Ionenkristalle* wie den Alkali- und Silberhalogeniden herrscht die Ionenleitung vor. Die Ionen können sich über Gitterfehlstellen (Gitterzwischenplätze und -leerstellen) bewegen. Da die Beweglichkeit der Ionenfehlordnungsstellen bei Raumtemperatur aber gering ist, sind solche Kristalle Isolatoren. Liegt Nichtstöchiometrie vor (Oxide, Sulfide), d. h. Metallionen befinden sich im Über- oder Unterschuss, so ist aus Gründen der Elektroneutralität neben der Ionen- auch eine Elektronenfehlordnung (Überschuss- und Defektelektronen) erforderlich (s. a. Abschn. 2.1.11.1 und 7.1.1). Wegen der um Zehnerpotenzen höheren Beweglichkeit der Elektronen zeigen *nichtstöchiometrische Ionenkristalle* eine überwiegende Elektronenleitung (Halbleiter-Eigenschaften). Wird die Temperatur erhöht, so nimmt auch in nichtstöchiometrischen Kristallen der Anteil an Ionenleitung zu.

Die Ionenstrukturen lassen sich im Wesentlichen in drei große Ionengitterarten zusammenfassen:

- Dicht gepackte Strukturen aus ineinander gestellten Teilgittern, die von Einzelionen besetzt sind und in den Verbindungsgruppen AX, AX_2 und $A_mB_nX_p$ vorkommen (A, B Kationen; X Anionen, in der Regel O, S, Se, Te, F, Cl, Br, J). Die Mehrzahl von ihnen sind dreidimensionale *Koordinationsgitter* (Abschn. 2.1.6) mit einem Teilgitter dichtester Kugelpackung aus vorzugsweise O^{2-}-Anionen. Die das andere Teilgitter

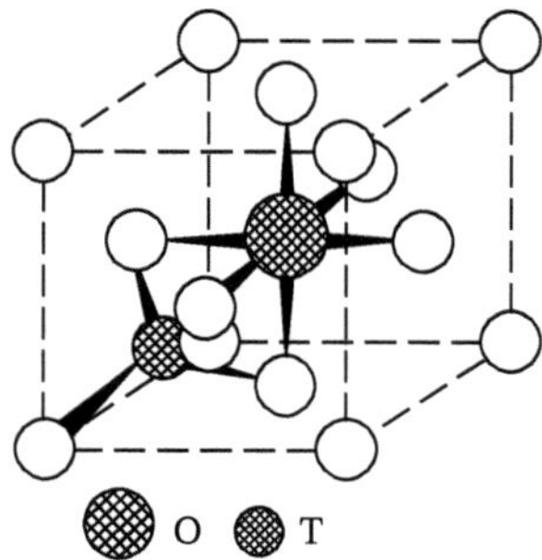

Bild 2.50 Tetraedrische (T) und oktaedrische (O) Lücken im kfz Gitter.

Tab. 2.7 Wichtige Strukturtypen dicht gepackter Ionengitter aus ineinander gestellten gleichartigen Teilgittern, die von jeweils nur einer Ionenart besetzt sind (vorwiegend nach [6]).

Verbindungs-Typ	Gitter-Typ	Charakterisierung des Gitters/Koordinationspolyeders	Beispiele
–	NaCl-(Kochsalz-)Typ	kfz, dicht gepacktes Anionenteilgitter, Kationen in allen oktaedrischen Lücken Koordinationspolyeder $NaCl_6$ und $ClNa_6$	MgO, FeO, CoO, NiO
AX	ZnS-(Zinkblende-)Typ	kfz, dicht gepacktes Anionenteilgitter, Kationen in der Hälfte der tetraedrischen Lücken Koordinationspolyeder ZnS_4 und SZn_4	SiC, CdS, CdSe, ZnSe, GaAs, GaP, InSb
–	ZnS-(Wurtzit-)Typ	hdP, dicht gepacktes Anionenteilgitter, Kationen in der Hälfte der tetraedrischen Lücken Koordinationspolyeder ZnS_4 und SZn_4	BeO, ZnO
–	CaF_2-(Fluorit-)Typ	kfz Kationenteilgitter, Anionen in allen tetraedrischen Lücken Koordinationspolyeder CaF_8 und FCa_4	ThO_2, UO_2, ZrO_2
AX_2	TiO_2-(Rutil-)Typ	hdP, dicht gepacktes Anionenteilgitter, Kationen in der Hälfte der oktaedrischen Lücken Koordinationspolyeder TiO_6 und OTi_3	PbO_2, SnO_2, MoO_2; für den Fall, dass 2/3 aller Oktaederlücken besetzt sind: α-Al_2O_3 (Korund), Cr_2O_3 und α-Fe_2O_3
–	$CaTiO_3$-(Perowskit-) Typ	kfz Gitter zu 75 % mit O^{2-} und zu 25 % mit Ca^{2+} besetzt: Koordinationspolyeder CaO_{12}; übrige Kationen in der Hälfte der Oktaederlücken: Koordinationspolyeder TiO_6	$CaTiO_3$, $BaTiO_3$ (Piezokeramik)
A_mB_nX	$MgAl_2O_4$-Typ normaler Spinell $r_A \leqq r_B$	kfz, dicht gepacktes Anionenteilgitter, in der Hälfte der tetraedrischen Lücken *A*-Kationen, z. B. Mg; in allen oktaedrischen Lücken *B*-Kationen, z. B. Al Koordinationspolyeder MgO_4, AlO_6 und OMe_4	$ZnAl_2O_4$, $CoAl_2$
X hier fast ausschließlich $A^{x+} + 2B^{y+} = 8 + r_A \geqq r_B$ ch O^{2-}	$NiFe_2O_4$-Typ inverser Spinell	kfz, dicht gepacktes Anionenteilgitter, in der Hälfte der tetraedrischen Lücken die Hälfte der kleineren *B*-Kationen, z. B. Fe^{3+}, in allen Oktaederlücken die übrigen *B*- und alle *A*-Kationen, z. B. hier Fe^{2+}, die ja größer sind; Koordinationspolyeder z. B. NiO_6, FeO_6, FeO_4 und OMe_4	Ferrite ($MgFe_2O_4$ u. a.), Mg_2TiO_4, Fe_3O_4

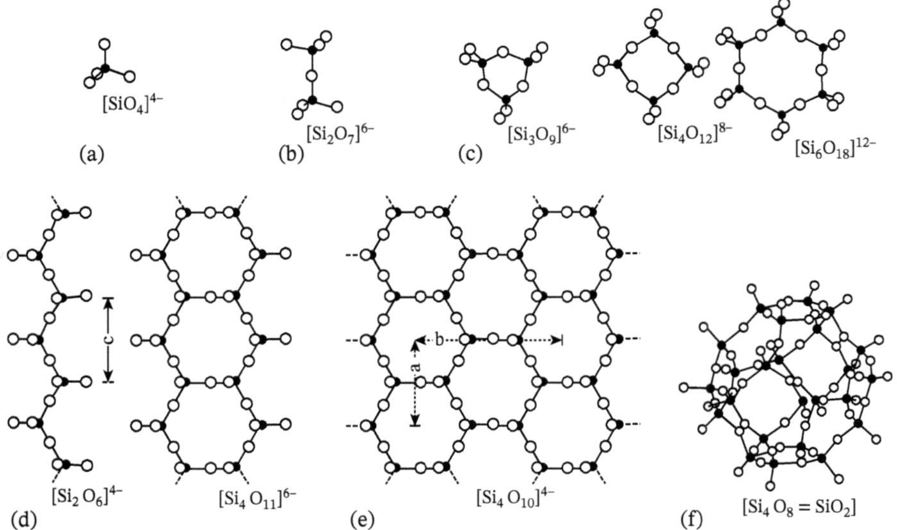

Bild 2.51 Eckenvernetzung der SiO_4^{4-}-Tetraeder zu Bausteingruppen. (a) Inseln; (b) Gruppen; (c) Ringe; d) Einfach- und Doppelketten (Bänder); (e) Netze; (f) Gerüste • Si^{4+}; o O^{2-}.

bildenden Metall-Kationen sind mit KZ = 4 in die kleinen tetraedrischen Lücken oder mit KZ = 6 in die größeren oktaedrischen Lücken (Bild 2.50) des Anionenteilgitters eingebaut (Tab. 2.7).

- Ionenstrukturen, bei denen das Anionenteilgitter mit einem Säurerestkomplex, z. B. SO_4^{2-} oder CO_3^{2-}, besetzt ist und das Kationenteilgitter häufig von großen Kationen wie Ca2+, oder von Aquo-Komplexen, z. B. $[Co(H_2O)_6]^{3+}$, gebildet wird. Ein bekanntes Beispiel für die erstgenannte Möglichkeit ist der *Gips*, $CaSO_4 \cdot 2H_2O$, der eine Schichtstruktur aus $CaSO_4$ mit zwischen den Schichten eingelagertem H_2O aufweist. Aquo-Komplexe sind Gruppierungen von 4 bis 6 Wassermolekülen, die um ein Nebengruppen-Metallatom (Co, Ni, Fe u. a.) angeordnet sind.

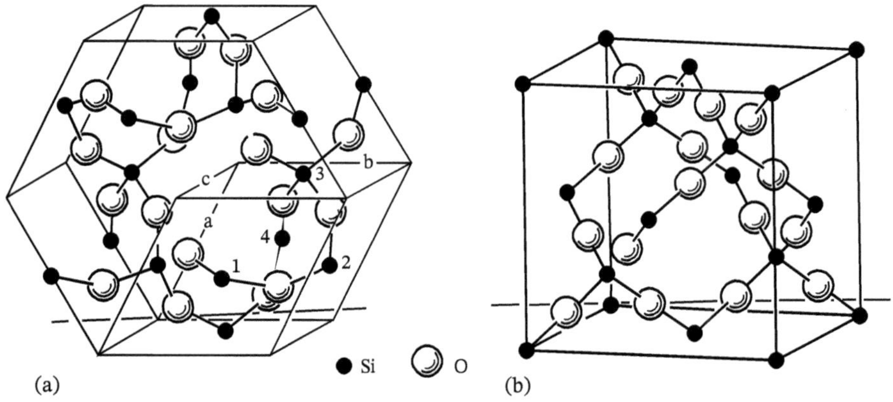

Bild 2.52 zwei kristalline Modifikationen des SiO_2; (a) α-Quarz, hexagonal; (b) α-Cristobalit, kubisch.

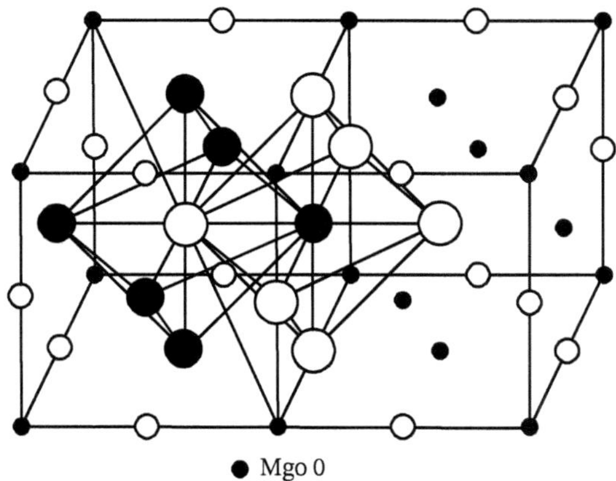

Bild 2.53 MgO-Ionenkristallgitter (NaCl-Struktur) mit einander durchdringenden Koordinationspolyedern OMg_6 und MgO_6.

- *Ketten-, Bänder-, Schichten-* und *Gerüststrukturen* die durch Eckenvernetzung vor allem von SiO_4^{4-}-Tetraedern gebildet werden (Bild 2.51), zwischen die noch die Struktur stabilisierende Kationen gelagert sein können. Es handelt sich um die große Gruppe der *Silicate*, die als Bestandteil von Werk- und Baustoffen von hervorragender praktischer Bedeutung ist und als einer deren Hauptvertreter der *Quarz*, SiO_2, gilt. Die unterschiedlichen Modifikationen des SiO_2 (Abschn. 4.1) kommen durch eine abgewandelte Verknüpfung der SiO_4^{4-}-Tetraeder zustande (Bild 2.52). Jedes O^{2-}-Ion auf den Tetraedern gehört zugleich zwei Tetraedern an, sodass die Summenformel SiO_2 lautet.

Die Art und die PD von Ionenstrukturen hängen nicht allein von der KZ, sondern vielmehr auch von der *elektrostatischen Valenz* (esV) ab. Die esV ist eine Feldstärke und ein Maß für die Stärke der Bindung, die ein beliebig herausgegriffenes Anion X der Ladung z^- zu einem der benachbarten Kationen der A- und B-Teilgitter aufweist. Ist esV $< \frac{z}{2}$, dann folgt, dass das Anion an keines der Kationen so stark gebunden ist wie an alle übrigen nächstbenachbarten Kationen zusammen. Es treten keine abgeschlossenen Gruppierungen auf, sondern die Koordinationspolyeder greifen ineinander. Am Beispiel des MgO soll dies für einen einfachen Typ, der nur eine Kationenart enthält, demonstriert werden. Die beiden Koordinationspolyeder OMg_6 und MgO_6 durchdringen sich derart (Bild 2.53), dass das Zentralatom des einen Komplexes zugleich ein Eckatom des anderen Komplexes ist. Beispiele des multiplen Typs, in dem zwei oder mehr Kationenarten vorkommen, sind die Spinelle $MgAl_2O_4$, Fe_3O_4 und Co_3S_4.

Ist die Anion-Kation-Bindung $X - A > \frac{z}{2}$, dann ist diese stärker als die Summe aller übrigen Bindungen, die X^{z-} mit dem Rest der Struktur verbinden. Das Kation A und seine verschiedenen $(n)X$-Nachbarn bilden eine abgeschlossene Gruppierung in der Struktur, ein Komplex-Anion, innerhalb dessen größere Bindungskräfte herrschen als zwischen X^{z-} und anderen Kationen. Beispiele für derartige AX_n-Komplexe sind BO_3^{3-}, CO_3^{2-}, NO_3^{1-}, AlO_4^{5-}, PO_4^{3-}, SO_4^{2-}. Diese abgeschlossenen, kugelähnlichen symmetrischen Komplexanionen bilden mit den großen Kationen der Alkalimetalle und Erdalkalimetalle dichte Packungen; sie kristallisieren in einfachen hochsymmetrischen, meist kubischen Gittern hoher KZ. Das gilt auch für die viel kleineren Kationen der

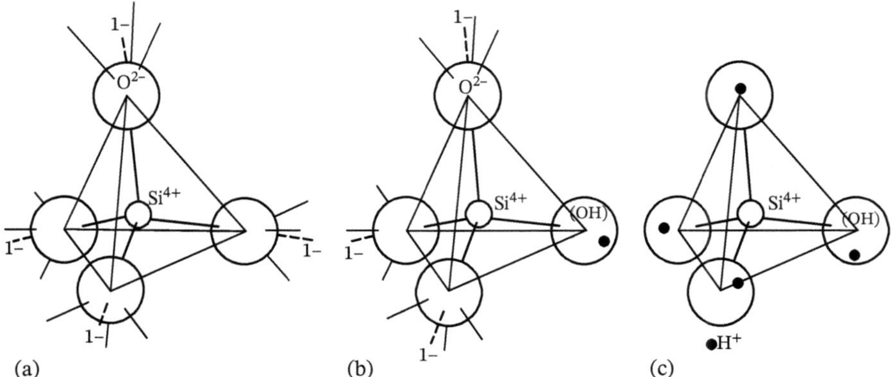

Bild 2.54 SO_4^{4-}-Tetraeder in Silicaten (a) und seine zunehmende Modifizierung durch H^+-Einbau bei der Korrosion (b) und (c) (s. a. Bild 8.34).

Übergangsmetalle, wenn diese mit Quadrupolmolekülen z. B. im $[Ti(NH_3)_6]^{4+}$ oder Aquo-Komplexen wie $[Co(H_2O)_6]^{3+}$ umgeben sind.

Von besonderer Bedeutung ist der Fall, dass esV$=\frac{z}{2}$ ist. Dann entstehen ebenfalls feste Anionenkomplexe, beispielsweise SO_4^{4-} (Bild 2.54). Durch Eckenvernetzung der SO_4^{4-} -Tetraeder entsteht die große Mannigfaltigkeit der kristallinen Silicate (Bild 2.51). Während Inseln, Gruppen, Ringe, Ketten und Bänder noch durch Kationen zu Raumgittern verknüpft werden müssen, sind größere Einheiten (Gerüste) abgesättigt und ergeben reine SiO_2-Strukturen. Ist das Si durch niederwertige Kationen wie das Al zum Teil substituiert, dann werden zusätzliche Kationen (K, Na, Li oder Ca) zur Neutralisierung benötigt.

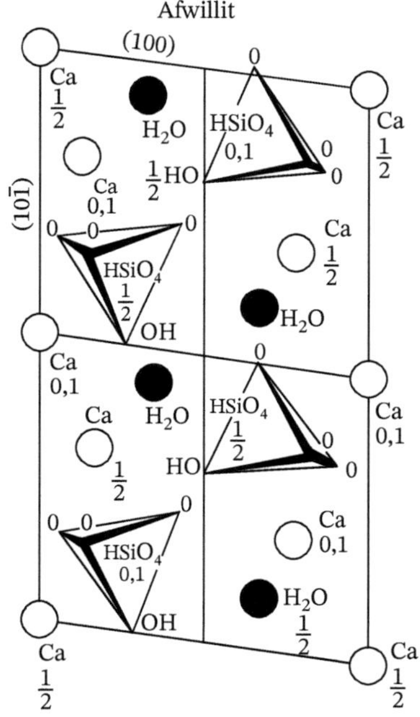

Bild 2.55 Hydraulische Zementphase Afwillit $Ca_3[SiO_3OH]_2 \cdot 2H_2O$, die durch zusätzliche Ca-Ionen und Wassermoleküle räumlich vernetzt wurde. Die Zahlen 1/2 und 0,1 beziehen sich auf den Gitterparameter p, der gleich 1 gesetzt wurde, und bringen die auf die Papierebene bezogene Höhenlage der damit bezeichneten Strukturbausteine zum Ausdruck.

Die SO_4^{4-}-Tetraeder sind auch der Grundbaustein aller amorphen silicatischen Gläser. Hier bilden sie stets Gerüststrukturen (Netzwerke). Diese werden verändert, wenn an die eckenvernetzenden O^{2-}-Ionen H^+ gebunden (Bild 2.54b, c) oder Metalloxide eingeführt werden (Netzwerkwandler). In beiden Fällen führt der Einbau zum Aufbrechen der Eckenvernetzungen (s. Abschn. 2.2.2).

Die Ionenstrukturen lassen sich auch wie entsprechende metallische Legierungen als *Einlagerungs-* und *Austauschmischkristalle* oder als ein Miteinander beider charakterisieren. Ein bekanntes Beispiel hierfür ist das FeO, bei dem das Kationenuntergitter aus Fe^{2+}-Ionen und das Anionenuntergitter aus O^{2-}-Ionen besteht. Durch Fehlen von x zweiwertigen Eisenionen auf Gitterplätzen können Gitterplätze (Austausch) und Zwischengitterplätze (Einlagerung) von dreiwertigen Eisenionen besetzt werden. Die diesen Sachverhalt berücksichtigende Schreibweise für das Eisenmonoxid lautet $Fe_{1-x}O$. Ein weiteres bedeutsames, aber nur formales Beispiel für das Einlagerungsprinzip ist das Abbinden des Zements und die damit verbundene Bildung des *Afwillits* $Ca_3[SiO_3OH]_2 \cdot 2H_2O$. In eine typische Inselstruktur mit isolierten Tetraedern (Bild 2.55) werden über die schon vorhandenen Ca^{2+}(1/2-Plätze) hinaus noch weitere Ca^{2+}-Ionen auf 0,1-Plätze sowie H_2O auf 1/2-Plätze eingebaut. Dadurch wird die ursprüngliche kristalline Inselstruktur aus SO_4^{4-}-Tetraedern zu einer Gerüststruktur vernetzt, wobei gleichzeitig auf einem O-Platz je Tetraeder noch ein OH – entsteht. Die Struktur, deren Grundbausteine jetzt SiO_3OH^{3-}-Tetraeder sind, weist eine erhöhte Festigkeit auf.

Beim Austauschprinzip kann sich der Fremdioneneinbau auf ein Teilgitter beschränken wie im System Al_2O_3–Cr_2O_3 mit lückenloser Mischbarkeit. Die anstelle von Al^{3+}-eingebauten Cr^{3+}-Ionen färben mit zunehmender Konzentration den farblosen Saphir immer dunkler rot zum Rubin (s. Abschn. 10.10.1). Bei der *gekoppelten Substitution* erfolgt der Einsatz in mehreren Teilgittern, wie beim Zusatz von LiF zum MgO, wo in das Mg-Ionenteilgitter Li^{1+}-Ionen und gleichzeitig in das O-Ionenteilgitter F^{1-}-Ionen eingebaut werden und umgekehrt. Hierbei kommt es außer auf die Einhaltung der Elektroneutralität auch (analog der Austauschmischkristallbindung in metallischen Legierungen) auf eine vergleichbare Größe der einander ersetzenden Ionen an. Wenn die Ionenradien stärker als 15 % differieren, ist bei Ionenstrukturen keine vollständige Mischbarkeit mehr möglich. Bei größeren Ionenradiendifferenzen können geringere Mengen von Fremdbestandteilen in das Kristallgitter eingebaut werden; so beispielsweise in das MgO-Gitter bis zu 7 Masse-% Ca^{2+}-Ionen auf Mg-Plätzen und in das CaO-Gitter bis zu 17 Masse-% Mg^{2+}-Ionen auf Ca-Plätzen. Der Ionenradius des Mg^{2+}-Ions beträgt $0{,}66 \cdot 10^{-10}$ m, der des Ca^{2-}-Ions $0{,}99 \cdot 10^{-10}$ m und somit die Differenz der Ionenradien 33 %. In den Silicaten wird der SiO_4-Komplex oft durch AlO_4 ersetzt.

Geschieht die Mischkristallbildung so, dass dabei die Anzahl der besetzten gleichwertigen Gitterplätze im Vergleich zum reinen Stoff vermindert wird, spricht man von einem *Subtraktions-Mischkristall*. Ein Beispiel hierfür ist die Bildung LiCl-reicher LiCL–$MgCl_2$-Mischkristalle. Das zweiwertige Mg-Ion ersetzt zwei einwertige Li-Ionen im Kationengitter, womit die Elektroneutralität gewahrt, aber Plätze des Kationenteilgitters frei bleiben, also Leerstellen entstehen. Umgekehrt liegt ein *Additions-Mischkristall* vor, wenn im Mkr eine größere Zahl gleichwertiger Gitterplätze als in der reinen Phase besetzt ist. Schließlich kann sich mit der Entstehung des Mkr die Koordinationsgeometrie oder sogar die KZ der Ionen eines Teilgitters um die Ionen des Teilgitters ändern, in dem die Substitution stattfindet, sodass das von der Substitution nicht betroffene Teilgitter sich in symmetrisch verschiedene Untergitter aufspaltet. Man bezeichnet ihn dann als *Multiplikations-Mischkristall.*

2.1.10 Molekülstrukturen

Während in den Metallkristallen der Zusammenhalt der Bausteine durch die starke Metallbindung gewährleistet wird, liegen im polymeren Festkörper unterschiedliche Bindungsarten vor: Innerhalb eines Makromoleküls wirken die starken und völlig abgesättigten *kovalenten* oder *Atombindungen*. Das sind primäre Bindungen, Hauptvalenzbindungen (s. Abschn. 2.1.5.3), durch die im Verlaufe der Aufbaureaktionen (Polymerisation, Polykondensation, Polyaddition) die monomeren organischen Grundelemente zu makromolekularen Bausteinen zusammengefügt oder auch Makromoleküle untereinander vernetzt werden. Außerdem wirken zwischen benachbarten Makromolekülen oder Molekülteilen desselben Moleküls noch die wesentlich schwächeren und nicht absättigbaren *Nebenvalenzbindungen*. Das sind aufgrund zwischenmolekularer Wechselwirkungen gegebene sekundäre Bindungen (Abschn. 2.1.5.5), die den Zusammenhalt der Makromoleküle untereinander gewährleisten und damit einen entscheidenden Einfluss auf die Bildung der kristallinen Molekülstrukturen und ihre Eigenschaften ausüben.

2.1.10.1 Atombindung in Polymeren

Zum besseren Verständnis des Wesens des kristallinen polymeren Festkörpers ist es notwendig, die kovalente Bindung und ihre Wirkung auf die Gestalt der Makromoleküle näher zu charakterisieren.

Bei Polymeren liegen die Bindungsenergien der Atombindung im Bereich von 250 bis 750 kJ · mol^{-1} [9]. Sie sind damit wesentlich größer als die Energie der Wärmebewegung (sie beträgt bei 293 K etwa 24 kJ · mol^{-1}). Deshalb erleiden die Makromoleküle erst bei höheren Temperaturen irreversible Veränderungen. Die Größe der Bindungsenergie E_D (A–B) zwischen zwei Atomen *A* und *B* ist stark von den miteinander verbundenen Atomsorten und dem Bindungsgrad g_{kov} abhängig. Der Bindungsgrad auch als Bindungsordnung bekannt, bezeichnet die Zahl der effektiven Bindungen in einem Molekül. Er errechnet sich aus der Hälfte der Zahl der bindenden und antibindenden Valenzelekronen. Während H, F und Cl nur mit g_{kov} = 1 auftreten können, sind bei O und S Bindungsgrade von 1 und 2 und für C, Si und N g_{kov} von 1, 2 und 3 möglich.

Aufgrund der Wechselwirkung und Anordnung der Orbitale der an der Molekülbildung beteiligten und kovalent gebundenen Atome stellt sich ein Gleichgewichtsmittelpunktabstand d_{A-B} zwischen den Atomen *A* und *B* ein. Er wird als *Bindungsabstand* oder Bindungslänge bezeichnet und beträgt etwa (1 bis 2, 4) · 10^{-10} m. d_{A-B} ist umso kleiner, je größer die Bindungsenergie E_D(A–B) und der Bindungsgrad g_{kov} sind.

Zur Gewährleistung einer maximalen Bindungsstabilität ordnen sich die Orbitale entlang bestimmter *Bindungsachsen* (Bindungslinien) an, die diskrete Winkel, die Bindungswinkel oder *Valenzwinkel* τ, einschließen (s. Abschn. 2.1.5.3). Ihre Größe hängt von der Koordinationszahl, den Bindungspartnern, der Bindungslänge und -energie sowie

Tab. 2.8 Bindungsgrad, -abstand, -energie und -winkel für kovalente Bindung (ausgewählte Beispiele, teilweise aus [7, 8] und nach K. V. Bühler).

Art der Atombindung (A–B)	Bindungsgrad g_{kov}	Bindungsabstand d_{A-B} 10^{-10} m	Bindungsenergie $E_D(A-B)$ [a] kJ mol^{-1}	Bindungswinkel (Valenzwinkel)
C–S	1	1,81	(260) 272 (281)	–
C–Cl	1	1,77	(280) 318 (335)	–
C–C_{al} [c]	1	1,54	(250) 335 (352)	CCC 109,5°
C–O	1	1,43	(295) 358	COC 107°
C–H	1	1,09	(370) 390 (415)	HCC 120°, HCH 109°
N–H	1	1,02	(349) 390	–
C–N	1	1,47	(242) 410	–
S–O	1	1,66	(232) 374	–
C–F	1	1,31	(460) 486	–
C–Car [c]	1	1,40	(402) 523	CCC 124° (120°)
C=C	2	1,35	(427) 611	[b]
C=O	2	1,22	(624) 695 (762)	[b]
C≡C	3	1,20	(528) 816	[b]

[a] Die E_D-Werte sind je nach dem untersuchten Stoff, dem Mess- und Berechnungsverfahren starken Streuungen unterworfen.
[b] Bei Mehrfachbindung ist keine Drehung der Molekülsegmente zueinander mehr möglich.
[c] al = aliphatisch, ar = aromatisch

von Wechselwirkungen mit benachbarten Molekülteilen desselben Makromoleküls ab (vgl. Tab. 2.8).

Bei Kenntnis der Bindungspartner und ihrer Koordinationszahlen sowie der dazugehörigen Größen g_{kov}, d_{A-B} und τ lässt sich die geometrische Gestalt von Molekülen genau angeben, wie es im Fall von Methan (CH_4), Ethen ($CH_2=CH_2$, Ethylen), Ethan (CH_3-CH_3) und Benzen (C_6H_6), die wichtige niedermolekulare Ausgangsstoffe für Polymere sind, in Bild 2.56 getan wurde. Aufgrund von Ladungsverschiebungen unter den am Zustandekommen der Bindung beteiligten Bindungselektronen zu einem der Bindungspartner hin (Polarisierung)

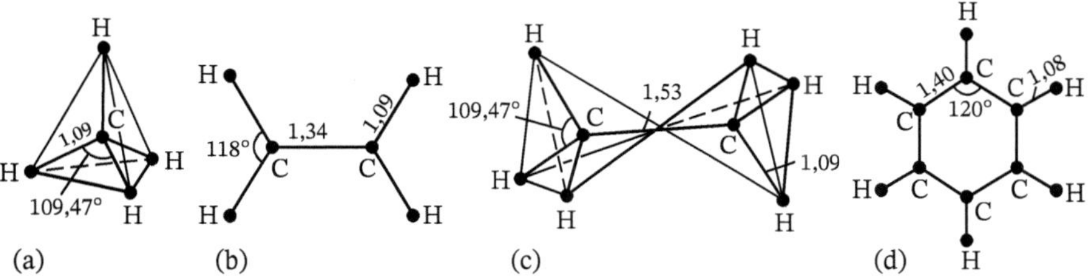

Bild 2.56 Molekülgestalt wichtiger niedermolekularer Ausgangsstoffe für Polymere mit eingetragenem Bindungsabstand in 10^{-10} m und -winkel (nach K. V. Bühler). (a) Methan; (b) Ethen (Ethylen); (c) Ethan; (d) Benzen.

kommt es in den Makromolekülen oft zur Ausbildung von *Dipolen* (Bild 2.34b), die der Anlass für sekundäre Bindungskräfte zwischen benachbarten Makromolekülteilen sind.

2.1.10.2 Zwischenmolekulare Wechselwirkungen in Polymeren

Die als nebenvalente, restvalente oder sekundäre Bindungen bezeichneten zwischenmolekularen Wechselwirkungen (s. Abschn. 2.1.5.5) sind elektrostatischer Natur. Sie sind für den Zusammenhalt der untereinander nicht chemisch gebundenen Makromoleküle im polymeren Festkörper, z. B. in einem Thermoplast, verantwortlich. Insbesondere bewirken sie die Bildung dreidimensional regelmäßiger Anordnungen von linearen Molekülketten, d. h. die kristalline Struktur im Polymer. Sie überlagern sich aber auch den Atombindungen im Makromolekül bzw. den Vernetzungen in Duromeren und Elastomeren, wenn die Molekülteile zueinander Abstände aufweisen, die im Einflussbereich dieser Wechselwirkungskräfte liegen.

Die Bindungsenergien der nebenvalenten Bindungen sind ein bis zwei Zehnerpotenzen kleiner als die der Atombindung. Die sich unter ihrer Wirkung einstellenden Mittelpunktabstände der Makromoleküle liegen in der Größe von (3 bis 10) $\cdot 10^{-10}$ m. So geringe Bindungsenergien können bei Temperaturerhöhung infolge der dann zunehmenden Wärmebewegung leicht überwunden werden. Das ist auch der Grund für die niedrigen Schmelztemperaturen von Polymeren und ihr spezifisches mechanisch-thermisches Verhalten, z. B. die Existenz eines breiten Erweichungsbereiches (s. Tab. 3.2) und das kautschukelastische Verhalten bei Thermoplasten (s. Abschn. 9.1.2). Die schwache Bindung zwischen den Molekülketten und die zwischenmolekularen Wechselwirkungen haben noch andere physikalische Erscheinungen und Verhaltensweisen der polymeren Werkstoffe wie Löslichkeit und Quellbarkeit (s. Abschn. 8.3.1) oder Dielektrizität (s. Abschn. 10.5), zur Folge.

In Tabelle 2.9 sind die wesentlichen Merkmale und Vorkommen von Sekundärbindungen zusammengestellt. Unter ihnen kommt wegen ihrer relativ hohen Bindungsenergie der *Wasserstoffbrückenbindung* eine besondere Bedeutung zu. Bei diesem Bindungstyp wirkt ein Wasserstoffatom als Bindungsbrücke zwischen einem elektronegativen Atom, an das es kovalent gebunden ist, und einem ebenfalls elektronegativen Atom eines Nachbarmoleküls, an das es nur physikalisch gebunden ist (s. a. Bild 2.34a). Dadurch wird der Molekülabstand verringert. Diese Art der Bindung ist in Polymeren mit F-, O- und N-Atomen und unter diesen besonders bei Polyamiden (PA) und linearen Polyurethanen (PUR) anzutreffen (s. a. Bild 2.64).

2.1.10.3 Aufbauprinzip und Infrastruktur von Makromolekülen

Aus der *Strukturformel*, die die chemische Struktureinheit eines Makromoleküls angibt, ist in der Regel leicht zu erkennen, aus welchen Monomeren der polymere Werkstoff im Verlaufe seiner Herstellung aufgebaut wurde (s. Tab. 2.11). So zeigt z. B. die Strukturformel des Polyethylens,

$$\left[\begin{array}{c} \text{H}\ \ \text{H} \\ |\ \ \ \ | \\ -\text{C}-\text{C}- \\ |\ \ \ \ | \\ \text{H}\ \ \text{H} \end{array}\right]_n$$

Tab. 2.9 Zwischenmolekulare Wechselwirkungen bei Polymeren im Vergleich zur Atombindung (nach W. Holzmüller und K. Altenburg sowie [8]).

Bindungsart		Bindungsenergie kJ mol^{-1}	Bindungsabstand 10^{-10} m	Ursache und Vorkommen (Beispiele)
Atombindung (E_D) zum Vergleich		250 … 750	1 … 2,4	kovalente Bindung in allen Makromolekülen
zwischenmolekulare Wechselwirkungen sog. van-der-Waals-Kräfte	Dipol-Dipol-Wechselwirkungen	$(1\ldots2)10^{-2}\ E_D$	3 … 10	unsymmetrischer Bau der Struktureinheiten bewirkt Ladungspolarisation; dadurch entstehen permanente Dipole (polare Makromoleküle: PVC, PVAC, PMMA)
	Induktionskräfte	$1 \cdot 10^{-3}\ E_D$	3 … 10	induzierte Dipol-Dipol-Wechselwirkungen zwischen polaren und polarisierbaren Makromolekülen
	Dispersionskräfte	$(1\ldots2)10^{-3}\ E_D$	3 … 10	Induzierung von Dipolmomenten in benachbarten unpolaren Makromolekülen infolge der Elektronenbewegung in den Bindungsorbitalen (PE, PIB, PTFE, BR)
	Wasserstoffbrückenbindungen	C–H …O 11 ≈ 1,7 N–H … O 9,5 N–H … N 25	≈ 1,7	Ladungsbrücke zwischen H-Atom, gebunden an elektronegatives Atom, und elektronegativem Atom des Nachbarmoleküls (bes. PA, PUR, PVAL, Cellulose)

dass es aus den Monomeren $H_2C{=}CH_2$ (Ethen, Ethylen) durch Aufspalten der Doppelbindung zwischen den Kohlenstoffatomen entstanden ist. Dabei können die einzelnen Makromoleküle eine unterschiedliche Kettenlänge, d. h. voneinander abweichende *Molmasse* (unexakt oft als „Molekulargewicht" bezeichnet) bzw. einen unterschiedlichen *Polymerisationsgrad* n (Anzahl der chemischen Struktureinheiten je Makromolekül) aufweisen, was in der Strukturformel nicht zum Ausdruck kommt.

Mit anwachsendem Polymerisationsgrad eines Polymers steigt die Anzahl der Verschlaufungen der Makromoleküle, und deren Beweglichkeit wird zunehmend behindert. Dies führt zum Anstieg der Erweichungstemperatur, der Schmelzviskosität bei gegebener Temperatur, der Zugfestigkeit, der Schlagzähigkeit sowie der Verschleiß- und Chemikalienfestigkeit, andererseits aber zum Rückgang der Kristallisationsfähigkeit, des Kristallinitätsgrades und der Dichte.

Eine enge Molmasseverteilung bewirkt im Polymerwerkstoff eine hohe Gleichmäßigkeit der Kennwerte, einen engen Erweichungsbereich sowie eine bessere Chemikalien- und Spannungsrissbeständigkeit; eine breitere Molmasseverteilung hat eine Verringerung des Kristallinitätsgrades und der Sprödigkeit zur Folge.

Keine Aussage macht die Strukturformel über die Infrastruktur, d. h. den räumlichen Aufbau des einzelnen Makromoleküls, der selbst bei übereinstimmender Strukturformel

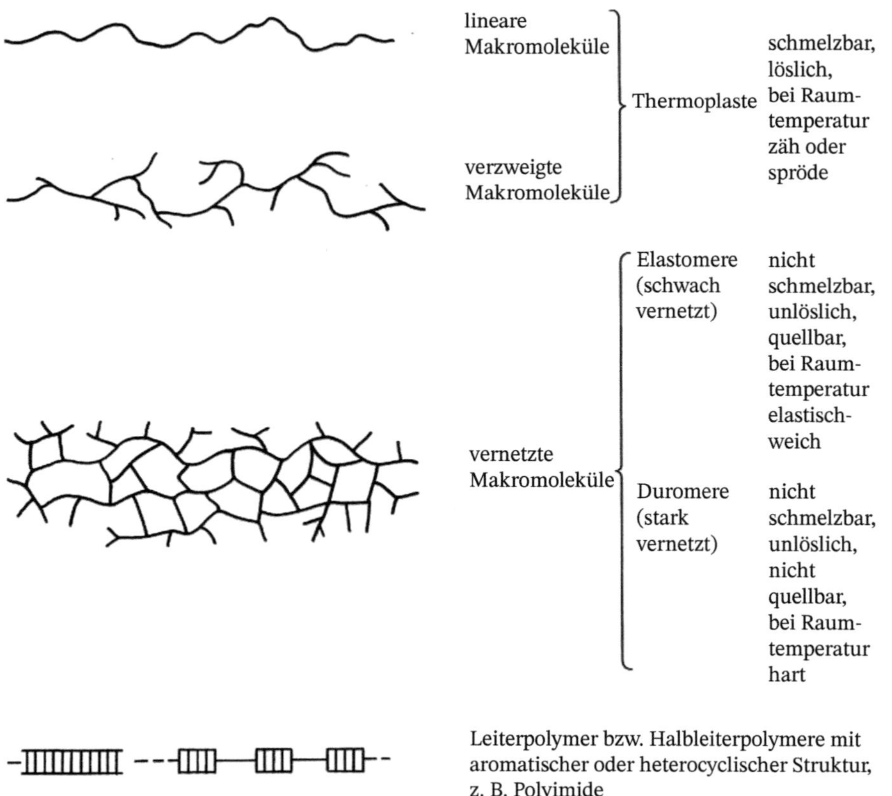

Bild 2.57 Schematische Darstellung verschiedener Konstitutionen.

und Moleküllänge von Makromolekül zu Makromolekül sehr verschieden sein kann. Gegenüber den Atomen und Ionen, die eine annähernd kugelige Gestalt haben, sind die Makromoleküle organischer Polymere räumlich wesentlich komplizierter und differenzierter beschaffen. Sie haben eine im Vergleich zu ihrer Dicke große Länge. Man spricht erst dann von einem Makromolekül, wenn die Molmasse > 10.000 ist, also weit über 100 monomere Einheiten zu einer Molekülkette verknüpft sind.

Auf welche Weise und in welchem Ausmaß sich derartige Makromoleküle dennoch zu einem Kristallgitter ordnen können, hängt wesentlich von der Infrastruktur des einzelnen Makromoleküls und den zu ihrem Zustandekommen verwirklichten Aufbauprinzipien - der Konstitution, der Konfiguration und der Konformation - ab.

2.1.10.3.1 Konstitution von Makromolekülen

Die *Konstitution* (Bild 2.57) beinhaltet alle Angaben, die die Verknüpfung von Atomen bzw. Atomgruppen zu Makromolekülen betreffen, also das chemische Aufbauprinzip mit Typ und Anordnung der Kettenatome, Art der Substituenten und Endgruppen, Sequenz der Grundbausteine, Art und Länge der Verzweigung, die Molmasse und ihre Verteilungsfunktion. Die Konstitution hängt weitgehend von der Art der monomeren Grundbausteine ab. *Lineare Makromoleküle* mit fadenförmiger Gestalt entstehen bei der Verknüpfung von bifunktionellen Molekülen zu langen Ketten, wobei alle nicht in der Kettenrichtung liegenden kovalenten Bindungen mit –H, -OH, =O, -Cl oder –F bzw. mit kleineren organischen Resten, z. B. $-CH_3$, $-CH_2OH$ oder $-C_6H_5$, die als Seitengruppen oder *Substituenten* bezeichnet werden, gesättigt sind (s. Tab. 2.11).

Werden unsymmetrische Monomere miteinander verknüpft, z. B. Vinylverbindungen wie $H_2C{=}CH{-}Cl$ (Vinylchlorid) zum Polyvinylchlorid oder $H_2C{=}CH{-}C_6H_5$ (Styren) zum Polystyren, dann kann die Zusammenlagerung regelmäßig (Kopf-Schwanz-Anlagerung), alternierend (Kopf-Kopf-Schwanz-Schwanz-Anlagerung) oder regellos (zufällige Folge von Kopf-Kopf-, Kopf-Schwanz- und Schwanz-Schwanz-Anlagerungen) geschehen (folgendes Schema).

```
—CH2—CH—CH2—CH—CH2—CH—        Kopf-Schwanz-Anordnung
      |       |       |        R = Seitengruppe, z. B.
      R       R       R        —CH3, —C6H5, —Cl

—CH2—CH—CH—CH2—CH2—CH—        Kopf-Kopf-Schwanz-Schwanz-
      |   |           |        Anordnung
      R   R           R

—CH2—CH—CH2—CH—CH—CH2—        statistische Anordnung der
      |       |   |            Grundbausteine
      R       R   R
```

Manche Monomere fügen sich infolge vorherrschender oder ausschließlicher Bevorzugung eines bestimmten Anlagerungsmechanismus von selbst regelmäßig oder alternierend zusammen, wodurch günstige Voraussetzungen für die Kristallisation des Werkstoffs entstehen. Andere Monomere müssen durch eine besondere Reaktionsführung und Katalysatoren dazu gezwungen werden.

Werden Polymere aus zwei häufig und regelmäßig quer verbundenen linearen Hauptketten aufgebaut (z. B. aus zwei tetrafunktionellen Verbindungen in zwei Stufen), dann entstehen sog. *Leiterpolymere* (durchgehende annellierte Aneinanderreihung von Ringen hydrierter, partiell hydrierter, aromatischer oder heterocyclischer Struktur, z. B. Polyimide) oder *Halbleiterpolymere* (Unterbrechung der annellierten Ringfolge durch Einfachbindungen, z. B. Polyamid- bzw. Polyester-Imide) mit meist erhöhter Temperaturbeständigkeit (bis 250 °C) und elektrischer Leitfähigkeit (bis 1/10 der von Cu) oder Halbleitung (s. a. Abschn. 10.1 und Bild 2.56).

Verzweigte Makromoleküle (wie im Polyethylen und im Polypropylen) entstehen über den Einbau höherfunktioneller Monomere oder bei Kettenverzweigung an Seitengruppen durch Übertragungsreaktionen. Dabei haben die Seitengruppen meist den gleichen chemischen Aufbau wie die Hauptkette. Streng lineare Makromoleküle sind selten.

Als Hauptkette gilt die längste der vereinigten Ketten. Das Verhältnis verzweigter Grundbausteine zu den insgesamt vorhandenen Grundbausteinen wird als Verzweigungsgrad bezeichnet. Man unterscheidet zwischen Kurzketten- und Langkettenverzweigungen. Die Moleküle in Thermoplasten haben entweder eine lineare oder eine verzweigte Konstitution und sind daher im Allgemeinen löslich oder schmelzbar (infolge Aufhebung oder Schwächung der sekundären Bindung).

Räumlich vernetzte Makromoleküle (wie in Elastomeren und in Duromeren) werden entweder durch den Einbau relativ vieler polyfunktioneller Gruppen (wie z. B. bei Phenol- und Melaminharzen) oder durch die Aufspaltung von im linearen Makromolekül vorhandenen Doppelbindungen und anschließender Vernetzung untereinander (beispielsweise beim 1,4-Polybutadien oder beim Polyisopren über Schwefelbrücken, das so genannte Vulkanisieren von Kautschuk) gebildet. Auch eine nachträgliche chemische oder durch Strahlen hervorgerufene Vernetzung normalerweise unvernetzter Makromoleküle (wie beim Polyethylen und beim Polypropylen) ist möglich (s. Abschn. 10.10.2.2).

Das Verhältnis vernetzter Grundbausteine zu den insgesamt vorhandenen Grundbausteinen wird als *Vernetzungsgrad* bezeichnet. Während lineare und verzweigte Makromoleküle (Thermoplaste) im Allgemeinen wiederholbar geschmolzen oder gelöst werden können, sind die weitmaschig vernetzten (Elastomere) nicht mehr löslich oder schmelzbar, wohl aber quellbar und die stark vernetzten (Duromere, Duroplaste) weder löslich bzw. schmelzbar noch quellbar.

Auf Konstitutionsunterschiede, die infolge der Aneinanderlagerung von mehr als einer Sorte Monomere entstehen, wird bei den Molekülen der Legierungsstrukturen eingegangen (Abschn. 2.1.10.5). Konstitutionsformeln geben die wirkliche geometrische Anordnung der Atome und Atomgruppen zueinander (Bindungslängen und -winkel) nicht vollständig und in den meisten Fällen falsch wieder.

2.1.10.3.2 Konfiguration von Makromolekülen

Die *Konfiguration* eines Makromoleküls (Bild 2.58) liefert bei bekannter und sonst gleicher Konstitution Informationen über die stabile geometrische (räumliche) Anordnung bestimmter Atome bzw. Atomgruppen zueinander oder längs der Molekülkette.

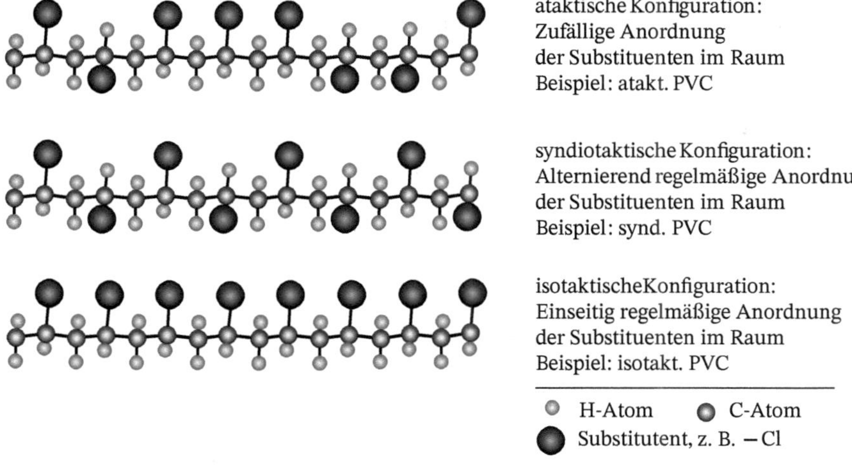

Bild 2.58 Schematische Darstellung verschiedener Konfigurationen mit Beispielen.

Wegen oftmals unterschiedlicher Eigenschaften von Konfigurationsisomeren (in ihrer Konfiguration voneinander abweichende Makromoleküle gleicher Konstitution) ist sie technisch von großer Bedeutung. Es wird unterschieden bezüglich der *Taktizität*, d. h. der räumlichen Anordnung von Substituenten in der Molekülkette bei unsymmetrischen Struktureinheiten wie im Polypropylen oder Polystyren, und der *cis-trans-Isomerie*, d. i. die benachbarte (=*cis*) bzw. gegenüberliegende (=*trans*) Stellung von gleichen Atomen oder Seitengruppen, bezogen auf einen Kettenbaustein oder auf eine Doppelbindung, z. B. beim Polyisopren:

$$\left[\begin{array}{ccc} H & & CH_3 \\ & C{=}C & \\ CH_2 & & CH_2 \end{array}\right]_n \qquad \left[\begin{array}{ccc} CH_2 & & CH_3 \\ & C{=}C & \\ H & & CH_2 \end{array}\right]_n$$

cis-1,4-Polyisopren (Naturkautschuk) — trans-1,4-Polyisopren (Guttapercha)

Bei der *ataktischen Konfiguration* liegen die Substituenten zufällig zur Ebene der Makromolekülketten verteilt. Sie be- oder verhindert daher die Kristallisation (s. Abschn. 2.1.10.4) der einen und der anderen Seite der Kette und die *isotaktische Konfiguration* (Seitengruppen nur auf einer Seite) führen dagegen wegen der räumlichen Regelmäßigkeit der Makromoleküle in der Regel zur Ausbildung einer Kristallstruktur. Da sich die Iso- und Syndiotaktizität während des Kettenaufbaues durch stereospezifische Katalysatoren gezielt erzeugen lässt (als technisch genutztes Beispiel sei auf isotaktisches Polypropylen, Bild 2.66, hingewiesen), gelingt es auch bei von Natur aus ataktischen und daher amorphen Polymeren, eine Kristallisation herbeizuführen.

In der Realität ist das Konfigurationsproblem komplizierter, als hier dargestellt, weil zusätzliche Konformationen der Kettenglieder zueinander berücksichtigt werden müssen.

2.1.10.3.3 Konformation von Makromolekülen

Die Konformation eines Makromoleküls (Bild 2.59) gibt bei vorliegender Konstitution und Konfiguration eine Beschreibung der geometrischen (räumlichen) An- und Zuordnung

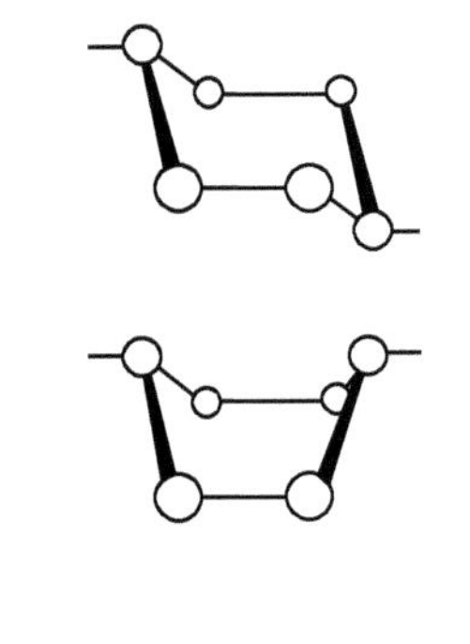

Sesselkonformation einer Ringeverbindung
(aufeinanderfolgende -tt-Konformation)

Wannenkonformation einer Ringverbindung
(aufeinanderfolgende -tg-Konformation)

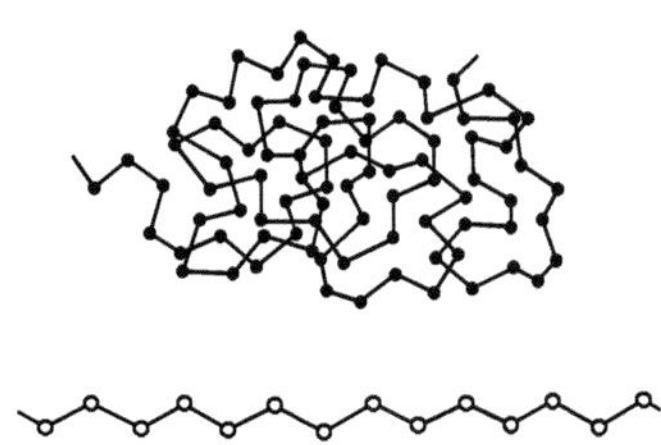

geknäulte Molekülgestalt
(Knäuelstruktur, regellose Aufeinanderfolge von -t-und -g-Konformationen)
Beispiel: amorphe bzw. unversteckte Polymere

gestreckte Molekülgestalt
(Zickzack-oder all-trans-Konformation)
Beispiel: kristalline bzw. verstreckte Polymere

Bild 2.59 Schematische Darstellung verschiedener Konformationen mit Beispielen.

bestimmter Atomgruppen in oder an der Molekülkette, die durch Einfachbindungen gebunden sind. *Konformationsisomere* entstehen durch Umklappen oder Drehung solcher Atomgruppen um die Bindungsachse der Einfachbindung, ohne dass dabei Hauptvalenzbindungen gelöst werden. Es handelt sich um reversible Vorgänge. Die dazu notwendigen Energien sind meist so klein, dass der Konformationswechsel bei Temperaturen oberhalb der Einfriertemperatur (mikrobrownsche Bewegung) bzw. der Schmelztemperatur (makrobrownsche Bewegung) eines Polymers (s. Abschn. 3.2.) über die Wärmebewegungen leicht möglich ist. Wegen der Vielzahl wahrscheinlicher Konformationen unterliegt er statistischen Gesetzmäßigkeiten. Bei Temperaturen unterhalb der Einfrier- bzw. der Schmelztemperatur werden jedoch bestimmte Konformationen bevorzugt.

Zur Veranschaulichung derartiger Drehungen soll auf die vom Methan (Bild 2.56a) abgeleiteten Moleküle Ethan (Bild 2.56c) und *n*-Butan zurückgegriffen werden. Das Ethanmolekül ist aus zwei Tetraedern aufgebaut. Da die vier Bindungen am C-Atom jedes Tetraeders völlig gleichwertig sind, ändert sich bei schrittweiser Drehung eines der beiden Tetraeder um 120° nichts an der Symmetrie des Ethanmoleküls. Wird hingegen in Schritten von 60° gedreht, dann sind zwei Konformationen möglich (Bild 2.60). Befinden sich die H-Substituenten beider C-Atome in Richtung der C–C-Bindung gesehen genau hintereinander, d. h. in Deckung, so liegt eine *gedeckte Konformation* vor. Sitzen die H-Atome dagegen „auf Lücke“, dann entsteht eine *gestaffelte Konformation.*

Das *n*-Butan-Molekül ist durch die beiden CH_3-Substituenten nicht mehr symmetrisch. Gemäß Bild 2.61 existieren bei einer vollen Umdrehung eines Molekülteils in 60°-Schritten vier grundsätzlich unterschiedliche Konformationen: Ausgangsstellung *trans*-gestaffelt (*anti*-), schief-gedeckt, gauche-gestaffelt (*syn*-) und *cis*-gedeckt. Wegen der sterischen Behinderung der Substituenten in den gedeckten Stellungen und aufgrund

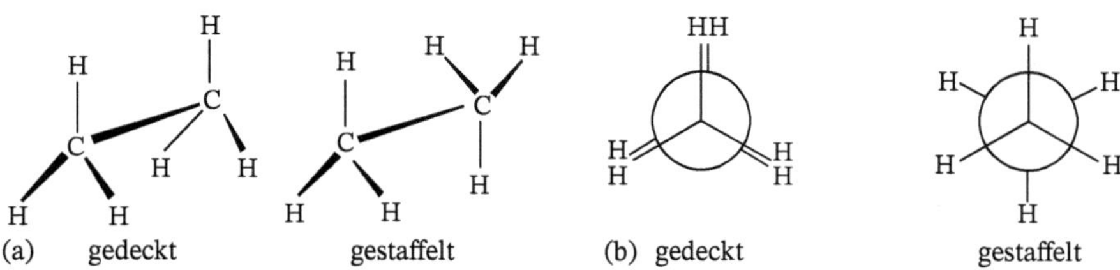

Bild 2.60 Gedeckte und gestaffelte Konformation des Ethans (nach *K. V. Bühler*). (a) Perspektivische Darstellung; (b) Projektionsdarstellung (nach *Newman*).

von Wechselwirkungen zwischen benachbarten ungleichen Substituenten (–H und $-CH_3$) sind die vier Lagen auch durch vier unterschiedliche Potenziale gekennzeichnet. Der in Abhängigkeit vom Rotationswinkel dargestellte Potenzialverlauf zeigt, dass die gestaffelten Konformationen energetisch günstiger sind. Demzufolge werden im zeitlichen Mittel die CH_3-Substituenten mit großer Wahrscheinlichkeit entweder die *gestaffelte trans-* (*t*) oder die *gestaffelte gauche-* (g) *Konformation* zueinander einnehmen.

Denkt man sich an diejenigen Stellen des *n*-Butan-Moleküls, wo die CH_3-Substituenten sitzen, eine längere –C–C–-Kette angeschlossen, dann ergeben sich für das auf diese Weise entstandene Makromolekül hinsichtlich der Konformation dieselben Folgerungen: Die Kettensegmente nehmen entweder eine *t*- oder g-Stellung ein, wie es im Bild 2.62 für ein Polyethylenmolekül gezeigt ist.

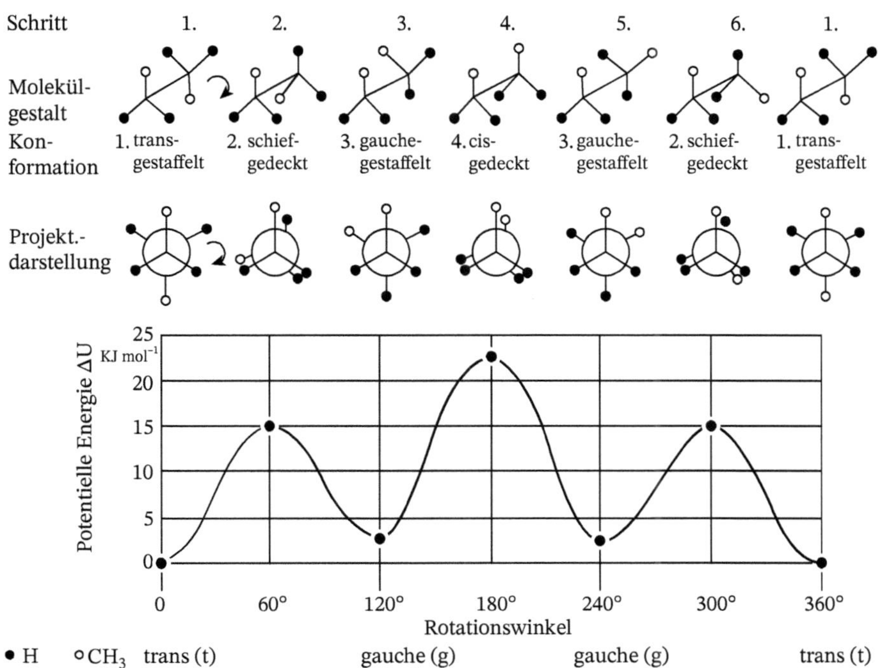

Bild 2.61 Konformation und Potenzialverlauf (Änderung der potenziellen Energie Δ*U*) eines n-Butan-Moleküls ($CH_3CH_2CH_2CH_3$) in Abhängigkeit vom Rotationswinkel (nach [7]).

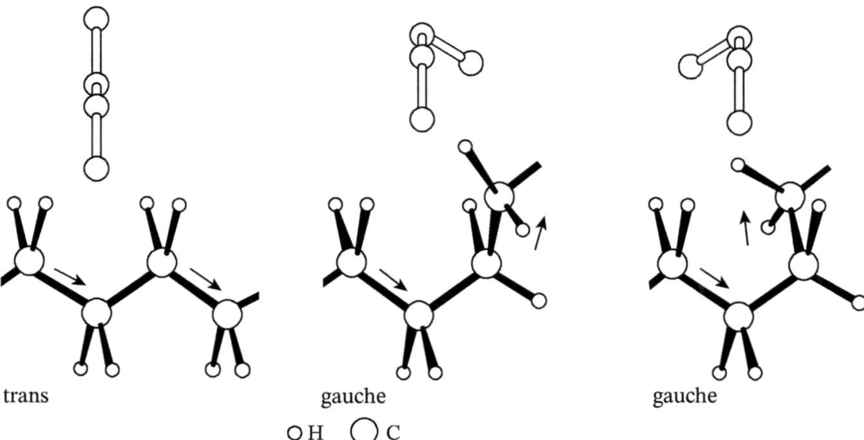

Bild 2.62 Konformation der Molekülkette des Polyethylens; oben: in Kettenrichtung gesehen (nach [8]); unten: senkrecht zur Kettenrichtung gesehen; trans-Konformation: –C–C-Bindungen in einer Ebene; gauche-Konformation: –C–C–-Bindungen in räumlicher Stellung.

In einem solchen Fall besteht zwischen den aufeinander folgenden Molekülsegmenten eine weitgehende Flexibilität. Die Molekülsegmente sind um die Bindungsachsen –C–C– beweglich, sodass in einem realen Haufwerk von Makromolekülen im Prinzip unendlich viele Makrokonformationen (d. h. die gesamte Gestalt eines Makromoleküls betreffend) vorliegen können. Da jedoch bei einer aufeinander folgenden t-t-Stellung der Abstand zweier nicht am gleichen C-Atom gebundenen Substituenten, wie z. B. –H oder –F beim Polyethylen oder Polytetrafluorethylen, größer ist als in der g-g-Stellung, nimmt das Makromolekül eher eine ideale alltrans- oder *Zickzack-Form* als eine durch g-Konformationen beeinträchtigte Gestalt an. Auf diese Weise entstehen lang gestreckte Molekülabschnitte, die die Fähigkeit haben, sich zu einem Kristallgitter fernordnen zu können.

Für eine räumlich-kristalline Anordnung der Makromoleküle in Polymeren müssen sich, ebenso wie bei den anorganischen Kristallen, die Bausteine in drei nicht in einer Ebene liegenden Raumrichtungen in regelmäßigen Abständen wiederholen und Netzebenen bilden. Das setzt freilich voraus, dass im Makromolekül selbst in Kettenrichtung Regelmäßigkeit herrscht, also eine regelmäßige Konstitution, Konfiguration und Konformation vorliegt. Ist dies der Fall, dann ist der polymere Werkstoff kristallisierbar.

2.1.10.4 Kristallstruktur von Polymeren

Innerhalb eines Kristalls liegen die in regelmäßiger Konformationsaufeinanderfolge ausgerichteten Makromolekülketten parallel zueinander. Dank der starken Atombindungen sind die Abstände der Atome und der Seitengruppen längs der Kette konstant. Die Art der *Konformationsfolge* übt den entscheidenden Einfluss auf die Kristallstruktur aus (Tab. 2.10). Bei reiner ... ttt ...-(all-*trans*-) Konformation, wie sie z. B. Polyethylen (PE), Polyamid (PA) oder Polyurethan (PUR) aufweisen, liegt die Molekülkette in einer Ebene. Dadurch befindet sich jede zweite der jeweils um 180° nach rechts und links gedrehten Seitengruppen genau übereinander. Bei Polyethylen (Bild 2.63) wird wegen des einfachen und symmetrischen Aufbaues der Kette bereits nach jeder 2. Seitengruppe Deckungsgleichheit

Tab. 2.10 Beispiele für Konformations- und Helixtyp kristalliner Polymere (nach [7]).

Konformationstyp	**<: ttt <:**	**<: tgtg <:**	**<: ggg <:**	**<: ttgg <:**
räumliche Darstellung eines Abschnittes des Makromoleküls (nicht maßstäblich) rechtwinklig zur Kette in Kettenrichtung				
Helixtyp	1_1	3_1	9_5	4_1

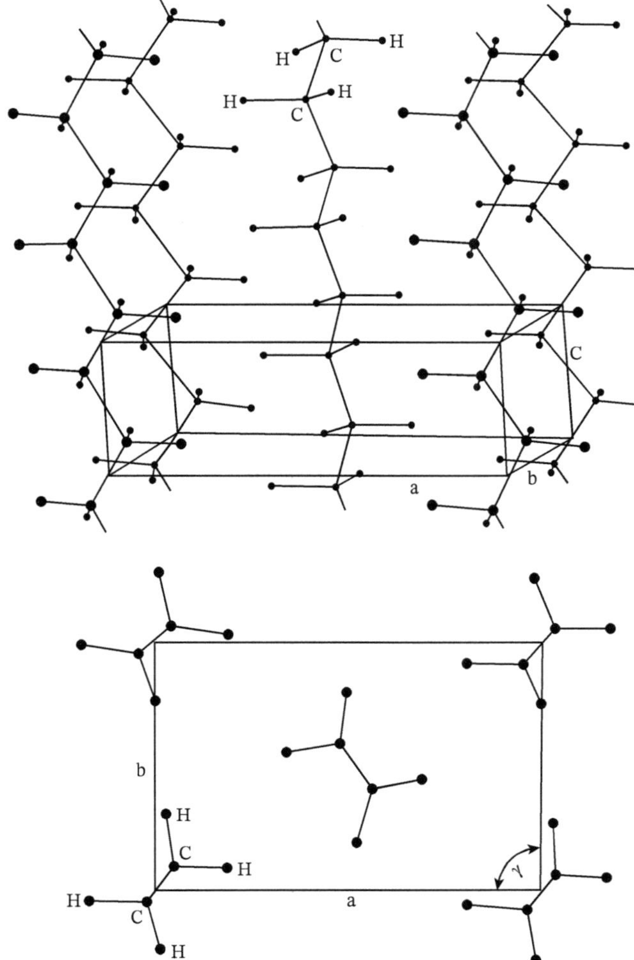

Bild 2.63 Orthorhombisches Raumgitter des Polyethylens (nach *R. Nitsche* und *K. A. Wolf*). Die EZ enthält 2 monomere Einheiten $-CH_2-CH_2-$; Gitterkonstanten: $a = 7{,}36 \cdot 10^{10}$ m, $b = 4{,}92 \cdot 10^{-10}$ m, $c = 2{,}53 \cdot 10^{-10}$ m: $\alpha = \beta = \gamma = 90°$; Helixtyp 1_1.

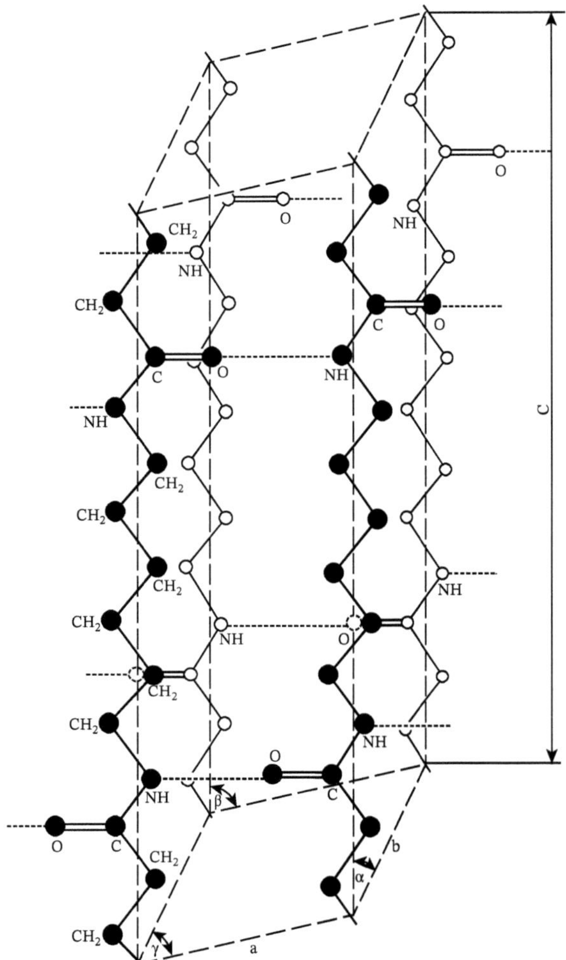

Bild 2.64 Trikline EZ des Polyamids PA 6.6 (α-Form; nach *R. Nitsche* und *K. A. Wolf*). Gitterkonstanten: $a = 4{,}9 \cdot 10^{-10}$ m, $b = 5{,}4 \cdot 10^{-10}$ m, $c = 17{,}2 \cdot 10^{10}$ m; Achsenwinkel $\alpha = 48{,}5°$, $\beta = 77°$, $\gamma = 63{,}5°$; Helixtyp 1_1; Wasserstoffbrückenbindung NH...O.

erzielt. Die Länge *c*, die Höhe der Elementarzelle, wird auch als *Faserperiode* bezeichnet. Beim Polyamid PA 6.6 (Bild 2.64) und beim Polyamid PA 6 (Bild 2.65) beträgt sie infolge der komplizierteren chemischen Struktur 14, im Falle des linearen Polyurethans PUR 16 Atomabstände (Bild 2.65). Wegen der starken Wasserstoffbrückenbindung liegen die Ketten dieser Polymere dichter zusammen, und es bilden sich im Kristall so genannte *Rostebenen* (blättchenartige Gebilde).

Wird die Molekülkette durch größere Substituenten, wie –F beim Polytetrafluorethylen, –CH_3 beim Polypropylen oder –C_6H_5 beim Polystyren, und durch die daraus resultierende Veränderung der Konformationsfolge noch gleichsinnig verdreht, dann kommt z. B. erst jede 4., 6. oder 8. Seitengruppe wieder zur Deckung. Die Faserperioden werden länger, und es entstehen spiralige Strukturen.

Die Drehung der Molekülkette um sich selbst wird als *Helix* bezeichnet. Beispiele hierfür sind das isotaktische α-Polypropylen mit der Konformation ... tgtg ... (Helixtyp 3_1) (Bild 2.66) oder das ebenfalls mit der Konformationsfolge ... tgtg ... (Helixtyp 3_1) kristallisierende isotaktische Polystyren (Bild 2.67). Helixtyp 3_1 bedeutet, dass drei monomere

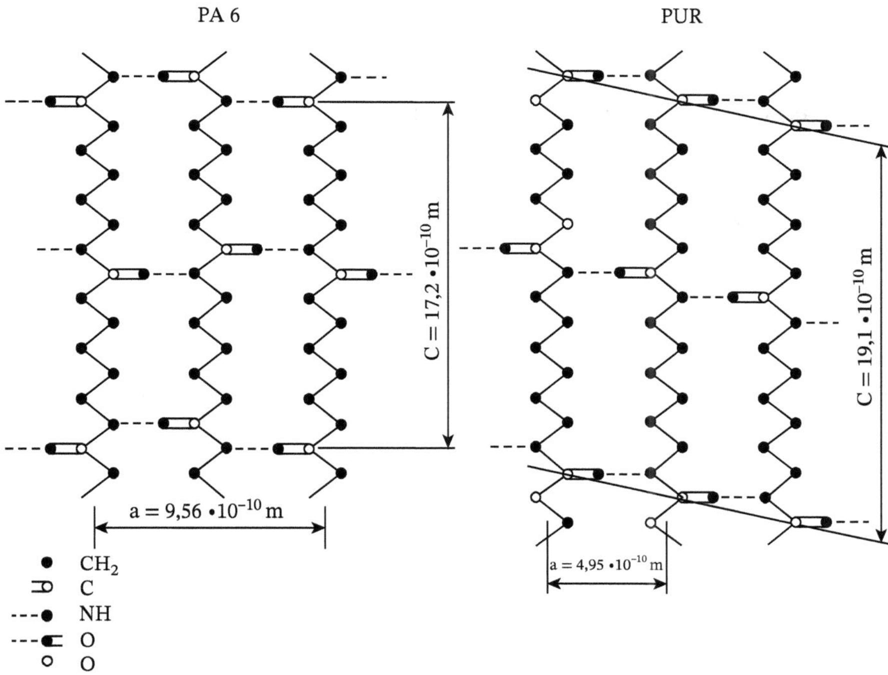

Bild 2.65 Rostebenen des monoklinen Polyamids (PA 6) und des triklinen linearen Polyurethans (PUR) mit Wasserstoffbrückenbindungen NH…O sowie den Abmessungen *a* und *c* der EZ (nach *R. Houwink* und *J. Staverman*).

Bauelemente auf eine Drehung kommen. Eine Drehung des Makromoleküls entsteht auch bei der allgauche-Konformation … ggg … (Tab. 2.10), wie das Beispiel Polyoximethylen (POM), ein hexagonal kristallisierender Werkstoff mit dem Helixtyp 9_5, zeigt.

Gitter mit drei rechtwinklig aufeinander stehenden Achsen, wie bei Polyethylen, sind dann anzutreffen, wenn alle Bauelemente paralleler Polymerketten in gleicher Höhe liegen. Sind sie dagegen infolge Verzahnungen in Kettenrichtung zueinander verschoben, so entstehen monokline, trikline oder rhomboedrische Gitter, wie im Falle des Polypropylens und Polyamids, des Polyurethans und des Polystyrens. Je nach der möglichen Art der Zusammenlagerung der makromolekularen Bausteine enthält die EZ z. B. eine (Polyamid PA 6.6), zwei (Polyethylen), drei (Polyoximethylen), vier (α-Polypropylen) oder sechs (Polystyren) Ketten.

Tabelle 2.11 enthält weitere Beispiele von kristallinen Polymeren. Bei einigen können gleichzeitig oder auch in Abhängigkeit von der Temperatur zwei oder mehr Kristallsysteme vorkommen, die sich im Konformations- und Helixtyp und damit auch hinsichtlich des Kristallisationsgrades, der Dichte und in noch anderen Eigenschaften unterscheiden.

Von den synthetischen Polymeren sind nur wenige bekannt, die biologisch abbaubar und auch biokompatibel sind. In Tabelle 2.11 ist Polylactid genannt. Es hat beide Eigenschaften. Umgangssprachlich wird es als Polymilchsäure bezeichnet und chemisch zu den Polyestern gezählt.

Die Struktur von Biopolymeren hat viele Gemeinsamkeiten mit den synthetischen Polymeren aber auch Besonderheiten. Sie sind in Kap. 11.1 und 11.2 ausführlicher dargestellt.

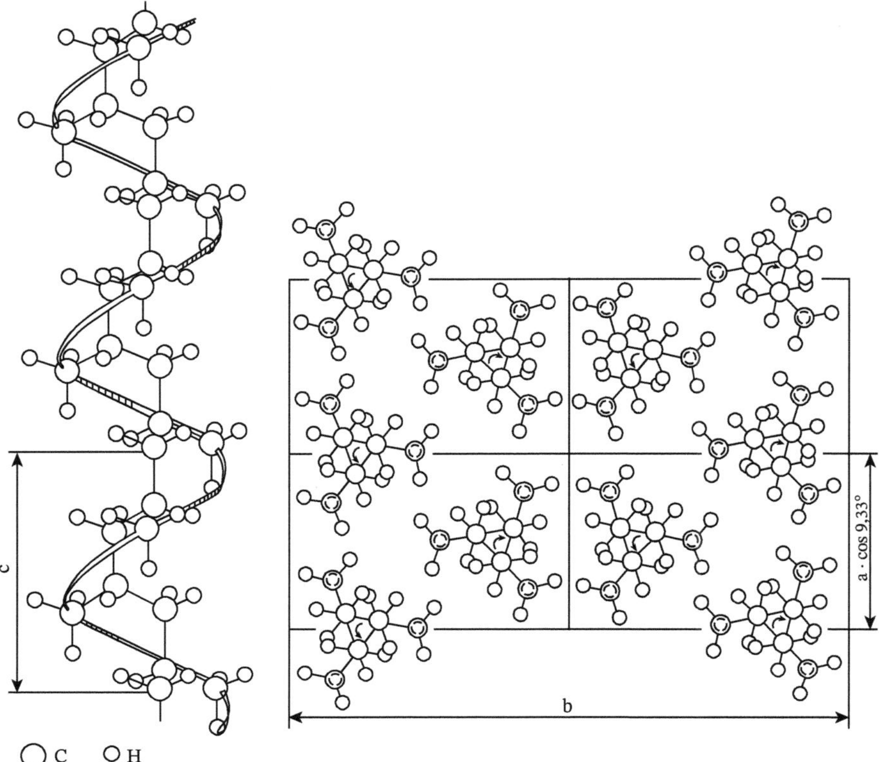

Bild 2.66 Seitenansicht und Projektion der monoklinen Struktur des isotaktischen Polypropylens (α-Form; nach *R. Houwink* und *J. Staverman*). Die EZ enthält 12 monomere Einheiten $-CH_2-CHCH_3-$; Helixtyp 3_1; Gitterkonstanten: $a = 6{,}65 \cdot 10^{10}$ m, $b = 20{,}96 \cdot 10^{-10}$ m, $c = 6{,}50 \cdot 10^{-10}$ m.

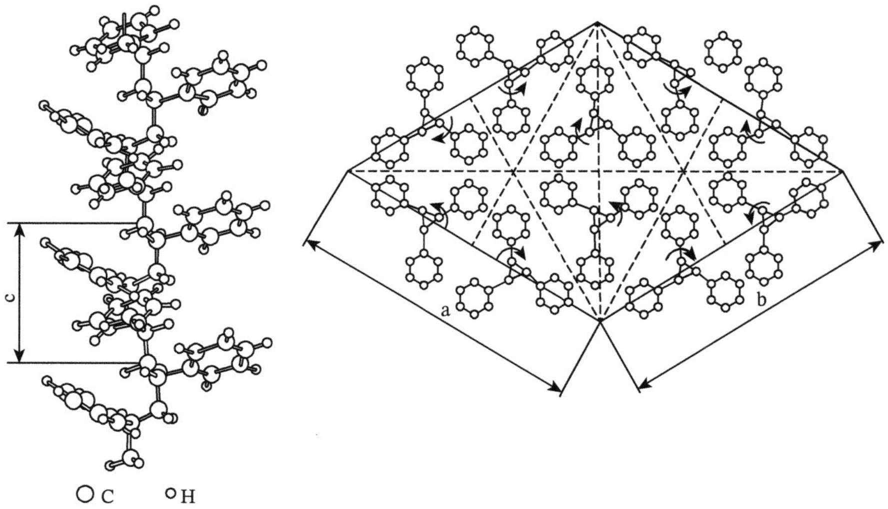

Bild 2.67 Seitenansicht und Draufsicht des isotaktischen Polystyrens (nach *R. Houwink* und *J. Staverman*). Die rhombische EZ enthält 18 monomere Einheiten $-CH_2-CHC_6H_5-$; Helixtyp 3_1; Gitterkonstanten: $a = b = 22{,}08 \cdot 10^{-10}$ m, $c = 6{,}63 \cdot 10^{-10}$ m.

Tab. 2.11 Chemische Strukturformel und Kristallstruktur ausgewählter Polymere (A amorph; K [...] teilkristallin [Kristallinitätsgrad in %]; ∢ Valenzwinkel; a ataktisch; i isotaktisch; o ohne Vorbehandlung; m mit Vorbehandlung).

Werkstoff (Kurzzeichen E,T, D: Elastomer Thermoplast und Duromer)	**Kristallstruktur**	**Strukturformel**
Polyisobutylen (PIB) E	oA; mK rhombisch viell. auch pseudohexagonal; ∢ 114°	$[-CH_2-C(CH_3)_2-]_n$
Polyvinylchlorid (PVC) T	oA; m gering K orthorhombisch	$[-CH_2-CHCl-]_n$
</c>Polytetrafluorethylen (PTFE) T	K (60 ... 80 %) < 330 °C pseudohexagonal > 20 °C hexagonal	$[-CF_2-CF_2-]_n$
</c>Polymethylmethacrylat (PMMA) T	aA; iK (90 %) orthorhombisch	$[-CH_2-C(CH_3)(COOCH_3)-]_n$
1,4-Polybutadien (BR) E	aA mK (*cis*) monoklin (*trans*) dimorph	$[-CH_2-CH=CH-CH_2-]_n$
6-Polyamid (PA 6) T	K (30... 45 %) monoklin	$[-NH-(CH_2)_5-CO-]_n$
</c>Polyurethan (PUR) T, E, D (aus 1,6-Hexamethylendiisocyanat und 1,4-Butandiol)	K triklin mA	$[-CO-NH-(CH_2)_6-NH-CO-O-(CH_2)_4-O-]_n$
1,4-cis-Polyisopren = Naturkautschuk (IR)E	A; mK triklin oder monoklin ∢ = C–125° ∢–C–109,47°	$[-CH_2-CH=C(CH_3)-CH_2-CH_2-C(CH_3)=CH-CH_2-]_{\frac{n}{2}}$ 2 Monomere, CH_2-Substituenten in *cis*-Stellung
Polylactid (PLLA) T	triklin K (35 ... 45 %)	$HO-CH(CH_3)-CO-[O-CH(CH_3)-CO]_n-O-CH(CH_3)-COOH$

2.1.10.5 Modifizierung von Polymeren

Der Grundtyp eines polymeren Werkstoffes lässt sich durch *Modifizierung*, d. h. durch Herstellung von homogenen (verträglichen) oder heterogenen Mischungen, auf verschiedene Weise mehr oder weniger stark abwandeln. In Anlehnung an das Legieren von Metallen oder die Fertigung von Composites können derartige Mischungen ebenfalls als Legierungen oder Verbundmaterialien bezeichnet werden.

Wegen der Art ihrer intra- und zwischenmolekularen Bindungen und der mit ihrem makromolekularen Aufbau zusammenhängenden spezifischen Strukturen bestehen zu den Metalllegierungen jedoch weitgehende Unterschiede. Modifizierungen sind über die Bildung von Copolymeren und Polymermischungen (Polymerblends) sowie über das Mischen von Polymeren mit niedermolekularen Stoffen oder Füllstoffen möglich.

Bei *Copolymeren* werden die Änderungen hauptsächlich über die Beeinflussung der Konstitution der monomeren Einheiten sowie der Art und des Ausmaßes ihrer Zusammenlagerung (Konfiguration und Konformation) bewirkt. Man unterscheidet zwischen *statistischen Copolymeren* mit einer statistischen Aneinanderlagerung von zwei oder mehr verschiedenen Grundbausteinen A, B, C,

—A—A—B—A—B—B—B—A—A—B—A—B— Bipolymer
—A—B—B—C—C—C—A—A—B—B—C—A— Terpolymer

alternierenden Copolymeren mit einem regelmäßigen Wechsel der Grundbausteine,

—A—B—A—B—A—B—A—B—A—B—A—B—

Blockcopolymeren mit einer Aneinanderlagerung von Blöcken jeweils gleicher Grundbausteine,

—A—A—A—A—B—B—B—B—B—B—A—A—

und *Pfropfcopolymeren* mit einem Homo- oder Copolymer als Hauptkette und „aufgepfropften" Seitenketten,

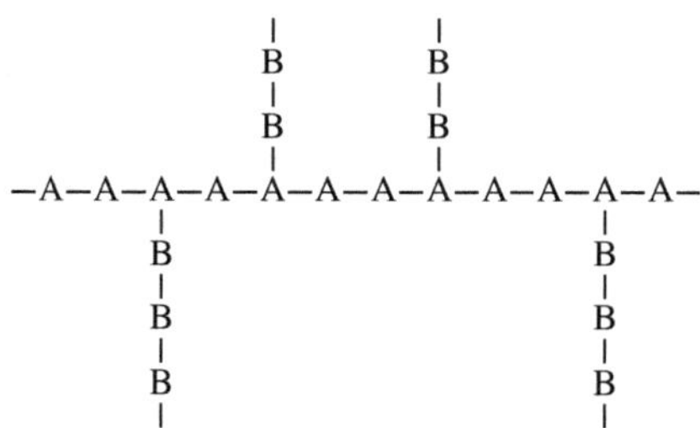

Aufgrund der mit der Copolymerisation meist zunehmenden Uneinheitlichkeit des Molekülaufbaus war das Interesse an Copolymeren lange Zeit gering. Erst nachdem man gelernt hatte, immer wieder dieselbe Anzahl unterschiedlicher Monomere aneinander zu reihen (Sequenz-Regelmäßigkeit) und die Isotaktizität zu beherrschen und damit die Konformationsfolgen zu steuern, wurde eine Vielzahl von kristallinen Copolymeren entwickelt. Sie werden meist für Spezialzwecke wie in der Raketen- und Raumfahrttechnik eingesetzt, wo z. B. hohe Temperaturbeständigkeit und spezifische dielektrische Eigenschaften verlangt werden. So gelingt es heute, das Polybuten-1 weitgehend isotaktisch und mit einer Reihe anderer Monomere, wie Ethylen, Penten-1,3-Methylbuten, Styren, Vinylchlorid oder Acrylnitril zu copolymerisieren und in einer Reihe von Fällen im gesamten Mischungsbereich kristallin erstarren zu lassen. Das Vinylfluorid lässt sich mit über 25 anderen Monomeren in vielfältigster Weise modifizieren. Eine weitere Ausweitung der Strukturvielfalt ist durch die Herstellung heterocyclischer und carbocyclischer Kettenpolymere (Leiter- und Halbleiterpolymere) gegeben (s. a. Abschn. 2.1.10.3.1).

Eine andere, viel genutzte Möglichkeit ist die *Polymerblendtechnik*, die auch für herkömmliche Werkstoffe wie Polyethylen-Polypropylen, Polyethylen-Polystyren oder Polystyren-Polyamid Anwendung findet. Die Komponenten der Blends sind jedoch meist unverträglich (nicht mischbar, s. a. Abschn. 5.5.4), sodass Polymerblends amorph oder zumindest nur wenig kristallin sind. Eigenschaften von Blends aus verträglichen Komponenten ändern sich annähernd linear mit dem Mischungsverhältnis, bei unverträglichen jedoch nichtlinear.

Polymerblends(-mischungen) bestehen in Analogie zu den metallischen Legierungen (Bild 5.23) aus mindestens zwei Polymeren. Durch die Veränderung der prozentualen Anteile der Polymere sind die Eigenschaften oft in weiten Bereichen variierbar. Sie hängen außerdem stark davon ab, ob homogene Einphasensysteme oder heterogene Zwei- oder Mehrphasensysteme entstehen. Übergänge zwischen diesen sind ebenfalls möglich.

Einphasensysteme zeigen je nach dem Mischungsverhältnis charakteristische Verschiebungen ihrer Eigenschaften, z. B. der Einfriertemperatur, des Kristallitschmelzpunktes oder des mechanischen Dämpfungsmaximums. Bisher sind sie in der Praxis weniger häufig als die Mehrphasensysteme anzutreffen, zeigen aber meist sehr wertvolle Eigenschaftskombinationen, wie z.B. das Polystyren-Polyphenylenoxid, ein leicht verarbeitbares Spritzgießmaterial mit einer Einfriertemperatur von 155 °C, guten elastischen Eigenschaften und hoher Formbeständigkeit. Zwei- und Mehrphasensysteme sind bei teilweiser Mischbarkeit an einer Verschmierung der Einzeleigenschaften ihrer Komponenten, bei Nichtmischbarkeit am getrennten Nebeneinander der Einzeleigenschaften, z. B. auch in Form von zwei Einfriertemperaturbereichen, zu erkennen (Bild 2.68).

Durch Mischen mit niedermolekularen Stoffen oder Füll- und Verstärkungsstoffen können die Eigenschaften von Polymeren in starkem Maße modifiziert werden. Dazu gehören Stabilisatoren (Erhöhung der Wärme-, Alterungs- und UV-Beständigkeit), Flammschutzmittel (Aluminiumhydroxid, chlor-, brom- oder phosphorhaltige Stoffe), Antistatika (leitfähige Zusatzstoffe: Ruße, Kohlenstoff- oder Metallfasern), Farbmittel (Pigmente, Farbstoffe, Ruße), Weichmacher (Erhöhung der Flexibilität und Schlagzähigkeit), Gleitmittel (Graphit, MoS_2, PTFE) und Treibmittel (für Polymer-Schaumstoffe). Füllstoffe in Form von Partikeln (Holz-, Gesteinsmehl, Kreide, Glaskugeln) oder Kurzfasern dienen als Streckmittel, zur Erhöhung der Steifigkeit oder zur Verminderung der Schwindung,

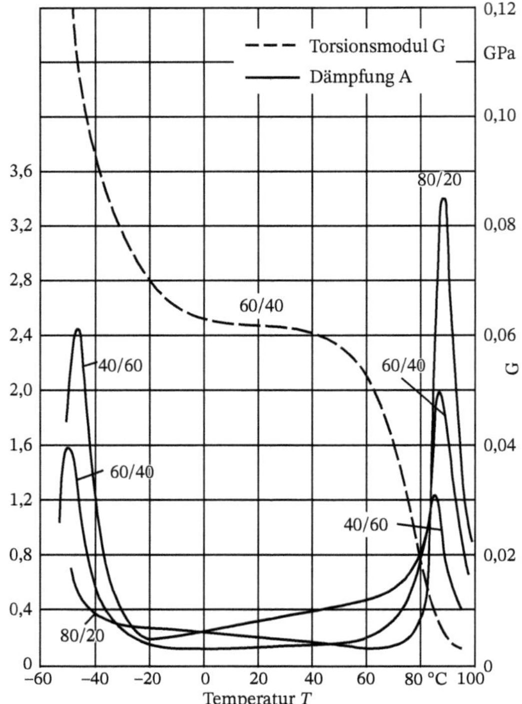

Bild 2.68 Nicht miteinander mischbares Polyvinylchlorid und Poly-Styren-Butadien. Torsionsmodul *G* und logarithmisches Dekrement der mechanischen Dämpfung in Abhängigkeit von Mischungsverhältnis und Temperatur (nach *H. Wolff*).

Verstärkungsstoffe in Form von Langfasern, Rovings (Faserbündel), Vliesen, Matten, Geweben oder Gewebeschnitzeln (meist aus Glas-, Kohlenstoff- oder Aramidfasern) zur Verbesserung von Festigkeit, Steifigkeit, Wärmestandfestigkeit und Dimensionsstabilität.

Zunehmende Bedeutung erlangen polymere Nanocomposites, die ein besseres Eigenschaftsprofil als konventionelle Polymerwerkstoffe haben, insbesondere hinsichtlich mechanischer, elektrischer, Oberflächen-, Barriere- und Flammschutzeigenschaften. Dazu werden mittels Extrusion spezielle nanoskalige Füllstoffe, wie exfolierte Schichtsilikate, in eine Polymermatrix eingearbeitet. Zum Beispiel kann mit Partikelgehalten von nur 5 Masse-% die Festigkeit des Werkstoffes ohne Beeinträchtigung der Zähigkeit deutlich gesteigert werden.

Die *Weichmachung*, durch die vor allem die E-Moduli der Thermoplaste erheblich erniedrigt werden, kann als äußere und innere Weichmachung geschehen. Im erstgenannten Fall werden niedermolekulare Stoffe wie Phthalsäureester oder Oligomere zugemischt. Als Folge dessen wird die Einfriertemperatur T_E unter die Raumtemperatur abgesenkt, sodass der Thermoplast kautschukelastisch wird. Durch Wechselwirkung zwischen den Weichmachermolekülen und polaren Gruppen des Thermoplasts wird dem Ausschwitzen des Weichmachers entgegengewirkt. Bekanntes Beispiel ist die Weichmachung von PVC mit Dioctylphthalat. Die innere Weichmachung wird über die Einpolymerisation von Monomeren verwirklicht, die die zwischenmolekularen Wechselwirkungen schwächen. Dieser Effekt kann auch mit Comonomeren erreicht werden, die – wie Acrylsäuremethylester in PVC – raumfüllende Seitengruppen tragen.

Über die Bildung von *Durchdringungsnetzwerken* (interpenetrierenden Netzwerken, IPN) können thermodynamisch unverträgliche Polymere so „gemischt“ werden, dass sie physikalisch nicht mehr trennbar sind. Auf diese Weise werden auch zwangsläufig Eigenschaften der beiden Polymere kombiniert. Zwei voneinander unabhängige interpenetrierende Netzwerke entstehen, indem z. B. ein vernetztes Polymer im Monomer des anderen Polymers gequollen wird, das man danach vernetzend polymerisiert. Im Fall, dass das Polymernetzwerk in eine nicht vernetzende Polymermatrix (Thermoplast) eingelagert ist, spricht man von einem semi-interpenetrierenden Netzwerk.

In Zukunft werden Polymerwerkstoffe, die durch reaktive Compoundierung (chemische Kopplung) von Polymeren herstellbar sind, eine immer größere Rolle in der Praxis spielen. So können in das chemisch inerte PTFE mittels energiereicher Strahlung funktionelle Gruppen eingeführt werden, über die dann mit einem Extrusionsprozess die Kopplung des Polymeren mit Polyamiden ermöglicht wird. Auf diese Weise werden die tribologischen Eigenschaften im Vergleich mit einer physikalischen Mischung der beiden Polymere wesentlich verbessert.

Von den mehrphasigen Polymerwerkstoffen sind die *thermoplastischen Elastomere* von besonderer Bedeutung. Zu ihnen gehören Dreiblockcopolymere vom Typ SBS aus Styrol (S) und Butadien (B). In ein matrixbildendes weiches Elastomer sind harte Polystyrolphasen eingebettet, die, physikalisch vernetzt, energieelastisch sind. Da die Vernetzungspunkte oberhalb T_E erweichen, ist die Verarbeitbarkeit wie bei Thermoplasten möglich. Während bei den schlagzähmodifizierten Thermoplasten (Polystyrol, Abschn. 9.7.5) die disperse Phase weich (kautschukelastisch) ist, weisen die thermoplastischen Elastomere harte disperse Phasen, die in eine weiche Matrix eingebettet sind, auf. Gleicherweise zu den thermoplastischen Elastomeren zählen *segmentierte Blockco-polyester* und *segmentierte Polyurethane*, die jeweils aus Hart- und Weichsegmenten aufgebaut sind, wobei die Hartsegmente als physikalische Vernetzungspunkte vorliegen, die oberhalb T_E bzw. der Schmelztemperatur erweichen. Die thermoplastischen Elastomere haben die wichtige Eigenschaft, dass sie bei wiederholter Be- und Entlastung lokale Spannungszustände abbauen und Spannungen gleichmäßig dissipieren können, ohne dass die Gesamtstruktur eine nennenswerte Schädigung erfährt.

Den Elastomeren ähnlich verhalten sich *Ionomere*. Über die Copolymerisation von Ethylen oder Butadien mit ungesättigten Säuren (z. B. Acrylsäure, Methacrylsäure), die Carboxylgruppen enthalten, sowie deren teilweise Neutralisation mithilfe von ein- und zweiwertigen Metallverbindungen entstehen salzartige Vernetzungen *(ionogene Gruppen)*, die sich zu Clustern zusammenlagern. Ionomere haben bei Raumtemperatur das Relaxationsverhalten von Elastomeren, bei hohen Temperaturen jedoch sind sie thermoplastisch verarbeitbar, weil die Cluster im Gegensatz zu den kovalenten Vernetzungsstellen der Elastomere aufbrechen. Teilkristalline Ionomere sind dreiphasig, sie enthalten Cluster, kristalline und amorphe Anteile (Bild 2.69). Die Abfolge von harten und weichen Phasen verleiht ihnen eine hohe Schlagzähigkeit. Die ionogenen Gruppen bedingen eine sehr gute Benetzbarkeit, Verbundbildungsfähigkeit und Verklebbarkeit. Je höher ihre Ionenkonzentration (z. B. an Na^+, Mg^{2+}, Zn^{2+}) ist, desto höher sind auch T_E und die Schmelzviskosität.

Eine gewisse Analogie zu den gerichtet erstarrten Eutektika zeigen die *flüssig-kristallinen Polymere* (LCP). Ihre Makromoleküle bestehen aus steifen Kettensegmenten (mesogenen Gruppen), die mittels flexibler Molekülteile (Spacer) miteinander verbunden sind. Die mesogenen Gruppen weisen eine Stäbchen- oder Blättchenform auf. In der Schmelze behalten sie eine ein- oder zweidimensionale Fernordnung bei. Erst bei noch höheren

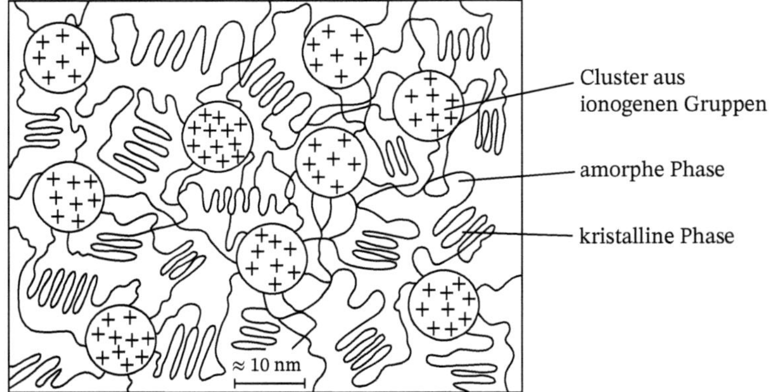

Bild 2.69 Schematische Darstellung der Dreiphasenstruktur eines teilkristallinen Ionomeren (nach *G. Wegner*).

Temperaturen wird der isotrope Zustand erreicht. Deshalb kann bei geeigneter Verarbeitung in der Schmelze der hohe Orientierungsgrad der mesogenen Gruppen beibehalten und nach der Verarbeitung eingefroren werden. Auf diese Weise erhält man hochfeste Werkstoffe und Faserstoffe, die in Orientierungsrichtung Moduli von 10.000 … 20.000 MPa aufweisen. So werden beispielsweise hocharomatische Polyester und Polyamide in Verbindung mit Hochleistungssportgeräten eingesetzt.

2.1.11 Realstruktur

Die Struktur der realen kristallinen Festkörper unterscheidet sich vom Idealzustand meist erheblich. Sie enthält *Kristallbaufehler*, die nach geometrischen Gesichtspunkten eingeteilt werden können in

- nulldimensionale Defekte (punktförmige, daher auch als Punktfehler bezeichnet): Leerstellen, Zwischengitteratome, Substitutionsatome,
- eindimensionale (linienförmige) Defekte: Versetzungen,
- zweidimensionale (flächenhafte) Defekte: Stapelfehler, Grenzflächen (Oberflächen, Phasengrenzen, Groß- und Kleinwinkelkorngrenzen, Zwillingsgrenzen, Grenzen von Ordnungsbereichen),
- dreidimensionale (räumliche) Defekte: Anhäufung von Punktfehlern, Cluster, Ausscheidungen, Poren.

Die einzigen Kristallbaufehler, die oberhalb von 0 K im thermodynamischen Gleichgewichtszustand mit einer bestimmten Konzentration vorliegen, sind Leerstellen. Alle anderen Defekte sind durch Störungen des Gleichgewichts hervorgerufen worden.

Obwohl die Konzentration von Gitterstörungen in den Kristallen relativ gering ist[1], können sie deren Eigenschaften doch beträchtlich beeinflussen. Dies gilt vor allem für die

1 Ein nach üblicher technischer Erstarrung entstandener Metallkristall enthält etwa 10^7 Versetzungen je cm^2. Da diese Fläche etwa 10^{15} Atome enthält, beträgt das Verhältnis der Versetzungen zur Atomzahl etwa $1:10^8$. Einkristalle von Silicium für Halbleiterbauelemente können nahezu versetzungsfrei hergestellt werden.

mechanischen Eigenschaften, da die plastische Verformung auf Versetzungsbewegungen beruht (Abschn. 9.2.2), jedoch auch für physikalische, z. B. die Supraleitfähigkeit und die Koerzitivfeldstärke (Abschn. 10.2 und 10.6.2) oder für das elektrochemische Verhalten (Abschn. 6.4.1).

Wesentlich komplexer ist die Situation bei kristallinen Polymeren. Diese können zwar ebenfalls Gitterstörungen verschiedener Dimensionen aufweisen, diese Gitterdefekte sind jedoch aufgrund der Andersartigkeit der Gitterbausteine (Makromoleküle) trotz teilweiser formaler Übereinstimmung von anderem Wesensinhalt als die der Atom- und Ionenkristalle. Aus diesem Grunde lassen sich diese Defekte in das o. a. Schema nicht ohne weiteres einordnen. Die Defekte in Polymeren sind auch für die mechanischen Eigenschaften verantwortlich, treten jedoch nur bei Materialien, die einen sehr hohen kristallinen Anteil aufweisen, eigenschaftsbestimmend in Erscheinung.

2.1.11.1 Nulldimensionale Gitterstörungen

Als nulldimensional werden Gitterstörungen von atomarer Größenordnung (Punktfehler) bezeichnet. Sie treten auf, wenn Atome substituiert oder auf Zwischengitterplätzen (Gitterlücken) untergebracht werden (Abschn. 2.1.8.1 und 2.1.8.3), wenn reguläre Gitterplätze unbesetzt bleiben (Leerstellen) oder Gitterbausteine von regulären Gitterplätzen auf Zwischengitterplätze diffundieren (Abschn. 7.1.1), sodass *Leerstellen* und *Zwischengitteratome* in annähend gleicher Anzahl vorhanden sind.

Leerstellen befinden sich in einem Kristall bei gegebener endlicher Temperatur im thermodynamischen Gleichgewicht [12]. Aus diesem Grunde werden sie oft auch als thermische Gitterbaufehler bezeichnet. Ihre Entstehung ist mit einer Erhöhung der inneren Energie des Kristalls ΔU verbunden. Dennoch ist ein Absinken der für das thermodynamische Gleichgewicht maßgebenden freien Energie $F = U - TS$ möglich, da gleichzeitig der Unordnungsgrad und damit die innere Entropie S anwachsen. Übersteigt die Zunahme des Produktes TS die der inneren Energie ΔU, so ergibt sich die thermodynamische Gleichgewichtskonzentration der Leerstellen c_L, falls ihre gegenseitige Wechselwirkung vernachlässigt werden kann, aus dem Minimum der freien Energie zu

$$n/N = c_L = \exp(-\Delta U/RT) \qquad (2.13)$$

(n Zahl der Leerstellen; N Zahl der Gitterplätze; R Gaskonstante). ΔU stellt dabei die Bildungsenergie der Leerstellen je Mol, d. h. die Aktivierungsenergie der Leerstellenbildung dar. Für die Leerstellenbildung in Metallen liegt sie bei 80 bis 200 kJ · mol^{-1}, woraus sich eine Leerstellenkonzentration nahe der Schmelztemperatur von etwa 10^{-4} ergibt. Bei der o. a. Berechnung der Leerstellenkonzentration wurde die gegenseitige Wechselwirkung der einzelnen Leerstellen vernachlässigt. Von den möglichen kleinen Agglomeraten von Leerstellen (Doppel-, Dreifachleerstellen …) spielen Doppelleerstellen eine besondere Rolle, da ihre Bildungsenergie und Wanderungsenergie kleiner als die von zwei Einfachleerstellen ist. Aus diesem Grunde stellen Doppelleerstellen, insbesondere bei hohen Temperaturen, einen wesentlichen Beitrag zur vorhandenen Leerstellenkonzentration dar. Zwischengitteratome weisen eine wesentlich höhere Bildungsenergie auf.

Die *Leerstellenkonzentration* übt auf alle thermisch aktivierbaren Prozesse, z. B. die Diffusion, einen entscheidenden Einfluss aus (Abschn. 7.1). Die bei höheren Temperaturen bestehende größere Leerstellenkonzentration lässt sich durch eine ausreichend schnelle

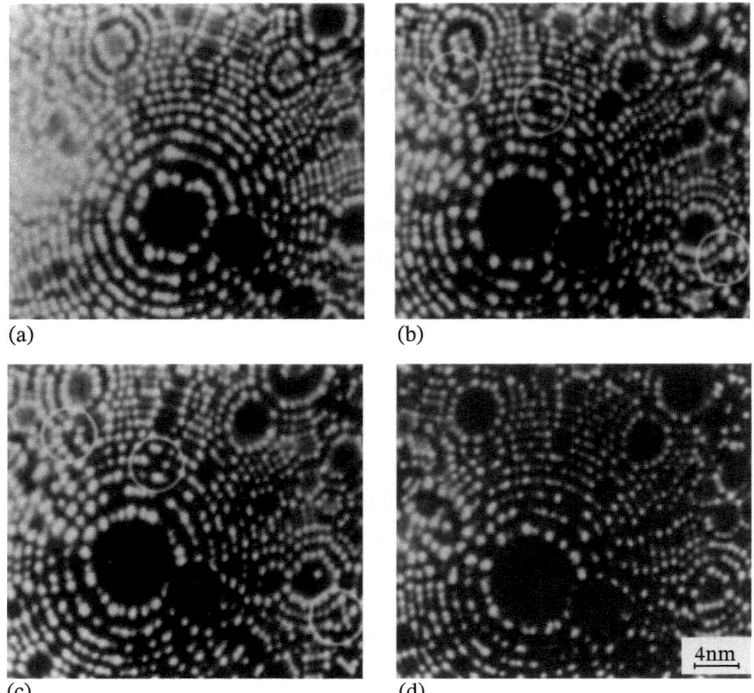

Bild 2.70 Feldionenbild von Eisen, das mit $3 \cdot 10^{19}$ Neutronen je cm^2 bei 562 K bestrahlt wurde (nach *S. S. Brenner, R. Wagner* und *J. A. Spitznagel*). (a) Ungestörter Kristall um den (1.1.0)-Pol; (b) und (c) mit dem Abtrag der Kristalloberfläche sichtbar gewordene Leerstellen-Anhäufungen (-cluster) (weiße Kreise); (d) nach Abtrag von insgesamt $8 \cdot 10^{-10}$ liegt wieder das ungestörte Gitter vor. Mit freundlicher Genehmigung von H. Wendt und R. Wagner.

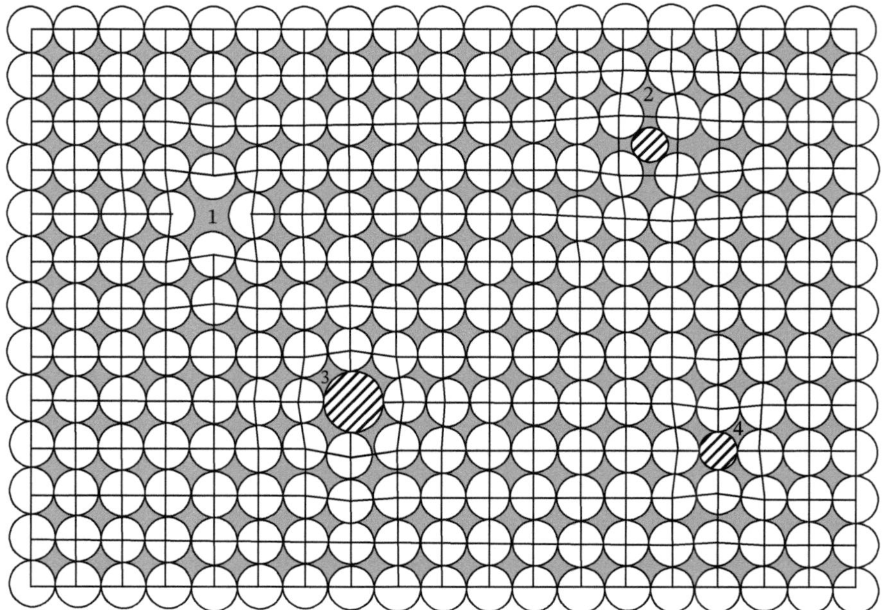

Bild 2.71 Nulldimensionale Gitterfehler im kubisch primitiven Gitter. *1* Leerstelle; *2* Zwischengitteratom; *3* größeres und *4* kleineres Substitutionsatom.

Abkühlung weitgehend einfrieren. Leerstellen lassen sich außerdem durch plastische Verformung und durch Bestrahlung mit energiereichen Teilchen erzeugen (Bild 2.70, 10.60). Die so entstandenen *Überschussleerstellen* beschleunigen dann Ausscheidungsvorgänge oder beeinflussen das Verformungsverhalten der Metalle. Leerstellen und Zwischengitteratome können auch bei der Versetzungsbewegung (Verformung) und durch Teilchenstrahlung (Abschn. 10.10.2.2) gebildet werden.

Die Struktur, Wanderungsenergie und Eigenschaften der verschiedenen Punktdefekte sind immer noch Gegenstand intensiver Forschung. Die Eigenschaften der Leerstellen misst man nach ihrer Erzeugung in einer hohen Konzentration durch Abschrecken eines Kristalls von hohen Temperaturen. Beim anschließenden Anlassen heilen die Defekte aus, was sich in einer Erholung der durch die Leerstellen bedingten Erhöhung des elektrischen Widerstandes zeigt (Bild 7.19). Aus der Reaktionskinetik, Lage und Höhe jeder Erholungsstufe können wertvolle Aussagen über die Mechanismen und damit auch über die Eigenschaften der Punktfehler gewonnen werden.

Leerstellen, Zwischengitteratome und Substitutionsatome verursachen Gitterverzerrungen (Bild 2.71), die zu einer Verfestigung des Kristalls führen (Abschn. 9.2.2.3).

Die Gleichgewichtskonfiguration und -konzentration von Punktdefekten in Halbleitern, insbesondere in Silicium, ist von großem Interesse für die Halbleitertechnologie, da sie viele Diffusionsprozesse kontrolliert. Bislang zeigte sich ungeachtet der immer noch kontrovers geführten Diskussion [10], dass bei hohen Temperaturen das Produkt aus Konzentration c_Z und Diffusionskoeffizient D_Z der Zwischengitteratome sehr groß ist im Vergleich zu dem aus Leerstellenkonzentration c_L und zugehörigem Diffusionskoeffizienten $D_L (c_Z \cdot D_Z \gg c_L \cdot D_L)$.

In *Ionenkristallen* (Abschn. 2.1.9) ist die Existenz von Punktfehlern mit *Ladungsdefekten* verbunden. Bei stöchiometrisch zusammengesetzten Ionengittern sind zur Wahrung der äußeren Elektroneutralität fünf Typen von Fehlordnung möglich:

- Leerstellen gleicher Konzentration im Kationen- und Anionenteilgitter (*Schottky-Fehlordnung*; s. a. Bild 7.7),
- Anionen und Kationen in gleicher Konzentration auf Zwischengitterplätzen *(Anti-Schottky-Fehlordnung)*,
- Leerstellen im Kationenteilgitter und Kationen gleicher Konzentration auf Zwischengitterplätzen *(Frenkel-Fehlordnung)*,
- Leerstellen im Anionenteilgitter und Anionen in gleicher Konzentration auf Zwischengitterplätzen *(Anti-Frenkel-Fehlordnung)*,
- Kationen im Anionengitter und Anionen im Kationengitter in gleicher Konzentration *(antistrukturelle Fehlordnung)*.

In nichtstöchiometrisch zusammengesetzten Ionengittern wie Oxiden oder Sulfiden ist zur Aufrechterhaltung der äußeren Elektroneutralität neben der *Ionenfehlordnung* noch eine *Elektronenfehlordnung* erforderlich (s. a. Bilder 7.6 und 7.8). Da die Elektronenfehlstellen (Überschuss- bzw. Defektelektronen) eine wesentlich höhere Beweglichkeit als die Ionenfehlstellen haben, tritt in nichtstöchiometrischen Ionenkristallen beim Anlegen eines elektrischen Feldes überwiegend Elektronenleitung auf. Die Eigenschaften der Ionenkristalle wie elektrische Leitfähigkeit (Abschn. 10.1), das Diffusionsverhalten (Abschn. 7.1.1), die Verformbarkeit oder das optische Verhalten (Abschn. 10.10.1) werden

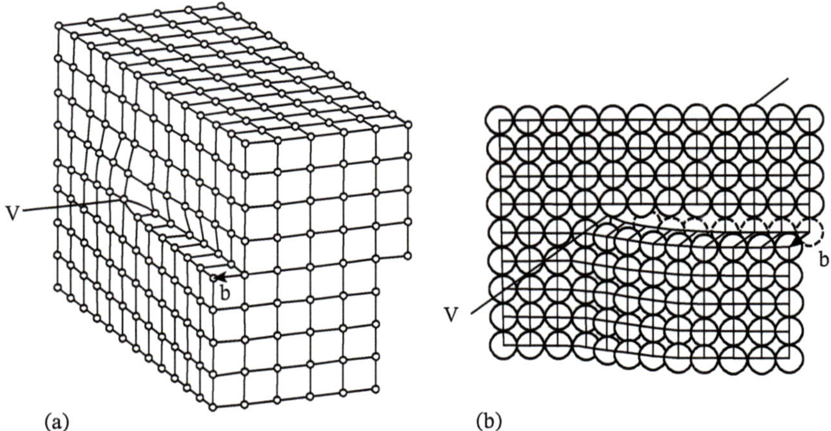

Bild 2.72 Schraubenversetzung im kubisch primitiven Gitter: (a) dreidimensionale schematische Darstellung, (b) Verlauf der Versetzungslinie V und Lage des *Burgers*vektors *b*.

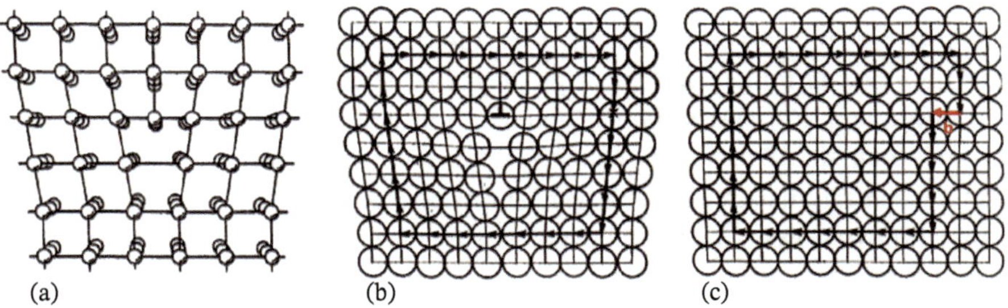

Bild 2.73 Stufenversetzung in einem kubisch primitiven Gitter: (a) dreidimensionale schematische Darstellung; (b) ein im Uhrzeigersinn markierter Burgersumlauf; (c) in das ungestörte Gitter übertragener Burgersumlauf mit dem *Burgers*vektor *b*. Die Linienrichtung der Versetzung (untere Atomreihe der eingeschobenen Halbebene in a)) zeigt in die Zeichnung hinein.

von der Konzentration der Ionen- und Elektronenfehlstellen, die durch den Einbau von Fremdionen verändert werden können, in starkem Maße beeinflusst.

2.1.11.2 Eindimensionale Gitterstörungen

Eindimensionale Gitterstörungen, *Versetzungen*, entstehen entweder direkt beim Kristallisationsprozess infolge stets vorhandener Spannungs- oder Temperaturgradienten oder werden unter der Wirkung von Schubspannungen an Korn- und Phasengrenzen sowie bestimmten Versetzungsanordnungen (*Frank-Read-Mechanismus*, Abschn. 9.2.2.2) gebildet. Bei ihnen können hinsichtlich des inneren Aufbaus zwei Grenzfälle unterschieden werden: die Stufenversetzung (2) und die Schraubenversetzung (Bild 2.72 a und b). In der Umgebung einer Versetzung ist das Gitter verzerrt, es bildet ein Verzerrungs- und damit auch ein Spannungsfeld aus. Das Maß für die Richtung und Größe dieser Verzerrung ist neben dem Schubmodul der *Burgersvektor* ***b***. Man erhält ihn, indem man um die Versetzung durch Abtragen beliebiger Gittervektoren einen Umlauf durchführt und diesen in

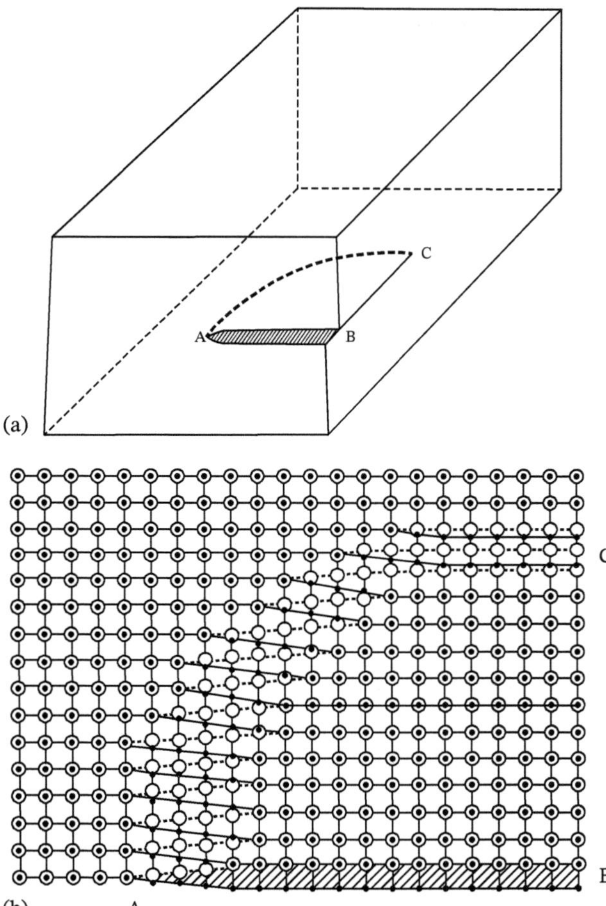

Bild 2.74 (a) Gekrümmte Versetzung (Linie AC) in einem Kristall. Dreidimensionale Darstellung. In der Position A liegt eine Schraubenversetzung, in B eine Stufenversetzung vor. In den Zwischenlagen hat die Versetzung gemischten Charakter; (b) Anordnung der Atome in der Umgebung der gekrümmten Versetzung. Offene Kreise bezeichnen die Atompositionen oberhalb der Gleitebene, schwarze Punkte die Atompositionen unterhalb der Gleitebene.

das ungestörte Gitter überträgt. Der Burgersvektor stellt dann die Größe und Richtung der Wegdifferenz dar, die zur Schließung des Umlaufs benötigt wird (2.73b und c).

Eine *Stufenversetzung* lässt sich als Randlinie eines zusätzlich in das Gitter eingefügten oder herausgenommenen Ebenenstückes darstellen (Bild 2.73a). Man spricht deshalb bei einer Stufenversetzung auch von einer „eingeschobenen Halbebene". Charakteristisch für

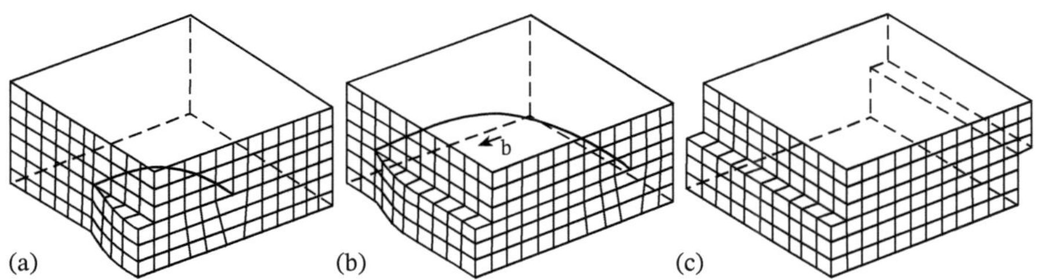

Bild 2.75 Bewegung einer Versetzung durch das kubisch primitive Gitter.

sie ist, dass Burgersvektor und Versetzungslinie rechtwinklig zueinander liegen. Sie wird durch das Symbol ⊥ gekennzeichnet. Bei einer *Schraubenversetzung* liegen Burgersvektor und Versetzungslinie parallel. Die Gitterebenen schrauben sich wendelförmig um die Versetzungslinie (Bild 2.72). Das Symbol für eine Schraubenversetzung ist entweder ⊙, falls die Versetzungslinie (Burgersvektor) aus der Zeichenebene weist (wie in Bild 2.74), und ⊗, falls diese in die Zeichnung hinein zeigt.

Ist der Winkel zwischen $\boldsymbol{b}$ und der Versetzungslinie von 0° bzw. 90° verschieden, spricht man von *gemischten Versetzungen* (siehe Bild 2.74). Eine gekrümmte Versetzung setzt sich aus Versetzungselementen verschiedenen Typs zusammen, wobei die verschiedenen Komponenten von Linienelement zu Linienelement der Versetzung variieren.

Ein Erhaltungssatz fordert, dass eine Versetzungslinie in einem kristallinen Gitter stets in sich geschlossen sein oder an einer Grenzfläche (innere oder äußere Grenzfläche) beginnen und enden muss. Unter der Wirkung einer genügend hohen Schubspannung kann die Versetzung sich bewegen, die Versetzung gleitet. Als Beispiel weist die in Bild 2.75 eingezeichnete gekrümmte Versetzungslinie an der rechten Grenzfläche des Kristalls Stufen- an der linken vorderen Grenzfläche Schraubencharakter auf. Durch die angelegte Schubspannung wird der untere Gitterblock gegenüber dem oberen stufenweise um $\boldsymbol{b}$ verschoben. Die Versetzung rückt jeweils eine Gitterposition weiter, bis sie die hintere rechte Oberfläche erreicht. Die dabei an der Kristalloberfläche entstehenden Stufen der Breite $\boldsymbol{b}$ drücken die bleibende Verschiebung (Verformung) aus. Sind in einer Ebene weitere

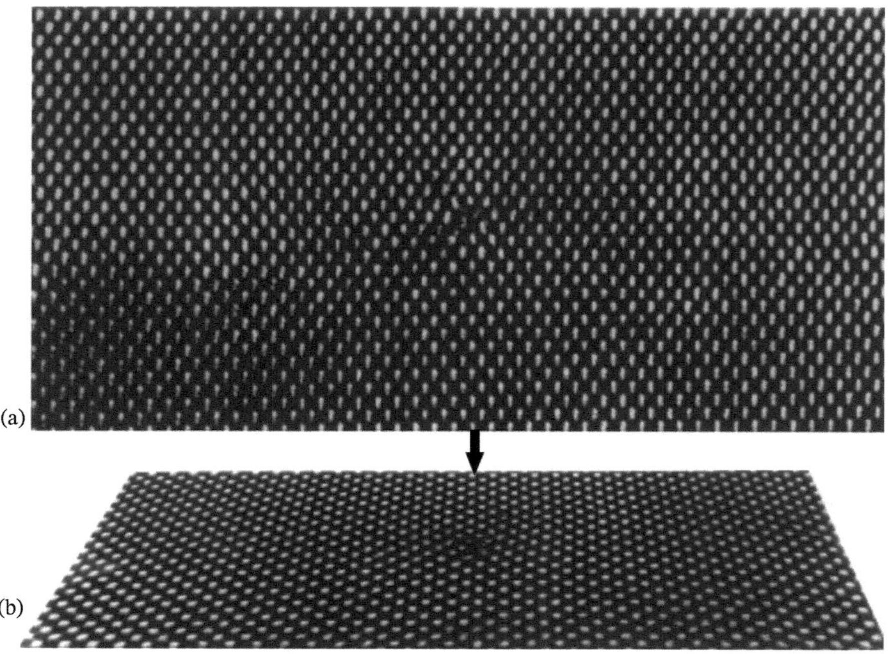

Bild 2.76 (a) Direkte Abbildung des Kerns einer Stufenversetzung in Silizium mithilfe der hochauflösenden Elektronenmikroskopie. Die schwarzen Punkte entsprechen der Position von Atomsäulen in der durchstrahlten Folie; (b) *Scheimpflug*-Aufnahme derselben Stelle. Mit freundlicher Genehmigung von M. Rühle (MPI Stuttgart)

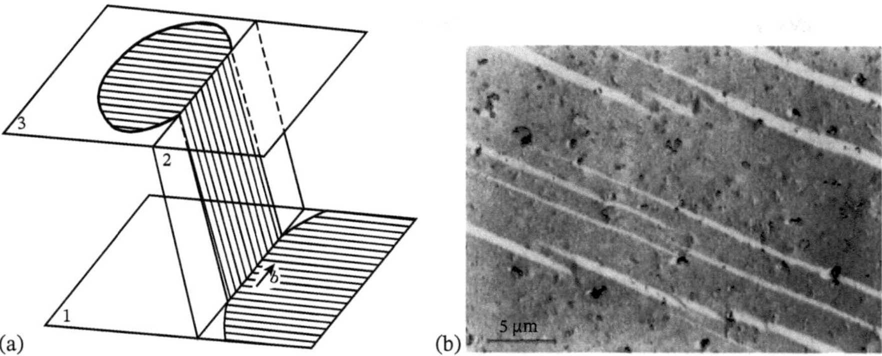

Bild 2.77 (a) Quergleitung einer Schraubenversetzung vor einem Bewegungshindernis; (b) Gleit- und Quergleitspuren in einem Kupfer-Einkristall. *1* ursprüngliche Gleitebene; *2* Quergleitebene (die hierin entstehenden Versetzungsstücke sind Stufenversetzungen); *3* der ursprünglichen Gleitebene parallele Ebenen, in der kein Hindernis wirkt.

Versetzungen durch den Kristall geglitten, so beträgt die Stufenbreite ein Mehrfaches von ***b***, und die Stufen werden als Linien mikroskopisch sichtbar (*Gleitlinien* (s. Bild 9.6)).

Versetzungen können mit konventionellen Transmissionselektronenmikroskopen abgebildet werden (Bild 2.96). Bei Beachtung bestimmter Abbildungsbedingungen gelingt es, den Burgersvektor ***b*** sowie die Versetzungslinienrichtung einzelner Versetzungen und damit auch die Art der Versetzung, ob Stufen-, Schrauben- oder gemischte Versetzung, zu bestimmen. Weiterhin lassen sich Versetzungspaare, -dipole und aufgespaltene Versetzungen nachweisen. Mit hochauflösenden Elektronenmikroskopen lässt sich die Projektion der atomaren Struktur einer Stufenversetzung direkt abbilden (Bild 2.76).

Das Gleiten der Versetzungen (s. a. Abschn. 9.2.2.1) kann nur in Ebenen erfolgen, die ihren Burgersvektor enthalten. Diese werden als *Gleitebenen* und die Richtung von ***b*** als *Gleitrichtung* bezeichnet. Dadurch sind alle Stufenversetzungen in ihrer Bewegung an eine bestimmte Gleitebene gebunden, während reine Schraubenversetzungen ihre Gleitebene wechseln können. Dieser Vorgang wird *Quergleiten* genannt (Bild 2.77).

Außer der Gleitbewegung kann noch eine weitere (nichtkonservative) Bewegungsform der Versetzungen auftreten, das *Klettern*. Über das Anlagern von Leerstellen kann z. B. eine

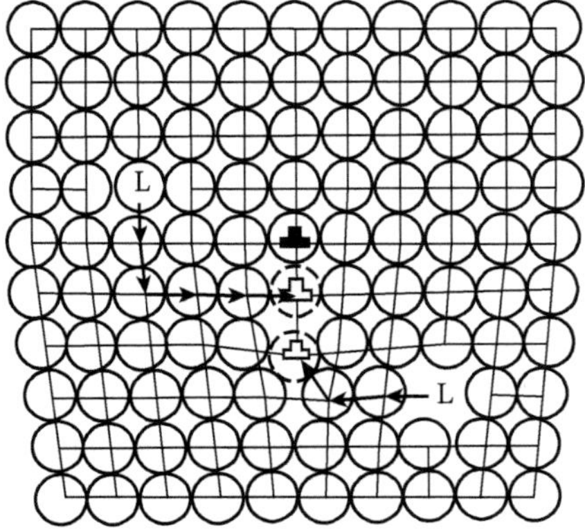

Bild 2.78 Klettern einer Stufenversetzung durch Anlagerung von Leerstellen (L). Die dadurch aus der Versetzung austretenden Atome nehmen die Plätze der Leerstellen ein.

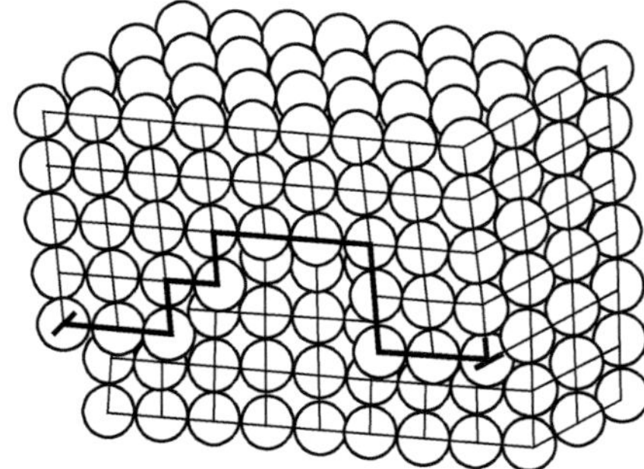

Bild 2.79 Durch Klettern entstandene Sprünge in einer Stufenversetzung.

Stufenversetzung ihre Ebene verlassen (Bild 2.78). Infolge seines Zusammenhanges mit der Leerstellendiffusion ist dieser Vorgang stark temperaturabhängig (s. Abschn. 7.1.4). Er spielt insbesondere bei der Hochtemperaturverformung und beim Kriechen eine wichtige Rolle.

Da der Kletterprozess die Versetzungslinie nicht gleichmäßig erfasst, entstehen in ihr Sprünge *(jogs)* (Bild 2.79). Sprünge werden auch beim gegenseitigen Schneiden von Versetzungen während der Bewegung gebildet, wobei Sprünge in Schraubenversetzungen stets Stufenversetzungen darstellen (Bild 2.80). Da sie eine andere Gleitebene haben, behindern sie die Bewegung der Schraubenversetzung [34].

Aus den Bildern 2.72 und 2.73 wird deutlich, dass Versetzungen von Gitterverzerrungen und somit Spannungen begleitet sind. Schraubenversetzungen weisen wegen ihrer Symmetrie nur ein Schubspannungsfeld auf, während Stufenversetzungen auch ein Normalspannungsfeld aufbauen. Infolge dieser Spannungsfelder treten zwischen den Kristallbaufehlern Wechselwirkungen auf, die z. B. dazu führen, dass sich Verunreinigungsatome um die Versetzungen ansammeln (s. Abschn. 9.2.2.3). Die Umgebung einer Stufenversetzung hat im Bereich der eingeschobenen Halbebene ein Kompressionszentrum, während unterhalb der Ebene ein Dilatationszentrum liegt. Etwa vorhandene Verunreinigungsatome werden vorwiegend in den Dilatationszentren (unterhalb der eingeschobenen Halbebene) segregiert sein.

Aufgrund der Spannungsfelder stoßen sich gleichsinnige Versetzungen (⊥ ... ⊥) ab und ungleichsinnige (⊥ ... ⊤) ziehen sich an; Letztere können sich annihilieren. Liegen zwei Versetzungen mit Burgersvektoren ungleichsinnigen Vorzeichens auf verschiedenen Gleitebenen, so stellt sich ein Gleichgewichtsabstand ein. Solche Dipolkonfigurationen werden oft in schwach verformten Proben analysiert.

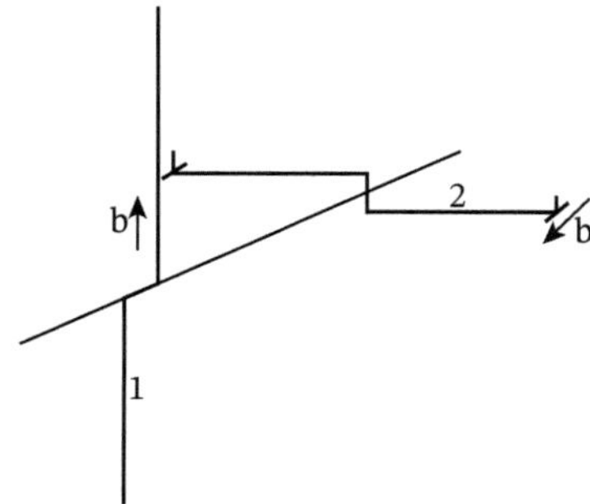

Bild 2.80 Sprünge in einer Schraubenversetzung (1) und einer Stufenversetzung (2) nach erfolgtem Schneidvorgang.

Versetzungen erhöhen die innere Energie des Kristallgitters beträchtlich. Unter Vernachlässigung der Energie des Versetzungskerns, der nur einen geringen Beitrag liefert, gilt für die Energie einer Schraubenversetzung

$$U_v = (G\boldsymbol{b}^2/4\pi)\ln(r_1/r_0) \tag{2.14}$$

(G Schubmodul; $|\boldsymbol{b}|$ Betrag des Burgersvektors ($\approx 3 \cdot 10^{-10}$ m); r_0 Radius des Versetzungskerns ($\approx |\boldsymbol{b}|$); r_1 halber mittlerer Abstand der Versetzungen im Kristall ($\approx 10^{-6}$ m)). Setzt man die angegebenen Werte in die Gleichung ein, ergibt sich

$$U_v \approx G \cdot \boldsymbol{b}^2 \tag{2.15}$$

d. h., $U_v \approx 10^{-11}$ J ($\approx 10^{-8}$ eV) je cm Versetzungslinie. Daraus folgt, dass Versetzungen nicht im thermodynamischen Gleichgewicht vorkommen können.

Da die Versetzungsenergie $\boldsymbol{b}^2$ proportional ist, werden aus energetischen Gründen nur die kürzesten Burgersvektoren im Gitter realisiert:

kfz Gitter $b = \frac{a}{2}\langle 110\rangle$

krz Gitter $b = \frac{a}{2}\langle 111\rangle; \quad b = a\langle 100\rangle$;

hex Gitter $\boldsymbol{b} = a\,\langle 110\rangle$ $\boldsymbol{b} = c\,\langle 001\rangle$

In diesen Fällen sind die Burgersvektoren gleichzeitig Translationsvektoren des Kristallgitters. Man spricht von *vollständigen Versetzungen.*

Aus Energiebetrachtungen ergeben sich auch die Bedingungen für Versetzungsreaktionen: Die Vereinigung zweier Versetzungen $\boldsymbol{b}_1 + \boldsymbol{b}_2 = \boldsymbol{b}$ tritt ein, wenn $b_1^2 + b_2^2 > b^2$. Eine Aufspaltung $\boldsymbol{b} = \boldsymbol{b}_1 + \boldsymbol{b}_2$ erfolgt, wenn $b^2 > b_1^2 + b_2^2$. Im kfz Gitter beispielsweise ist folgende Aufspaltung energetisch begünstigt:

$$\frac{a}{2}[110] = \frac{a}{6}[211] + \frac{a}{6}[12\bar{1}], \quad \text{da} \quad b^2 > b_1^2 + b_2^2 \tag{2.16}$$

wegen $\frac{a^2}{4}[1+1+0] > \frac{a^2}{36}[4+1+1] + \frac{a^2}{36}[1+4+1]$, d. h.

$\frac{1}{2} > \frac{1}{6} + \frac{1}{6}$ gilt.

Die entstandenen Versetzungen des Typs $b = \frac{a}{6}\langle 112\rangle$ werden als *Shockley-Versetzungen* bezeichnet. Sie sind *unvollständige* oder *Teilversetzungen*, da ihr Burgersvektor kein Vektor des Kristallgitters mehr ist. Zwischen ihnen wird durch die Aufspaltung die Stapelfolge der Gitterebenen verändert, es entsteht ein *Stapelfehler.* Die Gesamtenergie des Systems setzt sich damit zusammen aus der Energie der Versetzungen und dem Stapelfehler. Die Aufspaltung wird so lange erfolgen, bis der Energiegewinn durch die Aufspaltung in die Partialversetzungen der Stapelfehlerenergie entspricht.

In geordneten Legierungen haben die Burgersvektoren aufgrund des großen Translationsabstandes hohe Werte und damit auch deren Energie. So ist z. B. in einer geordneten Legierung von Cu_3Au-Typ (Bild 2.44a) der Burgersvektor $\boldsymbol{b} = \langle 100\rangle$. Die Energie einer Versetzung mit diesem Burgersvektor ist nach Gl. (2.15) sehr hoch. Spaltet sich eine solche Versetzung auf, so bildet sich zwischen den Teilversetzungen eine *Antiphasengrenze*, die die Energie des Systems erheblich erhöht. Die Elementarvorgänge der Verformung sind in

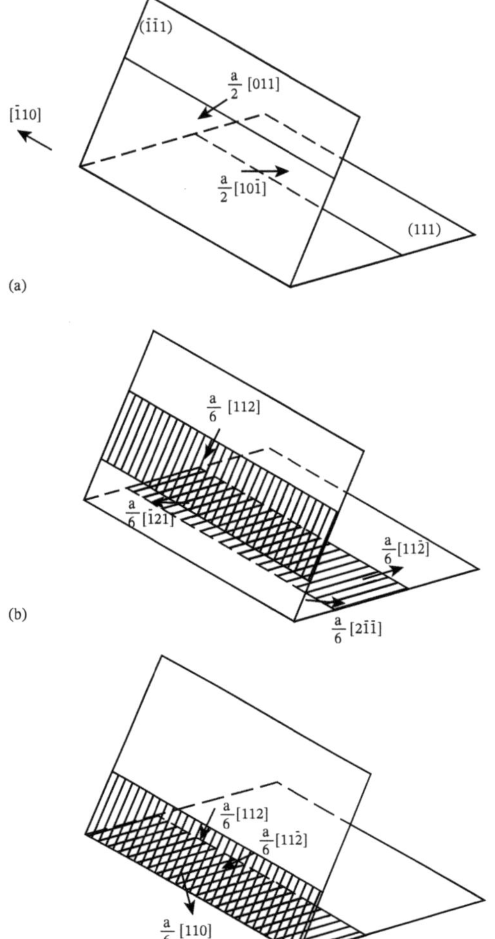

Bild 2.81 Entstehung einer Lomer-Cottrell-Versetzung. (a) Vollständige Versetzung in sich schneidenden Gitterebenen; (b) Versetzungen im aufgespaltenen Zustand; (c) Versetzungsanordnung nach Reaktion zweier Teilversetzungen (schraffierte Fläche: Stapelfehler).

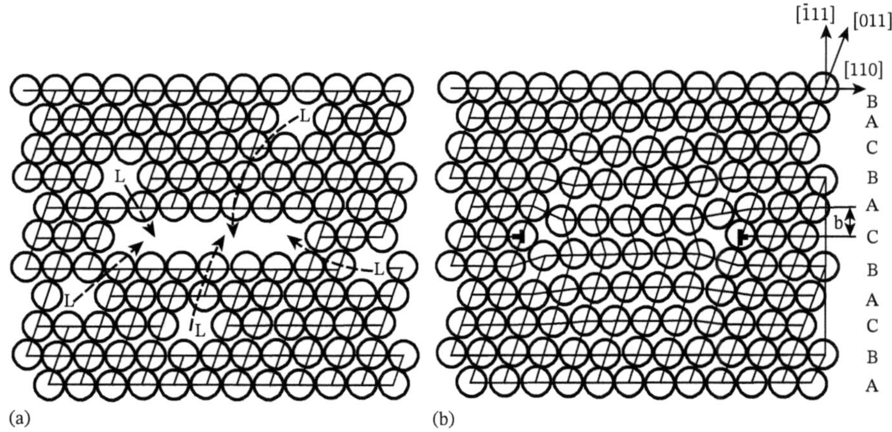

Bild 2.82 (a) Durch Leerstellenausscheidung entstandener Versetzungsring (Frank-Versetzung), der (b) zu einem Stapelfehler im kfz Gitter kollabiert.

geordneten Legierungen im Vergleich zu denen in einkomponentigen metallischen Systemen mit hochsymmetrischer Kristallstruktur wesentlich komplizierter, da geordnete Legierungen weitaus weniger Gleitsysteme aufweisen.

Auch unvollständige Versetzungen können in reinen Metallen miteinander reagieren. Gleiten z. B. unter der anliegenden Schubspannung im kfz Gitter zwei aufgespaltene Versetzungen in sich schneidenden Gleitebenen aufeinander zu, so können sie sich zu einer weiteren Teilversetzung, der *Lomer-Cottrell-Versetzung*, vereinigen (Bild 2.81):

$$\frac{a}{6}\,[\bar{1}21] + \frac{a}{6}\,[2\bar{1}\bar{1}] = \frac{a}{6}\,[110] \tag{2.17}$$

Da diese Versetzung von zwei Stapelfehlern in verschiedenen Ebenen begrenzt wird, ist sie ebenfalls nicht gleitfähig und stellt ein wirksames Hindernis gegen die Bewegung weiterer Versetzungen dar.

Unvollständige Versetzungen können auch entstehen, wenn sich Überschussleerstellen in einer Gitterebene ausscheiden (Bild 2.82). Dabei bilden sich *Versetzungsringe,* die einen Stapelfehler umranden. Der Burgersvektor $b = \frac{a}{3}\,\langle 111\rangle$ (kfz Gitter) dieser so genannten *Frank-Versetzungen* steht senkrecht auf der Ebene des Stapelfehlers, der auf der $\{111\}$-Ebene liegt. Solche Versetzungen sind nicht gleitfähig, da sich der Stapelfehler nicht in Richtung des Burgersvektors bewegen kann. Über einen Scherprozess jedoch lässt sich erreichen, dass der *Franksche-Versetzungsring* in einen *vollständigen Versetzungsring* umgewandelt wird. Beim vollständigen Versetzungsring steht der Burgersvektor $b = \frac{a}{2}\,\langle 110\rangle$ schief zur $\{111\}$-Ebene des Rings. Da der Burgersvektor jedoch einem vollständigen Gittervektor entspricht, sind solche Versetzungen gleitfähig.

In intermetallischen Phasen, Halbleiter- und Ionenkristallen sind ebenfalls Versetzungsreaktionen möglich, die jedoch aufgrund der verschiedenen Kristallstrukturen sowie Bindungsarten und wegen Wahrung der Ladungsneutralität in Ionenkristallen wesentlich vielschichtiger sein können. Je komplizierter die Struktur ist, desto schwieriger sind im Allgemeinen auch die Bildung und Bewegung von Versetzungen sowie Versetzungsreaktionen (Bild 2.83). Die hexagonalen Metalle Mg und Zn zeigen in $\langle 100\rangle$-Richtung (Gleitrichtung = Richtung des Burgersvektors) eine zweifache Stapelfolge ... ABAB .... Demzufolge erfordert eine vollständige Versetzung den Einschub von zwei Ebenen AB (gestrichelt im Bild 2.83b). In der hexagonalen intermetallischen Phase $MgZn_2$ aber haben die Ebenen $\langle 100\rangle$ eine vierfache Stapelfolge ... ABCDABCD ..., sodass eine vollständige Versetzung erst durch das Einfügen von vier Ebenenstücken ABCD (gestrichelt in Bild 2.83a) entsteht. Die damit verbundene Vergrößerung des Burgersvektors zieht gemäß Gl. (2.15) eine beträchtliche Erhöhung der Versetzungsenergie nach sich. Dies – analoges gilt auch für Ionenkristalle – wiederum hat zur Folge, dass die Dichte der bei der Kristallisation im Gitter entstehenden Versetzungen ab- und die kritische Schubspannung zunimmt; die Kristallite verspröden. Außerdem werden die Versetzungsreaktionen dadurch kompliziert, dass solche „Super"-*Versetzungen* meist sehr leicht aufspalten und sich damit Antiphasengrenzen bilden, die die Beweglichkeit ganz wesentlich beschränken.

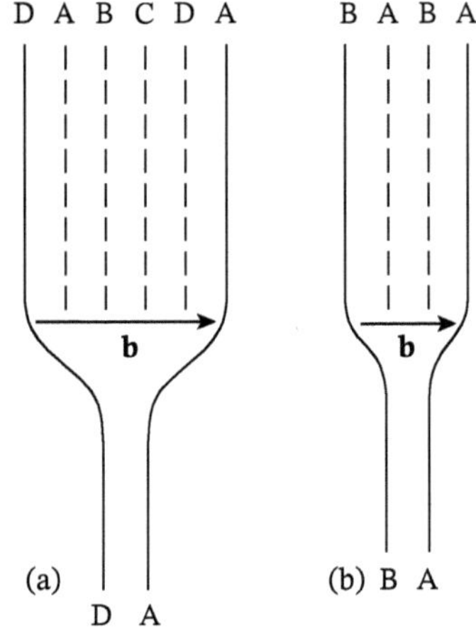

	$MgZn_2$	Mg	Zn
b in 10^{-10}m:	5,221	3,209	2,665
$\mathbf{b}^2$ in 10^{-20}m^2:	27,26	10,30	7,10

Bild 2.83 Zusammenhang zwischen dem Bau der Elementarzelle und der Größe des Burgersvektors (nach *P. Paufler*). (a) intermetallische Phase $MgZn_2$; (b) Metalle Mg bzw. Zn.

2.1.11.3 Zweidimensionale Gitterstörungen

2.1.11.3.1 Stapelfehler

Der Aufbau der Kristallgitter lässt sich als eine bestimmte Stapelfolge von Gitterebenen denken (Bild 2.40). Das hexagonale dichtest gepackte Gitter entspricht dann einer zweifachen Stapelfolge ... ABABAB ... von (001)-Ebenen, während das kfz Gitter aus einer dreifachen Stapelfolge ... ABCABCABC ... der {111}-Ebenen gebildet wird. Störungen dieser Stapelfolgen werden als *Stapelfehler* bezeichnet. Sie können während der Kristallisation in die Kristallite einwachsen oder bei der Bildung von Teilversetzungen entstehen (Bild 2.84).

Bild 2.85 verdeutlicht die Aufspaltung einer $\frac{a}{2}$ [110]-Versetzung im kfz Gitter laut Beziehung (2.16). Die Teilversetzung $\frac{a}{2}$ [211] verschiebt die C-Atome auf Plätze der Ebene A. Es entsteht über vier Ebenen eine hexagonale Stapelfolge ... ABCABABABC ..., d. h. ein Stapelfehler. Die Versetzung $\frac{a}{6}\left[12\overline{1}\right]$ verlagert die Atome zwar wieder in die richtige Position, doch da sich beide Teilversetzungen (Shockley-Versetzungen) abstoßen, wird der Stapelfehler verbreitert (Bild 2.86).

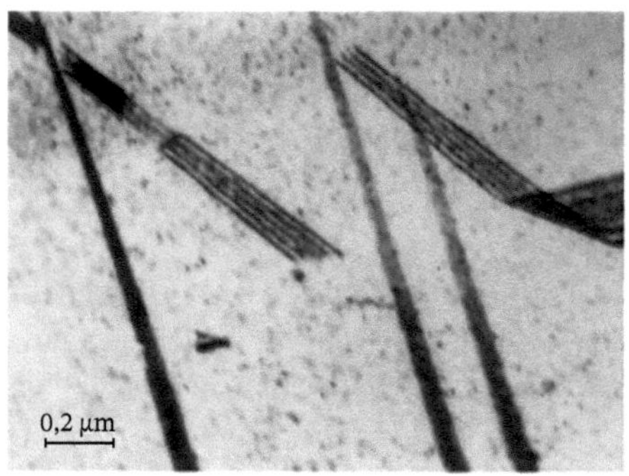

Bild 2.84 Stapelfehler auf drei Oktaederebenenscharen und Lomer-Cottrell-Versetzung (rechts) in 35Ni65Co (durchstrahlungselektronenmikroskopische Aufnahme, nach *S. Mader*). Die Länge der sichtbaren Stapelfehler-„Bänder“ entspricht der Aufspaltungsweite der Versetzungen, während die Breite der „Bänder“ durch die Foliendicke festgelegt ist. Mit freundlicher Genehmigung von M. Mader.

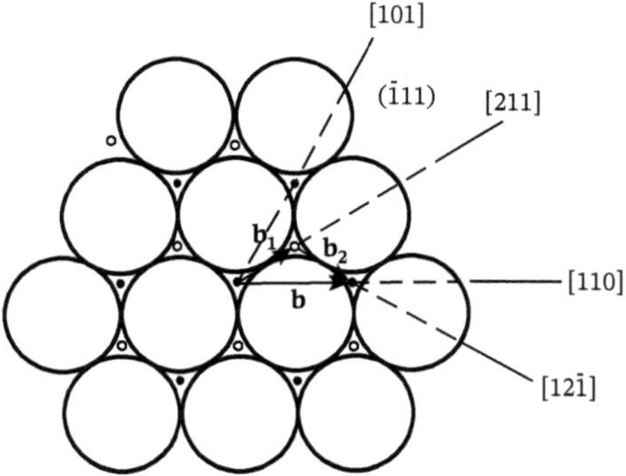

Bild 2.85 Aufspaltung einer vollständigen Versetzung $\boldsymbol{b} = a/2[110]$ in die Teilversetzungen $\boldsymbol{b}_1 = a/6[211]$ und $b_2 = a/6[12\bar{1}]$ in der $(\bar{1}11)$-Ebene des kfz Gitters ◯ Atomlagen der Schicht A; ∘ Atomlagen der Schicht B; • Atomlagen der Schicht C.

Zur Erzeugung eines Stapelfehlers ist wiederum Energie, die *Stapelfehlerenergie* γ, erforderlich. Aus energetischen Gründen wird sich ein Gleichgewichtsabstand d der *Shockley-Versetzungen* einstellen, der von der Größe der Stapelfehlerenergie abhängig ist:

$$d = Ga^2/24\pi\gamma \tag{2.18}$$

(G Schubmodul; a Gitterparameter). Stapelfehler erschweren die Versetzungsbewegung, da das Schneiden von Versetzungen und das Quergleiten erst möglich werden, wenn die Versetzungsaufspaltung durch die ansteigende Schubspannung rückgängig gemacht wird. Das ist umso schwieriger, je niedriger die Stapelfehlerenergie, d. h. je breiter der Stapelfehler ist. Aus diesen Gründen stellt die Stapelfehlerenergie eine bedeutsame Kenngröße zur Charakterisierung des Werkstoffverhaltens dar. Sie ist jedoch nicht einfach zu ermitteln und beträgt etwa für Ag 0,02 J · m^{-2}, für Cu 0,07 J · m^{-2}, für Al 0,2 J · m^{-2} und für Ni 0,3 J · m^{-2}.

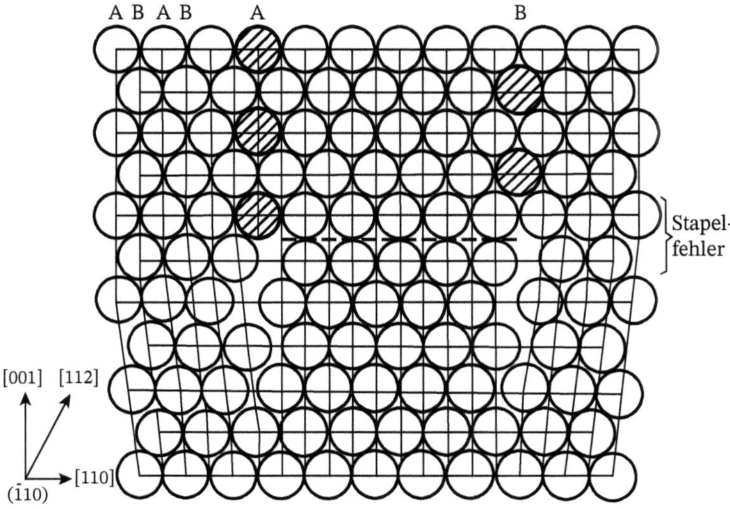

Bild 2.86 Aufgespaltene Stufenversetzung mit Stapelfehler in der Schnittebene $(\bar{1}10)$ des kfz Gitters. Da dieses Gitter in ⟨110⟩-Richtung eine Zweischichtenfolge ABABAB aufweist, kann eine vollständige Versetzung ohne Störung der Stapelfolge nur durch Einschub zweier Ebenen AB entstehen. Es liegen zwei gleichsinnige Teilversetzungen nebeneinander, die sich abstoßen und zwischen sich einen Stapelfehler (gestrichelte Linie) bilden (Versetzungslinien und Burgersvektoren liegen schräg zur Papierebene).

2.1.11.3.2 Antiphasengrenzen

Sie sind den Stapelfehlern verwandte Grenzen von Ordnungsbereichen (s. Abschn. 4.4) in Legierungen mit zumindest teilweise geordneter Atomverteilung. Sind z. B. die Atome der Elemente o und x in einer Gitterrichtung abwechselnd angeordnet (… oxoxox …), so ist die Antiphasengrenze als eine Störung dieser Folge, wenn gleiche (also falsche) Nachbaratome auftreten (oxoxxoxo), gegeben (Bild 2.87). *Antiphasengrenzen* entstehen während der Ordnungsbildung, indem, von unterschiedlich geordneten Keimen ausgehend, die Ordnungsbereiche so lange wachsen, bis sie aneinanderstoßen, oder wenn Versetzungen während der plastischen Verformung durch die Ordnungsbezirke hindurchgleiten. Die Energie der Antiphasengrenzen liegt in der Größenordnung von 0,1 J · m^{-2}.

2.1.11.3.3 Grenzflächen

Kristalline Stoffe bestehen aus meist zahlreichen Gitterbereichen mit zumindest unterschiedlicher Orientierung, den Kristalliten (Abschn. 6.1.). Zwischen diesen, aber auch innerhalb der Kristallite kommen *Grenzflächen* vor, die Übergangszonen mit gestörtem Gitter darstellen. Man unterscheidet zwischen Homophasen- und Heterophasengrenzen. *Homophasengrenzen* sind Grenzflächen innerhalb einer Phase, d. h. zwischen Kristalliten (Körnern) identischer Kristallstruktur und identischer chemischer Zusammemsetzung [12]. Dazu gehören vor allem die hier vorrangig zu behandelnden Korngrenzen und Zwillingsgrenzen, aber auch die bereits erörterten Antiphasen-(Domänen-)Grenzen und Stapelfehler. *Heterophasengrenzen* sind Grenzflächen zwischen Gebieten verschiedener Kristallstruktur und/oder unterschiedlicher Zusammensetzung. Sie sind also *Phasengrenzen*, die verschiedenen Phasen angehörende Kristallite gegeneinander abgrenzen (Abschn. 6.1).

Bei den *Korngrenzen* unterscheidet man je nach der Größe des Orientierungsunterschiedes benachbarter Kristallite Klein- und Großwinkelkorngrenzen, wobei Letztere in der Regel schlechthin als Korngrenzen bezeichnet werden. *Kleinwinkelkorngrenzen* sind aus flächig angeordneten Versetzungen aufgebaut (s. Bild 6.1). Im Fall von Stufenversetzungen werden, entsprechend Bild 2.88, die angrenzenden Gitterbereiche gegeneinander verkippt (Kipp-, Neigungsgrenzen), während durch eine Folge paralleler Schraubenversetzungen die Gitteranteile gegeneinander verdreht werden (Drehgrenzen). Die Größe der Orientierungsdifferenz (Winkel α) wird vom Abstand der Versetzungen d bestimmt:

$$\frac{\alpha}{2} \approx \tan\frac{\alpha}{2} = \frac{a/2}{d} \tag{2.19}$$

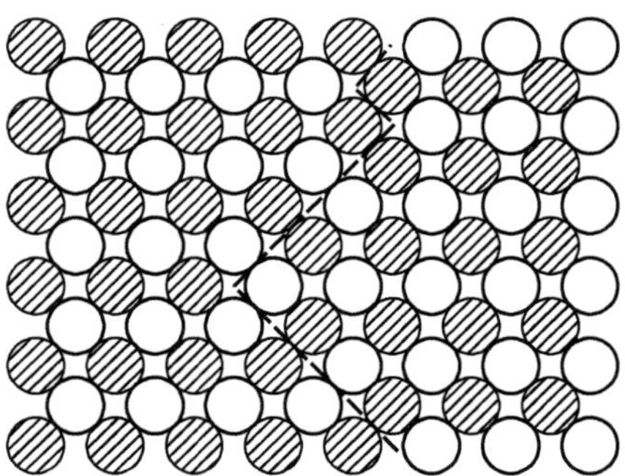

Bild 2.87 Antiphasengrenze im kfz Gitter (schematisch).

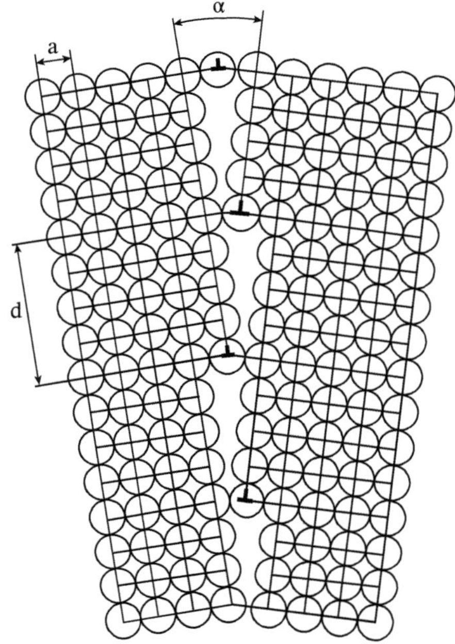

Bild 2.88 Aus Stufenversetzungen aufgebaute Kleinwinkelkorngrenze (Kippgrenze) im kubisch primitiven Gitter.

Im realen Gitter tritt an Stelle von α der Betrag des *Burgers*-Vektors $\boldsymbol{b}$, sodass häufig $\frac{\alpha}{2} = \frac{b}{d}$ verwendet wird.

Wachsende Orientierungsunterschiede (Fehlordnung $\gtrsim 10^0$) erfordern eine zunehmend dichtere Versetzungsanordnung. Kann diese nicht mehr realisiert werden, entstehen *Großwinkelkorngrenzen.*

In bestimmten Fällen lässt sich den einer Großwinkelkorngrenze benachbarten Kristalliten ein diesen gemeinsames „Übergitter“ überlagern. Man spricht dann von einem *Koinzidenzlagengitter* (coincidence site lattice, CSL) und von einer *Koinzidenzkorngrenze.* Durch das Koinzidenzlagengitter werden zwei Kristallite A und B, die sich an der Grenzfläche begegnen, ineinander so fortgesetzt, dass sie sich vollständig in allen Richtungen durchdringen (Bild 2.89). Die Kristallite A und B werden dann so lange gegeneinander verdreht, bis ein Gitterpunkt im Kristallit A mit einem im Kristallit B übereinstimmt. Dieser Punkt wird als 0-Punkt bezeichnet (Koordinatenursprung). Es ist nun möglich, dass außer diesem Punkt keine anderen Gitterpunkte von A und B zusammentreffen. In diesem Fall ist der 0-Punkt der einzige gemeinsame Gitterpunkt. Es zeigt sich jedoch, dass für nahezu alle Orientierungen zusätzliche Koinzidenzen auftreten. Alle Koinzidenzgitterpunkte bilden ein reguläres Gitter, das als *CSL-Gitter* bezeichnet wird.

Grenzflächen werden nach dem Verhältnis des Volumens einer Einheitszelle des CSL zu dem Volumen einer Einheitszelle von A bzw. B klassifiziert. Dieser Wert wird mit Σ bezeichnet. Ein niedriger Σ-Wert bedeutet, dass atomar dicht belegte Koinzidenzlagen der sich durchdringenden Gitter vorliegen. Der Wert $\Sigma = \infty$ steht für eine vollständig inkommensurable oder beliebige Orientierung.

Grenzflächen mit einem relativ niedrigen Σ-Wert werden als *Koinzidenzgrenzflächen* (-korngrenzen) bezeichnet. Sie sind manchmal mit speziellen physikalischen Eigenschaften, wie z. B. niedrige Grenzflächenenergie oder hohe Grenzflächenmobilität, verbunden.

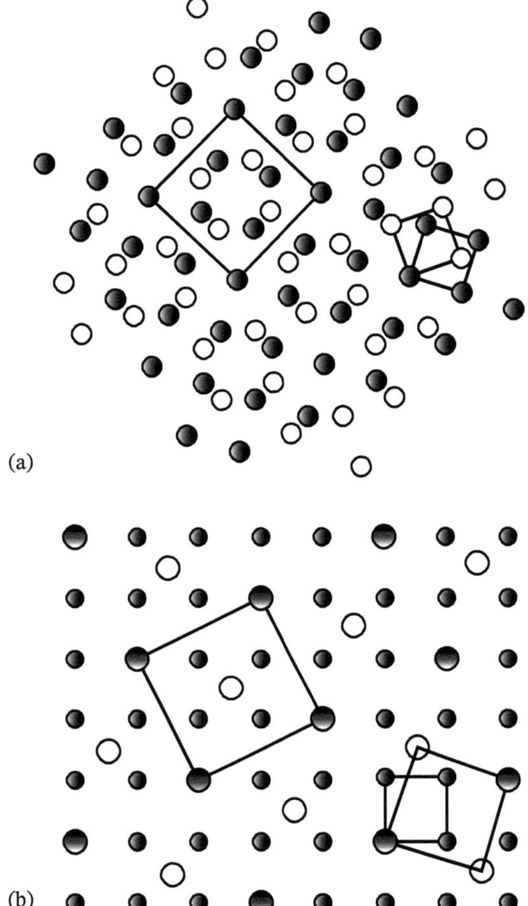

Bild 2.89 Koinzidenzlagengitter (hier Σ 5), das in (a) durch eine Überlagerung von gleichartigen Gittern A ● und B ○ und in (b) durch verschiedenartige Gitter gebildet wird. Die Einheitszelle des CSL ist in der linken Hälfte des jeweiligen Bildes, die lineare Transformation der beiden Gitter in der rechten Hälfte gegeben.

Großwinkelkorngrenzen weisen eine relativ geordnete Struktur auf. Für die Beschreibung des Kerns der Großwinkelkorngrenzenstruktur sind verschiedene Modellvorstellungen entwickelt worden. Eine der dabei genutzten Verfahrensweisen geht von einem DSC (displacement shift complete lattice) -Gitter aus, das zwei benachbarten und um einen gewissen Winkel α gegeneinander gedrehten Kristallen überlagert ist (Bild 2.90a, unten). Nach weiteren geometrischen Operationen sowie einer computersimulierten Anpassung (Relaxation) der konstruierten Korngrenzenstruktur an einen den realen Verhältnissen angenäherten Zustand niedriger Korngrenzenenergie (Übergang von Bild 2.90a, oben, zu Bild 2.90b) erhält man je nach Größe von α, Korngrenzenstrukturen, die durch Aneinanderreihung einfacher Baugruppen von Atomen (z. B. Bild 2.90b) gebildet sind [14].

Einem solchen Aufbauprinzip der Großwinkelkorngrenze liegt eine symmetrische Anordnung der Kristallite zugrunde. Im realen polykristallinen Werkstoff herrschen jedoch zufällige Orientierungsbeziehungen zwischen den Kristalliten vor. Dennoch lässt sich das angeführte Aufbauprinzip grundsätzlich auch auf diese Fälle anwenden, wenn man den Modellvorstellungen zufolge annimmt, dass reale Korngrenzen aus Segmenten relativ weniger Typen symmetrischer Grenzen zusammengesetzt sind und deren Baueinheiten

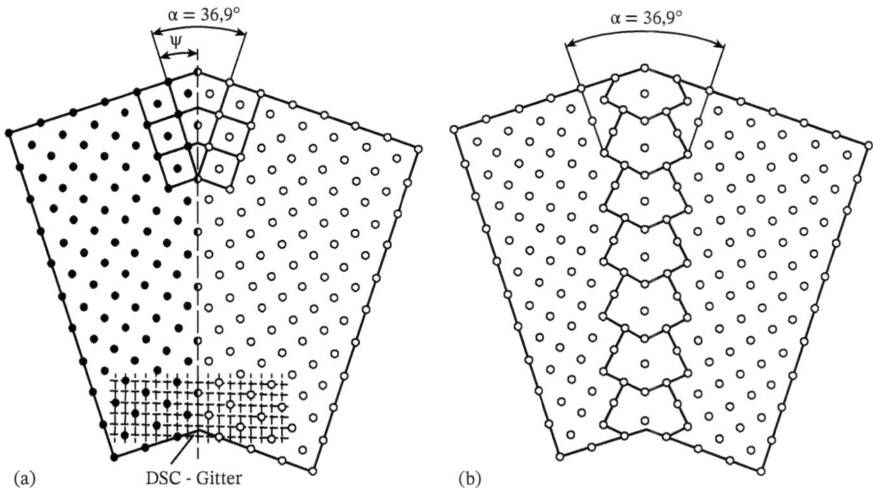

Bild 2.90 Modellierung der Großwinkelkorngrenzen. (a) Modell einer Korngrenze zwischen zwei um α = 36,9° verkippten kfz-Kristalliten. $\Psi = \alpha/2$; (b) relaxierte Korngrenzenstruktur aus aufeinander folgenden Atombaugruppen gleichen Typs (nach [14]).

so kombiniert sind, dass sich die Korngrenzen bei einem gleichzeitig niedrigen Energiezustand der bestehenden Orientierungsdifferenz benachbarter Kristallite anpassen.

Die Korngrenze hat die Aufgabe, bei Wahrung der Kompatibilität im Gefüge größere Orientierungsunterschiede zwischen den Körnern (Kristalliten) zu überbrücken. Damit ist ihre Struktur und die ihr entsprechende Korngrenzenenergie in gewisser Weise vom Drehwinkel, um den zwei benachbarte Körner gegeneinander desorientiert sind, abhängig (Bild 2.91). Im Bereich von Kleinwinkelkorngrenzen steigt die Korngrenzenenergie aufgrund der mit wachsendem Drehwinkel in größerer Anzahl erforderlichen Versetzungen an. Im Gebiet beliebiger Großwinkelkorngrenzen weist die Energiekurve ein „Plateau" auf, das für Metalle bei etwa 0,5 bis 1,5 J · m^{-2} liegt, jedoch von Minima, die unterschiedlichen

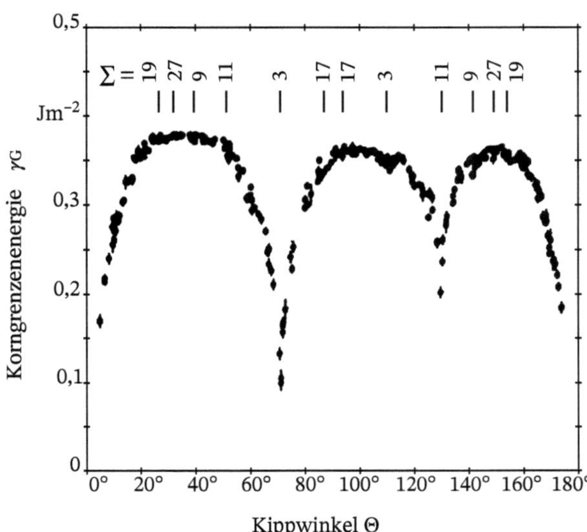

Bild 2.91 Gemessene Werte der Korngrenzenenergie γ_G von Al bei Kippung zweier benachbarter Kristallite um die [110]-Achse als Funktion des Kippwinkels Θ (nach [16]). Die Oberflächenenergie wurde zu γ_S = 205 mJ/m^{2}bei 240 °C angenommen.

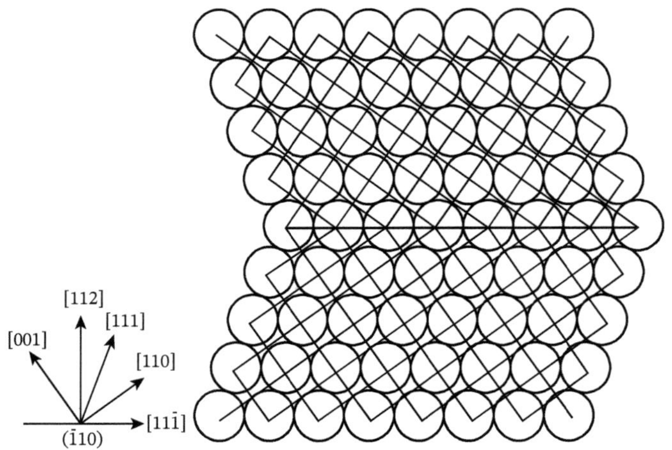

Bild 2.92 (112)-Zwillingsgrenze im krz Gitter.

Korngrenzenstrukturen zuzuordnen sind, unterbrochen wird. Qualitativ ähnliche Ergebnisse wie für Al in Bild 2.90 erhält man auch für die Abhängigkeit der Korngrenzenenergie in Oxiden, z. B. NiO [15] oder an monokristallinen Kugel-Platte-Modellen beim Sintern [7.6].

Für Kleinwinkelkorngrenzen lautet der Zusammenhang von Korngrenzenenergie E und Drehwinkel Θ

$$E = E_0 \cdot \Theta\,(\mathrm{A} - \ln \Theta) \tag{2.20}$$

d. h., E steigt nahezu linear mit Θ an (E_0 und A sind von Θ unabhängige Parameter [16]). Bei Großwinkelkorngrenzen wird die Korngrenzenenergie experimentell an der korngrenzengeätzten Schlifffläche (Abschn. 6.4.2, Bild 6.25) über die Messung des Dihedralwinkels γ ermittelt.

Spezielle Korngrenzen, denen auch die Zwillingsgrenzen angehören, weisen eine besonders niedrige Energie auf. *Zwillingsgrenzen* sind Großwinkelkorngrenzen mit ungestörtem Gitteraufbau. Kristallographisch stellt die Zwillingsgrenze eine Spiegelebene der beiden zum Zwillingskristall gehörenden Gittervolumina dar (Bild 2.92). Da sie einem halben Stapelfehler entspricht, beträgt ihre Energie nur die Hälfte der Stapelfehlerenergie. Zwillinge treten deshalb bevorzugt in Kristallen mit geringer Stapelfehlerenergie auf wie Kupfer, Messing und austenitischen Stählen.

Korngrenzen können andere Gitterfehler (Leerstellen, Fremdatome und Versetzungen) absorbieren wie auch emittieren. Sie wirken für diese Gitterdefekte als „Senken" oder „Quellen" (s. a. Abschn. 7.1.4.1). Korngrenzen können sich senkrecht zu ihrer Tangentialebene bewegen (Abschn. 7.2.3), indem Atome des einen Kristalliten in die Korngrenze ein- und aus dieser Atome an das Gitter des anderen Kristalliten angelagert werden. Die Geschwindigkeit der Korngrenzenbewegung wird von der Orientierungsdifferenz der angrenzenden Kristallite (d. h. von der Korngrenzenstruktur), der Temperatur u. a. beeinflusst.

Unter der Wirkung einer äußeren Spannung können sich Kristallite über *Korngrenzengleiten* längs ihrer Grenzen verschieben (s. a. Abschn. 9.4). Dies geschieht vermutlich vorwiegend durch die Bewegung von *Korngrenzenversetzungen*, die sich aus dem strukturellen Aufbau der Korngrenzen ergeben (Bild 2.93). Jede Netzebene, die in eine Korngrenze mündet,

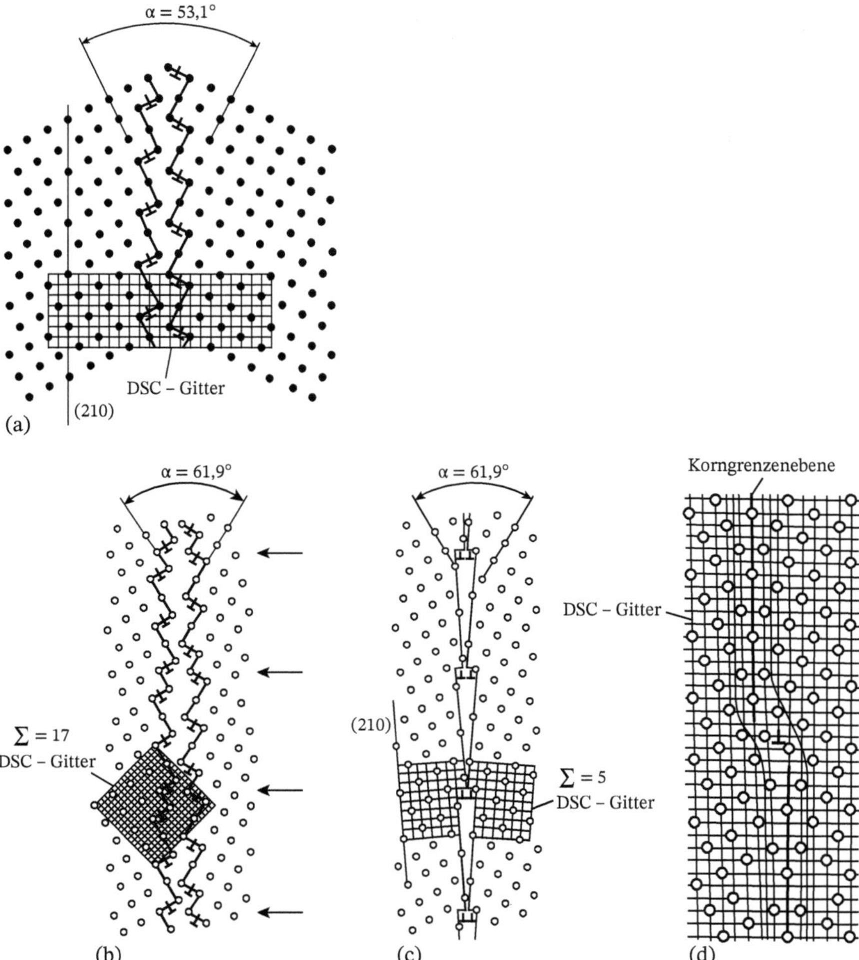

Bild 2.93 Modellierung von Großwinkelkorngrenzen mit Korngrenzenversetzungen (Kippachse ⟨001⟩). Σ ist das Volumenverhältnis der Elementarzellen von Koinzidenzgitter zu Kristallgitter. (a) Korngrenze mit primären Versetzungen, α = 53,1° und Σ = 5; (b) wie a), aber α = 61,9° und Σ = 17. (c) Darstellung der Verhältnisse von (b), jedoch mithilfe von sekundären Korngrenzenversetzungen. (d) Durch extrinsische Korngrenzenversetzungen in der Korngrenzenebene entstandene Stufe; α = 53,1°, Σ = 5 (nach [17, 18]).

bringt in deren Struktur eine Halbebene ein, die bei Kippgrenzen einer Stufenversetzung entspricht. Im Bild 2.93a ist der Aufbau einer Kippgrenze mit $\alpha = 53{,}1°$ und $\Sigma = 5$ dargestellt. Die Stufenversetzungen liegen so dicht aneinander gereiht in der Korngrenze, dass sich ihre Kerne überlappen. Sie werden als „primäre Korngrenzenversetzungen" bezeichnet.

In Abweichung von der Korngrenzenstruktur des Bild 2.93a ist eine Korngrenze, die um $\alpha = 61{,}9°$ ($\Sigma = 17$) gekippt wurde, durch Störungen der Versetzungsanordnung charakterisiert (in Bild 2.93b durch Pfeile markiert). Jeder dieser Störungsbereiche lässt sich aber auch als Folge von zwei zusätzlich in die Korngrenze eingeschobenen {210}-Ebenen auffassen (Bild 2.93c). Im Bereich zwischen den Störungen entspricht der Korngrenzenbau der in

Bild 2.93a dargestellten $\Sigma = 5$-Grenze. Die in die Korngrenze einmündenden {210}-Halbebenen erzeugen „sekundäre Korngrenzenversetzungen", die in regelmäßigem Abstand aufeinander folgen und die Winkeländerung von 53,1° auf 61,9° bedingen. Das eingezeichnete DSC-Gitter der $\Sigma = 5$-Grenze macht deutlich, dass der Burgersvektor der sekundären Korngrenzenversetzungen einem Vektor dieses DSC-Gitters entspricht.

Die primären und sekundären Korngrenzenversetzungen werden als „intrinsische Korngrenzenversetzungen" bezeichnet, da sie die Kippung um α verursachen. Wenn sich hingegen Gitterversetzungen in die Korngrenze hineinbewegen und sich der Korngrenzenstruktur überlagern, indem sie (bei steigender Temperatur mit zunehmender Geschwindigkeit) in Korngrenzenversetzungen dissoziieren, deren Burgersvektoren denen des DSC-Gitters entsprechen, dann spricht man von „extrinsischen Korngrenzenversetzungen". Triebkraft dieses Vorganges ist das Streben nach Abbau des weit reichenden Spannungsfeldes dieser Versetzungen. Da die Größe der DSC-Vektoren mit zunehmendem Abstand der sekundären Korngrenzenversetzungen (Periodenlänge) stark abnimmt, wird bei allgemeinen Korngrenzen (im Gegensatz zu speziellen) ein regelrechtes „Zerfließen" (spreading) des Kernes der Gitterversetzung beobachtet. In der Korngrenzenebene entstehen Stufen atomarer oder mehrfach atomarer Größenordnung (Bild 2.93d).

Die Simulation von *Heterophasengrenzen* ist im Vergleich zu der von Homophasengrenzen (Korngrenzen) schon allein dadurch schwieriger, dass auch – insbesondere bei hohen Temperaturen – die chemische Stabilität und die unterschiedlichen Potenziale der an der *Phasengrenze* zusammenstoßenden Phasen berücksichtigt werden müssen. So wird z. B. der Zusammenhalt in Verbundmaterialien zwischen Ag und MgO oder auch Nb und Al_2O_3 über die Grenzfläche hinweg durch Ladungstransfer bewirkt. Die in Bild 2.94 gezeigte Keramik/Metall-Grenzfläche verdeutlicht, dass in ihr kohärente Gebiete mit solchen, die Fehlpassungsversetzungen enthalten, abwechseln. Soweit es werkstoffwissenschaftliche Aspekte betrifft, wie z. B. die mechanischen Eigenschaften mehrphasiger Werkstoffe über den atomaren Aufbau der Phasengrenzen verstehen zu wollen, müssen diese erst noch entwickelt werden.

Haben zwei Phasen einen wenig unterschiedlichen Gitterparameter, so kann die eine durch Gitterverzerrung in die andere übergehen; die *Grenzfläche* ist *kohärent* (Bild 2.95a). Sind die Unterschiede der Gitterparameter größer, sodass eine Anpassung nur teilweise Komma weg bei gleichzeitigem regelmäßigem Einbau von Versetzungen möglich ist, liegt eine *teilkohärente Grenzfläche* vor (Bild 2.95b und 2.96).

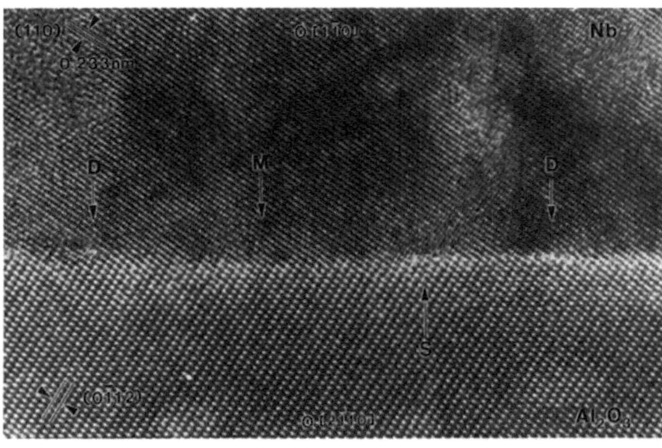

Bild 2.94 Hochauflösende elektronenmikroskopische (HREM) Aufnahme einer Metall/Keramik-Grenzfläche (Nb/Al_2O_3). Kohärente Gebiete wechseln mit Fehlpassungsversetzungen enthaltenden Gebieten ab. Im Metall (Nb) entsprechen die dunklen Punkte der Position von Nb-Atomsäulen. Das Al_2O_3 ist mit O gekennzeichnet. Das HREM-Bild löst in diesem Fall die atomare Struktur des Gitters nicht vollständig auf; der Übergang von Nb zu Al_2O_3 ist abrupt [11].

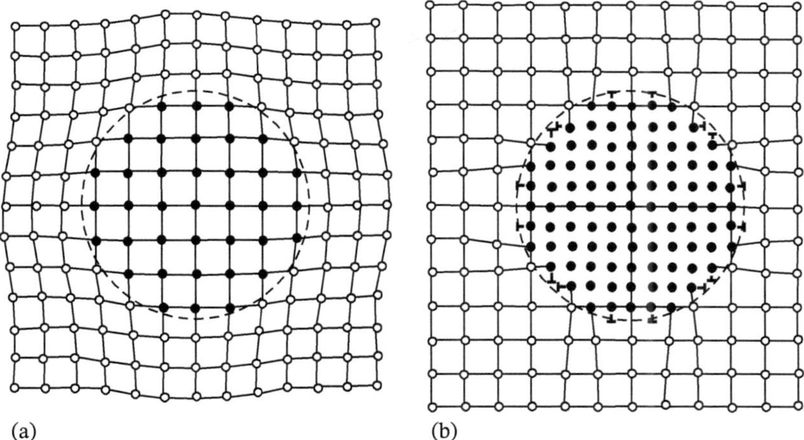

Bild 2.95 Schematische Darstellung (a) einer kohärenten und (b) einer teilkohärenten Phasengrenze.

Sind die aneinander grenzenden Phasen in ihrem Aufbau so unterschiedlich, dass auch durch eine regelmäßige Versetzungsanordnung keine Anpassung mehr erfolgen kann, dann ist die *Grenzfläche inkohärent* (Großwinkelkorngrenze). Die Energie der Grenzfläche nimmt vom kohärenten zum inkohärenten Zustand zu. Sie ist z. B. für Ausscheidungs- und Umwandlungsprozesse (s. Kap. 4) oder bei der Ausscheidungs- sowie Dispersionshärtung (Abschn. 9.2.2.4) von Bedeutung.

2.1.11.3.4 Grenzflächen in nanokristallinen Materialien

Formal sind die inkohärenten Grenzflächen in nanokristallinen Materialien ebenfalls als Großwinkelkorngrenzen anzusehen, da die anliegenden kristallinen Bereiche eine dementsprechende Orientierungsdifferenz aufweisen. Jedoch sprechen vor allem zwei wichtige Gesichtspunkte dafür, dies nicht ohne weitergehende Bemerkungen tun zu dürfen, weshalb diese Grenzflächen in einem gesonderten Abschnitt erörtert werden sollen.

Sofern nanokristalline Werkstoffe über den pulvermetallurgischen Weg (Abschn. 6.1) hergestellt werden (Pressen von Pulvern bei erhöhten Drücken und Temperaturen), bildet sich die (physikalische) Grenzfläche nicht sofort aus, sondern sie muss sich von einer

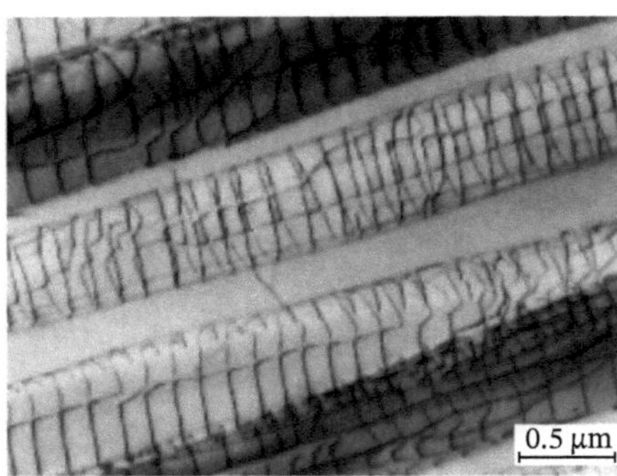

Bild 2.96 Räumliche Versetzungsanordnung in den teilkohärenten Phasengrenzen stäbchenförmiger Cr-Kristallite in einer Al_3Ni-Matrix. Hochspannungselektronenmikroskopische Durchstrahlungsaufnahme eines gerichtet erstarrten AlNi–Cr-Eutektikums, Längsschnitt (nach *G. Zies*).

zunächst mechanischen Verbundgrenze im Verlaufe einer gewissen Zeit erst in eine physikalische Grenzfläche umwandeln. Diese Wandlung von einer mechanischen zu einer physikalischen „Kontaktgrenze“ ist (ähnlich wie in Abschn. 7.1.4.3 diskutiert) bereits mit einer partiellen Ausheilung des Störgrades der Grenzflächenzone verbunden. Der jeweils diagnostizierte Zustand des nanokristallinen Objektes hängt also auch von der Duktilität des Materials, der Höhe des Pressdruckes und der Temperatur sowie der Erwärmungsgeschwindigkeit und damit vom gegebenen Stadium des Wandlungsprozesses, dem das Objekt unterzogen wurde, ab.

Zum Zweiten – und das ist von besonderer Bedeutung – ist zu bemerken, dass in den nanokristallinen Materialien das Volumen der Grenzflächenbereiche bis zu etwa 50 % des Gesamtwerkstoffvolumens ausmachen kann. Damit rückt die Grenzflächenenergie größenordnungsmäßig in die Nähe der Volumenenergie. Das aber bedeutet, dass die nanostrukturierten Materialien einen anderen Zustand repräsentieren, der dem der „gewöhnlichen“ polykristallinen Werkstoffe offensichtlich nicht gleichzusetzen ist.

Die *nanokristallinen Strukturen* sind durch ein matrixbildendes räumliches Netzwerk der Grenzflächenzonen gekennzeichnet, in das das übrige Materialvolumen in Form von etwa gleichachsigen kristallinen „Kernen“ (Kristalliten) eingebettet ist. Der Durchmesser der Kristallite liegt in der Größenordnung von 10^0 bis 10^1 nm. Wegen der nur relativ wenigen Atomabstände betragenden Größe der Strukturbauelemente und deren ungewöhnlicher volumenmäßiger Zuordnung ist der Begriff „Gefüge“ weniger üblich. Es ist allzu verständlich, dass einem so extremen Strukturzustand auch ein atypisches Materialverhalten assoziiert ist.

Die Fehlpassung (Orientierungsunterschied) der Kristallite und das wenige Atomabstände dicke Übergangsgebiet (inkohärente Grenzfläche) bedingen Atomanordnungen mit vergrößertem „freien Volumen“, deren Dichte im Inneren der Grenzfläche etwa 70 bis 85 % der Kristalldichte beträgt. Solche Werte liegen weit unter der Dichte von Gläsern (z. B. > 97 % der Kristalldichte). Die räumliche Verteilung der erweiterten interatomaren

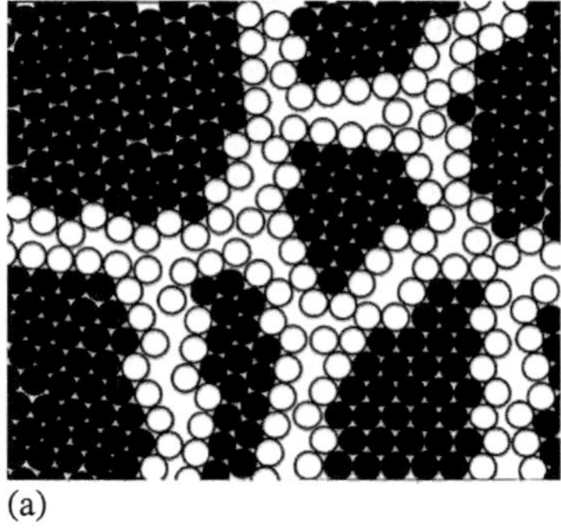
(a)

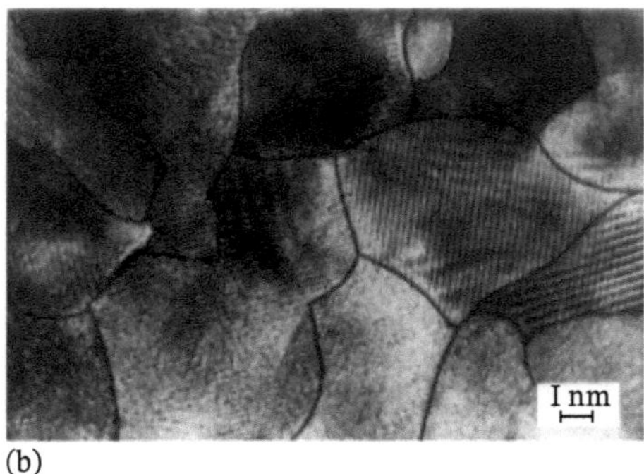

(b)

Bild 2.97 (a) Zweidimensionales Modell eines nanostrukturierten Materials. Die Atome im Kern der Kristallite sind durch ausgefüllte, die in der Grenzfläche durch offene Kreise dargestellt. Beide Atomarten (offene und ausgefüllte Kreise) sind chemisch identisch; (b) Hochauflösendes elektronenmikroskopisches Bild von nanokristallinem Palladium. Die Muster paralleler bzw. gekreuzter Linien stellen die Netzebenen einzelner Kristallite dar. Die (nachgezogenen) Korngrenzen weisen, wie elektronenmikroskopische Untersuchungen bestätigten, eine Atomanordnung auf, die mit der in (a) für das Übergangsgebiet (Grenzfläche) schematisch dargestellten vergleichbar ist (nach [3]).

Abstände im Grenzflächenzentrum scheint inhomogen zu sein, wonach das lokale freie Volumen in der Grenzfläche zwischen Werten des Kristalls und Werten, die etwa einer Leerstelle entsprechen (Bild 2.97a), schwankt. An Korngrenzenzwickeln können die freien Volumina noch größer sein [19, 3].

Bei nanokristallinen Materialien, deren Kristallite aus chemisch unterschiedlichen Atomen aufgebaut sind, unterscheidet *H. Gleiter* in erster Linie „Grenzflächenlegierungen", deren Legierungsatome, da sie in den Kristalliten unlöslich sind, ausschließlich in den Grenzflächen untergebracht sind, und „nanostrukturierte Legierungen", in denen die chemische Zusammensetzung der Kristallite verschieden ist.

Im Fall der *Grenzflächenlegierungen*, beispielsweise W-Ga, ist die räumliche Anordnung der Ga-Atome von der Orientierungsdifferenz der benachbarten W-Kristallite abhängig, d. h., sie variiert von Grenze zu Grenze. Da die Ga-Atome strukturbezogen zwischen die fehlorientierten W-Kristallitoberflächen eingebaut werden, entsteht analog dem epitaktischen Aufwachsen einer Schicht (Deposit) auf ein Substrat (Abschn. 3.3) ein „Einspanneffekt", der jedoch nicht wie bei der Epitaxie ein- sondern zweiseitig wirkt. Auf diese Weise werden atomare Strukturen erzeugt, die bisher nicht bekannt waren.

Nanostrukturierte Legierungen weisen in bisher allen untersuchten Fällen und, wie es scheint, unabhängig von der Mischbarkeit der Partner im thermodynamischen Gleichgewicht, in der Umgebung der Grenzflächen eine feste Lösung der Partneratome (Legierung) auf [3]. So entsteht z. B. im nanostrukturierten System Ag–Fe, dessen Komponenten im Gleichgewicht weder im flüssigen noch im festen Zustand ineinander löslich sind, in den Grenzflächenbereichen eine Ag–Fe-Legierung (Bild 2.98).

Werden die *nanostrukturierten Legierungen* aus einem vorher durch Implantation der Legierungsatome hergestellten Pulver wie beim mechanischen Legieren (Abschn. 4.5) gewonnen, dann entstehen, weil die Atomeindringtiefe beim Implantieren einige nm beträgt, während des nachfolgenden Sinterns chemisch homogene Legierungen. Da die Menge der implantierten Atome von den durch das Zustandsdiagramm des jeweiligen Systems ausgewiesenen Löslichkeitsverhältnissen unabhängig ist, lassen sich auf diese Weise Legierungen auch anderer als dem Zustandsdiagramm zu entnehmender Zusammensetzung erzeugen (s. a. Abschn. 4.5).

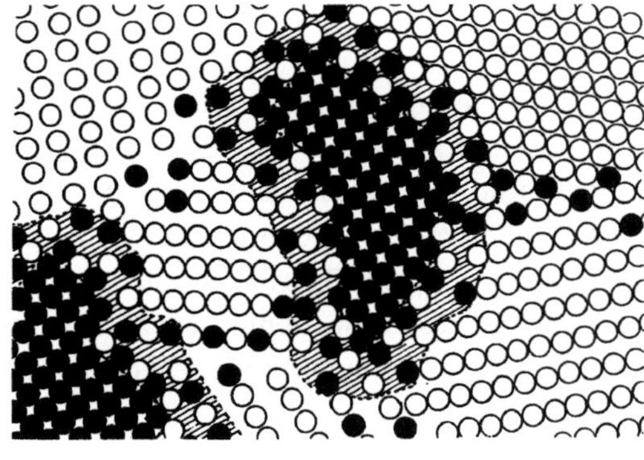

Bild 2.98 Modell des Aufbaus einer nanokristallinen Ag–Fe-Legierung (dunkle Kreise Fe-, helle Ag-Atome). In der Nähe der Ag/Fe-Phasengrenze (schraffierte Bereiche) sowie Ag/Ag- bzw. Fe/Fe-Korngrenzen bilden sich feste Lösungen aus Ag- und Fe-Atomen (nach [3]).

2.1.11.4 Dreidimensionale Gitterstörungen und Defektwechselwirkungen

Die im vorangegangenen Abschnitt diskutierten inkohärenten Grenzflächen der nanokristallinen Materialien können ebenfalls als dreidimensionale Gitterstörungen angesehen werden. Die nachfolgenden Erörterungen sollen jedoch auf die im konventionellen Sinn als dreidimensionale Gitterstörungen bezeichneten Atom- und Leerstellencluster, disperse Ausscheidungen (Teilchen) und Poren sowie deren mögliche Wechselwirkungen untereinander oder mit anderen Gitterdefekten bezogen bleiben. Nicht nur die in den Sammelbegriff „Realstruktur" eingehenden Gitterstörungen für sich, sondern auch deren wechselseitige Reaktionen sind für Werkstoffzustände und -verhalten von erheblicher Bedeutung.

Unter den bei der Einstellung des thermodynamischen Gleichgewichts ablaufenden Phasenreaktionen befinden sich solche, wo die Phasenbildung als feindisperse Ausscheidung in Form von Clustern (Zonen) und Teilchen geschieht (Abschn. 4.2). Im Hinblick auf die Größe der atomaren Agglomerate ist der Übergang von Clustern zu Teilchen (Partikeln) fließend. Repräsentative Beispiele hierfür liefern die Systeme Al–Cu und Ni–Al, in denen bei entsprechender Anlasstemperatur und -zeit Guinier-Preston-Zonen und metastabile Θ'-Partikel (Al_2Cu) bzw. Partikel der γ'-Phase (Ni_3Al) als Segregate auftreten.

Wie die Atome können auch Leerstellen Ansammlungen bilden, indem sie zu Clustern, Mikroporen und Poren agglomerieren. Bekannte Beispiele sind die Entstehung von Leerstellenagglomeraten bei der Neutronenbestrahlung (Abschn. 10.10.2), das Auftreten von Diffusionsporosität als Erscheinung des *Frenkel-Effekts* (Abschn. 7.1) oder die Cluster- und Mikroporenbildung im Pulverteilchenkontaktbereich beim Sintern (Abschn. 7.1.4.3). Im Zuge thermischer Bewegungen ist es möglich, dass Einzelleerstellen untereinander kollidieren und einen Leerstellenkomplex (Cluster) bilden. Dieser Vorgang ist durch die mit ihm verbundene Erniedrigung der inneren Energie des Kristalls begünstigt, da erstens eine gewisse Zahl der unterbrochen gewesenen Atombindungen wiederhergestellt wird und zweitens die Agglomeration der Punktdefekte von einer Verringerung der elastischen Energie begleitet ist, weil das Spannungsfeld, das um die einzelnen, isolierten Defekte existiert, eine partielle Relaxation erfährt. Infolge der Clusterbildung wird jedoch auch die Entropie (Gleichmäßigkeit der Energieverteilung) herabgesetzt (s. a. Abschn. 2.1.11.1), sodass aufgrund des Nebeneinanderbestehens beider Tendenzen die Zahl von Einzelleerstellen, die in einen Cluster eingehen, wie auch die Zahl (Dichte) der Cluster selbst begrenzt ist. Für Cu beispielsweise ist bei 1.000 °C und einem Verhältnis von lokaler Leerstellenkonzentration zu thermischer Gleichgewichtskonzentration $c_F/c_{F_0} \cong 10^{-1}$ ein Komplex aus sechs bis sieben Leerstellen hinsichtlich seiner Stabilität optimal [20]. Diese Werte stehen mit denen aus Positronenlebensdauermessungen ermittelten im Einklang.

Ein Ensemble von Teilchen mit begrenzter Löslichkeit in der umgebenden Matrix ist ebenso wie die in einer Matrix dispers verteilte „Hohlraumphase" (Leerstellencluster, Poren) einem als *Ostwald-Reifung* bezeichneten und in verfeinerter Form durch die *LSW-Theorie* beschriebenen Umlösungsprozess unterworfen (Abschn. 4.2). Als Folge der Wirkung des Laplaceschen Krümmungsdruckes $\approx 2\,\gamma_S/r$ (γ_S Oberflächenspannung, r Partikel- bzw. Porenradius) ist die Konzentration c_F der löslichen Atomart oder auch der Leerstellen („Atome der Masse null") in der Partikel- bzw. Porenumgebung gegenüber der thermodynamischen Gleichgewichtskonzentration c_{F_0} erhöht.

Die Änderung der Fehlstellenkonzentration Δc_F beträgt bei Teilchen (Poren) mit Kugelform

$$\Delta c_{\mathrm{F}} = \frac{2\gamma_{\mathrm{s}}\Omega}{rkT} c_{\mathrm{F}_0} \tag{2.21}$$

(Ω Atom- bzw. Leerstellenvolumen). Da *r* in einem beliebigen Ensemble von unterschiedlicher Größe ist, nimmt gemäß Gl. (2.21) auch Δc_F lokal verschiedene Werte an. Unter dem Zwang, die dadurch im Teilchen-(Poren-)Kollektiv bestehenden Konzentrationsgradienten abzubauen, erfolgt eine Materie-(Hohlraum-)Umlösung derart, dass kleinere Teilchen bzw. Poren schwinden (sowie schließlich eliminiert werden) und größere wachsen (Bild 4.13).

Von den für das Werkstoffverhalten wichtigen *Wechselwirkungen verschiedenartiger Gitterstörungen* sind die Behinderung von konservativen und nichtkonservativen Versetzungsbewegungen durch Teilchen (Dispersoide) bei der Ausscheidungs- und Dispersionshärtung (Abschn. 9.2.2.4), der Absorption von Fremdatomen in das Versetzungsverzerrungsfeld (Abschn. 9.2.2.3), das Fungieren der Korngrenzen als „ideale" Leerstellensenken für das Diffusionskriechen (Abschn. 7.1.4.1) sowie der Ein- und Ausbau von Leerstellen beim Versetzungsklettern und als Elementarvorgang des Versetzungskriechens (Abschn. 7.1.4.2) Gegenstand von Betrachtungen, die an anderer Stelle angestellt werden.

Die nicht konservativen Versetzungsbewegungen beim Versetzungskriechen können intensiviert werden, wenn außer der Wechselwirkung von Versetzungen mit Einzelleerstellen (Bild 7.14b) noch solche mit Leerstellenclustern auftreten. Für die Cluster existiert ein kritischer Radius r^* (im Fall von Metallen beträgt $r^* \approx 10^{-9}$ m), oberhalb dessen die Tendenz vorherrscht, die Cluster zu einer Versetzungsschleife „zusammenzuquetschen". Bei $r < r^*$ hingegen bewegt sich die Mehrheit der Cluster auf die Versetzungen zu, um von diesen schließlich „inkorporiert" zu werden. Eine Versetzung übt auf einem in der Nähe befindlichen Cluster eine gewisse Anziehungskraft aus, die dadurch bedingt ist, dass die beide Defektarten umgebenden Spannungsfelder eine mit der Annäherung zunehmende partielle Relaxation erfahren. Die Geschwindigkeit, mit der sich die Cluster auf die Versetzung zu bewegen, ist sehr hoch, für Metalle etwa 10^2 ms^{-1} [20].

Das weitere Schicksal der „wie Tautropfen auf einer Spinnwebe" positionierten Cluster besteht darin (Bild 2.99), dass sie schwinden und ausgeheilt werden, wenn sie Leerstellen

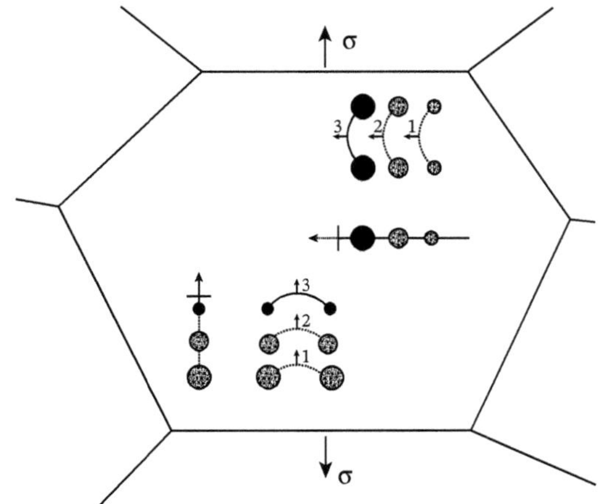

Bild 2.99 Schematische Darstellung der Wechselwirkung von Versetzungen und Clustern (graue bis schwarze Kreisflächen) (nach [20]).

an „ihre“ Versetzung abgeben (Leerstellenquelle) und dafür Atome absorbieren: Die Halbebene wird abgebaut (Bild 2.99, unten links). Oder, dass die Cluster wachsen (Bild 2.99, oben rechts), indem sie Leerstellen aufnehmen (Senke) und Atome so emittieren, dass die Halbebene in den Kristall weiter hineinwachsen kann. Der erstgenannte Fall gilt für Stufenversetzungen, deren Burgersvektor im Wesentlichen senkrecht zur angelegten Spannung verläuft; der zweitgenannte, wenn der Burgersvektor parallel zu σ gerichtet ist. Der Prozess der Leerstellenabsorption (aus den Clustern) und der -emission (in die Cluster) durch Versetzungen bedingt eine gewisse, vor allem von der Höhe der Leerstellenübersättigung c_F/c_{F0} abhängige Kraft; c_F/c_{F_0} ist durch die auf den Versetzungslinien gelegenen Cluster gegeben. Für $c_F/c_{F_0} = 10^{-1}$ und 1.000 °C beispielsweise wirkt auf die Versetzung eine Spannung von $10^1 \ldots 10^2$ MPa, die deren Bewegung verstärkt. Letztlich bedeutet dies, dass durch die Wechselwirkung Versetzungen – Cluster der gerichtete Materialtransport intensiviert wird.

2.2 Zustand unterkühlter Schmelzen und Glaszustand

Der Zustand der unterkühlten Schmelzen und der Glaszustand sind thermodynamische Zustände, in denen die Bausteine der ihnen entsprechenden Stoffe eine Nah-, aber keine Fernordnung aufweisen, also strukturell im *amorphen Zustand* vorliegen.

Silicatische und hochpolymere Schmelzen lassen sich unter üblichen Bedingungen, metallische hingegen nur mithilfe sehr hoher Abkühlgeschwindigkeiten (Abschn. 3.2.3) unter Umgehung der Kristallisation in den amorphen Zustand überführen. Mit sinkender Temperatur gehen sie dabei zunächst in den *Zustand* einer *unterkühlten Schmelze* und schließlich in den *Glaszustand* über (s. a. Abschn. 3.2). Beide sind für viele nichtmetallisch-anorganische und organische Werkstoffe spezifisch und für deren Formgebung und Eigenschaften bestimmend. Organische Polymere werden sowohl im Zustand der unterkühlten Schmelze als auch im Glaszustand, Gläser im allgemeinen und amorphe Metalle nur im Glaszustand verwendet.

2.2.1 Charakteristik des Zustandes unterkühlter Schmelzen und des Glaszustandes

Die Strukturen unterkühlter Schmelzen wie auch des Glaszustandes leiten sich von den für Flüssigkeiten aufgestellten Strukturmodellen ab (s. Bild 2.1c). Wie bei den Flüssigkeiten befinden sich die Bausteine auf größere Entfernung gesehen in ungeordneter Verteilung und weisen lediglich submikroskopische Nahordnungsbereiche auf (amorphe Struktur).

Wegen der mit fallender Temperatur schnell fortschreitenden Verknüpfung der silicatischen Strukturelemente und der rasch abnehmenden Bewegungs- und Umordnungsmöglichkeit der organischen Makromoleküle kommt es bei zunehmender Unterkühlung der Schmelze zu einem raschen Anstieg ihrer Viskosität (Abschn. 3.2.1) und zu einer Hemmung der für Keimbildung und Kristallwachstum nötigen Transportprozesse. Im Falle der aus leicht beweglichen Atomen bestehenden Metallschmelzen sind hierfür Abkühlungsgeschwindigkeiten von $\gtrsim 10^6 \cdot Ks^{-1}$ erforderlich (Abschn. 3.2.3).

Während sich im Bereich der unterkühlten Schmelze ein der jeweiligen Temperatur entsprechender Gleichgewichtszustand in relativ kurzer Zeit einstellt, wird in der Umgebung der *Einfrier-* oder *Transformationstemperatur* der hier vorliegende thermodynamisch bedingte Ordnungszustand fixiert. Das ist der Übergang in den Glaszustand, der gemäß einer klassischen Definition von *Tammann* eine eingefrorene unterkühlte Schmelze darstellt. Er ist gegenüber dem entsprechenden kristallinen Zustand durch einen größeren Betrag an innerer Energie U sowie einer höheren Entropie S gekennzeichnet und demnach thermodynamisch metastabil. Dies drückt sich auch in einer unterschiedlich stark ausgeprägten Entglasungstendenz aus, worunter der Übergang in den stabilen kristallinen Zustand zu verstehen ist (Abschn. 3.1.1.3). Teilweise setzt die Kristallisation eine so hohe Aktivierungsenergie voraus, dass sie nur über eine lange und abgestimmte Wärmebehandlung oder durch die Energiebarriere vermindernde Zusätze erfolgt. In anderen Fällen lässt sich eine Entglasung in Zeiträumen, die einer Beobachtung zugänglich sind, überhaupt nicht realisieren.

Aus der weitgehend ungeordneten (amorphen) Struktur unterkühlter Schmelzen und des Glaszustandes resultieren makroskopische Eigenschaften, die sich wesentlich von denen der Kristalle unterscheiden. Infolge des Fehlens einer durchgängigen Ordnung der Bausteine gibt es keine Vorzugsrichtung hinsichtlich der zwischen ihnen bestehenden Wechselwirkungen. Deshalb zeigen unterkühlte Schmelzen und Stoffe im Glaszustand ein *isotropes Verhalten*, d. h., ihre Eigenschaften sind im Gegensatz zu vielen Kristalleigenschaften nicht richtungsabhängig.

Der Übergang von der Schmelze über die unterkühlte Schmelze in den Glaszustand und umgekehrt geschieht ohne Phasenänderung, wie sie mit der Bildung und dem Schmelzen von Kristallen verbunden ist. Zumindest gilt diese Aussage für eine makroskopische Betrachtungsweise, da das Auftreten von Mikrophasen in silicatischen Gläsern mit einer definierten Grenzfläche (Abschn. 3.2.2) nicht als eine Einschränkung des Glaszustandes gewertet werden kann.

2.2.2 Strukturmodelle silicatischer Gläser

Für die Kristalle liegen heute sehr weitgehende Aussagen über ihren Ordnungszustand vor. Weniger eindeutig sind die Vorstellungen bei den Gläsern, was u. a. auf die Besonderheiten des Einfriervorganges und auf die Vielfalt der glasbildenden Systeme zurückzuführen ist. So erklärt sich die beträchtliche Anzahl von Strukturtheorien, die auch gegenwärtig erweitert und ergänzt werden.

Der Vorstellung über die Struktur silicatischer Gläser lagen zunächst zwei Ansichten zugrunde, die Kristallithypothese von *Lebedew* (ab 1921) und die Netzwerktheorie von *Zachariasen* und *Warren* (ab 1932) Unterdessen wurde die Netzwerkshypothese von Zachariasen mithilfe von Rastertunnelaufnahmen an zweidimensionalen Silicatgläsern von Lichtenstein, Heyde und Freude [21] eindrucksvoll bestätigt (Bild 2.100).

Die *Netzwerktheorie* geht davon aus, dass sich kristallin und amorph erstarrte Stoffe gleicher Zusammensetzung hinsichtlich ihres Energieinhalts nur wenig unterscheiden. Daraus schloss *Zachariasen* auf die Existenz gleicher Strukturelemente und einen ähnlichen Ordnungszustand, der bei den amorph erstarrten Stoffen allerdings weniger ausgeprägt sein sollte als bei den Kristallen. Im Falle der Verbindung SiO_2 beispielsweise weisen das amorphe Kieselglas wie der kristalline Quarz SiO_4^{4-}-Tetraeder als Struktureinheiten auf. Während

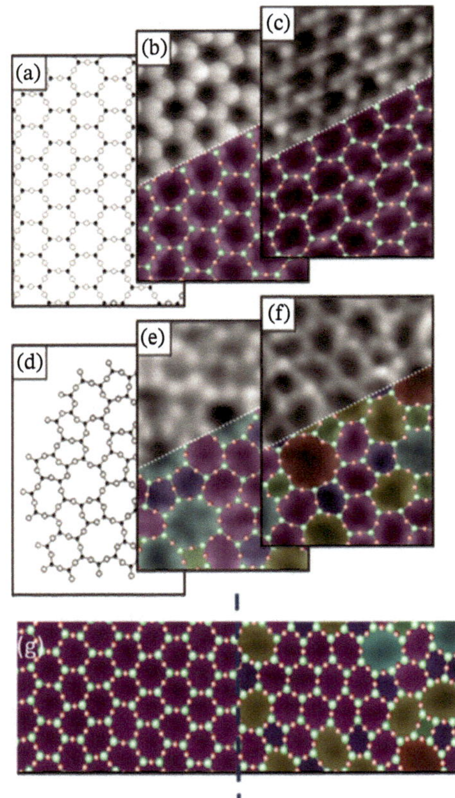

Bild 2.100 Ebene Darstellung der $\left(SiO_4^{4-}\right)$ -Tetraeder (nach W. H. Zachariasen und B. E. Warren) (a) regelmäßige Vernetzung im Bergkristall unter Ausbildung von Sechsecken mit kristalliner Anordnung, (d) unregelmäßige Vernetzung im Kieselglas (verzerrtes Netzwerk), (b) und (c) Rastertunnelaufnahme von einem zweidimensionalen kristallinen Silicatglas, (e) und (f) von einem amorphen zweidimensionalen Silicatglas und (g) Grenzbereich von einem zweidimensionalen kristallinen/ teilkristallinen Silicatglas von L. Lichtenstein et al. [21] mit freundlicher Genehmigung von M. Heyde und H.-J. Freude.

jedoch im Quarz die Koordinationspolyeder im gesamten Kristall regelmäßig angeordnet sind (Bild 2.100a, b, c; Abschn. 2.1.9), stellt die Kieselglasstruktur ein verzerrtes und unregelmäßig gebautes Netzwerk (Bild 2.100d, e, f) (Gerüststruktur) aus SiO_4^{4-}-Tetraedern dar, für das aber die gleichen Verknüpfungsprinzipien gelten (s. a. Bilder 2.51f und 2.54).

Wie theoretisch erwartet worden war, können sich zwischen fern- und nah-geordneten Bereichen Übergänge formieren (Bild 2.100 g). An der Grenze (gestrichelte Linie) vom kristallinen zum teilkristallinen Bereich weichen die Ringgrößen von der kristallinen Sechseckstruktur ab. Zunächst treten Fünf- und Siebeneckstrukturen auf. Diese Ausbildung des Überganges entspricht den theoretisch beschriebenen Erwartungen.

Ausgehend vom Kieselglas, formulierte *Zachariasen* die für die Glasbildung geltenden Auswahlregeln:

- Kationen und Anionen müssen leicht zu polyedrischen Baueinheiten zusammentreten können.
- Die Koordinationszahl KZ des Kations muss klein sein.
- Ein Anion darf an nicht mehr als zwei Kationen gebunden sein.
- Je zwei Polyeder dürfen nicht mehr als eine Ecke gemeinsam haben, d. h. nicht über gemeinsame Kanten oder Flächen miteinander verknüpft sein.
- Mindestens drei Ecken eines Polyeders müssen über Brückenanionen mit benachbarten Polyedern verbunden sein.

Beim Kieselglas bilden Silicium und Sauerstoff leicht SiO_4^{4-}-Tetraeder-Baueinheiten, in denen das Si die KZ 4 aufweist. Die Verknüpfung der Kationen geschieht über Brückensauerstoffanionen. Jedes Anion ist an zwei Kationen gebunden. Die Bindung der Tetraeder erfolgt bei vollkommener dreidimensionaler Vernetzung über alle vier Ecken. Diese Regeln werden auch von den Ionen der anderen glasbildenden Oxide wie Ge^{4+}, P^{5+}, B^{3+} oder Sb^{5+} eingehalten. Sie sind in der Gruppe der *Netzwerkbildner* zusammengefasst.

Werden in das Netzwerk solcher „Einkomponentengläser" weitere Oxide eingebaut, so ist damit vielfach durch die Aufspaltung von Sauerstoffbrückenbindungen eine Schwächung der Struktur verbunden. Dies ist z. B. der Fall, wenn in ein Kieselglas Natriumoxid eingebracht wird:

$$\text{O}-\underset{\text{O}}{\overset{\text{O}}{\text{Si}}}-\text{O}-\underset{\text{O}}{\overset{\text{O}}{\text{Si}}}-\text{O} + \text{Na}_2\text{O} \rightarrow \text{O}-\underset{\text{O}}{\overset{\text{O}}{\text{Si}}}-\text{O}^{-}\,\text{Na}^{+}\quad\text{Na}^{+}\,{}^{-}\text{O}-\underset{\text{O}}{\overset{\text{O}}{\text{Si}}}-\text{O}$$

Die Natriumionen lagern sich über Sauerstoffionen an die Tetraeder an und sprengen die zwischen diesen bestehenden Brückenbindungen, sodass das Netzwerk gelockert wird. Die nur noch einseitig an Silicium gebundenen Sauerstoffanionen werden als Trennstellensauerstoffe bezeichnet.

Wie das Silicium streben auch die zusätzlich eingebauten Natriumionen nach Koordination. Sie suchen deshalb die recht großen Hohlräume des Netzwerkes auf und sättigen sich koordinativ mit den benachbarten Brückensauerstoffen ab. Ionen, die wie im dargestellten Fall durch ihren Einbau das Netzwerk schwächen, werden als *Netzwerkwandler* bezeichnet. Zu ihnen gehören in erster Linie die Alkali- und Erdalkaliionen, die gewöhnlich mit Koordinationszahlen von 6 und höher auftreten. Darüber hinaus gibt es eine Reihe von Ionen, die entsprechend der Glaszusammensetzung und der eigenen Konzentration bei Koordinationszahlen von 3 und 4 netzwerkbildend, mit einer höheren KZ aber netzwerkschwächend wirken. Sie werden als Zwischenionen bezeichnet, z. B. Al^{3+}, Mg^{2+} oder Zn^{2+} (Tab. 2.12).

Während die klassische Netzwerktheorie von einer vorwiegend geometrischen Betrachtungsweise ausgeht, bei der die Glasbildung in erster Linie von der Gestalt und Größe der Ionen bestimmt wird, werden mit der Einführung des Begriffs der „Feldstärke" durch *Dietzel* auch die energetischen Beziehungen zwischen den Ionen berücksichtigt. Unter der *Feldstärke* eines Kations, bezogen auf Sauerstoff als Anion, wie es für silicatische Glasstrukturen zutrifft, wird der Ausdruck z/r_0^2 verstanden. Dabei ist z die Wertigkeit des Kations und r_0 der Abstand Kation–Anion (Sauerstoff). Die Feldstärke ist u. a. ein Maß für die Bindestärke zwischen Kationen und Sauerstoff. Sie trägt wesentlich zum Verständnis der Funktion und Wirkung der Kationen im Netzwerk bei (Tab. 2.12). So weisen die im Glas als Netzwerkbildner fungierenden Kationen mit Werten zwischen 1,34 und 2,08 große Feldstärken auf, während den Netzwerkwandlern mit 0,13 bis 0,35 nur geringe Feldstärken eigen sind. Bei dem bereits erwähnten Einbau von Natriumoxid in ein Kieselglasnetzwerk versuchen sich Silicium- und Natriumionen entsprechend ihrer KZ maximal mit Sauerstoff abzusättigen. Dabei entreißt das Siliciumion wegen seiner höheren Feldstärke dem Natriumion den

Tab. 2.12 Feldstärke und Funktion einiger Kationen (r_K Kationenradius in 10^{-10} m; r_0 Kationen-Anionen-Abstand in 10^{-10} m).

Kation	KZ	r_K	r_0	z/r_0^2	Funktion
P^{5+}	4	0,34	1,55	2,08	Netzwerkbildner
Si^{4+}	4	0,39	1,60	4,56	–
Ge^{4+}	4	0,44	1,66	1,45	–
B^{3+}	3	0,20	1,36	1,66	–
–	4	–	1,50	1,34	–
Al^{3+}	4	0,57	1,77	0,96	Zwischenionen
–	6	–	1,89	0,84	–
Zn^{2+}	4	0,83	2,03	0,59	–
–	6	–	2,15	0,52	–
Mg^{2+}	4	0,78	1,97	0,51	–
–	6	–	2,10	0,45	–
Ca^{2+}	6	1,06	2,38	0,35	Netzwerkwandler
–	8	–	2,48	0,33	–
Li^{1+}	6	0,78	2,10	0,23	–
Na^{1+}	6	0,98	2,30	0,19	–
K^{1+}	8	1,33	2,66	0,13	–
–	–	–	–	–	–

Sauerstoff. Infolge des Aufbrechens einer Sauerstoffbrückenbindung können die daran beteiligten beiden Siliciumionen je eine Ecke ihres Koordinationstetraeders mit einem von ihnen allein genutzten Sauerstoffion besetzen und ihrem Abschirmbestreben besser entsprechen.

Die Ionen sind keine starren Teilchen bestimmter Form und Ladung, die untereinander konstante Bindungsverhältnisse eingehen. Nach der *Abschirmtheorie* von *Weyl* (Screeningtheorie) kommt es als Folge von Wechselbeziehungen der Ionen untereinander zu einer von Größe und Ladung der Partner abhängigen Deformation und Verschiebung der Ladungsschwerpunkte, die sich auch auf die Bindungsstärke auswirken. Die kleinen und hochgeladenen Kationen üben auf die großen Anionen eine starke Wechselwirkung aus, sodass Letztere polarisiert werden und eine beträchtliche Deformation erleiden. Die Kationen sind bestrebt, sich vollständig durch Anionen nach außen abzuschirmen, woraus die symmetrische Anordnung der Anionen um das Kation resultiert. Die Zahl der zur Abschirmung benötigten Anionen hängt von der Größe und Ladung der Kationen sowie von der Polarisation der Anionen ab und drückt sich in der KZ aus. Erlaubt es die Stoffzusammensetzung nicht, ein hohes Abschirmbedürfnis der Kationen in einem Strukturelement allein zu befriedigen, dann werden dafür auch Anionen benachbarter Strukturelemente in Anspruch genommen und so die Stoffbausteine, wie es bei den silicatischen Gläsern geschieht, miteinander verknüpft (Polymerisation).

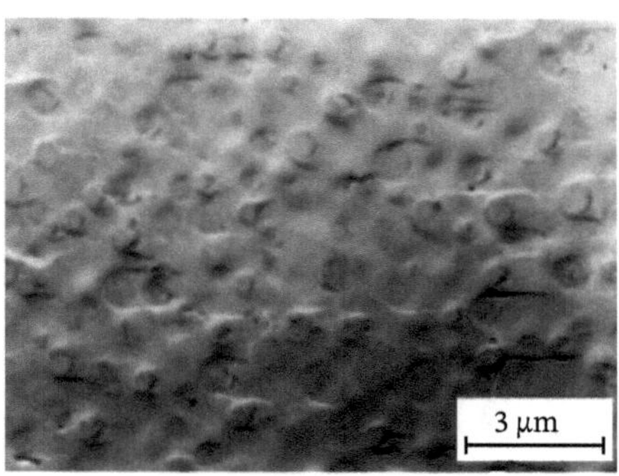

Bild 2.101 Glas mit tropfenförmigen Entmischungsbezirken (elektronenmikroskopische Aufnahme nach *W. Vogel*).

Die Netzwerktheorie geht in ihrer ursprünglichen Form von einer völlig gleichmäßigen Verteilung der in das Netzwerk eingebrachten Wandler und einer auch im Mikrobereich homogenen Struktur aus. Erst später wurden strukturelle Diskontinuitäten und schwammartige Aggregationen der Wandler im Netzwerk angenommen, die sich aufgrund unterschiedlicher Oberflächenspannungen ergeben (*A. Dietzel* ab 1938). Danach liegt eine mikroheterogene Struktur vor, die dadurch gekennzeichnet ist, dass auch scheinbar homogene und tyndalleffektfreie Gläser tröpfchenförmige Entmischungsbezirke enthalten, die sich hinsichtlich ihrer chemischen Zusammensetzung und ihres Verhaltens deutlich von der umgebenden Matrix abheben. Wie *Vogel* zeigen konnte (Bild 2.101), sind diese *Mikrophasen* nicht durch statistisch bedingte Änderungen der Zusammensetzung, sondern im Streben, die Zusammensetzung einer definierten chemischen Verbindung anzunehmen, entstanden. Die damit verbundene Abnahme der freien Energie des Systems begünstigt den Ablauf des Entmischungsvorganges und die gleichzeitige Bildung von Phasengrenzflächen (s. a. Abschn. 3.2.2).

Das Zellular- oder *Tröpfchenmodell* des Glases hat die Entwicklung der gegenwärtigen Glasforschung entscheidend beeinflusst. Da die tröpfchenförmigen Mikrophasen definierter Zusammensetzung bereits einen vorkristallinen Zustand darstellen, ist es möglich, über beeinflussbare Entmischungsvorgänge Kristallisationsprozesse gezielt auszulösen und zu steuern, indem die Kristallbildung z. B. auf die disperse Phase beschränkt bleibt. Weitere Strukturmodelle des Glases wie das Fehlordnungsmodell (mit Frenkel-Fehlordnungen übersättigte Struktur), die Strukturtheorie von *Huggins* und die Vitronentheorie von *Tilton* sollen nur genannt werden [22]. Ihnen allen ist gemeinsam, dass sie keine grundsätzlich neuen Aussagen enthalten und nicht die umfassende Bedeutung erlangt haben wie die modifizierte Netzwerktheorie unter Einbeziehung der Mikrophasenerscheinungen.

2.2.3 Struktur amorpher Polymere

Die amorphe Struktur *unvernetzter Polymere* ist durch eine aus der Schmelze erhalten gebliebene regellose Verteilung der wirr verknäuelten und durch zwischenmolekulare Wechselwirkungskräfte (Abschn. 2.1.10.2) zusammengehaltenen Makromoleküle gekennzeichnet, wobei entweder eine *Filzstruktur* mit vollständiger Knäueldurchdringung (Bild 2.102a) oder eine *Zellstruktur* mit partieller Knäueldurchdringung (so genanntes *Vollmert-Stutz*-Modell) (Bild 2.102b) angenommen wird. Während bei der Filzstruktur die

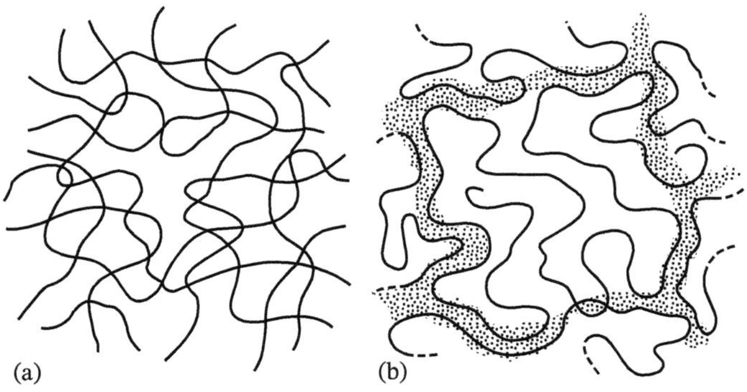

Bild 2.102 Schematische Darstellung der Struktur unvernetzter Polymere. (a) Filzstruktur; (b) Zellstruktur.

einzelnen Fadenmoleküle individuell nicht mehr unterschieden werden können, behalten sie im Falle der Zellstruktur ihre Individualität weitgehend bei, da sie sich lediglich in den Randzonen der Zelle geringfügig überlagern.

Wegen der schlechten Wärmeleitfähigkeit der Polymere ist es aber oft nicht möglich, bei der Abkühlung aus der Schmelze eine Kristallisation völlig zu unterdrücken. Es sind dann kleinste kristalline Bereiche in eine amorphe Grundmasse eingebettet (s. Bild 3.21). Ein völlig amorpher polymerer Werkstoff müsste etwa 65 % der Dichte eines vollkommen kristallinen Polymers aufweisen. Experimentell wurden aber Werte von 83 bis 95 % ermittelt, womit die Annahme nahgeordneter Bereiche innerhalb der Filz- oder Zellstruktur gerechtfertigt erscheint.

Außerdem können die Molekülfäden miteinander verschlauft und bei Elastomeren und Duromeren sogar durch Hauptvalenzen miteinander vernetzt sein (Bild 2.103). Das bedingt, dass sich solche Strukturen im Zustand der unterkühlten Schmelze, wo die Moleküle mikrobrownsche Bewegungen ausführen, entropieelastisch bzw. kautschukelastisch verhalten können (s. a. Abschn. 9.1.2). Bei starker Verformung werden die Molekülfäden bzw. das Molekülnetzwerk mehr oder weniger ausgerichtet (Bild 9.2), was einem Zustand größerer Ordnung (und damit kleinerer Entropie) gleichkommt. Dabei kann vorübergehend oder bleibend die infolge Unterkühlung unterdrückte Kristallisation nachgeholt werden. Unterhalb der Einfriertemperatur, d. h. bei eingefrorener mikrobrownscher Bewegung, liegt nur noch Energieelastizität vor. In diesem Fall zeigt der Festkörper bei gleichzeitig erhöhter Festigkeit ein sprödelastisches Verhalten. Wegen der hohen Viskosität

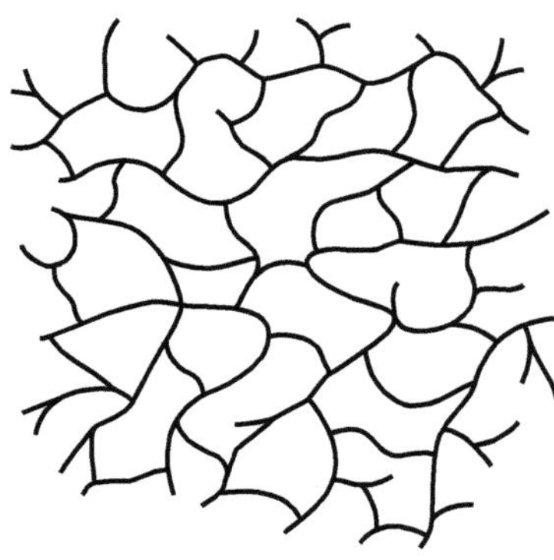

Bild 2.103 Schematische Darstellung der Struktur vernetzter Polymere.

von > 10^{12} Pa · s (= 10^{13} Poise) können die Moleküle des polymeren Werkstoffs keine Platzwechsel mehr ausführen.

Allgemein gilt für die verschiedenen organischen polymeren Werkstoffe, dass Thermoplaste amorph oder teilkristallin sein können, *Elastomere* vorwiegend amorph und seltener teilkristallin sind und *Duromere* eine röntgenamorphe Netzstruktur aufweisen.

2.2.4 Strukturmodelle amorpher Metalle

2.2.4.1 Strukturmodelle von schnellerstarrten amorphen Metallen

Für amorphe Metalle und amorphe metallische Legierungen werden mehrere Strukturmodelle diskutiert, von denen die nachfolgend erörterten die gegenwärtig am meisten anerkannten Modellvorstellungen sind.

Wesentliche Struktureigenschaften amorpher Metalle können relativ einheitlich mithilfe des von Bernal [32,33] simulierten Modells einer dichtesten regellosen Packung harter Kugeln DRPHS (*D*ense *R*andom *P*acking of *H*ard *S*pheres) beschrieben und interpretiert werden, unabhängig davon, wie diese Metalle hergestellt worden sind. Die DRPHS lässt sich als ein Ensemble von verschiedenen Polyedern (Tetraedern, Oktaedern usw., Bild 2.104) darstellen, in dem als Grundform und häufigste Anordnung (86 %) der Tetraeder vorkommt. Denkt man sich die harten Kugeln durch Metallatome ersetzt, so ergeben sich innerhalb der in der Struktur zufällig verteilten verschiedenen Tetraeder-Aggregate (beispielsweise c, d und e im Bild 2.104) größere Hohlräume. In ihnen können auch kleinere Metalloidatome wie P oder B, wenn sie bestimmte kristallchemische Werte erfüllen, Platz finden. Es wurde errechnet, dass zur Auffüllung aller dafür in Betracht kommenden Hohlräume des DRPHS-Modells etwa 21 At.-% Metalloidatome benötigt werden. Das erklärt auch, weshalb bei etwa 20 At.-% Metalloid-Anteil in den meisten sowohl zwei- als auch mehrkomponentigen Metall-Metalloid-Systemen (s. Abschn. 3.2.3 und 10.6.3) die amorphe Erstarrung besonders begünstigt verläuft und die thermisch beständigsten amorphen Metalle erhalten werden.

Ein anderes Strukturmodell nimmt für die amorphen Metalle eine mikrokristalline Struktur an. Es stützt sich auf die Tatsache, dass sich die mittlere Kristallitgröße beim Abschrecken aus der Schmelze mit zunehmender Abkühlgeschwindigkeit oder bei der

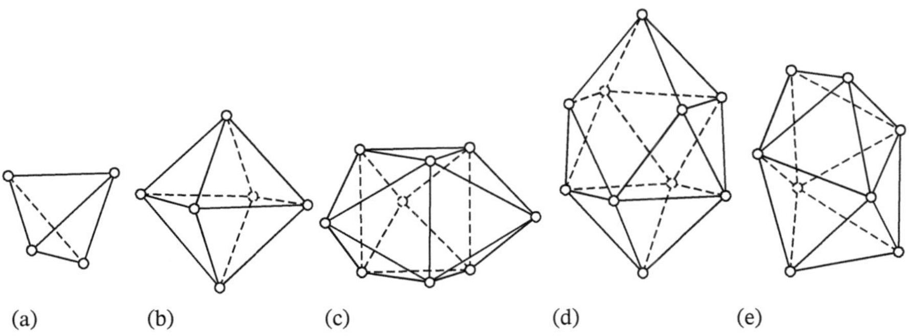

Bild 2.104 Schematische Darstellung verschiedener denkbarer Hohlraumformen in amorph erstarrten Metallen, die gemäß dem DRPHS-Modell durch unterschiedliche Verknüpfungen von Tetraedern entstehen können.

Abscheidung aus der Gasphase mit abnehmender Substrattemperatur kontinuierlich verringert. Die amorphe Erstarrung wird daher als Grenzfall mit einer extrem hohen Keimbildungs- und einer gegen null gehenden Kristallwachstumsrate angesehen. Die entstehenden Mikrokristallite setzen sich aus nur wenigen Elementarzellen zusammen und haben Abmessungen, die in der Größenordnung von einigen nm liegen. Dieses Modell lässt eine befriedigende Interpretation der nach dem Abschrecken hochschmelzender Übergangsmetall-Legierungen beobachteten Struktureigenschaften zu. Jedoch steht es häufig nicht mit den Ergebnissen elektronenmikroskopischer Untersuchungen der Kristallisation amorph erstarrter Legierungen in Einklang, die statt einer zu erwartenden kontinuierlichen Vergröberung mikrokristalliner Bereiche eine diskontinuierliche Keimbildung einzelner Kristallite ausweisen.

Röntgenographische Untersuchungen an amorphen Metallen und Legierungen (z. B. $Ni_{60}Fe_{20}P_{13}C_7$) haben ergeben, dass die Verteilungsfunktion $W(r)$ eine Form aufweist, die der dargestellten grundsätzlich entspricht, d. h., solche Metalle sind röntgenamorph (s. a. Bilder 10.55 und 10.57).

2.2.4.2 Strukturmodelle von metallischen Nanogläsern

Nanogläser sind neue Materialien, zu deren Erforschung und Entwicklung H. Gleiter und Mitarbeiter einen wesentlichen Beitrag geleistet haben [23]. Wegen der denkbar großen Zahl von Legierungssystemen, die für ihre Herstellung in Betracht kommen, ihren neuartigen mechanischen, physikalischen, chemischen und biologischen Eigenschaften, gepaart mit modernen Fertigungsverfahren, sind sie von hohem Interesse. Diese Materialien bilden im Nanometermaßstab Glas-Glas-Grenzflächen und werden deshalb als Nanogläser bezeichnet. Auf Grund ihrer Atomstruktur und damit auch der elektronischen Struktur der Grenzflächen stellen Nanogläser eine neue Klasse von Materialien mit neuartigen Eigenschaften dar. Durch extreme physikalische und chemische Prozessparameter unterscheiden sie sich grundsätzlich in ihrem amorphen Ordnungszustand auf der Nanometerskala (Bilder 2.105g und 2.105h) von amorphen Metallen, die durch eine Schnellerstarrung aus einer Metallschmelze (Bild 2.105f) erzeugt werden.

Bislang wurden in der Mehrzahl Zwei- und Mehrstoffsysteme vorgestellt, die mit Hilfe der Sputtertechnik, Inertgas-Kondensation oder extremer plastische Umformung hergestellt worden sind. Unterzieht man diese Legierungssysteme einer kritischen Betrachtung, dann fällt auf, dass es sich vorrangig um Systeme handelt, die im Gleichgewichtzustand Eutektika (s. Kap. 5.3.2) sowie intermetallische Phasen bilden. Einige von den zuletzt genannten sind Laves-Phasen vom Typ $MgZn_2$. Eine Elementarzelle dieser Phase für das Legierungssystem Eisen-Scandium zeigt Bild 2.106a für eine α–Fe_2Sc-Phase. In dieser mit blauen Pfeilen markierten Bereich in Bild 2.106 a ordnen sich die Eisenatome kettenförmig einlagig an und werden in dieser Lage von Scandium-Atomen umsäumt. Es liegt daher der Gedanke nahe, dass diese oder ähnliche atomare Anordnungen strukturgebend für die Glas-Glas-Grenzflächenbildung sein könnten. Dieser Hypothese folgt das schematische Bild 2.106b. Die Elementarzelle selber oder auch denkbar verkleinerte oder vergrößerte Aggregate (s. auch Kap. 2.2.4) von ihnen dienen als Keime in der amorphen Zwischenschicht. Sie gehen Bindungen miteinander ein und führen wegen eingeschränkter Diffusion zu Verkippungen

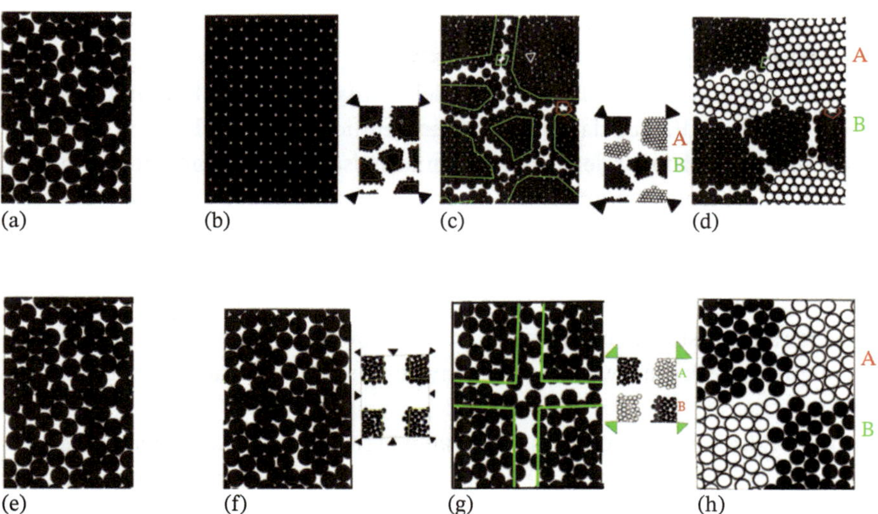

Bild 2.105 Analogie zwischen den Ordnungsstrukturen in amorphen Metallen, erzeugt durch Schnellerstarrung von Metallschmelzen, und metallischen Nanogläsern: (a) Schmelze von identischen Atomen; (b) Einkristall; (c) Defektmikrostruktur und (d) chemische Mikrostruktur von nanokristallinen Materialien; (e) Metallschmelze und (f) Nanostruktur einer schnellerstarrten Metallschmelze; (g) Defektmikrostruktur und (h) chemische Mikrostruktur von Nanogläsern [23].

gegeneinander. Eine kristalline Struktur kann deshalb nicht entstehen. Diese Bereiche sind nicht strukturlos und haben eine Nahordnung.

Eine Diffusion von einzelnen Atomen ist denkbar und partiell möglich. Je nach den Herstellungsbedingungen können in amorphen Fe_2Sc-Phasen demnach einzelne Keime oder Strukturen mit Nah- oder Fernordnung entstehen.

Umfangreich experimentelle Ergebnisse zur Entwicklung der Defektzustände in Nanogläsern konnten mit einer Kombination von energiedispersiver Röntgenspektroskopie (EDX) und Elektronenenergieverlust-Spektroskopie (EELS), mit hochauflösender Rastertransmissions-Elektronenmikroskopie (HRSTEM), mit energiegefilterter TEM (EFTEM) sowie mit Kleinwinkel-Röntgenstreuung (SAXS) gewonnen werden [24]. Dabei konnten signifikante Unterschiede zwischen den Ordnungszuständen und deren Relaxationsverhalten in den kompakteren zentralen amorphen Bereichen und den amorphen Zwischenschichten für unterschiedlichste chemische Zusammensetzungen beobachtet werden. Die Durchmesser der kompakten zentralen amorphen Bereiche liegen typischerweise

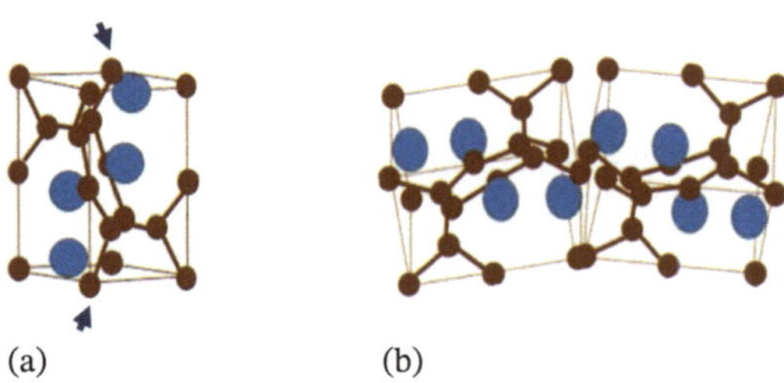

Bild 2.106 (a) Schematische Darstellung der α-Fe2Sc-Laves-Phase sowie (b) eines relaxierten Kristallgitters in einem nanokristallinen Keim (braun-Fe, blau-Sc) [5].

im Bereich von 7 nm bis 15 nm, während für die amorphen Zwischenschichten Dicken $d \leq 2$ nm gemessen werden.

Diese Ergebnisse bildeten die Basis für molekulardynamische Modellrechnungen (MD). In Bild 2.107 sind die sich dabei ergebenden deutlichen Unterschiede in der strukturellen Nahordnung und den freien Atomvolumina zwischen den kompakten Bereichen und den Zwischenschichten zu erkennen. In den kompakten Bereichen stellt sich nur eine kurzreichweitige Nahordnung (KRO) ein, während in der Zwischenschicht zusätzliche geordnete Cluster (MRO) mit einem mittleren Durchmesser von etwa 2–3 d auf. Die Dichte der kompakten amorphen Bereiche weicht nur um etwa 0,3–1,0 % von der Dichte der entsprechenden kristallinen Phase ab. In den amorphen Zwischenschichten verursachen die größeren Porenstrukturen ein Anwachsen des Zwischenschichtvolumens um 1–2 % [25].

Die chemische Zusammensetzung des kompakten Bereiches ist verschieden von derjenigen der Zwischenschicht. Vielmehr ist sie ähnlich zu der von schnellerstarrten Schmelzen. Die Elektronendichte in der Zwischenschicht ist im Vergleich zu derjenigen im kompakten Bereich reduziert.

Das beobachtete extra große freie Atomvolumen entsteht während der Verdichtung amorpher Nanogläser von einem Ausgangszustand NG1 in den stabilen Endzustand NG2 im Herstellungsprozess. Dabei relaxiert insbesondere die amorphe Zwischenschicht in eine energetisch günstigere Struktur, ohne dass es zur Kristallisation kommt. Vielmehr kann das Entstehen von Disklinationen im amorphen Gefüge zu lokalen plastischen Verformungen im Nanometerbereich führen [25]. Dieser Prozess führt zu einer Abnahme der Freien Energie (Bild 2.108).

Im Folgenden werden zwei metallische Gläser aus dem Zweistoffsystem Eisen-Scandium vorgestellt, die sich nahe eutektischer Zusammensetzungen befinden. Wie in Kap. 5.3.2 noch

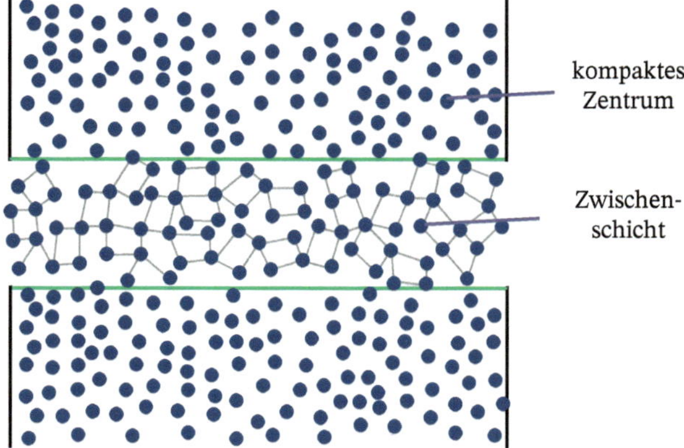

Bild 2.107 Schematische Darstellung der Nanoglas-Struktur auf der Grundlage einer MD-Modellierung: Zwei Glasregionen – charakterisiert durch eine kurzreichweitige Nahordnung (KRO) und keine langreichweitige Ordnung (LRO) oder Ordnung mit mittlerer Reichweite (MRO) sowie durch ein kleines mittleres freies Atomvolumen; die Zwischenschicht – charakterisiert durch eine kurzreichweitige Nahordnung (KRO) und eine Ordnung mit mittlerer Reichweite (MRO), keine langreichweitige Ordnung (LRO), viele kleine freie Atomvolumina und wenige extrem große freie Atomvolumina [24].

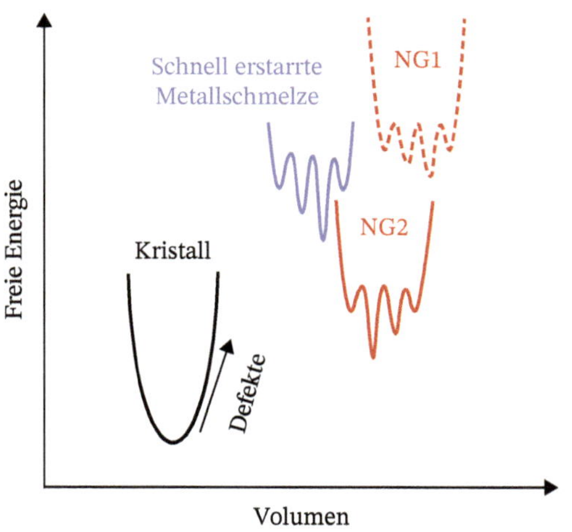

Bild 2.108 Schematische Darstellung der Änderung der Freien Energie eines kristallinen Materials, einer schnell erstarrten Metallschmelze und zweier Nanogläser NG1 und NG2 bei einer Materialverdichtung. In Nanoglas NG1 kann bei einer Verdichtung im Herstellungsprozess durch eine nanoplastische Umformung, bedingt durch Disklinationsbewegungen in den Zwischenschichten, in eine stabilere amorphe Struktur NG2 unter Abnahme der Freien Energie relaxieren [24].

näher ausgeführt, zeichnen sich diese durch den niedrigsten Schmelzpunkt des Legierungssystems im Vergleich zu den reinen Metallen aus. Diese Eigenschaft wird nicht zuletzt aus ökonomischen Gründen in der Technik weitreichend genutzt. Die im Fe–Sc-Legierungssystem um 300°–400 °C niedrigeren Schmelztemperaturen gegenüber den reinen Metallen begünstigen deshalb den Glaszustand. Berichtet wird über ausgewählte Eigenschaften von $Fe_{90}Sc_{10}$ und $Sc_{75}Fe_{25}$-Nanogläsern im Vergleich zum homogenen Glaszustand [23].

Im Bild 2.109 ist eine Aufnahme des Nanoglas-Gefüges einer $Fe_{90}Sc_{10}$-Legierung dargestellt, welche mithilfe der Rastertunnelmikroskopie (RTM) im Konstant-Strom-Modus gewonnen wurde. Im Vergleich zu kristallinen Nanolegierungen bilden die Atome keine ausgedehnten Netzebenen. Die linienförmigen Bereiche zwischen den nahgeordneten Volumina spiegeln die Glas-Glas-Grenzen wider [26].

Die Weitwinkel-Röntgenbeugungen von $Fe_{90}Sc_{10}$ eines schmelzgesponnenen Bandes und eines Nanoglases weisen für große Streuvektoren keine signifikanten Unterschiede auf (Bild 2.110) [28].

Die Mößbauer-Spektren (gemessen bei 295 K) von einem $Fe_{90}Sc_{10}$-Nanoglas im Vergleich mit denjenigen einer aus der Schmelze abgekühlten Legierung in Bandform bzw.

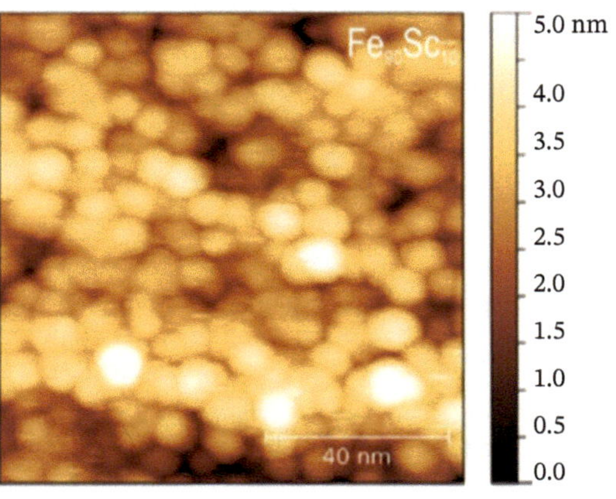

Bild 2.109 Rastertunnelmikroskopie – Aufnahme von einer polierten Oberfächerfläche eines $Fe_{90}Sc_{10}$ Nanoglases [27].

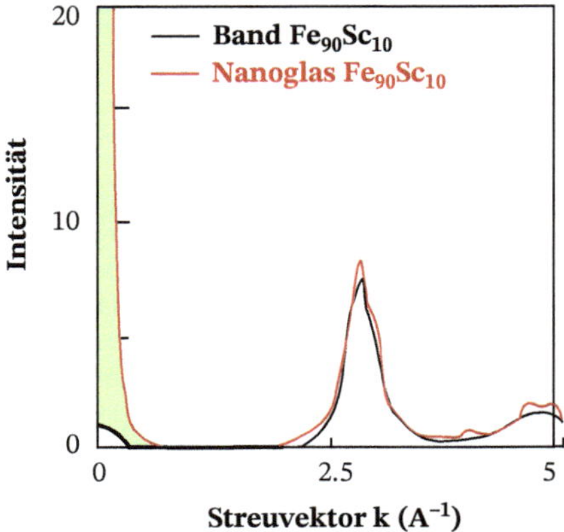

Bild 2.110 Weitwinkel-Röntgenbeugung von $Fe_{90}Sc_{10}$ eines schmelzgesponnenen Bandes und eines Nanoglases mit gleicher chemischer Zusammensetzung [28].

eines Pulvers gleicher Zusammensetzung zeigen, dass in der Band- und Pulverform ein paramagnetischer Zustand vorliegt (identisches Einzellinienspektrum). Das Spektrum des Nanoglases kann in eine paramagnetische Komponente (blaue Linie) und eine ferromagnetische Komponente (rote Linie) zerlegt werden. Diese zwei Komponenten sind der amorphen Partikelphase bzw. der Zwischenschichtphase zuzuordnen (Bild 2.111). Im Bild 2.112 sind die zugeordneten Magnetisierungskurven einer $Fe_{90}Sc_{10}$-Legierung für ein Nanoglas (rot) im Vergleich zu einem aus der Schmelze abgekühlten Band (grün) bei 300 K dargestellt [27].

Ebenso wie das magnetische Verhalten ändert sich auch das mechanische Verhalten eines Nanoglases markant gegenüber demjenigen eines eingefrorenen Glaszustandes einer Metallschmelze. Als Beispiel sollen die Nanogläser mit einer Zusammensetzung $Fe_{75}Sc_{25}$ sowie $Cu_{64}Zr_{36}$ dienen (Bilder 2.113, 2.114, 2.115).

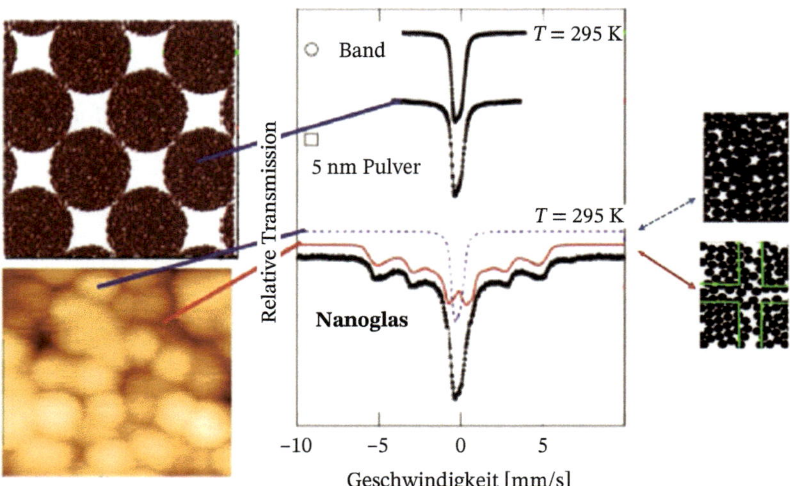

Bild 2.111 Mößbauer-Spektren, gemessen bei 295 K, von einem $Fe_{90}Sc_{10}$-Nanoglas im Vergleich zu einer aus der Schmelze abgekühlten Legierung in Band- und Pulverform gleicher Zusammensetzung [27].

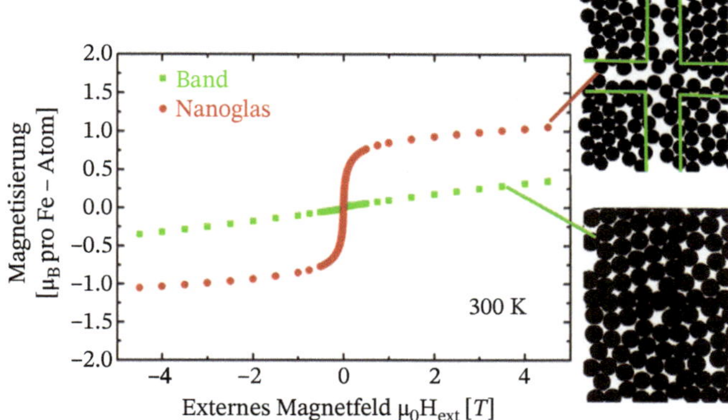

Bild 2.112 Magnetisierungskurven einer $Fe_{90}Sc_{10}$-Legierung für ein Nanoglas (rot) im Vergleich zu einem aus der Schmelze abgekühlten Band (grün) bei 300 K [28].

Das aus einer Schmelze erstarrte amorphe Metallband weist eine sehr geringe plastische Dehnung auf. Das deutlich duktilere Verhalten des Nanoglases ist überraschend. Gleiter *et al.* erklären es mit einer intensiven Scherbandbildung, homogen verteilt über große Bereiche im Nanoglas [23].

Unterstützt wird diese Vorstellung durch eine Modellierung des Verformungsverhaltens einer amorphen $Cu_{64}Zr_{36}$-Legierung in Abhängigkeit von Nanoporen mit einem Durchmesser im Bereich von 1,3–18 nm sowie einem Volumenanteil im Bereich von 3–6 % von Sopu *et al.* [29]. In einer einachsig mit einer Zugspannung belasteten Probe kommt es mit zunehmender Dichte von Nanoporen zu einem Übergang von einer lokalisierten Scherband-Instabilität zur Ausbildung einer homogenen plastischen Einschnürung infolge einer Vielzahl von miteinander wechselwirkenden Scherbändern (Bild 2.114a). Dabei nimmt die technische Dehnung ε zum Erreichen einzelner stabiler Scherbänder im Probenquerschnitt mit wachsender Nanoporengröße ab (Bild 2.114b).

In gleicher Weise gilt diese Abhängigkeit der Scherbandinstabilität und des Übergangs zu einer homogenen plastischen Einschnürung bei Variation der Korngröße im Bereich von 4–16 nm [31]. Mit einer molekulardynamischen Simulation konnte gezeigt werden, dass sich in den duktileren Grenzschichten der amorphen Körner die embryonalen Scherbänder ausbilden, da sich dort die topologische Ordnung der atomaren Cluster und das

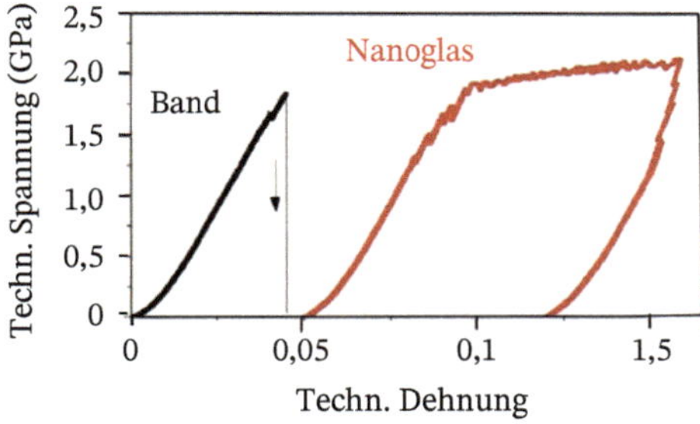

Bild 2.113 Vergleich von Spannung-Dehnung-Diagrammen von Proben eines aus einer Schmelze erstarrten amorphen Bandes und eines Nanoglases einer $Sc_{25}Fe_{75}$ Legierung, gemessen in einachsigen Zugversuchen [29].

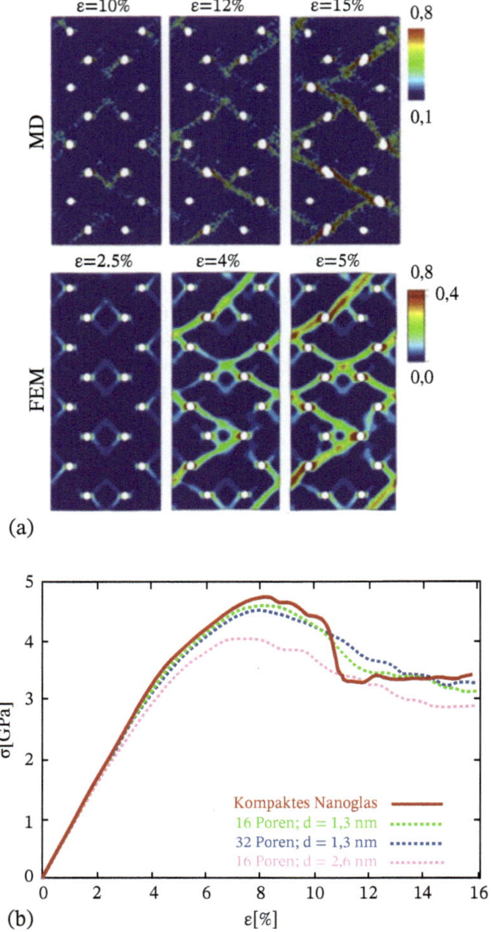

Bild 2.114 Modellierung einer einachsigen Zugspannungs-Belastung von Nanogläsern aus chemisch identischen $Cu_{64}Zr_{36}$ Legierungen: (a) Lokale Dehnungsverteilung in Abhängigkeit von der Porenverteilung und der technischen Dehnung ε. Die lokale Dehnungsverteilung bei vorgegebener Dichteverteilung und Nanoporengröße (2,6 nm) wurde mittels einer Kombination einer molekulardynamischen Simulation (MD) der atomaren Wechselwirkungsenergie mit einem Finite Elemente-Model (FEM) der elastisch-plastischen Verformung berechnet. Mit zunehmender Dichte von Nanoporen kommt es zu einem Übergang von einer lokalisierten Scherband-Instabilität zur Ausbildung einer homogenen plastischen Einschnürung infolge einer Vielzahl von miteinander wechselwirkender Scherbändern; (b) Spannungs-Dehnungs-Diagramme für Nanogläser bei lokalisierter Scherband-Instabilität für unterschiedliche Nanoporengeometrie (d/s = Nanoporen-durchmesser/ Nanoporenabstand); Dehnungsrate $4 \times 10^7\ s^{-1}$ [30].

freie Atomvolumen wesentlich von denjenigen der amorphen Körner unterscheidet. Große Korngrößen führen bereits bei einer kleinen technischen Dehnung (ε = 8 %) zu einzelnen ausgedehnten Scherbändern, während bei kleinen Korngrößen und im kompakten Nanoglas (KNG) die Wechselwirkung von zahlreichen Scherbändern bei ε = 16 % eine homogene Umformung und Einschnürung der Makroprobe verursacht (Bild 2.115a). Im KNG treten neben einem dominierenden Scherband periodisch dazu angeordnete sekundäre Scherbänder auf.

Die wenigen ausgewählten Beispiele machen deutlich, wie groß das Potenzial von Nanogläsern für künftige Werkstoffentwicklungen ist. Die nahgeordneten Strukturen in der Grenzfläche bestimmen die Materialeigenschaft und ermöglichen die vorbedachte Einstellung von Eigenschaften. Damit eröffnet sich ein völlig neuer Weg für Werkstoffentwicklungen, für die eine große Zahl von Legierungssystemen zur Verfügung steht.

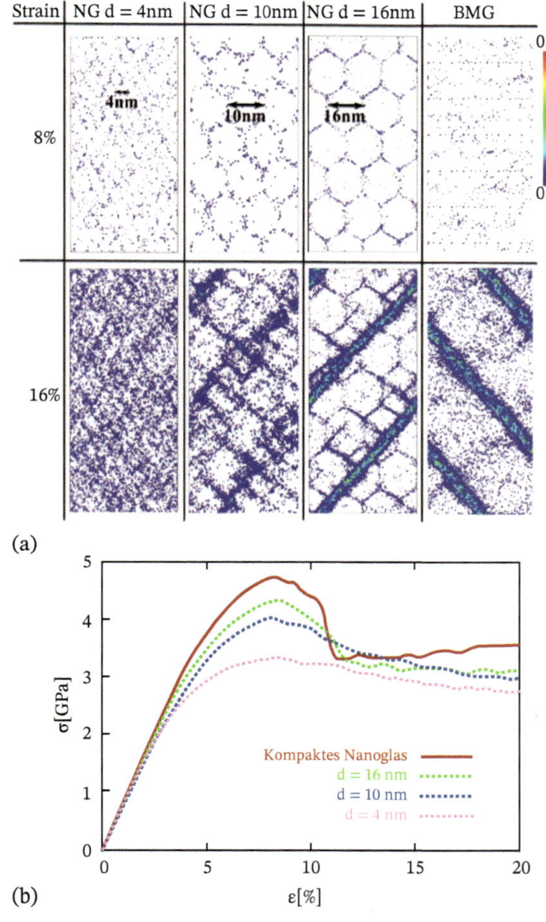

Bild 2.115 Modellierung einer einachsigen Zugspannungs-Belastung von Nanogläsern aus chemisch identischen $Cu_{64}Zr_{36}$ Legierungen: (a) Lokale atomare Scherdehnungsverteilung in Abhängigkeit von den Korngrößen und der technischen Dehnung ε. Die lokale Dehnungsverteilung bei einer vorgegebenen Dichteverteilung und Nanoporengröße wurde mit einer molekulardynamischen Simulation (MD) berechnet. Mit zunehmender Korngröße (16 nm) kommt es zu einer lokalisierten Scherband-Instabilität, während bei den kleineren Korngrößen (4 nm und 10 nm) eine homogene plastische Einschnürung infolge einer Vielzahl von miteinander wechselwirkender Scherbändern resultiert; (b) Spannungs-Dehnungs-Diagramme für Nanogläser bei lokalisierter Scherband-Instabilität, verursacht durch unterschiedliche Korngrößen; Dehnungsrate $4 \times 10^7\ s^{-1}$ [31].

Literaturhinweise

1 Kittel, Ch. (1993). *Einführung in die Festkörperphysik.* 10. verb. Aufl. München/Wien: R. Oldenbourg-Verlag.

2 Wassermann, G. und Grewen, J. (1962). *Texturen metallischer Werkstoffe.* Berlin/Göttingen/Heidelberg: Springer-Verlag.

3 Gleiter, H. (1993). *Nordrhein-Westfälische Akademie der Wissenschaften, Vorträge N 400.* Westdeutscher Verlag.

4 Van Vlack, L.H. (1980). *Elements of Materials Sciences.* 4. Aufl. Massachusetts: Addison-Wesley Publishing Company Inc.

5 Schulze, G.E.R. (1974). *Metallphysik.* 2. Aufl. Berlin: Akademie-Verlag.

6 Petzold, A. (1991). *Physikalische Chemie der Silicate und nichtoxidischen Siliciumverbindungen.* 1. Aufl. Leipzig: Dt. Verlag für Grundstoffindustrie.

7 Elias, H.G. (1999). *Makromoleküle.* 6. Aufl. Basel/Heidelberg/New York: Hüthig & Wepf.

8 Ehrenstein, G.W. (1999). *Polymerwerkstoffe.* 2. Aufl. München/Wien: Carl-Hanser-Verlag.

9 Polymere Werkstoffe. Bd. 1 (1985). *Chemie und Physik* (Hrsg. H. BATZER). Stuttgart/New York: Georg-Thieme-Verlag.

10 WERNER, I.H. und STRUCK, H.P. (eds.) (1991). *Polycrystalline Semiconductors*. Berlin/Heidelberg/New York/London/Paris/Tokyo/Hong Kong/Barcelona/Budapest: Springer-Verlag.

11 Finnis, M.W. und Rühle, M. (1993). *Materials Science and Technology* Vol. 1 (eds. R.W. CAHN, P. HAASEN und E.I. KRAMER), 533. Weinheim: VCH Verlag.

12 Bellmann, W. (1970). *Crystal Defects and Crystalline Interfaces*. Berlin/Göttingen/Heidelberg: Springer-Verlag.

13 Sutton, A.P. und Vitek, V. (1982). *Phil. Trans. Roy. Soc.* 7309: 1–68.

14 Balluffi, R.W. und Bristowe, P.D. (1984). *Surf. Sci.* 144: 28.

15 Dhalenne, G., Dechamps, M. und Revcolevski, A. (1982). *Grain Boundaries in Semiconductors, MRS Symposium* 5: 13.

16 Fionova, L.K. und Artemyew, A.V. (1993). *Grain Boundaries in Metals and Semiconductors*. Lex Ulix: Les Editions de Physique.

17 Balluffi, R.W. und Olson, G.B. (1985). *Metall. Trans. A*. 16 A: 529.

18 Balluffi, R.W. (1982). *Metall. Trans. A*. 13 A: 2069.

19 Tschöpe, R. Birringer und Gleiter, H. (1992). *J. Appl. Phys.* 71: 5391.

20 Schatt, W. und Boiko, J.I. (1991). *Z. Metallde.* 82: 527.

21 Lichtenstein, L., Heyde, M. und Freude, H.J. (2012). „Atomic arrangement in two-dimensional Silica: From crystalline to vitreous structures". *J. Phys. Chem. C*. 116 (38): 20426–20432.

22 Scholze, H. (1988). *Glas*. 3. Aufl. Berlin/Heidelberg/New York: Springer-Verlag.

23 Gleiter, H. (2013). *Beilstein J. Nanotechnol.* 4: 517–533.

24 Ivanisenko, Y., Kübel, C.H., Nadandam, S.H. et al. (2018). *Adv. Eng. Mater.* 20: 1800404.

25 Liu, B.X., Shang, C.H. und Li, H.D. (1991). *J. Phys.: Condens. Matter* 3: 5769.

26 Ritter, Y., Sopu, D., Geiter, H. et al. (2011). *Acta Materialia* 59: 6588.

27 Witte, R., Feng, T., Fang, J.X. et al. (2013). *Appl. Phys. Lett.* 103: 073106.

28 Fang, J.X., Vainio, U. Puff, W. (2012). *Nano Lett.* 12: 458–463.

29 Fang, J.X., Wang, X.L., Wang, D. et al. (unveröffentl.) Ergebnis.

30 Sopu, D., Soyarslan, C., Sarca, B. et al. (2016). *Acta Materialia* 106: 199–207.

31 Sopu, D. und Alb, K. (2015). *Beilstein J. Nanotechnol.* 6: 537–545.

32 Bernal, J.D. (1960). *Nature* 185: 68–70; Bernal, J.D. (1964). *Proc. Roy. Soc* A 280: 299.

33 Gaskell, P.H. (2005). *Models for the Structure of Amorphous Metals*. Topics in Applied Physics 53: 5. Berlin/Heidelberg: Springer-Verlag.

34 Haasen, P. (1994). *Physikalische Metallkunde*. Heidelberg: Springer Berlin.

3
Übergänge in den festen Zustand

Die meisten technisch nutzbaren Eigenschaften der Werkstoffe sind an den festen Zustand geknüpft. Ihm kommt daher als Gebrauchszustand die weitaus größte Bedeutung zu. Die wenigsten Werkstoffe findet man in der Natur in der Verwendungsform vor. Sie müssen erst durch Verfahren gewonnen werden, bei denen sie einen anderen Aggregatzustand durchlaufen. Das trifft vor allem beim Erschmelzen der Metalle und Gläser und bei der Synthese von Polymeren zu. Auch beim Urformen durch Gießen wird der Werkstoff zunächst in den schmelzflüssigen Zustand gebracht. Das Abscheiden aus der Gas- oder Dampfphase spielt insbesondere bei der Herstellung elektronischer Bauelemente sowie von Beschichtungen eine wichtige Rolle. Grundsätzlich lassen sich alle festen Stoffe durch Energiezufuhr in den flüssigen und schließlich in den gasförmigen Aggregatzustand überführen. Ausnahmen bilden solche Stoffe, die sich vor Erreichen der Umwandlungstemperatur zersetzen oder Reaktionsprodukte bilden. So kann z. B. ein Teil der Polymere zwar verflüssigt (Thermoplaste), aber nicht in den gasförmigen Zustand versetzt werden.

Der *feste Zustand* ist durch starke Wechselwirkungen zwischen den Ionen, Atomen oder Molekülen gekennzeichnet. Die potenzielle Wechselwirkungsenergie der Bausteine überwiegt gegenüber ihrer kinetischen Energie. Mit steigender Temperatur nehmen die Schwingungen der Teilchen um ihre Gleichgewichtslagen jedoch zu. Damit wird auch der Anteil der kinetischen Energie an der inneren Energie des Stoffes erhöht. Die *innere Energie U* umfasst die Gesamtenergie eines Teilchensystems, das sind die inneratomaren oder innermolekularen Energien, die potentiellen Wechselwirkungsenergien und die kinetischen Energien aller Teilchen. Ausgehend von der allgemeinen Zustandsgleichung für die innere Energie $U = \mathrm{f}\,(T,V)$, ergibt sich die Energieänderung nach dem totalen Differenzial (Gl. 3.1).

$$\mathrm{d}U = \left(\frac{\partial U}{\partial T}\right)_{\mathrm{V}} \mathrm{d}T + \left(\frac{\partial U}{\partial V}\right)_{\mathrm{T}} \mathrm{d}V \tag{3.1}$$

Führt man einem reinen homogenen Stoff bei konstantem Volumen V thermische Energie in Form einer Wärmemenge $\mathrm{d}Q$ zu, so erhöht sich seine Temperatur. Wegen $\left(\frac{\mathrm{d}Q}{\mathrm{d}T}\right)_{\mathrm{V}} = \left(\frac{\partial U}{\partial T}\right)_{\mathrm{V}}$ bedeutet das eine äquivalente Erhöhung der inneren Energie.

Der partielle Differenzialquotient $\left(\frac{\partial U}{\partial T}\right)_{\mathrm{V}}$ entspricht, bezogen auf 1 Mol des Stoffes, der Molwärme C_{V}.

Schatt Werkstoffwissenschaft, 11. Auflage. Hartmut Worch, Wolfgang Pompe und Christoph Leyens.

Der 1. Hauptsatz der Thermodynamik besagt, dass die zugeführte Wärmemenge δQ zu einer Änderung der inneren Energie $\mathrm{d}U$ und zu einer Ausdehnungsarbeit $\mathrm{d}A = p\mathrm{d}V$ gegen einen äußeren Druck p führt.

$$\delta Q = \mathrm{d}U + p\mathrm{d}V \tag{3.1a}$$

Drückt man die zugeführte Wärmemenge nach dem 2. Hauptsatz der Thermodynamik durch die Entropieänderung $\delta Q \leq T\mathrm{d}S$ aus, so ergibt sich für die Änderung der inneren Energie

$$\mathrm{d}U \leq T\mathrm{d}S - p\mathrm{d}V \tag{3.1b}$$

wobei für das thermodynamische Gleichgewicht das Gleichheitszeichen gilt. In einem abgeschlossenen System ($\mathrm{d}S = 0$) mit konstantem Volumen ($\mathrm{d}V = 0$) strebt die innere Energie auf dem Weg zum Gleichgewicht einem Minimum zu ($\mathrm{d}U \leq 0$).

Für die Beschreibung von Vorgängen, die bei konstantem Druck p ablaufen, wie es beim Schmelzen und Legieren im Allgemeinen der Fall ist, wird eine weitere Energiegröße verwendet, die *Enthalpie H*. Sie ist in Gl. 3.2 definiert.

$$H = U pV \tag{3.2}$$

Analog zur inneren Energie ist der Temperaturkoeffizient der molaren Enthalpie $\left(\frac{\partial H}{\partial T}\right)_\mathrm{p}$ gleich der Molwärme C_p. Zustandsänderungen im festen Zustand sind meist mit nur geringen Änderungen des Volumens verbunden. Man kann für solche Vorgänge daher sowohl mit der inneren Energie als auch mit der Enthalpie rechnen, es gilt dann $\Delta U \approx \Delta H$.

Entsprechend Gl. 3.1b gilt für die Änderung der Enthalpie

$$\mathrm{d}H \leq T\mathrm{d}S + V\mathrm{d}p \tag{3.2a}$$

Prozesse, bei denen die Temperatur T und das Volumen V konstant gehalten werden, lassen sich am besten durch die *freie Energie F* beschreiben, die in der Form

$$F = U - TS \tag{3.2b}$$

definiert ist. Bei der Annäherung an einen Gleichgewichtszustand gilt dann

$$\mathrm{d}F \leq -S\mathrm{d}T - p\mathrm{d}V \tag{3.2c}$$

Die freie Energie strebt bei einem isothermen Prozess ($\mathrm{d}T = 0$) einem Minimum zu, wenn dabei zugleich das Volumen konstant gehalten wird ($\mathrm{d}V = 0$).

Bei Phasenumwandlungen, die gewöhnlich bei konstanter Temperatur und konstantem Druck ablaufen, ist die *freie Enthalpie G*

$$G = U - TS + pV \tag{3.2d}$$

die entsprechende Zustandsgröße. Für deren Änderung gilt bei Annäherung an einen Gleichgewichtszustand

$$\mathrm{d}G \leq -S\mathrm{d}T + V\mathrm{d}p \tag{3.2e}$$

Demnach nimmt die freie Enthalpie bei konstanter Temperatur und konstantem Druck ein Minimum ein. Wegen ihrer Bedeutung für die Beschreibung von thermodynamischen

Zustandsänderungen unter den verschiedenen Prozessbedingungen werden die vier Energiegrößen auch als *thermodynamische Potenziale* bezeichnet.

Sofern ein einkomponentiger kristalliner Festkörper seinen Strukturtyp nicht ändert, vergrößert sich die freie Enthalpie G_{fest} bei der Erwärmung bis zum Schmelzpunkt stetig. Am Schmelzpunkt T_S nimmt sie den gleichen Wert wie den der schmelzflüssigen Phase $G_{\text{flüssig}}$ an (Gl. 3.3).

$$\Delta G\,(T_S, p) = G_{\text{flüssig}}\,(T_S, p) - G_{\text{fest}}\,(T_S, p) = 0 \tag{3.3}$$

Zum Schmelzen nimmt der Stoff eine zusätzliche Wärmemenge auf, ohne dass die Temperatur zunächst weiter ansteigt. Diese Wärmemenge wird als *Schmelzwärme* oder als *Schmelzenthalpie* H_S bezeichnet. Mit dem Phasenwechsel geht eine sprunghafte Erhöhung des Wärmeinhalts einher. Mit Gl. 3.3 gilt für H_S

$$G\,(T_S, p) = H_S - T_S \cdot S = 0 \tag{3.3a}$$

Der *Schmelzpunkt* T_S eines reinen kristallinen Stoffes ist diejenige Temperatur, oberhalb der die regelmäßige Anordnung der Bausteine im Raum nicht mehr thermodynamisch stabil ist. Sie ist, wie auch jede andere Umwandlungstemperatur, vom Druck p abhängig. Die diesen Zusammenhang beschreibende Gl. 3.3b von *Clausius-Clapeyron* folgt unmittelbar aus der differentiellen Änderung der freien Enthalpien (Gl. 3.2e und Gl. 3.3) am Schmelzpunkt Gl. 3.4,

$$\mathrm{d}G\,(T_S, p) = -S \cdot \mathrm{d}T_S + V \cdot \mathrm{d}p = -(H_S/T_S) \cdot \mathrm{d}T_S + (V_{\text{flüssig}} - V_{\text{fest}}) \cdot \mathrm{d}p = 0 \tag{3.3b}$$

$$\frac{\mathrm{d}T_S}{\mathrm{d}p} = \frac{(V_{\text{flüssig}} - V_{\text{fest}})\; T_S}{H_S} \tag{3.4}$$

wobei für H_S die auf die Mengeneinheit bezogene Schmelzenthalpie und für $(V_{\text{flüssig}} - V_{\text{fest}})$ der Unterschied der Volumina von fester und flüssiger Phase gleicher Masse einzusetzen ist.

In der *Schmelze* sind die Bausteine nicht mehr an feste Plätze gebunden. Wie im festen Zustand führen sie Wärmeschwingungen aus, aber die Schwingungsmittelpunkte der Teilchen verschieben sich fortwährend in der Flüssigkeit. Diese Bewegung nimmt mit steigender Temperatur immer mehr zu. Die noch wirkenden Bindungskräfte reichen jedoch aus, um die Bausteine auch in der Schmelze relativ dicht gepackt und innerhalb kleiner Bereiche, so genannter Schwärme, ähnlich wie in Kristallen anzuordnen. Ein solcher Ordnungszustand besteht aber nur für die jeweils unmittelbare Nachbarschaft eines Bezugsbausteines, in weiterer Entfernung klingt er schnell ab.

Wie im Abschnitt 2.1.11 beschrieben wurde, ist in Kristallen bei jeder Temperatur eine bestimmte Fehlstellenkonzentration im thermodynamischen Gleichgewicht vorhanden, die mit steigender Temperatur exponentiell ansteigt. Der *schmelzflüssige Zustand* kann folglich auch als eine sehr stark fehlgeordnete Struktur charakterisiert werden. Deshalb ist mit dem Übergang vom festen zum flüssigen Aggregatzustand in der Regel eine Volumenzunahme verbunden. Bei einkomponentigen kristallinen Stoffen erfolgt diese Volumenzunahme wie der Phasenübergang unstetig. Die Volumenzunahme beträgt z. B. für Eisen 3 %, für Kupfer 4,4 % und für Aluminium 6,9 %. Beim Schmelzen von Wismut, Antimon, Indium und Gallium dagegen verringert sich das Volumen, da eine Änderung des Bindungscharakters eintritt. Abweichend von den anderen Metallen herrscht bei diesen im festen Zustand die kovalente Bindung vor, während in ihren Schmelzen die metallische Bindung mit höherer Packungsdichte dominiert (Abschn. 2.1.5). Bei kristallinen Polymeren ist mit dem Übergang in den Zustand der Schmelze stets eine erhebliche Volumenzunahme verbunden, die bei 10 bis 15 % liegt.

Kristalline Systeme, die aus mehreren Komponenten bestehen (Abschn. 5.3), wie auch amorphe Stoffe (Abschn. 3.2) haben keine definierte Schmelztemperatur. Sie schmelzen innerhalb eines Temperaturbereiches, in dem sich in dem Maße, wie mit der Erhöhung der Temperatur der Anteil der kristallinen Phase ab- und der der Schmelze zunimmt bzw. bei amorphen Strukturen die mikro- und die makrobrownsche Bewegung stärker werden, das Volumen stetig vergrößert.

Der *gasförmige Aggregatzustand* ist durch eine sehr große Intensität der Wärmebewegung gekennzeichnet. Damit die im flüssigen Zustand noch vorhandenen Bindungskräfte überwunden werden, muss am *Verdampfungspunkt* eine bedeutend größere Wärmemenge zugeführt werden, als zum Schmelzen notwendig war. Bezieht man die Schmelzenthalpie H_S auf die absolute Schmelztemperatur T_S und die Verdampfungsenthalpie H_V auf die absolute Verdampfungstemperatur T_V so erhält man – aufgrund der für isotherme Vorgänge sowie bei reversibel aufgenommener Wärmemenge $Q_{rev.}$ für die Entropieänderung geltenden Beziehung $\Delta S = \Delta Q_{rev.}/T$ und wegen $\Delta Q = \Delta H$ bei konstantem Druck – die Schmelzentropie S_S bzw. die Verdampfungsentropie S_V. Für die meisten Metalle gilt Gl. 3.5.

$$S_S = H_S/T_S \approx 10\ \mathrm{J\ K^{-1}\ mol^{-1}},\ S_V = H_V/T_V \approx 88\ \mathrm{J\ K^{-1}\ mol^{-1}} \tag{3.5}$$

Unter bestimmten Zustandsbedingungen, z. B. bei sehr niedrigen Drücken, können feste Stoffe in den gasförmigen Zustand übergehen, ohne den flüssigen Zustand zu durchlaufen. Man bezeichnet diesen Vorgang als *Sublimation*. Dabei muss dem Stoff die *Sublimationsenergie* zugeführt werden.

Das Maß für die Stärke der Bindungskräfte im Kristallgitter ist die *Gitterenergie*. Sie ist der Energiebetrag, der aufgewendet werden muss, um alle Gitterbausteine einer Einheitsmenge, z. B. eines Mols (molare Gitterenergie), aus ihrer im Kristall am absoluten Nullpunkt vorliegenden Anordnung unendlich weit voneinander zu entfernen. Je größer die Gitterenergie eines kristallinen Stoffes ist, desto mehr Energie muss aufgewendet werden, um ihn zum Schmelzen oder Sublimieren zu bringen. Deshalb schmelzen kristalline Polymere, deren makromolekulare Bausteine durch die schwächeren Restvalenzkräfte aneinander gebunden sind, bei niedrigen und Kristalle, in denen die starke metallische oder die kovalente Bindung vorherrscht, bei wesentlich höheren Temperaturen.

Im Bild 3.1 ist die Zunahme des Wärmeinhalts eines reinen kristallinen Stoffes beim Erhitzen bis über seinen Verdampfungspunkt schematisch dargestellt. Die von einem Stoff beim Schmelzen bzw. beim Verdampfen aufgenommenen Umwandlungswärmen führen nicht zu einem Temperaturanstieg, sondern vergrößern nur seinen Energieinhalt. Die entsprechenden Wärmemengen werden bei den umgekehrten Zustandsänderungen, bei der Kondensation des Dampfes und bei der Erstarrung der Schmelze, wieder frei. Man bezeichnet die *Verdampfungs-* bzw. *Kondensationswärme* und die *Schmelz-* bzw. *Erstarrungs-* oder *Kristallisationswärme* auch als *latente* (verborgene) Wärmen.

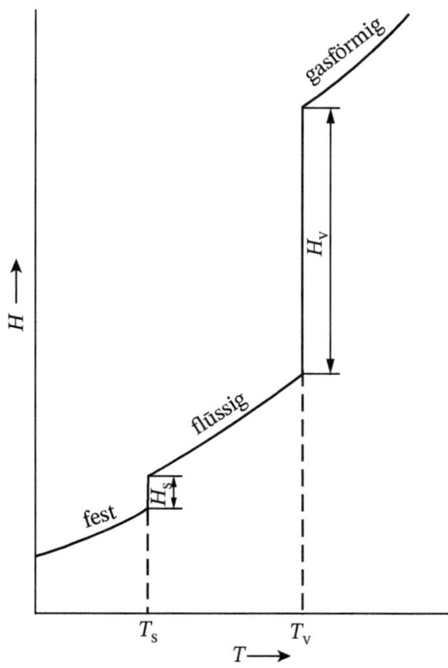

Bild 3.1 Enthalpie H eines reinen kristallinen Stoffes in Abhängigkeit von der Temperatur T

3.1 Übergang vom flüssigen in den kristallinen Zustand

Die Kristallisation aus dem flüssigen Zustand geht von Keimen aus, an die sich Atome, Ionen oder Moleküle der sie umgebenden flüssigen Ausgangsphase anlagern. Der räumliche und zeitliche Ablauf der *Kristallisation* ist daher durch zwei Teilvorgänge gekennzeichnet, die *Keimbildung* und das *Kristallwachstum.*

Der strukturelle Aufbau von Schmelzen und Lösungen in der Nähe des Kristallisationspunktes unterscheidet sich, wie vor allem aus Röntgenbeugungsaufnahmen geschlossen werden kann, innerhalb kleiner Bereiche nicht wesentlich von demjenigen des Festkörpers. Wegen der intensiven Wärmebewegung findet jedoch ein ständiger Aufbau und Zerfall der gitterähnlichen Bezirke statt, sodass sich über größere Entfernungen keine regelmäßige Struktur ausbilden kann. Es besteht ein so genannter dynamischer Ordnungszustand. Für dichtest gepackte Metalle beispielsweise ist die mittlere Koordinationszahl der Schmelze nur wenig kleiner als die des kristallinen Zustandes.

Bei der Kristallisationstemperatur T_K, bei der im Falle einer Lösung gleichzeitig die Sättigungskonzentration c_K vorliegt, befinden sich feste und flüssige Phasen des betreffenden Systems im thermodynamischen Gleichgewicht, d. h., sie existieren stabil nebeneinander. Obwohl den Strukturvorstellungen über Flüssigkeiten entsprechend bereits zahlreiche submikroskopische Kristallisationszentren, von denen aus die Kristallisation vor sich gehen könnte, vorgebildet sind, entstehen wachstumsfähige Kristallkeime erst dann, wenn die thermodynamische Gleichgewichtstemperatur um einen gewissen Betrag, die *Unterkühlung* $\Delta T = T_K - T$, unterschritten und damit bei Lösungen auch eine *Übersättigung* $\Delta c = c_K - c$ erreicht wird.

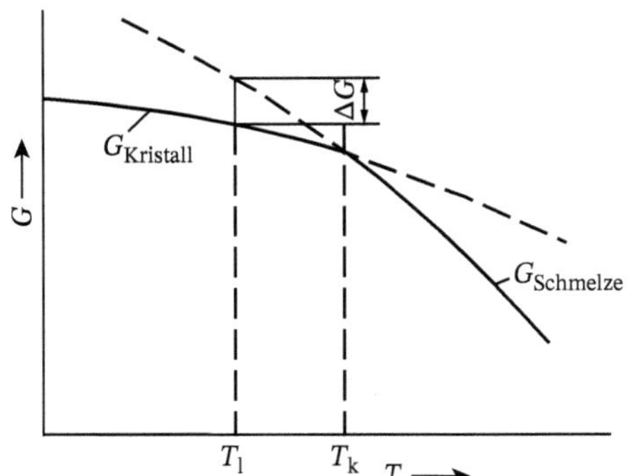

Bild 3.2 Abhängigkeit der freien Enthalpie G des flüssigen und des kristallinen Zustandes von der Temperatur T

Die Verhältnisse lassen sich am besten anhand der Änderung der *freien Enthalpie* erläutern (Gl. 3.2d). In einem stofflichen System streben alle Vorgänge einem Minimum der freien Enthalpie zu, wenn T und p konstant gehalten werden. Zustände, in denen das Gleichgewicht noch nicht erreicht ist, sind metastabil, also auch die unterkühlte Schmelze und die übersättigte Lösung. Der der Entfernung vom thermodynamischen Gleichgewichtszustand entsprechende Energiebetrag ΔG steht als „überschüssiger Wärmeinhalt" des betreffenden Systems für eine Arbeitsleistung zur Verfügung.

Als qualitatives Beispiel ist in Bild 3.2 schematisch der Verlauf der freien Enthalpie (Minimalwert) als Funktion der Temperatur für die Erstarrung einer Schmelze in der Umgebung des Kristallisationspunktes dargestellt. Die G-Kurven für den flüssigen und für den kristallinen Zustand sind jeweils über T_K hinaus zu tieferen bzw. höheren Temperaturen weitergeführt. Im Gleichgewichtszustand haben die freien Enthalpien der flüssigen und der festen Phase denselben Wert. Er ergibt sich als Schnittpunkt beider Kurven. Mit der Abkühlung des Systems unter T_K wird $G_{Schmelze} > G_{Kristall}$, womit die für die Keimbildung erforderliche Absenkung der freien Enthalpie um ΔG entsteht. Die Unterkühlung der Schmelze ΔT schafft damit die Voraussetzung für die Keimbildung. Analog ist in Lösungen die Übersättigung Δc die Voraussetzung für die Keimbildung.

3.1.1 Keimbildung und -wachstum bei Metall- und Ionenkristallen

Die Entstehung eines Keims in der homogenen flüssigen Ausgangsphase ist mit einer Änderung der freien Enthalpie ΔG des Systems verbunden. ΔG setzt sich aus zwei gegenläufig wirkenden Anteilen zusammen: Mit dem Phasenübergang wird die freie Enthalpie vermindert, da der feste Zustand einen geringeren Wert hat. Der freiwerdende Betrag der freien Enthalpie $-\Delta G_V$ ist dem Volumen des Keims bzw. der Anzahl der in ihm aneinander gelagerten Teilchen proportional. Andererseits ist für die Bildung der Oberfläche des Keims, d. h. seiner Grenzfläche gegen die ihn umgebende flüssige Phase, Energie aufzuwenden. Dieser Vorgang bedeutet eine Erhöhung der freien Enthalpie um $+\Delta G_G$. Sie wirkt dem Phasenübergang entgegen. Die mit dem Entstehen des Keims verbundene gesamte Änderung der freien Enthalpie entspricht Gl. 3.6.

$$\Delta G = \Delta G_V + \Delta G_G \tag{3.6}$$

Im Allgemeinen werden die sich bildenden *Kristallkeime* eine polyedrische Gestalt haben. Vereinfachend kann man sie aber als kleine kugelförmige Teilchen mit dem Radius r annehmen. Da ΔG_V dem Volumen und ΔG_G der Oberfläche proportional ist, ergibt sich aus Gl. 3.6 die Gl. 3.7,

$$\Delta G(r) = -\frac{4}{3}\pi r^3 \Delta g_v + \Delta\pi r^2\gamma \tag{3.7}$$

wobei Δg_v die auf die Volumeneinheit bezogene freie Bildungsenthalpie der festen Phase und γ die Grenzflächenenergie sind.

Den Verlauf der Funktion $\Delta G(r)$ zeigt Bild 3.3. Bei kleinem Keimradius r ist der Oberflächenterm gegenüber dem Volumenterm des Keims groß, sodass der Anteil ΔG_G überwiegt und damit die gesamte freie Keimbildungsenthalpie ΔG positive Werte annimmt. Erst mit zunehmender Keimgröße wird der aus der Umwandlung herrührende Anteil ΔG_V größer als ΔG_G, sodass die Funktion $\Delta G(r)$ ein Maximum durchläuft, dem ein *kritischer Keimradius* r^* entspricht. Keime mit $r < r^*$ sind thermodynamisch nicht stabil und lösen sich wieder auf, weil ihr Wachstum zunächst mit einer Zunahme der freien Enthalpie verbunden ist. Deshalb muss bis zum Einstellen der kritischen Keimgröße eine dem Höchstwert ΔG^* entsprechende Energie, die *Keimbildungsarbeit* oder Aktivierungsenergie für die Keimbildung, aufgewendet werden. Ist $r > r^*$, wird der Keim stabil und wächst unter Verringerung der freien Enthalpie des Systems weiter.

Soll die Keimbildung aus der homogenen flüssigen Ausgangsphase erfolgen, so muss die Keimbildungsarbeit dem System selbst entnommen werden. Damit erklärt sich die Notwendigkeit einer gewissen Unterkühlung bzw. Übersättigung, durch die nach Bild 3.2 der Betrag ΔG bereitgestellt wird.

Für die Kristallisation folgt aus der Bedingung $d(\Delta G)/dr = 0$ ein kritischer Keimradius Gl. 3.8,

$$r^* = 2\gamma/\Delta g_v \tag{3.8}$$

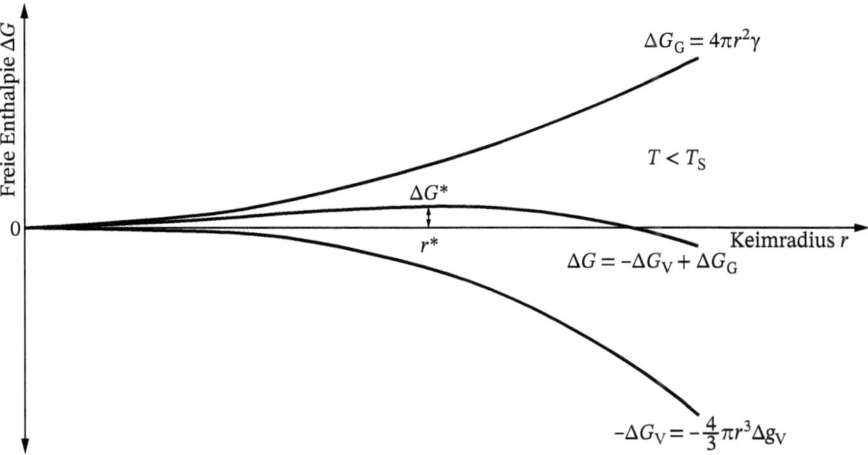

Bild 3.3 Freie Bildungsenthalpie ΔG als Funktion des Keimradius r (nach [1])

wobei Δg_v eine Funktion der Unterkühlung entsprechend Gl. 3.9 ist.[1)]

$$\Delta g_v = (H_S/T_S)(T_S - T) = (H_S/T_S)\Delta T \quad (3.9)$$

Sie ergibt sich, indem in die für thermodynamische Reaktionen allgemein gültige Beziehung (Gl. 3.10)

$$\Delta G = \Delta H - T\Delta S \quad (3.10)$$

anstelle der Änderung der Enthalpie ΔH die Schmelzenthalpie H_S und für die Entropieänderung ΔS die Schmelzentropie H_S/T_S eingesetzt wird. Damit hängt auch der kritische Keimradius r^* von der Unterkühlung ΔT ab. Am Kristallisationspunkt selbst wird $r^* = \infty$, es können noch keine stabilen Keime entstehen.

Mit zunehmender Unterkühlung nimmt der kritische Keimradius ab, d. h., je größer ΔT ist, desto kleinere Keime sind bereits wachstumsfähig. Dementsprechend ergibt sich in Bild 3.3 für jede Temperatur $T < T_S$ ein veränderter Kurvenverlauf der Funktion $\Delta G(r)$.

Da mit wachsender Unterkühlung die erforderliche Keimbildungsarbeit und die kritische Keimgröße verringert werden, nimmt die Anzahl der in der Zeiteinheit in einem Einheitsvolumen der unterkühlten Schmelze gebildeten Keime, die *Keimbildungshäufigkeit* oder *Keimzahl* dn/dt pro Volumen- und Zeiteinheit (Keimbildungsgeschwindigkeit), mit ΔT zu. Auch das Zusammentreten einer genügenden Zahl von Teilchen zu einem submikroskopischen Keim wird zunächst durch die Abnahme der Wärmebewegung begünstigt. Bei noch tieferen Temperaturen jedoch wird die Teilchenbeweglichkeit wegen der ansteigenden Viskosität der Schmelze so stark eingeschränkt und damit die Keimbildung erschwert, dass die Keimzahl mit zunehmender Unterkühlung ein Maximum durchläuft (Bild 3.8). Bei der Kristallisation aus Lösungen hingegen nimmt die Keimbildungshäufigkeit mit der Übersättigung stetig zu [2].

Keimbildung und Kristallwachstum können bei Metallen nur durch eine extrem schnelle Abkühlung und große Unterkühlung unterdrückt werden. Bei Gläsern und entsprechenden Polymeren sind beide Teilvorgänge bereits unter den technisch üblichen Abkühlungsbedingungen so stark gehemmt, dass sich keine Fernordnung der Bausteine mehr einstellen kann. Sie erstarren amorph.

Ein stabil gewordener Keim wächst weiter, indem aus der flüssigen Phase andiffundierende Teilchen an seiner Oberfläche adsorbiert werden und durch Oberflächendiffusion an jene Stellen gelangen, wo sie endgültig in das Gitter eingebaut werden. Nach der Theorie von *W. Kossel* und *J. N. Stranski* werden die Bausteine bevorzugt an den Oberflächenstellen angelagert, an denen der Einbau in das Gitter mit dem größten Energiegewinn verbunden ist. Verschiedene Anlagerungsmöglichkeiten sind in Bild 3.4 schematisch dargestellt. Im Fall der Würfelfläche eines Ionenkristalls mit NaCl-Struktur beispielsweise betragen die für die Möglichkeiten 1 bis 6 resultierenden relativen Energiewerte 0,8738; 0,4941; 0,2470; 0,1806; 0,0903 und 0,0662. Von allen möglichen Anlagerungsschritten bringt der, der zur Lage 1 führt, den größten Energiegewinn. Da der Baustein in der Lage 1 gegenüber einem im Kristallinneren untergebrachten nur von halb so viel erstnächsten Nachbarn umgeben

---

1) Bei Umwandlungen ohne Ausbildung eines amorphen Zwischenzustandes ist die Kristallisationstemperatur T_K mit der Schmelztemperatur T_S identisch $T_K = T_S$.

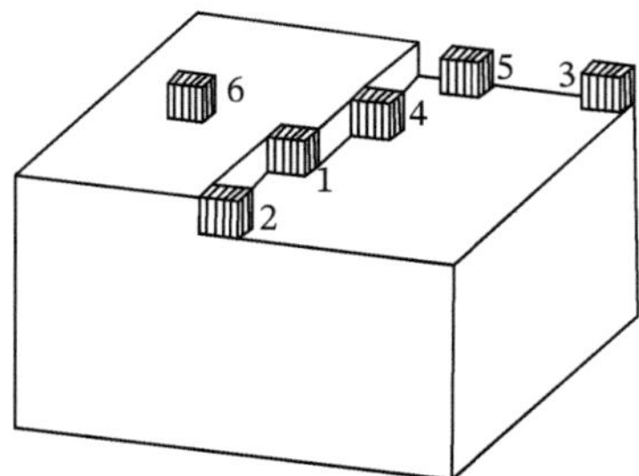

Bild 3.4 Verschiedene Anlagerungsmöglichkeiten von Gitterbausteinen

ist, spricht man bei dieser Lage auch von der *Halbkristalllage* (Abschn. 6.2). Der über sie erfolgende Anbau (bzw. Abbau) wird auch als *wiederholbarer Schritt* bezeichnet, da er die Halbkristalllage immer wieder neu erzeugt.

Danach sollte das Flächenwachstum so vor sich gehen, dass zunächst mit wiederholbaren Schritten die Bausteinkette aufgefüllt wird und erst dann der Neuaufbau einer Stufe von der Lage 2 aus beginnt. Durch die ständige Aufeinanderfolge dieser Vorgänge wird der Bau der Netzebene schließlich abgeschlossen. Der für das Dickenwachstum erforderliche Beginn einer neuen Netzebene (Lage 3, 5 oder 6) ist, wie die angeführten Werte verdeutlichen, energetisch erschwert. Er wird erleichtert, wenn sich auf der abgeschlossenen Fläche infolge statistischer Schwankungen ein zweidimensionaler Keim kritischer Größe bildet, der wieder genügend wachstumsfähige Orte aufweist.

In einem realen System indessen werden diese Vorgänge noch in anderer Weise beeinflusst. Von besonderer Bedeutung sind Gitterfehler, namentlich Schraubenversetzungen, die, wenn sie an der Oberfläche enden, eine Schraubenfläche erzeugen, deren Abbruch die Stufen- und Halbkristalllage enthält (Bild 3.5 und Bild 3.32). Damit entfällt die mit

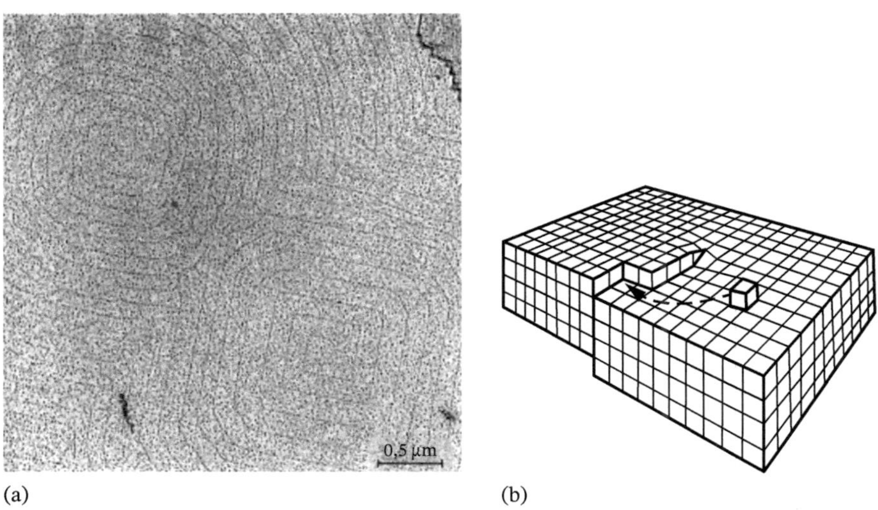

Bild 3.5 (a) Mit aufgedampften Goldteilchen markierte Schraubenfläche um die Durchstoßpunkte von zwei Schraubenversetzungen in einer NaCl-(100)-Spaltfläche (b) Schematische Darstellung der Anlagerung eines Bausteins an eine Schraubenversetzung

dem Beginn einer neuen Netzebene erschwerte Keimbildung, zumal bei der weiteren Anlagerung von Bausteinen im Zuge des Dickenwachstums die Schraubenfläche erhalten bleibt, d. h. keine stufenlos abgeschlossene Netzebene entsteht. Andererseits bedingt das bevorzugte Wachstum derart gestörter Kristalle, dass die kristallinen Werkstoffe zahlreiche „eingewachsene" Versetzungen (Abschn. 2.1.11.2) enthalten. Außerdem kann der reale Wachstumsvorgang durch das Abdiffundieren von Bausteinen aus bereits entstandenen Keimen, durch gleichzeitiges Anlagern an energetisch begünstigten Stellen und an Netzebenen oder -keimen, durch die Adsorption artfremder Teilchen, die die Wachstumsgeschwindigkeit verändern sowie durch eine stärkere Übersättigung oder Unterkühlung beeinflusst werden. Dadurch können neue Netzebenen bereits begonnen werden, ehe die angefangenen vollendet sind, sodass treppenförmig abgestufte Flächen entstehen.

Das Wachstum der Kristalle erfolgt niemals gleichmäßig, d. h. nach allen Seiten mit der gleichen Verschiebungsgeschwindigkeit. Vielmehr ändern die Kristalle ihre Gestalt derart, dass die schnell wachsenden energetisch ungünstigen Flächen, d. h., diejenigen mit der größten freien Oberflächenenergie, verschwinden. Sie werden zu Ecken oder Kanten (Bild 3.6, oben links). Auch wenn an einer konkav gekrümmten Kristalloberfläche die schneller wachsende Fläche zunächst vergrößert wird (Bild 3.6, oben rechts), so geschieht dies nur zeitweilig (Bild 3.6, unten), sodass der Kristall, sofern sein Wachstum nicht von Nachbarkristallen behindert wird, in seiner Endgestalt stets ein von Flächen geringster Verschiebungsgeschwindigkeit begrenztes Polyeder darstellt. Erfolgt das Kristallwachstum von anderen Faktoren unbeeinflusst, so sind die Begrenzungsflächen dichtest gepackte Flächen. Der Kristall hat dann die *Gleichgewichtsform* und bei gegebenem Volumen die geringste freie Ober- bzw. Grenzflächenenergie. Unter Realbedingungen und im fortgeschrittenen Wachstumsstadium sind die Verschiebungsgeschwindigkeiten jedoch nicht mehr zur spezifischen freien Grenzflächenenergie proportional. Vor allem infolge einer Adsorption von Fremdstoffen oder aber auch anderer Störeffekte wird die Grenzflächenenergie und damit die Verschiebungsgeschwindigkeit der einzelnen Flächen

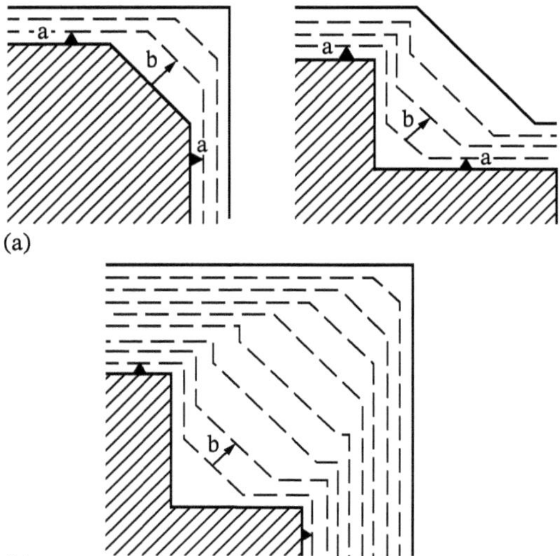

Bild 3.6 Verschiebungsstadien einer langsam (a) und einer schnell (b) wachsenden Fläche

unterschiedlich verändert. Die dann entstehende Form des Kristalls wird als *Wachstumsform* bezeichnet, die vor allem durch diejenigen Flächen gebildet wird, die durch die Adsorption eine minimale Grenzflächenenergie erzwungen haben.

Erfolgt das Kristallwachstum bevorzugt in bestimmten Richtungen oder Flächen, so treten stark verzerrte Wachstumsformen, wie z. B. *Nadelkristalle (Whiskers,* Abschn. 3.3) oder *Dendriten*, auf. Letztere entstehen insbesondere dann, wenn bei schneller Abkühlung ständig neue Keime gebildet werden und die Kristallisation in bestimmten (niedrig indizierten) Kristallrichtungen besonders rasch verläuft. Es bilden sich Kristallskelette (Bild 3.7), deren Äste (man spricht auch von Tannenbaumkristallen) in die bevorzugten Wachstumsrichtungen weisen.

Der Wachstumsprozess kann so lange fortschreiten, bis sich die Kristalle berühren und Korngrenzen bilden (Abschn. 6.1). Für das bei der Erstarrung entstehende *Gefüge* ist das Verhältnis von Keimbildungsgeschwindigkeit $\mathrm{d}n/\mathrm{d}t$ zur Kristallwachstumsgeschwindigkeit $\mathrm{d}v/\mathrm{d}t$ entscheidend. Je nach Art des kristallisierenden Stoffes und seiner Reinheit liegen ihre Maximalwerte bei verschiedenen Unterkühlungen (Bild 3.8), sodass das Verhältnis in Abhängigkeit von der Unterkühlung variiert. Ist das Kristallwachstum gegenüber der Keimbildung bei gegebener Unterkühlung der schnellere Vorgang, entsteht ein grobkörniges Gefüge. Werden dagegen in einem bestimmten Volumen in der Zeiteinheit sehr viele Keime gebildet, fällt das Gefüge feinkörnig aus, was wegen der damit verbundenen besseren mechanischen Eigenschaften meist angestrebt wird. Dieser Fall lässt sich in der Regel durch eine stärkere Unterkühlung und ein schnelles Abführen der freiwerdenden Erstarrungswärme verwirklichen.

Bild 3.7 (a) Dendriten in einer Fe-Cr-Gusslegierung (24 % Cr); (b) Dendriten, die in einen Mikrolunker einer Co-Cr-Mo-Gusslegierung (60–65 Masse-% Co) hineingewachsen sind

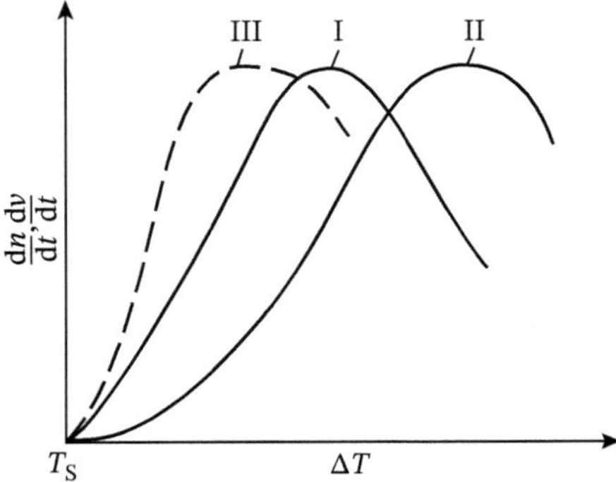

Bild 3.8 Keimbildungsgeschwindigkeit dn/dt und Kristallwachstumsgeschwindigkeit dv/dt in Abhängigkeit von der Unterkühlung ΔT I dv/dt; II dn/dt bei homogener Keimbildung; III dn/dt bei heterogener Keimbildung

Wie bereits erörtert, kommt bei der Keimbildung in einer homogenen flüssigen Phase anfangs der Grenzflächenenergie eine dominierende Rolle zu. Da zu ihrer Kompensierung Energie aufgebracht werden muss, wirkt sie dem Phasenübergang flüssig-fest zunächst entgegen und erfordert eine entsprechende Unterkühlung bzw. Übersättigung. Sind in der flüssigen Phase jedoch bereits fremde Grenzflächen vorhanden, z. B. fein verteilte Kristalle eines anderen Stoffes oder auch die Gefäßwände, so heben diese die Hemmung der Keimbildung weitgehend auf. Die Kristallisation kann dann schon bei sehr geringen Unterkühlungen einsetzen. Man spricht in diesem Falle von *heterogener Keimbildung* – im Gegensatz zur *homogenen,* die unter Ausschluss fremder Grenzflächen erfolgt [3]. Die Wirkung der Fremdkeime ist umso stärker, je kleiner die Oberflächenenergie der Keimsubstanz gegenüber der des Fremdkeimes und je niedriger die Grenzflächenenergie zwischen Fremdkeim und dem an diesem aus der Flüssigkeit ankristallisierenden arteigenen Keim ist. Sehr reine Substanzen kristallisieren wegen der vorherrschend homogenen Keimbildung, bei der arteigene Keime gebildet werden müssen, häufig grobkörnig.

In der Halbleitertechnik und für manche Maschinenteile (z. B. mechanisch und thermisch hochbelastete Schaufeln für Gasturbinen) sowie zum Studium festkörperphysikalischer Probleme werden Festkörper benötigt, die nur aus einem einzigen Kristall bestehen. Bei der Herstellung solcher *Einkristalle* liegt der Grenzfall vor, dass die Kristallisation von einem einzigen Keim ausgeht. Dazu wird ein Keimkristall in die flüssige Phase eingebracht und die Kristallisation bei nur geringer Unterkühlung bzw. Übersättigung und Kristallisationsgeschwindigkeit so geführt, dass sie ohne Bildung weiterer Keime vom Keimkristall ausgehend langsam fortschreitet.

3.1.1.1 Erstarrung von Schmelzen

Bei der Erstarrung von metallischen und nichtmetallischen (vorwiegend oxidischen) Schmelzen bilden sich Kristallite (Körner), deren Form hauptsächlich durch den *Wärmefluss* bestimmt wird. Wird die freiwerdende *Erstarrungswärme* isotrop, d. h. in alle Richtungen gleichmäßig, abgeführt, erstarrt die Schmelze *globulitisch.* Fließt dagegen die aus der *Erstarrungsfront* freigesetzte Wärmemenge anisotrop ab, z. B. durch die Kristalle zur Formwand hin oder in die unterkühlte Schmelze hinein, so tritt eine *transkristalline* oder *gerichtete Erstarrung* auf. Das Kristallwachstum bestimmt weitgehend das Gefüge und die Eigenschaften der Gusswerkstoffe. Beim Gießen in eine Metallform zeigt das Gussgefüge

(a)

(b)

Bild 3.9 Gussgefüge in einem Al-Barren. (a) Kopfteil; (b) Mittelteil.

meist eine deutliche Abgrenzung von drei in der Korngröße und Kornform unterschiedlichen Bereichen (Bild 3.9). Am Rande entstehen infolge der starken Unterkühlung sowie durch die heterogene Keimbildung an der Formwand viele Keime, die zur Bildung von kleinen, relativ gleichmäßigen Kristalliten führen. Bei weiterer Abkühlung wachsen jedoch nur noch die Kristallite, deren kristallographische Richtung größter Kristallwachstumsgeschwindigkeit zufällig mit der Richtung des von außen nach innen verlaufenden Temperaturgefälles übereinstimmt. Es entsteht eine *Transkristallisationszone* mit stängelförmigen, meist sehr groben Kristalliten. Die dadurch eintretende Übereinstimmung zwischen den Stängelachsen und einer bestimmten kristallographischen Orientierung bezeichnet man als *Gusstextur.* Schließlich bildet sich im Inneren der Form ein dritter Bereich, der wieder aus weitgehend globularen Kristalliten besteht. Da in metallischen Schmelzen die Verunreinigungen meist einen höheren Schmelzpunkt aufweisen, reichern sie sich in dem am längsten flüssig bleibenden zentralen Teil des Gussstückes an und führen dort über die Zunahme der Keimzahl zu einer feinkörnigen Erstarrung.

Außer durch eine geeignete Temperaturführung bei der Abkühlung ist auch die Anwesenheit von *Fremdkeimen*, die die erforderliche Keimbildungsarbeit erniedrigen und demzufolge die Keimbildungshäufigkeit erhöhen, geeignet, die Schmelze mit einem feinkörnigen Gefüge erstarren zu lassen. Technisch macht man von dieser Möglichkeit Gebrauch, indem der Schmelze kurz vor Erreichen des Erstarrungspunktes arteigene oder artfremde Keime *(Kristallisatoren)*, wie beim Gusseisen beispielsweise Ferrosilizium, hinzugefügt werden (*Impfen*, Modifizieren). Im Stahl sind Carbid- und Nitridteilchen aufgrund ihrer thermischen Stabilität potenzielle Kristallisatoren, so z. B. in entsprechend legierten Stählen das TiN oder das SiC.

Bei Metallen muss ferner eine stärkere Überhitzung der Schmelze vermieden werden, um ein feinkörniges Gussgefüge zu erhalten. Die Schmelze enthält dann noch viele „präformierte Keime“, die bei der Erstarrung mitwirken. Zur Verbesserung der Gefügequalität und der davon beeinflussten Eigenschaften (Abschn. 6.7) wird, wenn das Erzeugnis durch das Gießen nicht sogleich seine endgültige Gestalt erhält, das gegossene Material in der Regel noch verformt und wärmebehandelt und dabei das *Primärgefüge* (Gussgefüge) in ein *Sekundärgefüge* überführt.

Auch bei der schmelzebasierten Additiven Fertigung (wie z. B. dem sogenannten Laser Powder Bed Fusion [LPBF] oder dem Directed Energy Desposition [DED]), bei der pulver- oder drahtförmige Werkstoffe schichtweise mittels einer Energiequelle, wie z. B. Laser- oder Elektronenstrahl, aufgeschmolzen wird, treten häufig solche Texturen auf. Beim Aufschmelzen der neu aufgebrachten Lage wird in der Regel die darüber liegende, bereits erstarrte Lage teilweise wieder aufgeschmolzen. Durch die gerichtete Wärmeabfuhr und die vorhandenen Keime entsteht ein stark gerichtet erstarrtes Gefüge.

Neben der Gefügeausbildung sind auch makroskopische Fehlererscheinungen mit dem Erstarrungsvorgang von metallischen und oxidischen Schmelzen verbunden, die für die Qualität eines Gussstückes von großer Bedeutung sind. Fast alle Metalle und Oxide haben im flüssigen Zustand ein größeres spezifisches Volumen als im festen. Demzufolge tritt bei der Erstarrung einer Schmelze eine Volumenkontraktion (Schwindung) auf (Bild 3.10). Eine Folge der Schwindung ist die Bildung eines makroskopischen Hohlraumes, der als *Lunker* bezeichnet wird. Außer Makrolunkern können auch zwischen den einzelnen Kristalliten kleine Hohlräume entstehen; man spricht dann von *Mikrolunkern* bzw. porösem Guss.

Eine andere Fehlererscheinung wird dadurch hervorgerufen, dass Schmelzen eine erhebliche Menge an Gasen aufnehmen können. Bei der Erstarrung nimmt das Lösungsvermögen sprunghaft ab, d. h., die Gase müssen den Festkörper verlassen. Die ausgeschiedenen Gase vereinigen sich zu *Gasblasen*, die in dem noch teilweise flüssigen Material aufsteigen und dabei eine starke Bewegung der Schmelze hervorrufen. Ein Teil der Gasblasen kann nach der Erstarrung im Gussstück eingeschlossen bleiben und bewirkt dadurch ebenfalls eine Porosität. Zur Vermeidung derartiger Fehler wird im Vakuum vergossen. Eine besonders einfache und wirtschaftliche Variante ist die *Gießstrahlentgasung* (Bild 3.11).

Bei der Additiven Fertigung (Abschnitt 7.1.5) kann es ebenfalls zum Gaseinschluss in die erstarrende Schmelze kommen. Die Gase haben ihren Ursprung meist in den verwendeten Pulvern, die herstellungsbedingt (z. B. bei der Gasverdüsung) in die Pulverpartikel eingeschlossen werden und während der kurzen Erstarrungsphase nicht mehr vollständig entweichen können. Additiv gefertigte Bauteile werden bei hohen Qualitätsanforderungen daher oftmals heißisostatisch nachverdichtet.

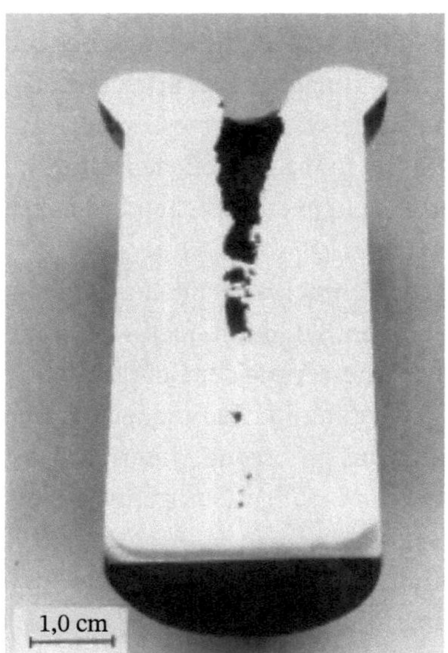

Bild 3.10 Lunker in einem Fe-Si-Gussingot (0,6 Masse-% Si); der untere, lunkerfreie Teil des Ingots wurde abgetrennt.

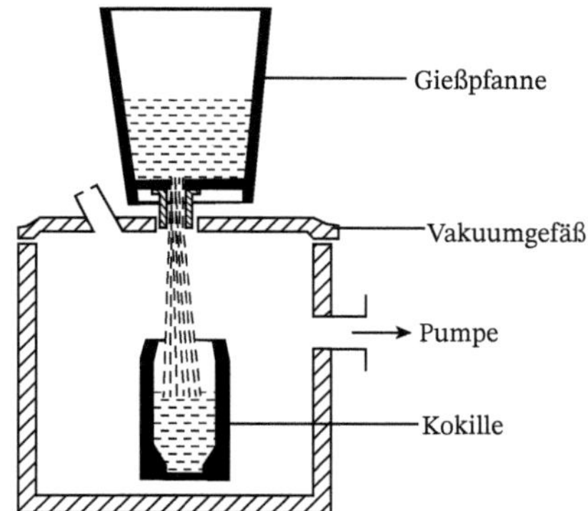

Bild 3.11 Gießstrahlentgasung

Nach Abschluss der Erstarrung kommt es zu einer weiteren Volumenverringerung, die als *Schrumpfung* bezeichnet wird. Wenn infolge ungleicher Querschnitte und unterschiedlicher Temperaturverteilungen die Schrumpfung ungleichmäßig verläuft, können Eigenspannungen (Gussspannungen) und Risse auftreten (Abschn. 9.6). Zur Verhinderung der Gussspannungen muss die Abkühlung nach einem geeigneten Temperaturregime durchgeführt werden. Eine nachträgliche Beseitigung von Gussspannungen kann über ein Spannungsarmglühen geschehen.

Additiv gefertigte Bauteile enthalten oftmals hohe Eigenspannungen, die entweder zu einer geringeren Belastbarkeit, vorzeitiger Rissbildung und damit Bauteilzerstörung oder erheblichem Verzug führen. Durch eine erhöhte Herstellungstemperatur oder eine anschließende Spannungsangleichung können die Eigenspannungen deutlich reduziert werden.

Schließlich können bei der Erstarrung von *Mehrkomponenten-Schmelzen* Entmischungserscheinungen auftreten, die als *Seigerungen* bezeichnet werden. Seigerungen entstehen durch große Unterschiede in der Dichte der beteiligten Komponenten (Schwerkraftseigerung), durch Ansammlung von Verunreinigungen an bestimmten Stellen des Gussstückes (Blockseigerung, vorwiegend bei Stahl) oder durch Konzentrationsunterschiede bei der Bildung von Mischkristallen *(Kristallseigerungen,* Abschn. 5.3.1). Von diesen Seigerungsarten können nur die Kristallseigerungen durch ein nachträgliches Homogenisierungsglühen wieder beseitigt werden.

In eutektischen Legierungen geeigneter Zusammensetzung lässt sich die Erstarrung so lenken, dass je nach Volumenanteil und Grenzflächenenergie der beteiligten Phasen gerichtete lamellare bis faserige Eutektika gebildet werden (Bild 3.12 und 6.3 b). Die gleichsinnige Ausrichtung der bei der Kristallisation senkrecht zur Flüssig-fest-Phasengrenze wachsenden Fasern bzw. Lamellen erfordert einen anisotropen Wärmefluss sowie eine ebene Erstarrungsfront. Letztere wird durch einen steilen Temperaturgradienten vor der Flüssig-fest-Phasengrenze und eine niedrige Kristallwachstumsgeschwindigkeit begünstigt. Solche Bedingungen lassen sich eher bei kleinen Querschnitten als bei großen Gussstücken einhalten.

In den *gerichtet erstarrten Eutektika* bestehen zwischen den beteiligten Phasen bestimmte Orientierungsbeziehungen. Meist sind alle Fasern bzw. Lamellen kristallographisch gleich orientiert, sodass solche Werkstoffe auch als zwei einander durchdringende Einkristalle

Bild 3.12 Rasterelektronenmikroskopische Aufnahme eines gerichtet erstarrten Al–Al_3 Ni-Eutektikums (Querschliff; nach *R. Bürger* und *C. Zies*)

(Matrix und Fasern bzw. Lamellen) angesehen werden können *(Duplex-Kristall)*. Je nach Wahl des Legierungssystems, d. h. der Kristallarten und ihrer Volumenanteile, lassen sich *anisotrope Verbundwerkstoffe* (Abschn. 9.7.4) mit besonderen mechanischen, elektrischen, magnetischen oder optischen Eigenschaften gewinnen. Das gerichtet erstarrte Nickel-Wolfram-Eutektikum, in dem etwa 10^6 Wolframfasern je cm^2 in eine Nickelmatrix eingebettet sind, wird beispielsweise als Werkstoff für Kaltkathoden genutzt.

3.1.1.2 Kristallisation aus Lösungsmitteln

Bei technischen Prozessen ist die Kristallisation *(Ausfällung, Ausscheidung)* fester kristalliner Stoffe aus flüssigen Lösungen weit verbreitet. Im Niedertemperaturbereich spielt sie insbesondere in der chemischen Industrie, in der Düngemittel-, Salz- und Zuckerindustrie eine wichtige Rolle. Zur Herstellung von Werkstoffen wird das Prinzip des Übergangs aus dem gelösten flüssigen Zustand in die feste Form vor allem bei der *Erhärtung der Bindemittel* Zement, Kalk und Gips zur Erzeugung von Betonen verwendet [4, 5].

Die anorganischen Bindemittel erhärten infolge ihrer Reaktionen mit Wasser. Dabei bilden sich Reaktionsprodukte, die in Wasser weniger löslich sind als ihre Ausgangsstoffe. Der Umwandlungsprozess verläuft in zwei zeitlich aufeinander folgenden Etappen:

- die Auflösung der Bindemittelbestandteile in Wasser, die chemische Reaktion der Lösungsprodukte mit Wasser zu Hydraten und deren Ausfällung aus der Lösung infolge ihrer geringeren Löslichkeit gegenüber derjenigen der Bindemittelbestandteile; dieses Stadium wird in seiner Kinetik durch den langsamsten Teilprozess, in zahlreichen Fällen durch die Auflösungsgeschwindigkeit der Ausgangsprodukte, in anderen Fällen durch die Keimbildungs- und Kristallwachstumsgeschwindigkeit der Neubildungen, bestimmt;
- den Transport von Wasser durch die in der ersten Etappe auf der Oberfläche der Bindemittelkörner entstandene Hydratschicht zum noch unreagierten Kern der Bindemittelteilchen; für die Kinetik dieses Prozesses ist die Diffusionsgeschwindigkeit des Wassers durch die Hydratschicht maßgebend.

Unmittelbar nach dem Vermischen des feinkörnigen Bindemittelpulvers mit Wasser sind die Bindemittelkörnchen durch eine Wasserschicht voneinander getrennt; der Mörtel ist ein beliebig verformbarer Brei. Aus den gebildeten Hydraten entstehen Aggregate der Neubildungen, deren Größe mit dem Reaktionsfortschritt zunimmt, sodass die Viskosität des

Mörtels ansteigt. Wenn eine Struktur von gegenseitig sich berührenden Hydratteilchen entstanden ist, verliert die Suspension ihre Fließfähigkeit; sie ist erstarrt. Mit weiterer *Hydratation* vermehrt sich die Zahl der Kontakte, und die Festigkeit nimmt zu. Die Endfestigkeit ist erreicht, wenn das Bindemittel vollständig reagiert hat; der Baustoff ist steinartig erhärtet.

Das Bindemittel *Branntgips* besteht überwiegend aus der Verbindung $CaSO_4$ 1/2 H_2O (Abschn. 2.1.9). Nach dem Anrühren des Branntgipses mit Wasser zu einem formbaren Mörtel laufen folgende Vorgänge ab: Auflösung des $CaSO_4$ 1/2 H_2O in Wasser, chemische Hydratationsreaktion $CaSO_4\ 1/2\ H_2O + 3/2\ H_2O \rightarrow CaSO_4 \cdot 2H_2O$ und Kristallisation des $CaSO_4 \cdot 2H_2O$. Die Verbindung $CaSO_4$ 1/2 H_2O weist bei Raumtemperatur mit etwa 10 g/l eine relativ starke Wasserlöslichkeit auf. Dagegen hat die Verbindung $CaSO_4 \cdot 2H_2O$ nur eine Löslichkeit von etwa 2 g/l, sodass die wässrige Lösung nach der Hydratationsreaktion an der Verbindung $CaSO_4 \cdot 2H_2O$ übersättigt ist und feste $CaSO_4 \cdot 2H_2O$-Kristalle ausfallen. In der ersten Phase der Kristallisation entstehen isolierte $CaSO_4 \cdot 2H_2O$-Kristalle, die eine Abnahme der Verformbarkeit und eine geringe Verfestigung des Mörtels verursachen. Nachfolgend bilden sich zwischenkristalline Kontakte, Verwachsungen und Verfilzungen (Bild 3.13), mit denen eine kraftschlüssige Verbindung zwischen den Kristallen entsteht, die die Festigkeit des steinartig erhärteten Gipses bedingt.

Löschkalk $Ca(OH)_2$ erhärtet, indem er sich in Wasser auflöst, mit dem aus der Luft im Wasser gelösten CO_2 reagiert und schließlich die Verbindung $CaCO_3$ bildet. Die Löslichkeiten des $Ca(OH)_2$ von 1,55 g/l, des CO_2 von 1,45 g/l und des $CaCO_3$ von 0,014 g/l erklären in ähnlicher Weise wie beim Gips den Erhärtungsvorgang als Kristallisationsprozess, allerdings handelt es sich beim Kalk nicht wie beim Gips um eine hydratische, sondern um eine carbonatische Erhärtung.

Zemente erhärten hydraulisch. Während die Reaktionsprodukte der hydratischen und carbonatischen Erhärtung noch so stark löslich sind, dass sie dem lang andauernden Angriff von Wasser nicht widerstehen, sind die Reaktionsprodukte der hydraulischen Bindemittel extrem wenig löslich, sodass eine Dauerbeständigkeit über Jahrhunderte selbst in fließendem Wasser gegeben ist. Zu Beginn der *hydraulischen Erhärtung* löst sich ein geringer Teil der Zementbestandteile in Wasser unter Hydratbildung (Gelbildung) auf. Bereits unmittelbar nach dem Anmachen mit Wasser bildet sich Calciumhydroxid, das in Zementbetonen stets vorhanden ist und die Wasserstoffionenkonzentration im Beton so

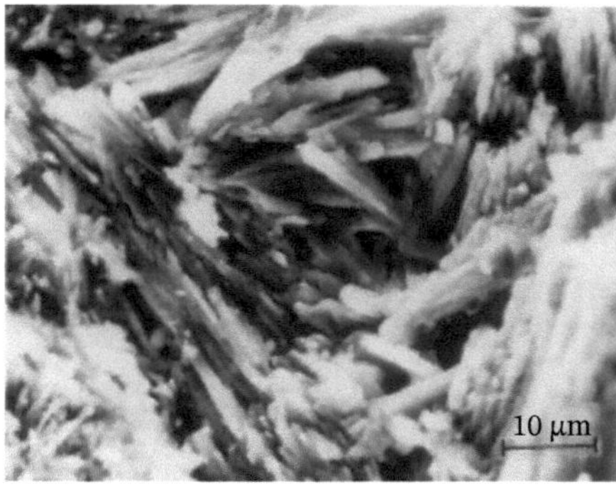

Bild 3.13 Rasterelektronenmikroskopische Aufnahme von erhärtetem Gips

niedrig hält, dass beispielsweise Stahl im Beton nicht rostet. Ebenfalls sofort entsteht die Verbindung *Ettringit,* ein Reaktionsprodukt aus den Verbindungen $Ca_3Al_2O_6$ und Gips, der dem Zement in geringen Mengen zugesetzt wird. Die Ettringitbildung verhindert ein zu rasches Erstarren des Zementmörtels. Nach etwa 6 h entstehen die wichtigsten Erhärtungsprodukte des Zements, die Calciumsilicathydrate, die den Porenraum ausfüllen und die Erhärtung verursachen (Bild 3.14 a und b).

So geht die Verbindung Ca_3SiO_5, der Hauptbestandteil des Portlandzements, in Hydrate der allgemeinen chemischen Zusammensetzung $CaO \cdot SiO_2 \cdot H_2O$ über. Die Hydrate, mineralogisch als *Afwillit* (Abschn. 2.1.9 und Bild 2.54) und Tobermorit anzusehen, sind wesentlich weniger als die Verbindung Ca_3SiO_5 in Wasser löslich, sodass sie als feinstkristalliner Feststoff in schlecht kristallisierter Form ausgeschieden werden, miteinander verwachsen und verkleben. Daneben laufen bei der *Hydratation* der Zementbestandteile auch so genannte topochemische Reaktionen, d. h. chemische Umwandlungen direkt an der Oberfläche der Zementteilchen, ab, die zu den gleichen Reaktionsprodukten führen.

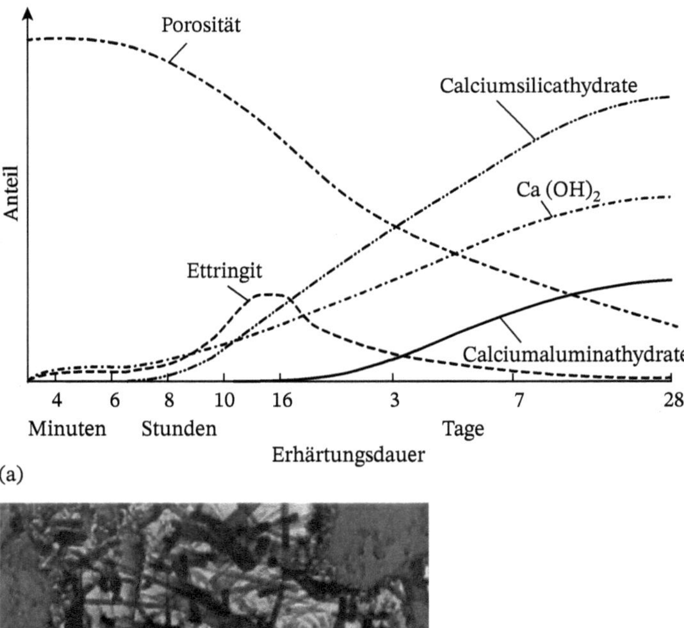

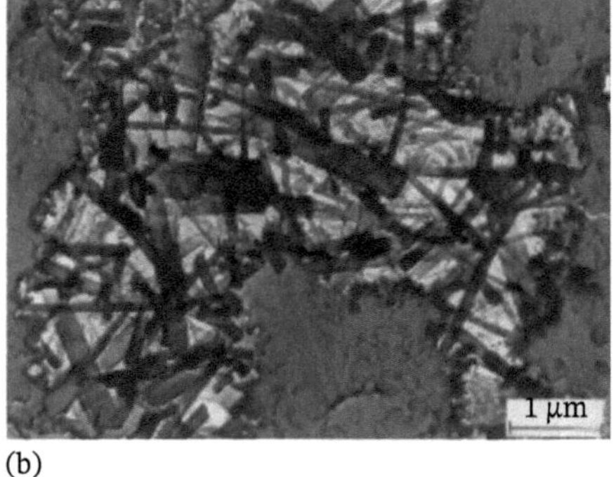

(b)

Bild 3.14 (a) Bildung von Hydratphasen und Entwicklung der Porosität eines erhärtenden Portlandzements in Abhängigkeit von der Zeit; (b) Zementbruchgefüge; während des Abbindevorganges entstandene Calciumsilicatverbindungen (nach *H. Martin*)

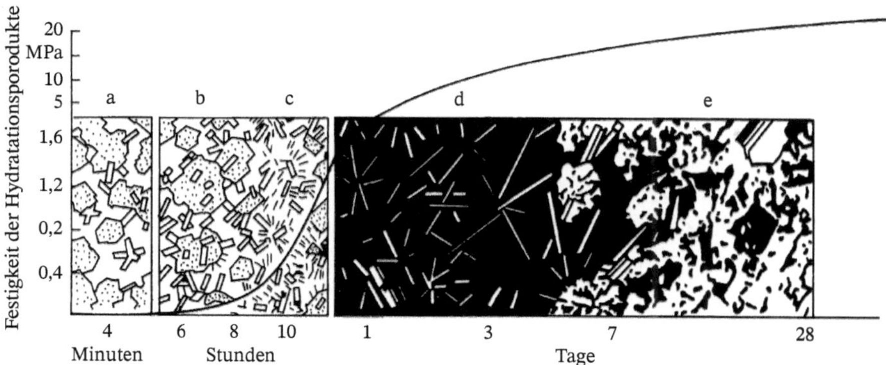

Bild 3.15 Struktur (schematisch) und Festigkeit des Zementsteins; Wasser/Zement = 1:2; Erhärtungstemperatur 22 °C (nach [6])

In Bild 3.15 sind die Entwicklungsstufen des Gefüges und die sich in Abhängigkeit davon einstellende Druckfestigkeit des Zements schematisch veranschaulicht. Teilbild a verdeutlicht, dass die Zementteilchen zunächst vom Anmachwasser umgeben sind, der Mörtel also verformbar ist, und dass von der Oberfläche her nadelförmige Ettringitkristalle wachsen. Diese Kristalle (Teilbild b) überbrücken nach einigen Stunden den Raum zwischen den Zementteilchen, sodass dann eine Verformung nicht mehr möglich, d. h. der Mörtel erstarrt ist (Teilbild c). Wesentlich langsamer formieren sich die Calciumsilicathydrate. Nur allmählich (Teilbild d) verdrängen sie den Ettringit und bilden eine überaus feinkristalline und feinporige Silicatstruktur (Teilbild e). Die Abmessungen der Hydratationsprodukte liegen im Bereich von 1 bis 100 nm. Sie haben deshalb die Eigenschaften von Gelen. Die Hydratationsprodukte einschließlich der zwischen ihnen befindlichen 2 bis 4 nm großen Poren, die mit Wasser gefüllt sind, das durch starke Adsorptionskräfte gebunden ist, bezeichnet man als *Zementgel.*

Die Geschwindigkeit der Hydratation und Verfestigung des Zements hängt von seiner Korngröße, von der mineralischen Zusammensetzung, von der Anmachwassermenge, von der Hydratationstemperatur und von den chemischen Zusätzen zum Anmachwasser ab. Die Festigkeit des hydratisierten Zements, des *Zementsteins*, beruht auf direkten Kristallkontakten und auf Kohäsionskräften zwischen den Gelteilchen. Das Zementgel hat eine spezifische Oberfläche von 200 bis 300 m^2/g. Der zwischen den Gelteilchen angelagerte und wenige Moleküllagen dicke Wasserfilm verfestigt den Zementstein, sodass Druckfestigkeiten bis zu etwa 200 MPa erreicht werden. Zwischen der Festigkeit und der Konzentration des Gelanteils existiert ein quantitativer Zusammenhang (Bild 3.16). Unter dem Begriff „Konzentration des Gelanteils" wird nach [6] das Verhältnis des Volumens des porenfreien Zementgels zu dem auszufüllenden Volumen aus Anmachwasser und verbrauchtem Zement verstanden. Der Begriff ist ein Maß für die Ausfüllung des Raums mit Feststoff und ein Volumenmaß für den Reaktionsumsatz des Zements.

Voraussetzung für die *hydraulische Erhärtung* der Zemente ist das Vorliegen der mit Wasser reaktionsfähigen Zementbestandteile, insbesondere die Verbindung Ca_3SiO_5. Aus diesem Klinkermineral entstehen beim Erhärtungsprozess in der wässrigen Phase Ca^{2+}-,

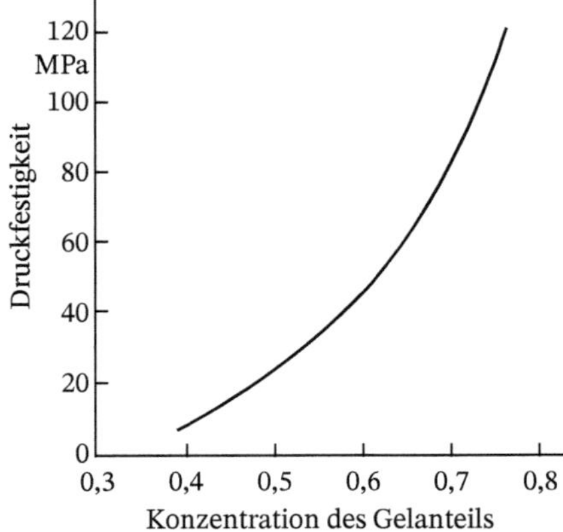

Bild 3.16 Druckfestigkeit des erhärtenden Portlandzements in Abhängigkeit von der Konzentration des Gelanteils

OH^-- und SiO_4^{4-}-Ionen. Unter hydrothermalen Bedingungen ändern sich die Eigenschaften des Wassers als Lösungsmittel so stark [7], dass bei Temperaturen von über 150 °C und Drücken von über 5 bar Quarz aufgelöst wird und in der wässrigen Phase SiO_4^{4-}-Ionen vorhanden sind. Gibt man zu den Gemischen aus Quarzsand und Wasser Löschkalk hinzu, so erfolgt ähnlich wie beim Zement eine Bildung und Ausfällung der Calciumsilicathydrate und somit eine hydraulische Verfestigung, die so genannte Hydrothermal- oder Autoklaverhärtung. Sie wird bei Silikatbetonen und Porenbetonen großtechnisch praktiziert [8]. Der hydrothermale Erhärtungsprozess ist gegenüber der Normalerhärtung der Zemente, die 28 Tage dauert, in etwa 12 Stunden abgeschlossen.

3.1.1.3 Kristallisation von unterkühlten Glasschmelzen (Entglasung)

Betrachtet man die Phasentrennung in unterkühlten Glasschmelzen (Abschn. 3.2.2) als einen Vorgang, der zu Bereichen mit verringerter freier Enthalpie und damit höherer Ordnung führt, so liegt es nahe, unter Ausnutzung der Keimbildungs- und Kristallwachstumsprozesse den Vorgang bis zur vollständigen Kristallisation, d. h. der Entstehung eines polykristallinen Körpers, zu führen. Entsprechende Arbeiten hatten die Entwicklung einer neuen Werkstoffgruppe, der *Vitrokerame* bzw. der *Glaskeramik,* zur Folge. Die Bezeichnung deutet bereits auf die engen Beziehungen zu Glas- und kristallinem Zustand hin.

Die Herstellung von Glaskeramikwerkstoffen (Vitrokeramen) (Bild 3.17) geschieht in der 1. Verfahrensstufe nach der für Glas geltenden Technologie: Ein Gemenge geeigneter Zusammensetzung wird eingeschmolzen und zu Erzeugnissen verarbeitet. In der 2. Verfahrensstufe wird zunächst während einer Wärmebehandlung um 750 °C eine Aggregation in kleinsten Bereichen ausgelöst, sodass gleichartige Struktureinheiten in enge Nachbarschaft gebracht werden und sich eine homogene Keimbildung vollziehen kann. In gleicher Richtung wirken zugesetzte Nukleatoren wie TiO_2, ZrO_2, Cr_2O_3 oder P_2O_5, die zu einer heterogenen Keimbildung führen. Die im Ergebnis beider Keimbildungsvorgänge in der Glasphase entstandenen Primärkristalle wachsen schließlich so lange, bis der völlige Übergang von der unterkühlten Glasschmelze zur polykristallinen Glaskeramik vollzogen ist. Die Temperatur wurde im zweiten Abschnitt dieser Verfahrensstufe um 50 K angehoben.

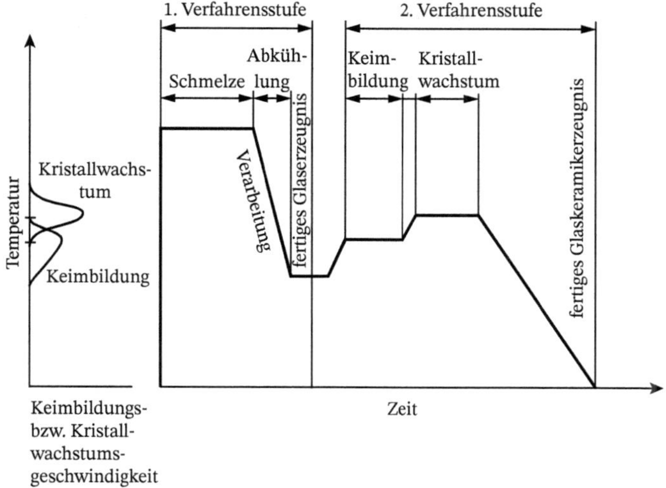

Bild 3.17 Temperaturschema für die Herstellung von Glaskeramikwerkstoffen

Die gleichmäßige und dichte Verteilung der Kristallisationskeime hat zur Folge, dass sich viele kleine Kristalle innerhalb des gesamten Glasvolumens bilden, wodurch ein für die Eigenschaften günstiges Gefüge entsteht. Die Kristallgröße und der Kristallisationsgrad lassen sich über die Haltedauer im Temperaturbereich der maximalen Keimbildungs- und Kristallwachstumsgeschwindigkeit beeinflussen, weshalb mit Recht von einer *gesteuerten Kristallisation* gesprochen werden darf. Wird die Kristallgröße sehr klein gehalten (unterhalb der Lichtwellenlänge) oder unterscheiden sich die Kristalle in ihrer Brechzahl nicht wesentlich von der der restlichen Glasphase, so erhält man eine *transparente Glaskeramik*. Der Kristallisationsprozess ist von keinerlei Volumenänderung begleitet. Die mit der Umwandlung des Glaszustandes in den kristallinen Zustand verbundenen Eigenschaftsänderungen einschließlich der Festigkeitssteigerung werden im Wesentlichen durch die Art der Kristallphase, die Kristallgröße und den Kristallisationsgrad bestimmt.

Gläser des Systems Li_2O-Al_2O_3-SiO_2 bilden in Gegenwart eines Keimbildners (bevorzugt TiO_2) während der Wärmebehandlung Kristalle, die in der Hauptsache aus β-Eukriptit-SiO_2-Mischkristallen oder β-Spodumen-SiO_2-Mischkristallen bestehen. Die Kristalle haben einen sehr geringen bzw. sogar negativen thermischen Ausdehnungskoeffizienten, sodass derartige Vitrokerame keine Wärmedehnung aufweisen. Sie werden für Erzeugnisse eingesetzt, bei denen jede Wärmedehnung vermieden werden muss (Teleskopspiegel, Endmaße) oder Unempfindlichkeit gegenüber Temperaturschock (feuerfeste Herdabdeckungen) gefordert wird. Andererseits ist es möglich, den thermischen Ausdehnungskoeffizienten an den von Stahl oder anderer Metalle anzupassen. Das trifft für Vitrokerame auf der Basis von Li_2O-MgO-SiO_2 zu. Damit lassen sich temperaturwechselbeständige und korrosionsfeste Auskleidungen von Behältern und Reaktionsgefäßen herstellen.

Mit dem Übergang in den kristallinen Zustand ist für spezielle Glaskeramiken auch – wie bei Metallen – die Möglichkeit einer spanenden Bearbeitung und Formgebung verbunden. Die kristalline Phase der *bearbeitbaren Vitrokerame* besteht überwiegend aus dem Fluorglimmer Phlogopit (Blattsilicat). Die Spaltbarkeit der Glimmerkristalle ist parallel zu den kristallographischen Basisflächen (Spaltflächen) aufgrund der schwachen Bindungskräfte zwischen diesen besonders erleichtert. Von außen angreifende Kräfte führen deshalb zu einer Verschiebung und Drehung der Kristallschichten parallel zur Spaltfläche. Eine Bruchausweitung senkrecht zur Basisfläche der Glimmerkristalle ist aus dem gleichen Grunde erschwert.

Die Festigkeit der Glaskeramik lässt sich bis auf den zehnfachen Wert des Ausgangsmaterials erhöhen, wenn in der Glasmatrix Kristalle mit einem größeren Ausdehnungskoeffizienten ausgeschieden werden [9]. Bei der Abkühlung entstehen dann in der Matrix Druckspannungen, die die Ursache für die Verfestigung sind (Abschn. 9.7.2).

Zunehmende Bedeutung gewinnen biokompatible und bioaktive Glaskeramiken als Implantate oder Knochenzemente in der Medizin [10].

3.1.2 Kristallisation von Polymeren

Für die Kristallisation von Polymeren gelten im Prinzip die gleichen thermodynamischen und kinetischen Gesetzmäßigkeiten wie für Metall- und Ionenkristalle. Wegen der von einer kugeligen oder kugelähnlichen Gestalt weit entfernten Form der Makromoleküle ergeben sich jedoch einige Besonderheiten bei Kristallisation, Keimbildung und Kristallwachstum [11].

3.1.2.1 Einfluss der Molekülstruktur auf die Kristallisation

Neben den äußeren Bedingungen der Kristallisation wie Konzentration, Temperatur bzw. Abkühlungsgeschwindigkeit oder Art der Initiierung der Keimbildung haben die chemische bzw. physikalische Struktur der Makromoleküle (Abschn. 2.1.10.3) und die daraus resultierenden zwischenmolekularen Wechselwirkungen entscheidenden Einfluss.

Je einfacher, einheitlicher sowie chemisch und sterisch symmetrischer die Molekülketten aufgebaut sind, umso eher und auf umso größere Bereiche wird eine räumliche Ausrichtung benachbarter Moleküle möglich sein. Je komplizierter, uneinheitlicher und unsymmetrischer der Molekülaufbau oder je stärker die sterische Behinderung, die Verschlaufung verknäuelter Fadenmoleküle oder die Vernetzung der Molekülstrukturen ist, umso weniger wird sich eine Ordnung einstellen können. Die innere Energie U ist am niedrigsten, wenn die Makromoleküle als gestreckte Ketten wie z. B. bei Polyethylen (PE) oder als schraubenförmige Helix wie beim Polyoximethylen (POM) vorliegen und weitestgehend parallel gelagert werden können (Abschn. 2.1.10.4). Infolge der Überlagerung und unterschiedlichen Wirkung weiterer kristallisationsbegünstigender wie auch hemmender Struktureinflüsse ist jedoch eine genaue Vorhersage weder über die Kristallisationsfähigkeit oder die Amorphie noch zu der sich ausbildenden Kristallstruktur von Polymeren möglich.

Die sterisch regelmäßige Struktur der Molekülkette ist eine zwar notwendige, aber nicht hinreichende Voraussetzung für die Kristallisation. Art und Größe der zwischenmolekularen Wechselwirkungen sind von ebensolcher Bedeutung. Während das Polyvinylidenchlorid (PVDC) $[-CH_2-CCl_2-]_n$ wegen der sich überlagernden Wirkung von Dispersions- und Dipol-Dipol-Kräften gut kristallisiert, zeigt das ähnlich gebaute Polyisobutylen (PIB) $[-CH_2-C(CH_3)_2-]_n$ eine Kristallisation nur bei starker Dehnung, weil die hier allein auftretenden Dispersionskräfte (Abschn. 2.1.5.5) die Molekülketten nicht genügend zusammenhalten können.

3.1.2.2 Keimbildung und Kristallwachstum

Bei Polymeren geht die Kristallisation ebenfalls von Keimen aus, die nach Gl. 3.7 und Bild 3.3 oberhalb des kritischen Keimradius r^* umso stabiler sind, je kleiner die Oberfläche des Keims gegenüber seinem Volumen ist. Daher zeigt auch bei Makromolekülen der sich bildende Keim das Bestreben, eine kugelförmige Gestalt anzunehmen. Da aber Δg_v nur dann einen genügend großen Wert annimmt, wenn die einzelnen Moleküle gestreckt und parallel gelagert sind, verbindet sich damit die Forderung, dass die Moleküle im Keim gefaltet sein müssen und eine optimale Faltungshöhe, die *kritische Keimbildungslänge,* nicht überschreiten dürfen.

Zunächst nahm man an, dass die Kristallisation mit der Bildung von *Fransenkeimen* einsetzt, indem sich teilweise gestreckte Kettenabschnitte verschiedener Makromoleküle parallel richten (Bild 3.18 a). Zwischen solchen kristallinen Mikrobereichen und den sie umgebenden amorphen Gebieten besteht ein allmählicher Übergang; es existieren keine Korngrenzen. Derartige Keime wurden beispielsweise bei Polyamid beobachtet [12]. Da ihrer Bildung aber erst eine Streckung der Moleküle über relativ weite Bereiche vorausgehen muss, erscheint diese Art Keimbildung erschwert, sofern die Ausrichtung nicht durch eine Fließorientierung in der hochviskosen Schmelze während des Urformens geschieht. Wahrscheinlicher und leichter vorstellbar dagegen ist, dass sich bereits in der Schmelze Teile der Einzelmolekülkette falten und so genannte *Faltenkeime (Faltungskeime)* bilden (Bild 3.18 a). Tatsächlich haben röntgenographische und elektronenmikroskopische Untersuchungen ergeben, dass bei den meisten kristallisationsfähigen Polymeren die Kristallbildung weitgehend über eine Faltung und Zusammenlagerung mehrerer Makromoleküle zu *Lamellen* erfolgt (Bild 3.19), die als Einkristalle anzusehen sind und je nach den Kristallisationsbedingungen eine Dicke von 10^{-8} bis 10^{-7} m haben können. Beim Polyethylen z. B. treten Molmassen von 10^4 bis 10^7 auf. Aus dem Abstand der C-Atome in der Kette (Bild 2.62) ergeben sich dann Moleküllängen von 10^{-7} bis 10^{-6} m, sodass ein Makromolekül im gleichen Kristall mehrere hundert parallel liegende Falten haben kann. Infolge von Unregelmäßigkeiten in der Faltenbildung am Rande der Lamellen sowie der Erscheinung, dass benachbarte Lamellen durch einzelne Makromoleküle miteinander verbunden werden, entstehen

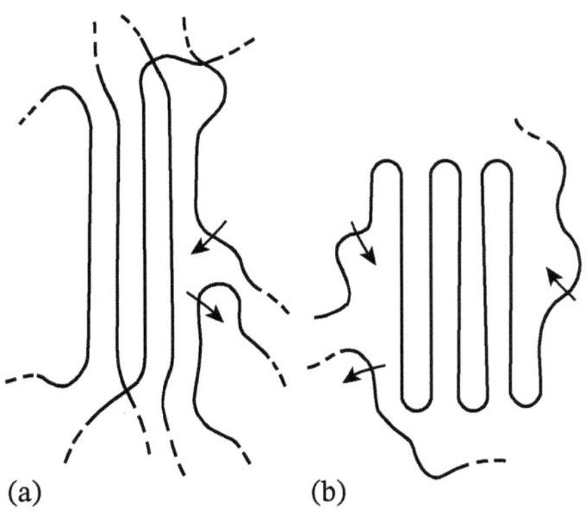

Bild 3.18 Schematische Darstellung von Kristallisationskeimen bei Polymeren: (a) Fransenkeim aus parallel liegenden Makromolekülen; (b) Faltungskeim aus einem in sich gefalteten Makromolekül

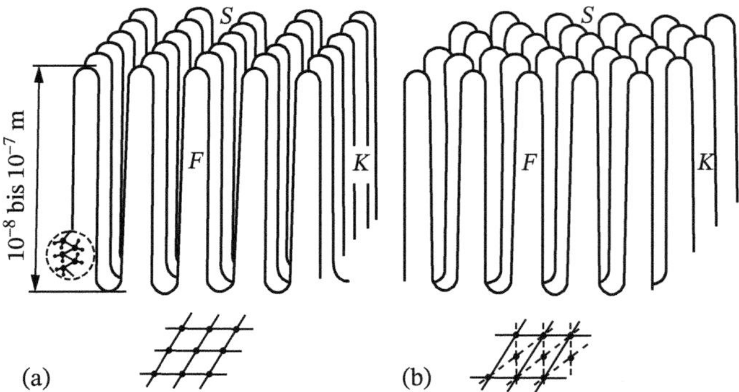

Bild 3.19 Schematische Darstellung der Bildung einer Lamelle durch Faltung von Makromolekülen (idealisierte Faltung). Ansicht von der Seite und Projektion von oben; (a) Faltungen in gedeckter Lage (z. B. bei Polyamid); (b) Faltungen auf Lücke (z. B. bei Polyethylen) *F* Faltenfläche, Wachstum durch Anlagerung weiterer Moleküle energetisch bevorzugt; *K* Kettenfläche, Anlagerung weiterer Moleküle erschwert; *S* Faltungsbögen- oder Schlaufenfläche, Anlagerung von Molekülen nicht ohne weiteres möglich.

dünne amorphe Zwischenbereiche, die als *Korngrenzen* der Lamellen (Kristalle) anzusehen sind. Sie lassen ein weiteres geordnetes Anlagern von Molekülen an den Faltenkeim in diesen Richtungen nicht ohne weiteres zu.

Es ist noch nicht völlig geklärt, warum knäuelförmige Makromoleküle unter Kettenfaltung kristallisieren. Eine thermodynamische Begründung wird darin gesehen, dass für eine bestimmte Faltungslänge, die kritische Keimbildungslänge, Δg_V ein Maximum einnimmt und daher die gefaltete Kette stabiler als die gestreckte ist. Die kinetische Begründung besagt, dass die Keimbildungslänge durch die Abmessungen der homogenen Primärkeime (s. u.) bestimmt wird und von der Unterkühlung und nicht von der Kristallisationstemperatur abhängt. Demnach sind Faltenkeime metastabil und unter allen anderen denkbaren Keimformen jene Keime, die am schnellsten wachsen.

Wie bei den Atom- und Ionenkristallen werden eine homogene und eine heterogene Keimbildung unterschieden. Im Falle der *homogenen* oder *thermischen Keimbildung* entstehen in der Schmelze ohne Beteiligung fremder oder bereits vorgebildeter Oberflächen allein durch die Unterkühlung spontan Primärkeime; beim Polyethylen z. B. bei Temperaturen von > 50 K unter dem Kristallitschmelzpunkt. An solche Keime ist – die von den Faltungsbögen gebildeten Flächen ausgenommen – eine allseitige Anlagerung weiterer Ketten möglich (Bild 3.19). Die *heterogene Keimbildung* geht von fremden Grenzflächen aus, wie Werkzeugwänden, Verunreinigungen oder absichtlich zugesetzten Keimbildnern (Impfen). Dabei kann die Anlagerung teilweise räumlich eingeschränkt sein.

Dienen die beim Aufschmelzen eines polymeren Materials erhalten gebliebenen Bruchstücke der vorherigen kristallinen Ordnung als Keime, dann spricht man von einer *athermischen* oder *verschleppten Keimbildung*. Heterogene und athermische Keimbildung bezeichnet man auch als *sekundäre Keimbildung*. Sie erfordert eine geringere Unterkühlung. Zur Erhöhung von Keimkonzentration und Kristallisationsgeschwindigkeit sowie zur Erzielung eines feinkristallinen Gefüges werden polymeren Schmelzen in bestimmten Fällen Fremdkeime zugesetzt, so dem Polyamid anorganische kristalline Stoffe, z. B. Alkalisalze, oder anorganische Farbpigmente.

Die Keimgröße liegt bei einem Volumen von 10^{-27} bis 10^{-25} m^3 und nimmt mit wachsender Unterkühlung ab. Da ein Polyethylenmolekül ein Volumen von etwa 10^{-24} m^3 einnimmt, reichen für die Bildung eines stabilen Keimes bereits Teile einer Molekülkette aus [12]. Die *Keimkonzentration* einer homogenen (primären) Keimbildung ist bei den einzelnen Polymeren sehr unterschiedlich. Während sie sich bei Polyethylen auf $< 10^{12}$ Keime je cm^3 beläuft (ein Grund dafür, dass sich auch bei extrem rascher Abkühlung eine Kristallisation nicht unterdrücken lässt), liegt sie für Polyethylenoxid $[-CH_2-CH_2-O-]_n$ bei > 1 Keim je cm^3 [13].

Die lineare *Kristallwachstumsgeschwindigkeit* v_w ist von Polymer zu Polymer außerordentlich verschieden, da sie von der Konfiguration und Konformation abhängt. Symmetrisch aufgebaute Makromoleküle kristallisieren sehr rasch (Polyethylen: $v_w = 5.000 \cdot 10^{-6}$ m min^{-1}; Polyoximethylen: $v_w = 1.200 \cdot 10^{-6}$ m min^{-1}). Sperrige Seitengruppen hingegen setzen die Werte stark herab (isotaktisches Polypropylen: $v_w = 20 \cdot 10^{-6}$ m min^{-1}; Polyvinylchlorid: $v_w = 0{,}01 \cdot 10^{-6}$ m min^{-1}) [10]. Außerdem hat auch analog zu Bild 3.8 die Unterkühlung einen großen Einfluss. v_w ist sowohl kurz unterhalb der Kristallitschmelztemperatur T_S, weil sich die noch nicht stabilen Keime rasch wieder auflösen, als auch in der Nähe der Einfriertemperatur der unterkühlten Schmelze T_E (Abschn. 3.2) wegen der geringen Beweglichkeit der Molekülsegmente klein. Folglich wird v_w zwischen T_S und T_E bei der Temperatur $T_{K\,max}$ einen Höchstwert durchlaufen. Faustregeln besagen, dass (T in K) $T_E = (0{,}48$ bis $0{,}69)$ T_S und $T_{K\,max} = 0{,}89$ T_S sind [13].

Bei der Kristallisation können drei Wachstumsformen, zwischen denen viele Übergänge möglich sind, unterschieden werden. Beim *Facettenwachstum* entstehen rauten- oder rhombenförmige Kristallite mit gut ausgebildeten Grenzflächen, aber großer Grenzflächenarmut, da das Wachstum praktisch nur an den Faltenflächen F der Lamellen möglich ist (Bild 3.19). Die Rhomben stellen *Zwillinge* mit den kristallographischen Achsen als Diagonalen dar und zeigen Spiralwachstum durch Schraubenversetzung. Das *Dendritenwachstum* tritt auf, wenn die Kristallite in einer unterkühlten Schmelze bevorzugt in Richtung eines großen Temperaturgefälles hin wachsen. Es ist nicht an bestimmte Grenzflächen gebunden und führt zu bandförmigen Gebilden oder bei allseitiger ungehinderter Ausbreitung (Bild 3.20) zu kugelförmigen Kristalliten, so genannten *Sphärolithen*. Die *mikrokristalline Erstarrung* ist dadurch gekennzeichnet, dass die zwischen den bereits gebildeten und angewachsenen Kristallkeimen liegenden Moleküle oder Molekülteile lediglich ihre Ordnung zueinander noch verbessern.

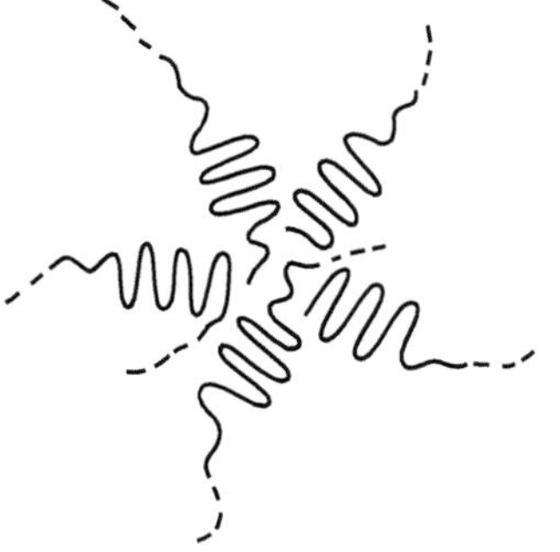

Bild 3.20 Schematische Darstellung der Sphärolithbildung durch allseitiges radiales Wachstum von Lamellen (nur in einer Ebene und idealisiert dargestellt)

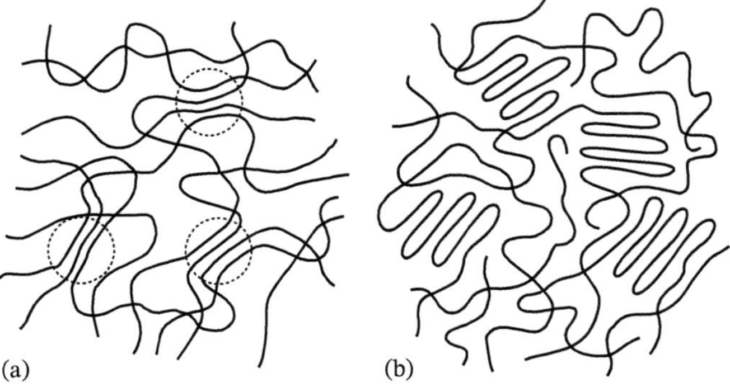

Bild 3.21 Schematische Darstellung eines Gefüges mit kristallinen und amorphen Bereichen (a) kristalline Bereiche durch Fransen; (b) kristalline Bereiche durch Faltung

Die kristallinen Bereiche sind bei Polymeren im Vergleich zur Moleküllänge klein. Dadurch wird ein Makromolekül meist mehreren Kristalliten angehören. Dazwischen liegen im Allgemeinen Gebiete mit amorpher Struktur (Bild 3.21). Nur in wenigen Fällen ist ein Kristallisationsgrad von ≥ 95 % erreicht worden. Die technischen Polymerwerkstoffe liegen entweder im *teilkristallinen Zustand* (Kristallinität allgemein 40 bis 60 %, bei einigen maximal 80 bis 85 %) oder im amorphen Zustand vor. Für das mechanische Verhalten sind die amorphen Bereiche bedeutungsvoll. Völlig kristalline Polymere wären sehr spröde. Auf den orientierten Zustand infolge der Ausrichtung der Molekülfäden unter äußerer Beanspruchung wird im Abschnitt 9.1.2 eingegangen.

Unter günstigen Kristallisationsbedingungen oder auch infolge einer nachträglichen Wärmebehandlung ist das Wachstum der Lamellen an den Faltenflächen nahezu unbegrenzt möglich, sodass Faltungsblöcke von (1,5 bis 10) $\cdot 10^{-8}$ m Dicke, wie bei Polyethylen, entstehen können. Ordnen sich solche Blöcke beim Abkühlen radial zu größeren polykristallinen Einheiten, dann entstehen Sphärolithe, d. h. *kugelförmige Überstrukturen,* deren Durchmesser von < 0,1 bis > 1 mm reichen. Die Lamellenpakete, die meist gegeneinander verdreht sind, liegen radial hintereinander gereiht, sodass die gefalteten Makromoleküle tangential ausgerichtet sind. Zwischen den einzelnen Kristalliten befinden sich amorphe Zwischenbereiche. Werden zudem noch während des Wachstums Verzweigungen gebildet, so entstehen weniger gleichmäßige *garbenförmige Sphärolithe,* wie sie schematisch für Polyamid in Bild 3.22 dargestellt sind. Kristallisieren schließlich Faltungsblöcke ungestört seitlich an Fibrillen an, dann formieren sich die Makromoleküle zu so genannten „Schaschlyk“-Strukturen, die z. B. an linearem Polyethylen nachgewiesen werden konnten (Bild 3.23).

Für die Praxis bringen kristalline Überstrukturen meist Nachteile. So konnte an Polyethylen, Polyoximethylen und Polyamid PA 6.6 festgestellt werden, dass sie bei mechanischer Beanspruchung durch Rissbildung an den Korngrenzen (amorphen Zwischenbereichen) stärker gefährdet sind. Die Werkstoffe sind spröder als solche mit feinkörnigem Gefüge.

3.1.3 Abscheidung aus kolloidalen Lösungen

Die Abscheidung einer kristallinen oder glasigen Phase aus einem kolloiddispersen System verläuft über eine *Sol-Gel-Umwandlung.* Vorwiegend durch Hydrolyse wird aus einer

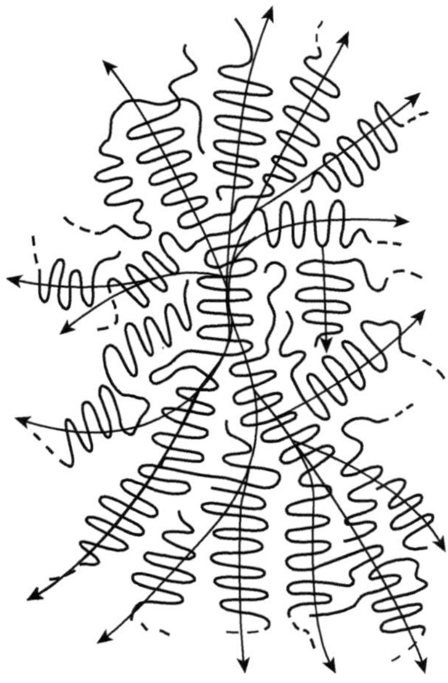

Bild 3.22 Schematische Darstellung eines garbenförmigen Sphärolithen (Polyamid)

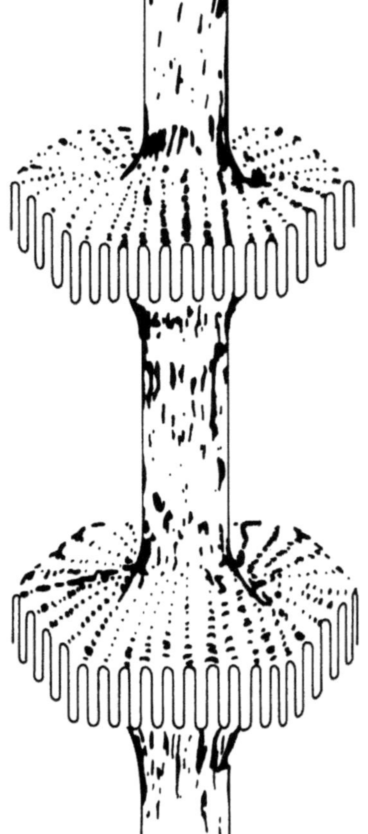

Bild 3.23 Schematische Darstellung einer Schaschlyk-Struktur (lineares Polyethylen; nach [12])

Lösung der Ausgangsstoffe die kolloide Dispersion, das Sol, erhalten. In ihm liegt die dispergierte Phase mit einem mittleren Teilchendurchmesser von 1 bis 500 nm kolloiddispers vor. Das Sol ist damit bezüglich der Teilchengröße zwischen den molekulardispersen Lösungen und den grobdispersen Systemen (Aufschlämmung, Suspension) einzuordnen. Der hohe Zerteilungsgrad der kolloiddispersen Phase bedingt eine große Oberfläche, durch die verschiedene Eigenschaften maßgeblich geprägt werden.

Kolloide Dispersionen sind wesentlich energiereicher als entsprechende Stoffsysteme im kompakten oder grobdispersen Zustand und erhalten ihre Stabilität aus elektrischen Oberflächenladungen oder adsorbierten grenzflächenaktiven Verbindungen (Tenside).

Durch die Aufhebung der stabilisierenden Einflüsse, durch Änderung der Art oder Verringerung der Menge des Dispersionsmittels gehen die formindifferenten Sole in einen makroskopisch höher konsistenten, häufig pastenartigen, aber stets plastisch leicht verformbaren Zustand über, der als Gel bezeichnet wird. Dabei bilden sich räumlich vernetzte Strukturen mit einer relativen Formstabilität. *Reversible Gele* lassen sich wieder in den Solzustand zurückführen, im anderen Fall handelt es sich um *irreversible Gele*, die nur noch begrenzt quellfähig sind.

Die Gele enthalten auch im getrockneten Zustand noch erhebliche Mengen an Dispersionsmittel (in der Regel Wasser). Beim Erhitzen wird dieses jedoch abgegeben, sodass sich zwischen den dispersen Teilchen stärkere Attraktionskräfte entwickeln können, die einen Aggregationsprozess und damit einen mechanischen Zusammenhalt bewirken.

Ein Sol lässt sich durch Dispergieren frisch gefällter Hydroxide oder durch Hydrolyse der entsprechenden Salze erhalten. Zunehmend geht man von metallorganischen oder siliciumorganischen Verbindungen aus. Im Falle der in Alkohol leicht löslichen Alkoxsilane $Si(OR)_4$ mit $R = -CH_3$, $-C_2H_5$ usw. wird durch Wasserzusatz und unter Mitwirkung von Katalysatoren bei Abspaltung von Alkohol die Hydrolyse hervorgerufen (Gl. 3.11) [14].

$$Si(OR)_4 + 2H_2O \rightarrow SiO_2 + 4ROH \tag{3.11}$$

Gleichzeitig setzt eine partielle Kondensation zu kettenförmigen Kolloiden ein (Solbildung).

Die Gelbildung verläuft als ein gesteuerter weiterführender Prozess unter zunehmender Agglomeration bzw. Vernetzung nach dem folgenden Schema:

$$\left[\mathrm{RO{-}Si(OR)_2{-}OR}\right]_n \xrightarrow[+\,H_2O,\ -\,ROH]{\text{Hydrolyse und partielle Kondensation}} \left[\mathrm{HO{-}Si(OH)_2{-}O{-}Si(OH)_2{-}\cdots{-}Si(OH)_2{-}OH}\right]_m \xrightarrow[-\,H_2O]{\text{Kondensation (Vernetzung)}} \text{Gel: } \cdots{-}Si{-}O{-}Si{-}O{-}Si{-}\cdots \text{ (über O vernetzt, mit eingelagertem } H_2O)$$

Lösung — Sol — Gel

Nach Abtrennung des Dispersionsmittels wird getrocknet und im Falle der Pulvergewinnung bei Temperaturen zwischen 400 und 800 °C kalziniert. Man erhält das kristalline Endprodukt in oxidischer Form mit einstellbarer Kornfeinheit in sehr reinem und homogenem Zustand und mit erhöhter Sinteraktivität. Der Übergang vom Gel zum Glas vollzieht sich durch Sintern bei Temperaturen im Einfrierbereich (Abschn. 3.2) oder wenig darüber. Für Kieselglas aus SiO_2-Gel sind bereits 600 bis 1.000 °C ausreichend.

Die *Sol-Gel-Technik* ermöglicht z. B. die Herstellung spezieller Gläser in dünnen Schichten, Filmen oder Fasern unter Umgehung der Schmelzphase oder feindisperser und sehr homogen dotierter Pulver für keramische Erzeugnisse. Neben Si- und Al-Oxidpulvern werden auch Pulver aus Ti-, Nb-, Zr-, Hf-Oxid und weitere Übergangsmetalloxidpulver höchster Reinheit (Gesamtverunreinigungsgehalt $\leq$ 100 ppm) gewonnen [15]. Die Anwendung von Nano-Pulvern als Ausgangsmaterial für Keramikwerkstoffe führt zu einer deutlichen Senkung der Sintertemperatur und gewährleistet in Verbindung mit angepassten Formgebungsverfahren ein defektarmes Gefüge. Es lassen sich gegenüber Korrosionseinflüssen und hohen Temperaturen beständige keramische Filterschichten herstellen, die bei einer Dicke von 10 bis 30 µm einen Porendurchmesser von wenigen bis 100 nm aufweisen. Vorteile durch die Sol-Gel-Technologie ergeben sich bei der Fertigung von hochreinen und gezielt dotierten Kieselglasfasern für die Nachrichtenübertragung sowie bei der Herstellung von Bausteinen für die optische Nachrichtentechnik.

Mittels der Sol-Gel-Technik aufgebrachte dünne Schichten erhöhen infolge ihrer speziellen Eigenschaften oder der resultierenden Eigenschaftskombinationen den Gebrauchswert und den Anwendungsbereich von Erzeugnissen in bemerkenswertem Maße. Als Beispiel sei die Werkstoffgruppe der Ormocere (Organically Modified Ceramics) angeführt, bei der molekulare Netzwerke anorganischer Keramiken und Gläser mit denen organischer Polymerer ineinander wachsen. Hauchdünne Silicatschichten erhöhen die Oberflächenhärte, während gleichzeitig die Flexibilität und das geringe Gewicht des Polymerwerkstoffs erhalten bleiben (Brillengläser).

Aufgrund ihrer Stellung zwischen atomaren Bausteinen der Materie und festen Körpern zeigen Nanopartikel im Verbund häufig neue und überraschende Eigenschaften. Dazu gehören u. a. schnelle elektronisch gesteuerte Änderungen der Steifigkeit, der Lichtdurchlässigkeit und der Farbe.

3.2 Übergang in den Zustand der unterkühlten Schmelze und in den Glaszustand

Auch bei einem prinzipiell kristallisierbaren Stoff reichen gegebene strukturelle Voraussetzungen allein nicht aus, ihn unterhalb der Schmelztemperatur T_S auch tatsächlich in den thermodynamisch stabilen kristallinen Zustand zu überführen. Die Kristallisation unterbleibt, wenn die dazu notwendigen Mindestwerte für Keimbildungsgeschwindigkeit und Kristallwachstumsgeschwindigkeit z. B. durch sehr schnelles Abkühlen der Schmelze unterschritten werden. Infolge des Aufhörens der makrobrownschen Bewegung und des starken Viskositätsanstiegs haben die Stoffbausteine keine Möglichkeit mehr, einen Kristall zu bilden. Der Stoff geht stetig aus dem Zustand der Schmelze in den Zustand der unterkühlten Schmelze und danach in den Glaszustand über. Nichtkristallisierbare Stoffe behalten bei der Abkühlung und Erstarrung grundsätzlich ihren amorphen Zustand, wie er in der Schmelze vorliegt, bei (Abschn. 2.2.1).

Polymere und silicattechnische Werkstoffe lassen sich bei geeigneter Abkühlung bleibend in den Zustand einer unterkühlten Schmelze überführen. Dabei liegen amorphe Polymere und anorganische Gläser in einem thermodynamisch stabilen Zustand, kristallisierbare Polymere und silicattechnische Werkstoffe aber in einem thermodynamisch metastabilen Zustand vor.

Da die Größe der Entropie S ein Maß für den molekularen Ordnungszustand darstellt, lassen sich mit ihrer Hilfe Veränderungen des Unordnungs- bzw. Ordnungszustandes beschreiben. Wie Bild 3.24 zeigt, nimmt die Entropie bei der kristallinen Erstarrung sprunghaft um ΔS ab. Der allmählichere Übergang (Kurventeil 6) in die Kurve 5 ist dadurch bedingt, dass die Kristallisation mit endlicher Geschwindigkeit abläuft. Im Zuge der weiteren Abkühlung des festen Kristalls (Kurve 5) wird der Ordnungszustand nur noch geringfügig, vor allem infolge der stetigen Abnahme der Wärmebewegungen der Bausteine um ihre Gleichgewichtslagen, verbessert. Bei $T = 0$ K schließlich haben alle Bausteine die höchstmögliche Ordnung erlangt, in der sie nur noch Nullpunktschwingungen ausführen.

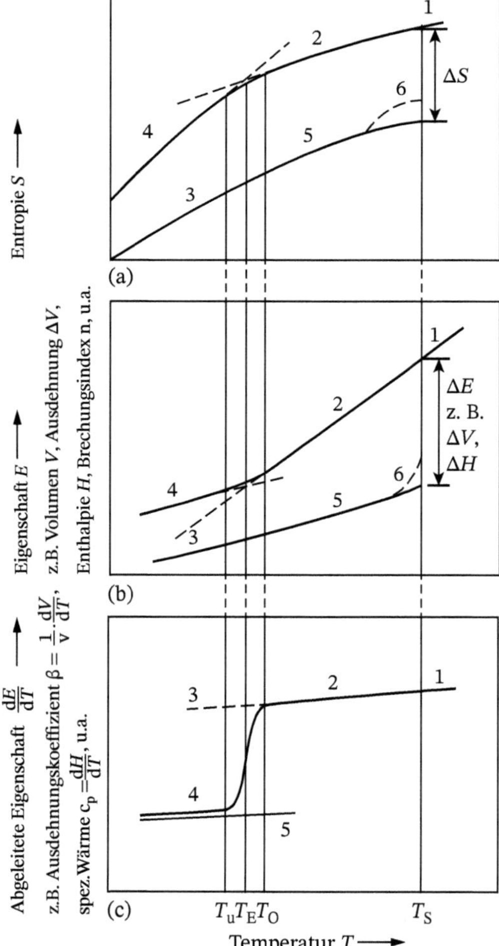

Bild 3.24 Schematische Darstellung der Eigenschafts-Temperatur-Kurven von Polymeren und silicattechnischen Werkstoffen. T_S Schmelztemperatur (Schmelzpunkt, Liquidustemperatur); T_E Einfriertemperatur (Transformationstemperatur); T_u bzw. T_o untere bzw. obere Grenze des Einfriertemperaturbereiches; ΔE Eigenschaftsänderung am Schmelzpunkt; ΔH Schmelzenthalpie; ΔV Volumenänderung am Schmelzpunkt; ΔS Schmelzentropie. *1* Schmelze (flüssiger Zustand); *2* Zustand unterkühlter Schmelze; *3* Gleichgewichtszustand der unterkühlten Schmelze; *4* Glaszustand; *5* kristalliner Zustand; *6* Bereich der zeitabhängigen Bildung der Kristallite.

Wird die Kristallisation unterdrückt, ist die Abkühlung aus der Schmelze (Kurventeil 1) zwar auch mit einer Verbesserung der Ordnung verbunden (Kurventeil 2), sie ist jedoch wesentlich geringer als beim Übergang zum Kristall. Der damit gegebene Zustand wird als *unterkühlte Schmelze* bezeichnet. Er wird von der Schmelztemperatur T_S und der Einfriertemperatur T_E eingegrenzt. Je mehr sich T der Einfriertemperatur annähert, umso flacher verläuft die $S(T)$-Kurve. Da die mikrobrownschen Bewegungen immer mehr abnehmen, wird der Ordnungszuwachs umso geringer. Die Struktur des Stoffes ist der der Schmelze weitgehend ähnlich, sie ist amorph (Abschn. 2.2.1). Wie Bild 3.24 b verdeutlicht, zeigen auch andere Größen, wie z. B. die Enthalpie oder das Volumen, einen der Entropie S analogen, den Übergang in den kristallinen bzw. in den Zustand der unterkühlten Schmelze wiedergebenden Verlauf.

Wird eine unterkühlte Schmelze weiter abgekühlt, so erfolgt entweder bei kristallisierbaren Stoffen eine spontane Kristallisation (Übergang von Kurve 2 auf Kurve 5), wobei der Stoff aus dem metastabilen in den stabilen Zustand übergeht, oder der Stoff geht, wenn die kinetischen und strukturellen Voraussetzungen hierfür nicht gegeben sind, bei T_E in den *Glaszustand* über. Die $S(T)$-Kurve 2 führt nicht in Richtung auf den Koordinatenursprung (Kurventeil 3), sondern knickt bei T_E ab und verläuft (Kurventeil 4) mit einem kleineren Temperaturkoeffizienten weiter. Mit dem Unterschreiten der Einfriertemperatur ist die Viskosität des Stoffes so groß geworden ($\geq 10^{12}$ Pa s), dass eine weitere Verbesserung der Ordnung durch Lagenveränderungen der Bausteine stark behindert ist. Die Wahrscheinlichkeit für Platzwechsel nimmt rapide ab, und die mikrobrownsche Bewegung friert ein. Der Stoff hat die Eigenschaften eines Festkörpers, seine Struktur ist amorph.

Wie die Kristallisation ist auch der Übergang unterkühlte Schmelze-Glas durch eine wenn auch nicht so stark ausgeprägte Änderung der Temperaturabhängigkeit bestimmter Eigenschaften gekennzeichnet. Mit deren Hilfe lässt sich umgekehrt die Einfriertemperatur ermitteln. Sie ergibt sich entweder aus den Schnittpunkten der verlängerten Kurven 2 und 4 (Bild 3.24 b) oder, wenn man die Ableitung der betreffenden Eigenschaft nach der Temperatur bildet, als Mittelwert der den Steilabfall eingrenzenden Temperaturen T_u und T_o (Bild 3.24 c). Das von diesen Temperaturen eingeschlossene Temperaturgebiet wird als *Einfrierbereich* bezeichnet.

Im Glaszustand befindet sich der Stoff im Vergleich zum Kristall in einem thermodynamischen Ungleichgewicht. Im Hinblick auf den Zustand der unterkühlten Schmelze ist er aber in einem thermisch-strukturellen Ungleichgewicht. Das kommt auch im Verlauf der Entropie S zum Ausdruck, da der Stoff hinsichtlich der Ordnung seiner Bausteine die Entropie der unterkühlten Schmelze bei T_E beibehält. Der Abfall der Kurve 4 rührt nur noch von den mit der Temperatur abnehmenden Wärmeschwingungen der Bausteine her. Im Glaszustand befindliche amorphe polymere und silicatische Stoffe versuchen, den stabilen Zustand der unterkühlten Schmelze wieder einzunehmen (Übergang von Kurve 4 zu Kurve 3), kristallisierbare Stoffe hingegen den des Kristalls, indem sie entglasen.

Dass bei T_E tatsächlich ein Einfrieren der Bausteinbewegungen und keine Umwandlung eintritt, kann experimentell dadurch gezeigt werden, dass sich bei schneller Abkühlung T_E zu höheren Temperaturen verschiebt und bei extrem langsamer Temperaturerniedrigung das Abknicken der Kurve in den Glaszustand sogar ausbleibt (Bild 3.25). Der Verlauf der Kurve 2 zu 3, 4 oder 5 ist also von der Geschwindigkeit der Abkühlung abhängig. Durch *Nachwirkungen* (Pfeil a) versucht der Stoff, seinen stabilen Zustand (Kurve 3) einzunehmen. Umgekehrt gelangt er bei sehr schneller Erwärmung in einen instabilen Zustand

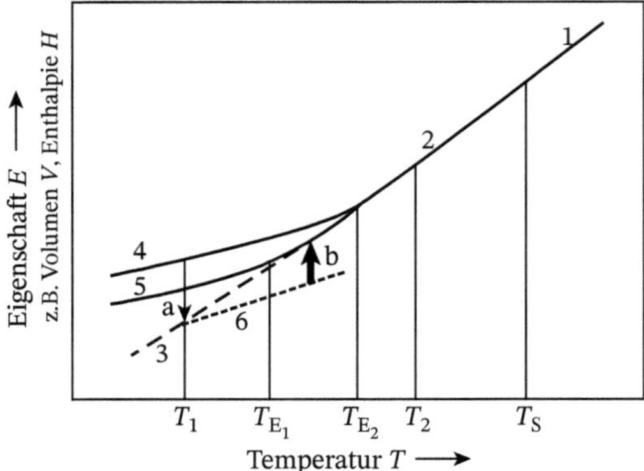

Bild 3.25 Abhängigkeit des Einfriervorganges von der Abkühlungsgeschwindigkeit. T_S Schmelztemperatur; T_{E2} Einfriertemperatur bei schneller Abkühlung; T_{E1} Einfriertemperatur bei langsamer Abkühlung; *1* Schmelze (flüssiger Zustand); *2* Zustand unterkühlter Schmelze; *3* Gleichgewichtszustand der unterkühlten Schmelze bei extrem langsamer Abkühlung von T_2 auf T_1; *4* Glaszustand bei schneller Abkühlung; *5* Glaszustand bei langsamer Abkühlung; *6* Eigenschafts-Temperatur-Kurve bei schneller Erwärmung von T_1 auf T_2; a) langsame Eigenschaftsnachwirkung im Glaszustand zum Gleichgewichtszustand 3 hin; b) rasche Eigenschaftsnachwirkung nach schneller Erwärmung.

(Kurve 6), aus dem er durch Nachwirkungen (Pfeil b) den stabilen Zustand der unterkühlten Schmelze zu erreichen sucht. Außer durch die Abkühlungsgeschwindigkeit lässt sich die Lage von T_E auch durch andere, die Bausteinbeweglichkeit beeinflussende Maßnahmen verändern. Wird z. B. bei Polymeren die Beweglichkeit der Moleküle durch die Zugabe von Weichmachern oder – über eine Mischpolymerisation oder Polymermischung – anderen Polymeren mit niedrigeren Einfriertemperaturen erhöht, so erniedrigt sich T_E.

Bei anorganischen Gläsern treten zwischen T_S und T_E häufiger *Entmischungen* auf (Abschn. 3.2.2). Darunter versteht man die Trennung in mehrere Phasen, die unterhalb T_E als emulsionsartig vermischte Mikrophasen in der Größe von einzelnen Molekülaggregationen bis zu mikroskopisch wahrnehmbaren Tröpfchen erhalten bleiben. Art und Größe der Mikrophasen bestimmen die Eigenschaften der Gläser in starkem Maße. An den Phasengrenzflächen bestehen günstige Voraussetzungen für eine Entglasung, d. h. eine Kristallisation des Glases (Abschn. 3.1.1.3).

Wie schon eingangs des Abschnitts 2.2 erwähnt, ist der Zustand der unterkühlten Schmelze wie auch der Glaszustand für die praktische Nutzung von Polymeren und silicatischen Gläsern von grundsätzlicher Bedeutung. Aus Tab. 3.1 geht hervor, dass zahlreiche Polymere, vor allem jedoch Elastomere, im Zustand der unterkühlten Schmelze, der bei diesen Werkstoffen oft bis weit unter die Raumtemperatur reicht, technisch angewendet werden. Kristallisierbare Polymere kristallisieren dann während des Gebrauchs nach (Abschn. 4.1.5). Andere Polymere, vorzugsweise Thermoplaste, und anorganische Gläser werden im Glaszustand eingesetzt.

In der Polymerschmelze befindet sich zwischen den Makromolekülen ein „freies Volumen“ (Leerstellen), das mit der Temperatur ansteigt (Bild 3.26 a), unterhalb der Einfriertemperatur des Polymers (Glaszustand) aber ebenfalls eingefroren ist. Findet eine teilweise Kristallisation des Polymers statt, sinkt das spezifische Volumen sprunghaft ab (Bild 3.26 b). Bild 3.26 zeigt ferner, dass mit steigendem Druck *p* das spezifische Volumen und der Anstieg der *V*/*T*-Kurven vermindert werden [16].

Tab. 3.1 Schmelztemperatur T_S und Einfriertemperatur T_E für ausgewählte Polymere und silicattechnische Werkstoffe (E Elastomere; T Thermoplaste).

Werkstofftyp	T_S °C	T_E °C
Polyisobutylen E	100 … 130	−74 … −60
Naturkautschuk E	–[a]	−72
Polyethylen T	110 … 140	−68
Polyurethan-Kautschuk E	–[a]	−40 … +20
Polyvinylacetat T	60 … 80	28 … 31
Polyvinylchlorid T	80 … 160	75
Polystyren T	120 … 160	90 … 100
Polymethylmethacrylat T	120 … 150	≈ 100
Polyurethan-Hartschaum	–[a]	120 … 200
Kieselglas	1.723	≈ 1.200
Natronsilicatglas (Fensterglas)	etwa 900	540
Borosilicatglas (chemisch-technisches Glas)	etwa 1.000	570

Bei amorphen Thermoplasten vollzieht sich das Aufschmelzen in einem weiten Erweichungs- oder Schmelzbereich, der sich mit zunehmender Uneinheitlichkeit des Polymerisationsgrades noch verbreitert. Schmelz- und Erweichungstemperatur erhöhen sich außerdem mit der Molmasse.
a) Vernetzte Polymere lassen sich nicht mehr aufschmelzen.

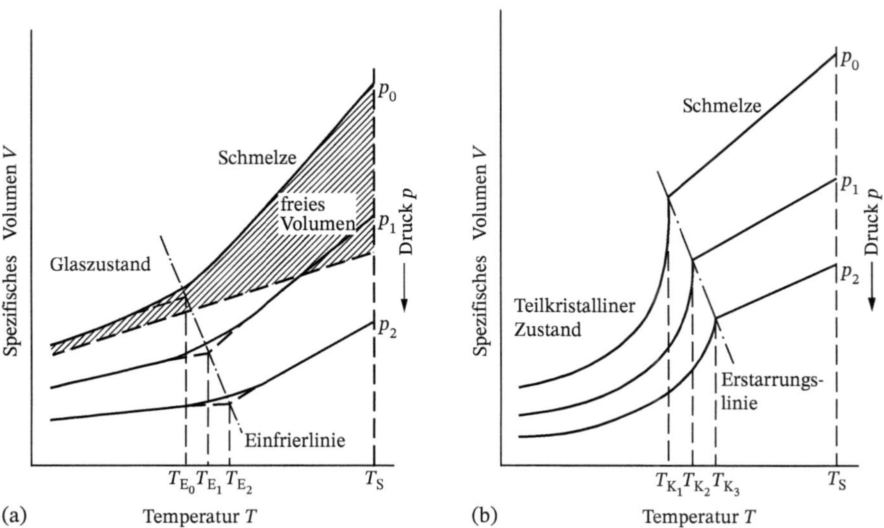

Bild 3.26 *p-V-T*-Diagramme eines amorphen (a) und eines teilkristallinen (b) Thermoplasts; T_E Einfriertemperatur; T_S Schmelztemperatur; T_K Kristallisationstemperatur

3.2.1 Änderung der Viskosität bei der amorphen Erstarrung

Ein wesentliches Charakteristikum der amorphen Erstarrung von Schmelzen ist die über einen weiten Temperaturbereich kontinuierliche Änderung der *Viskosität*.[1] Sie ergibt sich aus den Besonderheiten des amorphen Zustandes und ist für die Verarbeitung, insbesondere das Ur- und Umformen der betreffenden Stoffe, entscheidend.

Die Schmelzen der Polymere bestehen aus denselben fadenförmigen Makromolekülen, die vorher durch bestimmte Aufbaureaktionen gebildet wurden, wenn man davon absieht, dass sie bei zu hohen oder zu lange einwirkenden Temperaturen infolge Kettenabbau, Depolymerisation, Pyrolyse und nicht gewollter Vernetzung thermisch geschädigt werden können. Wird die Temperatur der Schmelze erniedrigt, dann nimmt die kinetische Energie ab, und die zwischenmolekularen Wechselwirkungen werden stärker. Damit werden die Platzwechselmöglichkeiten der Moleküle immer mehr eingeschränkt und zugleich auch die mikrobrownschen Bewegungen der Molekülsegmente und Seitengruppen schwächer, sodass die Viskosität stark ansteigt und das Fließvermögen des Polymers rapide abnimmt. Polymerschmelzen und unterkühlte Schmelzen zeigen ein *nichtnewtonsches Fließen*, das durch Fließanomalien wie die Strukturviskosität und die Entropieelastizität oder die Relaxation gekennzeichnet ist. Dieses Verhalten ist nicht nur für das Urformen und Umformen von Polymerwerkstoffen zu Formteilen oder Halbzeugen von Bedeutung. Es bedingt auch das bei allen mechanischen Beanspruchungen für Polymere charakteristische zeit- und beanspruchungsabhängige viskoelastische und viskose Verformungsverhalten (Abschn. 9.3).

In silicatischen Schmelzen sind die Strukturelemente bereits miteinander zu größeren Baugruppen verbunden. Die zwischen ihnen bestehenden Ionenbindungen öffnen und schließen sich ständig. Die gebildeten dreidimensionalen und weitgehend ungeordnet verknüpften Netzwerkstücke sind die Ursache der relativ hohen Viskosität der Schmelze. Mit abnehmender Temperatur sinkt die kinetische Energie des Systems. Es wächst die Wahrscheinlichkeit eines weiteren Zusammenschlusses von Baugruppen zu größeren Struktureinheiten, sodass sich das für Glas typische Netzwerk ausbilden kann, wobei die Viskosität mit dem Grad der Vernetzung ständig zunimmt. Im Bereich des festen amorphen Stoffes mit völlig vernetzter Struktur ändert sich die Viskosität nur noch wenig mit der Temperatur.

Die Kenntnis der Temperaturabhängigkeit der Viskosität η von Gläsern und Schmelzen ist von erheblicher praktischer Bedeutung, da die Zähigkeit die Herstellungs- und Verarbeitungstechnologie entscheidend beeinflusst und die Einstellung der jeweils notwendigen Viskosität über die Arbeitstemperatur erfolgt. Von den zahlreichen mathematischen Ansätzen entspricht die *Vogel-Fulcher-Tammann*-Gleichung (Gl. 3.12)

$$\lg \eta = A + B/(T - T_0) \tag{3.12}$$

am besten den Erfordernissen, da sie besonders gut die Verhältnisse im verarbeitungstechnisch wichtigen Temperaturbereich oberhalb der Einfriertemperatur beschreibt. A, B und T_0 sind Konstanten, die für jedes Glas mittels dreier möglichst weit auseinander liegender Viskositätsfixpunkte bestimmt werden müssen. *Viskositätsfixpunkte* sind solche

1 dynamische Viskosität.

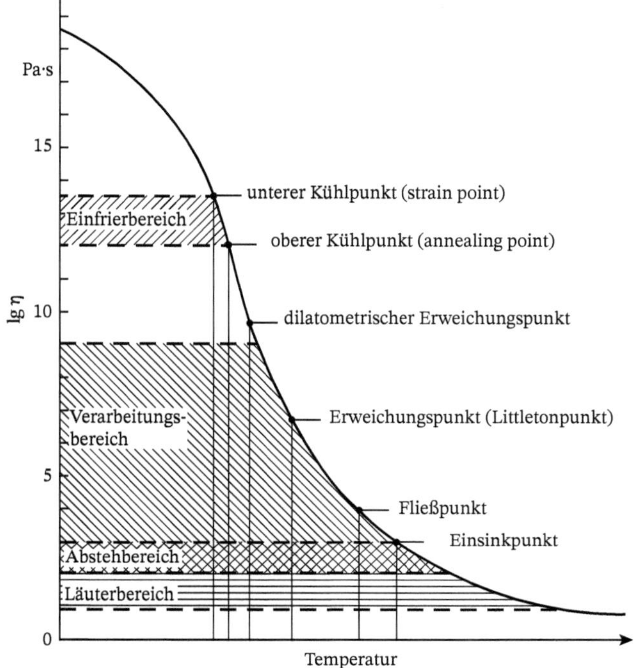

Bild 3.27 Grundsätzlicher Verlauf der Viskositäts-Temperatur-Kurve für Gläser mit eingezeichneten Viskositätsfixpunkten

Viskositätswerte, die für das Erschmelzen und die Verarbeitung von Gläsern charakteristisch sind. Die ihnen zugeordneten Arbeitstemperaturen werden der Viskositäts-Temperatur-Kurve (Bild 3.27) entnommen.

Neben der Temperatur übt die chemische Zusammensetzung einen deutlichen Einfluss auf die Viskosität einer Schmelze aus. Da ein Austausch von Komponenten mit strukturellen Veränderungen verbunden ist, sind auch entsprechende Auswirkungen auf die Zähigkeit verständlich. Die hohe Viskosität einer Kieselglasschmelze beispielsweise ergibt sich aus der vollständigen dreidimensionalen Verknüpfung der SiO_4^{4-}-Tetraeder zu einem Netzwerk. Trennstellen hingegen verringern die Viskosität, da durch sie das Netzwerk aufgelockert wird (Abschn. 2.2.2). So führt der Einbau von netzwerkwandelnden Alkaliionen in das Kieselglasnetzwerk auch zu einer starken Viskositätsabnahme der Schmelze.

3.2.2 Phasentrennung im Zustand der unterkühlten Schmelze

Beim Abkühlen von Silicatschmelzen kommt es bereits oberhalb der Liquidustemperatur zur Aggregation und *Schwarmbildung* der leicht beweglichen Netzwerkwandlerkationen in einer Flüssigkeitsstruktur, die schon aus relativ großen Netzwerkstücken besteht. Bedingt durch die Glaszusammensetzung, die Bindungskräfte der einzelnen Komponenten und durch die unterschiedliche Beweglichkeit der Bausteine, kann die Entmischung bei höheren Temperaturen schließlich so weit fortschreiten, dass sich eine Mikrophase bildet. Diese hat gegenüber der Matrix eine unterschiedliche chemische Zusammensetzung und ist von dieser durch eine Phasengrenze deutlich abgegrenzt. Letzteres muss nicht immer der Fall sein.

Bei Bestehen einer metastabilen Mischungslücke im Subliquidusgebiet (Bild 3.30) ist ein spinodaler Zerfall möglich (Abschn. 5.3.5), bei dem die *Mikrophasenbildung* allein über thermisch bedingte Fluktuation der Komponenten durch eine spontane Trennung in zwei unterkühlte Schmelzphasen geschieht.

Triebkraft der Phasentrennung ist die Abnahme der freien Enthalpie des Systems, da sich die Änderung der Zusammensetzung der Phasen in Richtung definierter Verbindungen bewegt. Die gebildeten Phasen weisen insgesamt einen höheren Ordnungszustand auf als die ursprüngliche Matrix. Im Ergebnis einer solchen *spinodalen Entmischung* entsteht bei nur geringer Grenzflächenspannung ein Gefüge, in dem sich die Phasen gegenseitig durchdringen (Bild 3.28), wie das beispielsweise zumindest für den Beginn der Phasentrennung bei Gläsern des Vycortyps (System Na_2O-B_2O_3-SiO_2) typisch ist. Bei höherer Grenzflächenspannung zwischen Matrix und Mikrophase nimmt letztere Tröpfchenform an. Die Bildung von Phasengrenzen ist freilich mit einem Energieaufwand verbunden, der von dem sich entmischenden System selbst zur Verfügung gestellt wird. Die sich einstellenden Ordnungszustände müssen also insgesamt mehr Energie freisetzen, als für die Bildung der Phasengrenzen benötigt wird.

Der Prozess kann unter bestimmten Voraussetzungen weiterlaufen und zu stöchiometrisch zusammengesetzten Verbindungen führen, wobei es schließlich zu einer Kristallisation der Tröpfchenphase (Bild 3.29), der Matrix oder beider Phasen kommt. Die Einstellung einer Verbindung definierter Zusammensetzung ist hierfür bereits als Vorstufe zu werten. Als Regel gilt, dass zur Entmischung neigende Gläser auch leicht zur Kristallisation gebracht werden können. Mit Kenntnis der Zusammenhänge, die zur Phasentrennung führen, lässt sich eine *gesteuerte Kristallisation* durchführen (Abschn. 3.1.1.3).

Es braucht nicht bei einer einfachen Entmischung unter Bildung von zwei Phasen zu bleiben. Es können sich weitere Ausscheidungen sowohl in der Matrix als auch in der primär abgetrennten Tröpfchenphase bilden, wenn durch die erste Phasentrennung Gleichgewichtszustände, die bei tieferen Temperaturen liegen, noch nicht erreicht wurden. *W. Vogel* zeigt einen solchen Fall im glasbildenden System BaO-B_2O_3-SiO_2 bei dem schließlich im Gleichgewichtszustand sechs unterschiedliche Phasen nebeneinander vorliegen (Bild 3.30). Bei der Temperatur T_1 zerfällt die unterkühlte Glasschmelze in die Tröpfchenphase Tr_1 und die Matrix M_1. In einer zweiten Stufe scheiden sich bei T_2 aus der Matrix Tröpfchen Tr_2 aus, wobei die Matrix M_1 in eine solche der Zusammensetzung M_2 übergeht. Bei T_3 bilden sich aus Tr_1 die Phasen Tr_3 und Tr_4. Während sich die Phase Tr_4 bei T_4 in die Phasen Tr_5 und Tr_6 trennt, kommt es bei T_5 zur Bildung von Tr_7 und Tr_8 aus der Phase Tr_3. Es liegen

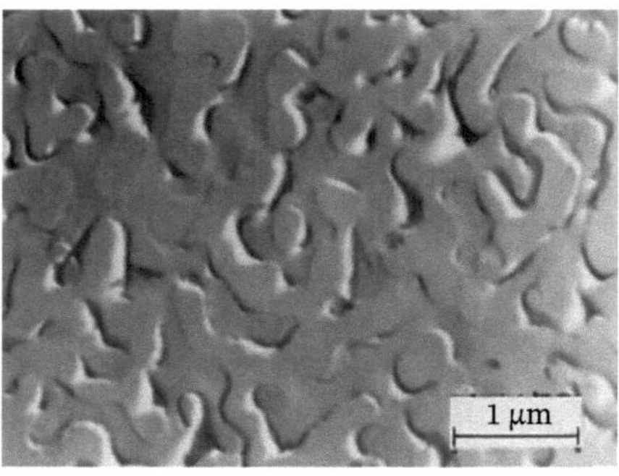

Bild 3.28 Durch Entmischung gebildetes Durchdringungsgefüge eines Glases vom Vycortyp (nach *Skatulla*)

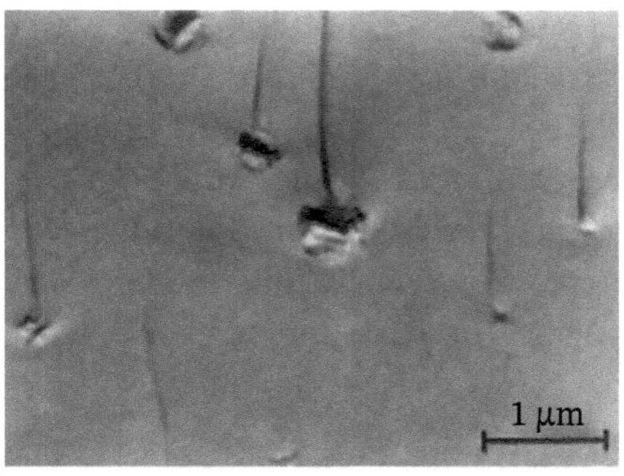

Bild 3.29 Kristallisierte Tröpfchenphase in einem entmischten Glas. Die von Tröpfchen ausgehenden Bruchfahnen entstanden bei der Präparation (nach *Skatulla*).

jetzt die bei unterschiedlichen Temperaturen gebildeten Phasen M_2, Tr_2, Tr_5, Tr_6, Tr_7 und Tr_8 nebeneinander vor.

Derartige Entmischungen können nicht nur im Zuge der Abkühlung aus der Schmelze, sondern auch durch eine der Abkühlung nachfolgende Wärmebehandlung, die die zur Diffusion notwendige Energie liefert, erzeugt werden. Ein typisches Beispiel hierfür ist die Entmischung von Natriumboratsilicatgläsern des Vycortyps. Als Folge einer Subliquidusentmischung bilden sich bei einer Wärmebehandlung zwischen 550 bis 750 °C gegenseitig durchdringende Phasen (Bild 3.28), die mit zunehmender Glühtemperatur und -dauer zu einer mit bloßem Auge erkennbaren Trübung des Glases führen. Während die Borsäurematrix und die natriumoxidreiche Boratglasphase mit verdünnten Mineralsäuren aus dem Glaskörper herausgelöst werden können, bleibt die SiO_2-reiche Phase zurück und bildet ein durchgängiges Gerüst mit überwiegend offener Porenstruktur, ohne dass die ursprüngliche Form des Körpers verändert wird. Man erhält ein poröses Glas aus etwa 96 % SiO_2, das durch anschließendes Sintern bei etwa 1.100 °C zu einem dichten und durchsichtigen kieselglasähnlichen Glas umgeformt wird. Derartige *Vycorgläser* werden industriell hergestellt und haben sowohl in der porösen als auch der gesinterten Form Anwendung gefunden.

Entmischungseffekte führen durch die Bildung unterschiedlich zusammengesetzter *Mikrophasen* zu Eigenschaftsänderungen gegenüber dem Ausgangsglas. Art und Umfang der Änderungen werden von der Glaszusammensetzung, dem Entmischungsverlauf sowie

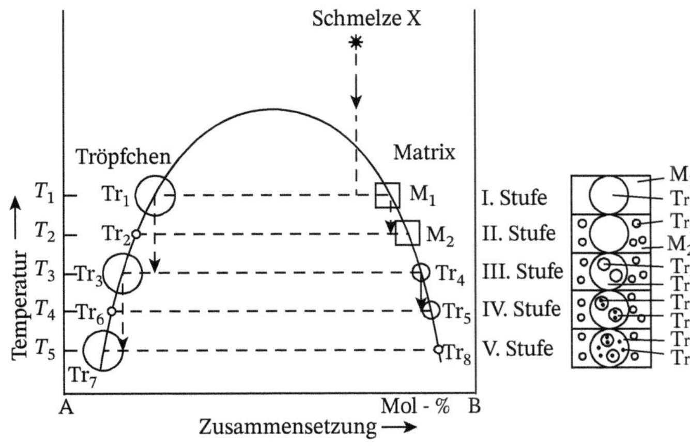

Bild 3.30 Schematische Darstellung eines stufenförmigen Entmischungsprozesses in Gläsern mit mehr als zwei Mikrophasen (nach [9])

von Zahl und Größe der Mikrophasen bestimmt. Fast immer wirkt sich die Phasentrennung auf das optische Verhalten aus. Teilchengrößen beträchtlich unterhalb der eingestrahlten Lichtwellenlänge haben infolge Beugung eine schwache Opaleszenz, verbunden mit einer unterschiedlichen Färbung in Abhängigkeit von der Richtung des einfallenden Lichtes zum Betrachter, zur Folge. Eine Vergrößerung der ausgeschiedenen Phasen kann schließlich durch unterschiedliche Lichtbrechung und Transparenz sowie durch diffuse Reflexion zu ausgesprochenen *Trübgläsern* führen, die seit langem praktisch genutzt werden.

3.2.3 Amorphe Erstarrung von Metallen und Legierungen

Bei Metallen werden mit immer schnellerer Abkühlung aus dem schmelzflüssigen Zustand beträchtliche morphologische Veränderungen im Erstarrungsgefüge und Änderungen in der Phasenzusammensetzung bei Legierungen bis hin zur Überführung in den amorphen festen Zustand beobachtet (Tab. 3.2). Als Folge der bei rascher Erstarrung eingeschränkten Diffusion ist zunächst das Dendritenwachstum behindert und die Dendritenabstände werden kleiner. Damit verringert sich die mittlere Kristallitgröße, und das Gussgefüge fällt feinkörniger und gleichmäßiger aus.

In Legierungen mit begrenzten Mischkristallbereichen werden mit zunehmender Abkühlungsgeschwindigkeit die Homogenitätsgebiete im Phasendiagramm bedeutend erweitert (Abschn. 5.6.1). Es tritt eine starke metastabile Übersättigung der Mischkristalle, d. h. eine Abweichung von der chemischen Zusammensetzung der Phasen unter Gleichgewichtsbedingungen, ein. In Systemen mit intermetallischen Verbindungen bilden sich bei extrem rascher Abkühlung metastabile neue Phasen, die sich von den unter

Tab. 3.2 Übersicht über das Gebiet der Schnellabkühlung

Anwendungsbereich	größere Volumina	Folien, dünne Bänder und Drähte	kleinste Volumina im µm³-Bereich dünne Schichten
Verfahren	Strangguss Bandguss Druckguss	Klatschkokille Versprühen auf rotierende Cu-Walzen Plasmaspritzen	Laserimpuls CVD („Chemical Vapour Deposition") = chemische Abscheidung aus der Gasphase Sputtern
Wirkungen	geringere Block-, Kristall- und dendritische Seigerung		———— neue Phase ————
	geringere Kristallitgröße	———— metastabile Übersättigung	————
	geringerer Dendritenabstand	———— amorphe Zustände	————

10 | 10^2 | 10^3 | 10^4 | 10^5 | 10^6 | 10^7 | 10^8 | 10^9 | 10^{10} $K\,s^{-1}$

Abkühlungsgeschwindigkeit

Gleichgewichtsbedingungen erstarrten sowohl in der chemischen Zusammensetzung als auch insbesondere durch andere, meist einfachere Kristallstrukturen unterscheiden.

Bei noch höherer Abkühlungsgeschwindigkeit können auch bei Metallen und Legierungen die Keimbildung und Kristallisation verhindert und somit eine *amorphe Erstarrung* erreicht werden. Hierfür sind Abkühlungsgeschwindigkeiten von mehr als 10^5 bis 10^6 K s^{-1} erforderlich, wobei die Mindestabkühlungsgeschwindigkeit in starkem Maße von der chemischen Zusammensetzung abhängt.

Zur Realisierung derartig hoher Abkühlungsgeschwindigkeiten sind vorwiegend folgende Verfahren im Gebrauch:

- *Walzabschrecken* eines kontinuierlichen Schmelzflusses zwischen zwei rotierenden Metallzylindern, meist aus Kupfer oder Silber (roller quenching),
- *Aufspritzen* eines Schmelzstrahls aus einer Schlitzdüse auf die Außenfläche (melt spinning) oder auf die abgeschrägte Innenfläche eines schnell rotierenden Rades (centrifugal melt spinning),
- *Aufdampfen* auf ein stark gekühltes Substrat (Temperatur des flüssigen Stickstoffs oder Heliums) in Vakua von 10^{-2} bis 10^{-7} Pa,
- *elektrolytische Abscheidung* (electrodeposition), bei der über längere Zeit (Tage) konstante Bedingungen (Zusammensetzung, Temperatur, pH-Wert der Lösung) eingehalten werden müssen,
- *Kathodenzerstäubung* (sputtering).

Mithilfe des Walzabschreckens gelingt es, 10 bis 100 µm dicke und bis zu 300 mm breite kontinuierliche amorphe Bänder herzustellen. Diese Technologie ist so weit entwickelt, dass Fertigungsgeschwindigkeiten bis zu 2.000 m min^{-1} möglich sind. Sowohl Bänder als auch Schichten sind aufgrund ihrer Herstellungsverfahren mehr oder weniger stark mit einer strukturellen Anisotropie behaftet, die beispielsweise bei ferromagnetischen Materialien in der Richtungsabhängigkeit bestimmter magnetischer Eigenschaften makroskopisch hervortritt.

Mit den erreichbaren Abkühlungsgeschwindigkeiten lassen sich vor allem amorphe Legierungen, die aus folgenden Komponenten kombiniert zusammengesetzt sind, herstellen:

- Übergangsmetalle: Sc, Ti, V sowie Cr, Mn, Fe, Co, Ni und die ihnen verwandten, in der entsprechenden Gruppe des Periodensystems aufgeführten Metalle (Zr, Nb)
- Erdalkali-/Leichtmetalle: Ca, Sr, Be, Mg, Al
- Edelmetalle: Au, Cu
- Metalloide/Halbmetalle: B, C, P, Si, Ge, As, Sb

Die Unterdrückung der Kristallisation gelingt bevorzugt bei solchen Zusammensetzungen, die in der Nähe eines tief schmelzenden Eutektikums liegen. Die amorphe Erstarrung ist in den Fällen erleichtert, wo Übergangs-Metalle (T) mit Metalloiden (M), so genannten Stabilisatoren der amorphen Struktur, legiert und Zusammensetzungen $T_{1-x}M_x$, für die $0{,}15 < x < 0{,}25$ gilt, gewählt werden. In diesem Konzentrationsbereich ist die Ausbildung einer optimal dichten regellosen Packung der Metallatome gegeben (Abschn. 2.2.4). Die technisch hauptsächlich angewendeten Legierungen (Abschn. 10.6.3) enthalten wenigstens ein Übergangsmetall als Basismetall und ein oder mehrere Metalloide.

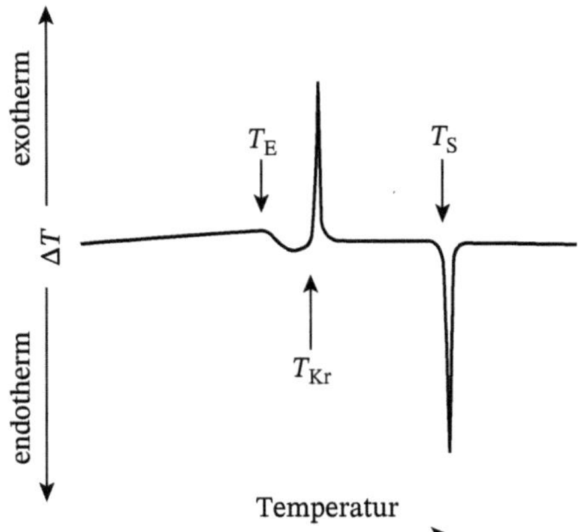

Bild 3.31 Differenzial-Thermoanalyse-Kurve eines amorphen Metalls (schematisch)

In ähnlicher Weise wie bei den Silicatgläsern existiert auch für die amorphe Erstarrung der Metalle eine kinetisch definierte *Einfriertemperatur* T_E, die den Glaszustand vom Bereich der unterkühlten Schmelze trennt (Bild 3.31). Um die Keimbildung zu verhindern, muss die Abkühlungsgeschwindigkeit zwischen Liquidus- und Einfriertemperatur den für das jeweilige System kritischen Wert überschreiten. Das lässt sich am besten dort realisieren, wo dieses Temperaturintervall minimal ist, nämlich bei oder in der Nähe der eutektischen Konzentration. Entscheidende thermodynamische Bedingung ist dabei ferner eine möglichst geringe freie Enthalpiedifferenz ΔG zwischen Schmelze und der im Gleichgewicht kristallisierenden Phase als Triebkraft der Kristallisation (Bild 3.2).

Ebenso wie die Silicatgläser befinden sich die amorphen Metalle unterhalb T_E, d. h. im Glaszustand, nicht im Gleichgewicht. Infolge des schnellen Abschreckens der Schmelze wird in der amorphen Struktur eine große Anzahl leerstellenartiger Defekte eingefroren. Die Dichte eines amorphen Metalles ist deshalb je nach Abschreckgeschwindigkeit bis zu 4 % geringer als die des dazugehörigen Kristalls. Kennzeichnend für das amorphe Metall ist daraus folgend ein so genanntes „freies Volumen“, das auch für wesentliche Eigenschaften wie die relativ gute Verformbarkeit bei gleichzeitig hoher Festigkeit verantwortlich gemacht wird. Bei Temperaturerhöhung tritt eine strukturelle Entspannung (Relaxation) ein, bei der sich vor allem „eingeschreckte“ Defekte umbilden und in der metastabilen Schmelzstruktur thermodynamisch stabilere Atomkonfigurationen entstehen. Die Relaxationsvorgänge sind mit stärkeren Eigenschaftsänderungen verbunden und führen teilweise zur Versprödung des amorphen Werkstoffs. Eine durch Anlassen vollständig relaxierte Struktur lässt sich meist nicht erreichen, da so hohe Temperaturen angewendet werden müssten, dass vorher bereits die Kristallisation einsetzt [17].

Die amorphen Metalle zeigen bei thermischer Aktivierung (Erwärmung) eine ausgeprägte Neigung zur Kristallisation *(Entglasung)*, wodurch ihr technischer Anwendungsbereich entsprechend eingeschränkt ist. Bild 3.31 gibt den schematischen Verlauf einer Differenzial-Thermoanalyse-Kurve (DTA) für ein amorphes Metall wieder. Auf der Ordinate ist die Temperaturdifferenz ΔT zwischen der Temperatur einer amorphen Metallprobe und der einer umwandlungsfreien Inertsubstanz beim Erhitzen aufgetragen. Der Übergang vom Glaszustand in den Zustand der unterkühlten Schmelze deutet sich auf der DTA-Kurve als eine durch einen schwachen endothermen Vorgang verursachte Stufe (T_E) an. In der Regel nur wenige Temperaturgrade darüber tritt die Kristallisation ein, die durch einen steilen exothermen Peak (T_{Kr}) gekennzeichnet ist. Der Übergang des kristallinen Festkörpers in die Schmelze (T_S) wird durch eine stark endotherme Reaktion angezeigt. Die Übergangsmetall-Metalloid-Legierungen sind die thermisch beständigsten amorphen Metalle und kristallisieren erst bei mehreren 100 K. Andere Legierungen wandeln bei wesentlich tieferen Temperaturen und aus der Gasphase abgeschiedene reine Metalle bereits bei einigen K in die kristalline Phase um, d. h., die thermische Stabilität wird außer von der chemischen Zusammensetzung auch durch die Herstellungsbedingungen beeinflusst.

Der *Bindungszustand* der *amorphen Metalle,* die auch als *metallische Gläser* bezeichnet werden, ist überwiegend metallisch. Sie weisen (vergleichbar mit den hochfesten Stählen) eine beachtliche mechanische Festigkeit und sehr große Härte auf, ohne dabei, wie die silicatischen Gläser, spröde zu sein. Dünne Bänder und Drähte sind duktil und lassen sich technologisch gut verarbeiten. Hervorzuheben ist ferner die meist ausgezeichnete Korrosionsbeständigkeit der amorphen metallischen Werkstoffe. Einige sind gegenüber Säuren und anderen aggressiven Medien ähnlich resistent wie Glas.

3.3 Übergang aus dem gasförmigen in den kristallinen Zustand

Der Übergang aus dem gasförmigen in den kristallinen Zustand wird ebenso wie die Kristallisation in einer flüssigen Phase durch eine Keimbildung eingeleitet, sobald eine genügende Anzahl von Teilchen infolge statistischer Schwankungen der Teilchenkonzentration und -geschwindigkeit gleichzeitig zusammentrifft. Dabei kann die Keimbildung, wenn Teilchen einer Art zusammentreffen, homogen oder bei Anlagerung an fremde (kristalline oder amorphe) Substanzen heterogen erfolgen. Dies ist aber erst dann möglich, wenn das Gesamtsystem vom thermodynamischen Gleichgewicht abweicht, d. h. im übersättigten und damit unterkühlten Zustand vorliegt. In ihm können sich im Unterschied zum Gleichgewichtszustand, für den eine sehr geringe Wechselwirkung zwischen den Teilchen charakteristisch ist, ständig Kristallkeime bilden und wieder auflösen. Ist eine kritische Keimgröße, die mit steigender Übersättigung abnimmt, überschritten, wird der Keim stabil und wachstumsfähig. Hinsichtlich der dafür erforderlichen Keimbildungsarbeit wie auch des weiteren Keim- und Kristallwachstums gelten grundsätzlich die im Abschnitt 3.1. hierzu gemachten Ausführungen.

Das Volumenwachstum isolierter Keime kann bei hoher Übersättigung und direkter Anlagerung der Teilchen an Stellen größten Energieumsatzes unter Ausbildung so genannter „Wachstumsstrahlen" parallel zu den Richtungen größerer Wachstumsgeschwindigkeit, wie den vier $\langle 111 \rangle$-Richtungen des NaCl oder den sechs $\langle 110 \rangle$-Richtungen des Fe, erfolgen. Die Oberflächendiffusion spielt dabei eine ganz untergeordnete Rolle. Es entstehen dann *Dendriten.* Ein bekanntes Beispiel für derartige Dendriten sind die Schneesterne.

Noch extremer sind die Verhältnisse bei der Bildung von Haarkristallen, so genannten *Whiskers,* die außer aus gasförmigen Medien auch aus Lösungen, Schmelzen oder fester Phase entstehen können. Wegen ihrer gegenüber anders gewachsenen Kristallen um einige Zehnerpotenzen höheren Festigkeit in Faserrichtung (die im Allgemeinen eine niedrig indizierte Richtung ist) wird angenommen, dass sie nur eine einzige Schraubenversetzungslinie in Faserrichtung enthalten, im Übrigen aber frei von Störungen sind.

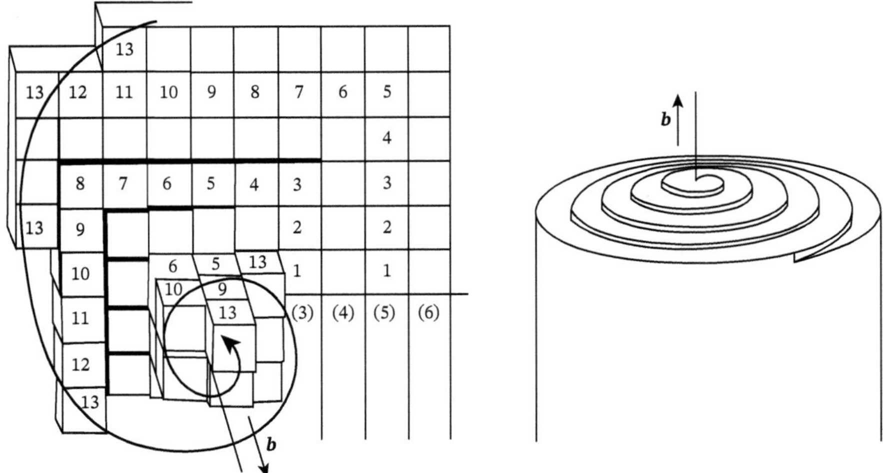

Bild 3.32 Spiral- und Whisker-Wachstum an einer Schraubenversetzung

Für das Wachsen von Whiskers auf einer kristallinen Unterlage werden insbesondere in dieser gelegene Schraubenversetzungen verantwortlich gemacht. Wie in Zusammenhang mit Bild 3.5 schon erörtert wurde, ist eine senkrecht aus einer Ebene ausstechende Schraubenversetzung Ausgangspunkt einer halben Gitterbausteinkette, die die Halbkristalllage enthält und beim Dickenwachstum nicht verschwindet. Bei fortgesetzter Anlagerung von Bausteinen dreht sie sich um die Versetzungslinie. In Bild 3.32 ist dieser Vorgang schematisch dargestellt. Die mit (1), (2) (beide verdeckt), (3), (4), (5) usw. bezeichneten Stellen markieren die Plätze der anfangs in der durch die Schraubenversetzung bedingten Kette gelegenen Bausteine. Am Beispiel der Ausgangslagen (1), (3) und (5) lässt sich die Drehung der Kette verfolgen, wenn von den jeweils angelagerten 13 Bausteinen immer solche mit gleicher Bezeichnung betrachtet werden. Da mit zunehmender Entfernung r der Anlagerungsstellen von der Versetzungslinie die je Umlauf $2\pi r$ benötigte Materialmenge zunimmt, ist bei überall gleichem Materialstrom die Dickenzunahme unmittelbar an der Versetzungslinie am größten. Die Stufe erhält die Form einer geschleppten Spirale, deren gleichwertige Punkte mit wachsendem Zentralabstand r zunehmend zurückbleiben (der bei der Kristallauflösung umgekehrte Vorgang führt zur Bildung von *Ätzgrübchen*, Abschn. 6.4.1). Schließlich bildet sich eine Kristallnadel, deren Ende die Form einer spiraligen Stufenpyramide hat. Da dieser Mechanismus gegenüber der Bildung von Flächenkeimen hinsichtlich Energiegewinn und Kontinuität weit überwiegt, ist die geringe Dicke (in der Größenordnung von 10 μm und weniger) der Whiskers bei beachtlicher Länge (in der Größenordnung von 10 mm) verständlich.

Whiskers entstehen also stets auf einem Eigen- oder einem Fremdkeim (nie aber als Keim frei schwebend), sobald in diesem durch ein Überangebot an Bausteinen des gasförmigen Mediums (oder des gelösten Stoffs) ein Baufehler geeigneter Art entstanden ist, der dann als Whiskerkeim wirken kann. Haarkristalle sind bisher vor allem aus Metallen, Oxiden, Carbiden, Nitriden, Siliciden, Boriden und Kohlenstoff gewonnen worden. Ihre extrem hohe Zugfestigkeit lässt sich jedoch nur im Verbund mit geeigneten Matrix-Werkstoffen nutzen.

Die Kristallisation aus der Gasphase ist häufig mit dem Auftreten von *Epitaxie* verknüpft. Darunter versteht man die gesetzmäßige Verwachsung verschiedener Kristalle, die entsteht, wenn die Wirtsebene eine ihr strukturell angepasste kristalline Ordnung der aus dem gasförmigen Medium an ihr adsorbierten und ankristallisierenden Bausteine erzwingt. Der aufwachsende Kristall (Gast, Deposit) orientiert sich gegenüber dem Gitter der Unterlage (Wirt, Substrat) derart, dass in beiden Kristallgittern gewisse Atomabstände gleiche oder zumindest einander sehr nahe kommende Werte haben. Infolge der strukturbezogenen und -gelenkten Keimbildungs- und Aufwachsungsvorgänge auf der Oberfläche des Substrates ist die Keimbildungsarbeit stark erniedrigt und die Bildung epitaktischer Phasen begünstigt. Epitaxie kann zwischen metallischen Kristallen wie Mo || W, Cu || W oder Cu || Mo, nichtmetallischen wie KCl || NaCl, KBr || NaCl, KJ || Glimmer oder NH_4Cl || PbS, oder auch metallischen und nichtmetallischen Kristallen wie Ag || NaCl oder Ag || Muskovit auftreten. Ist die epitaktisch aufgewachsene Schicht das Reaktionsprodukt zwischen Substrat und äußerem Medium, wie es beispielsweise bei der Hochtemperaturkorrosion oft der Fall ist (Abschn. 8.5), spricht man auch von *Chemoepitaxie.* Tab. 3.3 enthält hierfür Beispiele. Es sei nur erwähnt, dass die Epitaxie auch bei der Ankristallisation aus Lösungen oder Schmelzen auftreten kann (Liquidepitaxie).

Um die Differenz der Atomabstände in bestimmten Gitterrichtungen von Wirts- und Gastgitter auszugleichen, d. h. die Kohärenz in der Phasengrenzfläche zu gewährleisten, kann das Gastgitter elastisch verzerrt oder sogar veranlasst werden, nicht in der unter normalen Kristallisationsbedingungen entstehenden Struktur, sondern in einem anderen für die Anpassung günstigeren Gitter aufzuwachsen. Diese Erscheinungen werden unter dem Begriff *Pseudomorphie* zusammengefasst. Während z. B. die Gitterkonstante des ZnO im „freien Zustand" $a = 3{,}25 \cdot 10^{-10}$ m beträgt (Tab. 3.3), wurde für die (0001) || (0001)-Verwachsung von ZnO auf Zn eine ZnO-Gitterkonstante von $a = 2{,}686 \cdot 10^{-10}$ m ermittelt, demzufolge auch das ursprüngliche Achsenverhältnis $c/a = 1{,}61$ auf $c/a = 2{,}56$ vergrößert, also die Elementarzelle längs der c-Achse gedehnt wird. Qualitative Strukturänderungen wurden beispielsweise an Fe beobachtet, das, unterhalb 400 °C auf Cu aufgedampft, nicht krz, sondern kfz kristallisiert, auch an Co, das unterhalb 400 °C nicht hexagonal, sondern kfz auf Cu elektrolytisch abgeschieden werden konnte, sowie an Ni (normalerweise kfz), das hexagonal auf Co elektrolytisch niedergeschlagen wurde. Wird die Fehlpassung („misfit", Quotient aus der Differenz der Gitterkonstanten von Substrat und Aufwachsung und der Gitterkonstante der Aufwachsung) durch die Verzerrung des Gastgitters nicht vollständig ausgeglichen, so kann, wie z. B. im Fall der (111) || (111)-Verwachsung von Ag auf Cu festgestellt wurde, der weitere Angleich der Gitter über *Anpassungsversetzungen* herbeigeführt werden. Ihr Anteil nimmt mit wachsender Schichtdicke zu, um bei größerer Dicke einen asymptotischen Grenzwert zu erreichen, der durch die Fehlpassung bestimmt ist. Für das Auftreten der Epitaxie ist jedoch nicht allein die strukturgeometrische Anpassungsfähigkeit, d. h. eine möglichst geringe Abweichung der Gitterparameter der miteinander verwachsenden Netzebenen, entscheidend. Wie Beispiele der Tab. 3.3 zeigen, ist eine epitaktische Verwachsung auch bei größeren Parameterdifferenzen möglich. Außer der strukturellen Anpassungsfähigkeit sind hierfür ebenfalls die Bindungszustände im Wirts- und Gastkristall, die Realstruktur der Substratoberfläche sowie die Bedingungen, unter denen der Übergang in die feste Phase erfolgt, maßgebend. Oberhalb einer kritischen Schichtdicke $\lesssim 15$ µm geht die Pseudomorphie wieder verloren.

Tab. 3.3 Epitaxien in Korrosionsschichten auf Metallen (nach [18]).

Phasen		**Epitaxien**		**Atomabstand**		**Unterschied der Atomabstände**
Wirt	Gast	Wirt	Gast	Wirt	Gast	
				10^{-10} m	10^{-10} m	%
α-Fe	FeO	(001)	(001)	2,86	3,03	+6
		[100]	[110]			
α-Fe	Fe_3O_4	(001)	(001)	2,86	2,97	+4
		[100]	[110]			
Ni	NiO	(100)	(111)	4,98	5,11	-3
		[011]	$[11\bar{2}]$			
		(110)	(110)	2,49	2,95	+18
		$[1\bar{1}0]$	$[1\bar{1}1]$			
Al	α-Al_2O_3	(111)	(001)	2,83	2,75	-3
		$[1\bar{1}0]$	[12.0]			
Zn	ZnO	(001)	(001)	2,66	3,25	+22
		[001]	[101]			
		[101]	[001]	2,66	3,25	+22
		[010]	[100]			
Cu	Cu_2S	(110)	(110)	5,10	4,34	-13
		$[1\bar{1}0]$	[001]			
Ag	AgCl	(001)	(001)	4,08	3,94	-4
		[100]	[110]			
Ti	TiC	(001)	(111)	2,95	3,07	+4
		[100]	$[1\bar{1}0]$			
Cr	CrN	(011)	(001)	4,04	4,41	+2
		$[01\bar{1}]$	[100]			

Die Abscheidung aus dem gasförmigen Zustand auf amorphe oder (ein)kristalline Substanzen von leitenden, halbleitenden und isolierenden kristallinen Phasen, deren Dicke von wenigen nm bis zu einigen hundert nm reicht, wird in elektronischen Bauelementen technisch genutzt. Ihre Eigenschaften, die sich merklich von denen des kompakten Materials unterscheiden, lassen sich über die Struktur (Wahl der Abscheidungsbedingungen) und den gezielten Einbau einer geringen Menge von Fremdatomen (Dotieren, Abschn. 10.1.2) in größerem Umfang variieren, sodass beispielsweise einkristalline Halbleiterschichten hoher Perfektion ebenso wie quasi amorphe Isolatorschichten hoher dielektrischer Festigkeit erzeugt werden können. Die epitaktische Abscheidung ist ein wesentlicher Teilprozess der Fertigung monolithischer Festkörperschaltkreise [19].

Weitere technisch bedeutsame Beispiele einer Beschichtung aus der Gas- oder Dampfphase stellen die *CVD-* und *PVD-Verfahren* dar [20, 21]. Der zur Erhöhung der Verschleißfestigkeit und Lebensdauer von Konstruktionselementen und Werkzeugen, insbesondere von Hartmetallen, entwickelte CVD-(Chemical Vapor Deposition)-Prozess besteht in der thermischen Zersetzung reaktionsfähiger Gasgemische. Dabei wird eines der Reaktionsprodukte in fester Form ausgefällt oder als Deposit auf einem Substrat abgeschieden. In der Praxis häufig anzutreffende Depositsubstanzen sind Titancarbid und Chromcarbide. Im Falle einer TiC-Hartmetallbeschichtung, die bei 900 bis 1.200 °C vorgenommen wird, verläuft die Reaktion formal gemäß der Gl. 3.13.

$$TiCl_4 + CH_4 \xrightarrow{H_2} TiC + 4\,HCl \tag{3.13}$$

Die Schichtdicken handelsüblicher Wendeschneidplatten betragen meist 5 bis 15 µm, wodurch die Standzeit des Hartmetalls auf das 2- bis 3-fache erhöht wird oder bei der gleichen Standzeit die Schnittgeschwindigkeit beträchtlich gesteigert werden kann. Maßgebliche Einflussgrößen der Abscheidung beim CVD-Prozess sind Temperatur, Druck, Gaszusammensetzung und -strömungsgeschwindigkeit sowie die chemische Aktivität des Substrats. Über die CVD-Techniken lassen sich Metalle, Halbleiterwerkstoffe, Oxide, Boride, Carbide, Nitride und Silicide sowie weitere intermetallische Verbindungen abscheiden. Außer Einfachschichten werden auch Beschichtungen, die aus Schichtfolgen unterschiedlicher Zusammensetzung bestehen, angeboten. Das Verfahren hat die Vorteile, dass die Deposite mit nahezu theoretischer Dichte, guter Haftfestigkeit, gleichförmig und mit großer Reinheit aufgebracht werden können.

Bei den PVD-(Physical Vapor Deposition-) Methoden werden die Schichten im Vakuum niedergeschlagen, die Beschichtungstemperaturen liegen unter 500 °C. Die einzelnen PVD-Verfahren unterscheiden sich im Wesentlichen durch die Art der Überführung des Beschichtungswerkstoffs in die Dampfphase. Dies kann entweder durch Verdampfen des Schichtmaterials (Vakuumaufdampfen) oder durch Kathodenzerstäuben (sputtern) erfolgen. Werden zusätzlich die Atome der Depositsubstanz ionisiert und durch ein elektrisches Feld auf das Substrat hin beschleunigt, so spricht man vom Ionenplattieren. Die gebräuchlichen Schichtdicken liegen zwischen wenigen nm und einigen 10 µm. Die Hauptanwendungen der PVD-Prozesse bestehen darin, dünne Schichten für optische, magnetische, mikro- und optoelektronische Bauelemente herzustellen. Des Weiteren werden die Verfahren allgemein für die Verbesserung des Korrosions- und Verschleißschutzes sowie für dekorative Zwecke und zur Verspiegelung eingesetzt.

Literaturhinweise

1 Meyer, K. (1977). *Physikalisch-chemische Kristallographie*. 2. Aufl. Leipzig: Deutscher Verlag für Grundstoffindustrie.

2 Matz, G. (1969). *Kristallisation; Grundlagen und Technik*. 2. Aufl. Berlin/Heidelberg/New York: Springer-Verlag.

3 Gottstein, G. (1998). *Physikalische Grundlagen der Materialkunde*. Berlin/Heidelberg/New York: Springer-Verlag.

4 Henning, O. (1989). *Technologie der Bindebaustoffe, Bd. 1*. 2. Aufl. Berlin: Verlag für Bauwesen.

5 Locher, F.W. (2000). *Zement – Grundlagen und Anwendung*. Düsseldorf: Verlag Bau +Technik.

6 Reichel, W. und Conrad, D. (1988). *Beton, Bd. 1*. 5. Aufl. Berlin: Verlag für Bauwesen.

7 Schlegel, E. (1982). *Grundlagen technischer hydrothermaler Prozesse*. Freiberger Forschungshefte, A; 655. Leipzig: Deutscher Verlag für Grundstoffindustrie.

8 Röbert, S. (Hrsg.) (1989). *Silikatbeton*. 2. Aufl. Berlin: Verlag für Bauwesen.

9 Vogel, W. (1992). *Glaschemie*. 3. völlig überarb. Aufl. Berlin: Springer-Verlag.

10 Shackelford, J.F. (Hrsg.) (1999). *Bioceramics*. Uetikon-Zürich/u. a./: Trans. Tech. Publ.

11 Batzer, H. (Hrsg.) (1985). *Polymere Werkstoffe, Bd. 1: Chemie und Physik*. Stuttgart und New York: Georg Thieme Verlag.

12 Ehrenstein, G.W. (1999). *Polymer-Werkstoffe; Struktur, Eigenschaften, Anwendung*. 2. völlig überarb. Aufl. München/Wien: Carl Hanser Verlag.

13 Elias, H.G. (1999). *Makromoleküle; Chemische Struktur und Synthesen, Bd. 1*. 6. vollst. überarb. Aufl. Weinheim/u. a./: Wiley-VCH.

14 Sakka, S. (1985). Sol-Gel synthesis of glasses: Present and future. *Amer. Ceram. Soc. Bull.* 64 (11): 1463–1466

15 Mooiman, M.B. und Sole, K.C. (1994). Aqueous processing in materials sience and engineering. *JOM* 46 (6): 18–28

16 Menges, G. (2001). *Werkstoffkunde Kunststoffe*. 5. völlig überarb. Aufl. München und Wien: Carl Hanser Verlag.

17 Steeb, S., Fähnle, M., Moser, N. et al. (1990). *Glasartige Metalle. Kontakt & Studium; Bd. 290*. Ehningen bei Böblingen: expert-Verlag.

18 Neuhaus, A. und Gebhardt, M. (1966). Kristalline Korrosionsschichten auf Metallen und ihre Beziehung zur Epitaxie. *Werkstoffe und Korrosion* 16 (7): 567–585.

19 Nitzsche, K. und Ullrich, H.-J. (Hrsg.) (1993). *Funktionswerkstoffe der Elektrotechnik und Elektronik*. 2. Aufl. Leipzig und Stuttgart: Deutscher Verlag für Grundstoffindustrie.

20 Haefer, R.A. (1987). *Oberflächen- und Dünnschicht-Technologie, Teil I – Beschichtungen von Oberflächen – Reihe Werkstoff-Forschung und -Technik, Bd. 5* (Hrsg. von B. Ilschner) Berlin/Heidelberg/New York/London/Paris/Tokyo: Springer-Verlag.

21 Schatt, W. und Wieters, K.P. (Hrsg.) (1994). *Pulvermetallurgie*. Düsseldorf: VDI-Verlag.

4

Phasenumwandlungen im festen Zustand

Phasenänderungen im festen Zustand sind von großer technischer Bedeutung, da über sie Gefüge und Eigenschaften der Werkstoffe (Abschn. 6.7) gezielt verändert werden können. Ihre Abhängigkeit von den Zustandsgrößen Temperatur, Konzentration und Druck wird in Zustandsdiagrammen (Abschn. 5.3), die Abhängigkeit von der Geschwindigkeit der Temperaturänderung in Zeit-Temperatur-Reaktions-Schaubildern erfasst (Abschn. 5.6).

Umwandlungen, bei denen eine latente Umwandlungswärme auftritt und sich die Entropie diskontinuierlich ändert, wie Umwandlungen mit Änderung der Struktur oder/und der Konzentration, werden als *Umwandlungen 1. Art* bezeichnet [1]. Durchläuft die spezifische Wärme während der Phasenänderung nur einen Maximalwert und ändert sich die Entropie stetig, so liegen *Umwandlungen 2. Art* vor. Hierzu gehören die Bildung mancher Ordnungsphasen (z. B. CsCl-Typ), die magnetischen Umwandlungen und der Übergang vom normal- in den supraleitenden Zustand (Supraleiter 2. Art).

Wie bei den Phasenumwandlungen gasförmig-fest und flüssig-fest (Kap. 3) stellt auch bei den Umwandlungen im festen Zustand der Unterschied der freien Enthalpie ΔG zwischen den festen Phasen die Triebkraft der Umwandlung dar. Für Keimbildung und Keimwachstum gelten deshalb analoge Beziehungen (Bild 4.1). Bei Umwandlungen mit Änderung der Kristallstruktur ist jedoch für die Keimbildung nach Gl. (3.5) zusätzlich noch ein Enthalpieanteil ΔG_E aufzubringen, der aus der elastischen Verzerrungsenergie infolge des unterschiedlichen spezifischen Volumens v (Größe der Elementarzelle/Anzahl der Atome in der Elementarzelle) von Matrix und Keim resultiert. Die gesamte freie Bildungsenthalpie des Keims ergibt sich zu

$$\Delta G = -\Delta G_V + \Delta G_G + \Delta G_E \tag{4.1}$$

Betrachtet man zunächst einen spannungsfreien Festkörper, in dem nur durch die Keimbildung erzeugte innere Spannungen existieren, dann wächst ΔG_E proportional mit dem Quadrat der Änderung des spezifischen Volumens $(\Delta v)^2$. Da die elastische Energie dem Volumen des einzelnen Teilchens direkt proportional ist, wird das Keimwachstum mit zunehmender Teilchengröße durch elastische Verzerrungen behindert.

Die Form der Keime und auch der Umwandlungsphasen wird von der Größe der Grenzflächen- und der Verzerrungsenergie bestimmt [2]. Letztere kann herabgesetzt werden, indem sich die Keime platten- oder stabförmig ausbilden, falls die Grenzflächenenergie nicht zu hoch ist. Ist hingegen die Grenzflächenenergie groß und die Verzerrungsenergie

Schatt Werkstoffwissenschaft, 11. Auflage. Hartmut Worch, Wolfgang Pompe und Christoph Leyens.

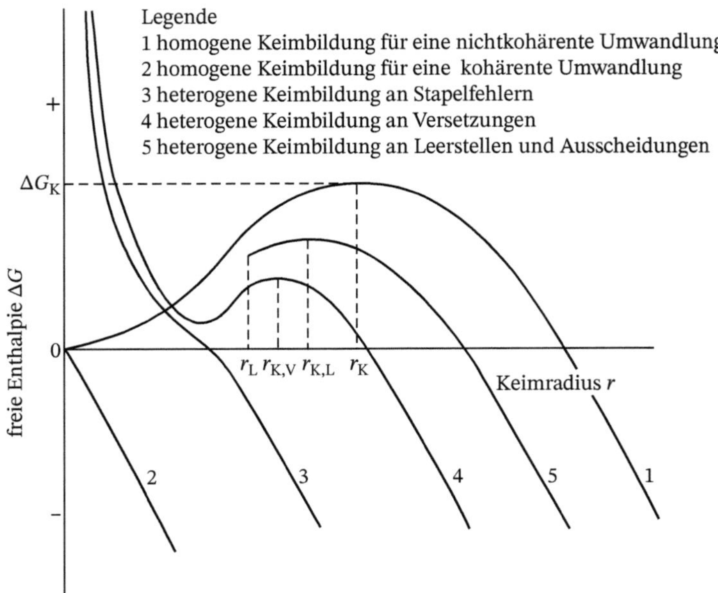

Bild 4.1 Freie Keimbildungsenthalpie als Funktion des Keimradius für verschiedene Keimbildungsmechanismen (nach *E. Hornbogen*).

klein, dann entstehen kugelförmige Keime. Die Grenzflächenenergie hängt im Allgemeinen von der Orientierung der Grenzfläche relativ zum Kristallsystem des Keimes und der Ausgangsphase ab. Darüber hinaus kann die Wachstumsgeschwindigkeit der Keime auch aus kinetischen Gründen eine Richtungsabhängigkeit aufweisen. Unter isotropen Wachstumsbedingungen entstehen kugelförmige Keime, ansonsten nehmen die Keime eine plattenförmige, stabförmige oder vielflächige, regelmäßig ausgebildete Gestalt an [2].

Falls im Festkörper innere Spannungen σ vorliegen, die nicht durch die Keime erzeugt werden – wie z. B. als Spannungsspitze in der Nähe eines belasteten Risses oder als Eigenspannungen in einer dünnen Schicht –, dann ist ΔG_E linear verknüpft mit $\sigma\ \Delta v$. In Abhängigkeit vom Vorzeichen beider Terme kann in diesem Fall die Keimbildung durch die inneren Spannungen begünstigt ($\Delta G_E < 0$) oder erschwert ($\Delta G_E > 0$) werden.

Die Keimbildung ist, wie in Kapitel 3 dargelegt, eine Folge von örtlichen Schwankungen der Atomkonzentration. Diese stellen Abweichungen vom Normalzustand der homogenen Phase dar und sind daher Bereiche erhöhter Energie. Der für die Keimbildung benötigte zusätzliche Energieanteil ist die so genannte *Aktivierungsenergie* Q_K bzw. – den bisherigen Darlegungen entsprechend – die *Aktivierungsenthalpie* $\Delta G^* = \Delta G_K$ (Bild 4.1)[1]. Ihre Berechnung erfolgt analog zu dem in Kapitel 3 dargelegten Vorgehen, wobei lediglich der Term $\Delta G_E \cong 4\pi r^3 \Delta g_E/3$ hinzuzufügen ist. Somit hängt auch der kritische Keimradius r_K bei der Festphasenumwandlung von der spezifischen elastischen Verzerrungsenergie Δg_E ab (Gl. 4.2).

1) Die thermische Aktivierung wird im Kapitel 7 behandelt. Bei konstantem Druck und vernachlässigbaren Volumenänderungen des Umwandlungssystems kann $\Delta G_K = Q_K$ gesetzt werden (s. Kap. 3).

$$r* = r_K = \frac{2\gamma}{\Delta g_V - \Delta g_E} \tag{4.2}$$

Die *Keimbildungsgeschwindigkeit* v_K wird außer von der Aktivierungsenthalpie der Keimbildung noch von der thermisch aktivierten Diffusion der Atome zu den Keimstellen bestimmt, sodass sich folgende Beziehung ergibt:

$$v_K = A \exp[-(\Delta G_K + \Delta G_D) / k\,T] \tag{4.3}$$

In der Gleichung 4.3 ist A eine werkstoffabhängige Konstante. Außerdem gehen in die Gl. 4.3 die Boltzmannkonstante k, die absolute Temperatur T und die freie Aktivierungsenthalpie der Diffusion ΔG_D ein.

Trägt man die Keimbildungsgeschwindigkeit als Funktion der Unterkühlung unter die Gleichgewichtstemperatur auf, so ergibt sich der schematisch im Bild 4.2 gezeigte Verlauf. Das Maximum ist dadurch verursacht, dass mit zunehmender Unterkühlung die notwendige Keimbildungsenthalpie zwar verringert wird (Abschn. 3.1), gleichzeitig aber durch die langsamer werdende Diffusion die Keimbildung erschwert wird. Dieser Sachverhalt kommt beispielsweise in den ZTU-Diagrammen zum Ausdruck (Abschn. 5.6.2).

Da ΔG_G und ΔG_E strukturabhängige Größen sind, werden die Aktivierungsenthalpie der Keimbildung ΔG_K und der kritische Keimradius r_K von den kristallographischen Beziehungen zwischen Matrix und Umwandlungsphase beeinflusst. Für Umwandlungen im festen Zustand, bei denen während der Keimbildung nichtkohärente Grenzflächen gebildet werden, sind im Allgemeinen ΔG_G und ΔG_E und damit ΔG_K so groß, dass eine homogene Keimbildung gemäß Kurve 1 in Bild 4.1 nicht verwirklicht werden kann.

Die *Keimbildung* kann *homogen* erfolgen, wenn die Umwandlungsphase zur Matrix kohärent ist, d. h. wenn ΔG_G und ΔG_E nahezu null sind. In diesem Fall ist eine sehr geringe und damit experimentell nur schwer beobachtbare Aktivierung der Keimbildung notwendig, da ΔG sehr rasch mit zunehmendem Keimradius sinkt (Bild 4.1, Kurve 2). Die Wachstumsgeschwindigkeit wird nur von der Aktivierungsenergie der Diffusion bestimmt. Diese Verhältnisse sind die Ursache dafür, dass in vielen Werkstoffen im Falle einer ungenügenden Aktivierung der Umwandlung in die stabile Phase metastabile Phasen gebildet werden,

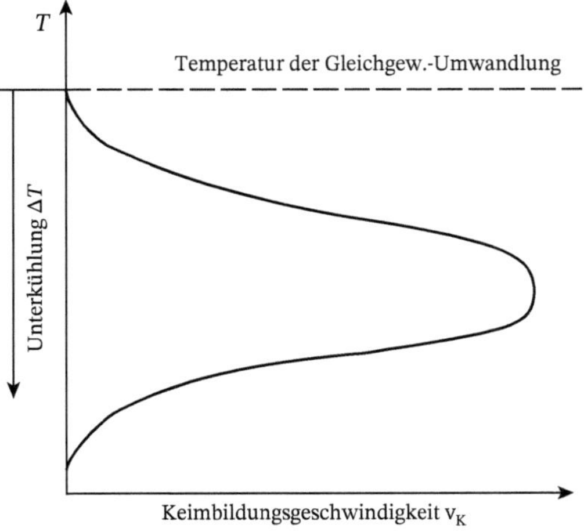

Bild 4.2 Keimbildungsgeschwindigkeit in Abhängigkeit von der Unterkühlung.

deren Strukturen meist große kristallographische Ähnlichkeit mit der Matrix zeigen. Als Beispiel seien die ausscheidungshärtbaren Aluminium-Basislegierungen genannt.

Die *Keimbildung* erfolgt bei den fest-fest-Umwandlungen jedoch überwiegend *heterogen* an vorhandenen Gitterdefekten. So kann der Grenzflächenenergiebedarf der neuen Phase teilweise aus der Energie einer Korngrenzenfläche gedeckt werden, falls in ihr die benötigte Atomanordnung zumindest annähernd vorgebildet ist (s. Bild 4.17a). Ein feinkörniges Gefüge neigt daher eher zur Umwandlung als ein grobkörniges.

Versetzungen begünstigen die Keimbildung (Bild 4.3), da das umgebende Spannungsfeld die Anreicherung von Legierungsatomen, z. B. in Form von Cottrell-Wolken, fördert (Abschn. 9.2.2.3) und die für eine Umwandlung benötigte Gitterverzerrung teilweise schon enthält (Bild 4.1, Kurve 4). Besonders wirksam sind Versetzungen dann, wenn durch Aufspaltung ein Stapelfehler entsteht, der bereits als Gitterebene der Umwandlungsphase dienen kann. Auch hier wird die Keimbildung durch die vom Stapelfehler begünstigte Ansammlung von Fremdatomen und durch die damit verbundene Herabsetzung der Stapelfehlerenergie zusätzlich aktiviert (Bild 4.1, Kurve 3). Ähnlich wirken infolge Leerstellenausscheidung entstandene Versetzungsringe mit umschlossenem Stapelfehler.

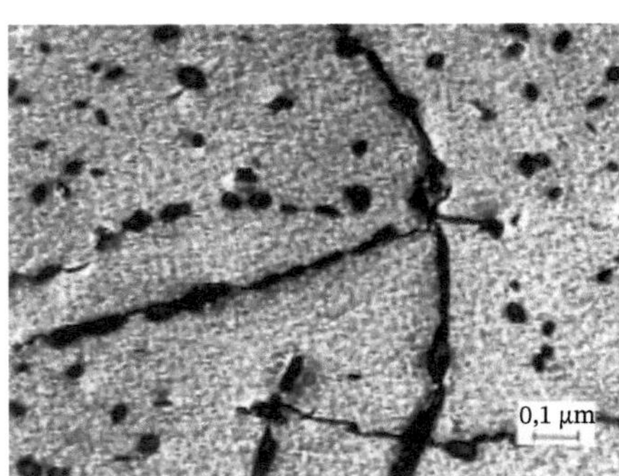

Bild 4.3 Teilkohärente Molybdäncarbidausscheidungen in Molybdän bei 620 °C. Die Keimbildung erfolgte heterogen an den Versetzungen und homogen in der Matrix. (nach *P. Burck*).

Leerstellen können Volumenänderungen während der Umwandlung ausgleichen, sodass mit erhöhter Leerstellenkonzentration z. B. durch Abschrecken ΔG_E herabgesetzt wird. Außerdem kann die Keimbildung in Leerstellenausscheidungen selbst einsetzen, wenn sie eine gewisse Größe (r_L) haben, (Bild 4.1, Kurve 5; s. a. Bild 4.16).

Diese Zusammenhänge sind die Ursache dafür, dass durch eine Erhöhung der Gitterfehlerdichte über Verformen, Abschrecken oder Bestrahlen Umwandlungen im festen Zustand eingeleitet bzw. beschleunigt werden können.

Der Wachstumsmechanismus der gebildeten Keime ist von der Art der Umwandlung abhängig. Ändert sich während der Umwandlung die Konzentration, so ist gleichzeitig Diffusion erforderlich. Ihre Geschwindigkeit ist in erster Näherung durch den Diffusionskoeffizienten und den Konzentrationsgradienten gegeben (Abschn. 7.1). Außerdem wird sie von vorhandenen Spannungen, der geometrischen Form der Keime und anderen Größen beeinflusst und ist daher theoretischen Berechnungen schwer zugänglich.

Im Falle von Strukturumwandlungen ohne Konzentrationsänderungen erfolgt das Wachstum der Umwandlungsphase ähnlich dem der Rekristallisationskeime (Abschn. 7.2.2) über thermisch aktivierte Atomplatzwechsel in der Grenzfläche, ohne dass eine weit reichende Diffusion erforderlich ist, oder durch kooperative Scherbewegungen der Atome aufgrund von der plastischen Verformung ähnlichen Versetzungsmechanismen (martensitische Umwandlung).

4.1 Umwandlungen mit Änderung der Struktur

Es sind zahlreiche Elemente, Legierungen und Verbindungen bekannt, die je nach Temperatur und Druck unterschiedliche Gitterstrukturen, so genannte *allotrope Modifikationen* aufweisen (Polymorphie). In der Tabelle 4.1 sind einige Beispiele aufgeführt. Die mit dem Modifikationswechsel verbundene Phasenumwandlung, die auch als *polymorphe Umwandlung* bezeichnet wird, kann reversibel (enantiotrop) oder irreversibel (monotrop) verlaufen.

In einigen Legierungen erfolgt die polymorphe Umwandlung bei sehr rascher Abkühlung nicht über einen Diffusionsmechanismus in der Phasengrenze, sondern durch ein diffusionsloses Umklappen von einer Kristallstruktur in eine andere (*martensitische Umwandlung*). Bei mehreren Metallen, wie z. B. bei Kobalt, liegen die Umwandlungstemperaturen von vornherein so tief, dass sich die Umwandlung ohnehin martensitisch vollzieht. Besonderheiten der Umwandlung treten auch bei Polymeren auf.

Im Weiteren wird auf wichtige Fälle von Strukturumwandlungen näher eingegangen.

4.1.1 Allotrope Umwandlungen des SiO_2

Ein theoretisch wie praktisch sehr bedeutsames Beispiel für die *Polymorphie* sind die allotropen Umwandlungen des Siliciumdioxids, das ein wesentlicher Bestandteil in viel genutzten silicattechnischen Werkstoffen ist. Die wichtigsten der insgesamt 12 Modifikationen des SiO_2 sind in dem nach *Fenner* bekannten Phasendiagramm (Bild 4.4) enthalten. Danach ist der β-Quarz (Tiefquarz) die für tiefe Temperaturen stabile Modifikation. Sie kommt in der Natur als Sand oder Quarzit und besonders rein als Bergkristall vor. Bei 573 °C wandelt sich der Tiefquarz enantiotrop unter Volumenzunahme in den bis 870 °C beständigen α-Quarz (Hochquarz) um. Nach dem Fenner-Diagramm sollte der α-Quarz bei 870 °C in den α-Tridymit (Hochtemperaturform) übergehen und dieser schließlich bei 1.470 °C in den α-Cristobalit umwandeln. Nach heute vorherrschender Meinung tritt der Phasenübergang α-Quarz ⇄ α-Tridymit bei 870 °C jedoch nicht auf.

Diese den Gleichgewichtsbedingungen entsprechenden Zustände liegen jedoch nicht immer vor. Während die Umwandlung Tiefquarz ⇄ Hochquarz rasch und reversibel verläuft, sind die Übergänge Quarz ⇄ Tridymit ⇄ Cristobalit unter praktischen Bedingungen gehemmt und weitgehend monotrop. Das unterschiedliche Verhalten beruht auf charakteristischen strukturellen Änderungen, die mit der Umwandlung verbunden sind. Der Tiefquarz besteht wie alle SiO_2-Modifikationen aus SiO_4^{4-}-Tetraeder-Struktureinheiten, die – in trigonaler Symmetrie über die Tetraederecken allseitig verknüpft – eine Gerüststruktur bilden (Abschn. 2.1.9). Der 573 °C-Übergang zum hexagonalen Hochquarz (Bild 2.51) erfordert nur eine geringfügige Verschiebung der Atomlagen und der Bindungswinkel, ohne dass Gitterbausteine umgeordnet oder Bindungen aufgebrochen und neu geknüpft werden müssten. Eine solche *displazive Umwandlung* ist energetisch begünstigt;

Tab. 4.1 Übersicht über ausgewählte polymorphe metallische, anorganisch-nichtmetallische und organische kristalline Stoffe.

Metall bzw. Verbindung	Phase	Beständigkeitsbereich in °C	Strukturtyp
Eisen	α	bis 911	krz
	γ	911 … 1.392	kfz
	δ	1.392 … 1.536	krz
Kobalt	α	bis 450	hdP
	β	450 … 1.495	kfz
Mangan	α	bis 727	kubisch
	β	727 … 1.095	kubisch
	γ	1.095 … 1.133	kfz
	δ	1.133 … 1.245	krz
Titan	α	bis 882	hdP
	β	882 … 1.668	krz
Zinn	α	bis 13,2	kubisch (Diamantgitter)
	β	13,2 … 232	tetragonal
SiO_2	β-Quarz	bis 573	trigonal
	α-Quarz	573 … 870	hexagonal
	α-Tridymit	870 … 1.470	hexagonal
	α-Cristobalit	1.470 … 1.713	kubisch
Ca_2SiO_4	γ	bis 725	rhombisch
	β	725 … 1.450	rhombisch
	α	1.450 … 2.130	hexagonal
NH_4Cl	α	bis 184	krz
	β	über 184	kfz
isotaktisches Polybuten	α	stabile Form	rhomboedrisch
	β	entsteht bei Kristallisation aus der Schmelze	tetragonal
	γ	entsteht bei Kristallisation aus einer Lösung	rhombisch

sie verläuft schnell und reversibel [1]. Neuere Untersuchungen sprechen sogar dafür, dass bereits ab 400 °C strukturelle Vorordnungsprozesse stattfinden, denen zufolge sich der Übergang in den Hochquarz stetig vollzieht und die Umwandlung β-Quarz ⇄ α-Quarz eine Umwandlung 2. Art ist.

Der Übergang α-Quarz ⇄ α-Tridymit ⇄ α-Cristobalit dagegen ist mit einer tiefgreifenden strukturellen Änderung verbunden. Unter dem Aufbrechen von Bindungen wird die Gerüststruktur wesentlich umgeordnet. Eine solche *rekonstruktive Umwandlung*

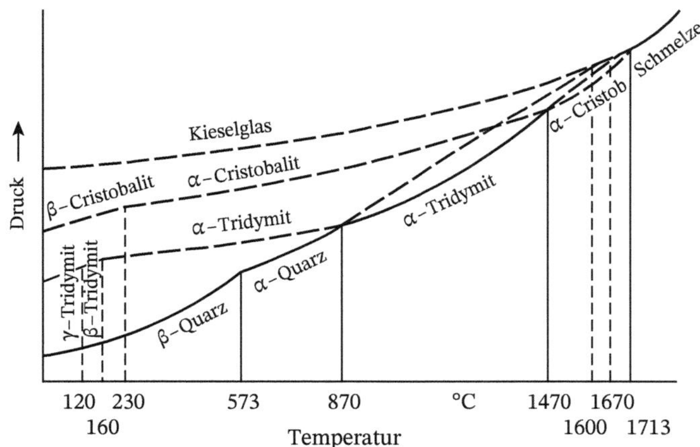

Bild 4.4 Einstoffsystem SiO_2 (nach *C. Fenner*).

geht erheblich langsamer vonstatten und ist weitgehend irreversibel [1]. Die Quarz-Tridymit-Cristobalit-Umwandlungen sind daher kinetisch gehemmt und finden meist nur in Gegenwart von Mineralisatoren (Fremdionen) in merklichem Umfang statt. So kann der α-Quarz im Extremfall so weit überhitzt werden, dass er entsprechend der gestrichelt gezeichneten Kurve im Bild 4.4 direkt in die Schmelze übergeht. Nur wenn SiO_2 sehr langsam auf Temperaturen oberhalb von 870 °C erhitzt wird, wandelt sich der α-Quarz zunächst über eine röntgenamorphe Zwischensubstanz, die als stark fehlgeordneter Cristobalit angesehen wird, allmählich in den α-Tridymit und schließlich in den α-Cristobalit um.

Andererseits ermöglichen die geringen Geschwindigkeiten rekonstruktiver Umwandlungen bei der Abkühlung der SiO_2-Modifikationen eine beträchtliche Unterkühlung und die Existenz metastabiler Phasen. So können die Modifikationen Kieselglas, Cristobalit und Tridymit als metastabile Phasen auch bei Raumtemperatur erhalten und in dieser Form technisch genutzt werden. Im amorphen Kieselglas scheidet sich beim Tempern oberhalb von 1.200 °C Cristobalit aus, der während der nachfolgenden Abkühlung bei 230 °C displaziv in die Tieftemperaturmodifikation übergeht (Bild 4.4). In hochreinem SiO_2 tritt kein Tridymit auf. Er wird deshalb nach *Flörke* als eine stark fehlgeordnete polytype Cristobalitstruktur angesehen, die durch Verunreinigungen gebildet und stabilisiert wird. Das von *Fenner* aufgestellte Phasendiagramm gilt somit nur für das technisch genutzte SiO_2. Aus dieser Sicht ist es zweckmäßig, die Modifikationen des Siliciumdioxids unter Berücksichtigung des Reinheitsgrades anzugeben (Bild 4.5).

Die den SiO_2-Modifikationen eigenen unterschiedlichen Dichten haben eine teilweise erhebliche Volumenänderung zur Folge, die in SiO_2-reichen Werkstoffen sehr hohe Eigenspannungen hervorrufen. Bei schnellem Durchfahren des Modifikationswechsels, das eine Eigenspannungsrelaxation weitestgehend ausschließt, kommt es dann zur Mikrorissbildung, die schließlich zum makroskopischen Bruch ohne äußere Bauteilbelastung führen kann. Dies trifft insbesondere für die α-Quarz-α-Cristobalit-Umwandlung zu. Wird beispielsweise längere Zeit bei etwa 1.100 °C geglüht, führt die strukturelle Umwandlung in Verbindung mit der thermischen Ausdehnung zu einer Volumenvergrößerung von etwa 20 %. Um Werkstoffschädigungen zu vermeiden, muss daher bei quarz- und

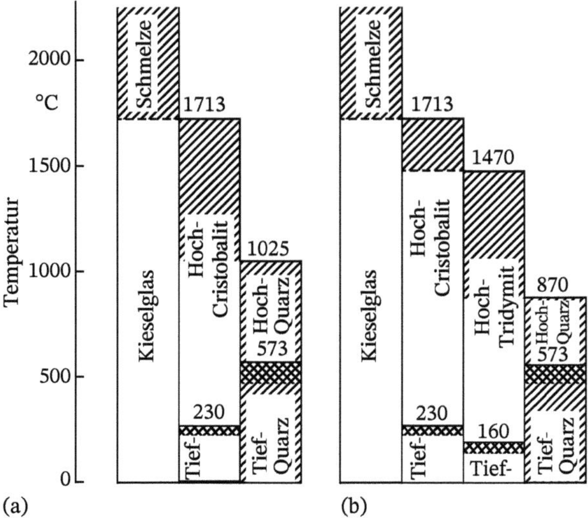

Bild 4.5 Existenzbereiche der allotropen Modifikationen von Siliciumdioxid mit unterschiedlicher Stabilität. (a) für hochreines SiO2; (b) für Fremdionen enthaltendes SiO2. nicht schraffiert: thermodynamisch nicht stabile Bereiche; schraffiert: stabile Bereiche; doppelt schraffiert: Umwandlungsbereiche

cristobalitreichen Materialien der Umwandlungsbereich beim Erwärmen und Abkühlen langsam durchlaufen oder die Umwandlung weitgehend vorweggenommen werden. So werden z. B. Silicatsteine mit ca. 95 % SiO_2, die als Feuerfestmaterial zur Auskleidung von Brennöfen und Schmelzaggregaten eingesetzt werden, zu diesem Zweck bei 1.400 °C vorgebrannt. Dabei geht der Quarz größtenteils unter Volumenzunahme in die Hochtemperatur-Cristobalitphase über, die infolge Unterkühlung auch bei Raumtemperatur erhalten bleibt. Wird der Brennofen im späteren Einsatz hochgeheizt, beträgt die Volumenänderung der Silicatsteinauskleidung nur ≈ 5 %, die sich konstruktiv berücksichtigen lässt.

4.1.2 Die γ-α-Umwandlung des Eisens

Das technisch bedeutungsvollste Beispiel einer polymorphen Umwandlung ist die α-γ-Umwandlung des reinen Eisens. Sie ist reversibel und tritt bei 911 °C auf. Bei langsamer Abkühlung wandelt sich das kfz Gitter des γ-Eisens in die krz Kristallstruktur des α-Eisens um. Die Keimbildung erfolgt heterogen, bevorzugt an den Korngrenzen. Zwischen den beiden Phasen besteht nach Oettel und Schumann [3] der kristallographische Zusammenhang

$$\{110\}\alpha \parallel \{111\}\gamma \text{ bzw. } \langle 111\rangle\,\alpha \parallel <110>\,\gamma$$

Während der Umwandlung muss das Gitter des Eisens seine Abmessungen und Dichte ändern, d. h. die γ-Phase mit der größeren Gitterkonstante, aber dem kleineren spezifischen Volumen, muss in die α-Phase mit der kleineren Gitterkonstante und dem größeren spezifischen Volumen übergehen (Bild 4.6). Das Wachstum der Umwandlungsphase erfolgt über thermisch aktivierte Atomplatzwechsel – durch Diffusion – in der Phasengrenze.

Die *α-γ-Umwandlung des Eisens* wird bei wichtigen Verfahren der Wärmebehandlung von Eisenbasiswerkstoffen genutzt, um die Werkstoffeigenschaften bei gegebener Zusammensetzung gezielt zu verändern. Als Beispiel sei hier das *Normalglühen* des Stahles genannt (s. a. Bild 6.38) [5]. Infolge des zweimaligen Durchlaufens der Umwandlung und der damit verbundenen Umkristallisation krz → kfz → krz beim Erwärmen des Stahles über die

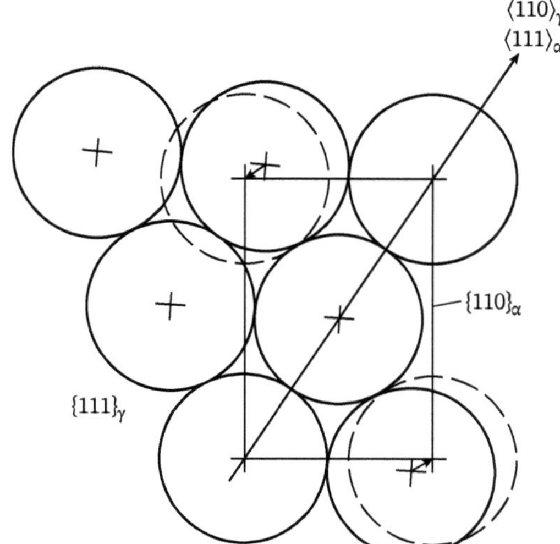

Bild 4.6 Schematische Darstellung der Orientierungsbeziehungen zwischen α- und γ-Eisen.

A_{C3}-Temperatur (Tab. 5.1) und beim nachfolgenden langsamen Abkühlen auf Raumtemperatur wird ein feinkörniges und gleichmäßiges – ein normales – Gefüge eingestellt. Die dem normalgeglühten Zustand entsprechenden mechanischen Werkstoffkennwerte werden vielfach als Bezugsgrößen für die in Verbindung mit anderen Gefügezuständen ermittelten mechanischen Eigenschaften herangezogen.

Bei Zugabe von Kohlenstoff und einer stark beschleunigten Abkühlung (Abschn. 5.6.1) wird das kfz Gitter des γ-Mischkristalls nicht mehr in die krz α-Gleichgewichtsphase umgewandelt, sondern bei wesentlich tieferer Temperatur (M_S) diffusionslos in eine metastabile, raumzentrierte, aber tetragonal verzerrte Phase überführt. Diese wird als *Martensit* (α′-Martensit) bezeichnet. Die zwangsgelösten C-Atome befinden sich auf den Kantenmitten der Elementarzelle der α′-Phase. Die tetragonale Gitterverzerrung ist die Ursache für die außerordentlich hohe Härte des Kohlenstoffmartensits im Vergleich zu anderen Martensitarten. Sie bildet die Grundlage für die Stahlhärtung.

Für die Martensitumwandlung der Fe–C-Legierungen gelten die gleichen kristallographischen Orientierungsbeziehungen wie für die polymorphe γ-α-Umwandlung, jedoch wird die α-Phase mit steigendem C-Gehalt zunehmend mit C-Atomen übersättigt und deshalb in wachsendem Maße tetragonal verzerrt (Bild 5.26) [3]. Dadurch wird die notwendige Keimbildungsenergie erhöht und die Temperatur des Umwandlungsbeginns verringert.

In Anwesenheit weiterer Legierungselemente können in Eisenlegierungen noch andere Martensitphasen, z. B. hexagonaler ε-Martensit bei Mn-Zusatz, gebildet werden. Außerdem sind martensitische Umwandlungen nicht auf Eisenlegierungen beschränkt [5]. Martensit- und Gleichgewichtsumwandlung sind einander sehr ähnlich, unterscheiden sich jedoch durch die Art der Grenzflächenbewegung während des Keimwachstums.

4.1.3 Martensitische Umwandlungen

Martensitische Umwandlungen sind – wie bereits erwähnt – diffusionslose Umwandlungen, bei denen die Ausgangsphase durch eine kooperative Scherbewegung der Atome

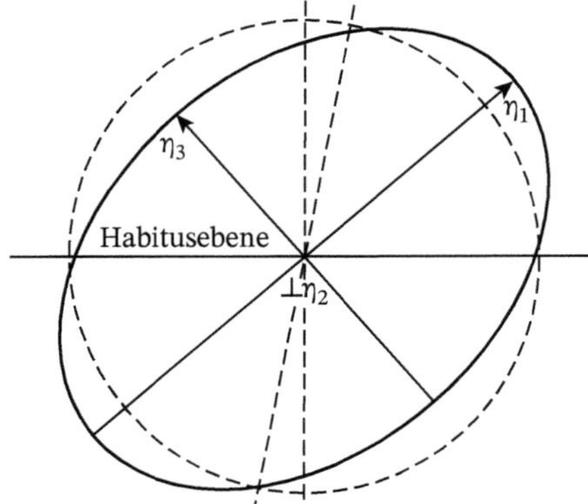

Bild 4.7 Formänderung eines monokristallinen Kugelelementes bei martensitischer Umwandlung (nach *H. Schumann*). η Ellipsoidachsen.

ähnlich der mechanischen Zwillingsbildung (Abschn. 9.2) in die Martensitphase überführt wird [2]. Ein beispielsweise kugelförmiges einkristallines Volumenelement der Ausgangsphase wird dabei zu einem dreiachsigen Ellipsoid deformiert (Bild 4.7). Demnach sind die Atome beiderseits der Scherebene (Habitusebene) weiterhin von denselben Nachbaratomen umgeben. Diese befinden sich jedoch in veränderter kristallographischer Anordnung.

Die Keimbildung der martensitischen Phase erfolgt heterogen an Versetzungen oder Stapelfehlern. Zur Veranschaulichung sei die martensitische Umwandlung des Kobalts aus der kfz in die hdp Struktur bei 450 °C angeführt. Beide Kristallgitter bestehen aus gleich aufgebauten, jedoch unterschiedlich gestapelten Atomschichten (Bild 2.40) und haben annähernd dasselbe spezifische Volumen. Der Stapelfehler einer aufgespaltenen Versetzung im kfz Gitter stellt bereits einen Umwandlungskeim dar, weil er mit einer Netzebene der hdp Kristallstruktur identisch ist. Da die Stapelfehlerenergie durch den Unterschied der freien Energie zwischen den beiden Gitterstrukturen bestimmt wird, geht sie bei der Umwandlung gegen Null, sodass die den Stapelfehler begrenzenden Shockley-Versetzungen infolge der gegenseitigen Abstoßung weit auseinander gleiten können und daher den Keim verbreitern (Abschn. 2.1.11.2).

Das Dickenwachstum der martensitischen Keime erfolgt ebenfalls über einen relativ einfachen Versetzungsmechanismus („Polmechanismus"), der zu einer gekoppelten Bewegung von Shockley-Versetzungen in parallelen Netzebenen und daher zur Scherung des Gitters führt. Es bildet sich somit eine gleitfähige kohärente oder teilkohärente Grenzfläche aus, durch deren Bewegung der Umwandlungskeim wächst. Aufgrund dieses Mechanismus und der während der Umwandlung entstehenden Spannungen haben die martensitischen Kristallite eine Lanzen- oder Plattenform (Bild 4.8). Die Ebene der längsten Plattenausdehnung ist die *Habitusebene*. Ihre Indizierung wird auf das Matrixgitter bezogen.

Bildung und Wachstum der Martensitplatten *(Plattenmartensit)* erfolgen mit sehr hoher Geschwindigkeit. Da die Keime die Scherbewegungen in der umgebenden Matrix nicht zwangsfrei ausführen können, erleiden sie durch Gleitung oder Zwillingsbildung innere Verformungen, sodass die Martensitplatten oft eine hohe Versetzungs-, Stapelfehler- oder Zwillingsdichte aufweisen (Bild 4.8b). Außerdem entstehen in der Umgebung der Martensitplatten hohe Spannungen, die der treibenden Kraft der Umwandlung entgegenwirken, durch die das Wachstum des Martensits aufgehalten werden kann. Die Erhöhung der Triebkraft ist jedoch über eine weitergehende Unterkühlung möglich.

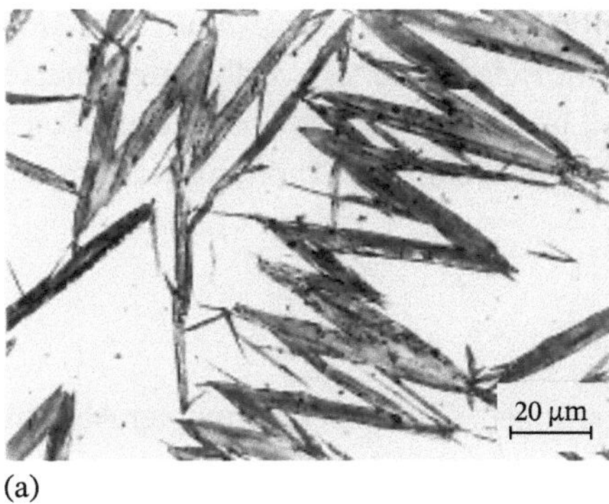

(a)

(b)

Bild 4.8 Plattenmartensit. (a) in einer Fe–Ni–C-Legierung mit 24 % Ni und 0,45 % C (nach *P. Müller*). Die Spannungskonzentration an den Plattenkanten begünstigt die Keimbildung weiterer Platten, durch die eine Zickzack-Anordnung der Martensitplatten entsteht. (b) in einer Cu–Al-Legierung mit 11 % Al. Die Platten sind von zahlreichen Zwillingen durchzogen. Rechts oben im Bild befindet sich die metastabile Matrix.

Die Martensitbildung erfolgt – wie bereits beschrieben – zeitunabhängig, der umgewandelte Anteil ist damit nur von der Unterkühlungstemperatur abhängig. Erst wenn die Triebkraft groß genug ist, um die Matrix plastisch zu verformen, kann der Martensitkeim mit hoher Geschwindigkeit so lange wachsen, bis er von einer Phasengrenze aufgehalten wird. Die Temperatur, bei der sich während der Abkühlung erstmals Martensit bildet, wird als Martensit-Start-Temperatur M_s bezeichnet. Die Martensit-Finish-Temperatur M_f ist hingegen die Temperatur, bei ein vollständig in Martensit umgewandeltes Gefüge vorliegt. Aufgrund der mit der Matrixverformung verbundenen Verfestigung ist es allerdings oft schwierig, selbst bei sehr starker Unterkühlung eine vollständige Martensitumwandlung zu erreichen. Das entstehende Gefüge ist daher vielfach zweiphasig. Anlassvorgänge, die die verbliebene Matrix teilweise entspannen, können jedoch zu einer Fortsetzung der Umwandlung führen.

Ist die Fließgrenze der Matrix σ_F so hoch, dass die mit der Umwandlung einhergehenden Spannungen die Matrix nicht plastisch verformen können, dann stellt sich zwischen σ_F und der Triebkraft der Martensitumwandlung ein Gleichgewicht ein. Wird die Triebkraft durch weitere Unterkühlung vergrößert, wachsen die Martensitplatten, wird sie durch Temperaturerhöhung verringert, nimmt die Größe der Platten ab. Diese Art des Martensits, die z. B. in Cu- und Ni-Legierungen auftritt, wird als *thermoelastischer Martensit* bezeichnet [2].

Während der thermoelastische Martensit bei fortschreitender Temperaturerhöhung wieder martensitisch in die Ausgangsphase zurückgeht, führt ein Temperaturanstieg im allgemeinen Fall zur thermisch aktivierten, also diffusionsgesteuerten Umwandlung des Martensits in die Gleichgewichtsphase. Aufgrund der auch hierfür aufzuwendenden Keimbildungsenergie liegen die Temperaturen für Beginn (A_s) und Ende (A_f) der Rückumwandlung oberhalb der M_s-Temperatur.

Eine andere Möglichkeit, die Martensitbildung zu aktivieren, besteht darin, dass die metastabile Matrix einer äußeren Spannung σ unterworfen wird. Die über σ der Matrix zugeführte Verzerrungsenergie vergrößert die Triebkraft, und entstehende Gitterfehler begünstigen die Keimbildung der Martensitumwandlung. Damit wird die Martensitbildungstemperatur auf einen Wert $M_\mathrm{d} > M_\mathrm{s}$ erhöht. Der im Temperaturbereich zwischen

M_d und M_s entstandene Martensit wird im Fall $\sigma < \sigma_F$ als *spannungsinduzierter Martensit* und für $\sigma > \sigma_F$ als *verformungsinduzierter Martensit* bzw. als Verformungsmartensit bezeichnet. Der spannungsinduzierte Martensit bildet sich mit der Abnahme von σ reversibel zurück, ebenso wie der thermoelastische Martensit mit der Erhöhung der Temperatur (Abschn. 9.1.4 und 9.2.5.2).

4.1.4 Massivumwandlung

In einigen Legierungen, vor allem in Kupferlegierungen, tritt bei beschleunigter Abkühlung anstelle einer Gleichgewichtsumwandlung mit Konzentrationsänderung eine weitere Art der Umwandlung ohne Konzentrationsänderung auf, die *massive Umwandlung*. Sie erfolgt analog zu den polymorphen Umwandlungen durch thermisch aktivierte Keimbildung an den Korngrenzen. Die Grenzfläche der durch massive Umwandlung gebildeten Phase ist inkohärent. Die für die Keimbildung erforderliche Atomdiffusion verläuft nicht über Leerstellen, sondern über Platzwechselvorgänge in der Grenzfläche, für die in der Regel geringe Aktivierungsenergien benötigt werden. Damit ordnet sich die massive Umwandlung kinetisch zwischen die Gleichgewichts- und die Martensitumwandlung ein. Die dabei gebildeten Kristallite sind im Unterschied zum Martensit von unregelmäßiger „massiver" Gestalt. Die Massivumwandlungsphase entspricht in der Zusammensetzung der Hochtemperaturgleichgewichtsphase [7].

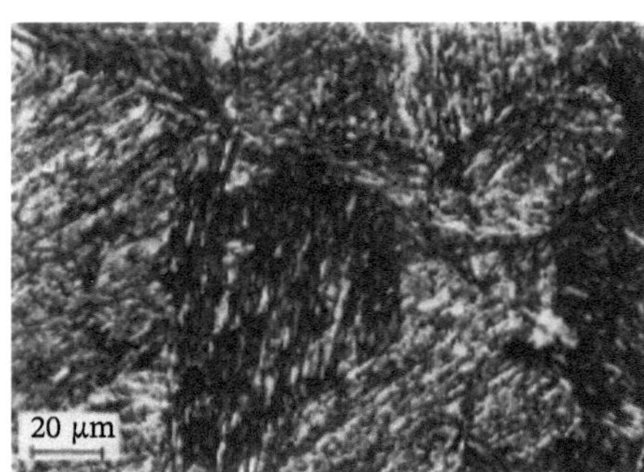

Bild 4.9 Massiv-Martensit in einer Fe–Ni–C-Legierung mit 12 % Ni und 0,45 % C (nach P. Müller).

Je nach Legierungszusammensetzung und Abkühlungsbedingungen können sich die verschiedenen Phasenumwandlungsvorgänge überlagern, sodass die entstehenden Gefüge oft schwierig zu interpretieren sind. So tritt z. B. bei beschleunigter Abkühlung von Stählen mit geringem C-Gehalt eine massive und bei höherem C-Gehalt eine martensitische Umwandlung ein. Bei Stählen mit 0,2 bis 0,5 % C bildet sich hingegen durch die Überlagerung der genannten Umwandlungsvorgänge ein Gefüge, das als Massiv-Martensit oder – da die Kristallite aus lattenförmigen Subkörnern bestehen – als *Latten- bzw. Lanzettmartensit* bezeichnet wird (Bild 4.9). Innerhalb der Subkörner liegt eine hohe Dichte verknäuelter Versetzungen von 10^{11} cm^{-2} vor.

4.1.5 Umwandlungsbesonderheiten bei Polymeren

Bei einigen kristallinen und teilkristallinen Polymeren wie dem Polyamid kann durch einen Modifikationswechsel die mit dem Aufschmelzen verbundene Zerstörung der geordneten Struktur zu höheren Temperaturen verschoben werden. Dies geschieht, indem die Moleküle Lagen höherer innerer Energie bei gleichzeitiger Verminderung der zwischenmolekularen Bindungsstärke einnehmen. Die Schwächung der Bindung wird über eine Vergrößerung der Abstände zwischen den Molekülen (z. B. Polyamid 6.6) oder durch einen Wechsel in der dominierend wirkenden Bindungsart realisiert. Polyamid 6.6 und Polyamid 6.10 weisen beispielsweise derartige Umwandlungen auf, wenn als Folge langsamer Abkühlung aus der Schmelze als Tieftemperaturphase nicht die metastabile β-, sondern die stabile α-Modifikation mit geringerem Kristallitschmelzpunkt vorliegt. Dann wandelt sich die α-Struktur bei der Erwärmung vor Erreichen der Schmelztemperatur (Bild 2.63) in die β-Struktur um. Beide Phasen sind triklin, unterscheiden sich jedoch hinsichtlich ihrer Gitterparameter (Tab. 4.2) [7]. Infolge dieser *Umkristallisation* schmilzt das Polyamid erst bei einer um etwa 20 K höheren Temperatur auf.

Praktische Bedeutung hat die Umkristallisation, wenn die betreffenden Werkstoffe bei Temperaturen in der Nähe der Schmelztemperatur eingesetzt werden. Die bei höheren Temperaturen mögliche Umordnung der Makromoleküle in den Kristalliten ist mit einer Veränderung der Koordinationszahl *(Nahordnungsumwandlung)* oder mit einer Veränderung der Struktur der weiteren Umgebung *(Fernordnungsumwandlung)* verbunden, die vorwiegend durch eine Verschiebung der Makromoleküle verursacht wird. Verschiebungen *(Versetzungen)* entstehen, wenn sich die Makromoleküle in Faserrichtung *c* gegeneinander bewegen und in neue, einander zugeordnete Lagen einrasten.

Eine weitere Besonderheit der Umwandlung in Polymeren ist die *Neukristallisation* (Neokristallisation), die gleichfalls in Verbindung mit höheren Temperaturen oder auch beim Verstrecken (Abschn. 9.7.3) vorkommt. Sie wird beispielsweise bei Guttapercha, einem elastomeren Naturprodukt, beobachtet. Im Ergebnis des Aufschmelzens und Neukristallisierens entsteht hier aus einem orthorhombischen Gitter ($c = 4{,}8 \cdot 10^{-10}$ m, $T_S = 64$ °C) ein stabileres monoklines Gitter mit einem höherem Schmelzpunkt ($c = 8{,}7 \cdot 10^{-10}$ m, $T_S = 74$ °C). Die Umwandlung ist mit einer erheblichen Veränderung der Konformation der Makromoleküle verbunden.

Auf der Basis von Fransen- und Faltenkeimen (Abschn. 3.1.2.2) kristallisierende Polymere erreichen in der Regel nicht den höchstmöglichen Kristallinitätsgrad. Im Einsatz vor

Tab. 4.2 Abmessungen der triklinen Elementarzellen für die α- und β-Phase des Polyamids.

	a	*b*	*c*	*α*	*β*	*γ*
	in 10^{-10} m			in °		
Polyamid 6.6						
α-Form	4,9	5,4	17,2	48,5	77	63,5
β-Form	4,9	8,0	17,2	90	77	67
Polyamid 6.10						
α-Form	4,95	5,4	22,4	49	76,5	63,5
β-Form	4,9	8,0	22,4	90	77	67

allem bei höheren Temperaturen und beim Verstrecken tritt deshalb eine teilweise *Nachkristallisation* amorph erstarrter Gefügebestandteile ein, durch die die Maßhaltigkeit und die Eigenschaftsstabilität beeinträchtigt werden und die Formteile oft Verzug erleiden. Die Nachkristallisation lässt sich vermeiden, indem während der Abkühlung aus der Schmelze relativ hohe Temperaturen aufrechterhalten werden ($T_E \ll T < T_S$), sodass über genügend lange Zeiträume eine ausreichende Beweglichkeit der Molekülsegmente und damit eine möglichst vollständige Kristallisation gewährleistet ist.

4.2 Umwandlungen mit Änderung der Konzentration

Umwandlungsphasen, bei denen sich gegenüber der Matrix die Konzentration, nicht aber die Struktur ändert, werden nur bei Entmischungsvorgängen in übersättigten Mischkristallen gebildet. Sie sind z. T. Vorstufen der Umwandlung in die Gleichgewichtsphase.

Es entstehen metastabile Phasen (Teilchen), die Anreicherungen geringer Größe von Legierungsatomen in der Matrix, so genannte *Zonen*, darstellen. Sie weisen eine von der Matrix abweichende Konzentration, jedoch eine kohärente Grenzfläche und dieselbe Struktur wie die Matrix bei nur wenig veränderten Gitterparametern auf. Da die mit Legierungsatomen angereicherten bzw. verarmten Bezirke mehr oder weniger periodisch aufeinander folgen, nennt man die Anordnung der Zonen auch *modulierte Struktur* und die mittlere Länge eines vollständigen Konzentrationswechsels innerhalb der angereicherten und verarmten Bezirke *Modulationsperiode*. In aushärtbaren Aluminiumlegierungen werden die Ansammlungen von Legierungsatomen als Guinier-Preston-Zonen bezeichnet. So bilden sich z. B. in Al–Cu-Legierungen plattenförmige Anreicherungen an Kupferatomen auf den {100}-Ebenen des kfz Al-Mischkristalls (Bild 4.10). Der Größenunterschied zwischen Cu- und Al-Atomen bedingt dabei eine gewisse Gitterverzerrung. Guinier-Preston-Zonen I bestehen nur aus wenigen Atomlagen mit einem Durchmesser in

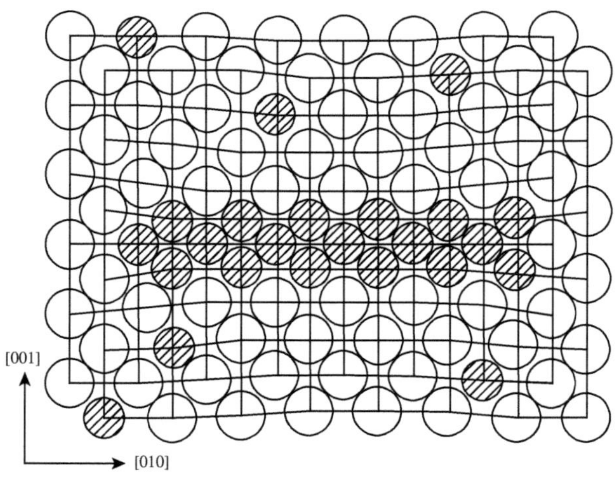

Bild 4.10 Schematische Darstellung einer plattenförmigen Entmischungszone (Guinier-Preston-Zone) im kfz Gitter einer aushärtbaren Aluminiumlegierung.

der Größenordnung von 100 · 10^{-10} m, während Guinier-Preston-Zonen II, auch Θ''-Phase genannt, von größerer Ausdehnung sind und einen Ordnungszustand der Atome aufweisen [4.2]. Die Bildung solcher Partikel wird als Nahentmischung oder *einphasige Entmischung* bezeichnet. Sie ist für die Verfestigung von Werkstoffen durch Ausscheidungshärtung bestimmend (Abschn. 9.2.2.4).

Voraussetzung für eine einphasige Entmischung ist, dass die Bildung der Gleichgewichtsphase durch rasche Abkühlung aus dem Mischkristallgebiet unterdrückt wird. Während einer nachfolgenden Auslagerungsbehandlung kann die Entmischung dann bereits bei einer Temperatur einsetzen, bei der die thermische Aktivierung für die Keimbildung der stabilen Ausscheidung noch nicht ausreicht, da die Zonenbildung energetisch durch eine geringe Grenzflächenenergie und kinetisch durch die bei der Abschreckung entstandenen Überschussleerstellen begünstigt ist.

Das Bild 4.11 zeigt am Beispiel einer aushärtbaren Cu–Ti-Legierung, dass die Modulationsperiode nimmt mit der Auslagerungsdauer und -temperatur zunimmt. Gleichzeitig werden mit dem Anwachsen der Modulationsperiode höhere innere Spannungsfelder (Kohärenzspannungen) aufgebaut, die bei nachfolgender mechanischer Beanspruchung die Versetzungsbewegungen behindern.

Guinier-Preston-Zonen I in aushärtbaren Aluminiumlegierungen bilden sich z. B. bereits durch Kaltauslagern bei Raumtemperatur. Guinier-Preston-Zonen II liegen hingegen nach Warmauslagerung im Bereich von 100 bis 200 °C vor. Wird die Temperatur weiter erhöht, scheidet sich die metastabile Θ'-Phase aus, die ein tetragonales Gitter und eine teilkohärente Grenzfläche aufweist, in der Gitterverzerrungen durch den Einbau von Versetzungen ausgeglichen werden. Wie bei den Guinier-Preston-Zonen I und II ist die Habitusebene die {100}-Ebene des Mischkristalls (Bild 4.12).

Das Beständigkeitsgebiet von metastabilen Phasen (Teilchen) lässt sich im Zustandsdiagramm darstellen (Bild 4.13). Bei höheren Temperaturen – aber noch innerhalb des Teilchen-Existenzbereiches – kann über Umlösungsvorgänge Teilchenwachstum *(Ostwald-Reifung)* auftreten (Bild 4.14).

Enthält die Teilchenphase z. B. die in der Matrix begrenzt lösliche Atomart B, so ist die B-Konzentration in der Umgebung kleiner Partikel infolge der größeren

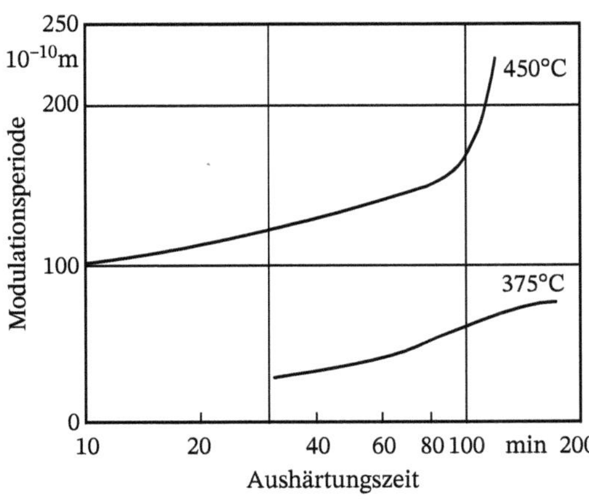

Bild 4.11 Modulationsperiode in Abhängigkeit von Auslagerungstemperatur und -dauer für eine Cu–Ti-Legierung mit 3 % Cu. Als erstes Zerfallsstadium des übersättigten Cu–Ti-Mischkristalls bilden sich plattenförmige Ansammlungen von Ti-Atomen auf den Würfelflächen des Cu.

Flächenkrümmung höher als in der Nähe größerer Teilchen ($\Delta c_B \sim 1/r$). Im Bestreben, den Konzentrationsgradienten abzubauen und damit insgesamt Grenzflächenenergie einzusparen, diffundieren die *B*-Atome so, dass sich letzten Endes kleine Teilchen auflösen und größere wachsen [4.2], [4.8], [4.9].

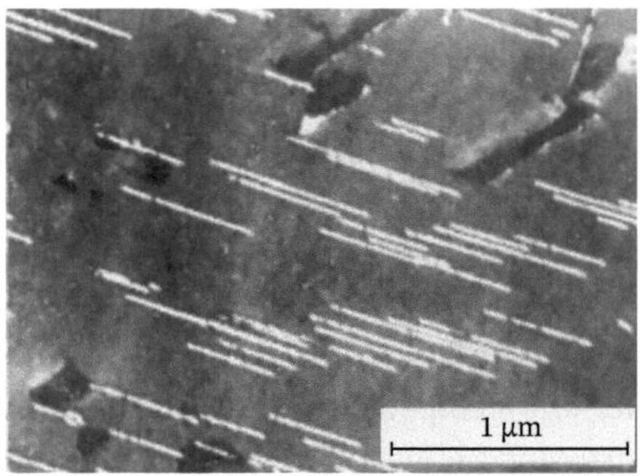

Bild 4.12 Ausscheidungen der Θ'-Phase parallel den {100}-Ebenen des Mischkristalls in einer aushärtbaren Al–Cu-Legierung.

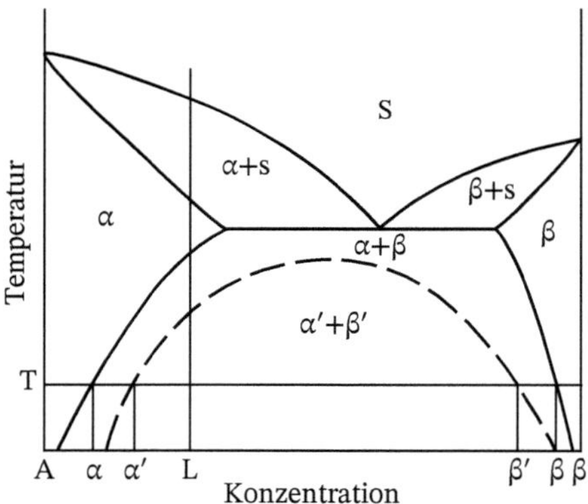

Bild 4.13 Zustandsdiagramm mit begrenzter Löslichkeit der Komponenten im festen Zustand. Für die Legierung L lässt sich bei der Temperatur T je nach den Keimbildungsbedingungen ein Gleichgewicht zwischen den stabilen Phasen α und β oder zwischen den metastabilen Phasen α' und β' einstellen.

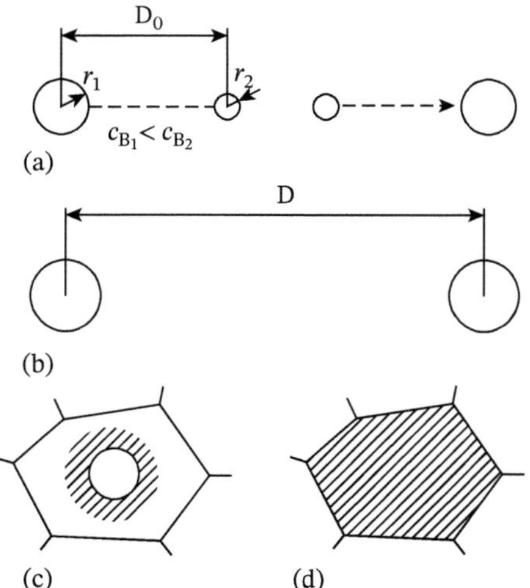

Bild 4.14 Schematische Darstellung des Teilchenwachstums durch Ostwaldt-Reifung: (a) Umlösung (b) Überalterung (c) und (d) Wiederauflösung von Teilchen.

Nach der LSW-(Lifšic-Slezov-Wagner-)Theorie kann das Teilchenwachstum unter der Voraussetzung, dass Volumendiffusion der geschwindigkeitsbestimmende Mechanismus ist, mit dem in Gl. 4.4 formulierten Zeitgesetz beschreiben werden.

$$r \sim (kt)^{1/3} \tag{4.4}$$

Damit nimmt der mittlere Teilchenabstand $\bar{D}$ zu, sodass nach den Gln. (9.15) und (9.16) die durch die Teilchen verursachte Verfestigung abnimmt *(Überalterung).*

Wird der Existenzbereich der metastabilen Phase verlassen, lösen sich die Zonen entweder auf, oder sie wandeln sich in die Gleichgewichtsphase um. In den aushärtbaren Al–Cu-Legierungen gehen die auftretenden Phasen direkt ineinander über. Die Guinier-Preston-Zonen II entstehen durch eine Umordnung der Atome in den Guinier-Preston-Zonen I. Die Keimbildung der metastabilen Ausscheidungsphase Θ′ erfolgt mithilfe von Teilversetzungen aus der elastischen Gitterverzerrung der größeren Guinier-Preston-Zonen II. Die Ausscheidung der Gleichgewichtsphase Θ (Al_2Cu), die aufgrund ihrer vom kfz Mischkristall sehr verschiedenen tetragonalen Struktur eine Grenzfläche hoher Energie aufweist ($\approx 1\ \text{Jm}^{-2}$ gegenüber $\approx 0{,}1\ \text{Jm}^{-2}$ der Zonen) und deshalb für die Keimbildung eine hohe Aktivierungsenergie benötigt, beginnt an den Grenzflächen der größten Θ′-Teilchen.

Die Form der Zonen hängt vom Gitterparameterunterschied zur Matrix ab. Ist dieser sehr gering, wie bei Al–Zn- und Al–Ag-Legierungen, so bilden sich kugelartige Zonen. Wird der Unterschied der Gitterparameter größer, tendieren die Zonen zur Platten- (Cu–Ti- und Al–Cu-Legierungen) oder zur Stabform (Al–Mg–Si-Legierungen), um die Kohärenzspannungen abzubauen.

In der Praxis weicht das Zeitverhalten des Teilchenwachstums vom Lifšic-Slezov-Wagner-Modell in weiten Bereichen ab. Ursachen dafür können durch Diffusionskurzschlüsse entlang von Versetzungen oder Korngrenzen, aber auch durch Beiträge der elastischen Verzerrungsenergie der wachsenden Teilchen gegeben sein. Ebenso kann der Mechanismus grenzflächenkontrolliert ablaufen.

Ganz allgemein gilt jedoch praktisch immer, dass die Wachstumszeit mit einem Faktor $k = D\gamma c_{\mathrm{B,e}}$ skaliert werden muss. Hierbei sind D der Diffusionskoeffizient der Atomsorte B in der Matrix, γ die Teilchengrenzflächenenergie und $c_{\mathrm{B,e}}$ die Gleichgewichtslöslichkeit von B in der Matrix. Somit sind z. B. Hochtemperaturlegierungen, deren Festigkeit durch feindisperse Ausscheidungen bestimmt wird, durch einen besonders kleinen Wert des Faktors k charakterisiert.

4.3 Umwandlungen mit Änderung der Konzentration und der Struktur

Umwandlungen dieser Art sind die Ausscheidung einer Phase β aus einem Mischkristall α in Legierungssystemen mit begrenzter Löslichkeit der Komponenten im festen Zustand ($\alpha \rightarrow \alpha + \beta$) und der eutektoide Zerfall eines Mischkristalls in zwei neue Phasen ($\gamma \rightarrow \alpha + \beta$) (Kap. 5). Sie sind diffusionsabhängig. Aufgrund unterschiedlicher Diffusionsverhältnisse sind kontinuierliche und diskontinuierliche Umwandlungen zu unterscheiden. Während die eutektoide Umwandlung nur diskontinuierlich erfolgt, werden bei Ausscheidungsvorgängen beide Umwandlungsarten beobachtet.

4.3.1 Ausscheidungsumwandlung

Ausscheidungsumwandlungen sind gegeben, wenn die Löslichkeit einer Atomart B in einem Mischkristall α mit abnehmender Temperatur sinkt (s. a. Bild 5.13a). Wird die Löslichkeitsgrenze unterschritten, scheidet sich zur Wahrung der Gleichgewichtskonzentration des Mischkristalls eine B-reiche Phase β aus (Bild 4.13). Der gleiche Vorgang tritt auf, wenn der Mischkristall durch rasche Abkühlung übersättigt und anschließend bei einer Auslagerungsbehandlung auf eine Temperatur erwärmt wird, die eine thermische Aktivierung der β-Keimbildung zulässt.

Die *kontinuierliche Ausscheidung* ist durch ein relativ langsames Wachstum individueller β-Kristalle über die Gitterdiffusion von B-Atomen gekennzeichnet. Dabei ist das Keimwachstum bei konstanter Temperatur proportional $t^{1/2}$. Die Matrixkristalle behalten ihre Struktur bei, ihre Konzentration ändert sich aber stetig (Bild 4.15a). Die Ausscheidung verläuft kontinuierlich, wenn der Unterschied der freien Enthalpie zwischen beiden Phasen und somit die Triebkraft der Umwandlung groß ist. Die Keimbildung erfolgt überwiegend heterogen und bevorzugt an Ansammlungen von Überschussleerstellen (Bild 4.16). In manchen Legierungen geht die stabile Phase auch aus einer metastabilen Zwischenphase hervor (Abschn. 4.2).

Diskontinuierliche Ausscheidungen liegen vor, wenn die Keimbildungsgeschwindigkeit für eine kontinuierliche Umwandlung zu gering ist. Dabei erfolgt keine individuelle Keimbildung der β-Phase. Die Gleichgewichtsphasen α und β entstehen vielmehr durch heterogene Keimbildung an den Korngrenzen abhängig voneinander als Lamellen, die parallel in die metastabilen Matrixkristalle hineinwachsen (Bild 4.17). Die für die Umwandlung notwendigen Konzentrationsänderungen (Bild 4.15b) beschränken sich lediglich auf die inkohärenten Grenzflächen, d. h. auf Phasengrenzen α–β und Korngrenzen α–α. Da der Diffussionskoeffizient der Grenzflächendiffusion um Zehnerpotenzen größer ist als der

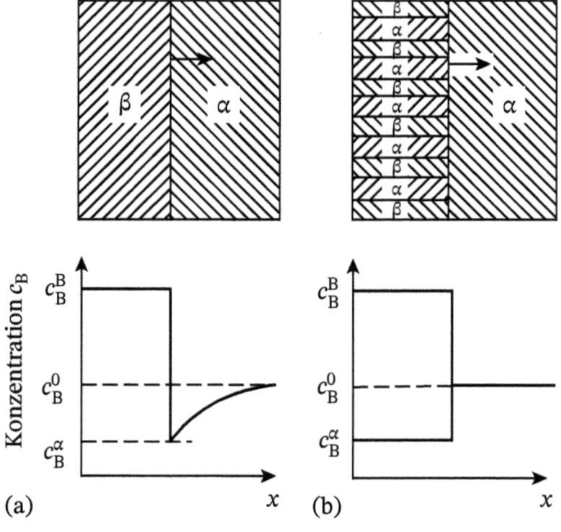

Bild 4.15 Gefügeschema und Konzentrationsverlauf für (a) die kontinuierliche und (b) die diskontinuierliche Ausscheidung. c_B^0 Ausgangskonzentration von B-Atomen in der α-Matrixphase; c_B^α, c_B^β Endkonzentration an B-Atomen in den gebildeten Phasen (α-, β-Mischkristalle); x Ortskoordinate der Grenzflächenbewegung.

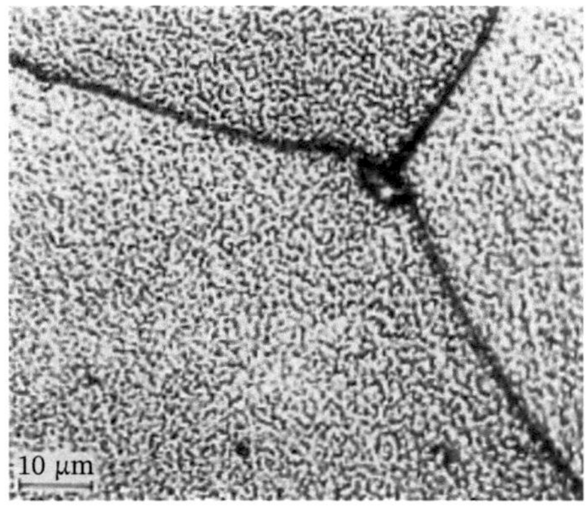

Bild 4.16 Kontinuierliche Ausscheidung am Beispiel der Phase β-$TiCu_4$ in einer Cu–Ti-Legierung mit 3 % Ti.

der Gitterdiffusion, verläuft die diskontinuierliche Umwandlung wesentlich rascher als die kontinuierliche.

4.3.2 Eutektoider Zerfall

Der *eutektoide Zerfall* eines Mischkristalls erfolgt ebenfalls diskontinuierlich. Am Beispiel der eutektoiden Umwandlung der kfz kohlenstoffhaltigen Fe-Mischkristalle γ *(Austenit)* in ein lamellares Kristallgemisch aus krz α-Mischkristallen *(Ferrit)* und intermetallischer Phase Fe_3C *(Zementit)*, das als. *Perlit* bezeichnet wird (Bilder 5.20 und 6.29), sollen Keimbildung und Keimwachstum erläutert werden (Bild 4.18). Da die Gleichgewichts-Kohlenstoffkonzentration der entstehenden Phasen sehr unterschiedlich ist, müssen zur Keimbildung im Austenit thermisch aktivierte Konzentrationsschwankungen auftreten. An Versetzungen und in Korngrenzen ist aus energetischen Gründen die Kohlenstoffkonzentration erhöht [4.2], [4.8]. Es bilden sich an diesen Stellen Zementitkeime, wobei der unmittelbaren Umgebung der Keime Kohlenstoff entzogen wird. Infolge der Kohlenstoffverarmung

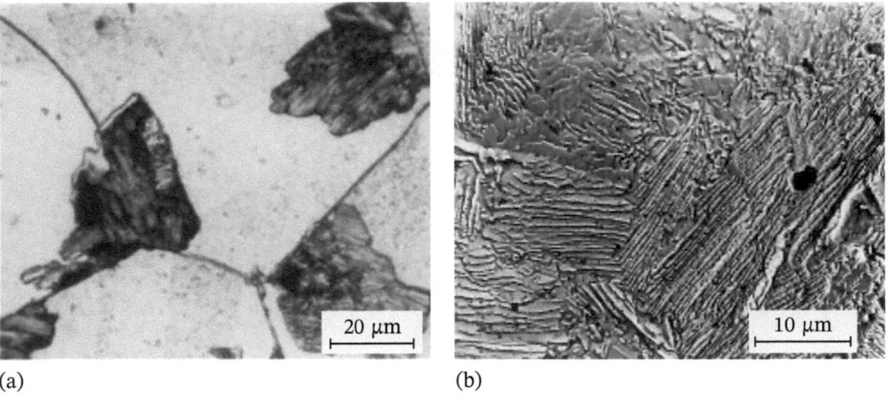

Bild 4.17 Diskontinuierliche Ausscheidung am Beispiel der Phase β-$TiCu_4$ in einer Cu–Ti-Legierung mit 3 % Ti. (a) lichtmikroskopische Aufnahme (b) elektronenmikroskopische Abdruckaufnahme.

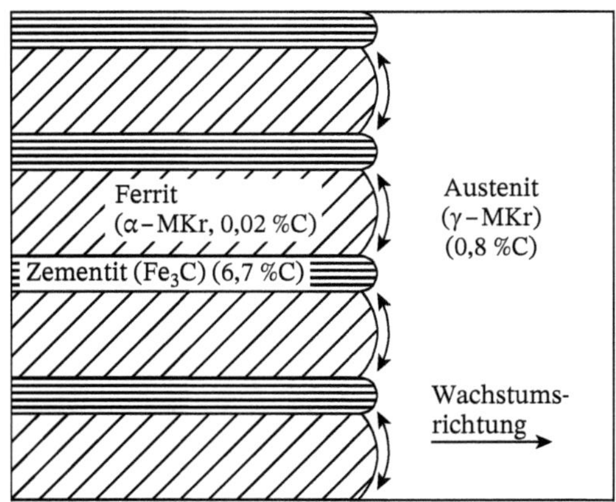

Bild 4.18 Schematische Darstellung der Wachstumsfront bei der diskontinuierlichen Umwandlung am Beispiel des Perlits. Die kurzen Pfeile zeigen die Richtung der Kohlenstoffdiffusion in der Grenzfläche an.

können dort Ferritkeime entstehen, die ihrerseits nur in sehr begrenztem Umfang C-Atome in ihrem Gitter aufnehmen können. Damit wird der Kohlenstoff wiederum in das benachbarte Austenitgefüge gedrängt, sodass dort erneut Zementitkeime entstehen. Sobald eine Perlitzelle gebildet ist, erfolgt das weitere Wachstum bevorzugt senkrecht zu den Lamellenenden, wobei der Kohlenstoff in der Grenzfläche Austenit/Perlit zu den Zementitlamellen diffundiert.

Der Lamellenabstand hängt von der Umwandlungstemperatur ab (Bild 4.19). Mit zunehmender Unterkühlung wird die Kohlenstoffdiffusion verlangsamt, sodass der Lamellenabstand kleiner werden muss, um den Diffusionsweg zu verkürzen. Er kann jedoch nicht beliebig verringert werden, da der damit verbundene Zuwachs an Grenzflächenenergie die Keimbildung erschwert. In Zusammenhang mit der bei zunehmender Unterkühlung anwachsenden Triebkraft der Umwandlung stellt sich deshalb ein Gleichgewichts-Lamellenabstand ein. Er wird mit abnehmender Bildungstemperatur kleiner und beeinflusst über die Vergrößerung der Phasengrenzfläche die mechanischen Eigenschaften des Perlits

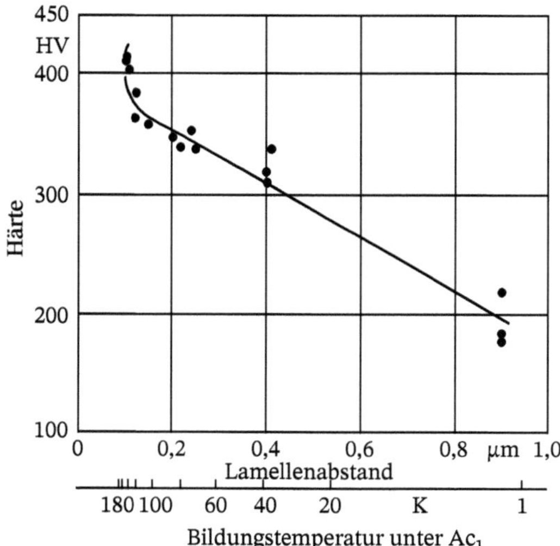

Bild 4.19 Härte des Perlits in Abhängigkeit von Lamellenabstand und Bildungstemperatur (nach A. Rose).

wesentlich. Wie das Bild 4.19 veranschaulicht, wird die Härte des Perlits durch Verringerung des Lamellenabstandes von 0,9 µm auf 0,1 µm von 200 HV auf 400 HV und die Festigkeit von 700 MPa auf 1.300 MPa erhöht. Erfolgt die Umwandlung isotherm, bleibt der Lamellenabstand konstant. Der Konzentrationsgradient an der Wachstumsfront verändert sich nicht, sodass auch die Geschwindigkeit der diskontinuierlichen Umwandlung konstant bleibt (Abschn. 5.6.1).

4.4 Ordnungsumwandlungen

In einer Reihe von Mischkristalllegierungen liegt die statistisch regellose Verteilung der Atome im Gitter nur bei hohen Temperaturen vor. Beim Übergang zu tiefen Temperaturen stellt sich dann entweder eine örtliche Anreicherung jeweils gleichartiger Atome ein (Nahentmischung), oder die Atome ordnen sich so an, dass sie von ungleichartigen Nachbarn umgeben sind. Letzteres setzt voraus, dass in der betreffenden Legierung die Bindungskräfte zwischen den ungleichartigen Atomen A–B stärker sind als zwischen gleichen Atomen (A–A, B–B). Für kleine ganzzahlige Atomverhältnisse, z. B. 1:1 oder 1:3, entstehen regelmäßige Verteilungen *(Überstrukturen)* der Atome im Raumgitter (Teilgitter), in denen jede Atomart immer nur gleichwertige Gitterplätze besetzt (Abschn. 2.1.8.2).

Der Übergang von der statistischen zur geordneten Verteilung ist mit Eigenschaftsänderungen verbunden. Im Ergebnis der Ordnung tritt ein Ausgleich der Elektronenzustände der an ihr beteiligten Atomarten auf ein mittleres Energieniveau ein. Die Ordnungsbildung bewirkt daher eine Änderung aller Eigenschaften, die empfindlich von der Elektronenstruktur abhängen, wie z. B. der elektrischen Leitfähigkeit (Abschn. 10.1.1), der Hallkonstanten und der magnetischen Polarisation, aber auch des Elastizitätsmoduls.

Der Zustand idealer *Fernordnung*, d. h., dass gleichartige Atome im gesamten Kristall nur auf einem der Teilgitter untergebracht sind, ist allein bei niedrigen Temperaturen möglich. Das Minimum der freien Enthalpie $G = U - TS + pV$ wird dann vor allem durch die Konfigurationsenergie der Atome, die Bestandteil der inneren Energie U ist, bestimmt. Mit steigender Temperatur aber gewinnt das Entropieglied TS an Bedeutung. Die auf eine statistische Verteilung hinwirkende Wärmebewegung führt zur Auflockerung und schließlich zur Aufhebung der Ordnung. Jede Überstruktur hat daher eine kritische Ordnungstemperatur T_O. Oberhalb von T_O ist die Überstruktur thermodynamisch nicht mehr beständig und löst sich auf. So beträgt T_O beispielsweise für die Ordnungsphase Cu_3Au 390 °C und für CuZn 465 °C. Sie liegt also noch weit unterhalb der Soliduslinie. Je größer die Ordnungsenergie ist, d. h. je stärker die Bindungskräfte zwischen den ungleichartigen Atomen im Vergleich zu den Bindungskräften zwischen gleichartigen Atomen sind, desto höher ist T_O.

Die mehr oder weniger ausgeprägte Ordnung wird durch den *Ordnungsgrad s* (nach *Bragg-Williams*) charakterisiert [2]. Für eine Überstruktur der Zusammensetzung AB mit krz Gitter (CsCl-Typ) ist $s = 2p - 1$, wobei für p der Anteil aller Gitterplätze im Teilgitter A, die von A-Atomen eingenommen werden, eingesetzt wird. Danach ergibt sich für den ungeordneten Zustand $p = 1/2$; $s = 0$ und für den geordneten Zustand $p = 1$; $s = 1$. Für Ordnungsphasen, bei denen das stöchiometrische Mengenverhältnis der Atome nicht 1:1

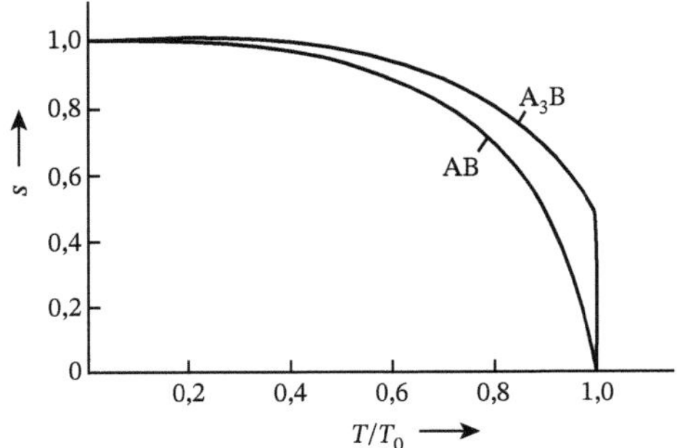

Bild 4.20 Temperaturabhängigkeit des Ordnungsgrades s für Überstrukturen des Cu_3Au-Typs und des CsCl-Typs.

beträgt, wie z. B. bei Cu_3Au, wird der Ordnungsgrad als $s = (p - r) / (1 - r)$ ermittelt. r ist der Anteil aller Gitterplätze der A-Atome im vollständig geordneten Mischkristall.

Mit steigender Temperatur wird die Fernordnung mehr und mehr gestört. Die Art, wie sich der Ordnungsgrad mit der Temperatur ändert, hängt von der Kristallstruktur ab (Bild 4.20). Während s in einer Ordnungsphase AB (CsCl-Typ) kontinuierlich abnimmt, sinkt er bei A_3B-Strukturen (Cu_3Au-Typ) zunächst stetig bis auf $s \approx 0{,}5$ und fällt dann bei T_O plötzlich auf $s = 0$ ab.

Bei der kritischen Ordnungstemperatur T_O ist zwar die Fernordnung aufgehoben, es liegt jedoch noch keine völlig regellose Atomanordnung im Gitter vor. Die Anzahl der Bindungen zwischen ungleichartigen nächsten Nachbarn ist größer, als es der statistischen Verteilung entspricht. Ein solcher Zustand wird nach *Bethe* als *Nahordnung* bezeichnet (Bild 4.21). Die oberhalb von T_O oft noch beträchtliche Nahordnung klingt erst bei weiterer Temperaturerhöhung in dem Maße ab, wie der Mischkristall mehr und mehr in den statistischen Zustand übergeht.

Zur Ordnungsbildung sind Platzwechsel der Atome nur über geringe Entfernungen erforderlich. Ein Wechsel des Raumgittertyps ist damit nicht verbunden. Die *Überstruktur* entsteht, wenn eine ordnungsfähige Legierung entweder langsam abkühlt und dabei T_O unterschritten wird, oder wenn die Legierung nach vorangegangener rascher Abkühlung wieder auf Temperaturen wenig unterhalb von T_O erwärmt wird. Da es sich um einen Diffusionsvorgang handelt, muss für die Einstellung des Ordnungsgleichgewichts genügend Zeit zur Verfügung

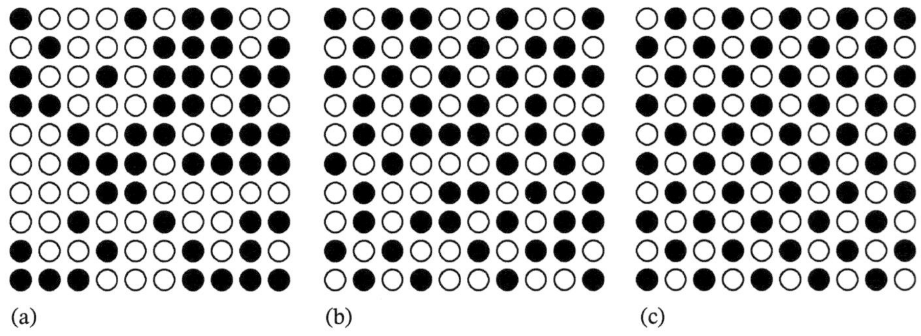

Bild 4.21 Atomanordnungen in einem Mischkristall der Zusammensetzung AB. (a) ungeordneter Mischkristall; (b) Nahordnung; (c) Fernordnung.

stehen. Hinsichtlich der Ordnungskinetik werden allerdings erhebliche Unterschiede je nach dem Grad, in dem sich die kristallchemischen und gittergeometrischen Verhältnisse bei der Ordnungsumwandlung ändern, beobachtet. Während sich z. B. die Ordnungsphase CuZn in kurzer Zeit formiert, ist für die Bildung der Überstruktur Ni_3Mn mehr als eine Woche erforderlich, obwohl sich die kritischen Ordnungstemperaturen nur wenig voneinander unterscheiden. Die Ausbildung einer Überstruktur kann ganz oder zum größten Teil unterdrückt werden, wenn die Legierung aus dem Gebiet regelloser Atomverteilung abgeschreckt wird. Der Mischkristall befindet sich in diesem Fall in einem metastabilen Zustand.

Die Grenzflächenenergie zwischen dem sich beim Übergang vom ungeordneten in den geordneten Zustand bildenden Überstrukturgitter und der Ausgangsphase ist sehr gering. Sie wird hauptsächlich vom Unterschied der Gitterparameter und der Kristallsymmetrie bestimmt. Demzufolge ist auch die freie Energie der Keimbildung stark herabgesetzt, und es können innerhalb eines Kristalls gleichzeitig sehr viele geordnete Keime entstehen. Diese sind nur z. T. „in Phase", denn die Atome der gleichen Art können an verschiedenen Stellen des Kristalls ein anderes Teilgitter besetzen. Beim nachfolgenden Zusammenwachsen der geordneten Bereiche hat das die Bildung von Antiphasengrenzen (Abschn. 2.1.11.3.2) zur Folge. Die geordneten Bereiche beiderseits einer Antiphasengrenze werden auch als *Domänen* bezeichnet. Da Antiphasengrenzen innere Grenzflächen erhöhter Energie darstellen, verschwinden sie bei fortgesetzter Wärmebehandlung, indem einige Domänen analog des Kornwachstums auf Kosten anderer wachsen. Dieser Vorgang verläuft bei Ordnungsphasen mit CsCl-Struktur, die aus nur zwei Teilgittern bestehen, relativ schnell. Dagegen wird die Fernordnung bei Überstrukturen des Cu_3Au-Typs erst nach sehr langer Behandlungsdauer erreicht, da deren Atome auf vier verschiedenen Teilgittern angeordnet sind und die Antiphasendomänen eine verhältnismäßig stabile Struktur bilden können.

Ordnungsumwandlungen tragen Merkmale von Umwandlungen erster oder auch zweiter Art. Für Ordnungsphasen des Cu_3Au-Typs beispielsweise weist die diskontinuierliche Änderung des Fernordnungsgrades s bei der kritischen Temperatur T_0 auf eine *Umwandlung 1. Art* hin (Bild 4.20). Mit dem Ordnungszustand ändert sich gleichermaßen sprunghaft die Konfigurationsenergie der Atome und damit die innere Energie. Infolgedessen hat die spezifische Wärme bei T_0 eine Singularität. Ihr Wert strebt gegen unendlich, und es tritt eine latente Umwandlungswärme auf.

Der Verlauf der s-T-Kurve bei Überstrukturen des CsCl-Typs (z. B. CuZn) ist hingegen charakteristisch für *Umwandlungen 2. Art.* Nach Unterschreiten von T_0 nimmt, Gleichgewichtseinstellung vorausgesetzt, die Anzahl der Bindungen zwischen ungleichartigen Atomen und damit der Ordnungsgrad mit sinkender Temperatur zunächst schnell, doch stetig zu. Die aus der Bildung bzw. Auflösung der Überstruktur resultierende Anomalie der spezifischen Wärme ist über ein breiteres Temperaturintervall verteilt, und bei T_0 tritt ein scharfes Maximum auf. Folglich wird auch keine latente Umwandlungswärme beobachtet.

4.5 Nichtkonventionelle Phasenbildung

Für die Bildung von metastabilen Phasen im Ergebnis von Festkörperreaktionen sowie für die Erzeugung von Werkstoffgefügen mit ausgeprägter Heterogenität im atomaren bis

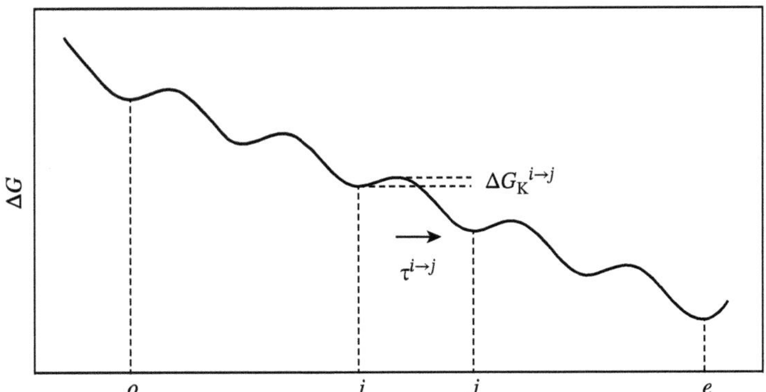

Bild 4.22 Schematische Darstellung des Durchlaufens verschiedener metastabiler Zwischenzustände der freien Enthalpie bei der Relaxation eines Festkörpers in das thermodynamische Gleichgewicht (Ostwaldsche Stufenregel).

Submikrometer-Bereich stehen verschiedene Verfahren zur Verfügung. Hierzu gehören das mechanische Legieren metallischer Pulver, die Erzeugung von nanokristallinen Keramiken über flüssige Prekursoren, die Schnellerstarrung metallischer Legierungen oder die Oberflächenbehandlung und Beschichtung mittels energiereicher Strahlung (Laser-, Elektronen- und Ionenstrahltechnologie).

Die Bildung metastabiler Phasen ist durch ein Wechselspiel von thermodynamischen Triebkräften und kinetischen Mechanismen bedingt. Phänomenologisch wird das Einstellen verschiedener metastabiler Phasen in der *Ostwaldschen Stufenregel* zusammengefasst [9]. Danach nähert sich ein System aus einem Nichtgleichgewicht mit hoher freier Enthalpie dem thermodynamischen Gleichgewichtszustand an, indem es stufenweise eine Reihe von Zwischenzuständen durchläuft und dabei die freie Enthalpie verringert (Bild 4.22). Die physikalische Begründung dieser Regel kann nicht allgemein gegeben werden. Sie spiegelt letztlich die Existenz unterschiedlicher Reaktionskanäle für die Phasenbildung wider, deren zeitliche Folge sowohl durch die Aktivierungsenthalpie $\Delta G_k^{i\to j}$ für die Phasenübergänge zwischen den einzelnen metastabilen Zuständen (i, j) als auch durch deren kinetische Koeffizienten (Diffusionskoeffizient $D^{i\to j}$) bestimmt wird. Diese können in einem Spektrum von Relaxationszeiten $\tau^{i\to j}$ für die einzelnen Prozesse zusammengefasst werden.

$$1/\tau^{i\to j} = A \cdot D^{i\to j} \cdot \exp(-\Delta G_k^{i\to j} / kT) \tag{4.4}$$

Wie Gleichung (4.4) zum Ausdruck bringt, ist die Bildung von metastabilen Phasen durch die Kombination einer thermodynamischen Triebkraft, zusammengefasst in der freien Enthalpie für die Keimbildung, und einer kinetischen Prozesskenngröße, dem Diffusionskoeffizienten, determiniert. Ihre Variation mittels äußerer und innerer Prozessparameter, insbesondere der Temperaturabhängigkeit, bedingt die verschiedenartigen Wege der Festkörperreaktion.

Das System durchläuft den Zustandsraum der freien Enthalpie auf dem Weg minimaler Relaxationszeiten von Zwischenzustand zu Zwischenzustand. Um einen bestimmten metastabilen Zwischenzustand z beobachten zu können, muss für die resultierende Relaxationszeit aus dem Ausgangszustand o folgende Bedingung erfüllt sein

$$\tau^{o \to z} \ll t_B \ll \tau^{z \to z+1} \tag{4.5}$$

Hier bezeichnet t_B die jeweilige Zeit, während der das System beobachtet wird. Zugleich muss die Relaxation in den metastabilen Zwischenzustand *z* rascher erfolgen als auf irgendeinem anderen Weg in den thermodynamischen Gleichgewichtszustand *e*.

$$\tau^{o \to z} \ll \tau^{o \to e} \tag{4.6}$$

Es muss noch darauf hingewiesen werden, dass in dem vielparametrigen Zustandsraum der freien Enthalpie nicht nur ein einziger Weg zum thermodynamischen Gleichgewicht existiert. Grundsätzlich gibt es verschiedene miteinander konkurrierende Relaxationspfade. In Abhängigkeit von den gegebenen Prozessbedingungen (Abkühl- oder Aufheizrate, Temperatur und Dauer einer thermischen Behandlung, Mahldauer und Mahlintensität beim mechanischen Legieren u. ä.) wird das System den Weg mit den jeweils kürzesten Relaxationszeiten zwischen den einzelnen Zwischenzuständen einschlagen.

4.5.1 Metastabile Phasenbildung in dünnen Schichten

Bei den verschiedenen Methoden der Oberflächenbehandlung und Dünnschichttechnologie werden in der Regel Gefüge mit steilen chemischen Gradienten, großen inneren Spannungen und oftmals auch mit einer erhöhten Defektdichte erzeugt, die als Ausgangszustände für das Entstehen metastabiler Phasen dienen.

Besonders begünstigt sind solche Prozesse, wenn die Ausgangsgefüge extrem feindispers sind. Dann reichen oftmals bereits kleine Temperaturänderungen aus, um aufgrund der kurzen Diffusionswege und des großen Anteils an Überschussenthalpie durch innere Grenzflächen solche Gefüge umzuwandeln. Ein metallphysikalisch gut zu diagnostizierendes und auch technisch interessantes Beispiel hierfür stellen metallische oder Metall-Halbleiter-Vielfachschichten dar. Von besonderem Interesse war dabei die Beobachtung, dass sich in solchen Vielfachschichten durch Strukturumwandlungen nahe Raumtemperatur amorphe Phasen bilden können. Die erstmals von *Schwarz* und *Johnson* beobachtete Entstehung einer amorphen Legierung in einer Gold-Lanthan-Vielfachschicht bei Erwärmung auf etwa 100 °C ist unterdessen analog auch an einer Vielzahl anderer Vielfachschichten nachgewiesen worden [10]. Die Bildung und das Wachstum der amorphen Phase werden, wie eingangs dargelegt, durch thermodynamische und kinetische Faktoren bestimmt. Für die Ausbildung größerer, ausgedehnter Interdiffusionszonen entlang der Phasengrenze von zwei Stoffen A und B ist eine negative Änderung der freien Enthalpie für die Mischung $\Delta G_m < 0$ Voraussetzung. Interessanterweise sind für nanoskalige Gefüge infolge des dominierenden Grenzflächenenergiebeitrages auch bei positiver Mischungsenthalpie solche Interdiffusionszonen möglich (Abschn. 4.5.2).

Amorphe feste Lösungen bilden sich im Ergebnis der Interdiffusion dann, wenn die freie Enthalpie kleiner ist als die Enthalpie für die Bildung kristalliner fester Lösungen von A und B. Ein Beispiel hierfür stellt das System Ni-Zr dar [10]. Bei etwa gleichen Konzentrationen von Nickel und Zirkon beträgt die Enthalpieänderung für die amorphe feste Lösung ΔG_m etwa -40 kJ/mol. Für Mischkristallphasen mit hexagonaler Kristallstruktur liegt ΔG_m bei ≈ -20 kJ/mol, bei kubisch raumzentrierter Struktur ist ΔG_m ≈ -25 kJ/mol und in einer kubisch flächenzentrierten Struktur beträgt ΔG_m bei etwa -30 kJ/mol.

Das heißt, der amorphe Zustand ist thermodynamisch gegenüber den kristallinen Lösungen bevorzugt. Die thermodynamisch noch günstigere intermetallische Phase NiZr mit ΔG_m von etwa -50 kJ/mol wird im Experiment erst nach längerem Halten oberhalb von 400 °C beobachtet. Die Bildung von NiZr ist also bei tieferen Temperaturen kinetisch verhindert. Hierzu tragen sowohl kleinere Werte für den effektiven Diffusionskoeffizienten infolge einer geringeren Beweglichkeit von Zr als auch größere kritische Keimradien für die heterogene Keimbildung an der polykristallinen Ni–Zr-Grenzschicht bei der Bildung der wohl geordneten intermetallischen Phase bei. Die Verhältnisse im System Ni-Zr sind repräsentativ für das Entstehen von amorphen Legierungen in einer größeren Gruppe von Metall-Metall- und Metall-Halbleiter-Schichtkombinationen mit negativer Mischungsenthalpie.

Wie bereits erwähnt, kann es auch bei Systemen mit positiver Mischungsenthalpie zu Phasenumwandlungen im festen Zustand kommen, wenn der Ausgangszustand hinreichend weit vom thermodynamischen Gleichgewicht entfernt ist. Als Beispiel soll ein nanoskaliges Ni–C-Vielfachschichtsystem dienen [10], das mittels gepulster Laserverdampfung (PLD-pulsed laser deposition) über die Gasphase auf einem Siliciumsubstrat abgeschieden wurde (Bild 4.23).

Im chemischen Gleichgewicht existieren im System Ni-C zwei feste Phasen, das kubisch flächenzentrierte α-Nickel und Graphit (Bild 4.24). Die α-Nickel-Phase kann maximal 2,7 At-% Kohlenstoff lösen. Im Bild 4.24 ist dem Gleichgewichts-Phasendiagramm ein metastabiles Phasendiagramm überlagert, das die metastabile α′-Nickel-Phase und das metastabile Ni_3C ausweist [4.12].

Im Ausgangszustand sind im Nickel der mittels PLD-Verfahren erzeugten Ni–C-Vielfachschichten ca. 14 At-% Kohlenstoff enthalten, also wesentlich mehr, als Nickel im thermodynamischen Gleichgewicht bei Raumtemperatur lösen kann [13]. Zugleich werden

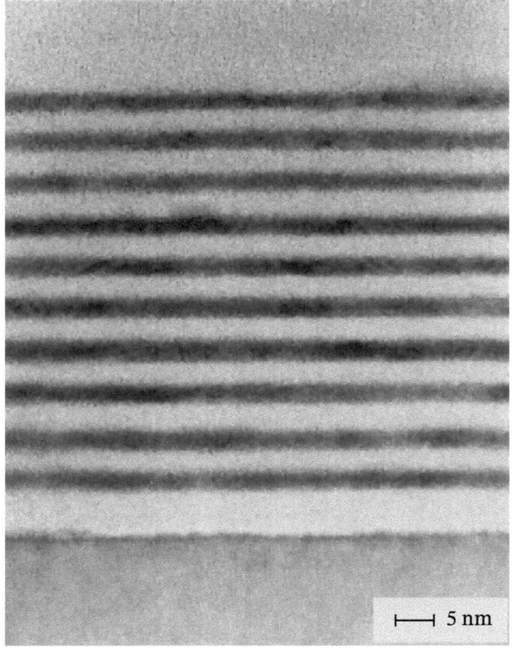

Bild 4.23 Hochauflösende transmissionselektronen-mikroskopische Aufnahme einer Ni–C-Vielfachschicht (nach *H. Mai* u. a.). Die dunklen Schichten stellen teilkristallines Nickel, die hellen amorphen Kohlenstoff dar.

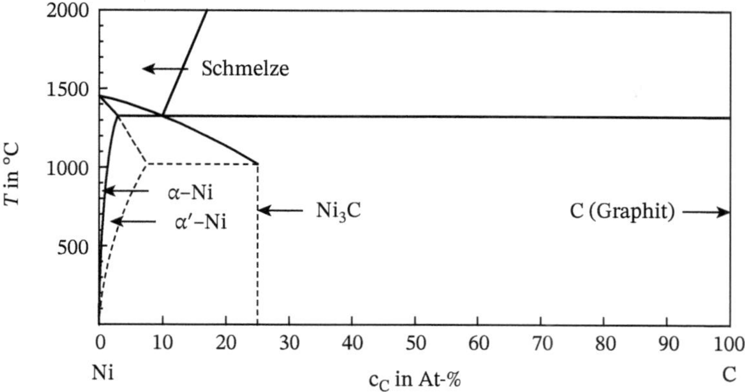

Bild 4.24 Stabiles (——) und metastabiles (- - -) Ni–C-Phasendiagramm nach *M. Singleton* und *P. Nash.*

durch den energiereichen Abscheidungsprozess mit Teilchenenergien von > 20 eV in den Schichten hohe Druckeigenspannungen erzeugt. Sie liegen in den Nickelfilmen bei mehr als 1,5 GPa, im Kohlenstofffilm bei mehr als 4 GPa. Bei Wärmebehandlung entsteht, wie mittels Röntgen-Beugungsuntersuchungen nachgewiesen werden konnte, in Abhängigkeit von der Temperatur eine Folge von metastabilen Zwischenzuständen im Vielfachschichtsystem (Bild 4.25).

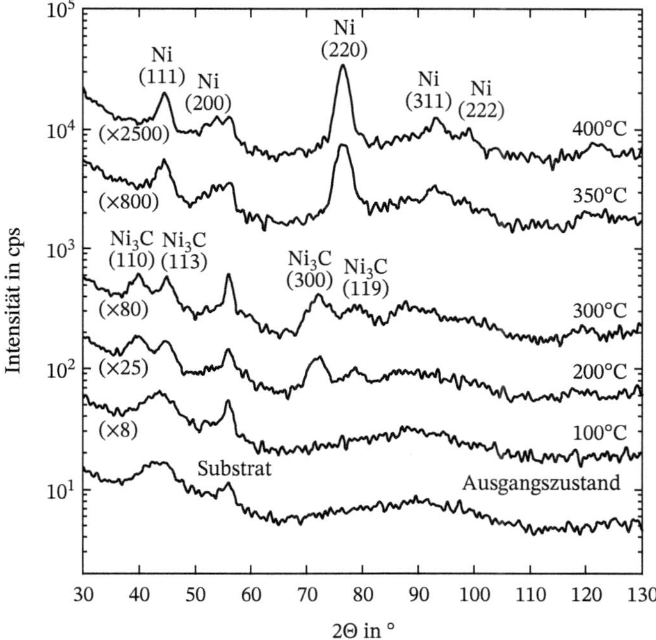

Bild 4.25 Veränderung der Phasenzusammensetzung in Ni–C-Vielfachschichten nach thermischer Behandlung in Abhängigkeit von der Temperatur (nach *R. Krawietz*). Die Ni–C-Schichtsysteme wurden mittels gepulster Laserverdampfung abgeschieden und jeweils 20 min auf Behandlungstemperatur gehalten.

Aus dem Vergleich der Diffraktogramme kann geschlossen werden, dass die im Ausgangszustand zunächst teilkristalline Ni–C-Vielfachschicht zwei aufeinander folgende Festphasenumwandlungen durchläuft: (I) amorphes Ni-14 At-%-C → α′-Nickel/Ni_3C, und (II) α′-Nickel/Ni_3C → α-Nickel/C [4.13]. Die beobachteten Umwandlungen, insbesondere das Auftreten der Nickelkarbid-Phase im Bereich von 200 °C bis 350 °C, stehen im Einklang mit den Aussagen der Ostwaldschen Stufenregel.

4.5.2 Mechanisches Legieren von Pulvern

Das Mahlen von Pulvermischungen mit hohem Energieeintrag wurde erstmals von *Benjamin* für die Herstellung von oxiddispersionsverfestigten (ODS) Superlegierungen detailliert untersucht. Da bei der intensiven mechanischen Behandlung eine Homogenisierung bis zum atomaren Niveau erreicht werden kann, wird das Verfahren allgemein als „mechanisches Legieren" bezeichnet [14]. Im Gegensatz zu dem bekannten, der Zerkleinerung dienenden Mahlen spröder Stoffe muss die Pulvermischung beim mechanischen Legieren zumindest eine relativ duktile Komponente enthalten. Als weitere Komponenten können duktile Materialien oder spröde Stoffe zugesetzt werden.

Da es sich beim mechanischen Legieren um einen Prozess handelt, bei dem lokal große Energiebeträge in die temporären Teilchenkontakte eingetragen werden, ist es verständlich, dass dabei Zustände fern vom thermodynamischen Gleichgewicht erzeugt werden. Es können fünf charakteristische Prozessstadien des mechanischen Legierens unterschieden werden:

- Umschließen der spröden Teilchen mit verformten duktilen Teilchen und teilweises Zerbrechen der spröden Teilchen,
- Ausbilden größerer plättchenförmiger Teilchen durch Verschweißung, Anstieg der Teilchenhärte,
- äquiaxiale Pulverausformung mit lamellaren Teilchenstrukturen, Abnahme der Lamellendicke mit jedem Aufbrech- und Wiederverschweißungsvorgang, Verringerung der mittleren Teilchengröße,
- statistisch verteiltes Aufbrechen und Verschweißen von Pulverteilchen,
- stationäres Gleichgewicht zwischen Verschweiß- und Aufbrechvorgängen mit einer relativ engen und über die Mahldauer konstanten Teilchengrößenverteilung.

Ein Beispiel für die dabei auftretende Gefügeentwicklung ist in Bild 4.26 gegeben.

Bei den energiereichen Kollisionen von Mahlkörpern und Pulver kann die in den Pulverteilchen kurzzeitig auftretende Temperaturerhöhung von einigen hundert Grad Diffusion ermöglichen. Diese ist umso intensiver, je höher der Grenzflächenanteil mit fortschreitender Mahlung wird. In Systemen mit negativer Mischungsenthalpie bilden sich dabei Mischkristalle oder stabile Phasen (z. B. Hartstoffe). Jedoch können auch metastabile und amorphe Phasen sowie stark übersättigte Mischkristalle entstehen. Aus den eingangs dargestellten allgemeinen Betrachtungen zu den Bildungsbedingungen metastabiler Phasen folgt, dass im Mahlprozess ein Zustand hoher freier Enthalpie erzeugt werden muss, aus dem das System in die metastabilen Zustände relaxieren kann. Mit dem sich im Mahlprozess bildenden nanodispersen lamellaren Gefüge sind die Voraussetzungen dafür gegeben, dass Mechanismen wirksam werden, wie sie in metallischen Vielfachschichten beobachtet

Bild 4.26 Gefügeänderungen eines Pulvergemisches aus Cr–Ni-Stahl und 7 Masse-% Silicium infolge einer Hochenergie-Mahlbehandlung (mechanisches Legieren): (a) Ausgangszustand (grobe Pulverteilchen Stahl, feine Partikel Silicium): (b) nach 7 h Mahldauer; (c) nach 32 h Mahldauer.

werden (Abschn. 4.5.1). Somit ist verständlich, dass für Systeme mit negativer Mischungsenthalpie die Herausbildung amorpher oder metastabiler Phasen möglich wird. Im Unterschied zu der dafür notwendigen Wärmebehandlung für die metallischen Schichtsysteme wird bei den Pulvern die notwendige Aktivierungsenergie über den Mahlprozess zugeführt. So weist eine $Ni_{50}Zr_{50}$-Legierung nach 8 h Mahldauer in einer Hochenergie-Kugelmühle ein feinlamellares Gefüge mit Einzelschichtdicken von etwa 100 nm auf, das noch aus den kristallinen Ausgangsphasen Ni und Zr besteht. Bereits nach 16 h Mahldauer ist der amorphe Zustand in den Pulverteilchen erreicht [15]. Für die Kinetik der Relaxationsvorgänge dürfte auch von Bedeutung sein, dass beim Mahlprozess eine hohe Defektdichte durch zusätzliche Leerstellen und Zwischengitteratome im abgescherten Teilchenkontaktbereich sowie durch zusätzliche Versetzungen erzeugt wird, die die Diffusionsprozesse bei Raumtemperatur wesentlich beschleunigen können.

Bislang nicht endgültig geklärt ist das Entstehen von amorphen Zuständen oder Mischkristallen in Systemen mit positiver Mischungsenthalpie. Zum einen ist es möglich, dass – ebenso wie in dem in Abschn. 4.5.1 vorgestellten Beispiel für Ni-C-Vielfachschichten – der Energiebeitrag der Gitterdefekte die Existenzgebiete der möglichen Phasen verschiebt. Zum anderen gibt es aber auch ein thermodynamisches Argument für die Änderung der Gleichgewichtskonzentration in den thermodynamisch stabilen Phasen, wenn man zu Kristallitgrößen von einigen 10 nm kommt. Der zunehmende Anteil an Grenzflächenenergie, verbunden mit einem Überschuss an freier Enthalpie, verschiebt dann die Gleichgewichtskonzentrationen aus den Minima der freien Enthalpie, die das Phasengemisch für quasi unendlich ausgedehnte Kristallite annehmen kann.

Es ist verständlich, dass im Einklang mit der Ostwaldschen Stufenregel beim mechanischen Legieren je nach der Wahl der Mahlintensität verschiedene metastabile Zustände erhalten werden können. So berichten *Schultz* und *Eckert* [15] von der Möglichkeit, in einer $Al_{65}Cu_{20}Mn_{15}$-Legierung je nach Mahlbehandlung mit geringer oder hoher Intensität amorphe bzw. quasikristalline Phasen erzeugen zu können. Die amorphe Legierung ist weniger stabil. Sie ist aber kinetisch infolge der einfacheren und damit wahrscheinlicheren Anordnung der einzelnen Atome bevorzugt. Experimentell wird beobachtet, dass der amorphe Zustand bei geringerer Mahlintensität, also als erste Relaxationsstufe gebildet wird und durch zusätzliche intensivere Mahlbehandlung nachträglich in die quasikristalline Struktur überführt werden kann.

Literaturhinweise

1. Meyer, K. (1977). *Physikalisch-chemische Kristallographie*. Leipzig: VEB Deutscher Verlag für Grundstoffindustrie.
2. Haasen, P. (1994). *Physikalische Metallkunde*. Berlin, Heidelberg, New York, London, Paris, Tokyo, Hong Kong, Barcelona, Budapest: Springer.
3. Oettel, H. Schumann, H. (Hrsg.) (2015). *Metallografie*, WILEY-VCH.
4. Schatt, W. (Hrsg.) (1991). *Werkstoffe des Maschinen-, Anlagen- und Apparatebaus*. Leipzig: Deutscher Verlag für Grundstoffindustrie 1991 und Heidelberg: Dr. Alfred Hüthig Verlag.
5. Schumann, H. (1980). *Kristallgeometrie*. Leipzig: VEB Deutscher Verlag für Grundstoffindustrie.
6. Christian, J. W. (1975). *The Theory of Transformations in Metals and Alloys*. Oxford, London, Edinburgh, New York, Paris, Frankfurt: Pergamon Press.
7. Batzer, H. (Hrsg.) (1985). *Polymere Werkstoffe, Bd. I: Chemie und Physik*. Stuttgart, New York: Georg Thieme Verlag.
8. Cahn, R. W. (1983). *Physical Metallurgy*. Amsterdam: North Holland Phys. Publ.
9. Ostwald, W. (1879). Z. f. Physikal. *Chemie* 22, 289.
10. Johnson, W. L. (1992). Amorphization by Interfacial Reactions. In: *Materials Interfaces, Atomic-Level Structure and Properties* (Hrsg. D. Wolf, S. Yip, Chapman & Hall), 517–549.
11. Mai, H. u. a. (1994). Pulsed Laser Deposition of X-Ray Optical Layer Stacks with Atomically Flat Interfaces. *SPIE* 2253, 268–279.
12. Singleton, M. P. und P. Nash (1989). The C-Ni System, *Bulletin of Alloy Phase Diagrams* 10, 121–26.
13. Krawietz, R. (1995). *Untersuchung des Verhaltens von Ni-C-Nanometerschichten beim thermischen Anlassen unter Verwendung von Röntgenmethoden*. Dissertation TU Dresden.
14. Schatt, W. und Wieters, K.P. (1994). *Pulvermetallurgie, Technologien und Werkstoffe*. Düsseldorf: VDI-Verlag.
15. Schultz, L. und Eckert, J. (1994). Mechanically Alloyed Glassy Metals. In: *Topics in Applied Physics*, Vol. 72, (Hrsg. Beck/Güntherodt), 69–118. Springer-Verlag.

5
Zustandsdiagramme

5.1 Thermodynamische Grundlagen

Jeder Werkstoffzustand ist, wie bereits gezeigt wurde, durch bestimmte Anordnungen der Atome, Ionen und Moleküle charakterisiert. Im Folgenden sollen nun die Bedingungen untersucht werden, unter denen ein solcher Zustand stabil existieren kann. Hierfür ist es zweckmäßig, den Werkstoffzustand thermodynamisch zu betrachten.

In der Regel ist ein bestimmter stabiler Zustand eines reinen Stoffes gegebener Masse m durch den Druck p und die Temperatur T festgelegt. Druck und Temperatur werden als *Zustandsgrößen* oder Zustandsvariable bezeichnet. Für Systeme, die aus mehreren Komponenten bestehen, kommen als weitere Zustandsgrößen die Zusammensetzungsvariablen oder Konzentrationsvariablen c_i hinzu. Unter *Komponenten* sollen dabei die zum Aufbau des Systems erforderlichen reinen Stoffe verstanden werden. Systeme, die nur aus einer Komponente bestehen, werden als *Einstoffsysteme* bezeichnet. Analog nennt man Systeme mit zwei, drei oder mehr Komponenten Zweistoff-, Dreistoff- und allgemein *Mehrstoffsysteme*. Besteht das System aus mindestens zwei Komponenten, so spricht man auch von einer *Legierung*.

Der Anteil der einzelnen Komponenten im System, d. h. ihre Konzentration oder Zusammensetzung, wird in der Technik meist in Masseprozent bzw. als Massebruch angegeben. Er ist für die i-te Komponente eines Systems, das aus k Komponenten besteht, durch Gl. 5.1

$$c_i = \frac{m_i}{m_1 + m_2 + m_3 + \ldots + m_\mathrm{K}} = \frac{m_i}{\sum\limits_{i=1}^{i=\mathrm{K}} m_i} \tag{5.1}$$

festgelegt, wobei für die Angabe in Masseprozent $c_i \cdot 100\,\%$ geschrieben wird, m_i ist die Masse der i-ten Komponente.

Für die thermodynamische Herleitung der Zustandsdiagramme sind Angaben der Zusammensetzung bzw. Konzentration in Molenbrüchen x_i bzw. Mol- oder Atomprozent $x_i \cdot 100\,\%$ üblich. Sie berechnen sich nach Gl. 5.2

$$x_i = \frac{n_i}{n_1 + n_2 + n_3 + \ldots + n_\mathrm{K}} = \frac{n_i}{\sum\limits_{i=1}^{i=\mathrm{K}} n_i} \tag{5.2}$$

wenn die Mengen in Molen oder Grammatomen n_i eingesetzt werden.

Schatt Werkstoffwissenschaft, 11. Auflage. Hartmut Worch, Wolfgang Pompe und Christoph Leyens.

Ist ein System aus mehreren Bestandteilen aufgebaut, die sich in ihren Eigenschaften voneinander unterscheiden und durch Grenzflächen voneinander getrennt sind, so liegt ein *heterogenes System* vor. Die einzelnen in sich homogenen Bestandteile des Systems werden als Phasen bezeichnet.

Im gasförmigen Aggregatzustand sind die Atome und Moleküle völlig mischbar. Dieser Zustand ist daher immer homogen, d. h. einphasig. Im flüssigen oder festen Aggregatzustand können mehrere Phasen nebeneinander existieren. Bei Legierungen treten mehrere Phasen im festen Zustand auf, wenn die Bedingungen für eine lückenlose Mischkristallbildung nicht gegeben sind. Das Gefüge einer solchen heterogenen Legierung ist im Bild 5.1 dargestellt. Es besteht aus einem Gemenge von Kristallarten der am Aufbau der Legierung beteiligten Komponenten und wird als *Kristallgemisch* bezeichnet. Im Folgenden werden die Mengen der Atome oder Moleküle der Komponente i in der Phase φ sowie die Molenbrüche mit n_i^φ bzw. x_i^φ bezeichnet.

Die Anzahl, die Art und das Mengenverhältnis der in einem heterogenen System vorhandenen Phasen sind bei vorgegebenen Zustandsgrößen (Druck, Temperatur) und vorgegebener Gesamtmenge dann stabil, wenn sich das System im thermodynamischen Gleichgewicht befindet. Zur Untersuchung des Gleichgewichtes ist es zweckmäßig, die innere Energie U des Systems zu betrachten. Wie bereits in Kapitel 3 ausgeführt wurde, wird ein System unter den Nebenbedingungen konstanten Drucks und konstanter Temperatur durch die freie Enthalpie G (Gl. 5.3)

$$G = F + pV = U - TS + pV = H - TS \tag{5.3}$$

(H Reaktionsenthalpie, S Entropie) als thermodynamisches Potenzial beschrieben. In einem heterogenen System, bestehend aus K Komponenten in Φ Phasen, ist die freie Enthalpie durch die Summe (Gl. 5.4 a und Gl. 5.4 b)

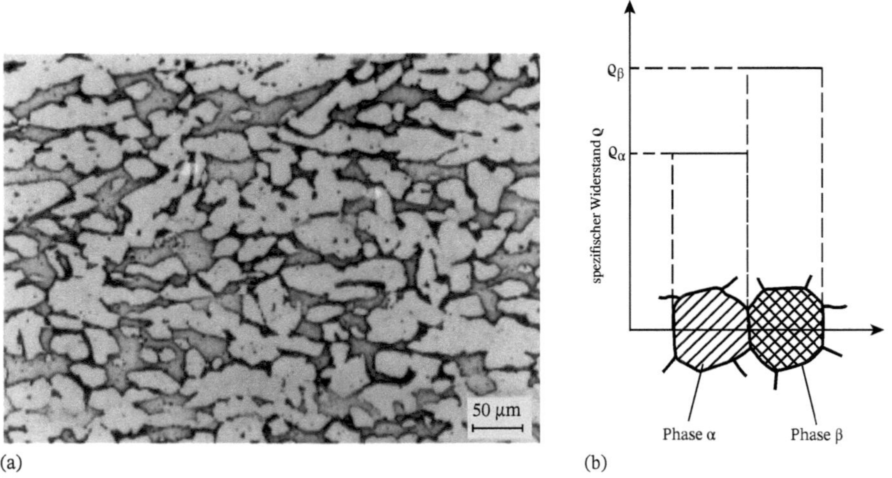

Bild 5.1 (a) Gefüge einer heterogenen Legierung, α- und β-Phase im Messing; (b) spezifischer elektrischer Widerstand der α- und β-Phase (schematisch).

$$n_1^1\mu_1^1 + n_1^2\mu_1^2 + \ldots + n_K\mu_K = \sum_{\varphi=1} \sum_{i=1}^{i=K} n_i^\varphi \mu_i^\varphi = G(T, p, n_1, \ldots n_i, \ldots n_K) \tag{5.4a}$$

bzw.

$$\begin{aligned} x_1^1\mu_1^1 + x_1^2\mu_1^2 + \ldots + x_K\mu_K &= \sum_{\varphi=1} \sum_{i=1}^{i=K} x_i^\varphi \mu_i^\varphi \\ &= \sum_{\varphi=1}^{\Phi} \overline{G_\varphi} = \bar{G}\left(T, p, x_1^1, \ldots x_i^\varphi \ldots x_K^\Phi\right) \end{aligned} \tag{5.4b}$$

gegeben, wenn μ_i^φ das chemische Potenzial der Phase φ der *i*-ten Komponente. $\overline{G}_\varphi$ ist die mittlere molare freie Enthalpie der Phase φ im heterogenen System.

Bei Änderungen von Nichtgleichgewichtszuständen gilt anstelle von Gl. 5.3 nach dem 2. Hauptsatz der Thermodynamik (Gl. 5.5)

$$\mathrm{d}U \leq T\mathrm{d}S - p\mathrm{d}V \tag{5.5}$$

und für die Änderung der freien Enthalpie (Gl. 5.6)

$$\mathrm{d}G \leq V\mathrm{d}p - S\mathrm{d}T \tag{5.6}$$

Unter der Voraussetzung, dass $p = \text{const}$, $T = \text{const}$ und $n_i = \text{const}$, folgt mit $\mathrm{d}p = 0$, $\mathrm{d}T = 0$ aus Gl. 5.6 die Gl. 5.7

$$\mathrm{d}G = \sum_{\varphi=1} \sum_{i=1}^{i=K} \mu_i^\varphi \mathrm{d}n_i^\varphi \leq 0 \tag{5.7}$$

Gleichung 5.7 macht deutlich, dass in einem dem Gleichgewicht zustrebenden System nur Vorgänge ablaufen können, bei denen die freie Enthalpie *G* abnimmt. Die Vorgänge kommen zum Stillstand, sobald die freie Enthalpie ein Minimum erreicht hat. Die Gleichgewichtsbedingung kann wie folgt formuliert werden: Das *thermodynamische Gleichgewicht* ist erreicht, wenn die freie Enthalpie *G* ein Minimum einnimmt.

Wendet man diese Bedingung auf ein heterogenes System an, das aus den Komponenten *A* und *B* besteht und eine schmelzflüssige Phasen *S* sowie eine kristalline Phase *K* enthält, so kann sich das Gleichgewicht zwischen den Phasen bei gegebenem Druck und gegebener Temperatur und Gesamtmenge nur durch eine Änderung der Anteile der Komponenten *A* und *B* in den Phasen *S* und *K* einstellen. Für die freie Enthalpie gilt in diesem Fall Gl. 5.8 a.

$$G = n_A^S\mu_A^S + n_A^K\mu_A^K + n_B^S\mu_B^S + n_B^K\mu_B^K \tag{5.8a}$$

Die Komponente *A* wird so lange aus der Phase *S* in die Phase *K* übergehen oder umgekehrt, bis das chemische Potenzial in beiden Phasen gleich ist. Durch das Aufsuchen des Minimums in Gl. 5.8a ergibt sich unter Berücksichtigung, dass $\mathrm{d}n_A = \mathrm{d}n_A^S + \mathrm{d}n_A^K = 0$ gilt (analog auch für die Komponente *B*) Gl. 5.8 b.

$$\mu_A^S(x_{B,S}) = \mu_A^K(x_{B,K}) \quad \mu_B^S(x_{B,S}) = \mu_B^K(x_{B,K}) \tag{5.8b}$$

Drückt man die chemischen Potenziale durch die mittleren molaren freien Enthalpien $\overline{G_S}$ und $\overline{G_K}$ aus (Gl. 5.8 c und Gl. 5.8 d)

$$\overline{G_S} = (1 - x_B)\,\mu_A^S(x_B) + x_B\mu_B^S(x_B) \tag{5.8c}$$

$$\overline{G_K} = (1 - x_B)\,\mu_A^K(x_B) + x_B\mu_B^K(x_B) \tag{5.8d}$$

mit $x_B = 1 - x_A$, so folgt aus der Gleichgewichtsbedingung (Gl. 5.8 b) für ein binäres System, dass beide Phasen in einem $\overline{G} - x_B$ Diagramm für den Gleichgewichtszustand eine gemeinsame Tangente haben *(Tangentenregel)* (Bild 5.2 c). Unter Verwendung der *Gibbs-Duhem-Gleichung* (Gl. 5.8 e)

$$(1 - x_B)\frac{\partial\mu_A^S}{\partial x_B} + x_B\frac{\partial\mu_B^S}{\partial x_B} = 0 \quad (1 - x_B)\frac{\partial\mu_A^K}{\partial x_B} + x_B\frac{\partial\mu_B^K}{\partial x_B} = 0 \tag{5.8e}$$

folgt für den Anstieg an der Stelle $x_B = x_{B,S}$ (Gl. 5.8 f)

$$\frac{\partial\overline{G_S}}{\partial x_B} = \mu_B^S(x_{B,S}) - \mu_A^S(x_{B,S}) \tag{5.8f}$$

In gleicher Weise ergibt sich mit Gl. 5.8 d bei $x_B = x_{B,K}$ Gl. 5.8 g.

$$\frac{\partial\overline{G_K}}{\partial x_B} = \mu_B^K(x_{B,K}) - \mu_A^K(x_{K,B}) \tag{5.8 g}$$

Mit den Gleichgewichtsbedingungen Gl. 5.8 b folgt unmittelbar Gl. 5.8 h.

$$\frac{\partial\overline{G_S}}{\partial x_B}(x_{B,S}) = \frac{\partial\overline{G_K}}{\partial x_B}(x_{B,K}) \tag{5.8 h}$$

Im Bild 5.2 ist die Abhängigkeit der mittleren molaren freien Enthalpien der einzelnen Phasen vom Molenbruch x_B für ein System dargestellt, dessen Komponenten im festen und flüssigen Aggregatzustand im gesamten Intervall $0 < x_B < 1$ mischbar sind. Die Zustandsgrößen Druck und Temperatur sind konstant, wobei die Temperatur als Parameter eingeführt wird. Die Schmelztemperaturen der reinen Komponenten *A* und *B* sollen bei T_{SA} bzw. T_{SB} liegen, wobei $T_{SB} > T_{SA}$ sein soll. Entsprechend Bild 5.2 können dann folgende Bereiche unterschieden werden:

a) $T > T_{SB}$
Die mittlere molare freie Enthalpie der Schmelze $\overline{G}_S(x_B)$ ist im Intervall $0 \leqq x_B \leqq 1$ kleiner als diejenige der festen Kristalle, d. h. für jeden beliebigen Wert von x_B liegt das Minimum der freien Enthalpie auf der Kurve $\bar{G}_S(x_B)$. Überträgt man die $\bar{G}(x_B) - x_B$ -Diagramme in ein $T - x_B$-Diagramm, so findet man, dass bei $T > T_{SB}$ nur die schmelzflüssige Phase *S* thermodynamisch stabil ist.

b) $T = T_{SB}$
Für $x_B = 1$ gilt $\bar{G}_S(x_B) = \bar{G}_S(x_B)$. Die freien Enthalpien der schmelzflüssigen und der kristallinen Phase sind bei der Schmelztemperatur der reinen Komponente T_{SB} gleich.

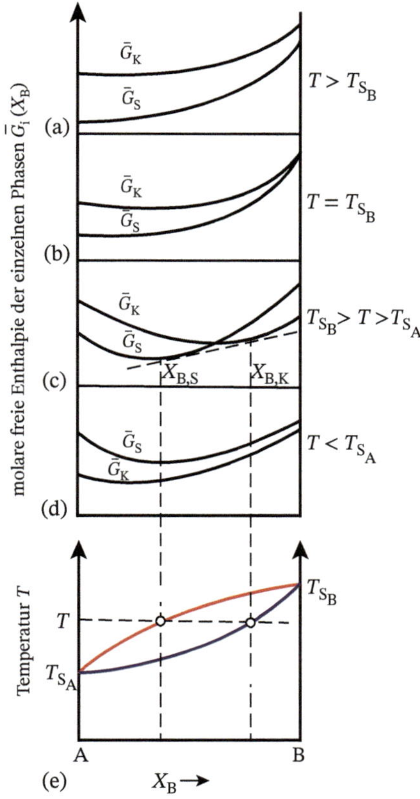

Bild 5.2 Konstruktion des Temperatur-x_B-Diagramms für das System mit vollständiger Mischbarkeit der Komponenten *A* und *B* im festen und flüssigen Zustand aus den $\overline{G_i} - x_B$-Diagrammen der einzelnen Phasen [1] (Liquiduslinie – rot, Soliduslinie – blau).

Im $T - x_B$-Diagramm sind bei dieser Temperatur und Konzentration beide Phasen thermodynamisch stabil.

c) $T_{SA} < T < T_{SB}$

In diesem Temperaturintervall schneiden sich die Kurven der thermodynamischen Potenziale der kristallinen und der schmelzflüssigen Phase. Das Minimum des thermodynamischen Potenzials des Systems liegt auf der durch Gl. 5.8 c angegebenen Tangente. Die Abszissen der Berührungspunkte dieser Tangente an die $\bar{G}_S\,(x_B)$- und $\bar{G}_K\,(x_B)$ -Kurve, $x_{B,S}$ bzw. $x_{B,K}$, entsprechen den Gleichgewichtskonzentrationen der Komponenten in der Schmelze sowie in der kristallinen Phase. Überträgt man die Verhältnisse in das T–x_B-Diagramm, so existiert bei der Temperatur T im Intervall $0 \leqq x_B \leqq x_{B,S}$ die Schmelze als thermodynamisch stabile Phase. Im Intervall $x_{B,S} \leqq x_B \leqq x_{B,K}$ befinden sich bei der vorliegenden Temperatur beide Phasen im Gleichgewicht. Für $x_{B,K} \leqq x_B \leqq 1$ ist nur die Mischkristallphase stabil.

d) $T < T_{SA}$

Für Temperaturen unterhalb der Schmelztemperatur T_{SA} liegt das Minimum der freien Enthalpie für jede beliebige Konzentration auf der Kurve $\overline{G}_K\,(x_B)$. Im T–x_B-Diagramm tritt bei dieser Temperatur daher nur der Mischkristall als stabile Phase auf.

Die Existenzbereiche der einzelnen Phasen im T–x_B-Diagramm sind somit durch die theoretisch hergeleiteten Phasenumwandlungskurven voneinander getrennt. Die Grenzkurve zwischen dem Bereich der homogenen Schmelze und dem heterogenen Zweiphasenbereich (Bild 5.2 d), in dem Schmelze und Mischkristalle als thermodynamisch stabile Phasen nebeneinander vorliegen, wird als *Liquiduslinie* bezeichnet. Bei Temperaturen oberhalb der Liquiduslinie existieren nur flüssige Phasen. Die Grenzkurve zwischen dem Bereichen der festen Mischkristallphase und dem Zweiphasenbereich nennt man *Soliduslinie.* Im T–x_B-Diagramm liegen bei Temperaturen unterhalb der Soliduslinie nur feste Phasen vor.

Weist die Abhängigkeit der freien Enthalpie $\Delta\bar{G}\,(x_B)$ einer Phase vom Molenbruch x_B mehr als ein Minimum auf, so können Entmischungserscheinungen in dieser Phase innerhalb eines von der Temperatur abhängigen Konzentrationsintervalls auftreten (s. a. Abschn. 5.3.5). Die Grenzkurve des entstehenden Zweiphasengebietes wird als Spinodale bezeichnet. Sie kann über die Beziehung Gl. 5.9

$$\frac{\partial^2 \Delta\bar{G}\,(x_B)}{\partial x_B^2} = 0 \tag{5.9}$$

berechnet werden. Die zur Darstellung der Spinodalen im Temperatur-x_B-Diagramm (Bild 5.3) erforderlichen Daten ergeben sich mit Gl. 5.9 als Koordinaten der Wendepunkte der im Bild 5.3 für verschiedene Temperaturen wiedergegebenen Konzentrationsabhängigkeit der freien Enthalpie. Zwischen dem Einphasengebiet und dem durch die Spinodale begrenzten Zweiphasengebiet existiert ein Bereich, in dem die homogene Phase metastabil ist. Die Kurve, die diesen Bereich gegen die homogene Phase im Temperatur-x_B-Diagramm abgrenzt, wird als Binodale bezeichnet. Die Koordinaten zur Darstellung der Binodalen im Temperatur-x_B-Diagramm ergeben sich als Koordinaten der Berührungspunkte der Tangente an die Minima der Konzentrationsabhängigkeit der freien Enthalpie im Bild 5.3.

Der im Gleichgewichtszustand bestehende Zusammenhang zwischen der Anzahl der Komponenten K, der Anzahl der Phasen P und der Zahl der Freiheitsgrade F eines heterogenen Systems wird durch das *Gibbssche Phasengesetz* Gl. 5.10 a

$$F = K + 2 - P \tag{5.10a}$$

beschrieben, wobei unter der Zahl der Freiheitsgrade die Anzahl der frei wählbaren Zustandsgrößen (Druck, Temperatur, Konzentration) verstanden wird, die unabhängig voneinander verändert werden können, ohne dass sich die Zahl der Phasen ändert.

Wird mit p = const der Druck als Zustandsvariable bereits festgelegt, so nimmt das Gibbssche Phasengesetz die Gestalt nach Gl. 5.10 b

$$F = K + 1 - P \tag{5.10b}$$

an.

Für ein *Einstoffsystem* ist die Konzentration mit $x_B = 1$ konstant, da das System nur aus einer Komponente besteht. Als Zustandsgrößen treten der Druck p und die Temperatur T auf. Die Existenzbereiche der einzelnen Phasen eines reinen Stoffes, der im festen

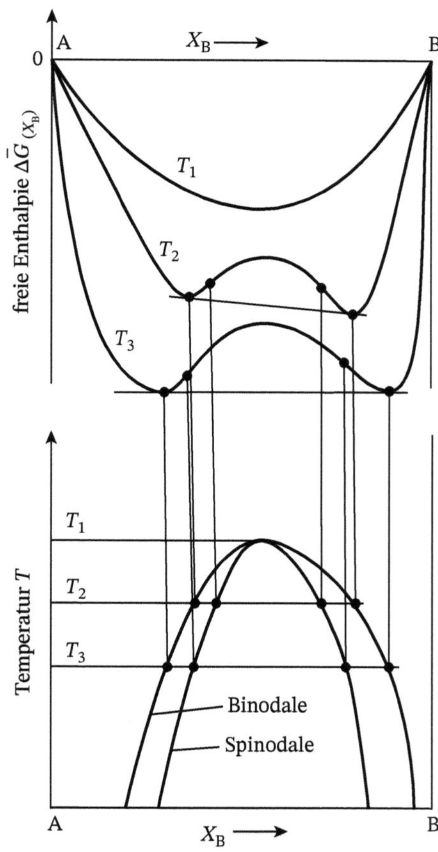

Bild 5.3 Konstruktion des Temperatur-x_B-Diagramms eines Zweistoffsystems mit spinodaler Entmischung einer Phase aus dem $G_{i\,(x_B)} - x_B$-Diagramm.

Aggregatzustand beispielsweise in drei verschiedenen Modifikationen auftreten kann, sind im Bild 5.4 a dargestellt. Auf den Phasenumwandlungskurven stehen zwei Phasen miteinander im Gleichgewicht. Die Zahl der frei wählbaren Zustandsgrößen ergibt sich für die Phasenumwandlungskurven mit der Zahl der Komponenten $K = 1$ und der Zahl der im Gleichgewicht stehenden Phasen $P = 2$ aus Gl. 5.10 a zu $F = 1$. Wenn also eine der beiden Zustandsgrößen p oder T frei gewählt wird, ist gleichzeitig die zweite Größe mit bestimmt. Die Punkte P_1, P_2, P_3 und P_4 entsprechen jeweils 3 Phasen im Gleichgewicht. Diese Punkte werden als Tripelpunkte bezeichnet. Für sie liefert das Gibbssche Phasengesetz mit $K = 1$ und $P = 3$ den Freiheitsgrad $F = 0$. Am Tripelpunkt kann somit weder der Druck noch die Temperatur verändert werden, ohne dass sich die Zahl der Phasen ändert. Innerhalb der Existenzbereiche der einzelnen Phasen sind Druck und Temperatur frei wählbar. Da dort jeweils nur eine Phase existiert, liefert Gl. 5.10 a mit $K = 1$ und $P = 1$ für die Zahl der Freiheitsgrade $F = 2$.

Aus dem Obengesagten folgt, dass bei Koexistenz von 2 Phasen die Zustandsvariablen p und T durch Gl. 5.11

$$f(p, T) = 0 \tag{5.11}$$

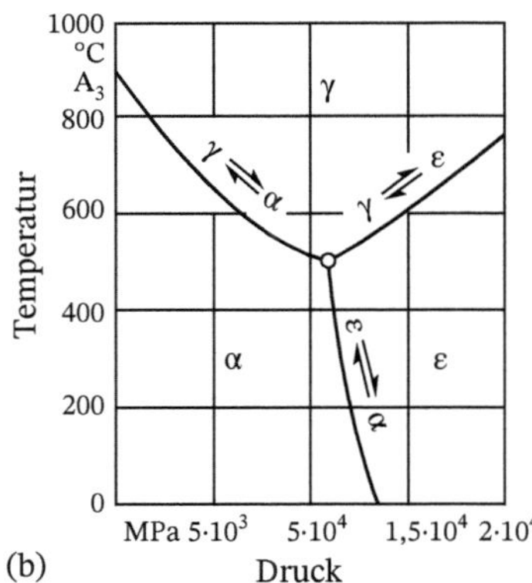

Bild 5.4 (a) Zustandsdiagramm eines Einstoffsystems mit drei festen Phasen α, β, γ, der Schmelze, der Dampfphase und den Tripelpunkten P_1 bis P_4. [11] (b) Einstoffsystem des Eisens im Temperaturintervall von 0 °C bis 1.000 °C und bei Drücken bis zu $2 \cdot 10^4$ MPa (nach *F. P. Bundy).*

miteinander verknüpft sind. Als Beispiel ist im Bild 5.4 b das Zustandsdiagramm des Eisens im Temperaturbereich von 0 bis 1.000 °C und für Drücke von $1 \cdot 10^3$ bis $2 \cdot 10^4$ MPa dargestellt. Mit steigendem Druck sinkt die Temperatur der Umwandlung des kfz γ-Eisens in das krz α-Eisen von $T = 911$ °C bei Normaldruck bis auf $T = 490$ °C bei $p = 1{,}1 \cdot 10^4$ MPa ab. Hier, am Tripelpunkt, tritt mit der ε-Phase eine neue Kristallmodifikation auf. Sie hat ein hexagonal dicht gepacktes Gitter. Die höhere Packungsdichte der ε-Phase kann als Ursache dafür angesehen werden, dass die α–ε-Umwandlung bis zur Raumtemperatur auftritt. Die ε-Phase hat bisher jedoch nur als martensitische Phase (vgl. Abschn. 4.1) in niedrig kohlenstoffhaltigen legierten Stählen Bedeutung erlangt.

Für *Zweistoffsysteme* kommt als weitere unabhängige Variable die Konzentration c oder x_B hinzu, sodass Gl. 5.11 die Gestalt von Gl. 5.12

$$f(p, T, c) = 0 \text{ bzw. } f(p, T, x_B) = 0 \tag{5.12}$$

annimmt. Zur vollständigen Darstellung eines Zweistoffsystems ist daher ein räumliches Koordinatensystem erforderlich. In ihm werden die Existenzbereiche der einzelnen Phasen, die jetzt dreidimensional ausgedehnt sind, durch beliebig gekrümmte Flächen voneinander getrennt. Da eine solche Darstellung relativ unübersichtlich ist und die meisten technischen Prozesse (eine Ausnahme bildet z. B. die Vakuummetallurgie) unter Normaldruck von $p = 0{,}1$ MPa ablaufen, begnügt man sich bei der Untersuchung und Darstellung der Zweistoffsysteme mit der Angabe eines Schnittes bei $p = 0{,}1$ MPa durch das räumliche p-T-c-Diagramm, d. h., man stellt nur die bei $p = 0{,}1$ MPa vorliegenden Verhältnisse im T-c-Koordinatensystem dar.

Wie bereits gezeigt, ist die theoretische Herleitung der Zustandsdiagramme aus den Gleichgewichtsbedingungen für die freien Enthalpien prinzipiell möglich. In den letzten Jahren ist die Berechnung von Zustandsdiagrammen von Zwei- und Mehrstoffsystemen mit der Entwicklung der Rechentechnik stärker in den Vordergrund der Konstitutionsforschung gerückt [3], [4], [5]. Dabei kann z. B. die stabilste Phasenkombination im Zustandsraum eines Mehrstoffsystems ermittelt werden, oder es wird eine Phasenkombination, d. h. ein

Phasengleichgewicht durch den Zustandsraum eines Mehrstoffsystems in Abhängigkeit von den Zustandsvariablen (Temperatur, Druck, Zusammensetzung) bestimmt. Die Vorgehensweise der rechnerischen Verkopplung thermodynamischer Daten zum Erarbeiten von konsistenten Zustandsdiagrammen wird nach Angaben von *Petzow* und *Lukas* [10] von der internationalen Arbeitsgruppe CALPHAD (Calculation of Phase Diagrams) verfolgt [25]. Dabei werden die thermodynamischen Funktionen mit einer ausreichenden Anzahl anpassbarer Koeffizienten dargestellt. Diese Koeffizienten sind aus experimentellen Daten zu berechnen. Auch aus diesem Grund hat die experimentelle Ermittlung von Phasengrenzkurven für die Aufstellung von Zustandsdiagrammen nach wie vor eine große Bedeutung.

5.2 Experimentelle Methoden zur Aufstellung von Zustandsdiagrammen

Die Methoden zur experimentellen Bestimmung von Phasengrenzlinien in Zustandsdiagrammen beruhen auf der Messung von Eigenschaften, die sich bei Phasenumwandlungen diskontinuierlich ändern. Als geeignet hat sich die Messung der Längenänderung, der magnetischen Suszeptibilität, des elektrischen Widerstandes oder der Enthalpie in Abhängigkeit von der Temperatur erwiesen [8]. Die Änderung der Enthalpie beruht auf der Tatsache, dass im Verlaufe der Phasenumwandlungen Wärmemengen frei bzw. gebunden werden. Die bekannteste Erscheinung dieser Art ist das Freiwerden oder der Verbrauch von Wärme beim Erstarren bzw. Schmelzen von reinen Stoffen und Legierungen.

Für die Untersuchung von Phasenumwandlungen ist es nicht erforderlich, die Wärmemengen exakt kalorimetrisch zu erfassen. Hier genügt es, die zeitliche Änderung der Temperatur in Form von Abkühlungskurven festzuhalten. Diese Methode wurde von *Tammann* eingeführt und wird als *thermische Analyse* bezeichnet. Der prinzipielle Aufbau der hierfür erforderlichen Geräte und Zubehöre ist im Bild 5.5 dargestellt.

Zur Bestimmung der Phasenumwandlungskurven im Zustandsdiagramm werden von dem zu untersuchenden System eine Reihe von Legierungen unterschiedlicher

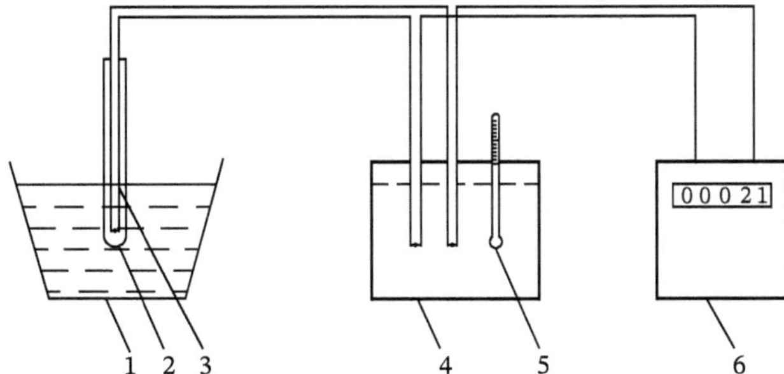

Bild 5.5 Prinzip der thermischen Analyse. *1* Schmelztiegel mit der zu untersuchenden Legierung; *2* Pyrolanrohr zum Schutz der Thermoelemente; *3* Thermoelement (Messstelle) zur Temperaturmessung; *4* Thermostat zum Konstanthalten der Temperatur an der Vergleichsstelle des Thermoelementes; *5* Thermometer; *6* Messinstrument zur Anzeige der Thermospannung für die Temperaturmessung.

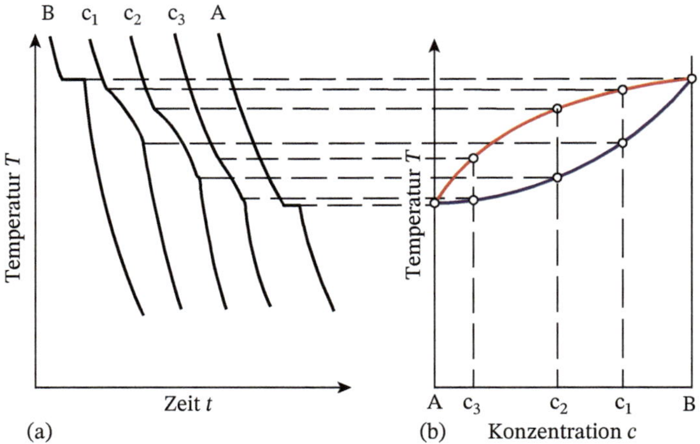

Bild 5.6 Konstruktion des Zustandsdiagramms für ein System mit vollständiger Mischbarkeit der Komponenten im festen und flüssigen Zustand (Liquiduslinie-rot, Soliduslinie-blau). (a) Mithilfe der thermischen Analyse gewonnene Abkühlungskurven für die Legierungen c_1, c_2, c_3; (b) aus den Abkühlungskurven A, c_1, c_2, c_3, B entwickeltes Zustandsdiagramm.

Zusammensetzung geschmolzen und nachfolgend abgekühlt, wobei *Abkühlungskurven* aufgenommen, d. h. innerhalb bestimmter Zeitintervalle die Änderungen der Temperatur mithilfe eines Thermoelements registriert werden. Die Abkühlung muss sehr langsam erfolgen, um dem Gleichgewichtszustand möglichst nahe zu kommen. Im Bereich der Phasenumwandlungen zeigt die zeitliche Temperaturänderung einen diskontinuierlichen Verlauf. Es treten daher bei den Umwandlungstemperaturen je nach dem Charakter des Systems Knick- und Haltepunkte in den Abkühlungskurven auf. Solche Abkühlungskurven zeigt Bild 5.6 a für verschiedene Legierungen eines Systems, dessen Komponenten im flüssigen und festen Zustand völlig mischbar sind. Überträgt man die für einzelne Konzentrationen in Form von Knick- bzw. Haltepunkten aus den Abkühlungskurven zu entnehmenden Umwandlungstemperaturen in das T-c-Diagramm (Bild 5.6 b), so erhält man die Punkte, mit denen die Phasenumwandlungskurven konstruiert und die Existenzbereiche der einzelnen Phasen grafisch dargestellt werden können.

Die Bedingungen für das Auftreten von Knick- bzw. Haltepunkten in den Abkühlungskurven sind, wie später bei der Behandlung der einzelnen Typen von Zustandsdiagrammen gezeigt werden wird, durch die Anzahl der an den jeweiligen Phasenumwandlungskurven miteinander im Gleichgewicht stehenden Phasen, d. h. durch die Anzahl der Freiheitsgrade des Systems, bestimmt.

Die Empfindlichkeit des Nachweises von Phasenumwandlungen lässt sich erhöhen, indem die thermische Analyse als Differenzmessverfahren durchgeführt wird. Diese als *Differenz-Thermoanalyse* (DTA) bekannte Methode gestattet den Nachweis auch solcher Umwandlungen, die mit nur geringen Wärmetönungen verbunden sind. Hierzu gehören Phasenumwandlungen 1. Ordnung (z. B. polymorphe Umwandlungen, Schmelzen, Kristallisationen, Verdampfen, Sublimationen), Ausscheidungsvorgänge in Legierungen oder

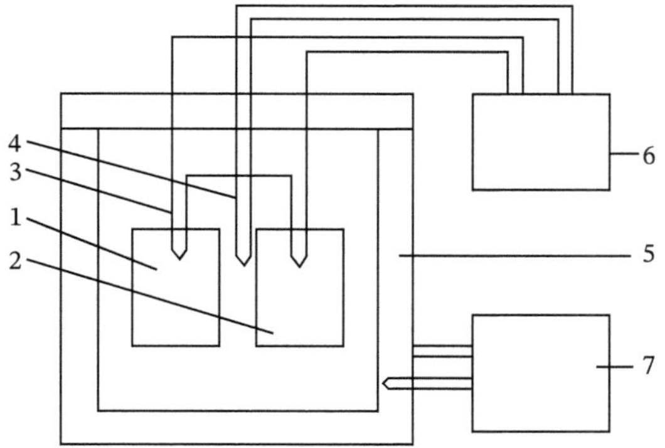

Bild 5.7 Schematische Darstellung einer DTA-Anlage. *1* zu untersuchende Probe; *2* Vergleichsprobe; *3* Thermoelemente in Probe und Vergleichsprobe; *4* Ofenthermoelement; *5* Ofen; *6* Registriereinrichtung der Messdaten; *7* Regel- und Steuereinrichtung.

der Übergang vom ferromagnetischen in den paramagnetischen Zustand bei der Curie-Temperatur.

Das Funktionsprinzip einer DTA-Anlage (Bild 5.7) besteht darin, dass das Aufheiz- oder das Abkühlungsverhalten der zu untersuchenden Probe dem Aufheiz- bzw. Abkühlungsverhalten einer aus einer Referenzsubstanz bestehenden Vergleichsprobe gegenübergestellt wird. Die Referenzsubstanz muss im zu untersuchenden Temperaturintervall frei von Phasenumwandlungen und chemisch inert sein. Probe und Vergleichsprobe befinden sich im gleichen Ofen der DTA-Anlage und werden mit dergleichen linearen Rate aufgeheizt oder abgekühlt. In der zu untersuchenden Probe und in der Vergleichsprobe befindet sich je ein Thermoelement (vgl. Bild 5.7), welche entgegengesetzt geschaltet sind. Ein weiteres Thermoelement dient der Messung und Regelung der Ofentemperatur. Solange in der zu untersuchenden Probe keine Phasenumwandlung auftritt, kompensieren sich die Spannungen in den gegeneinander geschalteten Thermoelementen, und es wird keine Temperaturdifferenz ΔT registriert. Setzt in der zu untersuchenden Probe eine Phasenumwandlung ein, so nimmt diese eine andere Temperatur an als die Vergleichsprobe. Die Temperaturdifferenz zwischen Probe und Ofen bzw. Referenzprobe und Ofen oder zwischen Probe und Referenzprobe kann als Funktion der Temperatur oder der Zeit gemessen und registriert werden.

Aus dieser ΔT-T- bzw. ΔT-t- Funktion können bei einer DTA-Messung charakteristische Temperaturen ermittelt werden und es entsteht die im Bild 5.8 schematisch dargestellte Kurve (s. a. Bild 3.31).

Bei einem anderen von *Petzow* und *Lukas* angegebenen Verfahren der Hochtemperatur-DTA werden die zur Darstellung der DTA-Kurve erforderlichen Informationen durch elektronische Differenziation der zeitlichen Temperaturabhängigkeit gewonnen.

Eine Weiterentwicklung der DTA ist die *Dynamische-Differenzkalorimetrie* (DSC). Von dieser existieren zwei Verfahren, die *Dynamische Wärmestrom-Differenzkalorimetrie* (hf (heat-flux)-DSC) und die *Dynamische Leistungskompensations-Differenzkalorimetrie* (pc (power-compensated)-DSC). Bei beiden Messverfahren wird die zu untersuchende Probe zusammen mit einer Referenzprobe einem definierten Temperaturprogramm unterworfen. Bei der hf-DSC ist der gerätetechnische Aufbau im Wesentlichen analog einer DTA-Anlage. Unterschiede existieren in der Konstruktion des Apparaturaufbaues und der Anordnung

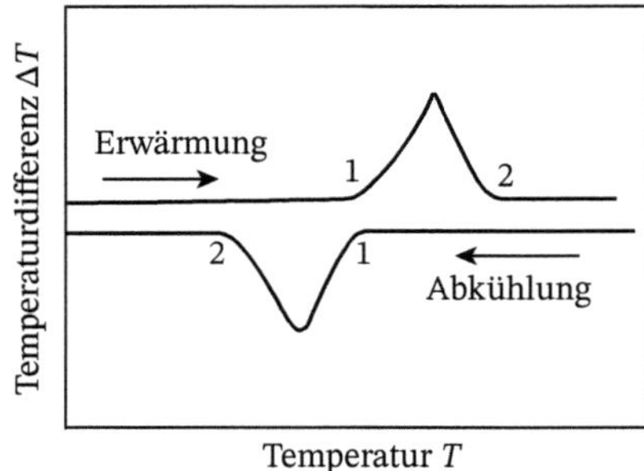

Bild 5.8 DTA-Kurve (schematisch). *1* Beginn der Phasenumwandlung; *2* Ende der Phasenumwandlung jeweils bei Erwärmung und bei Abkühlung.

der einzelnen Bestandteile, wodurch das Kalibrieren von Wärmeströmen zwischen Ofen und Probe bzw. Ofen und Referenzprobe möglich wird. Neben der Temperaturdifferenz zwischen Probe und Referenzprobe kann auch die Wärmestromdifferenz gemessen werden. In der grafischen Darstellung der gemessenen Wärmestromdifferenz über der Zeit ist die Fläche unter dem Peak der Kurve direkt proportional zur aufgenommenen oder abgegebenen Wärmemenge der Probe. Bei einer pc-DSC befinden sich Probe und Referenzprobe in zwei verschiedenen Öfen, die mit einem gleichen Temperaturprogramm gefahren werden. Tritt eine Temperaturänderung zwischen Probe und Referenzprobe ein, wird durch eine Erhöhung oder Verminderung der Heizleistung in beiden Öfen die Temperaturdifferenz auf nahezu Null geregelt. Die erforderliche Leistung wird als Funktion der Temperatur gemessen. Somit kann eine direkte Messung von kalorischen Werten und charakteristischen Temperaturen erfolgen [12].

Für die Festlegung der Gleichgewichtstemperatur der Phasenumwandlung wird die Temperatur (in Bild 5.8 mit 1 bezeichnet) der DTA-Kurve herangezogen, bei der die Phasenumwandlung sowohl während der Erwärmung als auch während der Abkühlung einsetzt. Aus den für Proben unterschiedlicher Konzentration ermittelten DTA-Kurven können dann die Phasengrenzlinien von Zustandsdiagrammen entsprechend Bild 5.9 konstruiert werden.

Zum Nachweis von Phasenumwandlungen im festen Zustand wird neben den bisher dargelegten Methoden, die auf einer mit der Änderung der Enthalpie verbundenen Temperaturänderung basieren, auch häufig das *Dilatometerverfahren* herangezogen. Es nutzt die mit Phasenumwandlungen verbundenen Änderungen des spezifischen Volumens zur Messung aus. Dabei wird die thermische Längenänderung Δl fester stäbchenförmiger Probekörper erfasst. Da diese Messgröße mit 10^{-4} bis 10^{-5} mm relativ klein ist, werden Registriermethoden mit mechanischoptischer oder elektronischer Verstärkung eingesetzt. Im Bild 5.10 ist eine Dilatometerkurve von Eisen dargestellt. Die relative Längenänderung $\Delta l/l_0$ ist über der Temperatur T aufgetragen. Die Volumenverringerung, die sich in einer Verkürzung der Probe bei der Umwandlung der kubisch-raumzentrierten α- und δ-Phase in die kubisch-flächenzentrierte γ-Phase äußert, ist durch die größere Packungsdichte der γ-Phase verursacht (Abschn. 2.1.7.2). Bild 5.10 zeigt ferner, dass die Umwandlungstemperatur der α–γ-Umwandlung verschieden ist, je nachdem, ob sie

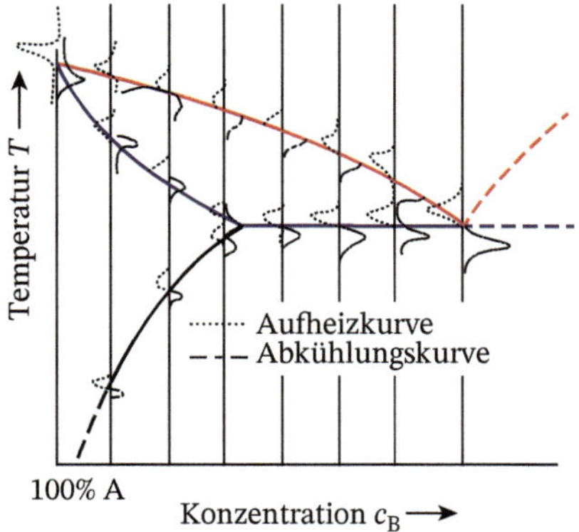

Bild 5.9 Konstruktion der Phasengrenzlinien (von Zustandsdiagrammen aus DTA-Kurven schematisch).

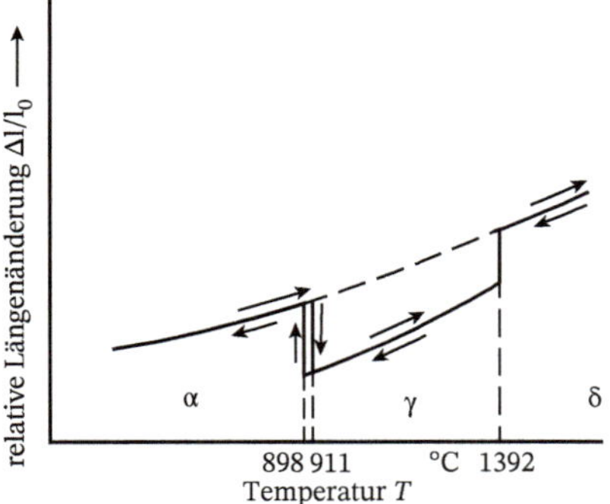

Bild 5.10 Dilatometerkurve zur Bestimmung der Umwandlungspunkte der drei Modifikationen α, δ und γ des Eisens.

beim Erwärmen oder Abkühlen bestimmt wird. Die Tatsache, dass beim Erwärmen oder Abkühlen unterschiedliche Umwandlungstemperaturen auftreten können, wird als *thermische Hysterese* bezeichnet.

Neben der thermischen Analyse und dem Dilatometerverfahren werden röntgenographische und magnetische Messmethoden eingesetzt. So gestattet die röntgenographische Bestimmung der Konzentrationsabhängigkeit der Gitterparameter in Mischkristallen eine exakte Festlegung von Löslichkeitsgrenzen.

Für die Bestimmung der Löslichkeitsgrenzen von Sauerstoff in Mischkristallen ausgewählter Metallsauerstoffsysteme werden Messungen der elektromotorischen Kraft (EMK) benutzt. Als Festelektrolyte sind z. B. ThO_2–Y_2O_3 bzw. CaO-ZrO_2 u. a. in Anwendung [9]. Zwischen der EMK=E, die an den Phasengrenzen Metallelektrode-Festelektrolyt im Gleichgewichtszustand auftritt und der freien Enthalpie gilt die Beziehung nach Gl. 5.13,

$$G = nFE \tag{5.13}$$

in der F die Faradaysche Konstante und n die Anzahl der Farad darstellen, die für einen Formelumsatz benötigt werden. Unter Berücksichtigung der Sauerstoffgleichgewichtsdrücke bzw. der Sauerstoffaktivitäten a' und a'' an den beiden Elektroden kann Gl. 5.14 geschrieben werden.

$$E = \frac{RT}{2F} \ln \frac{a'}{a''} \tag{5.14}$$

Wird die Aktivität der Zelle konstant gehalten und die Temperatur verändert, so lässt sich aus der Abhängigkeit der EMK von der Temperatur die Sättigungskonzentration als Funktion der Temperatur und damit die Löslichkeitslinie für Sauerstoff im Mischkristall ermitteln.

Über die Messung der spezifischen magnetischen Sättigung ist eine Analyse der Mengenanteile ferromagnetischer Phasen möglich. Des Weiteren haben bei der Aufstellung von Zustandsdiagrammen licht- und elektronenmikroskopische Verfahren zur Gefügeuntersuchung sowie die Anwendung der Mikrosonde, oft auch in Kombination beider Methoden, größere Bedeutung erlangt. So erlaubt die heute weitgehend automatisierte quantitative Analyse licht- und elektronenmikroskopischer Gefügebilder die Bestimmung der Mengenanteile einzelner Phasen bzw. Gefügebestandteile (Abschn. 6.6). Mithilfe der Mikrosonde sind Aussagen über die Mengenanteile und die Verteilung der Elemente und Komponenten im Gefüge möglich. Trübungsmessungen können zum Nachweis von Entmischungszuständen in anorganischen Gläsern und Polymerschmelzen herangezogen werden.

Während die thermische Analyse, die Differenz-Thermoanalyse und das Dilatometerverfahren für Systeme geeignet sind, bei denen sich der Gleichgewichtszustand innerhalb kürzerer Zeit einstellt, eignen sich die zuletzt genannten Methoden auch für die Untersuchung solcher Systeme, in denen der Gleichgewichtszustand wegen der geringen Reaktionsgeschwindigkeit erst nach sehr langen Zeiten erreicht wird. Zu ihnen gehören vor allem silicatische Systeme, bei denen zur Aufstellung von Zustandsdiagrammen ein als statische oder *Abschreckmethode* bezeichnetes Verfahren angewendet wird. Es beruht auf der Tatsache, dass es im Falle kleiner Reaktionsgeschwindigkeiten möglich ist, den bei hohen Temperaturen vorliegenden Gleichgewichtszustand durch rasches Abkühlen oder Abschrecken einzufrieren. Als Abschreckmedien dienen Wasser, Öl oder Quecksilber. Die bei verschiedenen Temperaturen im Gleichgewicht vorliegenden Phasen sind dann in den jeweiligen Probekörpern bei Raumtemperatur fixiert. Sie können durch mikroskopische sowie Röntgen- und Elektronenbeugungsuntersuchungen identifiziert werden. Liegt die abgeschreckte Probe als Glasphase vor, so kann daraus geschlossen werden, dass bei Glühtemperatur das Material schmelzflüssig war. Besteht die Probe nur aus Kristalliten, so muss ihre Glühtemperatur unterhalb der Soliduslinie gelegen haben.

Treten kristalline und Glasphasen gemeinsam in der abgeschreckten Probe auf, so lag deren Glühtemperatur zwischen der Liquiduslinie und der Soliduslinie. Durch eine ausreichend große Probenanzahl und Staffelung der Glühtemperaturen können die Liquidus- und die Soliduslinie sehr genau bestimmt werden.

5.3 Grundtypen der Zustandsdiagramme von Zweistoffsystemen

5.3.1 Zustandsdiagramm eines Systems mit vollständiger Mischbarkeit der Komponenten im festen und flüssigen Zustand

Das Zustandsdiagramm mit vollständiger Mischbarkeit der Komponenten im festen und flüssigen Zustand ist im Bild 5.11 dargestellt. Der Verlauf der Liquidus- und Soliduslinie wurde bereits dargelegt. Sie grenzen drei Bereiche gegeneinander ab. Im Bereich I bei Temperaturen oberhalb der Liquiduslinie liegt eine Phase, die homogene Schmelze, vor. Im Bereich II, zwischen Liquidus- und Soliduslinie, existieren schmelzflüssige Phase und als feste Phase *Austauschmischkristalle* thermodynamisch stabil nebeneinander. Im Bereich III, unterhalb der Soliduslinie, findet man nur noch Austauschmischkristalle, deren Gitterparameter etwa linear von denen der einen Komponente A in die der reinen Komponente B übergehen *(Vegardsche Regel).*

Untersucht man mithilfe des Gibbsschen Phasengesetzes (Gl. 5.10b) die Freiheitsgrade des Systems, so erhält man für den Bereich I ($K = 2, P = 1$) $F = 2$. Sowohl die Konzentration als auch die Temperatur sind in diesem Bereich frei wählbar. Die gleichen Verhältnisse liegen für den Bereich III vor. Für den Bereich II ergibt sich mit $K = 2$ und $P = 2$ für die Freiheitsgrade $F = 1$. In diesem Phasenfeld ist nur noch eine Zustandsgröße frei wählbar, entweder die Temperatur T oder eine der beiden Konzentrationen (c' in der festen Phase oder c'' in der Schmelze).

Betrachtet man den Abkühlungsverlauf einer Legierung L mit der Zusammensetzung c aus dem schmelzflüssigen Zustand, so sind folgende Erscheinungen zu beobachten: Die im Bereich I bestehende homogene Schmelze hat eine Zusammensetzung, die der Konzentration c bzw. $1 - c$ der Komponenten B bzw. A in der Legierung entspricht. Wird im Verlaufe der Abkühlung am Punkt P_1 die Liquiduslinie erreicht, so scheiden sich feste Mischkristalle aus der Schmelze aus. Die Zusammensetzung dieser Mischkristalle c'_1 findet man (vgl. Bild 5.11) als Konzentrationskoordinate des Punktes P'_1, der sich als Schnittpunkt einer durch P_1 gelegten *Konode* (isothermen Linie) mit der Soliduslinie ergibt. Durch die freiwerdende Kristallisationswärme verringert sich die Abkühlungsgeschwindigkeit. In der Abkühlungskurve tritt daher ein Knickpunkt K1 (siehe Bild 5.11) auf. Die Mischkristalle enthalten bei der Konzentration c'_1 mehr B-Atome, als es der Zusammensetzung der Legierung entspricht. Mit sinkender Temperatur scheiden sich aus der Schmelze weitere mit der Komponente B angereicherte Mischkristalle aus. Die Konzentration der Komponente B in der Schmelze verringert sich demzufolge. Erreicht die Temperatur der Legierung den Punkt P_2, so haben die Mischkristalle die Konzentration c'_2, während sich in der Schmelze die Konzentration c''_2 einstellt. Beide Gleichgewichtskonzentrationen erhält man wieder als Koordinaten der Schnittpunkte einer durch P_2 gezogenen Konode mit der Solidus- bzw. Liquiduslinie.

Im Punkt P_3 ist die Solidustemperatur der Legierung erreicht. Die Konzentration der Komponenten in den Mischkristallen entspricht der Zusammensetzung der Legierung. Die Restschmelze hat die Konzentration c''_3. Unterhalb der Solidustemperatur existieren

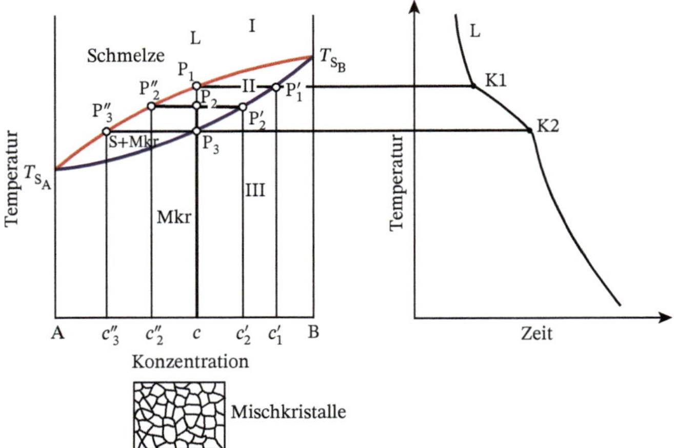

Bild 5.11 Zustandsdiagramm, Abkühlungskurve und Gefüge eines Systems mit vollständiger Mischbarkeit der Komponenten *A* und *B* im festen und flüssigen Zustand.

nur feste Mischkristalle. Die Abkühlungsgeschwindigkeit ist jetzt wieder größer, da keine weitere Kristallisationswärme frei wird. In der Abkühlungskurve tritt nochmals ein Knickpunkt K2 auf. Während des Erstarrungsvorganges ändert sich die Zusammensetzung der Mischkristalle von der Konzentration c_1 zu c. Der Konzentrationsausgleich erfolgt über Platzwechselvorgänge (Diffusion). Ist ein vollständiger Konzentrationsausgleich infolge zu schneller Abkühlung nicht möglich, so entstehen innerhalb der Kristalle Konzentrationsunterschiede, die als *Kristallseigerungen* bezeichnet werden. Man nennt solche Kristalle *Zonenmischkristalle.*

Die Mengenanteile, in denen die Phasen Schmelze und Mischkristall am Punkt P_2 vorliegen, sind durch die Lage von P_2 in Bezug auf die Liquidus- und die Soliduslinie bestimmt. Bezeichnet man die Masse der bei P_2 entsprechend der Temperatur T vorliegenden Schmelze mit m_s und die Masse der Mischkristalle mit m_k, so ist die Gesamtmasse m der Legierung durch $m_s + m_k = m$ gegeben. Die Konzentration c der Komponente B in der Gesamtlegierung errechnet sich aus den Anteilen von B in der Schmelze und in den Mischkristallen unter Berücksichtigung der Gleichgewichtskonzentration von B in beiden Phasen und c_2'' und c_2' zu

$$m_s c_2'' + m_k c_2' = cm$$

Durch Umformung erhält man mit $m_k = m - m_s$, die Masse der Schmelze zu

$$m_s = (c_2' - c)\, m / (c_2' - c_2'')$$

In analoger Weise ergibt sich die Masse der Mischkristalle zu

$$m_k = (c - c_2'')\, m / (c_2' - c_2'')$$

Das Verhältnis (Gl. 5.15)

$$m_k / m_s = (c - c_2'') / (c_2' - c) \tag{5.15}$$

wird als *Hebelgesetz* bezeichnet und gestattet die Bestimmung der Mengenanteile der Phasen in allen Zweiphasengebieten der Zustandsdiagramme. Damit ermöglicht das Zustandsdiagramm nicht nur Aussagen über die Anzahl und Art der bei verschiedenen Temperaturen und Konzentrationen vorliegenden Phasen, sondern gestattet auch die Bestimmung der Mengenanteile, mit denen diese Phasen im Gefüge vorhanden sind. Nach diesem Zustandsdiagramm laufen z. B. die Umwandlungsvorgänge in den Systemen Kupfer-Nickel, Al_2O_3–Cr_2O_3 u. a. ab.

5.3.2 Zustandsdiagramm eines Systems mit vollständiger Mischbarkeit der Komponenten im flüssigen und vollständiger Unmischbarkeit im festen Zustand

Das Zustandsdiagramm dieses Systems, nach dem z. B. die Umwandlungsvorgänge in Zinn-Zink-Legierungen ablaufen, ist im Bild 5.12 dargestellt. Es treten vier durch Phasengrenzlinien voneinander getrennte Bereiche auf. Oberhalb der Liquiduslinie T_{SA}-E-T_{SB} liegt der Bereich der homogenen Schmelze *S*. Die Erstarrungstemperaturen, ausgehend von denen der reinen Komponenten T_{SA} bzw. T_{SB}, erniedrigen sich durch das Zulegieren der zweiten Komponente. Die Konzentrationsabhängigkeit der Liquidustemperatur der Legierungen ergibt sich nach *Roozeboom* aus dem Erstarrungspunkt der reinen Komponenten *B* zu Gl. 5.16

$$T_{Sc} = T_{SB}U_B/(U_B - RT_{SB} \ln c) \tag{5.16}$$

(T_{SB} Erstarrungstemperatur der Komponente *B*; T_{Sc} Liquidustemperatur der Legierung; *R* Gaskonstante; U_B molare Schmelzwärme der Komponente *B*; *c* Konzentration der Komponente *B* in der Legierung). Ein analoger Ausdruck lässt sich auch für die Schmelzpunkterniedrigung der Komponente *A* angeben. Diese Beziehungen liefern Kurven, die mit steigender Konzentration der zweiten Komponente fallen. Sie schneiden sich im Punkt *E* des Zustandsdiagramms. Der Punkt *E* wird als eutektischer Punkt bezeichnet. An ihm stehen drei Phasen, Schmelze, Phase *A* und Phase *B*, miteinander im Gleichgewicht. Wendet man das Phasengesetz auf diesen Punkt an, so erhält man mit $K = 2$ und $P = 3$ die Zahl der Freiheitsgrade zu $F = 0$. Betrachtet man den Abkühlungsverlauf der Legierung L_1 – sie wird als eutektische Legierung bezeichnet – mit der Konzentration c_E, so kristallisieren bei der Temperatur T_E die festen Phasen *A* und *B* aus. Da die Komponenten im festen Zustand völlige Unmischbarkeit zeigen, sind die festen Phasen identisch mit den Komponenten *A* und *B*. In der Abkühlungskurve tritt wegen $F = 0$ bei der eutektischen Temperatur T_E ein Haltepunkt auf, d. h., die Temperatur T_E bleibt so lange konstant, bis die gesamte Schmelze durch die eutektische Reaktion

$$S \underset{\longleftarrow}{\overset{T,p\ =\ \text{const}}{\longrightarrow}} A + B$$

verbraucht ist.

Da die Erstarrungstemperatur des *Eutektikums* erheblich unter den Erstarrungstemperaturen der reinen Komponenten liegt, bilden sich zahlreiche Keime (s. a. Abschn. 3.1.1.1). Die Kristallkeime behindern sich gegenseitig in ihrem Wachstum, und es entsteht ein feines,

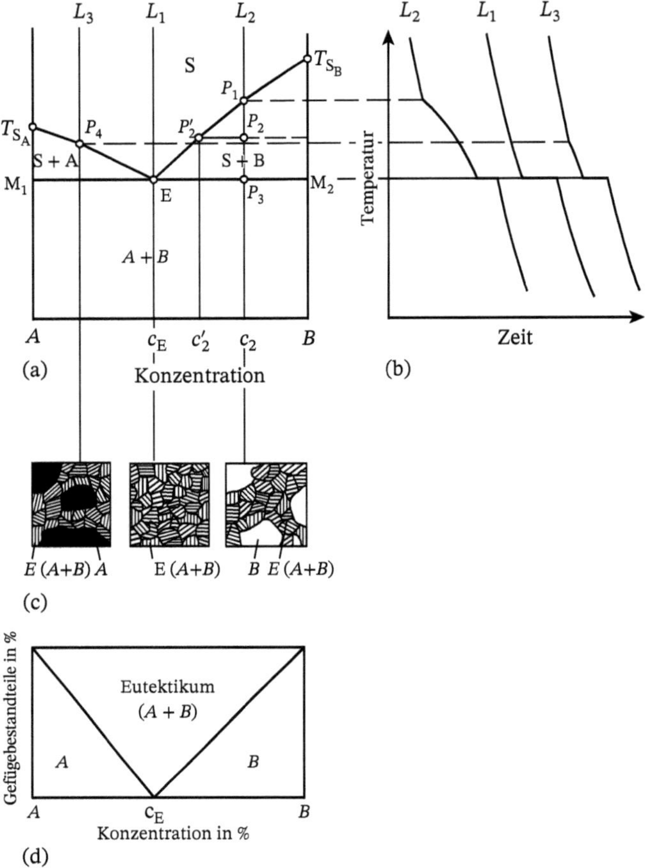

Bild 5.12 Zustandsdiagramm des Systems mit vollständiger Mischbarkeit der Komponenten *A* und *B* im flüssigen und vollständiger Unmischbarkeit im festen Zustand. (a) Zustandsdiagramm; (b) Abkühlungskurven der Legierungen L_1 bis L_3; (c) Gefüge der Legierungen L_1 bis L_3; (d) Gefügerechteck. *E*(*A* + *B*) Eutektikum aus fein verteilten lamellar angeordneten Kristalliten der Komponenten *A* und *B*; *A* bzw. *B* primär ausgeschiedene Kristallite der Komponente *A* bzw. *B*.

häufig lamellar ausgebildetes Gefüge (s. a. Bild 6.29). Wegen ihres niedrigen Schmelzpunktes und des feinen Gefüges, das gute mechanische Eigenschaften bedingt, werden eutektische Legierungen in der Technik häufig eingesetzt.

Unterhalb der Liquiduslinie liegen zwei durch das Eutektikum voneinander getrennte Zweiphasenbereiche vor, in denen Kristalle der Komponente *A* bzw. *B* mit der Schmelze im Gleichgewicht stehen. Sie werden gegen den Existenzbereich des festen Kristallgemisches durch die Soliduslinie T_{SA}-M_1-M_2-T_{SB} abgegrenzt. Für alle Zweiphasenbereiche liefert die Gibbssche Phasenregel, Gl. 5.10 b, die Anzahl der Freiheitsgrade zu $F = 1$.

Die im Verlaufe der Abkühlung auftretenden Erscheinungen sollen an der Legierung L_2 mit der Konzentration c_2 betrachtet werden. Erreicht die Legierung L_2 im Verlaufe der Abkühlung aus der homogenen Schmelze am Punkt P_i die Liquiduslinie, so beginnt die Ausscheidung von Kristallen der reinen Komponente *B* aus der Schmelze. Durch die freiwerdende Kristallisationswärme verringert sich die Abkühlungsgeschwindigkeit der Legierung. In der Abkühlungskurve tritt daher ein Knickpunkt auf.

Infolge der mit sinkender Temperatur zunehmenden Ausscheidung von Kristallen der Komponente *B* verändert sich die Zusammensetzung der Schmelze. Sie erreicht am Punkt P_2 die Konzentration c_2'. die sich als Koordinate des Schnittpunktes einer durch P_2 gelegten Konode mit der Liquiduslinie ergibt. Entsprechend Gl. 5.16 erniedrigt sich die Erstarrungstemperatur der Schmelze mit abnehmender Konzentration der Komponente *B*. Am Punkt P_3 ist die Solidustemperatur T_E erreicht. Die vorhandene Restschmelze hat die eutektische Zusammensetzung c_E. Jetzt scheiden sich gleichzeitig Kristalle der Komponenten *A* und *B* aus, d. h., die Erstarrung der Restschmelze erfolgt eutektisch. Diese Vorgänge wurden bereits an der Legierung L_1 erläutert. In der Abkühlungskurve der Legierung L_2 tritt bei der Temperatur T_E ein Haltepunkt auf, denn aus Gl. 5.10 b folgt mit $P = 3$ und $K = 2$ $F = 0$. Im Gefüge der Legierung L_2 liegt neben den primär ausgeschiedenen größeren Kristallen der Komponente *B* das Eutektikum, bestehend aus fein verteilten Kristallen der Komponenten *A* und *B*, vor.

Analoge Verhältnisse gelten für Legierungen (L_3) im Konzentrationsintervall von 0 bis c_E, wobei hier primär Kristalle der Komponente *A* am Punkt P_4 beginnend aus der Schmelze ausgeschieden wurden. Das durch diese Erstarrungsvorgänge entstehende Gefüge ist ebenfalls im Bild 5.12 c schematisch dargestellt und enthält neben großen Kristallen der Komponente *A* das Eutektikum.

Die Bestimmung der Mengenanteile, mit denen die einzelnen Phasen an dem jeweiligen Zustandspunkt *P* in den heterogenen Bereichen des Zustandsdiagramms vorliegen, ist durch den Ausdruck Gl. 5.15 möglich. Auf dem Punkt P_2 angewendet, erhält man

$$\text{Menge der Kristalle B / Menge der Restschmelze} = (c_2 - c_2') / (1 - c_2)$$

In gleicher Weise können die Mengen an *A*, *B* und Eutektikum bestimmt werden. Trägt man die Menge der bei einer bestimmten Temperatur, z. B. Raumtemperatur, vorliegenden Gefügebestandteile über der Konzentration auf, so entsteht ein *Gefügerechteck* oder Gefügediagramm (Bild 5.12 d). Es gibt Auskunft über Art und Menge der bei dieser Temperatur auftretenden Gefügebestandteile. Ihre Anordnung im Gefüge muss aus den jeweiligen Abkühlungsbedingungen hergeleitet werden.

5.3.3 Zustandsdiagramm von Systemen mit vollständiger Mischbarkeit der Komponenten im flüssigen und teilweiser Mischbarkeit im festen Zustand

Neben den bisher betrachteten Grenzfällen vollständiger Mischbarkeit bzw. Unmischbarkeit im festen Zustand treten häufig Systeme auf, deren Komponenten nur in beschränktem Umfang mischbar sind. Im Zustandsdiagramm sind zwei neue Phasen zu beobachten: Mischkristalle (Mkr), die die Kristallstruktur der Komponente *A* aufweisen, werden als α-Mkr, die mit der Kristallstruktur der Komponente *B* als β-Mkr bezeichnet. Im Zustandsdiagramm entfällt die Abkürzung Mkr und es werden nur die griechischen Buchstaben angegeben. Die Mkr können als Einlagerungs- oder Substitutionsmischkristalle auftreten (Abschn. 2.1.8) und sind nur innerhalb bestimmter temperaturabhängiger Konzentrationsbereiche thermodynamisch stabil.

Im Bild 5.13 a ist das Zustandsdiagramm eines Systems mit teilweiser Mischbarkeit im festen Zustand dargestellt, in dem eine eutektische Entmischung auftritt. Nach diesem Zustandsdiagramm laufen z. B. die Umwandlungsvorgänge in den Systemen

Blei-Antimon, Zinn-Cadmium und Silber-Kupfer ab. Die Liquiduslinie dieses Zustandsdiagramms T_{SA}-E-T_{SB} zeigt prinzipiell den gleichen Verlauf, wie er für das System mit vollständiger Unmischbarkeit besteht. Der Verlauf der Soliduslinie ist durch den Kurvenzug T_{SA}-M_1-M_2-T_{SB} gegeben. Die Entmischung der homogenen Schmelze erfolgt über die eutektische Reaktion

$$S \overset{p,T\,=\,\text{const}}{\rightleftarrows} \alpha + \beta$$

Diese Reaktion ist hier nicht wie bei dem in Bild 5.12 a gezeigten Zustandsdiagramm über den gesamten Konzentrationsbereich von 0 bis 1 möglich, sondern nur, wie in Bild 5.13 dargestellt, im Intervall c_α-c_E-c_β wobei c_α und c_β die Gleichgewichtskonzentrationen der Mischkristallphasen α bzw. β bei der eutektischen Temperatur T_E sind.

In den Konzentrationsintervallen $0 < c < c_\alpha$ und $c_\beta < c < 1$ erstarrt die Schmelze nach den im Abschnitt 5.3.1. für Systeme mit vollständiger Mischbarkeit im flüssigen und festen Zustand dargelegten Vorgängen (Bild 5.13 a). Im festen Aggregatzustand treten als weitere Phasenumwandlungskurven mit den Kurven $M_1\ c'_\alpha$ und $M_2\ c'\beta$ die Löslichkeitsgrenzen der α- und β-Mkr für die Komponenten B bzw. A auf. Am Punkt M_1 haben die α-Mkr mit der Konzentration c_α die maximale Löslichkeit für die Komponente B. Mit sinkender Temperatur verringert sich die Anzahl der in den α-Mkr lösbaren B-Atome. Sie diffundieren in energetisch günstigere Bereiche, z. B. die Korngrenzen, scheiden sich als β-Mkr in Form von Segregaten aus. Da die Wärmetönung dieses Vorgangs sehr gering ist, tritt in der Abkühlungskurve (L_3) nur ein schwach ausgeprägter Knickpunkt auf. Die Löslichkeitsgrenzen werden daher meist mit röntgenographischen oder magnetischen Messmethoden bestimmt. Unter dem Zustandsdiagramm sind wiederum die Gefügebilder und das Gefügerechteck dargestellt. Durch eine schnelle Abkühlung kann die Ausscheidung von Segregaten unterdrückt werden. Die Mischkristalle liegen im übersättigten Zustand vor, der wiederum Ausgangszustand für eine Ausscheidungshärtung (Abschn. 4.2 und 9.2.2.4) oder auch von Alterungserscheinungen (Abschn. 2.1.8.3) sein kann.

Außer in homogenen Schmelzen können Entmischungsreaktionen auch im festen Aggregatzustand bei homogenen Mischkristallen auftreten, z. B. in der Form

$$\gamma \overset{p,T\,=\,\text{const}}{\rightleftarrows} \alpha + \beta$$

Sie werden als *eutektoide Reaktionen* bezeichnet. Eine weitere Reaktion, bei der drei Phasen miteinander im Gleichgewicht stehen, ist die *peritektische Reaktion*. Sie ist dadurch gekennzeichnet, dass die Schmelze mit bereits ausgeschiedenen z. B. β-Mkr so reagiert, dass sich eine andere Mischkristallart, z. B. α-Mkr, bildet:

$$S + \beta \overset{p,T\,=\,\text{const}}{\rightleftarrows} \alpha$$

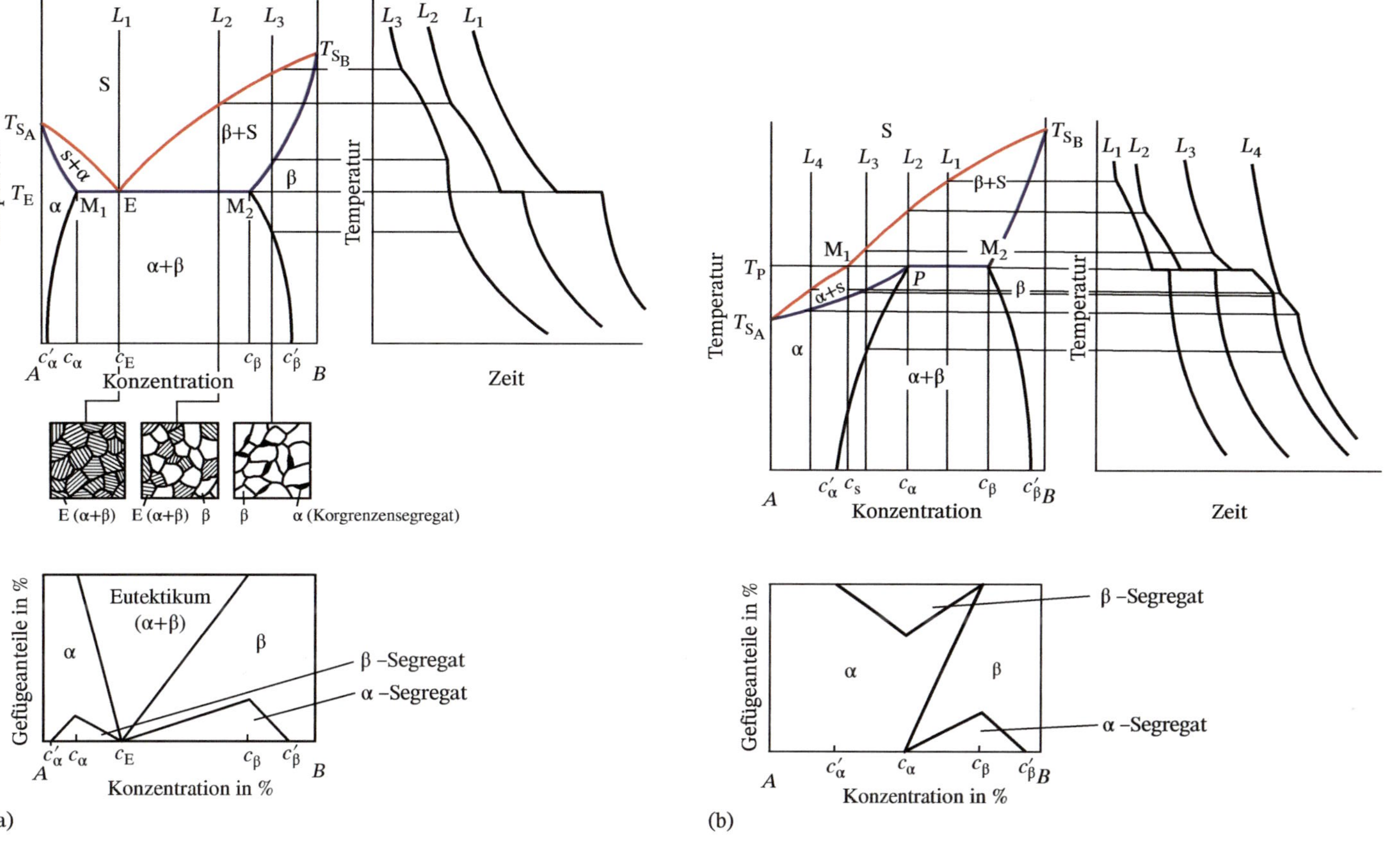

Bild 5.13 Zustandsdiagramm von Systemen mit vollständiger Mischbarkeit der Komponenten *A* und *B* im flüssigen und teilweiser Mischbarkeit im festen Zustand. (a) Entmischung durch eutektische Reaktion (b) Entmischung durch peritektische Reaktion.

Das Zustandsdiagramm eines peritektischen Systems, nach dem z. B. die Umwandlungsvorgänge in Platin-Silber- und Cadmium-Quecksilber-Legierungen ablaufen, ist im Bild 5.13 b dargestellt. Im Temperaturintervall $T_{SB} > T > T_P$ werden aus der homogenen Schmelze β-Mkr ausgeschieden. Ihre Gleichgewichtskonzentration ändert sich längs der Kurve T_{SB}-M_2 und erreicht bei $T = T_P$ den maximalen Wert c_β. Die Zusammensetzung der Schmelze ändert sich entlang T_{SB}-M_1 und hat bei M_1 den Wert c_S. Wird die peritektische Temperatur T_P erreicht, so setzen sich die β-Mkr mit der Schmelze zu α-Mkr um, deren Gleichgewichtskonzentration bei $T = T_P$ den Wert c_α annimmt. Das Phasengesetz (Gl. 5.10 b) liefert für den peritektischen Punkt P mit $K = 2$ und $P = 3$ die Zahl der Freiheitsgrade zu $F = 0$. In den Abkühlungskurven von Legierungen, deren Zusammensetzung im Intervall von c_S bis c_β liegt (L_1, L_2, L_3), muss daher ein Haltepunkt auftreten. Die Temperatur bleibt so lange konstant, bis Schmelze und/oder β-Mkr bei der peritektischen Umsetzung verbraucht worden sind. Legierungen, deren Zusammensetzung im Intervall von c_α bis c_β liegt (L_1), haben eine größere Menge an β-Mkr, als für die peritektische Umsetzung mit der Restschmelze verbraucht werden kann. Nach Erstarrung liegen daher die restlichen β-Mkr neben den peritektisch entstandenen α-Mkr im Gefüge vor. Außerhalb des Konzentrationsintervalls $c_S < c < c_\beta$ erstarren die Legierungen (z. B. L_4, Bild 5.13 b) nach den in Systemen mit vollständiger Mischbarkeit ablaufenden Vorgängen, wobei im Intervall $0 < c < c_S$ α-Mkr und im Konzentrationsintervall $c_\beta < c < 1$ β-Mkr ausgeschieden werden.

Im festen Zustand verringert sich die Löslichkeit der α-Mkr längs der Linie P-c'_α und die der β-Mkr längs M_2-c'_β. Das Gefüge enthält daher Segregate von α- bzw. β-Mkr. Ihre Mengenanteile sind im Gefügerechteck (Bild 5.13 b) angegeben.

5.3.4 Zustandsdiagramme von Systemen mit intermetallischen Phasen

Bilden die Komponenten eines Systems eine oder mehrere intermetallische Phasen V (Abschn. 2.1.8.4) der allgemeinen Form $A_m B_n$ ($m, n = 1, 2, 3, \ldots$), so werden Zahl und Form der im Zustandsdiagramm auftretenden Phasenumwandlungskurven durch die Eigenschaften der intermetallischen Phase, die eine von der der Komponenten A und B verschiedene, meist kompliziertere Kristallstruktur hat, festgelegt [24]. Es sind folgende Möglichkeiten zu unterscheiden:

- Die intermetallische Phase kristallisiert aus der Schmelze aus. Sie kann entweder Atome der Komponenten A und B in beschränktem Umfang lösen, also in einem bestimmten Konzentrationsbereich existent sein, wie es z. B. im System Nickel-Beryllium für die intermetallischen Phasen NiBe und Ni_5Be_{21} der Fall ist, oder aber auch nur bei der Zusammensetzung $c_{A_m B_n}$ vorkommen. Dem letzten Fall entspricht z. B. die im System Magnesium-Blei auftretende Phase Mg_2Pb, die im System Magnesium-Silicium auftretende Phase Mg_2Si und die im System Aluminium-Antimon beobachtete Phase AlSb.
- Die intermetallische Phase entsteht im Ergebnis einer peritektischen Umwandlung oder als Folge einer Reaktion zwischen zwei Schmelzen.

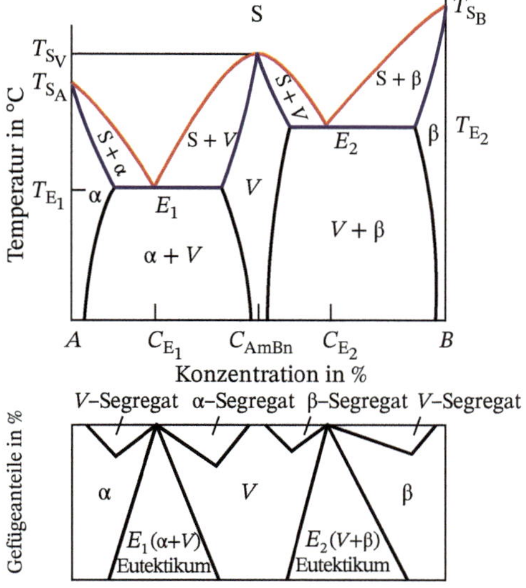

Bild 5.14 Zustandsdiagramm eines Systems mit vollständiger Mischbarkeit der Komponenten A und B im flüssigen und teilweiser Mischbarkeit im festen Zustand, in dem eine bis zum Schmelzpunkt beständige intermetallische Phase $V\,(A_mB_n)$ auftritt.

Bild 5.14 zeigt das Zustandsdiagramm eines Systems mit der intermetallischen Phase V. $A_m\,B_n$ bezeichnet ihre mittlere Zusammensetzung. Bei der $A_m\,B_n$ entsprechenden Konzentration $c_{A_mB_n}$ tritt ein Maximum in der Liquiduslinie auf. Die Schmelztemperatur der intermetallischen Phase ist umso höher, je größer ihre Bildungsenergie ist. In der Abkühlungskurve einer Legierung mit der Zusammensetzung $c_{A_mB_n}$ tritt bei der Temperatur T_{SV} ein Haltepunkt auf. Eine intermetallische Phase verhält sich bei der Erstarrung wie ein reiner Stoff. Das im Bild 5.14 gezeigte Zustandsdiagramm kann in zwei Teildiagramme mit den Eutektika E_1 und E_2 zerlegt werden, von denen das eine den α-Mkr und V, das andere V und den β-Mkr enthält. Bei der Erstarrung laufen in jedem dieser Teildiagramme die gleichen Vorgänge ab, wie sie im Abschnitt 5.3.3 für ein System mit teilweiser Mischbarkeit im festen und vollständiger Mischbarkeit im flüssigen Zustand dargelegt wurden.

5.3.5 Weitere Umwandlungen im festen Zustand

In Systemen mit Mischkristallbildung sind unterhalb der Soliduslinie die Atome der Komponenten A und B statistisch auf die Gitterplätze des Substitutionsmischkristalls α verteilt. Bei der Abkühlung können außer der bereits erwähnten eutektoiden Umwandlung auch noch andere Umordnungsvorgänge, in deren Verlauf neue Phasen gebildet werden, auftreten (Bild 5.15). Im einfachsten Fall geht der nach der Erstarrung ungeordnete α-Mkr in einen geordneten α'-Mkr über, der eine regelmäßige Anordnung der A- und B-Atome auf bestimmten Gitterplätzen aufweist und deshalb als *Überstruktur* bezeichnet wird (s. a. Abschn. 2.1.8.2 und 4.4). Innerhalb ihres Existenzbereiches $c_1 < c < c_2$ ist die Zusammensetzung der Überstruktur in Abhängigkeit von der Temperatur variabel (Bild 5.15 a). Das Gefüge der Überstrukturmischkristalle ist von dem der ungeordneten Mischkristalle nicht zu unterscheiden. Sie können durch

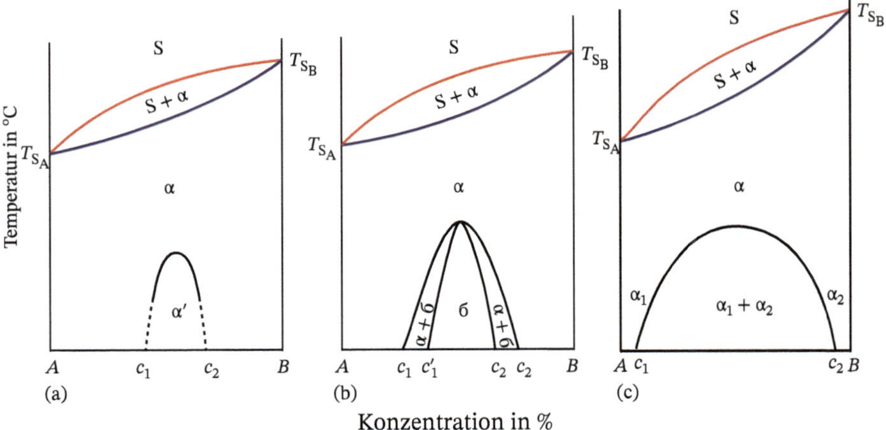

Bild 5.15 Zustandsdiagramm von Systemen mit Umwandlungen im festen Zustand. (a) Bildung einer Überstrukturphase; (b) Ausscheidung einer neuen Phase σ; (c) Entmischung durch Konzentrationsverschiebung.

das Auftreten zusätzlicher Überstrukturlinien in Röntgenbeugungsdiagrammen sowie durch eine Veränderung in den mechanischen und elektrischen Eigenschaften nachgewiesen werden.

Der Umwandlungsvorgang kann aber auch so verlaufen, dass sich eine Phase mit ganz anders geartetem Gitter während der Abkühlung des Mischkristalls α bildet. Im Zustandsdiagramm treten die im Bild 5.15 b dargestellten Phasenumwandlungskurven auf. In Legierungen, deren Zusammensetzung im Intervall $c_1 < c < c_2$ liegt, scheidet sich aus dem homogenen α-Mkr eine neue Phase α aus. Im Gegensatz zu Überstrukturen sind solche Phasen im Gefüge als gesonderter Bestandteil erkennbar.

Weiterhin kann während der Abkühlung durch Konzentrationsverschiebung eine Entmischung der homogenen α-Mkr eintreten (vgl. Bild 5.3). Es entstehen mit α_1 und α_2 zwei Mischkristalle, die die gleiche Kristallstruktur, aber unterschiedliche Zusammensetzung und Gitterparameter haben *(spinodale Entmischung)*. Der α_1-Mkr ist an Atomen der Komponente *A*, der α_2-Mkr an Atomen der Komponente *B* reicher, als es der Zusammensetzung der Legierung entspricht. Im Zustandsdiagramm (Bild 5.15 c) tritt eine Mischungslücke auf (Bild 3.29). Spinodale Entmischungen (Bild 5.3) können auch im Zustand der unterkühlten Schmelze anorganischer Gläser (Bild 3.30) und in Schmelzen von Polymermischungen auftreten.

5.4 Einführung in Mehrstoffsysteme

Viele technische Werkstoffe bestehen aus mehr als zwei Komponenten. Zur Charakterisierung der Gleichgewichtszustände ist daher – konstanten Druck vorausgesetzt – neben der Angabe der Temperatur die Festlegung mehrerer Konzentrationen als Zustandsgrößen erforderlich. Ihre Bestimmung erfolgt analog Gl. 5.1. Für die Darstellung der Phasengleichgewichte im Zustandsdiagramm sind bei einem *Dreistoffsystem (ternäres System)* räumliche

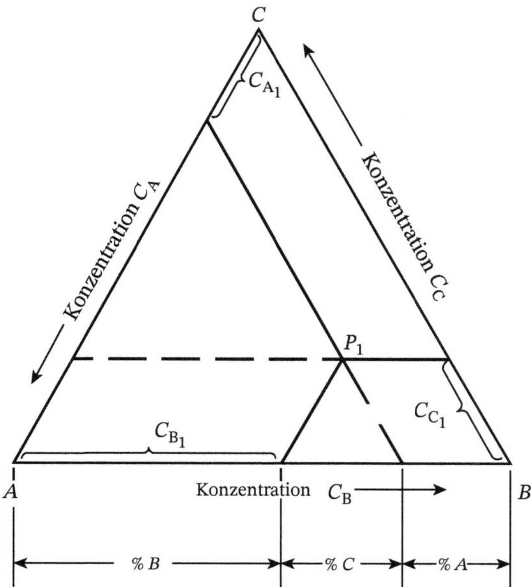

Bild 5.16 Konzentrationsdreieck zur Angabe der Zusammensetzung von Dreistofflegierungen.

Koordinaten erforderlich. Zur Angabe der Zusammensetzung von Dreistofflegierungen wird das im Bild 5.16 gezeigte und durch die Punkte *ABC* aufgespannte gleichseitige Dreieck benutzt. Die Eckpunkte dieses *Konzentrationsdreiecks* entsprechen den reinen Komponenten *A*, *B* und *C*. Auf den Seiten des Dreieckes können Zusammensetzungen der drei Zweistoffsysteme *A–B*, *B–C* und *C–A* entnommen werden. Jeder Punkt P_i der Dreieckfläche entspricht der Zusammensetzung einer Dreistofflegierung. Die Konzentration der einzelnen Komponenten in der Legierung kann auf den drei Konzentrationsskalen abgelesen werden. Ihre Summe ergibt sich zu $c_{A_i} + c_{B_i} + c_{C_i} = 1$. Die beispielsweise durch den Punkt P_1 im Bild 5.16 festgelegte Legierung enthält c_{A_1} der Komponente *A*, c_{B_1} der Komponente *B* und c_{C_1} der Komponente *C*.

Die Temperaturachse steht senkrecht auf dem Konzentrationsdreieck des ternären Systems. Das Zustandsdiagramm eines Dreistoffsystems ist damit ein Prisma, auf dessen Kanten die Gleichgewichtszustände der reinen Komponenten, auf dessen Seitenflächen die Zustände in den drei binären Teilsystemen und in dessen Volumen die Gleichgewichtszustände des Dreistoffsystems angegeben werden. Die Existenzbereiche der Phasen erhalten jetzt dreidimensionale Ausdehnung. Im Einzelnen entstehen beim Übergang vom Zweistoffsystem zum Dreistoffsystem folgende Veränderungen:

Zweistoffsystem	→	*Dreistoffsystem*
Phasenfläche	→	Phasenräume
Phasenumwandlungskurven (z. B. Liquidus-, Soliduslinie)	→	Phasenumwandlungsflächen (z. B. Liquidus-, Solidusfläche)
binäre eutektische, peritektische und eutektoide Punkte	→	binäre eutektische, peritektische und eutektoide Kurven räumlicher Krümmung, ternärer eutektischer Punkt

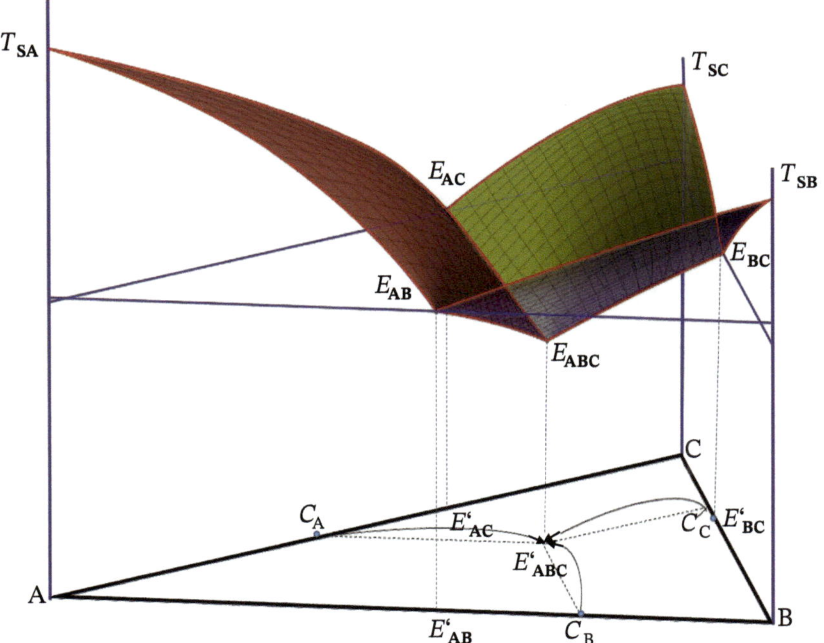

Bild 5.17 Zustandsdiagramm eines Dreistoffsystems, das aus drei eutektisch erstarrenden Zweistoffsystemen aufgebaut ist.

Im Bild 5.17 ist ein Dreistoffsystem dargestellt, das aus drei eutektisch erstarrenden Zweistoffsystemen aufgebaut ist. Die Liquidusflächen werden durch die Schmelzpunkte der drei Komponenten T_{S_A}, T_{S_B}, T_{S_C}, durch die binären Eutektika E_{AB}, E_{BD}, E_{AC} und durch den ternären eutektischen Punkt E_{ABC} aufgespannt. Die eutektischen Punkte der Zweistoffsysteme setzen sich als binäre eutektische Rinnen im ternären Temperatur-Konzentrations-Raum fort. Sie stellen räumlich gekrümmte Kurven dar, die sich als Schnittlinien der drei zwischen den Liquiduslinien der binären Teilsysteme aufgespannten Schmelzflächen ergeben. Mit sinkender Temperatur laufen die eutektischen Rinnen aufeinander zu und treffen sich im ternären eutektischen Punkt. Sie sind im Bild 5.17 in die Konzentrationsebene projiziert worden.

Die an den in die Konzentrationsebene projizierten eutektischen Rinnen angebrachten Pfeile geben die Richtung fallender Temperatur an. Die ternäre eutektische Legierung mit der Zusammensetzung c_A, c_B, c_C hat die niedrigste Erstarrungstemperatur des Dreistoffsystems. Die Solidusfläche stellt im vorliegenden Fall eine zum Konzentrationsdreieck parallele Ebene durch den Punkt E_{ABC} dar. Sie ist im Bild 5.17 der Übersicht halber nicht eingezeichnet. In Zustandsdiagrammen mit vollständiger oder teilweiser Mischbarkeit der Komponenten erscheint sie als räumlich gekrümmte Fläche bzw. Ebene mit räumlich gekrümmten Flächenanteilen.

Die Erstarrung beginnt im Konzentrationsbereich A, E'_{AB}, E'_{AC}, E'_{ABC} mit der primären Ausscheidung von A-Kristallen, im Konzentrationsbereich B, E'_{AB}, E'_{BC}, E'_{ABC} mit der Ausscheidung von B-Kristallen und im Bereich C, E'_{BC}, E'_{AC}, E'_{ABC} mit der Ausscheidung von C-Kristallen aus der Schmelze. Verändert die Schmelze im Verlaufe der Erstarrung ihre Zusammensetzung so, dass eine der eutektischen Rinnen erreicht wird, dann sind folgende drei binären Reaktionen möglich: $S \rightarrow A + B$; $S \rightarrow B + C$; $S \rightarrow A + C$. Nimmt die Restschmelze schließlich die Zusammensetzung des ternären Eutektikums E_{ABC} an, so scheiden sich Kristalle aller drei Komponenten gleichzeitig entsprechend der ternären eutektischen Reaktion $S \rightarrow A + B + C$ aus.

Für die Darstellung aller bei einer bestimmten Temperatur T vorliegenden Phasen werden isotherme Schnitte durch das Raumdiagramm gelegt. Man gibt die Phasen dann in einer bei der interessierenden Temperatur T zur Konzentrationsebene parallelen Ebene an. Sollen dagegen die im Verlaufe der Abkühlung einzelner Legierungen auftretenden Phasen dargestellt werden, so benutzt man hierfür zur Konzentrationsebene senkrechte Schnitte. Dabei werden häufig zwei Arten bevorzugt:

- Schnitte, die von einem Eckpunkt zur gegenüberliegenden Seite des Zustandsdiagramms gehen. Sie enthalten Legierungen, in denen das Mengenverhältnis der anderen Komponenten konstant ist.
- Schnitte, die zu einer Seite des Konzentrationsdreiecks parallel sind. Sie enthalten Legierungen, in denen der Gehalt an der Komponente konstant ist, die der Dreiecksseite gegenüber liegt.

Vielfach werden auch für Übersichtszwecke in der Darstellungsart „isothermer Schnitt" für Raumtemperatur im System existente Gruppen von Werkstoffen, innerhalb derer sich die Legierungen durch bestimmte, ihnen gemeinsame Eigenschaften auszeichnen, als Konzentrationsfelder dargestellt. In den Bildern 5.18 und 5.19 sind solche für die Dreistoffsysteme Ni–Co–Fe und SiO_2–CaO–Al_2O_3 als Beispiele wiedergegeben.

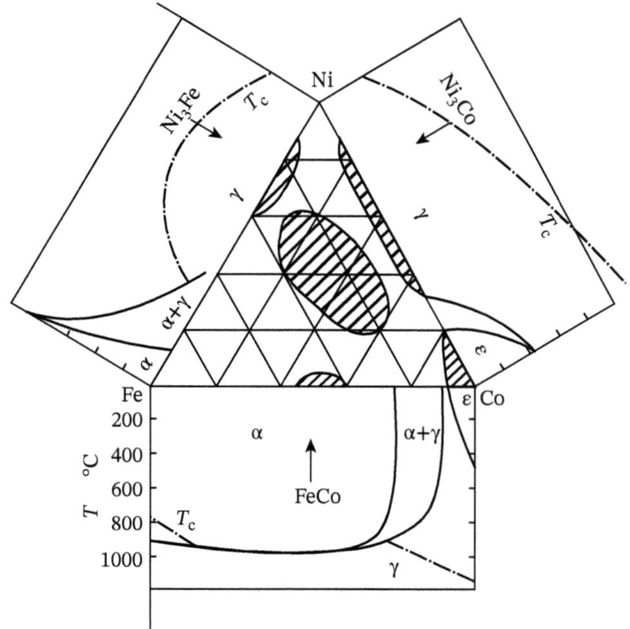

Bild 5.18 Konzentrationsgebiete (schraffiert) wirksamer Magnetfeldglühung im System Ni–Fe–Co. Über den Konzentrationsachsen sind die jeweiligen Zweistoffsysteme der Komponenten, Fe, Ni und Co dargestellt. Infolge der Magnetfeldglühung steigt das Remanenzverhältnis auf $B_r/B_s \geqslant 0{,}95$ an; B_r remanente Induktion (Remanenz), B_S Sättigungsinduktion (nach *G. Rassmann*).

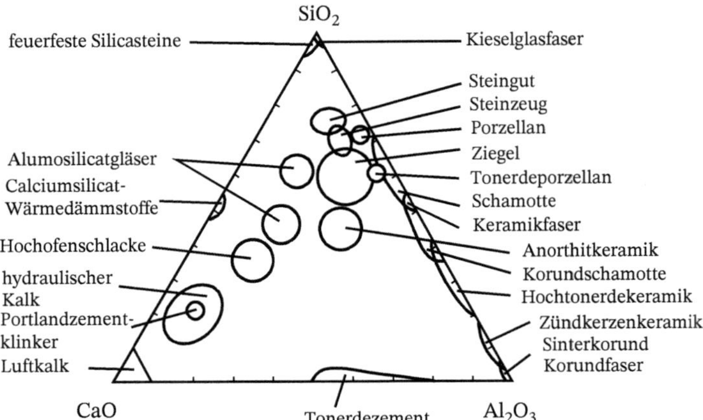

Bild 5.19 Konzentrationsgebiete technisch bedeutsamer Silicatwerkstoffe im System $CaO–Al_2O_3–SiO_2$.

Die schraffierten Konzentrationsbereiche des Bild 5.18 betreffen Legierungen, bei denen dank einer Glühung im magnetischen Gleichfeld das Remanenzverhältnis B_r/B_s auf gleich/größer 0,95 angehoben werden kann (s. Abschn. 10.6.3). Eine solche Magnetfeldglühung hat freilich zur Voraussetzung, dass erstens die Glühtemperatur unter der jeweiligen Curietemperatur T_c liegt und T_c genügend hoch ist, um eine ausreichend intensive Volumendiffusion zu gewährleisten, sowie, zweitens, dass die magnetische Kristallanisotropie K_1 im System kleine Werte annimmt (Abschn. 10.6.3).

Über zahlreiche Verbindungen sowie die Konzentrationsbereiche einer Vielzahl technischer Silicatwerkstoffe im Dreistoffsystem $CaO–Al_2O_3–SiO_2$ informiert Bild 5.19. Das System weist folgende kristalline Verbindungen auf:

- die Einzelverbindungen CaO, Al_2O_3 (Korund) und SiO_2 als Cristobalit und Tridymit,
- die binären Verbindungen $CaO \cdot SiO_2$ (Wollastonit), $3CaO \cdot 2SiO_2$ (Rankinit), $2CaO \cdot SiO_2$, $3CaO \cdot SiO_2$, $3CaO \cdot Al_2O_3$, $12CaO \cdot 7Al_2O_3$, $CaO \cdot Al_2O_3$, $CaO \cdot 2Al_2O_3$, $CaO \cdot 6Al_2O_3$ und $3Al_2O_3 \cdot 2SiO_2$ (Mullit) sowie
- die ternären Verbindungen $2CaO \cdot Al_2O_3 \cdot SiO_2$ (Anorthit) und $CaO \cdot Al_2O_3 \cdot 2SiO_2$ (Gehlenit).

Zu den technisch relevanten Werkstoffen gehören gemäß Bild 5.19 feuerfeste Silika-, Schamotte- und Korundsteine, Keramik-, Korund- und Glasfasern, traditionelle Silicatkeramik (Steingut, Steinzeug, Ziegel), technische Keramik, Alumosilicatgläser, Baustoffe sowie Calciumsilicat-Wärmedämmstoffe. Die meisten dieser Materialien liegen jedoch nicht im Gleichgewichtszustand vor, daher können aus dem Diagramm nur Anhaltspunkte für den Zustand der technischen Erzeugnisse entnommen werden.

5.5 Realdiagramme

Nachdem die wichtigsten Grundtypen der Zustandsdiagramme behandelt worden sind, sollen einige für technische Werkstoffe bedeutsame Systeme dargestellt werden. Sie sind häufig aus mehreren Grundtypen aufgebaut. Systematische Zusammenstellungen von Zwei- und Dreistoffsystemen finden sich in [15], [16], [17] und [18].

5.5.1 Eisen-Kohlenstoff-Diagramm

Zunächst sollen die Gleichgewichtszustände in dem für die Werkstoffe Stahl und Gusseisen wichtigen System Eisen-Kohlenstoff behandelt werden. Unter Stahl sind dabei die *Eisen-Kohlenstoff-Legierungen* mit weniger als ca. 2 % C und unter Gusseisen Legierungen mit in der Regel 2 bis 4 % C zu verstehen, in denen das Fe–C-Eutektikum auftritt. Für technische Werkstoffe ist die eisenreiche Seite des Zustandsdiagramms bis zur Konzentration der intermetallischen Phase Fe_3C, die 6,67 % C enthält, von großer Bedeutung. Dieser Teil des Diagramms ist im Bild 5.20 dargestellt (Bilder 6.39 und 6.29). Er ist aus einem peritektischen, einem eutektischen und einem eutektoiden Teildiagramm aufgebaut, von denen das peritektische und das eutektoide durch die allotropen Modifikationen des Eisens und ihre Löslichkeit für Kohlenstoff bedingt sind.

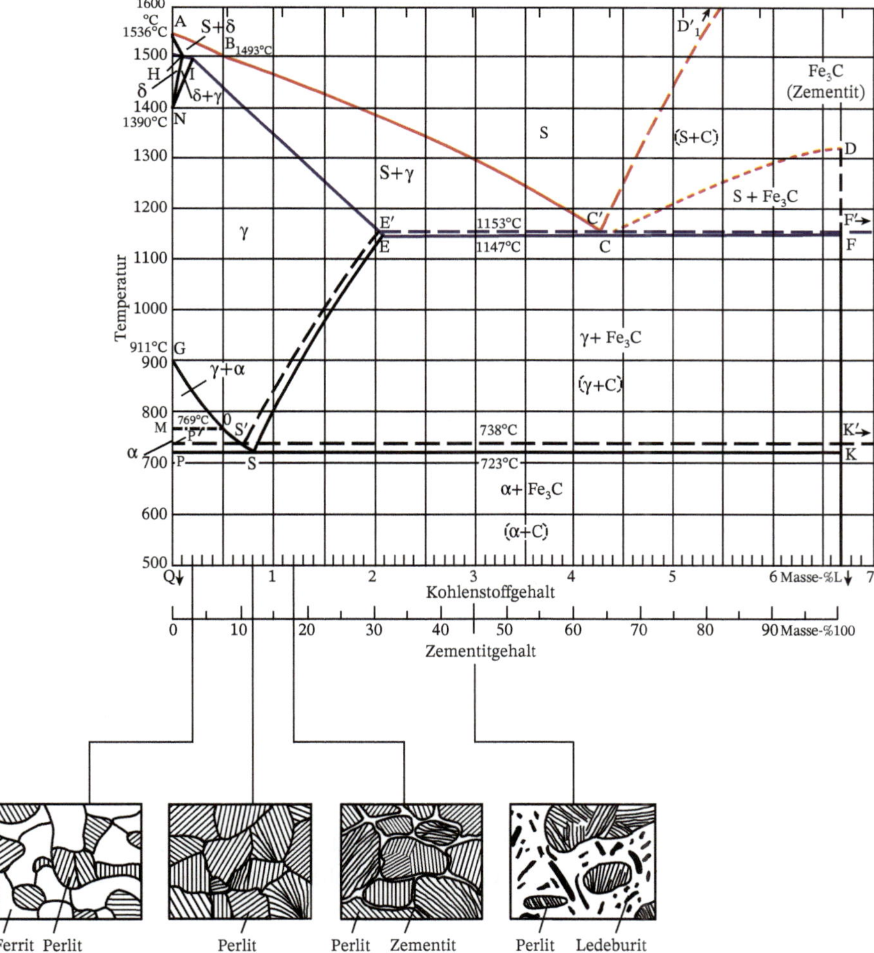

Bild 5.20 Zustandsdiagramm des Systems Eisen-Kohlenstoff. ausgezogene Linien: Diagramm des metastabilen Systems; unterbrochen gezeichnete Linien: Diagramm des stabilen Systems.

Die Schmelztemperatur des reinen Eisens beträgt 1.536 °C. Während der Erstarrung entstehen Mischkristalle mit einer krz Struktur, die als δ-Eisen bezeichnet werden. Sie können mit Kohlenstoff Einlagerungsmischkristalle bilden. Die maximale Löslichkeit des Kohlenstoffs im δ-Eisen wird für 1.493 °C mit 0,10 % angegeben. Das reine δ-Eisen ist bis 1.392 °C thermodynamisch stabil und wandelt sich bei dieser Temperatur in kfz γ-Eisen um. Dieses kann maximal bei 1.147 °C 2,06 % C in Form von Einlagerungsatomen lösen. Reines γ-Eisen steht bei 911 °C mit dem krz α-Eisen im Gleichgewicht. Das α-Eisen ist unterhalb 911 °C stabil und wird am Curiepunkt (769 °C) ferromagnetisch. Die maximale Löslichkeit für Kohlenstoff beträgt bei 723 °C 0,02 %.

Kohlenstoff bildet mit Eisen die intermetallische Phase Fe_3C (Eisencarbid, Zementit). Sie hat ein orthorhombisches Kristallgitter, enthält 6,67 % C und kann bei sehr langen Glühzeiten und hohen Temperaturen in die Komponenten Kohlenstoff in Form von Graphit und Eisen zerfallen. Die intermetallische Phase Fe_3C wird daher als metastabil bezeichnet. Je nachdem, ob der Kohlenstoff in Form von Fe_3C oder als elementarer Kohlenstoff (Graphit) auftritt, spricht man vom metastabilen oder stabilen System. Nach dem metastabilen System verlaufen die Umwandlungsvorgänge im Stahl und im weißen Gusseisen. Das stabile System gibt Auskunft über die im graphithaltigen Gusseisen vorliegenden Gleichgewichtszustände.

In Eisen-Kohlenstoff-Legierungen, deren Kohlenstoffgehalt unter 0,51 % liegt, beginnt die Erstarrung mit der Ausscheidung von δ-Mkr aus der Schmelze. Im Konzentrationsintervall 0,10 % C bis 0,51 % C findet bei 1.493 °C eine peritektische Reaktion statt. Für einen Kohlenstoffgehalt von 0,16 % lautet sie

$$\delta\text{-Mkr} + \text{Restschmelze} \xrightleftharpoons{T = 1.493\,^\circ\text{C}} \gamma\text{-Mkr}$$

Die im peritektischen Teilsystem ablaufenden Vorgänge sind im Abschnitt 5.3.3 ausführlich behandelt worden.

Bei Legierungen, deren Zusammensetzung im Intervall 0,51 % C bis 4,3 % C liegt, beginnt die Erstarrung an der Linie *BC* mit der Ausscheidung von γ-Mkr aus der Schmelze. Sie ist für Kohlenstoffkonzentrationen von weniger als 2,06 % beendet, sobald die gesamte Schmelze zu homogenen γ-Mkr erstarrt ist. Liegt der Kohlenstoffgehalt über 2,06 %, so reichert sich die Schmelze durch die Ausscheidung von γ-Mkr so lange mit Kohlenstoff an, bis eine Konzentration der Restschmelze von 4,3 % C erreicht ist. Danach setzt bei 1.147 °C ein eutektischer Zerfall in γ-Mkr und die intermetallische Phase Fe_3C ein, entsprechend der eutektischen Reaktion

$$\text{Schmelze} \xrightleftharpoons{\text{T} = 1.147\,^\circ\text{C}} \gamma\text{-Mkr} + \text{Fe}_3\text{C}$$

In Legierungen mit mehr als 4,3 % C beginnt die Erstarrung entlang der Linie *CD* mit der Ausscheidung der intermetallischen Phase Fe_3C. Sie wird als *Primärzementit* bezeichnet. Da dieser 6,67 % C enthält, verarmt die Schmelze an Kohlenstoff, bis sie schließlich die Konzentration von 4,3 % C erreicht hat und die Erstarrung unter gleichzeitiger Entstehung von γ-Mkr und Fe_3C entsprechend der eutektischen Reaktion beendet wird. Infolge der eutektischen Erstarrung sind beide Phasen sehr fein verteilt und bilden einen besonderen Gefügebestandteil. Er wird als *Ledeburit I* bezeichnet.

Mit sinkender Temperatur verringert sich die Löslichkeit der γ-Mkr für Kohlenstoff von 2,06 % bei 1.147 °C auf 0,8 % bei 723 °C. Während der Abkühlung scheidet sich daher der Kohlenstoff in Form von Fe_3C aus. Im Gegensatz zum Primärzementit, der direkt aus der Schmelze kristallisiert, wird das aus den γ-Mkr entstandene Fe_3C im Gefüge als *Sekundärzementit* bezeichnet.

In Legierungen mit weniger als 0,8 % C werden aus den γ-Mkr, deren Gefügebezeichnung *Austenit* ist, mit Unterschreiten der Linie *GOS* α-Mkr gebildet. Ihre Gefügebezeichnung ist *Ferrit.* Da die Löslichkeit des Kohlenstoffs im Ferrit sehr gering ist, steigt der Kohlenstoffgehalt in den γ-Mkr bis auf 0,8 % an.

Im γ-Mkr mit 0,8 % C findet bei 723 °C eine eutektoide Reaktion (s. a. Abschn. 4.3.2)

$$\gamma\text{-Mkr} \overset{T\,=\,723\,°C}{\rightleftarrows} \alpha\text{-Mkr} + Fe_3C$$

statt.

Das eutektoide Gefüge enthält α-Mkr und Fe_3C in Form fein verteilter Lamellen und wird als *Perlit* bezeichnet (Bild 6.29). Unterhalb 723 °C nimmt die Löslichkeit der α-Mkr für Kohlenstoff entlang der Linie *PQ* weiter ab. Es scheiden sich Fe_3C-Segregate aus. Diese werden als *Tertiärzementit* bezeichnet. Ihr Anteil im Gefüge ist allerdings sehr gering.

In Eisen-Kohlenstoff-Legierungen, deren Kohlenstoffgehalt zwischen 0,02 und 0,8 % liegt – sie werden als *untereutektoide Stähle* bezeichnet –, besteht das Gefüge bei Raumtemperatur aus voreutektoid ausgeschiedenem Ferrit, dem eutektoiden Gefügebestandteil Perlit und Tertiärzementit. Eisen-Kohlenstoff-Legierungen mit 0,8 % Kohlenstoff werden als *eutektoide Stähle* bezeichnet. Ihr Gefüge besteht bei Raumtemperatur zu 100 % aus Perlit. *Übereutektoide Stähle* (0,8 % C bis 2,06 % C) enthalten den an der Linie *SE* ausgeschiedenen Sekundärzementit und Perlit. In Legierungen mit mehr als 2,06 % Kohlenstoff sind, bedingt durch den eutektoiden Zerfall der γ-Mkr an der Linie *PSK,* folgende Gefügebestandteile zu finden:

Konzentrationsbereich:	*Gefüge:*
2,06 % C bis 4,3 % C	Perlit, Ledeburit II und Sekundärzementit
4,3 % C	Ledeburit II
4,3 % C bis 6,67 % C	Ledeburit II und Primärzementit

Ledeburit II unterscheidet sich von Ledeburit I dadurch, dass die γ-Mkr entlang der Linie *PSK* in Sekundärzementit und Perlit zerfallen. Ledeburit II enthält daher die Phasen α-Mkr und Fe_3C.

Im Zustandsdiagramm des stabilen Systems tritt Graphit an die Stelle von Fe_3C. Er kann entlang der Linie *C'D'* aus der Schmelze oder aus den γ-Mkr entlang der Linie *E'S'* nach längerem Tempern ausgeschieden werden. Seine Entstehung wird durch eine langsame

Tab. 5.1 Bezeichnung der Umwandlungstemperaturen in Eisen-Kohlenstoff-Legierungen.

Lage im Eisen-Kohlenstoff-Diagramm	Art der Umwandlung	Bezeichnung der Umwandlung		
		im Gleichgewichtszustand	bei Abkühlung	bei Erwärmung
PSK	$\alpha + Fe_3C \underset{\longleftarrow}{\overset{723\,°C}{\longrightarrow}} \gamma$	Ae_1	Ar_1	Ac_1
MO	ferromagnetisch $\longrightarrow$ 769 °C $\longleftarrow$ paramagnetisch	Ae_2	Ar_2	Ac_2
G	$\alpha \underset{898\,°C}{\overset{911\,°C}{\rightleftarrows}} \gamma$	Ae_3	Ar_3	Ac_3
GOS	$\alpha + \gamma \rightleftarrows \gamma$			
SE	$\gamma + Fe_3C \rightleftarrows \gamma$	Ae_{cm}	Ar_{cm}	Ac_{cm}
N	$\gamma + \underset{\longleftarrow}{\overset{1.392\,°C}{\longrightarrow}} \delta$	4	Ar_4	Ac_4
NH	$\gamma + \delta \rightleftarrows \delta$			

Abkühlung oder durch Erwärmen oberhalb 800 °C sowie Legierungselemente, vor allem Silicium, begünstigt.

Die Darstellungen zeigen, dass die Umwandlungspunkte der *allotropen Modifikationen* des reinen Eisens durch Zulegieren von Kohlenstoff verändert werden. Der Existenzbereich der γ-Phase wird erweitert, die Existenzbereiche der δ- und α-Phase werden eingeengt. Für die Beschreibung der Umwandlungsvorgänge haben sich in der Praxis folgende in Tab. 5.1 zusammengestellte Bezeichnungen der Umwandlungstemperaturen als zweckmäßig erwiesen. In ihr wird mit Rücksicht auf die thermische Hysterese und die Vorgänge bei schneller Abkühlung zwischen Erwärmung und Abkühlung unterschieden.

5.5.2 Zustandsdiagramm des Systems Kupfer-Zinn

Während die Verhältnisse im Eisen-Kohlenstoff-Diagramm noch relativ übersichtlich sind, weist das Zustandsdiagramm des Systems Kupfer-Zinn, das für die Zinnbronzen oder kurz *Bronzen* genannten Werkstoffe wichtig ist, einen komplizierteren Aufbau auf. Es ist im Bild 5.21 dargestellt.

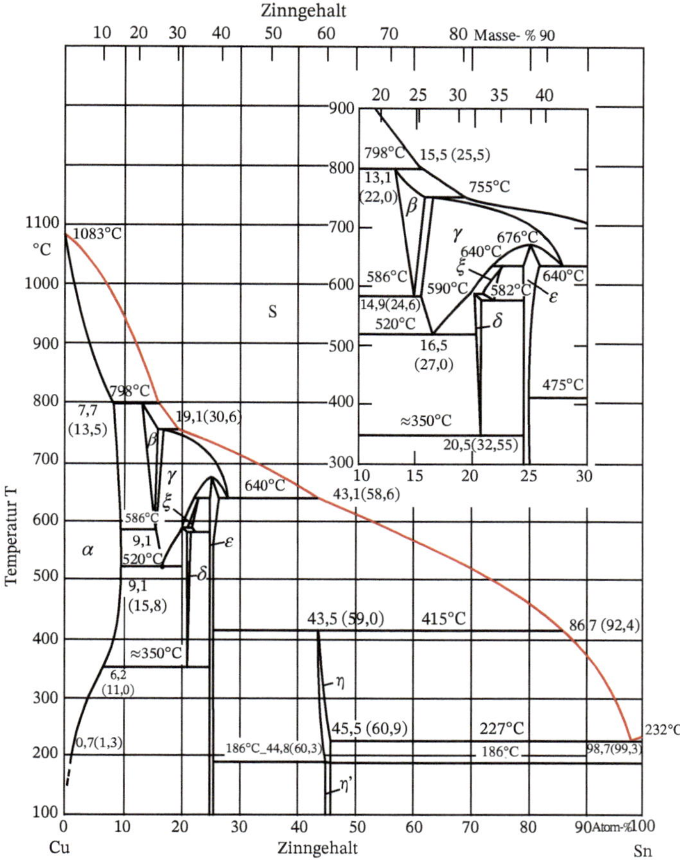

Bild 5.21 Zustandsdiagramm des Systems Kupfer-Zinn (nach [15]).

Auf den kfz kupferreichen α-Mkr, der als Substitutionskristall maximal 15,8 % Sn lösen kann, folgen bei steigendem Zinngehalt mit β und γ zwei krz Phasen, die durch peritektische Umsetzungen entstehen. Die komplizierten Verhältnisse im Konzentrationsintervall von 15,8 bis 39,5 % Sn sind bedingt durch die eutektoide Umwandlung der γ-Phase sowie eine Reihe von Reaktionen der γ-Phase, als deren Folge die *intermetallischen Phasen* δ ($Cu_{31}Sn_8$), ξ ($Cu_{20}Sn_6$), ε (Cu_3Sn) auftreten (s. a. Abschn. 2.1.8.4). Ihre Kristallgitter sind relativ kompliziert aufgebaut. So hat z. B. die kfz δ-Phase eine Elementarzelle mit $17{,}95 \cdot 10^{-10}$ m Kantenlänge, in der $8 \cdot 52 = 416$ Atome enthalten sind. Die ε-Phase weist ein orthorhombisches Gitter auf. Sie entsteht bei 676 °C direkt aus der γ-Phase oder infolge einer isothermen Umwandlung der γ-Phase in die ε-Phase und Schmelze bzw. ε und ξ bei 640 °C sowie durch den eutektoiden Zerfall der δ-Phase in α und ε bei etwa 350 °C.

Im Konzentrationsintervall von 39,5 bis 100 % Sn finden noch weitere isotherme Reaktionen statt. Bei 415 °C entsteht die η-Phase durch eine peritektische Reaktion zwischen ε-Phase und Schmelze. Schließlich geht die noch vorhandene Restschmelze über einen eutektischen Zerfall bei 227 °C in die η-Phase und in Zinn über, das bei der eutektischen Temperatur maximal 0,006 % Cu lösen kann. Im festen Zustand bildet sich durch

Ordnungsvorgänge aus der η-Phase eine *Überstruktur* η', der die mittlere Zusammensetzung Cu_6Sn_5 zukommt. Im System Kupfer-Zinn laufen folgende isotherme Reaktionen, nach sinkender Gleichgewichtstemperatur geordnet, ab:

$S+\alpha \underset{}{\overset{T = 798\,°C}{\rightleftarrows}} \beta$	$\beta \overset{T = 586\,°C}{\rightleftarrows} \alpha+\gamma$	$\eta \overset{T = 186\,°C}{\rightleftarrows} \eta'$
$S+\beta \overset{T = 755\,°C}{\rightleftarrows} \gamma$	$\zeta \overset{T = 582\,°C}{\rightleftarrows} \delta+\varepsilon$	-
$\gamma \overset{T = 676\,°C}{\rightleftarrows} \varepsilon$	$\gamma \overset{T = 520\,°C}{\rightleftarrows} \alpha+\delta$	-
$\gamma+\varepsilon \overset{T = 640\,°C}{\rightleftarrows} \xi$	$\varepsilon+S \overset{T = 415\,°C}{\rightleftarrows} \eta$	-
$\gamma \overset{T = 640\,°C}{\rightleftarrows} \xi+S$	$\delta \overset{T = 350\,°C}{\rightleftarrows} \alpha+\varepsilon$	-
$\gamma+\zeta \overset{T = 590\,°C}{\rightleftarrows} \delta$	$S \overset{T = 227\,°C}{\rightleftarrows} \eta+Sn$	-

Bei Raumtemperatur liegen im Gleichgewichtszustand vier Phasen vor: Die α-Mischkristalle, deren Löslichkeit für Zinn sehr stark zurückgegangen ist und bei 170 °C nur noch 0,74 % beträgt, die ε-Phase (Cu_3Sn), die Überstrukturphase η' (Cu_6Sn_5) und Zinn, dessen Löslichkeit für Kupfer bei Raumtemperatur praktisch null ist. Unter den in der Technik üblichen Abkühlungsbedingungen tritt der bei etwa 350 °C zu erwartende Zerfall der δ-Phase in die α- und die ε-Phase nicht auf, sodass im Gefüge entsprechender technischer Kupfer-Zinn-Legierungen die α-Phase und das (α + δ)-Eutektoid vorliegen.

5.5.3 Zustandsdiagramm des Systems SiO_2–α-Al_2O_3

Als Beispiel für ein System, dessen Komponenten keine Elemente, sondern chemische Verbindungen (Ionenkristalle) sind, soll das silicatische System mit den Komponenten SiO_2 (α-Cristobalit) und α-Al_2O_3 (Korund) betrachtet werden. Es ist in Bild 5.22 dargestellt.

Das Zutandsdiagramm zeigt die Gleichgewichtsphasen unterhalb der Schmelze bis zu einer Temperatur von 1.400 °C. Bei weiterer Abkühlung erfährt das SiO_2 allotrope Umwandlungen (Abschn. 4.1.1), sodass es bei Raumtemperatur und bei Einstellen des thermodynamischen Gleichgewichts als β-Quarz vorliegt. α-Al_2O_3 (Korund) und $3Al_2O_3 \cdot 2SiO_2$ (Mullit) sind auch bei Raumtemperatur stabile Phasen. Die kristalline Verbindung $3Al_2O_3 \cdot 2SiO_2$, Mullit, mit der Zusammensetzung 72 Masse-% Al_2O_3 und 28 Masse-% SiO_2 kann bis zu 3 Masse-% Al_2O_3 als Mischkristall aufnehmen. Mullit schmilzt kongruent bei einer Temperatur von 1.850 °C [6].

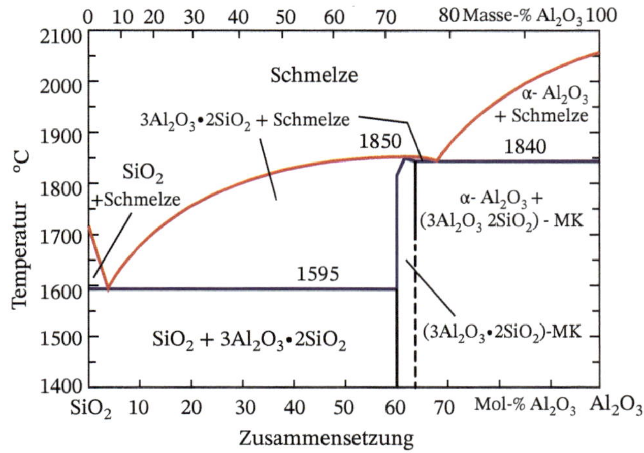

Bild 5.22 Zustandsdiagramm des Systems SiO_2-α-Al_2O_3 (nach *S. Aramaki* und *S. Roy)* [14].

Auf der α-Al_2O_3-reichen Seite läuft die Erstarrung über die eutektische Reaktion

$$S \xrightleftharpoons{T = 1.480\,°C} \alpha\text{-}Al_2O_3 + (3\,Al_2O_3 \cdot 2\,SiO_2) - \text{Mkr}$$

ab. Die SiO_2-reiche Seite weist ebenfalls eine eutektische Erstarrung bei der Zusammensetzung von 6 Masse-% Al_2O_3 und 94 Masse-% SiO_2 auf. Sie läuft bei einer Temperatur von 1.595 °C gemäß der Reaktion

$$S \xrightleftharpoons{T = 1.595\,°C} SiO_2 + 3\,Al_2O_3 \cdot 2\,SiO_2$$

ab. Im festen Zustand liegt dann unterhalb eines Anteils von 72 % Al_2O_3 und bei mehr als 28 % SiO_2 ein Kristallgemisch aus Mullit ($3Al_2O_3 \cdot 2SiO_2$) und der jeweiligen stabilen Modifikation des SiO_2 vor. Bei höheren Al_2O_3-Anteilen und geringerem SiO_2-Gehalten besteht das feste Kristallgemisch aus Mullitmischkristallen mit maximal 75 % Al_2O_3 und minimal 25 % SiO_2 und aus Korund.

Die beschriebenen Umwandlungen entsprechen dem thermodynamischen Gleichgewicht, das sich aber unter den Bedingungen der technischen Abkühlung in den extrem zähen Silicatschmelzen und bei den außerordentlich langsamen Massetransportprozessen in den festen Silicaten nicht einstellt. In technischen Al_2O_3-SiO_2-Erzeugnissen (feuerfeste Schamotte, Porzellan, Silicatkeramik) findet man deshalb neben den beschriebenen kristallinen Gleichgewichtsphasen auch noch amorphe Glasphase, in die die Komponenten des Systems und eventuell vorhandene Verunreinigungen eingehen [7].

5.5.4 Zustandsdiagramme von Polymermischungen

Bei gegebenen Bedingungen *(p, T, c)* befindet sich eine Polymermischung (Polymerblend, *Polymerlegierung*) im Gleichgewicht, wenn ihre freie Enthalpie ein Minimum aufweist.

Eine homogene Polymermischung ist stabil, sofern die freie Enthalpie G_m kleiner ist als die Summe der freien Enthalpien der reinen Komponenten G_K (Gl. 5.17) [19]:

$$\Delta G_m = G_m - G_K < 0 \qquad (5.17)$$

Die meisten Polymere sind aber miteinander unverträglich. Dies beruht auf der Abnahme der Mischungsentropie mit steigendem Polymerisationsgrad. Mehrstoffsysteme sind bei geringer Mischungsentropie ΔS_m gemäß Gl. 5.18

$$\Delta G_m = \Delta H_m - T\Delta S_m \qquad (5.18)$$

nur dann noch mischbar, wenn die Mischungsenthalpie ΔH_m sehr klein oder negativ ist.

Entsprechend Bild 5.3 ist es auch bei Polymerblends möglich, dass Mischungen unterschiedlicher Zusammensetzung nebeneinander vorliegen.

Die bei binären Polymermischungen gefundenen Typen von Phasendiagrammen sind in Bild 5.23 dargestellt [19]. Sie unterscheiden sich nach der Richtung der Öffnung der Mischungslücke: Typen mit oberer (UCST), unterer (LCST) oder ohne „kritische" Entmischungstemperatur. Weist eines der beteiligten Polymere eine bimodale Molmasseverteilung auf, können Phasendiagramme mit mehreren kritischen Entmischungstemperaturen auftreten.

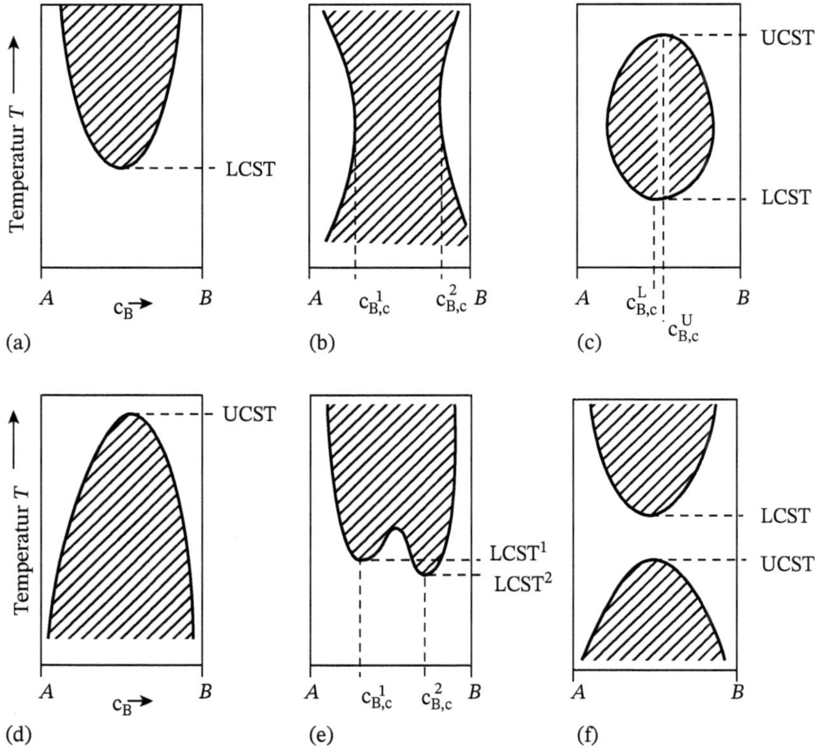

Bild 5.23 Typen von Phasendiagrammen binärer Polymermischungen (Komponenten *A* und *B*) [19]; die schraffierten Bereiche entsprechen Mischungslücken.

Am Beispiel Polyvinylidenfluorid-Polymethylmethacrylat wurde eine nach oben offene Mischungslücke gefunden (Bild 5.23 a). Bild 5.23 b zeigt die beidseitig offene Mischungslücke ohne kritische Temperatur, aber mit zwei kritischen Konzentrationen $c_{B,c}^{1}$, $c_{B,c}^{2}$ und Bild 5.23 c eine geschlossene Mischungslücke mit UCST- und LCST-Verhalten bei verschiedenen kritischen Konzentrationen $c_{B,c}^{L}$, $c_{B,c}^{U}$. Beim System Polycaprolacton-Polystyrol (Bild 5.23 d) tritt eine nach unten offene Mischungslücke auf. In Bild 5.23 e ist eine nach oben offene Mischungslücke mit zwei unteren kritischen Mischungstemperaturen $LCST^{1}$ und $LCST^{2}$, gefunden am Beispiel Polyisobutylen-Polystyren, dargestellt. Schließlich wird am Beispiel Polymethylmethacrylat-nachchloriertes Polyethylen (Bild 5.23 f) das Auftreten einer getrennten Mischungslücke mit LCST- und UCST-Verhalten demonstriert [2].

5.6 Ungleichgewichtsdiagramme

Die in den vorangegangenen Abschnitten behandelten Zustandsschaubilder beziehen sich auf Gleichgewichtszustände und können mit den Methoden der klassischen Thermodynamik hergeleitet werden.

Die in der werkstoffherstellenden und -verarbeitenden Industrie üblichen Abkühlungsgeschwindigkeiten vereiteln jedoch häufig die Ausbildung des thermodynamischen Gleichgewichtszustandes. Zudem ist gerade die Einstellung bestimmter metastabiler Zustände von technisch hervorragender Bedeutung, da mit den ihnen adäquaten Gefügearten (Bild 6.38) der nutzbare Spielraum von Eigenschaftswerten (insbesondere der Festigkeit, Dehnung, Härte und Zähigkeit) wesentlich erweitert werden kann. Sie gestatten es, den Werkstoff dem jeweiligen Verwendungszweck oder Verarbeitungsverfahren optimal anzupassen. Es gilt also, zusätzlich die Parameter „Zeit“ und „Abkühlungsgeschwindigkeit“ einzubeziehen.

Eine solche Betrachtungsweise ist Gegenstand der nichtlinearen, irreversiblen Thermodynamik. Bei umfassenden Fortschritten in der Theorie ist sie derzeit jedoch noch nicht in der Lage, geeignete Berechnungsunterlagen für eine quantitative Aussage über die sich bei einer beschleunigten Abkühlung bildenden Ungleichgewichtszustände bzw. -phasen zur Verfügung zu stellen. Deshalb geschieht die Aufstellung von Ungleichgewichts-(Zeit-Temperatur-Reaktions-)Schaubildern z. Z. allein nach experimentell-empirischen Methoden. Sie konzentriert sich vorwiegend auf unlegierte und legierte Stähle. Im Ergebnis dessen ist es möglich, den Abkühlungs- und Erwärmungsverlauf für die wichtigsten Stähle so zu gestalten, dass die gewünschten Gefüge-Eigenschafts-Beziehungen auch realisiert werden.

5.6.1 Ausbildung von Ungleichgewichtsgefügen

Phasenumwandlungen erfordern eine Umordnung der Bausteine durch Diffusion, in einigen Fällen auch über einen Schervorgang (vgl. Abschn. 4.1). Da die Diffusion (Abschn. 7.1) ein thermisch aktivierter und damit zeit- und temperaturabhängiger Vorgang ist, wird die Ausbildung des Gleichgewichtszustandes bzw. -gefüges in dem Maße erschwert oder völlig unterdrückt, wie die Unterkühlung des Umwandlungsbeginns und -ablaufs zunimmt.

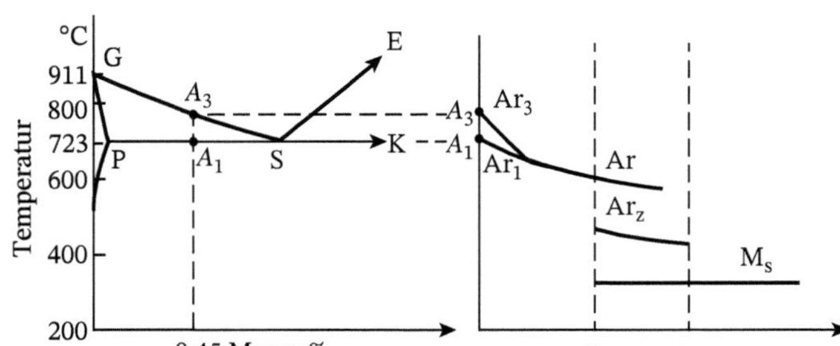

Bild 5.24 Schematische Darstellung des Einflusses der Abkühlungsgeschwindigkeit auf die Lage der Umwandlungspunkte A_3 und A_1 für einen Stahl mit 0,45 % Kohlenstoff (nach *D. Horstmann*).

Bei hinreichend hoher Abkühlungsgeschwindigkeit entstehen dann meta- bzw. instabile Gefügezustände oder sogar neuartige Phasen (s. a. Tab. 3.2). Diese Verhältnisse sollen am Beispiel eines unlegierten Stahles näher erläutert werden.

Mit wachsender Abkühlungsgeschwindigkeit verschieben sich die dem Gleichgewichtszustand entsprechenden Phasenumwandlungskurven des Eisen-Kohlenstoff-Diagramms (Bild 5.24) zu tieferen Temperaturen, insbesondere die das Austenitgebiet begrenzende GOSE-Kurve (A_3 bzw. A_{cm}) und die für die eutektoide Reaktion charakteristische Isotherme *PSK* (A_1). In Bild 5.24 ist die durch eine schnelle Abkühlung des Stahles aus dem γ-Gebiet bedingte Verlagerung des Ar_3- und des Ar_1-Punktes für einen Stahl mit 0,45 % Kohlenstoff schematisch dargestellt.

Mit der Zunahme der Abkühlungsgeschwindigkeit verlagert sich der Ar_3-Punkt schneller zu tieferen Temperaturen als der Ar_1-Punkt. Demzufolge wird die voreutektoide Ferritbildung in steigendem Maße unterdrückt, bis sie, wenn Ar_3- und Ar_1- zum Ar-Punkt zusammenfallen, überhaupt nicht mehr auftritt.

Schließlich wird durch das Abkühlmedium die Wärme so schnell abgeführt, dass die Austenitumwandlung unvollständig bleibt und mit der Bildung von *Bainit* (Ar_z) und *Martensit* (M_s) fortgesetzt wird. Die Abkühlungsgeschwindigkeit, bei der erstmals Martensit im Gefüge auftritt, wird als *untere kritische Abkühlungsgeschwindigkeit* v_u, die, bei der das Gefüge rein martensitisch ist, als *obere kritische Abkühlungsgeschwindigkeit* v_o bezeichnet.

Werden die am Beispiel eines Stahles mit 0,45 % C beschriebenen Verhältnisse verallgemeinert und auf den gesamten „Stahlteil" des Fe–Fe_3C-Diagramms ausgedehnt, dann erhält man die in Bild 5.25 für alle unlegierten Kohlenstoffstähle bis zu einem Kohlenstoffgehalt von 1,8 % wiedergegebene Verschiebung der Umwandlungspunkte A_3 und A_1. Die an der rechten Ordinate angegebenen Abkühlungsgeschwindigkeiten gelten nur für reine Fe–C-Legierungen. Es treten fünf Unterkühlungsstufen des Austenits auf, von denen die Unterkühlungsstufe 0 der Gleichgewichtsumwandlung entspricht.

In der Unterkühlungsstufe I wird die Unterdrückung der voreutektoiden Ferritausscheidung bei Stählen mit Kohlenstoffgehalten unter 0,8 % *(untereutektoide Stähle)* und der voreutektoiden Sekundärzementitausscheidung für die Stähle mit einem Kohlenstoffgehalt über 0,8 % *(übereutektoide Stähle)* deutlich. Als Folge dessen geht der Punkt *S* im

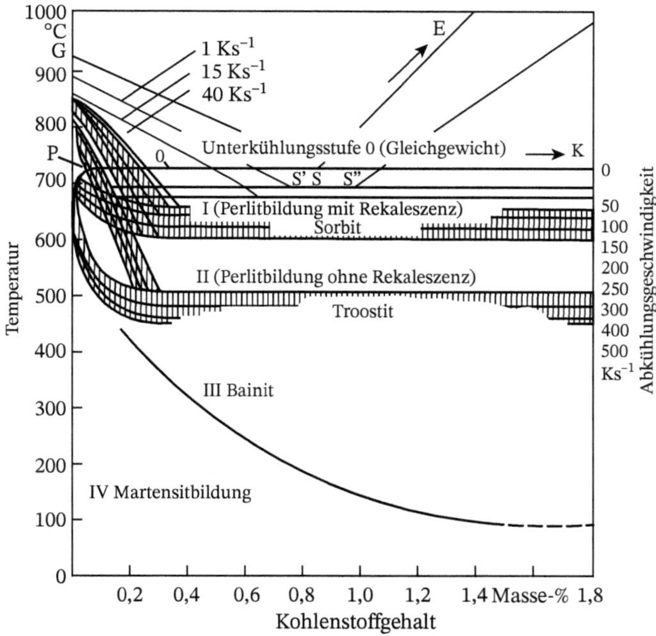

Bild 5.25 Einfluss unterschiedlicher Abkühlungsgeschwindigkeiten auf die Verschiebung der Umwandlungspunkte A_1, A_3, A_{cm} reiner Fe–C-Legierungen und Abhängigkeit der M_s-Temperatur vom Kohlenstoffgehalt (in Anlehnung an *F. Wever* und *A. Rose*).

Zustandsdiagramm in die Strecke S′S″ über. Stähle, deren Kohlenstoffgehalt in diesem Intervall liegt, wandeln deshalb bereits bei Abkühlungsgeschwindigkeiten von 1 Ks^{-1} perlitisch um, d. h., aus dem unterkühlten Austenit entsteht ein rein perlitisches Gefüge. Die weitere Erhöhung der Abkühlungsgeschwindigkeit führt zunächst zur völligen Unterdrückung der voreutektoiden Sekundärzementitausscheidung und zu einer starken Behinderung der voreutektoiden Ferritausscheidung, sodass sie nur noch bei Stählen mit niedrigeren Kohlenstoffgehalten zu finden ist. Es bildet sich ein feinlamellarer *Perlit*, der, wenn sein Lamellengefüge gerade noch lichtmikroskopisch auflösbar ist, den Namen *Sorbit* trägt.

In der Unterkühlungsstufe II, die durch eine Perlitbildung ohne *Rekaleszenz* (nachträgliche Erwärmung des Werkstücks durch im Werkstoffvolumen noch vorhandene, beim Abkühlvorgang nicht abgeführte Restwärme) gekennzeichnet ist, entsteht ein Gefüge aus feinstlamellarem Perlit. Es ist nur noch im Elektronenmikroskop als lamellares Gefüge erkennbar und trägt die Bezeichnung *Troostit* (s. a. Abschn. 4.3.2). Der Umwandlungsbereich, in dem sich „normaler" Perlit (Bild 6.29), Sorbit und Troostit bilden, wird als *Perlitstufe* bezeichnet.

In der III. Unterkühlungsstufe, die ab etwa 450 °C einsetzt, ist eine Diffusion der Eisenatome und somit auch eine perlitische Umwandlung nicht mehr möglich. Lediglich die kleineren Kohlenstoffatome vermögen noch zu diffundieren. Bereits bevor und auch während der kfz Austenit durch einen Schervorgang in einen übersättigten krz Ferrit übergeht, scheidet sich Fe_3C aus. Das Bainitgefüge enthält daher in einer ferritischen Matrix fein

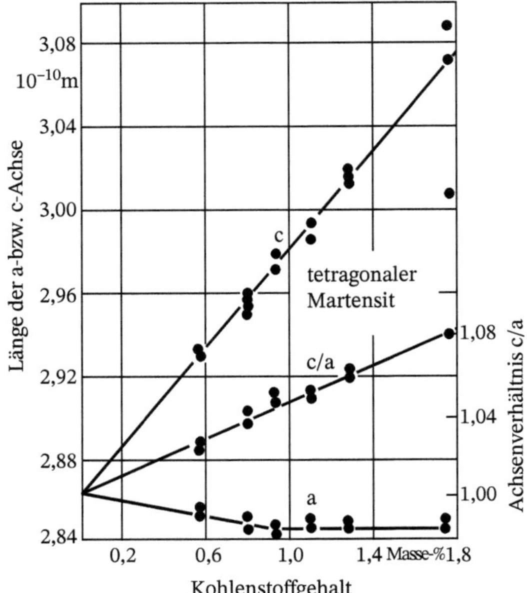

Bild 5.26 Veränderung der Gitterkonstanten des Martensits und Zunahme seiner Tetragonalität mit steigendem Kohlenstoffgehalt (nach *K. Honda* und *Z. Nishiyama*).

dispers verteilte Zementitpartikeln. Zwischen dem ursprünglichen Austenitgitter und dem Gitter der Ferritnadeln des Bainitgefüges bestehen durch den Schervorgang bedingte bestimmte Orientierungszusammenhänge.

In der als *Martensitstufe* bezeichneten Unterkühlungsstufe IV ist die Unterkühlung des Austenits so groß, dass nun auch die Diffusion der Kohlenstofffatome unterdrückt wird. Das kfz Gitter des unterkühlten Austenits schert, ehe der Kohlenstoff Fe_3C bilden kann, diffusionslos in das krz Gitter des *Martensits* über (vgl. Abschn. 4.1.3). Dieses Gitter ist mit Kohlenstoff übersättigt, da der krz Ferrit lediglich 10^{-5} % Kohlenstoff zu lösen vermag. Infolge der Kohlenstoffübersättigung treten hohe Eigenspannungen auf, die zu einer mit wachsendem Kohlenstoffgehalt zunehmenden tetragonalen Verzerrung des Gitters führen (Bild 5.26). Das ist die Ursache für die dem Martensit eigene hohe Härte.

Neben Aussagen über die nach der Umwandlung des unterkühlten Austenits auftretenden Gefügearten ist es für die praktische Nutzung der beschriebenen Vorgänge wichtig, auch Informationen über die Umwandlungsgeschwindigkeit in den einzelnen Unterkühlungsstufen, über den zeitlichen Ablauf der Umwandlung und über die Mengenanteile der nach der Umwandlung vorliegenden einzelnen Gefügebestandteile zu gewinnen.

5.6.2 Zeit-Temperatur-Umwandlungs-Diagramme

Art und Mengenanteil der Ungleichgewichtsphasen und -gefüge sowie die zugehörigen Umwandlungsbereiche lassen sich übersichtlich in so genannten Zeit-Temperatur-Umwandlungs-Diagrammen *(ZTU-Diagramme)* darstellen. Zu diesem Zweck wird (mit logarithmischer Teilung der Zeitachse) die Zeit für den Beginn und das Ende

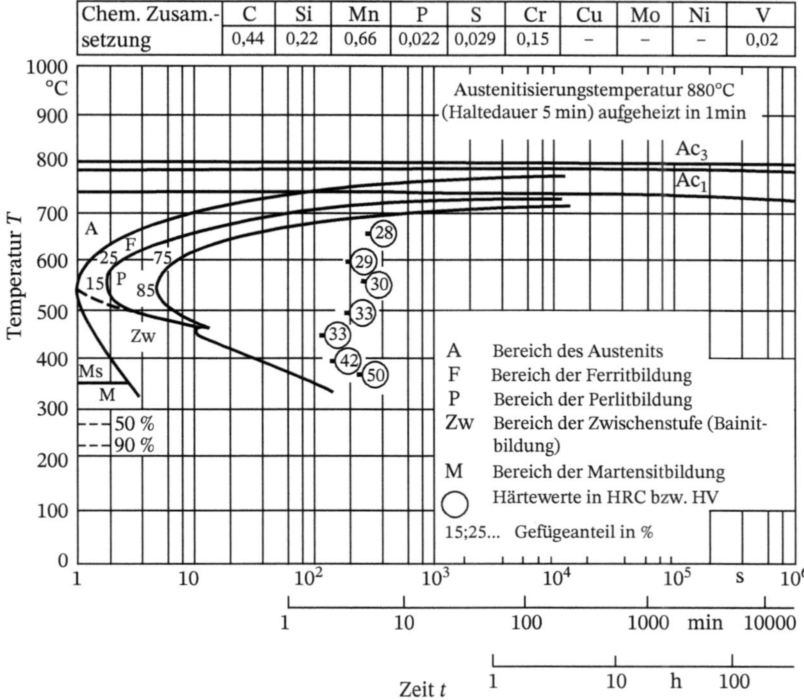

Chem. Zusam.-setzung	C	Si	Mn	P	S	Cr	Cu	Mo	Ni	V
	0,44	0,22	0,66	0,022	0,029	0,15	–	–	–	0,02

Bild 5.27 ZTU-Diagramm für isotherme Umwandlung eines unlegierten Stahls mit 0,44 Masse-% Kohlenstoff [20]

der jeweiligen Umwandlung aufgetragen. Dabei können Umwandlungszeiten und entstehende Gefüge entweder für einen isothermen Ablauf der Umwandlung (ZTU-Diagramme für isotherme Umwandlung) oder unter den Bedingungen einer kontinuierlichen Abkühlung bei verschiedenen Abkühlgeschwindigkeiten (ZTU-Diagramme für kontinuierliche Abkühlung) aufgenommen werden. Die Gefügeumwandlung wird mit Abschreckdilatometern, magnetischen sowie DTA-Messungen und anhand metallographischer Untersuchungen erfasst. Ergänzend werden häufig noch die entsprechenden Härtewerte mit angegeben.

Im Bild 5.27 ist als Beispiel das ZTU-Diagramm für isotherme Umwandlung eines unlegierten Stahles mit 0,44 Masse-% C wiedergegeben. Es enthält die Ac_3- und die Ac_1-Temperatur als waagerechte Linien. Eingezeichnet sind ferner die Kurven für den Beginn der voreutektoiden Ferritausscheidung, für Beginn und Ende der Perlitumwandlung, für Beginn und Ende der Zwischenstufenumwandlung (Bainitbildung) sowie für die Martensitbildung. Die an den einzelnen Umwandlungskurven angegebenen Zahlen sind die prozentualen Anteile der bei der jeweiligen Unterkühlungstemperatur aus dem Austenit nach einer bestimmten Zeit entstandenen Gefügebestandteile. ZTU-Diagramme für isotherme Umwandlung sind nur auf Isothermen, d. h. auf Parallelen zur Zeitachse, zu „lesen“. Danach enthält beispielsweise das Gefüge des betrachteten Stahles nach isothermer Umwandlung bei 600 °C 25 % Ferrit und 75 % Perlit.

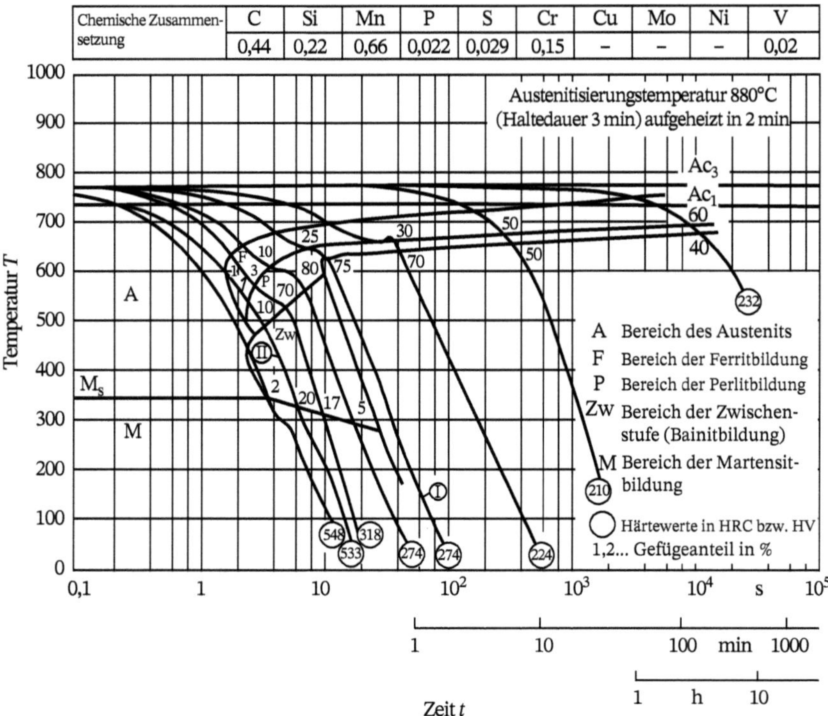

Chemische Zusammensetzung	C	Si	Mn	P	S	Cr	Cu	Mo	Ni	V
	0,44	0,22	0,66	0,022	0,029	0,15	–	–	–	0,02

Bild 5.28 ZTU-Diagramm für kontinuierliche Abkühlung eines unlegierten Stahls mit 0,44 Masse-% Kohlenstoff [20]

Aussagen über die Gefügeausbildung bei unterschiedlichen Abkühlungsgeschwindigkeiten liefern die ZTU-Diagramme für kontinuierliche Abkühlung (Bild 5.28). Neben den Umwandlungskurven enthalten sie Abkühlungskurven, an denen die mit der jeweiligen Abkühlungsgeschwindigkeit erzielten Härtewerte verzeichnet sind.

Darüber hinaus geben die an den Schnittpunkten der Umwandlungskurven mit den Abkühlungskurven stehenden Zahlen die prozentualen Anteile der im Verlaufe der Abkühlung entstandenen Gefügebestandteile an. ZTU-Diagramme für kontinuierliche Abkühlung sind daher entlang den eingetragenen Abkühlungskurven zu „lesen". So enthält z. B. das nach der Abkühlungskurve I entstandene Gefüge 25 % Ferrit und 75 % Perlit, während das aus dem Abkühlungsverlauf II resultierende Gefüge aus etwa 1 % Ferrit, 10 % Perlit, 20 % Bainit und der Rest aus Martensit besteht.

Die Lage und der Verlauf der Umwandlungskurven in ZTU-Diagrammen werden wesentlich von den im Stahl enthaltenen Legierungselementen beeinflusst. Unlegierte oder nur mit Nickel legierte Stähle lassen keine ausgeprägte Trennung zwischen der Umwandlung in die Perlitstufe und der Zwischenstufe erkennen. Dagegen weisen ZTU-Diagramme von Stählen, die carbidbildende Legierungselemente enthalten, d. h. Legierungselemente mit einer größeren Affinität zu Kohlenstoff als Eisen, einen deutlichen Unterschied in der Lage beider Umwandlungsstufen auf. Die Umwandlung in der Perlitstufe wird zu höheren, die in der Zwischenstufe zu tieferen Temperaturen verschoben. Zwischen beiden Umwandlungsstufen tritt ein reaktionsträger Bereich auf.

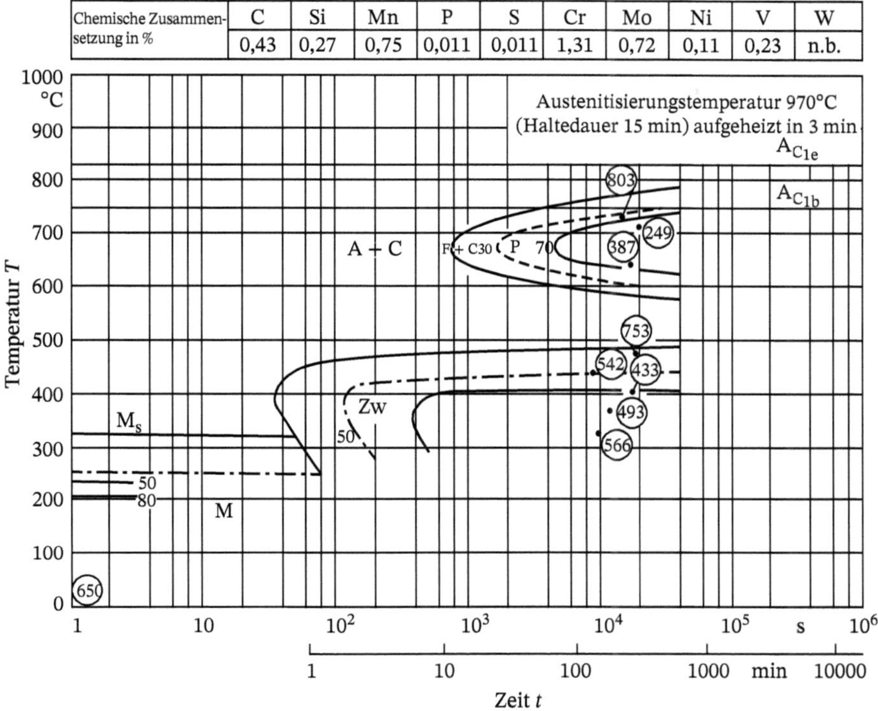

Bild 5.29 ZTU-Diagramm für isotherme Umwandlung eines mit Chrom, Molybdän und Vanadium legierten 0,43 Masse-% Kohlenstoff enthaltenden Stahles, C ... Carbide [20]

Ferner ist festzustellen, dass die Umwandlungen in legierten Stählen erst nach längeren Zeiten einsetzen. Die diffusionsbedingten Anlauf- oder Inkubationszeiten werden durch die Legierungselemente, insbesondere für die Perlitstufe, verlängert. Ein Vergleich des ZTU-Diagrammes für den unlegierten, 0,44 Masse-% C enthaltenden Stahl (Bild 5.27) mit dem ZTU-Diagramm eines mit Chrom, Molybdän und Vanadium legierten Stahls gleichen Kohlenstoffgehalts (Bild 5.29) macht diese Wirkung der Legierungselemente besonders deutlich. Die Verschiebung des Umwandlungsbeginns kommt einer Verringerung der kritischen Abkühlungsgeschwindigkeiten v_o und v_u gleich. Während der unlegierte Stahl zur Erzielung eines martensitischen Gefüges in weniger als 1 s von Austenit- auf M_s-Temperatur abgekühlt werden muss, steht beim Cr–Mo–V-legierten Stahl hierfür ein Zeitraum von fast 40 s zur Verfügung. Das wirkt sich günstig auf die *Einhärtbarkeit* der legierten Stähle aus und ist vor allem für das Härten und Vergüten von Bauteilen mit größerem Querschnitt von Bedeutung.

5.6.3 Zeit-Temperatur-Auflösungs-Diagramme

Das Zeit-Temperatur-Auflösungs-*(ZTA)* Diagramm ist das für die entgegengesetzte Richtung der Temperaturänderung dem ZTU-Diagramm analoge Schaubild. Es beschreibt die Auflösung bzw. die Umwandlung einzelner Phasen und Gefügebestandteile für unterschiedliche Aufheizungsgeschwindigkeiten bzw. Haltezeiten. Entsprechend den

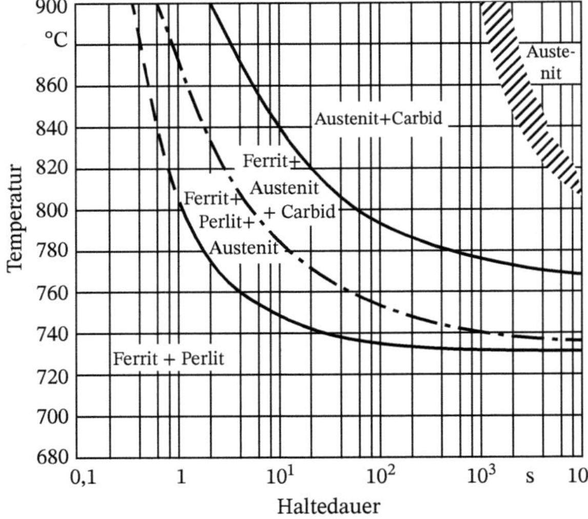

Bild 5.30 ZTA-Diagramm für isotherme Auflösung eines Stahles mit 0,45 Masse-% Kohlenstoff, Ausgangsgefüge Ferrit + Perlit (nach *Y. Orlich, A. Rose* und *P. Wiest*).

ZTU-Diagrammen können ZTA-Diagramme für kontinuierliche Erwärmung oder für isotherme Auflösung aufgestellt werden. In Bild 5.30 ist als Beispiel das ZTA-Diagramm für isotherme Auflösung eines Stahls mit 0,45 Masse-% C wiedergegeben. Es enthält Linien, oberhalb derer die jeweiligen Gefügebestandteile im Austenit umgewandelt oder im Austenit gelöst sind.

Vergleicht man die im ZTA-Diagramm dargestellten Verhältnisse mit denen des Gleichgewichtszustandes, wie sie das Eisen-Kohlenstoff-Diagramm (Bild 5.20) beschreibt, so ist festzustellen, dass bei der Erwärmung diejenigen Gefügebestandteile zuerst aufgelöst werden, die während der Gleichgewichtsumwandlung beim Abkühlen zuletzt entstehen. Im vorliegenden Fall ist das der Perlit. Die Perlitumwandlung setzt bei umso niedrigeren Temperaturen ein, je länger die Haltedauer ist. Für Inkubationszeiten von 10^2 s und mehr beginnt sie bei Temperaturen, die nur wenig über der Gleichgewichtstemperatur Ac_1 liegen. Die Inkubationszeiten werden verkürzt, wenn anstatt des perlitischen ein Bainit- oder Vergütungsgefüge als Ausgangsgefüge vorliegt.

Sobald die Perlitumwandlung ohne völlige Auflösung des Zementits abgeschlossen (gestrichelte Linie im ZTA-Diagramm) und auch der Übergang des Ferrits in den Austenit beendet ist (zweite voll ausgezogene Linie im ZTA-Diagramm), werden mit längeren Haltezeiten und höherer Austenitisierungstemperatur auch die restlichen Carbide im Austenit aufgelöst. Da vor allem bei legierten Stählen der im Stahl enthaltene Kohlenstoff zu einem erheblichen Teil in den Carbiden gebunden ist, nimmt der Anteil des im Austenit gelösten Kohlenstoffs mit fortschreitender Carbidauflösung zu.

Die Möglichkeit einer quantitativen Aussage zu den Beziehungen zwischen der Haltedauer beim Glühen und dem Kohlenstoffgehalt des Austenits ist für die Stahlhärtung von erheblicher Bedeutung. Die erzielbaren Härtewerte steigen mit der Austenitisierungstemperatur bzw. der Austenitisierungszeit bis zu einem für den jeweiligen Stahl charakteristischen Höchstwert an. Darüber hinaus fallen die Härtewerte für Stähle mit

0,6 % C wieder ab. Beim Abschrecken wird nicht mehr der gesamte Austenit in Martensit umgewandelt, sondern ein Teil verbleibt als Restaustenit im Abschreckgefüge. Außerdem ist zu beachten, dass höhere Austenitisierungstemperaturen bzw. längere Haltezeiten auch ein merkliches Wachstum der Austenitkörner zur Folge haben. Daher werden in der Praxis neben dem in Bild 5.30 dargestellten ZTA-Diagramm für die Auflösung von Phasen und Gefügebestandteilen weitere ZTA-Teildiagramme, in denen die Veränderung der Abschreckhärte, der Austenitkorngröße oder der Beginn der Martensitbildung erfasst sind, herangezogen.

Die Bedeutung der ZTA-Diagramme besteht darin, dass sie Hinweise für die zum Härten optimalen Austenitisierungstemperaturen und -zeiten liefern können. Insbesondere gilt dies für die *Oberflächenhärtung* durch Induktions- oder Flammenhärten [21], [22]. Hier muss die Aufheizgeschwindigkeit so gewählt werden, dass einerseits ein stärkerer Wärmefluss in das Werkstückinnere unterbleibt, andererseits aber an der Oberfläche der zur Erzielung optimaler Härtewerte notwendige Austenitisierungszustand eingestellt wird.

5.6.4 ZTR-Diagramme bei Kopplung von Umwandlungs- und Umformvorgängen

Außer über die in den isothermen sowie den kontinuierlichen ZTU- und ZTA-Diagrammen zum Ausdruck gebrachten Möglichkeiten können Ungleichgewichtszustände auch durch die Kopplung von Umwandlungs- oder Ausscheidungsvorgängen mit Umformprozessen *(thermomechanische Behandlung)* eingestellt werden [13]. Die Umformung kann dabei zeitlich vor, während oder nach der Phasenumwandlung erfolgen. Die Umformtemperaturen werden so gewählt, dass sie bevorzugt in der Nähe der Umwandlungstemperatur oder der Bereiche liegen, in denen instabile Gefügezustände existieren bzw. sich ausbilden.

Als Beispiel für die Wirkung unterschiedlicher Kombinationen von Umform- und Ausscheidungsprozessen ist im Bild 5.31 die Veränderung der Härte einer Kupfer-Titan-Legierung mit 3 Masse-% Ti in Abhängigkeit vom Umformgrad dargestellt. Die temperaturmäßige und zeitliche Lage des Umformvorganges im jeweiligen Ausscheidungsstadium ist in das im unteren Teil des Bild 5.31 wiedergegebene Zeit-Temperatur-Reaktions-(ZTR-) Diagramm gestrichelt eingetragen. Es zeigt sich, dass größte Härten und Festigkeiten dann beobachtet werden, wenn die plastische Verformung (VI) bei der Aushärtungstemperatur (375 °C) erst kurz vor dem Ende des ersten Zerfallstadiums des Cu–Ti-Mischkristalls (Bildung einer einphasigen Entmischung β') einsetzt und bis in den Phasenbereich β", d. h. bis zum Beginn der Entstehung einer tetragonal flächenzentrierten Zwischenphase, fortgeführt wird.

Des Weiteren können durch die Kombination von Umformprozessen mit Umwandlungs- und/oder Ausscheidungsvorgängen *(thermomechanische Behandlung)* besonders feinkörnige Ungleichgewichtsgefüge mit hoher Festigkeit und guter Verformbarkeit, insbesondere aber Zähigkeit eingestellt werden. Die durch die Umformung erzeugte Defektstruktur (hohe Versetzungsdichten und Leerstellenkonzentrationen, Versetzungsnetzwerke, Subkorn- bzw. Zwillingskorngrenzen) enthält zahlreiche Keime für die Phasenumwandlung und Ausscheidung, die die Ausbildung eines feinkörnigen Gefüges

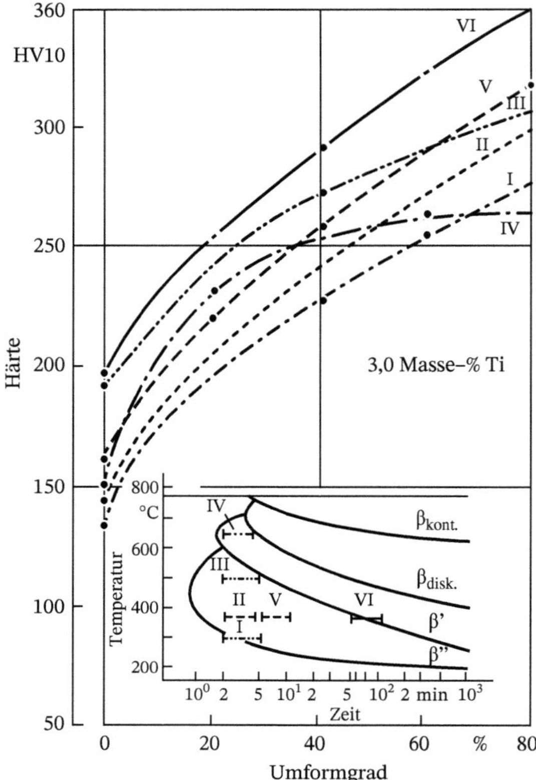

Bild 5.31 Einfluss plastischer Umformungen bei erhöhter Temperatur entsprechend den Eintragungen in das ZTR-Diagramm auf die Härte einer Kupfer-Titan-Legierung mit 3 Masse-% Ti (nach *A. Beger, E. Friedrich* und *W. Schatt)* Die verschiedenen Verformungsbehandlungen sind gestrichelt in das ZTR-Diagramm eingezeichnet. β″ einphasige Entmischung von Ti-Atomen parallel den Würfelflächen der Cu-Matrix (s. a. Bild 4.10); β′ tetragonal-flächenzentrierte Zwischenphase; β_{disk} diskontinuierlich ausgeschiedene Gleichgewichtsphase Cu_3Ti; β_{kont} kontinuierlich ausgeschiedene Gleichgewichtsphase (s. u. Bild 4.16).

bedingen. Dabei wird in Hochtemperatur und Niedertemperatur thermomechanische Behandlung unterschieden.

Die *Hochtemperatur thermomechanische Behandlung* (HTMB) wird bei Umformtemperaturen über Ac_3, d. h. im Bereich des stabilen Austenits (vgl. Bild 5.32 a) vorgenommen. Es bildet sich bei niedriger Warmumformendtemperatur durch die während der Umformung einsetzende Rekristallisation ein feinkörniges austenitisches Gefüge, was nach der Umwandlung zu feinen gleichmäßigen Gefügen führt. In Stählen, die ausscheidungsbildende Legierungselemente (Karbid-, Nitridbildner z. B. V, Ti, Nb) enthalten, erfolgt die Ausscheidung feiner Teilchen, wenn die Löslichkeitsgrenzen im Austenit unterschritten werden. Sie verzögern die Rekristallisation im Austenit, sodass bei der Umwandlung eine zusätzliche Kornfeinung eintritt. Erfolgt die Phasenumwandlung nach der Umformung im Zweiphasengebiet Austenit-Ferrit (Kurve 1 in Bild 5.32 a), so ist als umwandlungsfähiger Gefügebestandteil nur noch der Austenit vorhanden. Er kann bei hinreichend hoher Abkühlgeschwindigkeit in Martensit umwandeln. Im Ergebnis liegt dann ein Dualphasen-Stahl mit ferritisch-martensitischem Gefüge vor. Diese Art Temperaturführung und Gefügeausbildung wird bei niedrig gekohlten Stählen (C bis 0,1 %) für Warmband angewendet. Solche Stähle weisen bei guter Festigkeit eine wesentlich bessere Kaltumformbarkeit auf als Flacherzeugnisse aus unlegierten Baustählen. Der Ferrit sichert

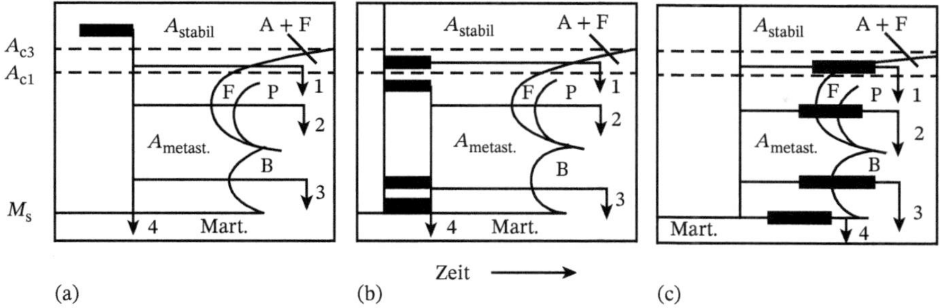

Bild 5.32 Thermomechanische Behandlung von Stahl eingetragen in das isotherme ZTU-Schaubild (A Austenit; P Perlit; B Bainit; Mart. Martensit). (a) Umformung im stabilen Austenit, (b) Umformung des metastabilen Austenits, (c) Umformung während der Umwandlung [23].

die gute Umformbarkeit, während die martensitischen Gefügebestandteile zur Festigkeitssteigerung beitragen.

Wird die Umwandlung des Austenits in der Ferrit-Perlit-Stufe durchgeführt (Kurve 2, Bild 5.32 a), so ergibt sich ein im Vergleich zum normalgeglühten Zustand sehr feines Gefüge aus Ferrit und Perlit. Wird der Austenit nach der Umformung so stark unterkühlt, dass die Umwandlung in der Zwischenstufe (Bainitbildung) erfolgt, so ergibt sich aufgrund der unvollständigen Rekristallisation des Austenits und der beim Umklappvorgang entstehenden Defektstruktur ein gleichfalls feinkristallines Gefüge mit günstigen mechanischen Eigenschaften.

Eine Umwandlung in der Martensitstufe liefert ein feines Härtungsgefüge, insbesondere wenn aufgrund von Legierungselementen (Mo, V, Cr) das Gebiet des metastabilen Austenits hinreichend groß ist (Kurve 3, Bild 5.32 a). Die hohe Anzahl an beweglichen Versetzungen und der mit der Umformung verbundene Spannungszustand erhöhen die Martensitbildungstemperatur.

Die *Niedertemperatur thermomechanische Behandlung* (NTMB) bezeichnet eine Umformung im Temperaturbereich des metastabilen Austenits, d. h. bei Temperaturen unter Ac_3 bzw. Ac_1, bevor die Phasenumwandlung einsetzt (Bild 5.32 b). Da durch eine Rekristallisation die infolge der Umformung im metastabilen Austenit erzeugten Defektstrukturen (Versetzungsdichten, Versetzungsnetzwerke, Subkorngrenzen, Verformungszwillinge) abgebaut würden, muss vor der Phasenumwandlung eine Rekristallisation des Austenits vermieden werden. Es entstehen dann je nach der Lage der Umwandlungstemperatur sehr feinkörnige ferritisch-perlitische, bainitische oder martensitische Gefüge mit hoher Festigkeit und guter Zähigkeit. Die Umformung kann jedoch auch während der Phasenumwandlung vorgenommen werden (Bild 5.32 c). Die dabei auftretenden Gefügereaktionen hängen insbesondere von der Temperatur, dem Umformgrad und der Umformgeschwindigkeit ab. Je nach der Lage der Temperatur kann die Umformung während der voreutektoidischen Austenit-Ferrit-Umwandlung (Kurve 1), während der Perlitumwandlung (Kurve 2), während der Bainitumwandlung (Kurve 3) oder während der Martensitumwandlung (Kurve 4) erfolgen. Bei der Umwandlung und Umformung in der Perlitstufe (Kurve 2, Bild 5.32 c) entsteht z. B. anstelle des vom Normalglühen her bekannten lamellaren Perlits eine sehr feinkörnige ferritische Matrix, in die globulare Karbidteilchen in sehr feiner Verteilung eingelagert sind.

Die Umformung in der Martensitstufe wird bei metastabilen austenitischen Stählen vorgenommen, bei denen während der Umformung eine Verformungsmartensitbildung auftritt. Die Martensitbildungstemperatur M_s wird dabei auf die Martensittemperatur bei Umformung M_d angehoben. Es entstehen dann z. B. austenitisch-martensitische Gefüge. Diese Stähle weisen eine gleichmäßige Verformbarkeit auf, da die infolge der Verformung auftretende Martensitbildung eine Verfestigung der verformten Bereiche liefert und somit die bisher nicht verfestigten Bereiche weiter verformt werden können. Solche Stähle werden auch als *TRIP-Stähle* (transformation-induced plasticity) bezeichnet.

Die thermomechanischen Behandlungen sind nicht auf Stähle beschränkt. Sie werden auch für Cu–Al-Legierungen oder Mo-Legierungen mit Ti-, Zr- oder Hf-Karbiden angewendet. Bei Letzteren wird durch ein geeignetes Temperatur-Zeit-Regime in Verbindung mit der Umformung eine feine und gleichmäßige Carbidausscheidung erzielt.

Durch unterschiedliche Wechselwirkungen von Legierungsatomen und den durch die Umformung erzeugten Kristallbaufehlern (Abschn. 2.1.11) mit dem jeweiligen Umwandlungsmechanismus lassen sich die verschiedensten Gefüge und Substrukturen einstellen, mit denen vor allem Härte, Festigkeit und Zähigkeit der Werkstoffe in einem weiten Bereich verändert werden können (s. a. Abschn. 9.7.1).

Literaturhinweise

1 Paufler, P. (1981). *Phasendiagramme.* Berlin: Akademie-Verlag.

2 Walsh, D.J., Higgins, J.S. und Maconnachie, A. (1985). *Polymer Blends and Mixtures.* Dortrecht/Boston/Lancaster: Martinus Nijhoff Publishers.

3 Bennett, L.H. (1986). *Computer Modelling of Phase Diagrams.* Warrendale Pennsylvania 15086: The Metallurgical Society Inc.

4 Kaufman, L. und Bernstein, H. (1970). *Computer Calculation of Phase Diagrams.* New York: Academic Press.

5 Aldinger, F. und Seifert, H.J. (1993). *Konstitution als Schlüssel zur Werkstoffentwicklung.* Z. Metallkd. 84 (I): 2–10

6 Salmang, H., Scholze, H. und Telle, R. (2022). *Keramik*, Bd.1 Berlin/ Boston: Walter de Gruyter GmbH.

7 Petzold, A. (1986). *Anorganisch-nichtmetallische Werkstoffe.* Leipzig: Deutscher Verlag für Grundstoffindustrie.

8 Ipser, H. und Komarek, K.L. (1984). *Phase diagrams: New experimental methods.* Z. Metallkd. 75 (1): 11–22.

9 Prabhakar, S.R. und Kapoor, M.L. (1993). *Thermodynamic behaviour of oxygen in liquid lead-tin alloys.* Z. Metallkd. 84 (5): 358–364.

10 Petzow, G., Henig, E.-T., Kattner, U. et al. (1984). *Beitrag thermodynamischer Rechnung zur Konstitutionsforschung.* Z. Metallkd. 75 (1): 3–10

11 Schumann, H. und Oettel, H. (2010). *Metallografie.* 15. Auflage, Weinheim: WILEY-VCH Verlag GmbH & Co. KGaA.

12 Hunger, H.-J. (Hrsg.) (1987). *Ausgewählte Untersuchungsverfahren in der Metallkunde.* Leipzig: Deutscher Verlag für Grundstoffindustrie.

13 Meyer, U. (1981). *Neuzeitliche Umform- und Wärmebehandlungstechnologien zur Erzielung günstiger Eigenschaften.* VDI-Berichte 428: 35–42

14 Aramaki, S., Roy, R. *Revised phase diagrams for the System* Al_2O_3*–*SiO_2. J. Am. Ceram. Soc. 45 (1962) 229–242.

15 Hansen, M. (1958). *Constitution of Binary Alloys.* New York/Toronto/London: Mc Graw-Hill Book Company, Inc.

16 Haasen, P. (1994). *Physikalische Metallkunde.* Berlin/Heidelberg/New York: Springer-Verlag.

17 Massalski, T.B. (Hrsg.) (1990). *Binary alloy phase diagrams.* 3 Bände, Metals Park. Ohio: ASM International American Society for Metals.

18 Petzow, G. und Effenberg, G. (Hrsg.) (1992). *Ternary Alloys.* Weinheim: Verlag Chemie.

19 Jungnickel, B.-J. (1990). *Polymer-Blends; Struktur – Eigenschaften – Verarbeitung.* München/Wien: Carl Hanser Verlag.

20 Rose, A., u. a. (1961 und 1962). *Atlas zur Wärmebehandlung der Stähle*, Bd. *1/2.* Düsseldorf: Verlag Stahleisen.

21 Schatt, W., Simmchen, E. und Zouhar, G. (Hrsg.) (1998). Konstruktionswerkstoffe, Stuttgart, Deutscher Verlag für Grundstoffindustrie, 5. völlig neu bearbeitete Auflage von Schatt, W., *Werkstoffe des Maschinen-, Anlagen- und Apparatebaues.*

22 Eckstein, H.J. (Hrsg.) (1987). *Technologie der Wärmebehandlung von Stahl.* Leipzig: Deutscher Verlag für Grundstoffindustrie.

23 Verein Deutscher Eisenhüttenleute (Hrsg.) (1984/1985). *Werkstoffkunde Stahl*, Bd. 1 Grundlagen, Bd. 2 Anwendungen. Berlin/Heidelberg/ New York/ Tokio: Springer Verlag, Düsseldorf: Verlag Stahleisen m.b.H.

24 Levinskij, J.B. (1990). *Druck-Temperatur – Konzentrations – Zustandsdiagrammme metallischer Zweistoffsysteme.* – Bd. I, II Moskau: Verlag „Metallurgija".

25 Costa e Silva, A., Ågren, J., Clavaguera, M.T. et al. (2007). *Applications of computational thermodynamics – The extension from phase equilibrium to phase transformations and other properties.* Calphad 31: 53–74.

6 Gefüge der Werkstoffe

Die Eigenschaften eines Werkstoffes werden nicht allein durch die Art der Atome, ihrer Bindungen und der atomaren Struktur mit deren Gitterstörungen bestimmt, sondern auch durch das von ihnen gebildete Volumen. Die Volumeneigenschaften werden durch Kenngrößen des Gefüges definiert.

Das *Gefüge* eines Werkstoffes ist die Gesamtheit kleinerer Einheiten (Teilvolumina), die lückenlos miteinander verbunden sind. In diesem Kontinuum liefert jedes Teilvolumen (Gefügebestandteil) einen Beitrag zur Eigenschaft des gesamten Werkstoffes.

Jeder Gefügebestandteil ist hinsichtlich seiner Zusammensetzung und hinsichtlich der räumlichen Anordnung seiner Bausteine (Atome, Ionen, Moleküle) in Bezug auf ein in den Werkstoff gelegtes ortfestes Achsensystem in erster Näherung homogen. In „erster Näherung" bedeutet, dass innerhalb der Gefügebestandteile sowohl von der Zusammensetzung als auch von der Struktur her Abweichungen (Defekte) existieren, die jedoch gegenüber dem Gefügebestandteil in der Regel eine um Größenordnungen geringere Ausdehnung haben.

Kenngrößen des Gefüges sind die Art, Größe, Form, Verteilung sowie die Orientierung seiner Bestandteile. Ihre Größen überspannen Dimensionen vom Nanometer- bis zum Millimeter-/Zentimeterbereich. Die *Gefügebestandteile* (Kristallite bzw. Körner, amorphe Bereiche, Füllstoffe) sind durch Gefügegrenzen (Kristallit- bzw. Korngrenzen, Phasengrenzen) voneinander getrennt. Die *Gefügegrenzen* können als „innere Oberflächen" eines Werkstoffes angesehen werden. Sie sind physikalisch so beschaffen, dass ein fester Zusammenhalt und die Kompatibilität der Gefügebestandteile im Werkstoff gewahrt sind. Die Gefügegrenzen sind im Falle von kristallinen Volumina Großwinkelkorngrenzen (s. a. Abschn. 2.1.11.3.3). Bei nahgeordneten Gefügebestandteilen (Gläsern) sind es Zwischenschichten mit veränderter Nahordnung (s. a. Abschn. 2.2.4.2). Modellierungen im atomaren Maßstab sowie hochaufgelöste elektronenmikroskopische Aufnahmen lassen erkennen, dass die Schichtdicken häufig nur wenige Atomlagen betragen.

Die Form der Gefügebestanteile hängt außer von den bereits oben genannten atomaren Einflussfaktoren vom Herstellungs- und Bearbeitungsverfahren ab. Während sich das Volumen von atomaren Strukturen mathematisch vergleichbar einfach im kartesischen Koordinatensystem ausdrücken lässt, können vielgestaltige Gefügebestandteile in der Regel nur mithilfe einer n-dimensionalen Mannigfaltigkeit mathematisch charakterisiert werden. Diese wird als Riemann'sche Volumenform bezeichnet.

Schatt Werkstoffwissenschaft, 11. Auflage. Hartmut Worch, Wolfgang Pompe und Christoph Leyens.

Das Wissensgebiet, das sich mit der qualitativen und quantitativen Beschreibung des Gefüges metallischer Werkstoffe mithilfe optischer Verfahren befasst, ist die Metallographie [1]. Entsprechend spricht man bei keramischen Werkstoffen von Keramographie und bei Polymeren von Plastographie [2]. Der Begriff *Materialographie* umfasst die Charakterisierung von metallischen, keramischen und polymeren Werkstoffen und der Verbundwerkstoffe. Die Grundlage für das Verständnis der Entstehung wie auch für die Beschreibung der Gefügearten sind die Zustands- und die Zeit-Temperatur-Reaktions-Diagramme (s. a. Kap. 5.3, 5.4 und 5.6).

6.1 Gefüge

Unter extremen Bedingungen gelingt es, die Erstarrung so zu lenken, dass der Werkstoff nur aus einem einzigen Kristall besteht. Ein *Einkristall* (Abschn. 3.1) hat eine Subkornstruktur, in der einzelne, nur wenig gegeneinander desorientierte Subkörner durch *Kleinwinkelkorngrenzen* getrennt sind (Bild 6.1 und Abschn. 2.1.11). Die meisten Eigenschaften von Einkristallen sind *anisotrop*, d. h. die Größe des jeweiligen Eigenschaftswertes hängt von der kristallographischen Richtung ab, in der er ermittelt wird.

Einkristalle werden vor allem in der Forschung eingesetzt. Ein wichtiges industrielles Anwendungsfeld liegt in der Mikroelektronik. Hier dienen einkristalline Silicium- oder Germanium-Halbleiter als Ausgangsmaterial für die Herstellung von Mikrochips. Darüber hinaus werden hochwarmfeste einkristalline Nickelbasislegierungen in Flugzeugtriebwerken im Bereich der Brennkammer eingesetzt.

Im Allgemeinen sind metallische, keramische sowie kristalline und teilkristalline polymere *Werkstoffe* jedoch *polykristallin*. Sie bestehen aus einer Vielzahl von einzelnen,

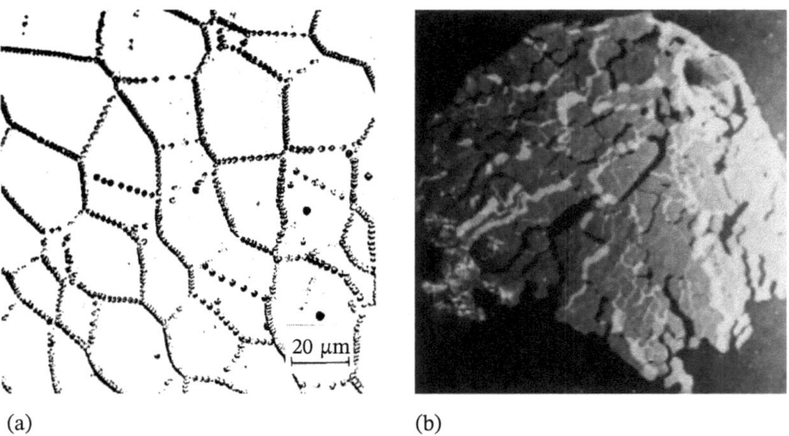

Bild 6.1 Kleinwinkelkorngrenzen in reinen Metallen: (a) Kleinwinkelkorngrenzen von zonengereinigtem Molybdän nach *P. Finke* und *D. Schulze*; (b) Berg-Barrett-Aufnahme einer Ni-Einkristalloberfläche. Die Oberflächentopographie wurde mittels Röntgenstrahlen sichtbar gemacht. Die Kleinwinkelkorngrenzen erscheinen als hellere und dunklere Kanten.

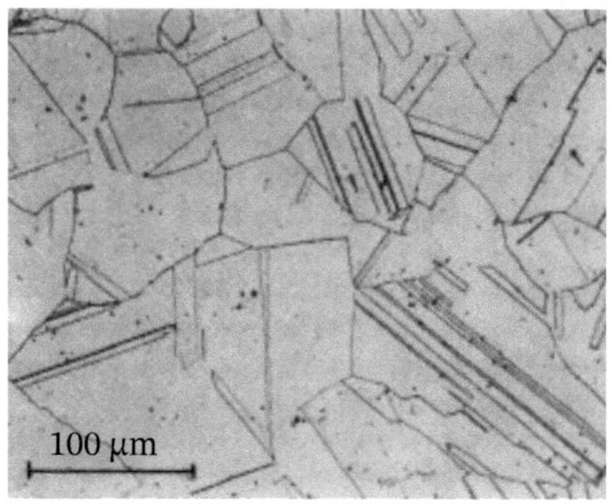

Bild 6.2 Gefüge von α-Messing. Die parallelen Linien innerhalb der Kristallite sind Zwillingsgrenzen.

unterschiedlich orientierten Kristalliten. Polykristalline Werkstoffe zeigen mit abnehmender Kristallitgröße aufgrund der regellosen Kornorientierung ein *quasiisotropes Verhalten*, d. h. die Eigenschaften polykristalliner Werkstoffe sind in allen Richtungen praktisch gleich [3]. Das Gefüge ist vor allem durch Großwinkelkorngrenzen charakterisiert (Abschn. 2.1.11). In einphasigen Werkstoffen sind dies *Korngrenzen* (Großwinkelkorngrenzen zwischen Kristalliten einer Phase) und Zwillingsgrenzen (Großwinkelkorngrenzen innerhalb von Kristalliten einer Phase). Das Bild 6.2 zeigt Korngrenzen und Zwillingsgrenzen in einer α-Messing-Legierung. In mehrphasigen Werkstoffen treten außerdem noch *Phasengrenzen* auf (s. Bild 5.1), die Kristallite verschiedener Phasen bzw. Kristallite und amorphe Bereiche gegeneinander abgrenzen. Die mechanischen Eigenschaften von polykristallinen Werkstoffen werden stark von der Größe der spezifischen Kristallitoberfläche bzw. der amorphen Gefügeanteile beeinflusst.

Grenzen zwischen Phasen nahezu beliebiger Stoffgruppen (Metalle, Hartstoffe, Keramik, Glas, Polymere) sind in Verbundwerkstoffen anzutreffen (Bild 6.3, s. a. Abschn. 9.7.4). Ihre Eigenschaften sind in besonderer Weise von Anteil, Form und Verteilung der Gefügebestandteile abhängig. In zahlreichen keramischen Werkstoffen kommen neben kristallinen auch amorphe (Glas-)Phasen in unterschiedlichen Mengenanteilen vor. Analoges gilt für teilkristalline Polymere, die zudem noch Füll- und Hilfsstoffe in ihrem Gefüge enthalten können, soweit diese körnig sind und nicht in Lösung gehen.

Viele technische Werkstoffe enthalten Verunreinigungen, die sich bei der Abkühlung bevorzugt an den Großwinkelkorngrenzen ablagern oder als Einschlüsse in das Korninnere eingebaut werden (Bild 6.4). Sie bilden mit dem Grundwerkstoff gleichfalls Phasengrenzen. Bei grobem Korn, d. h. bei kleiner spezifischer Kristallitoberfläche, können die an den Grenzen gelegenen Verunreinigungen ein zusammenhängendes Netzwerk ausbilden, das sich ungünstig auf die Verarbeitbarkeit (Formgebung) auswirkt. In der Regel wird daher ein feinkörniges Gefüge angestrebt, um den Einfluss von Verunreinigungen möglichst gering zu halten. Ein feinkörniges Gefüge zeigt darüber hinaus eine höhere Festigkeit und Dehnung sowie ein richtungsunabhängiges (quasiisotropes) Werkstoffverhalten.

In Sinterwerkstoffen treten außer den genannten Gefügebestandteilen auch Poren auf, die ungewollt als Restporen bei nicht vollständiger Verdichtung zurückbleiben (Bild 6.5a) oder die beabsichtigt sind, da sie z. B. in Sinterlagern und -filtern eine Funktion zu erfüllen haben [6.4], [6.5].

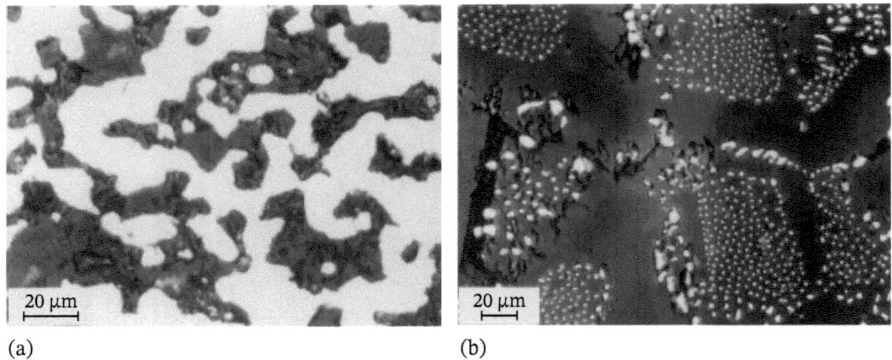

Bild 6.3 Gefüge von gesinterten Metall-Keramik-Verbundwerkstoffen: (a) Al_2O_3-Cr-Verbundwerkstoff. Cr ist die hellere Phase im Bild; (b) gerichtet erstarrtes Eutektikum, zusammengesetzt aus dunklen Al_2O_3-Cr_2O_3-Mischkristallen und hellen Cr-Kristalliten.

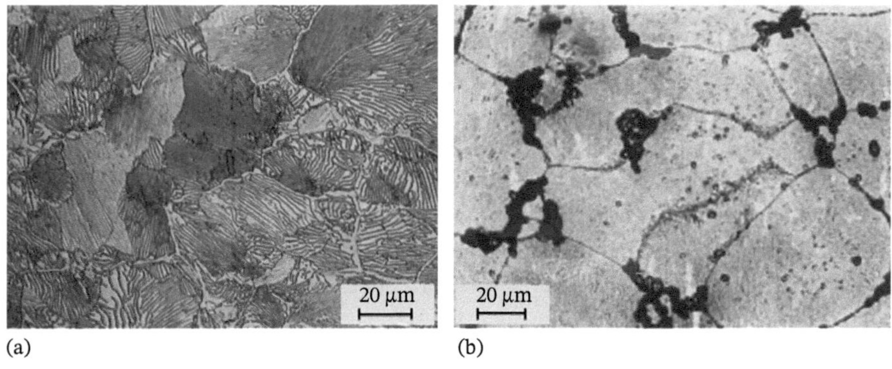

Bild 6.4 Anordnung von Zweitphasen in heterogenen Gefügen: (a) Netzgefüge. Korngrenzenzementit umhüllt die Matrixkörner aus Perlit im übereutektoiden Stahl C130; (b) Einlagerungsgefüge. Ein geringer Anteil an Sulfidausscheidungen ist in eine Matrix aus polykristallinem Nickel eingelagert.

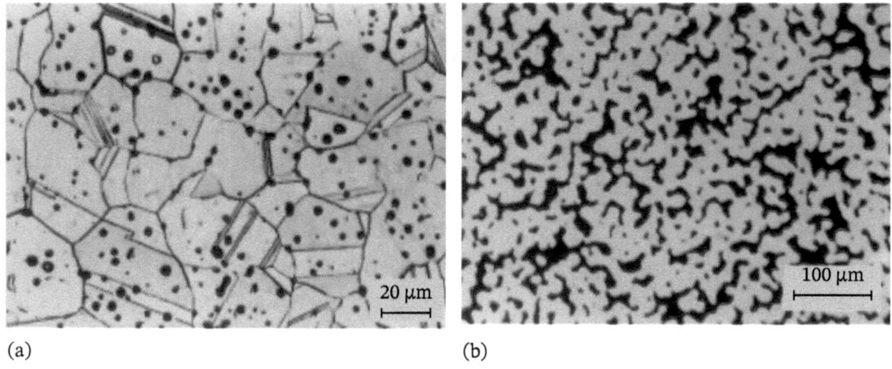

Bild 6.5 Gefüge von Sinterwerkstoffen: (a) Sinterkupfer mit Einlagerungsgefüge; (b) Durchdringungsgefüge eines hochporösen Sinterkörpers, hergestellt aus einer Schüttung aus Cr–Ni-Stahlpulver.

Im zweiten Fall kann von einer *Porenphase* (Hohlraumphase) gesprochen werden, da sich die Poren in mancherlei Hinsicht wie andere Phasen in heterogenen Festkörpern verhalten: Sie lösen sich beispielsweise bei ausreichender thermischer Aktivierung (s. a. Abschn. 7.1.4.3) in der kristallinen Matrix durch Leerstellendiffusion auf.

Schließlich wird das Gefüge der polykristallinen Werkstoffe noch durch Grenzen, die innerhalb der Kristallite liegen, bestimmt. Das sind die schon erwähnten *Kleinwinkelkorngrenzen* als flächige Anordnungen von Versetzungen, *Zwillingsgrenzen* sowie die *Antiphasengrenzen* in geordneten Mischkristallen (s. Abschn. 4.4).

Besteht der Werkstoff aus Kristallen oder Mischkristallen einer Art (einer Phase), dann ist sein *Gefüge homogen*. Entsprechend ist das *Gefüge heterogen*, wenn es mehrere Phasen enthält. Die Phasen heterogener Werkstoffe können u. a. Durchdringungs-, Netz- oder Einlagerungsgefüge bilden. Bei etwa gleichen Volumenanteilen der Phasen entstehen *Durchdringungsgefüge* (Bild 6.3a und Bild 6.5b). Ist der Volumenanteil einer Phase hingegen deutlich geringer, kann ein *Netzgefüge* auftreten, in dem die Matrixkörner von feinen Säumen der Zweiphase umhüllt sind (Bild 6.4a). In einem *Einlagerungsgefüge* sind geringe Volumenanteile der Zweitphase hingegen dispers in die Matrixphase eingebettet. (Bild 6.4b und Bild 6.5a).

Wenn sich die thermischen Ausdehnungskoeffizienten der Phasen merklich voneinander unterscheiden, entstehen während der Abkühlung thermisch induzierte Eigenspannungen (Abschn. 9.6). Diese bewirken je nach Elastizitätsgrenze der Phasen und der Festigkeit der Phasengrenze ein Aufschrumpfen einer Phase auf die andere (Festigkeitszunahme) oder eine Rissbildung in der Phasengrenze (Festigkeitsabnahme).

Abhängig vom Entstehungszeitpunkt eines Werkstoffes im Verlauf des Herstellungs- und Verarbeitungsgangs wird zwischen Primär- und Sekundärgefüge unterschieden. Als *Primärgefüge* bezeichnet man das nach dem Erstarren der Schmelze in Abhängigkeit von den Abkühlungs- und Keimbildungsbedingungen vorliegende Gussgefüge (s. Abschn. 3.1.1.1). Das *Sekundärgefüge* ist hingegen das sich im Verlaufe von nachfolgenden Verformungs- und Wärmebehandlungsschritten ausbildende Gefüge eines Knetwerkstoffes.

Enthält ein Gefüge größere Inhomogenitäten, wie Blockseigerungen oder Gasblasen, die mit dem bloßen Auge oder mit der Lupe erkennbar sind, spricht man von einem *Makrogefüge*. Der Begriff *Mikrogefüge* wird hingegen verwendet, wenn die Gefügebestandteile nur mit optischen Geräten höheren Auflösungsvermögens sichtbar gemacht werden können. Eine relativ eigenständige Position nehmen die von *H. Gleiter* entwickelten Materialien mit nanokristallinem Gefügeaufbau ein. Die Kristallitgrößen von *Nanogefügen* liegen zwischen einem und einigen 10^1 nm (Bild 6.6 und Bild 2.95), sodass der Anteil an Korngrenzenzonen je nach Kristallitgröße auf bis zu 50 % des Gesamtvolumens ansteigen kann. Die Defektkonzentration in nanokristallinen Werkstoffen ist demzufolge drastisch erhöht und bewirkt eine insgesamt offenere Struktur (Abschn. 2.1.11.3.4). Die Energie der inneren Oberflächen nähert sich der Größe der Volumenenergie des kristallinen Körpers, sodass sich die mechanischen, magnetischen oder Korrosions-Eigenschaften nanokristalliner Werkstoffe z. T. erheblich von denen der konventionell hergestellten polykristallinen Werkstoffe unterscheiden. *Nanostrukturierte Werkstoffe* sind nur mithilfe spezieller Technologien herstellbar. Für dünne Schichten im Nanometerbereich eignen sich u. a. das Magnetronsputtern oder die Laserablation. In beiden Verfahren werden im Ultrahochvakuum Metallatome verdampft und anschließend

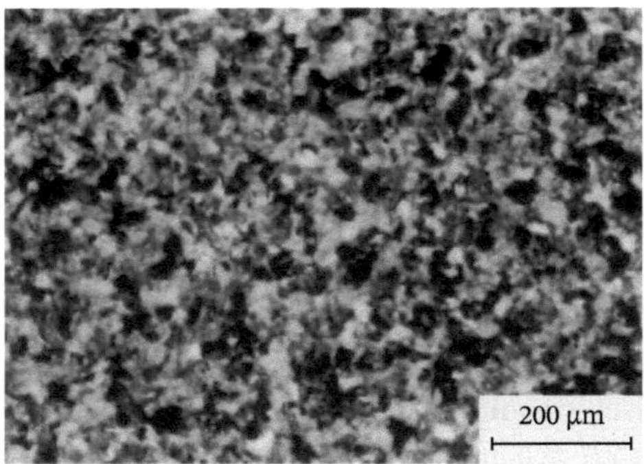

Bild 6.6 Transmissionselektronenmikroskopische Gefügeaufnahme einer nanokristallinen $FeAl_8$-Legierung. Die Kontrastüberlagerungen an den einzelnen Kristallen treten aufgrund von Elektronenbeugungseffekten auf, da mehrere Nanokristallite in der Durchstrahlungsrichtung liegen.

auf einer Substratoberfläche abgeschieden. Mikrometerdicke Folien sind herstellbar, indem zunächst eine amorphe Struktur durch Schnellerstarrung mit Abkühlraten von $\gtrsim 10^6$ Ks^{-1} erzeugt und in einer nachfolgenden Wärmebehandlung kristallisiert wird. Kompakte Werkstoffe werden in der Mehrzahl der Fälle auf pulvermetallurgischem Weg hergestellt, wobei nanokristalline Pulver unmittelbar verpresst werden oder der nanokristalline Zustand erst über eine Hochenergiemahlung der Pulverteilchen eingestellt wird (s. a. Abschn. 4.5).

6.2 Oberfläche

Soll das Gefüge einer metallographischen Untersuchung zugänglich gemacht werden, so muss in der Mehrzahl der Fälle nach sinnvoller Auswahl eines dem Untersuchungsziel entsprechenden Probestückes eine ebene Fläche präpariert und nachfolgend geätzt werden.

Eine solche Fläche heißt *Schlifffläche,* die darin liegenden einzelnen Kristallite erscheinen als *Kornschnittflächen.* Die Gefügeentwicklung durch Ätzen ist meist ein gewollter Korrosionsvorgang, in dem die Schnittflächen der jeweiligen Gefügebestandteile unter der Bildung von Korrosionselementen (s. Abschn. 8.1.4) unterschiedlich abgetragen oder mit unterschiedlich dicken bzw. optisch aktiven Reaktionsschichten bedeckt werden. Zum tieferen Verständnis der Selektivität des Ätzangriffes, aber auch zum Verständnis von Korrosions- und Sintervorgängen erscheint es angebracht, die Oberfläche zunächst einer allgemeineren Betrachtung zu unterziehen.

Die Oberfläche nimmt eine Sonderstellung ein, da sich hier alle Eigenschaften des Werkstoffes unstetig ändern. Die zur Vergrößerung der Oberfläche aufzuwendende freie Energie wird als Oberflächenenergie γ_A bzw. im Kontakt mit einer anderen Phase als Grenzflächenenergie γ_{AB} bezeichnet. Die auf die Flächeneinheit bezogene spezifische Oberflächenenergie eines Festkörpers entspricht der bei Flüssigkeiten bevorzugt verwendeten Oberflächenspannung. Die Atome, Ionen und Moleküle der Oberfläche sind in Abweichung von den im Volumen befindlichen Bausteinen nicht allseitig durch Bindungen zu benachbarten Bausteinen abgesättigt. Ihre erhöhte potenzielle Energie bedingt einen Energieüberschuss, sodass γ_A bzw. γ_{AB} auch als die mit einer Vergrößerung der Ober- bzw. Grenzfläche ΔO verbundene Änderung des freien Energieanteils ΔF definiert werden kann:

$$\gamma = \Delta F / \Delta O \tag{6.1}$$

Daraus folgt, dass die Oberflächenenergie eines kristallinen Körpers anisotrop ist. Sie ist abhängig von der Oberflächenkoordinationszahl, d. h. von der Belegungsdichte der Oberfläche mit Bausteinen. Die Oberflächenenergie beträgt beispielsweise $6.690 \cdot 10^{-3}$ Jm^{-2} für die (111)-Fläche eines Wolframkristalls, $6.430 \cdot 10^{-3}$ Jm^{-2} für die (100)-Fläche und $5.510 \cdot 10^{-3}$ Jm^{-2} für die (110)-Fläche. Je höher die Oberflächenenergie ist, desto größer ist das Bestreben, durch Reaktionen Oberflächenenergie abzubauen. Die Reaktionsneigung hängt damit von der kristallographischen Orientierung der Oberfläche ab.

Beim Idealkristall sind nur dicht gepackte Flächen (z. B. die (110)-Ebene bei krz oder die (111)-Ebene bei kfz Kristallen) atomar glatt. Höher indizierte Flächen *(Vizinalflächen)* weisen atomare Stufen und Ecken auf (Bild 6.7), die aus mehreren dichtgepackten Flächen zusammengesetzt sind. Die in den Stufen und Ecken untergebrachten Bausteine sind mit einer geringeren Energie gebunden als die Bausteine in einer Fläche oder im Kristallinneren (s. a. Abschn. 3.1.1). So ist z. B. ein in einer (111)-Oberfläche eingebautes Atom im kfz Kristall von 9 nächsten Nachbarn umgeben, während ein in einer Stufe dieser Fläche untergebrachtes Atom 7 und ein am Stufenbeginn liegendes Eckatom 6 nächste Nachbarn hat. Damit ist das Eckatom nur noch mit der halben Gitterenergie an das Kristallgebäude gebunden als ein im Gitterinneren liegendes Atom mit 12 nächsten Nachbarn. Das Eckatom nimmt daher eine *Halbkristall-Lage* ein (s. a. Bild 3.4). Ist $T > 0$, wird das atomare Relief durch Fluktuation von Oberflächenbausteinen weiter aufgeraut, bis sich ein Gleichgewichtszustand mit einer quasistationären Oberflächenstruktur ausbildet (Bild 6.8). Ecken und Stufen entstehen und verschwinden weiter, die mittlere Charakteristik der Oberfläche bleibt aber erhalten.

Ebenso wie beim Kristallaufbau (s. Abschn. 3.1) haben die energetisch begünstigten Eckatome auch bei Vorgängen, die zu einer Verminderung der Oberflächenenergie führen, eine besondere Bedeutung: Sowohl der Abbau von Oberflächenatomen bei

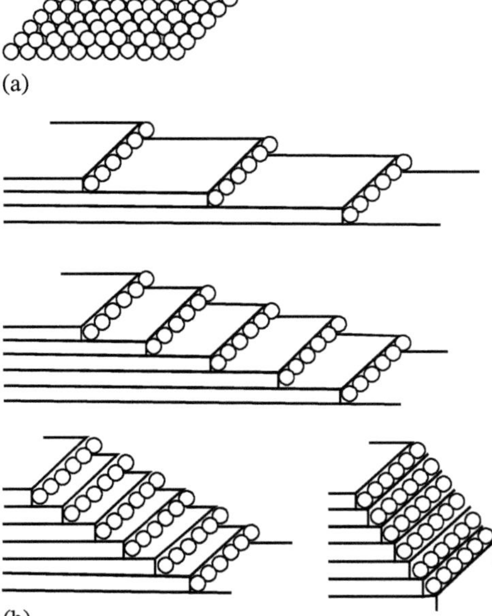

Bild 6.7 Schematische Darstellung von Kristallebenen mit unterschiedlicher Packungsdichte und Orientierung nach *W. Kossel*: (a) niedrig indizierte, dicht gepackte Ebene; (b) ausgewählte höher indizierte Kristallflächen mit unterschiedlicher Orientierung. Die Stufenstruktur dieser Ebenen ergibt sich jeweils aus mehreren, versetzt übereinanderliegenden, dicht gepackten Kristallebenen.

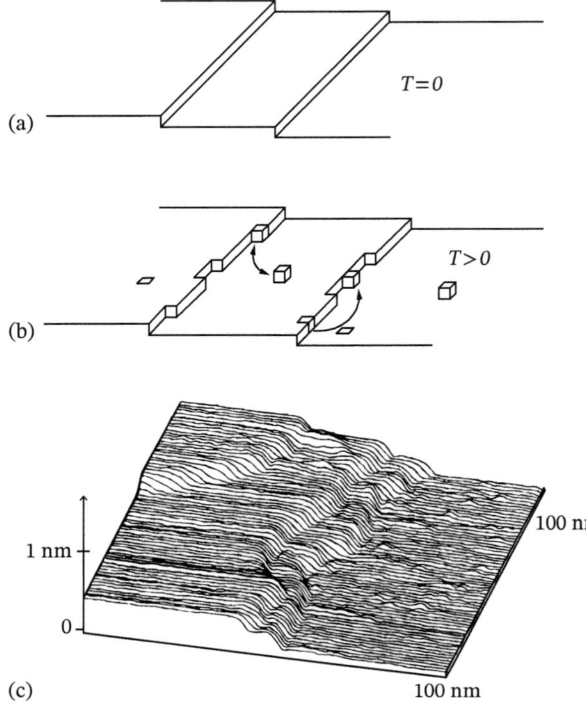

Bild 6.8 Schematische Darstellung der Stufenstruktur von Kristalloberflächen. (a) bei $T = 0$; (b) bei $T > 0$ nach *Ja. E. Geguzin*; (c) Rastertunnelmikroskopische Aufnahme einer (111)-Goldoberfläche nach *D. M. Kolb* als Realbeispiel [6.6].

Lösungsvorgängen als auch die Anlagerung anderer Partikel bei der Adsorption erfolgen bevorzugt an den Halbkristall-Lagen (Bild 6.8, s. a. Abschn. 8.1.4). Deshalb ist die Reaktivität einer höher indizierten Kornschnittfläche größer als die einer niedrig indizierten Kornschittfläche; sie verhält sich unedler. In einem polykristallinen Werkstoff erscheinen die Korngrenzen zwischen unterschiedlich indizierten Kornschnittflächen nach einem Lösungsvorgang als Kanten (*Korngrenzenätzung*, s. a. Abschn. 6.4.1 sowie Bilder 6.1 und 6.17). Diese Kanten sind ein Ergebnis des orientierungsabhängig unterschiedlichen Abtrages der Kornschnittflächen. Wird im Zuge des Lösungsvorgangs eine Reaktionsschicht gebildet *(Ätzanlassen, Farbätzen)*, erscheinen die Kornschnittflächen in unterschiedlichen Farbtönen, da die Schichtdicke auf den Körnern abhängig von der Kornorientierung ist.

Wie bereits deutlich wurde, ist der Zustand minimaler Größe einer willkürlichen Kristalloberfläche nicht gleichbedeutend mit dem Zustand eines Minimums an Oberflächenenergie. Die Bausteine eines festen Körpers sind nicht in der Weise beweglich wie die Bausteine in einer Flüssigkeit. Deshalb wird eine kristallographisch zufällig orientierte Oberfläche durch Verdampfungs-, Lösungs- oder Diffusionsvorgänge so verändert, dass ihre integrale Oberflächenenergie abnimmt, sobald geeignete Bedingungen vorliegen. Dabei wird die Oberfläche geometrisch vergrößert. Bei hoher Temperatur bildet sich im Vakuum ein Oberflächenrelief aus Terrassen oder Furchen (*Korngrenzenätzung*) aus, das aus mikroskopisch kleinen Flächenelementen geringerer Oberflächenspannung zusammengesetzt ist (Bild 6.9a bis c und Bild 6.19). Auch das in Bruchflächen nichtduktiler Kristalle häufig zu beobachtende stufenförmige Relief besteht aus Flächen *(Spaltflächen)*

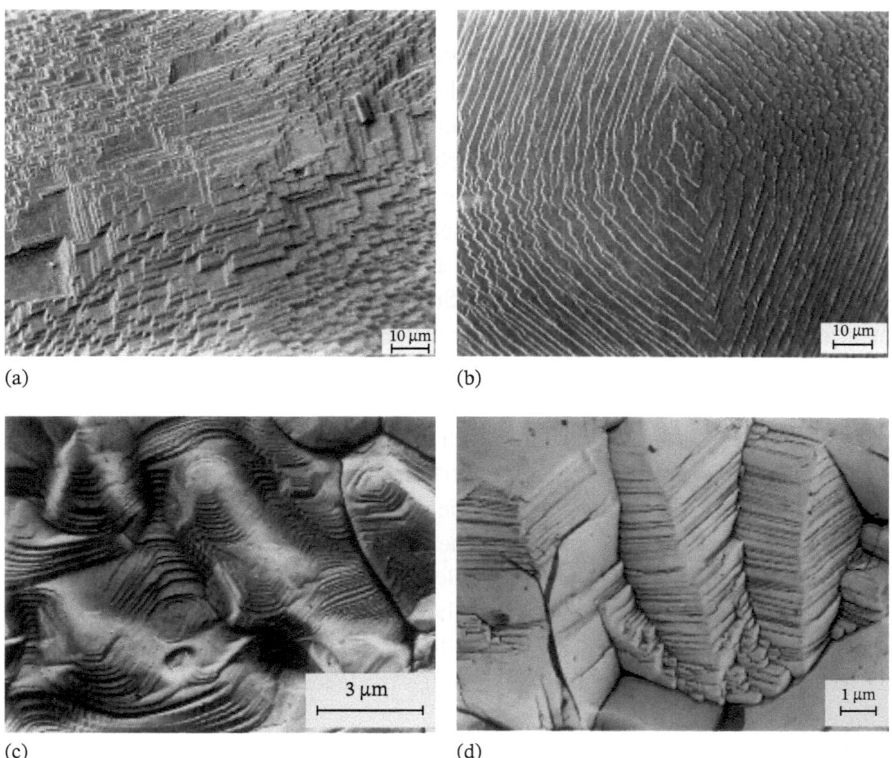

Bild 6.9 Terrassenstruktur verschiedener Oberflächen nach *W. Schatt* und *D. Schulze.* (a) Umgebung des (001)-Pols einer Cu-Einkristallkugel, geätzt in einer 20 %igen $(NH_4)_2S_2O_8$-Lösung. Die Terrassenstruktur ist aus {111}-Flächenelementen aufgebaut; (b) Umgebung des (011)-Pols einer Cu-Einkristallkugel, sonst wie in a); (c) Terrassen- und Furchenbildung an der Porenwand von Sintertonerde im Verlaufe des Sinterns (d) Bruchflächen von Sintertonerde

niedrigerer Oberflächenspannung (Bild 6.9d). Die Untersuchung von Bruchflächen ist jedoch Gegenstand der *Mikrofraktographie.*

Um die Oberflächenenergie zu vermindern, können außerdem auch Bausteine aus angrenzenden Phasen an der Kristalloberfläche adsorbiert werden. Im Kontakt mit Gasen oder Flüssigkeiten bilden sich hierbei Reaktionsschichten, wie z. B. bei der Korrosion, beim *Ätzanlassen* oder *Farbätzen.* Die Anlagerung fester Phasen führt hingegen zu Agglomerations- und Sintervorgängen. Technisch weniger bedeutsame Vorgänge, durch die die Oberflächenenergie verringert werden kann, sind Umgruppierungen von Bausteinen, die sich bis etwa 100 Netzebenen tief in einer Vergrößerung der Gitterabstände (etwa bis 5 %) bemerkbar machen, oder Lagenverschiebungen von Oberflächenionen als Folge der Polarisation und gegenseitigen Abschirmung.

Die reale Oberfläche enthält zahlreiche Defekte, die zusätzlich freie Energie und Reaktionsfähigkeit der Oberfläche beeinflussen. Hier sind vor allem die Verunreinigungsatome, die Versetzungen sowie die aus Versetzungen aufgebauten Kleinwinkel- und Großwinkelkorngrenzen zu nennen. Schraubenversetzungen und gemischte Versetzungen, die senkrecht zur Oberfläche eine Schraubenkomponente haben, bedingen weitere Stufen und Halbkristall-Lagen (s. a. Bild 2.73). Verunreinigungsatome in Versetzungen und Korngrenzen verändern das elektrochemische Potenzial der Oberfläche und begünstigen über die Bildung von Lokalelementen die selektive Löslichkeit (*Versetzungsätzung* bzw. *Korngrenzenätzung*, s. a. Abschn. 6.4.1). Adsorbierte Partikel können, insbesondere bei defektreicheren, offeneren Strukturen, in eine Oberflächenschicht eingebaut werden, wenn die Schichtdicke wesentlich mehr als einen Netzebenenabstand beträgt. Bei mehrphasigen Werkstoffen besteht die Schlifffläche aus einer Vielzahl von kleinen Bereichen mit unterschiedlicher Zusammensetzung und Struktur (Kornschnittflächen), die sich in ihrem elektrochemischen Potenzial und damit auch in ihrer Reaktionsneigung voneinander unterscheiden. Edlere Kornschnittflächen werden z. B. bei Lösungsvorgängen weniger angegriffen als unedlere (Reliefbildung).

Die Oberflächen technischer Werkstoffe liegen meist in einem bearbeiteten Zustand vor. Vor allem durch mechanische Bearbeitungsverfahren wie Sägen, Drehen, Fräsen oder Schneiden (Entnahme einer Schliffprobe) sowie durch das Schleifen und Polieren (Herstellen einer Schlifffläche) wird die physikalische und chemische Beschaffenheit der Oberflächenzone verändert. In Abhängigkeit vom Bearbeitungsverfahren, von der Härte des Materials und von der Größe der Reibung zwischen Werkstoff und Werkzeug entsteht eine mehrere 100 µm dicke *Bearbeitungsschicht* (Beilbyschicht), die aufgeraut und deformiert ist (Bild 6.10). Sie überdeckt das wahre Gefüge muss in einem mehrstufigen Präparationsprozess minimiert werden [1], [2].

Die Bearbeitungsschicht unterscheidet sich vom Werkstoffinneren durch eine erhöhte Versetzungsdichte (Bild 6.11), durch Eigenspannungen sowie durch die vom Bearbeitungswerkzeug oder von der Atmosphäre aufgenommenen Verunreinigungen. Die Oberflächen von Eisenwerkstoffen können bei der Bearbeitung infolge der auftretenden Reibungswärme beispielsweise Stickstoff aufnehmen, entkohlen, oxidieren, rekristallisieren oder Phasenumwandlungen im festen Zustand erleiden. Die Möglichkeit dieser Oberflächenveränderungen ist bei der Schliffherstellung zu berücksichtigen, damit später das im Werkstoffinneren vorliegende wahre Gefüge untersucht werden kann.

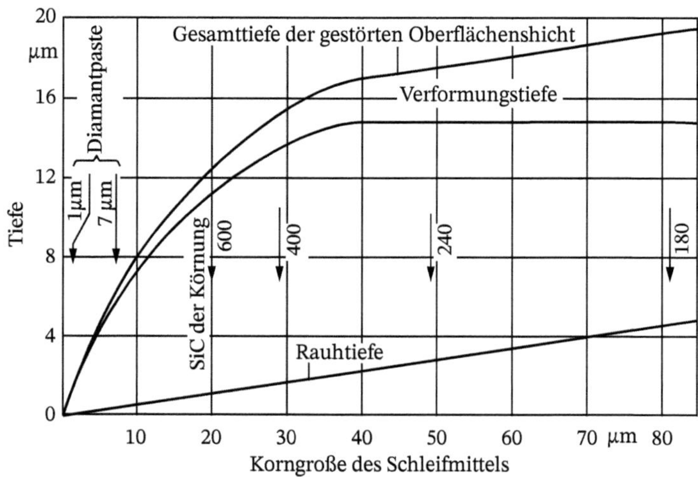

Bild 6.10 Rau- und Verformungstiefe einer Schlifffläche aus Stahl nach Bearbeitung mit verschiedenen Schleif- und Poliermitteln nach [7].

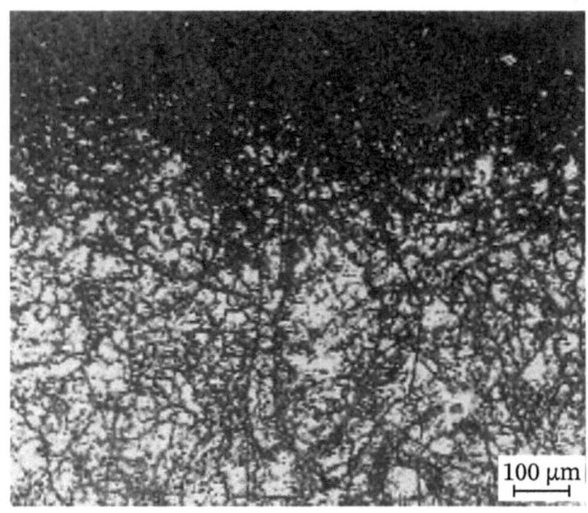

Bild 6.11 Querschliff eines Cu-Einkristalls, versetzungsgeätzt mit einer halogenidhaltigen Lösung. Die charakteristische Bearbeitungsschicht mit erhöhter Versetzungsdichte erscheint im Schliffbild dunkel.

Die Rauigkeit der Oberfläche von duktilen Werkstoffen wird bei unsachgemäßem Schleifen und Polieren je nach Schnittkraft des einwirkenden Schleif- und Poliermittels nicht nur durch Abspanen, sondern auch durch plastisches Fließen abgebaut. Auf diese Weise wird Material von den Spitzen in die Riefen des Rauigkeitsprofils eingearbeitet, sodass Schleif- und Polierkratzer aufgefüllt werden. Bei der Auflösung der Schlifffläche (Ätzung) werden diese hochverformten Oberflächenanteile werden bevorzugt herausgelöst, da sie sich elektrochemisch unedler verhalten als die nicht so stark deformierte Umgebung. Damit werden die Schleif- und Polierkratzer nach dem Ätzen wieder sichtbar.

Vor allem spröde Werkstoffe können trotz sehr sorgfältiger Bearbeitung der Schlifffläche neben einer Rauigkeit auch Mikrorisse aufweisen, die beim Ätzen aufgeweitet werden und zu falschen Rückschlüssen hinsichtlich des Gefüges führen.

Jede *saubere* und durch die Präparation *geglättete Werkstoffoberfläche* weist also in Abhängigkeit von ihrer Entstehung eine sich über Größenordnungen erstreckende Rauigkeit sowie physikalisch und chemisch unterschiedlich beschaffene Gebiete auf. Ihre physikalische und chemische Heterogenität ermöglicht es aber andererseits, das Gefüge durch Ätzen für die mikroskopische Untersuchung zugänglich zu machen. Es wird ein gefügespezifisches Relief erzeugt, dessen Elemente das einfallende Licht unterschiedlich reflektieren.

6.3 Herstellung der Schlifffläche

Die optische Betrachtung des Gefüges ist erst nach der Präparation einer Schlifffläche möglich. Die mechanisch (Trennen, Sägen, Schneiden, Drehen, Abschlagen), elektroerosiv (Blech-, Drahtelektrode) oder elektrochemisch (Säuresäge, Säurefräse, Säurestrahl) aus dem Bauteil entnommene Probe wird durch mehrstufiges Schleifen und Polieren so weit eingeebnet und geglättet, bis Rauigkeiten von kleiner 0,1 μm erreicht sind. Damit ist die Oberfläche nahezu verformungsfrei (*Mikroschliff*). Kleinere und empfindlichere Proben werden vor den genannten Arbeitsschritten für eine bessere Handhabbarkeit in der Regel in Duromere eingebettet. Bei der Untersuchung des Makrogefüges (*Makroschliff*) genügt oft ein mehrstufiges Schleifen.

Werkstoffe, die lichtdurchlässig sind oder im Durchstrahlungs-(Transmissions-)Elektronenmikroskop (TEM) betrachtet werden sollen, werden in Form dünner Plättchen, Folien oder sogenannter FIB(Focus Ion Beam)-Lamellen untersucht. Es wird ein *Dünnschliff* bzw. eine abgedünnte Probe angefertigt [1], [2]. Die Schleif- und Polierschritte bzw. die chemische oder elektrochemische Abdünnung müssen hierbei so aufeinander abgestimmt sein, dass die Probe zumindest stellenweise eine Dicke von wenigen nm aufweist, die für eine Durchstrahlungsbetrachtung geeignet sind.

Die Schliffflächen werden im Allgemeinen zunächst auf einer mit Schleifpapieren (Abrasivstoff SiC, Korund oder CBN) oder Schleifscheiben (Abrasivstoff Diamant oder Korund) versehenen Schleifmaschine bearbeitet. Man geht schrittweise von einer groben Schleifkörnung zu immer feineren Körnungen über. Es wird in jeder Bearbeitungsstufe so lange geschliffen, bis die Schleifriefen des vorangegangenen Schrittes nicht mehr zu sehen sind. Vor allem bei heterogenen Gefügen, deren Gefügebestandteile sich deutlich in ihrer Härte unterscheiden, empfiehlt sich nach dem Schleifen ein Schleifläppen. Bei diesem Verfahren wird ein Grauguss- oder Sinterwerkstoff als Unterlage verwendet, auf der die Abrasiva (meist Diamantteilchen) teils beweglich und teils fest verankert sind. Die Kombination aus rollenden und fest gebundenen Partikeln ermöglicht einen gleichmäßigeren Abtrag aller Gefügebestandteile und ergibt damit plane, randscharfe Schliffflächen.

Durch Polieren wird die Schlifffläche geglättet. Für nahezu alle Werkstoffgruppen wird Diamant als Abrasivstoff in Form von Suspensionen, Sprays, Pasten oder Sticks verwendet. Der relativ hohe Preis wird vor allem durch die herausragenden Schneideigenschaften des Diamantkornes kompensiert. Die Bearbeitungsschichtdicke und auch die Polierzeit sind im Vergleich zu anderen Abrasivstoffen (z. B. CBN, Tonerde, SiO_2) deutlich geringer. Unverzichtbar ist Diamant für solche Werkstoffe, die sich selbst durch hohe Härte auszeichnen – wie Carbide, Silicide, Nitride, Boride und Oxide oder ihre Kombination mit Metallen (Cermets) [8], [9]. Aber auch für extrem weiche Werkstoffe, die in starkem Maße zur Ausbildung einer Deformationsschicht neigen, werden Diamantteilchen wegen ihrer hohen Schnittkraft verwendet. Die Abrasivpartikel werden für das Polieren auf spezielle Poliertücher aufgetragen, die aus einer oberflächlichen Wirkschicht, einer darunter befindlichen Sperrschicht und dem Trägermaterial bestehen. Die Sperrschicht soll das Einarbeiten des Diamantkornes in das Tuch verhindern. Die Eigenschaften der Wirkschicht haben einen maßgeblichen Einfluss auf das Polierergebnis. Für harte Werkstoffe werden harte, wenig nachgiebige Poliertücher mit geringer Stoßelastizität verwendet. Bei weichen Werkstoffen kommen weiche, nachgiebige Poliertücher mit hoher Stoßelastizität zum Einsatz. Auch das Polieren erfolgt in der Regel maschinell. Nur sehr weiche Werkstoffe werden abschließend von Hand poliert.

Beim Schleifen und Polieren muss darauf geachtet werden, dass sich die Schlifffläche nicht durch zu starkes Andrücken verformt und erwärmt, dass sich probeneigener Abrieb bzw. Schleif- und Poliermittelkörner nicht in die Schlifffläche eindrücken oder dass bestimmte Gefügebestandteile (z. B. nichtmetallische Einschlüsse, Graphit) aus der metallischen Matrix herausgerissen oder -poliert werden.

Um die Schleif- und Polierarbeit zu erleichtern, vor allem aber, um eine bearbeitungsschichtfreie bzw. -arme Schlifffläche zu erhalten, werden auch andere Verfahren zur Einebnung der Oberfläche herangezogen. Insbesondere für weichere Werkstoffe, für Polymerverbundwerkstoffe oder Klebverbunde [10] lässt sich das *Mikrotom* mit Vorteil einsetzen. Mithilfe einer Hartmetall- bzw. einer Diamantschneide werden dünne Schichten von der Oberfläche abgetragen. Das Eindringen von Schleifkörnern in die Probe wird vermieden. Es findet auch keine tiefergreifende Kaltverformung statt. Materialfehler, wie z. B. Mikroporen, werden klar freigelegt. In vielen Fällen kann anschließend sofort geätzt werden. Anderenfalls ist ein Nachpolieren erforderlich.

Eine größere Anzahl von Proben, poröse Werkstoffe, vor allem aber bearbeitungsschichtfrei zu präparierende Schliffflächen können mithilfe des *Vibrationsverfahrens* poliert werden. Das Vibrationspolieren ist u.a. für Proben geeignet, deren Kristallstruktur und -orientierung im Rasterelektronenmikroskop mit dem EBSD-Verfahren (Electron Backscatter Diffraction) bestimmt werden soll. Die vollständige Entfernung der Bearbeitungsschicht beruht auf einer Vielzahl von nur sehr kleinen Gleitschritten der Probe auf der vibrierenden Polierunterlage. Die Präparationszeiten sind jedoch oftmals relativ lang. Häufig enthält die Poliersuspension neben den Abrasivstoffen für den mechanischen Abtrag der Schlifffläche auch Zusätze für den chemischen Abtrag.

Für elektrisch leitende Werkstoffe werden zum Polieren auch elektrochemische Vorgänge genutzt. Geschieht dies mit äußerer Stromzufuhr, spricht man vom *elektrolytischen Polieren*. Der Vorteil des Verfahrens liegt vor allem in der Zeitersparnis. Außerdem werden verformte Oberflächenschichten vollständig entfernt. Die Polierwirkung ist optimal, wenn die in Lösung gehenden Metallionen der Schlifffläche mit Bestandteilen des Elektrolyten (Anionen, Lösungsmittelmolekülen) reagieren und eine hochviskose Flüssigkeitsschicht bilden können, die sich in das Rauigkeitsrelief der Schlifffläche legt. In den Rauhigkeitstälern ist die An- und Abdiffusion von Ladungsträgern erschwert und damit der ohmsche Widerstand größer als an den Rauhigkeitsspitzen. Außerdem ist die Defektdichte in den Rauhigkeitstälern deutlich geringer. Dies führt zu einem erhöhten Abtrag der Rauhigkeitsspitzen und schließlich zur Glättung der gesamten Schlifffläche.

Die Polierwirkung wird in wasserfreien Elektrolyten begünstigt, da dann größervolumige Teilchen entstehen (Bild 6.12, Kurve 4), durch die der Auflösungsvorgang in der Regel diffusions- bzw. reaktionskontrolliert abläuft. Das ist auch der Grund dafür, dass das elektrolytische Polieren in der Mehrzahl der Fälle von der Elektrolyttemperatur und -bewegung abhängig ist.

In wasserhaltigen Elektrolyten wird dagegen bei Potenzialen $E \gtrsim E_1$ über schrittweise Reaktionen von Metall und Wasser eine dichte Oxidschicht gebildet, die den Durchtritt von Ladungsträgern nahezu unterbricht, sodass kein Poliereffekt mehr auftritt (s. a. Abschn. 8.1.3 und Bild 6.12, Kurve 1). In Elektrolyten mit geringerem Wasseranteil existieren Übergangsformen einer Schichtbildung, die die Einebnung der Oberfläche mehr oder weniger hemmen (Bild 6.12, Kurven 2 und 3).

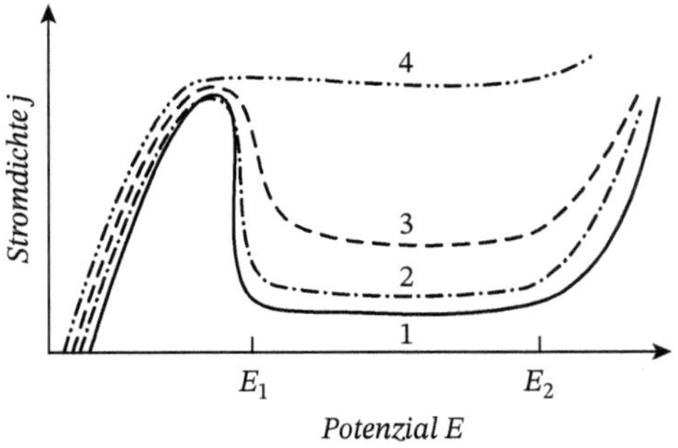

Bild 6.12 Schematische Stromdichte-Potenzial-Kurven für passivierbare Metalle in Elektrolyten mit unterschiedlichem Wassergehalt nach *K. Schwabe* und *W. Schmidt*. Der Wassergehalt nimmt von 1 nach 3 ab, Verlauf 4 gilt für einen wasserfreien Elektrolyten. Der Polierbereich liegt zwischen den Potenzialen E_1 und E_2 und ist mit dem Auftreten eines Grenzstromes verbunden. $E < E_1$ ist der Bereich der aktiven Metallauflösung.

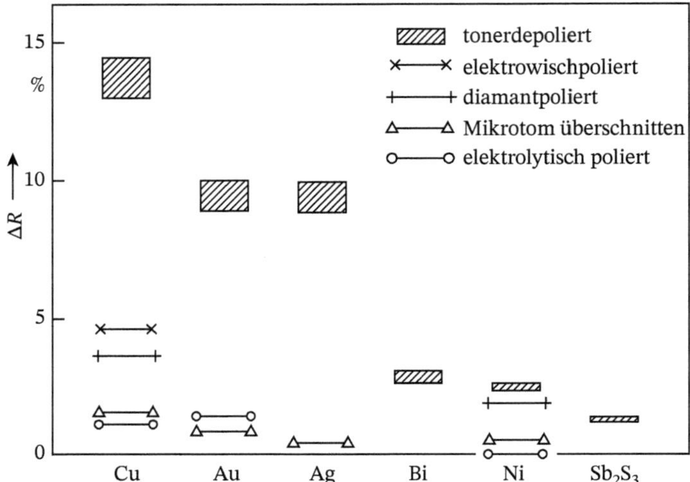

Bild 6.13 Oberflächenqualität von verschiedenen Materialien in Abhängigkeit von der Präparationsmethode nach [7] und [10]. Die mittlere Abweichung des Reflexionsvermögens ΔR ist auf das Reflexionsvermögen einer frischen Spaltfläche mit $\Delta R = 0$ bezogen. Je geringer ΔR desto höher ist die Oberflächenqualität.

Das elektrolytische Polieren von ausgeprägt elektrochemisch heterogenen und grobkörnigen Legierungen bereitet gewisse Schwierigkeiten, da sich die unedlere Phase mit relativ hohen Stromdichten auflöst, während die edlere Phase nicht oder nur wenig abgetragen wird. Für solche Legierungen, aber auch zur Endbearbeitung von Schliffflächen, die mit dem Mikrotom überschnitten wurden, hat sich das *Elektrowischpolieren* bewährt. Das Verfahren stellt eine Kombination aus elektrolytischem und mechanischem Polieren dar. Eine korrosionsbeständige, langsam rotierende und mit einem Poliertuch bespannte Scheibe wird als Katode und die zu polierende Probe als Anode geschaltet. Als Poliermittel wird ein Elektrolyt verwendet, dem zur Verstärkung des chemischen Abtrages noch Poliertonerde für den mechanischen Abtrag zugegeben wird.

Eine Kombination aus elektrolytischem Angriff und mechanischem Abtrag liegt auch bei Anwendung von so genannten Endpolituren vor. Dabei wird SiO_2 für eine Vielzahl von Werkstoffen als Abrasivstoff eingesetzt. Als Elektronennehmer für den elektrolytischen Teilprozess enthalten diese Suspensionen oftmals H_2O_2, aber auch ein Zusatz von sauren oder basischen Elektrolyten ist möglich. Der Wirkungsgrad der einzelnen Einebnungsmethoden ist unterschiedlich und vom Werkstoff abhängig (Bild 6.13). Bei ausgesprochen duktilen Werkstoffen werden die besten Oberflächenqualitäten durch Mikrotomschneiden mit Diamantmessern und elektrolytisches Polieren erzielt. Sprödere Materialien dagegen lassen sich durch Polieren mit Tonerde recht befriedigend glätten [7].

6.4 Entwicklung des Gefüges

An das Schleifen und Polieren schließt sich in den meisten Fällen die Gefügeentwicklung an, die auf chemischen und elektrochemischen Vorgängen – also auf gewollten Korrosionsvorgängen – oder auch auf physikalischen Wechselwirkungen beruhen. Durch die

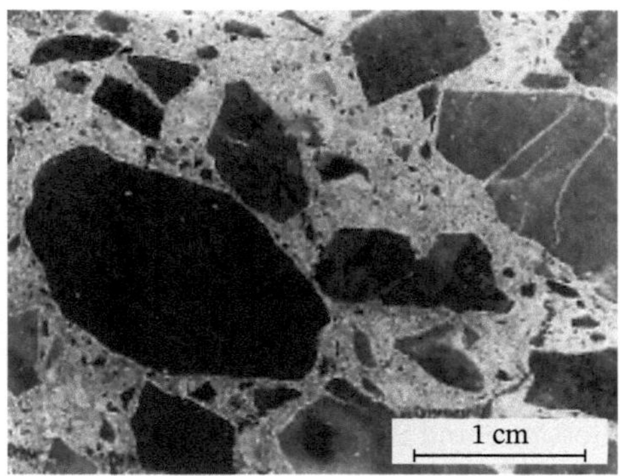

Bild 6.14 Gefüge von Agglomeratbeton: Grobzuschlagkörner in einer Mörtelmatrix nach [11].

Gefügeentwicklung werden die Kontrastunterschiede zwischen einzelnen Kristalliten oder zwischen verschiedenen Gefügebestandteilen erhöht, sie sollten für eine mikroskopische Untersuchung mindestens 10 % betragen. Nur in relativ wenigen Fällen sind bereits am ungeätzten Schliff bestimmte Gefügedetails aufgrund der Eigenfarbe der Gefügebestandteile zu erkennen.

Einige Beispiele hierfür sind die Bestandteile im Beton (Bild 6.14 und Bild 6.15) und in anderen Verbundwerkstoffen (Bild 6.3), die Korngrenzen von metallischen Werkstoffen nach dem Reliefpolieren, der Graphit im Grauguss oder die Poren in Sinterwerkstoffen (Bild 6.5).

6.4.1 Ätzen in Lösungen

Das am häufigsten angewendete Kontrastierverfahren ist das Ätzen in Lösungen [7], [12]. Je nach der Art des Werkstoffes und des für seine Ätzung geeigneten Elektrolyten stellen die dabei ablaufenden Vorgänge eine Säure- oder Sauerstoffkorrosion bzw. eine Korrosion unter Reduktion eines geeigneten Oxidationsmittels dar (s. Abschn. 8.1.2). Ätzmittel, bei denen die Gefügeentwicklung unter Sauerstoffreduktion verläuft, sind universeller einsetzbar und deshalb besonders häufig im Gebrauch. So werden z. B. Kupfer und Silber in einer HNO_3-Lösung nicht aufgrund der sauren Eigenschaften des Ätzmittels aufgelöst, sondern allein wegen des hohen positiven Redoxpotenzials.

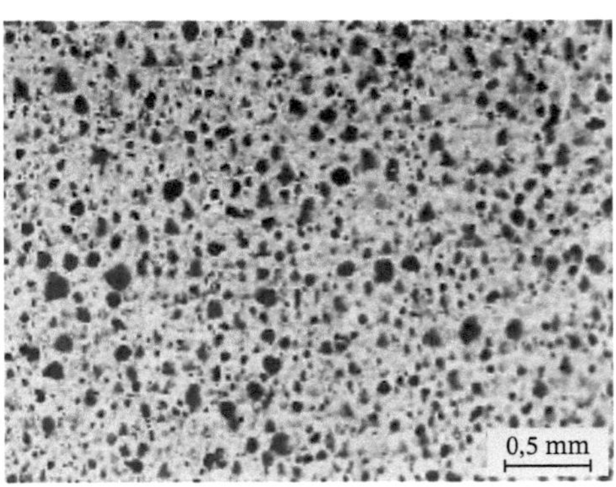

Bild 6.15 Gefüge eines Gassilicatbetons nach [11].

Im Metallographielabor wird sehr häufig mit alkoholischer Salpetersäure gearbeitet, die typische Zusammensetzung (3 cm^3 HNO_3 und 97 cm^3 C_2H_5OH) ist auch als Nital-Lösung bekannt [6.7], [6.12]. Aufgrund der Eignung des Ätzmittels Nital für verschiedenste metallische Werkstoffe, insbesondere für Stähle, sollen an dieser Stelle die anodische und die kathodischen Teilreaktionen kurz beschrieben werden. Nähere Darlegungen zu elektrochemischen Reaktionen finden sich auch in Abschn. 8.1.1.1 und 8.1.2.

Die anodische Teilreaktion lautet:

$$Me \rightarrow Me^{z+} + z\,e^- \tag{6.2}$$

In einer vorgelagerten Reaktion reagieren Salpetersäure und Ethanol nach Gl. 6.3

$$C_2H_5OH + HNO_3 \rightarrow C_2H_5ONO_2 + H_2O, \tag{6.3}$$

sodass die kathodische Teilreaktion entsprechend Gl. 6.4 formuliert werden kann.

$$2\,C_2H_5ONO_2 + 2\,H_2O + 2\,e^- \rightarrow 2\,NO_2^- + 2\,C_2H_5OH + H_2O \tag{6.4}$$

Die nach Gl. 6.4 gebildeten Nitritionen reagieren in sauren Lösungen mit Wasserstoffionen zu salpetriger Säure,

$$H^+ + NO_2^- \rightarrow HNO_2 \tag{6.5}$$

die nach Schmid eine weitere kathodische Teilreaktion (Gl. 6.7) mit Elektronenverbrauch unter Bildung von Stickstoffmonoxid möglich macht:

$$HNO_2 + H^+ \rightarrow NO^+ + H_2O \tag{6.6}$$

$$NO^+ + e^- \rightarrow NO \tag{6.7}$$

Stickstoffmonoxid reagiert mit Salpetersäure und Wasser zu salpetriger Säure (Gl. 6.8). Damit nimmt der Anteil an salpetriger Säure im Nital-Ätzmittel zu, sodass sich die Ätzwirkung verbessert.

$$2\,NO + HNO_3 + H_2O \rightarrow 3\,HNO_2 \tag{6.8}$$

Aus dem relativ komplizierten Reaktionsablauf wird deutlich, dass die salpetrige Säure den Ätzvorgang in alkoholischer Salpetersäure maßgeblich beeinflusst. Frisch angesetzten Nital-Lösungen sollte daher stets ein Tropfen salpetriger Säure zur Erleichterung der Startreaktion zugesetzt werden.

Wirkt das Ätzmittel so, dass vorzugsweise die Korngrenzenzone angegriffen wird, so spricht man von einer *Korngrenzenätzung mit Furchenbildung*. Senkrecht einfallendes Licht wird an den freigelegten Furchen diffus reflektiert (Bild 6.16a), sodass sie im Lichtmikroskop in der Hellfeldabbildung als dunkle Linien erscheinen (Bild 6.16b). Das Bild 6.16c zeigt eine Korngrenzenfurche zwischen zwei benachbarten Körnern im Elektronenmikroskop. Sie hebt sich hell von den dunkleren Kornflächen ab.

Ursachen für die selektive Löslichkeit im Korngrenzenbereich sind

- Verunreinigungen in der Korngrenzenzone, die unedler oder edler als die Kornsubstanz sind, sodass sich ein Korrosionselement ausbildet,
- stark gestörte Strukturbereiche der Korngrenze, die verstärkt angegriffen werden oder die bevorzugt Ionen aus der Lösung adsorbieren, sodass sich die Reaktionsgeschwindigkeit an diesen Stellen erhöht.

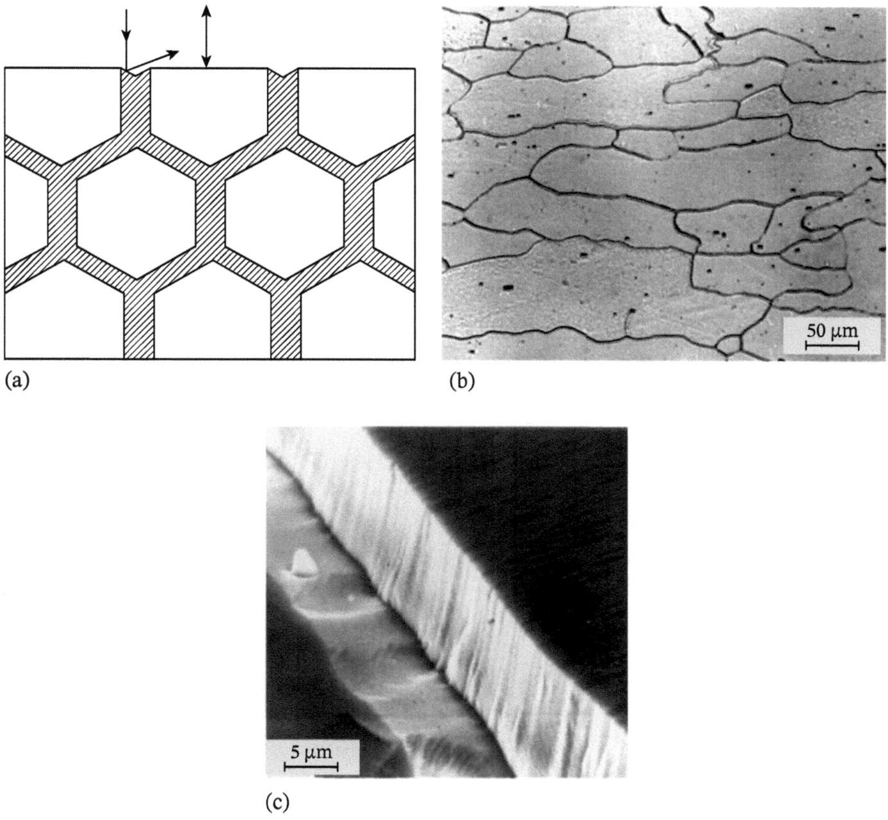

Bild 6.16 Korngrenzenätzung durch Furchenbildung. (a) schematische Darstellung; (b) Realbeispiel: lichtmikroskopische Gefügeaufnahme einer Weicheisenprobe; (c) Realbeispiel: REM-Aufnahme einer Korngrenzenfurche zwischen benachbarten Körnern im Stahl X8CrNi19.8.

Eine *Korngrenzenätzung mit Böschungsbildung* liegt vor, wenn Kornschnittflächen abhängig von der Orientierung, Kristallstruktur oder Zusammensetzung mit unterschiedlicher Geschwindigkeit abgetragen werden. Dabei entstehen in der Korngrenzenzone zwischen den benachbarten Kristalliten Abhänge, an denen das senkrecht einfallende Licht diffus reflektiert wird (Bild 6.17a). Je nach Lage zum einfallenden Lichtstrahl und je nach Orientierungsunterschied der benachbarten Körner erscheinen die Korngrenzen in der lichtmikroskopischen Hellfeldaufnahme als dunkle oder helle Linien. Im Elektronenmikroskop sind die Korngrenzenböschungen in Form von hellen oder dunklen Kanten erkennbar (Bild 6.17b).

Einige Ätzmittel wirken so, dass die Kornschnittflächen im Lichtmikroskop sichtbar gemacht werden, da die Körner orientierungsabhängig kristallographisch definiert oder unregelmäßig aufgeraut werden (Bild 6.18).

Man spricht dann von einer *Kornflächenätzung mit definiertem* bzw. *mit undefiniertem Angriff.* Das senkrecht einfallende Licht wird am Oberflächenrelief der Kristallite unterschiedlich reflektiert (dislozierte Reflexion), sodass die Kornschnittflächen in der lichtmikroskopischen Hellfeldabbildung verschiedene Grautöne annehmen. Es gilt: Je glatter die Oberfläche, desto heller erscheint das Korn.

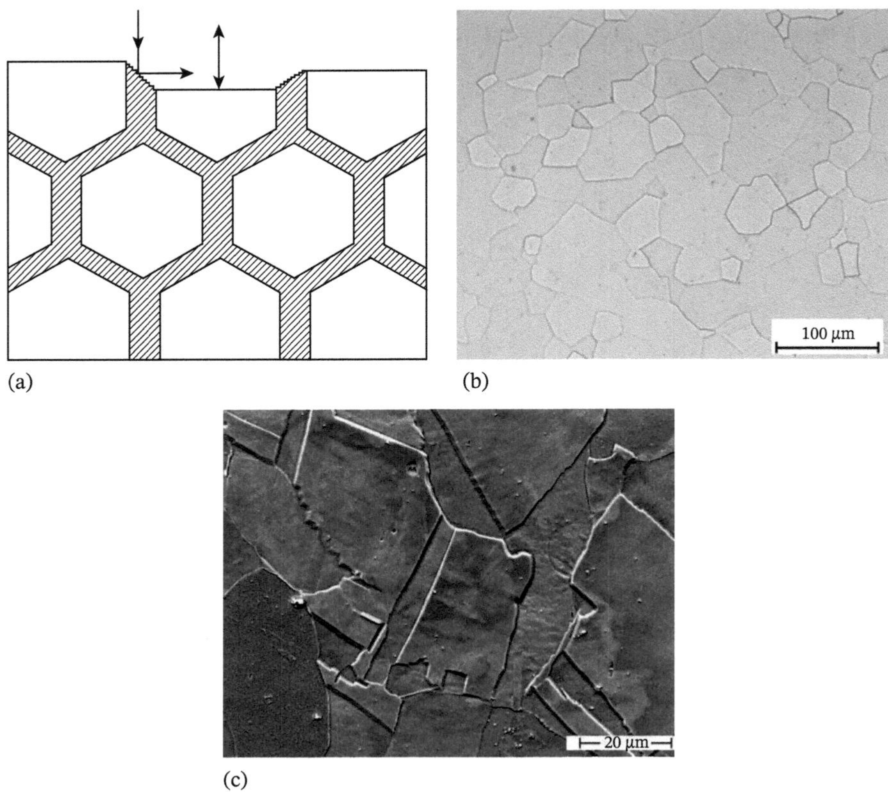

Bild 6.17 Korngrenzenätzung durch Böschungsbildung. (a) Schematische Darstellung; (b) Realbeispiel: lichtmikroskopische Gefügeaufnahme einer Reintitanprobe; (c) Realbeispiel: Gefügeaufnahme einer Kupfer-Zinn-Legierung im REM.

Bei der Kornflächenätzung mit definiertem Angriff entstehen im Anfangsstadium anhängig von der Kornorientierung charakteristische Ätzgrübchen, die im weiteren Verlauf des Ätzprozesses zu terrassenförmigen Reliefs zusammenwachsen (Bild 6.19).

Das Bild 6.20 zeigt eine REM-Aufnahme einer Reineisenprobe nach Kornflächenätzung mit undefiniertem Angriff. In der Schlifffläche sind die unterschiedlich orientierten und aufgerauten Kristallite deutlich erkennbar. Hier erscheinen die wenig abgetragenen, glatten Kornflächen in dunkleren Grautönen, raue Kornflächen sind hingegen heller.

Auch die Ätzmethoden, bei denen auf den Kornschnittflächen unterschiedlich dicke Reaktionsschichten gebildet werden, sind im weiteren Sinne Kornflächenätzverfahren *(Farbätzen)*. Dabei nehmen die Körner infolge der Interferenz des einfallenden Lichtes an den Reaktionsschichten verschiedene Farbtöne an. Außerdem können die Kornflächen durch chemische und physikalische Kontrastierverfahren sichtbar gemacht werden, z. B. durch *Ätzanlassen* mit Sauerstoff oder durch das *Aufdampfen von* dünnen, stark lichtbrechenden *Interferenzschichten* aus TiO_2, ZnS, ZnSe oder CdS.

In besonderem Maße selektiv wirken die Lösungen für das Anätzen von Versetzungen *(Versetzungsätzung)*. Der Angriff der Schlifffläche erfolgt lokal an den Durchstoßpunkten der Versetzungen. Diese dürfen als submikroskopisch kleine, konkav gekrümmte Stellen

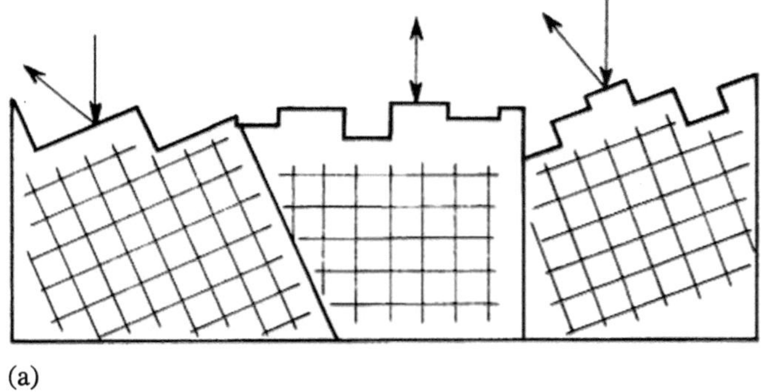

Bild 6.18 Schematische Darstellung der Kornflächenätzung. Das Oberflächenrelief der Kornschnittflächen verursacht eine dislozierte Reflexion des senkrecht einfallenden Lichtes. (a) definierter Angriff der Kornflächen; (b) Kornflächen nach unregelmäßigem Angriff.

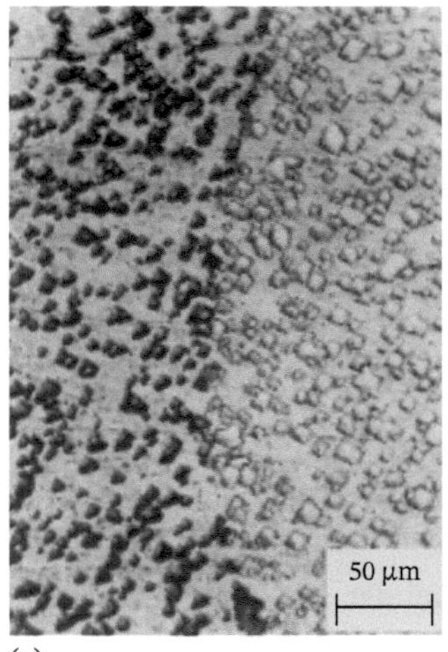

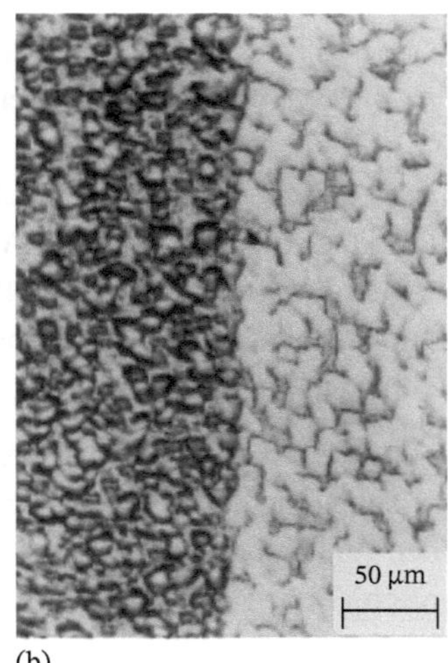

Bild 6.19 Kornflächenätzung mit definiertem Angriff an reinem Al. (a) Anfangsstadium; (b) fortgeschrittenes Stadium.

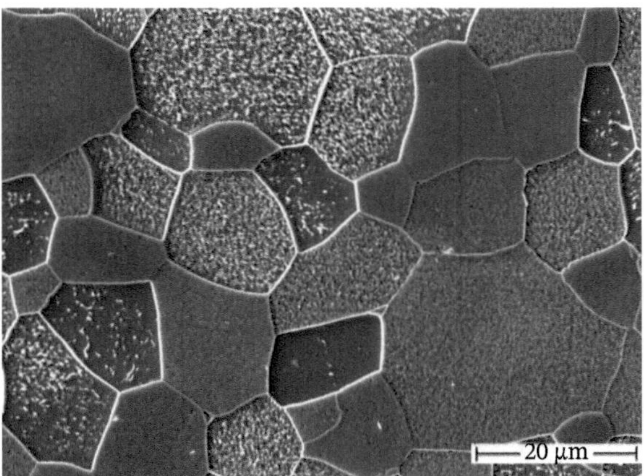

Bild 6.20 Kornflächenätzung mit undefiniertem Angriff an einer Probe aus Reineisen.

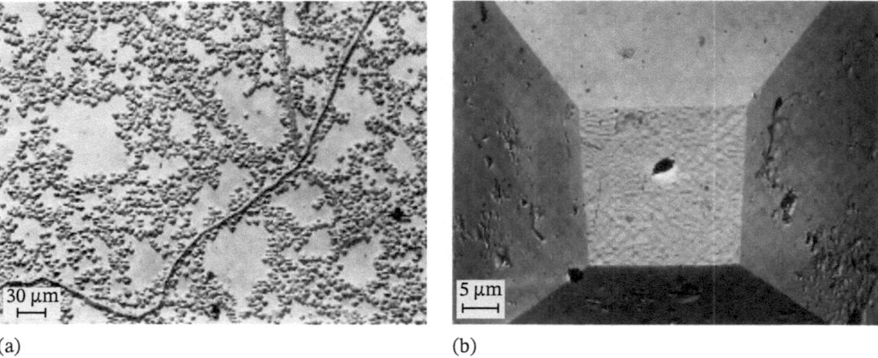

Bild 6.21 Versetzungsätzung an einer (100)-Fläche von Nickel. (a) Übersicht; (b) Blick in ein einzelnes Ätzgrübchen.

der Oberfläche angesehen werden, an denen – dem Wachstum einer konvexen Kristalloberfläche (Bild 3.6) kinematisch reziprok – der Abtrag erfolgt. Es werden – bei nicht zu rascher Auflösung – diejenigen Ebenen freigelegt, deren Flächennormalen in Richtung der minimalen Lösungsgeschwindigkeit liegen. Es entstehen Ätzgrübchen, deren Wände bestimmten kristallographischen Flächen entsprechen (Bild 6.21). Bei höheren Auflösungsgeschwindigkeiten verliert sich die geometrische Form der Ätzfiguren, und es bilden sich Grübchen undefinierter Gestalt.

Dekorierte Versetzungen, d. h. Versetzungen mit bereits eingebauten Fremdatomen, werden über die Bildung von Lokalelementen angeätzt. Auch an sauberen Versetzungen ist eine Versetzungsätzung möglich, wenn es gelingt, die Potenzialdifferenz zwischen der Durchstoßstelle der Versetzung (Anode) und der umgebenden versetzungsfreien Oberfläche (Katode) zu erhöhen. Konkrete Wege dazu sind

- die Dekoration der Versetzungen mit Ionen aus der Ätzlösung,
- Komplexbildungen in der Ätzlösung, wodurch der Vorgang der anodischen Auflösung zu negativeren Potenzialen verschoben wird (Bild 6.22),
- die Bildung einer Passivschicht auf der Oberfläche, bei der sich die unmittelbare Umgebung der Versetzung weiter aktiv auflöst,
- die Verringerung des pH-Wertes an den anodischen Bereichen der Oberfläche (Versetzung) über die Erhöhung der Auflösungsgeschwindigkeit.

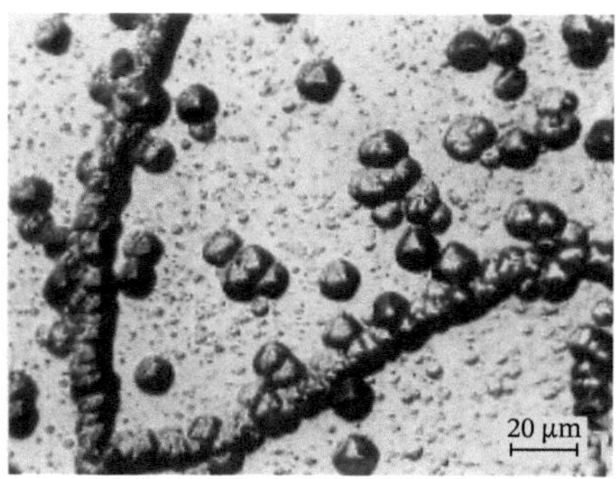

Bild 6.22 (712)-Fläche eines Cu-Einkristalls, potenziostatisch versetzungsgeätzt. Das Ätzmittel enthält 1 normale H_2SO_4- und 0,5 molare KCN-Lösung.

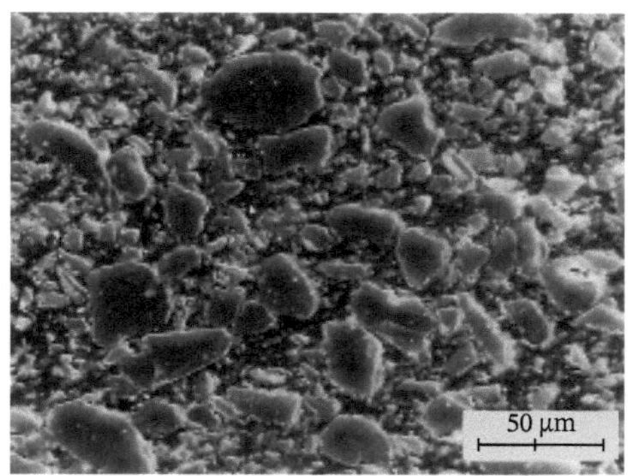

Bild 6.23 Gefüge eines Formteils aus Phenolformaldehydharz mit Holzmehl als Füllstoff. Die Füllstoffteilchen erscheinen als dunkle Bereiche.

Durch die genannten Wege ist es möglich, die sonst nur für niedrig indizierte Kornschnittflächen geeignete Versetzungsätzung auf beliebig orientierte Kornschnittflächen auszudehnen. Damit gelingt es, das Netz der Großwinkelkorngrenzen und gleichzeitig das Netz der Kleinwinkelkorngrenzen sichtbar zu machen.

Geometrisch gut ausgebildete Ätzgrübchen können auch zur Indizierung der Kornschnittfläche herangezogen werden, da ihre Wände kristallographische Flächen und die von diesen auf der Schliffläche gebildeten Vielecke *(Ätzfiguren)* Schnitte mit dem Grundkörper der Ätzflächenform sind [12].

Bei Polymeren werden Ätzverfahren nur dann angewendet, wenn die Füllstoffe in der polymeren Grundmasse sichtbar gemacht werden sollen. Dabei werden in der Mehrzahl der Fälle Thermoplaste herausgelöst, Elastomere und Duromere abgebaut. Die Füllstoffpartikel werden nicht angegriffen (Bild 6.23). Um sie von der Grundmasse besser unterscheiden zu können, werden sie manchmal auch angefärbt. Die kristallinen Bereiche können in Polymeren nicht durch Ätzen in Lösungen sichtbar gemacht werden, sie leuchten aber bei der Betrachtung im polarisierten Licht hell auf. Im Schliffbild erscheinen die kristallinen Bereiche als helle Sphärolithe (s. a. Bild 6.29b im Abschn. 6.5.1).

6.4.2 Gefügeentwicklung bei hohen Temperaturen

Für die Ausbildung eines gefügespezifischen Oberflächenreliefs im Hochtemperaturbereich *(thermisches Ätzen)* kommen im Wesentlichen drei Vorgänge in Betracht: die Furchenbildung an Korngrenzen und bei heterogenen Gefügen außerdem die Aufrauhung der Schliffläche durch unterschiedliche thermische Ausdehnungskoeffizienten sowie durch unterschiedliche spezifische Volumina der gefügebildenden Phasen. Sie alle eignen sich für eine direkte Beobachtung des Gefüges und seiner Veränderungen im Hochtemperaturmikroskop. Dieses besteht aus einem optischen Teil zur Beobachtung der Gefügeänderungen und einer Heizkammer, in der die Probe definiert erwärmt, gehalten und abgekühlt werden kann. Die Heizkammer kann unter Vakuum oder mit Schutzgas betrieben werden. Eine indirekte, d. h. eine nachträgliche Beurteilung des Hochtemperaturgefüges ist dagegen allein anhand der Furchenbildung möglich, da nur die Furchen bei der Abkühlung der Probe auf Raumtemperatur erhalten bleiben. Ein Beispiel hierfür ist dem Bild 6.24 zu entnehmen. Es zeigt das Gefüge einer durch Heißpressen hergestellten Sintertonerde.

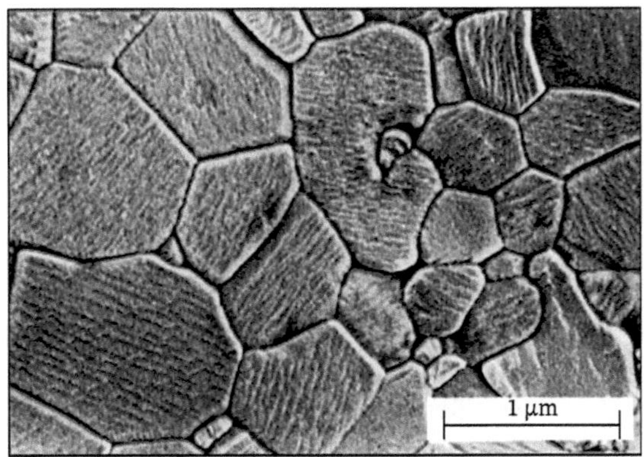

Bild 6.24 Gefüge einer Al_2O_3-Keramik, Kontrastierung durch thermisches Ätzen.

Ab Temperaturen $T \approx 0{,}5\ T_S$ wandern Bausteine des Werkstoffes durch Oberflächendiffusion aus der Korngrenzenzone ab. Um die integrale Oberflächenenergie zu vermindern, versuchen die an der Korngrenzenspur zusammenstoßenden Kornschnittflächen A, B und AB eine Gleichgewichtskonfiguration einzunehmen, für die die Gleichgewichtsbedingung

$$\frac{\gamma_A}{\sin\alpha} = \frac{\gamma_B}{\sin\beta} = \frac{\gamma_{AB}}{\sin\gamma} \tag{6.9}$$

gilt (Bild 6.25). Dabei senken sich die unmittelbar an der Korngrenze befindlichen Ränder der Kornschnittflächen ein und bilden mit der Korngrenzenfläche einen Zwickel. Es entsteht eine Korngrenzenfurche *(Korngrenzenätzung)*, sodass beispielsweise Kornwachstum und Rekristallisation im Hochtemperaturbereich unmittelbar beobachtet werden können.

Bei der langsamen Abkühlung von untereutektoiden Stählen aus dem γ-Gebiet in das Zweiphasengebiet $\gamma + \alpha$ (s. a. Abschn. 5.5.1) lässt sich die γ-α-Umwandlung verfolgen, da das spezifische Volumen der α-Phase (Ferrit) größer ist als das der γ-Phase (Austenit). Der Ferrit ragt deshalb aus der Oberfläche heraus. Das Gleiche trifft für den Martensit zu, der sich aus dem Austenit heraushebt, wenn ein untereutektoider Stahl aus dem γ-Gebiet abgeschreckt wird.

Auch die thermischen Ausdehnungskoeffizienten von Zementit und Austenit unterscheiden sich sehr stark voneinander. Daher ist die Sichtbarmachung des Gefüges eines rein weiß erstarrten untereutektischen Gusseisens im Wesentlichen auf das Relief zurückzuführen,

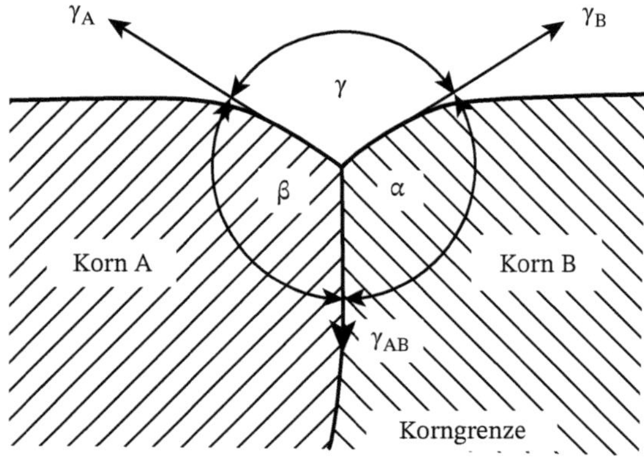

Bild 6.25 Gleichgewichtskonfiguration an einer Korngrenze nach thermischem Ätzen.

das sich beim thermischen Ätzen infolge der unterschiedlichen thermischen Ausdehnung der Phasen ausbildet.

Es entsteht natürlich die Frage, ob sich die für eine bestimmte Temperatur an der Oberfläche geltenden Aussagen auch auf das Probeninnere übertragen lassen. Ist die Gefügeentwicklung mit einer Volumenzunahme einer Phase verbunden (z. B. bei der α-γ-Umwandlung von Eisenwerkstoffen oder beim örtlichen Schmelzen), so ist zu erwarten, dass die Umwandlung an der Oberfläche bei geringerer Temperatur eintritt als im Werkstoffinneren, da in der temperierten Probenkammer – unter Vakuum – bei sehr geringem Druck gearbeitet wird. Außerdem herrschen an der Oberfläche andere Keimbildungsbedingungen als im Probeninneren. Im Allgemeinen sind derartige Wirkungen jedoch gering bzw. lassen sich berücksichtigen. Weitere, unter den Bedingungen in der Heizkammer mögliche, unerwünschte Veränderungen der Schlifffläche sind Oxidation, Entkohlung, selektive Verdampfung und das Auflegieren der Oberfläche.

6.4.3 Entwicklung des Gefüges durch Ionenätzen

Treffen energiereiche Ionen eines inerten Gases im Vakuum auf eine als Katode geschaltete Schlifffläche auf, so werden Gitterbausteine aus der Oberfläche entfernt, sodass ein das Gefüge wiedergebendes Relief entsteht (Bild 6.26).

Es wird angenommen, dass die auftreffenden Ionen einen Teil ihres Impulses an die Oberflächenbausteine abgeben. Nach den Gesetzen des elastischen Stoßes harter Kugeln wird der Impuls an benachbarte Bausteine weitergegeben bis schließlich an einer prädestinierten Stelle Bausteine aus der Oberfläche herausgeschlagen werden. Die Stoßfolgen *(Fokusonen)* pflanzen sich bevorzugt in dicht mit Gitterbausteinen belegten Richtungen fort. Daher werden niedrig indizierte, dicht gepackte Kristallebenen schneller abgetragen als höher indizierte, weniger dicht gepackte Ebenen. Die Qualität des Gefügebildes kann verbessert werden, indem nachträglich Sauerstoff in den Rezipienten eingelassen wird. Die Kornschnittflächen werden dann selektiv oxidiert und infolge Interferenz unterschiedlich gefärbt, sodass sich die Gefügebestandteile deutlicher voneinander abheben. Das Verfahren ist besonders geeignet für heterogene Werkstoffe, da Gefügebestandteile mit stärkerer Bindung deutlich aus der Grundmatrix heraustreten (Bild 6.26). Das Ionenätzen wird auch für die Kontrastierung von radioaktiven Werkstoffen („heiße Metallographie“) eingesetzt, da berührungsfrei gearbeitet werden kann.

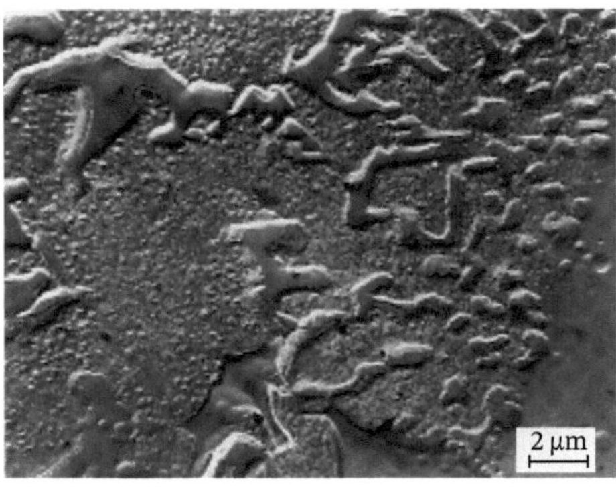

Bild 6.26 Kohlenstoffabdruck einer ionengeätzten Übergangszone in einem Fe/Al-Si-Verbundwerkstoff im Elektronenmikroskop.

6.5 Mikroskopische Gefügeuntersuchung

Die Lichtmikroskopie und die Elektronenmikroskopie sind die wichtigsten Verfahren der Gefügeuntersuchung. Sie können durch die Elektronenstrahlmikroanalyse (ESMA) sowie durch Strukturuntersuchungsverfahren (Beugungsverfahren mittels Röntgen- und Materiestrahlen, s. a. Abschn. 10.10.2.1) ergänzt werden.

6.5.1 Lichtmikroskopische Gefügebetrachtung

Für die lichtmikroskopische Gefügebetrachtung im normalen (weißen) Licht stehen hinsichtlich des Strahlenganges mehrere Untersuchungsmöglichkeiten zur Verfügung, die am Mikroskop optional genutzt werden können. Die Auswahl richtet sich nach dem Untersuchungsziel bzw. nach der Beschaffenheit des zu untersuchenden Werkstoffes.

Schliffe von lichtundurchlässigen (opaken) Werkstoffen werden hauptsächlich bei senkrechtem Lichteinfall im *Auflicht-Hellfeld* untersucht. Diese Beleuchtungsart ist im Bild 6.27 dargestellt.

Seitlich einfallende Lichtstrahlen werden an einem halbdurchlässigen Planglas so reflektiert, dass sie durch das Objektiv senkrecht auf die Schlifffläche fallen (Bild 6.27a). Das Licht wird nun am Objekt reflektiert und über Objektiv, Planglas und Okular zum Betrachter zurückgeworfen. Anstelle des Planglases kann auch ein totalreflektierendes Prisma in den Strahlengang eingebracht werden (Bild 6.27b). In der Hellfeldaufnahme erscheinen alle glatten Oberflächenbereiche der Probe hell bzw. in ihrer Eigenfarbe. An geneigten oder an aufgerauten Flächen wird das Licht hingegen so reflektiert, dass es nicht oder nur teilweise zum Okular gelangt. Folglich bleiben diese Flächen im Gesichtsfeld dunkel oder erscheinen in verschiedenen Grautönen.

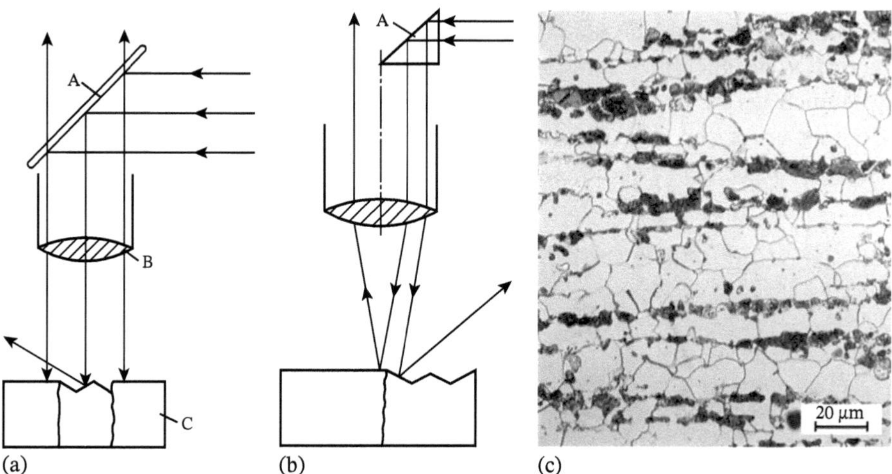

Bild 6.27 Strahlengang bei Auflicht-Hellfeldbeleuchtung mit Gefügebeispiel. (a) mit Planglas *A*, Objektiv *B* und Objekt *C*; (b) mit totalreflektierendem Prisma *A*; (c) ferritisch-perlitisches Gefüge in einer Heldfeldaufnahme.

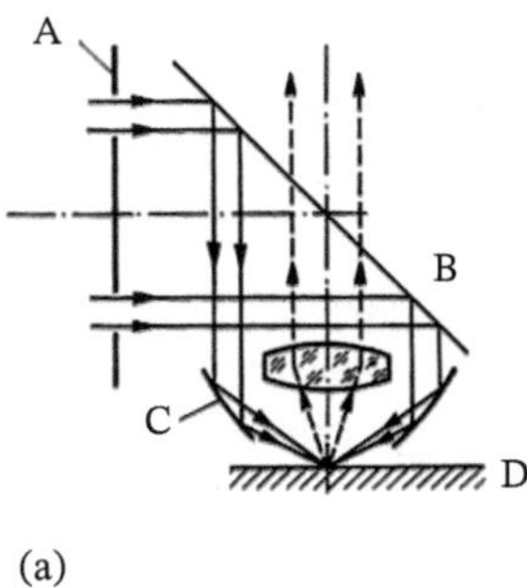

(a)

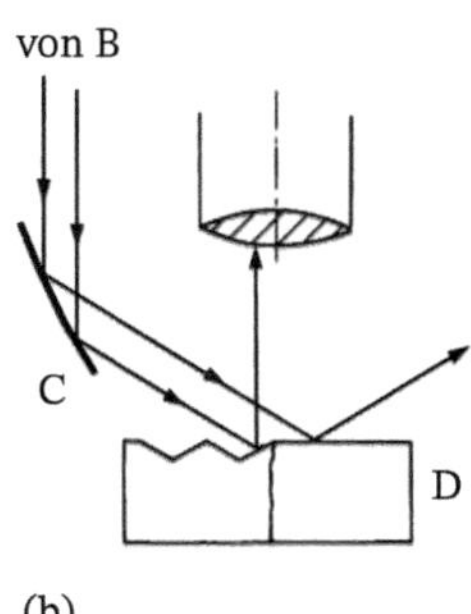

(b)

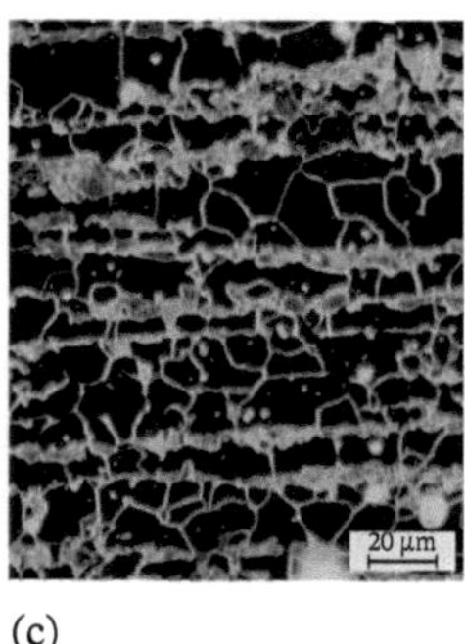

(c)

Bild 6.28 Gefügeuntersuchung im Auflicht-Dunkelfeld. (a) Strahlengang mit Ringblende *A*, Planglas *B*, Parabolspiegel *C* und Objekt *D* nach [1]; (b) Reflexion des schräg einfallenden Lichtes an der Probenoberfläche; (c) ferritisch-perlitischer Stahl in der Dunkelfeldabbildung.

Bei der *Dunkelfeld-Beleuchtung* fallen die Lichtstrahlen schräg auf die Schliffläche (Bild 6.28). Dies gelingt über die Verwendung einer Ringblende im Beleuchtungsstrahlengang und durch den Einsatz von speziell für die Dunkelfeldabbildung konzipierten Objektiven. Sie sind mit einem Parabolspiegel ausgestattet, der das vom Planglas kommende Licht entsprechend ablenkt (Bild 6.28a). Glatte Gefügebestandteile reflektieren das schräg einfallende Licht nun derart, dass es am Objektiv vorbeigeht und erscheinen daher dunkel. Dagegen leuchten aufgeraute, diffus reflektierende Gefügebereiche hell auf, da das reflektierte Licht vollständig oder teilweise in das Objektiv gelangt (Bild 6.28b). Hell- und Dunkelfeldbild verhalten sich ähnlich wie Positiv und Negativ einer fotografischen Aufnahme (vgl. Bild 6.27c und Bild 6.28c).

Lichtdurchlässige Werkstoffe werden häufig auch im *Durchlicht* beobachtet. Dazu werden dünne Schnitte, z. B. Dünnschliffe für die Untersuchung von Polymeren, von silicattechnischen Werkstoffen oder von Biomaterialien, in den Strahlengang eingeführt. Durch eine spezifische Anfärbung einzelner Gefügebestandteile kann die Bildgüte verbessert werden.

Enthält ein Gefüge optisch anisotrope (doppelbrechende) Phasen, so sind diese bei *Betrachtung im polarisierten Licht* – sowohl im Auflicht- als auch im Durchlichtverfahren – besonders deutlich erkennbar. Optisch anisotrope Phasen zerlegen das einfallende linear polarisierte Licht so, dass sie bei gekreuzten Nicols (bei senkrecht zueinanderstehendem Polarisator und Analysator) hell aufleuchten oder farbig erscheinen. Optisch isotrope (einfachbrechende) Gefügebestandteile verändern das einfallende Licht hingegen nicht und bleiben daher bei gekreuzten Nicols im Gesichtsfeld dunkel. Die Betrachtung im polarisierten Licht eignet sich für die Gefügeuntersuchung von kristallinen und teilkristallinen Polymeren (Bild 6.29) sowie von silicattechnischen Werkstoffen.

Aber auch nichtmetallische Einschlüsse (Silicate, Oxide, Sulfide, Nitride) können unter Nutzung des Polarisationskontrastes im Stahl oder in anderen metallischen Werkstoffen sichtbar gemacht werden. Bei poliertem Titan erkennt man im polarisierten Licht bei verformungsfreier Präparation das Gefüge. Eine Ätzung ist dann nicht erforderlich.

Kristallite mit unterschiedlicher Orientierung oder Zusammensetzung können beim Polieren aufgrund ihrer Härte unterschiedlich stark abgetragen werden *(Reliefpolieren).*

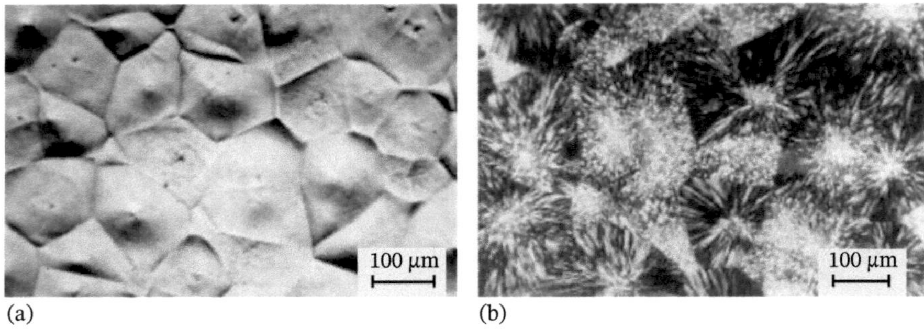

Bild 6.29 Gefüge von Polymeren: Aufnahmen von Dünnschnitten im polarisierten Licht. (a) kristallines Polyamid; (b) sphärolithisches Polypropylen.

Auch das nachfolgende Ätzen erzeugt aufgrund des orientierungs- oder phasenabhängigen Angriffs ein Oberflächenrelief auf der Schlifffläche (s. a. Abschn. 6.4). Die daraus resultierenden Phasenverschiebungen im reflektierten Licht sind bei der üblichen lichtmikroskopischen Betrachtung nicht bemerkbar, wenn sie wesentlich kleiner als $5 \cdot 10^{-1}$ µm sind. Wird jedoch eine so genannte Phasenplatte in den Strahlengang des Mikroskops eingeführt *(Phasenkontrastverfahren)*, werden die Phasenverschiebungen in einen Hell-Dunkel-Kontrast umgesetzt und damit sichtbar gemacht. Im einfachsten Fall erhält man ein der Korngrenzenätzung analoges Bild.

Geringfügige Höhenunterschiede im Mikroschliff sind auch im *differenziellen Interferenzkontrast* nachweisbar. Dazu muss mit polarisiertem Licht und gekreuzten Nicols gearbeitet werden. Außerdem muss ein Wollaston-Prisma zwischen Planglas bzw. Prisma und Objektiv positioniert werden. Die Weglängenunterschiede des reflektierten Lichtes zwischen höher und tiefer liegenden Oberflächenbereichen werden in einen Bildkontrast umgesetzt, sodass die Topographie der Schlifffläche sichtbar wird (Bild 6.30). Der farbliche Eindruck vom Gefüge entsteht bei Verwendung eines $\lambda/4$-Plättchens.

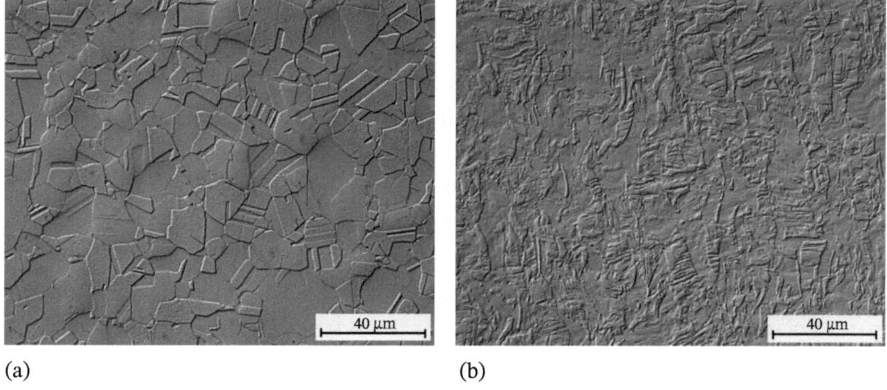

Bild 6.30 Geätzte Schliffflächen im differenziellen Interferenzkontrast. a) reines Kupfer im rekristallisierten Zustand b) reines Kupfer nach Kaltverformung.

6.5.2 Gefügebetrachtung mithilfe des akustischen Reflexionsrastermikroskops

Auch ein akustisches Reflexionsrastermikroskop (ARRM, auch Rasterultraschallmikroskop) ist für die Gefügebetrachtung einsetzbar. Weisen die Gefügebestandteile eines Werkstoffs unterschiedliche elastische Eigenschaften auf, kann das Gefüge zerstörungsfrei sichtbar gemacht werden [13], [14]. Die Untersuchung der Schliffläche ist bereits ohne vorangegangene Ätzung möglich. Dazu gelagen hochfrequente, von einem piezoelektrischen Schallwandler ausgesendete und von einer Linse fokussierte Ultraschallwellen über ein Kopplungsmedium in das Gefüge. Dort wird das Schallfeld durch die elastischen Eigenschaften der Gefügebestandteile verändert, reflektiert und an den Wandler zurückgesandt. Nachgeschaltete Elektronikbausteine setzen die Wandlersignale in Bildsignale um, die Gefügedetails werden auf einem Monitor in Form von unterschiedlichen Grautönen oder Falschfarben wiedergegeben. Um das Gefüge in der gesamten Schliffläche darzustellen, muss die Probe definiert mit dem Ultraschallkopf abgerastert werden.

Ähnlich wie bei nichtbildgebenden Ultraschallprüfverfahren können mit dem ARRM auch Gefügeinhomogenitäten dicht unterhalb der Oberfläche (z. B. Lunker, Risse, Bindefehler) nachgewiesen werden. Daher wird das Verfahren häufig in der Qualitätskontrolle eingesetzt. Ziel ist es, die Größe, Form und Lage von Defekten zu ermitteln, beispielsweise bei der Herstellung von mikroelektronischen Bauteilen oder Bauelementen. Die laterale Auflösung liegt im Bereich der klassischen lichtmikroskopischen Untersuchung, die Tiefenauflösung ist hingegen deutlich höher. Die erreichbaren Auflösungen sind außer von den Gefügeeigenschaften auch von der verwendeten Ultraschallfrequenz sowie der Schallankopplung abhängig.

6.5.3 Elektronenmikroskopische Gefügeuntersuchung

6.5.3.1 Gefügebetrachtung

Die Vorteile der Gefügebetrachtung am Elektronenmikroskop bestehen nicht nur in der wesentlich höheren Auflösung, sondern auch in der größeren Tiefenschärfe. Im Lichtmikroskop wird die Tiefenschärfe bei hohen Vergrößerungen so gering, dass sich ein ausgeprägtes Oberflächenrelief in größeren Bereichen nicht mehr scharf abbilden lässt. Deshalb ist das Elektronenmikroskop für die Untersuchung von stark strukturierten Oberflächen, z. B. für Bruchflächen bzw. für korrosiv oder tribologisch beanspruchte Werkstoffoberflächen, vorzüglich geeignet.

Die direkte Abbildung der Oberfläche einer kompakten Probe ist in einem nach dem Durchstrahlungsprinzip arbeitenden Elektronenmikroskop (*Transmissionselektronenmikroskop, TEM*) nicht möglich. Man ist darauf angewiesen, entweder ein abgedünntes und durchstrahlungsfähiges Präparat vom Untersuchungsobjekt herzustellen (s. z. B. Bild 2.83 und Bild 2.93) oder einen für die Durchstrahlung geeigneten Abdruck von der Oberfläche des Objektes zu untersuchen, der das Oberflächenrelief formgetreu im Negativ enthält (s. a. Bild 6.26).

Mit dem *Rasterelektronenmikroskop (REM)* kann die Werkstoffoberfläche hingegen direkt betrachtet werden. Zur Bilderzeugung wird die Intensität der an der Oberfläche reflektierten Elektronen (BSE) bzw. die Intensität der aus der Probe herausgelösten

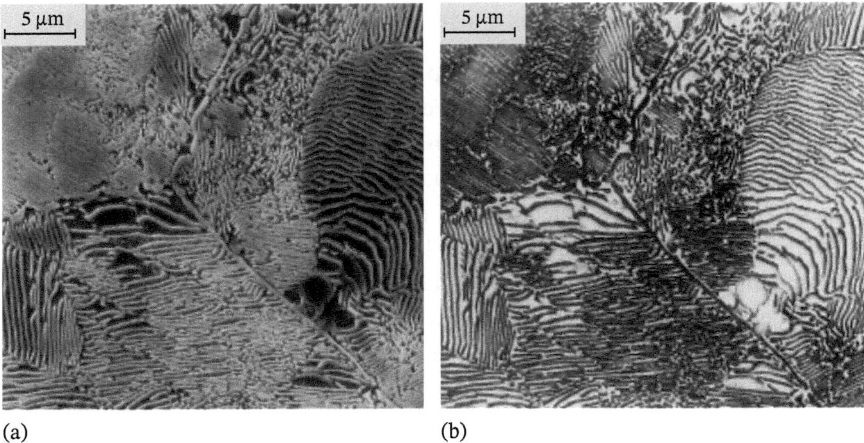

Bild 6.31 REM-Aufnahmen eines eutektoiden (perlitischen) Stahles. (a) Perlit im BSE-Kontrast; (b) Perlit im SE-Kontrast.

Sekundärelektronen (SE) erfasst. Die rückgestreuten bzw. die Sekundärelektronen treffen auf Elektronendetektoren, die der jeweiligen Signalart angepasst sind, werden verstärkt und zur Betrachtung an einen Monitor weitergeleitet.

Das perlitische Gefüge im Bild 6.31 wurde am REM unter Verwendung von rückgestreuten Elektronen (BSE) bzw. von Sekundärelektronen (SE) aufgenommen. Ähnlich wie bei der Hellfeld-/Dunkelfeldabbildung im Lichtmikroskop ist hier ein Positiv-Negativ-Effekt zu beobachten: Die aus der Schliffebene herausstehenden Zementitlamellen erscheinen im BSE-Kontrast hell, im SE-Kontrast hingegen dunkel (s. a. Bild 6.27 und Bild 6.28).

Das REM zeichnet sich gegenüber dem Lichtmikroskop durch eine wesentlich größere Tiefenschärfe aus, förderliche Vergrößerungen bis zu 20.000-fach sind probenabhängig mit Feldemissionsgeräten möglich. Das Bild 6.32 zeigt die äußere Form von Pulverteilchen im

Bild 6.32 Rasterelektronenmikroskopische Abbildung von verdüstem Cu-Pulver, das in H_2 reduziert wurde. Das Zerbersten der Teilchen ist eine Folge der „Wasserstoffkrankheit“. (a) Übersichtsaufnahme; (b) Detailaufnahme von der Oberfläche eines Pulverteilchens.

REM, die das Verdichtungsverhalten von pulvermetallurgisch hergestellten Werkstoffen maßgeblich beeinflusst.

6.5.3.2 Weiterführende Untersuchungsverfahren

Werden Werkstoffproben im Elektronenmikroskop untersucht, so treten weitere Wechselwirkungen zwischen dem Elektronenstrahl und den Atomen der Werkstoffoberfläche auf, die für weiterführende Analyseverfahren genutzt werden können.

Die chemische Zusammensetzung eines Werkstoffes lässt sich im REM im Mikrometerbereich mit Hilfe der *energiedispersiven* oder *wellenlängendispersiven Röntgenspektroskopie* ermitteln. Mit diesem Verfahren gelingt es u. a., Phasen nachzuweisen und deren Verteilung in der Schliffebene zu bestimmen. Auch Diffusionszonen oder Seigerungen können charakterisiert werden.

Für die Elementanalyse wird ein ausreichend hochenergetischer und feinfokussierter (Durchmesser ~ 10 nm) Elektronenstrahl genutzt, der auf die zu untersuchende Probenoberfläche trifft. Durch Einwirkung der energiereichen Primärelektronen werden die Atome im Analysebereich ionisiert, indem Elektronen aus tiefer liegenden Hüllenniveaus austreten. Die freiwerdenden Plätze werden nachfolgend mit Elektronen aus höherliegenden Energieniveaus der Probenatome aufgefüllt. Dabei wird Energie freigesetzt, die u.a. als charakteristische, elementspezifische Röntgenstrahlung emittiert wird und für die Elementanalyse genutzt werden kann. Die Energie der Primärelektronen sollte etwa zweimal so groß sein wie die Energie der im Analysebereich emittierten Röntgenquanten mit der höchsten Energie.

Die Analyse der charakteristischen Röntgenstrahlung erfolgt wellenlängendispersiv mit Hilfe von Kristall- oder Multilayerspektrometern (REM-WDX) oder energiedispersiv mit einem Halbleiterdetektor (REM-EDX). Aus der Lage der Intensitätsmaxima (Peaks) im Wellenlängen- bzw. Energie-Spektrum kann auf die Art der chemischen Elemente in der Probe geschlossen werden, die Konzentration der betreffenden Elemente lässt sich unter Verwendung eines Korrekturprogramms aus der Intensität der Peaks berechnen.

Wird im Durchstrahlungsmodus gearbeitet, liefern die energiedispersive Elementanalyse der charakteristischen Röntgenstrahlung (TEM-EDX) oder die Energieverlustanalyse der transmittierten Elektronen (TEM-EELS) Informationen über die chemische Zusammensetzung der Probe am Analyseort.

Jede der genannten Nachweismethoden hat Vor- und Nachteile, ihr Einsatz richtet sich nach dem konkreten Untersuchungsziel.

Qualitative und quantitative Aussagen zur örtlichen Elementzusammensetzung können durch Punktanalyse, Linienanalyse und Flächenanalyse gewonnen werden. Die räumliche Ausdehnung des untersuchten Probenvolumens beträgt selbst bei der Punktanalyse einige μm^3 („Anregungsbirne“) und ist abhängig von der Dichte des untersuchten Materials und von der Energie des als Sonde dienenden Elektronenstrahls.

Neue hochauflösende, fensterlose EDX-Detektoren am Feldemissions-REM erlauben es, auch die niederenergetischen L- oder M-Röntgenlinien im Energiebereich bis 2 keV für die quantitative Elementanalyse zu nutzen. Daher kann die Energie der Primärelektronen in vielen Fällen auf unter 5 keV verringert werden, sodass das angeregte Probenvolumen mit maximal 1 μm^3 deutlich kleiner ist als bei herkömmlichen REM-EDX-Untersuchungen.

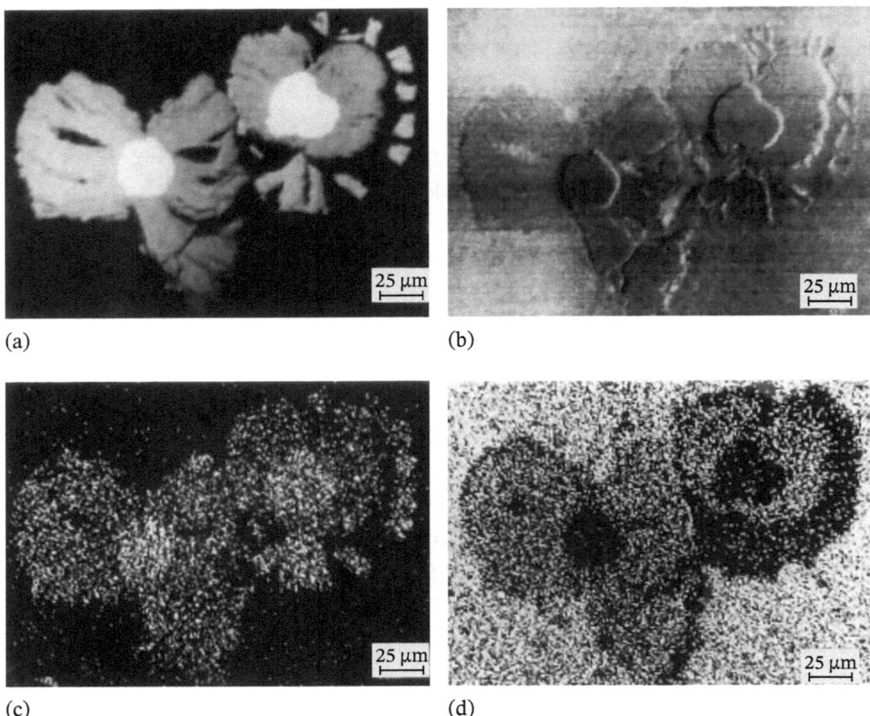

Bild 6.33 Charakterisierung eines Al-W-Verbundwerkstoffs mit der Elektronenstrahlmikrosonde nach *H.-J. Ullrich, S. Däbritz, K. Kleinstück.* (a) Rasterbild unter Nutzung von rückgestreuten Elektronen; (b)Topographiebild der Schlifffläche; (c) Elementverteilungsbild für die W-L_α-Strahlung (d) Elementverteilungsbild für die Al-K_α-Strahlung.

Dies ermöglicht Aussagen über die chemische Zusammensetzung der Probe im submikroskopischen Bereich.

Die Nachweisgrenze für ein Element in einem gegebenen Werkstoffvolumen liegt im Routinebetrieb bei etwa 0,1 Masse-%. Voraussetzung für die Anwendung des Verfahrens ist die elektrische Leitfähigkeit des Probenmaterials. Elektrisch nichtleitende Proben werden daher vor der Untersuchung z. B. mit Kohlenstoff bedampft.

Im Bild 6.33 sind Ergebnisse der qualitativen ESMA-Flächenanalyse am Beispiel eines Al-W-Verbundwerkstoffs zusammengestellt. Das Bild 6.33a zeigt eine rasterelektronenmikroskopische Aufnahme unter Nutzung von rückgestreuten Elektronen. Die unterschiedlichen Graustufen lassen sich drei Bestandteilen mit unterschiedlicher chemischer Zusammensetzung zuordnen (Materialkontrast). Im Bild 6.33b ist die Topographie der Schlifffläche auf der Basis von Sekundärelektronen erkennbar. Die Bilder 6.33c und d stellen die Verteilung der charakteristischen Röntgenstrahlung W-L_α bzw. Al-K_α im Analysengebiet dar. Sie liefern Informationen über die Intensitätsverteilung der Elemente W und Al und damit auch über die Phasenverteilung im untersuchten Bereich der Schlifffläche.

Mit Hilfe von REM-EBSD-Untersuchungen können Orientierungsunterschiede zwischen benachbarten Kristalliten in einphasigen Gefügen oder Gefügebestandteile mit unterschiedlicher Kristallstruktur in mehrphasigen Werkstoffen sichtbar gemacht werden. Das Untersuchungsverfahren beruht auf der Auswertung von Beugungsreflexen, die die einfallenden Elektronen in Wechselwirkung mit den Netzebenen der in der Probe vorliegenden Kristallgitter hervorrufen [14].

Auch im Durchstrahlungsmodus können Informationen über den strukturellen Aufbau des Werkstoffes am Analyseort gewonnen werden. Nutzbar hierfür ist die TEM-Feinbereichsbeugungsuntersuchung. Anhand der für ein Kristallgitter typischen Punkt- oder Ringreflexe können die vorliegenden Phasen identifiziert werden.

6.6 Quantitative Gefügeanalyse

Das Ziel der quantitativen Gefügeanalyse besteht darin, die Beschaffenheit des Volumens eines Werkstoffs durch Zählen, Messen und Klassifizieren von Gefügeelementen in einem zweidimensionalen Gefügebild zahlenmäßig zu beschreiben. In diesem Zusammenhang spricht man auch von *Stereometrie*. Die Stereometrie umfasst die Gesamtheit aller Verfahren, mit denen anhand eines zweidimensionalen Schnittes durch den Festkörper oder seiner Projektion auf eine Fläche Aussagen zur räumlichen Beschaffenheit des Körpers getroffen werden können [15].

Für die quantitative Gefügeanalyse kommen vielfach bildanalytische Verfahren zum Einsatz. Grundlage sind Direktbilder vom Lichtmikroskop, REM u.ä. oder digitale Gefügeaufnahmen. Die in einem Schliffbild vorliegenden Gefügemerkmale werden in Abhängigkeit von der örtlichen Helligkeit oder Farbschattierung in elektrische Signale umgewandelt und auf einem Monitor für die Messung dargestellt [16, 17]. Je mehr Bildpunkte eine Abbildung enthält, umso höher ist die Genauigkeit bei der quantitativen Erfassung der Gefügemerkmale.

Die Datenerfassung an Schliffflächen im Direktbild oder an digitalen Gefügeaufnahmen kann grundsätzlich über drei Messverfahren erfolgen: mit der Flächen-, der Linear- und der Punktanalyse (Tab. 6.1). Die Berechtigung, das Werkstoffgefüge mithilfe eines Punktrasters oder anhand von ein- und zweidimensionalen Messgrößen räumlich quantitativ beschreiben zu dürfen, leitet sich grundsätzlich aus dem durch *A. Rosiwal, M. Delesse* und *A. A. Glagolev* formulierten Zusammenhang

$$V_{\mathrm{V}} = A_{\mathrm{A}} = L_{\mathrm{L}} = P_{\mathrm{P}} \tag{6.10}$$

ab. Die *stereologische Grundgleichung* (6.10) besagt, dass der Volumenanteil einer Phase ihrem Flächen-, Linear- oder Punkteanteil entspricht. Dabei bedeuten vereinbarungsgemäß:

$V_{\mathrm{V}} = V/V_{\mathrm{T}}$	das auf ein Testvolumen V_{T} bezogene Volumen V einer Phase
$P_{\mathrm{P}} = N^{\mathrm{P}}/N_T^{\mathrm{P}}$	die Anzahl der Punkte N^{P} eines Punktrasters, die auf eine bestimmte Phase entfallen, im Verhältnis zur Gesamtpunktzahl des Rasters N_T^{P}
$L_{\mathrm{L}} = L/L_{\mathrm{T}}$	die auf die Länge einer Testlinie L_{T} bezogene Gesamtlänge L aller Sehnen einer Phase, die auf der Testlinie L_{T} liegen
$A_{\mathrm{A}} = A/A_{\mathrm{T}}$	die auf die Länge einer Testlinie L_{T} bezogene Gesamtlänge L.

Tab. 6.1 Überblick über ausgewählte Messwerte und Kenngrößen der Gefügeanalyse in Anlehnung an [16, 18].

Punktanalyse		Linearanalyse		Flächenanalyse	
Messwert	**räumlicher Parameter**	**Messwert**	**räumlicher Parameter**	**Messwert**	**räumlicher Parameter**
Anzahl der Messpunkte in der interessierenden Phase N^P	Volumenanteil V_V	Länge der Messlinie in der betreffenden Phase L Anzahl der Schnittpunktemit Korngrenzen N^{KG} Anzahl der Schnittpunkte mit Phasengrenzen N^{PG} Anzahl der Sehnen auf der Messlinie N^L Anzahl der Sehnen als Funktion ihrer Länge	Volumenanteil V_V spezifische Grenzfläche S_V^G spezifische Korngrenzfläche S_V^{KG} spezifische Phasengrenz-fläche S_V^{PG} Kontiguität C mittlere lineare Korngröße $\bar{L}^K$ Korngrößenverteilung	auf die interessierende Phase entfallende Fläche A Anzahl der Schnittflächen in einer Messfläche N^A Anzahl der Schnittflächen als Funktion ihres mittleren Durchmessers	Volumenanteil V_V spezifische Grenzfläche S_V^G (bei eindeutig definierbarer Form der Gef ügebestandteile) mittlerer Durchmesser (bei eindeutiger Form) Korngrößenverteilung (bei eindeutiger Form)

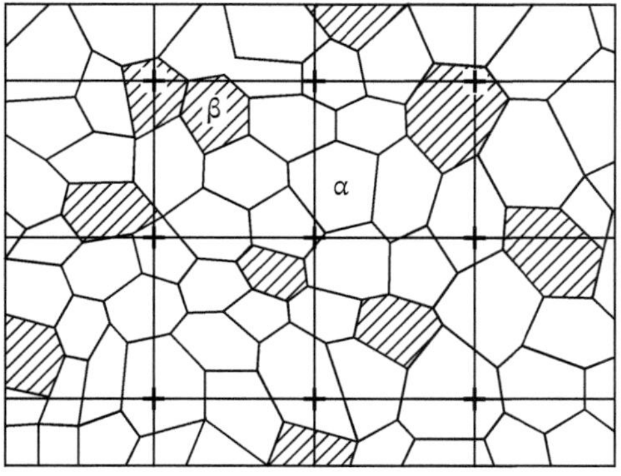

Bild 6.34 Schematische Darstellung des Messprinzips der Punktanalyse.

6.6.1 Punktanalyse

Bei der *Punktanalyse* wird ein gleichmäßiges Punktraster über das Schliffbild gelegt. Danach werden die auf eine bestimmte Phase entfallenden Rasterpunkte N^{P} ausgezählt. Das Messprinzip ist im Bild 6.34 schematisch für ein zweiphasiges Gefüge dargestellt. Ermittelt wird die Anzahl aller im Messfeld liegenden Rasterpunkte für die Phase α oder für die Phase β. Da die Gesamtanzahl der Messpunkte im Messfeld bekannt ist, kann der Anteil der Messpunkte für die zweite, nichtausgezählte Phase leicht ermittelt werden.

Der Volumenanteil der Phasen ergibt sich zu

$$V_V = N^P / N_T^P = P_P \tag{6.11}$$

Die Punktanalyse findet neben der Linearanalyse vor allem Anwendung bei mehr als zweiphasigen Gefügen oder wenn ein Gefügebestandteil in besonders fein verteilter Form vorliegt. Durch die Möglichkeit, die Abstände im Punktraster in einer Rastergraphik beliebig festlegen zu können, gestattet dieses Verfahren, in relativ kurzer Zeit eine große Anzahl von Gefügeelementen zu erfassen.

6.6.2 Linearanalyse

Bei der *Linearanalyse* werden die in einer Schlifffläche liegenden Körner entlang einer beliebig in das Bild hineingelegten Linie der Länge L_T betrachtet. Dabei werden die Schnittpunkte der Messlinie mit Korngrenzen oder Phasengrenzen gezählt oder die sich beim Schneiden der einzelnen Gefügebestandteile ergebenden Sehnen L^K gezählt, gemessen und nach Größengruppen klassiert. Das Bild 6.35a zeigt ausgewählte Sehnen L^α und L^β, die entlang der eingezeichneten Testlinie in den Körnern der α- bzw. der β-Phase in einem zweiphasigen Gefüge auftreten.

Der *Volumenanteil* einer Phase entspricht bei der Linearanalyse ihrem Längenanteil L_L, sodass die Bestimmungsgleichung die Form

$$V_V = (\Sigma\, L^K)/L_T = L/L_T = L_L \tag{6.12}$$

annimmt.

Mit Hilfe der Linearanalyse kann darüber hinaus auch der Korngröße eines Gefüges bestimmt werden. Die *mittlere lineare Korngröße* ergibt sich demnach aus der

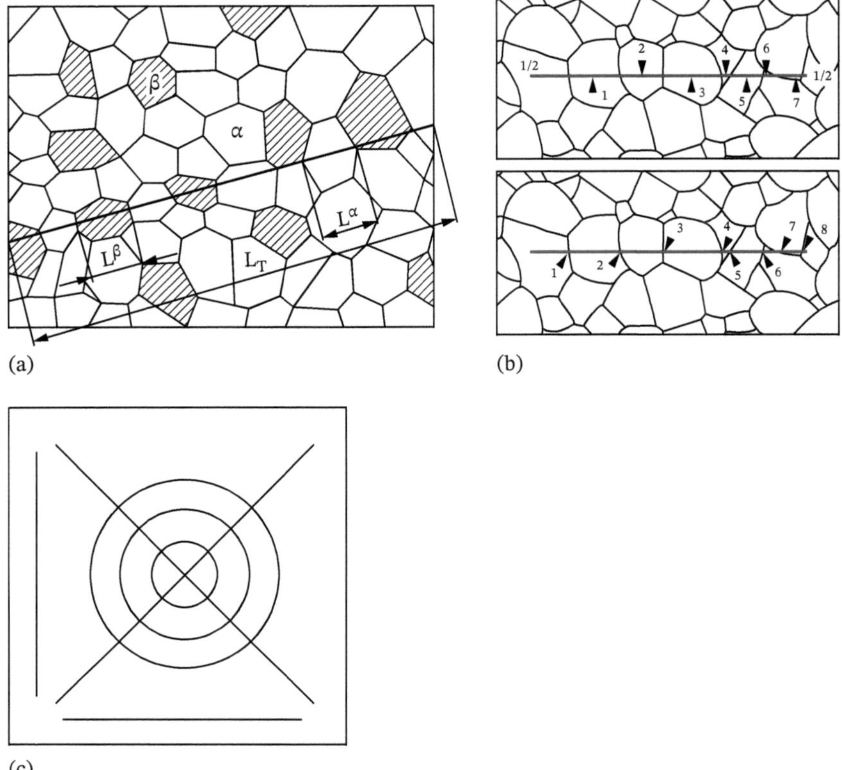

Bild 6.35 Messprinzip der Linearanalyse. (a) schematische Darstellung; (b) Bestimmung der mittleren linearen Korngröße durch Zählen der geschnittenen Körner bzw. der Korngrenzenschnittpunkte entlang einer geraden Testlinie nach [19]; (c) mögliche Messlinien für die Charakterisierung nichtisometrischer Gefüge nach [19].

Gesamtsehnenlänge ΣL^K der Phasen α und β bezogen auf die Anzahl der Sehnen N^L der α- und der β-Phase. Nach [19] kann die Anzahl der von der Testlinie geschnittenen Körner oder die Anzahl auf der Testlinie liegenden Schnittpunkte mit Korn- bzw. Phasengrenzen zur Ermittlung der mittleren linearen Korngröße herangezogen werden (Bild 6.35b).

$$\bar{L}^K = \Sigma L^K / N^L = L / N^L \tag{6.13}$$

Bei isometrischen Gefügen, die keine Verzugsorientierung aufweisen, kann die Messlinie beliebig in die Schliffbilder gelegt werden. Zeigen die Gefüge in Vorzugsrichtungen gestreckte Körner, dann wird die Richtung der Testlinie so gewählt, dass sie entweder mit den Vorzugsrichtungen zusammenfällt oder statistisch variiert. Auch konzentrisch angeordnete Kreislinien mit definierter Länge können für die Ermittlung der Korngröße ausgewertet werden, in diesem Fall wird die Anzahl der Schnittpunkte mit Korn- bzw. Phasengrenzen bestimmt (Bild 6.35c, [19]).

Andere Korngrößenmaße, wie z. B. die Korngrößenkennzahlen nach ASTM, haben im Gegensatz zur mittleren linearen Korngröße keine Beziehung zur räumlichen Korngröße. Nach wie vor im Gebrauch sind aber *Richtreihen*, die als Schätzverfahren eine schnelle Kontrollmöglichkeit für die Qualitätssicherung bieten.

Die Linearanalyse gestattet es, mithilfe der dargelegten Elementaroperationen noch weitere, für die Gefügecharakterisierung wichtige Gefügeparameter zu ermitteln (Tab. 6.1). So kann die *spezifische Korngrenzfläche* S_V^{KG} in einphasigen Gefügen aus der Anzahl N^{KG} der von der Testlinie L_T geschnittenen Korngrenzen bestimmt werden:

$$S_V^{KG} = 2N^{KG}/L_T \qquad (6.14)$$

Sie ist eine eindeutige Kennzeichnung des Dispersionsgrades. In grobkörnigen Metallen mit einer mittleren linearen Korngröße $\bar{L}^K$ von 200 µm liegt S_V^{KG} beispielsweise in der Größenordnung von 100 cm²/cm³. Für feinkörnigere Werkstoffe z. B. mit $\bar{L}^K = 5$ µm steigt die spezifische Korngrenzfläche auf 4.000 cm²/cm³ an. Anzumerken ist, dass bei diesen Berechnungen die Korngrenzen einfach gezählt wurden. Zweckmäßiger erscheint es jedoch, in einem einphasigen Gefüge die Korngrenzen als Doppelkorngrenzen zu betrachten. Dabei trägt man der Tatsache Rechnung, dass eine Korngrenze zu jeweils zwei benachbarten Körnern gehört. Bei mehrphasigen Gefügen setzt sich die *spezifische Grenzfläche* S_V^G einer Phase aus einem Korngrenzenanteil

$$S_V^{KG} = 2N^{KG}/L \qquad (6.15)$$

und einem Phasengrenzenanteil

$$S_V^{KG} = 2N^{PG}/L \qquad (6.16)$$

zusammen. Hierbei ist N^{PG} die Anzahl der von der Testlinie L_T geschnittenen Phasengrenzen. Wird in den Gleichungen (6.15) und (6.16) L durch L_T ersetzt, dann erhält man anstelle der spezifischen, d. h. auf das Phasenvolumen bezogenen, die auf das Prüfvolumen V_T bezogene Grenzfläche.

Für die Charakterisierung von Einlagerungs- und Durchdringungsgefügen sowie für das Verständnis ihrer Eigenschaften sind die so genannte Kontiguität und der mittlere freie Weg von Bedeutung. Die *Kontiguität C* kennzeichnet das Verhältnis der spezifischen Korngrenzfläche S_V^{KG} zur spezifischen (Gesamt-)Oberfläche S_V^O einer Phase

$$C = \frac{2S_V^{KG}}{S_V^O} = \frac{2N^{KG}}{2N^{KG} + N^{PG}} \qquad (6.17)$$

Die spezifische (Gesamt-)Oberfläche S_V^O fasst die spezifische Korngrenzfläche und die spezifische Phasengrenzfläche einer Phase in der Gleichung $S_V^O = 2S_V^{KG} + S_V^{PG}$ zusammen. Die Kontiguität C kann Werte zwischen 0 und 1 annehmen. Bei $C = 0$ liegt ein Einlagerungsgefüge vor, im Fall von $0 < C < 1$ ein Durchdringungsgefüge. Häufig wird der Skelettbildungsgrad einer Phase ebenfalls mit C bezeichnet. In diesem Fall sind Schlussfolgerungen hinsichtlich der Ausbildung eines kontinuierlichen räumlichen Netzwerkes jedoch unzulässig.

Der *mittlere freie Weg p* kennzeichnet hingegen die durchschnittliche Wandstärke der sich gegenseitig durchsetzenden räumlichen Netzwerke in Durchdringungsgefügen:

$$p = 2\,(1 - \Sigma\, L^K)/N^{PG} \qquad (6.18)$$

Die Größe p ist u. a. für die Gefügecharakterisierung und die Eigenschaften von Hartmetallen (Carbid-Metall-Verbundwerkstoffen) von ausschlaggebender Bedeutung (s. a. Bilder 6.46 und 6.47).

Wie bereits aus Tabelle 6.1 hervorgeht, zeichnet sich die Linearanalyse durch eine große Anzahl von erfassbaren Gefügeparametern aus. Sie ist damit die einzige Analysemethode, aus deren in der Ebene gewonnenen Messwerten ohne Einschränkung auf die räumliche Größenverteilung der Gefügebestandteile geschlossen werden kann.

6.6.3 Flächenanalyse

Bei der *Flächenanalyse* werden die Schnittflächen A^K der Gefügeelemente (Kornschnittflächen) gezählt und gemessen. Die Messung von A^K erfolgt computergestützt über die Erfassung von Bildpunkten (Pixel), der kleinsten Einheit einer digitalen Rastergraphik. Die Flächengröße ergibt sich aus der Anzahl der Pixel, die auf eine gegebene Fläche entfallen. Um den Flächenanteil eines gegebenen Gefügebestandteils bestimmen zu können, muss jedem Pixel entweder ein bestimmter Grauwert oder eine Farbe zugeordnet werden. Es versteht sich von selbst, dass die Größe eines Bildpixels von der Größe des Speicherchips der Digitalkamera abhängig ist. Die maximal mögliche Pixelauflösung eines digitalen Bildes wird in „pixel per inch" (ppi) bzw. dots per inch (dpi) angegeben.

Bei der Flächenanalyse ergibt sich der *Volumenanteil* V_V einer Phase aus dem Verhältnis der Fläche A dieser Phase zur Testfläche A_T.

$$V_V = (\Sigma A^K)/A_T = A/A_T = A_A \tag{6.19}$$

Die durchschnittliche Kornschnittflächengröße $\bar{A}^K$ *(mittlere Kornfläche)* einer Phase kann nach folgender Gleichung errechnet werden:

$$\bar{A}^K = (\Sigma A^K)/N^K = A/N^A \tag{6.20}$$

Dabei ist N^A die Anzahl aller Kornschnittflächen A^K in einer Prüffläche A_T.

N^A wird mit Flächenzählverfahren ermittelt (Bild 6.36, [19]). Demnach werden alle vollständig in der Prüffläche liegenden Körner voll gezählt. Die von der Umfangslinie der Testfläche geschnittenen Körner gehen hingegen gesondert in die Auswertung ein: Hat A_T die Form eines Kreises (*Kreisverfahren*, Bild 6.36a), müssen alle von der Umfangslinie geschnittenen Körner mit dem Faktor 0,5 multipliziert werden. Auch bei einer rechteckigen Testfläche werden alle von der Umfangslinie geschnittenen Kristallite mit dem Faktor 0,5

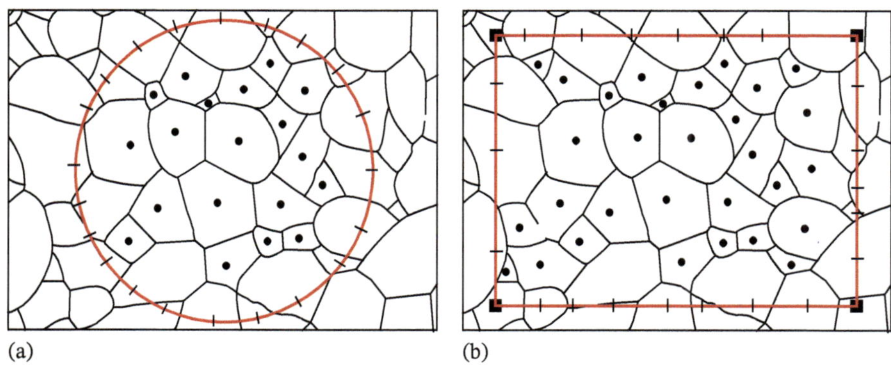

Bild 6.36 Schematische Darstellung der Korngrößenbestimmung mit Flächenzählverfahren in Anlehnung an [19]. (a) kreisförmige Testfläche; (b) rechteckige Testfläche.

berücksichtigt. Die vier Körner an den Ecken der Testfläche gehen hingegen mit dem Faktor 0,25 in die Ermittlung von N^{A} ein (*Rechteckverfahren*, Bild 6.36b).

Die Berechnung der räumlichen Mittelkorngröße $\bar{V}^{K}$ aus $\bar{A}^{K}$ ist nur über vereinfachende Annahmen hinsichtlich der Kristallitgestalt (Kugeln) möglich.

6.6.4 Charakterisierung der Form und Orientierung von Gefügebestandteilen

Mit dem Werkstoffherstellungsverfahren ist zumeist auch die Ausbildung kennzeichnender Formen und Orientierungen der Gefügebestandteile verbunden, die die Eigenschaften eines Werkstoffs ebenso wie die bereits erörterten Gefügekenngrößen beeinflussen. Eine von subjektiven Einflüssen freie Quantifizierung der Form und der Orientierung eines Gefügebestandteiles ist nur möglich, wenn sie unabhängig von der Größe des Gefügeelements durchgeführt wird. Das heißt, dass der zu beschreibende Wert (Formparameter, Orientierungsfaktor) dimensionslos sein muss.

Die große Zahl der vorgeschlagenen *Formparameter* lässt sich in zwei Gruppen zusammenfassen, die mithilfe von Einzelobjektmessungen, durch Linearanalyse und / oder durch Flächenanalyse gewonnen werden können [20]. Die erste Gruppe basiert auf objektspezifischen Messgrößen wie zum Beispiel auf dem Flächeninhalt, der Umfangslänge oder auf Ferets einzelner Teilchen. Aus dem Vergleich mit geeigneten Referenzgrößen (z. B. Umfang eines flächengleichen Kreises oder einer konvexen Hülle, Flächeninhalt eines umfangsgleichen Kreises, Durchmesser von Referenzkreisen) können u.a. die Parameter Rundheit, Kompaktheit oder Konvexität abgeleitet werden [21].

Ein Teilchen mit beliebiger Form lässt sich entsprechend Bild 6.37a durch seinen Flächeninhalt und seine Umfangslänge charakterisieren, ein flächengleicher Kreis ist als Referenz eingezeichnet. Die Teilchenform im Bild 6.37b zeigt Ferets, die horizontal und

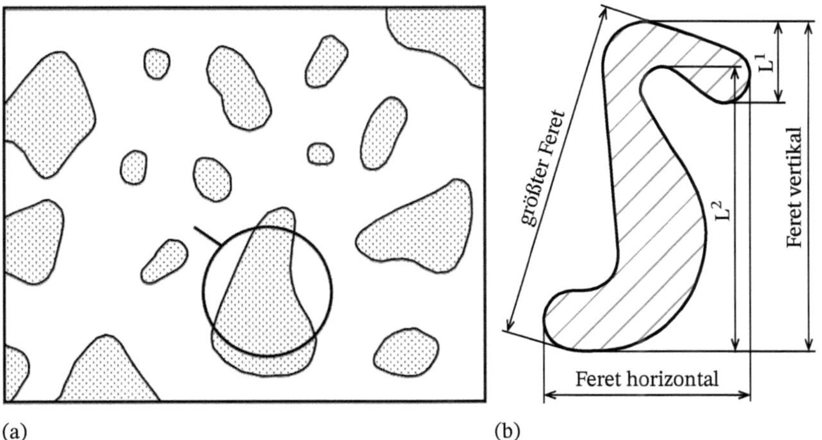

Bild 6.37 Messgrößen zur Formcharakterisierung von beliebigen Gefügeelementen. (a) schematische Darstellung einer Einzelobjektmessung; (b) Ermittlung von Ferets nach *E. Exner* und *H. P. Hougardy*. Die Objektfläche ist schraffiert. Feret horizontal stellt die Projektion des Objektes in horizontaler Richtung dar, Feret vertikal ist die Projektion in senkrechter Richtung. L^1 und L^2 sind ausgewählte vertikal projizierte Längen.

vertikal in die zweidimensionale Teilchenschnittfläche hineingelegt werden und prinzipiell zur Angabe der Streckung herangezogen werden können.

Die Formparameter der zweiten Gruppe enthalten hingegen Größen, die sich stereologisch in jedem Fall genau bestimmen lassen. Sie sind alle auf den Formfaktor F

$$F = \frac{2}{3\pi} \cdot \frac{\left(N^{\mathrm{KG}}\right)^2 A_{\mathrm{V}}}{N^{\mathrm{K}} N_{\mathrm{T}} L} \tag{6.21}$$

oder auf Potenzen von F zurückführbar. L ist im Falle einphasiger Werkstoffe gleich L_{T}. Der Formfaktor F stellt hinsichtlich der Ermittlung der Bestimmungsgrößen eine Kombination von Flächen- und Linearanalyse dar. Computergestützte Bildanalyseverfahren gestatten es, beide Analysearten in einem Messvorgang durchzuführen.

Für Kugeln ist $F = 1$. In dem Maße, wie der Gefügebestandteil von der Kugelform (Rundheit) abweicht, d. h. die Kompliziertheit der Gestalt der Gefügeelemente zunimmt, wird $F > 1$. Der Ausdruck $\frac{\left(N^{\mathrm{KG}}\right)^2 A_{\mathrm{T}}}{N^{\mathrm{K}} L_{\mathrm{T}} L}$ ist die einzige dimensionslose Kombination von der stereologischen Messung zugänglichen Größen. Er ist vom Volumen- und Flächenanteil der betreffenden Phase unbeeinflusst und hängt allein von der Form der Gefügebestandteile ab [20, 22]. Auch das Streckungsverhältnis von Körnern in Gefügen mit liefert Informationen über die Vorzugsorientierung. Es wird mit Hilfe der Linearanalyse ermittelt, in dem die mittlere lineare Korngröße in horizontaler Richtung in das Verhältnis zur mittleren linearen Korngröße in vertikaler Richtung gesetzt wird.

Eine Beurteilung der Form von Gefügebestandteilen ist außerdem über Richtreihenvergleiche möglich, die vielfach in der Qualitätssicherung zur Anwendung kommen. So können beispielsweise Graphitteilchen im grauen Gusseisen durch visuelle Auswertung bzw. mit Hilfe der Bildanalyse hinsichtlich der Form, Anordnung und Größe klassifiziert werden [23, 24]. Auch die Charakterisierung von nichtmetallischen Einschlüssen in Stählen erfolgt mit Hilfe von Vergleichsbildreihen [6.25].

Ebenso wie der Formfaktor F ist der *Orientierungsfaktor O* in Gl. (6.22) für die Abweichung eines Eigenschaftswertes des mehrphasigen Werkstoffs von dem durch die Mischungsregel gegebenen Wert von wesentlicher Bedeutung (s. a. Gl. (6.28) und Bild 6.43). Unter Zugrundelegung der Linearanalyse nimmt er für eine gegebene Phase die Form

$$O = \frac{\frac{N}{L^{\perp}} - \frac{N}{L'}}{\frac{N}{L^{\perp}} + 0{,}273\frac{N}{L''}} \tag{6.22}$$

an [15]. Darin sind N die Anzahl der auf die Phase entfallenden Sehnen und $L^{\perp}$ und L'' die Summe der senkrecht bzw. der parallel zur Gefügebildkante in den Körnern der Phase ermittelten Sehnenlängen $\left(L^{\perp} = \Sigma L^{K_{\perp}}, L'' = \Sigma L^{K''}\right)$. Mithilfe von Bildverarbeitungssystemen werden die ins Verhältnis gesetzten Parameter und ihre Orientierungen zueinander ausgewertet.

6.7 Gefüge-Eigenschafts-Beziehungen

Art, Größe, Form und Verteilung der Gefügebestandteile beeinflussen die Eigenschaften der Werkstoffe entscheidend. Sie sind ein Ergebnis der Werkstoffherstellung und -bearbeitung und über diese in weiten Grenzen einstellbar. Bevor auf systematische und quantitative Zusammenhänge eingegangen wird, sollen am Beispiel der unlegierten Stähle zunächst einige allgemeine Vorstellungen vermittelt werden (Bild 6.38).

Das Bild 6.38a zeigt das Gefüge eines unlegierten Stahls mit einigen 10^{-2} % C im *normalgeglühten Zustand*. Der Zementit (Fe_3C, Tertiärzementit) befindet sich hier als Korngrenzenschicht zwischen den Ferritkörnern (α-Mkr). In kohlenstoffreicheren Stählen ist der Zementit im Perlit enthalten, wobei der Perlit aus Ferrit- und Zementitlamellen besteht (Bild 6.38b, c und d, s. a. Bild 6.31). Bei C-Gehalten von > 0,8 % bilden sich an den ehemaligen Austenitkorngrenzen Zementitsäume aus, die die Perlitkörner netzwerkartig umhüllen (Bild 6.38f). Durch den in verschiedenen Formen vorliegenden Zementit nimmt die Phasengrenzfläche stark zu, so dass Härte und Festigkeit der Stähle mit wachsendem Zementitgehalt nahezu stetig ansteigen (s. a. Bild 4.19 und Bild 6.39).

Wird der Perlit längere Zeit bei Temperaturen bis etwa 700 °C geglüht, nimmt der Zementit seine Gleichgewichtsform an (Weichglühen, Bild 6.38e). In dem Bestreben, die Grenzflächenenergie zu vermindern, wird der lamellare Zementit über Umlösungsvorgänge in eine kugelige Form überführt. Damit fällt die Härte deutlich ab, während die Zähigkeit

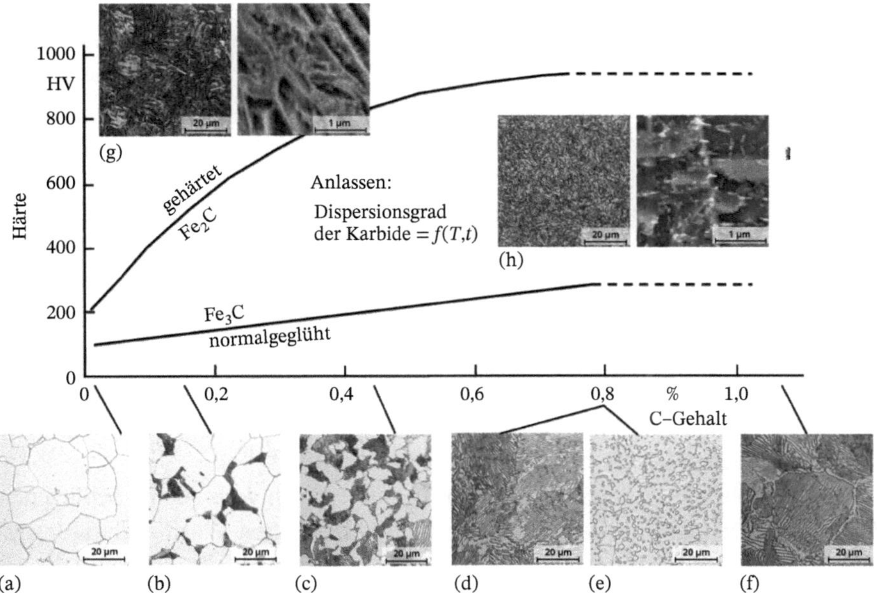

Bild 6.38 Härte von unlegierten Stählen in Abhängigkeit von C-Gehalt und Gefüge.

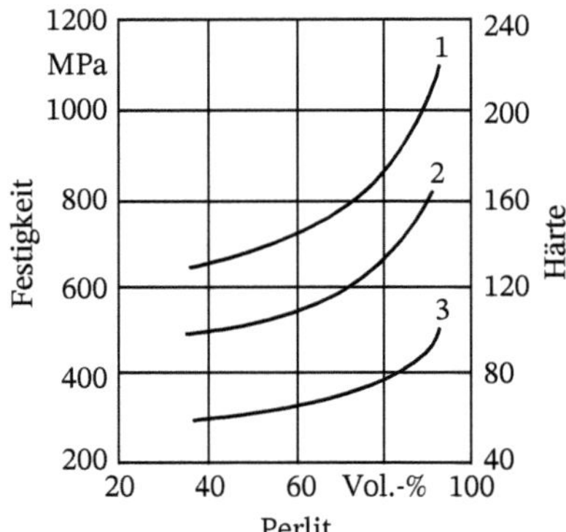

Bild 6.39 Einfluss des Perlitanteils auf die mechanischen Eigenschaften untereutektoider Stähle nach *H. Unckel.* 1 Härte; 2 Zugfestigkeit; 3 Streckgrenze

hingegen zunimmt. Der *weichgeglühte Zustand* wird bei Stählen mit C-Gehalten ab 0,5 % häufig zur Verbesserung des Zerspanungs- und Umformverhaltens eingestellt.

Im *gehärteten Zustand* ist der Kohlenstoff im tetragonal verzerrten Martenitgitter zwangsgelöst. Der Stahl muss dafür aus dem Austenitgebiet abgeschreckt werden. Durch Anlassen zwischen 150 und 200 °C wird der *tetragonale Martensit* unter Ausscheidung von feindispersen ε-Carbidteilchen (Fe_2C) in einen *kubischen Martensit* umgewandelt (Bild 6.38g). Der zwischen dem normalgeglühten und dem gehärteten Zustand liegende Härte- und Festigkeitsbereich lässt sich erschließen, indem Fe_3C als disperse Phase in die ferritische Matrix eingelagert wird (Bild 6.38h). Dies wird durch Anlassen des Martensits bei 450 bis 650 °C erreicht. Mit zunehmender Glühtemperatur und -dauer wachsen die Zementitpartikel und der mittlere Abstand zwischen den Zementitteilchen nimmt zu. Dementsprechend geht der Teilchenhärtungseffekt zurück, die Zähigkeit des Stahles jedoch wird verbessert(s. Abschn. 9.2.2.4). Diese als *Vergüten* bezeichnete Wärmebehandlung ist u.a. für hochfeste Baustähle charakteristisch.

Wie unterschiedlich sich Form, Größe und Verteilung des Zementits bzw. der Carbide auf verschiedene Stahleigenschaften auswirken, verdeutlicht das Bild 6.40 für den niedriglegierten Stahl 50CrMo4. Im Bild 6.40a ist erkennbar, dass sich Werkstoffzustände gleicher Härte – z. B. von 325 HV10 – durch isotherme Umwandlung des Austenits bei 620 °C, bei 520 °C oder bei 450 °C einstellen lassen. Je nachdem, ob die isotherme Umwandlung in der Perlit- oder in der Bainitstufe erfolgt, liegen Zementit bzw. Carbide im Perlit, im gemischten Gefüge bzw. im bainitischen Gefüge in Form von Lamellen und / oder in Form feindisperser Teilchen vor. Auch nach dem Anlassen eines martensitischen Gefüges bei 640 °C wird eine Härte bei 325 HV10 erreicht. Der feindisperse Zementit ist in diesem Falle Bestandteil des bereits beschriebenen Vergütungsgefüges (vgl. Bild 3.38f).

Wie das Bild 6.40b zeigt, unterscheiden sich die beim Bruch verbrauchte Schlagenergie und die 0,2 %-Dehngrenze der unterschiedlich eingestellten Wärmebehandlungszustände – trotz vielfach vergleichbarer Härte und Zugfestigkeit – recht deutlich. Als erheblich schlagresistenter erweisen sich die bei hohen Temperaturen angelassenen martensitischen und bainitischen Gefüge (Kurven 1 bis 3 im Bild 6.40b). Die 0,2 %-Dehngrenze der Proben 1 bis 3 ist vergleichsweise hoch, variiert jedoch in Abhängigkeit von dem jeweils vorliegenden Gefüge. Schlagenergie und 0,2 %-Dehngrenze sind demnach in anderer Weise von der Zementitform und -verteilung abhängig als die Härte (s. a. Abschn. 5.6).

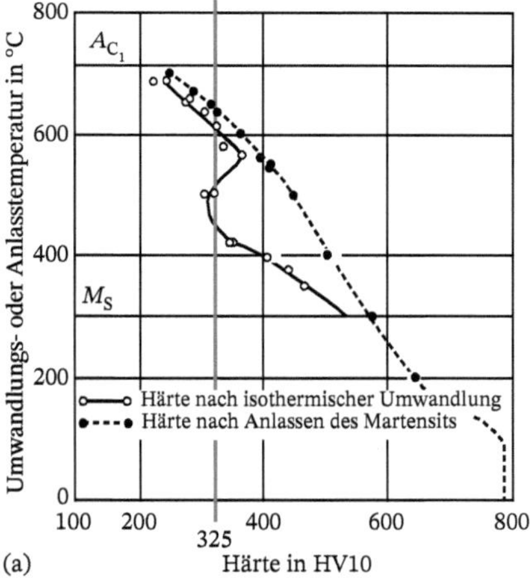

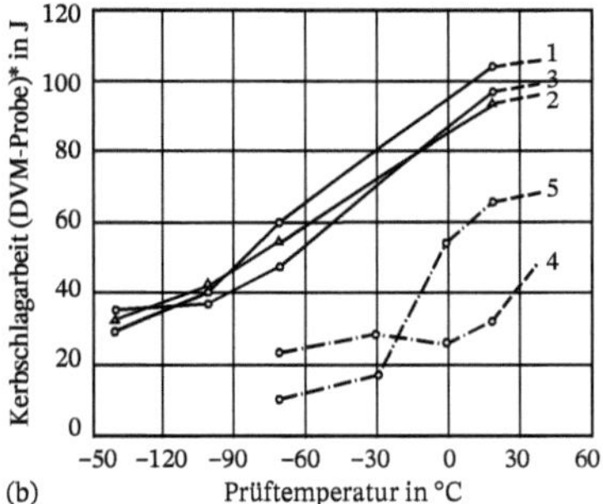

Kurve	Wärmebehandlung		Gefüge	0,2%-Dehngrenze	Zugfestigkeit	Härte
	Abkühlung nach Austenitisieren 830 °C, 20 min	Anlassbehandlung		$R_{p0,2}$ N / mm²	$R_{p0,2}$ N / mm²	HV 10
1	in Wasser	635°C 2h / Luft	angelassener Martensit	940	1030	325
2	in Öl	635°C 2h / Luft	angelassener Martensit	930	1030	322
3	in 10^3 s auf 310°C / Luft	620°C 2h / Luft	angelassener Bainit	895	1025	321
4	in 10^5 s auf 500°C / Luft		Bainit	770	1010	307
5	in 1200 s auf 650°C / Luft		5 % Ferrit + 95 % Perlit	665	1010	305

Bild 6.40 Gefüge und mechanische Eigenschaften des Stahls 50 CrMo4 in Abhängigkeit vom Wärmebehandlungszustand nach *A. Rose* und in Anlehnung an [26]. (a) Zusammenhang zwischen Härte und Umwandlungs- bzw. Anlasstemperatur; (b) Kerbschlagarbeit*-Temperatur-Verläufe für verschiedene Gefügezusammensetzungen
* Der in [26], [27] verwendete Kennwert Kerbschlagarbeit entspricht dem aktuell gebräuchlichen Kennwert Schlagenergie nach [6.27].

Die zahlenmäßige Charakterisierung der Gefügeelemente und ihre gegenseitigen Korrelationen haben sich stetig vervollkommnet und damit auch die Möglichkeiten für eine quantitative Gefügeanalyse. Angesichts der Differenziertheit, die in der Wechselbeziehung zwischen dem Gefüge und den Eigenschaften besteht, sind es letztendlich nur eine oder wenige Werkstoffeigenschaften, die in den quantitativen Gefügekenngrößen zum Ausdruck kommen. Oftmals lassen sich diese auch nur für eine bestimmte Werkstoffgruppe angeben [28].

6.7.1 Einphasige Gefüge

Das Verhalten eines einphasigen Werkstoffs wird in erster Linie von seiner „Grundmasse" bestimmt, in deren Eigenschaften die durch Zusammensetzung, Struktur und Realstruktur verursachten Einflüsse summarisch erfasst sind. Der Gefügeeinfluss reduziert sich im Wesentlichen auf die Korngröße *(Korngrenzenverfestigung)* und in einigen Fällen auch auf die Kornform und -orientierung. Eine Textur (Abschn. 9.2.3.5), d. h. eine gleichsinnige Anordnung der Kristallite im polykristallinen Werkstoff, hat anisotrope Eigenschaften zur Folge.

Tab. 6.2 Ausgewählte Werkstoffeigenschaften und ihre Empfindlichkeit gegenüber Gitterdefekten.

störungsempfindliche Eigenschaften	**störungsunempfindliche Eigenschaften**
Zugfestigkeit	Elastizitätsmodul
Streckgrenze	Dichte
Bruchdehnung	Wärmeausdehnungskoeffizient
Koerzitivfeldstärke	spezifische Wärme
Wärmeleitfähigkeit	magnetische Sättigung
elektrische Leitfähigkeit	Umwandlungstemperaturen

Stark durch das Gefüge beeinflusst werden meist solche Werkstoffeigenschaften, die auf Störungen der Gitterstruktur empfindlich reagieren (Tab. 6.2). Bei strukturunempfindlichen Eigenschaften liegt nur dann ein merklicher Gefügeeinfluss vor, wenn sie – wie der Elastizitätsmodul – richtungsabhängig sind und der Werkstoff eine Textur aufweist.

Die Korngrenzen wirken bei der Bewegung der Versetzungen als Barrieren (Abschn. 9.2.3.3), sodass Wechselwirkungen zwischen den Festigkeitseigenschaften und der spezifischen Korngrenzfläche S_V^{KG} bzw. der mittleren linearen Korngröße $\overline{L}^K$ beobachtet werden können. Bekannte Beispiele für darauf basierende und empirisch ermittelte Beziehungen sind die von *S. A. Saltykov* [15] für die Zugfestigkeit von Eisenlegierungen formulierte Gleichung

$$R_m = 420 + \text{const} \cdot S_V^{KG} \tag{6.23}$$

sowie die allgemeingültigere *Hall-Petch-Beziehung* für die Streckgrenze

$$R_e = \sigma_i + R/\sqrt{\overline{R}^K} \tag{6.24}$$

Dabei ist σ_i die Reibungsspannung, die aufgebracht werden muss, um die Versetzungsbewegung im Korn einzuleiten. *K* ist der Widerstand, den die Korngrenzen der plastischen Verformung im polykristallinen Gefüge entgegensetzen. Für die praktische Anwendung sind in der Gl. (6.24) weitere, die Streckgrenze beeinflussende festigkeitssteigernde Mechanismen wie die Mischkristall- und die Versetzungsverfestigung und – im Falle mehrphasiger Gefüge – die Teilchenverfestigung zu berücksichtigen (s. a. Abschn. 9.2.2).

Auch im Falle der Härte besteht für eine Reihe einphasiger Werkstoffe ein linearer Zusammenhang mit der spezifischen Korngrenzfläche (Bild 6.41).

Die Brinellhärte in Abhängigkeit von der spezifischen Korngrenzfläche ist in der Gl. (6.25) dargestellt.

$$HB = HB_0 + \text{const} \cdot S_V^{KG} \tag{6.25}$$

Eine andere, in charakteristischer Weise vom Gefüge abhängige Eigenschaft ist die Koerzitivfeldstärke ferromagnetischer Werkstoffe, da die Bewegung der Blochwände gleichfalls von den Korngrenzen gehemmt wird (Abschn. 10.6.2). Zudem wird die magnetische Bereichsstruktur der Ferromagnetika selbst von der Korngröße beeinflusst. Nach *N. Mager* gilt zwischen Koerzitivfeldstärke H_c und Korngröße der lineare Zusammenhang

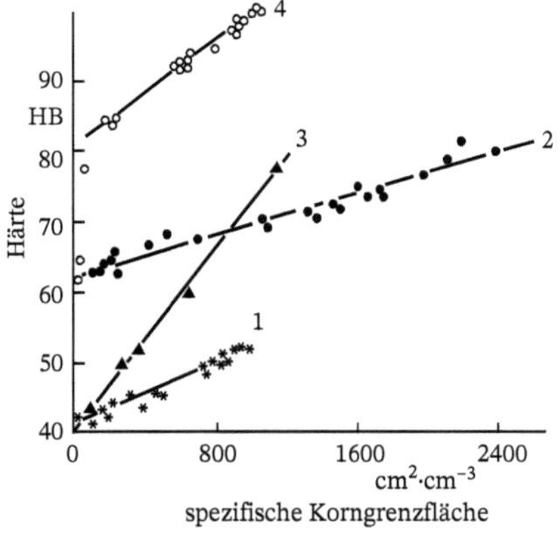

Bild 6.41 Härte von metallischen Werkstoffen in Abhängigkeit von der spezifischen Korngrenzfläche S_V^{KG} nach [25]. 1 Kupfer; 2 Bronze; 3 Messing; 4 Armco-Eisen.

$$H_c = H_\infty + m \cdot 1/\overline{L}^K \qquad (6.26)$$

in der H_∞ den inneren Spannungszustand des ferromagnetischen Werkstoffs charakterisiert und

$$m = 3 \cdot \sqrt{\frac{k \cdot T_c \cdot K_1/a}{B_s}} \qquad (6.27)$$

den Anstieg der sich aus Gl. (6.26) ergebenden Geraden darstellt. T_c in Gl. (6.27) ist die Curietemperatur, K_1 ist die Kristallanisotropie, a ist die Gitterkonstante und B_s ist die Sättigungsinduktion.

Das Bild 6.42 zeigt die Koerzitivfeldstärke in Abhängigkeit von der mittleren linearen Korngröße am Beispiel der Legierung Permalloy und einer Ni–Fe-Legierung mit 50 Masse-% Nickel.

6.7.2 Mehrphasige Gefüge

Bei einiger Verallgemeinerung und Schematisierung sowie bei Beschränkung auf zwei Phasen lassen sich heterogene Gefüge als eine α-Matrix darstellen, in die unterschiedliche

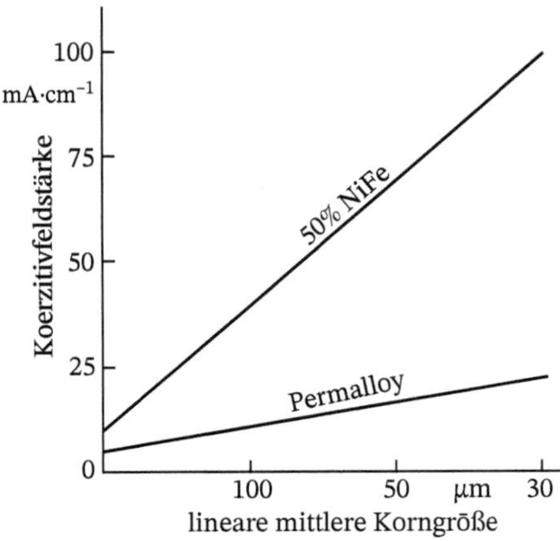

Bild 6.42 Zusammenhang zwischen Koerzitivfeldstärke H_c und mittlerer linearer Korngröße $\bar{L}^K$ für weichmagnetische Ni–Fe-Legierungen nach [29].

Anteile an β-Phase in Form von Kügelchen, Plättchen oder zylindrischen Stäbchen eingebettet sind. Die beiden zuletzt genannten Fälle sind in eutektischen Legierungen oder Faserverbundwerkstoffen (Abschn. 9.7.4) anzutreffen. Der praktisch häufigste Gefügetyp ist jedoch die Einlagerung von globulitischen Phasen (Teilchengefüge). Der dabei mögliche Grenzfall, in dem die β-Phase so feindispers verteilt ist, dass der mittlere Abstand zwischen den β-Partikeln in der Größe der mittleren freien Weglänge der Versetzungen oder darunter liegt und der einem anderen Wirkmechanismus folgt, wird im Abschn. 9.2.2.4 erörtert.

Die Abhängigkeit der Eigenschaften zweiphasiger Werkstoffe vom Anteil der Zweitphase liegt in einem Variationsbereich, der von zwei Kurven, für ein Gefüge mit Parallelanordnung bzw. mit Reihenanordnung der Zweitphase, eingegrenzt wird (Bild 6.43). Diese Grenzkurven repräsentieren die möglichen Extremwerte einer Eigenschaft. Die Kurven liegen umso weiter auseinander, je größer der Unterschied dieser Eigenschaft zwischen Matrix- und Zweitphase ist. Dies gilt z. B. für Graphit in der metallischen Matrix eines Graugussgefüges oder für die Kombination einer metallischen Matrix mit Keramik-, Polymer- oder Hohlraum-(Poren-)Phasen in Sinterwerkstoffen. Die Lage der zwischen den Grenzkurven liegenden Werte einer Eigenschaft wird vom Ausmaß der Abweichung von einer Parallel- bzw. Reihenanordnung der Zweiphase bestimmt. Diese Abweichung kann mithilfe von Gefügeparametern beschrieben werden [30].

Die für die Fälle A und B im Bild 6.43 dargestellte Abhängigkeit folgt der Mischungsregel

$$E^{\mathrm{M}} = E^{1} V_{\mathrm{V}}^{1} + E^{2} V_{\mathrm{V}}^{2} + \dots E^{i} V_{\mathrm{V}}^{i} \tag{6.28}$$

nach der sich eine Eigenschaft des Phasengemisches E^{M} additiv aus den Eigenschaftswerten E^{N} und den Anteilen V_{V}^{n} ($\Sigma_n V_{\mathrm{V}} = 1$) der in den heterogenen Werkstoff eingehenden $n = 1$, 2, … i Phasen zusammensetzt. Werkstoffe, deren Gefüge diesen Forderungen weitgehend

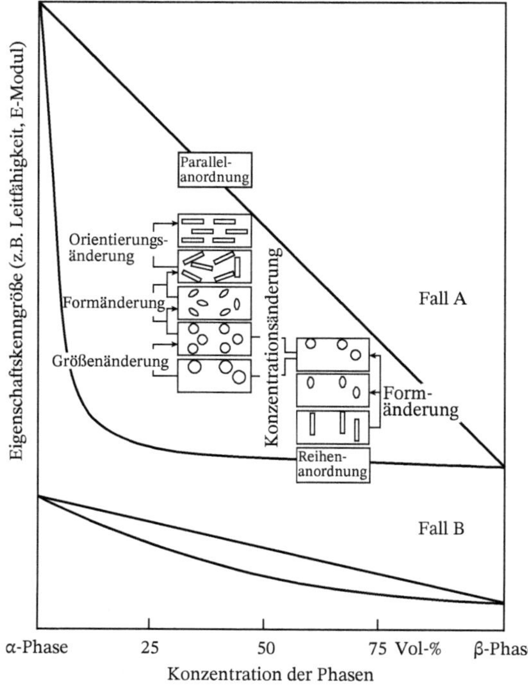

Bild 6.43 Variationsbereich der Eigenschaften von zweiphasigen Werkstoffen in Abhängigkeit vom Gehalt der Zweitphase bei Änderung des Gefügetyps nach [30]. Fall A: Die Eigenschaften der Phasen unterscheiden sich stark. Fall B: Die Eigenschaften der Phasen unterscheiden sich wenig.

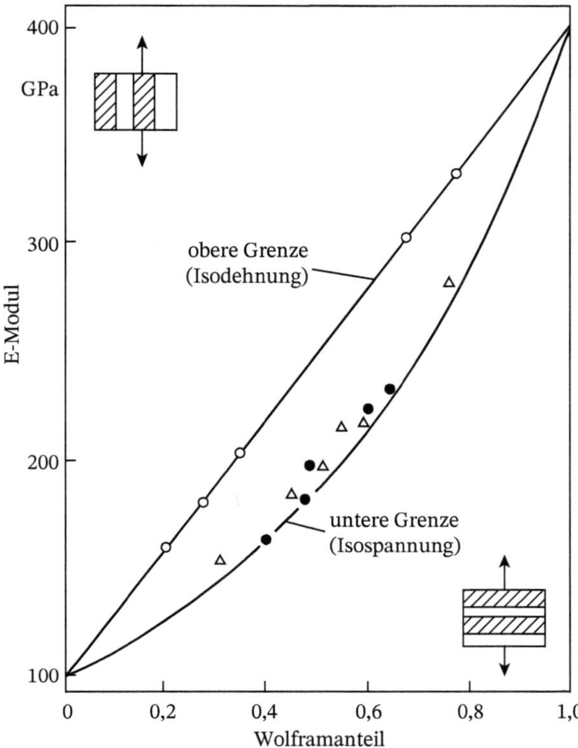

Bild 6.44 E-Modul von Cu–W-Verbundwerkstoffen in Abhängigkeit vom Wolframanteil V_V^W für verschiedene Ausbildungsformen der W-Phase nach *Mc G. Tegart*. ○ ausgerichtete W-Drähte; • Cu-getränktes W-Skelett; △ W-Teilchen in Cu-Matrix.

entsprechen, sind die gerichtet erstarrten Eutektika (Bild 3.12), wie Al-Al_3Ni und AlNi-Cr mit Al_3Ni- bzw. Cr-Stäbchen oder Al-Al_2Cu und Ni-Ni_3Ti mit Al_2Cu- bzw. Ni_3Ti-Plättchen (Lamellen). Auch faserverstärkte Verbundwerkstoffe gehören in diese Werkstoffgruppe (Bild 6.44). Die wichtigsten Eigenschafts-Gefüge-Beziehungen der Faserverbundwerkstoffe werden im Abschn. 9.7.4 behandelt.

Wie im Bild 6.44 am Beispiel des Systems Cu–W deutlich wird, ist für die E-Modul-Abhängigkeit von Verbundwerkstoffen kennzeichnend, dass beide Phasen bei Parallelanordnung (obere Gerade) durch Zugbeanspruchung gleich stark gedehnt und damit in ihnen unterschiedliche Spannungen erzeugt werden. Bei Reihenanordnung sind die Spannungen in beiden Phasen hingegen gleich groß, die dadurch bedingten Formänderungen jedoch unterschiedlich. Die weichere Phase zeigt eine größere Formänderung, sodass diese einen größeren Anteil an der (Gesamt-)Eigenschaft des Verbundwerkstoffs hat.

Werkstoffe mit *Teilchengefüge* nehmen, wie bereits gesagt, eine Mittelstellung ein (vgl. Bild 6.43 und Bild 6.45). Bei Beanspruchungen, die mit bleibender Verformung verbunden sind, ist für die härtere Phase grundsätzlich eine überhöhte Spannung und eine verminderte Dehnung anzunehmen. Für die weichere Phase gilt der jeweils umgekehrte Fall. Da die Größe der Spannungs- und Dehnungsüberhöhung jedoch nicht generell angegeben werden kann, ist auch keine allgemeine quantitative Eigenschaftsvorhersage möglich [31]. Daher gelten die in diesen Fällen aufgestellten Gefüge-Eigenschafts-Beziehungen immer nur für einen enger eingegrenzten Gefüge- und Werkstofftyp.

Die als Zerspanungs- und Umformwerkzeuge vielfach genutzten WC-Co-Hartmetalle wurden in dieser Hinsicht sehr eingehenden Betrachtungen unterzogen. Bei

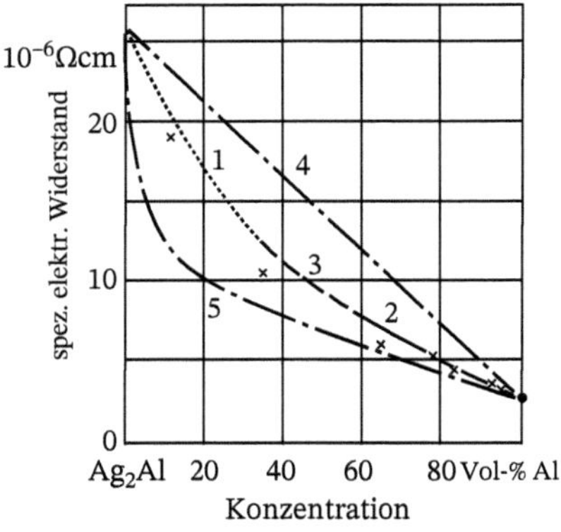

Bild 6.45 Spezifischer elektrischer Widerstand von Ag_2Al-Al-Legierungen nach [31]. 1 berechneter Kurvenast für die Ag_2Al-Matrix; 2 berechneter Kurvenast für die Al-Matrix; 3 Übergangsbereich; 4, 5 berechnete Grenzkurven für die Parallel- und Reihenanordnung der Zweitphase × Messwerte.

Beanspruchung wird nur die Bindemetallphase Co plastisch verformt und verfestigt. Infolge der Spannungsüberhöhung durch den Versetzungsaufstau an den Phasengrenzen (Abschn. 9.5.2) tritt die Rissbildung in der Hartstoffphase WC ein. Die Ausbreitung der Risse wird zunächst durch die Duktilität der Bindephase behindert und setzt erst nach starker Verfestigung der Bindephase aufgrund fortgesetzter Beanspruchung ein.

Damit sind die Festigkeitseigenschaften der Hartmetalle in starkem Maße von der freien Weglänge der Versetzungen zwischen den Phasengrenzen abhängig, die der Dicke der Bindemetallschicht entspricht (*mittlerer freier Weg p*, Gl. (6.18), Bild 6.46). Mit abnehmendem freiem Weg wird die Verformbarkeit der Bindephase zunehmend erschwert. Die Festigkeit wächst bis zu einem Maximum an, das sich ausbildet, wenn die Bindemetallphase durch die eingeschränkte Versetzungsbeweglichkeit versprödet und ihre rissausbreitungshemmende Wirkung verloren geht. Bei sehr dünnen Bindemetallschichten führt bereits der erste sich ausbreitende Riss zum Versagen des Werkstoffs.

Für die Qualität und den Einsatz der *Hartmetalle* sind die Härte

$$HV = 0{,}877\left[\left(p^{\mathrm{Co}}\right)^2/\overline{L}^{\mathrm{WC}}\right]^{-\frac{1}{5}} \tag{6.29}$$

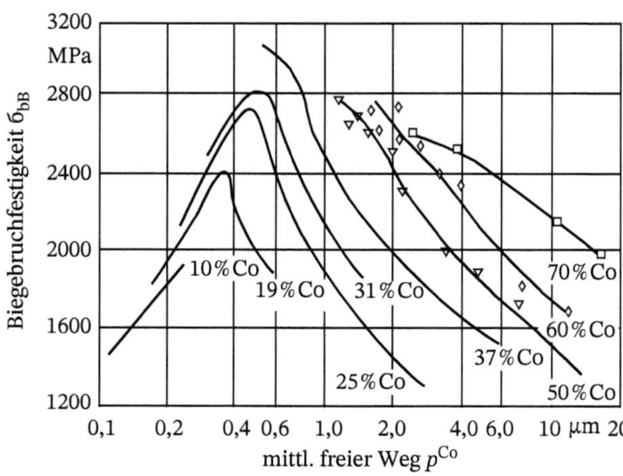

Bild 6.46 Biegebruchfestigkeit von WC–Co-Hartmetallen in Abhängigkeit vom mittleren freien Weg p^{Co} nach *J. Gurland.*

und die Biegebruchfestigkeit ausschlaggebend. Im Bild 6.47 sind Ergebnisse entsprechender Berechnungen und Untersuchungen in einem Diagramm zusammengestellt. Daraus können Härte und Biegebruchfestigkeit für unterschiedliche Werkstoffzusammensetzungen in Abhängigkeit von den wichtigsten Gefügeparametern (mittlere Korngröße $\bar{L}^{WC}$, freier Weg p^{Co}) entnommen werden. Für die Gefüge-Eigenschafts-Beziehungen im Bild 6.47 wurde eine konstante Porigkeit und Korngrößenverteilung angenommen.

Ein Gefüge mit Bindephase weist auch der Verbundwerkstoff *Beton* auf, in dem etwa 75 % Zuschlagstoffe (Sand, Kies) in eine spröde Bindephase, den *Zementstein*, eingebunden sind (Bild 6.14 und Abschn. 3.1.1.2). Der Zementstein entsteht durch Erhärten einer Zement-Wasser-Mischung. Die Festigkeit der Bindephase ist geringer als die der Zuschlagstoffteilchen, sodass die Rissausbildung vor allem auf den Zementstein konzentriert ist und die Rissausbreitung durch die Zuschlagstoffkörner gehemmt wird. Nach *H. Rumpf* ist die Zugfestigkeit solcher Agglomerate durch die Beziehung

$$\sigma_B = \frac{9}{8} \cdot \frac{1-\Theta}{\Theta} \cdot \frac{\gamma_{AB}}{D} \cdot F_H \tag{6.30}$$

beschreibbar. In Gleichung (6.30) ist Θ die Porosität des Zementsteins, γ_{AB} die Grenzflächenspannung, D der Abstand der Zuschlagkörner und F_H die Haftkraft zwischen Zuschlagstoff und Zementstein. Demnach erfordert eine hohe Betonfestigkeit neben einem geringen Teilchenabstand und einer großen Haftkraft vor allem eine geringe Porosität der Bindephase. Die Anzahl der Poren, die als Risskeime wirken, ist im Zementstein umso geringer, je kleiner der Wasserzementwert, d. h. das Masseverhältnis von Anmachwasser zu Zement, ist (Bild 6.48). Bei Wasserzementwerten von > 0,4 tritt neben den herstellungsbedingten 0,1 bis 2 mm großen Luftporen auch überschüssiges, nicht chemisch gebundenes oder adsorbiertes Wasser im Zementstein auf, das in Form von wassergefüllten Kapillarporen mit Durchmessern von 1 bis 10 µm zurückbleibt.

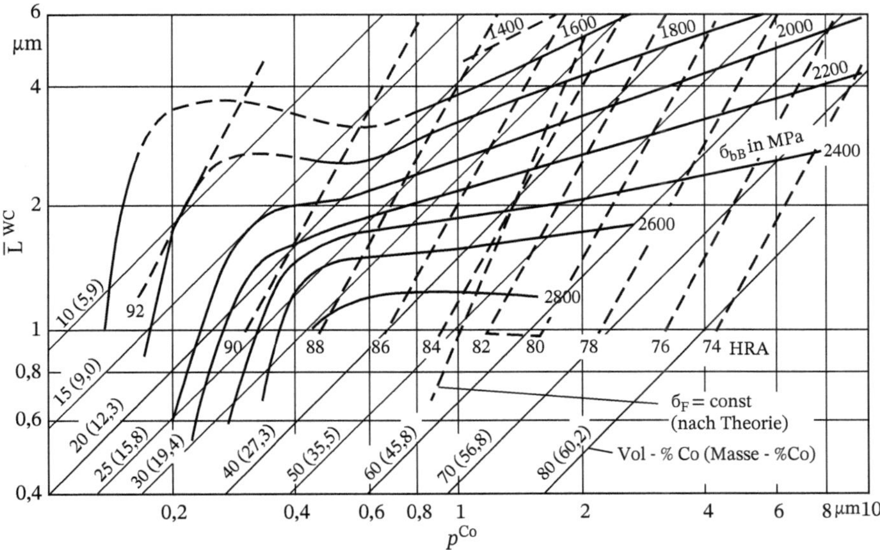

Bild 6.47 Zusammenhang zwischen mechanischen Eigenschaften von WC–Co-Hartmetallen und den Gefügeparametern nach *A. Merz*.

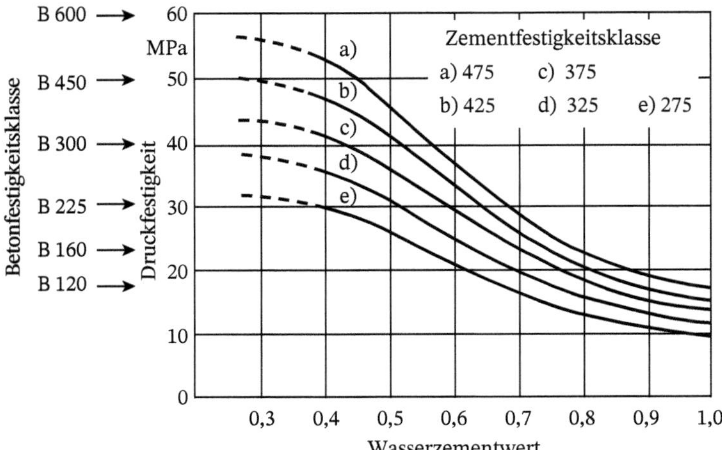

Bild 6.48 Abhängigkeit der Druckfestigkeit des Betons vom Wasserzementwert für Zemente unterschiedlicher Festigkeitsklassen nach [32].

In zweiphasigen Polymerblends(-legierungen) ist das sich einstellende Gefüge vor allem vom Anteil beider Phasen sowie von den technologischen Parametern bei der Compoundierung in einem Extruder bzw. der Formgebung in einer Spritzgussmaschine und insbesondere vom dabei vorliegenden Verhältnis der Schmelzviskositäten abhängig.

Bei einem ABS/Polyamid-Blend führt beispielsweise allein eine Änderung des Mengenverhältnisses beider Komponenten bei ansonsten gleichen Verarbeitungsparametern zu einer deutlichen Veränderung der Partikelgröße der eingelagerten Polyamidphase (Bild 6.49a und b). Diese wirkt sich sowohl auf die Verbundeigenschaften als auch die Fließeigenschaften der Polymerphase aus (Bild 6.50).

Bereits bei geringen Anteilen von Polyamid nehmen die Bruchdehnung und die Schlagzähigkeit merklich ab, während die Zugfestigkeit in diesem Bereich nahezu unbeeinflusst bleibt. Der Schmelzindex, definiert als reziprokes Maß für die Viskosität, steigt hingegen mit wachsendem Polyamidanteil an, weil sich das bessere Fließverhalten des Polyamids durchsetzt. Dieser Effekt bietet Vorteile für die Verwendung der ABS/Polyamid-Blends zur Formteilherstellung im Spritzgussverfahren.

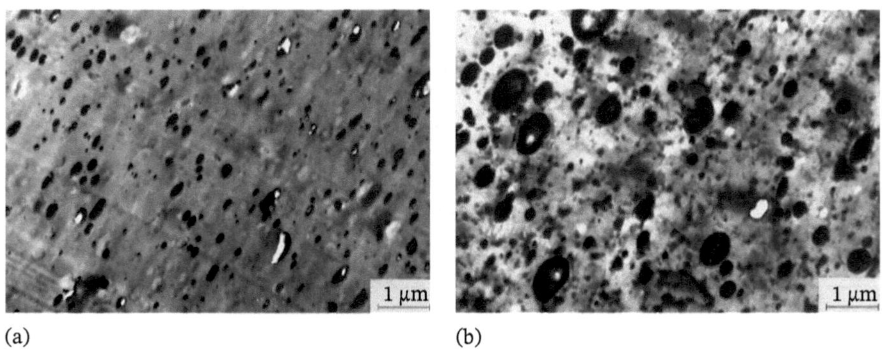

Bild 6.49 Gefügeaufnahmen von ABS/Polyamid-Blends. Polyamid erscheint im Schliffbild schwarz. (a) Blend mit einem Polyamidanteil von 5 Masse-%; (b) Blend mit einem Polyamidanteil von 10 Masse-%.

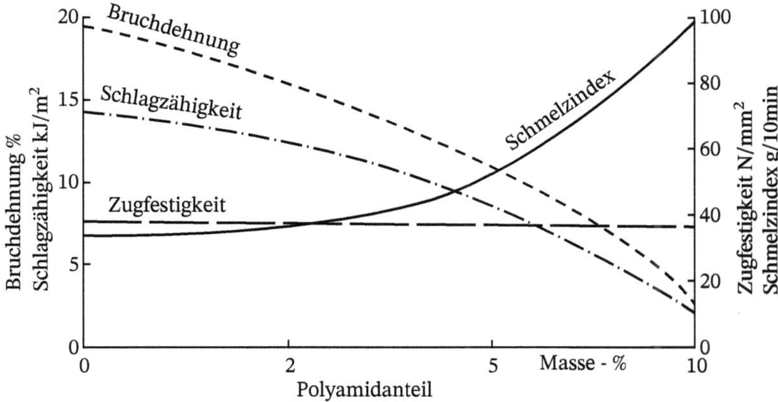

Bild 6.50 Mechanische Eigenschaften und Schmelzindex nach DIN 53735 von ABS/Polyamid-Blends in Abhängigkeit vom Polyamid-Anteil nach *B. Kretzschmar.* Nach [33] ist die Charpy-Schlagzähigkeit definiert als die beim Bruch aufgenommene Schlagarbeit bezogen auf den Anfangsquerschnitt des Probekörpers.

Quellennachweis und Literaturempfehlungen

1 Oettel, H. und Schumann, H. (2011). *Metallografie: Mit einer Einführung in die Keramografie.* 15. Auflage, Weinheim: WILEY-VCH Verlag GmbH & Co. KG.

2 Blumenauer, H. (Hrsg.) (1994). *Werkstoffprüfung.* 6. Auflage, Leipzig/Stuttgart: Deutscher Verlag für Grundstoffindustrie GmbH.

3 Rhines, F.N. (1988). *Mikrostrukturologie – Gefüge und Werkstoffverhalten.* Stuttgart: Dr. Riederer Verlag GmbH.

4 Huppmann, W.J. und Dalal, K. (1986). *Metallographic Atlas for Powder Metallurgy.* Freiburg i. Br.: Verlag Schmid GmbH.

5 Schatt, W., Wieters, K.-P., und Kieback, B. (Hrsg.) (2007). *Pulvermetallurgie; Technologien und Werkstoffe.* 2., bearbeitete und erweiterte Auflage, Springer.

6 Kolb, M.D. (1994). Ber. Bunsenges. *Phys. Chem.* 98 (11): 1421–1432.

7 Petzow, G. (1994). *Metallographisches, Keramographisches und Plastographisches Ätzen.* Berlin/Stuttgart: Gebrüder Borntraeger.

8 Dieser, K., Kopp, W.U., Gräf, I., und Weber, S. (Hrsg.) (1988). *Metallographie – Präparationstechnik und Gefügeinterpretation metallischer und nichtmetallischer Werkstoffe. Sonderbände der Praktischen Metallographie, Bd. 19.* Stuttgart: Dr. Riederer Verlag GmbH.

9 Elssner, G. und Petzow, G. (1978). Metallographie von keramischen Werkstoffen und Metall/Keramik-Verbundsystemen. In: *Sonderbände der Praktischen Metallographie, Bd. 9: Metallographie und Keramographie – Fortschritte in der Präparationstechnik.* Stuttgart: Dr. Riederer Verlag GmbH, 207–222.

10 Schäfer, H., Hennemann, O.-D., und Rickel J. (1986). *Ultramikrotomie als Präparationsmethode für Untersuchungen an Klebverbunden. In: Sonderbände der Prak-tischen Metallographie, Bd. 17: Metallographie – Präparationstechnik und Gefügeanalyse an Schweiß- und Lötverbindungen, Korrosions- und Verschleißschutzschichten.* Stuttgart: Dr. Riederer Verlag GmbH, 369–376.

11 Röbert, S. (Hrsg.) (1977). *Systematische Baustofflehre, Bd. 1: Grundlagen.* Berlin: VEB Verlag für Bauwesen.

12 Beckert, M. und Klemm, H. (1984). *Handbuch der metallographischen Ätzverfahren.* Leipzig: VEB Deutscher Verlag für Grundstoffindustrie.

13 Maurer, J., Netzelmann, U., Pangraz S. et al. (1992). Hochfrequenz-Ultraschall – Bindeglied zwischen technischem Ultraschall und akustischer Mikroskopie. In: *Sonderbände der Praktischen Metallographie*. München/Wien: Carl Hanser Verlag, 329–338.

14 Bauch, J. und Rosenkranz, R. (2017). *Physikalische Werkstoffdiagnostik*. Ein Kompendium wichtiger Analytikmethoden für Ingenieure und Physiker, Springer-Verlag GmbH Deutschland.

15 Saltykov, S.A. (1974). *Stereometrische Metallographie*. Leipzig: VEB Deutscher Verlag für Grundstoffindustrie.

16 Exner, H.E. (1972). European Instruments for Quantitative Image Analysis in Stereology and Quantitative Metallography. *ASTM STP* 504: 95–107.

17 Exner, H.E. (1996). *Qualitative and Quantitative Surface Microscopy in Physical Metal-lurgy. Ed.: Robert W. Cahn. Band 2*. Amsterdam: North Holland, 944–1032.

18 Exner, H.E. (1986). *Einführung in die Quantitative Gefügeanalyse*. DGM Infor-mationsgesellschaft Verlag.

19 DIN ISO EN 643 (2003–09): Mikrophotographische Bestimmung der scheinbaren Korngröße.

20 Fischmeister, H. (1975). Characterization of porous structures by stereological measurements. *Powder Metallurgy International* 7: 178–188.

21 Velichko, A. und Mücklich, F. (2006). Bildanalytische Formenanalyse und Klassifizierung der irregulären Graphitmorphologie in Gusseisen. *Praktische Metallographie* 43 (4): 192–207, Carl Hanser Verlag München.

22 Ondracek, G. (1978). Quantitative microstructural analysis, stereology and properties of materials. In: *Sonderbände der Praktischen Metallographie, Bd. 8: Analyse Quantative des Microstructures en Sciences des Materiaux, Biologie et Medicine* 103–115. Stuttgart: Dr. Riederer Verlag GmbH.

23 DIN EN ISO 954-1:2019-10 Mikrostruktur von Gusseisen – Teil1: Graphitklassifizierung durch visuelle Auswertung.

24 ISO/TR 954-2:2011-01 Microstrukture of cast irons – Part2: Graphite classification by image analysis.

25 DIN EN 10247:2017-09 Metallographische Prüfung des Gehaltes nichtmetallischer Einschlüsse in Stählen mit Bildreihen.

26 Hougardy, H.P. (2010). *Umwandlung und Gefüge unlegierter Stähle*. Eine Einführung, Verlag Stahleisen mbH Düsseldorf.

27 DIN EN ISO 148-1:2017-05: Metallische Werkstoffe – Kerbschlagbiegeversuch nach Charpy, Teil 1: Prüfverfahren.

28 Ohser, J. und Mücklich, F. (2000). *Statistical Analysis of Microstructures in Materials Science*. Chichester, New York, Weinheim, Brisbane, Singapore, Toronto: John Wiley & Sons, Ltd.

29 Kunz, W. (1978). Metallkundliche Aspekte der weichmagnetischen Ni-Fe-Legierungen. *Z. Metallkd.* 69: 135–142.

30 Ondracek, G. (1977). Zum Zusammenhang zwischen Eigenschaften und Gefügestruktur mehrphasiger Werkstoffe. *Z. Werkstofftechn.* 8: 240–246, 280–287.

31 Maurer, K.L. und Pohl, M. (Hrsg.) (1990). *Gefüge und Bruch. Metallkundlich-technische Reihe, Bd. 9*. Berlin/Stuttgart: Gebürder Borntraeger.

32 Reichel,W. und Conrad, D. (1978). *Beton, Bd. 1*. Berlin: VEB Verlag für Bauwesen.

33 DIN EN ISO 179-1:2023-10: Kunststoffe – Bestimmung der Char-py-Schlageigenschaften, Teil 1: Nichtinstrumentierte Schlagzähigkeitsprüfung.

7

Thermisch aktivierte Vorgänge

Im Abschnitt 5.1 ist dargelegt worden, dass Zustandsänderungen im Festkörper ablaufen, um dessen freie Enthalpie herabzusetzen und dadurch den energieärmsten, den stabilen Zustand herbeizuführen. Die Zustandsänderungen laufen jedoch meist nicht stufenlos ab, sondern stellen Folgen verschiedener Vorgänge dar, wobei sich Zwischenzustände unterschiedlicher Lebensdauer einstellen, die auch als metastabile Zustände oder lokale Energieminima des Systems bezeichnet werden. So laufen z. B. Ausscheidungsvorgänge über die Stufen Entmischung des Mischkristalls oder Keimbildung und Teilchenwachstum ab. Bei genauer Analyse folgt, dass der stabile Zustand eines thermodynamischen Systems je nach Vorgabe von äußeren Bedingungen, z. B. konstantes Volumen oder konstanter Druck, einem Minimum eines thermodynamischen Potenzials entspricht. Im Folgenden werden konstanter Druck und konstante Temperatur vorausgesetzt, sodass das System einem Minimum der freien Enthalpie zustrebt.

Die Zustände des Systems sind durch ihre freie Enthalpie G charakterisiert. Bild 7.1 (s. a. Bild 4.1) verdeutlicht, dass während einer Zustandsänderung von einem metastabilen zum nächstfolgenden bzw. zum stabilen Zustand eine Barriere (Schwellwert) der freien Enthalpie ΔG_a überschritten werden muss. Ganz entscheidend für das Überwinden dieser Barriere ist der Umstand, dass in einem thermodynamischen System räumliche und zeitliche Schwankungen der Zustandsgrößen auftreten. Infolge einer ausreichend hohen Schwankung der freien Enthalpie kann die Barriere überwunden werden. Ursache für das Zustandekommen der Schwankung ist die thermische Bewegung (Fluktuation) der Atome. Man spricht deshalb in diesem Fall von *thermischer Aktivierung*. Eine Aktivierung im Sinne einer lokalen Energieübertragung an das System zur Überwindung der Barriere

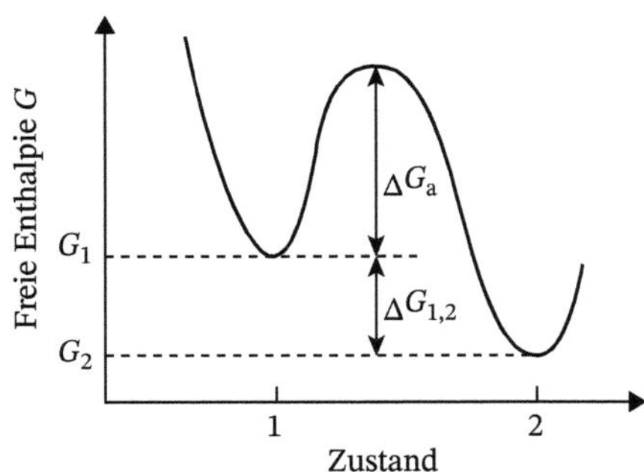

Bild 7.1 Schematische Darstellung des Verlaufs der freien Enthalpie während einer Zustandsänderung. *1* metastabiler Ausgangszustand; *2* stabiler Endzustand.

Schatt Werkstoffwissenschaft, 11. Auflage. Hartmut Worch, Wolfgang Pompe und Christoph Leyens.

der freien Enthalpie kann z. B. auch durch Bestrahlung mit Photonen oder energiereichen Teilchen erfolgen.

Die *thermische Aktivierung* ist durch die Höhe der Barriere und die Zeit charakterisiert, die im Mittel verstreicht, bis eine genügend hohe Schwankung der freien Enthalpie auftritt. Eine genauere quantitative Analyse dieser Zusammenhänge erfolgt im Rahmen der statistischen Theorie und Kinetik. Als Ergebnis der so genannten Ratentheorie folgt, dass die Rate ν zur Überwindung der freien Enthalpiebarriere proportional dem Ausdruck $\exp(-\Delta G_a/RT)$ ist, wobei R die Gaskonstante und T die absolute Temperatur bezeichnen. Der reziproke Wert der Rate, $1/\nu$, entspricht der mittleren Verweilzeit des Systems im jeweiligen metastabilen Zustand. Unter Berücksichtigung des Zusammenhangs zwischen freier Enthalpie und Enthalpie, $\Delta G_a = \Delta H_a - T\Delta S_a$ (ΔH_a Enthalpie-, ΔS_a Entropieschwellwert) folgt die *Arrhenius-Gleichung*

$$\nu = K \exp(-Q/RT) \tag{7.1}$$

mit $Q = \Delta H_a$ als *Aktivierungsenthalpie* und K als Proportionalitätskonstante.

Die *Aktivierungsenthalpie* lässt sich einfach ermitteln, indem man die Geschwindigkeit v einer Zustandsänderung misst und deren Logarithmus in einem so genannten Arrhenius-Diagramm über der Variablen $1/T$ aufträgt. Die Geschwindigkeit v ist im Wesentlichen durch den langsamsten thermisch aktivierten Prozess während der Zustandsänderung bestimmt, sodass v proportional der diesen Prozess charakterisierenden Rate ν ist. Durch Logarithmieren von Gl. (7.1) und Berücksichtigen der Proportionalität von ν und v folgt

$$\ln v = \ln K' - Q/RT \tag{7.1a}$$

mit einer modifizierten Konstante K'. Aus dem Anstieg der sich ergebenden Geraden im Arrhenius-Diagramm (Bild 7.2) kann die Aktivierungsenthalpie, die oft auch als *Aktivierungsenergie* bezeichnet wird (s. Einleitung und Fußnote Kap. 4),

$$Q = -R\Delta(\ln v)/\Delta(1/T) \tag{7.1b}$$

bestimmt werden.

Da für spezielle Systeme oft Kenntnisse über die Aktivierungsenthalpien (Aktivierungsenergien) typischer atomarer Prozesse wie die Bewegung von Leerstellen, Zwischengitteratomen oder Versetzungen vorliegen, kann durch ihre Bestimmung in gewissen Grenzen auf die Art der atomaren Vorgänge geschlossen werden, die die zeitliche Entwicklung der Zustandsänderung bestimmen. Abweichungen eines Arrhenius-Diagramms von einer Geraden deuten darauf hin, dass in Abhängigkeit von der Temperatur verschiedene atomare Prozesse für die Zustandsänderung zeitbestimmend sind.

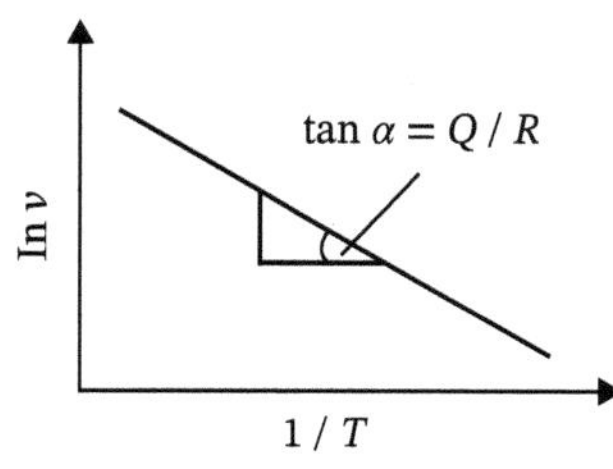

Bild 7.2 Arrhenius-Gerade zur Bestimmung der Aktivierungsenthalpie eines atomaren Umordnungsprozesses.

Thermisch aktivierte Vorgänge von technischer Bedeutung sind die Umordnung von Atomen bei Gitterumwandlungen (Kap. 4), der Ausgleich von Konzentrationsunterschieden durch Diffusion (Abschn. 7.1), Erholung und Rekristallisation verformter Gefüge (Abschn. 7.2), Sintervorgänge (Abschn. 7.1.4.3), Kriechen (Abschn. 9.4) und Diffusions- sowie Versetzungskriechen (Abschn. 7.1.4), die Nachhärtung von Duromeren, die Entglasung (Abschn. 3.1.1.3) oder die thermisch-chemische Oberflächenbehandlung (Abschn. 7.1.3).

7.1 Diffusion

Der Elementarvorgang der Diffusion in Festkörpern ist ein durch thermische Fluktuation bedingter Platzwechsel von Atomen, Ionen oder niedermolekularen Bestandteilen, der umso häufiger auftritt, je höher die Temperatur ist. Wenn die aus der thermischen Anregung resultierende Schwingungsenergie genügend groß ist, können die Bausteine aus ihrer durch das Gleichgewicht der Bindungskräfte bedingten Potenzialmulde herausschwingen und einen benachbarten Platz einnehmen. Werden die Platzwechsel in einem betrachteten Gitter von gittereigenen Bausteinen ausgeführt, so handelt es sich um *Selbstdiffusion,* im Fall von gitterfremden um *Fremd-(Inter-)Diffusion.* Die Geschwindigkeit der Platzwechsel (Diffusion) wird durch den Diffusionskoeffizienten gekennzeichnet.

Je nachdem, ob die Teilchen im Strukturinneren oder entlang von Grenzflächen wandern, spricht man von *Volumendiffusion* oder von *Grenzflächendiffusion* (Bild 7.3). Wichtige Fälle der Grenzflächendiffusion sind die Diffusion an äußeren Oberflächen *(Oberflächendiffusion)* und an Korngrenzen *(Korngrenzendiffusion).* Da die Bausteine in den Grenzflächen weniger fest gebunden sind und Grenzflächen stets stärker gestörte Bereiche darstellen, ist die für die Aktivierung der Grenzflächendiffusion nötige Energie kleiner und die Diffusionsgeschwindigkeit, insbesondere bei mittleren und tiefen Temperaturen, um ein Vielfaches größer als bei der Volumendiffusion (Bild 7.4). Beispielsweise wurden für die Diffusion des Thoriums in Wolfram folgende Diffusionskoeffizienten (s. Gl. [7.2]) ermittelt:

Oberflächendiffusion $D_F = 0{,}47 \cdot \exp(-275\ \text{kJ/g-Atom}/RT)\text{cm}^2\ \text{s}^{-1}$,
Korngrenzendiffusion $D_K = 0{,}47 \cdot \exp(-375\ \text{kJ/g-Atom}/RT)\text{cm}^2\ \text{s}^{-1}$ und

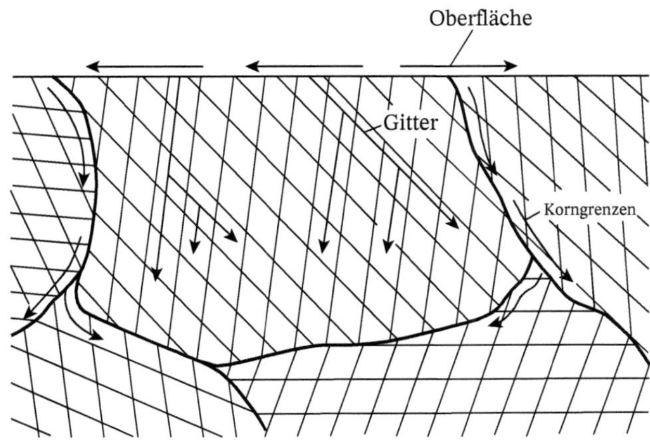

Bild 7.3 Diffusionswege bei der Gitter-, Oberflächen- und Korngrenzendiffusion (nach *R. F. Mehl*).

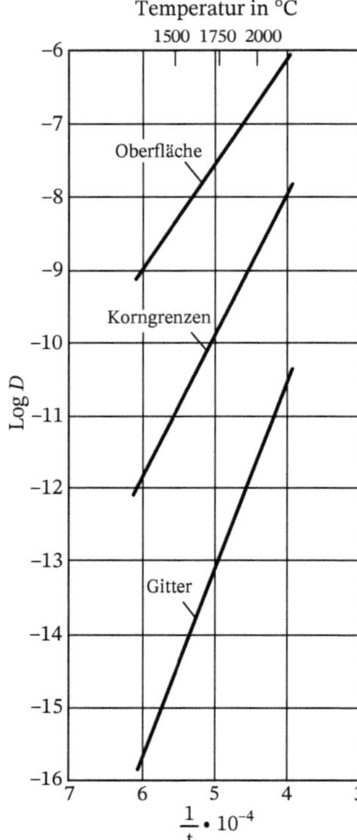

Bild 7.4 Temperaturabhängigkeit der Diffusionskoeffizienten von Thorium in Wolfram (nach *W. Seith*).

Volumendiffusion $D_V = 1{,}00 \cdot \exp(-500\ \text{kJ/g-Atom}/RT)\text{cm}^2\ \text{s}^{-1}$.

Da der Anteil der Korngrenzen- und Oberflächenbereiche am Gesamtvolumen jedoch meist sehr klein ist, für die Volumendiffusion aber ein sehr großer „Strömungsquerschnitt" zur Verfügung steht, wird das Diffusionsgeschehen mit zunehmender Temperatur immer mehr von der Volumendiffusion bestimmt. In polykristallinen Werkstoffen verringert sich der Anteil der Korngrenzendiffusion mit zunehmender Korngröße, d. h. in dem Maße, wie die spezifische Korngrenzenfläche (Abschn. 6.6) abnimmt [3].

Für die Geschwindigkeit von Diffusionsvorgängen ist die Größe des *Diffusionskoeffizienten D* maßgebend. *D* hängt von den am Vorgang beteiligten Bausteinen, von der Konzentration und nach einer Beziehung analog Gl. (7.1)

$$D = D_0 \exp(-Q/RT) \tag{7.2}$$

in besonders starkem Maße von der Temperatur ab. D_0 (Frequenzfaktor) ist eine Materialkonstante. Bei Interstitiellen-Diffusion wird Q durch die Enthalpieänderung bei der Wanderung der Zwischengitteratome bestimmt, d. h. Q ist gleich der Differenz ΔH_{ZW} der Enthalpie zwischen Gleichgewichts- und Sattellage des Zwischengitteratoms. Im Fall des Leerstellenmechanismus tritt in Q zusätzlich die Aktivierungsenthalpie ΔH_{LB} für die Leerstellenbildung auf, da der Diffusionskoeffizient der Leerstellenkonzentration c_L proportional ist: $D = c_L \cdot D_L$ (D_L Leerstellendiffusionskoeffizient). Somit gilt für $Q = \Delta H_{LB} + \Delta H_{LW}$ [1].

Trägt man, ausgehend von der logarithmierten Gl. (7.2), log D über $1/T$ auf, so erhält man für die Temperaturabhängigkeit der Diffusionskoeffizienten Geraden (Bild 7.4), aus deren

Steigung sich die *Aktivierungsenthalpie* ergibt. Werden Abweichungen von der Geraden gefunden, so deutet dies auf den gleichzeitigen Ablauf mehrerer Elementarprozesse mit unterschiedlichen Aktivierungsenthalpien hin. Die Aktivierungsenthalpie der Selbstdiffusion ist eine jener Kenngrößen kristalliner Festkörper, die zu den Bindungskräften im Gitter in direkter Beziehung stehen. Für eine große Gruppe typischer Metalle, wie beispielsweise Au, Cu, Ni, Pt u. a., findet man das Verhältnis von Aktivierungsenthalpie zur Verdampfungswärme gleich 0,65 bis 0,7.

Der Diffusionsvorgang im Kristallgitter ist in hohem Maße strukturempfindlich. So sind bei gleicher Temperatur die Diffusionskoeffizienten von im Eisen gelösten C-Atomen für das α-Fe etwa hundertmal größer als im γ-Fe. In nichtkubischen Gittern ist die Diffusion anisotrop, und die Diffusionsgeschwindigkeit kann in verschiedenen kristallographischen Richtungen sehr unterschiedlich sein. Zum Beispiel werden beim hexagonal kristallisierenden Wismut für den Koeffizienten der Selbstdiffusion D_S parallel und senkrecht zur c-Achse in der Nähe der Schmelztemperatur folgende Werte angegeben [2]:

$$D_s \parallel c{:}9 \cdot 10^{-11}\ \mathrm{cm^2\,s^{-1}};\ D_s \perp c{:}2{,}15 \cdot 10^{-16}\ \mathrm{cm^2\,s^{-1}}$$

$$Q \parallel c{:}130\ \mathrm{kJ/g\text{-}Atom};\ Q \perp c{:}586\ \mathrm{kJ/g\text{-}Atom}$$

7.1.1 Platzwechselmechanismen

Während die Bausteine an freien Festkörperoberflächen (Abschn. 6.2) in ihrer Bewegung weitgehend ungehindert sind und auch in den vom Ordnungsgrad her stark gestörten Korngrenzen (Abschn. 2.1.11) hinreichenden Bewegungsspielraum haben, ist der Teilchentransport im Gitter nur unter bestimmten Voraussetzungen möglich und auf der Grundlage nur weniger Platzwechselmechanismen denkbar. Bei der Volumendiffusion in kristallinen Körpern werden grundsätzlich drei Mechanismen unterschieden, die ihrerseits weiter modifiziert werden und im realen Festkörper, meist bei Dominanz eines Mechanismus, zu unterschiedlichen Anteilen auftreten können.

In einem Kristall, in dem alle Gitterplätze besetzt sind, kann ein Platzwechsel nur bei gleichzeitiger Beteiligung von mindestens zwei Atomen erfolgen (*Austauschmechanismus;* Bild 7.5a). Da der direkte Austausch zweier benachbarter Atome in einem dicht gepackten Gitter aber eine zeitweilige stärkere Gitterverzerrung erfordert, ist die Energieschwelle für

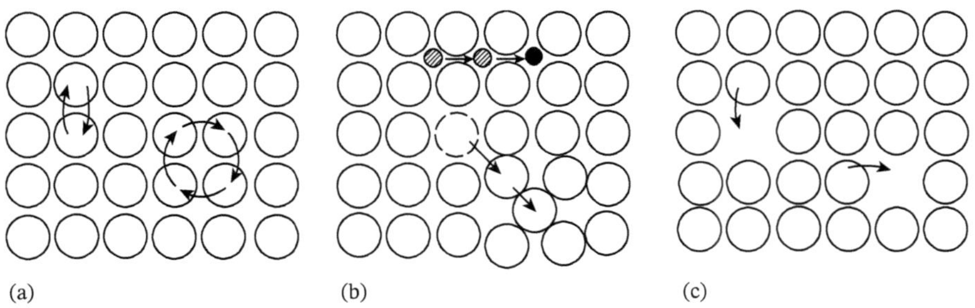

Bild 7.5 Platzwechselmöglichkeiten im Gitter. (a) Austauschmechanismus; (b) Zwischengittermechanismus; (c) Leerstellenmechanismus.

diesen Vorgang sehr hoch. Daher ist ein solcher Mechanismus wenig wahrscheinlich. Gitterverzerrung und Aktivierungsenthalpie können jedoch wesentlich niedriger sein, wenn anstatt zwei – gemäß der von *Zener* vorgeschlagenen *Ringdiffusion* – drei oder mehr Atome gleichzeitig ihre Plätze wechseln. Es ist noch nicht sicher, ob ein solcher Ringmechanismus in Kristallen tatsächlich vorkommt.

Die Diffusion über Zwischengitterplätze *(Zwischengittermechanismus)* ist möglich (Bild 7.5b), wenn eine ausreichende Fehlordnung durch Zwischengitteratome (-ionen) vorliegt oder die Kristallstruktur wie bei zahlreichen Silicaten und Graphit ohnehin größere Zwischenräume aufweist. Die Zwischengitterplatz-Diffusion ist insbesondere bei Einlagerungsmischkristallen, wie sie häufig von Metallen mit H, N und C gebildet werden, von Bedeutung *(Interstitiellen-Diffusion)*. Infolge der kleinen Atomradien der eingelagerten Elemente kann der Platzwechsel ohne stärkere Verzerrung des Metallgitters und bei niedriger Aktivierungsenthalpie vor sich gehen. Da die Löslichkeit der Metalle für interstitiell eingebaute Atome relativ gering ist, sind in der Nachbarschaft der Einlagerungsatome genügend Zwischengitterplätze für Diffusionssprünge frei.

Die Größe der Aktivierungsenthalpie entspricht dann im Wesentlichen der (auf 0 K bezogenen) durch die Gitteraufweitung verursachten und zur Realisierung des Elementarsprungs notwendigen Änderung der elastischen Energie. Sind die Einlagerungsatome größer, kann es günstiger sein, wenn das Atom nicht direkt in eine Gitterlücke wandert, sondern den regulären Gitterplatz eines Nachbaratoms, das seinerseits auf einen Zwischengitterplatz verdrängt wird, einnimmt. Auch in nichtstöchiometrisch aufgebauten intermetallischen Phasen und Ionenkristallen (z. B. Oxiden) ist eine Zwischengitterplatz-Diffusion möglich, wenn eine Teilchenart im Überschuss vorliegt und die überschüssigen Teilchen auf Zwischengitterplätzen untergebracht sind. Bei nichtstöchiometrischen Ionenkristallen mit Metallüberschuss müssen außer den positiven Metallionen zur Wahrung der Elektroneutralität noch Elektronen auf Zwischengitterplätzen vorhanden sein (Bild 7.6). Entsprechende Verhältnisse liegen bei CdO, TiO_2, Al_2O_3, MoO_3, Fe_2O_3 (s. a. Abschn. 8.5.1) u. a. vor. Der Fall, dass in einem stöchiometrisch aufgebauten Ionenkristall sich Anionen und Kationen auf Zwischengitterplätzen befinden, ist energetisch nicht begünstigt.

In Abhängigkeit von der Temperatur enthält der Realkristall eine bestimmte Anzahl unbesetzter Gitterplätze (Leerstellen, s. a. Abschn. 2.1.11), in die benachbarte Bausteine leicht einspringen können *(Leerstellenmechanismus)*. Als Aktivierungsenthalpie muss die Ablösearbeit aufgebracht werden. An ihrem ursprünglichen Gitterplatz hinterlassen die

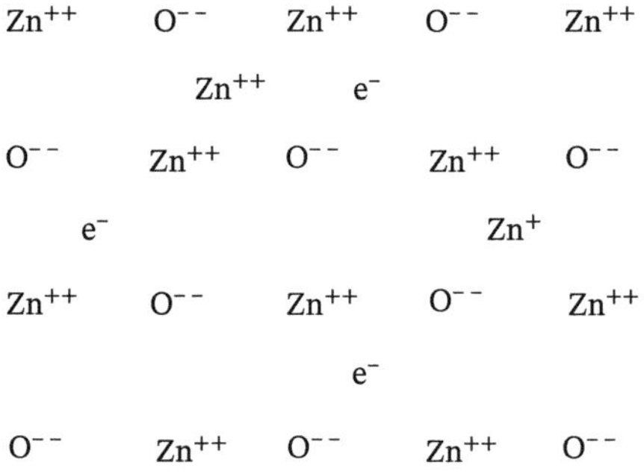

Zn^{++} O^{--} Zn^{++} O^{--} Zn^{++}

Zn^{++} e^-

O^{--} Zn^{++} O^{--} Zn^{++} O^{--}

e^- Zn^+

Zn^{++} O^{--} Zn^{++} O^{--} Zn^{++}

e^-

O^{--} Zn^{++} O^{--} Zn^{++} O^{--}

Bild 7.6 Idealisierte Darstellung der Fehlordnung in Zinkoxid. Das Verhältnis von ein- und zweiwertigen Zinkionen auf Zwischengitterplätzen hängt von der Temperatur ab.

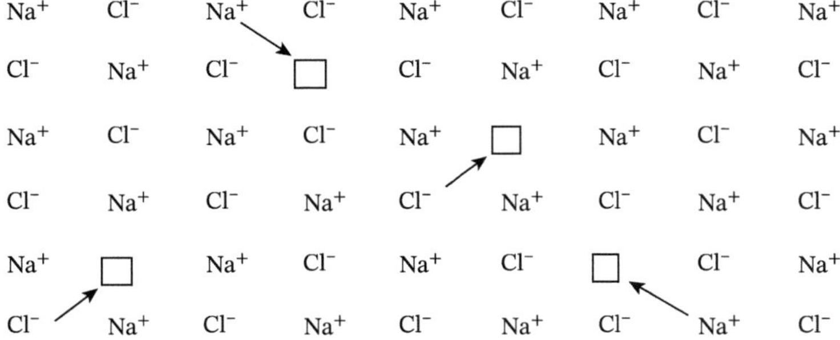

Bild 7.7 Fehlordnungsmodell für NaCl.

Bausteine eine neue Leerstelle (Bild 7.5c), sodass Bausteine und Leerstellen in entgegengesetzte Richtungen wandern. Die mit der Temperaturerhöhung zu beobachtende Erleichterung der Diffusion ist sowohl auf die Zunahme der Schwingungsenergie der Bausteine als auch auf die Erhöhung der Leerstellenkonzentration (s. Abschn. 2.1.11) zurückzuführen. Der Leerstellenmechanismus ist in reinen Metallen und Austauschmischkristallen wirksam und in den kubisch-flächenzentrierten vorherrschend. In stöchiometrisch aufgebauten Ionenkristallen ist wegen der elektrischen Neutralität die gleichzeitige Anwesenheit einer äquivalenten Anzahl von Leerstellen im Kationen- und Anionenteilgitter (Bild 7.7) oder von Leerstellen und Zwischengitterionen in einem der Teilgitter erforderlich, wobei die Fehlordnung des Kationengitters energetisch bevorzugt ist. Im ersten Fall erfolgt die Diffusion von Anionen und Kationen nur über Leerstellen, im zweiten bewegen sich Kationen über Zwischengitterplätze oder Leerstellen. In nichtstöchiometrischen Ionenkristallen sind die Leerstellen auf das Teilgitter der im Unterschuss vorliegenden Komponente konzentriert. Die elektrische Neutralität wird, wenn die Leerstellen im Anionengitter bestehen, durch eine äquivalente Anzahl von Überschusselektronen und für Leerstellen im Kationenteilgitter über die Bindung von Defektelektronen (Bild 7.8) hergestellt. Bei dem im Bild 7.8 dargestellten Beispiel Cu_2O wandern die einwertigen Kupferionen über Leerstellen ihres Teilgitters. Die Defektelektronen werden durch zweiwertige Kupferionen repräsentiert. Analoge Verhältnisse werden auch für NiO, Cr_2O_3, FeO (s. a. Abschn. 8.5.1), CoO, MoO_2 u. a. angenommen.

Die Platzwechsel über Fehlstellen vollziehen sich in Mehrkomponentensystemen meist mit einem für jede Ionen-(Atom-)Art unterschiedlichen Energieaufwand, d. h., die *partiellen Diffusionskoeffizienten* sind verschieden, $D_A \neq D_B$. (Auch dies ist ein Grund für die geringe Wahrscheinlichkeit des Auftretens eines Austauschmechanismus in Legierungen, der ja gleiche Diffusionskoeffizienten der Komponenten voraussetzt.) Für Ionenkristalle, in denen die Fehlordnung im Wesentlichen auf eines der Teilgitter konzentriert ist, ist dies ohnehin verständlich. Bei Ionenkristallen wie Alkalihalogeniden, wo in beiden Teilgittern Leerstellen in gleicher Konzentration vorliegen (s. Bild 7.7, Beispiel NaCl), wird häufig eine größere Beweglichkeit der Kationen festgestellt, was auf ihre geringere Größe zurückzuführen ist.

Die unterschiedlichen Aktivierungsenthalpien für die Selbstdiffusion von As und Ga in der halbleitenden intermetallischen Verbindung GaAs (Ga: 540 kJ/mol; As: 985 kJ/mol)

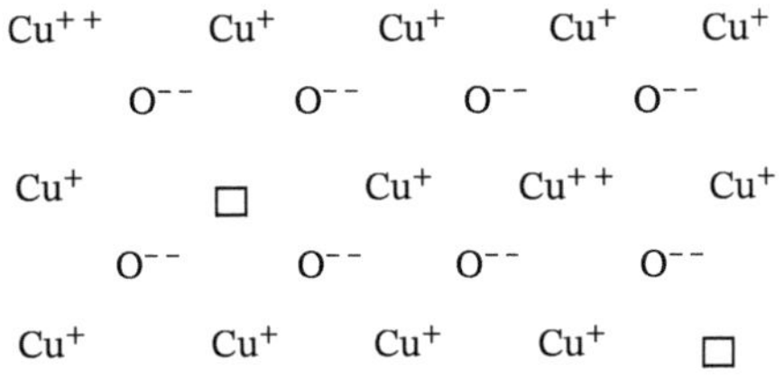

Cu^{++} Cu^{+} Cu^{+} Cu^{+} Cu^{+}

O^{--} O^{--} O^{--} O^{--}

Cu^{+} □ Cu^{+} Cu^{++} Cu^{+}

O^{--} O^{--} O^{--} O^{--}

Cu^{+} Cu^{+} Cu^{+} Cu^{+} □

Bild 7.8 Fehlordnungsmodell des Cu_2O.

lassen darauf schließen, dass auch hier der Platzwechsel einer Atomart nur innerhalb ihres Teilgitters geschieht, d. h., der der As-Atome erfolgt über Leerstellen im As-Teilgitter, derjenige der Ga-Atome über Leerstellen im Ga-Teilgitter. Ebenso diffundieren Dotanten (substituierende Fremdatome, Abschn. 10.1.2) in Verbindungshalbleitern jeweils nur im entsprechenden Teilgitter (z. B. Substituenten des As im As-Teilgitter, Substituenten des Ga im Ga-Teilgitter).

Das Bestehen verschiedener partieller Diffusionskoeffizienten in metallischen Legierungen wurde erstmals von *Kirkendall* experimentell bestätigt *(Kirkendall-Effekt).* Es kommt in einem chemisch inhomogenen System in beiden Richtungen des Konzentrationsgefälles zu einem unterschiedlichen Materialfluss. Im klassischen Versuch *Kirkendalls* wurde ein Messingblock (70 % Cu–30 % Zn), der mit Kupfer plattiert war und dessen Messing-Kupfer-Phasengrenzen mit Molybdändrähten markiert wurden, geglüht. Aufgrund der größeren Diffusionsgeschwindigkeit des Zinks diffundiert dieses schneller in die Plattierungsschicht als Kupfer in den Block. Infolge des stärkeren Materialflusses nach außen werden die Markierungen in Richtung auf den Messingblock verschoben.

Eine andere Folge des ungleichen Materialtransports ist der *Frenkel-Effekt,* demzufolge in der schneller diffundierenden Komponente *Diffusionsporosität* und in der langsameren Schwellung auftritt. Ein repräsentatives Beispiel hierfür ist das System Ni-Cu, in dem beispielsweise bei 1.000 °C die konzentrationsabhängigen partiellen Diffusionskoeffizienten um rund eine Zehnerpotenz differieren ($D_{Cu} \gg D_{Ni}$), sodass über den Cu–Ni-Kontakt in der Zeiteinheit mehr Cu-Atome in das Ni diffundieren als umgekehrt und im Cu hinterlassene Leerstellen zu Mikroporen koagulieren, während auf der Ni-Seite so viel Cu gelöst wird, dass eine höhere Dichte von Atomen entsteht und das Material eine lokale Schwellung erfährt. Beide Erscheinungen, Kirkendall- und Frenkel-Effekt, sind freilich temporärer Natur. Bei genügend langer Expositionsdauer führt die Fremddiffusion zum Konzentrationsausgleich (Homogenisierung) und schließlich zu jenen Mischkristallkonzentrationen, die das (Gleichgewichts-)Zustandsdiagramm ausweist.

Nach den heutigen Vorstellungen sind die *Diffusionsvorgänge in silicatischen Gläsern* denen in Ionenkristallen etwa vergleichbar. Der Atomplatzwechsel wird durch Schwingungen in der Netzwerkstruktur der Gläser (Abschn. 2.2.2) ermöglicht. Während die fester gebundenen Si^{4+}- und O^{2-}-Ionen (Netzwerkbildner) den stabileren Teil des Netzwerkes darstellen, weisen eingelagerte Bestandteile wie Ca^{2+}-Ionen, vor allem aber Na^{+}-Ionen (Netzwerkwandler), deren Diffusionskoeffizient gemäß der Weylschen Theorie aufgrund der niedrigeren Kationenladung um mehr als drei Zehnerpotenzen über dem der Ca^{2+}-Ionen liegt, eine wesentlich größere Beweglichkeit auf. Sitzt beispielsweise das Na^{+}-Ion an einem nicht brückenbildenden O^{2-}-Ion, so entspricht dies einem „Zwischengitterplatz“, fehlt das Na^+-Ion an dieser Stelle, so kann in entsprechender Weise von einer „Leerstelle" gesprochen werden. Für die Diffusion selbst erscheint aus energetischen Betrachtungen der Materialtransport über die „Zwischengitterplätze" wahrscheinlicher als der über „Leerstellen", wenn Letzterer auch nicht ganz ausgeschlossen werden kann.

Ausschließlich strukturelle Faktoren sind für die Diffusion von neutralen einatomigen Edelgasen in Gläsern maßgebend. So diffundieren die kleinen Heliumatome in dem locker strukturierten Kieselglas erheblich schneller als die größeren Neonatome.

In Polymeren ist aufgrund ihres ganz andersartigen Aufbaus ein Platzwechsel des Makromoleküls im festen Zustand praktisch ausgeschlossen. Es kann sich nur unter Mitführung angrenzender Makromoleküle, also kooperativ mit Nachbarketten, bewegen *(gebundene Diffusion)*. Das ist jedoch bei amorphen Polymeren erst oberhalb der Einfriertemperatur und für kristalline sogar erst im schmelzflüssigen Zustand möglich. Niedermolekulare Stoffe hingegen, die als flüssige oder Gasphase vorliegen (wie Luft, Wasser, den polymeren Werkstoff nichtlösende organische Dämpfe und Flüssigkeiten), diffundieren in den polymeren Körper. Sie dringen in die zwischenmolekularen Räume ein, wenn die Molekülsegmente mikrobrownsche Bewegungen ausführen und zwischen diesen und niedermolekularen Bestandteilen Platzwechsel möglich sind.

Daher wird durch alle Einflüsse, die die Beweglichkeit der Molekülsegmente oder den Zwischenraum zwischen den Makromolekülen (das sog. freie Volumen) vergrößern, wie z. B. Temperaturerhöhung, äußere Weichmachung, Molekülverzweigung oder -vernetzung, Erhöhung der Amorphie, die Diffusionsgeschwindigkeit z. T. erheblich erhöht. Entgegengesetzt wirken solche Einflüsse wie Temperaturerniedrigung, innere Weichmachung, Erhöhung der Kristallinität, Kompression oder Deformation unter mechanischer Spannung bzw. Orientierung der Makromoleküle durch Verstreckung (es entstehen dabei sogar Anisotropien der Diffusion) sowie Zumischung anorganischer Füllstoffe. Reißen allerdings Poren auf, erhöht sich die Diffusionsgeschwindigkeit, die sich auch mit Abnahme der relativen Masse und des Durchmessers der Moleküle des diffundierenden Mediums vergrößert.

Die *Diffusion in Polymeren* kann mit Sorptions- und Desorptionsvorgängen (wie Quellen und Entquellen bei Flüssigkeitsaufnahme und -abgabe) verbunden sein (s. a. Abschn. 8.3.1). Stimmen diese Vorgänge zeitlich nicht überein, d. h., verläuft einer der Vorgänge schneller, so spricht man von *anomaler Diffusion*. Sie tritt im Zustand der unterkühlten Schmelze auf. Mit zunehmender Sorption nähert sich der polymere Werkstoff immer mehr dem Zustand einer Schmelze, bei zunehmender Desorption dem Glaszustand an. Die absorbierten niedermolekularen Bestandteile beeinflussen die mikro- und makrobrownsche Bewegung und damit auch die Einfrier- und Erweichungs- bzw. Schmelztemperatur. Unterhalb der Einfriertemperatur verlaufen die Diffusionsvorgänge sehr langsam.

7.1.2 Diffusionsgesetze

In homogenen Systemen läuft der thermisch aktivierte Platzwechsel von Atomen im Mittel ungerichtet ab. Bei Vorhandensein von Konzentrationsgradienten von bestimmten Komponenten resultieren aus der statistischen Bewegung der Teilchen gerichtete Ströme dieser Komponenten. Neben dem Konzentrationsgradienten können auch Gradienten anderer Größen wie z. B. der Temperatur, der mechanischen Spannung oder des elektrischen

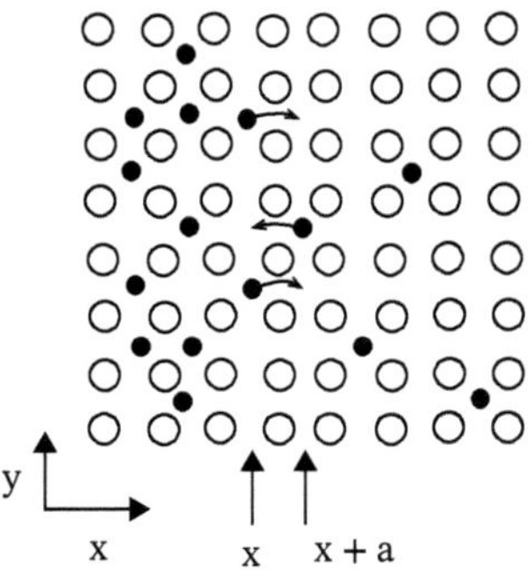

Bild 7.9 Schematische Darstellung der Diffusion von Zwischengitteratomen (Atomart 1, •) in einem kubisch primitiven Gitter (Atomart 2, o).

Feldes Massenströme verursachen. Im Rahmen der irreversiblen Thermodynamik ergibt sich der Massenstrom einer Stoffkomponente ganz allgemein aus dem Gradienten des chemischen Potentials dieser Komponente [2], [1], [5]. Zunächst sollen jedoch der wesentliche Mechanismus sowie die Grundgleichungen des Stofftransports infolge eines Konzentrationsgradienten am Beispiel der Diffusion von Zwischengitteratomen anschaulich erläutert werden.

Betrachtet werden zwei benachbarte Atomebenen in einer binären Legierung (Bild 7.9). Die Flächenbelegung der Komponente 1, die als Zwischengitteratome im Gitter der Atomart 2 angeordnet sein möge, soll auf der linken Ebene am Orte x den Wert $c\,(x)\,a$ und die auf der rechten entsprechend $c\,(x + a)a$ annehmen, wobei $c\,(x)$ die Konzentration (Teilchenzahl pro Volumen) der Komponente 1 und a die Gitterkonstante bezeichnen. Durch thermisch aktivierte Platzwechselvorgänge ergibt sich ein Teilchenstrom von der linken zur rechten Atomebene, $j(l \to r) = \nu c(x)a/6$, der proportional zur Flächenbelegung auf der linken Atomebene ist, wobei $\nu/6$ die Sprunghäufigkeit eines Teilchens in eine vorgegebene Richtung pro Zeit ist. Ein analoger Ausdruck folgt für den Strom von der rechten zur linken Atomebene. Damit folgt bei Voraussetzung einer langsamen Veränderung der Konzentration der Komponente 1 über einen Gitterabstand unter Anwendung der Taylorentwicklung von $c(x + a)$ an der Stelle x als resultierender Gesamtstrom oder auch Diffusionsstrom

$$j = j(l \to r) - j(r \to l) = \nu a[c(x) - c(x + a)]/6 = -(\nu a^2/6)\,\partial c/\partial x = -D\partial c/\partial x \qquad (7.3)$$

wobei in der letzten Gleichung der *Diffusionskoeffizient* $D = \nu a^2/6$ eingeführt wurde, der somit die Maßeinheit m^2/s oder auch cm^2/s hat. Gl. (7.3) stellt das *1. Ficksche Gesetz* dar.

Das negative Vorzeichen in Gl. (7.3) zeigt an, dass der Diffusionsstrom j dem Konzentrationsgradienten entgegengerichtet und damit bestrebt ist, Konzentrationsunterschiede auszugleichen [4]. Die partielle Ableitung in (7.3) berücksichtigt, dass die Konzentration im Allgemeinen auch von der Zeit abhängt.

Zur Berechnung der zeitlichen Veränderung eines inhomogenen Konzentrationsfeldes infolge von Diffusionsströmen kann von der Teilchenzahlerhaltung ausgegangen werden, die sich mathematisch in der so genannten Kontinuitätsgleichung (7.4) ausdrückt [5].

$$\partial c\,(x,t)/\partial t + \partial j(x,t)/\partial x = 0 \qquad (7.4)$$

Diese besagt ganz einfach, dass sich die Zahl von Teilchen in einem kleinen Volumenelement (bei vorliegender eindimensionaler Betrachtung einer dünnen Schicht) nur infolge einer Differenz der in dieses Element hinein- und herausfließenden Teilchenströme ändert. Bei Einsetzen des Diffusionsstromes (7.3) in Gl. (7.4) folgt die Diffusionsgleichung

$$\partial c \partial t = \partial / \partial x \, (D \partial c / \partial x) \tag{7.5}$$

die auch als *2. Ficksches Gesetz* bekannt ist. Wenn der Diffusionskoeffizient nicht von der Konzentration abhängt, so vereinfacht sich Gl. (7.5) zu

$$\partial c \partial t = D \partial^2 c / \partial x^2 \tag{7.6}$$

Die vereinfachte Diffusionsgleichung (7.6) stellt eine lineare partielle Differenzialgleichung dar und kann bei Vorgabe von Anfangs- und Randbedingungen für das Konzentrationsfeld mittels mathematischer Standardmethoden gelöst werden [6], [8].

Eine besonders einfache Lösung ergibt sich für diese Gleichung, wenn z. B. wie bei der chemisch-thermischen Oberflächenbehandlung (Aufkohlen, Nitrieren, Borieren u. Ä.) die Konzentration der eindiffundierenden Komponente (Kohlenstoff, Stickstoff bzw. Bor) auf der Werkstoffoberfläche konstant gehalten wird $c(x = 0,t) = c_s$, während sie in der Tiefe des Werkstücks einen davon verschiedenen Wert $c(x = \infty,t) = c_b$ annimmt (s. a. Abschn. 7.1.4). Das Konzentrationsprofil wird dann durch die zeitlich veränderliche Fehlerfunktion beschrieben

$$c = c_s - (c_s - c_b)\,\mathrm{erf}\left(\frac{x}{2(Dt)^{1/2}}\right) \tag{7.7}$$

mit

$$\mathrm{erf}(s) = \frac{2}{\pi^{1/2}} \int_0^s \exp\left(-y^2\right) \mathrm{d}y \tag{7.8}$$

Die Konzentration klingt in einem Abstand $x = (Dt)^{1/2}$ von der Oberfläche bereits auf den Wert $(c_s + c_b)/2$ ab, d. h. $(Dt)^{1/2}$ ist die charakteristische Abklinglänge des Diffusionsfeldes (s. a. Bild 7.10).

Der allgemeine Fall der Diffusion bei Vorliegen eines konzentrationsabhängigen Diffusionskoeffizienten $D(c)$ ist aufgrund der Nichtlinearität von Gl. (7.5) schwieriger zu lösen. Ein relevantes Beispiel hierfür ist die Interdiffusion (Fremddiffusion) zweier Komponenten in einer binären Legierung, die hauptsächlich über den Leerstellenmechanismus erfolgt. Durch Messung von Konzentrationsprofilen nach gegenseitiger Eindiffusion zweier Komponenten A und B an zwei sich anfänglich berührenden Halbräumen, bestehend aus jeweils einer Komponente (Bild 7.11), kann der *Interdiffusionskoeffizient* experimentell bestimmt

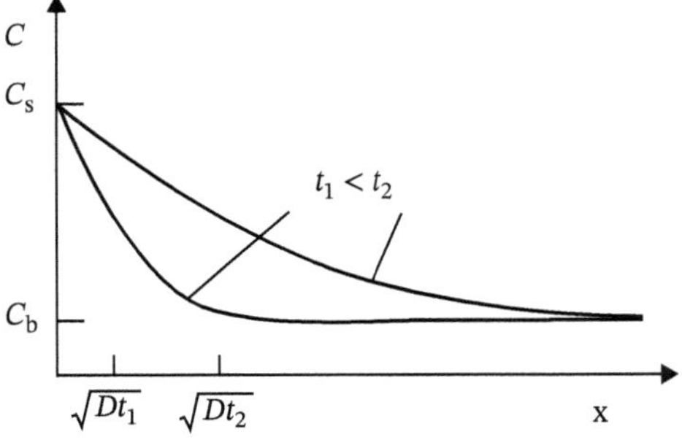

Bild 7.10 Zeitliche Änderung des Konzentrationsprofils entsprechend der Lösung, gegeben durch die Gln. (7.7), (7.8) für zwei Zeiten t_1, t_2. Auf der Abszisse sind die jeweiligen charakteristischen Eindringtiefen $(Dt)^{1/2}$ der Diffusionsfront gekennzeichnet.

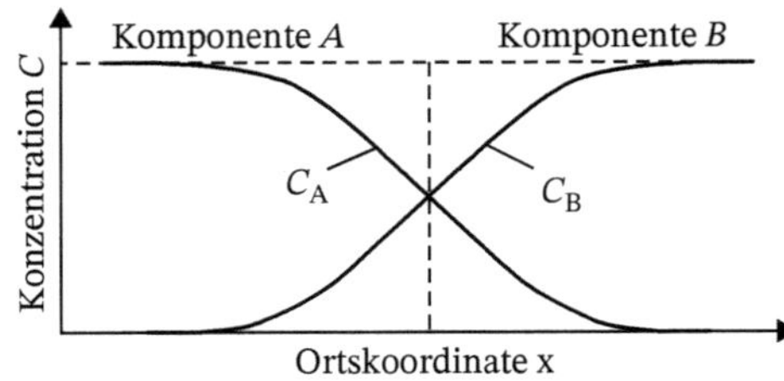

Bild 7.11 Räumliche Änderung des Konzentrationsprofils von zwei Atomsorten A und B infolge von Interdiffusion; der Ausgangszustand war durch eine sprunghafte Änderung der Konzentration an einer Grenzschicht gegeben.

werden. Hierfür haben sich Mikrosondenuntersuchungen als besonders geeignet erwiesen. Die Kenntnis des Konzentrationsprofils kann dann in einfachen Fällen zur direkten Berechnung der nichtlinearen $D(c)$-Abhängigkeit genutzt werden. Für das Beispiel einer ebenen Diffusionsfront, die sich aus einem stufenförmigen Konzentrationsprofil zur Zeit $t = 0$ entwickelt, ist diese Analyse als *Matano-Methode* bekannt [1].

Wie schon erwähnt, können Massenströme nicht nur durch einen Konzentrationsgradienten hervorgerufen werden, sondern sind entsprechend der Thermodynamik irreversibler Prozesse ganz allgemein eine Folge des Gradienten des chemischen Potenzials. Die Atome bewegen sich, um Unterschiede des chemischen Potenzials auszugleichen. Betrachtet werden als Beispiel Zwischengitteratome der Sorte B in einer Matrix der Sorte A. Ihre Driftgeschwindigkeit v_B ist proportional zum Gradienten des chemischen Potenzials μ_B

$$v_B = - M_B \, d\mu_B/dx \tag{7.9}$$

wobei die Proportionalitätskonstante M_B die so genannte Beweglichkeit der Komponente *B* ist. Das chemische Potenzial der Komponente *B* hängt von den Zustandsvariablen des betrachteten Systems ab. Wir beschränken uns hier auf die Abhängigkeit von der Konzentration und einen zusätzlichen Term infolge einer räumlich veränderlichen mechanischen Spannung im betrachteten Körper. Unter der vereinfachenden Annahme einer idealen Lösung der Komponente *B* in der Matrix A lautet das chemische Potenzial

$$\mu_B = g_B + kT \ln N_B(x) - \sigma(x)\Delta\Omega \tag{7.10}$$

wobei g_B das chemische Potenzial der reinen Komponente *B*, N_B der Molenbruch der Komponente *B*, σ die mechanische Spannung, und $\Delta\Omega$ die Änderung des Atomvolumens beim Platzwechsel sind. Der Teilchenstrom ergibt sich einfach als Produkt von Geschwindigkeit und Teilchendichte, $j_B = v_B \, c_B$, und nach Einsetzen des chemischen Potenzials (Gl. 7.10 in 7.9) in (7.9) folgt

$$j_B = - c_B \, M_B[(kT/N_B) \, dN_B/dx - \Delta\Omega \, d\sigma(x)/dx] \tag{7.11}$$

Der Gradient der mechanischen Spannung führt also zu einer Drift der Zwischengitteratome zu jenen Gebieten der Körper hin, die unter Zugspannung ($\sigma > 0$) stehen. Ein Vergleich von Gl. (7.11) mit(7.3) ergibt bei Berücksichtigung der Definition des Molenbruchs $N_B = c_B/c_t$ (c_t Gesamtteilchenzahldichte) folgenden Zusammenhang zwischen Diffusionskoeffizient und Beweglichkeit

$$M_B = M_B \, kT \tag{7.12}$$

Analog zu räumlichen Änderungen der mechanischen Spannung rufen auch Änderungen der Temperatur oder des elektrischen Feldes Massenströme hervor. Man spricht dann von *Thermo-* bzw. *Elektromigration.*

7.1.3 Bildung von Diffusionsschichten

Festkörperreaktionen, bei denen die Diffusionsgeschwindigkeit der Partner unterschiedlich und an denen überwiegend nur einer von ihnen beteiligt ist, haben vor allem für die Herstellung elektronischer Bauelemente (Legierungstransistoren) [7] sowie für Oberflächenvorgänge wie die Auf- und Entkohlung, die Oxidation (Abschn. 8.5) und ganz besonders die *chemisch-thermische Oberflächenbehandlung* metallischer Werkstoffe große praktische Bedeutung. Das Ziel der bei erhöhter Temperatur ablaufenden Diffusionsvorgänge in einem Substratwerkstoff, der von einem festen, flüssigen oder gasförmigen Wirkmedium umgeben ist, besteht weniger in einer homogenisierenden Beeinflussung des Gefüges als vielmehr in der Anreicherung der Werkstückoberfläche mit bestimmten metallischen oder nichtmetallischen Elementen. Bei Konstruktionsteilen aus Stahl geschieht diese vorzugsweise zur Verbesserung des Verschleiß- und Korrosionsverhaltens. Die hierzu gebräuchlichen Verfahren werden als *Diffusionslegieren* bezeichnet.

Für die Erzeugung verschleißmindernder Oberflächenschichten auf Eisen- und z. T. auch Nichteisenwerkstoffen sind in der Praxis vor allem Nichtmetall-Diffusionsverfahren eingeführt worden. Hierher gehören neben dem Aufkohlen zum Zwecke des Einsatzhärtens das Nitrieren, Carbonitrieren, Sulfonitrieren, Oxinitrieren und Borieren. Beim Eindiffundieren schichtbildender Fremdatome in die Metalloberfläche laufen in den oberflächennahen Bereichen komplexe Vorgänge ab, die sowohl zur Mischkristallbildung als auch durch Reaktion mit dem Grundwerkstoff zur Bildung harter, die Verschleißfestigkeit erhöhender intermetallischer Phasen führen (Bild 7.12). Als einfache Diffusion bezeichnet man den Fall, dass allein die Atome des schichtbildenden Elementes diffundieren (z. B. das B beim Borieren von reinem Fe). Von komplexer Mehrstoffdiffusion dagegen spricht man, wenn gleichzeitig mehrere Fremdelemente in den Basiswerkstoff diffundieren

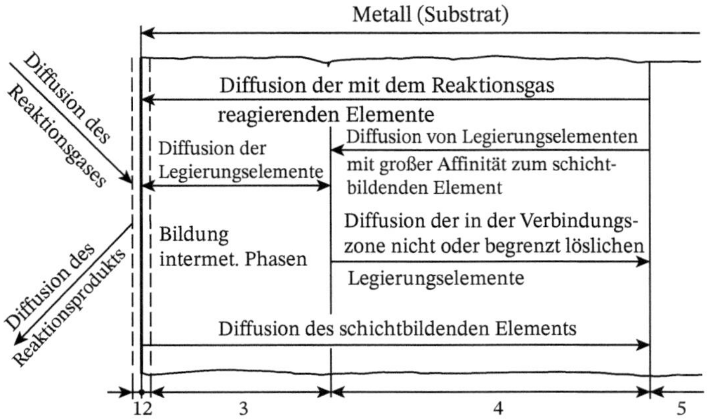

Bild 7.12 Vorgänge bei der Bildung von Diffusionsschichten in gasförmigen Wirkmedien (schematisch). *1* Doppelschicht, adsorbierte oder chemisorbierte Gase, Bildung von Reaktionsprodukten; *2* Oberflächenzone mit gestörtem Gitteraufbau; *3* Verbindungszone, intermetallische Phase; *4* Diffusionszone, Bildung von Mischkristallen und nicht zusammenhängenden intermetallischen Phasen des schichtbildenden Elementes mit dem Basismetall und Legierungselementen, Verarmung der an der Schichtbildung beteiligten Legierungselemente, Anreicherung der von der Schicht verdrängten Legierungselemente, Entstehung von Ausscheidungen; *5* Basismetall.

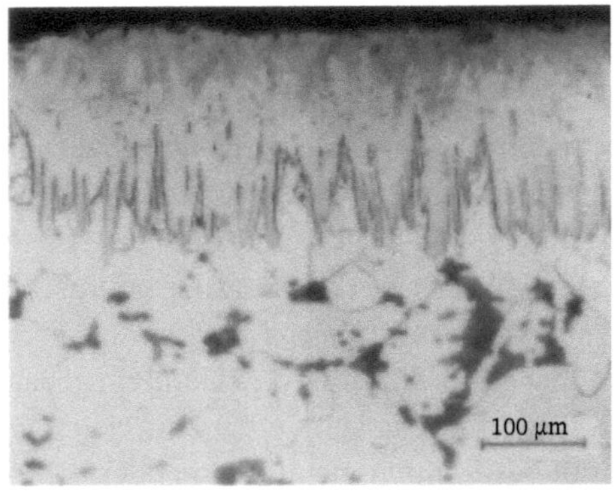

Bild 7.13 Boridschicht aus FeB (dunkle Phase) und Fe_2B (helle Phase) auf einem C-armen Stahl (0,15 % C), boriert bei 1.000 °C. Mit freundlicher Genehmigung von M. Riehle.

(beispielsweise Carbonitrieren: Diffusion von N und C) oder ein Element in den legierten Basiswerkstoff (Substratwerkstoff) und mindestens ein Legierungselement in die bzw. aus der entstehenden Verbindungsschicht diffundiert (z. B. Vanadieren C-haltiger Stähle). Zur komplexen Diffusion zählt man auch das aufeinander folgende Eindiffundieren verschiedener Elemente (z. B. Titanieren von Boridschichten).

Für eine technische Anwendung ist die Bildung aller nach dem Zustandsdiagramm möglichen intermetallischen Phasen in einer Oberflächendiffusionsschicht meist nicht erwünscht. So muss z. B. beim Borieren die neben Fe_2B sich bildende FeB-Phase (Bild 7.13), die aufgrund des Entstehens innerer Spannungen die Ursache für das Abplatzen der Schicht ist, weitgehend unterdrückt werden. Die Dicke und der Aufbau der Legierungszone werden bei der chemisch-thermischen Oberflächenbehandlung hauptsächlich durch die Art des angewendeten Wirkmediums sowie durch die Diffusionstemperatur und -dauer gesteuert. Bei hinreichend rasch ablaufenden Phasengrenzvorgängen und einem Schichtwachstum, für das allein die Diffusion einer Ionen- oder Atomart geschwindigkeitsbestimmend ist, gilt sowohl für die Dickenzunahme der Verbindungszone (Bildung intermetallischer Phasen) als auch des Mischkristallbereiches, wie z. B. beim Nitrieren und Borieren, häufig das *parabolische Zeitgesetz*

$$x = k \cdot (Dt)^{1/2} \qquad (7.13)$$

(k Konstante, D Diffusionskoeffizient, t Diffusionsdauer, x Schichtdicke; s. a. Abschn. 8.5). Seine Herleitung folgt unmittelbar aus der in Abschnitt 7.1.2 angegebenen Beziehung (7.7).

7.1.4 Diffusionsgesteuerte Vorgänge

In den technischen Werkstoffen und unter Beanspruchung bei erhöhter Temperatur (‰ 0,4 T_m) wird die Volumendiffusion über den Leerstellenmechanismus in stärkerem Maße durch Strukturdefekte und das Gefüge beeinflusst.

Bei der Volumenselbstdiffusion sind die Richtungen der Bausteinbewegungen statistisch verteilt, sodass mit ihnen keine Gestaltsänderung des betreffenden Objektes verbunden ist. Dies kann sich aber ändern, wenn, wie aufgrund von Gl. (7.11) auch zu erwarten ist, dem Diffusionsvorgang eine Spannung überlagert wird, der zufolge die Bausteine eine Driftbewegung ausführen, sodass eine im Mittel gerichtete Diffusion, d. h. ein Materialtransport auftritt. Weist das Objekt außer den im thermodynamischen Gleichgewicht stehenden Leerstellen (s. Abschn. 2.1.11) zudem noch andere Störungen auf, die Bausteine und Leerstellen aufnehmen und abgeben können, dann ist in technisch relevanten Zeiten auch bei Belastungen weit unterhalb der Warmstreckgrenze eine Deformation des Objektes, die als *Kriechen* bezeichnet wird, gegeben. Als derartige Störungen kommen in erster Linie (Großwinkel-)Korngrenzen und Versetzungen in Betracht.

7.1.4.1 Diffusionskriechen

Das Diffusionskriechen *(diffusionsviskoses Fließen)* basiert auf der Vorstellung, dass die Korngrenzen als Leerstellensenken und -quellen dienen. Dabei kann der Leerstellen- (und ein ihm äquivalenter Atom-)Strom über das der Korngrenze benachbarte Volumen *(Nabarro-Herring-Mechanismus)* oder in der Korngrenze selbst verlaufen *(Coble-Mechanismus).* Wie Bild 7.14a verdeutlicht, betätigen sich jene Korngrenzen, die in etwa senkrecht zur anliegenden Zugspannung σ angeordnet sind, als Leerstellenquellen und Atomsenken, die mehr parallel zu σ gelegenen als Leerstellensenken und Atomquellen. Auf diese Weise gibt der Festkörper dem äußeren Zwang nach und erleidet eine Kriechdeformation. Dieselben Überlegungen gelten für den Coble-Materialtransport in der Korngrenze. Die unter Zug stehenden Korngrenzen erhalten aus der nicht zugbeanspruchten Materie, die in die an der Korngrenze zusammentreffenden Kristallitoberflächen eingebaut wird, sodass sich der Körper in die Spannungsrichtung dehnt und senkrecht dazu schrumpft. Die Verformungsrate für den Nabarro-Herring-Mechanismus beträgt

$$\dot{\varepsilon}_{\mathrm{NH}} = A_1 \left(D_{\mathrm{V}} \Omega \sigma / kT\right) \left(1/\bar{L}_{\mathrm{G}}^2\right) \tag{7.14a}$$

beim Coble-Mechanismus

$$\dot{\varepsilon}_{\mathrm{C}} = A_2 \left(D_{\mathrm{K}} w \Omega \sigma / kT\right) \left(1/\bar{L}_{\mathrm{G}}^3\right) \tag{7.14b}$$

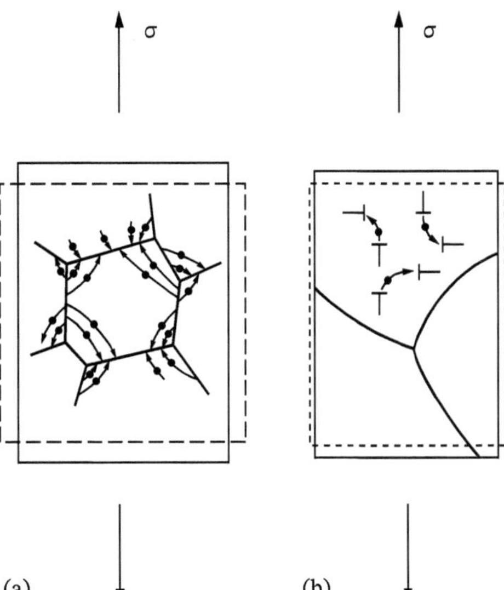

Bild 7.14 Schematische Darstellung der Atomdiffusion (a) beim Nabarro-Herring-Mechanismus (Diffusionskriechen) und (b) beim Versetzungskriechen; σ anliegende Spannung.

wobei D_V und D_K die dem Vorgang entsprechenden Diffusionskoeffizienten, Ω das Atom- bzw. Leerstellenvolumen, $\bar{L}_G$ die lineare Mittelkorngröße und w die wirksame Breite der Korngrenze als Diffusionsweg sind. Der Zahlenfaktor $A_1 \approx 10$ erfasst die Mittelung aller vorkommenden Diffusionswege, die für das jeweilige Korn $< \bar{L}_G$ sind; $A_2 \gg A_1$ (≈ 150). Die Temperaturabhängigkeit von $\dot{\varepsilon}$ entspricht der von $D_V(T)$ bzw. $D_K(T)$.

Auf der Basis von Abschätzungen aufgestellte *Deformationsdiagramme* (Bild 7.15) weisen aus, dass bei hohen homologen Temperaturen und geringerer Belastung der Nabarro-Herring-Mechanismus für die Kriechdeformation bestimmend ist. Für Materialien mit kleinen L_G ($\lesssim 1$ µm) und/oder im Bereich niedriger T/T_m-Werte hingegen herrscht der Coble-Mechanismus beim Kriechen vor.

Eine für Diffusionskriechen (diffusionsviskoses Fließen) charakteristische Größe ist die *Viskosität des gestörten Kristalls* $\eta \sim \sigma/\dot{\varepsilon}$. Sie besagt, dass gemäß Gl. (7.14a) die Viskosität umso niedriger und die Fließfähigkeit umso ausgeprägter ist, je kleiner die Kristallitgröße ausfällt.

7.1.4.2 Versetzungskriechen

Bei hohen homologen Temperaturen (Bild 7.15) ist für kompakte kristalline Körper eine weitere Deformationsmöglichkeit in Betracht zu ziehen, das Versetzungskriechen *(versetzungsviskoses Fließen).* Unter der Wirkung einer äußeren Spannung führen, wie Bild 7.14b schematisch wiedergibt, Stufenversetzungen nichtkonservative Bewegungen aus (Klettern). Bei gleichzeitiger Emission von Leerstellen werden den Versetzungen, deren größere Komponente des Burgersvektors parallel zu σ liegt, Atome zugeführt; sie wirken als *Leerstellenquellen.* Eine dementsprechende Zahl von Versetzungen, deren Hauptkomponente senkrecht zur Kraftrichtung angeordnet ist, verhält sich „umgekehrt“. Diese Versetzungen emittieren Atome und absorbieren Leerstellen *(Leerstellensenken).* Während im Zuge des erstgenannten Teilvorganges die eingeschobenen Halbebenen (Versetzungen) in den Kristall „hineinwachsen“, werden als Folge des zweiten Halbebenen immer mehr abgebaut und günstigstenfalls ganz aus dem Kristallit eliminiert. Das resultierende Ereignis einer derartigen Versetzungs-Leerstellen-Wechselwirkung besteht darin, dass der Körper in Beanspruchungsrichtung verlängert wird (kriecht), während sein Durchmesser abnimmt.

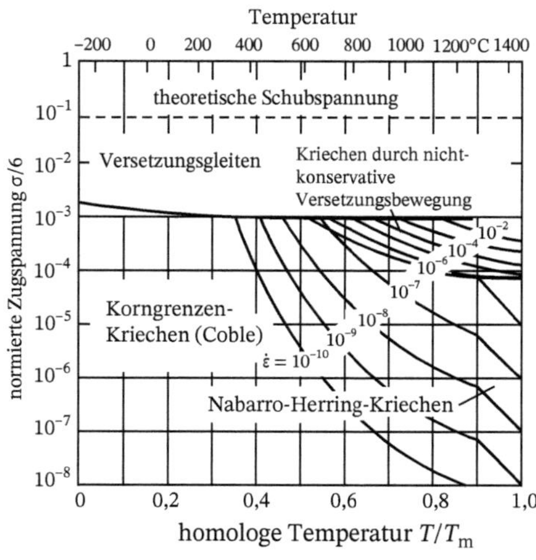

Bild 7.15 Deformationsdiagramm für Nickel (nach *M. F. Ashby*); *G* Schubmodul, T_m Schmelztemperatur; der Parameter $\dot{\varepsilon}$ ist in der Maßeinheit s^{-1} angegeben.

Die Geschwindigkeit von Fließvorgängen, die auf Versetzungsbewegungen beruhen, beträgt nach *A. M. Kosevic*

$$\dot{\varepsilon}_V \approx \vartheta_V \cdot \bar{V} \cdot b \tag{7.15}$$

und hängt von der Dichte „freier" (beweglicher) Versetzungen ϑ_V sowie deren mittlerer Bewegungsgeschwindigkeit $\bar{V}$ ab (b Burgersvektor). Die nichtkonservativen Versetzungsbewegungen sind an die Diffusion von Punktdefekten gebunden, wonach

$$\bar{V} \approx \frac{D_V \cdot \Omega}{b \cdot k \cdot T} \cdot \sigma \tag{7.16}$$

beträgt. Durch Einsetzen von (7.16) in (7.15) erhält man die durch einen diffusionsversetzungsgesteuerten Vorgang bedingte Fließgeschwindigkeit

$$\dot{\varepsilon}_V = \frac{\vartheta_V \cdot D_V \cdot \Omega}{k \cdot T} \cdot \sigma \cong \frac{D_V \cdot \Omega}{k \cdot T \cdot \bar{L}_V^2} \sigma \tag{7.17}$$

Der mittlere Abstand zwischen den Versetzungen (Leerstellensenken und -quellen) beträgt $\bar{L}_V \approx 1/\sqrt{\vartheta_V}$; eine Faustregel besagt, dass etwa ein Drittel aller im Volumen befindlichen Versetzungen „freie", bewegliche Versetzungen sind. An die Stelle der linearen Mittelkorngröße in den Beziehungen für das Nabarro-Herring- und Coble-Kriechen sowie die diesen zuzuordnende Viskosität des gestörten Kristalls ist beim versetzungsviskosen Fließen der mittlere Abstand zwischen den als Quellen und Senken fungierenden beweglichen Versetzungen getreten.

Auch wenn eine versetzungsviskose Verformung bei ausreichend hohen Temperaturen gegeben ist, so muss doch die Versetzungsdichte eine gewisse Mindestgröße ϑ_{eff} aufweisen, damit das Versetzungsklettern makroskopisch als Kriechdeformation in Erscheinung tritt. Sicherlich können Versetzungen als lineare Gitterdefekte gegenüber den flächenhaften Korngrenzen erst dann als effektive Leerstellensenken (und Atomquellen) für den Materialtransport Bedeutung erlangen, wenn $\bar{L}_V \ll \bar{L}_G$ ist. Sollen Versetzungen als Leerstellensenken dominieren, dann muss nach *J. E. Geguzin* die Bedingung

$$\vartheta_V > \left(\frac{1}{\delta \cdot \bar{L}_G^2}\right)^{2/3} \tag{7.18}$$

erfüllt sein ($\delta \approx 10$ Atomdurchmesser ist die charakteristische Entfernung zwischen Versetzung und Leerstelle, innerhalb der eine Leerstelle von einer Versetzung noch absorbiert wird). Behandelt man die Beziehung (7.18) zwecks Abschätzung eines unteren Grenzwertes ϑ_{eff}, oberhalb dessen ein merklicher Versetzungseinfluss auf den Materialtransport besteht, als Gleichung, dann muss beispielsweise ein Gefüge, dessen mittlere lineare Korngröße $\bar{L}_G = 10\ \mu m$ beträgt, durch eine Versetzungsdichte $\vartheta_V > \vartheta_{eff} \approx 2 \cdot 10^8\ cm^{-2}$ gekennzeichnet sein. Da $\vartheta_V \approx 1/\bar{L}_V^2$ ist, würde in diesem Fall der mittlere Versetzungsabstand $\bar{L}_V$ weniger als 0,7 µm betragen.

7.1.4.3 Sintern

Sintern ist die Vernichtung von Hohlraum, der als Porosität in einem aus Pulver gepressten Formkörper vorliegt (Pulvermetallurgie) [9]. Während des Aufheizens und Haltens auf Sintertemperatur T_s ($T_s/T_m \approx 0{,}75\ldots0{,}80$) wird das poröse Pulverhaufwerk im Streben nach Minimierung der freien Enthalpie des Systems verdichtet. Die konkreten Triebkräfte der „freiwillig" (ohne äußeren Druck) verlaufenden Verdichtung sind einmal in den durch die

Poren veranlassten Kapillarspannungen, zum anderen in Spannungsherden, die mikroheterogen im Pulverteilchenkontaktbereich verteilt sind, zu suchen. Solange die Porosität noch als räumliches bis zur Presslingsoberfläche reichendes Porennetzwerk besteht, lässt sich die mittlere Kapillarspannung $\bar{P}$, die auch als ein fiktiver äußerer hydrostatischer Druck aufgefasst werden darf, als

$$\bar{P} = A\frac{2\gamma - \gamma_G}{\bar{L}_P} \cdot \Theta \tag{7.19a}$$

beschreiben. Ist die Verdichtung soweit fortgeschritten, dass die Poren voneinander isoliert existieren, gilt

$$\bar{P} = 2\gamma \cdot \Theta / \bar{R} \tag{7.19b}$$

Dabei sind γ die spezifische freie Oberflächenenergie (Oberflächenspannung), γ_G die Korngrenzenenergie, Θ die Porosität, $\bar{L}_P$ der mittlere Pulverteilchendurchmesser, $\bar{R}$ der mittlere Porenradius und A ein Zahlenfaktor, der je nach Teilchengeometrie 1 … 4 beträgt.

Äußere Kennzeichen der Verdichtung sind die Schwindung ε und ihre Geschwindigkeit $\dot{\varepsilon}$. Wie Bild 7.16 am Beispiel von Sinternickel verdeutlicht, wird der überragende Anteil der Verdichtung in der nichtisothermen Aufheizphase und allenfalls noch in den ersten Minuten des isothermen Sinterns realisiert (Schwindungsintensivstadium). Die

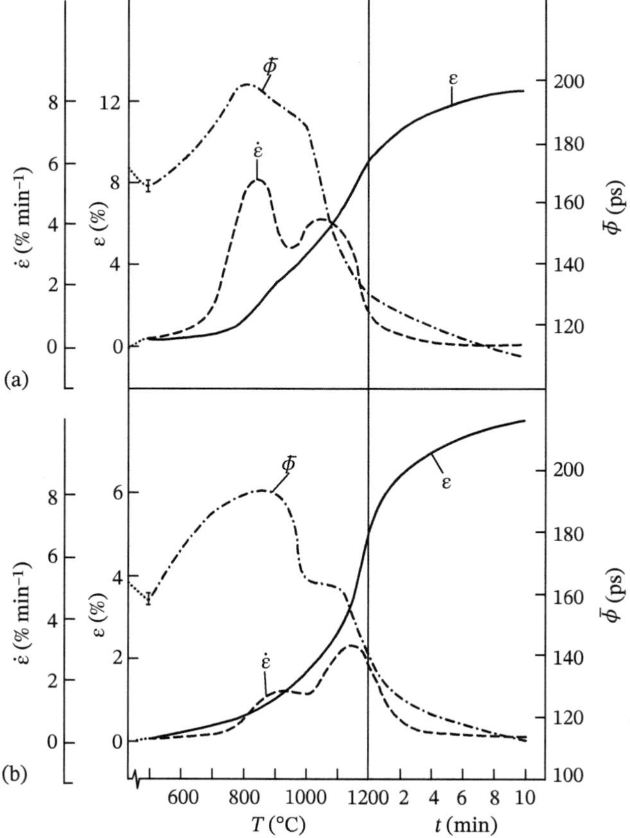

Bild 7.16 ε-, $\dot{\varepsilon}$- und $\bar{\tau}$-Kurven von Sinterkörpern aus Nickelreduktionspulver (nach [10]); (a) Pressdruck 300 MPa, (b) Pressdruck 700 MPa.

Schwindungsgeschwindigkeit $\dot{\varepsilon}$ erreicht dabei maximale Werte, die mit denen der Formänderungsgeschwindigkeit bei der superplastischen Verformung (Abschn. 9.2.5.1) vergleichbar sind. Über elementare Diffusion allein lassen sich die hohen $\dot{\varepsilon}$-Werte und der damit verbundene schnelle Materialtransport nicht erklären.

Die Wendepunkte im ε-Verlauf deuten, da D mit T monoton zunimmt, vielmehr auf einen kooperativen Materialtransport hin [10].

Des Weiteren ist Bild 7.16 zu entnehmen, dass das Auftreten von $\dot{\varepsilon}_{max}$-Werten stets mit einem $\bar{\tau}$-Abfall korrespondiert. $\bar{\tau}$ ist die an identischen Proben gemessene mittlere Positronenlebensdauer und ein Maß für die Dichte aller Defekte; im vorliegenden Fall von Versetzungen und Leerstellenclustern. Die mit dem Pressen der unregelmäßig geformten Pulverteilchen geschlossenen Kontakte stellen keine kompakten Gebilde dar und sind durch örtlich unterschiedliche Versetzungsdichten ϑ_V gekennzeichnet, die auch bei erhöhten Temperaturen, sofern $\vartheta_V < \vartheta_{Vkrit}$ (z. B. $5 \cdot 10^{10}$ cm) ist, nicht über Rekristallisation annihiliert werden. Bis gegen Ende der nichtisothermen Aufheizphase besteht der Kontaktbereich aus einer Vielzahl von punkt- und stegförmigen lokalen Diffusionskontakten und einer Großzahl dazwischen eingebetteter Mikroporen.

Der in den Poren eingeschlossene Hohlraum wird mit steigender Temperatur ($\gtrsim 0{,}5\ T_s$) unter der Wirkung des Laplace-Druckes $P_R \sim \gamma/R$ (Porenbinnendruck) in Leerstellen gequantelt in das benachbarte Volumen emittiert, um dort bei gleichzeitiger Erniedrigung der inneren Energie des Kristalls zu Clustern zu koagulieren (Bild 7.17). Außerdem existieren in den Kontaktzonen Spannungen P_N, die Ausdruck der Nichtübereinstimmung der Gitterparameter a (z. B. als Folge unterschiedlicher Defektdichten) der örtlich miteinander kontaktierenden Teilchen sind. Diese können ebenso wie die mittlere Kapillarspannung $\bar{P}$ Werte annehmen, die ausreichen, um im Kontaktvolumen zusätzliche Versetzungen zu erzeugen [10, 11]. Die auf diese Weise in den Kontaktbereichen hoch angereicherten

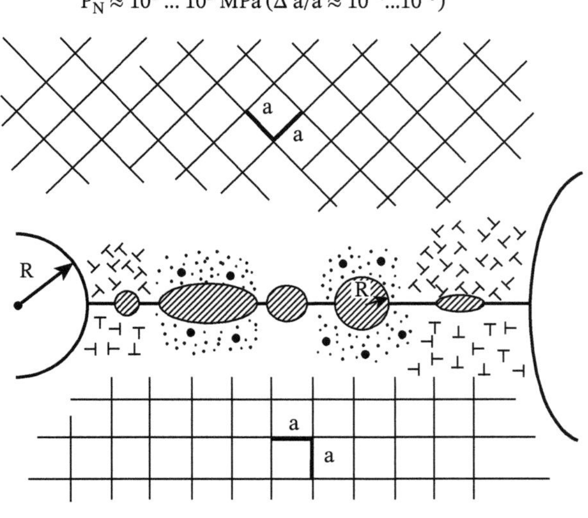

Bild 7.17 Schematische Darstellung des Presskontaktzustandes.

Versetzungen ($\vartheta_{max} \approx 10^{10}$ cm^{-2}) und Leerstellencluster (maximal 10^{17} cm^{-3}; im Mittel 6 … 7 Leerstellen pro Cluster) wechselwirken unter sich wie auch kreuzweise, indem sie als Leerstellensenken und -quellen fungieren (Abschn. 2.1.11.4). Die Geschwindigkeit des diffusionsgestützten Materialtransports in der Kontaktzone $\dot{\varepsilon} \sim D/\bar{L}_{SQ}^2$ (L_{SQ} Abstand zwischen beliebigen Leerstellensenken und -quellen) wird dann nicht nur vom Koeffizienten der Diffusion von Punktdefekten, sondern auch von der mittleren Länge der Diffusionswege $\bar{L}_{SQ}$, über die der gerichtete Materialstrom verläuft, bestimmt.

Kleine $\bar{L}_{SQ}$-Werte bedeuten wegen $\dot{\varepsilon} \sim \eta^{-1}$ letztlich auch die Erniedrigung der Viskosität η der Kontaktzonensubstanz. Aus experimentellen Befunden und theoretischen Berechnungen wurde sie beispielsweise für Sinterkupfer bei 900 °C zu 10^9 und bei 800 °C zu 10^{10} Pa · s ermittelt; für den „normalen" Festkörper beträgt sie $\geq 10^{14}$ Pa · s. Dank der wesentlich niedrigeren Viskosität im Kontaktvolumen wird es möglich, dass die Teilchen unter der Wirkung von $\bar{P}$ als Ganzes entlang der „aufgeweichten" Kontaktgrenzgebiete in den Hohlraum abgleiten und, wenn dieser Mechanismus erschöpft ist, die Kontaktsubstanz versetzungsviskos in die Poren ausfließt. Mit einem derartigen kooperativen Materialtransport erklären sich nicht nur die im Intensivstadium gemessenen hohen $\dot{\varepsilon}$-Werte, sondern auch, dass, wie im Falle des Ni (Bild 7.16), zwei $\dot{\varepsilon}$-Maxima beobachtet werden, wobei das erste der Teilchentranslation, das zweite dem versetzungsviskosen Materialfluss zuzuordnen und bei Erhöhung des Pressdruckes (Bild 7.16b) wegen des verminderten Porenraumes das erste $\dot{\varepsilon}$-Maximum gegenüber dem zweiten erniedrigt ist. Bei anderen technologischen Parametern können die beiden Extrema auch zu einem Maximum „verschmiert" sein.

Es liegt in der Natur der Defektwechselwirkungen, dass in dem Maße, wie sie den Materialtransport fördern, auch die Defektdichte über Erholungs- und Ausheilprozesse zunehmend reduziert wird, sodass, wie der starke $\bar{\tau}$- und $\dot{\varepsilon}$-Kurvenabfall anzeigt, der versetzungsviskose Materialtransport weitgehend zum Erliegen kommt. Bei gleichzeitig asymptotischer Annäherung des ε-Kurvenzuges an einen Endwert wird nun die in ihrer Geschwindigkeit drastisch verringerte Verdichtung vom Nabarro-Herring-Kriechen dominiert, für dessen Beschreibung an die Stelle der äußeren Spannung σ in Gl. (7.14a) jetzt der Ausdruck (7.19b) tritt. Der unter der Wirkung des Porenbinnendruckes ausgelöste Leerstellenstrom wird in den Korngrenzen absorbiert, während ein entgegengerichteter Atomstrom die Poren ausfüllt. Von den Korngrenzen-Leerstellensenken weiter abgelegene Poren nehmen über einen LSW-Mechanismus *(Ostwald-Reifung)* (s. Abschn. 2.1.11.4, 4.2) zahlenmäßig ab, im Durchmesser jedoch zu. Der Hohlraum wird lediglich umverteilt, jedoch nicht verringert (inneres Sintern) [10].

Sinkt $\bar{L}_P$ unter einen gewissen Wert ab, dann ist eine Versetzungsvervielfachung nicht mehr gegeben. Der Abstand zwischen den Orten, an denen das Versetzungssegment, um als Versetzungsquelle arbeiten zu können, gepinnt ist, beläuft sich auf etwa $1/\sqrt{\vartheta_V^2}$. Deshalb geht bei den beobachteten ϑ_V-Werten ($10^8 \ldots 10^{10}$ cm^{-2}) unterhalb $\bar{L}_P \approx 1{,}0 \ldots 0{,}1$ µm der im Schwindungsintensivstadium dominierende Verdichtungsmechanismus in *Coble-Kriechen* über. Das spezifische Kontaktgrenzenvolumen (offene Volumen) ist in diesem Fall groß genug, um den Materialtransport in den Porenraum zu bewältigen.

Auf andere Begleiterscheinungen des Sinterns wie Phasenbildungen oder das Auftreten von Schmelzen, die in Verbindung mit mehrkomponentigen Pulvergemischen anstehen und deren Sinterverhalten unterschiedlich beeinflussen, ist an dieser Stelle nicht einzugehen (s. [10]). Ein weiterer Ferigungsprozess, in dem endkonturnahe Bauteile hergestellt werden, ist die Additive Fertigung. Ebenso wie beim Sintern können für die Generierung der Bauteile auch Pulver verwendet werden. In Bezug auf die im Werkstoff ablaufenden Vorgänge gibt es eine Reihe von Gemeinsamkeiten mit dem Sintern mit partiell auftretenden flüssigen Phasen.

7.1.5 Additive Fertigung

Die Additive Fertigung [12, 13] (s.a. Abschn. 3.1.1.1) (seltener auch generative Fertigung, umgangssprachlich oft 3D-Druck) ist eine relativ junge Klasse von Fertigungsverfahren, bei denen aus meist einem Werkstoff oder seltener mehreren Werkstoffen Schicht für Schicht ein Bauteil entsteht. Ausgangspunkt ist ein Computermodell des Bauteils, welches dem gewählten Additiven Fertigungsverfahren entsprechend in einzelne Schichten unterteilt wird (‚slicing'). Die maschinenlesbaren Datensätze werden von der Fertigungsmaschine in einen schichtweisen Werkstoffaufbau übertragen. Die Bauteilgeometrien sind endkonturnah, oft müssen anschließend nur Oberflächen nachgeglättet und Passflächen bearbeitet werden. Da die Additiven Fertigungsverfahren ohne die Verwendung von Gussformen und idealerweise auch ohne nachträglichen Materialabtrag auskommen, eignen sie sich besonders zur Herstellung von Bauteilen hoher geometrischer Komplexität, die mit klassischen Fertigungsverfahren nicht oder nur mit großem Aufwand herstellbar sind. Abhängig vom Additiven Fertigungsverfahren werden kleine, meist filigrane Bauteile in den Losgrößen von ca. 10-1.000 Stück aus Metalllegierungen, Polymeren und Keramiken oder große Einzelstücke gefertigt, die inzwischen mehrere Meter groß sein können (Metalle und Polymere). Die Additive Fertigung hat sich seit den 2010er Jahren in zunehmendem Maße von der Prototypenfertigung zur Bauteilherstellung entwickelt; ihr Anteil an der gesamten Fertigung liegt weltweit zurzeit noch bei unter 1%, allerdings sind große Wachstumsraten erkennbar [Wohler's Report [18]]. Typische Anwendungsgebiete sind die Luft- und Raumfahrt, der Werkzeug- und Formenbau, die Automobilindustrie, der Spezialmaschinenbau, die Energietechnik sowie die Medizintechnik. Neben Neuteilen werden mittels Additiver Fertigung auch Ersatzteile hergestellt, für die ursprünglichen Formen oder Herstellungsverfahren nicht mehr verfügbar sind. Einige Additive Fertigungsverfahren erlauben auch die Reparatur von verschlissenen oder beschädigten Bauteilen.

Für die Additive Fertigung von polymeren Werkstoffen kommen überwiegend Thermoplaste zum Einsatz, die sich je nach Verfahren in einem werkstoffspezifischen Temperaturbereich plastifizieren oder verflüssigen lassen. Für Standardanwendungen ohne hohe mechanische Beanspruchung kommt häufig Polypropylen (PP) in Frage, bei höheren Festigkeitsanforderungen auch das Acrylnitril-Butadien-Styrol (ABS), welches sich durch verschiedene Verfahren nachbearbeiten lässt und sich daher besonders für den Prototypenbau eignet. Beispielhaft für diese Anwendung seien Polyamide, insbesondere PA11 und PA12 genannt. Darüber hinaus erweitern thermoplastische Elastomere (TPE) die Werkstoffpalette. Für besonders anspruchsspruchvolle Bauteile eignet sich das aus der Luftfahrt bekannte Polyetheretherkethon (PEEK), das mit einem Schmelzpunkt von 335°C auch für Anwendungen bei erhöhten Temperaturen ausreichend stabil ist. Die thermoplastischen Werkstoffe werden als Pulver in Pulverbettverfahren (Selektives Lasersintern, SLS oder Multi Jet Fusion, MJF) oder als Filamente (Fused Deposition Modeling, FDM) oder mittels Direktextrusion verarbeitet. Beim Selektiven Lasersintern wird das Kunststoffpulver lagenweise mittels eines Lasers am vorgesehen Ort im Pulverbett an- und aufgeschmolzen, während beim Multi Jet Fusion eine wärmeleitende Flüssigkeit mit Hilfe eines Druckkopfes im Pulverbett appliziert wird. Der Filamentdruck erfreut sich inzwischen auch im Verbrauchermarkt wachsender Beliebtheit, einfache Drucker sind bereits für wenige Hundert Euro erhältlich. Harzbasierte Polymere (z.B. aus Acrylharz, Epoxidharz, Vinylharz) lassen sich mittels Stereolithografie (SLA) oder direkter bzw. digitaler Lichtverarbeitung (Direct Light Processing, DLP) verarbeiten. Während bei der Stereolithografie, als erstem auf dem Markt verfügbaren Verfahren, ein UV-Laser ein flüssiges Photopolymer Schicht für Schicht aushärtet, kann bei der digitalen Lichtverarbeitung eine gesamte Projektionsfläche auf einmal ausgehärtet werden. Beim Material Jetting wird das Photopolymer mit Hilfe eines Druckkopfes appliziert und mittels UV-Licht polymerisiert.

Keramische Werkstoffe, z.B. Aluminiumoxid, Zirkoniumoxid, Aluminiumnitrid, Siliziumkarbid und Siliziumnitrid sowie verschiedene Spezialkeramiken lassen sich durch Verfahren wie Selektives Lasersintern (SLS) und Stereolithografie (SLA) von mit Keramikpulvern versetzten Photopolymeren oder im Fused Deposition Modeling (FDM) Verfahren mit Kunststofffilamenten, die mit Keramikpulvern gefüllt sind, additiv verarbeiten. Nach der Grünkörperherstellung muss das Polymer thermisch entfernt und das Keramikbauteil gesintert werden. Mit dem lithografiebasierten Keramikverfahren (LCM) wurde eine wirtschaftlich interessante Verfahrensvariante entwickelt, bei der ein 3D-Drucker mit einer flüssigen Suspension aus feinkörnigem Keramikpulver und UV-empfindlichen Monomeren das Bauteil Schicht für Schicht um einen Grünkörper herum aufbaut. Der Rohling wird nach der thermischen Entbinderung der Polymere in einem abschließenden Sintervorgang entfernt. Beim Laserinduzierten Schlickerguss (LIS) wird der wasserbasierte Schlicker in einer Dicke von ca. 1 mm auf die Bauplatte aufgestrichen, ein CO_2-Laser entfernt das Wasser an vorherbestimmter Stelle, bevor die nächste Schlickerschicht aufgetragen und selektiv durch den Laser getrocknet wird. Nach Beendigung des Bauvorgangs liegt der Grünkörper noch vollständig im Schlicker, welcher durch Anheben der Bauplattform abfließt, so dass der freistehende Grünkörper entnommen und den nachfolgenden Weiterverarbeitungsschritten zugeführt werden kann.

Die Additiven Fertigungsverfahren für Metalle mit industrieller Bedeutung lassen sich grob in die Klassen der Pulverbettverfahren und der düsenbasierten Verfahren einteilen [19, 21]. Die große Mehrheit der heute im Einsatz befindlichen Maschinen schmilzt mit einer Energiequelle (Laserstrahl (Laser Powder Bed Fusion, PBF-L) oder Elektronenstrahl (Electron Beam Powder Bed Fusion, PBF-EB)) dem Computermodell entsprechend das Pulver auf, so dass nachfolgend eine dünne Schicht aus erstarrtem Metall entsteht, die wiederum mit einer neuen Lage Pulver beschichtet wird, welches im nächsten Schritt aufgeschmolzen wird und erstarrt. So entsteht Schicht für Schicht ein dreidimensionales Bauteil [21]. Darüber hinaus kommen seltener Verfahren zum Einsatz, die mit einem Druckkopf lokal flüssigen Binder im Metallpulverbett applizieren (Binder Jetting). Nach der lagenförmigen Herstellung und dem Aushärten des Binders entsteht ein Grünkörper, der zum fertigen Bauteil gesintert wird. Die düsenbasierten Verfahren eignen sich besonders zur Herstellung von größeren Bauteilen mit weniger komplexen Geometrien. Im Gegensatz zu den Pulverbettverfahren werden hier die pulver- und drahtförmigen Werkstoffe mit einem Prozesskopf lokal dem Schmelzbad zugeführt, das durch einen Laser- oder Elektronenstrahl oder einen

Lichtbogen erzeugt wird. Durch gleichzeitige Bewegung von Werkstoffzuführung und Energiequelle entsteht eine einzelne Schweißraupe, die in der Fläche durch eine teilüberlappende benachbarte und in der Höhe durch darüber liegende Schweißraupen zu einem dreidimensionalen Bauteil ergänzt wird. Das Verfahrensprinzip entspricht dem Auftragschweißen und eignet sich nicht nur Herstellung von Bauteilen aus einem Werkstoff, sondern durch Werkstoffwechsel auch zum Aufbau von Multimaterial- oder Gradientenstrukturen.

Die heute in der Additiven Fertigung eingesetzten Metalle decken nur einen sehr kleinen Teil der sonst üblichen Konstruktionswerkstoffe ab. Neben Stahl (meist 316L) kommen Legierungen von Titan (meist Ti-6Al-4V), Aluminium, Kupfer und Nickel, seltener auch Magnesium und Zink (z.B. für resorbierbare Implantate) oder hochschmelzende Werkstoffe wie Wolfram-, Platin- oder Iridiumlegierungen zum Einsatz. Die Qualität des additiv hergestellten Bauteils hängt von einer sehr großen Anzahl von Einflussgrößen ab, da beim Fertigungsprozess Werkstoff und Bauteil gleichzeitig entstehen. Als wichtigste werkstoffseitige Parameter seien die Legierungszusammensetzung (z.B. auch Erstarrungsintervall), bei Pulvern die Partikelgröße und –verteilung, die Restporosität, Freiheit von Verunreinigungen (z.B. Feuchtigkeit, Oxidationsprodukte) genannt. Diese wechselwirken wiederum mit den verfahrensseitigen Einflussgrößen wie Materialfuhr, Abstand der Einzelspuren, Schmelzbadvolumen und Energieeintrag. Aufgrund der Komplexität des Gesamtprozesses können typische Defekte im Bauteil entstehen, wie Poren, Risse und Anbindefehler. Darüber hinaus entstehen während des Bauprozesses Eigenspannungen im Bauteil, die entweder zum Verzug oder zur Rissbildung und damit Bauteilausschuss führen.

Beispielhaft zeigen die Bilder 7.18 a) bis c) die Gefügebildung nach dem 3D-Laserpulverauftragschweißen der Legierung NiCr19Fe19Nb5Mo3, die als gut schweißbar gilt. Diese Nickelbasislegierung mit hohem Chrom- und Eisenanteil bildet ein typisches γ/γ'-Gefüge mit kubisch flächenzentrierter primärer γ-Ni-Mischkristallphase und intermetallischer γ'-Ni3Al-Ausscheidungsphase (Hume-Rothery-Phase, siehe Kap. 2.1.8.4) aus. In der γ'-Phase können die Aluminiumatome im Gitter durch Titan oder Tantal und die Nickelatome durch Kobalt, Niob oder Molybdän substituiert werden. Durch Anpassung der Gitterfehlpassung zwischen der γ- und γ'-Phase kann die (Hochtemperatur-) Festigkeit von Nickelbasislegierungen erheblich gesteigert werden. Im vorliegenden Fall wurde die Legierung auf einer ebenen Bauplatte durch teilüberlappende Schweißspuren in x-y-Richtung hergestellt, wobei in der nachfolgenden, darüber liegenden Ebene die nebeneinanderliegenden Spuren um 90 Grad versetzt aufgebracht wurden. In Bild 7.18a) sind deutlich die abwechselnd quer und längs zur Schweißrichtung angeschliffenen Schichten zu erkennen. Durch die erneute Wärmeeinbringung beim Schweißen der benachbarten, teilüberlappenden Schweißnaht kommt es zum erneuten Wärmeeintrag und zur lokalen Wiederaufschmelzung und –erstarrung der zuerst gebildeten Spur. Dasselbe gilt auch für die Aufbringung der nächsten Lage von Schweißspuren in z-Richtung. Der Wärmefluss beeinflusst die Ausrichtung des Gefüges maßgeblich (Bild 7.18b). Mit Hilfe einer bei Nickelbasislegierungen üblichen, meist mehrstufigen Wärmebehandlung lassen sich die Gefüge rekristallisieren und die gewünschte γ/γ'-Struktur erzeugen. Bild 7.18c) zeigt, wie sich nach der Wärmebehandlung Körner auch über die frühen Einzellagen hinweg ausbilden.

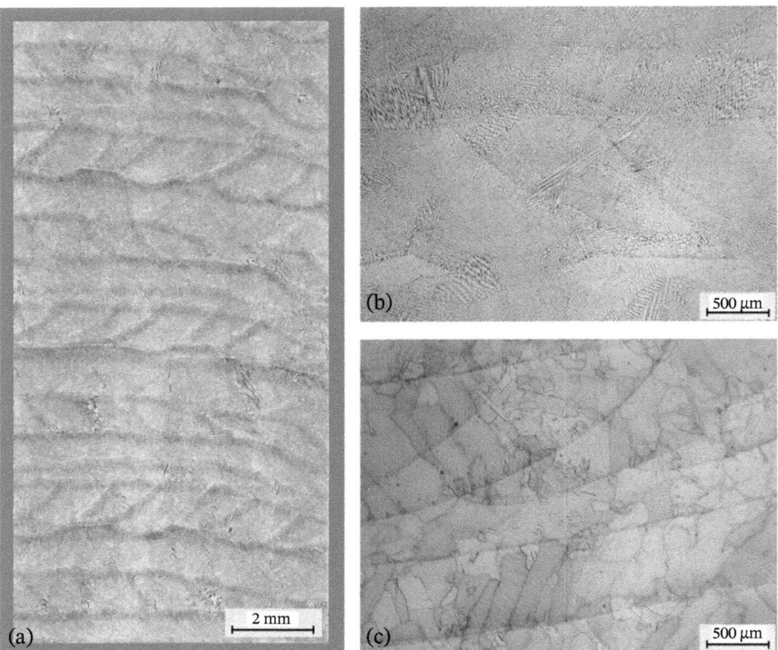

Bild 7.18 Gefügeausbildung einer mittels 3D-Laserpulverauftragschweißen additiv gefertigten Nickelsuperlegierung der Zusammensetzung $NiCr_{19}Fe_{19}Nb_5Mo_3$: (a) Lagenaufbau in der Übersicht; (b) Detailaufnahme des Gefüges im Zustand nach der Herstellung; (c) Entstehung polyedrischer Körner nach der Wärmebehandlung.

7.2 Kristallerholung und Rekristallisation

Mit zunehmender plastischer Verformung wird die Gitterfehlerdichte und somit die innere Energie eines Festkörpers erhöht (Abschn. 2.1.11 und 9.2.2). Die damit verbundene anwachsende Instabilität des Gefügezustandes bedingt bei Temperaturerhöhung eine Tendenz zum Energieabbau durch eine thermisch aktivierte Änderung der Gitterfehlerstruktur. Es wird eine Rückbildung der durch die Verformung veränderten Eigenschaften des Festkörpers angestrebt. Bild 7.19 zeigt als Beispiel die Abnahme der Festigkeit eines verformten C-armen Stahles bei steigender Temperatur. Aus dem Kurvenverlauf wird deutlich, dass dieser Vorgang in drei Stufen abläuft, die als Kristallerholung, Rekristallisation und Kornwachstum bezeichnet werden.

7.2.1 Kristallerholung

Die *Kristallerholung* ist gekennzeichnet durch das Ausheilen nulldimensionaler Gitterfehler und die Umordnung von Versetzungen. Sie lassen sich günstig über die Messung des elektrischen Widerstandes in Abhängigkeit von der Behandlungstemperatur verfolgen (Bild 7.20). Der Kurvenverlauf offenbart mehrere Erholungsstufen, die der Ausheilung einzelner Gitterfehlerarten, z. B. der Leerstellen oder Zwischengitteratome, oder spezifischen

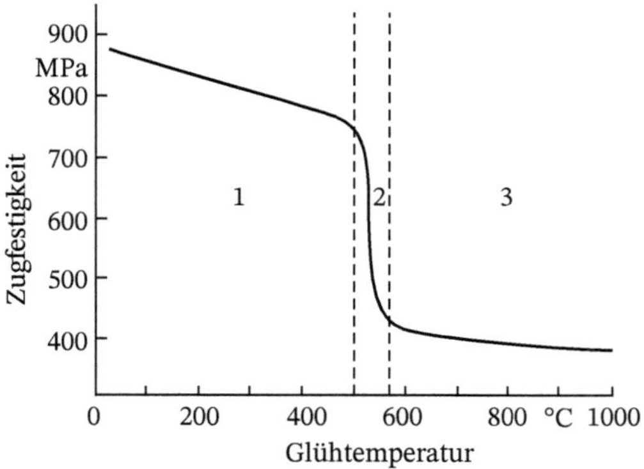

Bild 7.19 Abnahme der Zugfestigkeit eines kaltverformten C-armen Stahls beim Glühen (nach *G. Masing*). *1* Gebiet der Kristallerholung; *2* Gebiet der Rekristallisation; *3* Gebiet des Kornwachstums.

Bewegungsvorgängen, wie dem Klettern von Versetzungen, zugeordnet werden können, da dazu jeweils unterschiedliche Aktivierungsenergien benötigt werden.

Erholungsvorgänge treten nicht nur nach einer Verformung, sondern auch nach der Bestrahlung mit energiereichen Teilchen oder nach dem Abschrecken von hohen Temperaturen auf. Da in Abhängigkeit von der Vorbehandlung die einzelnen Gitterfehler in unterschiedlicher Anzahl gebildet werden, sind die entstehenden Widerstand-Erholungskurven modifiziert. Beim Abschrecken werden bevorzugt Überschussleerstellen erzeugt, sodass der elektrische Widerstand vor allem in der Stufe der Leerstellenausheilung rückgebildet wird.

Eine Verringerung der Versetzungsdichte infolge der gegenseitigen Auslöschung ungleichsinniger Versetzungen (Annihilation) tritt im Verlaufe der Erholung nur in geringem Maße ein. Würde beispielsweise in einem Gefüge mit einer durch Verformung entstandenen Versetzungsdichte von $\vartheta = 2 \cdot 10^{10}$ cm^{-2} die Hälfte der Versetzungen annihiliert werden, so verbliebe immer noch eine Versetzungsdichte $\vartheta = 10^{10}$ cm^{-2}. (Dagegen ist der Rückgang auf $\vartheta = 10^6$ bis 10^7 cm^{-2} während der Rekristallisation wesentlich ausgeprägter.) Jedoch können sich die Versetzungen innerhalb der als Folge der Verformung gebildeten Zellstruktur durch thermisch aktiviertes *Quergleiten* von Schraubenversetzungen und durch *Klettern* von Stufenversetzungen umordnen.

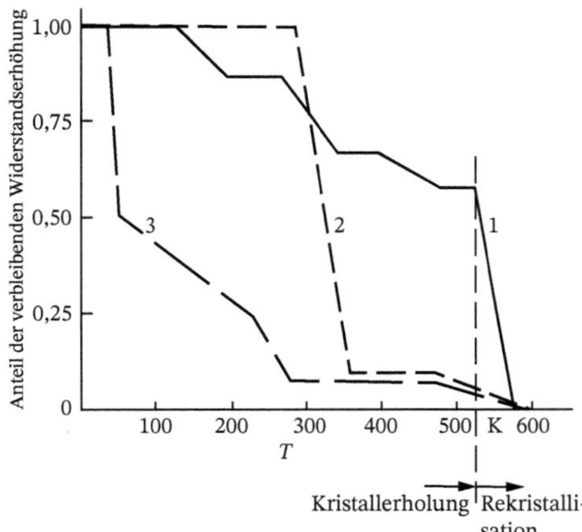

Bild 7.20 Widerstand-Erholungskurven von Kupfer unterschiedlicher Vorbehandlung. *1* verformt; *2* abgeschreckt; *3* bestrahlt.

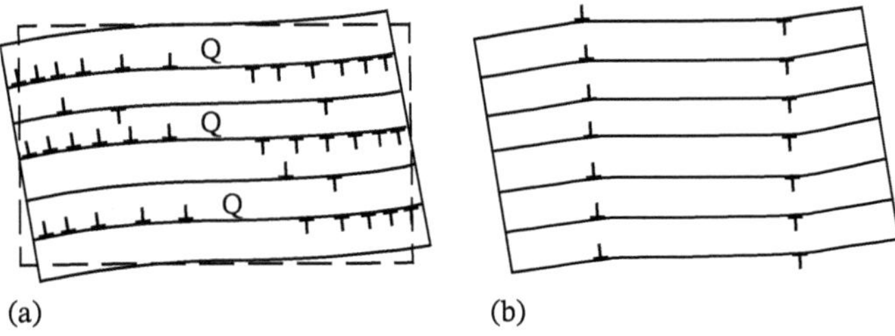

Bild 7.21 Schematische Darstellung der Polygonisation. (a) Infolge des Aufstaus von Versetzungen, verspannter Kristall; *Q* Versetzungsquellen; (b) durch Polygonisation entspannter (erholter) Kristall.

Das Klettern der Versetzung wird möglich, indem bei höherer Temperatur Leerstellen zur Versetzung hin diffundieren können und in den Versetzungskern eingebaut werden. Dieser Prozess ist von einer nichtkonservativen Versetzungsbewegung senkrecht zur Gleitebene begleitet (s. Abschn. 2.1.11). Auf diese Weise können sich die Versetzungen aus den an unbeweglichen Versetzungen sowie an Korn- und Phasengrenzen entstandenen Aufstauungen herausbewegen und sich in der energetisch günstigeren Form von Kleinwinkelkorngrenzen anordnen. Dadurch werden die verformten Kristalle in mehrere verzerrungsärmere Subkörner unterteilt (Bild 7.21). Dieser Vorgang wird als *Polygonisation* bezeichnet und technisch in Form des Spannungsarmglühens genutzt. Bild 7.22 verdeutlicht die der Polygonisation einhergehende Veränderung des mechanischen Verhaltens. Mit der Beseitigung der Versetzungsaufstauungen ist eine Gitterentspannung verbunden, die einen deutlichen Rückgang der Streckgrenze und demzufolge ein duktileres Werkstoffverhalten zur Folge hat. Härte und Zugfestigkeit dagegen erleiden wegen der verbleibenden hohen Versetzungsdichten nur einen geringfügigen Rückgang (s. Bild 7.19). Die Vorgänge der Kristallerholung haben auch an den Kriecherscheinungen der Werkstoffe (s. Abschn. 9.4) bedeutenden Anteil.

7.2.2 Rekristallisation

Während der *Rekristallisation* wird die Dichte der Versetzungen, in denen der Hauptanteil der im Verlaufe der Verformung erhöhten inneren Energie gespeichert ist, wesentlich reduziert. Es tritt eine Rückbildung der mechanischen Eigenschaften durch Neubildung und Wachstum versetzungsarmer Kristallite ein. Das Wachstum defektarmer Kristallite in das verformte Gefüge und die Ausheilung von darin bestehenden Versetzungen geschehen

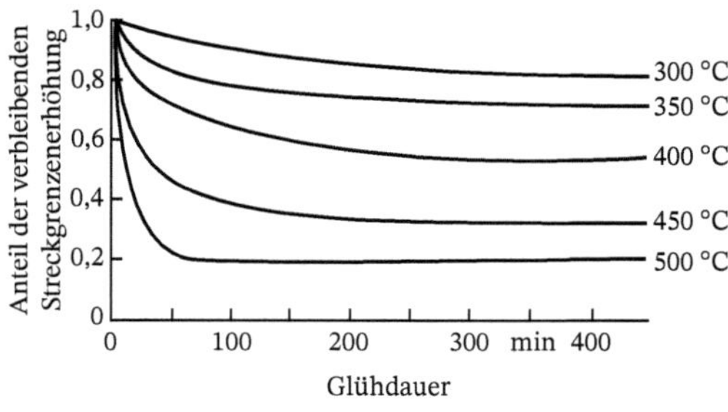

Bild 7.22 Erholungskurven der Streckgrenze verformter Eisenproben für unterschiedliche Glühtemperaturen (nach *Leslie* u. a.).

durch thermisch aktivierte Platzwechsel benachbarter Atome über die Grenzfläche (Großwinkelkorngrenze). Die treibende Kraft p der Rekristallisation lässt sich somit aus dem Unterschied der Versetzungsdichten des erholten und des rekristallisierten Gefüges sowie der Linienenergie der Versetzungen berechnen:

$$p = \Delta\vartheta G b^2 \tag{7.20}$$

(ϑ Versetzungsdichte; G Schubmodul; b Burgersvektor; Gb^2 Linienenergie der Versetzungen). Für einen Versetzungsdichteunterschied $\Delta\vartheta = 10^9\ \text{cm}^{-2}$ ergibt sich die treibende Kraft p zu etwa 10^{-2} MPa.

Das Rekristallisationsgefüge entsteht aufgrund eines Keimbildungs- und -wachstumsvorganges. Die Rekristallisation setzt ein, wenn der mit der Bildung der Keime und ihrem Wachstum verbundene Zuwachs an Korngrenzenenergie durch die über die Reduzierung der Versetzungsdichte gewonnene Energie kompensiert wird. Damit ein Keim das ihn umgebende Gefüge durch Wachstum aufzehren kann, muss er eine ausreichende Größe (s. Kap. 4) und eine gewisse Orientierungsdifferenz gegenüber der Umgebung aufweisen. Derartige Keime bilden sich durch Vergrößerung der bei der Polygonisation entstandenen Subkörner. Der Vorgang selbst ist einer Untersuchung schwer zugänglich. Es kann jedoch angenommen werden, dass sich durch thermisch aktiviertes Klettern von Versetzungen zu nahe gelegenen Subkorngrenzen einzelne Kleinwinkelkorngrenzen auflösen und sich die ihnen benachbarten Subkörner vereinigen (Theorie der Subkornkoaleszenz). Infolge der Aufnahme von kletternden Versetzungen in die Kleinwinkelkorngrenze des neu gebildeten Subkorns wird die Orientierungsdifferenz zu den es umgebenden Subkörnern größer. Durch mehrfache Wiederholung dieses Vorganges erlangt der Keim die zum stabilen Wachstum notwendige Größe und Orientierungsdifferenz gegenüber benachbarten Subkörnern (Ausbildung einer Großwinkelkorngrenze, Bild 7.23). Andererseits jedoch bedingt allein schon die Inhomogenität der Verformung Unterschiede der Orientierung zwischen den während der Polygonisation entstandenen Subkörnern bis zu mehreren Grad. Da die Beweglichkeit der Subkorngrenzen von der Größe des Winkels der Orientierungsdifferenz abhängt, sind Subkörner, die von Grenzen hoher Winkeldifferenz umgeben sind, wachstumsbegünstigt (Theorie des Subkornwachstums). Beide Vorgänge sind elektronenmikroskopisch beobachtet worden.

Die auf diese Weise entstandenen Kristallitkeime wachsen ähnlich wie bei der Kristallisation, bis sie sich gegenseitig berühren. Bild 7.24 zeigt die Bildung des Rekristallisationsgefüges in einem C-armen Stahl. Zur Abgrenzung gegenüber ähnlichen, jedoch durch andere Triebkräfte verursachten Erscheinungen des Kornwachstums wird der beschriebene Rekristallisationsvorgang als *primäre Rekristallisation* bezeichnet. Das Rekristallisationsgefüge wird wesentlich vom vorangegangenen Verformungsgrad, von der Glühtemperatur und der Glühdauer beeinflusst. Mit zunehmender Verformung, d. h. steigender Versetzungsdichte, nimmt die Größe der bei der Polygonisation entstehenden Subkörner ab und deren Orientierungsdifferenz zu. Die Keimbildung wird begünstigt, d. h. die Keimzahl erhöht, da die Kletterwege der Versetzungen kürzer werden und sich die Beweglichkeit der Subkorngrenzen vergrößert. Deshalb wird auch der Rekristallisationsbeginn an den Stellen größter und stark inhomogener Verformung – Kornkanten (Schnittlinien dreier Kornflächen), Einschlüssen, Ausscheidungen – bevorzugt beobachtet.

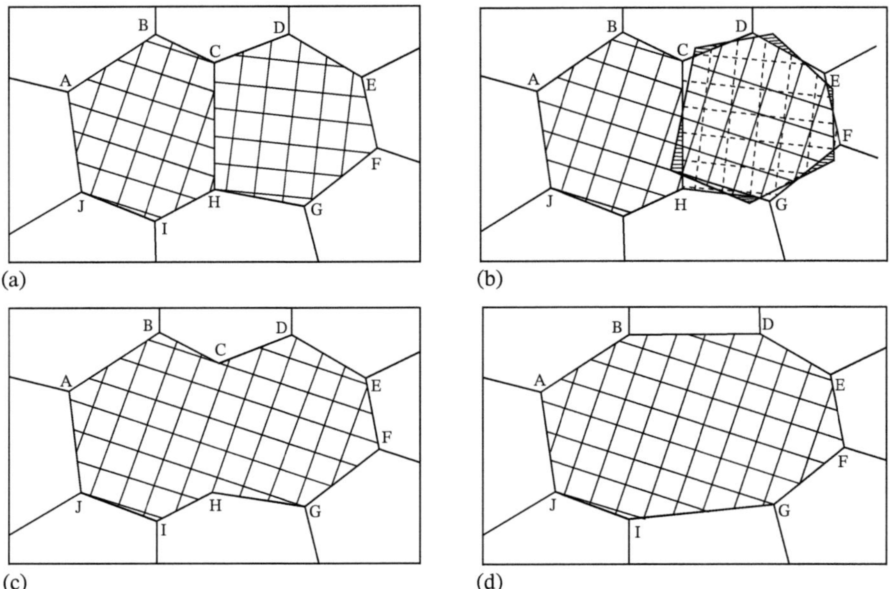

Bild 7.23 Schematische Darstellung der Rekristallisationskeimbildung durch Vereinigung von Subkörnern (nach *H. Hu*). Die im Teilbild b) angedeutete Eindrehung des Subkorns erfolgt durch Auflösung der mittleren Subkorngrenze und Klettern der Versetzungen in die angrenzenden Subkorngrenzen.

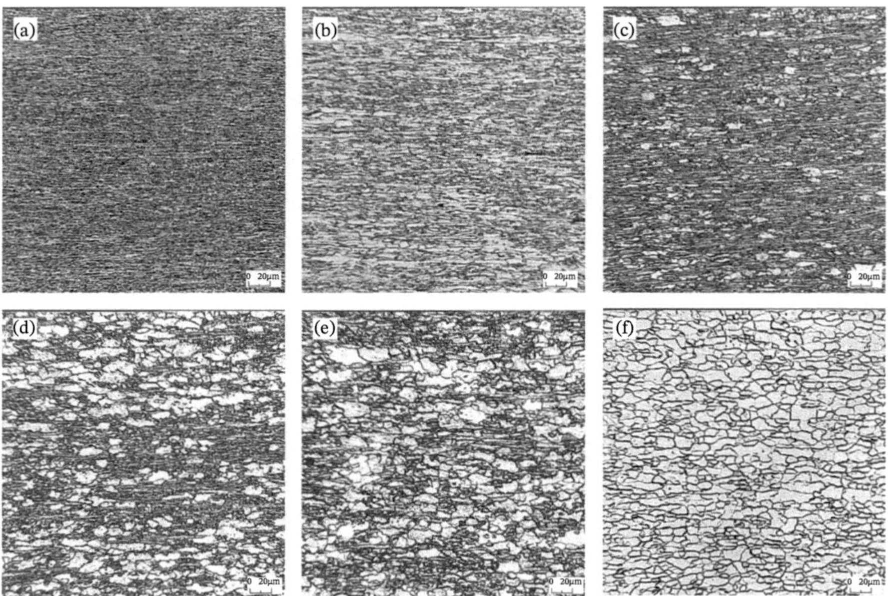

Bild 7.24 Gefügeabbildungen zur Verformung und Rekristallisation an einem Stahl ZStE380. (a) verformter Zustand; (b) erholter Zustand; (c) Beginn der Rekristallisation; (d), (e) fortgeschrittene Stadien der Rekristallisation; (f) rekristallisierter Zustand.

Da mit der Zunahme der Verformung über einen kritischen Verformungsgrad V_{krit} hinaus die treibende Kraft der Rekristallisation ansteigt, wird auch die für den Rekristallisationsbeginn benötigte Glühtemperatur niedriger (7.25a).

Die unterste Temperaturgrenze der Rekristallisation $T_{R\,min}$ (K) liegt für hochverformte reine Metalle bei etwa 40 % der Schmelztemperatur T_S (K) (Tab. 7.1). Für Legierungen ist sie höher, da im Mischkristall aufgenommene Zusätze oder weitere Phasen die Bewegung der Korngrenzen behindern.

Wegen der größeren Keimzahl nimmt auch die Korngröße mit wachsender Verformung ab (Bild 7.25b und 7.26). Da mit einem feinkörnigen Gefüge erhöhte Festigkeit und Duktilität des Werkstoffs verbunden sind (Abschn. 6.7), ist man bestrebt, die Rekristallisation so zu steuern, dass die Korngröße klein bleibt. Dazu darf die Glühtemperatur nicht zu hoch und die Glühdauer nicht zu lang gewählt werden, da sonst die Gefahr einer Kornvergröberung (Abschn. 7.2.3) besteht (Bild 7.25c, d). Die zum Ablauf der Rekristallisation benötigte Glühdauer verkürzt sich mit wachsendem Verformungsgrad (Zunahme der

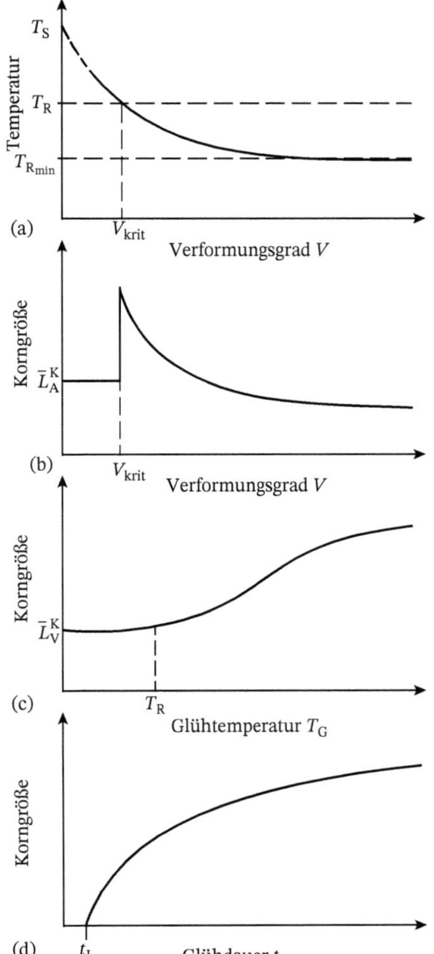

Bild 7.25 (a) Abhängigkeit der Rekristallisationstemperatur vom Verformungsgrad, t = const; (b) Abhängigkeit der Korngröße vom Verformungsgrad, t = const, T_G = const; (c) Abhängigkeit der Korngröße von der Glühtemperatur, t = const; (d) Abhängigkeit der Korngröße von der Glühdauer, T_G = const. $\bar{L}_A^K$ Korngröße des Gefüges vor der Verformung; $\bar{L}_A^K$ Korngröße des Gefüges nach der Verformung; t_I Inkubationszeit der Rekristallisationskeimbildung.

Tab. 7.1 Mindestrekristallisationstemperaturen von technisch reinen Metallen nach starker Verformung.

Metall	T_{Rmin} °C	T_s °C	T_{Rmin}/T_s K/K
Sn	0	232	0,54
Pb	0	327	0,46
Zn	20	419	0,42
Al	150	658	0,45
Ag	200	961	0,38
Cu	250	1.083	0,39
Fe	450	1.536	0,40
W	1.200	3.370	0,41

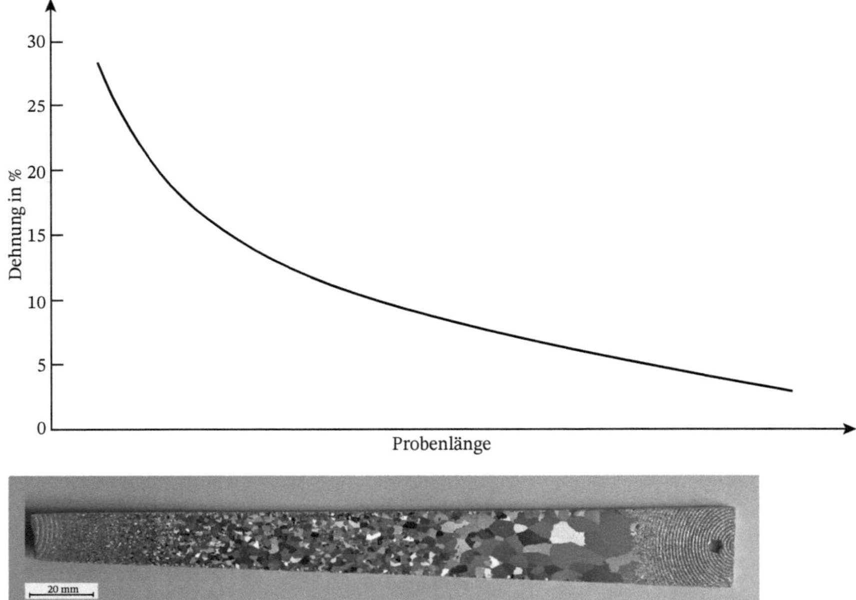

Bild 7.26 Rekristallisationsgefüge einer Keilzugprobe aus Reinaluminium; 30 min bei 500 °C geglüht, geätzt in 10 %iger NaOH. Die Kurve gibt den Verlauf der Verformung in der Probe an.

Triebkraft) und mit der Erhöhung der Glühtemperatur (Beschleunigung der Kristallwachstumsgeschwindigkeit). In einem räumlichen Diagramm lässt sich der Einfluss der Rekristallisationsbedingungen auf die sich einstellende Korngröße anschaulich darstellen (Bild 7.27). Der geringste Verformungsgrad, der bei einer gewählten Glühbehandlung noch zur Rekristallisation führt, wird als *kritischer Verformungsgrad* V_{krit} bezeichnet. Das bei V_{krit} infolge der geringen Keimzahl entstehende grobkörnige Gefüge weist eine ausgeprägte Anfälligkeit gegen interkristallinen Sprödbruch auf.

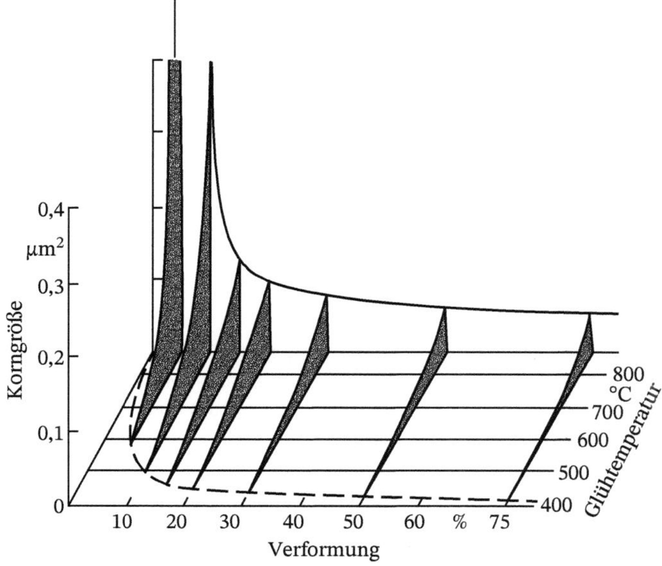

Bild 7.27 Räumliches Rekristallisationsschaubild von Elektrolyteisen, Glühdauer 1 h (nach *W. G. Burgers*).

Die primäre Rekristallisation ist der einzige Weg, um bei nicht umwandlungsfähigen Metallen und Legierungen eine Kornverfeinerung erzielen zu können. Sie ist deshalb von besonderer technischer Bedeutung. Außerdem wird die Möglichkeit, die Verformungstemperatur so zu wählen, dass sie weit über der Rekristallisationstemperatur liegt und die Rekristallisation bereits während der Verformung abläuft (Warmverformung), technisch weitgehend genutzt.

7.2.3 Kornwachstum

Die in den Versetzungen gespeicherte Energie kann auch Anlass für eine Korngrenzenbewegung ohne Keimbildung sein. Liegen in benachbarten Kristalliten unterschiedliche Versetzungsdichten vor, so wird auf die Korngrenze eine Kraft ausgeübt, die sie in Richtung der höheren Versetzungsdichte treibt. Die Korngrenze bewegt sich bei thermischer Aktivierung in den versetzungsreicheren Kristall hinein, wenn der Energieabbau durch Verringerung der Versetzungsdichte größer ist als der Zuwachs an Grenzflächenenergie infolge einer Ausbauchung der Korngrenze (Bild 7.28). Diese Erscheinung wird als *spannungsinduziertes Kornwachstum* bezeichnet. Ein solches Kornwachstum kann während einer Hochtemperaturglühung nach geringer Verformung (im Gebiet des kritischen Verformungsgrades) sowie nach ungleichmäßiger Beanspruchung des Gefüges eintreten. Im ersten Fall sind die bei der Kristallerholung entstehenden Subkörner relativ groß und die Orientierungsdifferenzen gering, sodass ungünstige Voraussetzungen für eine Rekristallisationskeimbildung vorliegen. Durch geeignete Wahl der Bedingungen können auf diese Weise *Einkristalle* hergestellt werden.

Ein polykristallines Gefüge weist wegen der vorhandenen Korngrenzen gegenüber einem Einkristall eine höhere innere Energie auf. Bei fortgesetzter thermischer Aktivierung nach der primären Rekristallisation kann deshalb die Korngrenzendichte

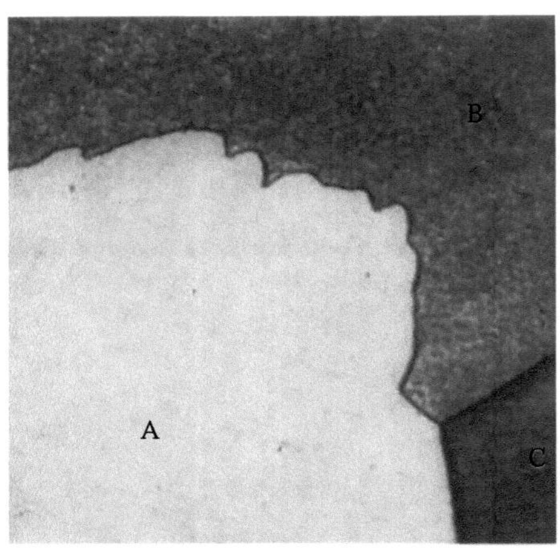

Bild 7.28 Spannungsinduzierte Korngrenzenbewegung in Reinstaluminium Mit freundlicher Genehmigung nach *P. A. Beck* und *D. R. Sperry.*

durch weiteres Kornwachstum verringert werden. Aufgrund der erhöhten Energie der in der Korngrenze gelegenen Bausteine ist die Korngrenze Sitz einer Grenzflächenenergie (Abschn. 6.2), die die Korngrenzenfläche möglichst klein zu halten sucht. Auf gewölbte Korngrenzenflächen wirkt daher in Richtung ihres Krümmungsmittelpunktes ein Druck

$$p \sim \gamma_G / R \tag{7.21}$$

(γ_G spezifische Korngrenzenenergie; R Krümmungsradius der Korngrenze). Er liegt etwa in der Größenordnung von 10^{-2} MPa. Die an einer gemeinsamen Kornkante der Körner A, B, C angreifenden Korngrenzenenergien γ_{AB}, γ_{BC}, γ_{AC} stehen im Gleichgewicht, wenn

$$\frac{\gamma_{AB}}{\sin\gamma} = \frac{\gamma_{BC}}{\sin\alpha} = \frac{\gamma_{AC}}{\sin\beta} \tag{7.22}$$

ist. Sind die speziellen Energien der Korngrenzen etwa gleich (was für einphasige Werkstoffe annähernd angenommen werden darf), so folgt daraus, dass die Gleichgewichtskonfiguration durch ebene Korngrenzenflächen, die unter einem Winkel von 120° am Korngrenzenzwickel zusammenstoßen (Bild 7.29), gekennzeichnet ist. In diesem Fall bilden die stabilen Korngrenzenlagen eine „Bienenwabenstruktur". In mehrphasigen Werkstoffen können die Korn- und Phasengrenzenenergien sehr verschieden sein und damit auch die Gleichgewichtswinkel merklich von 120° abweichen.

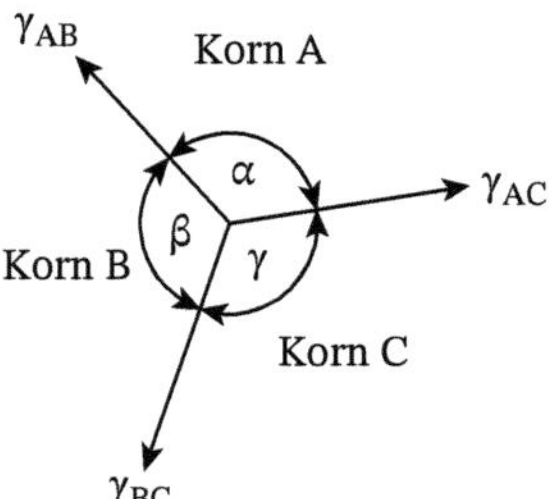

Bild 7.29 Aus drei Korngrenzen mit annähernd gleicher spezifischer Korngrenzenenergie gebildete Kornkante (schematisch) im Gleichgewichtszustand: $\alpha \cong \beta \cong \gamma \cong 120°$.

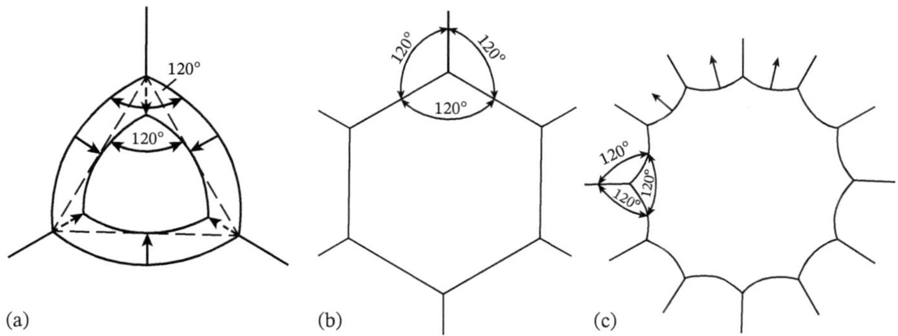

Bild 7.30 Kontinuierliche Korngrenzenbewegung (schematisch): (a) sich verkleinerndes Korn; (b) stabile Korngrenzenlage; (c) wachsendes Korn.

Während der Kristallisation oder Rekristallisation wird der Gleichgewichtszustand freilich kaum verwirklicht. Deshalb zeigt der vielkristalline Werkstoff die Tendenz, den Korngrenzengleichgewichtswinkel einzustellen und ebene Korngrenzenflächen auszubilden, wodurch Kristallite mit konvex gekrümmten Flächen sich verkleinern und solche mit konkaven wachsen (Bild 7.30 und Bild 7.31); *kontinuierliche Kornvergrößerung*. Da die Korngrenzenbewegung auf atomaren Platzwechselvorgängen beruht (s. Abschn. 2.1.11), wird sie mit steigender Temperatur erleichtert. Ist die kontinuierliche Kornvergrößerung in einem Werkstoff gehemmt, so kann dennoch bei höheren Temperaturen und/oder anderen begünstigenden Bedingungen dieser Zustand für einen Teil der Kristallite aufgehoben werden, die dann zu sehr großen Körnern auswachsen (Bild 7.32). Es tritt eine *diskontinuierliche Kornvergrößerung* ein, die auch als *sekundäre Rekristallisation* bezeichnet wird.

Ein grobkörniges Gefüge ist für den Einsatz der Werkstoffe in der Regel ungünstig (s. a. Abschn. 6.7). Nur in Einzelfällen findet es aufgrund der damit verbundenen Verbesserung von Eigenschaften Anwendung, wie z. B. bei den weichmagnetischen Fe–Si-Legierungen, deren Koerzitivfeldstärke der Korngröße umgekehrt proportional ist (s. a. Abschn. 10.6.3; Bild 6.41). Werden Werkstoffe im Verlaufe ihrer praktischen Nutzung oder im Zuge einer notwendigen Wärmebehandlung (beispielsweise C-armer Stahl zum Zweck des Einsatzhärtens) hohen Temperaturen ausgesetzt, so muss das kontinuierliche Kornwachstum gehemmt werden. Das geschieht meist über das Einbringen einer

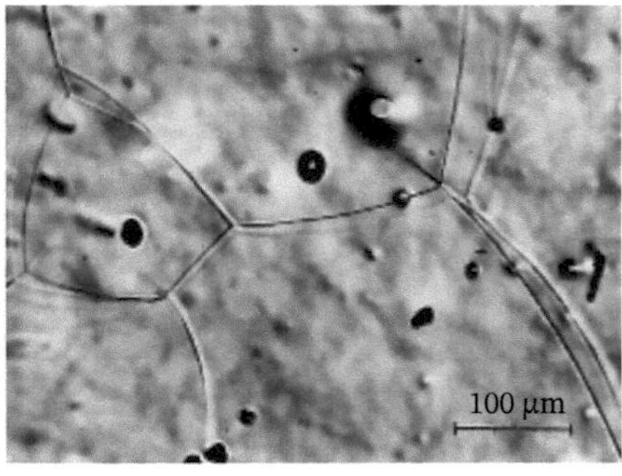

Bild 7.31 Kontinuierliche Korngrenzenbewegung in Fe-3 % Si, thermische Ätzung.

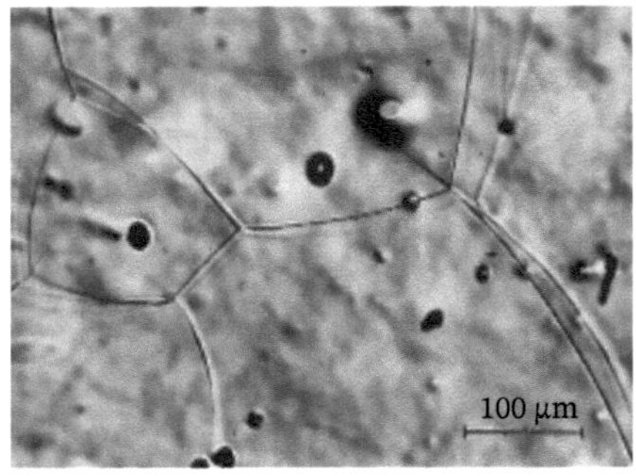

Bild 7.32 Diskontinuierliches Kornwachstum (Sekundärrekristallisation) in Eisen. Mit freundlicher Genehmigung nach H. D. Wiesinger.

feindispersen Phase, die bei den infrage kommenden Temperaturen nicht in Lösung geht und bevorzugt in der Korngrenze eingelagert ist. Da das Ablösen der Korngrenze von den in ihr befindlichen Teilchen einer Vergrößerung der Korngrenzenfläche, für die zusätzliche Energie aufgebracht werden muss, gleichkommt, wird so die Bewegung der Korngrenze erschwert. Als Beispiele seien die Ausscheidung von AlN in den aluminiumberuhigten Feinkornstählen und die ThO_2-Dotierung von W-Glühfäden genannt, in denen aufgrund der während des Ziehens entstandenen zeiligen Anordnung der ThO_2-Partikeln das Kornwachstum so gesteuert wird, dass ein „Stapeldrahtgefüge" entsteht [9]. Die Kornwachstumshemmung wird aufgehoben und die sekundäre Rekristallisation eingeleitet, wenn die Teilchen koagulieren oder in der Matrix gelöst werden *(verunreinigungskontrollierte Sekundärrekristallisation)* [14]. Auf diesen Vorgang ist vor allem die diskontinuierliche Kornvergrößerung bei Eisen und Eisen-Silicium-Legierungen zurückzuführen (Bild 7.33a).

Eine Kornwachstumshemmung kann auch bei scharf ausgeprägten Texturen auftreten. Ist die Orientierungsdifferenz aneinander grenzender Kristallite klein oder befinden sie sich in Zwillingsstellung, dann ist die Korngrenzenbeweglichkeit gering. Bei gewissen

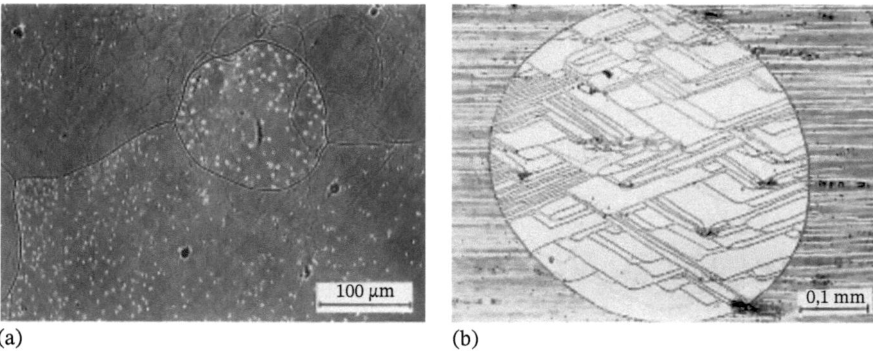

Bild 7.33 (a) Kaltgewalztes Fe-3 % Si, thermisch geätzt (nach *H. D. Wiesinger*); (b) in kornorientiertem Trafoblech (Texturblech) durch texturbedingte Sekundärrekristallisation entstandenes rundes Großkorn, Schraffurätzung. Die im Bild (a) erkennbaren dunkel angeätzten Korngrenzen sind als Folge verunreinigungskontrollierter Sekundärrekristallisation entstanden. Alle anderen Ätzfurchen stammen von vorangegangenen Korngrenzenlagen.

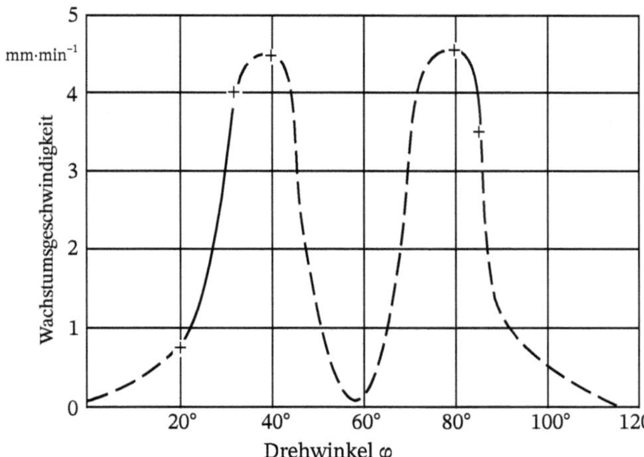

Bild 7.34 Orientierungsabhängigkeit der Korngrenzenbeweglichkeit (Al-Kristalle, gemeinsame Drehachse $[1\bar{1}1]$) (nach *B. Liebmann, K. Lücke* und *G. Masing*).

größeren Orientierungsunterschieden der Kristalle jedoch sind Maxima der Korngrenzenbeweglichkeit festzustellen (Bild 7.34). Deshalb können einzelne, in einem Gefüge mit strenger Textur gelegene Kristallite, die eine stärker davon abweichende Orientierung aufweisen, wachsen und das sie umgebende Gefüge aufzehren *(texturbedingte Sekundärrekristallisation)* [15] (Bild 7.33b).

Weiterhin kann die Hemmung des Kornwachstums durch einen Probendickeneffekt verursacht sein. Erreicht der Korndurchmesser die Blechdicke, so bricht das Kornwachstum infolge der mit dem Übergang vom dreidimensionalen zum zweidimensionalen Wachstum verminderten Triebkraft ab. Unterscheiden sich jedoch die Oberflächenspannungen der beiderseits einer Korngrenze gelegenen Kornschnittflächen stärker, so ist es möglich, die Hemmung zu überwinden und die Korngrenzenbewegung in das Korn mit der größeren Oberflächenspannung fortzuführen. Die treibende Kraft beträgt

$$p = \Delta\gamma/d \tag{7.23}$$

($\Delta\gamma$ Differenz der spezifischen freien Oberflächenenergie benachbarter Kristallite; d Probendicke). Sie liegt in der Größenordnung von 10^{-3} MPa und bewirkt eine *tertiäre Rekristallisation*, indem die Körner mit der niedrigsten Oberflächenenergie wachsen. Da die Oberflächenenergie von der umgebenden Atmosphäre abhängt, kann durch Wahl der Glühatmosphäre $\Delta\gamma$ (Chemisorption oder Bildung einer Oxidschicht) verändert und damit Einfluss auf die tertiäre Rekristallisation genommen werden [16].

Unter bestimmten Bedingungen können die Kornwachstumsvorgänge zur Ausbildung eines *Stengelkorngefüges* führen. In Si-freiem oder schwach mit Si legiertem Eisen mit etwa 0,03 bis 0,1 % C z. B., das aufgrund beschleunigter Abkühlung nach der Warmverformung oder durch geringe Verformung Eigenspannungen aufweist, bilden sich während einer Glühung in entkohlender Atmosphäre oberhalb der Rekristallisationstemperatur – vermutlich durch spannungsinduziertes Kornwachstum – in der entkohlten Zone größere Kristallite, die nach gegenseitiger Berührung mit fortschreitender Entkohlungsfront in das Werkstoffinnere wachsen und sich zu einem Stengelkorngefüge formieren (Bild 7.35). Verlegt man die Glühtemperatur in das α–γ-Zweiphasengebiet, so wachsen die an der Oberfläche

Bild 7.35 Eisen mit 0,06 % C normalisiert und abgekühlt (von links nach rechts) im Ofen, in Öl und in Wasser, nachträglich bei 700 °C in feuchtem H_2 8 h geglüht.

befindlichen oder sich bildenden Ferritkörner über Anlagerung des mit zunehmender Entkohlung durch Umwandlung entstehenden Ferrits ohne Mitwirkung von Spannungen in gleicher Weise (Bild 7.36). Infolge Kornvergröberung und Reinigung des Gefüges zeigen solche Werkstoffe gute weichmagnetische Eigenschaften. Schließlich kann auch die chemisch-thermische Oberflächenbehandlung des Stahls mit einer Stengelkornbildung verbunden sein, wenn mit der Eindiffusion des betreffenden Elementes die α–γ-Umwandlung einhergeht, wie es beispielsweise bei der Eindiffusion von Titan in Weicheisen (Bild 7.37) der Fall ist.

Im Gefüge von Metallen und Legierungen mit niedriger Stapelfehlerenergie (vorwiegend mit kfz Gitter wie Kupfer und seinen Legierungen oder austenitischen Stählen) sind nach der Rekristallisation und dem Kornwachstum zahlreiche *Zwillingskristalle* enthalten (Bild 7.38). Sie entstehen, wenn eine Korngrenze sich in ⟨111⟩-Richtung bewegt (in kfz Strukturen sind Zwillingsgrenzen und Stapelfehlerebenen {111}-Ebenen), wo die Atome in gestörter Stapelfolge in das Gitter des wachsenden Kornes eingebaut werden (s. a. Abschn. 2.1.11). Besetzen z. B. die an eine *B*-Ebene anzulagernden Atome nicht entsprechend der Stapelfolge … *ABC* … *C*-Plätze, sondern *A*-Plätze, so entsteht bei Beibehaltung der veränderten Stapelfolge mit der weiteren Bewegung der Korngrenze ein Zwillingskristall (… *ABC ABA CBA* …) [17]. Das Wachstum des Zwillings endet, wenn aufgrund des gleichen Vorgangs die Stapelfolge wieder in die ursprüngliche abgewandelt wurde. Die

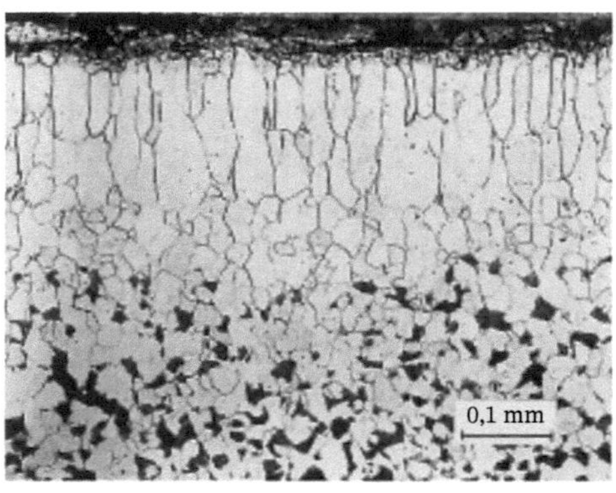

Bild 7.36 Stengelkorngefüge von Stahl C 60, der 15 h bei 850 °C in feuchtem H_2 geglüht wurde.

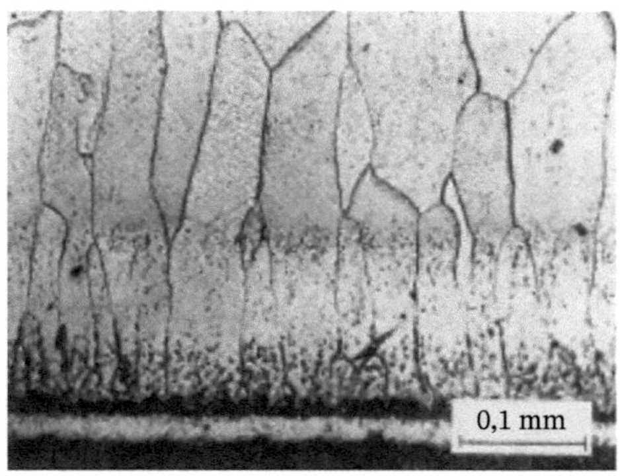

Bild 7.37 Stengelkorngefüge in Weicheisen, das 4 h bei 1.050 °C titaniert wurde.

Anwesenheit von Rekristallisationszwillingen im Gefüge stellt einen Indikator für vorangegangenes Kornwachstum dar.

7.2.4 Rekristallisationstexturen

Ebenso wie bei der Verformung (Abschn. 9.2.3.5) können sich auch im Verlaufe der primären und sekundären Rekristallisation *Texturen* ausbilden. Bei manchen Metallen stimmen sie mit der Verformungstextur überein. Meist weichen sie jedoch beträchtlich von ihr ab. Die Ursache dafür ist die selektive Wirkung der Kräfte, die die Keimbildung oder das Kornwachstum steuern. Eine selektive Keimbildung kann z. B. auf orientierungsbedingte Unterschiede in der Versetzungsdichte, die im Verlaufe der Verformung entstanden sind, zurückgehen. Selektives Kornwachstum tritt als Folge der Orientierungsabhängigkeit der Korngrenzenbeweglichkeit bzw. der Oberflächenenergie ein. In Fe–Si-Blechen beispielsweise führt das bevorzugte Wachstum von Kristalliten, deren {110}-Ebenen in der Walzebene liegen, während einer verunreinigungskontrollierten Sekundärrekristallisation zur Bildung der so genannten *Goss-Textur* (s. Abschn. 10.6.3). Die {110}-Ebene ist für krz Kristalle die Ebene mit der geringsten Oberflächenenergie.

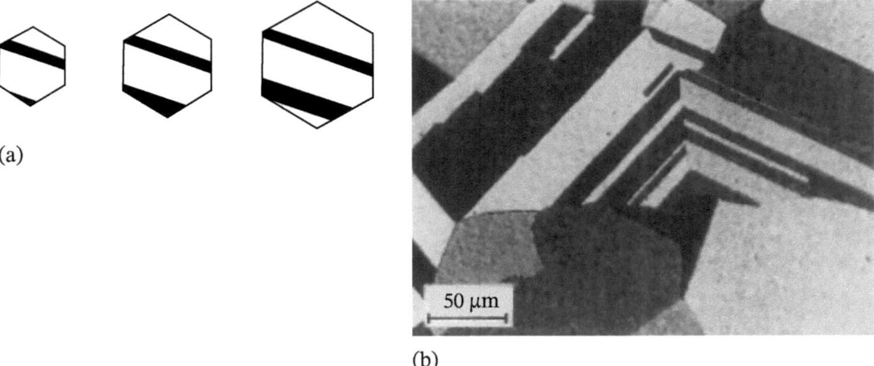

Bild 7.38 (a) Wachstum von Rekristallisationszwillingen (schematisch); (b) Rekristallisationszwillinge in Messing.

Literaturhinweise

1 Haasen, P. (1985). *Physikalische Metallkunde*. Berlin: Akademie-Verlag.

2 Meyer, K. (1977). *Physikalisch-chemische Kristallographie*. Leipzig: VEB Deutscher Verlag für Grundstoffindustrie.

3 Cahn, R.W. (1983). *Physical Metallurgy*. Amsterdam: North Holland Phys. Publ.

4 Gorelik, S.S. (1981). *Recrystallization in Metals and Alloys*. Moskau: Mir.

5 Porter, P.A. und Easterling, K.E. (1992). *Phase Transformations in Metals and Alloys*. London: Chapman & Hall.

6 Crank, J. (1975). *The Mathematics of Diffusion*. Oxford: Clarendon Press.

7 Murch, G.E. (ed.) (1984). *Diffusion in Crystalline Solids*. Orlando: Academic Press.

8 Carslaw, H.S. und Jaeger, J.C. (1959). *Conduction of Heat in Solids*. Oxford: Clarendon Press.

9 Schatt, W. und Wieters, K.-P. (Hrsg.) (1994). *Pulvermetallurgie*. Düsseldorf: VDI-Verlag.

10 Schatt, W. (1992). *Sintervorgänge*. Düsseldorf: VDI-Verlag.

11 Schatt, W. und Boiko, J.I.: Defektmechanismen des Schwindungsintensivstadiums. *Z. Metallkd.* 82 (1991) 7, S. 527–531.

12 Gebhart, A. (2016). *Additive Fertigungsverfahren*. 5. überarbeitete und erweiterte Auflage. München: Hanser.

13 Gibson, I., Rosen, D. und Stucker, B. (2015). *Additive Manufacturing Technologies; 3D Printing, Rapid Prototyping and Direct Digital Manufacturing*. Second Edition. New York, Heidelberg, Dordrecht, London: Springer.

14 Ilschner, B. (2005). *Werkstoffwissenschaften und Fertigungstechnik*. Springer.

15 Humphreys, F.J. und Hatherly, M. (2004). *Recrystallization and Related Annealing Phenomena*. Elsevier.

16 Gottstein, G. (2014). *Materialwissenschaft und Werkstofftechnik*. Physikalische Grundlagen. 4. Auflage. Berlin, Heidelberg: Springer Verlag.

17 Bäro, G. und Gleiter, H. (1972). The formation of annealing twins. *Z. Metallkd.* 63 (10): 661–663.

18 Wohlers Report (2024). *3D Printing and Additive Manufacturing – Global State of the Industry*. Wohlers Associates, ASTM International.

19 Toyserkani, E., Sarker, D., Ibhadode, O.O. et al. (2022). *Metal Additive Manufacturing*. Hoboken, NJ, USA: John Wiley Sons Inc.

20 Brandt, M. (ed.) (2017). *Laser Additive Manufacturing – Materials, Design, Technologies and Applications*. Woodhead Publishing Series in Electronic and Optical Materials: 88. Sawston, Cambridge: Woodhead Publishing.

21 Müller, M., Franz, K., Riede, M. et al. (2023). Influence of process parameter variation on the microstructure of thin walls made of Inconel 718 deposited via of laser-based directed energy deposition with blown powder. *Journal of Materials Science* 58: 11310–11326, DOI:10.1007/s10853-023-08706-x.

8
Korrosion

Allgemein ist die Korrosion zu definieren als Angriff auf einen Werkstoff durch Reaktion mit seiner Umgebung, die zu einer Veränderung der Eigenschaften bis hin zu einer Zerstörung des Werkstoffs führt. Bauteile oder auch Systeme können dadurch in ihrer Funktion beeinträchtigt werden (Korrosionsschaden). Liegt ein vollständiger Verlust der Funktionsfähigkeit eines technischen Systems vor, spricht man von Korrosionsversagen. Im engeren Sinne wird unter Korrosion die durch chemische oder elektrochemische Reaktionen mit der Umgebung verursachte Zerstörung von Metallen verstanden, wobei diese unter Zunahme der Wertigkeit in den Verbindungszustand übergehen.

Sowohl bei den Metallen als auch bei nichtmetallischen Werkstoffen, z. B. den Polymeren, können neben chemischen Reaktionen auch physikalische Vorgänge an der Korrosion beteiligt sein. Dagegen finden an den nicht leitenden Polymerwerkstoffen keine elektrochemischen Reaktionen statt.

Die Reaktionspartner Werkstoff (fest) und umgebendes Medium (flüssig oder gasförmig) bilden ein Korrosionssystem, in dem die chemischen und physikalischen Variablen aller beteiligten Phasen die Korrosion beeinflussen. Die ablaufenden Korrosionsreaktionen sind wegen der Zugehörigkeit der Partner zu verschiedenen Phasen Phasengrenzreaktionen (heterogene Reaktionen). Der Gesamtprozess der Korrosion kann jedoch außerdem noch durch vor- oder nachgelagerte Reaktionen und Transportprozesse, wie die An- oder Abdiffusion der reagierenden Spezies, beeinflusst werden.

Neben einer von der Oberfläche ausgehenden Schädigung des Werkstoffes in Form des gleichförmigen oder ungleichförmigen Abtrags durch chemische oder elektrochemische Reaktionen können auch im Werkstoffinneren Schädigungen eintreten, die mit Gefügeänderungen verknüpft sind. Voraussetzung dafür ist das Eindringen von Teilchen (Atome, Ionen, Moleküle) in das Werkstoffvolumen (physikalischer Prozess), dem gegebenenfalls chemische Reaktionen, wie z. B. Hydrid- bzw. Oxidbildungen in Metallen oder Hydrolyse bzw. Kettenabbau bei Polymeren folgen können.

Auch in der Umgebung des Werkstoffs können Schädigungen durch Verunreinigungen in Form von Korrosionsprodukten hervorgerufen werden.

Im Rahmen dieses Kapitels kann nur auf die grundlegenden Vorgänge eingegangen werden. Weiterführende Literatur findet sich in [1–11].

Während der Nutzung von Bauteilen oder Anlagen können sich der Korrosion mechanische Belastungen überlagern (Bild 8.1), die zur Schwingungsrisskorrosion

Schatt Werkstoffwissenschaft, 11. Auflage. Hartmut Worch, Wolfgang Pompe und Christoph Leyens.

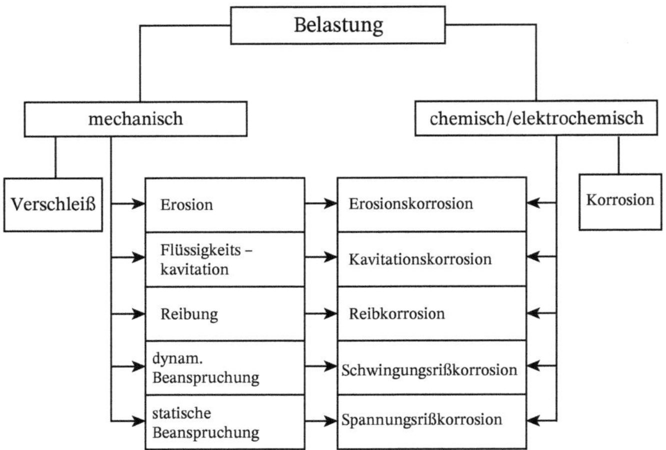

Bild 8.1 Korrosionsarten bei gleichzeitiger chemisch-elektrochemischer und mechanischer Beanspruchung.

(Abschn. 8.1.8) oder Spannungsrisskorrosion (Abschn. 8.1.7) führen. Andere komplexe Schädigungsarten entstehen, wenn die Korrosion kombiniert mit einer mechanischen Schädigung der Oberfläche auftritt; so

- mit der Erosion, d. h. einer abtragenden Wirkung bewegter Flüssigkeiten oder Gase, die Festkörperteilchen enthalten, was u. a. zur Zerstörung von Schutzschichten führen kann,
- mit der Flüssigkeitskavitation: bei hohen Strömungsgeschwindigkeiten werden durch den Zusammenbruch örtlich entstandener Vakua starke Flüssigkeitsschläge erzeugt, die im Laufe der Zeit den Rohr- und Behälterwerkstoff zerstören,
- durch Reibung ohne äußere Wärmeeinwirkung.

Sind dann die den Werkstoff umgebenden Medien chemisch aggressiv, so tritt *Erosions-* bzw. *Kavitationskorrosion* oder *Reibkorrosion* auf.

Die Reaktionen von Werkstoffen mit ihrer Umgebung können vielfältige Korrosionserscheinungen (Korrosionsformen) zur Folge haben. Die wichtigsten sind in Bild 8.2 schematisch dargestellt. Technisch am leichtesten beherrschbar ist die *gleichmäßige Flächenkorrosion,* bei der die Korrosionsgeschwindigkeit an jeder Stelle der Oberfläche nahezu gleich groß ist. Zu ihrer quantitativen Charakterisierung werden der flächenbezogene Masseverlust $m_a = \Delta m/A$ (Δm Masseverlust, A korrosionsbelastete Oberfläche) oder die Dickenabnahme Δs herangezogen. Unter Bezug auf die Belastungsdauer t lassen sich daraus die flächenbezogene Masseverlustrate $v = \Delta m/At$ bzw. die Abtragungsrate $w = \Delta s/t$ ermitteln.

Wesentlich gefährlicher als ein gleichmäßiger Abtrag ist die *ungleichförmige Korrosion.* Sie ist schwer kontrollierbar und wegen der örtlichen Schwächung des tragenden Querschnitts (Kerbwirkung) auch für die Funktionssicherheit eines Bauteils mit einem größeren Risiko verbunden. Zur Charakterisierung des ungleichförmigen Abtrags werden geometrische Größen wie die Loch- oder Risstiefe und die Anzahl bzw. die Dichte der örtlichen

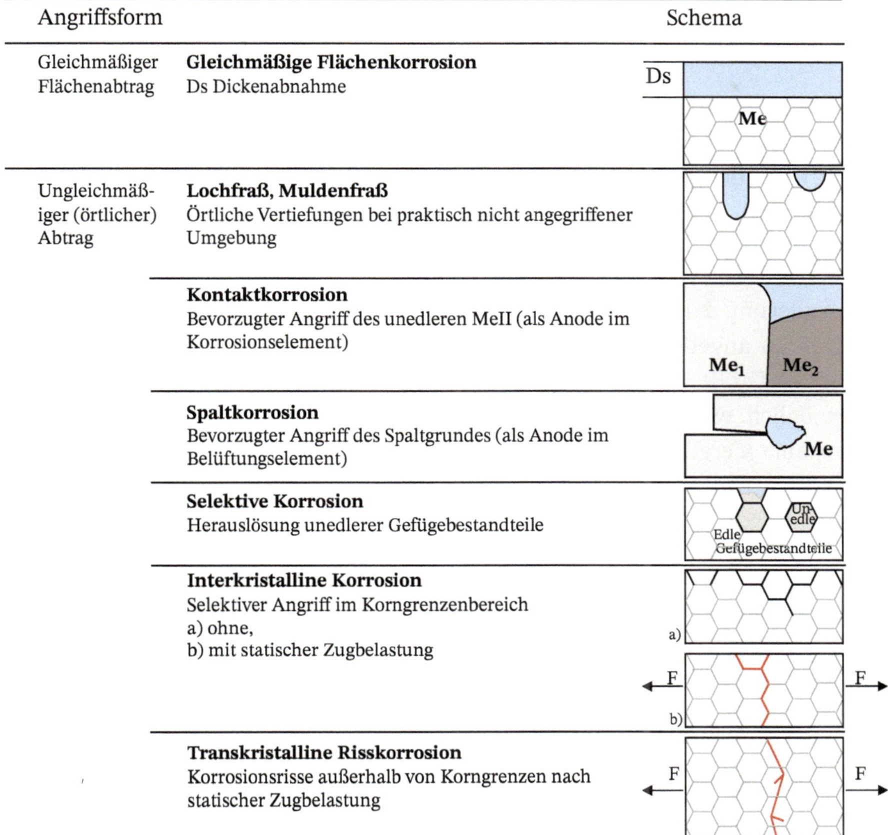

Angriffsform		Schema
Gleichmäßiger Flächenabtrag	**Gleichmäßige Flächenkorrosion** Ds Dickenabnahme	
Ungleichmäßiger (örtlicher) Abtrag	**Lochfraß, Muldenfraß** Örtliche Vertiefungen bei praktisch nicht angegriffener Umgebung	
	Kontaktkorrosion Bevorzugter Angriff des unedleren MeII (als Anode im Korrosionselement)	
	Spaltkorrosion Bevorzugter Angriff des Spaltgrundes (als Anode im Belüftungselement)	
	Selektive Korrosion Herauslösung unedlerer Gefügebestandteile	
	Interkristalline Korrosion Selektiver Angriff im Korngrenzenbereich a) ohne, b) mit statischer Zugbelastung	
	Transkristalline Risskorrosion Korrosionsrisse außerhalb von Korngrenzen nach statischer Zugbelastung	

Bild 8.2 Die wichtigsten Korrosionserscheinungen.

Angriffe verwendet. Außerdem werden Kenngrößen herangezogen, die die korrosionsbedingte Änderung bestimmter Eigenschaften wie der Zugfestigkeit oder des elektrischen Widerstandes zum Ausdruck bringen.

Die Frage, ob unter bestimmten Bedingungen eine Korrosion des Werkstoffs möglich ist oder nicht, kann mithilfe thermodynamischer Betrachtungen beantwortet werden.

Es ist jedoch nicht möglich, damit auch vorauszusagen, ob die Korrosionsreaktion tatsächlich, d. h. mit nennenswerter Geschwindigkeit, ablaufen wird.

Die treibende Kraft einer Reaktion ist die Änderung der freien Enthalpie ΔG [s. Gl. (3.9)]. Ein Prozess läuft spontan ab, wenn damit eine Abnahme der freien Enthalpie verbunden, d. h. ΔG negativ ist. Im Gleichgewichtszustand gilt $\Delta G = 0$. Für eine beliebige chemische Reaktion

$$aA + bB \rightleftharpoons cC + dD \tag{8.1}$$

wird die Änderung der freien Enthalpie (freie Reaktionsenthalpie) durch die Beziehung Gl. 8.2

$$\Delta G = \Delta G^0 + RT \ln \frac{a_C^c \times a_D^d}{a_A^a \times a_B^b} \tag{8.2}$$

beschrieben (ΔG^0 Änderung der freien Enthalpie unter Standardbedingungen; R allgemeine Gaskonstante; T absolute Temperatur; a Aktivität der reagierenden Stoffe A, B, C, D nach Gl. 8.1). Für eine gegebene Metall-Gas-Reaktion, beispielsweise die Oxidation eines Metalls gemäß Gl. 8.3

$$m\text{Me} + n/2\text{O}_2 \rightarrow \text{Me}_m\text{O}_n \tag{8.3}$$

ist ΔG^0 die Änderung der freien Enthalpie bei Bildung eines Moles Oxid (Tab. 8.1). Um die in der Tab. 8.1 angeführten Daten richtig bewerten zu können, ist die Einführung einer normierten Größe $1/m\ \Delta G^0$ sinnvoll. Dadurch ist ein unmittelbarer Vergleich der Triebkräfte möglich, weil der stöchiometriebedingte Einfluss eliminiert wird. Die Gleichgewichtskonstante K ergibt sich aus dem Massenwirkungsgesetz zu

$$K = \left(\frac{a_{\text{Me}_m}\text{O}_n}{a_{\text{Me}}^m \cdot p_{\text{O}_2}^{n/2}} \right)_{gl} \tag{8.4}$$

($p_{O_2}(gl)$ Gleichgewicht)

Für reine Metalle und Oxide sind die Aktivitäten (effektive Konzentrationen) a_{Me} und $a_{\text{Me}_m}\text{O}_n$ gleich 1, sodass Gl. (8.2) die Form von Gl. 8.5

$$\Delta G = \Delta G^0 - n/2RT \ln\ p_{\text{O}_2} \tag{8.5}$$

annimmt. Daraus erhält man den Partialdruck des Sauerstoffs im Gleichgewicht ($\Delta G = 0$) nach Gl. 8.6

$$p_{\text{O}_{2(gl)}} = \exp\left(2\Delta G^0/nRT\right) \tag{8.6}$$

Die mit wachsender Temperatur betragsmäßig abnehmenden Werte in Tab. 8.1 weisen darauf hin, dass kritische Temperaturen existieren, für die systemabhängig $\Delta_R G^0 = 0$ gilt. Oberhalb dieser Temperaturen sind die jeweiligen Oxide nicht mehr stabil und zerfallen in die Elemente. Der zugehörige Sauerstoffzerfallsdruck erreicht dann 0,1 MPa.

Es ist für vergleichende Betrachtungen sinnvoll, die Größe $\Delta_R G^0$ umzuformen.

Die Größe $\Delta_R G^0/m$ bezieht sich auf ein Grammatom Metall und gibt Auskunft über die Stabilitätsverhältnisse von Oxiden eines mehrwertigen Metalls gegenüber einer sauerstoffhaltigen Atmosphäre: Das Oxid mit dem betragsmäßig höchsten Wert ist stabil. Bei den Oxiden des Eisens trifft das für Fe_2O_3 zu. Dies stimmt mit der Darstellung von Bild 8.38 überein.

Demgegenüber ist die Größe $\Delta_R G^0/(n/2)$ auf ein Mol Sauerstoff (O_2) bezogen; hieraus lassen sich die Reduzierbarkeitseigenschaften der Oxide ableiten: Je betragsmäßig höher der Wert ist, umso größer ist die Stabilität des entsprechenden Oxids gegenüber einer Reduktion, bzw. umso größer ist die Fähigkeit des korrespondierenden Metalls, andere Oxide zu reduzieren. Eine entsprechende Reihung von Metallen würde mit Mg beginnen.

In Bild 8.3 sind die Gleichgewichtspartialdrücke in Abhängigkeit von der Temperatur für eine Reihe wichtiger Metall-Oxid-Systeme wiedergegeben. Daraus ist – wie auch aus Gl. (8.5) folgt – ersichtlich, dass die Reaktion (8.3) zum Ablauf von rechts nach links

Tab. 8.1 Änderung der Enthalpie beim Übergang Metall/Metalloxid unter Standardbedingungen (Bildung von 1 Mol Oxid bei 298 K; nach [7]).

Temperatur	298 K	-	-	1.000 K	-	-
-	$\Delta_R G^0$ kJ mol^{-1}	$\Delta_R G^0$/ mkJ mol^{-1}	$\Delta_R G^0$/ (n/2) kJ mol^{-1}	$\Delta_R G^0$ kJ mol^{-1}	$\Delta_R G^0$/ mkJ mol^{-1}	$\Delta_R G^0$/ (n/2) kJ mol^{-1}
$2Ag + 0{,}5O_2 \rightarrow Ag_2O$	-10,8	-5,4	-21,6	Zerfall > 460 K		-
$2Ag + 0{,}5O_2 \rightarrow Ag_2O$	-1582,3	-791,2	-1054,9	-1296,1	-648,1	-864,1
$2Cu+0{,}5O_2 \rightarrow Cu_2O$	-147,9	-73,9	-295,8	-81,0	-40,5	-161,9
$2Cr + 1{,}5O_2 \rightarrow Cr_2O_3$	-1059,2	-529,6	-706,1	-825,9	-413,0	-550,6
$Cu+0{,}5O_2 \rightarrow CuO$	-128,3	-128,3	-256,7	-49,9	-49,9	-99,8
$Fe+0{,}5O_2 \rightarrow FeO$	-245,0	-245,0	-490,0	-185,3	-185,3	-370,6
$3Fe + 2O_2 \rightarrow Fe_2O_4$	-1012,3	-337,4	-506,1	-728,5	-242,8	-364,3
$2Fe + 1{,}5O_2 \rightarrow Fe_2O_3$	-741,5	-370,7	-494,3	-510,5	-255,3	-340,3
$Mg + 0{,}5O_2 \rightarrow MgO$	-569,4	-569,4	-1138,8	-470,6	-470,6	-941,2
$Ni + 0{,}5O_2 \rightarrow NiO$	-211,6	-211,6	-423,2	-132,3	-132,3	-264,5
$Si + O_2 \rightarrow SiO_2$ (Quarz)	-856,4	-856,4	-856,4	-695,6	-695,6	-695,6
$Ti + 1/2O_2 \rightarrow TiO$	-513,3	-513,3	-1026,6	-428,3	-428,3	-856,6
$Ti + O_2 \rightarrow TiO_2$ (Rutil)	-889,5	-889,5	-889,5	-728,3	-728,3	-728,3

(Reduktion) tendiert und schon gebildetes Oxid wieder dissoziiert, wenn der im Korrosionssystem herrschende Sauerstoffpartialdruck niedriger als der Gleichgewichtsdruck ist. Ist hingegen der Sauerstoffdruck höher als der Gleichgewichtsdruck, dann verläuft die Reaktion (8.3) in der angezeigten Richtung (Oxidation), und das Metall korrodiert.

Wegen der sehr kleinen Gleichgewichtsdrücke (Bild 8.3) – z. B. für Ni-NiO bei 25 °C 10^{-75} MPa und bei 1.000 °C 10^{-11} MPa – ist die Oxidation der Metalle an Luft $\left(p_{O_2} \approx 0,1\,\text{MPa}\right)$ eine freiwillig ablaufende Reaktion und unter anderem auch der Grund dafür, dass die meisten Metalle in der Natur nicht gediegen, sondern als Erze, d. h. an Sauerstoff, Schwefel, Kohlenstoff u. a. gebunden, vorkommen. Die Tendenz zur Oxidation nimmt in dem Maße zu, wie ΔG^0 abnimmt (Tab. 8.1).

Analoge Betrachtungen gelten für Reaktionsabläufe in Metall-Lösung-Systemen. Gemäß Gl. (8.1) existiert im Gleichgewichtszustand ($\Delta G = 0$) ein bestimmtes Aktivitätsverhältnis Gl. 8.7,

$$\ln\left(\frac{a_\mathrm{C}^\mathrm{c} \cdot a_\mathrm{D}^\mathrm{d}}{a_\mathrm{A}^\mathrm{a} \cdot a_\mathrm{B}^\mathrm{b}}\right) = -\frac{\Delta G^0}{RT}, \tag{8.7}$$

das sich mithilfe von ΔG^0 (tabelliert) berechnen lässt. Wird im praktischen Fall das Gleichgewichtsaktivitätsverhältnis unterschritten, so nimmt ΔG nach Gl. (8.2) negative Werte an und die Reaktion (8.1) verläuft freiwillig von links nach rechts. Bei Überschreiten des Aktivitätsverhältnisses wird ΔG positiv, und der Ablauf der Reaktion erfolgt von rechts nach links.

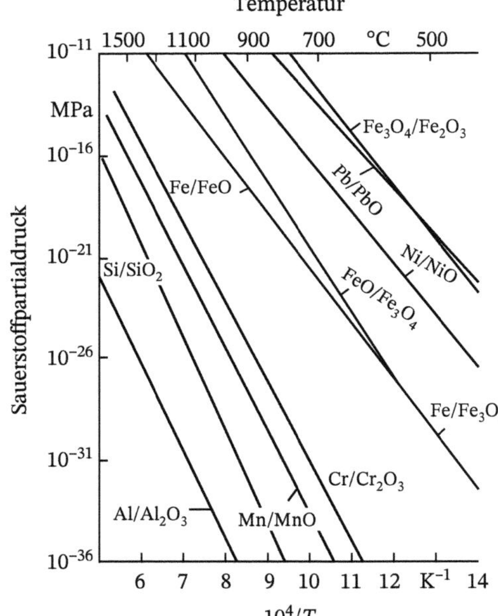

Bild 8.3 Sauerstoff-Gleichgewichtsdrücke einiger Metall-Metalloxid-Systeme (nach *Rahmel* und *Schwenk*).

Als für die Praxis wichtiges Beispiel soll die Umsetzung von Eisen mit Kupferionen erörtert werden. Wird Eisen in eine Kupfersulfatlösung eingetaucht, dann scheidet sich metallisches Kupfer auf der Eisenoberfläche ab, und Eisen geht entsprechend Gl. (8.8) in Lösung:

$$Fe + Cu^{++} \rightarrow Fe^{++} + Cu \tag{8.8}$$

Für die Gleichgewichtskonstante K der Reaktion erhält man nach dem Massenwirkungsgesetz unter Verwendung der Ionenkonzentration c[1] anstelle der Aktivitäten a

$$c = \frac{a}{f} \; und \; f \leq 1 \tag{8.9}$$

$$K = \left(\frac{c_{\mathrm{Fe}^{++}} \cdot c_{\mathrm{Cu}}}{c_{\mathrm{Cu}^{++}} \cdot c_{\mathrm{Fe}}} \right)_{\mathrm{gl}} \tag{8.10}$$

und mit $c_{\mathrm{Cu}} = c_{\mathrm{Fe}} = 1$ wird

$$K = \left(\frac{c_{\mathrm{Fe}^{++}}}{c_{\mathrm{Cu}^{++}}} \right)_{\mathrm{gl}} \tag{8.11}$$

Damit stellt sich die Änderung der freien Enthalpie der Reaktion (8.8) gemäß Gl. (8.2) zu Gl. (8.12)

$$\Delta G = \Delta G^0 + RT \ln \left(c_{\mathrm{Fe}^{++}} / \, c_{\mathrm{Cu}^{++}} \right) \tag{8.12}$$

1 Für $c < 10^{-3}$ mol l^{-1} wird $f \approx 1$ und $a \approx c$. Im Folgenden wird vereinfachend generell $a = c$ gesetzt.

dar. Im Gleichgewicht ($\Delta G = 0$) gilt Gl. (8.13).

$$K = \frac{c_{Fe^{++}}}{c_{Cu^{++}}} = \exp\left(-\Delta G^0/RT\right) \tag{8.13}$$

Mit $\Delta G^0 = -151$ kJ mol^{-1} beträgt das Gleichgewichtskonzentrationsverhältnis 10^{26}. Bei den in der Praxis vorkommenden Lösungen wird dieses Verhältnis jedoch nicht erreicht. Das bedeutet, dass ΔG in Gl. (8.12) negativ ist und die Reaktion stets von links nach rechts, d. h. unter Auflösung (Korrosion) des Eisens abläuft.

8.1 Korrosion der Metalle in wässrigen Medien

Wässrige Medien sind Elektrolytlösungen, die Kationen und Anionen der im Wasser gelösten Stoffe (Säuren, Basen, Salze) enthalten. Sie sind Ionenleiter, d. h. der Stromtransport erfolgt durch die Wanderung von Kationen und Anionen unter der Wirkung eines elektrischen Feldes. Die Leitfähigkeit liegt zwischen 10^{-4} und 10^2 Sm^{-1}.

Auch Gase können in Wasser gelöst sein. Ihre Gleichgewichtskonzentration c_i (Sättigungskonzentration, „Löslichkeit“) ist nach dem *Henryschen Gesetz* (Gl. 8.14) dem Partialdruck des Gases p_i über der Lösung proportional.

$$c_i = k_i \cdot p_i \tag{8.14}$$

Die Löslichkeitskonstante k_i ist temperaturabhängig, was bewirkt, dass die Löslichkeit von Gasen mit steigender Temperatur sinkt. Sie nimmt auch in Gegenwart gelöster Salze und mit deren Konzentration ab. Für die Korrosion ist besonders der in allen natürlichen Wässern und in den meisten in der Technik verwendeten Medien gelöste Sauerstoff von Bedeutung. Bei 273 K und $p = 0{,}1$ MPa enthält reines Wasser in Kontakt mit Luft etwa 6 cm^3/l Sauerstoff, in Kontakt mit reinem Sauerstoff etwa 28 cm^3/l. Dieser Betrag sinkt in 0,5 molarer Kochsalzlösung auf 24 cm^3/l ab.

Bei der Korrosion eines Metalls, das sich in Kontakt mit einer ionenleitenden Phase (Elektrolyt, Salzschmelze) befindet, laufen elektrochemische Vorgänge ab. Charakteristisch für eine solche *elektrochemische Korrosion* ist die Abhängigkeit von einem Strom, der durch die Phasengrenze Metall/Medium fließt bzw. von dem sich dort einstellenden Elektrodenpotenzial.

8.1.1 Grundlagen der elektrochemischen Korrosion

Eine zum Metallabtrag führende elektrochemische Korrosion in einem Elektrolyten wird als elektrolytische Korrosion bezeichnet.

Taucht ein Metall, wie in Bild 8.4a schematisch dargestellt, in eine Elektrolytlösung ein, dann bezeichnet man dieses System als *Elektrode*. Enthält die Lösung Ionen des gleichen Metalls mit der Wertigkeit z^+, so erfolgt zwischen den beiden Phasen eine Wechselwirkung. In beiden Richtungen treten Metallionen durch die Phasengrenze (Bild 8.4b).

$$Me \rightarrow Me^{z+} + ze^- \tag{8.15a}$$

$$Me^{z+} + ze^- \rightarrow Me \tag{8.15b}$$

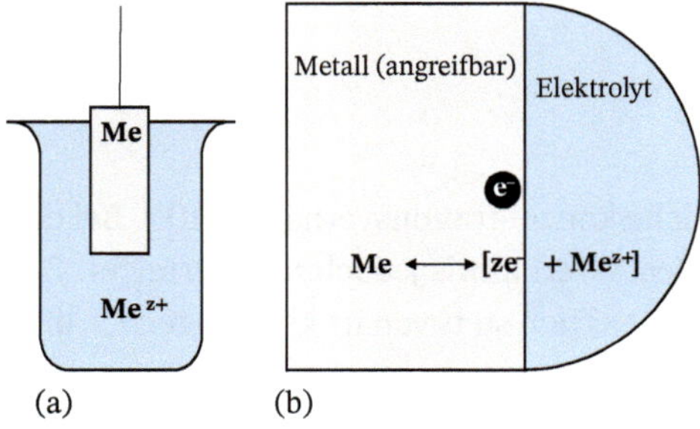

Bild 8.4 Ausbildung eines Metall-Metallionen-Potenzials. (a) Schema einer Metall-Metallionen-Elektrode; (b) Vorgänge an der Phasengrenze (Durchtrittsreaktion).

Da die bei der Auflösung des Metalls gebildeten Ionen nicht nur Träger einer Masse, sondern auch einer elektrischen Ladung sind, ist mit dem Übergang Metall → Elektrolyt ein anodischer (positiver) Strom I_+ verbunden. Der gegenläufige Vorgang, der Ionenübergang vom Elektrolyten zum Metall, die Metallabscheidung (katodische Reaktion, Reduktion), hat dementsprechend einen katodischen (negativen) Strom I_- zur Folge. Beide Reaktionen laufen gleichzeitig, aber mit anfangs unterschiedlichen Geschwindigkeiten ab. Ist die Auflösung zunächst schneller ($I_+ > I_-$), so wird die Reaktion (8.15a) bald durch die sich lösungsseitig anstauenden positiven Ladungen gebremst, während Reaktion (8.15b) infolge der Ansammlung der am Metall verbleibenden Elektronen beschleunigt wird. Nach einiger Zeit jedoch stellt sich ein dynamischer Gleichgewichtszustand ($I_+ = I_-$) ein, bei dem das Metall wegen der anfangs erhöhten Auflösungsgeschwindigkeit gegenüber der Lösung eine negative Ladung angenommen hat.

Den negativen Ladungen im Metall stehen ähnlich wie bei einem Plattenkondensator auf der Elektrolytseite positive Ladungen gegenüber. Diese elektrochemische Doppelschicht ist der Sitz einer elektrischen Potenzialdifferenz Metall-Elektrolyt, d. h. einer elektrischen Spannung *(Galvanispannung* $\Delta\varphi$[2]*)*. Dem Gleichgewichtszustand (Endzustand) entspricht die Gleichgewichtsgalvanispannung $\Delta\varphi^*$.

Zur negativen Aufladung tendieren alle so genannten *unedlen Metalle* wie Zink, Blei oder Eisen, die eine starke Neigung zur Ionenbildung bzw. nach *Nernst* einen „hohen Lösungsdruck" haben. Die *edlen Metalle* dagegen, wie Kupfer, Silber oder Gold, zeichnen sich durch eine starke Tendenz ihrer Ionen zur Elektronenaufnahme und damit zum Übergang in den metallischen Zustand aus (hoher „osmotischer Druck"). In diesem Fall ist die Metallabscheidung anfangs schneller ($I_- > I_+$), sodass das Metall gegenüber der Lösung eine positivere Ladung annimmt, die die katodische Reaktion bremst und die Geschwindigkeit der anodischen Reaktion bis zur Einstellung des Gleichgewichts ($I_- = I_+$; $\Delta\varphi = \Delta\varphi^*$) steigert.

Die *Galvanispannung* $\Delta\varphi$ einer Elektrode kann man nicht messen. Jedoch ist ein Vergleich mit einer anderen, in der Regel einer *Bezugselektrode,* möglich. Dazu schaltet man entsprechend Bild 8.5 die Metallelektrode mit der Bezugselektrode elektrisch zu einer galvanischen Zelle zusammen und misst die relative Elektrodenspannung (Zellspannung), die als *Elektrodenpotenzial E* bezeichnet wird. Im Allgemeinen werden die

2 $\Delta\varphi = \varphi_I - \varphi_{II}$; $\varphi_{I,II}$ inneres Potenzial der Phase I (Metall) bzw. Phase II (Elektrolyt).

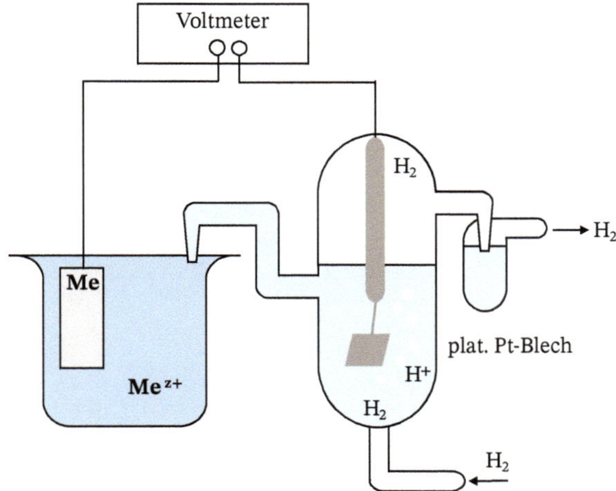

Bild 8.5 Anordnung zur Messung von Elektrodenpotenzialen (schematisch).

Elektrodenpotenziale auf die *Standardwasserstoffelektrode* bezogen und mit $E_H(X)$ bzw. auch E_{SHE} (X) ausgewiesen. Der Buchstabe X charakterisiert die betrachtete Elektrode. Unter der Standardwasserstoffelektrode versteht man ein platiniertes Platinblech, das in eine Lösung mit einer Wasserstoffionenaktivität $a_{H^+} = 1$ mol/l eintaucht und von Wasserstoffgas mit $p_{H_2} = 101,325$ kPa umspült wird. Für das Potenzial dieser Elektrode (Standardwasserstoffelektrodenpotenzial) gilt $E_H^0 = \left(H_2, H^+\right) = 0$ V[3]. Das Elektrodenpotenzial der Metallelektrode mit den Vorgängen (8.15a) ist von der Aktivität der Metallionen in der Elektrolytlösung abhängig. Einen quantitativen Ausdruck dafür liefert die *Nernstsche Gleichung*

$$E_H^* \left(\text{Me}, \text{Me}^{z+}\right) = E_H^0 \left(\text{Me}, \text{Me}^{z+}\right) + \frac{RT}{zF} \ln \frac{a_{\text{Me}^{2+}}}{a_{\text{Me}}} \tag{8.16}$$

$E_H(\text{Me}, \text{Me}^{z+})$ Gleichgewichtselektrodenpotenzial der Reaktion (8.15a) bezogen auf die Standardwasserstoffelektrode; $E_H^0 \left(\text{Me}, \text{Me}^{z+}\right)$ Standardelektrodenpotenzial, das mit dem Gleichgewichtselektrodenpotenzial identisch ist, wenn die Metallionenaktivität $a_{\text{Me}^{2+}} = 1$ mol/l und die Aktivität des Metalls $a_{\text{Me}} = 1$ (reines Metall) beträgt; F Faradaykonstante).

An der Wasserstoffelektrode stellt sich ein Gleichgewicht zwischen der Bildung von H^+-Ionen aus elementarem Wasserstoff unter Abgabe von Elektronen an das Platin Gl. (8.17a) und der Abscheidung von Wasserstoff bei Elektronenaufnahme aus dem Metall Gl. (8.17b) ein:

$$H_2 \rightarrow 2H^+ + 2e^- \text{ anodische Reaktion} \tag{8.17a}$$

$$H^+ + 2e^- \rightarrow H_2 \text{ katodische Reaktion} \tag{8.17b}$$

3 Für praktische Messungen werden einfacher zu handhabende Bezugselektroden bevorzugt, z. B. die gesättigte Kalomelelektrode, deren Potenzial (d. h. die Spannung der Zelle Kalomelelektrode-Standardwasserstoffelektrode) $E_H^* = 0{,}244$ V beträgt.

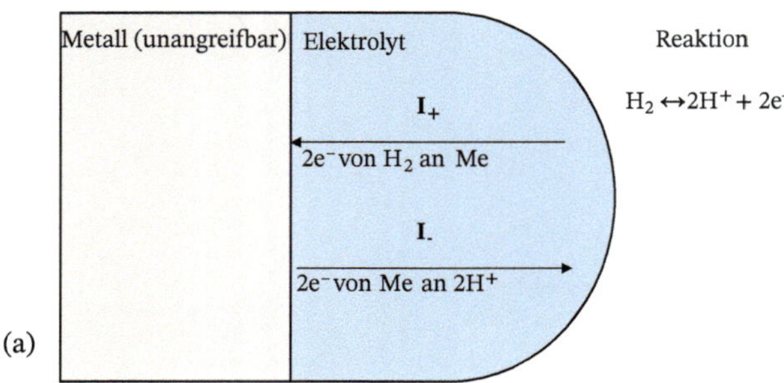

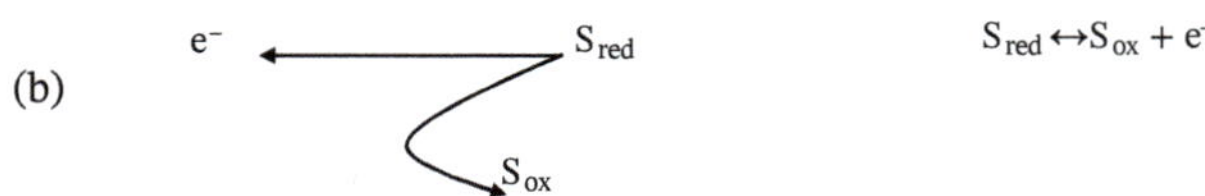

Bild 8.6 Vorgänge an einer Redoxelektrode (schematisch): (a) Wasserstoffelektrode; (b) Redoxelektrode allgemein.

Die Wasserstoffelektrode ist eine *Redoxelektrode*. Anders als beim Aufbau eines Metallpotenzials treten nicht Metallionen, sondern Elektronen in beiden Richtungen durch die Phasengrenze. Das Metall selbst wird dabei nicht angegriffen, da kein Stofftransport durch die Phasengrenze stattfindet. Das Schema einer solchen Elektrode zeigt Bild 8.6 für die Wasserstoffelektrode sowie für einen allgemeinen *Redoxvorgang*

$$S_{red} \leftrightarrow S_{ox} + ne^- \tag{8.18}$$

mit dem reduzierten und dem oxidierten Stoff S_{red} und S_{ox} und der Zahl n der ausgetauschten Elektronen.

Das dazugehörige Gleichgewichtselektrodenpotenzial $E_H^*(S_{red}, S_{ox})$ ist nach Gl. (8.19)

$$E_H^*(S_{red}, S_{ox}) = E_H^0(S_{red}, S_{ox}) + \frac{RT}{nF} \ln \frac{a_{ox}}{a_{red}} \tag{8.19}$$

von der Aktivität a_{ox} und a_{red} des oxidierenden und des reduzierenden Stoffes abhängig. $E_H^0(S_{red}, S_{ox})$ ist hier das Standardredoxelektrodenpotenzial, bezogen auf die Standardwasserstoffelektrode; es gilt $E_H^*(S_{red}, S_{ox}) = E_H^0(S_{red}, S_{ox})$ für $a_{ox} = a_{red}$.

8.1.1.1 Elektrochemische Spannungsreihe und Korrosionsvorgänge

Ordnet man die Standardpotenziale von verschiedenen Metallelektroden ihrem Zahlenwert nach und bezieht sie auf das Potenzial der Standardwasserstoffelektrode $E_H^0(H_2, H^+) = 0$ V, so erhält man die *elektrochemische Spannungsreihe* der Metalle. In wässrigen Elektrolyten ist der Standardzustand der Versuchselektrode mit 25 °C und 101,325 kPa als Vergleichsbasis festgelegt ($E_H^0(X)$[4], 25 °C, 101, 325 kPa). Nach links sind gemäß Bild 8.7 (unten) die mit einem negativen Vorzeichen versehenen unedlen $(E_H^0(Me, Me^{z+}) < 0\text{ V})$, nach rechts die mit einem positiven Vorzeichen versehenen edlen Metalle $(E_H^0(Me, Me^{z+}) > 0\text{ V})$

4 X charakterisiert die jeweilige Elektrodenreaktion, z. B. $H_2/2H^+$ nach Gl. 17 für die Wasserstoffelektrode.

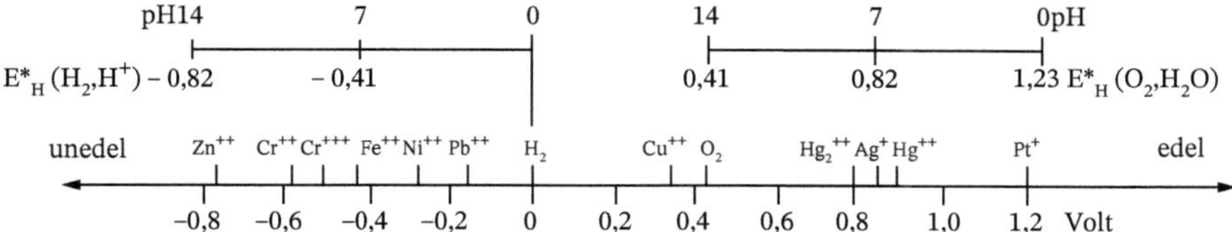

Bild 8.7 Spannungsreihe der Metalle (unten) sowie Wasserstoffelektroden- und Sauerstoffelektrodenpotenziale in Abhängigkeit vom *p*H-Wert des Mediums.

eingetragen. Unter der Voraussetzung, dass sich das Gleichgewicht ungehemmt einstellen kann, ist aus diesen Zahlenwerten ablesbar, wie sich ein reines Metall in wässrigen Lösungen verhält, die sowohl Ionen dieses Metalls als auch Wasserstoffionen mit den jeweiligen Aktivitäten von 1 enthalten. Ein negatives Vorzeichen von $E^0_{\mathrm{H}}\,(X)$ bedeutet, dass $\Delta G^0 = zFE^0$ Werte < 0 annimmt und die Reaktion freiwillig von links nach rechts verläuft. Dies entspricht der Auflösung, die für ein zweiwertiges Metall nach Gl. (8.20)

$$Me + 2H^+ \rightarrow Me^{2+} + H_2 \tag{8.20}$$

unter Wasserstoffentwicklung abläuft. Die Triebkraft für diesen Vorgang nimmt mit dem Betrag von $E^0_{\mathrm{H}}\,(X)$ zu.

Diese Betrachtung gilt prinzipiell auch für ein Metall, das in eine Säure taucht. Dabei findet die Wasserstoffentwicklung direkt am korrodierenden Metall statt, das sich in Bezug auf das System $H_2/2H^+$ ähnlich wie in Bild 8.6 beschrieben verhält.

Werden die beiden Halbzellen der galvanischen Zelle von zwei verschiedenen Metallen I, II und ihren Ionen im Elektrolyten gebildet, so wird das unedlere Me I zur Anode und löst sich auf [vgl. dazu auch Gl. (8.8)]:

$$\mathrm{Me\ I} \rightarrow \mathrm{Me\ I}^{z+} + ze^- \tag{8.21a}$$

$$\mathrm{Me\ II}^{z+} + ze^- \rightarrow \mathrm{Me\ II} \tag{8.21b}$$

$$\mathrm{Me\ I} + \mathrm{Me\ II}^{z+} \rightarrow \mathrm{Me\ I}^{z+} + \mathrm{Me\ II} \tag{8.21}$$

Für den Bruttovorgang (8.21) errechnet sich die Zellspannung aus der Differenz der Elektroden

$$\Delta E_{\mathrm{Zelle}} = E_{\mathrm{Katode}}\,(\mathrm{Me\ II, Me\ II}^{z+}) - E_{\mathrm{Anode}}\,(\mathrm{Me\ I, Me\ I}^{z+}) - IR_{el} \tag{8.22}$$

Die Triebkraft für die Auflösung des unedleren Metalls I (Anode) nimmt in diesem Fall mit einer zunehmenden Potenzialdifferenz ΔE zwischen Anode und Katode zu. Mit dem Symbol R_{el} sind hier die Widerstände im metallischen Leiter und im Elektrolyten sowie die bei Stromfluss I an der Grenzfläche Metall-Elektrolyt auftretenden Polarisationswiderstände zusammengefasst (vgl. auch Abschn. 8.1.1.2).

Die Aussagefähigkeit bzw. Anwendbarkeit der elektrochemischen Spannungsreihe für praktische Korrosionsfälle wird häufig überschätzt. Tatsächlich lassen sich für das Korrosionsverhalten eines Metalls in einem bestimmten System bzw. einer Kombination zweier Metalle nur erste Anhaltspunkte oder Tendenzen aus der elektrochemischen Spannungsreihe ableiten. Dafür gibt es eine Reihe von Gründen:

- Thermodynamische Daten wie das Standardpotenzial beziehen sich auf reine Elemente. In der Praxis werden aber Metalle mit einem dem technischen Anwendungszweck entsprechenden Reinheitsgrad oder Legierungen verwendet. Es liegen dann auch keine Standardbedingungen vor. Gewöhnlich ist $a_{Me^{z+}} \ll 1$, bzw. es sind zumindest im Anfangszustand überhaupt keine „potenzialbestimmenden" Metallionen im angreifenden Medium enthalten.
- Durch die Bildung von Deckschichten und anderen Hemmungserscheinungen verschieben sich zum Beispiel die Standardpotenziale von Magnesium mit −2,73 V und Aluminium mit −1,66 V zu wesentlich edleren Werten. Eine Berechnung des Elektrodenpotenzials nach der Nernstschen Gleichung ist dann nicht mehr möglich.
- Außerdem kann das Metall zum Träger einer Gaselektrode (Wasserstoff, Sauerstoff) werden, sodass sein Potenzial durch das jeweilige Redoxpotenzial beeinflusst wird (Ausbildung eines Ruhepotenzials E_R, s. a. Abschn. 8.1.2). Das Potenzial E hängt also nicht immer nur von der Natur des Metalls ab, sondern auch von der Art der an seiner Oberfläche insgesamt ablaufenden Vorgänge.

Dem Bedürfnis der Praxis nach einfachen und übersehbaren Regeln z. B. für den Einsatz von Werkstoffkombinationen unter bestimmten korrosiven Bedingungen tragen die *praktischen Spannungsreihen* Rechnung. Sie enthalten die Ruhepotenziale (freie Korrosionspotenziale) E_R technischer Metalle und Legierungen in häufig vorkommenden Medien wie Brauchwasser, künstlichem Meerwasser oder Kochsalzlösung, die nach Vorzeichen und Betrag (im Allgemeinen bezogen auf die gesättigte Kalomelelektrode) geordnet sind. Die Eignung einer Werkstoffpaarung für den Einsatz unter den gegebenen Bedingungen nimmt dabei mit zunehmender „Entfernung", d. h. zunehmendem ΔE_R ab.

Wie aus den erörterten Beispielen [Gln. (8.8) und (8.19)] schon hervorgeht, findet immer dann Korrosion statt, wenn die beim anodischen Teilvorgang (Metallionenbildung) freiwerdenden Elektronen durch einen andersartigen katodischen Vorgang verbraucht werden. Die wichtigsten nach dem allgemeinen Schema $S_{ox} + ne^- \rightarrow S_{red}$ wirkenden *Redoxsysteme* sind die des Wasserstoffs und Sauerstoffs.

In sauren Medien erleiden die unedlen Metalle eine Korrosion unter Wasserstoffentwicklung *(Säurekorrosion unter Wasserstoffreduktion)*, z. B. Zink:

$$Zn \rightarrow Zn^{2+} + 2e^- \tag{8.23a}$$

$$2H^+ + 2e^- \rightarrow H_2 \tag{8.23b}$$

$$Zn + 2H^+ \rightarrow Zn^{2+} + H_2 \tag{8.23}$$

Dabei laufen, atomistisch gesehen, in der elektrochemischen Doppelschicht der Grenzfläche zwischen Metall und Elektrolyt folgende Vorgänge ab: Die Atome werden an einer energetisch begünstigten Stelle, z. B. einer Halbkristalllage (s. Abschn. 3.1.1), abgelöst und gehen entweder über die Stufenkante/Adsorptionslage oder direkt aus der Halbkristalllage in die Phasengrenzschicht über. Dabei wird der Ausbau durch das dort adsorbierte Wasser, seine Dissoziationsprodukte H^+ oder OH^- oder auch durch gelöste Elektrolyte erleichtert. Dies erfolgt, indem die Aktivierungsenergie durch einen partiellen Elektronenübergang vom Wasser in das Elektronengas des Metalls herabgesetzt wird. Im Falle des Eisens sind in ausgewählten Fällen zwei Hydroxidionen am Durchtrittsprozess beteiligt (Heusler-Mechanismus/Bild 8.8). Unter Zurücklassung von Elektronen tritt das gebildete Metallkation unter Hydratation (Anlagerung von Wassermolekülen) durch die elektrochemische Doppelschicht in die Lösung. Die abgegebenen Elektronen bleiben im Metall zurück und sind frei beweglich. Sie werden an einer anderen Oberflächenstelle verbraucht. Dabei können Wasserstoffkationen (Wasserstoffreduktion) oder auch Sauerstoffatome entladen werden (Sauerstoffreduktion, Gl. 8.26) (Bild 8.8).

Die Säurekorrosion ist, wie die folgende Überlegung zeigt, vom *p*H-Wert der Lösung abhängig. Nach der *Nernstschen Gleichung* (Gl. 8.20) ist das Gleichgewichtspotenzial der Wasserstoffelektrode bei einem Gasdruck p_{H_2} (der anstelle der Aktivität des Wasserstoffs in die Nernstsche Gleichung eingesetzt wird) und unter Berücksichtigung von $E_H^*(H_2, H^+) = 0\,V$ durch

$$E_H^* = \frac{RT}{2F} \ln \frac{(a_{H^+})^2}{p_{H_2}} \tag{8.24}$$

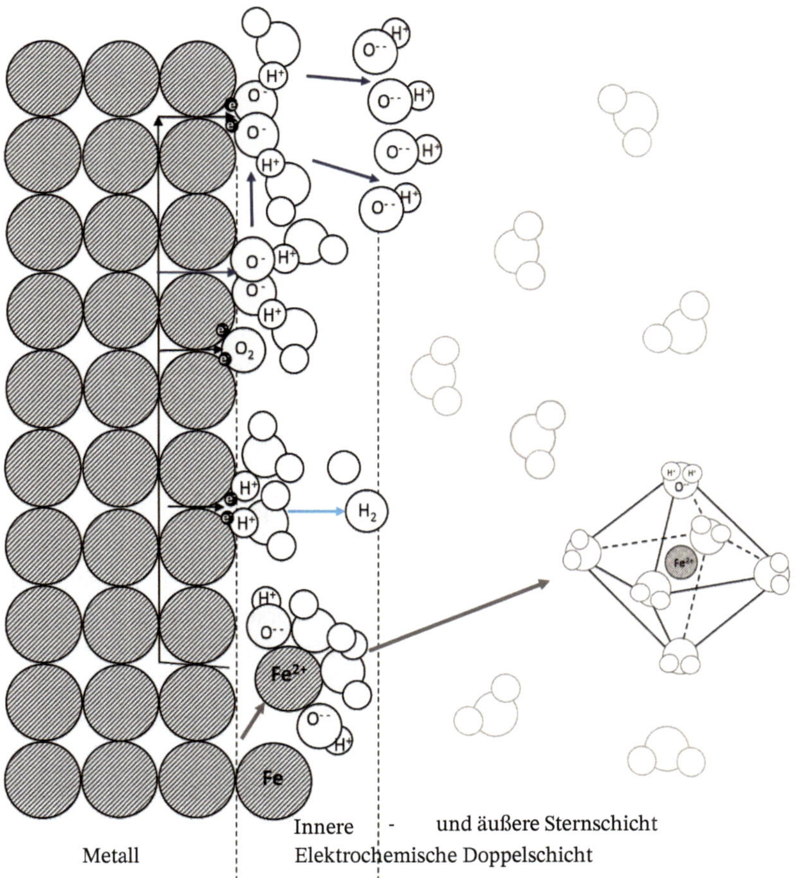

Bild 8.8 Korrosionsvorgänge am Eisen nach dem Wasserstoff- und dem Sauerstoffreduktionstyp in sauren bzw. schwach sauren bis alkalischen Elektrolytlösungen.

gegeben. Für Normaldruck (= 101,325 kPa), Raumtemperatur 25 °C und $pH = -\log a_{H^+}$ wird

$$E_H^* = -0{,}059pH[V] \tag{8.24a}$$

Danach kann das Potenzial der Wasserstoffelektrode je nach dem *p*H-Wert der Lösung die im Bild 8.7 links oben eingetragenen Werte annehmen. Die Potenzialdifferenz zwischen einem korrodierenden Metall und der Wasserstoffelektrode ist demnach in alkalischer Lösung ($pH > 7$) wesentlich kleiner als in saurer Lösung ($pH > 7$). Ausnahmen bilden Metalle wie Aluminium oder Zink, die in stark alkalischen Lösungen leicht lösliche Komplexe bilden, wodurch die effektive Metallionenkonzentration erniedrigt und das Metallpotenzial negativer wird.

In neutralen bis alkalischen Lösungen tritt vorwiegend Korrosion unter Sauerstoffverbrauch *(Sauerstoffkorrosion unter Sauerstoffreduktion)* auf. Sauerstoff ist in gelöster Form in Wässern und anderen Elektrolytlösungen enthalten, die mit der Atmosphäre Kontakt haben (vgl. Kap. 8.1, S. 335). Er adsorbiert an der Grenzfläche zur Elektrode und wird in einem mehrstufigen Prozess zu Hydroxidanionen umgesetzt(s. Bild 8.8, links). Für Eisen ergibt sich beispielsweise bei der Korrosion unter Sauerstoffverbrauch die Reaktionsfolge

$$Fe \rightarrow Fe^{++} + 2e \tag{8.25}$$

$$\frac{1}{2}O_2 + H_2O + 2e \rightarrow 2OH^- \tag{8.26}$$

$$Fe + \frac{1}{2}O_2 + H_2O \rightarrow Fe(OH)_2 \tag{8.27}$$

$$2Fe(OH)_2 + \frac{1}{2}O_2 + H_2O \rightarrow 2Fe(OH)_3 \tag{8.28}$$

Das gebildete, schwer lösliche Eisen(III)-hydroxid kann weiterhin nach Wasserabspaltung in die Verbindung FeO(OH) (Eisen(III)-oxidhydroxid) übergehen. Sie stellt auch den Hauptbestandteil des bei der atmosphärischen Korrosion des Eisens entstehenden Korrosionsproduktes *Rost* dar.

Das Gleichgewichtspotenzial der Sauerstoffelektrode, genauer gesagt, das des Vorgangs (8.26), ist gleichfalls *p*H-abhängig. Dies ist in Bild 8.7 rechts oben dargestellt. Danach hat das edle Kupfer ein höheres Lösungsbestreben als der Sauerstoff, d. h., Kupfer kann unter Sauerstoffverbrauch korrodieren. Die Gegenwart von Sauerstoff in sauren Lösungen bewirkt, dass sich die Sauerstoffreduktion der Wasserstoffentwicklung überlagert und gleichzeitig Sauerstoff- und Säurekorrosion auftreten.

8.1.1.2 Geschwindigkeit elektrochemischer Reaktionen

Die Geschwindigkeit einer elektrochemischen Reaktion ist der Stromdichte $j = I/A$ proportional.[5] Sie ermöglicht die Vergleichbarkeit des Korrosionsverhaltens zwei unterschiedlich

---

5 Für die Metallauflösung durch anodische Ströme bestehen folgende Zusammenhänge: $j = (zF/M) \cdot (\Delta m/At) = (zF/M) \cdot v$; $j = (zF/M) \cdot \rho \cdot (\Delta s/t)$ (v flächenbezogene Massenverlustrate in g m^{-2}d^{-1}; Δs Dickenabnahme in mm; ρ Dichte des Metalls).

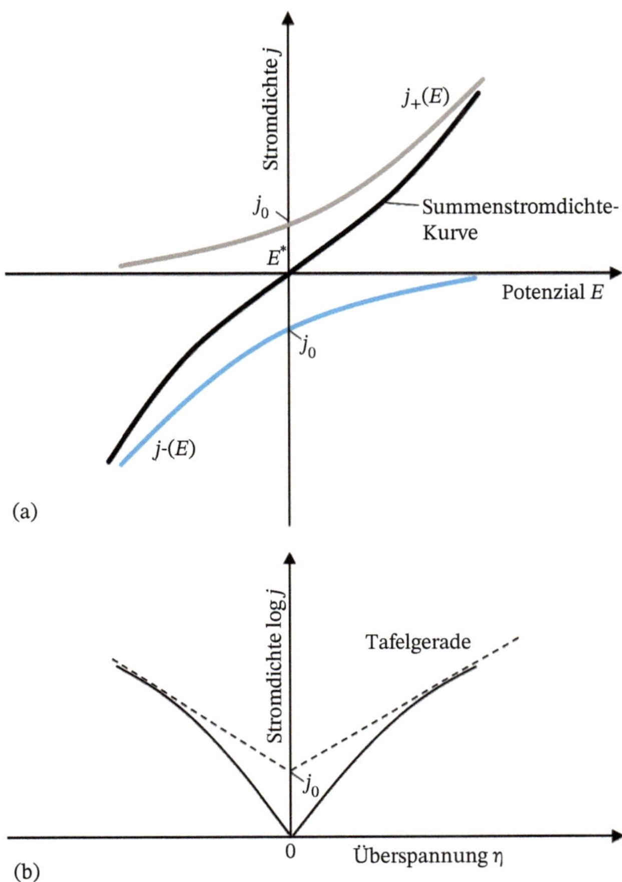

Bild 8.9 Stromdichte-Potenzial-Kurven (Polarisationskurven) bei überwiegender Druchstrittsspannung: (a) anodische und katodische Teilstromdichte-Potenzial-Kurven $j_+(E)$ und $j_-(E)$ sowie Kurven der Summenstromdichten; (b) log*j* gegen η, katodische und anodische Tafelgeraden.

großer Elektroden. Im Gleichgewicht ($E = E^*$) ist die Austauschstromdichte j_0 ein Maß für die elektrochemische Reaktivität einer Elektrode,

$$j_0 = j_+ = |j_-| \tag{8.29}$$

wobei nach außen Stromlosigkeit herrscht. Damit aber eine elektrochemische Reaktion mit einem Stoffumsatz ablaufen kann, muss das Gleichgewichtspotenzial E^* über- bzw. unterschritten werden. Dieser Vorgang wird als Polarisation und die Abweichung von E^* als Überspannung

$$\eta = E - E^* \tag{8.30}$$

bezeichnet. Tritt sie mit positiven Strömen $j_+(E)$ auf, wurde sie durch Hemmungen des anodischen (η_{anod}), bei negativen Strömen $j_-(E)$ durch Hemmungen des katodischen Teilvorgangs (η_{kat}) verursacht (Bild 8.9a). Die Geschwindigkeit einer *Durchtrittsreaktion* wie (8.15a) gehorcht der *Arrhenius-Gleichung* (s. Gl. [7.1]). Wenn man berücksichtigt, dass die Aktivierungsenergie wegen der Teilnahme von Ladungsträgern vom elektrischen Feld abhängt, ergeben sich dann die Beziehungen

$$j_+ = j_0 \exp\left(\frac{\alpha z F}{RT}\eta\right) \tag{8.31}$$

$$j_{-} = -j_0 \exp\left(-\frac{(1-\alpha)zF}{RT}\eta\right) \tag{8.32}$$

Die Konstante α (Durchtrittsfaktor) nimmt Werte zwischen 0 und 1 an. Für die Summenstromdichte $j = j_+ + j_-$ gilt nach der Butler-Volmer-Gleichung

$$j = j_0 \left[\exp\left(\frac{\alpha zF}{RT}\eta\right) - \exp\left(-\frac{(1-\alpha)\,zF}{RT}\eta\right)\right] \tag{8.33}$$

Bild 8.9a zeigt die zugehörigen *Stromdichte-Potenzial-Kurven* (auch als Polarisations- oder Stromspannungskurven bezeichnet). Bei hohen Überspannungen $|\eta| > 0{,}1$ V kann entweder der erste oder der zweite Term in Gl. (8.33) vernachlässigt werden. Man erhält dann den als *Tafel-Gleichung* in Gl. (8.34) bezeichneten Zusammenhang

$$\eta = a + b \lg j \tag{8.34}$$

mit der „Tafelneigung" b ($b_+ = 2{,}3\ RT/\alpha zF$ für die anodische Reaktion und $b_- = -2{,}3\ RT/(1-\alpha)zF$ für die katodische Reaktion) sowie $a = b \lg j_0$. Die Größe b kennzeichnet den Anstieg der *Tafelgeraden* im $\log j - \eta$-Diagramm (Bild 8.9b), deren Auftreten für Korrosionsvorgänge charakteristisch ist, bei denen der Durchtritt der Me-Ionen durch die Phasengrenze der am stärksten gehemmte und damit geschwindigkeitsbestimmende Teilschritt ist. Deshalb spricht man in diesen Fällen von einer *Durchtrittsüberspannung* η_D. Sie ist hoch bei den „trägen" Metallen mit geringer elektrochemischer Reaktivität und mit kleiner Austauschstromdichte wie Fe, Ni oder Cr. Kleine j_0-Werte sind mit einem flachen Verlauf der Stromdichte-Potenzial-Kurve verbunden. Das bedeutet, dass zum Erreichen eines bestimmten Stromwertes hohe Überspannungen η_D erforderlich sind.

Bei Metallen mit großer Austauschstromdichte („normale" Metalle, wie z. B. Zn) und/oder bei hohen Überspannungen sind dagegen häufig die Prozesse des An- und Abtransportes der reagierenden Stoffe bzw. die Bildung von Reaktionsprodukten geschwindigkeitsbestimmend. So entsteht beispielsweise bei der Reduktion von in Wasser gelöstem Sauerstoff nach Gl. (8.26) an der Metalloberfläche eine Diffusionsgrenzschicht der Dicke δ mit einem Konzentrationsgefälle $c_0 - c$ (c_0 und c sind die Sauerstoffkonzentrationen im Innern des Elektrolyten und an der Phasengrenze). Gemäß dem 1. Fickschen Diffusionsgesetz (Gl. [7.3]) und unter Anwendung des Faradayschen Gesetzes (vgl. S. 335, Fußnote) gilt für die Stromdichte

$$j = -\,nFD(c_0 - c)/\delta \tag{8.35}$$

Sie erreicht für $c = 0$ einen Maximalwert, die Grenzstromdichte $j_{gr} = -\,nFD\,c_0/\delta$.

Die Stromdichte ist außerdem vom Diffusionskoeffizienten D der diffundierenden Partikel im Elektrolyten und damit von der Temperatur abhängig. Zu beachten ist aber, dass beim Sauerstoff die mit steigender Temperatur abnehmende Löslichkeit über c_0 zur Verkleinerung der Stromdichte führt. Die für die Korrosion unter Sauerstoffverbrauch (s. Abschn. 8.1.2) wichtige Grenzstromdichte steigt jedoch bei stärkerer Konvektion der Lösung (Verringerung von δ durch Rühren oder Fließen des Elektrolyten). Aus den Konzentrationsunterschieden zwischen Elektrolytinnerem und Phasengrenze resultiert eine *Diffusionsüberspannung* η_d:

$$\eta_D = E_{(c)} - E^*_{(c_0)} = \frac{0,059}{n} \log \frac{c}{c_0} \tag{8.36}$$

(für 25 °C). Die Stromdichte-Potenzial-Kurve der katodischen Reaktion (O_2-Reduktion) in Bild 8.14 stellt ein typisches Beispiel des Verlaufes der Polarisationskurve für den Fall dar, dass der Diffusionsvorgang geschwindigkeitsbestimmend ist.

Für einen aus mehreren Teilschritten bestehenden Prozess können zur *Gesamtüberspannung* η_{ges} außer der Durchtritts- und Diffusionsüberspannung noch aus anderen Teilvorgängen stammende Hemmungen beitragen:

$$\eta_{ges} = \eta_D + \underbrace{\eta_d + \eta_r}_{\eta_c} + \eta_\Omega \tag{8.37}$$

So kann bei Deckschichten mit einem zusätzlichen ohmschen Widerstand eine *Widerstandsüberspannung* η_Ω auftreten. Ein behinderter Ablauf vor- bzw. nachgelagerter Prozesse wie Hydratation (Anlagerung von Wasser) oder Komplexbildung führt zu einer

Reaktionsüberspannung η_r. Letztere wird mit dem ebenfalls auf Konzentrationsänderungen beruhenden η_d auch unter dem Begriff *Konzentrationsüberspannung* η_c zusammengefasst.

8.1.2 Gleichförmige Korrosion

Wie gezeigt wurde, sind an der Korrosion eines Metalls unter Wasserstoffentwicklung (Säurekorrosion) gemäß Beziehung (8.20) zwei verschiedene Elektrodenprozesse beteiligt. Ihre Stromdichte-Potenzial-Kurven mit den Gleichgewichtspotenzialen $E^*(Me, Me^{z+})$ und $E^*(H_2, H^+)$ liegen (Bild 8.10) so weit voneinander entfernt, dass in der nach $j = j_+ + j_-$ gebildeten Summenkurve nur die anodische Teilkurve der Metallauflösung und die katodische

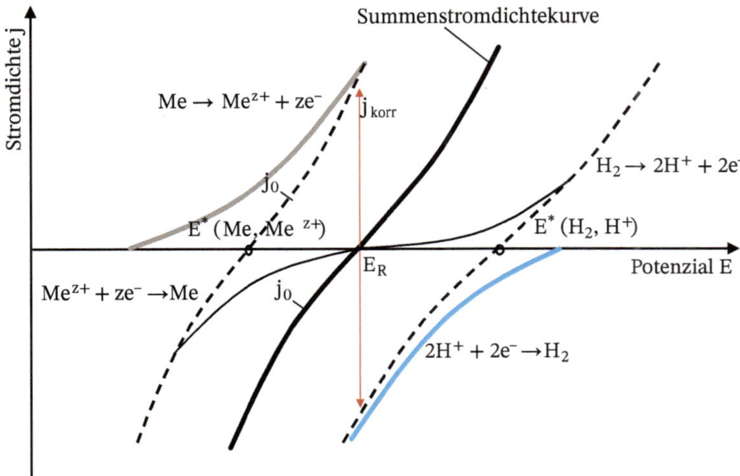

Bild 8.10 Stromdichte-Potenzial-Kurven und Mischpotenzialbildung bei der Korrosion eines Metalls unter Wasserstoffentwicklung.

der Wasserstoffentwicklung erfasst werden. Im außenstromlosen Zustand ist $j_+ = |j_-| = j_{korr}$ (j_{korr} *Korrosionsstromdichte*) und $E = E_R$ (E_R Ruhepotenzial, freies Korrosionspotenzial). Das *Ruhepotenzial* hat den Charakter eines zwischen den Gleichgewichtspotenzialen gelegenen *Mischpotenzials* und ist wie die Korrosionsstromdichte auf allen Stellen der Oberfläche nahezu gleich groß. Man spricht deshalb auch von einer *homogenen Mischelektrode.*

E_R ist von den Ionenkonzentrationen und der Überspannung und somit von der Lage und Form der Teilkurven abhängig. Als Beispiel sei der schon erwähnte Rückgang der Korrosion mit abnehmender H^+-Konzentration angeführt, der, wie Bild 8.11 verdeutlicht, in einer Verlagerung der katodischen Teilkurven in negativer Richtung zum Ausdruck kommt. Andererseits tritt eine Korrosion wieder verstärkt auf, wenn in stark alkalischer Lösung durch *Komplexbildung* die effektive Metallionenkonzentration verringert und folglich die anodische Teilkurve zu unedleren Werten verschoben wird. Auf diese Weise können edle Metalle wie Au, Ag oder Pt, die wegen

$$E^*(\mathrm{Me}, \mathrm{Me}^{z+}) > E^*(\mathrm{H_2O}, \mathrm{O_2}), E^*(\mathrm{H_2}, \mathrm{H^+})$$

bei sonst gegebenen Bedingungen nicht korrodieren, unter Sauerstoffverbrauch und das Cu sogar auch unter Wasserstoffentwicklung angegriffen werden.

Die *Säurekorrosion* hängt außer von den Gleichgewichtspotenzialen vor allem von der Überspannung des Wasserstoffs $\eta_H = E^*(H_2, H^+) = -E_R$ ab. Hohe Überspannungen bedingen einen flachen Kurvenverlauf und kleine j_{korr}-Werte. Die Wasserstoffentwicklung läuft an Metallen mit sehr unterschiedlicher Hemmung ab. Während beispielsweise die Metalle der Platin- und der Eisengruppe praktisch keine oder nur eine sehr kleine Wasserstoffüberspannung hervorrufen, erreicht η_H an Blei und Quecksilber sehr hohe Werte. Mit zunehmendem $|\eta_H|$ wird das Potenzial der Wasserstoffelektrode wegen

$$E(\mathrm{H_2}, \mathrm{H^+}) = E^*(\mathrm{H_2}, \mathrm{H^+}) - \eta_H$$

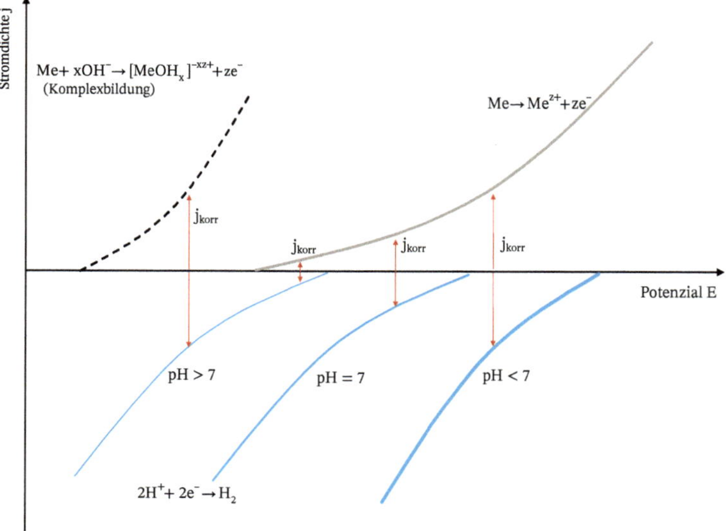

Bild 8.11 Einfluss des *p*H-Wertes und der Komplexbildung auf die Geschwindigkeit der Korrosion eines Metalls unter Wasserstoffentwicklung.

negativer, sodass die theoretisch bestehende Potenzialdifferenz zwischen der Wasserstoffelektrode und einem in saurer Lösung korrodierenden Metall verringert und damit das Ausmaß der Korrosion eingeschränkt wird. Unter Umständen kann sogar E (H_2, $H^+ \leq$ E (Me, Me^{z+}) werden und damit die Korrosion praktisch aufhören. So verdankt z. B. das Blei seine Beständigkeit in stark sauren Lösungen seiner hohen Wasserstoffüberspannung.

In Verbindung mit der Überspannung wird die Säurekorrosion von der „Oberflächenqualität" des metallischen Werkstoffs beeinflusst. Unter „Oberflächenqualität" ist vor allem die sich über Größenordnungen erstreckende Rauigkeit der Oberfläche zu verstehen, die ein Ergebnis der Herstellung des Werkstoffs und der Bearbeitung seiner Oberfläche ist. In ihr haben zahlreiche Gitterbausteine Plätze inne, auf denen sie mit geringerer Energie an das Kristallgebäude gebunden sind (Abschn. 6.2). Je mehr solcher Bausteine, insbesondere Eckatome (Halbkristall-Lagen, Bild 8.8), die Oberfläche beherbergt, umso weniger wird (für ein und denselben Werkstoff) die Auflösung gehemmt sein.

Noch stärker ist der Einfluss der Reinheit und der chemischen Zusammensetzung des Werkstoffs. Sehr reines Zink oder Aluminium z. B. löst sich in verdünnten Säuren nur zögernd auf. Bei Vorhandensein edlerer Verunreinigungen hingegen, wie Kupfer in Zink und Aluminium oder Kohlenstoff als Graphit und Zementit in Eisenwerkstoffen, nimmt die Korrosionsgeschwindigkeit zu. Das ist unter anderem auf die geringe Überspannung des Wasserstoffs an diesen Beimengungen zurückzuführen. Aber auch Schwefel in Form von Sulfiden und Phosphor als Phosphid (Bild 8.12) wirken aufgrund ihres edlen Charakters in Eisen stark korrosionsfördernd, indem sie den Angriff durch Korrosionselementbildung (Abschn. 8.1.4) beschleunigen. Es ist für den zeitlichen Verlauf des Angriffs in Säuren charakteristisch (Bild 8.13), dass nach einer Inkubationszeit t_J die Korrosionsgeschwindigkeit unter der Mitwirkung edlerer Verunreinigungen, die sich im Verlauf von t_J erst in der Oberfläche anreichern, steil ansteigt.

Anders liegen die Verhältnisse bei der technisch noch wichtigeren *Sauerstoffkorrosion* (Bild 8.14). In neutralen bis alkalischen Medien dominiert die katodische Reaktion der Sauerstoffkorrosion. Es korrodieren die edleren Metalle wie Kupfer mit $E^*(H_2, H^+) < E^*(Me, Me^{z+}) < (OH^-, O_2)$ allein infolge der Überlagerung der Teilströme von Metallauflösung und Sauerstoffreduktion. Die Diffusion des Sauerstoffs zur Metalloberfläche führt, wie schon erörtert, zu einem konstanten Grenzstrom, da Sauerstoff nur in relativ kleinen Konzentrationen in wässrigen Elektrolyten gelöst wird. Die Höhe des Grenzstroms hängt außer von der Sauerstoffkonzentration auch von der Temperatur und der Elektrolytbewegung ab

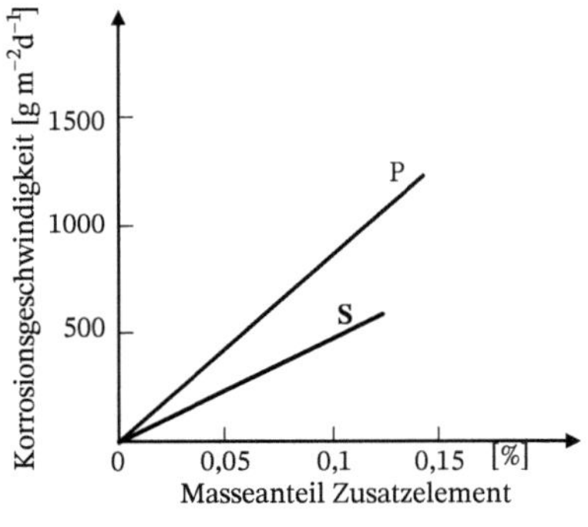

Bild 8.12 Einfluss des Phosphor- und Schwefelgehaltes von Eisen auf die Korrosion in 1 %iger H_2SO_4 (nach *Gellings*).

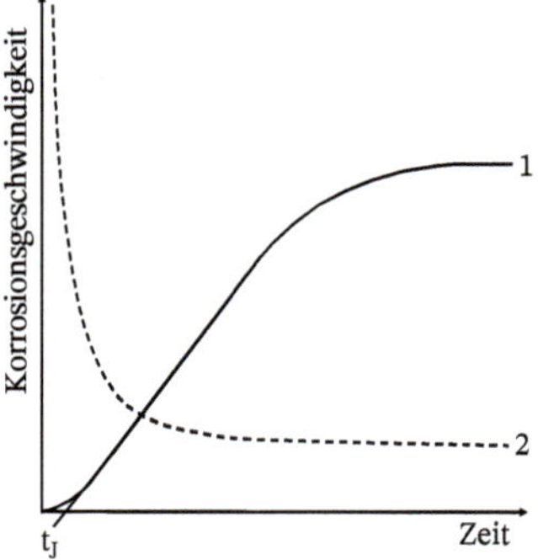

Bild 8.13 Zeitlicher Verlauf der Geschwindigkeit bei Säurekorrosion (1) und Sauerstoffkorrosion (2).

(Bild 8.14 und Bild 8.15). Für alle Metalle, die ein Ruhepotenzial im Grenzstrombereich ausbilden, gilt $j_{\text{korr}} = j_{\text{gr}}$, d. h., die Korrosionsgeschwindigkeit ist (bei sonst konstanten Bedingungen) nur von der Sauerstoffkonzentration (Bild 8.14, 1 und 2) und, im Gegensatz zur Säurekorrosion, nicht von der Natur des Metalls abhängig. Edelmetalle mit einer Lage des Gleichgewichtspotenzials $E^*(\text{Me}, \text{Me}^{z+}) > E^*(\text{OH}^-, \text{O}_2)$ können auch in Gegenwart von Sauerstoff nicht korrodieren.

Bei unedlen Metallen, deren Ruhepotenzial $E_R < E^*(\text{H}_2, \text{H}^+)$ ist, überlagern sich während der Metallauflösung Sauerstoffreduktion und Wasserstoffentwicklung, und der Grenzstrombereich wird durch den Übergang zu höheren katodischen Stromdichten beendet. Dies hat einen starken Anstieg der Korrosionsgeschwindigkeit zur Folge, wie er für Stahl beispielsweise ab $p\text{H} \leq 5$ beobachtet wird (Bild 8.16).

Der zeitliche Verlauf der Sauerstoffkorrosion (Bild 8.13, Kurve 2) zeigt anfangs einen steilen Abfall der Korrosionsgeschwindigkeit, dem die allmähliche Einstellung auf einen Grenzwert (Reststrom) folgt. Er entspricht dem Absinken der Sauerstoffkonzentration an der Metalloberfläche auf den der Diffusionsgeschwindigkeit entsprechenden Wert.

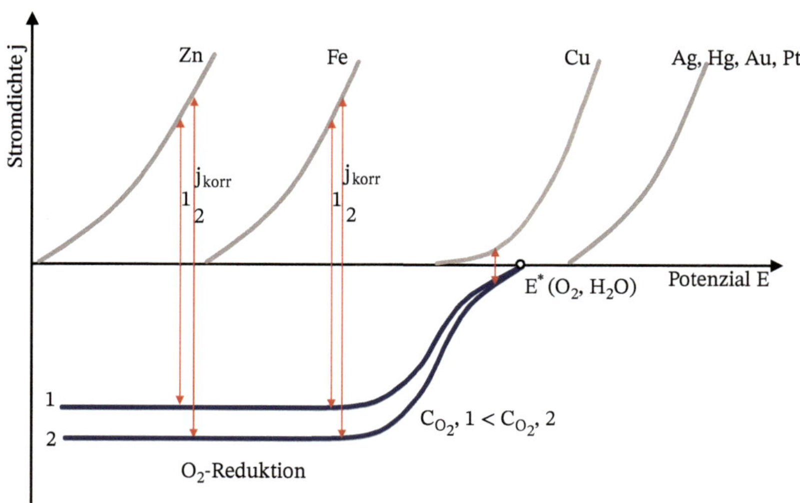

Bild 8.14 Stromdichte-Potenzial-Kurven für die Korrosion bei unterschiedlicher Sauerstoffkonzentration (1 und 2) in neutralen bis alkalischen Medien.

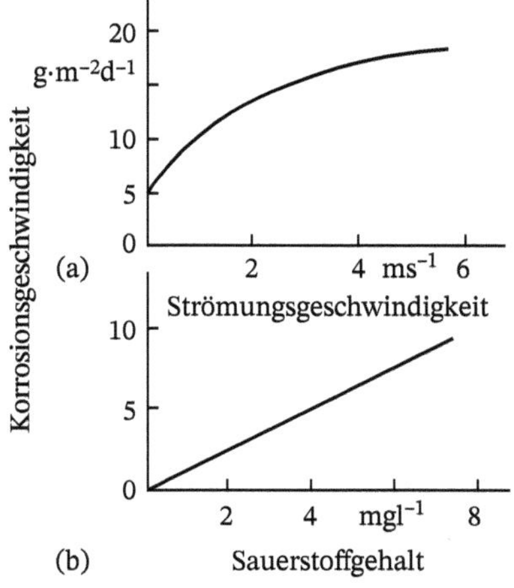

Bild 8.15 Einfluss von Strömungsgeschwindigkeit und Sauerstoffgehalt auf die Korrosion von unlegiertem Stahl (nach *Gellings*). (a) Seewasser, strömend; (b) belüftete Lösung.

8.1.3 Passivität und Inhibition

In einer Reihe von Fällen erleiden Metalle und Legierungen beim Einbringen in ein Korrosionsmedium nur anfänglich einen Angriff, z. B. Eisen in konzentrierter Salpetersäure. Danach sinkt die Korrosionsgeschwindigkeit plötzlich ab, das Metall verhält sich passiv. Die anodische j–E-Kurve eines passivierbaren Metalls ist durch einen Rückgang der Stromdichte bei steigendem Potenzial gekennzeichnet (Bild 8.17). Der Zustand des Metalls im Bereich der stark verringerten Stromdichte wird als passiv und die Gesamterscheinung als *Passivität* bezeichnet. Grundsätzlich lassen sich verschiedene charakteristische Abschnitte der j–E-Kurve unterscheiden (Bild 8.17). Im Aktivbereich gehen die Metallionen gemäß (8.15a) direkt in die Lösung über. Bei höheren Potenzialen reagiert das Metall außerdem mit Wasser und bildet Metalloxid, wie z. B. für ein zweiwertiges Metall entsprechend (Gl. 8.38),

$$\mathrm{Me} + \mathrm{H_2O} \rightarrow \mathrm{MeO} + 2\mathrm{H^+} + 2\mathrm{e} \qquad (8.38)$$

das sich schließlich zu einer meist sehr dünnen (bis 10 nm), porenfreien und festhaftenden Deckschicht (Passivschicht) formiert. Der Beginn dieses Prozesses beim

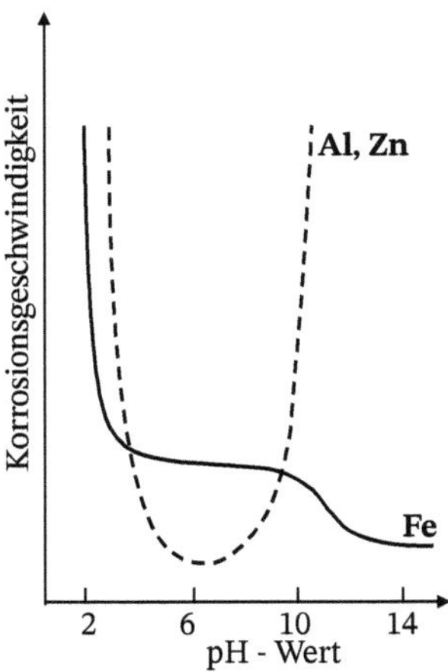

Bild 8.16 Einfluss des pH-Wertes auf die Korrosionsgeschwindigkeit von Eisen, Aluminium und Zink (schematisch).

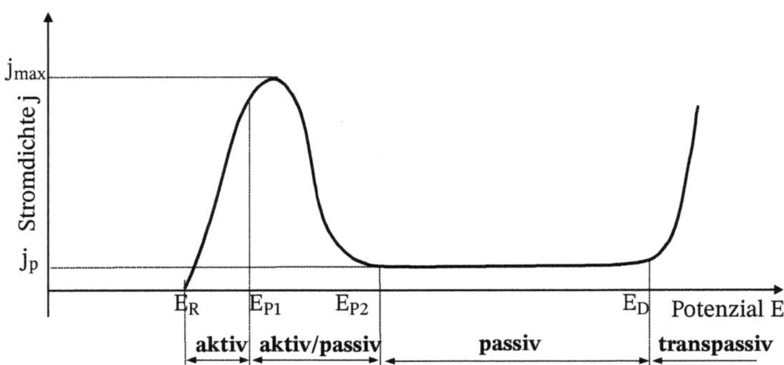

Bild 8.17 Anodische Stromdichte-Potenzial-Kurve eines passivierbaren Metalls (schematisch).

Passivierungspotenzial E_{p1} ist durch ein Abknicken von der Tafelgeraden in der log *j/E*-Kurve (vgl. S. 349) gekennzeichnet. Überwiegt die Bedeckung, so fällt die Stromdichte nach Durchlaufen eines Maximalwertes j_{max} beim Potenzial $E_{p(max)}$ wieder ab. Am Potenzial E_{p2} ist der Bedeckungsvorgang und damit der Aktiv-Passiv-Übergang abgeschlossen. Die dann noch bestehende Passivstromdichte j_p entspricht der stark verringerten Korrosionsgeschwindigkeit des Metalls im passiven Zustand. Sie beträgt z. B. für Eisen, dessen maximale Stromdichte sich in neutralen Lösungen auf etwa 10^{-3} A cm^{-2} beläuft, nur noch etwa 10^{-8} A cm^{-2}.

Bei Metallen mit elektronenleitenden Passivschichten wie Fe, Ni und Cr ist mit Überschreiten eines bestimmten Potenzials, des *Durchbruchpotenzials* E_D, ein neuerlicher Anstieg der Stromdichte gegeben. Dieser Potenzialbereich wird als *Transpassivbereich* bezeichnet. Die Ursache für den *j*-Anstieg ist offenbar in einer Änderung der Struktur (und damit des Leitmechanismus) der Passivschicht zu suchen, die zu einem Durchtritt von Metallionen durch die Schicht führt. Der genannten Erscheinung kann sich bei Erreichen des Gleichgewichtspotenzials der Sauerstoffelektrode ($E_H^*(O_2, H_2O) = 1,23$ V) eine Sauerstoffentwicklung

$$2H_2O \rightarrow O_2 + 4H^+ + 4e \tag{8.39}$$

die gleichfalls eine Erhöhung der Stromdichte zur Folge hat, überlagern.

Bei chromreichen Stählen besteht die Passivschicht aus Mischoxiden aus Chrom und Eisen. In sauren Elektrolytlösungen formieren sich bei Potenzialen > E_D entsprechend Gl. (8.40) Dichromationen.

$$Cr_2O_3 + 4H_2O \rightarrow Cr_2O_7^{2-} + 8H^+ + 6e^- \tag{8.40}$$

Durch ihre Bildung wird die Schutzwirkung der Passivschicht erheblich gemindert.

Bei mehrwertigen Metallen ändert sich beim Eintritt in den Passiv- und Transpassivbereich die Wertigkeit des Kations. So geht das Eisen im Aktivbereich als Fe^{2+}, im Übergangsbereich aktiv-passiv zwei und dreiwertig, im passiven Bereich als Fe^{3+} und im transpassiven drei- und zweiwertig in Lösung. Beim Chrom erfolgt entsprechend Gl. (8.40) oberhalb von E_D ein Übergang vom Cr^{3+} zum Cr^{6+}, zum $(Cr_2O_7)_{2-}$-Dichromat-Anion.

Die Größe des Passivierungspotenzials und der oft einige Zehnerpotenzen betragende Rückgang der Stromdichte sind von der chemischen Zusammensetzung und der Realstruktur des Werkstoffs abhängig. Sie werden außerdem stark vom Korrosionsmedium wie auch von seinem *p*H-Wert beeinflusst. Sehr leicht passivierbar sind vor allem Chrom und Nickel, die diese Eigenschaft bei genügend hohen Gehalten auch auf die mit ihnen legierten Stähle übertragen. Reines Eisen bildet erst in Medien mit $pH > 8$ eine schützende Oxidschicht aus (s. a. Bild 8.16). Diese Eigenschaft wird bei Bewehrungen für Stalbetonbauten genutzt.

Die Strukturen oxidischer Passivschichten sind aufgrund ihrer geringen Dicke noch nicht in jedem Fall bekannt. Für Eisen wird angenommen, dass die Passivschicht einem Magnetit $Fe_{3-\Delta}O_4$ mit inverser Spinellstruktur entspricht. Das mit Δ angedeutete Eisendefizit nimmt innerhalb der Schicht (Bild 8.18) von der Grenzfläche Metall-Oxid zur Grenzfläche Oxid-Lösung zu, was einer Änderung der Schichtzusammensetzung von Fe_3O_4 bis $Fe_{2,67}O_4$, identisch mit γ–Fe_2O_3, entspricht (s. a. Abschn. 8.5.1).

Der passive Zustand ist für den Einsatz der Werkstoffe in der Praxis von großer Bedeutung. Mit Chrom hochlegierte Stähle sowie mit Silicium und Aluminium legiertes Sondergusseisen bilden bereits an Luft Passivschichten aus. In diesen Legierungen übertragen die Legierungselemente ihre ausgeprägte Neigung zur Passivschichtbildung auf den gesamten Werkstoff. Für bestimmte Korrosionsmedien lassen sich in Abhängigkeit von sonstigen Bedingungen Grenzlegierungsgehalte (Resistenzgrenzen) feststellen, oberhalb derer sich die Oberflächen mit einer stabilen Oxidschicht überziehen. Aus elektrochemischen und oberflächenanalytischen Untersuchungen geht hervor, dass sich die Ionen dieser Legierungselemente in der Passivschicht anreichern. Ihr Anteil in der Passivschicht ist weit höher, als es dem Legierungsgehalt entspricht. Beispielsweise wurden bei Eisen-13 Masse-% Chrom-Legierungen in der Passivschicht mithilfe der Photoelektronenspektroskopie (XPS) mehr als 50 % Chrom nachgewiesen. Eine derartige Anreicherung ist nur möglich, wenn sich entweder die Legierungskomponente Cr aus dem Mischkristall selektiv auflöst und/oder wenn die Löslichkeit des Cr-hydroxids bzw. des Chromhydroxo-komplexes $[Cr^{III}(OH)_6]^{3-}$ deutlich niedriger ist als die des $Fe(OH)_2$ bzw. des entsprechenden Eisenkomplexes $[Fe^{II}(OH)_6]^{4-}$. Dies ist für Fe^{2+}- und Cr^{3+}-Ionen tatsächlich der Fall: Die Löslichkeitsprodukte K_L betragen für $Cr(OH)_3 = 5{,}4 \cdot 10^{-31}$ mol⁴/l⁴, und für $Fe(OH)_2 = 4{,}87 \cdot 10^{-17}$ mol³/l³.

Nachdem das Chromatom/-ion durch die Phasengrenze hindurchgetreten ist, bleibt es demzufolge, wie in Bild 8.19a schematisch angedeutet, als Hydroxokomplex auf der

Eisen	Passivoxid			Lösung
Fe	Fe_3O_4	$Fe_{3-\Delta}O_4$	$Fe_{2,67}O_4$ (γ-Fe_2O_3)	H_2O $K^{Z+} \cdot$ solv $A^{Z-} \cdot$ solv

Bild 8.18 Phasenschema einer passiven Eisenelektrode (nach *W. Forker*). K^{z+}_{solv}, A^{z-}_{Solv} Kationen und Anionen mit Hydrathülle.

Legierungsoberfläche liegen, der Eisenkomplex hingegen wandert in die Lösung ab. Aus mathematischen Betrachtungen zur Passivschichtbildung (Perkolationstheorie) geht hervor, dass diese Chromhydroxokomplexe im Fall einer stabilen Schicht anfangs eine netzartige Überdeckung („unendliches cluster") bilden. Dabei ist die Löslichkeit von der Anzahl der im Cluster enthaltenen Ionen abhängig. Ein einzelner Chromhydroxokomplex ist noch relativ gut löslich. Agglomeriert er mit einem zweiten bzw. dritten (Bild 8.19b), nimmt die Löslichkeit beträchtlich ab. Demzufolge formieren sich auch bei der Passivschichtbildung Keime, die erst nach Überschreiten einer kritischen Größe (s. Abschn. 3.1.1) wachsen.

Hat sich eine erste geschlossene Schicht gebildet, dann ist das weitere Wachstum nur noch durch die Migration von einfachen Kat- und Anionen möglich, wobei die gleichen Zusammenhänge gelten, wie sie in den Abschnitten 2.1.11.1 und 7.1.1 beschrieben wurden. Im Falle der Passivschichtbildung liegt jedoch im Vergleich zur Diffusion in Festkörpern eine Besonderheit vor. Durch den Potenzialabfall Metall/Oxid/Lösung liegen innerhalb der Passivschicht enorm hohe Feldstärken vor, die etwa 10^6–10^8 V/cm betragen können und somit für den Ladungstransfer bestimmend sind. Es erscheint denkbar, dass sich dadurch im Zuge des Wachstumsprozesses nicht die unter normalen Kristallisationsbedingungen entstehende Oxidstruktur bildet, sondern eine abweichende, stärker gestörte, die

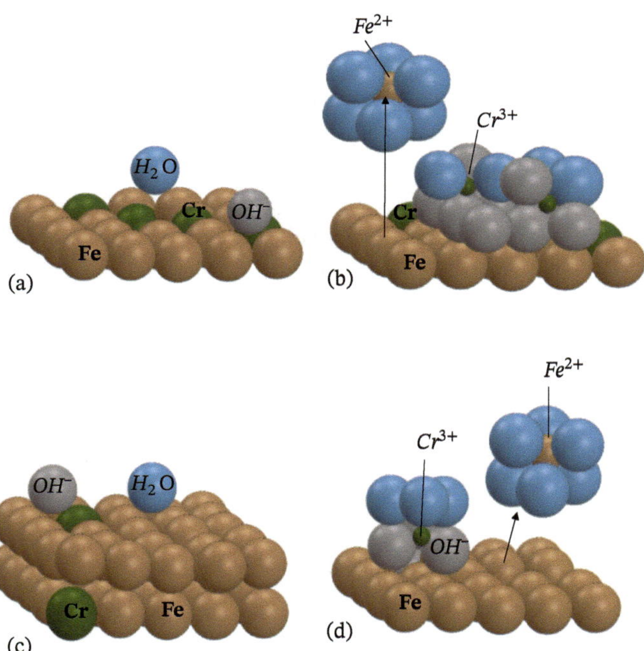

Bild 8.19 Schematische Darstellung der Eisen- und Chromhydroxokomplexbildung auf einer Eisen-Chrom-Legierung. (a) Komplexbildung oberhalb der Resistenzgrenze (die Belegung der Oberfläche mit Wassermolekülen bzw. Hydroxidionen wurde nur angedeutet) (b) Zustand der Oberfläche a) im oxidierten Zustand (c) Komplexbildung unterhalb der Resistenzgrenze (d) Zustand der Oberfläche c) im oxidierten Zustand.

im Grenzfall Nahordnungscharakter annehmen kann. Wie stark der Störgrad innerhalb der Phasengrenzfläche Metall/Oxid ist, kann gegenwärtig nicht beantwortet werden. Aus Untersuchungen zur Passivität an nanokristallinen Fe–Cr-Legierungen ist zu schließen, dass die Beweglichkeit der Kationen in der Grenzfläche wesentlich höher ist, als bisher angenommen wurde, und deshalb von einer hohen Defektstellenkonzentration auszugehen ist. In dem Bestreben der Minimierung der Phasengrenzflächenenergie werden diese Defekte an der Phasengrenze abgebaut; sie wirkt als Leerstellensenke (s. a. Abschn. 7.1.1), wobei eine Leerstellendiffusion sowohl in Richtung des Oxids als auch in das Metall möglich erscheint. Eine erhöhte Leerstellenkonzentration sowohl im oberflächennahen Bereich des Metalls als auch in der Grenzschicht zum Oxid erhöht die Beweglichkeit der Teilchen und begünstigt damit die selektive Auflösung einer Legierungskomponente; ein Sachverhalt, der für die örtliche Auflösung von Bedeutung sein kann. Auch die Migration von Sauerstoffionen im Oxid wird erhöht.

Während in bestimmten Korrosionssystemen die Passivierung des Metalls – wie erwähnt – spontan erfolgt, muss das Metall in anderen Korrosionssystemen erst künstlich passiviert werden. Dazu polarisiert man mithilfe einer äußeren Gleichspannungsquelle das Metall so weit, dass es die Stromdichte-Potenzial-Kurve bis zu einem Potenzial $E \geq E_{p2}$ durchläuft (Bilder (Bild 8.17 und 8.20)).

Die aufgebrachte Stromdichte muss mindestens der der Passivierungsstromdichte j_{max} entsprechen ($j \geq j_{max}$. Für die Aufrechterhaltung des passiven Zustandes ist dann nur $j \geq j_p$ erforderlich. Dieses Verfahren wird als *anodischer Schutz* bezeichnet. So wird z. B. der Transport von Säuren in Behältern aus unlegiertem Stahl möglich. Metallische Werkstoffe können durch solche Oxidationsmittel (Redoxsubstanzen) passiviert werden, deren

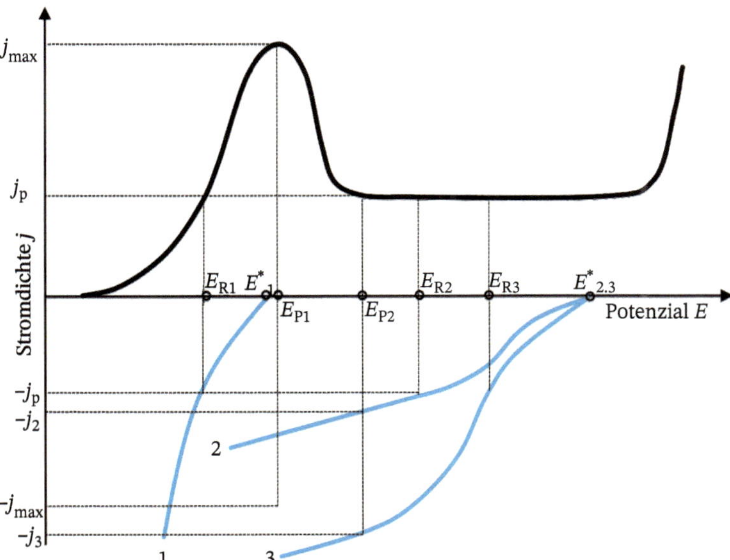

Bild 8.20 Passivierung durch Redoxsysteme. *1* nicht passivierendes Redoxsystem; *2* passivitätserhaltendes Redoxsystem $E_2^* > E_{P2}$, $|j_2| \geqq j_P$; *3* passivitätserzeugendes Redoxsystem $E_3^* > E_{P2}$, $|j_3| \geqq j_{max}$.

Gleichgewichtspotenzial ($E^*_{2,3}$ in Bild 8.20) größer als das Passivierungspotenzial E_{P2} ist. Wenn das Oxidationsmittel (Reduktion nach Kurve 3) einen Strom $|j| \geq j_{max}$ erzeugt, dann stellt sich nach Durchlaufen des Aktiv-Passiv-Übergangs das im passiven Bereich liegende Ruhepotenzial E_{R3} ein (passivitätserzeugendes System). Das Oxidationsmittel 2 ermöglicht den Aktiv-Passiv-Übergang nicht. Es ist lediglich in der Lage, an einem bereits passiven Metall diesen Zustand aufrechtzuerhalten, indem es einen Strom $|j_2| \geq j_p$ liefert (passivitätserhaltendes System). Das Oxidationsmittel 1 erfüllt keine der genannten Bedingungen, und das Metall geht deshalb beim Ruhepotenzial E_{R1} aktiv in Lösung.

Passivschichten können aufgrund ihrer elektrischen Leitfähigkeit auch als Halbleiter aufgefasst werden. Es werden deshalb zu ihrer Charakterisierung auch Bezeichnungen der Halbleiterphysik, wie zum Beispiel das Flachbandpotenzial, Bandverbiegungen und Tunnelprozesse angegeben.

Während die Passivschichten als praktisch porenfreie und submikroskopisch dünne Oxidfilme die Korrosion sehr stark zu hemmen vermögen, sind die in der Regel lose anhaftenden *Rostschichten* des Eisens dazu im Allgemeinen nicht in der Lage. Unter bestimmten Bedingungen jedoch kann in kalk- und kohlensäurehaltigen Wässern eine so genannte Kalkrost-Schutzschicht entstehen. Die Erzeugung von Schutzschichten in geeignet zusammengesetzten Lösungen ist ebenfalls Aufgabe des Korrosionsschutzes (Abschn. 8.7.2).

Eine andere Möglichkeit, die Korrosionsgeschwindigkeit zu vermindern, besteht darin, dass an der Werkstoffoberfläche geeignete Verbindungen aus dem umgebenden Medium adsorbiert werden. Stoffe, die dem Korrosionsmittel absichtlich in geringer Konzentration zugesetzt werden und die die Korrosion zu hemmen vermögen, werden als Inhibitoren bezeichnet (Abschn. 8.7.2). Sie sind vorzugsweise im aktiven Zustand der Werkstoffe wirksam, wie bei der Säurekorrosion und beim Beizen (z. B. von Blechen zur Entfernung des Walzzunders). Es wird angenommen, dass sie über die Bildung eines Adsorptionsfilms die Metalloberfläche blockieren und die Auflösung erschweren.

8.1.4 Korrosionselemente

Ein *Korrosionselement* ist ein kurzgeschlossenes galvanisches Element (Zelle) mit örtlich unterschiedlichen Teilstromdichten der Metallauflösung, d. h. es liegt eine heterogene Mischelektrode vor. Ein Korrosionselement besteht aus Anode, Katode und einem Elektrolyten. Nach der Größe der Anoden- und Katodenflächen wird zwischen Makro-Korrosionselementen und Lokalelementen unterschieden. Die Herausbildung von Anoden und Katoden kann werkstoffseitig oder medienseitig bedingt sein sowie durch örtlich unterschiedliche Bedingungen, z. B. Temperaturen, hervorgerufen werden. Als werkstoffseitige Ursache kommen der Kontakt verschiedener Metalle (Kontaktkorrosion), von Metall mit ionenleitenden Festkörpern sowie Werkstoffinhomogenitäten (s. a. selektive Korrosion, Lochkorrosion) infrage. Medienseitig kann die örtlich ungleiche Konzentration von Stoffen, die den Metallabtrag beeinflussen, wie z. B. die des Sauerstoffs (Belüftungselement), zur Bildung anodischer und katodischer Bereiche führen.

Die vielkristallinen metallischen Werkstoffe der Technik sind von Natur aus immer physikalisch und chemisch inhomogen. Im Kontakt mit dem Korrosionsmedium bzw. während des Gebrauchs wird der inhomogene Zustand der Oberfläche oft noch beträchtlich verstärkt.

In der realen Oberfläche (s. a. Abschn. 6.2) bestehen folglich stets leitend miteinander verbundene makro- bis submikroskopische Bereiche unterschiedlichen Potenzials, aus denen sich Korrosionselemente entwickeln können, sobald sich auf der Oberfläche ein Elektrolyt befindet. Hier genügen schon ein die Festkörperoberfläche fast immer bedeckender Wasserfilm und in der Luft vorhandene lösliche Verunreinigungen.

In Bild 8.21 ist schematisch das j–E-Schaubild zweier im elektrochemischen Verhalten unterschiedlicher Oberflächenbereiche dargestellt, die über das Werkstoffvolumen leitend miteinander verbunden sind und in einen Elektrolyten eintauchen. Im getrennten Zustand weisen sie die unterschiedlichen Ruhepotenziale E_{RI} (positiver) und E_{RII} (negativer) auf. Die ihnen entsprechenden anodischen Teil-Stromdichte-Potenzial-Kurven sind $j_{+I}(E)$ und $j_{+II}(E)$. Die katodischen Teil-Stromdichte- Potenzial-Kurven wurden der besseren Übersicht wegen nicht mit dargestellt. Bei leitender Verbindung und gegebenem Elektrolytwiderstand fließt aufgrund der Potenzialdifferenz $(E_{RI} - E_{RII})$ je Flächeneinheit des Korrosionselements die Elementstromdichte j_E, wodurch das dem anodischen Bereich zugehörige Potenzial E_{RII} auf E_{RA} erhöht wird. Das Potenzial E_{RI} des als Katode fungierenden Oberflächenbereiches wird aufgrund des Widerstandes im Elektrolyten zu E_{RK} erniedrigt. Das hat zur Folge, dass die wirkliche Korrosionsstromdichte an der Anode stets um Δj_E größer als die Elementstromdichte j_E ist und dass der anodische Anteil der Stromdichte an der Katode nicht null wird. $(j_E + \Delta j_E)$ an der Anode wie auch Δj_E an der Katode sind der Geschwindigkeit, mit der die ihnen zugeordneten Oberflächenbereiche aufgelöst werden, proportional, sodass bei Korrosionselementen außer der dominierenden Korrosion an der Anode auch immer ein geringer Abtrag an der Katode zu verzeichnen ist. Im praktischen Korrosionsfall (siehe auch Kap. 8.7.2) wird angestrebt, dass die Korrosionsstromdichte der Katode (katodischer Korrosionsschutz) den Wert Null annimmt (Immunität). Dieser Fall ist dann gegeben, wenn der Elektrolytwiderstand j_ER im Korrosionselement entsprechend Bild 8.21 niedrigere Werte annimmt.

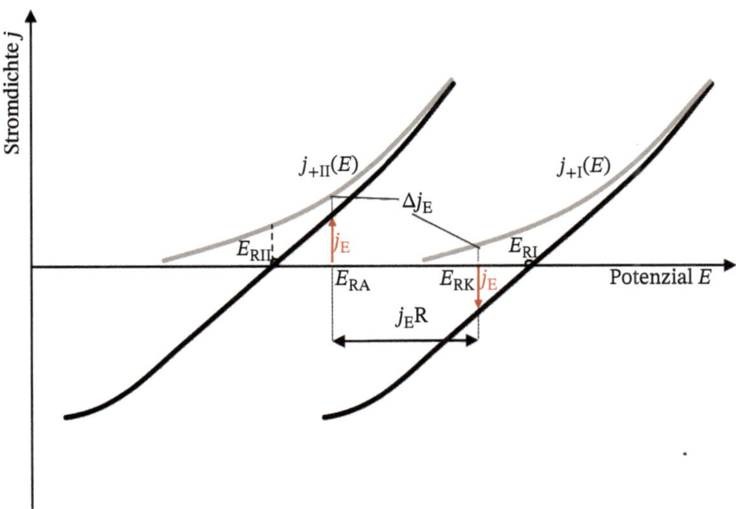

Bild 8.21 Stromdichte-Potenzial-Schaubild für ein Korrosionselement in Anlehnung an *Herbsleb*. (Dabei sollen Anoden- und Katodenfläche gleich groß sein.).

Wie in den vorangegangenen Kapiteln dargelegt, kennt man dann oft kritische Potentialschwellen für das Einsetzen dieser Spielarten der Korrosion, und es genügt, den kathodischen Schutz so auszulegen, daß eben diese Potentialschwellen nicht überschritten werden [11].

Die mit der Elementbildung verbundene Korrosionsgeschwindigkeit hängt außer von der Differenz der Ruhepotenziale von der Neigung der Stromdichte-Potenzial- Kurven und vom Flächenverhältnis Katode/Anode ab. Kleine Anoden- und große Katodenflächen haben eine große Korrosionsgeschwindigkeit an den anodischen Bereichen zur Folge.

Die in der Praxis auftretenden Möglichkeiten zur Entstehung von Korrosionselementen sollen anhand einiger Beispiele konkretisiert und verdeutlicht werden. Bestehen Anode und Katode aus zwei verschiedenen Metallen, so korrodiert das die Anode bildende unedlere Metall (Me 2 im Bild 8.22), während das edlere (Me 1) kaum angegriffen wird. Als *Kontaktkorrosion* tritt dieser Fall z. B. häufig an Rohrleitungen aus Stahl in Verbindung mit Messingarmaturen auf.

Der Elementstrom I_E unterliegt wie in galvanischen Elementen nach Gl. (8.41) dem zwischen Strom, Spannung und Widerständen geltenden Gesetz

$$I_E = \frac{\Delta E_R}{\Sigma (R + R_A + R_K)} \tag{8.41}$$

mit der Summe der ohmschen Widerstände W und den Polarisationswiderständen an Anode und Katode $R_{A(K)} = \Delta E/\Delta I$. Ein hoher Polarisationswiderstand ist danach gleichbedeutend mit einem flachen Verlauf der Polarisationskurve. Bei direktem Kontakt der beiden Metalle Me 1 und Me 2 ist W an der Grenzfläche vernachlässigbar und I_E bzw. $j_E = j_{korr}$ (Flächengleichheit beider Elektroden).

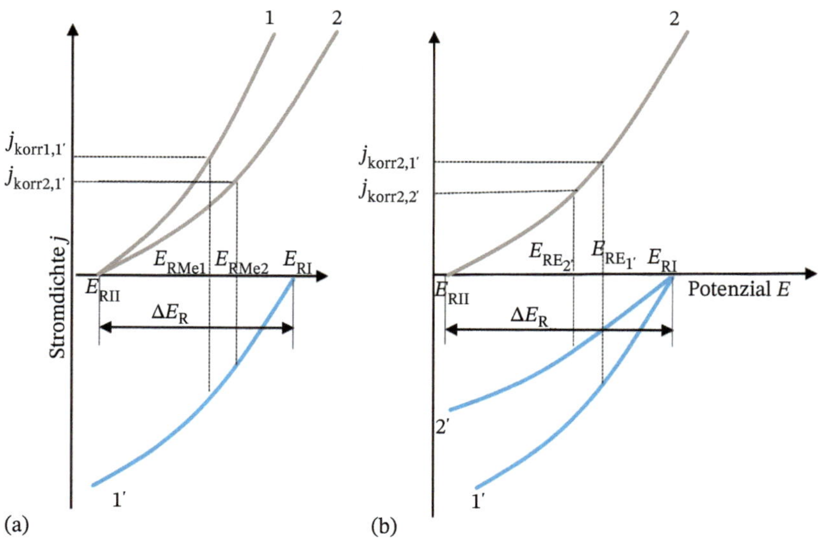

Bild 8.22 Einfluss der Strom-Spannungs-Kurven und der Differenz der Ruhepotenziale auf die Kontaktkorrosion ($A_{Me1} = A_{Me2}$ [Flächengleichheit]): (a) Einfluss der anodischen und (b) der katodischen Teilkurve; (a)/(b) Einfluss der Potenzialdifferenz; $E_{RI,II}$ Ruhepotenziale der Metalle I und II E_{RE} Mischpotenzial des Kontaktelements; 1, 2 anodische Stromdichten $j_+(E)$ 1′, 2′ katodische Stromdichten $j_-(E)$; j_{korr} Korrosionsstromdichte des unedleren Metalls.

Bild 8.22 zeigt, dass bei gleicher Neigung der Strom-Spannungs-Kurven (Kurven 2 und 1′ in Bild 8.22a und b) die Korrosion des unedlen Metalls mit der Differenz der Ruhepotenziale ansteigt $j_{kor}2, 1'$ in b) ist größer als in a). Der Kontakt von Metallen, die in der praktischen Spannungsreihe weit auseinander liegen, sollte also konstruktiv vermieden werden. Bild 8.22 zeigt aber auch, dass bei gleicher Potenzialdifferenz eine Behinderung der Anodenreaktion z. B. durch eine Bedeckung mit Reaktionsprodukten (Abflachung von Kurve 1 zu Kurve 2 in 8.22a) oder eine Behinderung der Katodenreaktion z. B. durch hohe Überspannung der Wasserstoffentwicklung bei Säurekorrosion (Abflachung der katodischen Kurve von 1′ nach 2′ in 8.22b) zur Verringerung des Korrosionsstromes führt.

Kontaktkorrosion kann auch beim Korrosionsschutz durch metallische Überzüge auftreten, wenn diese örtliche Defekte nach Schädigung durch längeren Gebrauch oder durch unsachgemäße Herstellung aufweisen. Ein metallischer Überzug mit unedlerem Charakter wie Zink auf Eisen wird dann selbst zur korrodierenden Anode und in der Umgebung der Fehlstelle aufgelöst, während das Eisen als Katode in gewissem Umfang vor einem Angriff geschützt wird (vgl. Abschn. 8.7.2). Wesentlich ungünstiger verhält sich verzinntes Eisen (Weißblech). An der Fehlstelle geht das unedlere Eisen anodisch in Lösung. Infolge des ungünstigen Verhältnisses von kleiner Anoden- zu großer Katodenfläche, d. h. einer hohen anodischen Stromdichte, entsteht eine starke örtliche Korrosion des Eisens mit lochfraßähnlichem Charakter. In entsprechender Weise können auch unvollständig ausgebildete oder teilzerstörte Oxidschichten zu Katoden von Korrosionselementen werden und den Angriff auf das freiliegende Metall erheblich verstärken.

Korrosionselemente können auch bei heterogenen Legierungen auftreten. Werden unedlere Gefügebestandteile anodisch aus dem Metallverband herausgelöst, so spricht man von *selektiver Korrosion* (vgl. auch Abschn. 8.1.6). Sie ist besonders beim zweiphasigen Messing als so genannte *Entzinkung* bekannt. Die unedlere (zinkreichere) β-Phase wird bevorzugt aufgelöst. Das zunächst mit in Lösung gehende, in der β-Phase anteilig enthaltene Kupfer scheidet sich wegen seines edleren Charakters durch Ionenaustausch nach

$$Zn + Cu^{++} \rightarrow Cu + Zn^{++} \tag{8.42}$$

als lockere Schicht oder Pfropfen wiederum auf dem Messing ab und verstärkt dadurch noch den Korrosionsvorgang. Auch Grauguss unterliegt der selektiven Korrosion *(Spongiose).* Ferrit und Perlit werden aufgelöst, während der Graphit und das Phosphideutektikum unangegriffen als lockere Masse zurückbleiben. Das Werkstück behält zwar seine äußere Form, aber es erleidet durch die Spongiose einen Festigkeitsverlust.

Weiterhin können örtliche Unterschiede der (spezifischen freien) Oberflächenenergie des metallischen Werkstoffs, die auf verschiedene Orientierungen der Kornschnittflächen (s. Abschn. 6.2), ungleichmäßige Kaltverformung, unterschiedliche Oberflächenrauhigkeiten oder örtliche Temperaturdifferenzen zurückgehen, zur Bildung von Korrosionselementen führen, in denen die energiereicheren Bezirke als Anoden wirken.

Von *Fremdstromkorrosion* spricht man, wenn die lokale Korrosion durch einen von außen aufgezwungenen Strom hervorgerufen wird. So können erdverlegte Rohrleitungen in der Nähe von Gleichstromanlagen (elektrische Bahnen) streckenweise von vagabundierenden Strömen als Leiter benutzt werden. Dann ergeben sich an den Stromaustrittsstellen beträchtliche Metallverluste.

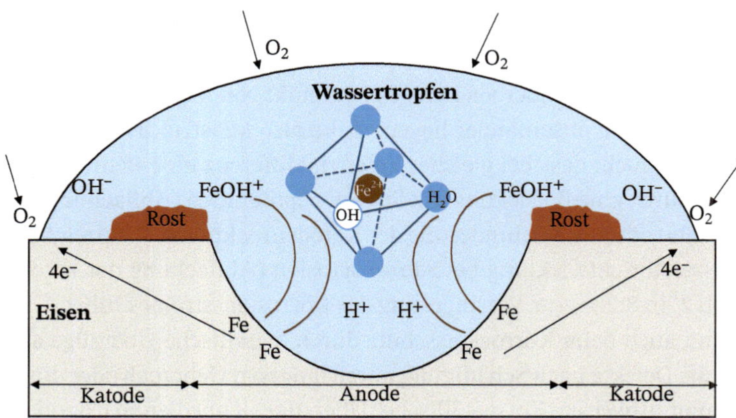

Bild 8.23 Korrosion von Eisen unter einem Wassertropfen (Belüftungselement).

Medienseitig können örtliche Konzentrationsunterschiede im angreifenden Elektrolyten über die Ausbildung von *Konzentrationselementen* zur Korrosion führen. Im speziellen Fall des im Elektrolyten gelösten Luftsauerstoffs bezeichnet man ein solches Element als *Belüftungselement*. Die Stellen höherer Sauerstoffkonzentration werden zur Katode, die schlechter belüfteten zur Anode. Als Beispiel zeigt Bild 8.23 schematisch die Korrosion von Eisen unter einem Wassertropfen. Im weniger belüfteten (O_2-armen) Mittelbereich geht das Eisen anodisch in Lösung. In schwach sauren bis schwach alkalischen Lösungen verläuft die Auflösung nach Gl. (8.43),

$$Fe + H_2O \rightarrow FeOH^+ + H^+ + 2e \qquad (8.43)$$

mit der eine Ansäuerung im Anodenbereich verbunden ist. Die freiwerdenden Elektronen werden zur Sauerstoffreduktion im gut belüfteten (O_2-reichen) Randbereich (Katode) verbraucht. Gemäß Beziehung (8.27) steigt dort der *p*H-Wert infolge OH^--Ionen-Bildung an. Aus OH^- und $FeOH^+$ entsteht schwer lösliches Eisenhydroxid und nach weiteren Reaktionen an der Grenze beider Bereiche ein Rostring (s. a. Gln. 8.25–8.28) Die beschriebenen Erscheinungen treten nicht auf, wenn durch starke Bewegung des Korrosionsmediums ausgeprägte Belüftungsunterschiede oder in gepufferten Lösungen lokale *p*H-Verschiebungen unterbunden werden.

Außer an Bauteilen in ruhenden neutralen Elektrolyten sind Belüftungselemente bei der Spaltkorrosion (vgl. Bild 8.2) von enormer praktischer Bedeutung. Konstruktiv bedingte Spalte finden sich bei Niet- und Schraubenverbindungen oder können sich an ungeschützten Schnittkanten von Bauteilen mit metallischen Überzügen oder organischen Beschichtungen bilden (vgl. Abschn. 8.7).

8.1.5 Lochkorrosion

Als Lochkorrosion im weiteren Sinn bezeichnet man jede örtlich begrenzte Korrosion, die zu ausgeprägten Korrosionsmulden führt. Sie ist u. a. bei Belüftungselementen, in Spalten oder in Verbindung mit beschädigten Schutzfilmen (Anstrichen, Überzügen) und Zunderschichten zu beobachten.

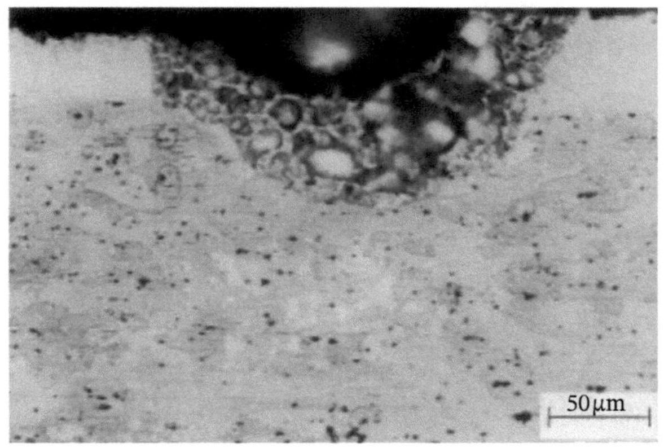

Bild 8.24 Querschliff einer Lochkorrosion von einer Al-plattierten $AlCuMg_2$-Legierung in Meerwasser.

Unter *Lochkorrosion* im engeren Sinn versteht man einen örtlichen Angriff, den Metalle im passiven Zustand erleiden können. Bild 8.24 zeigt als Beispiel die Lochkorrosion auf einer Al-plattierten AlCuMg2-Legierung. Zu einer lokalen Aufhebung des passiven Zustandes sind vor allem die Halogenidionen Cl^-, Br^- und I^- befähigt. Da die Lochkorrosion bei geringer allgemeiner Flächenabtragung häufig mit einem recht schnellen Wachstum der örtlichen Vertiefungen verbunden ist und im fortgeschrittenen Stadium zur Durchlöcherung der Bauelemente führen kann, ist sie gefährlicher als der gleichmäßige Angriff.

Der Lochkorrosion unterliegen vor allem die leicht passivierbaren und wegen ihrer sonstigen chemischen Beständigkeit technisch wichtigen hochlegierten Cr- und Cr–Ni-Stähle. Auch an Aluminiumwerkstoffen, Titan und Nickel sowie ihren Legierungen tritt sie auf. Sie lässt sich mithilfe von Stromdichte-Potenzial-Kurven feststellen. Der Anstieg der Stromdichte, der mit der Lochbildung einsetzt (Bild 8.25, Kurve 2), erfolgt erst beim Überschreiten eines bestimmten Potenzialwertes, des Lochfraßpotenzials E_L. Die Höhe des Lochfraßpotenzials hängt außer von der Art des Metalls und seiner Oberflächenbeschaffenheit von der Zusammensetzung des Angriffsmittels ab.

Der gesamte Vorgang der Lochkorrosion lässt sich zeitlich gesehen in die Lochbildung und das Lochwachstum einteilen. Der Lochbildungsprozess ist noch nicht ausreichend aufgeklärt. Eingeleitet wird er durch die Adsorption der Halogenidionen auf dem Passivoxid.

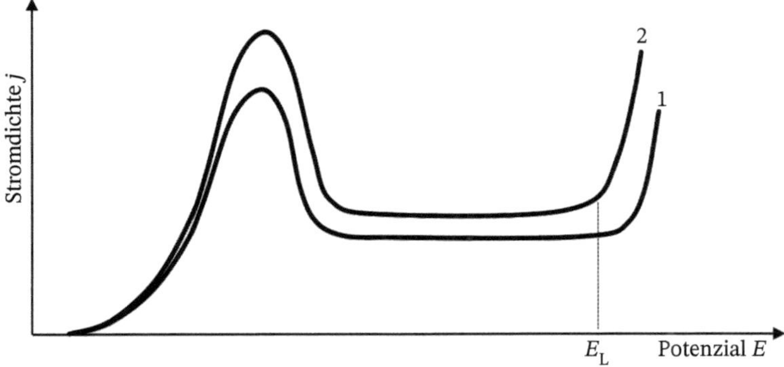

Bild 8.25 Einfluss von Cl^--Ionen auf die Stromdichte-Potenzial-Kurve (schematisch). *1* chloridfreies Korrosionsmedium; *2* Korrosionsmedium mit Chloridzusatz; E_L Lochfraßpotenzial.

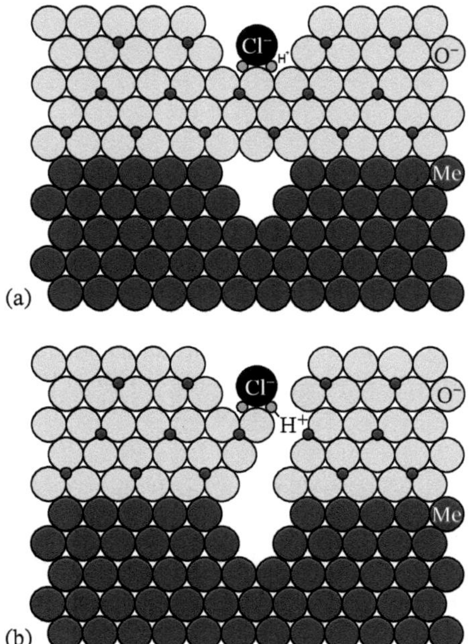

Bild 8.26 Schematische Darstellung der Locheinleitung: (a) örtlicher Passivschichtabbau infolge von Chloridionen sowie Mikrokerbbildung in der Metallphase; (b) Aufreißen der Passivschicht.

Es wird allgemein davon ausgegangen, dass diese Adsorption nicht gleichmäßig erfolgt und an Störstellen der Passivschicht bevorzugt einsetzt. Diese können, wenn die Passivschicht epitaktisch aufgewachsen ist, Gitterdefekten und Einschlüssen in der Metalloberfläche entsprechen. Die spezifische Adsorption der Halogenidionen führt zu einem beschleunigten Abbau der Passivschicht an diesen Stellen. Daran haben die vom Chlorid stets mitgeführten Protonen einen bedeutenden Anteil, da sie nach

$$MeO + Cl^{-}\ldots H^{(+)}-OH^{(-)} \rightarrow MeOH^{+} + Cl^{-} + OH^{-} \tag{8.44}$$

$$MeOH^{+} + Cl^{-}\ldots H^{(+)}-OH^{(-)} \rightarrow Me^{2+} + H_2O + Cl^{-} + OH^{-} \tag{8.45}$$

die Oxidschicht aufzulösen vermögen. Wie aus Positronenannihilationsuntersuchungen zu schließen ist, wird der eigentliche Durchbruch durch die Passivschicht außerdem durch die o. g. Leerstellenbildung und -agglomeration in der Grenzfläche Metall/Oxid begünstigt. Sie kommt, wie Bild 8.26 schematisch zeigt, dann zustande, wenn im Zuge der Passivschichtdickenabnahme nach den Gln. (8.44) und (8.45) und einer erhöhten Durchtrittsgeschwindigkeit von Metallatomen/Ionen in das Passivoxid die Sauerstoffionen aus dem Oxid nicht mehr mit hinreichender Geschwindigkeit vom Oxid zur Metalloberfläche migrieren. Die Folge ist eine Mikrokerbbildung und ein Aufreißen der Passivschicht. Diese Anschauung wird auch durch experimentelle Ergebnisse von *J. Castle* und *R. Ke* gestützt, die im Zuge der Locheinleitung eine regelrechte Blasenbildung und ein nachfolgendes Aufreißen der Passivschicht beobachteten. Mit dem Schichtriss hat sich ein Korrosionselement gebildet mit kleinen aktiven Stellen als Anode und einer sehr großen passiven Umgebungsfläche als Katode. Dadurch schreitet die Metallauflösung örtlich bei hoher anodischer Stromdichte rasch in die Tiefe fort. Bei einer Reihe von Werkstoffen vollzieht sich das Tiefenwachstum kristallographisch definiert, wobei, wie es Bild 8.27 verdeutlicht, Tunnel gebildet werden, deren Morphologie auf eine diskontinuierliche Lochkeimbildung und Wachstum in die

Bild 8.27 Mithilfe der Matrizentechnik abgebildete Lochmorphologie eines Lochtunnels in Reinaluminium.

Breite hinweist. Die Stromdichte, d. h. die Geschwindigkeit, mit der die gebildeten Löcher weiterwachsen, gehorcht vielfach einem Potenzgesetz der Art

$$j = \mathrm{a}\, t^{\mathrm{b}} \tag{8.46}$$

in dem j die Korrosionsstromdichte (bezogen auf die Gesamtelektrodenoberfläche), a eine Konstante, t die Zeit und b ein Exponent ist, der von der Lochgeometrie und von der Anzahl der sich gleichzeitig neu bildenden Löcher abhängt.

Die Lochkorrosion lässt sich vermeiden, wenn die Halogenidionen aus der Lösung entfernt werden oder wenn das Metallpotenzial auf einen Wert unterhalb des Lochfraßpotenzials gesenkt wird. Letzteres ist z. B. durch ein katodisches Schutzverfahren (Abschn. 8.7.2) möglich. Die Beständigkeit gegen Lochkorrosion kann ferner von der Metallseite her durch Legierungszusätze wie Cr, Mo oder N bei Stählen erhöht werden. In der Praxis dient zur Abschätzung der Korrosionsbeständigkeit gegenüber Lochfraß die Wirksumme WS. Sie ist auch unter der Abkürzung PRE (Pitting Resistance Equivalent) bekannt. Die Wirkung einzelner Legierungselemente in Stählen ist unterschiedlich. Sie berechnet sich nach Gl. (8.47)

$$\mathrm{WS} = \%\,\mathrm{Cr} + 3{,}3\%\,\mathrm{Mo} + 30\%\,\mathrm{N} \tag{8.47}$$

Je höher die Wirksumme ist, um so höher ist die Lochfraßbeständigkeit des jeweiligen Stahls. Bei der Erschmelzung und Wärmebehandlung muss die Entstehung von Ausscheidungen vermieden werden, die, wie z. B. das MnS, die Struktur der Passivschicht stören.

8.1.6 Selektive und interkristalline Korrosion

Als *selektive Korrosion* wird die bevorzugte Auflösung von bestimmten Bestandteilen oder Bereichen einer Legierungsoberfläche verstanden, die sich in ihren Teilstromdichte-Potenzialkurven unterscheiden. Erfolgt der selektive Angriff an Korn- bzw. Phasengrenzen unter Entstehung zusammenhängender Zonen mit erhöhter Vertikalauflösung, so spricht man von *interkristalliner Korrosion* (IK). Die selektive Korrosion kann in der Auflösung einer Komponente im homogenen Mischkristall bestehen, wie bei der Entzinkung von einphasigem Messing. Bei mehrphasigen Legierungen kann sich – wie schon erwähnt – eine Phase bevorzugt auflösen, z. B. die β-Phase aus α/β-Messing. Wird im Mischkristall die

Löslichkeit einer Komponente überschritten, so kommt es zu Segregationen bzw. zu Ausscheidungen einer neuen Phase, was aus energetischen Gründen bevorzugt an Korn- bzw. Phasengrenzen erfolgt. Selektive bzw. interkristalline Korrosion tritt auf, wenn entweder die ausgeschiedene Phase selbst bevorzugt angegriffen wird (z. B. Cr-reiche Carbide in hochlegierten Stählen in stark oxidierenden Medien oder die im Vergleich zur Matrix unter bestimmten Bedingungen weniger korrosionsbeständigen (unedleren) Al_3Mg_2-Ausscheidungen in Al–Mg-Legierungen) (Bild 8.28a) oder der in seiner Zusammensetzung veränderte Phasengrenzbereich. Dies kann durch Entzug von Komponenten erfolgen, die die Beständigkeit bzw. die Passivierung fördern, wie z. B. durch Verarmung an Chrom infolge Ausscheidung Cr-reicher Carbide in hochlegierten Cr- und CrNi-Stählen. Demzufolge verhalten sich die Ausscheidungen in den bei Anwesenheit eines geeigneten Korrosionsmediums in der Korngrenzenzone entstehenden Korrosionselementen im erstgenannten Fall anodisch, im zweiten katodisch. Bild 8.28b zeigt, wie der interkristalline Angriff von der Oberfläche ausgehend in die Tiefe fortschreitet und im Endstadium zum völligen Zerfall des Werkstoffs in einzelne Kristalle führen kann (Kornzerfall).

Am bekanntesten ist der Kornzerfall der austenitischen Cr–Ni-Stähle mit ≈ 0,1 % C. Er ist – wie schon gesagt – durch die entlang den Korngrenzen ausgeschiedenen Carbide $(Cr, Me)_{23}C_6$ bedingt. Sie entstehen, wenn der aus dem homogenen γ-Gebiet von Temperaturen über 1.000 °C abgeschreckte Stahl, wie beispielsweise in der Übergangszone zwischen Schweißnaht und Grundwerkstoff im Zuge der Abkühlung in einem Temperaturbereich von 450–850 °C langsam durchlaufen wird. Infolge der Entstehung chromreicher Carbide verarmt das Gefüge in der Nähe der Korngrenzen an Chrom so weit, dass ein kritischer Chromgehalt unterschritten wird, d. h. die chromarmen Korngrenzenbereiche sich in ihrem elektrochemischen Verhalten wesentlich vom chromreicheren Korninneren unterscheiden. Bei der Einwirkung eines Elektrolyten wird die Korngrenzensubstanz unter Korrosionselementbildung herausgelöst, sodass es schließlich bis zum *Kornzerfall* kommen kann. Der

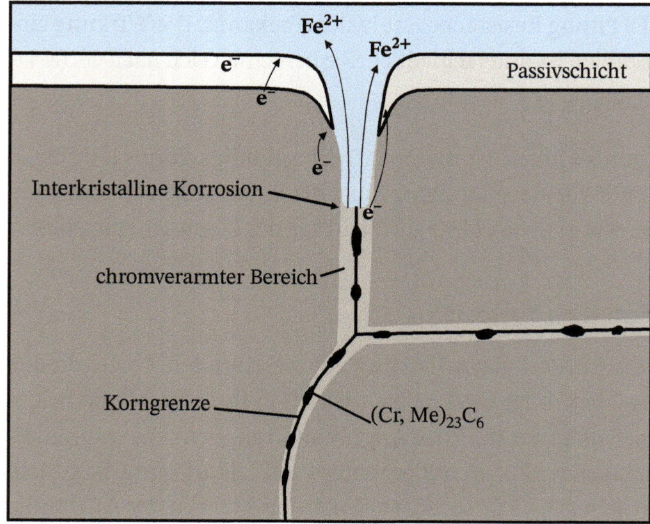

Bild 8.28 Schematische Darstellung zur interkristallinen Korrosion eines austenitischen Chrom-Nickel-Stahles.

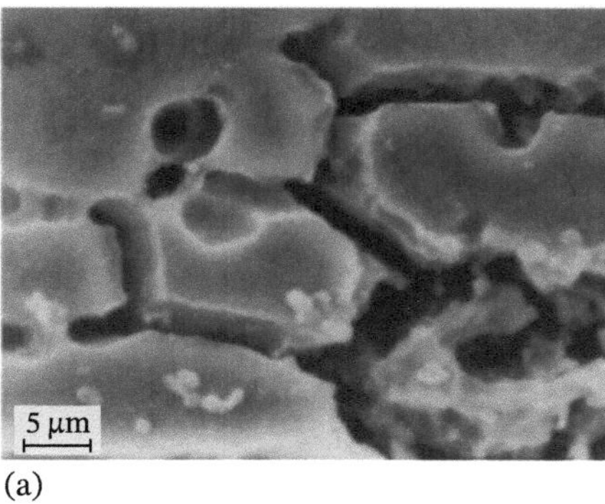

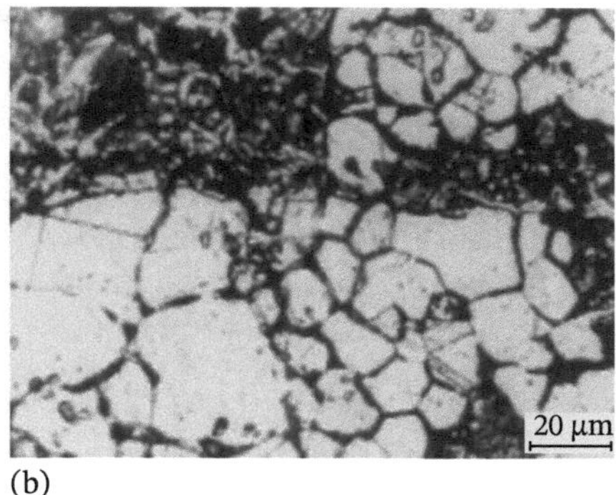

(a) (b)

Bild 8.29 Interkristalline Korrosion: (a) IK an einer AlMgSi-Legierung in künstlichem Meerwasser, (b) Interkristalline und selektive Korrosion an einem Duplexstahl X2CrNiMoN22-5-3 nach einer Wärmebehandlung bei 750°C in Schwefelsäure.

Kornzerfall kann vermieden werden, indem der C-Gehalt extrem niedrig gehalten oder der Stahl durch Elemente wie Ti, Nb oder Ta stabilisiert wird, die eine größere Affinität zum Kohlenstoff haben als Cr und sich an seiner Stelle an der Carbidbildung beteiligen.

Auch zweiphasige ferritisch-austenitische Stähle (Duplexstähle mit etwa gleichem α- und γ-Anteil) sowie für Schweißungen vorgesehene Austenite (mit bis zu 20 % δ-Ferrit) können der selektiven und/oder interkristallinen Korrosion unterliegen. Die Ursache sind Konzentrationsunterschiede, die aus der Anreicherung der ferritbildenden Elemente Cr, Mo und Si im Ferrit resultieren können. Aufgrund des höheren Cr-Gehaltes korrodiert der Ferrit im aktiven Zustand in nichtoxidierenden Säuren wie Schwefelsäure stärker als der Austenit. Verarmungsrandschichten neben Ausscheidungen von chromreichen Sondercarbiden und der σ-Phase, die als Folge von Wärmebehandlungs- und Schweißprozessen oder durch Einsatz in kritischen Temperaturbereichen entstehen, können vor allem im Austenit auftreten. Der Ferritanteil kann besonders bei netzartiger Verteilung durch thermischen Zerfall in Austenit und $Me_{23}C_6$, σ-Phase oder molybdänreiche χ-Phase ebenfalls zu interkristalliner Korrosion führen. Bild 8.29 zeigt einen interkristallinen Angriff in der austenitischen und selektiven Korrosion der Ferritphase eines Duplexstahles.

8.1.7 Spannungsrisskorrosion

Von den örtlichen Korrosionsarten ist die *Spannungsrisskorrosion* am meisten gefürchtet, weil sie vielfach ohne sichtbare Veränderung der Metalloberfläche zum plötzlichen Versagen von Bauteilen führt. Ebenso wie die Lochkorrosion wird sie überwiegend an deckschichtbildenden metallischen Werkstoffen, wie un-, niedrig- und hochlegierten Stählen (Bild 8.30), Nickellegierungen, Aluminium, Messing (Bild 8.31) oder Magnesium, beobachtet. Sie tritt immer dann auf, wenn ein Metall unter einer äußeren oder inneren Zugspannung steht (Abschn. 9.5.3 und 9.6) und gleichzeitig ein bestimmtes Korrosionsmittel einwirkt.

Hinsichtlich des zur Zerstörung führenden Vorgangs unterscheidet man zwischen anodischer und katodischer Spannungsrisskorrosion, die in bestimmten Fällen auch kombiniert auftreten können. Bei der *anodischen Spannungsrisskorrosion* wird der Vorgang der Risseinleitung durch einen Auflösungsprozess eingeleitet. Es besteht die Vorstellung,

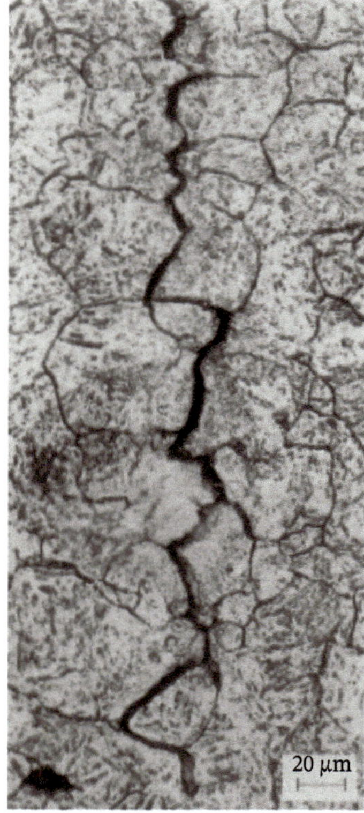

Bild 8.30 Interkristalliner Riss am Werkstoff 50CrV4 in einer Natriumnitratlösung.

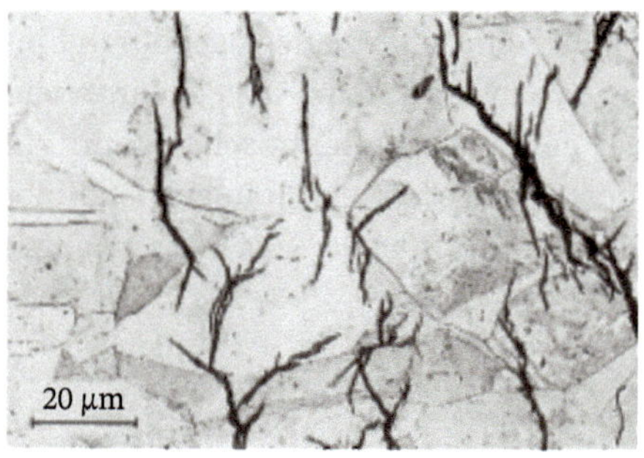

Bild 8.31 Transkristalline Spannungsrisskorrosion von Messing (Ms 63) in NH_3-Atmosphäre.

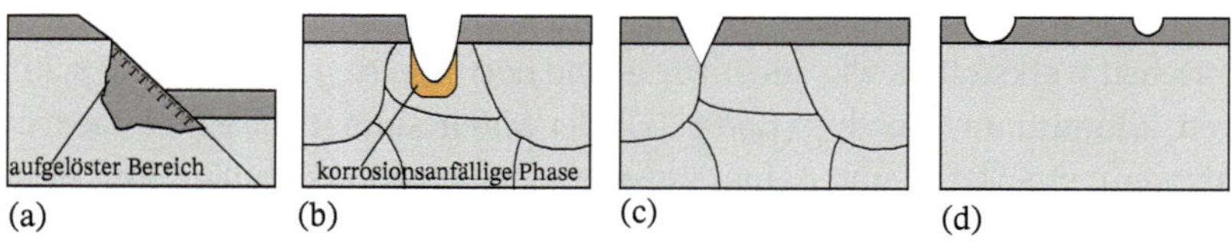

Bild 8.32 Schematische Darstellungen von Schwachstellen, die an mit Deckschichten behafteten Oberflächen zur anodischen Spannungsrisskorrosion führen.

dass das Korrosionsmedium, das vielfach Halogenidionen enthält, die Deckschicht örtlich an Defektstellen (Bild 8.32), wie an Gleitstufen (a), korrosionsanfälligen Phasen (b) und Korngrenzen (c) oder an lokalen Schwachstellen der Schicht selbst (d) zerstört. Die sich daran anschließende Auflösung des Grundwerkstoffs führt zur Bildung von Oberflächenkerben. Ist der Kerb ausreichend scharf, dann können sich im Kerbgrund bei hinreichender Spannungshöhe Risse bilden. Für die Rissausbreitung besteht die Vorstellung, dass sich der Riss infolge der erhöhten Spannung an der Rissspitze und der Einwirkung des Korrosionsmediums bis zum nächsten Hindernis (z. B. Gleitbändern, Ausscheidungen) ausbreitet (vgl. Abschn. 9.5). Dort wird erneut durch den Auflösungsprozess ein Kerb gebildet, von dem aus sich wiederum Risse ins Werkstoffinnere ausbreiten usw.

Die *katodische Spannungsrisskorrosion* tritt in Korrosionsmedien, wie H_2S, NH_3, HCN, auf, bei denen im katodischen Teilvorgang Wasserstoff gebildet wird, der in atomarer Form in den Werkstoff hineindiffundiert und ihn versprödet. Die Diffusion ist erleichtert an Gitterdefekten wie Korn- und Phasengrenzen, Einschlüssen, an Versetzungen insbesondere Stufenversetzungen sowie an Leerstellenclustern. Es besteht die Vorstellung, dass der atomar eingedrungene Wasserstoff in so genannten „traps“ (Fallen) entweder zu nicht mehr diffusionsfähigem molekularem Wasserstoff rekombiniert oder durch chemische Reaktion (Hydridbildung) festgehalten wird. Letztere erfolgt mit Elementen, die eine hohe Affinität zu Wasserstoff haben, wie z. B. P, Si oder Cr, Ti. Dadurch entstehen im Inneren des Werkstoffes Zugspannungen, die sich gegebenenfalls den äußeren überlagern können und nach Überschreitung einer kritischen Spannung zum Aufreißen des Werkstoffes führen.

Bei Werkstoffen, die eine ausgeprägte Neigung zu interkristalliner Korrosion haben, erfolgt unter IK-spezifischen Bedingungen die Rissbildung und -ausbreitung interkristallin, so z. B. an un- und niedriglegierten Stählen in passivierenden Medien, Nitratlösungen oder hochkonzentrierter Salpetersäure. Bei hochlegierten austenitischen Mn- und Cr–Ni-Stählen sowie Nickelbasislegierungen dagegen verläuft in chloridhaltigen Medien der Bruch nach anodischen Vorgängen transkristallin.

Bei beiden Arten der Spannungsrisskorrosion kann der Rissverlauf unabhängig von der Entstehungsursache entlang den Korngrenzen des Gefüges – interkristallin – oder durch Körner hindurch – transkristallin – erfolgen. Die katodische Spannungsrisskorrosion mit transkristallinem Verlauf spielt eine besondere Rolle bei den höherfesten Stählen. Ohne Wasserstoff würden sie weitaus höhere Spannungen ertragen, sodass ihre Einsatzfähigkeit durch diese Korrosionsart deutlich begrenzt wird.

8.1.8 Schwingungsrisskorrosion

Ist dem Korrosionsvorgang eine zyklische Belastung überlagert, so kann eine *Schwingungsrisskorrosion* ausgelöst werden. Die kombinierte Wirkung kommt darin zum Ausdruck, dass die Wöhlerkurve unter der für nichtkorrosive Bedingungen ermittelten Kurve liegt (Bild 8.33), sodass nicht mehr mit einer Dauerfestigkeit gerechnet, sondern nur eine *Korrosionszeitfestigkeit* angegeben werden kann.

Der zeitliche Ablauf der Schwingungsrisskorrosion bis zur Zerstörung des Werkstoffs wird wie folgt angenommen. Zunächst werden an den Gleitstufen, die im Zuge der plastischen Verformung aus der Oberfläche austreten (Abschn. 9.5.2, 9.5.3), selektiv Gitterbausteine herausgelöst. Es entstehen Mikrokerben mit Spannungskonzentrationen, die später in Risse

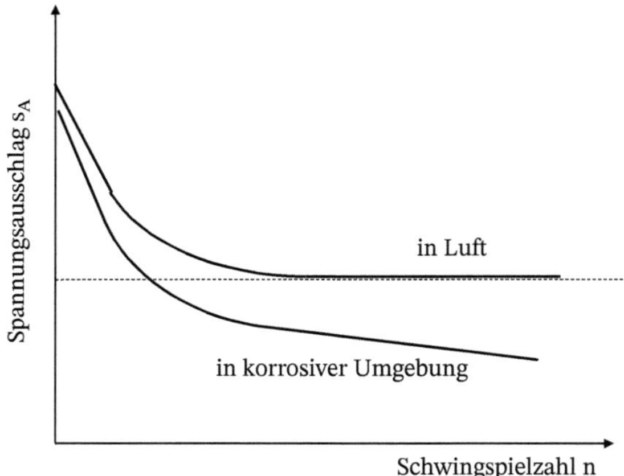

Bild 8.33 Veränderung der Wöhlerkurve durch Schwingungsrisskorrosion.

umgewandelt werden. Die Anrissbildung ist mit der in nichtkorrosiver Umgebung vergleichbar. Die einmal gebildeten Risse pflanzen sich aber infolge der wechselnden Belastung und gleichzeitigen Einwirkung des Korrosionsmediums schneller fort. Schließlich erfolgt, ebenso wie in einem nichtkorrosiven Medium, der Bruch des Bauteils. Jedoch ist bei der Schwingungsrisskorrosion die Anzahl der Risse in der Bruchzone wesentlich größer. Die Lebensdauer eines Bauteils lässt sich bei gegebenen Beanspruchungsbedingungen durch katodischen Schutz, durch Zusätze von Inhibitoren oder das Aufbringen von Überzügen (Abschn. 8.7) erhöhen.

Die Schwingungsrisskorrosion wird umso mehr begünstigt, je stärker der Korrosionsangriff, je größer die Last, je niedriger die Frequenz und je höher die Anzahl der Schwingspiele ist. Im Gegensatz zur Spannungsrisskorrosion ist die Schwingungsrisskorrosion weitgehend unabhängig von der Art des Metalls, seiner Zusammensetzung und Wärmebehandlung, da die Anrissbildung allein eine Folge der Gleitvorgänge ist, die mit der zyklischen Beanspruchung einsetzen. Es gibt auch kein bestimmtes spezifisch wirkendes Angriffsmittel, das die Schwingungsrisskorrosion bevorzugt auslöst. Sie kann in praktisch allen Medien auftreten. Die Risse verlaufen in der Regel transkristallin.

8.2 Korrosion anorganisch-nichtmetallischer Werkstoffe in wässrigen Medien

Anorganisch-nichtmetallische Werkstoffe sind bei Raumtemperatur in den meisten anorganischen und organischen Chemikalien, in Wasser sowie in Säuren und schwachen Laugen praktisch unlöslich. Diese Eigenschaft wird genutzt beim Schutz metallischer Werkstoffe gegen Korrosion (vgl. Abschn. 8.7), z. B. in Form von Emails oder oxidischen Spritzschichten.

Der Grad der Beständigkeit hängt von der chemischen Zusammensetzung, dem Gefüge des Werkstoffs und von den Korrosionsbedingungen ab. Ist SiO_2 der Hauptbestandteil, dann greift nur Flusssäure den Werkstoff merklich an. Spezialgläser auf der Basis von P_2O_5 und Al_2O_3 dagegen sind auch in diesem aggressiven Medium beständig. Die Korrosion nimmt bei Werkstoffen, wie Steinzeug und Porzellan, mit der Größe der Poren zu. Für den Einsatz in aggressiven Flüssigkeiten vorgesehene Pumpen und Apparate dürfen deshalb keine offenen Poren aufweisen.

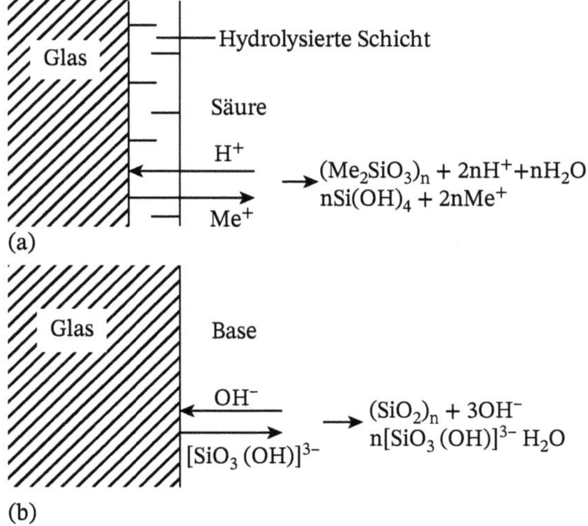

Bild 8.34 Korrosion von Glas (schematisch): (a) durch Säuren; (b) durch Basen.

Bei Glas beruht die *Säurebeständigkeit* (mit Ausnahme gegenüber der schon erwähnten Flusssäure) auf der Tatsache, dass Wasserstoffionen der Säure gegen *Netzwerkwandlerionen* (Abschn. 2.2.2) ausgetauscht werden (Bild 8.34a). Mit fortschreitendem Austausch, dessen Geschwindigkeit der Wurzel der Korrosionsdauer proportional ist (Bild 8.35), entsteht durch Hydrolyse eine SiO_2-reiche Kieselgelschicht, die die Ionendiffusion und damit die Korrosion behindert und so das Glas zunehmend beständiger macht.

Die *Laugenbeständigkeit* des Glases ist wesentlich geringer, weil die OH^--Ionen in alkalischen Lösungen die Si–O–Si-Bindungen durch chemische Reaktion unter Bildung löslicher, niedermolekularer Silicate zerstören (Bild 8.34b). Der einem linearen Zeitgesetz folgende Abtrag (Bild 8.35) findet vor allem in starken Basen bei Temperaturen über 30 °C in beträchtlichem Umfang statt.

Auch im Kontakt in Wasser, besonders in Dampfform und bei hohen Temperaturen, können Glas und Keramik korrodieren *(Hydrolyse)*. Hieran sind die für Säuren und Laugen typischen Prozesse in komplexer Form beteiligt. Bei höheren Temperaturen liegt das Wasser verstärkt dissoziiert vor, sodass sich in Abhängigkeit von den jeweiligen Bedingungen einerseits gemäß

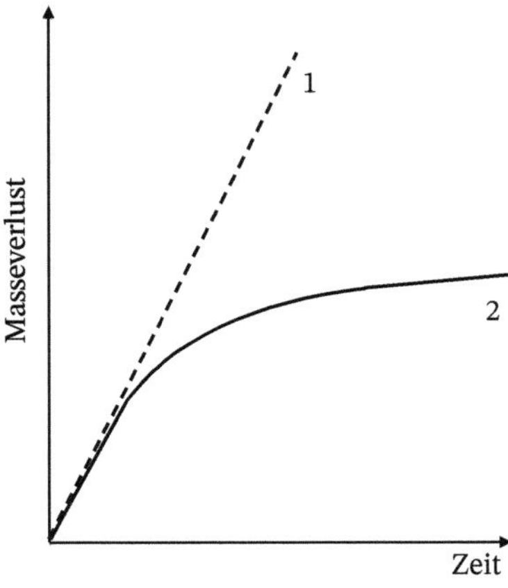

Bild 8.35 Zeitlicher Verlauf der Korrosion von Glas – (schematisch). *1* durch Basen; *2* durch Säuren und Wasser.

Bild 8.34a Hydrolyseschichten bilden und andererseits über den Laugenmechanismus auch Korrosion stattfinden kann. Wie bei der Korrosion durch Säure bildet sich jedoch im Allgemeinen eine Kieselgelschicht aus, die die Korrosion mit der Zeit behindert. Nur unter sehr ungünstigen Bedingungen (z. B. bei Einwirkung von überhitztem Wasserdampf oder in Wärmetauschern) wird über weitere chemische Reaktionen und die Beteiligung der Kohlensäure der Luft die Gelschicht zerstört und damit das Glas fortschreitend geschädigt.

Beton wird vorwiegend durch saure Lösungen ($pH < 6{,}5$) angegriffen. Von seinen Bestandteilen werden besonders der Zementstein sowie karbonathaltige Zuschläge gelöst.

Bei Beton als Baustoff [14] spielt die Verwitterung eine wesentliche Rolle. Die dabei stattfindenden Mechanismen sind vielschichtig und sind auf komplex ablaufende physikalische, chemische und biologische Prozesse zurückzuführen. Voraussetzung ist die Anwesenheit von Wasser, das durch sein Eindringen und durch chemische Reaktionen an der Werkstoffzerstörung teilnimmt.

Die physikalische Verwitterung beruht auf der Wirkung mechanischer Kräfte im porösen Baustoff (Frost, Tau- und Eisbildung). Außerdem kann eine Dilatation stattfinden, die auf Quellen und Schwinden von Tonmaterialien durch Einlagerung von Wasser zwischen den Gefügebestandteilen zurückzuführen ist.

Im Falle chemischer Verwitterung kann das Wasser auch als Transportmedium für aggressive Schadstoffe (SiO_2, NO_x, CO_2) und/oder für die durch chemische Reaktion gebildeten Salze (Sulfate, Nitrate, Carbonate) dienen. Diese können durch Bildung voluminöser Hydrate zur so genannten Salzsprengung führen.

Der als Bindemittel zwischen den Körnern der Zuschlagstoffe wirkende *Zementstein* besteht aus Calciumverbindungen sehr schwacher Säuren wie Calciumsilicathydraten und aus Calciumhydroxid (Abschn. 3.1.1.2). Bei der Reaktion mit sauren Medien wird der Zementstein entweder herausgelöst, oder es bilden sich feste Korrosionsprodukte mit einem größeren spezifischen Volumen, demzufolge ein hoher Kristallisationsdruck entsteht und der Kornverband gelockert wird. Nach einem anfänglichen Festigkeitsabfall tritt schließlich Verformung und Rissbildung auf. Bei starker Korrosion bleibt nur ein loses Haufwerk von Körnern zurück. Bei Einwirkung sulfathaltiger Lösungen entsteht aus dem Calciumhydroxid des Zementsteins nach Gl. (8.48) Gips:

$$Ca(OH)_2 + H_2SO_4 \rightarrow CaSO_4 \cdot 2H_2O \tag{8.48}$$

Die damit verbundene Volumenvergrößerung von etwa 18 % treibt den Beton auseinander. Enthält der Zementstein Calciumaluminat, dann bildet sich durch Reaktion mit Sulfaten der *Ettringit* (Abschn. 3.1.1.2), der sogar ein mehr als doppelt so großes Volumen wie die Ausgangsstoffe aufweist. Sulfatbeständige Betone dürfen deshalb allenfalls nur sehr kleine Anteile von $Ca_3Al_2O_6$ enthalten.

Die biologische Verwitterung ist gekennzeichnet durch den Einfluss von pflanzlichem Bewuchs oder von Mikroorganismen, die durch Entmineralisierung und Säurebildung an der Zerstörung des Mineralgefüges beteiligt sind.

Ettringit bildet sich nur bei einer Temperatur von unter 70 °C. In wärmebehandelten Betonen, die bei einer höheren Temperatur erhärtet sind, kann sich nach der Abkühlung und Lagerung in feuchter Umgebung der so genannte sekundäre Ettringit ausbilden und so noch nach Jahren das Betongefüge schädigen oder zerstören.

Spektakuläre Korrosionsschäden traten in der Vergangenheit bei Eisenbahnschwellen und Betonbrücken durch Alkali-Kieselsäure-Reaktion auf.

Unter der Alkali-Kieselsäure-Reaktion versteht man die Umwandlung der SiO_2-haltigen Zuschläge des Betons in Hydroxide infolge der Reaktion des SiO_2 mit den Alkaliverbindungen des Betons. Dabei vergrößert sich das Volumen der Zuschlagkörner, und der Beton wird durch Risse, Abplatzungen oder Ausscheidungen geschädigt. Alkaliempfindliche Zuschlagstoffe sind der in Norddeutschland vorkommende Opalsandstein und der Flintstein. Unter ungünstigen Umständen kann selbst der beständige Quarzzuschlag von den Alkalien angegriffen werden. Durch die Verwendung von Zement mit einem niedrigen wirksamen Alkaligehalt und durch eine minimierte Zementmenge im Beton kann die Alkali-Kieselsäure-Reaktion vermieden werden.

8.3 Korrosion von Polymeren in flüssigen Medien

Polymerwerkstoffe sind in der Regel gegenüber solchen Medien, durch die die meisten metallischen Werkstoffe mehr oder weniger rasch zerstört werden (Wässer, saure oder alkalische Lösungen, aggressive Atmosphären), weitgehend beständig. Das bedeutet jedoch nicht, dass die Polymere generell keiner Korrosion unterliegen. Sie sind vielmehr gegenüber bestimmten organischen Lösungsmitteln unbeständig. Auch in den anderen genannten Medien treten Schädigungen infolge Korrosion auf, deren Ausmaß jedoch von der chemischen Zusammensetzung und Struktur der Polymere sowie von der Konzentration des angreifenden Mediums, der Temperatur und der Einwirkungszeit abhängt.

Im Gegensatz zu den Metallen beginnt die Korrosion eines polymeren Stoffes in der überwiegenden Zahl der Fälle mit dem Eindringen von Fremdmolekülen, d. h. mit einem physikalischen Vorgang in drei Schritten: der Adsorption (Benetzung der Oberfläche durch das korrosiv wirkende Medium), der Diffusion (Eindringen des Mediums in das Innere des Werkstoffs) und der Absorption (Aufnahme des Mediums unter vollständiger und gleichmäßiger Durchdringung des Werkstoffs). Daran können sich chemische Vorgänge (Chemisorption, oxidativer oder reduktiver Abbau, Hydrolyse u. a.) anschließen, die erhebliche Verschlechterungen der Werkstoffeigenschaften nach sich ziehen. Bild 8.36 gibt eine Übersicht zur Schädigung von Polymeren einschließlich ihrer Füll- und Hilfsstoffe durch flüssige Medien.

Die Schädigungen von Polymeren laufen meist komplex und in Begleitung weiterer Erscheinungen ab, wie dem Einstellen thermodynamischer Gleichgewichte (Nachkristallisation, Rekristallisation, Neokristallisation, Spannungs- und Verformungsrelaxation). Dies erfolgt unter der Einwirkung von thermischer und/oder Strahlungsenergie (s. Abschn. 10.10.2.2) sowie biologischer Einflüsse. Die dadurch bedingten zeitlich fortschreitenden irreversiblen Eigenschaftsveränderungen fasst man unter dem Begriff *Alterung* zusammen. Sie drückt sich meist in einer Verschlechterung der Eigenschaften aus wie Glanzeinbuße, Farbveränderungen, Rissbildung, Materialabtragung, Versprödung und negative Veränderungen mechanischer und elektrischer Eigenschaften. Das Altern verläuft, bedingt durch die relativ zur Schmelztemperatur des Polymeren hohe Temperatur ihrer Anwendung, unter den natürlichen Einflüssen der Bewitterung, dem so genannten

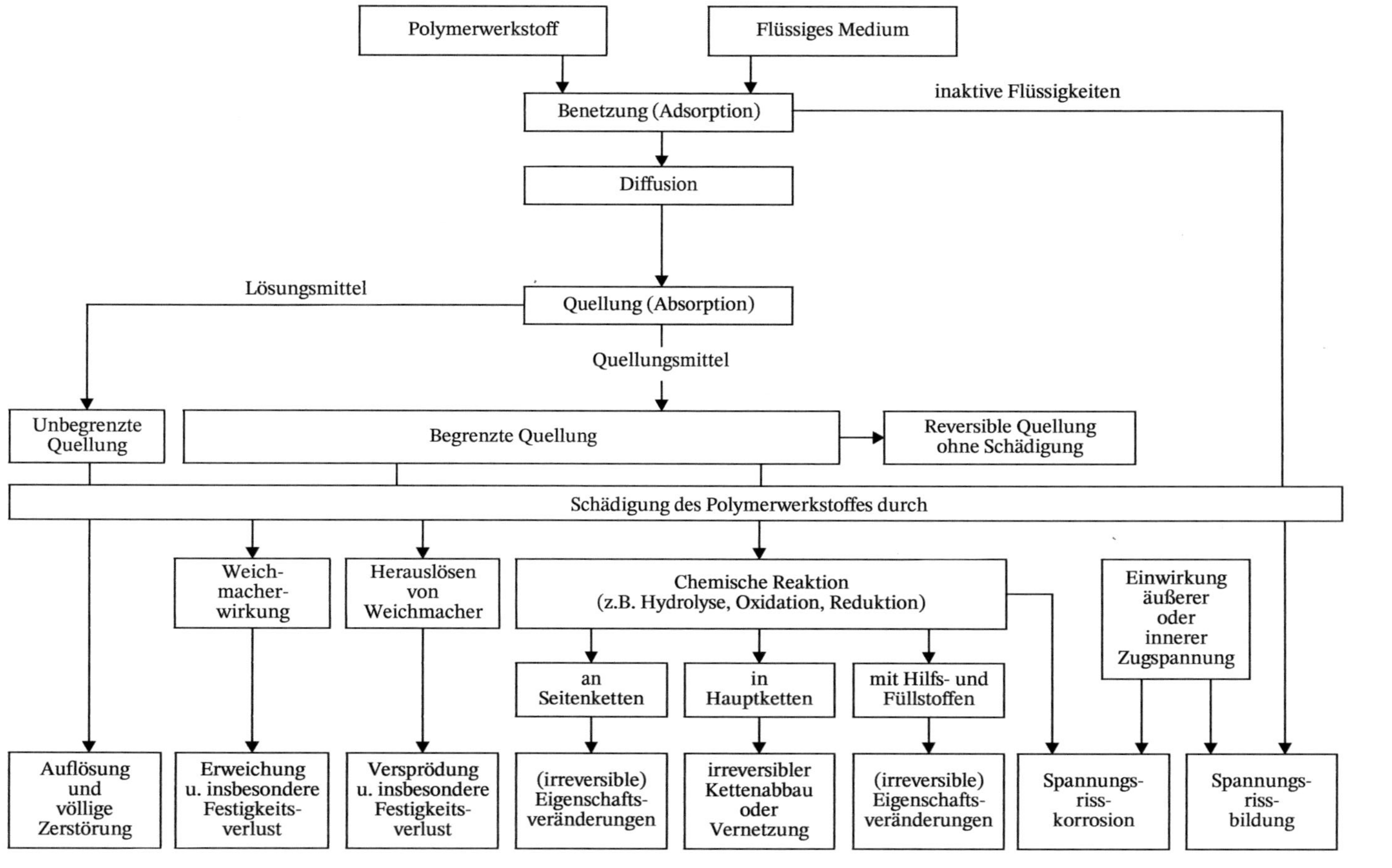

Bild 8.36 Schädigung polymerer Werkstoffe durch flüssige Medien.

Technoklima, zunächst relativ rasch. Nach einer bestimmten Alterungszeit nimmt die Geschwindigkeit der Eigenschaftsveränderungen jedoch ab und strebt null zu. Das dann erreichte Festigkeitsniveau wird als *Bewitterungsfestigkeit* bezeichnet [15].

8.3.1 Begrenzte und unbegrenzte Quellung

Unter Quellung wird ganz allgemein das Vermögen eines Festkörpers verstanden, bei erheblicher Volumenzunahme Flüssigkeit aufzunehmen. Von *begrenzter Quellung* spricht man, wenn sich dabei zwar die Eigenschaften des Stoffs, wie Festigkeit und Elastizität, merklich ändern, Gestalt (Form) und körperlicher Zusammenhalt aber weitgehend erhalten bleiben. Die *unbegrenzte Quellung* dagegen ist mit einem Verlust des Zusammenhaltes und demzufolge auch der Gestalt und der Eigenschaften des Festkörpers verbunden; der Stoff wird in der Flüssigkeit, dem Lösungsmittel, dispergiert (gelöst).

Die Ursache der begrenzten und unbegrenzten Quellung von Polymerwerkstoffen liegt im spezifischen physikalischen und chemischen Aufbau der Molekülstrukturen. Zwischen die lose und filzartig miteinander verknäuelten ungeordneten Molekülketten der Thermoplaste, z. B. Polystyren (PS) oder Cellulosenitrat (CN), die nur durch zwischenmolekulare Wechselwirkungen (s. Abschn. 2.1.10.2) zusammengehalten werden, können die Flüssigkeitsmoleküle leicht eindringen und eine unbegrenzte Quellung bewirken. Das durch Hauptvalenzen (s. Abschn. 2.1.10.1) weitmaschig vernetzte Kettensystem der Elastomeren, wie bei Butadien-Kautschuk (BR) und Siliconkautschuk (SI), ist dagegen schon weniger aufweitbar und kann nur noch in begrenztem Maße quellen. Die eng vernetzten Strukturen der Duromeren, wie Phenol-Formaldehyd-Harze und stark vernetzte Polyurethane (PUR), sind dagegen praktisch weder löslich noch quellbar.

Bei den Thermoplasten setzen kristalline Bereiche, wie sie beim Polyethylen (PE) oder Polyoximethylen (POM) vorliegen, wegen des größeren Ordnungszustandes dem Eindringen von Flüssigkeiten einen erhöhten Widerstand entgegen. Deshalb ist die Quellbarkeit von teilkristallinen Thermoplasten eingeschränkt, und es wird eine verzögerte Auflösung beobachtet. Ihre Beständigkeit steigt im Allgemeinen mit dem Grad der Kristallinität an.

Von Einfluss sind fernerhin Art und Struktur der Flüssigkeit selbst. Als Faustregel gilt, dass die Quellbarkeit bzw. Löslichkeit mit der Ähnlichkeit der Grundstrukturen von Polymeren und Flüssigkeit zunimmt. So wird z. B. das unpolare nur methylsubstituierte Alkan Polyisobutylen (PIB) von anderen Alkanen des Typs C_nH_{2n+2} sowie Benzen gelöst. Beim Polyvinylchlorid ist Dichlorethen erfolgreich, während die unpolaren Alkane nicht als Lösungsmittel geeignet sind.

Eine Molekülkette wird durch angreifende Flüssigkeitsmoleküle umso schwerer aus dem Molekülverband gelöst, je stärker die Kräfte zwischen den nebeneinander liegenden Ketten und je länger die Ketten sind. Die Kräfte, die das flüssige Medium auf die Molekülketten ausübt, müssen deshalb so groß sein, dass sie die zwischen den Ketten wirkenden Kräfte überwinden können. Vermag die sich um das Kettenmolekül bildende Solvatschicht die Rückassoziation bereits gelöster Verbindungsstellen zu verhindern, so werden die Ketten völlig getrennt und gleichzeitig über den zur Verfügung stehenden Flüssigkeitsraum verteilt. Sie lösen sich in der Flüssigkeit auf, bleiben aber als Makromoleküle bestehen. Sind jedoch die Kräfte zwischen den Polymerketten größer als die zwischen Polymer- und Flüssigkeitsmolekülen, so bleibt der Vorgang auf eine Quellung beschränkt. Das Gleiche ist der Fall, wenn die Wechselwirkungen innerhalb des flüssigen Mediums stärker als die zwischen Flüssigkeit und Polymeren sind.

In den Polyamiden z. B. bestehen starke zwischenmolekulare Kräfte infolge der Ausbildung von Wasserstoffbrückenbindungen der CO- und NH-Gruppen sowie schwächer wirkende Dispersionskräfte zwischen den paraffinischen Kettenabschnitten. Polyamide werden deshalb von solchen Stoffen gelöst, die ebenfalls Wasserstoffbrückenbindungen (oder Ionenbindungen durch Anlagerung von Wasserstoffionen) bilden und damit die CO … NH-Brücken öffnen können. Das Wasser erfüllt zwar prinzipiell diese Voraussetzungen. Es ist aber durch eigene zwischenmolekulare Kräfte so stark assoziiert, dass der Angriff auf eine Quellung beschränkt bleibt.

Bei der Quellung vermindert sich gemäß Gl. (3.9) die freie Enthalpie G des Systems Polymer-Flüssigkeit stets, indem sich die innere Energie U (Einfluss zwischenmolekularer Wechselwirkungen), das Volumen des Systems V (Zunahme des Volumens des Polymeren, Abnahme des Volumens des flüssigen Mediums) und die Entropie S (als Maß des Ordnungszustandes) ändern. Aufgrund der Abnahme der Ordnung nimmt S bei Thermoplasten zu. Bei Elastomeren kann S wegen Verbesserung der Ordnung der Kettenabschnitte zwischen den Vernetzungsstellen abnehmen.

Solange $\Delta G < 0$, d. h. $T\Delta S > \Delta H$ ist ($\Delta H = \Delta U + p\Delta V$), findet spontan starke und immer weiter fortschreitende (unbegrenzte) Quellung statt. Stark negativ wird ΔG dann, wenn bei großer Änderung der Entropie $\Delta H \approx 0$ bleibt. Wird dagegen $\Delta G = 0$, d. h. $\mathrm{T}\Delta S = \Delta H$, dann stellt sich ein Gleichgewicht zwischen dem gequollenen Polymeren und der Flüssigkeit, in der ggf. einzelne Molekülfäden gelöst sein können, ein.

Theoretische Überlegungen (beispielsweise von *W. Holzmüller* und *K. Altenburg* oder in [16]) haben ergeben, dass ΔH wesentlich von den Unterschieden der *Kohäsionsenergiedichten* des Polymeren e_H und des flüssigen Mediums e_L als Maß der bestehenden zwischenmolekularen Wechselwirkungen abhängt. Unterscheiden sich beide Werte kaum ($e_H \approx e_L$, woraus $\Delta H \approx 0$ folgt), dann tritt unbegrenzte Quellung ein. Weichen beide Werte erheblich voneinander ab, erscheint eine Quellung unwahrscheinlich. Bei Kenntnis der Kohäsionsenergiedichten verschiedener Polymerer und Flüssigkeiten lassen sich also Vorhersagen über das zu erwartende Verhalten eines Systems treffen, die auch auf Flüssigkeitsgemische aus zwei und mehr Komponenten erweitert werden können.

Vielfach hat die Quellung gleichzeitig eine Weichmachung des Polymeren zur Folge. Die eindringenden Flüssigkeitsmoleküle schwächen die zwischenmolekularen Wechselwirkungen, der Abstand und die Beweglichkeit der Makromoleküle zueinander vergrößern sich. Einfriertemperatur und Elastizitätsmodul fallen ab, während die Verformbarkeit wächst. Der gequollene Werkstoff erweicht. Meistens sind solche Veränderungen unerwünscht.

In einigen Fällen können die zur Quellung führenden Flüssigkeiten aber auch eine Versprödung des Polymers durch das Herauslösen von Weichmachern verursachen, z. B. des Dioctylphthalats (DOP) beim Weich-PVC oder des Kampfers beim Cellulosenitrat (CN). Daraus hergestellte Teile werden dadurch geschädigt und gegebenenfalls funktionsunfähig.

8.3.2 Schädigung durch chemische Reaktionen

Der Quellung folgen häufig chemische Reaktionen zwischen Fremdmolekülen und dem Polymer bzw. Zusatzstoffen. In Wasser und wässrigen Medien, vor allem bei hohen Wasserstoff- oder Hydroxidionenkonzentrationen, wie sie beispielsweise anorganische Säuren bzw. Basen haben, erleiden Polymere mit bestimmten funktionellen Gruppen (Amide, Ester, Nitrile) eine Hydrolyse. Sitzen diese Gruppen als Substituenten an der Kette, so wird bei der chemischen Reaktion die Molmasse nicht wesentlich verändert. Sind sie aber Bestandteil der Hauptkette, so bewirkt die Hydrolyse über einen Kettenabbau, dass sich die Eigenschaften stark verändern. Bei Polyamiden erfolgt die Hydrolyse nach dem Schema entsprechend Gl. (8.49)

$$R^1-\underset{\underset{O}{\|}}{C}-\underset{\underset{H}{|}}{N}-R^2 + H_2O \longrightarrow R^1-\underset{\underset{O}{\|}}{C}-OH + H-\underset{\underset{H}{|}}{N}-R^2 \tag{8.47}$$

(R^1, R^2 Molekülrest als Kurzzeichen der Polymerkette); wegen der Wasserstoffbrückenbindung zwischen den Makromolekülen treten Hydrolyseerscheinungen mit H_2O aber erst bei hohen Temperaturen ein (oberhalb 180 °C).

Organische Säuren wie Mono-, Di- oder Polycarbonsäuren, reagieren entsprechend dem einfachen Hydrolyseschema über Umamidierung nach Gl. (8.50)

$$R^1-\underset{\underset{O}{\|}}{C}-\underset{\underset{H}{|}}{N}-R^2 + R^3-C\begin{matrix}\nearrow O\\ \searrow OH\end{matrix} \longrightarrow R^1-\underset{\underset{O}{\|}}{C}-OH + R^3CO-\underset{\underset{H}{|}}{N}-R^2 \tag{8.48}$$

(R^3 organischer Rest, z. B. $-CH_3$ oder H–)

Oxidierende Säuren und Basen können ebenfalls zu chemischen Reaktionen führen, die oft in Form von Hydrolyse ablaufen.

An der Atmosphäre, bei der Bewitterung, überlagern sich chemische, photochemische und thermische Prozesse. Chemische Reaktionen in Verbindung mit Quellung führen zu einer Verschlechterung der mechanischen Eigenschaften. Harte Polymere verspröden meist und Elastomere verhärten. Dies wirkt sich besonders negativ bei Folien und Fäden aus, deren große spezifische Oberfläche eine Schädigung begünstigt.

Die in Polymerwerkstoffen enthaltenen *Hilfsstoffe* und *Füllstoffe* können gleichfalls Veränderungen erleiden. Sie können durch aggressive Medien auch völlig zerstört werden. Die Schädigung dieser Stoffe bedeutet stets eine Verschlechterung der Eigenschaften des Werkstoffs. Unter Umständen können dadurch auch Abbauprozesse der Makromoleküle katalytisch beeinflusst werden. Da es sich bei den Hilfs- und Füllstoffen um chemisch außerordentlich unterschiedliche Stoffe handelt, ist eine Verallgemeinerung der ablaufenden Reaktionen nicht möglich.

8.3.3 Spannungsrisskorrosion von Polymeren

Diese bereits bei Metallen besprochene Korrosionsart ist auch bei Polymerwerkstoffen anzutreffen. Wie bereits in Abschnitt 8.1.7 erörtert, sind auch bei ihnen die Anwesenheit eines spezifisch wirksamen Mediums sowie innere und/oder äußere Zugspannungen zu ihrer Auslösung erforderlich. Meist genügt die Anwesenheit von Feuchtigkeit. In einer Reihe von Fällen müssen jedoch oberflächenaktive Medien vorhanden sein. Die vermutlich durch Herauslösen von niedermolekularen Bestandteilen oder Verunreinigungen sowie durch Quellen (Solvatation) verursachten Gleitvorgänge führen in den unter Spannung stehenden Zonen zur Rissbildung (Crazes). Temperaturerhöhung beschleunigt diesen Prozess [17]. Durch die Benetzung der Oberfläche wird an den Schwachstellen die Kerbspannung erhöht und als Folge davon die zum Bruch erforderliche Spannung erniedrigt. Außerdem diffundiert das benetzende oder quellende Medium in das Innere, wodurch der Zusammenhalt der Kettenmoleküle gelockert, die Bildung und Erweiterung der Risse gefördert und die Risswachstumsgeschwindigkeit erhöht wird. Bei teilkristallinen Thermoplasten können durch den im amorphen und kristallinen Bereich unterschiedlichen Quellgrad Eigenspannungen entstehen, die gleichfalls die Rissbildung begünstigen. Auch hochkristalline, relativ kurzkettige Polymere, wie niedermolekulares Polyethylen, können spannungsrissanfällig sein.

Sofern die Quellung im Polymerwerkstoff einen Weichmachereffekt verursacht (s. Abschn. 8.3.1), kann bei kleinen mechanischen Spannungen die Rissbildung manchmal wieder zum Stillstand kommen, da infolge der Erniedrigung der Einfriertemperatur die Spannungen durch Relaxationsprozesse der Makromoleküle abgebaut werden. Vernetzte Polymere zeigen wegen der größeren Stabilität gegenüber Quellung nur geringe oder überhaupt keine Spannungsrissanfälligkeit.

Die Spannungsrisskorrosion spielt eine große Rolle bei Behältern, Auskleidungen, Rohren, Kabeln und ähnlichen Erzeugnissen, die unter Zugspannung stehen und mit oberflächenaktiven Medien in Berührung kommen.

Alle Maßnahmen, die zu einer Verbesserung der Beweglichkeit der Molekülketten führen, vermindern die Spannungsrisskorrosion: innere und äußere Weichmachung und Anwendung oberhalb der Einfriertemperatur (also im Zustand der unterkühlten Schmelze) sowie eine zusätzliche Vernetzung in thermoplastischen Werkstoffen.

8.4 Korrosion in Schmelzen

Oxid- und Salzschmelzen werden technisch als Wärmespeicher oder -träger genutzt. Sie sind außerdem Bestandteil unerwünschter Ablagerungen von Verbrennungsgasen und können erhebliche Schädigungen an Metallen und feuerfesten silicattechnischen Werkstoffen hervorrufen. Auch Glasflüsse und Schlackeschmelzen können das Behältermaterial angreifen. Metallschmelzen führen bei metallischen Behältermaterialien über Legierungsbildung zu einem unerwünschten Abtrag, der im Folgenden jedoch nicht behandelt werden soll.

Oxid- und Salzschmelzen sind ionenleitende Medien, sodass in ihnen elektrochemische Reaktionen ablaufen können [19]. An Metallen sind anodische Auflösung und katodische Reduktion eines Oxidationsmittels zu erwarten. Alkali- und Erdalkalichloride sowie Nitrat-, Sulfat- und Carbonatschmelzen sind weitgehend in Ionen dissoziiert und haben demzufolge eine hohe elektrische Leitfähigkeit. Bei sauerstoffhaltigen Anionen spielt der saure oder basische Charakter der Verbindung eine wesentliche Rolle.

Abweichend von den in wässrigen Lösungen bestehenden und durch den *p*H-Wert charakterisierten Verhältnissen sind hier Basen definiert als Stoffe, die Sauerstoffionen abgeben (O^{2}-Donatoren), und Säuren sind Stoffe, die O^{2-} aufnehmen. Nach dem Schema der Gl. (8.51)

$$\text{Base} \rightarrow \text{Säure} + O^{2-} \tag{8.51}$$

haben Carbonat- und Sulfationen Basencharakter, während CO_2 und SO_3 als Säuren entsprechend den Gln. (8.52) und (8.53) anzusehen sind:

$$CO_3^{2-} \rightarrow CO_2 + O^{2-} \tag{8.52}$$

$$SO_4^{2-} \rightarrow SO_3 + O^{2-} \tag{8.53}$$

In einigen Schmelzen wie denen von MoO_3 oder V_2O_5 und anderen Vanadiumoxiden bzw. Salzen, d. h. bei Ionen mit leicht erfolgendem Wertigkeitswechsel, kann neben der Ionenleitung auch noch Elektronenleitfähigkeit auftreten. Dann können die katodischen Reduktionsvorgänge nicht nur an Metalloberflächen (Behälterwänden), sondern auch im Medium oder an der Grenzfläche Medium-Gasphase erfolgen, was über die damit verbundene Stimulation des katodischen Teilprozesses zu einer erheblichen Verstärkung der Korrosion führt.

Auch in Schmelzen kann die Korrosion großflächiger metallischer Bauteile durch *Korrosionselemente* verstärkt werden, die sich infolge örtlicher Konzentrationsunterschiede in der Schmelze bilden. Solche Konzentrationsunterschiede entstehen durch Konvektion infolge von Temperatur- und Dichteunterschieden sowie durch Diffusions- und Strömungsvorgänge. Die damit verbundenen vor- und nachgelagerten Transportprozesse werden umso mehr begünstigt, je geringer die Viskosität der Schmelze ist. Salzschmelzen zeichnen sich durch eine niedrige Viskosität aus, während Schmelzen mit polymeren Anionen, wie z. B. Silicate, eine hohe Viskosität aufweisen (s. a. Abschn. 3.2.1). Kleine Grenzflächenspannungen Schmelze-Werkstoff erleichtern die Adsorption und Benetzung.

Insbesondere bei feuerfesten Werkstoffen wird die Korrosion durch eine stark porige, d. h. große Oberfläche beschleunigt und ist außerdem von der Korngröße des Materials abhängig. Analog den Spaltkorrosionserscheinungen in wässriger Lösung (Bild 8.2) treten auch in Schmelzen häufig besonders starke Schädigungen an der 3-Phasen-Grenze Werkstoff-Schmelze-Gasphase auf. Ein Beispiel dafür ist die *Spülkantenkorrosion* der feuerfesten Baustoffe, die hauptsächlich auf eine besonders intensive Grenzflächenkonvektion der Schmelze zurückgeführt wird. Bei starker Bewegung der Schmelze ist *Erosionskorrosion* als alleinige oder zusätzliche Ursache von Werkstoffschäden in Betracht zu ziehen.

8.4.1 Korrosion von Metallen in durch Ablagerungen gebildeten Schmelzen

In Rauchgasen enthaltene Alkalisulfate verursachen häufig Korrosionsschäden in Kesselanlagen, Gasturbinen und Müllverbrennungsanlagen. Alkaliverbindungen verdampfen bei hohen Flammentemperaturen und kondensieren an kälteren Apparateteilen. Sie werden durch Reaktion mit SO_3, das neben SO_2 aus dem in allen fossilen Brennstoffen enthaltenen Schwefel durch Verbrennung entsteht, zu Alkalisulfaten umgesetzt. Letztere reichern sich in den aus Flugasche und anderen mitgerissenen Bestandteilen gebildeten Ablagerungen infolge des von der Rauchgasseite zum Metall hin bestehenden Temperaturgefälles auf der Werkstoffoberfläche an. Die Ablagerungen werden meist erst bei höheren Schwefeltrioxidgehalten aggressiv, die bei Anwesenheit von Eisen- und Vanadiumoxiden entstehen, weil diese die SO_3-Bildung katalysieren. Durch Reaktion von Metalloxiden mit SO_3 entstehen einfache oder unter Einbeziehung von Alkalisulfaten nach Gl. (8.54) auch komplexe Sulfate:

$$Fe_2O_3 + 3K_2SO_4 + 3SO_3 \rightarrow 2K_3Fe(SO_4)_3 \tag{8.54}$$

Es bilden sich niedrigschmelzende Eutektika und damit schmelzflüssige Phasen. Das Eutektikum aus K_2SO_4 und $K_3Fe(SO_4)_3$ schmilzt z. B. bei 627 °C. Etwa parallel dazu steigt die Korrosionsgeschwindigkeit stark an. Im Fall von Stählen lässt sich ihre Hochtemperaturkorrosionsbeständigkeit durch Legieren mit Aluminium, Chrom und Silicium verbessern, da deren Oxide entweder keine komplexen Sulfate oder auch relativ stabile Sulfide wie im Falle des Chroms in Form von CrS bilden.

Auch bei Abwesenheit von SO_3 kann der Werkstoff unter schmelzflüssigen Ablagerungen korrodieren, wenn durch die Einwirkung von Sauerstoffionen auf Chrom-, Nickel- oder Aluminiumoxid, wie z. B. gemäß Gl. (8.55)

$$Al_2O_3 + O^{2-} \rightarrow 2AlO_2^- \tag{8.55}$$

die schützende Oxidschicht zerstört wird.

Die Untersuchung der Korrosion von Chromstählen in Alkalisulfatschmelzen hat gezeigt, dass Parallelen zum Korrosionsverhalten in wässrigen Lösungen bestehen. So existiert bei niedrigen Potenzialen ein Bereich mit Schutzschichtbildung und passivitätsähnlichem Verhalten, während die Korrosionsverluste oberhalb eines bestimmten kritischen Potenzials, des Durchbruchspotenzials, stark ansteigen (Bild 8.37). Der Passivbereich

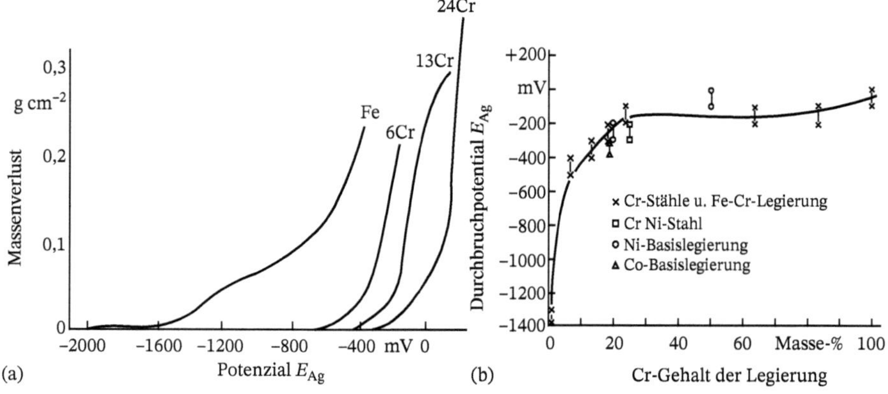

Bild 8.37 Korrosion von Eisen und Chromstählen in Alkalisulfatschmelzen (nach *Rahmel* und *Schwenk*). Eutektische Schmelze aus K_2SO_4 und Na_2SO_4, 625 °C; potenziostatische Halteversuche 15 h; E_{Ag} Potenziale, bezogen auf die Silber-Silberchlorid-Bezugselektrode. (a) Flächenbezogener Masseverlust in Abhängigkeit vom Potenzial; (b) Einfluss des Chromgehaltes der Legierung auf das Durchbruchspotenzial.

wird mit steigendem Cr-Gehalt des Stahls erweitert, durch zunehmende SO_3- und K_2SO_4-Gehalte der Schmelze jedoch verengt.

Schäden durch Vanadiumverbindungen treten besonders bei der Verbrennung von Heizölen auf. Heizöle haben zwar einen wesentlich geringeren Aschegehalt als Kohle, aber es entstehen trotzdem Ablagerungen z. B. an Wärmeaustauschflächen. Die in den Ablagerungen enthaltenen Vanadiumoxide und -verbindungen schmelzen bei Temperaturen unter 650 °C. Durch andere Oxide, besonders Na_2O, wird der Schmelzpunkt weiter erniedrigt und die Korrosionsgeschwindigkeit stark erhöht. Für den Ablauf der Korrosion wird neben der Auflösung der Schutzschicht durch die Schmelze auch eine teilweise Umwandlung der Oxide in weniger gut schützende Verbindungen angenommen. Außerdem wird die katodische Sauerstoffreduktion in der Schmelze nach Gl. (8.56)

$$\frac{1}{2}O_2 + 2e \rightarrow O^{2-} \qquad (8.56)$$

durch Vanadiumoxide katalysiert, was wegen der elektronischen Teilleitfähigkeit der Schmelze (s. o.) den Angriff auf das Metall an deckschichtfreien Bereichen verstärkt.

Bei der Verbrennung „klopffester“, bleitetraethylhaltiger Kraftstoffe entstehen bleihaltige Ablagerungen. Die dadurch hauptsächlich an Auslassventilen von Kraftfahrzeug- und Flugzeugmotoren auftretenden Korrosionserscheinungen sind den durch Vanadiumoxiden hervorgerufenen sehr ähnlich, da auch hier die Korrosion nach der Bildung niedrigschmelzender Eutektika stark zunimmt.

In Verbindung mit der Verbrennung von Müll oder fossilen Brennstoffen entstehen chloridhaltige Ablagerungen. Chloride führen zur Ausbildung poröser Deckschichten und bei manchen Fe–Cr-Legierungen zu einem selektiven Angriff entlang den Korngrenzen. Auch die gelegentlich in der Technik verwendeten Chloridschmelzen greifen Stähle sehr stark an.

Werden schützende Deckschichten infolge des Auftretens schmelzflüssiger Phasen teilweise oder völlig zerstört, dann kann es in sauerstoffhaltigen Gasen zur so genannten *katastrophalen Oxidation* kommen, deren Verlauf meist einem linearen Zeitgesetz (Abschn. 8.5) gehorcht. Das ist auch der Grund, weshalb eine Reihe hitzebeständiger Stähle oberhalb 650 °C unter derartigen Bedingungen nicht mehr einsetzbar ist.

8.4.2 Korrosion feuerfester Baustoffe in Schmelzen

Die zu den silicattechnischen Werkstoffen gehörenden feuerfesten Baustoffe werden in den Hochtemperaturprozessen der Metallurgie, der Verbrennung, der Kerntechnik und der Silicatindustrie eingesetzt. Während sie mit metallischen Schmelzen im Allgemeinen nicht reagieren, findet in Salz-, Schlacken- und Glasschmelzen eine Korrosion statt, die auch als *Verschlackung* bezeichnet wird. Sie kann als Auflösung des festen Werkstoffs in der Schmelze oder durch chemische bzw. elektrochemische Reaktion mit nachfolgender Auflösung der Reaktionsprodukte erfolgen. In Einzelfällen, wie der Korrosion von Schamotte durch Silicatschmelzen, in deren Verlauf sich die beständige Verbindung Mullit 3 $3Al_2O_3 \cdot 2SiO_2$ bildet, wird der weitere Angriff durch den Schutzschichtcharakter der Korrosionsprodukte gehemmt.

Eine Vorstufe der Korrosion ist bereits das Eindringen der Schmelze in die Poren des Werkstoffs (Tränkung), das eigenschaftsändernd wirken und die nachfolgenden Korrosionsvorgänge erleichtern kann. Bei mehrphasigen Werkstoffen geschieht der Angriff gewöhnlich selektiv, wobei – analog zu den Metallen – Korngrenzen bevorzugt werden. Auch eingelagerte Glasphasen oder die Mörtelfugen zwischen den feuerfesten Steinen können die Ablösung von Körnern und ganzen Oberflächenbereichen begünstigen.

Für die Auflösung von Komponenten des feuerfesten Materials gilt das Zustandsdiagramm des entsprechenden Mehrstoffsystems. Sie ist bis zur Sättigung der Schmelze mit der jeweiligen Komponente möglich, d. h. bis zum Erreichen des Subliquidusbereiches.

Über die elektrochemischen Vorgänge bei der Korrosion silicattechnischer Werkstoffe in Schmelzen lassen sich zurzeit noch keine allgemein gültigen Aussagen machen.

8.5 Korrosion der Metalle in heißen Gasen

Die Beständigkeit der metallischen Werkstoffe wird bei hohen Temperaturen häufig durch Reaktionen mit Gasen (Sauerstoff und anderen Nichtmetallen bzw. deren Verbindungen) beeinträchtigt. Die Reaktion mit Sauerstoff ist als *Verzunderung* und das gebildete feste Korrosionsprodukt als *Zunder* bekannt. Die Verzunderung hat vor allem in Verbindung mit Stählen, die dem Sauerstoff, der Luft oder technischen Gasgemischen mit Wasserdampf oder Kohlendioxid ausgesetzt sind, größere technische Bedeutung.

Wie eingangs dieses Kapitels bereits erörtert, ist eine Oxidation dann gegeben, wenn der Sauerstoffpartialdruck an der Phasengrenze Metall-Gas größer als der Gleichgewichtsdruck ist. Über die Adsorption, Dissoziation und Ionisierung von Sauerstoffmolekülen und die gleichzeitige Bereitstellung von Metallionen und Elektronen bildet sich auf der Oberfläche des Metalls eine oxidische Erstbedeckung, die häufig mit dem Metall epitaktisch verwachsen ist (Abschn. 3.3, Tab. 3.3) und die die Reaktionspartner räumlich voneinander trennt.

Für den Fortgang und die Geschwindigkeit der Korrosion (d. h. des Schichtwachstums) sind folgende Teilschritte wesentlich (s. a. Abschn. 7.1.3):

- Reaktion an der Grenzfläche Me-Oxid. Dabei treten Me-Ionen und Elektronen aus dem Gitter des Metalls in das Oxidgitter über.
- Reaktion von Me-Ionen durch die Oxidschicht auf Leerstellen bzw. Zwischengitterplätzen des Kationenuntergitters (s. a. Kap. 7.1.1)
- Diffusion von Me-Ionen und Elektronen durch die Oxidschicht.
- Reaktion an der Grenzfläche Oxid-Gas. Nach Dissoziation von O_2 und Ionisation werden Sauerstoffionen in das Oxidgitter eingebaut.
- Antransport von Sauerstoff durch die Oxidphase an die Metalloberfläche
- zusätzlich können auch Sauerstoffionen auf entsprechenden Leerstellen im Oxidgitter an die Grenzfläche Metall/Oxid diffundieren und zu einem Schichtaufbau an der inneren Grenzfläche beitragen.

Für die Verbesserung der Oxidationsbeständigkeit eines Werkstoffs ist es von Bedeutung zu wissen, welcher der Teilschritte am stärksten gehemmt und damit geschwindigkeitsbestimmend ist. Dies kann aus dem Zeitgesetz der Oxidation und aus der Abhängigkeit der *Zunderkonstante* von den Oxidationsbedingungen (T, pO_2, Strömungsgeschwindigkeit) ermittelt werden.

Bei niedrigeren Temperaturen (200 bis 400 °C) fällt die anfänglich hohe Reaktionsgeschwindigkeit meist schnell auf sehr kleine Werte ab, und das Wachstum der Schichtdicke y mit der Zeit t kann häufig durch ein *logarithmisches Zeitgesetz* entsprechend Gl. (8.57) beschrieben werden:

$$y = \mathrm{k}' \ln\left(\frac{t}{\text{konst.}} + 1\right) \tag{8.57}$$

(k′ Konstante). Die so entstandenen und wegen ihrer geringen Dicke (< 0,1 µm) als *Anlaufschichten* bezeichneten Bedeckungen stellen im Allgemeinen keine wesentliche Schädigung des Werkstoffs dar.

Bei höheren Temperaturen entstehen dickere Schichten, die meist nach einem *parabolischen Zeitgesetz* wachsen. Dabei ist die zeitliche Dickenzunahme der schon vorhandenen Schichtdicke umgekehrt proportional:

$$\mathrm{d}y/\mathrm{d}t = \mathrm{k}''/y \tag{8.58}$$

Für $Y_{(t=0)} = 0$ folgt durch Integration

$$Y^2 = 2\mathrm{k}''t \tag{8.59}$$

mit der parabolischen Zunderkonstanten k″. Das parabolische Gesetz tritt bei porenfreien Deckschichten auf, wenn die Diffusionsgeschwindigkeit der Ionen und Elektronen in der Zunderschicht geschwindigkeitsbestimmend ist (s. a. Abschn. 7.1.3). Ist die Bedeckung durch die Oxidschicht infolge von Poren- und Rissbildung unvollständig – das betrifft meist bereits dickere Zunderschichten –, dann kann schließlich die Reaktion an der Phasengrenze Metall-Gas oder der Antransport des Sauerstoffs geschwindigkeitsbestimmend werden. In diesem Fall wird ein *lineares Zeitgesetz* nach Gl. (8.60) beobachtet:

$$y - y_0 = \mathrm{k}'''t \tag{8.60}$$

y_0 ist die Schichtdicke bei t_0, d. h. dem Zeitpunkt des Gültigkeitsbeginns der Gl. (8.58), und k‴ die lineare Zunderkonstante.

8.5.1 Oxidation (Zundern) von Eisen

Bei Metallen mit verschiedenen Wertigkeitsstufen setzt sich der Zunder im Allgemeinen schichtenförmig aus Oxiden zusammen, in denen die Wertigkeit des Metalls von der Metall- zur Gasphase hin zunimmt. Auf Eisen entsteht bei Temperaturen über 570 °C in Sauerstoff oder Luft ein Zunder mit der Schichtenfolge $Fe–FeO–Fe_3O_4–Fe_2O_3–O_2$. Dabei beträgt der Anteil des *Wüstits* (FeO) fast 90 %, während auf den Magnetit (Fe_3O_4) 7 bis 10 % und auf die *Hämatit*schicht (Fe_2O_3) nur etwa 1 bis 3 % entfallen. Bei langsamer Abkühlung unter 570 °C zerfällt der Wüstit

$$4\,FeO \rightarrow Fe_3O_4 + Fe \tag{8.61}$$

in Eisen und Magnetit. Wegen der unterschiedlichen Dichte und der im Vergleich zu FeO geringeren „Fließfähigkeit“ des Fe_3O_4 sind die so entstandenen Schichten spröde und mikrorissig. Durch rasche Abkühlung, wie sie z. B. beim Warmwalzen von Blechen vorliegt, kann die Umwandlung jedoch unterdrückt werden und der Zunder haften bleiben (Klebzunder). Die Fe_2O_3-Bildung wird bei niedrigen Temperaturen durch Hemmung der Keimbildung verzögert.

Über die Transportvorgänge in der oberhalb 570 °C gebildeten Oxidschicht bestehen folgende Vorstellungen (Bild 8.38) [2]. An der Phasengrenze I treten ionisierte Eisenatome aus dem Metallgitter in das FeO, das ein nichtstöchiometrischer Ionenkristall mit Metallunterschuss ist, über und besetzen dort die Eisenionenleerstellen V_{Fe}''' und die freigesetzten Elektronen die Elektronendefektstellen h nach Gl. (8.62):

$$\{Fe\}_{Fe} + \{V_{Fe}'' + 2h^{\cdot}\}_{FeO} \rightarrow \{Fe_{Fe}^{x}\}_{FeO} \tag{8.62}$$

Dabei stehen die Zeichen »·« für eine positive, »'« für eine negative Überschussladung und »x« für Neutralität gegenüber dem Idealkristall. Elektronendefektstellen können höher geladene Fe^{3+}-Ionen sein, die auf einem Fe^{2+}-Gitterplatz sitzen. Die Phasengrenze I wandert infolge der Reaktion (8.60) von rechts nach links, die Eisenionen und Elektronen in entgegengesetzter Richtung (Bild 8.38). Den entsprechenden Konzentrationsgradienten der Leer- und Elektronendefektstellen zeigt Bild 8.38b.

An der Phasengrenze II entsteht ein Teil der im FeO wandernden Leer- und Elektronendefektstellen

$$\{2Fe_{Fe}^{x}\}_{FeO} + \{V_{Fe}'' + V_{Fe}''' + 5h^{\cdot}\}_{Fe_3O_4} \rightarrow \{2V_{Fe}'' + 4h^{\cdot}\}_{FeO} + \{Fe\,(II)_{Fe}^{x} + Fe\,(III)_{Fe}^{x}\}_{Fe_3O_4} \tag{8.63}$$

durch den Übertritt von Fe-Ionen und Elektronen aus dem FeO- in das Fe_3O_4-Gitter. Daneben erfolgt die FeO-Bildung durch Phasenumwandlung

$$Fe_3O_4 \rightarrow 3FeO + \{O^{x}\} + \{V_{Fe}'' + 2h^{\cdot}\} \tag{8.64}$$

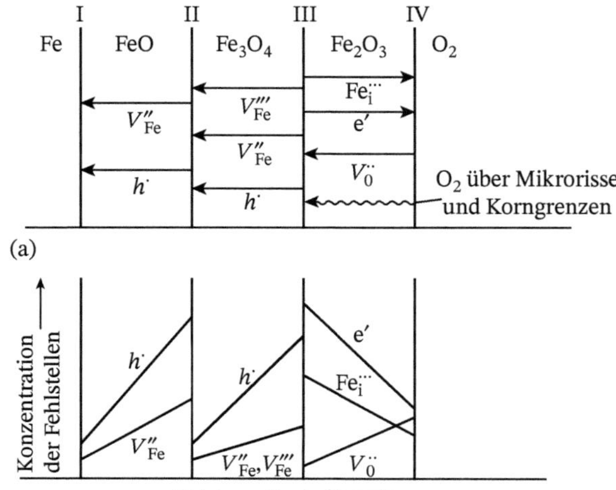

Bild 8.38 Transportvorgänge bei der Oxidation von Eisen in Sauerstoff (nach *Rahmel* und *Schwenk).* (a) Transportvorgänge; (b) Konzentration der Fehlstellen.

In der Fe_3O_4-Schicht wandern Fe-II- und Fe-III-Ionenleerstellen und Elektronendefektstellen. Die an der Phasengrenze II vernichteten V''_{Fe}, V'''_{Fe} und $h^{\cdot}$ im Fe_3O_4 werden durch Reduktion an der Phasengrenze III Fe_3O_4–Fe_2O_3 neu gemäß Gl. (8.65)

$$12Fe_2O_3 \rightarrow 8Fe_3O_4 + 4\{O^x\} + \{ \tag{8.65}$$

erzeugt.

Während die Wüstit- und die Magnetitschicht ausschließlich über eine nach außen gerichtete Wanderung von Eisenionen und Elektronen wächst, wird für die Fe_2O_3-Schicht wegen der etwa gleich großen Diffusionskoeffizienten für Eisen und Sauerstoff eine nach innen gerichtete Wanderung von Sauerstoffionen über $V_ö$ neben der von Fe-III-Ionen nach außen angenommen. Es wird weiter vermutet, dass zusätzlich zur Diffusion der Ionen über Punktdefekte noch molekularer Sauerstoff über Mikrorisse, Korngrenzen oder Versetzungen eindiffundiert, sodass Fe_2O_3 sowohl an der Phasengrenze IV

$$\{2Fe^{\cdots} + 6e\}_{Fe_2O_3} + \frac{3}{2}O_2 \rightarrow Fe_2O_3 \tag{8.66}$$

als auch an der Grenze III infolge Sauerstoffionenwanderung entsteht:

$$2Fe_3O_4 + \{O^x\} \rightarrow 3Fe_2O_3 + \{V_ö + 2e\}_{Fe_2O_3} \tag{8.67}$$

Die Vernichtung der Sauerstoffionenleerstellen geschieht an der Phasengrenze IV nach Gl. (8.68)

$$\left\{\frac{1}{2}O_2 + V_ö + 2e\right\}_{Fe_2O_3} \rightarrow \{O_O^x\}_{Fe_2O_3} \tag{8.68}$$

Über das Einwandern von molekularem Sauerstoff und die Reaktion mit Fe_3O_4 ist außerdem noch eine Fe_2O_3-Bildung an der Phasengrenze III möglich:

$$2Fe_3O_4 + \frac{1}{2}O_2 \rightarrow 3Fe_2O_3 \tag{8.69}$$

8.5.2 Oxidation von Legierungen

Die bei der Oxidation von Legierungen entstehenden Zunderschichten können sich von denen des Eisens hinsichtlich Aufbau und Eigenschaften der Oxide, d. h. Gittertyp, Fehlordnungsstruktur und Transporteigenschaften, maßgeblich unterscheiden.

Von technisch hervorragender Bedeutung ist die Herabsetzung der Oxidationsgeschwindigkeit des Eisens durch die Legierungselemente Cr, Al und Si. Die Zunderbeständigkeit hochlegierter Stähle wird in entscheidendem Maße von ihrem Cr-Gehalt bestimmt. Bei 25 bis 30 % Cr weist die *Zunderkonstante* ein Minimum auf (Bild 8.39), was auf die verschlechterten Transporteigenschaften der in diesem Konzentrationsbereich existierenden festen Lösung aus Fe_2O_3 und Cr_2O_3 zurückzuführen ist. Aluminiumzusätze bewirken eine weitere Verringerung der Zundergeschwindigkeit, besonders wenn eine zusammenhängende Al_2O_3-Schicht entstehen kann, was bei Heizleiterlegierungen mit 25 % Cr und 5 % Al oberhalb 900 °C der Fall ist. Si wirkt sich durch die Bildung eines SiO_2-Films zwischen Legierung und Cr_2O_3-Schicht bereits bei geringen Gehalten günstig aus.

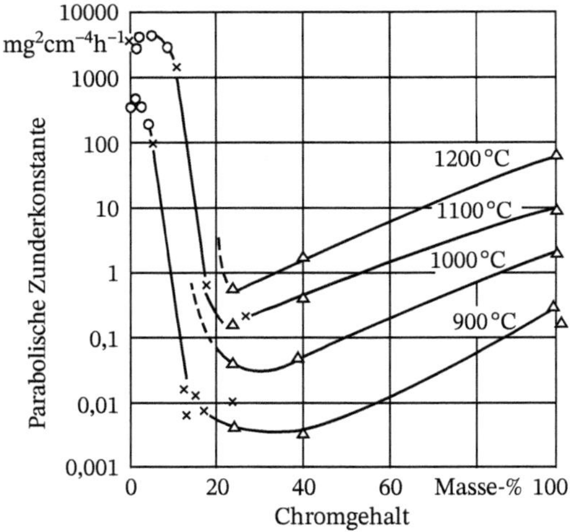

Bild 8.39 Einfluss des Cr-Gehaltes und der Temperatur auf die parabolische Zunderkonstante von Eisen-Chrom-Legierungen in reinem Sauerstoff mit pO_2 = 0,1 MPa (nach *Rahmel* und *Schwenk*).

Bei hochlegierten Cr- und CrNi-Stählen bildet sich bei nicht zu hohen Temperaturen eine Cr_2O_3-reiche Deckschicht aus (Typ A in Bild 8.40). Die Oxidationsgeschwindigkeit ist in diesem Temperaturgebiet gering. Oberhalb eines bestimmten, vom Cr-Gehalt des Stahls und der Temperatur abhängigen Bereichs entstehen Wüstit- und Fe–Cr-spinellhaltige Oxide (Typ B), und die damit verbundene Oxidationsgeschwindigkeit ist hoch. Für den technischen Einsatz der Stähle ist deshalb die obere Temperaturgrenze des Typs A wichtig.

8.5.3 Schädigung von Stahl durch Druckwasserstoff

In Syntheseanlagen, die mit *Druckwasserstoff* arbeiten, wie solche für die Ammoniaksynthese, können infolge einer Entkohlung Schäden größeren Ausmaßes auftreten. Oberhalb 200 °C wird der durch thermische Dissoziation entstandene atomare Wasserstoff im Stahl gelöst, wo er mit dem Eisencarbid reagiert und nach Gl. (8.70) Methan bildet:

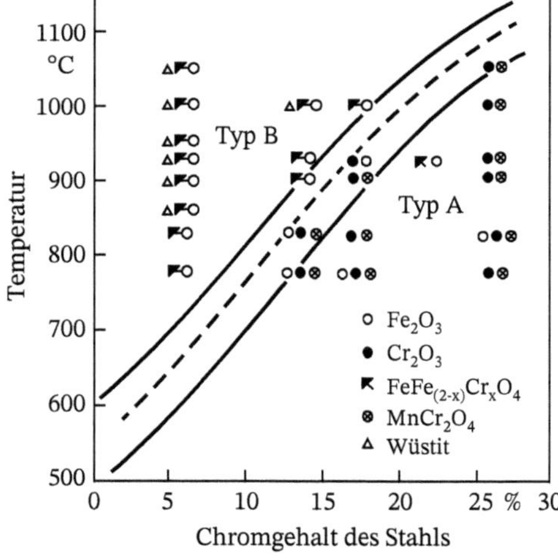

Bild 8.40 Einfluss der Temperatur und des Cr-Gehaltes technischer Chromstähle auf die Zusammensetzung des Zunders (nach *Rahmel* und *Schwenk*). Typ *A* gute, Typ *B* schlechte Schutzwirkung. Die Kurven kennzeichnen den Temperaturbereich des Übergangs *A* → *B* nach 10 bis 20 h Glühdauer an Luft.

$$Fe_3C + 4H_{(Fe)} \rightarrow CH_4 + 3Fe \quad (8.70)$$

das nicht entweichen kann und unter hohem Druck steht. Die mechanischen Eigenschaften des Stahls werden auf diese Weise durch Entkohlung und Versprödung verschlechtert, sodass an Einschlüssen, Korngrenzen sowie auftretenden Materialtrennungen zum Ausgangspunkt für Sprödbrüche werden können. Durch Zulegieren von Elementen wie Chrom, Molybdän, Wolfram und Vanadin, deren Affinität zum Kohlenstoff größer als die des Eisens ist und die deshalb unter den genannten Bedingungen stabile Carbide bilden, lässt sich die Beständigkeit gegenüber Druckwasserstoff verbessern. Außerdem können austenistische CrNi-Stähle für alle üblichen Hochdruckverfahren eingesetzt werden, da ihr Kohlenstoffgehalt sehr niedrig ist ($\leqq 0{,}1$ % C).

8.5.4 Aufkohlung und Metal Dusting

In Anlagen der chemischen und der petrolchemischen Industrie kommen Werkstoffe bei erhöhten Betriebstemperaturen vielfach in Kontakt mit aufkohlend wirkenden Gasen, die z. B. bei der Ethenproduktion durch Cracken von langkettigen Kohlenwasserstoffen entstehen. Im Allgemeinen enthalten die aufkohlend wirkenden Atmosphären CO, CH_4 aber auch CO_2 und H_2O. Während Aufkohlungen als thermochemische Behandlungen zu einer gewünschten Eigenschaftsverbesserung vielfach bei Eisenwerkstoffen genutzt werden, gibt es auch Bedingungen, die zu Werkstoffschädigungen führen. Beispielsweise werden in Fe–Cr–Ni-Legierungen unter C-abgebender Gasatmosphäre Carbidbildungen beobachtet, die je nach C-Gehalt und Zeit zu $Me_{23}C_6$ bzw. Me_7C_3 führen können, wobei die Carbidausscheidungen in das Innere des Werkstoffes fortschreiten. Das zunächst entstandene $Me_{23}C_6$ bildet sich in Me_7C_3 um. Diese innere Carbidbildung verschlechtert besonders die Zähigkeit bei niedrigen Temperaturen. Eine besonders katastrophale Aufkohlung kann ein Werkstoff im mittleren Temperaturbereich (400–600 °C) erfahren, die als *Metal Dusting* bezeichnet wird. Dabei wird der Werkstoff in ein feines Pulver aus Metall und Kohlenstoff, gegebenenfalls auch Oxid- und Carbidteilchen, umgewandelt. Der Vorgang beginnt nach schneller Übersättigung des Werkstoffes an Kohlenstoff mit der Bildung des instabilen Carbids Me_3C (Me=Fe, Ni) an der Oberfläche und an den Korngrenzen. Dem folgt die Zersetzung des Carbids

$$Me_3C \rightarrow 3\,Me + C \quad (8.71)$$

Die dabei entstehenden feinen Metallpartikel beschleunigen die weitere Kohlenstoffaufnahme katalytisch, sodass voluminöse Kohlenstoffablagerungen auf der Metalloberfläche wachsen. Die losen Ablagerungen können durch den Gasstrom unter Bildung lochfraßähnlicher Vertiefungen entfernt werden [20].

8.6 Korrosion feuerfester Werkstoffe in heißen Gasen

Die Beständigkeit von feuerfesten Materialien gegenüber Rauchgasen (Feuerungsabgasen) und reduzierenden Gasen wie Kohlenmonoxid ist von erheblicher technischer Bedeutung. Sie sinkt mit der Porigkeit der Werkstoffe, da das Verhältnis von zugänglicher Oberfläche zum Volumen zunimmt und die gasförmigen Medien leicht in die Poren eindringen können.

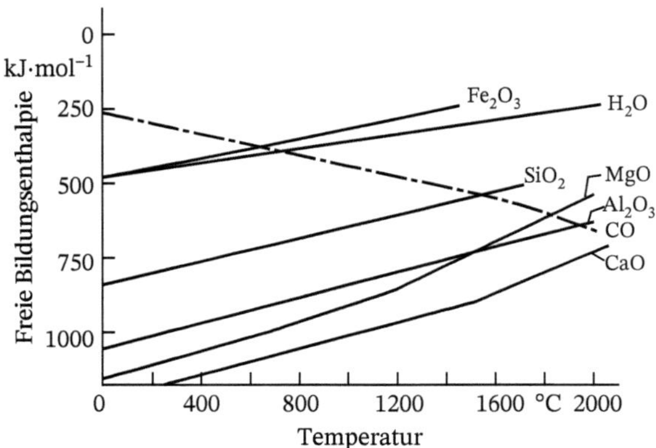

Bild 8.41 Freie Bildungsenthalpie einiger Oxide aus den Elementen (bezogen auf l Mol O_2) in Abhängigkeit von der Temperatur (nach *Babushkin*).

Im Temperaturbereich von 400 bis 800 °C kann Kohlenmonoxid Beton und feuerfeste Werkstoffe zerstören, wenn diese freies Eisenoxid Fe_2O_3 enthalten. Das Eisenoxid katalysiert die Disproportionierung von CO unter Entstehung von Kohlenstoff entsprechend Gl. (8.72)

$$2CO \rightarrow CO_2 + C, \tag{8.72}$$

der sich in fester Form in den Poren ablagert und durch seinen Kristallisationsdruck den Werkstoff zersprengt. Der Kohlenstoff kann aber auch durch direkte Reduktion von oxidischen Bestandteilen das Feuerfestmaterial schädigen. Eine solche Reduktion ist möglich, wenn die Änderung der freien Enthalpie der CO-Bildung kleiner als die für die Entstehung des betreffenden Metalloxids ist ($\Delta G_{CO} < \Delta G_{MedOxid}$). Gemäß Bild 8.41 z. B. wird Magnesiumoxid bei 1.700 °C reduziert:

$$MgO + C \rightarrow Mg + CO \tag{8.73}$$

Siliciumoxid kann schon ab 1.400 °C angegriffen werden. Die Korrosion wird noch dadurch begünstigt, dass die Reaktionsprodukte bei den herrschenden Temperaturen gasförmig sind und schnell abgeführt werden, was einer Verschiebung des Gleichgewichtes der Reaktion (8.71) nach rechts gleichkommt.

Feuerungsgase enthalten häufig dampfförmige Metalle, Metalloxide oder -fluoride, die an den äußeren oder inneren Oberflächen des Werkstoffs kondensieren bzw. sublimieren und dann mit ihm in Wechselwirkung treten. So bildet sich beispielsweise bei Einwirkung von Alkalioxiddämpfen auf Schamotte eine NaO-haltige Glasschmelze, die den Werkstoff angreift. Die Umsetzung kann jedoch auch zur Bildung von festem Feldspat führen. Dann besteht infolge der damit verbundenen Volumenzunahme die Gefahr des Zersprengens.

8.7 Korrosionsschutz

Der *Korrosionsschutz* erstreckt sich von der Verringerung der Korrosionsgeschwindigkeit bis hin zur völligen Vermeidung von Korrosionsschäden. Die Wahl geeigneter Korrosionsschutzmaßnahmen richtet sich nach den jeweiligen Ursachen der Korrosion, wie sie im Vorangegangenen erörtert wurden. Dabei spielen ökonomische Erwägungen, d. h., ob dauerhafte oder nur zeitlich begrenzt wirkende Maßnahmen ergriffen werden, eine nicht unwesentliche Rolle [22].

Bereits bei der Standortwahl einer Anlage (Feuchtigkeit, benachbarte industrielle Emissionsquelle in Hauptwindrichtung) müssen die Fragen der Korrosion Berücksichtigung finden. Korrosionsschäden lassen sich vermeiden bzw. die Nutzungszeiten der Anlagen verlängern, wenn diese korrosionsschutzgerecht konstruiert werden (glatte Oberflächen, Vermeidung von Mulden und Spalten, z. B. bei lösbaren oder unlösbaren Verbindungen, in denen sich Korrosionsmedien und -produkte anreichern können). Im erweiterten Sinn gehören hierzu auch Betrachtungen, die die Möglichkeit des Auftretens von Belastungs- und Werkstoffzuständen betreffen, die zur Spannungs- und Schwingungsrisskorrosion führen. Außerdem ist in korrosionsgefährdeten Anlagen eine laufende Kontrolle des Werkstoffzustandes und der Zusammensetzung der einwirkenden Medien sowie eine Überwachung der Schutzmaßnahmen geboten.

Überwiegend werden beim Korrosionsschutz Maßnahmen des *passiven Korrosionsschutzes* in Form von Beschichtungen und Überzügen eingesetzt, die eine räumliche Trennung von Werkstoff und Medium bewirken. Ihre Qualität hängt ab von der Beständigkeit der Schichtsubstanz, von ihrer Dichtheit und Haftung auf dem Grundwerkstoff sowie von der Schichtdicke. Maßnahmen des *aktiven Korrosionsschutzes* bestehen in einer Beeinflussung des Korrosionssystems, wie z. B. dem Legieren von Werkstoffen und dem Zusatz von Inhibitoren zum angreifenden Medium und der Anwendung von Fremdstrom.

8.7.1 Passiver Korrosionsschutz

Für den passiven Korrosionsschutz werden am häufigsten *organische Schichten* eingesetzt, deren Hauptbestandteil neben bituminösen Stoffen Elastomere auf der Basis von Natur oder modifiziertem Kautschuk sowie Thermomere und Duromere sind. Zur Verarbeitung im flüssigen oder pastösen Zustand für Anstriche oder durch Tauchen, Elektrotauchen sowie mechanisches und elektrostatisches Spritzen werden Lösungs- bzw. Dispergiermittel zugesetzt. Bei der Herstellung dickerer Schichten (einige 100 μm) geht man von Polymerpulvern aus, die auf dem vorher (Wirbelsintern) oder nachträglich zu erwärmenden Werkstück (elektrostatisches Pulverspritzen) aufgeschmolzen oder in schmelzflüssiger Form auf das kalte Werkstück (Flammspritzen) aufgesprüht werden. Noch stärkere Bedeckungen (Dickbeschichtung, etwa 1 mm) stellt man über das Beschichten mittels Extrudieren und Aufwalzen oder durch Auskleiden mit Folien her. Die Wahl von Polymeren als Schichtstoff muss natürlich die im Abschnitt 8.3. dargelegten Möglichkeiten einer Schädigung, insbesondere die Quellung, in Betracht ziehen.

Einen guten Korrosionsschutz bieten auch *metallische Überzüge* vorzugsweise dann, wenn ihre Oberfläche spontan passiviert bzw. durch einen anderweitig schützenden Film bedeckt wird oder das Schichtmetall hinreichend edel ist. Ihre Stärke kann zwischen einigen μm und mm liegen. Dicke Schichten, die vorzugsweise für den chemischen Apparatebau wichtig sind, werden durch Plattieren (Walz-, Schweiß- oder Explosionsplattierungen) erzeugt. Un- und niedriglegierte Stähle beispielsweise werden so mit hochlegierten rost- und säurebeständigen Stählen beschichtet. Für den Schutz gegenüber atmosphärischer Korrosion und in Wässern werden auf Eisenwerkstoffen Zink oder Aluminium durch

Schmelztauchen oder Metallspritzen aufgebracht. Dem Schutz gegen atmosphärische Korrosion dienen auch die für dekorative Zwecke, z. B. im Fahrzeugbau eingesetzten dünnen Nickel- und Chromschichten, die elektrolytisch bzw. stromlos (Ni) abgeschieden werden. Da sich beide Elemente (Cr dank seiner Passivschicht) gegenüber Stahl elektrochemisch edler verhalten, sind bei stärkerer Beanspruchung mehrschichtige Systeme, z. B. Ni–Cr, Cu–Ni–Cr oder Doppelnickelschichten, erforderlich. Bei allen metallischen Substraten ist die an Fehlstellen der Schicht mögliche Ausbildung von Korrosionselementen mit nachfolgender Kontaktkorrosion (vgl. Abschn. 8.1.4) zu beachten.

Ökonomische Lösungen von Korrosionsproblemen auch in Verbindung mit höheren Temperaturen sind – soweit deren Sprödigkeit nicht stört – häufig mit dem Einsatz von anorganisch-nichtmetallischen Schichten gegeben. Hier sind vor allem die *Emails* zu nennen, die meist zweischichtig durch Schmelzen oder Fritten auf den metallischen Grundwerkstoff aufgebracht werden. Je nach der Zusammensetzung des Deckemails weisen die Schichten eine sehr gute Beständigkeit gegenüber Atmosphären, Wässern und Medien der chemischen Industrie auf oder bieten als Hochtemperaturemails einen guten Schutz gegen das Verzundern. Die etwa 0,1 mm dicken Schichten sind elektrisch isolierend, undurchlässig und altern nicht. Ihren guten hygienischen Eigenschaften verdanken sie den Einsatz in der Lebensmittelindustrie und im Haushalt. Speziellen Anwendungen sind *Phosphat-, Chromat- und Oxidschichten,* die über Reaktionen mit geeigneten Medien auf dem Grundwerkstoff erzeugt werden, vorbehalten. Phosphatschichten auf Stahl wirken wegen ihrer Porosität nur kurzzeitig korrosionsschützend, sie verbessern jedoch die Haftung von Anstrichen und hemmen die Unterrostung. Die auf der spontanen Bildung einer Oxidschicht beruhende gute Beständigkeit des Aluminiums an der Atmosphäre kann mit Hilfe einer anodischen Oxidation in Verbindung mit Verdichtungsmaßnahmen noch verbessert werden. Eine höhere Korrosions- und Verschleißfestigkeit kann durch plasmaelektrolytische Oxidation (PEO – plasma electrolytic oxidation) erreicht werden. Bei diesem Verfahren findet eine Anodisierung unter Funkenentladung statt. Für sehr hohe Temperaturen kommen durch Plasmaspritzen aufgebrachte Schichten aus hochschmelzenden Oxiden, Hartstoffen oder Cermets zum Einsatz, die zugleich auch eine erhöhte Verschleißfestigkeit aufweisen [8].

8.7.2 Aktiver Korrosionsschutz

Wie schon erwähnt, bezieht sich der aktive Korrosionsschutz auf die Beeinflussung des Korrosionssystems Werkstoff-Medium selbst. Mediumseitige Maßnahmen hierzu sind:

- Zusatz von *Stabilisatoren*, die eine im Hinblick auf die korrodierende Wirkung negative Veränderung des Mediums ausschließen,
- Entfernung aggressiver Bestandteile, wie die weitgehende Herabsetzung des Sauerstoffgehaltes oder der Ausschluss von Chloridionen (Lochfraß, Abschn. 8.1.5),
- Zusatz von Hemmstoffen (*Inhibitoren,* Abschn. 8.1.3), so im Falle neutraler Wässer und Salzlösungen, die Zugabe alkalisierender und deckschichtbegünstigender Carbonate, Phosphate, Silicate oder Benzoate.

Werkstoffseitig kommen folgende Maßnahmen in Frage:

- Legieren von metallischen und polymeren Werkstoffen. Bei den hochlegierten Chrom-Nickelstählen z. B. geschieht dies, um sie unter bestimmten Bedingungen passiv werden zu lassen. Bei Polymerwerkstoffen werden bestimmte Komponenten zugesetzt, um die intermakromolekularen Abstände zu verringern, den Widerstand gegen die Quellung zu erhöhen (Abschn. 8.3.1) oder um eine innere Weichmachung zu erzielen und damit die Spannungsrissanfälligkeit (s. Abschn. 8.3.3) zu vermindern.
- *Stabilisieren* von Polymeren, das die Schädigung durch chemische Reaktionen verhindert oder verringert, indem beispielsweise aktive Zentren im Makromolekül blockiert, die Kettenreaktionen abgebrochen oder entstandene und reaktionsbeschleunigende Peroxide zersetzt werden.
- Einstellung eines möglichst homogenen und spannungsfreien Gefüges durch Wärmebehandlung sowie eines optimalen Oberflächenzustandes (geringe Rauigkeit, fremdstofffrei)
- elektrochemischer Schutz, bei dem das Potenzial des zu schützenden Werkstoffs durch anodische oder katodische Polarisation aus dem mit einer Korrosion verbundenen Potenzialbereich verschoben wird.

Der *anodische Schutz* ist nur für passivierbare Systeme anwendbar und wurde bereits in Abschnitt 8.1.3 behandelt. Beim *katodischen Schutz* wird das Metall katodisch polarisiert, d. h., es wird ihm ein Potenzial vorgegeben, das praktisch keine Bildung von Metallionen zulässt. Bei dem als „katodischer Schutz mit Fremdstrom" bezeichneten Verfahren wird das zu schützende Werkstück an eine äußere Gleichspannungsquelle unter Verbindung mit einer z. B. aus Ferrosilicium oder Graphit bestehenden, d. h. möglichst wenig löslichen Fremdstromanode angeschlossen. Im Gegensatz dazu wird das Metall beim „katodischen Schutz mittels Schutzanode (Opferanode) nur mit dieser leitend verbunden. In dem so entstandenen Element korrodieren die unedleren *Schutzanoden,* die meist aus Magnesium oder Zink und dessen Legierungen bestehen. Das zu schützende Metall wird zur Katode. Durch katodischen Schutz werden in großem Umfang Kabel und erdverlegte Rohre sowie Behälter der chemischen Industrie vor Korrosion bewahrt. Er kann durch einen zusätzlichen passiven Schutz (z. B. Rohrumkleidungen) noch wesentlich verbessert werden.

Literaturhinweise

1 Kaesche, H. (1990). *Die Korrosion der Metalle.* Berlin/Heidelberg/New York/London/Paris/Tokyo/Hong Kong/Barcelona: Springer-Verlag.

2 Rahmel, A. und Schwenk, W. (1977). *Korrosion und Korrosionsschutz von Stählen.* Weinheim/New York: Verlag Chemie.

3 Wranglen, G. (1985). *Korrosion und Korrosionsschutz.* Berlin: Springer-Verlag.

4 Heitz, E., Henkhaus, R. und Rahmel, A. (1990). *Korrosionskunde im Experiment, Untersuchungsverfahren. Messtechnik – Aussagen.* Weinheim/New York/Basel/Cambridge: Verlag Chemie.

5 Gräfen, H. und Rahmel, A. (Hrsg.) (1994). *Korrosion verstehen – Korrosionsschäden vermeiden, Bd. I und II.* Bonn: Verlag Irene Kuron.

6 Jones, O.A. (1992). *Principles and Prevention of Corrosion.* New York: Macmillan Publishing Company.

7 Knacke, O., Kubaschewski, O. und Hesselmann, K. (eds.) (1991). *Thermochemical Properties of Inorganic Substances.* Berlin: Springer.

8 Schatt, W., Simmchen, E. und Zouhar, G. (1998). *Konstruktionswerkstoffe des Maschinen- und Anlagenbaues.* 5. überarb. Auflage. Stuttgart: Deutscher Verlag für Grundstoffindustrie.

9 Garz, I. (1994). Korrosionsprüfung. In: *Werkstoffprüfung.* (Hrsg. H. Blumenauer), Leipzig, Stuttgart: Deutscher Verlag für Grundstoffindustrie.

10 Vetter, K.J. (1961). *Elektrochemische Kinetik.* Berlin/Göttingen/Heidelberg: Springer-Verlag.

11 Forker, W. (1989). *Elektrochemische Kinetik.* Berlin: Akademie-Verlag.

12 Daniell, J.F., Kurtz, B.R. und Ke, R.W. (1992). *Journal of the Electrochemical Society* 139 (6): 1573–1580.

13 Vogel, W. (1992). *Glaschemie.* Berlin/Heidelberg/New York.

14 Kraus, K. (1988). *Bautenschutz und Bausanierung* 5: 143.

15 Schmiedel, H. (Hrsg.) (1992). *Handbuch der Kunststoffprüfung.* München: Carl Hanser Verlag.

16 Grobe, J., Stoppeck-Langer, K., Müller-Warmuth, W. et al. (1993). *Nachr. Chem. Techn. Lab.* 41: 1233–1240.

17 Domininghaus, H. (1999). *Die Kunststoffe und ihre Eigenschaften.* Düsseldorf: Springer Verlag.

18 Frishat, G.H. (1982). Korrosion. In: *Handbuch der Keramik.* Freiburg i. Breisgau: Verlag Schmid GmbH.

19 Rahmel, A. Korrosion unter Ablagerungen und in Salzschmelzen. In: *[8.2].*

20 Grabke, H.J. und A. Rahmel: Aufkohlung und Metal Dusting von FeCrNi-Legierungen. In: *[8.2].*

21 Babushkin, V.J., Matveev, G.M., Mcedlov-Petrosjan, O.P. et al. (1985). *Thermodynamik der Silikate.* Berlin/Heidelberg/New York/Tokyo: Springer-Verlag.

22 Simon, H. und Thoma, M. (1989). *Angewandte Oberflächentechnik metallischer Werkstoffe.* Wien: Carl Hanser Verlag.

23 Tostmann, H. (2001). *Korrosion – Ursachen und Vermeidung.* Weinheim: Wiley-VCH.

24 Kunze, E. (Hrsg.) (2001). *Korrosion und Korrosionsschutz.* Berlin: Wiley-VCH.

25 Schütze, M. (ed.) (2000). *Corrosion and Environmental Degradation (Vols. I & II).* Weinheim: Wiley-VCH.

26 Revie, W. (2000). *Uhlig's Corrosion Handbook.* 2. Aufl. Weinheim: Wiley-VCH.

27 Heitz, E., Henkhaus, R. und Rahmel, A. (1990). *Korrosionskunde im Experiment.* 2. Aufl. Weinheim: VCH.

9 Mechanische Erscheinungen

Die mechanischen Erscheinungen werden von der Reaktion des Werkstoffs auf eine Belastung durch einwirkende Kräfte oder Momente bestimmt. Die dadurch verursachte mechanische Beanspruchung des Werkstoffs kann prinzipiell zu folgenden Erscheinungen führen:

- *reversible Verformung*, bei der eine durch die Belastung verursachte Formänderung sofort bzw. zeitverzögert eintritt und diese nach Entlastung sofort bzw. zeitverzögert wieder verschwindet (energie- und entropieelastische sowie viskoelastische Verformung),
- *irreversible* (bleibende) *Verformung*, bei der eine durch die Belastung verursachte Formänderung auch nach einer Entlastung erhalten bleibt (plastische sowie viskoplastische und viskose Verformung),
- *Bruch* infolge einer Ausbreitung eines Risses in makroskopischen Bereichen.

Unter *Festigkeit* versteht man Grenzbeanspruchungen (Spannungen), die von Werkstoffen/Bauteilen nicht überschritten werden dürfen. Festigkeitskennwerte können dabei nach der jeweils zu vermeidenden Konsequenz unterschieden werden. Sie können einerseits mit dem Eintreten einer plastischen Verformung, andererseits mit dem Beginn einer stärkeren plastischen Verformungslokalisierung (Einschnürung) bzw. dem Bruch einer Probe bei maximaler Belastung in Verbindung stehen. *Zähigkeit/Duktilität* ist die Fähigkeit eines hochbeanspruchten Werkstoffs, durch dissipative Prozesse mechanische Energie zu absorbieren. Insbesondere bei Metallen ist diese Eigenschaft vorrangig auf plastische Verformungsprozesse zurückzuführen. Bei einem hohen Anteil an plastischer, d. h. irreversibler Verformung verhält sich der Werkstoff duktil (zäh). Dominiert hingegen eine elastische Verformung ohne oder mit nur gering ausgeprägtem plastischem Verformungsvermögen, liegt ein sprödes Verhalten vor.

Das Verformungsvermögen eines Werkstoffs sowie die Ausprägung energiedissipativer Mechanismen hängen sowohl von der Realstruktur und dem Gefüge des Werkstoffs als auch von den Beanspruchungs- und Umgebungsbedingungen ab. Während Metalle mit kfz Struktur, wie Kupfer oder Nickel, eine große *Duktilität* aufweisen, zeigen Glas oder Keramik im Bereich mittlerer und tiefer Temperaturen eine ausgesprochene *Sprödigkeit*. Bei krz Metallen oder Polymeren kann mit sinkender Temperatur oder zunehmender Beanspruchungsgeschwindigkeit ein Übergang vom zähen zum spröden Verhalten auftreten.

Die mechanischen Werkstoffeigenschaften werden durch Kennwerte beschrieben, die mit genormten Versuchen der Werkstoffprüfung zu ermitteln sind [1, 2]. Ein Maß für

Schatt Werkstoffwissenschaft, 11. Auflage. Hartmut Worch, Wolfgang Pompe und Christoph Leyens.

die Festigkeit des Werkstoffs sind die im Zugversuch bei monoton langsam ansteigender Belastung ungekerbter Proben bestimmten Kennwerte *Streckgrenze* und *Zugfestigkeit* (Abschn. 9.2.3.1). Im Gegensatz dazu wird zum Beispiel die *Bruchzähigkeit* als Widerstand des Werkstoffs gegenüber einer Rissausbreitung anhand gekerbter Proben charakterisiert (Abschn. 9.5.4). Es ist zu beachten, dass derartige Kennwerte von der Art und Dauer der Beanspruchung, der Form und Größe der Proben sowie der Temperatur und den Umgebungsbedingungen abhängen. Deshalb ist bei Dimensionierungsrechnungen oder Zuverlässigkeitsbewertungen immer die Frage nach der Übertragbarkeit der Ergebnisse normierter Versuche auf das Bauteilverhalten im Betriebszustand zu stellen.

Durch eine mechanische Belastung werden im Werkstoff Reaktionskräfte erzeugt, die mit den äußeren Kräften und Momenten im Gleichgewicht stehen. Die auf die Flächeneinheit einer gedachten Schnittfläche bezogenen Reaktionskräfte bezeichnet man als Spannungen. Dabei ist zwischen den *Normalspannungen* σ, die senkrecht zu einer gedachten Schnittfläche wirken, und den in dieser Schnittfläche wirkenden *Schubspannungen* τ zu unterscheiden.

Eine in drei Richtungen (x, y, z) wirkende Beanspruchung eines infinitesimalen Volumenelementes wird durch die sechs unabhängigen Komponenten des symmetrischen *Spannungstensors*

$$\sigma = \begin{pmatrix} \sigma_{xx} & \tau_{xy} & \tau_{xz} \\ \tau_{xy} & \sigma_{yy} & \tau_{yz} \\ \tau_{xz} & \tau_{yz} & \sigma_{zz} \end{pmatrix} \tag{9.1}$$

erfasst. Dabei verweist der erste Index einer Spannungskomponente auf die Normalenrichtung der gedachten Schnittfläche, der zweite Index auf die Wirkrichtung der Spannung.

Bei einer einwirkenden Belastung ändern die materiellen Punkte eines Bauteils im Vergleich zum unbelasteten Zustand ihre Lage. Eine Verformung kommt jedoch nur zustande, wenn die Verschiebungen u benachbarter materieller Punkte aufgrund von Abstands- und/oder Winkeländerungen unterschiedlich sind. Im Fall kleiner Verformungen kann der verformte Zustand durch die sechs unabhängigen Komponenten des ebenfalls symmetrischen *Verzerrungstensors*

$$\varepsilon = \begin{pmatrix} \varepsilon_{xx} & \varepsilon_{xy} & \varepsilon_{xz} \\ \varepsilon_{xy} & \varepsilon_{yy} & \varepsilon_{yz} \\ \varepsilon_{xz} & \varepsilon_{yz} & \varepsilon_{zz} \end{pmatrix} \tag{9.2}$$

angegeben werden. Die Komponenten des Verzerrungstensors ergeben sich dabei aus den Ortsableitungen der Verschiebungen durch

$$\varepsilon_{xx} = \frac{\partial u_x}{\partial x}, \ \varepsilon_{yy} = \frac{\partial u_y}{\partial y}, \ \varepsilon_{zz} = \frac{\partial u_z}{\partial z} \tag{9.3}$$

für die Normalverzerrungen (Dehnungen, Stauchungen) aufgrund von Längenänderungen und durch

$$\begin{aligned} \varepsilon_{xy} &= \frac{1}{2}\left(\frac{\partial u_x}{\partial y} + \frac{\partial u_y}{\partial x}\right) = \frac{1}{2}\gamma_{xy}, \\ \varepsilon_{xz} &= \frac{1}{2}\left(\frac{\partial u_x}{\partial z} + \frac{\partial u_z}{\partial x}\right) = \frac{1}{2}\gamma_{xz}, \\ \varepsilon_{yz} &= \frac{1}{2}\left(\frac{\partial u_y}{\partial z} + \frac{\partial u_z}{\partial y}\right) = \frac{1}{2}\gamma_{yz} \end{aligned} \tag{9.4}$$

für die Schubverzerrungen (Gleitungen/Schiebungen) aufgrund von Winkeländerungen.

Der im Werkstoff vorliegende Spannungs- als auch Verzerrungszustand kann ein-, zwei- oder dreiachsig sein, wobei der Grad der Mehrachsigkeit nicht nur von der äußeren Belastung sondern auch von geometrisch bedingten Verformungsbehinderungen *(constraint)*, wie sie z. B. an Kerben oder Rissen auftreten, bestimmt wird. Zwei herausgehobene Beanspruchungsfälle sind der *ebene Spannungszustand* (ESZ, keine Spannungskomponenten in einer Koordinatenrichtung) und der *ebene Verzerrungszustand* (EVZ, keine Verzerrungskomponenten aufgrund einer Verzerrungsbehinderung in einer Koordinatenrichtung).

Ruft eine Normalspannung eine Verlängerung hervor, bezeichnet man sie als *Zugspannung* und die relative Längenzunahme als *Dehnung* ε. Im umgekehrten Fall spricht man von einer *Druckspannung* und einer *Stauchung*. Schubspannungen bewirken ein Abscheren um die Schiebung (Gleitung) γ.

Die bei Zugspannungen auftretende Querschnittsverminderung wird durch die in den Richtungen senkrecht zur Zugbeanspruchung auftretende *Querkontraktion* ε_q erfasst.

Nachfolgend soll in der Regel nur das Werkstoffverhalten bei einachsiger Beanspruchung und bei reiner Scherung (d. h. Verformung ohne Volumenänderung) betrachtet werden (Bild 9.1). Weiterführende Informationen über inhomogene bzw. mehrachsige Spannungs- und Verformungszustände sind in den Lehrbüchern der Festigkeitslehre zu finden [3].

Eine Modellbildung der mechanischen Erscheinungen ist Gegenstand der *Werkstoffmechanik* [4, 5, 6]. Mit meist phänomenologischen Stoffgesetzen *(konstitutiven Gleichungen)* wird dabei ein Zusammenhang zwischen dem Spannungszustand und dem Verzerrungszustand, ggf. in Abhängigkeit von Parametern wie der Temperatur, der Zeit und der Verformungsgeschwindigkeit hergestellt. Zusätzlich können infolge der Beanspruchung eintretende Werkstoffveränderungen durch Veränderungen von Schädigungsvariablen erfasst werden. Die einfachste konstitutive Gleichung ist das Hookesche Gesetz (Abschn. 9.1.1), das den zeitunabhängigen linear-elastischen Zusammenhang zwischen dem Spannungszustand und dem Verzerrungszustand wiedergibt. Wesentlich komplizierter werden dagegen die Stoffgesetze, wenn solche Phänomene wie zum Beispiel Viskoelastizität, plastische Verformungsprozesse, duktiler Bruch, Hochtemperaturkriechen, Memory-Effekte oder das mechanische Verhalten poröser Sinterwerkstoffe zu beschreiben sind [7].

Ein wichtiger Aspekt der Werkstoffmechanik ist es, Kriterien für die Werkstoffschädigung und das Werkstoffversagen und damit für die Zuverlässigkeit von Maschinen und

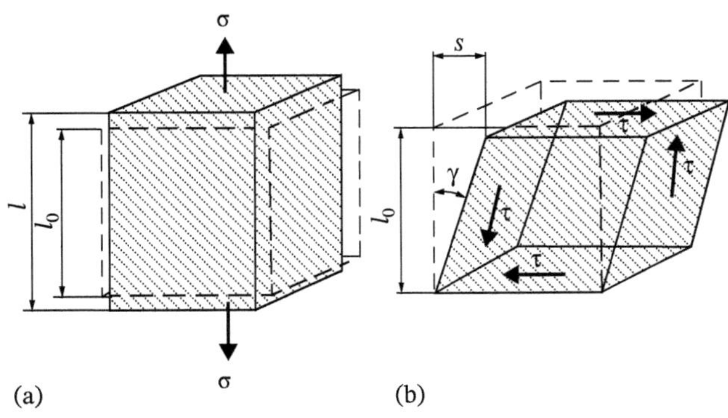

Bild 9.1 Verformung eines isotropen Materials. (a) Einachsiger Zugspannungszustand: Längenänderung $\Delta l = l - l_0$, Dehnung $\varepsilon = \Delta l/l_0$. (b) Schubspannungszustand: Schiebung $\tan\gamma = s/l_0$ (für kleine Verschiebungen ist $\tan\gamma \approx \gamma$).

Anlagen zu formulieren. Hierin besteht auch die Aufgabe der Konzepte der *Bruch-* und *Schädigungsmechanik* (Abschn. 9.5.4).

9.1 Reversible Verformung

Elastizität ist die Eigenschaft eines Körpers, unter Krafteinwirkung seine Form zu verändern und bei Wegfall der einwirkenden Kraft in die Ursprungsform zurückzukehren. Die diese Erscheinung beschreibenden Stoffgesetze werden dabei häufig aus einer Verzerrungsenergiedichte als Potential abgeleitet. In vielen Werkstoffen besteht zwischen den Spannungen und den elastischen Verzerrungen ein linearer Zusammenhang in Form des *Hookeschen Gesetzes.* Dagegen weisen Elastomere aufgrund ihrer großen Verformbarkeit einen geometrisch und physikalisch nichtlinearen Zusammenhang als Stoffgesetz auf.

9.1.1 Linear-elastische Verformung

Bei vielen Werkstoffen besteht zwischen den Spannungen und den elastischen Verzerrungen ein linearer Zusammenhang in Form des *Hookeschen Gesetzes,* in allgemeiner Form angegeben in tensorieller Koordinatendarstellung (Summation über alle Koordinaten (x,y,z) bei jeweils doppelt auftretenden Indizes im Produkt) durch

$$\sigma_{ij} = c_{ijkl}\,\varepsilon_{kl} \tag{9.5}$$

mit den Komponenten σ_{ij} bzw. ε_{kl} des Spannungs- bzw. Verzerrungstensors und den Komponenten c_{ijkl} des *Elastizitätstensors.* Aus Symmetriegründen enthält dieser Tensor statt 81 nur 21 unterschiedliche elastische Konstanten. Diese Anzahl reduziert sich deutlich in Abhängigkeit von auftretenden Materialsymmetrien. So lässt sich das Hookesche Gesetz bei isotropem, d. h. richtungsunabhängigem Werkstoffverhalten und den einfachen Beanspruchungszuständen aus Bild 9.1 durch (Gl. 9.6)

$$\sigma = E\varepsilon \text{ und } \tau = G\gamma \tag{9.6}$$

beschreiben. Bei der grafischen Darstellung des linear-elastischen Zusammenhangs zwischen Normalspannung und Dehnung *(Spannungs-Dehnungs-Diagramm)* bzw. Schubspannung und Gleitung erhält man für Be- bzw. Entlastungsvorgänge Geraden (Bild 9.3), aus deren Anstieg sich die Konstanten E bzw. G bestimmen lassen. Die beiden in Gl. (9.6) eingeführten elastischen Konstanten, der *Elastizitätsmodul E* und der *Gleit-* oder *Schubmodul G*, sind bei isotropem Werkstoffverhalten mit zwei weiteren Konstanten, dem *Kompressionsmodul (Volumenelastizitätsmodul) K* als Kennzahl für die elastische Volumenänderung eines Körpers unter allseitigem Druck und der *Querkontraktionszahl (Poissonsche Konstante)* ν als dem negativen Verhältnis von Querdehnung ε_q zu Längsdehnung ε, durch die Beziehungen

$$K = \frac{GE}{3\,(3G - E)} \quad \text{und} \quad \upsilon = \frac{E}{2G} - 1 \tag{9.7}$$

verknüpft. Die Verformungsarbeit wird im Werkstoffvolumen als elastische Energie gespeichert. Bezogen auf das Volumen spricht man von der elastischen Verzerrungsenergiedichte w_e, die sich aus

Tab. 9.1 Abhängigkeit des Elastizitäts- und Schubmoduls von der kristallographischen Orientierung für Eiseneinkristalle.

Beanspruchung in Kristallrichtung	*E* GPa	*G* GPa
Würfelkante ⟨100⟩	130	60
Flächendiagonale ⟨110⟩	200	80
Raumdiagonale ⟨111⟩	280	110

$$w_e = \frac{\sigma^2}{2E} = \frac{E\varepsilon^2}{2} \quad \text{bzw.} \quad w_e = \frac{\tau^2}{2G} = \frac{G\gamma^2}{2} \tag{9.8}$$

ergibt. Die vorgestellten Beziehungen der *Elastizitätstheorie* sind eine wesentliche Grundlage für die Berechnung und Konstruktion von Maschinen und Tragwerken. Allerdings gilt die hier benutzte Formulierung des Hookeschen Gesetzes nur für isotrope Werkstoffe im Fall der Bild 9.1 dargestellten einfachen Beanspruchungsfälle.

Die bei Kristallen vorliegende *Anisotropie* äußert sich in einem richtungsabhängigen mechanischen Verhalten bedingt durch unterschiedliche Atomanordnungen und Atomabstände in verschiedenen kristallographischen Richtungen. Das bedeutet, dass die elastischen Eigenschaften durch den vollständigen Elastizitätstensor c_{ijkl} beschrieben werden müssen und dass die einfachen Belastungen aus Bild 9.1 nicht mehr klar getrennt werden können. Hilfsweise kann man die elastischen Konstanten als Funktion der kristallografischen Orientierung darstellen (Tab. 9.1).

Bei polykristallinen Werkstoffen tritt die Orientierungsabhängigkeit der elastischen Konstanten aufgrund der Mittelung über eine größere Anzahl von Körnern makroskopisch nicht in Erscheinung. Somit kann das elastische Verhalten durch einen mittleren Elastizitäts- bzw. Gleitmodul beschrieben werden (Tab. 9.2). Dabei ist jedoch zu bedenken, dass die einzelnen Kristallite im polykristallinen Haufwerk ein orientierungsabhängiges elastisches

Tab. 9.2 Elastische Konstanten einiger Werkstoffe (mittlere Werte).

-	*E* GPa	*G* GPa	ν
Stahl	200	80	0,30
Kupfer	120	45	0,35
Aluminium	70	25	0,34
Wolfram	360	130	0,35
Gusseisen mit lamellarem Graphit	120	60	0,25
Beton	30 … 50	10 … 20	0,20
Thermoplaste	1 … 5	1 … 2	0,3
Duroplaste	7 … 15	3 … 4	0,35
Elastomere	0,01 … 0,1	0,01 … 0,1	0,5

Verhalten aufweisen, das an den Korngrenzen ausgeglichen werden muss und somit eine ungleichmäßige Spannungsverteilung in mikroskopischen Bereichen zur Folge hat.

Die elastischen Verformungen eines kristallinen Werkstoffs beruhen meist auf dem zeitweiligen geringfügigen Verschieben der Atome aus ihrer von der Bindung im Festkörper (Abschn. 2.1.5) abhängigen Gleichgewichtslage. Der Elastizitätsmodul ist ein Maß für den dabei zu überwindenden Widerstand; er ist für eine kovalente Bindung größer als bei der metallischen Bindung. Die enge Beziehung zwischen dem Elastizitätsmodul und der Bindungsenergie kommt auch darin zum Ausdruck, dass Werkstoffe mit einer hohen Schmelztemperatur in der Regel einen hohen Elastizitätsmodul haben. Da die mittleren Atomabstände mit der Temperatur zu- und somit die Bindungsenergien abnehmen, zeigen die elastischen Konstanten eine mit steigender Temperatur fallende Tendenz.

9.1.2 Energie- und entropieelastische Verformung

Infolge der hohen Packungsdichte sind in kristallinen Werkstoffen nur elastische Verformungen von weniger als 1 %, verursacht durch eine Änderung von Bindungswinkeln und Bindungsabständen, möglich.

Bei amorphen Polymeren und in den amorphen Bereichen teilkristalliner Polymere unterscheidet man hingegen, bedingt durch eine unterschiedliche Beweglichkeit der kettenartigen Makromoleküle (Fadenmoleküle), zwischen zwei elastischen Verformungsmechanismen.

Unterhalb der Glasübergangstemperatur (Einfriertemperatur) (Abschn. 2.2.1) ist die Molekülbeweglichkeit eingeschränkt. Eine elastische Verformung basiert in diesem Fall, ähnlich wie bei kristallinen Werkstoffen, auf der geringfügigen reversiblen Änderung der Atomabstände und Valenzwinkel in der Molekülkette sowie der Abstände benachbarter Moleküle bzw. Molekülsegmente. Eine solche Verformung wird auch eine *energieelastische Verformung* genannt, da die rücktreibende Kraft mit dem Bestreben der Atome, wieder ihre ursprüngliche Lage mit geringerer Energie einzunehmen, zusammenhängt. Eine energieelastische Verformung führt zu einem für Polymere vergleichsweise hohen Elastizitätsmodul. Die eingeschränkte molekulare Beweglichkeit äußert sich auch in anderen mechanischen Eigenschaften wie einer vergleichsweise hohen Festigkeit und einer geringen Verformbarkeit.

Oberhalb der Glasübergangstemperatur kann es dagegen aufgrund der geringen zwischenmolekularen Wechselwirkungen zu erheblich größeren elastischen Verformungen aufgrund einer *entropieelastischen* Verformung, auch als Gummi- bzw. Kautschukelastizität bezeichnet, kommen. Eine solche entropieelastische Verformung wird in ausgeprägtem Maße bei Polymeren mit langen flexiblen Kettenmolekülabschnitten zwischen Vernetzungspunkten (bei Elastomeren), zwischen Verschlaufungen (bei Thermoplasten und Elastomeren) bzw. zwischen kristallinen Bereichen (bei teilkristallinen Thermoplasten) beobachtet. Eine hohe Beweglichkeit der Molekülkettensegmente und Seitenketten (mikrobrownsche Bewegung) in den amorphen Bereichen führt dabei, aufgrund von Konformationsänderungen (Abschn. 2.1.10.3), zu einem Ausrichten und Strecken der miteinander verschlauften, vernetzten oder durch kristalline Bereiche zusammenhängenden Molekülkettenabschnitte (Bild 9.2). Diese Verformungen weisen nur teilweise einen linearen Zusammenhang mit der einwirkenden Spannung auf und sind mit einer Abnahme der Entropie verbunden. Unter dem Einfluss der Wärmebewegung streben die Moleküle bei Entlastung eine Rückkehr in die ursprüngliche Form (Knäuelkonformation) mit höherer

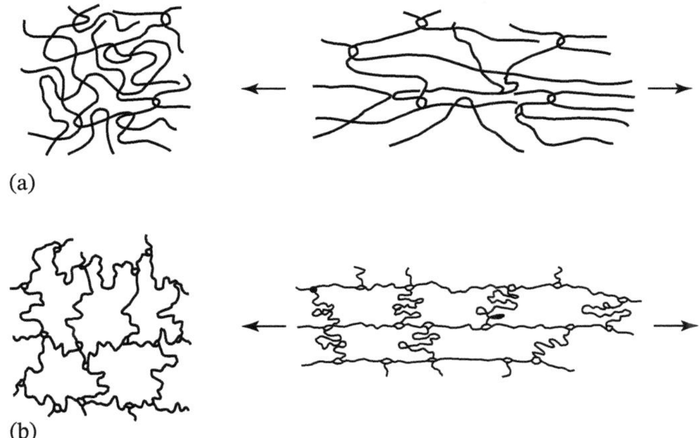

Bild 9.2 Verformung polymerer Strukturen im entropieelastischen Bereich: (a) Fadenmoleküle in amorphen Bereichen eines teilkristallinen Thermoplasts mit Verschlaufungen im ungedehnten und gedehnten Zustand; (b) Vernetzte Moleküle eines Elastomers im ungedehnten und gedehnten Zustand.

Entropie an. Eine entropieelastische Verformung führt zu einem niedrigen Elastizitätsmodul. Die hohe Molekülbeweglichkeit äußert sich aber auch in einer vergleichsweise niedrigen Festigkeit und einer hohen Verformbarkeit. Bei einem entropieelastischen Verformungsmechanismus ist die Bewegung der Molekülsegmente mit einer, von der Beanspruchungsgeschwindigkeit abhängigen Reibung zwischen den Molekülsegmenten bzw. -ketten verbunden, was dazu führt, dass sich insbesondere bei zyklischer Beanspruchung (z. B. bei Gummifedern, Reifen) ein Teil der aufgewandten Energie in Wärme umwandelt.

Die Werte für den Gleit- bzw. Elastizitätsmodul von Polymeren liegen im energieelastischen Bereich bei 10^{-1} bis 10^{1} GPa und sinken im entropieelastischen Bereich auf 10^{-4} bis 10^{1} GPa ab, wobei die höheren angegebenen Werte im entropieelastischen Bereich nur durch Zugabe verstärkender Füllstoffe erreicht werden können.

Die konkreten elastischen Eigenschaften eines Polymerwerkstoffs hängen demzufolge davon ab, ob die Glasübergangstemperatur des jeweiligen Polymerwerkstoffs niedriger oder höher als die Anwendungstemperatur ist. Geht man von einer Anwendung bei Raumtemperatur aus, so verhalten sich die weitmaschig vernetzten Molekülketten der Elastomere sowie die Molekülkettenabschnitte in den amorphen Bereichen der meisten teilkristallinen Thermoplaste aufgrund einer niedrigeren Glasübergangstemperatur als Folge relativ einfach aufgebauter Molekülketten entropieelastisch. Bei amorphen Thermoplasten wie auch bei Duromeren ist die Beweglichkeit der Molekülketten bzw. -abschnitte aufgrund eines komplizierteren chemischen Aufbaus der Molekülketten bzw. einer engmaschigen Vernetzung stark eingeschränkt, was zu einem energieelastischen Verformungsverhalten führt.

9.1.3 Elastische Nachwirkung

Beim linear-elastischen Verhalten wird davon ausgegangen, dass nach dem Hookeschen Gesetz jedem Spannungswert ein bestimmter Verzerrungswert, der sofort mit dem Belasten entsteht und beim Entlasten wieder verschwindet, zugeordnet ist. Bei vielen Werkstoffen

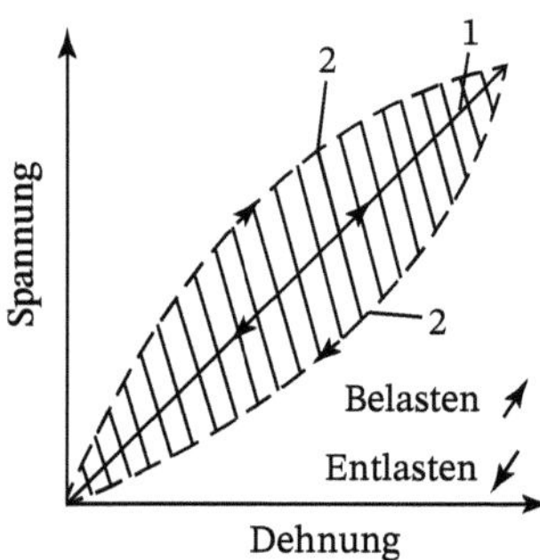

Bild 9.3 Hystereseschleife im Spannungs-Dehnungs-Diagramm. *1* linear-elastische Verformung; *2* Verformungsverhalten mit elastischer Nachwirkung.

ist aber auch eine mehr oder weniger ausgeprägte zeitabhängige *elastische Nachwirkung* zu beobachten. Man erreicht dann erst nach einer gewissen Zeit den Endwert einer elastischen Formänderung, die ebenfalls nach dem Entlasten erst allmählich wieder abklingt. Ihr Auftreten hat bei einem geschlossenen Be- und Entlastungszyklus Energieverluste zur Folge, die sich im Spannungs-Dehnungs-Diagramm als Hystereseschleife darstellen lassen (schraffierter Bereich in Bild 9.3). Die mechanischen Energieverluste werden größtenteils in Wärme umgewandelt und führen somit zu einer Temperaturerhöhung Bei einer elastischen Nachwirkung mit dem Dehnungsbetrag ε_N ergibt sich ein *unrelaxierter Elastizitätsmodul*

$$E' = \frac{\sigma}{\varepsilon - \varepsilon_N} \tag{9.9}$$

Damit kann eine elastische Nachwirkung durch den *Moduleffekt*

$$\frac{\Delta E}{E'} = \frac{\varepsilon_N}{\varepsilon} \tag{9.10}$$

mit ($\Delta E = E' - E$) ausgedrückt werden.

Die Ursachen dieser elastischen Nachwirkung beruhen bei Metallen auf dem zeitabhängigen reversiblen Umordnen von eingelagerten Fremdatomen und Versetzungen (*innere Reibung*, Abschn. 10.9). In technischen Anwendungen sind derartige Nachwirkungseffekte vor allem bei hohen Präzisionsanforderungen an die Kraft- oder Längenkonstanz (Federn, Schneiden) zu beachten.

Elastische Nachwirkungen treten, zum Teil in stark ausgeprägtem Maße, auch bei Polymeren auf. Die zeitabhängige Änderung des elastischen Verhaltens von Polymeren basiert auf einer Relaxation der Molekülketten durch das Abgleiten von Polymerkettensegmenten und die Bewegung von Seitengruppen. Daraus resultiert ein zeitabhängiges elastisches Verhalten, welches in diesem Fall als ein *viskoelastisches Verhalten* bezeichnet (Abschn. 9.3) wird.

9.1.4 Pseudoelastische Verformung

Ein Spezialfall der elastischen Verformung ist das bei metastabilen metallischen Legierungen in Verbindung mit einer martensitischen Umwandlung (Abschn. 4.1.3) zu beobachtende *pseudoelastische Verhalten*. Beim Einwirken äußerer Kräfte tritt eine thermoelastische martensitische Umwandlung auf, die zu erheblichen Formänderungen führen kann,

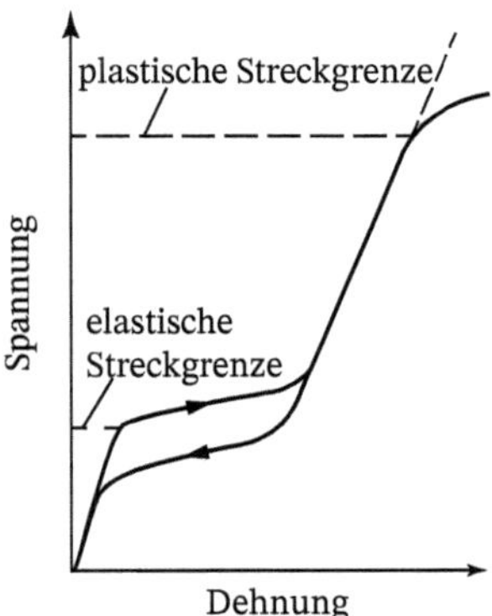

Bild 9.4 Zusammenhang zwischen Spannung und Dehnung bei superelastischem Verhalten (nach *H. Schumann*).

weshalb man auch von *Superelastizität* spricht (Bild 9.4). Nach einem dem Hookeschen Gesetz gehorchenden linear-elastischen Anfangsteil setzt durch Betätigen eines günstig orientierten Schersystems eine spannungsinduzierte Martensitbildung ein, wodurch sich der Anstieg der Kurve zunächst verringert (elastische Streckgrenze). Wird die Belastung fortgesetzt, verformen sich die umgewandelten Kristalle wieder elastisch. Beim Entlasten sorgen die entstandenen Umwandlungsspannungen dafür, dass die Martensitbildung und die mit ihr einhergegangene Verformung wieder rückgängig gemacht werden. Zwischen Be- und Entlasten ist eine Hysterese festzustellen. Voraussetzung für ein solches Verhalten ist, dass die zur Martensitumwandlung erforderlichen Spannungen unterhalb der Streckgrenze (Abschn. 9.2.3.1) des Werkstoffs liegen.

Derartige Werkstoffe, z. B. NiTi-Legierungen, zeigen häufig einen so genannten *Form-Gedächtnis-Effekt (Memory-Effekt)*. Ist die Hysterese sehr ausgeprägt, gehen der spannungsinduzierte Martensit und die mit ihm verbundene Formänderung nur teilweise zurück. Erst nach Erwärmen auf eine Temperatur oberhalb M_d (Abschn. 4.1.3) verschwinden sie, und der Werkstoff nimmt (als erinnere er sich) seine Ausgangsgestalt wieder an *(Einwegeffekt)*. Ein Form-Gedächtnis-Effekt tritt ebenfalls auf, wenn die metastabile Legierung oberhalb der M_d-Temperatur stark (mit irreversiblem Anteil) verformt wird. Beim Abkühlen unter M_d entsteht spannungs- oder verformungsinduzierter Martensit und mit ihm eine zusätzliche Gestaltänderung. Bei Erwärmung auf wenig über M_d wandeln sich beide zurück, und der Werkstoff nimmt wieder die bei der ursprünglichen Verformung aufgeprägte Gestalt an *(Zweiwegeffekt)*. Der Vorgang ist durch Pendeln um M_d wiederholbar, wozu nur geringe Temperaturdifferenzen erforderlich sind. Interessante technische Anwendungsmöglichkeiten von SMA (*shape memory alloys*) sind thermisch steuerbare Schalter in der Elektrotechnik, thermisch spannbare Schienen für die Orthopädie oder das Bewegen von Roboterhänden, bei der der Zweiwegeffekt durch impulsartige Erwärmung infolge direkten Stromdurchgangs genutzt wird. Eingebettet in einen Matrixwerkstoff bewirken sie ein adaptives, d. h. auf äußere Einflüsse reagierendes Verformungs- oder Dämpfungsverhalten (*smart materials*).

9.2 Plastische Verformung

Bei steigender Belastung treten im Anschluss an eine reversible elastische Verformung meist bleibende Verformungsanteile auf. Erfolgen diese bleibenden Formänderungen erst nach Überschreiten eines Schwellenwertes der Spannung (*Fließ-* oder *Streckgrenze*), bezeichnet man sie als *plastische* oder *viskoplastische Verformungen*. Plastische Verformungsprozesse sind Prozesse, die als zeitunabhängig betrachtet werden. Sie treten unmittelbar bei Belastung auf und deren Ausmaß hängt einzig von der Höhe der Beanspruchung ab. Viskoplastische Verformungen sind dagegen zeitabhängige plastische Verformungen, wie sie beispielsweise bei Kriechprozessen (Abschn. 9.4) auftreten. Ist das Auftreten einer bleibenden zeitabhängigen Verformung an keinen Schwellenwert gebunden, spricht man von *viskoser Verformung* (Abschn. 9.3).

Die Plastizität ist eine außerordentlich wichtige Werkstoffeigenschaft, denn auf ihr beruhen die Fertigungsverfahren der bildsamen Formgebung (Umformtechnik). Sie ist außerdem die Voraussetzung dafür, dass örtliche Spannungsspitzen an Kerben und Rissen durch irreversible Verformung und der daraus folgenden geometrischen Veränderung der Kerbgeometrie abgebaut werden können, was die Bruchgefahr verringert (Abschn. 9.5). Die nichtlinearen Beziehungen zwischen Spannungen und Verzerrungen werden durch die Grundgleichungen der *Plastizitätstheorie* beschrieben [8]. Hierzu sind eine Fließbedingung als Kriterium des Einsetzens plastischer Verformungen in Abhängigkeit vom mehrachsigen Spannungszustand, ein Fließgesetz zur Bestimmung der plastischen Verzerrungsinkremente sowie ein Verfestigungsgesetz zur Modifizierung der Fließbedingung in Abhängigkeit der vorangegangenen plastischen Verformungen zu formulieren.

Die Fähigkeit zur plastischen Verformung beruht bei kristallinen Werkstoffen vor allem auf der Bewegung von Versetzungen (Abschn. 9.2.2). Während bei metallischen Werkstoffen die technisch üblicherweise erzeugbaren Kräfte ausreichen, um Versetzungsbewegungen in großem Umfang auszulösen, gelingt dies in den Ionenkristallen der keramischen Werkstoffe, insbesondere solchen mit sehr hohen Schmelztemperaturen, nur unter extremen Bedingungen. Hieraus resultieren die großen Unterschiede im Verformungs- und Bruchverhalten beider Werkstoffgruppen.

Amorphe und teilkristalline thermoplastische Polymere können sich ebenfalls nach Erreichen einer von der Beanspruchungsgeschwindigkeit abhängigen Streckgrenze plastisch verformen. Mechanismen dieser Verformung bei amorphen Thermoplasten unterhalb der Glasübergangstemperatur sind durch das Abgleiten von Molekülsegmenten hervorgerufene Bildungs-, Wachstums- und Vereinigungsprozesse plastizierter Mikrodomänen in Form von Scherbändern oder Crazes. Bei teilkristallinen Polymeren findet die plastische Deformation in der Regel oberhalb der Glasübergangstemperatur in den kristallinen Bereichen statt. Kristallographische Gleitprozesse überführen hier die lamellare Ausgangsstruktur in eine stark orientierte fibrilläre Struktur.

9.2.1 Geometrie der plastischen Verformung von Einkristallen

Die plastische Verformung eines Kristalls vollzieht sich im Wesentlichen durch Abgleiten von Atomschichten längs bestimmter kristallographischer Ebenen und Richtungen infolge des Einwirkens von Schubspannungen (Bild 9.5). An der Oberfläche entstehen dadurch Gleitstufen, die als *Gleitlinien* bzw. *Gleitbänder* sichtbar werden (Bild 9.6). Die Dicke der abgleitenden Atomschichten und der Betrag des Abgleitens können sehr unterschiedlich sein, wobei sich die untere Grenze aus der Größe des *Burgersvektors* (Abschn. 2.1.11.2) ergibt.

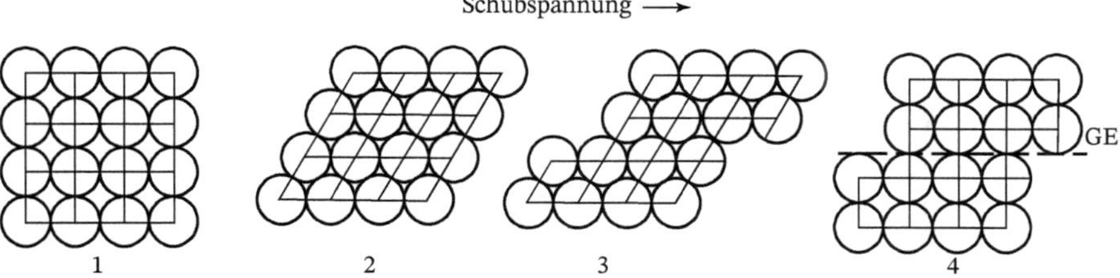

Bild 9.5 Plastische Verformung durch Abgleiten im idealen Gitter. *1* unverformt; *2* elastisch verformt; *3* elastisch-plastisch verformt; *4* plastisch verformt nach Entlasten; *GE* Gleitebene.

Die kristallographischen Ebenen und Richtungen, in denen es zum Abgleiten kommt, sind die *Gleitebenen* und *Gleitrichtungen;* beide bilden ein *Gleitsystem.* Als Gleitebenen werden meist die am dichtesten mit Atomen besetzten Gitterebenen wirksam, während die Gleitrichtungen stets mit den Richtungen dichtester Packung übereinstimmen.

Im Bild 9.7 sind die wichtigsten Gleitebenen der hexagonalen, kubisch-flächenzentrierten und kubisch-raumzentrierten Kristallstrukturen in die Elementarzelle eingezeichnet. Im hexagonalen Gitter ist die Basisebene (001) die am dichtesten mit Atomen belegte Ebene und daher die allgemein beobachtete Gleitebene. Als weitere Gleitebene tritt die Prismaebene 1. Art {100} in Erscheinung. In beiden Fällen ist die Gleitrichtung ⟨110⟩.

Beim kfz Gitter erfolgt das Abgleiten in den dichtest gepackten Oktaederebenen {111} längs der Gleitrichtung ⟨110⟩. Aus den verschiedenen Kombinationsmöglichkeiten von Gleitebenen und -richtungen resultieren in kfz Kristallen insgesamt 12 Gleitsysteme. Diese Vielzahl von Gleitmöglichkeiten ist der Grund für die gute Verformbarkeit solcher Metalle wie Aluminium, Kupfer oder Nickel. Nicht so eindeutig sind die Gleitverhältnisse in krz Kristallen. Als Gleitrichtung wirkt hier immer die am dichtesten belegte Würfeldiagonale ⟨111⟩, jedoch sind verschiedene Gleitebenen möglich. In der Reihenfolge ihrer Häufigkeit und Bedeutung kann das Abgleiten in den Ebenen {110}, {112} und {113} erfolgen. Der dadurch während der Verformung mögliche Wechsel in den Gleitebenen äußert sich in unregelmäßigen und gewellten Gleitbändern.

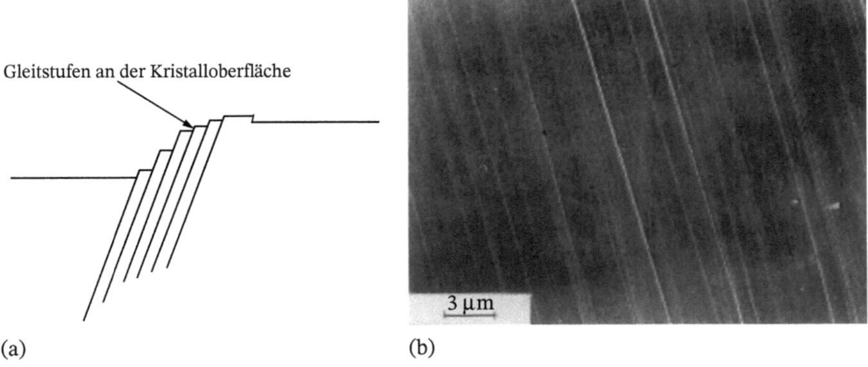

Bild 9.6 Entstehen von Gleitstufen (a) und Gleitlinien an der Oberfläche eines verformten Kupfereinkristalls (b).

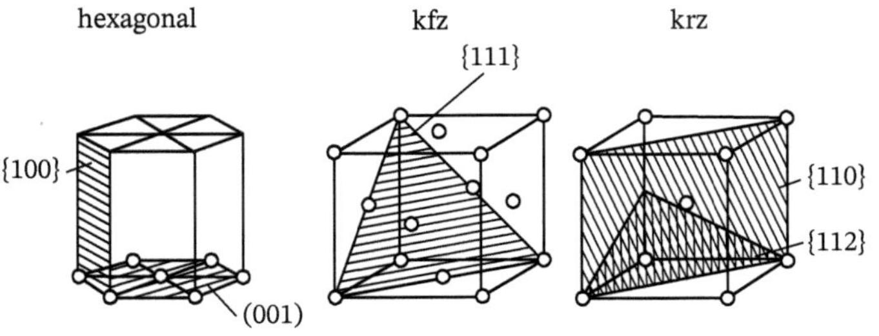

Bild 9.7 Gleitebenen im hexagonalen, kubisch-flächenzentrierten und kubisch-raumzentrierten Gitter.

Das Abgleiten von Atomschichten kann erst dann einsetzen, wenn die infolge der äußeren Beanspruchung in einem Gleitsystem wirksam werdende Schubspannung einen bestimmten Wert, die *kritische Schubspannung* τ_{kr}, überschreitet. Die in einer Gleitebene und -richtung auftretende Schubspannung τ kann aus der äußeren Zugspannung σ mit Hilfe des *Schmidschen Schubspannungsgesetzes* berechnet werden. Hiernach entsteht in einem Gleitsystem eine Schubspannung

$$\tau = M\sigma \tag{9.11}$$

wobei $M = \cos\varphi\ \cos\psi$ als kristallographischer *Orientierungsfaktor* bezeichnet wird (Bild 9.8). Die Beziehung (9.11) macht deutlich, dass in zwei Grenzfällen die Schubspannung $\tau = 0$ ist, und zwar wenn die Zugspannung senkrecht ($\psi = 90°$) oder parallel ($\varphi = 90°$) zur Gleitebene angreift. Für diese beiden Orientierungen ist eine plastische Verformung durch Abgleiten nicht möglich. Andererseits erreicht die Schubspannung für den Fall $\varphi = \psi = 45°$ ihren Höchstwert $\tau_{max} = 0{,}5\ \sigma$. Da meist mehrere Gleitsysteme existieren, wird durch das Schmidsche Schubspannungsgesetz das Gleitsystem festgelegt, in dem bei einer vorgegebenen äußeren Beanspruchung das Abgleiten beginnt. Das Gleitsystem, in dem zuerst die kritische Schubspannung erreicht wird, ist in der Regel durch den höchsten Orientierungsfaktor gekennzeichnet. Die kritische Schubspannung ist eine fundamentale Kenngröße für das plastische Verhalten von Einkristallen. An ihrer Veränderung können

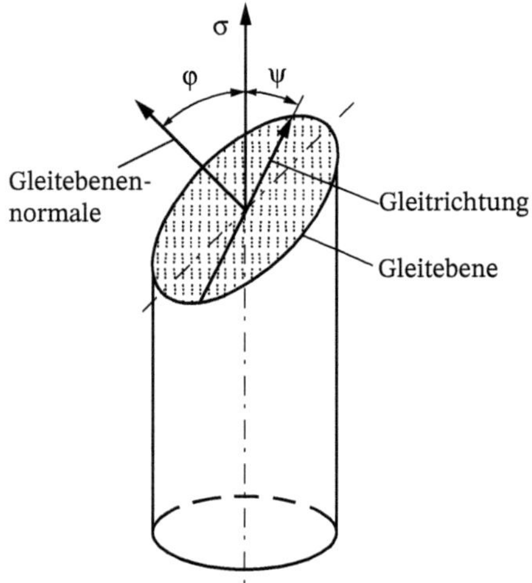

Bild 9.8 Zusammenhang zwischen Zugspannung, Gleitebene und Gleitrichtung.

der Einfluss struktureller Faktoren (Reinheitsgrad, Versetzungsdichte) und der Beanspruchungsbedingungen (Temperatur, Verformungsgeschwindigkeit, Kristallorientierung) sichtbar gemacht werden.

Neben dem Abgleiten existiert noch ein zweiter Mechanismus der plastischen Verformung, die *mechanische Zwillingsbildung*. Hierbei werden unter Wirkung von Schubspannungen Gitterbereiche über einen Schervorgang in eine spiegelbildliche Anordnung versetzt. Im krz Gitter ist die {112}-Ebene die Zwillingsebene und die ⟨111⟩-Richtung die Scherrichtung. Besonders häufig trifft man die Zwillingsbildung bei hexagonal kristallisierenden Werkstoffen an. Die wichtigsten Zwillingsebenen sind hier {102}, {111} und {112}. Die durch Zwillingsbildung erreichten Verformungen sind wesentlich geringer als die durch Abgleiten. Dieser Mechanismus spielt besonders dann eine Rolle, wenn nur wenige Gleitmöglichkeiten vorhanden sind (z. B. bei intermetallischen Phasen) oder das Abgleiten durch ungünstige Beanspruchungsbedingungen wie niedrige Temperaturen bzw. hohe Verformungsgeschwindigkeiten erschwert ist. Die Zwillingsebene, an der die gescherten Kristallbereiche kohärent verbunden sind, ist eine Unstetigkeit im Gitteraufbau und kann deshalb ebenso wie die Gleitlinien an einer polierten Oberfläche sichtbar gemacht werden.

Ein dritter Verformungsmechanismus ist das *Korngrenzengleiten,* das besonders beim *Kriechen* (Abschn. 9.4 und 7.1.4) und *superplastischen Verhalten* (Abschn. 9.2.5.1) in den Vordergrund tritt.

9.2.2 Mechanismus der plastischen Verformung

9.2.2.1 Theoretische Festigkeit

Die eingehendere Analyse der Vorgänge bei der plastischen Verformung erbrachte die bemerkenswerte Feststellung, dass die aus den Bindungsenergien im Kristallgitter berechnete *theoretische Scherfestigkeit* um mehrere Größenordnungen höher ist als die experimentell ermittelte kritische Schubspannung. Für eine vereinfachte Berechnung der theoretischen Scherfestigkeit darf man annehmen, dass die zum gegenseitigen Verschieben benachbarter Gitterebenen (Bild 9.9 oben) erforderliche Schubspannung aufgrund der Periodizität des Gitters in erster Näherung durch eine Sinusfunktion (Bild 9.9 unten) beschrieben wird, sodass durch Linearisierung der Sinusfunktion für kleine Deformationen, d. h. für $x \ll a$

$$\tau(x) = \tau_{max} \sin(2\pi x/a) \approx \tau_{max} (2\pi x/a) \text{ (für } x \ll a) \tag{9.12}$$

ist.

Mit dem Hookeschen Gesetz

$$\tau(x) = \gamma G = x/aG \tag{9.13}$$

ergibt sich als theoretische Scherfestigkeit

$$\tau_{max} \approx G/2\pi. \tag{9.14}$$

Verwendet man den in Tab. 9.1 angegebenen Wert des Gleitmoduls in ⟨111⟩-Richtung, so erhält man beispielsweise für Eisen eine theoretische Scherfestigkeit von $1{,}8 \cdot 10^4$ MPa, der eine experimentell ermittelte kritische Schubspannung von nur etwa 20 MPa gegenübersteht. Analog zur Beziehung (9.14) lässt sich auch für das Trennen zweier unter einer

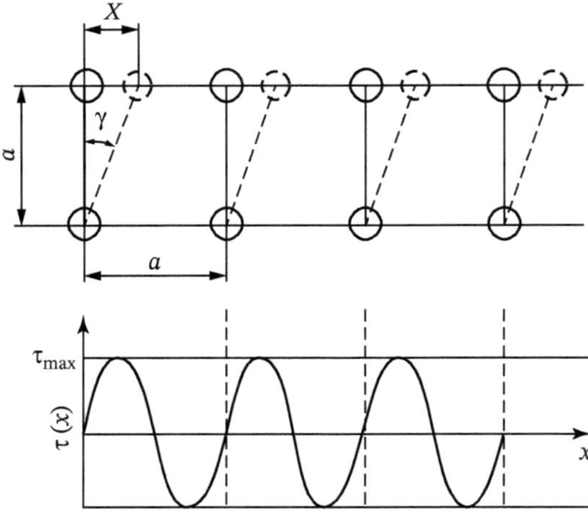

Bild 9.9 Zur Ableitung der theoretischen Scherfestigkeit.

Normalspannung stehenden Gitterebenen eine *theoretische Trennfestigkeit* (Abschn. 9.5) ableiten. In Tabelle 9.3 sind Werte der theoretischen Trenn- und Scherfestigkeit einiger kristalliner Stoffe angegeben.

Die Ursache der Diskrepanz zwischen den berechneten und den experimentell bestimmten Festigkeitswerten ist darin zu suchen, dass für die theoretische Abschätzung ein idealer Gitteraufbau angenommen wurde, ein Realkristall aber immer eine große Anzahl von Fehlstellen enthält. Gleitversetzungen (Abschn. 2.1.11.2) können schon durch sehr kleine Schubspannungen bewegt werden, da lediglich die Bindungskräfte in der unmittelbaren Umgebung der Versetzungen überwunden werden müssen. Man kann diesen Mechanismus mit der Fortbewegung einer Raupe vergleichen.

Der Bewegung einer einzelnen Versetzung wirkt in einem ansonsten ungestörten Gitter eine „Reibungskraft" entgegen, die daher rührt, dass die Versetzung während der Bewegung ihre atomare Struktur und damit auch ihre Energie ändert (Bild 9.10). Der dabei maximal aufzubringenden Energie E_p, die als *Peierls-Energie* bezeichnet wird, entspricht eine für die Versetzungsbewegung erforderliche Mindestspannung τ_p *(Peierls-Spannung).*

Der das Wandern der Versetzungen behindernde Werkstoffwiderstand lässt sich in einen stark von Temperatur und Verformungsgeschwindigkeit abhängigen thermischen

Tab. 9.3 Werte für die theoretische Trenn- und Scherfestigkeit.

Werkstoff	Gitterebene	Theoretische Trennfestigkeit GPa	Theoretische Scherfestigkeit GPa
Diamant	{111}	120	17
Korund (Al_2O_3)	{001}	46	5
Wolfram	{100}	39	5
α-Eisen	{100}	13	2
Kupfer	{100}	6,7	1,5

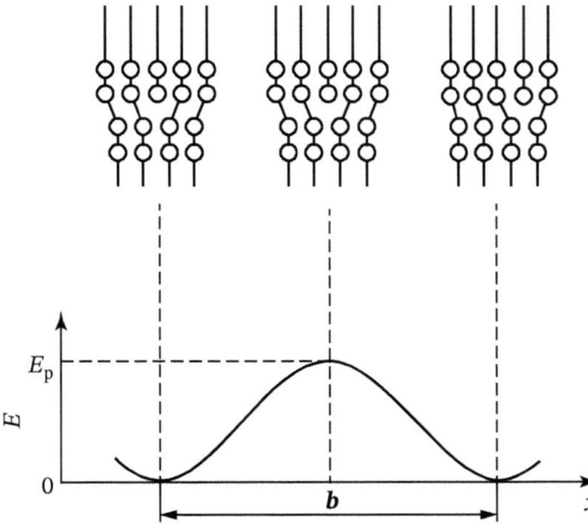

Bild 9.10 Änderung der Atomfiguration und der Energie E bei der Bewegung einer Stufenversetzung um den Burgersvektor b.

sowie einen athermischen Anteil zerlegen. Während der thermische Anteil auf Wechselwirkungen zwischen den Gleitversetzungen mit ihren kurz reichenden Spannungsfeldern (< 10 Atomabstände) beruht, sind für den athermischen Anteil weit reichende Spannungsfelder (Kristallitabmessungen) bestimmend. Thermisch aktivierbare Verformungsprozesse sind außer dem Überwinden der Peierls-Spannung noch das Quergleiten aufgespaltener Schraubenversetzungen, das Klettern von Stufenversetzungen sowie das Überwinden von Blockierungen durch Fremdatome oder Ausscheidungen. Der nur über den Gleitmodul schwach temperaturabhängige athermische Verformungswiderstand wird durch die Kristallstruktur bzw. Art und Dichte der Versetzungen bestimmt.

Zur experimentellen Analyse des dynamischen Verhaltens von Versetzungen dienen in-situ-Verformungsversuche im Transmissions-Elektronenmikroskop. Die Simulation des kollektiven Verhaltens einer großen Anzahl von Versetzungen erfordert den Einsatz von Hochleistungsrechnern. Nachfolgend werden die wichtigsten Mechanismen, die das plastische Verhalten kennzeichnen, eingehender betrachtet. Eine umfassende Darstellung findet man in [9, 10].

9.2.2.2 Entstehen und Wechselwirkung von Versetzungen

Neben dem Wandern bereits vorhandener Versetzungen entstehen bei der plastischen Verformung eine große Anzahl neuer Versetzungen. Während in geglühten Metallkristallen die Versetzungsdichte zwischen 10^6 und 10^8 cm^{-2} liegt, kann sie infolge einer plastischen Verformung um mehrere Zehnerpotenzen ansteigen.

Ein einfaches Modell für die *Versetzungsmultiplikation* bei plastischer Verformung ist die erstmals von *Frank* und *Read* angegebene Versetzungsquelle (Bild 9.11). In einer Gleitebene liegt eine an zwei Punkten verankerte Versetzungslinie $\overline{AB}$. Die Verankerungspunkte können Knotenstellen der im Kristall vorhandenen Versetzungsstruktur, andere Versetzungslinien, Ausscheidungen oder Einschlüsse sein. Beim Einwirken einer Schubspannung baucht die Versetzungslinie zunächst aus, bis ein instabiler Zustand erreicht wird und sich ein Versetzungsring ablöst. Die Versetzungslinie $\overline{AB}$ geht in die alte Lage zurück, und der Vorgang kann sich in gleicher Weise wiederholen.

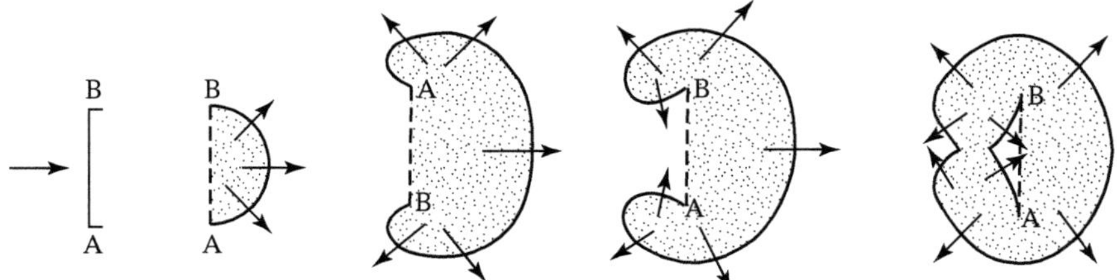

Bild 9.11 Bildung neuer Versetzungen nach dem *Frank-Read*-Mechanismus.

Das Entstehen neuer Versetzungen, d. h. der Anstieg der Versetzungsdichte, führt zu einer zunehmenden gegenseitigen Behinderung der Versetzungsbewegungen. Um zwei Versetzungen auf parallelen Gleitebenen im Abstand d aneinander vorbeizubewegen, muss das sie umgebende Spannungsfeld überwunden werden. Dazu ist eine Passierspannung

$$\tau_{pa} = (G/2\pi)\,(b/d) \tag{9.15}$$

(mit G als Schubmodul und b als Betrag des Burgersvektors aufzubringen. Koexistieren im Kristall viele Versetzungen, überlagern sich die Spannungen, sodass im Mittel, um eine Versetzung durch die Spannungsfelder der anderen Versetzungen fortzubewegen, eine Schubspannung

$$\tau_v = \alpha G b \vartheta^{1/2} \tag{9.16}$$

erforderlich wird. Dabei ist ϑ die Versetzungsdichte. Der Faktor α hängt von der Anordnung benachbarter Versetzungen ab, i. A. wird $\alpha \lesssim 0{,}1$ angenommen.

Schneiden sich zwei nichtparallele Versetzungen, entsteht ein Sprung in der Versetzungslinie *(Kinke),* der bei ihrer weiteren Bewegung mitgeschleppt werden muss. Dieser Prozess ist vor allem beim Durchgang der Gleitversetzungen durch die nicht in der Gleitebene liegenden Versetzungen *(Waldversetzungen)* zu beobachten. Die Spannung τ_v kann sich noch dadurch erhöhen, dass die Versetzungen nicht gleichmäßig verteilt sind. Befindet sich in einer Gleitebene ein Hindernis, stauen sich die von einer Versetzungsquelle abgestoßenen Versetzungen an diesem Hindernis auf (Bild 9.12). Ein derartiges Hindernis kann

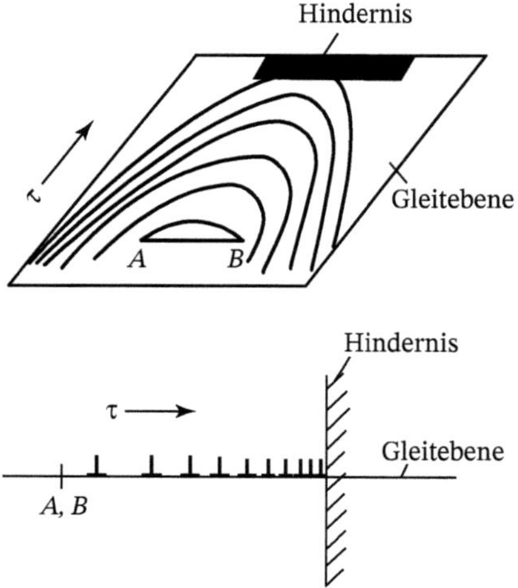

Bild 9.12 Aufstau von Versetzungen an einem in der Gleitebene liegenden Hindernis *A, B Frank-Read*-Quelle.

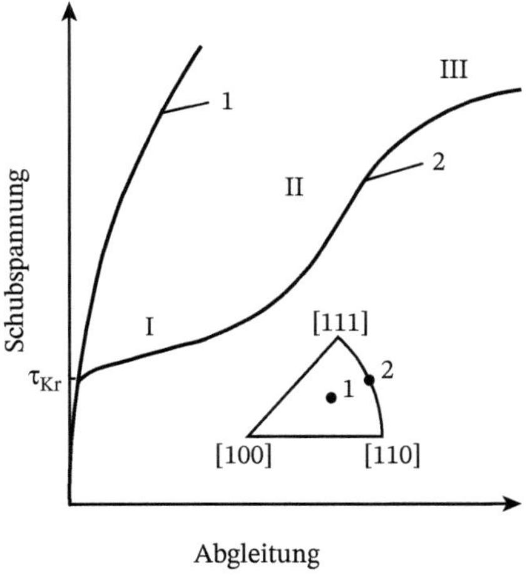

Bild 9.13 Schubspannungs-Abgleitungs-Kurve für kfz Einkristalle unterschiedlicher Orientierung.

von vornherein vorhanden sein (z. B. als Einschluss) oder erst durch Versetzungsreaktionen gebildet werden.

Die am Hindernis aufgestauten *n* Einzelversetzungen können auch als Superversetzung mit einem Burgersvektor *nb* aufgefasst werden. Dabei entsteht eine hohe Spannungskonzentration, die leicht zur Mikrorissbildung führt (Bild 9.40).

Das gegenseitige Behindern der Bewegung der Versetzungen ist die Ursache für die als *Verformungsverfestigung* bezeichnete Zunahme der erforderlichen Schubspannung im Verlauf der plastischen Verformung. Bei kfz Einkristallen mit einer mittleren Orientierung (Kurve 2) weist die Schubspannungs-Abgleitungs-Kurve (Bild 9.13) eine deutliche Dreiteilung auf. Im Bereich I nach Überschreiten der kritischen Schubspannung τ_{kr} ist nur ein geringer Anstieg der Kurve zu beobachten, d. h., die plastische Verformung verläuft noch ohne nennenswerte Verfestigung. Dies ist darauf zurückzuführen, dass kaum Wechselwirkungen zwischen den Versetzungen auftreten und diese deshalb lange Wege zurücklegen können. Da sich im Bereich I die Versetzungen nur in einem Gleitsystem bewegen, spricht man vom *Einfachgleiten.*

Der Bereich II ist durch einen steilen Anstieg der Verfestigungskurve gekennzeichnet. Durch das Aktivieren weiterer Gleitsysteme *(Mehrfachgleiten)* treten in starkem Maße Wechselwirkungen unter den Versetzungen auf (z. B. durch Bildung von *Lomer-Cottrell-Versetzungen,* Abschn. 2.1.11). Die neu gebildeten Versetzungen sind nicht mehr gleichmäßig verteilt, sondern ordnen sich in Form von Versetzungsbündeln oder Zellwänden an (Bild 9.14). Damit nimmt die Zahl der Hindernisse für die wandernden Versetzungen zu, und zum Aufrechterhalten der plastischen Verformung muss eine höhere Spannung aufgebracht werden. Zwischen der erforderlichen Schubspannung und der Versetzungsdichte besteht der Zusammenhang nach Gl. (9.16).

Im Bereich III verringert sich der Verfestigungsanstieg wieder. In diesem Stadium tritt *dynamische Erholung* ein, d. h., die Versetzungen können sich teilweise auflösen (Annihilation von Versetzungsschleifen mit entgegengesetztem Vorzeichen) oder Hindernisse durch Quergleiten umgehen. Die Einsatzspannung für den Bereich III nimmt exponentiell mit ansteigender Temperatur ab, und zwar besonders stark bei Metallen mit hoher Stapelfehlerenergie wie Aluminium oder Nickel. Die Dreiteilung der Verfestigungskurve verschwindet,

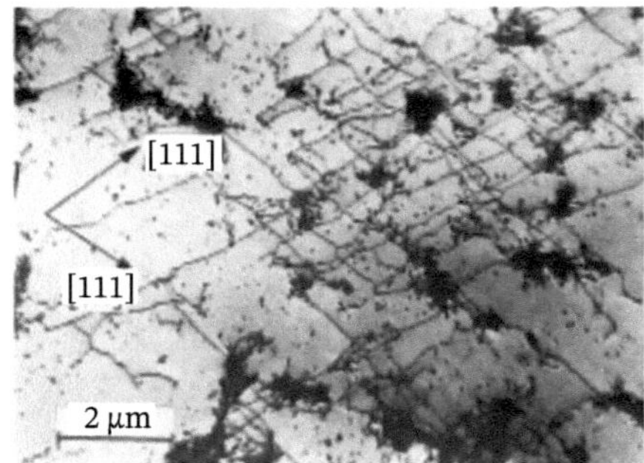

Bild 9.14 Inhomogene Versetzungsstruktur nach starker plastischer Verformung eines Molybdän-Einkristalls (nach *A. Luft*). schwarze Flächen: Versetzungsbündel mit hoher Versetzungsdichte; schwarze Linien: Einzelversetzungen. Mit freundlicher Genehmigung von Dr. Luft (Institut für Reinstmetalle Dresden).

wenn infolge der Kristallorientierung vom Beginn an Mehrfachgleitung auftritt (Kurve 1 in Bild 9.13).

9.2.2.3 Wechselwirkung zwischen Versetzungen und Fremdatomen

Eine erschwerte Versetzungsbewegung liegt auch in Mischkristallen vor (*Mischkristallverfestigung*). Infolge ihrer abweichenden Größe verursachen Fremdatome eine kugelsymmetrische Verzerrung ihrer Umgebung (Abschn. 2.1.11), und es entstehen Zug- bzw. Druckspannungen. Gelangt eine sich bewegende Stufenversetzung in die Nähe der Fremdatome, kommt es zu einer Wechselwirkung der Spannungsfelder. Es besteht die Tendenz, große Fremdatome, die Druckspannungen bewirken, in das Zugspannungsfeld der Versetzung und kleine Fremdatome, die zu Zugspannungen führen, in das Druckspannungsfeld der Versetzung, d. h. in die zusätzliche Gitterebene einzubauen. Dadurch wird die Gesamtverzerrung des Gitters verringert. Ist die Bewegungsgeschwindigkeit der Versetzungen höher als die Diffusionsgeschwindigkeit der Fremdatome, was im Allgemeinen bei Raumtemperatur der Fall ist, muss ein zusätzlicher Spannungsbetrag aufgebracht werden, um die Versetzung wieder von den Fremdatomen zu lösen.

Weiterhin können die Fremdatome, selbst wenn sie von etwa der gleichen Größe wie die Matrixatome sind, eine abweichende Bindungsenergie aufweisen. Das führt bei elastischer Beanspruchung der Fremdatomumgebung durch das Spannungsfeld einer Versetzung zu einem lokalen Schubmodulunterschied ΔG. Da die Versetzungsenergie der Größe des Schubmoduls proportional ist (Abschn. 2.1.11), wird aus energetischen Gründen bei negativem ΔG die Versetzung durch das Fremdatom angezogen, bei positivem ΔG abgestoßen. In beiden Fällen aber wird das Weiterbewegen der Versetzung erschwert.

Die Anwesenheit von Fremdatomen bewirkt einen Widerstand, zu dessen Überwinden die Schubspannung

$$\tau_M = a_F G c^{1/2} \tag{9.17}$$

notwendig ist. Dabei sind c die Konzentration der Fremdatome in Atom-% und a_F ein Faktor, der die spezifische Verfestigungswirkung einer Atomart infolge des Atomgrößen- und Schubmodulunterschiedes angibt.

In Bild 9.15 ist am Beispiel einiger Legierungen mit Austauschmischkristallbildung die Verfestigung in Abhängigkeit von der Konzentration dargestellt.

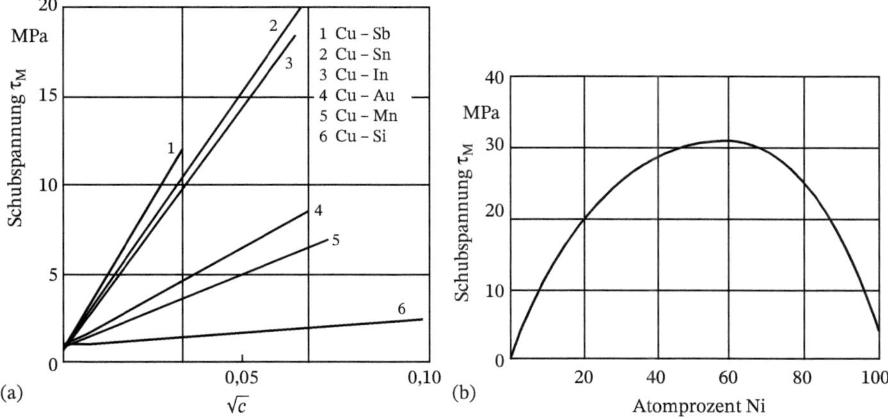

Bild 9.15 Mischkristallverfestigung in Abhängigkeit von der Konzentration für verschiedene Kupfer-Legierungen (a) sowie für das Zweistoffsystem Cu–Ni (b).

Weitere Gründe für eine erschwerte Versetzungsbewegung sind chemische Wechselwirkungen *(Suzuki-Effekt)* oder Veränderungen der Elektronenstruktur bei Halbleitern.

Die Verfestigung von Einlagerungsmischkristallen ist im Allgemeinen stärker als von Substitutionsmischkristallen. Die Ursache für diesen Unterschied liegt darin begründet, dass Zwischengitteratome, z. B. Kohlenstoff im Eisen, anisotrope tetragonale Gitterverzerrungen hervorrufen, wodurch eine größere Wechselwirkungsenergie mit den unterschiedlichen Versetzungstypen entsteht.

Auch Ordnungsumwandlungen in Mischkristallen (Abschn. 4.4) können die Versetzungsbewegung behindern. Wandert eine vollständige Versetzung mit dem Burgersvektor $b = a/2\ \langle 110 \rangle$ durch ein geordnetes kfz Gitter, erzeugt sie eine Antiphasengrenze, die mit einem Stapelfehler der Ordnung gleichbedeutend ist und eine Grenzfläche erhöhter Energie darstellt (Abschn. 2.1.11). Zum Bewegen der Versetzung durch ein geordnetes Gitter muss folglich eine zusätzliche Schubspannung aufgebracht werden, die der Energie der Antiphasengrenze proportional ist. Das stetige Vergrößern der Antiphasengrenze durch Bewegen von Einzelversetzungen im geordneten Gitter ist energetisch aber nicht günstig. Aus diesem Grunde arrangieren sich gleichsinnige Einzelversetzungen paarweise in einer Gleitebene zu Überversetzungen, wobei die zweite Versetzung die ursprüngliche Ordnung wieder herstellt. Sie benötigt eine kleinere zusätzliche Schubspannung und ist relativ gut gleitfähig.

Leerstellen zeigen prinzipiell die gleichen Wechselwirkungen mit den Versetzungen wie Fremdatome, jedoch wesentlich schwächer ausgeprägt. Überschussleerstellen bewirken das Behindern der Versetzungsbewegung vor allem dadurch, dass sie sich in die Versetzungsebenen (Sprungbildung) einlagern oder Ausscheidungen von Leerstellenagglomeraten im Gitter und Versetzungsringe bilden.

9.2.2.4 Wechselwirkung zwischen Versetzungen und Teilchen

Durch Ausscheiden aus einem übersättigten Mischkristall *(Ausscheidungsverfestigung)* gebildete oder mit Hilfe pulvermetallurgischer Verfahren *(Dispersionsverfestigung)* in den

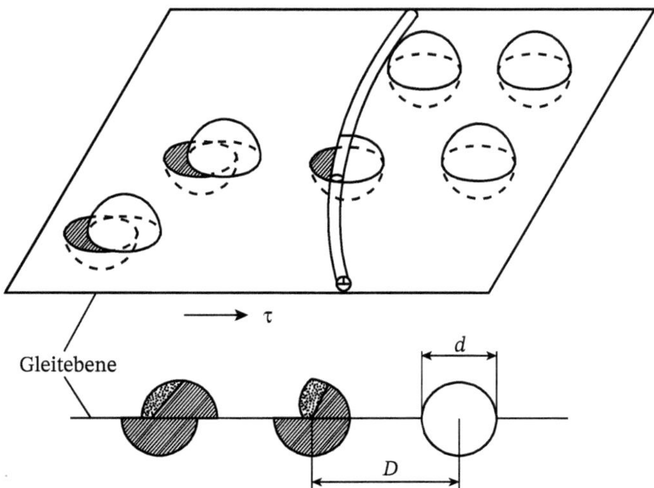

Bild 9.16 Schneiden von Teilchen mit dem Teilchendurchmesser *d* und dem Teilchenabstand *D*.

Grundwerkstoff (Matrix) feindispers eingelagerte Teilchen treten den Gleitversetzungen als Hindernisse entgegen, die von diesen entweder durch Schneiden oder Umgehen überwunden werden müssen. In beiden Fällen ist ein zusätzlicher Spannungsbetrag aufzubringen (*Teilchenverfestigung*).

Sind Teilchen und Matrix kohärent, gehen die Gleitsysteme des Teilchens in die Matrix über, und die Versetzung kann auf ihrer Gleitebene das Teilchen durchlaufen (Bild 9.16). Der dazu erforderliche Spannungsbetrag ist angenähert

$$\tau_s = \pi\gamma_0\, d/bD \tag{9.18}$$

mit γ_0 als der Energie der durch den Schneidvorgang gebildeten Grenzfläche und den Größen d als Teilchendurchmesser sowie D als Teilchenabstand Die Größe b stellt wiederum den Betrag des Burgersvektors dar.

Bild 9.17 zeigt, wie Ni_3Al-Teilchen in einer NiCrAl-Legierung geschnitten und dabei Aluminiumatome über spannungsinduzierte Diffusion ausgeschleppt werden.

Ist das Teilchen wegen ungenügender Übereinstimmung der beiden Gitter von einem Kohärenzspannungsfeld umgeben, muss die Spannung weiter erhöht werden. Das Spannungsfeld wirkt so, als ob der Teilchenabstand verringert worden wäre.

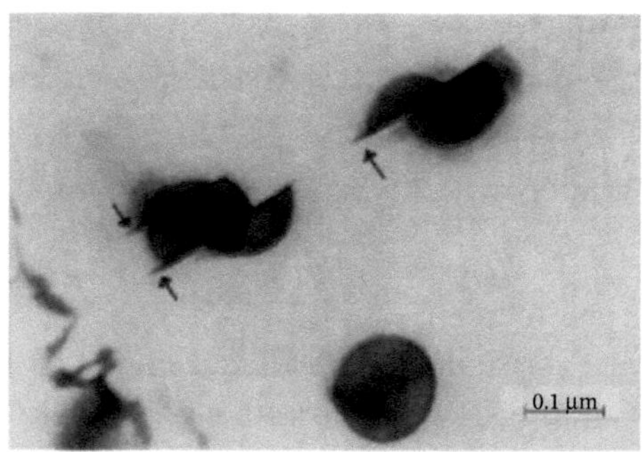

Bild 9.17 Schneiden von Ni_3Al-Teilchen. Mit freundlicher Genehmigung H. Gleiter.

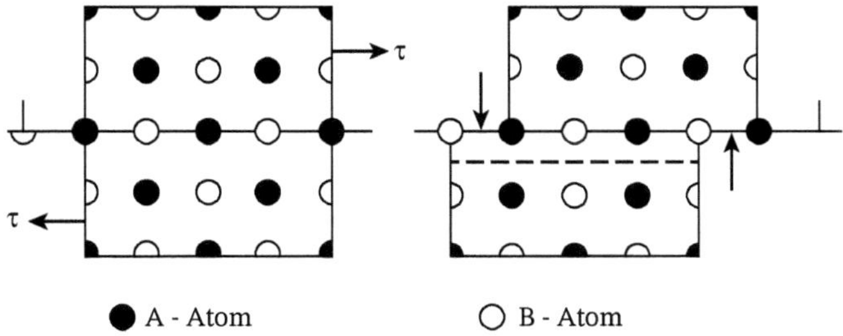

Bild 9.18 Entstehen einer neuen Grenzfläche Teilchen/Matrix (Pfeile) und einer inneren Antiphasengrenzfläche (gestrichelt) beim Scheren eines geordneten Teilchens (nach *B. Ilschner*).

In Teilchen mit geordneter Struktur entsteht durch Scheren eine Antiphasengrenze (Bild 9.18). Geschieht dies bei gleichzeitiger Bildung von Versetzungspaaren, können auch größere Teilchen geschnitten werden, da die von der Versetzungslinie I hinterlassene Antiphasengrenzfläche unter Rückgewinnen von Energie durch die nachfolgende Versetzung II beseitigt und die alte Ordnung wieder hergestellt wird (Bild 9.19).

Erweisen sich die Teilchen als für Versetzungen undurchdringlich, wie im Fall von kohärenten Teilchen mit sehr starkem Spannungsfeld oder inkohärenten Partikeln, umschlingt die Versetzungslinie die Teilchen und dehnt sich zwischen jeweils zwei Partikeln so weit aus, bis sich antiparallele Versetzungsteile gegenseitig anziehen und annihilieren *(Orowan-Mechanismus)*. Die Versetzung hat das Hindernis unter Hinterlassen eines Versetzungsringes umgangen (Bild 9.20). Die dazu erforderliche Schubspannung beträgt

$$\tau_0 \approx G_M b/D \tag{9.19}$$

mit G_M als Schubmodul der Matrix, D als der Teilchenabstand und b als Betrag des Burgersvektors. Günstig für die Festigkeitssteigerung ist demnach ein geringer Teilchenabstand. Die Wiederholung dieses Vorgangs ist begrenzt, da bereits wenige Ringe genügen, um eine weit reichende und das weitere Abgleiten erschwerende Gegenspannung auszuüben. Deshalb ist dieser Verfestigungsmechanismus nur im Bereich der *Mikroplastizität* (Abschn. 9.2.3.2) wirksam. Für größere Verformungen kann die Verfestigung mit dem Entstehen prismatischer Versetzungsschleifen (Bild 9.21) erklärt werden. Die beim Vervielfachen entstandenen Versetzungen schneiden in der Regel die Primärgleitebenen und bewirken so eine Verfestigung, die in der Größenordnung der mit Gl. (9.19) beschriebenen liegt.

Der Orowan-Mechanismus wird zu Beginn der plastischen Verformung dann vorliegen, wenn $\tau_s > \tau_0$, und der Schneidvorgang, wenn $\tau_s < \tau_0$ ist. Für $\tau_s \approx \tau_0$ besteht zwischen beiden Mechanismen ein Übergang, für den sich eine kritische Teilchengröße

$$d_k = G_M b/\tau_T \tag{9.20}$$

Bild 9.19 Schneidvorgang in geordneten Teilchen unter Bildung eines Versetzungspaares (nach *E. Hornbogen*). Schraffierte Fläche: Antiphasengrenze.

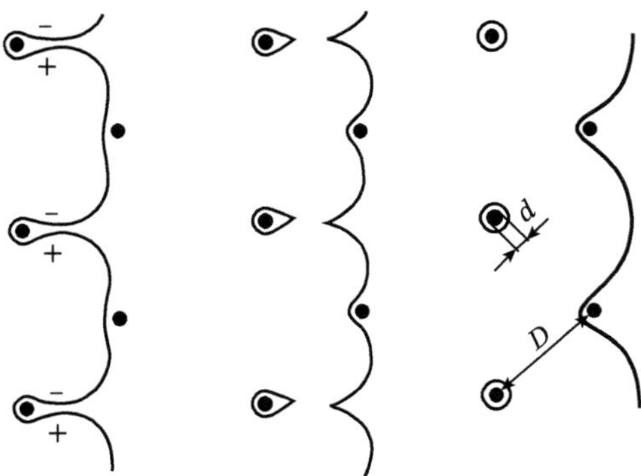

Bild 9.20 Umgehen von Teilchen beim Durchlauf der Versetzungslinie von links nach rechts.

angeben lässt. Dabei ist τ_T die zum Verformen des Teilchens nötige Schubspannung. Bei kleineren Teilchen mit $d < d_k$ wird demnach ein Schneidprozess wirksam; größere Teilchen mit $d > d_k$ werden umgangen. Abschätzungen zeigen, dass für viele oxidische und carbidische Teilchen d_k in der Größenordnung von 10^{-5} bis 10^{-6} mm ist, für kohärente Phasen aber meist bei 10^{-4} mm liegt.

Überträgt man diese Ergebnisse auf technische Werkstoffe, so ist die Dispersionsverfestigung in Sintermaterialien mit Oxidteilchen wie DT-Nickel ($Ni–ThO_2$), SAP ($Al–Al_2O_3$), Blei (Pb–PbO) oder Ag–CdO-Kontakten, aber auch die Ausscheidungsverfestigung im Cu-legierten Sinterstahl, bei der Cu-reiche inkohärente Teilchen gebildet werden, auf Versetzungsumgehung und -vervielfachung zurückzuführen. Die Ausscheidungsverfestigung in Al–Cu-Legierungen *(Guinier-Preston-Zonen) oder* in Cu–Ti-Legierungen (modulierte Struktur) hingegen wird, solange keine Überalterung (Koagulation der Teilchen infolge Ostwald-Reifung) auftritt (Abschn. 4.2), durch das Schneiden kohärenter Teilchen verursacht [11].

Da ein geschnittenes Teilchen wegen der kleineren Hindernisfläche von nachfolgenden Versetzungen in der gleichen Gleitebene leichter durchlaufen werden kann als in benachbarten Gleitebenen, konzentriert sich in diesem Fall die plastische Verformung auf wenige Gleitebenen *(Grobgleiten)*. An den hohen Gleitstufen, die aus der Oberfläche austreten, können sich leicht Mikrorisse bilden. Beim *Orowan*-Mechanismus dagegen verkleinern die die Teilchen umgebenden Versetzungsringe den effektiven Teilchenabstand, sodass den in der gleichen Gleitebene nachfolgenden Versetzungen ein größerer Widerstand entgegengesetzt wird. Es werden deshalb neue Gleitebenen aktiviert, d. h. an der Oberfläche treten viele nebeneinander liegende Gleitstufen auf *(Feingleiten)*.

In dispersionsverfestigten Legierungen besteht bei ausreichend hohen Temperaturen für Versetzungen eine weitere Möglichkeit, die sich ihnen in den Weg stellenden harten

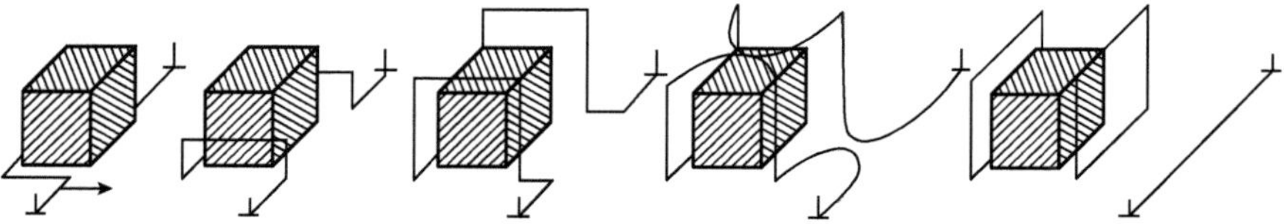

Bild 9.21 Umgehen eines Teilchens durch Quergleiten unter Bildung von zwei prismatischen Versetzungsschleifen (nach *B. Ilschner*).

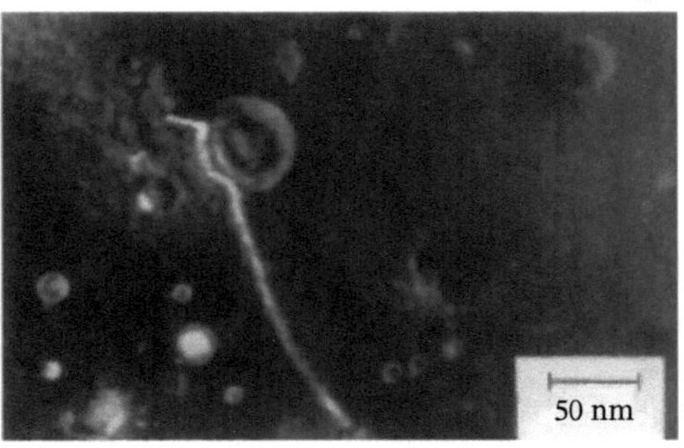

Bild 9.22 Elektronenmikroskopischer Befund für die Anziehung einer Versetzung durch ein Y_2O_3-Teilchen in einer Ni-Basis ODS-Superlegierung. Mit freundlicher Genehmigung von J. H. Schröder und E. Arzt (MPI Stuttgart).

Teilchen zu überwinden. Die Dispersoide zwingen die Versetzungen, sie mittels thermisch aktivierter nichtkonservativer Kletterbewegungen (Abschn. 7.1.4) umzugehen. Dieser Vorgang läuft jedoch relativ rasch ab, sodass die hohe Kriechfestigkeit, wie dies insbesondere in Verbindung mit dem Kriechverhalten von ODS-Superlegierungen (**O**xid **D**ispersion **S**trengthened) gezeigt wurde, mit ihm allein nicht zu verstehen wäre. Vielmehr werden die Versetzungsbewegungen zeitweilig durch eine Anziehungskraft gehemmt, deren Ursache in einer teilweisen Relaxation des Verzerrungsfeldes in der unmittelbaren Nähe der Teilchen-Matrix-Grenzfläche zu suchen ist (Bild 9.22). Im Ergebnis dessen ist ein zusätzlicher Spannungsanteil

$$\tau_D \approx \tau_0 \sqrt{1 - k^2} \tag{9.21}$$

aufzubringen, um die Versetzung, nachdem sie das Teilchen bereits überklettert hat, von diesem abzulösen. In Gl. (9.21) sind τ_0 die Orowan-Spannung nach Gl. (9.19) und k ein Parameter ($1 \geq k \geq 0$), der die Stärke der zwischen Teilchen und Versetzung temporär wirkenden Anziehungskraft charakterisiert [12]. Der Wert $k = 0$ steht für die maximale Anziehungskraft, während bei $k = 1$ keine Wechselwirkung existiert.

9.2.3 Plastische Verformung polykristalliner Werkstoffe (Vielkristallplastizität)

Beim Übertragen der Vorgänge der plastischen Verformung in Einkristallen auf polykristalline Werkstoffe treten drei Faktoren in den Vordergrund, nämlich die unterschiedliche Orientierung der Kristallite (Körner) im Kristallhaufwerk, die Rolle der Korngrenzen sowie die unterschiedlichen mechanischen Eigenschaften der Bestandteile mehrphasiger Legierungen (Abschn. 6.7.2).

9.2.3.1 Spannungs-Dehnungs-Diagramm

Im Unterschied zu den Einkristallen, bei denen man zum Beschreiben der Verformungsvorgänge den Zusammenhang zwischen der Schubspannung τ und der Schiebung γ bevorzugt, werden bei polykristallinen Werkstoffen in der Regel die Normalspannung σ und die Dehnung ε benutzt.

In Bild 9.23 ist die im quasistatischen einachsigen Zugversuch ermittelte Spannungs-Dehnungs-Kurve für duktiles Werkstoffverhalten dargestellt. Nach der linear-elastischen Verformung – der Anstieg der Hookeschen Geraden bestimmt den Elastizitätsmodul – tritt bei sprödem Verhalten der Bruch ein, während sich bei ausreichender Duktilität nach

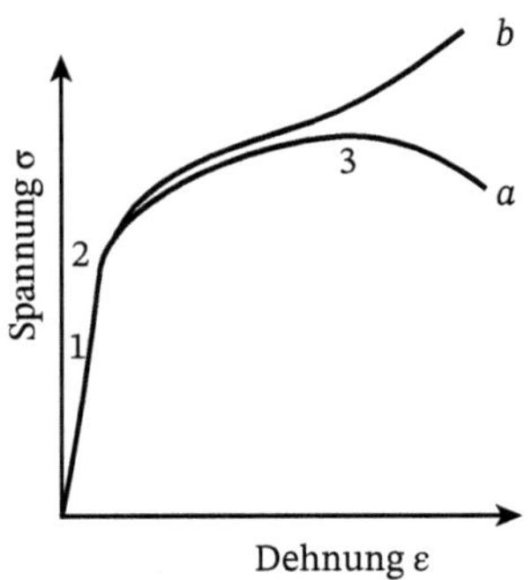

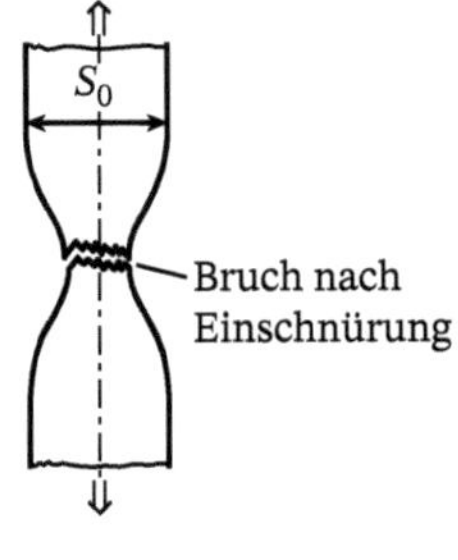

Bild 9.23 Spannungs-Dehnungs-Diagramm für duktiles Werkstoffverhalten. Technisches (scheinbares) (a) und wahres (b) σ-ε-Diagramm. 1 Hookesche Gerade, 2 Fließ- oder Streckgrenze, 3 Zugfestigkeit.

Erreichen der Fließ- oder Streckgrenze ein nichtlinearer Zusammenhang zwischen Spannung und Dehnung (mit elastischen und plastischen Anteilen) einstellt. Aufgrund der quer zur Belastungsrichtung auftretenden Kontraktion verringert sich der Querschnitt des Prüfkörpers während des Zugversuchs. Somit muss prinzipiell zwischen der sich auf den Anfangsquerschnitt S_0 bezogenen technischen (scheinbaren) Spannung $\sigma = F/S_0$ und der sich auf den jeweils aktuellen Querschnitt S bezogenen wahren Spannung $\sigma = F/S$ unterschieden werden. Diese Unterscheidung wird insgesamt noch bedeutsamer, wenn sich darüber hinaus der Querschnitt beim Auftreten einer Einschnürung lokal deutlich verringert, wie bei der rechts im Bild 9.23 dargestellten Zugprobe ersichtlich. Ebenso ist bei größeren Verformungen der lineare Zusammenhang zwischen Verschiebung und Verzerrung (Gl. (9.3)), welcher im Zugversuch zu einer technischen Dehnung $\varepsilon = \Delta l/l_0$ als die auf die Anfangslänge bezogene Längenänderung $\Delta l = l - l_0$ führt, nicht mehr anwendbar. Die wahre Dehnung ergibt sich durch Integration infinitesimaler, jeweils auf die aktuelle Länge l bezogener Längeninkremente aus

$$\varepsilon = \ln\left(\frac{l}{l_0}\right). \tag{9.22}$$

Zudem ist im Fall einer Einschnürung die lokal deutlich erhöhte Verformung im Einschnürbereich zu erfassen. Auch ohne das Auftreten einer Einschnürung unterscheiden sich das technische und das wahre Spannungs-Dehnungs-Diagramm voneinander, nur im Fall kleiner Verformungen sind die Abweichungen gering und somit vernachlässigbar.

Die nichtlineare wahre Spannungs-Dehnungs-Kurve lässt sich bis zum Eintreten einer Einschnürung beim Erreichen des lokalen Spannungsmaximums häufig durch die *Ramberg-Osgood-Beziehung*

$$\varepsilon = \frac{\sigma}{E} + \left(\frac{\sigma}{B}\right)^m \tag{9.23}$$

als Summation elastischer und plastischer Dehnungsanteile mit E als Elastizitätsmodul sowie den Parametern B und m zur Beschreibung plastischer Dehnungsanteile approximieren. Alternativ zu Gl. (9.23) und im Bereich der Umformtechnik üblich, kann der Zusammenhang zwischen der wahren Spannung und der plastischen Dehnung auch durch einen Ansatz von *Ludwik* in Form von

$$\sigma = \sigma_\mathrm{F} + A\varepsilon_{pl}^n \tag{9.24}$$

erfolgen. Die zum Erreichen einer bestimmten plastischen Verformung erforderliche wahre Spannung bestimmt dabei den Verformungswiderstand eines Werkstoffs. Mit σ_F wird die anfängliche Fließspannung, d. h. die Spannung, bei der erstmalig eine plastische Verformung eintritt, bezeichnet. Die Parameter A und n in Gl. (9.24), ebenso wie B und m in Gl. (9.23), charakterisieren das Verfestigungsverhalten des Werkstoffs, d. h. den Anstieg der Fließspannung in Abhängigkeit von der vorangegangenen plastischen Verformung. Der Exponent n wird dabei auch als Verfestigungsexponent bezeichnet.

Zur Ermittlung der im technischen Spannungs-Dehnungs-Diagramm festgelegten Kennwerte wie Elastizitätsmodul E, Streckgrenze R_e oder Zugfestigkeit R_m dient der *Zugversuch* [1]. Gemäß der internationalen Normung werden die Festigkeitswerte mit R bezeichnet. Sie erhalten einen Index, z. B. R_e für die Streckgrenze oder R_m für die Zugfestigkeit. Zeigt das Spannungs-Dehnungs-Diagramm keine Streckgrenze, so wird als Alternative die 0,2 %-Dehngrenze $R_{p\,0,2}$ genutzt. Dieser Kennwert entspricht der mechanische Spannung, bei der die auf die Anfangslänge der Probe bezogene bleibende Dehnung nach Entlastung 0,2 % beträgt. Die Bruchdehnung A als Maß für die plastische Verformbarkeit des Werkstoffs ergibt sich aus dem plastischen Anteil der Dehnung der Zugprobe bis zum Bruch.

9.2.3.2 Orientierungseinfluss

Da in einem polykristallinen Haufwerk jeder Kristallit eine andere Lage seiner Gleitsysteme zur Beanspruchungsrichtung aufweist, wird das Abgleiten zunächst nur in wenigen, günstig orientierten Kristalliten (Orientierungsfaktor $M \approx 0{,}5$, Gl. (9.11)) einsetzen *(Mikroplastizität)*. Der Übergang zum plastischen Fließen im gesamten Volumen erfordert, dass mindestens fünf unabhängige Gleitsysteme wirksam werden, damit die Formänderung eines Kristallits den Nachbarkristalliten angepasst wird und somit die Kompatibilität an den Korngrenzen gewahrt bleibt. Deshalb wird im Gegensatz zu den Einkristallen, die bei geringen plastischen Verformungen Einfachgleiten zeigen können, bei polykristallinen Werkstoffen immer Mehrfachgleiten beobachtet. Das hat wiederum eine merkliche Erhöhung der Einsatzspannung für die plastische Verformung zur Folge. Bei hexagonalen Metallen, die bei Raumtemperatur nur auf der Basisfläche abgleiten können, muss die unterschiedliche plastische Verformung durch elastische Anpassung der benachbarten Körner aufgefangen werden, sodass schon bei geringen Verformungen hohe Spannungen im Werkstoff auftreten. In Kristallstrukturen mit niedriger Symmetrie, z. B. bei teilkristallinen Thermoplasten, können dadurch ausgeprägte Verformungstexturen (Abschn. 9.2.3.5) entstehen.

9.2.3.3 Korngrenzeneinfluss

Die Korngrenzen wirken für bewegte Versetzungen als Barrieren *(Korngrenzenverfestigung)*. Wird in einem Kristallit mit günstiger Orientierung die zum Aktivieren der Versetzungsquellen erforderliche Schubspannung erreicht, können sich die Versetzungen auf den Gleitebenen zunächst nur bis zur Korngrenze bewegen. Es kommt zu einem Aufstau der Versetzungen, und erst bei einer bestimmten, durch den Korndurchmesser L_K begrenzten Aufstaulänge wird der Korngrenzenwiderstand überwunden (Bild 9.24).

Für den Übergang der Versetzungsbewegung über eine Korngrenze hinweg wurden verschiedene Modelle entwickelt (Bild 9.25). Während *Hall* und *Petch* annahmen, dass die

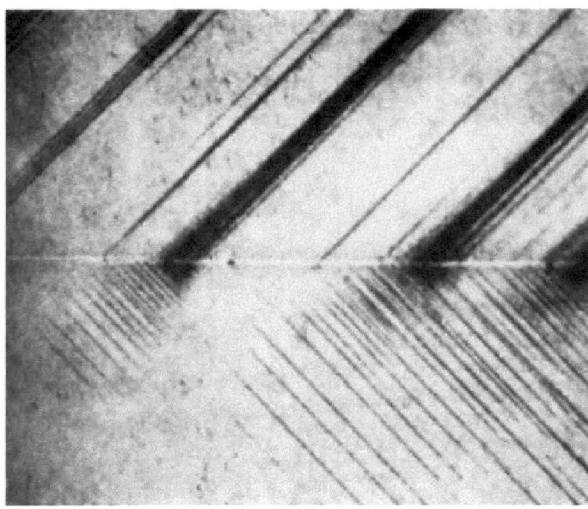

Bild 9.24 Versetzungsbewegungen in einem Bikristall. Mit freundlicher Genehmigung nach Hook und Hirth.

Korngrenzen örtlich durchbrochen werden (Bild 9.25a), ging *Cottrell* davon aus, dass das Fließen im Nachbarkorn dann einsetzt, wenn als Folge der durch den Versetzungsaufstau verursachten Spannungskonzentration im Abstand r eine Versetzungsquelle Q aktiviert wird (Bild 9.25b). Beide Aufstaumodelle sind allerdings nur für Metalle mit niedriger Stapelfehlerenergie, in denen ein Versetzungsaufstau in größerem Maße möglich ist, anwendbar. Für Metalle mit hoher Stapelfehlerenergie (Al, Ni) dürfte das Versetzungsmodell von *Conrad* eher zutreffen, wonach die innerhalb der Körner erzeugten Versetzungen eine

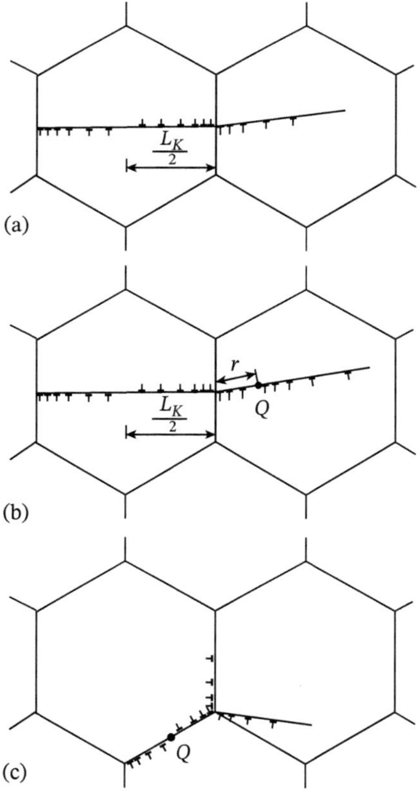

Bild 9.25 Modelle für das Überwinden von Korngrenzen durch Versetzungen.

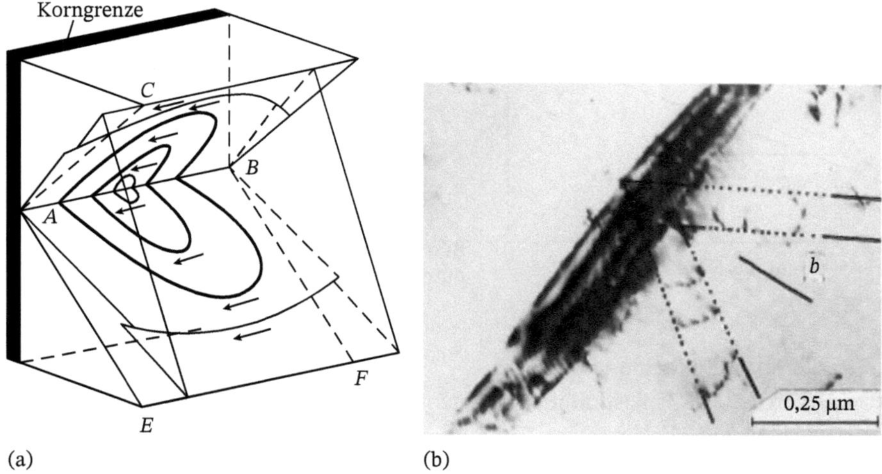

Bild 9.26 Korngrenzen als Versetzungsquelle (nach *H. Gleiter*). (a) Schematische Darstellung, (b) elektronenmikroskopische Durchstrahlungsaufnahme. Mit freundlicher Genehmigung von H. Gleiter.

der Wurzel aus der Versetzungsdichte proportionale Verfestigung bewirken. Für eine bestimmte plastische Verformung werden in kleineren Körnern wegen der kürzeren Laufwege höhere Versetzungsdichten benötigt als in größeren, d. h., in den kleineren Körnern muss die stärkere Behinderung der Versetzungsbewegung durch eine höhere äußere Spannung überwunden werden.

Andere Vorstellungen basieren darauf, dass die Korngrenzen selbst als Versetzungsquellen wirken (Bild 9.25c). Nach dem Korngrenzenversetzungsmodell von *Bäro, Gleiter* und *Hornbogen* kann eine Korngrenzenversetzung (Abschn. 2.1.11.3.3) an einer Korngrenzenecke oder einer gekrümmten Korngrenze eine Gitterversetzung abspalten. Dieser Vorgang ist in Bild 9.26 dargestellt. Hier treffen sich zwei Gleitebenen eines Kristallits in der Schnittlinie AB auf der Korngrenze. Eine im Bereich vor der Korngrenze wirkende Schubspannung führt zur Scherung des Kristallteils CAEFBD. Eine derartige Scherung kann aber nur dann eintreten, wenn die Korngrenze Versetzungsschleifen mit den durch Pfeile angedeuteten Burgersvektoren emittiert.

Sämtliche Modellvorstellungen führen auf den von *Hall* und *Petch* gefundenen Zusammenhang zwischen der Streckgrenze R_e und dem mittleren Korndurchmesser L_K (Abschn. 6.7.1). Die Konstante K in Gl. (6.16) bringt den Einfluss der Korngrenzen zum Ausdruck (Korngrenzenwiderstand). Die Darstellung der Streckgrenze über der reziproken Wurzel aus dem mittleren Korndurchmesser ergibt eine Gerade, deren Anstieg von K bestimmt (Bild 9.27) und die durch Änderung der Temperatur T und der Verformungsgeschwindigkeit $\dot{\varepsilon}$ parallel verschoben wird. Die *Reibungsspannung* G_r kennzeichnet den Widerstand gegen Versetzungsbewegung ohne Korngrenzeneinfluss.

In technischen Werkstoffen liegen häufig mehrere Gefügebestandteile etwa gleicher Größe vor *(Duplex-Gefüge)*. Das Verformungsverhalten wird dann vor allem von der *Kontiguität* (Abschn. 6.6) und dem Verhältnis der Streckgrenzen der Phasen bestimmt.

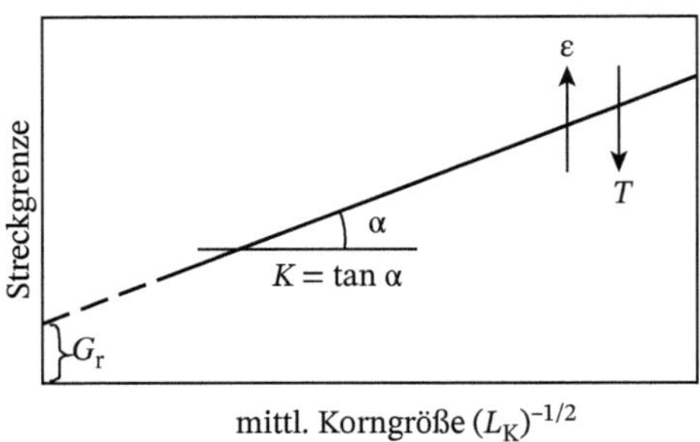

Bild 9.27 Zusammenhang zwischen Korndurchmesser und Streckgrenze.

9.2.3.4 Streckgrenzenerscheinung

Der Übergang von der Mikroplastizität zum allgemeinen Fließen kann sowohl kontinuierlich als auch diskontinuierlich erfolgen. Im letztgenannten Fall tritt im Spannungs-Dehnungs-Diagramm im Anschluss an die Hookesche Gerade eine mehr oder weniger deutlich ausgeprägte Unstetigkeit *(obere Streckgrenze)* in Erscheinung (Bild 9.28). Die mit ihr verbundene plastische Verformung ε_L wird als *Lüders-Dehnung* bezeichnet. Dabei trägt ein zunächst lokal deformierter Bereich *(Lüdersband)* die plastische Verformung in die unverformten Bereiche hinein (bei unterschiedlicher Lichtreflexion als *Fließfiguren* sichtbar). Derartige inhomogene Verformungen sind bei der Blechumformung durch Kaltwalzen oder Tiefziehen unerwünscht, weil sie zu einer erhöhten Oberflächenrauheit führen. Da die Fließfiguren wieder verschwinden, sobald sich die Lüdersbänder über die gesamte Oberfläche ausgebreitet haben, ist beim Umformen darauf zu achten, dass der Verformungsgrad die Lüders-Dehnung überschreitet. Nach Abschluss der Lüdersbandausbreitung wird die plastische Verformung makroskopisch homogen, und der Verformungswiderstand steigt wieder an.

Das Auftreten einer oberen Streckgrenze ist primär auf die elastische Wechselwirkung zwischen Gleitversetzungen und Fremdatomen zurückzuführen. Nach den Vorstellungen von *Cottrell* werden insbesondere die Stufenversetzungen durch interstitiell gelöste Atome, die sich in der Dilatationszone der Versetzung unter Minimierung der elastischen Verzerrungsenergie des Gitters als „*Cottrell-Wolken*" anlagern, an ihrer Bewegung gehindert. Erst durch eine erhöhte äußere Spannung können die Versetzungen von diesen „Wolken" losgerissen werden. Dabei tritt eine Versetzungsmultiplikation ein, d. h. es bilden sich viele gleitfähige Versetzungen mit hinreichend großen Laufwegen.

Die plastische Dehngeschwindigkeit $\dot{\varepsilon}_{pl}$ eines auf Zug beanspruchten Werkstoffes ist

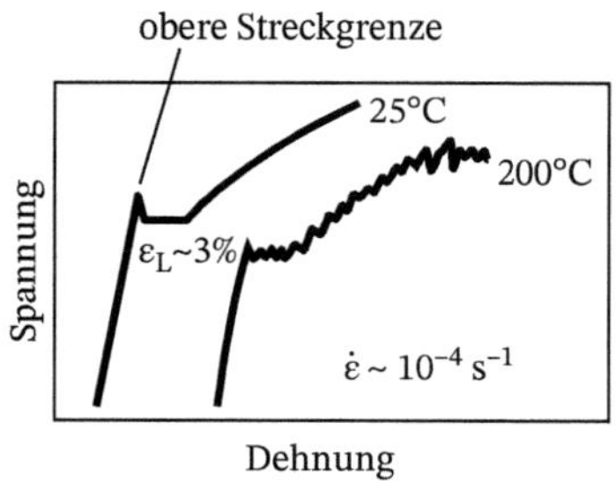

Bild 9.28 Spannungs-Dehnungs-Diagramm für weichen Stahl mit ausgeprägter Streckgrenze (links) und *Portevin-Le Chatelier*-Effekt (rechts).

$$\dot{\varepsilon}_{\rm pl} = \vartheta^{\rm G} b v \qquad (9.25)$$

mit $\vartheta^{\rm G}$ als Dichte der gleitenden Versetzungen, b als Burgersvektor und v Abgleitgeschwindigkeit der Versetzungen.

Da die mittlere Abgleitgeschwindigkeit der Versetzungen der wirkenden Zugspannung proportional ist, muss sich bei konstanter Dehngeschwindigkeit eine Zunahme von $\vartheta^{\rm G}$ in einer Abnahme von ϑ, d. h. einem plötzlichen Spannungsabfall bemerkbar machen. Für kleine Verformungen gilt

$$\vartheta^{\rm G} = \vartheta^{\rm G}_{\rm o} + c\varepsilon_{\rm pl}. \qquad (9.26)$$

Dabei ist $\vartheta^{\rm G}_{\rm o}$ die Dichte der gleitfähigen Versetzungen im unverformten Zustand, c ist eine Konstante.

Ein sprunghafter Spannungsabfall tritt immer dann ein, wenn $\vartheta^{\rm G}_{\rm o}$ klein ist, was z. B. beim Eisen infolge Blockierens von Versetzungen durch *Cottrell*-Wolken der Einlagerungselemente C und N der Fall ist. Auch Whisker (Abschn. 3.3), die nur wenige Versetzungen enthalten, zeigen eine ausgeprägte Streckgrenze.

Die beschriebenen Vorgänge sind temperaturabhängig. Bei höheren Temperaturen sind infolge der größeren thermischen Beweglichkeit der Fremdatome die „Wolken" nicht mehr stabil, und die Anzahl der gleitfähigen Versetzungen wird erhöht. Schon im Bereich von 100 bis 300°C entspricht die Diffusionsgeschwindigkeit der Fremdatome etwa der Geschwindigkeit der bewegten Versetzungen, sodass sich um die von den Fremdatomen losgelösten Versetzungen während ihrer Bewegung erneut Wolken bilden können, die sie zeitweilig blockieren *(Portevin-Le Chatelier-Effekt)*. Man beobachtet dann einen diskontinuierlichen Verformungsverlauf in Form gezahnter Fließkurven (Bild 9.28). Der *Portevin-Le Chatelier*-Effekt tritt auch bei krz- und kfz-Substitutionsmischkristallen auf. Ursache dafür ist die Wechselwirkung der Versetzungen mit Atomagglomerationen. Hohe Verformungsgeschwindigkeiten $\left(\dot{\varepsilon} > 10^3\ {\rm s}^{-1}\right)$ bewirken Dämpfungseffekte bei der Versetzungsbewegung, was zu einer *Fließverzögerung* führt.

9.2.3.5 Verformungsgefüge und Textur

Die hierunter fallenden Erscheinungen sind mit großen plastischen Verformungen polykristalliner Werkstoffe verbunden. Beim Umformen metallischer Werkstoffe unterscheidet man zwischen Warm- und Kaltumformen. Beim *Warmumformen* liegt die Verformungstemperatur oberhalb der Rekristallisationstemperatur (Abschn. 7.2.2), sodass die infolge der plastischen Verformung eintretende Verfestigung durch Erholungs- bzw. Rekristallisationsvorgänge sogleich wieder aufgehoben wird. In diesem Zustand kann der Werkstoff unter Anwendung verhältnismäßig geringer Umformkräfte hohe Umformgrade ohne Rissentstehung ertragen. Neben der im Vordergrund stehenden Formgebung werden auch infolge des intensiven Durchknetens die mechanischen Eigenschaften verbessert. Zum einen wird der Werkstoff durch Verschweißen von Gasblasen und Mikrolunkern weiter verdichtet, zum anderen das grobe Gussgefüge (Primärgefüge) (Abschn. 3.1.1.1) in ein wesentlich feinkörnigeres Sekundärgefüge umgewandelt.

Das *Kaltumformen* dagegen wird unterhalb der Rekristallisationstemperatur vorgenommen. Infolge der hierbei wirksam werdenden Verfestigung ist das Formänderungsvermögen

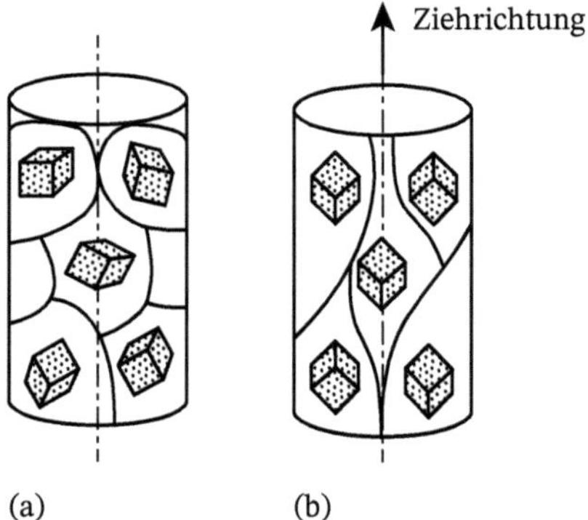

Bild 9.29 Verformungsgefüge und Textur (schematisch): (a) unverformt, (b) Textur.

wesentlich geringer. Nach dem Erreichen eines kritischen Umformgrades ist weiteres Verformen erst dann möglich, wenn durch ein Zwischenglühen der Werkstoff rekristallisiert wird. Andererseits ist jedoch das Kaltumformen wegen der mit ihm einhergehenden Verfestigung eine wichtige Möglichkeit zur Steigerung der Werkstofffestigkeit.

Das Kaltumformen eines polykristallinen Werkstoffs wird von einer Veränderung der Kornform begleitet. Ein globulitisches Gefüge wird in Beanspruchungsrichtung gestreckt. Es entsteht ein Verformungsgefüge (Bild 7.23), das eine Anisotropie der mechanischen Eigenschaften bewirkt *(Gefügeanisotropie)*. Diese Anisotropie wird noch verstärkt, wenn sich im kristallinen Haufwerk eine kristallographische Vorzugsorientierung einstellt und eine *Verformungstextur* ausbildet [13]. In Abhängigkeit vom Umformprozess können verschiedene Texturarten unterschieden werden, wie die beim Ziehen von Draht bzw. Strangpressen entstehende *Fasertextur* (Bild 9.29) oder die durch Walzen von Blech hervorgerufene *Walztextur* (Bild 10.37). Wichtige Verformungstexturen metallischer Werkstoffe enthält Tab. 9.4.

Die Darstellung einer Textur ist mit Hilfe einer Polfigur, die auf röntgenographischem Wege ermittelt werden kann, möglich (Bild 2.17). Während die Durchstoßpunkte (Pole) der Normalen einer bestimmten kristallographischen Ebene bei regelloser Orientierung

Tab. 9.4 Wichtige Verformungstexturen.

		Walztextur	
Gittertyp	**Fasertextur kristallographische Richtungen in der Ziehrichtung**	**kristallographische Ebenen in der Walzebene**	**kristallographische Richtungen in der Walzrichtung**
kfz	[111] + [100]	(123)	[41$\bar{2}$]
		(011)	[21$\bar{1}$]
krz	[110]	(011)	[110]
hexagonal dichteste Kugelpackung	[10$\bar{1}$0]	(0001)	[10$\bar{1}$0]

aller Kristallite gleichmäßig verteilt sind, häufen sie sich beim Vorliegen einer Textur an bestimmten Stellen. Die Belegungsdichte ist ein quantitatives Maß für die Orientierungsverteilung aller Kristallite, d. h. für die Textur.

Eine Verformungstextur bedingt eine Strukturanisotropie, die sich ähnlich dem Einkristallverhalten in von der kristallographischen Richtung abhängigen Eigenschaften niederschlägt. Sie kann sowohl negative als auch positive Auswirkungen haben. Beim Tiefziehen beispielsweise führt eine Textur zur unerwünschten Zipfelbildung. Dagegen sind Texturen in Transformatoren- oder Dynamoblechen erwünscht, um Werkstoffe mit leichter Magnetisierbarkeit herzustellen (Abschn. 10.6.3).

9.2.4 Plastische Wechselverformung

Eine häufig wiederholte (zyklische) Beanspruchung kann selbst dann zu irreversiblen Werkstoffveränderungen führen, wenn die Spannungen unterhalb der Fließgrenze bleiben. Diese Erscheinungen werden als *Ermüdung* bezeichnet [14, 15]. Dabei sind zwei unterschiedliche Ermüdungsregime zu unterscheiden:

a) Die hochzyklische Ermüdung *(highcyclefatigue = HCF)* beschreibt das Werkstoffverhalten bei über 10^5 Belastungszyklen, wobei mit Ausnahme begrenzter lokaler plastischer Verformungen an Spannungskonzentrationsstellen nur elastische Formänderungen auftreten.
b) Die niederzyklische Ermüdung *(low cycle fatigue = LCF)* ist begrenzt auf etwa 10^4 Belastungszyklen, bei denen es aber durch Überschreiten der Fließgrenze zu lokalen plastischen Verformungen kommt.

Elastisch-plastische Wechselverformungen können auch durch instationäre und inhomogene Temperaturfelder, die zu *thermisch induzierten Spannungen* führen, hervorgerufen werden. Dies ist z. B. der Fall beim An- und Abfahren von Aggregaten, deren Betriebstemperatur die Umgebungstemperatur wesentlich überschreitet, sowie in Werkzeugen für das Ur- und Umformen. Man spricht in diesem Fall von einer *thermischen Ermüdung*. Die durch elastisch-plastische Wechselverformung hervorgerufene irreversible Dehnungsakkumulation wird als *Ratcheting* bezeichnet.

Hier soll zunächst der Ermüdungsprozess bis zur Anrissbildung betrachtet werden. Die sich anschließenden Vorgänge sind Gegenstand von Abschn. 9.5. Das Werkstoffverhalten bei elastisch-plastischer Wechselverformung beschreibt die *zyklische Spannungs-Dehnungs-Kurve* (*ZSD-Kurve*, Bild 9.30). Sie entsteht als Verbindungslinie der Umkehrpunkte von Hystereseschleifen, die sich bei unterschiedlichen Amplituden der plastischen Dehnung ergeben. Die ZSD-Kurve kann sowohl oberhalb als auch unterhalb der im Zugversuch ermittelten monotonen σ-ε-Kurve liegen, man spricht dann von zyklischer Verfestigung bzw. zyklischer Entfestigung (Bild 9.31). Die von der Beanspruchung und dem Werkstoffzustand abhängige Versetzungsstruktur bestimmt, ob ein Werkstoff ver- oder entfestigendes Verhalten aufweist.

Infolge des ständigen Hin- und Herbewegens ordnen sich die Versetzungen in einer Leiter- bzw. Zellstruktur an. Dadurch konzentriert sich die Versetzungsbewegung zunehmend auf wenige Gleitbänder (*persistente* oder *F* [von fatigue]-*Bänder*), die an der Oberfläche

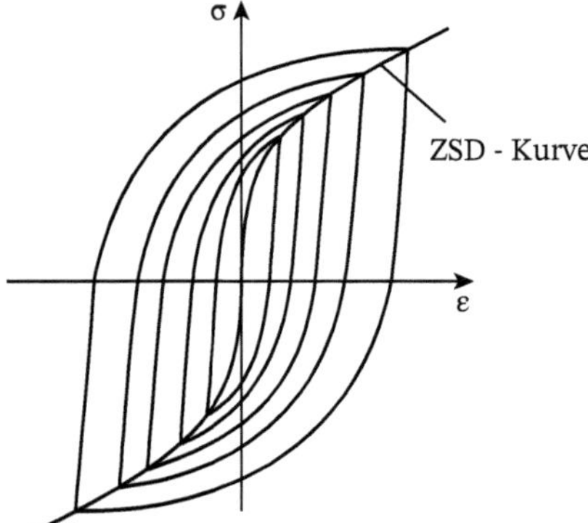

Bild 9.30 Zyklische Spannungs-Dehnungs-Kurve.

zu groben Gleitstufen und damit zu Risskeimen führen (Abschn. 9.5.2). Als wesentliche Ursache für das Entstehen der F-Bänder wird das Quergleiten von Schraubenversetzungen angenommen.

9.2.5 Besondere Erscheinungen der Plastizität

Bei geeigneter Kombination bestimmter Gefügezustände und Umformbedingungen können außergewöhnliche plastische Eigenschaften beobachtet werden. Es handelt sich hierbei vorwiegend um diffusionsgesteuerte Erscheinungen, wie die *Superplastizität*, aber auch um solche, die auf spannungs- bzw. verformungsinduzierter Martensitbildung beruhen, wie die *Umwandlungsplastizität* oder das *Tieftemperaturkriechen*.

9.2.5.1 Superplastizität

Die superplastische Verformung *(severe plastic deformation, SPD)*, die bei Temperaturen $T > 0{,}5\ T_s$ möglich wird, ist durch das kombinierte Auftreten dreier Eigenheiten charakterisiert: eine große Bruchdehnung (10^2–10^3 %), eine niedrige Fließspannung (10^0–10^1 MPa) und Dehngeschwindigkeiten $\dot{\varepsilon}$ von 10^{-5} bis 10^{-1} s^{-1}. Gewöhnlich ist die Superplastizität an sehr kleine Korngrößen und eine globulare Kornform gebunden. Sie wird sowohl bei einphasigen als auch bei mehrphasigen Gefügen beobachtet, wobei im letztgenannten Fall die Phasen etwa in gleicher Menge (Mikroduplexgefüge) vorliegen sollten. Daher bauen viele superplastische Legierungen auf eutektischen und eutektoiden Systemen aus zwei und mehr Komponenten mit annähernd gleicher Schmelztemperatur auf.

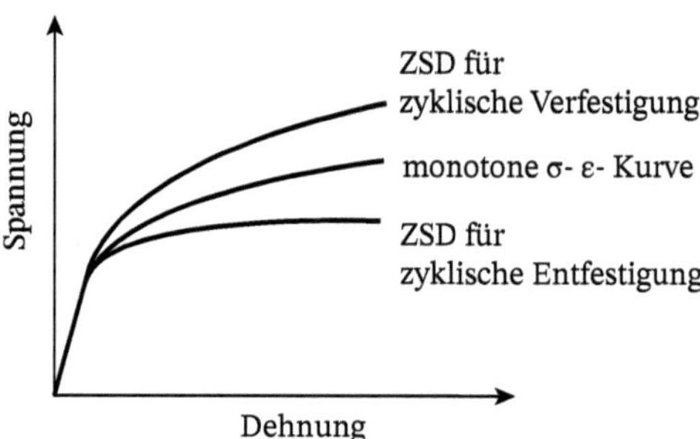

Bild 9.31 ZSD-Kurven im Vergleich zur monotonen Spannungs-Dehnungs-Kurve.

Die im Vergleich zum Kriechen ($10^{-8}s^{-1} < \dot{\varepsilon} < 10^{-5}s^{-1}$) schnelle SPD geschieht über einen mit Diffusions- und/oder Versetzungskriechen kombinierten Abgleitvorgang längs der Korngrenzen derart, dass die Kompatibilität des Gefüges und die Kontinuität der Verformung gewahrt bleiben. Sowohl ein in Kraftrichtung hin erfolgendes Abgleiten der Kristallite als auch ein Strecken der Körner durch Kriechen würde für sich allein genommen zur Dekohäsion des Gefüges an den Korngrenzen führen. Sie wird vermieden, indem mit der Kristallitbewegung (Korngrenzengleiten) ein gestaltanpassender Materialumbau über Kriechvorgänge im korngrenzennahen Bereich einhergeht und sich die Körner nicht nur in einer Ebene, sondern auch senkrecht dazu verschieben. Für alle diese Vorgänge, die experimentell belegt sind, wurden Modellvorstellungen entwickelt.

Am bekanntesten ist der *Ashby-Verall*-Mechanismus (Bild 9.32a), wo die Gestaltanpassung beim Abgleiten der Kristallite über ein auf den korngrenzennahen Bereich eingeengtes Diffusionskriechen erreicht wird. Die Gleitverschiebung ist schneller als die des *Nabarro-Herring*- und *Coble*-Kriechens (Abschn. 7.1.4.1). Während der *Nabarro-Herring*-Mechanismus das Gesamtkristallitvolumen beansprucht, erstreckt sich die gestaltanpassende Fließdeformation des *Ashby-Verall*-Vorgangs auf nur etwa 15 % des Kristallitvolumens.

Das Permutations-Modell von *Gifkins* (Bild 9.32b) sieht, nachdem eine Korngruppe so weit abgeglitten ist, dass sich zwischen zwei benachbarten Kornoberflächen ein Spalt gebildet hat, die Gestaltanpassung in der Weise vor, dass sich ein benachbartes Korn in die Öffnung einschiebt. Mit zunehmendem Abgleiten der Nachbarn nimmt es schließlich einen „regulären" Platz in der betrachteten Kornebene (Bildebene) ein, wobei das Korngrenzennetzwerk so korrigiert wird, dass annähernd im Gleichgewicht befindliche Korngrenzenwinkel von 120° entstehen.

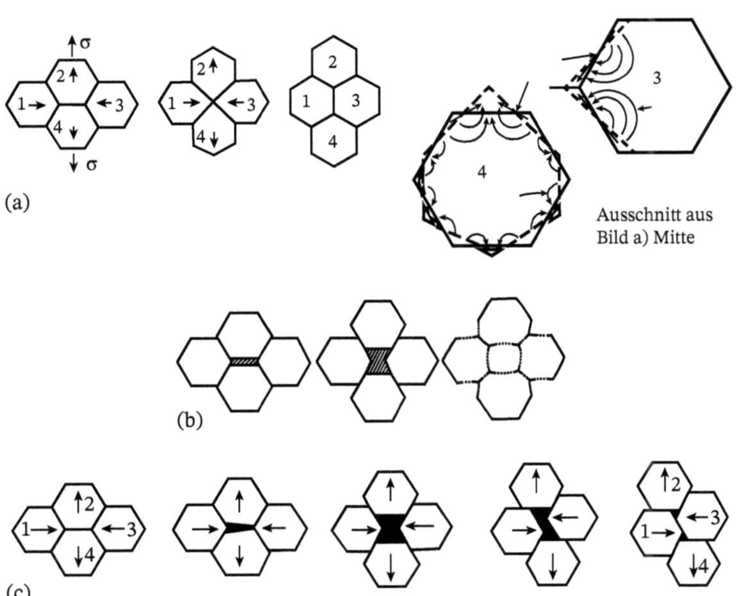

Bild 9.32 Schematische Darstellung (a) des *Ashby-Verrall*-Mechanismus, (b) des Permutationsmodells von Gifkins und (c) der SPD mit temporärer Korngrenzenporosität (nach *Kuznetsova*).

Gleichfalls mit temporärer Hohlraumbildung (Korngrenzenporosität) verbunden und bei relativ grobkörnigem Gefüge favorisiert ist die SPD nach Bild 9.32c. Die Verformung geschieht im Wesentlichen dadurch, dass Korngrenzenversetzungen gleiten und klettern. Zur Wahrung der Verformungskontinuität tun sich zeitweise zwischen den driftenden Kristalliten Hohlräume auf, die „Freiräume" für die Bewegung der Körner darstellen und im weiteren Verformungsverlauf wieder geschlossen werden. Noch vorhandene Mikroporosität wird durch Gitterversetzungen, die sich aus dem korngrenzennahen Volumen bewegen und mit den Korngrenzen wechselwirken, eliminiert.

9.2.5.2 Umwandlungsplastizität

Wirkt während einer Phasenumwandlung eine äußere Spannung, tritt infolge ihrer Überlagerung mit den Umwandlungsspannungen (Abschn. 9.6) ein verstärktes plastisches Fließen ein, auch wenn die äußere Spannung in diesem Temperaturbereich unterhalb der Fließgrenze liegt. Wird die Phasenumwandlung durch zyklische Temperaturänderungen unter konstanter Last oftmalig wiederholt, dann können – ähnlich dem superplastischen Verhalten – Längenänderungen von mehreren hundert Prozent erreicht werden. Auf diese Weise wurden beispielsweise an Stählen im Zugversuch einschnürungsfreie Verlängerungen von bis zu 500 % erzielt.

Für stabile Werkstoffzustände besteht ein direkter Zusammenhang zwischen Gefüge und mechanischen Eigenschaften des betreffenden Werkstoffs. Bei metastabilen Zuständen ist aufgrund des komplizierten Wechselspiels zwischen der sich während der Verformung ändernden Gefügezusammensetzung und den daraus resultierenden Eigenschaftsänderungen eine solche Beziehung nicht ohne Weiteres gegeben. Charakteristisch hierfür ist das Spannungs-Dehnungs-Verhalten metastabiler austenitischer Stähle. Bild 9.33 zeigt im Vergleich zu der bei Raumtemperatur vorliegenden Spannungs-Dehnungs-Kurve, dass bei einer Verformungstemperatur von $M_d > -180$ °C (Abschn. 4.1.3) ab etwa 15 % Dehnung verformungsinduzierter Martensit entsteht und es damit zu einem verstärkten Anstieg der Spannung kommt.

Über eine geeignete Abstimmung des Bereiches der Austenitstabilität (Variation der chemischen Zusammensetzung) mit der Verformungstemperatur lassen sich die Festigkeits- und Duktilitätseigenschaften der Legierungen in weitem Maße beeinflussen. Für

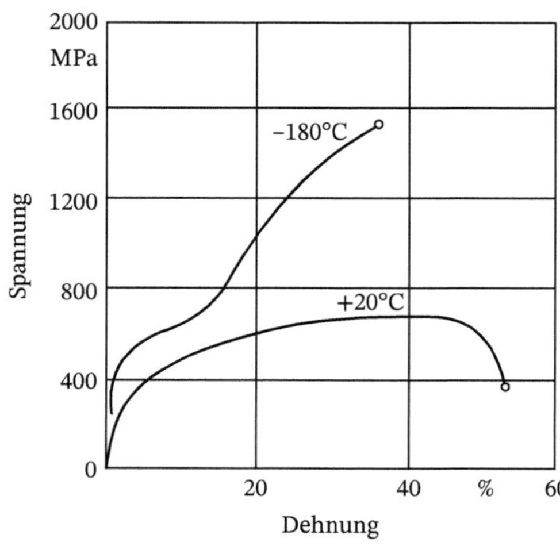

Bild 9.33 Spannungs-Dehnungs-Diagramm eines metastabilen austenitischen Stahls (nach *H. Schumann*).

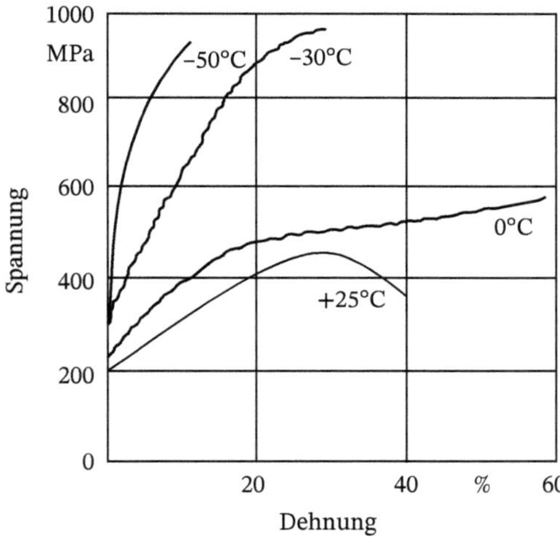

Bild 9.34 TRIP-Effekt bei einer Eisen-Nickel-Legierung (nach *H. Schumann*).

eine FeNi-Legierung (M_s = –32 °C) ist bei einer Verformungstemperatur von 0 °C die Bruchdehnung viel größer als bei höheren oder tieferen Temperaturen (Bild 9.34). Der Grund dafür ist, dass mit der Einschnürung eine verstärkte verformungsinduzierte Martensitbildung einsetzt, die in der Einschnürzone zu einer starken örtlichen Verfestigung führt und dadurch den Fortgang der Einschnürung behindert. Dies wird als *TRIP-Effekt* (**Tr**ansformation **I**nduced **P**lasticity) bezeichnet.

Mit dem *TRIP-Effekt* sind auch dann sehr hohe Dehnungen erreichbar, wenn durch wiederholtes Erwärmen die Martensitumwandlung rückgängig und die Wirkung der verformungsinduzierten Martensitbildung jeweils erneut nutzbar gemacht wird. Es konnte außerdem gezeigt werden, dass die Wachstumsgeschwindigkeit von Ermüdungsrissen (Abschn. 9.5.3) in metastabilen Stählen oberhalb der M_s-Temperatur wesentlich geringer ist als bei den gleichen Stählen im austenitischen oder martensitischen Zustand, da in der plastischen Zone vor der Rissspitze verformungsinduzierter Martensit entsteht, der das Risswachstum behindert.

Beginnt die verformungsinduzierte Martensitbildung bereits während der Gleichmaßdehnung, überwiegt der Effekt der Festigkeitssteigerung. Die bei der plastischen Verformung entstehenden Versetzungen wirken keimbildend, sodass der verformungsinduzierte Martensit meist sehr feinkörnig in den Gleitebenen angeordnet ist. Hierdurch werden die Gleitversetzungen blockiert. Über die Wahl geeigneter chemischer Zusammensetzungen und Verformungstemperaturen lassen sich auf diesem Wege hochfeste und ultrahochfeste Stähle sowie die so genannten MP-Legierungen (**M**ulti-**P**hasen-Legierungen) mit 20 % Chrom, 10 % Molybdän sowie Kobalt und Nickel in wechselnden Mengenverhältnissen herstellen. Diese ultrahochfesten Legierungen weisen neben einer guten Zähigkeit auch eine ausgezeichnete Korrosions- und Spannungsrisskorrosionsbeständigkeit auf.

9.3 Viskose und viskoelastische Verformung

Die Verformung von Werkstoffen mit amorpher oder teilweise amorpher Struktur wird vom instantanen elastischen und vom *viskosen* bzw. *viskoelastischen* (verzögert-elastischen)

Verhalten bestimmt. Je mehr sich die Temperatur des amorphen Werkstoffs von der Glasübergangstemperatur (Einfriertemperatur) (Abschn. 2.2.1) zu niedrigen Temperaturen hin entfernt, umso größer wird der elastische und umso kleiner der viskose bzw. viskoelastische Anteil. Dagegen nimmt beim Erhöhen der Temperatur über die Glasübergangstemperatur hinaus der viskose bzw. viskoelastische Verformungsanteil deutlich zu. Eine rein viskose Verformung liegt jedoch erst im schmelzflüssigen Zustand vor.

Eine *viskose* bzw. *viskoelastische Verformung* ist das Ergebnis eines belastungsbedingten irreversiblen Vorgangs kooperativer Bewegungen von Molekülen bzw. Molekülgruppen, bei der Nebenvalenzbindungen lokal aufgebrochen werden. Dadurch können benachbarte Molekülteile nachgeben und stückweise aneinander vorbeigleiten, bis sie an anderer Stelle wieder festgehalten werden. Im Laufe der Zeit verschieben sich so ganze Segmente der amorphen Struktur, wobei in jedem Augenblick die meisten Nebenvalenzbindungen intakt und nur einige wenige gelöst sind („Raupenbewegung"). Derartige Relaxationsprozesse sind die Ursache der zeitabhängigen Veränderung der Verformung. Während eine viskose Verformung Ausdruck eines flüssigkeitsähnlichen Verhaltens mit unbeschränkter Formänderung (viskoses Fließen) ist, stellt eine viskoelastische Verformung ein festkörperähnliches, in seinem Ausmaß beschränktes Verformungsverhalten dar. Das Abgleiten von Molekülteilen bzw. -segmenten ist in der Regel mit, von der Beanspruchungsgeschwindigkeit abhängigen Energieverlusten aufgrund von Reibprozessen verbunden.

Eine rein viskose Verformung unter einer konstanten Zugspannung σ lässt sich für Newtonsche Fluide durch eine lineare Abhängigkeit der Dehnung von der Zeit

$$\varepsilon_{\text{viskos}} = \frac{1}{\eta}\sigma\, t \tag{9.27}$$

mit t als Beanspruchungszeit beschreiben. Die von der Temperatur abhängige Größe η ist ein Maß für Zähflüssigkeit eines Fluids, d. h. für den Widerstand gegen viskoses Fließen, und wird als *dynamische Viskosität* bezeichnet. Das viskose Fließen wird für das Ur- und Umformen von Gläsern und Kunststoffen im Bereich $\eta < 10^{13}$ Pa s technisch umfassend genutzt (Abschn. 3.2.1 und Bild 3.27). Viele Schmelzen zeigen allerdings ein, vom linearviskosen Fall Newtonscher Fluide abweichendes Fließverhalten mit einer von der Fließgeschwindigkeit abhängigen dynamischen Viskosität.

Merkmal einer *viskoelastischen Verformung* ist die zeitliche Veränderung einer elastischen Verformung aufgrund von Relaxationsprozessen im Werkstoff. Bei Belastung vollzieht sich die Veränderung erst über einen mehr oder weniger langen Zeitraum und bildet sich bei Entlastung auch entsprechend verzögert wieder zurück. Das Ausmaß der Veränderung einer elastischen Dehnung unter einer konstanten Zugspannung σ kann näherungsweise durch

$$\varepsilon_r = \Delta J\, \sigma\, [1 - \exp(-t/t_{\text{retard}})] \tag{9.28}$$

beschrieben werden. Dabei kennzeichnet ΔJ die Retardationsstärke als Veränderung der Nachgiebigkeit (Kehrwert des Elastizitätsmoduls), die in einer für den Relaxationsprozess charakteristischen *Retardationszeit* t_{retard} eingestellt wird.

Die Gesamtverformung eines beanspruchten amorphen Werkstoffs besteht immer aus elastischen, viskosen und viskoelastischen Anteilen (Bild 9.35)

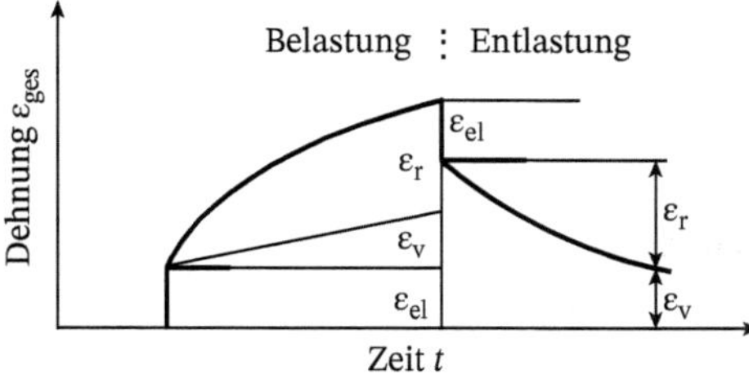

Bild 9.35 Verformung eines amorphen Werkstoffs unter Zugbeanspruchung beim Be- und Entlasten ε_{el} elastischer Dehnungsanteil ε_v viskoser Dehnungsanteil ε_r viskoelastischer (relaxierender) Dehnungsanteil.

$$\varepsilon_r = \left(\frac{1}{E} + \frac{t}{\eta} + \Delta J\left[1 - \exp\left(-t/t_{\text{retard}}\right)\right]\right)\sigma, \tag{9.29}$$

wobei die einzelnen Anteile je nach Werkstoff und Umgebungsbedingungen unterschiedlich stark ausgeprägt sein können.

Bei Polymeren, insbesondere den Elastomeren und vielen teilkristallinen Thermoplasten, ist der viskoelastische Anteil gegenüber dem elastischen relativ groß. Bei Thermoplasten können, insbesondere bei sehr langen Beanspruchungen und/oder höheren Temperaturen die viskoelastischen Verformungen noch durch irreversible viskose Verformungen überlagert sein. Bei anorganischen Gläsern sind die viskoelastischen Verformungsanteile gegenüber den instantanen elastischen Anteilen relativ klein. Werkstoffe, bei denen die Kristallite von Glasphasen umgeben sind, wie Porzellan, Steinzeug oder Schamotte, zeigen ein den Gläsern analoges viskoelastisches Verhalten, obgleich durch die im Gefüge befindlichen Kristallite die viskose Verformung vermindert wird. Auch Beton verhält sich weitgehend viskoelastisch. Bituminöse Straßenbeläge zeigen bei den üblichen Temperatur- und Belastungsbedingungen eine aus viskosen und viskoelastischen Anteilen bestehende Verformung.

Das verzögerte Einstellen einer viskoelastischen Verformung bei vorgegebener Spannung (Gl. (9.28)) charakterisiert man mit einem Kriechversuch und bezeichnet man als *Retardation*. Von *Spannungsrelaxation* spricht man dann, wenn das Aufrechterhalten einer bestimmten Verformung von einer allmählichen Abnahme der Spannung begleitet ist. Sie wird mittels eines Spannungsrelaxationsversuchs realisiert. Die Spannung kann von einem instantanen Wert auf den Wert Null relaxieren, wenn es sich um eine rein viskose Verformung bei einem flüssigkeitsähnlichen Verhalten handelt. Im Fall einer viskoelastischen Verformung relaxiert die Spannung von einem instantanen auf einen von Null verschiedenen Wert. Im viskoelastischen Fall kann die Änderung der instantanen Spannung bei vorgegebener Dehnung ε näherungsweise durch

$$\sigma = -\Delta E\, \varepsilon \left[1 - \exp(-t/t_{\text{relax}})\right] \tag{9.30}$$

mit der Relaxationsstärke ΔE sowie einer charakteristischen Relaxationszeit t_{relax}. Die in den Gl. (9.28) und (9.30) für viskoelastisches Verhalten eingeführten Größen der Relaxations- und Retardationsstärke bzw. der damit verbunden Zeiten sind das Ergebnis ein und desselben Relaxationsvorgangs und somit nicht unabhängig voneinander. Es gibt in der Regel eine Vielzahl von Relaxationsprozessen im Werkstoff, so dass eher von einem Relaxations- bzw. Retardationszeitspektrum ausgegangen werden muss.

Eine dritte Möglichkeit der Charakterisierung viskoelastischer Eigenschaften besteht in der dynamisch-mechanisch-thermischen Analyse mittels erzwungener Schwingungen. So führt z. B. eine vorgegebene sinusoidale Verzerrung ε im stationären Zustand zu einer ebenfalls sinusoidalen, allerdings phasenverschobenen Spannung σ. Teilt man die sinusoidale Antwort in zwei Teile auf: einen Anteil, der in Phase zur Anregung ist (Charakterisierung der elastischen Eigenschaften), und einen Anteil der um eine viertel Periodendauer phasenverschoben ist (Charakterisierung der viskosen Eigenschaften), so können Relaxationsprozesse im Werkstoff durch die frequenz- und temperaturabhängige Verläufe des Speichermoduls (elastische Eigenschaften) und des Verlustmoduls (viskose Eigenschaften) charakterisiert werden.

Relaxationsvorgänge als Ursache zeitlich veränderlicher Verformungen und Spannungen sind sowohl von der Zeit als auch der Temperatur abhängig. Während z. B. Gläser im Raumtemperaturbereich erst nach Jahren merkliche Relaxationen zeigen, benötigen sie im Zustand der unterkühlten Schmelze hierzu nur wenige Minuten.

Ein derart komplexes Verformungsverhalten lässt sich anschaulich mittels *rheologische Grundmodelle* darstellen, in denen lineare Federn die elastischen und lineare Dämpfungselemente (Kolben in einem Zylinder mit zäher Flüssigkeit) die viskosen Verformungsanteile repräsentieren. Zu den einfacheren Modellen gehören das im Bild 9.36a dargestellte *Maxwell*-Modell, bei dem ein Feder- und ein Dämpfungselement hintereinander geschaltet sind, sowie das im Bild 9.36b dargestellte *Voigt-Kelvin*-Modell als Parallelschaltung eines Feder- und eines Dämpfungselements. Die viskoelastisch-viskose Verformung vieler Kunststoffe kann im einfachsten Fall mit Hilfe eines 4-Parameter-Modells (Bild 9.36c), das ein *Voigt-Kelvin*- und ein *Maxwell*-Modell kombiniert, beschrieben werden.

Diese Modelle bzw. deren Verallgemeinerungen ermöglichen die mathematische Formulierung des komplexen Verformungsverhaltens, ohne dabei näher auf die ursächlichen strukturellen Prozesse einzugehen [16].

Im makroskopischen Bereich gelten für Gläser die genannten Verformungsmechanismen ohne Einschränkung. Bei hoher Belastung kleinster Oberflächenbereiche – z. B. durch Ritzen mit einer Diamantspitze – zeigt das Glas unterhalb des Einfrierbereiches jedoch ein davon abweichendes Verhalten. Es treten irreversible Verformungen auf, deren Berechnung erst dann zu größenordnungsmäßig richtigen Werten führt, wenn ein

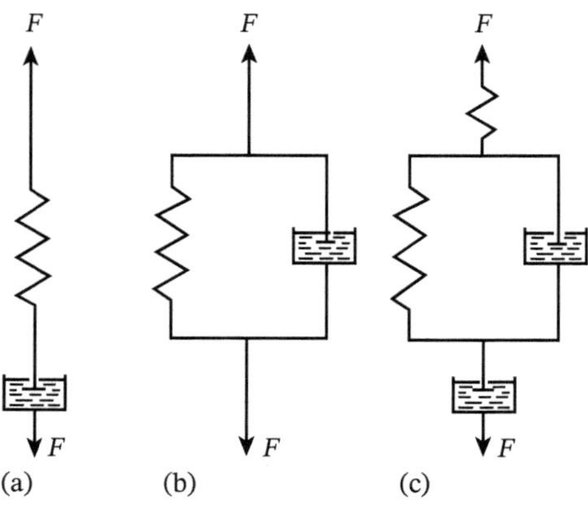

Bild 9.36 Rheologische Grundmodelle zur Beschreibung des zeitabhängigen Verformungsverhaltens. (a) *Maxwell*-Modell; (b) *Voigt-Kelvin*-Modell; (c) 4-Parameter-Modell.

Plastizitätsterm eingeführt wird. Dennoch unterscheidet sich das Fließverhalten des Glases von der plastischen Verformung kristalliner Körper. So schließt die häufig nachweisbare Dichtezunahme unter der Eindruckfläche bei vorangegangener hoher lokaler Belastung eine Volumenkonstanz aus, wie sie für den plastischen Fließvorgang gefordert wird, und auch die Fließspannung als Schwellenwert ist nicht vorhanden. Es liegt daher nahe, den Mikroverformungsmechanismus bei Gläsern als viskose Erscheinung darzustellen. Dabei bilden sich unter den kleinen Flächen des Indenters hohe Druck- und Scherkräfte aus, die ein nicht newtonsches Verhalten des Glases und eine örtlich zeitweise stark herabgesetzte Viskosität zur Folge haben. Allerdings wird für Gläser und amorphe Polymere auch die Existenz beweglicher Struktureinheiten diskutiert, die als versetzungsähnliche Gebilde durch ihre spannungsinduzierte Bewegung ein plastisches Fließen ermöglichen.

9.4 Kriechen

Bei konstanter Beanspruchung ablaufende zeit- und temperaturabhängige Verformungsprozesse werden in der Technik als *Kriechen* bezeichnet [17, 18]. Sie sind von besonderer Bedeutung für Werkstoffe mit amorpher und teilkristalliner Struktur wie Glas und Polymere (Abschnitt 9.3), bei entsprechend hohen Temperaturen aber auch für kristalline Werkstoffe.

Während das Kriechen amorpher und teilkristalliner Werkstoffe viskoser bzw. viskoelastischer Natur ist, stellen die irreversiblen Verformungsvorgänge bei kristallinen Werkstoffen im Temperaturgebiet $T > 0{,}4\ T_s$ *(Hochtemperaturkriechen)* eine Kombination von Verfestigen und Entfestigen in Verbindung mit Hohlraumbildung dar. Im Gegensatz zum thermisch aktivierten Hochtemperaturkriechen wird das *Tieftemperaturkriechen* durch Erscheinungen, die als Folge von Volumen- und Formeffekten bei der Umwandlung von Austenit in Martensit auftreten, verursacht. Die mit dem Kriechen verbundenen komplexen strukturellen Vorgänge wurden in den Abschnitten 7.1.4.1 und 7.1.4.2 ausführlich erörtert; eine Übersicht der verschiedenen Kriechprozesse zeigt Bild 7.15.

Trägt man für den Fall des Hochtemperaturkriechens die Kriechdehnung ε bzw. die Kriechgeschwindigkeit $\dot{\varepsilon}$ in Abhängigkeit von der Zeit t auf, erhält man Kriechkurven, die grundsätzlich in drei verschiedene Bereiche unterteilt werden können (Bild 9.37). Die zeitliche Ausdehnung der einzelnen Bereiche hängt sowohl von den werkstoffspezifischen Eigenschaften als auch von den Beanspruchungsparametern (Spannung, Temperatur) ab. Der Bereich I (*Primär-* oder *Übergangskriechen*) ist für tiefe Temperaturen und niedrige Spannungen repräsentativ. Die Zunahme der Kriechdehnung erfolgt nach

$$\varepsilon_{\mathrm{I}} = \alpha \log t \tag{9.31}$$

weshalb auch vom α-Kriechen oder logarithmischen Kriechen gesprochen wird. Das Absinken der Kriechgeschwindigkeit ist in diesem Bereich vorwiegend durch Verfestigungsvorgänge bedingt, die auf das Behindern der Versetzungsbewegung infolge thermisch aktivierter Schneidprozesse zurückzuführen sind. Der am Ende des Bereiches I sich einstellende Wert der Kriechdehnung wird von der Bauteilform, dem Eigenspannungszustand und dem Ausgangsgefüge bestimmt.

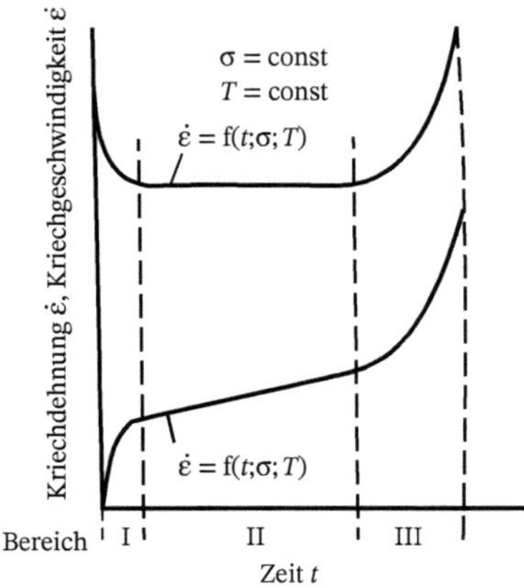

Bild 9.37 Kriechdehnung und Kriechgeschwindigkeit in Abhängigkeit von der Zeit.

Die Kriechdehnungen im Bereich II *(stationäres Kriechen)* folgen der Beziehung

$$\varepsilon_{\mathrm{II}} = kt, \tag{9.32}$$

wobei die Konstanz der Kriechgeschwindigkeit nicht immer gegeben ist. Der Bereich II hat die größte technische Bedeutung, da er für die *Zeitkriechgrenze,* d. h. die auf den Ausgangsquerschnitt einer Zugprobe bezogene Kraft, unter der nach Ablauf einer bestimmten Zeit ein gegebener bleibender Dehnungsbetrag nicht überschritten wird, maßgeblich ist. Damit lässt sich festlegen, wie lange ein Bauteil einer Temperatur-Spannungs-Beanspruchung ausgesetzt werden darf, ohne dass eine unstatthaft große Kriechverformung oder gar der Bruch eintritt. Wie bei jedem anderen thermisch aktivierten Vorgang lässt sich auch hier die *Arrhenius*-Gleichung zur Beschreibung heranziehen, wonach die Kriechgeschwindigkeit die Form

$$\dot{\varepsilon}_{\mathrm{II}} = K \exp(-Q/RT) \tag{9.33}$$

annimmt, wobei die Spannungsabhängigkeit oft in Form eines Potenzansatzes mit G als Schubmodul angenähert werden kann:

$$K = A\left(\frac{\sigma}{G}\right)^n. \tag{9.34}$$

In dieser Form enthält der Ansatz für die Kriechgeschwindigkeit drei materialspezifische Parameter *A, n* und *Q*. Diese werden beeinflusst von Korngröße und -form, Volumenanteil, Dispersionsgrad, Form, Größe, Textur und Anordnung der verschiedenen Phasen, Lage und Winkelunterschied von Zellgrenzen, Zahl, Dichte und Form isolierter Versetzungen sowie die Konzentration von Punktdefekten. Die für das stationäre Kriechen benötigte Aktivierungsenergie *Q* kann nach der Beziehung

$$Q = R\frac{T_1 T_2}{T_2 - T_1}(\ln \dot{\varepsilon}_2 - \ln \dot{\varepsilon}_1) \tag{9.35}$$

berechnet werden. Dafür ist die Ermittlung von zwei Kriechkurven bei Temperaturen T_1 und $T_2 > T_1$ erforderlich.

Im Bereich des stationären Kriechens besteht ein dynamisches Gleichgewicht zwischen Ver- und Entfestigungsvorgängen. Mit dem Entstehen neuer Versetzungen geht eine dynamische Erholung einher, die schneller als die statische Erholung (Abschn. 7.2.1) verläuft. Unter dem Einwirken der äußeren Spannung treten weiterhin gerichtetes Korngrenzengleiten (bzw.-kriechen) und diffusionsgesteuertes Kriechen (Versetzungskriechen, *Nabarro-Herring*-Kriechen, *Coble*-Kriechen) auf (Abschn. 7.1.4). Beim Übergang vom Bereich I zum Bereich II wird oft auch das so genannte β-Kriechen nach dem Zeitgesetz

$$\varepsilon_{I/II} = \beta\, t^{1/3} \tag{9.36}$$

beobachtet.

Der Bereich III *(tertiäres Kriechen)* zeigt eine rasch zunehmende Kriechdehnung. Er wird bei hohen Temperaturen und Spannungen beobachtet und endet mit dem *Kriechbruch* (Abschn. 9.5). Ursachen der anwachsenden Kriechdehnung sind einerseits die Spannungserhöhung als Folge der lokal auftretenden Einschnürung (statisches Tertiärkriechen) und zum anderen irreversible Werkstoffveränderungen (physikalisches Tertiärkriechen). Als Werkstoffveränderungen kommen vor allem die Koagulation von Ausscheidungen, Rekristallisationsvorgänge sowie das Entstehen von Hohlräumen (Poren) als Folge des Korngrenzengleitens in Betracht. Da diese Werkstoffveränderungen bereits im Bereich II beginnen, vollzieht sich schon hier der Übergang von der Verfestigung zur irreversiblen Schädigung.

9.5 Bruch

Die folgenschwerste Ursache des Versagens einer Konstruktion ist der Bruch. Es ist deshalb verständlich, dass zum Erreichen einer hohen Sicherheit und Zuverlässigkeit von Maschinen und Anlagen der werkstoffwissenschaftlichen Analyse seiner Ursachen und der daraus resultierenden Maßnahmen zur Bruchverhütung große Aufmerksamkeit geschenkt werden muss [19, 20, 21].

9.5.1 Makroskopische und mikroskopische Bruchmerkmale

Der *Bruch* ist das makroskopische Trennen eines Festkörpers infolge des Aufbrechens der Bindungen. Es kommt dabei zur Entstehung und Ausbreitung von Rissen in mikroskopischen und makroskopischen Dimensionen sowie einem Tragfähigkeitsverlust nach Erreichen einer kritischen Risslänge. Jeder Werkstoff hat eine *theoretische Trennfestigkeit* (Abschn. 9.2.2.1), die von den Bindungskräften zwischen den Atomen bzw. Molekülen und der Temperatur bestimmt wird. Dieser theoretische Wert wird aber – mit Ausnahme der Whisker – bei weitem nicht erreicht, da die auf den verschiedenen Strukturniveaus existierenden Defekte die zum Bruch führende Rissausbreitung wesentlich erleichtern.

Entscheidend beeinflusst wird das Bruchverhalten von der Kohäsion an inneren Grenzflächen zwischen Matrix und Ausscheidungen bzw. Einschlüssen. Auch durch die Segregation von Spurenelementen an Korn- bzw. Phasengrenzen wird der Rissausbreitungswiderstand reduziert.

In Abhängigkeit von den Beanspruchungsbedingungen sowie dem Gefüge des Werkstoffs können die Bruchmerkmale sowohl im makroskopischen als auch mikroskopischen

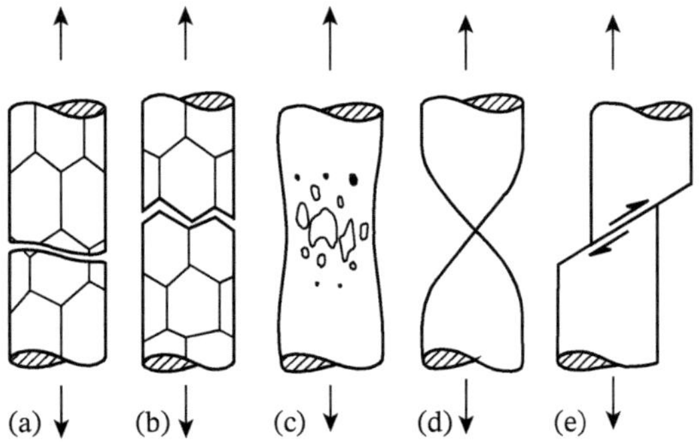

Bild 9.38 Brucharten an einem einachsig und quasistatisch beanspruchten Zugstab: (a) transkristalliner Spaltbruch; (b) interkristalliner Spaltbruch; (c) duktiler Bruch durch Hohlraumkoaleszenz an Einschlüssen; (d) vollständige Einschnürung; (e) heterogener Scherbruch.

Erscheinungsbild sehr unterschiedlich sein, was wichtige Anhaltspunkte für das Aufklären von Schadensfällen liefert (Bild 9.38 und Bild 9.39) [22, 23].

Nach dem makroskopischen Bruchaussehen wird zwischen *Sprödbruch* und *Zähbruch* unterschieden. Man bezeichnet den Bruch als spröde, wenn der Rissausbreitung keine bzw. nur eine auf den unmittelbaren Bereich an der Rissspitze beschränkte irreversible Verformung vorausgeht. Typische Bruchflächenmerkmale sind der *trans- bzw. interkristalline*

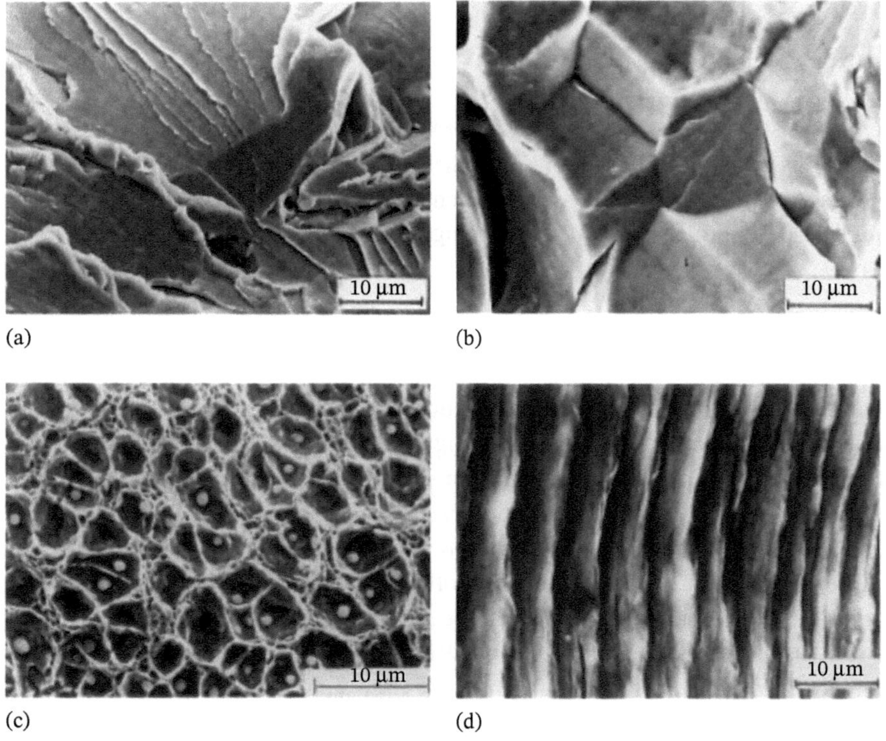

Bild 9.39 Rasterelektronenmikroskopische Bruchflächenaufnahmen: (a) transkristalliner Spaltbruch, ebene Spaltflächen mit Zungen und Flüssen; (b) interkristalliner Spaltbruch, winklig zueinander angeordnete Korngrenzenflächen; (c) Grübchen- oder Wabenbruch durch Entstehen von Hohlräumen und Abscheren der dazwischen verbliebenen Werkstoffbrücken; (d) Ermüdungsbruch mit Schwingungsstreifen.

Spaltbruch (Bild 9.39a und b). Sprödbrüche haben häufig zu schwerwiegenden Havarien an Brücken, Schiffen, Turbinen oder Druckbehältern geführt. Wird der Werkstoff dagegen erst nach stärkerer irreversibler Verformung seines gesamten Volumens getrennt, spricht man vom Zäh- oder Verformungsbruch. Mikroskopisches Bruchmerkmal sind die durch die Dekohäsion von Teilchen entstehenden Hohlräume (*Waben-* oder *Grübchenbruch,* Bild 9.39c). Dabei ist zu beachten, dass zähes oder sprödes Verhalten nicht ausschließlich Werkstoffeigenschaften sind, sondern außer von der chemischen Zusammensetzung, der Struktur und dem Gefüge ganz wesentlich von den Beanspruchungsbedingungen wie Temperatur, Spannungszustand, Belastungsgeschwindigkeit und umgebende Medien abhängen. Für einen durch zyklische Beanspruchung hervorgerufenen *Ermüdungsbruch* ist das Auftreten von Schwingungsstreifen (Bild 9.39d) charakteristisch.

9.5.2 Rissbildung

Bereits im Fertigungsprozess können sich Risse bilden, beispielsweise beim Urformen oder Schweißen (Heiß- und Kaltrisse) bzw. bei der Wärmebehandlung (Härterisse). Die Ursache einer derartigen Rissbildung sind fast immer Eigenspannungen (Abschn. 9.6). Häufig entstehen Risse aber erst infolge lokalisierter Verformungen beim Einwirken äußerer Beanspruchungen oder durch Korrosion (Abschn. 8.1.7). In Bild 9.40 sind einige Mechanismen für das Entstehen transkristalliner Spaltrisse durch inhomogene Versetzungsbewegungen dargestellt.

Der Aufstau *(pile-up)* von Stufenversetzungen an einer Korngrenze ist mit einer Spannungskonzentration verbunden. Sie führt zum Aufreißen, falls die Trennfestigkeit früher erreicht wird als die zur Bildung weiterer Versetzungen erforderliche kritische Schubspannung. Andere Möglichkeiten der Bildung transkristalliner Spaltrisse sind das Auflaufen eines Gleitbandes auf einen Zwilling bzw. kreuzende Bänder. Diese *Versetzungsrisse* breiten sich zunächst in einzelnen Kristalliten auf Spaltebenen aus, bis sie die Korngrenzen überschreiten und schließlich zum makroskopischen Riss bzw. Bruch führen. Als Spaltebenen (Tab. 9.5) kommen vor allem niedrig indizierte kristallographische Ebenen in Frage, da diese Ebenen die geringste Oberflächenspannung haben (Abschn. 6.2). In metallischen Werkstoffen mit kfz Struktur wird kein Spalten beobachtet, da hier wegen der vielen Gleitsysteme und der starken Neigung zum Quergleiten immer günstige Voraussetzungen zur plastischen Verformung bestehen. In krz Strukturen wird die Bewegung der Versetzungen vor allem bei hohen Verformungsgeschwindigkeiten und niedrigen Temperaturen

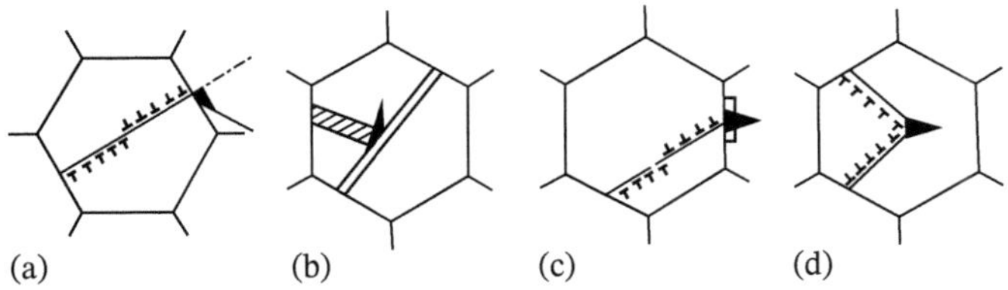

Bild 9.40 Entstehen transkristalliner Spaltrisse. (a) Aufstau (pile-up) von Stufenversetzungen an einer Korngrenze, (b) Auflaufen eines Gleitbandes auf einen Zwilling, (c) Aufreißen von Ausscheidungen an den Korngrenzen, (d) Kreuzen von Gleitbändern.

Tab. 9.5 Spaltebenen in Kristallen.

Gittertyp	Spaltebene
krz	{100}
hexagonal	(001)
Diamant	{111}
CaF_2-Struktur	{111}
ZnS-Struktur	{110}

erschwert, und es können unter derartigen Beanspruchungsbedingungen Spaltbrüche auftreten.

Der Spaltmechanismus ist auch typisch für Kristallstrukturen mit Ionen- bzw. Atombindung, bei denen kaum eine plastische Verformung durch Versetzungsaktivierung möglich ist.

In den Fällen, bei denen das Korngrenzengleiten als überwiegender Verformungsmechanismus wirkt, entstehen interkristalline Spaltrisse (Bild 9.40a). Besonders häufig sind keilförmige Risse an Korngrenzentripelpunkten, an denen das gegenseitige Abgleiten von zwei Korngrenzen durch ein drittes Korn behindert wird (Bild 9.41b).

Während der Spaltrissmechanismus für sprödes Werkstoffverhalten charakteristisch ist, verläuft in duktilen Werkstoffen die Rissbildung über das Entstehen und Vereinigen von Hohlräumen *(voids)* im Korninneren oder an den Korngrenzen (Bild 9.42). Voids entstehen häufig auch an Ausscheidungen oder Einschlüssen, wenn infolge plastischer Verformung die Grenzfläche zur Matrix abgelöst wird (Bild 9.43).

Allgemein ist zum Einfluss einer zweiten Phase zu sagen, dass diese bei globulitischer Form, mittlerer Größe und hoher Grenzflächenfestigkeit zur Matrix den Widerstand gegen Vorbildung erhöht, in Plättchen- oder Faserform, bei niedriger Festigkeit der Grenzfläche und hinlänglich kleinem oder großem Durchmesser aber erleichtert. Ein Beispiel für das Entstehen eines Spaltrisses in einem spröden Teilchen, der sich nicht in die duktile Matrix ausbreiten konnte, zeigt Bild 9.44.

Auch bei den Polymeren ist die Rissbildung mit inhomogenen Verformungsvorgängen verbunden. Neben Hohlraumbildung und Einschnürung oder auch inter- bzw.

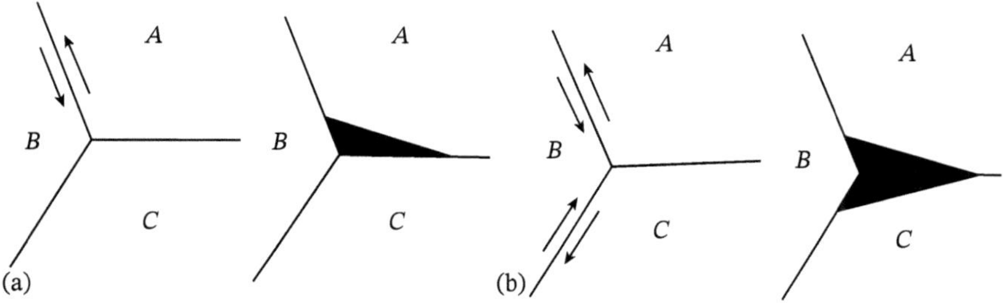

Bild 9.41 Entstehen interkristalliner Spaltrisse an Korngrenzentripelpunkten.

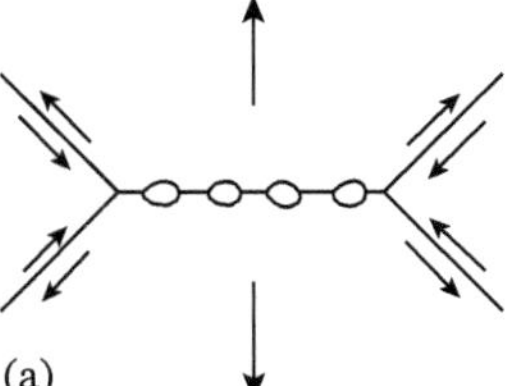

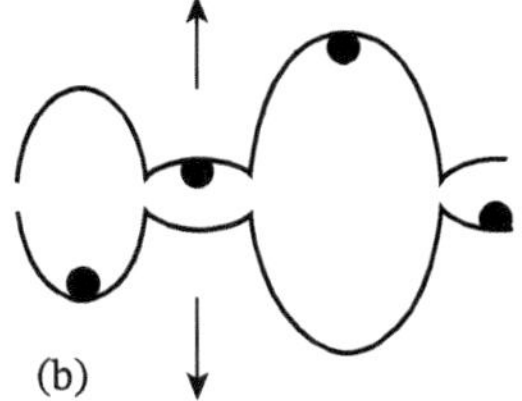

Bild 9.42 Rissbildung durch Vereinigen von Hohlräumen: (a) auf den Korngrenzen; (b) im Korninneren.

intrasphärolithischer plastischer Verformung spielt das Entstehen von Normalspannungsfließzonen *(Crazes)* eine besondere Rolle [24]. Crazes, deren Dicke nur einige hundertstel Millimeter beträgt, die aber eine Länge von einigen zehntel Millimetern bis zu mehreren Zentimetern erreichen können, sind planare rissähnliche Defekte. Das Innere der Fließzone enthält in Beanspruchungsrichtung orientiertes plastisch verstrecktes Material (Fibrillen) und ist mit einer stark orientierten Schaumstruktur vergleichbar. Da die Dichte einer Fließzone nur etwa die Hälfte des kompakten Materials beträgt, können diese Schwachstellen leicht aufreißen. Das Entstehen von Crazes wird durch erhöhte Spannungen sowie das Eindringen benetzender Medien gefördert (Abschn. 8.3.1). Das mit steigender Belastung zu beobachtende Aufweiten der Fließzonen geschieht nicht über die Umwandlung von weiterem Polymerwerkstoff in Craze-Bereiche, sondern durch Dehnen der bereits bestehender Crazes.

Crazes kommen vor allem in amorphen, aber auch in teilkristallinen Thermoplasten und in geringem Umfang in duromeren Gießharzen vor. Crazes werden häufig an Defekten, d. h. an Oberflächenrissen, Hohlräumen oder eingeschlossenen Partikeln erzeugt. In teilkristalline teilkristallinen Thermoplasten mit Sphärolithstruktur (Abschn. 3.1.2.2) bildet sich eine inhomogene Verformung derart aus, dass die senkrecht zur Normalspannung liegenden Sphärolithbereiche irreversibel verstreckt, die im Scheitelbereich befindlichen dagegen nur reversibel gedehnt werden. Dies führt zur Mikrorissbildung, die wegen der damit verbundenen Lichtbrechung als *Weißbruch* bezeichnet wird. Mit zunehmender Belastung reißen auch die amorphen Bereiche an den Sphärolithgrenzen auf.

Der Bruch *faserverstärkter Verbundwerkstoffe* (Abschn. 9.7.4) kann durch Entstehen von Mikrorissen in der Matrix, Aufreißen oder Herausziehen *(pull out)* der Fasern sowie Ablösen der Fasern von der Matrix *(Debonding)* eingeleitet werden.

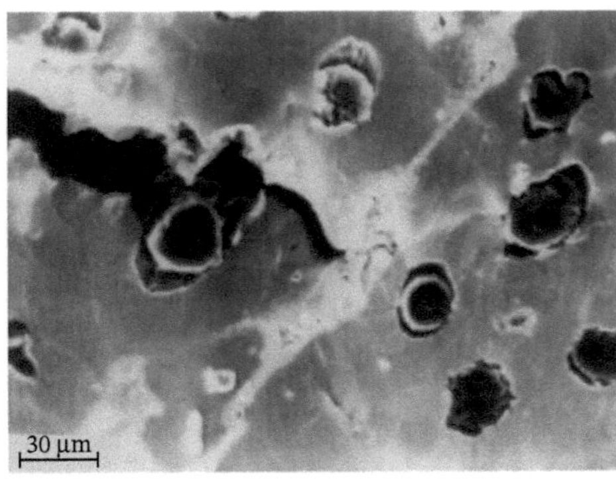

Bild 9.43 Ablösen von Graphit-Teilchen im Gusseisen.

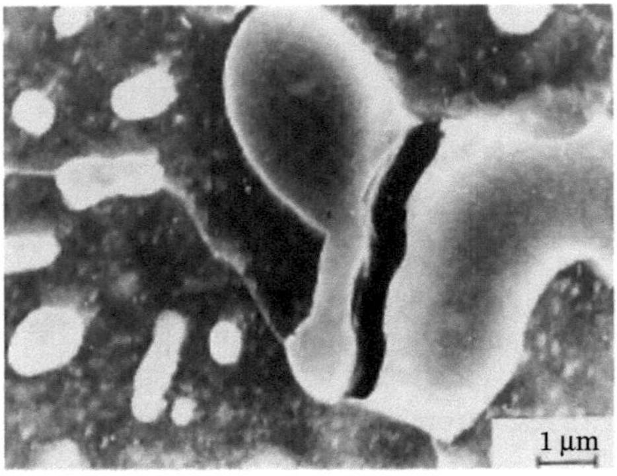

Bild 9.44 Riss in einem Carbid-Teilchen eines Werkzeugstahls.

Bei plastischen Wechselverformungen metallischer Werkstoffe können in den F-Bändern (Abschn. 9.2.4) an der Werkstoffoberfläche Auspressungen *(Extrusionen)* oder Einsenkungen *(Intrusionen)* entstehen (Bild 9.45), die als Risskeime wirken. Größere Spannungs- bzw. Dehnungsamplituden führen auch zu Anrissen an Korn- oder Zwillingsgrenzen im oberflächennahen Bereich homogener bzw. an den Phasengrenzen heterogener Werkstoffe. Ist die Oberfläche von einer Passivschicht bedeckt, was z. B. bei rostbeständigen CrNi-Stählen der Fall ist, kann diese durch Gleitstufen örtlich zerstört werden. Auch an solchen Stellen können Risskeime entstehen.

9.5.3 Rissausbreitung

Die Rissbildung führt nur dann zum Bruch, wenn der Riss ausbreitungsfähig ist. Sind die Bedingungen für eine Rissausbreitung gegeben, geht der submikroskopische Anriss zunächst in einen Mikroriss (1 µm bis 1 mm) und dieser später zum Makroriss (> 1 mm) über, aus dem schließlich der zum Bruch führende Magistralriss entsteht. Die Rissausbreitung

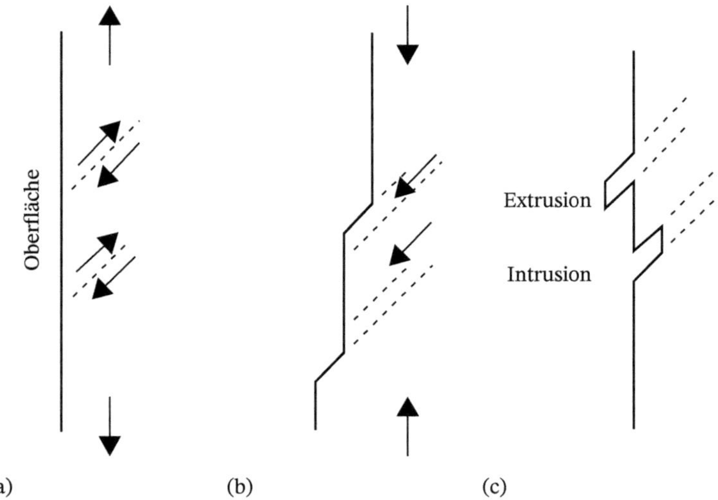

Bild 9.45 Entstehen von Risskeimen an der Werkstoffoberfläche bei zyklischer Beanspruchung.

kann entweder instabil (unter Energiefreisetzung) oder stabil (unter ständiger Energiezufuhr) verlaufen.

Für die *instabile Rissausbreitung* ist es nach *Griffith* erforderlich, dass die freigesetzte mechanische Energie die notwendige materialspezifische Bruchflächenenergie übersteigt. Beispielsweise wird im Weiteren eine, mit einem makroskopischen Innenriss der Länge $2a$ behaftete, unendlich ausgedehnte dünne Flachprobe der Dicke B unter einachsiger Zugspannung σ betrachtet. Die mechanische Energie der Probe (elastische Verzerrungsenergie und Potential der Belastungseinrichtung) ergibt sich aus

$$W_{\text{mech}} = W_0 + \Delta W_{\text{a}} \quad \text{mit} \quad \Delta W_{\text{a}} = -\frac{1}{E}\pi a^2 \sigma^2 B. \tag{9.37}$$

Hier ist W_0 die potentielle Energie einer rissfreien Probe und ΔW_{a} ist die Änderung der potentiellen Energie wenn ein kleiner Innenriss der Länge $2a$ in das Material eingebracht wird. Dabei sind σ die Nennspannung und E der Elastizitätsmodul. Aus (9.37) ergibt sich, dass die mechanische Gesamtenergie mit zunehmender Risslänge abnimmt. Bei einer Vergrößerung des Risses wird demzufolge mechanische Energie freigesetzt. Gleichzeitig entstehen dadurch neue Bruchflächen. Die sich bei einer Rissverlängerung verändernde Bruchflächenenergie lässt sich aus der spezifischen Bruchflächenenergie γ_{B} und der Bruchfläche berechnen:

$$W_{\text{B}} = 2\gamma_{\text{B}} \cdot 2aB = 4aB\gamma_{\text{B}}. \tag{9.38}$$

Die Betrachtung der auf die Dicke B bezogenen Energiebilanz bei einer infinitesimalen Rissausbreitung

$$\frac{d}{Bda}W = \frac{d}{Bda}W_{\text{mech}} + \frac{d}{Bda}W_{\text{B}} = -\frac{2\pi a\sigma^2}{E} + 4\gamma_{\text{B}} = 0 \tag{9.39}$$

stellt ein Kriterium für die instabile Rissausbreitung dar. Die bei einer infinitesimalen Rissausbreitung freigesetzte und auf die Dicke B bezogene potentielle Energie wird auch als *Energiefreisetzungsrate* bezeichnet. Demgegenüber steht die kritische Energiefreisetzungsrate als ein äquivalenter, für die Bildung der neuen Bruchflächen benötigter Energiebeitrag.

Aus Gl. (9.39) ergibt sich die für instabile Rissausbreitung erforderliche kritische Nennspannung zu

$$\sigma_c = \left(\frac{2\gamma_B E}{\pi a}\right)^{1/2}. \tag{9.40}$$

Aus den an Glas gemessenen Bruchfestigkeiten errechnet sich nach dieser Beziehung eine kritische Risslänge von etwa 10^{-4} mm. Allerdings gilt Beziehung (9.40) nur für spröde Werkstoffe wie Glas oder Keramik. Bei metallischen Werkstoffen tritt infolge von Versetzungsbewegungen an der stärker beanspruchten Rissspitze immer eine örtliche plastische Verformung *(plastische Zone)* auf, was aufgrund der Energieabsorption eine beträchtliche Erhöhung der zum Erzeugen der Bruchfläche effektiv benötigten Energie ($\gamma_{\text{B,eff}} \gg \gamma_{\text{B}}$) und damit auch der kritischen Risslänge zur Folge hat.

Eine instabile Rissausbreitung kann als Spaltbruch sowohl transkristallin als auch – falls durch Ausscheidungen die Kohäsionsfestigkeit an den Korngrenzen vermindert ist – interkristallin verlaufen. Im Allgemeinen führt sie zu einem verformungsarmen Bruch, der makroskopisch als Sprödbruch in Erscheinung tritt.

Wird vor Erreichen der kritischen Spannung σ_c lokal die Fließgrenze überschritten, kommt es zum allgemeinen Fließen in den betroffenen Volumenbereichen des Werkstoffs und die Rissausbreitung kann nur unter ständiger Energiezufuhr, also stabil, fortschreiten. Wichtigster Mechanismus der stabilen Rissausbreitung unter statischer Beanspruchung ist die in Bild 9.42 dargestellte Koaleszenz von Rissen oder rissartigen Hohlräumen, die vor der Spitze eines sich zunächst abstumpfenden Anrisses entstehen.

Werkstoffe mit krz Struktur zeigen einen Wechsel von der stabilen zur instabilen Rissausbreitung mit sinkender Temperatur. Das ist darauf zurückzuführen, dass die Spannung σ_c und die Streckgrenze eine unterschiedliche Temperaturabhängigkeit aufweisen. Oberhalb einer *Übergangstemperatur* $T_ü$ wird zuerst die Streckgrenze erreicht, d. h. der Bruch erfolgt nach plastischer Verformung als Zähbruch. Bei $T < T_ü$ dagegen wird die kritische Spannung für die instabile Rissausbreitung wirksam, und es kommt zum Sprödbruch. Mit abnehmender Korngröße wird die Übergangstemperatur zu niedrigeren Temperaturen verschoben. Analog zur Streckgrenze (Gl. 6.16) besteht der Zusammenhang

$$\frac{1}{T_ü} = A + B(L_K)^{-1/2} \tag{9.41}$$

mit A und B als werkstoffspezifische Konstanten sowie L_K als mittlerer Korndurchmesser.

Bild 9.46 zeigt den Einfluss von Temperatur, Spannungszustand und Beanspruchungsgeschwindigkeit auf den Übergang vom Zäh- zum Sprödbruch. Zur Kennwertermittlung dient üblicherweise der *Kerbschlagbiegeversuch* [25].

Die häufigste Brucherscheinung im Maschinen- und Fahrzeugbau ist der infolge zyklischer Beanspruchung auftretende *Ermüdungsbruch*. Auch hierbei liegt eine stabile Rissausbreitung vor, die in zwei Stadien ablaufen kann. Im Rissausbreitungsstadium I ist das Wachstum der von den Intrusionen ausgehenden Gleitbandrisse sehr gering, es liegt in der Größenordnung von 10^{-7} mm je Belastungszyklus. Durch Mehrfachgleiten ändert sich schon nach wenigen Körnern die Rissausbreitungsrichtung, sodass die Rissufer annähernd senkrecht zur Normalspannung verlaufen (Rissausbreitungsstadium II). Die allmählich

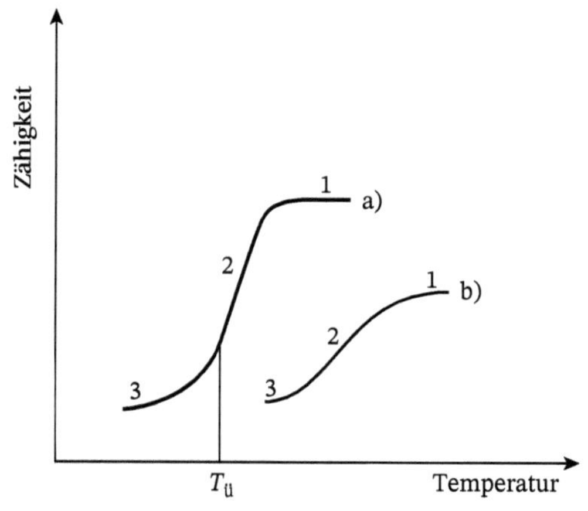

Bild 9.46 Zähigkeit – Temperatur – Schaubild. a) statische Beanspruchung, einachsiger Spannungszustand, b) schlagartige Beanspruchung, mehrachsiger Spannungszustand. 1 Hochlage mit stabiler Rissinitiierung (Zähbruch), 2 Übergangsbereich vom Zähbruch zum Sprödbruch, 3 Tieflage mit instabilem Rissfortschritt (Sprödbruch).

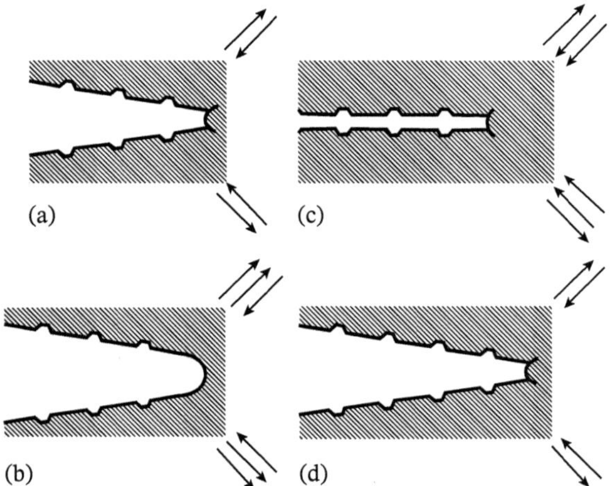

Bild 9.47 Rissfortschritt bei zyklischer Beanspruchung.

ansteigende Geschwindigkeit der Rissausbreitung wird von Abgleitprozessen unmittelbar vor der Rissspitze bestimmt, die zu einer Streifenstruktur auf der Bruchfläche (Bild 9.39d) führen. Derartige Schwingungsstreifen bilden sich beim Durchlaufen eines oder weniger Lastzyklen durch abwechselndes Öffnen und Schließen der Rissspitze (Bild 9.47).

Bei großen Amplituden der Wechselverformung oder in heterogenen Werkstoffen tritt das Stadium I nicht auf, da die Risse überwiegend an den Korn- bzw. Phasengrenzen entstehen. Auch beim Vorliegen von Spannungskonzentrationsstellen an der Werkstoffoberfläche wie Kerben, scharfen Querschnittsübergängen, Bohrungen, Drehriefen oder Korrosionsnarben ist für die Lebensdauer eines Bauteils die Rissausbreitung im Stadium II maßgebend.

Wenn infolge der allmählichen Rissausbreitung der Querschnitt so weit vermindert worden ist, dass der verbleibende Rest die auftretende Belastung nicht mehr aufnehmen kann, tritt der *Gewalt-* oder *Restbruch* ein. Dementsprechend zeigt eine infolge zyklischer Beanspruchung entstandene Bruchfläche beim makroskopischen Betrachten zwei unterschiedliche Bereiche, nämlich den relativ glatten Dauerbruch und den stärker zerklüfteten Restbruch. Ruhepausen in der Beanspruchung bilden sich als *Rastlinien* auf der Dauerbruchfläche ab.

Häufig sind mechanisch beanspruchte Bauteile korrosiven Medien ausgesetzt. In solchen Fällen verläuft die Rissausbreitung unter dem kombinierten Wirken von Versetzungsbewegungen und dem lokalen Korrosionsangriff bzw. der Zerstörung der Passivschicht. Man spricht von *Schwingungsrisskorrosion* bei zyklischer und von *Spannungsrisskorrosion* bei monotoner Beanspruchung (Abschn. 8.1.8 und 8.1.7).

9.5.4 Bruchmechanik

Zum Vermeiden von Brüchen werden *Bruchkriterien* benötigt. Ausgehend von der allgemeinen Bruchursache, nämlich dem Ausbreiten von Rissen, hat es sich als notwendig erwiesen, Kriterien zu entwickeln, die das Vorhandensein von Rissen bzw. rissartigen Inhomogenitäten im Werkstoff berücksichtigen und den Widerstand gegen eine instabile bzw. stabile Rissausbreitung charakterisieren. Das ist der wesentliche Inhalt der *Bruchmechanik* [26, 27, 28].

9.5.4.1 Linearelastische Bruchmechanik

Die *linearelastische Bruchmechanik (LEBM)* geht von der Annahme aus, dass sich ein Werkstoff bis zum Bruch makroskopisch linear-elastisch verhält und nur unmittelbar an der Rissspitze Abweichungen von diesem Verhalten durch den Prozess der Materialseparation in der *Prozesszone* sowie ggf. durch lokalisierte plastische Verformungen in der, die Prozesszone umschließenden *plastischen Zone* auftreten (Bild 9.48).

Das linear-elastische Spannungsfeld in der Nähe einer Rissspitze in einer unendlich ausgedehnten Zugscheibe wird durch die folgenden Spannungskomponenten

$$\sigma_{xx} = \frac{K_I}{(2\pi r)^{1/2}} \cos\frac{\Theta}{2}\left(1 - \sin\frac{\Theta}{2}\sin\frac{3\Theta}{2}\right) \tag{9.42a}$$

$$\sigma_{yy} = \frac{K_I}{(2\pi r)^{1/2}} \cos\frac{\Theta}{2}\left(1 + \sin\frac{\Theta}{2}\sin\frac{3\Theta}{2}\right) \tag{9.42b}$$

und

$$\tau_{xy} = \frac{K_I}{(2\pi r)^{1/2}} \cos\frac{\Theta}{2}\sin\frac{\Theta}{2}\cos\frac{3\Theta}{2} \tag{9.42c}$$

dominiert. Die singulären Rissspitznahfelder in der *x-y*-Ebene werden dabei in Abhängigkeit der Polarkoordinaten (*r*, Θ) angegeben. Die in allen Gleichungen wiederkehrende Größe K_I (gewöhnlich in der Maßeinheit *MPa* $m^{1/2}$ angegeben) wird als *Spannungsintensitätsfaktor* bezeichnet. Er beschreibt die Stärke der $1/\sqrt{r}$-Singularität Spannungsfelder in Rissspitzennähe. Der Index I steht dabei für den Rissöffnungsmodus I, der, wie im vorliegenden Fall, zu einem symmetrischen senkrechten Abheben der Rissufer führt. Für ein Bauteil oder eine Probe mit endlichen Abmessungen ist dieser Faktor mit

$$K_I = \sigma\,(\pi a)^{1/2} f\,(a/W) \tag{9.43}$$

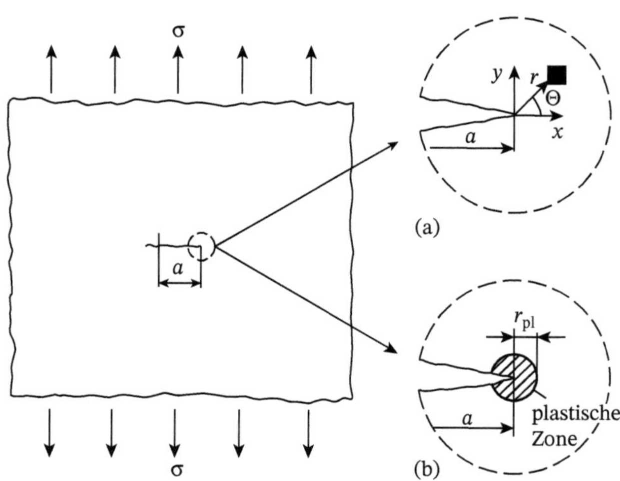

Bild 9.48 Platte mit Innenriss: (a) idealisiert, ohne plastische Zone; (b) mit plastischer Zone an der Rissspitze.

Tab. 9.6 Orientierungswerte der Bruchzähigkeit.

Werkstoff	***K_{Ic} in MPa $m^{1/2}$***
Si-Einkristall {110}	0,9
Porzellan	1,0
Si_3N_4/SiC-Keramik	10
Ti-Legierungen	70 … 150
hochfester Stahl	100 … 200
hochfeste C-Faser/Polyamid (Faservolumenanteil 60 %)	50

festgelegt. Er ist von der Nennspannung σ, der Risslänge a sowie einer dimensionslosen Geometriefunktion $f\,(a/W)$, die den Einfluss der Bauteilgeometrie und Risskonfiguration zum Ausdruck bringt, abhängig. Das Kriterium für die *instabile Ausbreitung* eines vorhandenen Risses besteht nun darin, dass, in Übereinstimmung mit dem Griffithkriterium (Gl. 9.39), der Spannungsintensitätsfaktor K_I einen kritischen Wert, die *Bruchzähigkeit* K_{Ic}, erreicht. Einige Angaben zur Bruchzähigkeit K_{Ic} enthält Tab. 9.6.

Während bei den metallischen Werkstoffen auch im Fall des Sprödbruchs immer eine begrenzte Rissspitzenplastizität in Form der plastischen Zone auftritt und dadurch die Bruchzähigkeit erhöht wird, kann die Bruchzähigkeit an einem Riss in extrem spröden Werkstoffen (Glas, Keramik) bei Ausbleiben einer plastischen Zone nur durch andere energiedissipative Prozesse (Abschn. 9.7.5) erhöht werden.

Ein sich über einen langen Zeitraum erstreckender Prozess der *stabilen Rissausbreitung* wird als subkritisches (allmähliches) Risswachstum bezeichnet. Es ist charakteristisch für den Ermüdungsbruch, den Bruch infolge Spannungsrisskorrosion sowie den Kriechbruch. In diesen Fällen können ebenfalls bruchmechanische Konzepte zur Beschreibung des zeitabhängigen Risswachstums angewandt werden.

Für den Ermüdungsbruch im HCF-Bereich (siehe Abschn. 9.2.4) ergibt sich der in Bild 9.49 dargestellte Zusammenhang zwischen der Rissausbreitungsgeschwindigkeit $\mathrm{d}a/\mathrm{d}N$ mit N als die Anzahl der Schwingspiele und dem zyklischen Spannungsintensitätsfaktor

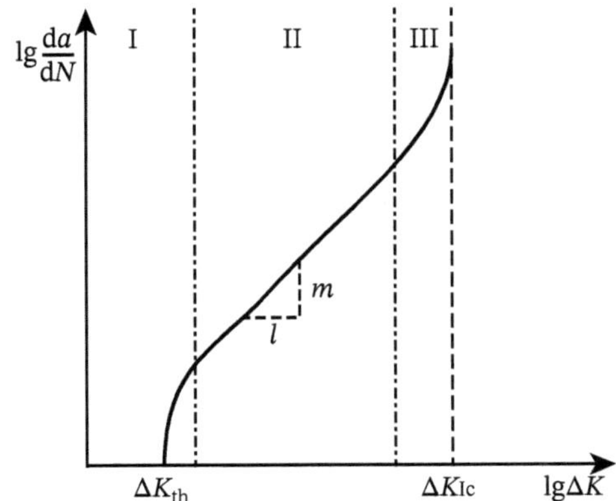

Bild 9.49 Rissausbreitungsgeschwindigkeit $\mathrm{d}a/\mathrm{d}N$ in Abhängigkeit vom zyklischen Spannungsintensitätsfaktor ΔK. Bereich I: Beginn der Rissausbreitung beim Schwellenwert ΔK_{th}; Bereich II: Rissausbreitung nach Gl. (9.44); Bereich III: Übergang zur instabilen Rissausbreitung beim Erreichen von K_{Ic} im Belastungszyklus.

$\Delta K = K_{max} - K_{min}$. Im mittleren Bereich dieser Kurve gilt das von *Paris* angegebene empirische Rissausbreitungsgesetz

$$\frac{da}{dN} = C(\Delta K)^m \tag{9.44}$$

mit C und m als materialabhängige Konstanten. Bei einem Wert für den zyklischen Spannungsintensitätsfaktor, der kleiner ist als der Schwellenwert ΔK_{th}, sind vorhandene Risse nicht mehr ausbreitungsfähig. Erreicht der Spannungsintensitätsfaktor während eines Belastungszyklus den Wert K_{Ic}, so tritt eine instabile Rissausbreitung ein.

Im Fall einer allmählichen Rissausbreitung in korrosiver Umgebung wird ein Schwellenwert K_{Iscc} (**s**tress **c**orrosion **c**racking) angegeben. Darunter versteht man den unteren Grenzwert des Spannungsintensitätsfaktors, bei dem selbst unter Medieneinfluss kein Rissfortschritt festgestellt werden kann.

9.5.4.2 Fließbruchmechanik

Bei ausgeprägtem elastisch-plastischem Werkstoffverhalten geht der Rissausbreitung ein Abstumpfen der Rissspitze voraus (Bild 9.50). In diesem Fall sind Konzepte der LEBM nicht mehr anwendbar. Anwendung finden dann Konzepte der *elastisch-plastischen Bruchmechanik* bzw. *Fließbruchmechanik*. Das auf dem *Dugdale*-Rissmodell aufbauende Rissöffnungskonzept verwendet als kennzeichnenden Rissfeldparameter die *Rissspitzenöffnung* δ (CTOD = crack tip opening displacement)[29]. Die Risseinleitung erfolgt stabil, wenn ein kritischer CTOD-Wert δ_i (Index i von Initiierung) erreicht wird (Bild 9.50a). Die bis zur Risseinleitung als Folge intensiver Versetzungsbewegungen entstandene Rissspitzenabstumpfung wird bei einer rasterelektronenmikroskopischen Betrachtung als *Stretch-Zone* sichtbar (Bild 9.50b). Zwischen der kritischen Rissspitzenöffnung δ_i und den Gefügeparametern besteht ein Zusammenhang. So wird in Baustählen der stabile Rissfortschritt im starken Maße von der Größe und Verteilung der Sulfideinschlüsse bestimmt. Durch Gefügeänderungen, die lokalisiertes Abgleiten fördern (Altern, Neutronenbestrahlung), wird δ_i erniedrigt.

Als ein weiterer Rissfeldparameter der Fließbruchmechanik hat das *J-Integral* als ein wegunabhängiges, die Rissspitze vollständig umschließendes Wegintegral Bedeutung erlangt. Im Fall einer Integrationskontur im rein (auch nichtlinear-)elastisch verformten Bereich, entspricht der Wert des J-Integrals der Energiefreisetzungsrate. Eine Anwendung auf Fälle mit ausgeprägtem plastisch verformtem Bereich ist mit den Einschränkungen einer proportionalen äußeren Belastung sowie sehr begrenztem Risswachstum möglich. In diesem Fall wird das elastisch-plastische Werkstoffverhalten durch eine dreidimensionale Formulierung der Ramberg-Osgood-Beziehung (Gl. (9.23)) angenähert und das J-Integral hat, ähnlich wie der Spannungsintensitätsfaktor in der LEBM, die Bedeutung einer Stärke der singulären Rissspitzennahfelder, deren Singularität allerdings vom konkreten Verfestigungsverhalten abhängt.

Der Zusammenhang zwischen beiden Konzepten der Fließbruchmechanik ist durch

$$J = m\sigma_F\delta \tag{9.45}$$

mit m als einen zwischen 1 und 3 liegende Constraintfaktor und σ_F als Fließspannung gegeben.

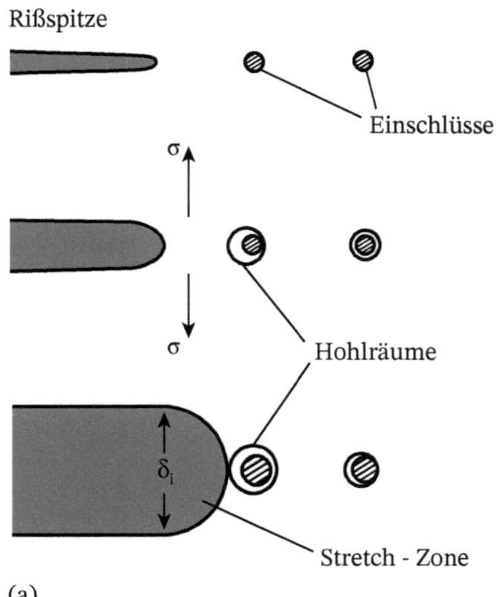

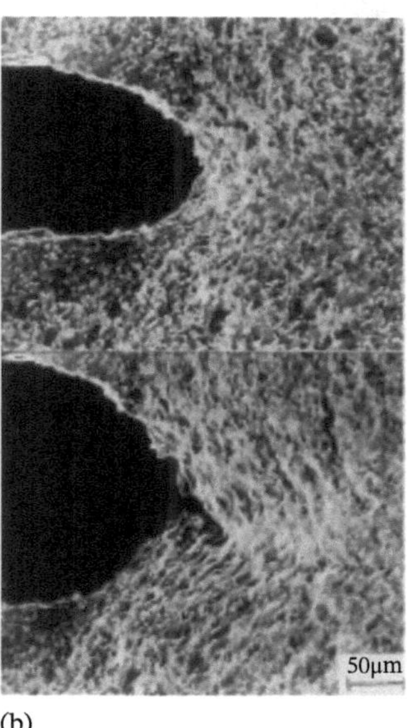

Bild 9.50 Abstumpfen der Rissspitze: (a) schematisch; (b) Stretchzone mit Rissinitiierung (in-situ-Zugversuch im Rasterelektronenmikroskop). Mit freundlicher Genehmigung von Dr. Braun (Leibniz-Institut für Polymerforschung Dresden e. V.).

Das Werkstoffverhalten bei stabiler Rissausbreitung lässt sich mit Hilfe der *Risswiderstands(R)-Kurve* (Bild 9.51) erfassen. Sie gibt den Zusammenhang zwischen dem aus der äußeren Belastung resultierenden Rissfeldparameter J oder δ und dem stabilen Rissfortschritt Δa an. Als kennzeichnende Werkstoffparameter werden die Risseinleitungszähigkeit J_i bzw. δ_i und der dem Anstieg der R-Kurve proportionale *Reiß-* oder *Tearing-Modul* T ermittelt.

Die den R-Kurven in Verbindung mit den Spannungs-Dehnungs-Kurven (Bild 9.23) zu entnehmenden Kennwerte bilden die Grundlage für die bruchmechanischen Vorschriften zur Zuverlässigkeitsbewertung hochbeanspruchter Bauteile. Die Bruchmechanik wird ergänzt durch die *Schädigungsmechanik* [30, 31, 32, 41]. Bei Letzterer werden in die konstitutiven Gleichungen innere Zustandsgrößen eingeführt, die die Irreversibilität der Schädigungsprozesse charakterisieren. Die einfachste Form ist eine skalare *Schädigungsvariable*

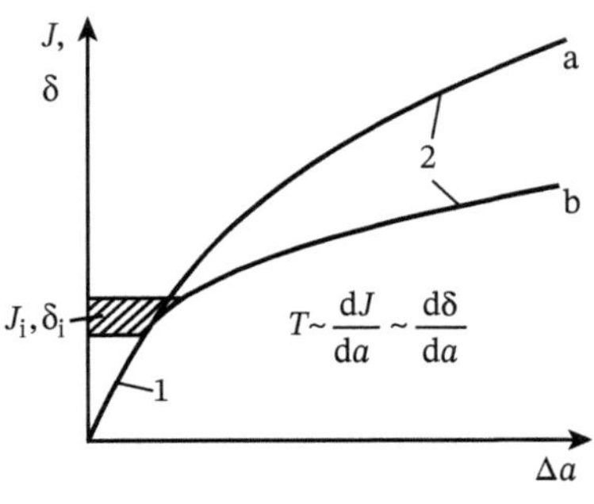

Bild 9.51 Risswiderstandskurven für einen Werkstoff mit hohem (a) und niedrigem (b) Rissausbreitungswiderstand. Bereich 1: Abstumpfen der Rissspitze und Risseinleitung; Bereich 2: stabile Rissvergrößerung.

$$D = \frac{S}{S_0} \tag{9.46}$$

mit S_0 als Fläche des ursprünglich ungeschädigten Querschnitts, z. B. einer Zugprobe, und S als Flächeninhalt aller auf dieser Fläche liegenden Inhomogenitäten. Unter Inhomogenitäten versteht man in erster Linie Werkstofftrennungen durch Mikrorisse oder Poren, es können aber auch Strukturänderungen (Ausscheidungszonen, kaltverfestigte Bereiche u. Ä.) in Betracht gezogen werden. Die Schädigungsvariable D verändert sich von $D = 0$ für einen ungeschädigten Werkstoff bis $D = 1$ für einen vollständig geschädigten Werkstoff. Mit ihr erhält man die effektive, d. h. auf den geschwächten Querschnitt bezogene Spannung durch

$$\sigma_{\text{eff}} = \frac{\sigma_{\text{N}}}{1 - D} \tag{9.47}$$

mit σ_{N} als Nennspannung.

9.6 Eigenspannungen

Eigenspannungen sind innere Spannungen in einem Werkstoff, der sich im Temperaturgleichgewicht befindet und auf den keine äußeren Kräfte oder Momente einwirken [33, 34, 35]. Sie entstehen häufig während der Fertigung und werden danach als Guss-, Härte-, Umform-, Schleif-, Beschichtungs- oder Schweißeigenspannungen bezeichnet. Eine weitere Ursache sind inhomogene Verformungen in unterschiedlich großen Volumenbereichen.

Die *Makroeigenspannungen,* auch als Eigenspannungen I. Art bezeichnet, sind über eine ausreichend große Anzahl von Kristalliten nahezu homogen. Bei einem Eingriff in das Kräfte- und Momentengleichgewicht, z. B. durch Abdrehen oder Ausbohren, treten makroskopische Formänderungen auf. Den *Mikroeigenspannungen* ordnet man Eigenspannungen II. und III. Art zu. Eigenspannungen II. Art sind in mikroskopischen Bereichen homogen, während die auf die Spannungsfelder inhomogener Versetzungsverteilungen zurückzuführenden Eigenspannungen III. Art schon über wenige Atomabstände veränderlich sind. Dabei können die Eigenspannungen II. Art in den einzelnen Phasen eines mehrphasigen Werkstoffs unterschiedliche Vorzeichen aufweisen (Bild 9.52).

Diese Definitionen beziehen sich auf idealisierte Eigenspannungszustände. Meist ist mit einem Überlagern der Eigenspannungen I. bis III. Art zu rechnen, sodass es zweckmäßig erscheint, nur nach Makro- und Mikroeigenspannungen zu unterscheiden und unter Mikroeigenspannungen alle Eigenspannungen im Wirkungsbereich der Realstruktur zusammenzufassen. Bei Festigkeitsberechnungen werden die Makroeigenspannungen den äußeren Beanspruchungen, die Mikroeigenspannungen dagegen dem mechanischen Werkstoffverhalten zugeordnet.

Das Entstehen von Eigenspannungen ist auf unterschiedliche Ursachen zurückzuführen. Beim Abkühlen bilden sich als Folge von Temperaturunterschieden zwischen den äußeren und inneren Werkstoffbereichen *thermische Eigenspannungen* (Eigenspannungen I. Art) aus. Der Rand kühlt zunächst schneller ab als der Kern, sodass außen Zug- und innen Druckspannungen entstehen, die bei hinreichend schnellem Wärmeentzug die Streckgrenze übersteigen und plastische Verformungen hervorrufen. Mit zunehmendem

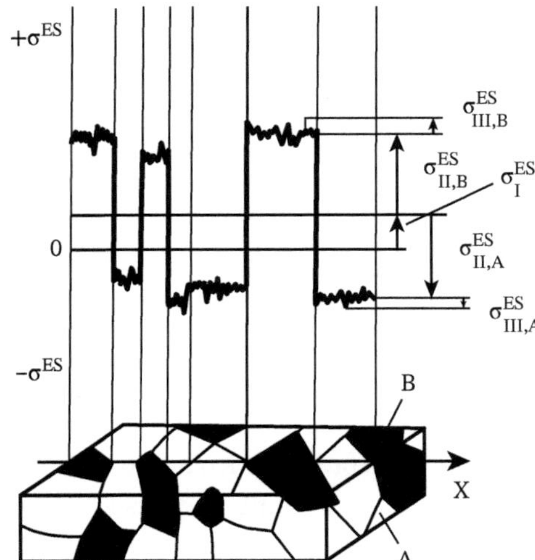

Bild 9.52 Überlagern von Eigenspannungen σ^{ES} in einem zweiphasigen Werkstoff (nach *E. Macherauch*).

Temperaturausgleich zwischen Rand und Kern erfolgt eine Spannungsumkehr, der zufolge nach vollständiger Abkühlung am Rand Druck- und im Kern Zugspannungen vorliegen.

Polymere und Gläser sind wegen ihrer schlechten Wärmeleitung hinsichtlich der Ausbildung thermischer Eigenspannungszustände besonders gefährdet. Werden sie zur Formgebung oberhalb des Schmelzbereiches oder zwischen Schmelz- und Einfrierbereich verarbeitet, ist zum Fixieren ihrer Gestalt ein Abkühlen in der Form bis unterhalb des Einfrierbereiches notwendig. Die dabei aufgebauten Druck- (in der Außenhaut) bzw. Zugspannungen (im Inneren) werden als Abkühl- oder Schrumpfspannungen bezeichnet.

In Werkstoffen mit heterogenem Gefügeaufbau entstehen aufgrund der unterschiedlichen Ausdehnungskoeffizienten der Phasen *thermisch induzierte Eigenspannungen.* Sie gehören zu den Eigenspannungen II. Art und treten im Gegensatz zu den rein thermischen Eigenspannungen auch bei sehr langsamer Abkühlung auf. Für zweiphasige Werkstoffe ist eine rechnerische Abschätzung nach der Beziehung

$$\sigma_{\text{II},A}^{\text{ES}} = -v_B \tilde{E}\,(\alpha_A - \alpha_B)\,\Delta T \qquad \sigma_{\text{II},B}^{\text{ES}} = +v_A \tilde{E}\,(\alpha_A - \alpha_B)\,\Delta T \tag{9.48}$$

Möglich. Dabei sind v_A, v_B sowie α_A, α_B die Volumenanteile bzw. Ausdehnungskoeffizienten der Phasen A und B. Die Temperaturdifferenz ΔT ist die des durchlaufenen Temperaturintervalls, der Wert $\tilde{E}$ liegt in der Größenordnung des mittleren Elastizitätsmoduls und ist auch von der Gefügeanordnung der Phasen abhängig. Thermische Eigenspannungen können auch induziert werden durch Fehlanpassungen *(mismatch)* zwischen unterschiedlichen Werkstoffen, z. B. bei Schweiß- oder Lötverbindungen, sowie in Mikrosystemen, bei denen auf einem Substratwerkstoff dünne Schichten aufgebracht sind.

Als Folge von Phasenumwandlungen, die mit einer Volumenänderung verbunden sind, entstehen *Umwandlungseigenspannungen.* Da sie sich den thermischen Eigenspannungen überlagern, ist die Lage der Umwandlungstemperatur für die entstehende Eigenspannungsverteilung entscheidend.

Wenn der für Ausscheidungen erforderliche Volumenbedarf größer oder kleiner ist als das Volumen der die Ausscheidung bildenden Atome, treten *Ausscheidungseigenspannungen* auf. Bei kohärenten Ausscheidungen entstehen außerdem Kohärenzspannungen (Eigenspannungen III. Art) infolge anpassungsbedingter Gitterverzerrungen (Abschn. 2.1.11).

Die *Verformungseigenspannungen* sind entweder auf eine überelastische Beanspruchung durch Streckgrenzen- bzw. Verfestigungsunterschiede zwischen unterschiedlichen Bereichen des Bauteils, z. B. der Oberfläche und dem Innern eines Bauteils (Eigenspannungen I. Art) oder auf die unterschiedliche Orientierung der Kristallite (Eigenspannungen II. Art) zurückzuführen. Die beim Kaltverformen entstehenden Versetzungszellwände und die Verformungsinkompatibilitäten in heterogenen Gefügestrukturen sind die Quelle von Eigenspannungen III. Art.

Beim Verarbeiten von Polymeren im schmelzflüssigen Zustand können sich in Abhängigkeit von den Verarbeitungsbedingungen – z. B. bei langen Fließwegen – die Makromoleküle in Fließrichtung orientieren. Sie werden dabei aus ihrer ungeordneten Knäuelstruktur in einen Zustand höherer Ordnung und damit kleinerer Entropie gezwungen, der bei rascher Abkühlung einfriert. Die dadurch entstehenden Eigenspannungen werden *Orientierungsspannungen* genannt.

Je nachdem, wie sich die Eigenspannungen einer äußeren Belastung überlagern, können sie das mechanische Verhalten und damit die Lebensdauer von Bauteilen positiv (Abschn. 9.7.2) oder negativ beeinflussen. Nachteilige Auswirkungen von Eigenspannungen zeigen sich bei metallischen Werkstoffen vor allem durch stark veränderliche Spannungsgradienten, wie z. B. in der Umgebung von Schweißnähten, als Beeinträchtigung der Maßhaltigkeit durch Verzug sowie in Veränderungen des elektrochemischen Potenzials (Spannungsrisskorrosion) und der magnetischen bzw. elektrischen Eigenschaften. Bei Kunststoffen führen Eigenspannungen zum Kriechen und Nachschwinden sowie zur Spannungsrisskorrosion. Gläser zeigen eine Anisotropie, die sich in einer Doppelbrechung des Lichts äußert. Das Herstellen von optischen Gläsern erfordert deshalb eine besonders langsame Abkühlung.

Auf die Wirkung verformungsinduzierter Eigenspannungen lässt sich auch der *Bauschinger-Effekt* zurückführen. Er beinhaltet, dass der Übergang vom elastischen in den plastischen Bereich bei einer geringeren Belastung erfolgt, wenn eine plastische Verformung in umgekehrter Richtung vorausgegangen ist. Dieser Effekt ist besonders dann von Bedeutung, wenn es beim Einsatz kaltverformter Werkstoffe zu plastischen Verformungen kommt und die Richtung der Beanspruchung nicht mit derjenigen der Vorverformung übereinstimmt.

In metallischen Werkstoffen können Eigenspannungen I. und II. Art (mit Ausnahme der thermisch induzierten Eigenspannungen) durch ein *Spannungsarmglühen* unterhalb der Rekristallisationstemperatur abgebaut werden (*Kristallerholung,* Abschn. 7.2.1). Die Eigenspannungen in Gläsern und Kunststoffen (ausgenommen die Orientierungsspannungen von Duro- und Elastomeren) werden gleichfalls durch eine meist als *Tempern* bezeichnete Wärmebehandlung reduziert. Füllstoffe in Kunststoffen erniedrigen deren Ausdehnungskoeffizienten und wirken deshalb dem Entstehen von Abkühlspannungen entgegen.

Der experimentelle Nachweis von Eigenspannungen kann generell durch Messen makroskopischer Formänderungen, z. B. beim Ausbohren oder Aufschlitzen erfolgen. Bei kristallinen Werkstoffen können außerdem durch Eigenspannungen verursachte Gitterparameteränderungen durch die Beugung von Röntgen- oder Neutronenstrahlen erfasst werden. Im Fall durchsichtiger amorpher Werkstoffe ist der Nachweis von Eigenspannungen auch anhand der Spannungsdoppelbrechung möglich. In zunehmendem Maße werden Eigenspannungszustände numerisch mit Hilfe der Methode der finiten Elemente (FEM) berechnet.

9.7 Festigkeitssteigerung und Schadenstoleranz

Zwischen der theoretisch möglichen und der technisch realisierten Festigkeit besteht noch eine große Diskrepanz (Abschn. 9.2.2.1). Ein wichtiges Ziel werkstoffwissenschaftlicher Grundlagenforschung ist es deshalb, die Festigkeit von Konstruktionswerkstoffen weiter zu erhöhen. Diese Festigkeitssteigerung ist allerdings nur dann nutzbar, wenn der Widerstand gegenüber Risseinleitung und Rissausbreitung erhalten bleibt oder ebenfalls verbessert wird. Die daraus resultierende Forderung nach einem „schadenstoleranten" Werkstoffverhalten tritt gegenüber der alleinigen Festigkeitssteigerung zunehmend in den Vordergrund. Ein weiterer Aspekt ist die Forderung des Leichtbaus nach einer möglichst hohen, auf die Dichte bezogenen *spezifischen Festigkeit.*

Folgende in den kristallinen und vor allem metallischen Werkstoffen wirkenden Mechanismen zur Beeinflussung der Festigkeit wurden bereits erörtert:

- Verformungs-(Versetzungs-)Verfestigung [Abschn. 9.2.2.2, Gl. (9.16)],
- Mischkristallverfestigung [Abschn. 9.2.2.3, Gl. (9.17)],
- Korngrenzenverfestigung (Abschn. 9.2.3.3) und Gl. (6.16),
- Teilchenverfestigung [Abschn. 9.2.2.4, Gln. (9.18) und (9.19)].

Sofern in den genannten Beziehungen Schubspannungen angegeben sind, können diese mit Hilfe des Orientierungsfaktors (Gl. (9.11)) in Zugspannungen umgerechnet werden. Für polykristalline Werkstoffe ist ein mittlerer Orientierungsfaktor von $M = 0{,}33$ anwendbar.

Eine weitere Möglichkeit bieten die amorphen Metalle (Abschn. 3.2.3), die sich durch hohe Streckgrenzen (> 3.500 MPa) in Verbindung mit elastischen Dehnungen von über 1 % auszeichnen. Bei nichtmetallischen organischen Werkstoffen, für die die o. g. Grundmechanismen nur zum Teil zutreffend sind, haben noch andere Erscheinungen für die Beeinflussung der Festigkeit Bedeutung (Abschn. 2.1.10.5).

9.7.1 Kombinierte Mechanismen zur Festigkeitssteigerung metallischer Werkstoffe

In technischen Werkstoffen treten die festigkeitssteigernden Mechanismen kombiniert auf. Versuche, die Werkstofffestigkeit aus den einzelnen Mechanismenanteilen zu berechnen oder durch Erzeugen bestimmter Verfestigungsanteile im Werkstoff eine vorausbestimmbare additive Festigkeit zu erzielen, haben sich bisher als wenig erfolgreich erwiesen. Der Grund dafür ist, dass das Festigkeitsverhalten nicht in einfacher Weise die Summe der Wirkungen der Einzelmechanismen darstellt, sondern auch deren wechselseitige Beeinflussung mit enthält. Es ist weiterhin zu beachten, dass sich die festigkeitssteigernden Mechanismen in sehr unterschiedlicher Weise auf den Risswiderstand der Konstruktionswerkstoffe auswirken. Deshalb soll auf weitergehende theoretische Erörterungen verzichtet und auf Möglichkeiten zum Verbessern der mechanischen Eigenschaften lediglich qualitativ anhand einiger repräsentativer Beispiele hingewiesen werden. In günstigen Fällen ist es dabei möglich, technisch nutzbare Festigkeitswerte von 30 bis 40 % der theoretischen Festigkeit zu erreichen.

Das älteste Verfahren zum Erzielen hoher Härte und Festigkeit bei Stählen ist das *Abschreckhärten* (Abschn. 5.6.1). Die nach dem Härten zu beobachtende beträchtliche Festigkeits- und Härtesteigerung (Bild 6.38) ist im Wesentlichen auf die Kohlenstoffübersättigung des Martensits (Mischkristallverfestigung), der außerdem eine hohe Versetzungs- oder Zwillingsdichte aufweist (Abschn. 4.1.3), sowie auf die feindispers in die Martensitmatrix eingelagerten ε-Carbidpartikel, die eine Versetzungsbewegung behindern (Teilchenverfestigung), zurückzuführen.

Wird der Stahl nach dem Abschreckhärten auf Temperaturen von etwa 450 bis 650 °C angelassen, spricht man vom Vergüten. Die Festigkeitseigenschaften der Stähle mit Vergütungsgefüge werden vor allem durch einen sehr feinkörnigen Ferrit (Korngrenzenverfestigung) und darin feindispers eingebettete Fe_3C-Teilchen (Teilchenverfestigung) bestimmt. Sie sind gegenüber dem martensitischen Stahl durch einen merklichen Härteabfall, aber eine bedeutende Verbesserung der Zähigkeit gekennzeichnet. Je höher die Anlasstemperatur gewählt wird, umso mehr vergröbern die Carbidteilchen, und der Teilchenverfestigungsanteil geht zurück. Bei legierten Stählen, die noch Cr, Mo u. a. Legierungselemente enthalten, bilden sich Misch- oder Sondercarbide, die sowohl die Festigkeit als auch den Verschleißwiderstand weiter erhöhen.

Ein ähnliches Überlagern von Verfestigungsmechanismen lässt sich bei Legierungen, die einen nur geringfügig mischkristallverfestigten (weichen) Martensit bilden, über die so genannte *Martensitaushärtung* erzielen. Kohlenstoffarmen Fe–Ni-Legierungen beispielsweise werden zu diesem Zweck ausscheidungsbildende Elemente wie Al, Ti und Mo zulegiert. Im Verlauf einer der Martensitbildung nachgeschalteten Anlassbehandlung bei 450 bis 600 °C scheiden sich weitgehend kohärente intermetallische Phasen oder Ordnungsphasen aus, die gleichzeitig das Ausheilen der bei der martensitischen Umwandlung im Martensit entstandenen Gitterfehler (Versetzungen, Stapelfehler) behindern. Der über das Martensitaushärten erbrachte Festigkeitszuwachs ist demnach vorwiegend durch einen Verfestigungsanteil infolge erhöhter Gitterfehlerdichte und eine Teilchenverfestigung gegeben (Bild 9.53). Man nennt diese Stähle martensitaushärtende oder *Maraging*-Stähle.

Vielfältige Kombinationsmöglichkeiten verschiedener Verfestigungsmechanismen bei Stählen und NE-Werkstoffen bietet die bereits im Abschn. 5.6.4 besprochene *thermomechanische Behandlung*. Dadurch ist eine günstige Kombination hoher Festigkeit bei statischer und zyklischer Beanspruchung mit guter Bruchzähigkeit erreichbar.

Schließlich sei auf den *mikrolegierten Stahl* verwiesen, der Legierungselemente wie Nb, V, Ti oder Al in der Größenordnung von 0,01 bis 0,1 % enthält, die mit Kohlenstoff oder Stickstoff feinverteilte Carbid- oder Nitrid- bzw. Carbonitridpartikel bilden. Die festigkeitserhöhende Wirkung ist auf eine verstärkte Keimwirkung der Teilchen bei der γ-α-Umwandlung nach dem Normalglühen oder Walzen, durch die ein feinkörniges Gefüge entsteht (Korngrenzenverfestigung), sowie auf die Teilchenverfestigung (Umgehungsmechanismus) zurückzuführen. Durch sekundärmetallurgische Maßnahmen können die nur

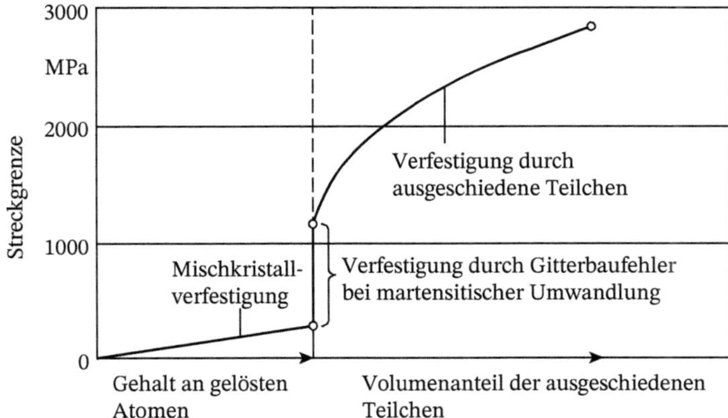

Bild 9.53 Einfluss verschiedener Verfestigungsmechanismen auf die Streckgrenze eines martensitaushärtenden Stahls (nach *E. Hornbogen*).

schwach an die Matrix gebundenen nichtmetallischen Einschlüsse (z. B. Mangansulfide) stark reduziert werden, wodurch sich die Risseinleitungszähigkeit J_i um einen Faktor 4 verbessert. Mikrolegierte Stähle werden vor allem als schweißgeeignete Baustähle mit Streckgrenzenwerten zwischen 300 und 600 MPa eingesetzt. Bild 9.54 zeigt den Zusammenhang zwischen der Streckgrenze und Bruchzähigkeit metallischer Werkstoffe.

9.7.2 Festigkeitssteigerung durch Druckeigenspannungen in der Randschicht

Sind die in der Werkstoffrandschicht vorliegenden Eigenspannungen der äußeren Beanspruchung entgegengerichtet, wird das Festigkeitsverhalten positiv beeinflusst. In metallischen Werkstoffen lässt sich durch gezieltes Erzeugen von Druckeigenspannungen, z. B. durch Kaltverfestigen (Kaltwalzen, Kugelstrahlen) oder chemisch-thermisches Randschichtbehandeln (Einsatzhärten, Nitrieren) der Widerstand gegen Rissausbreitung, vor allem bei zyklischer Beanspruchung, spürbar erhöhen. Die Tiefe der Druckeigenspannungszone kann dabei von wenigen Mikrometern bis zu mehreren Zentimetern betragen. Auch bei Gläsern sind verschiedene Möglichkeiten zur Festigkeitssteigerung durch Druckeigenspannungen gegeben. Beim *thermischen Verfestigen* wird das Glas nach

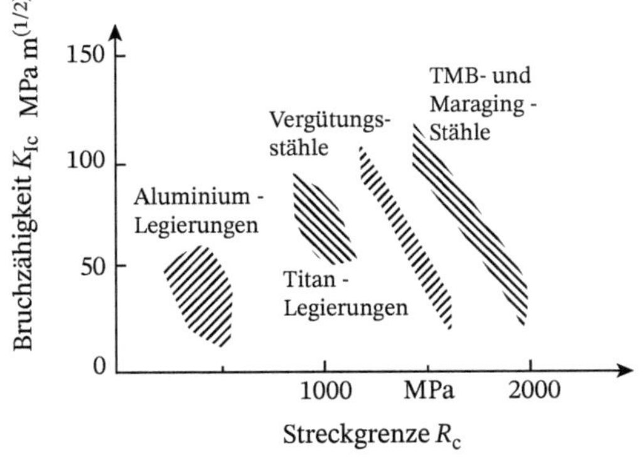

Bild 9.54 Bruchzähigkeit metallischer Werkstoffe in Abhängigkeit von ihrer Streckgrenze.

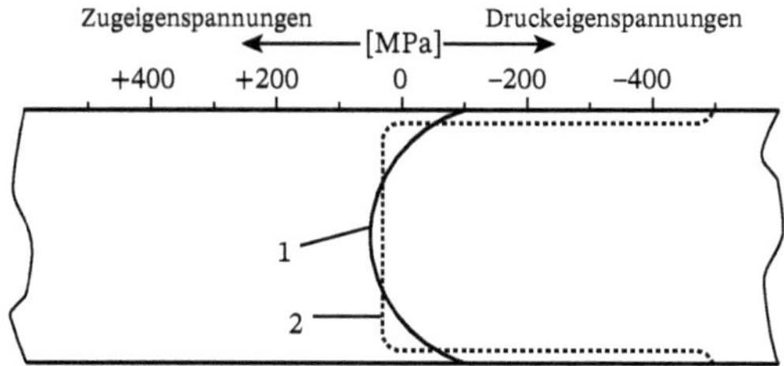

Bild 9.55 Eigenspannungen in einer verfestigten Glasplatte. *1* thermisch verfestigt; *2* chemisch verfestigt.

Erhitzen bis knapp unter die Transformationstemperatur durch Anblasen von kalter Luft oder Andrücken von Metallplatten rasch abgekühlt. Dabei entstehen im Inneren Zug- und in der Randschicht Druckeigenspannungen. In der Druckspannungsschicht werden die dort befindlichen Mikrorisse an einer Ausbreitung gehindert. Damit ist ein Anstieg der Zugfestigkeit von etwa 50 auf 200 MPa erreichbar.

Beim *chemischen Verfestigen* von Glas entstehen Druckspannungen, indem unterhalb der Einfriertemperatur kleinere Alkaliionen (z. B. Na^+) gegen größere (z. B. K^+) ausgetauscht werden. Analog hierzu lässt sich in der Randschicht keramischer Werkstoffe über eine Mischkristallbildung der Gitterparameter vergrößern. Den Eigenspannungsverlauf in einer thermisch bzw. chemisch verfestigten Glasplatte zeigt Bild 9.55.

Man kann auch Druckspannungen erzeugen, die Randschicht einen kleineren Wärmeausdehnungskoeffizienten erhält als das Innere, z. B. bei Al_2O_3 im Austausch von Al^{3+}-gegen Cr^{3+}-Ionen oder bei glasierten Keramiken, wenn der thermische Ausdehnungskoeffizient der Glasur kleiner als der der keramischen Unterlage ist. Dann überlagert sich die Wirkung der Druckspannungen der durch Aufbringen einer Glasur (Verkitten von Oberflächenrissen) ohnehin erschwerten Rissausbreitung.

9.7.3 Festigkeitssteigerung durch Verstrecken und Vernetzen

Teilkristalline Polymere zeigen häufig das in Bild 9.56 am Beispiel des Polyamids dargestellte Festigkeitsverhalten (Kurve a). Mit zunehmender Verformung werden die Molekülstränge gestreckt. Ist die maximale Streckung erreicht, können sie nur noch über die

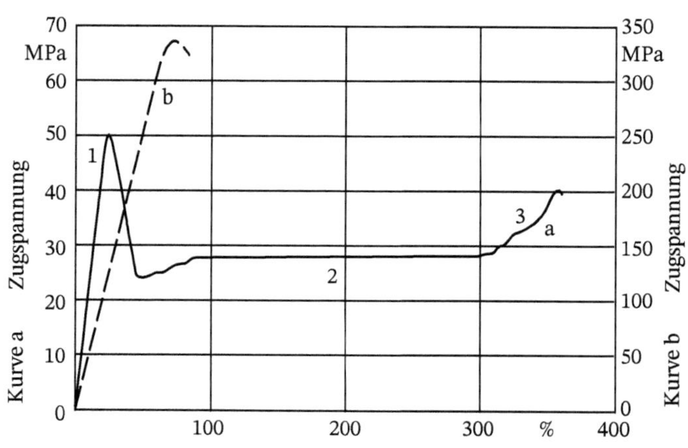

Bild 9.56 Spannungs-Dehnungs-Diagramm von Polyamid beim Verstrecken (Kurve a) und danach (Kurve b). *1* Spannungsverlauf bis zur Streckgrenze; *2* Bereich des Verstreckens; *3* Verfestigungsbereich.

Änderung von Atomabständen und Valenzwinkeln verlängert werden; der Werkstoff ist verfestigt (Kurve b). Man bezeichnet diesen Vorgang als *Verstrecken*. Infolge des Verstreckens wird die Orientierung der Fadenmoleküle zueinander stark erhöht (Verformungstextur), woraus ein ausgesprochen anisotropes Verhalten des Werkstoffs resultiert.

Das Verstrecken wird vor allem bei Thermoplasten technisch genutzt, um die Festigkeit bei hoher Biegsamkeit von Folien, Bändern, Rohren und Fasern zu erhöhen. Es kann auch während des Urformens beim Erstarren vorgenommen werden (Warmverstrecken). Elastomere können wegen ihrer Kautschukelastizität keinem Verstrecken im Sinne einer irreversiblen Verformung mit Festigkeitssteigerung unterzogen werden. Duromere lassen sich aufgrund ihrer dreidimensional vernetzten Struktur nur in Ausnahmefällen geringfügig verstrecken (z. B. reine Phenolharze).

Eine andere Möglichkeit, die Festigkeit von Polymeren zu verbessern, ist das *Vernetzen*. Während in Duromeren und Elastomeren schon während des Urformens bzw. danach Netzstrukturen gebildet werden, ist bei Thermoplasten hierfür eine nachträgliche Behandlung erforderlich, in der der Werkstoff nach der Formgebung einer energiereichen Strahlung ausgesetzt (Abschn. 10.10) oder mit geeigneten Chemikalien behandelt wird. Dabei entstehen freie Radikale, die auch untereinander reagieren können und die Molekülketten zu einem Netzwerk verbinden.

Die Eigenschaften vernetzter Polymere hängen nicht nur von der Anzahl der Vernetzungsstellen, sondern auch von der Lage und der Struktur der vernetzenden Molekülteile ab. Ist die Vernetzung weitmaschig, behalten die Molekülteile zwischen den Knotenpunkten oberhalb der Einfriertemperatur ihre Beweglichkeit bei. Der teilvernetzte Werkstoff zeigt ein kautschukelastisches Verhalten und eine erhöhte Formbeständigkeit in der Wärme. Mit weiterer Zunahme der Anzahl der Vernetzungsstellen wird das Netzwerk immer unbeweglicher, und der Elastizitäts- bzw. Schubmodul im entropieelastischen Bereich nimmt stark zu (Bild 9.57). Schließlich entsteht ein zwar formbeständiger und harter, zugleich aber spröder Werkstoff. Auch bei Temperaturen unterhalb der Einfriertemperatur

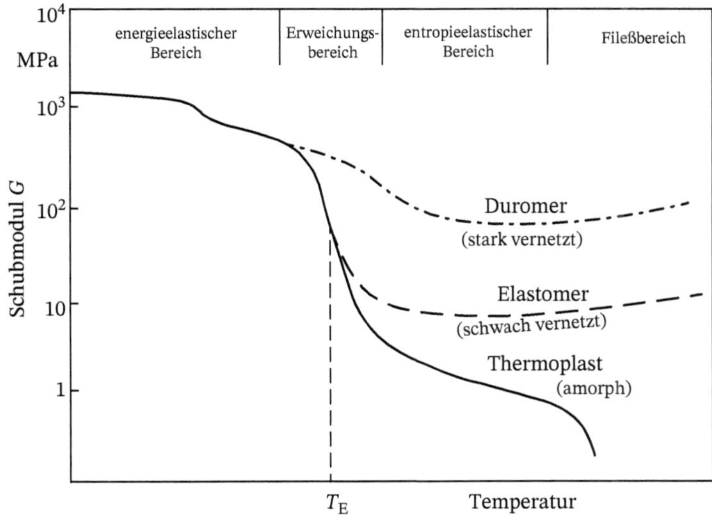

Bild 9.57 Schubmodul-Kurven von amorphen Thermoplasten, Elastomeren und Duromeren in den verschiedenen Zustands- und Übergangsbereichen; T_E Einfriertemperatur.

(Glasübergangstemperatur) weisen vernetzte Polymere gegenüber unvernetzten eine erhöhte Festigkeit auf, da gleichzeitig mit der Vernetzung die Anzahl der kovalenten Bindungen vergrößert wird.

9.7.4 Festigkeitssteigerung durch Faserverstärkung

Gute Voraussetzungen für das Erreichen hoher Festigkeit bei relativ niedriger Dichte bieten Verbundwerkstoffe [36]. Es existieren zwei Grenzfälle, die aufgrund ihrer Geometrie einer quantitativen Beschreibung des mechanischen Verhaltens zugänglich sind:

- homogen in eine Matrix eingelagerte feindisperse Teilchen,
- gleichmäßig in eine Matrix eingebettete parallel gerichtete Fasern.

Das erstgenannte Verbundprinzip und die damit gegebenen Änderungen der Festigkeit kristalliner Werkstoffe wurden im Abschn. 9.2.2.4 behandelt. Bei den Polymeren wird das Prinzip der Teilchenverstärkung durch Zusatz anorganischer Teilchen (Kreide, Talkum, Kaolin, Glaskugeln) zu Thermoplasten realisiert. Die dadurch entstehenden modifizierten Polymere (Abschn. 2.1.10.5) zeichnen sich durch höhere Härte, Steifigkeit und Temperaturbeständigkeit aus. Auf weitere Teilchengefüge wurde bereits im Abschn. 6.7.2 eingegangen.

Die folgenden Erörterungen sollen deshalb dem *Faserverbund* vorbehalten sein, der in verschiedenartigen Kombinationen der einzelnen Werkstoffgruppen hergestellt werden kann. Dabei gelingt es, durch unterschiedliche Dichte und Orientierung der Fasern das mechanische Verhalten des Verbundwerkstoffs den Beanspruchungen eines Bauteils weitgehend anzupassen [37]. Technologische Möglichkeiten zum Herstellen von langfaserverstärkten Kunststoffen sind das Wickeln von getränkten Fasern oder Faserbündeln *(Rovings)* sowie das Heißpressen vorimprägnierter Matten *(Prepregs)*. Bei kurzfaserverstärkten Polymeren findet das Schleudern von Fasern und Harz in einer drehenden Kokille Anwendung. Zum Einbetten von Fasern in metallische oder keramische Matrixwerkstoffe werden pulvermetallurgische Verfahren oder das thermische Spritzen genutzt.

Die Faserwerkstoffe sollen einen möglichst hohen Elastizitätsmodul und eine hohe Zugfestigkeit aufweisen. Weitere Kriterien sind gute chemische Stabilität und Verträglichkeit mit der Matrix. Einige der zum Verstärken geeigneten Fasern ($l/d \gtrsim 10$; $d < 1$ mm) enthält Tab. 9.7.

Die für Polymere zum Verbessern der Festigkeit und Steifigkeit bevorzugte Verstärkungskomponente sind Fasern aus alkalifreiem Glas. Mit Kohlenstoff-, Aramid- oder Borfasern wird der Einsatz von Polymer-Verbundwerkstoffen auch für höher beanspruchte Konstruktionsteile möglich. Für Spezialanwendungen stehen hochtemperaturbeständige Fasern aus SiC zur Verfügung. Zunehmende Anwendung, u. a. im Automobilbau, finden die aus nachwachsenden Rohstoffen hergestellten und somit biologisch abbaubaren Fasern wie Flachs, Hanf oder Jute.

Als Matrix werden vorwiegend stark vernetzbare Polymere (Duromere), aber auch Thermoplaste und Elastomere eingesetzt. Faserverbunde mit metallischen Matrizes haben vor allem wegen der vergleichsweise aufwändigen Herstellungstechnologie bisher noch keine nennenswerte Anwendung erlangt. Neben dem Verstärkungseffekt steht hier das Verbessern des Ermüdungswiderstandes im Vordergrund. Als Matrixwerkstoff kommen aushärtbare Aluminium- oder Magnesiumlegierungen mit hoher Festigkeit in Frage. Bei

Tab. 9.7 Eigenschaften von Fasern (Mittelwerte).

Art	Dichte g cm^{-3}	Zugfestigkeit MPa	E-Modul Gpa
Mo	9,0	2.200	360
W	19,3	4.000	420
C-Stahl (patentiert)	7,8	3.000	210
Ni-Maraging-Stahl	8,0	2.500	200
C (HM-Faser)[a)]	1,8	1.800	400
C (HT-Faser)[b)]	1,8	2.800	280
Sodaglas	2,5	3.500	80
Bor	2,3	10.000	550
SiC	3	3.000	600
Hanf	1,5	500	25

a) Fasern, bei denen ein hoher Elastizitätsmodul im Vordergrund steht
b) Fasern, bei denen eine hohe Zugfestigkeit im Vordergrund steht

keramischen Matrizes wird zum Anheben der Bruchzähigkeit die Einlagerung von rissausbreitungshemmenden Fasern angestrebt (Abschn. 9.7.5). Als Faserwerkstoff können auch Whisker aus Metallen oder Keramik mit Durchmessern von wenigen Mikrometern Verwendung finden. Potential für eine Festigkeits- und Zähigkeitsverbesserung des Werkstoffs zeigen auch die versetzungsfreien Nanodrähten bzw. -röhren (*nanotubes*) aus Kohlenstoff mit einem Durchmesser von 5 bis 50 nm.

Die mechanischen Eigenschaften von Faserverbundwerkstoffen sind abhängig von den Eigenschaften der Matrix- und Faserwerkstoffe, dem Gehalt, der Geometrie und Anordnung der Fasern sowie von den Eigenschaften der Grenzfläche zwischen Matrix und Faser. Wird ein mit parallelen kontinuierlichen Fasern verstärkter Verbundkörper in Faserrichtung belastet, dann werden – ausreichende Bindung zwischen Fasern und Matrix vorausgesetzt – Fasern und Matrix um den gleichen Betrag elastisch verformt. Aufgrund ihrer unterschiedlichen Spannungs-Dehnungs-Charakteristika entstehen in ihnen jedoch unterschiedliche Normalspannungen. Bei Beanspruchung eines Verbundes mit diskontinuierlichen Fasern weicht dagegen die Verformung der Komponenten voneinander ab. Die Schubspannung τ in der Grenzschicht nimmt von einem Maximum an den Faserenden zur Fasermitte hin auf null ab, während die Zugspannung in der Faser σ_f den entgegengesetzten Verlauf zeigt (Bild 9.58). Im Bereich $\tau = 0$ besteht die gleiche Spannungsverteilung wie im Fall kontinuierlicher Fasern. Die Höhe der Schubspannung ist durch die *Grenzschichtscherfestigkeit* τ_g begrenzt. Erreicht τ die Größe von τ_g, wird die Grenzschicht bei duktiler Matrix plastisch verformt, bei spröder Matrix aufgebrochen.

Damit in den Fasern eine maximale Zugspannung σ_{fc} erreicht und somit ihre Festigkeit voll ausgenutzt werden kann, müssen die Fasern mit dem Durchmesser d mindestens eine kritische Faserlänge

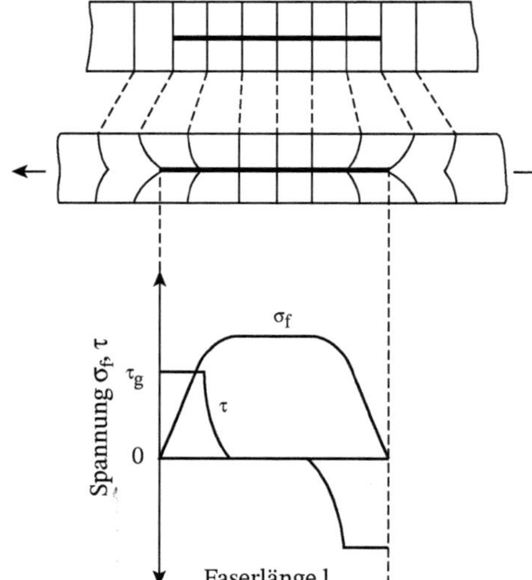

Bild 9.58 Spannungsverteilung in einem Verbund mit diskontinuierlicher Faser und duktiler Matrix unter Zugbeanspruchung.

$$l_c = \frac{\sigma_{fc} d}{\eta \tau_g} \tag{9.49}$$

haben. Der Faserwirkungsgrad η kennzeichnet dabei die Faserverstärkung im realen Verbundwerkstoff. Wird die kritische Faserlänge nicht erreicht, gehen die Fasern nicht zu Bruch, sondern werden aufgrund des Versagens der Grenzschicht aus der Matrix herausgezogen.

Die Spannungs-Dehnungs-Kurve für faserparallele Zugbeanspruchung eines Faserverbundwerkstoffs lässt sich in drei Bereiche untergliedern (Bild 9.59). Bereich I beschreibt die elastische Verformung von Fasern und Matrix. Die Zugspannung und der Elastizitätsmodul des Verbundwerkstoffs können durch einfache Mittelung berechnet werden:

$$\sigma_{V,I} = \sigma_f v_f + \sigma_m (1 - v_f) = E_{V,I} \varepsilon, \tag{9.50a}$$

$$E_{V,I} = E_f v_f + E_m (1 - v_f). \tag{9.50b}$$

Die Indizes V, f, m beziehen sich auf Verbundwerkstoff, Faser und Matrix, v_f ist der Volumenanteil der Fasern.

Der Bereich II beginnt mit der plastischen Verformung der Matrix bei ε_m. Die Fasern werden weiterhin elastisch beansprucht und müssen, da die Verfestigung der Matrix relativ gering ist, den Spannungszuwachs nahezu allein aufnehmen. Dadurch verringern sich der Anstieg der Kurve (Elastizitätsmodul $E_{V,II}$). Es ist:

$$\sigma_{V,II} = \varepsilon E_f v_f + \sigma_m (1 - v_f), \tag{9.51a}$$

$$E_{V,II} = E_f v_f + (d\sigma_m / d\varepsilon_m)(1 - v_f) \tag{9.51b}$$

mit $d\sigma_m/d\varepsilon_m$ als Anstieg der σ-ε-Kurve der Matrix bei der Dehnung ε_m.

Mit Erreichen von ε_f schließlich werden auch die Fasern plastisch verformt, und die σ-ε-Kurve tritt in den Bereich III ein. Der noch geringe Anstieg von σ_V wird vorwiegend durch Verfestigen der Fasern verursacht.

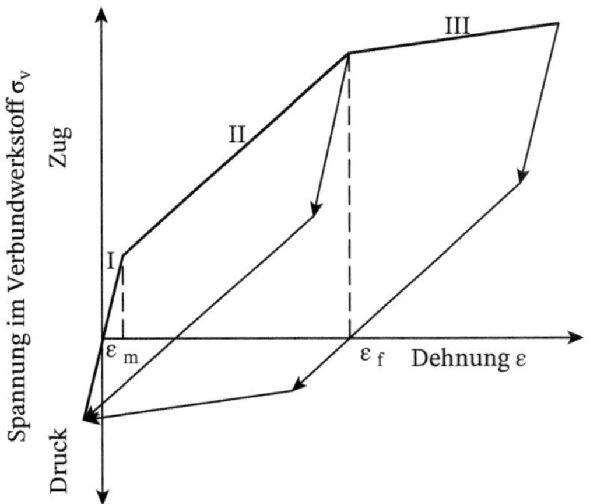

Bild 9.59 Spannungs-Dehnungs-Kurve und Hystereseschleife eines faserverstärkten Verbundwerkstoffes (schematisch).

Für einen Verbundkörper mit diskontinuierlichen Fasern ist infolge des Spannungsabfalls an den Faserenden mit zunehmender Dehnung in Abweichung von den Gln. (9.50a) und (9.51a) eine kontinuierliche Verringerung des σ_V-Anstieges und damit auch des E-Moduls zu erwarten. Für Faserlängen $l \gg l_c$ sind diese Abweichungen jedoch vernachlässigbar.

In der Praxis sind für die Beanspruchung eines Faserverbundwerkstoffs vorwiegend die Bereiche I und II nutzbar. Aus Bild 9.59 ist weiterhin zu entnehmen, dass sich aufgrund von Hystereseerscheinungen bei wiederholter Belastung der Bereich I ausweiten kann. Nach Entlasten aus den Bereichen II bzw. III bleiben infolge der eingetretenen plastischen Verformungen in den Fasern Zug-, in der Matrix Druckspannungen zurück. Nachfolgende Be- und Entlastungszyklen mit gleicher oder geringerer Beanspruchung haben bei sich verfestigender Matrix keine plastischen Dehnungen mehr zur Folge. Über eine Vorbeanspruchung des Bauteils ist es also möglich, den Bereich des elastischen Werkstoffverhaltens zu höheren Spannungen hin auszudehnen.

Die Zugfestigkeit R_{mV} des mit einsinnig gerichteten, kontinuierlichen Fasern verstärkten Verbundwerkstoffs lässt sich unter der Voraussetzung, dass die Beanspruchung in Faserrichtung geschieht, nach der Mischungsregel errechnen:

$$R_{\mathrm{mV}} = R_{\mathrm{mf}} v_f + \sigma_m' \left(1 - v_f\right). \tag{9.52}$$

Dabei ist σ_m' die in der Matrix herrschende Spannung, wenn der Verbundwerkstoff bis zum Bruch der Fasern beansprucht wird. Beziehung (9.52) wird jedoch nur dann realisiert, wenn die Zugfestigkeit des Verbundwerkstoffs R_{mV} höher als der Spannungsanteil $R_{mM}(1 - v_f)$ ist, den die Matrix mit der Zugfestigkeit R_{mM} allein aufzunehmen vermag. Ist dies nicht der Fall, so zerreißen die Fasern infolge des von ihnen aufzunehmenden hohen Anteils der äußeren Belastung schon bei niedrigen Spannungen. In Bild 9.60 sind einige Beispiele wiedergegeben, die aufzeigen, dass die Festigkeitseigenschaften der Mischungsregel häufig bis zu Faservolumenanteilen von 60 % folgen.

Eine merkliche Festigkeitserhöhung durch Fasereinlagerung tritt jedoch erst ein, wenn $R_{mV} > R_{mM}$ ist. Der hierfür benötigte kritische Faservolumenanteil ist

$$v_{\mathrm{f\,krit}} = \frac{R_{\mathrm{mM}} - \sigma_{\mathrm{m}}'}{R_{\mathrm{mf}} - \sigma_{\mathrm{m}}'}. \tag{9.53}$$

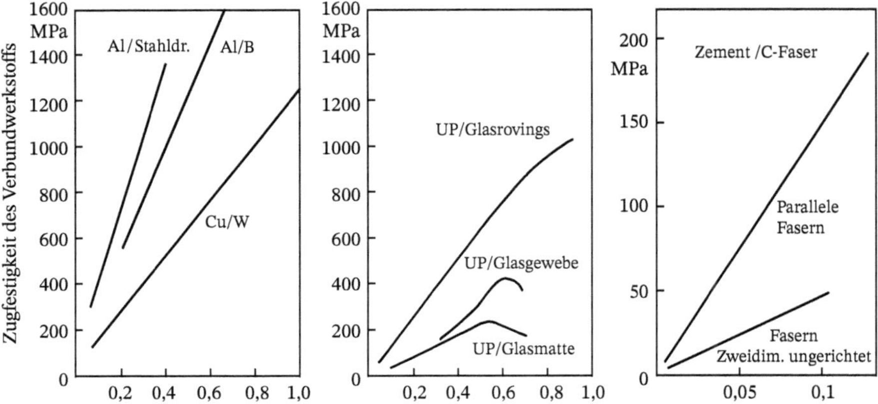

Bild 9.60 Zugfestigkeit verschiedener faserverstärkter Verbundwerkstoffe in Abhängigkeit vom Faservolumenanteil.

Dieser wird umso größer, je stärker verfestigungsfähig die Matrix und je geringer der Festigkeitsunterschied der Komponenten ist. Für duktile Fasern gelten diese Betrachtungen nicht ganz, da die Matrix ihr Einschnüren behindert. Sie können sich deshalb weiterhin gleichmäßig verformen und höhere Spannungen übertragen, wodurch mit zunehmendem Faservolumenanteil eine stetig ansteigende Festigkeitskurve erhalten werden kann. Der höchstmögliche Volumenanteil bei gleichsinnig angeordneten Fasern gleichen Durchmessers beträgt 90,6 %, da sich dann die Fasern gerade berühren. Es bereitet jedoch technologisch Schwierigkeiten, mehr als etwa 60 Vol.-% Fasern ohne beträchtliche Gefügeinhomogenitäten in eine Matrix einzubetten.

Entsprechend den vorangegangenen Betrachtungen zur Beanspruchungsübertragung sollte ein Verbundwerkstoff mit diskontinuierlichen Fasern ein Eigenschaftsverhalten wie ein Faserverbund mit kontinuierlichen Fasern haben, falls $l > l_c$ ist und die Fasern sich auf einer Länge von $> l_c/2$ überlappen. Dies trifft in der Tat auch weitgehend zu, wenn $l/l_c \gtrsim 10$ beträgt.

Weicht die Beanspruchungsrichtung von der Faserorientierung ab, ist damit auch ein beträchtlicher Abfall der Festigkeit verbunden. Anstelle der Faserfestigkeit wird die Faser-Matrix-Grenzschichtscherfestigkeit τ_g bzw. bei Beanspruchung nahezu senkrecht zum Faserverlauf die Matrixzugfestigkeit R_{mM} für die Festigkeit des Verbundwerkstoffs ausschlaggebend.

Die Anisotropie der mechanischen Eigenschaften der Verbundkörper lässt sich vermindern, wenn die Fasern in zwei- oder auch dreidimensionaler Verteilung eingelagert werden. Da in diesem Fall jedoch nicht mehr alle Fasern gleichzeitig und gleichmäßig beansprucht sind, müssen entsprechende Festigkeitseinbußen in Kauf genommen werden. Bei zweidimensional gerichteten Fasern (z. B. Gewebe) sinkt die Festigkeit des Verbundwerkstoffs auf die Hälfte, für eine flächig ungerichtete Faseranordnung (Fasermatten) auf ein Drittel und bei räumlich statistischer Verteilung (Faserschnitzel) sogar auf ein Sechstel gegenüber einer uniaxialen Ausrichtung ab.

Schichtweise aufgebaute Faserverbundwerkstoffe zeichnen sich durch einen hohen Ermüdungswiderstand aus. Allerdings besteht eine hohe Empfindlichkeit gegenüber stoßartigen Belastungen, die leicht zu *Delaminationen* führen können.

9.7.5 Steigerung von Festigkeit und Bruchzähigkeit durch Energiedissipation

In keramischen Werkstoffen ist ein Abbau von Spannungsspitzen durch plastische Verformung, d. h. die Bewegung von Versetzungen, nicht oder nur sehr eingeschränkt möglich. Dennoch kann über andere energiedissipative Prozesse eine erhebliche Steigerung der Festigkeit und vor allem der Bruchzähigkeit erreicht werden. Möglich wird dies durch kontrolliertes Einbringen von Mikrorissen, Rissumlenkungen an Fasern oder Teilchen oder die Erzeugung von Eigenspannungen infolge Phasenumwandlungen.Das bekannteste Beispiel sind die Dispersionskeramiken aus einem Matrixwerkstoff, vorwiegend Al_2O_3, mit eingelagerten ZrO_2-Teilchen (ZTC = **Z**irconia **T**oughened **C**eramics, wichtigster Vertreter ZTA = **Z**irconia **T**oughened **A**luminia).

Die bei niedrigen Temperaturen monokline Struktur des Zirkondioxids wandelt sich bei 1.000 bis 1.200 °C martensitisch in eine tetragonale Phase um. Die während des Abkühlens auftretende Rückwandlung ist mit einer Volumenausdehnung (3 bis 5 %) verbunden und wird mit abnehmender Teilchengröße zu tieferen Temperaturen, bei sehr kleinen bzw. chemisch stabilisierten Teilchen sogar bis weit unter die Raumtemperatur, verschoben. Mit dieser Phasenumwandlung sind drei energiedissipative Prozesse verknüpft.

Infolge der Umwandlung tetragonal → monoklin bildet sich in der Al_2O_3-Matrix um die ZrO_2-Teilchen ein Spannungsfeld aus. Zusammen mit dem Spannungsfeld eines belasteten Risses wird der kritische Spannungswert der Matrix lokal überschritten, sodass um die monoklinen ZrO_2-Teilchen eine Mikrorisshülle entsteht. Die zur Erzeugung von Mikrorissflächen verbrauchte Energie hemmt die weitere instabile Rissausbreitung (Bild 9.61a).

Zur spannungsinduzierten Phasenumwandlung (Bild 9.61b) ist der Einbau von ZrO_2-Teilchen erforderlich, die erst im Spannungsfeld einer belasteten Rissspitze zur Phasenumwandlung angeregt werden. Es entstehen Druckeigenspannungen, die der äußeren Zugbeanspruchung entgegenwirken. Um diesen Mechanismus auszulösen, müssen entweder sehr kleine Teilchen ($\leqq$ 0,5 µm in einer Al_2O_3-Matrix) oder aber größere und (z. B. durch Y_2O_3-Zusatz) chemisch stabilisierte verwendet werden.

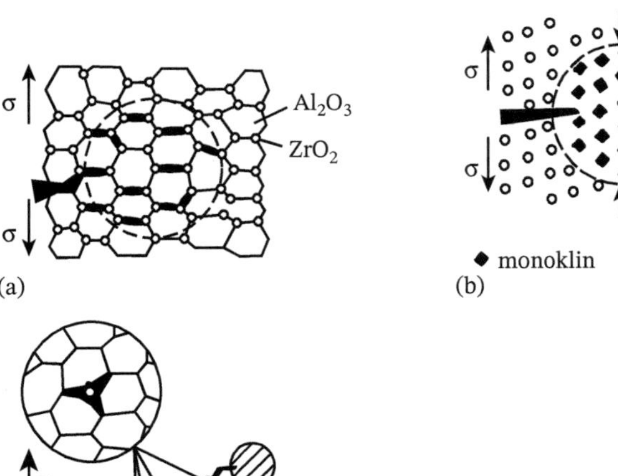

Bild 9.61 Energiedissipative Mechanismen in einer ZrO_2-verstärkten Dispersionskeramik (nach *H. Ruf* und *N. Claussen*).
(a) Mikrorissbildung;
(b) spannungsinduzierte Phasenumwandlung;
(c) Rissverzweigung (die gestrichelten Risse liegen außerhalb der Zeichenebene).

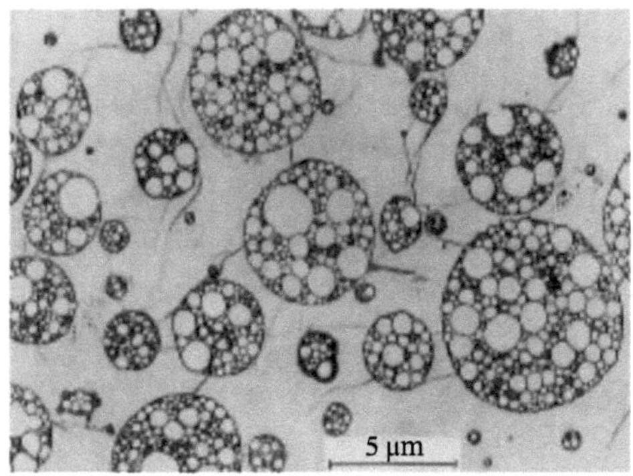

Bild 9.62 Gefüge eines schlagzähmodifizierten Polystyrols (nach *H.-G. Braun*) (helle Anteile Polystyrol, dunkle Kautschuk).

In der Umgebung relativ großer monokliner ZrO_2-Teilchen (> 3 µm in einer Al_2O_3-Matrix) können sich im Einflussbereich der Spannungsfelder an Tripelpunkten des Matrixkorngrenzennetzes spontan Mikrorisssterne bilden (Orte potenzieller Rissverzweigung). Beim Einlaufen eines Magistralrisses wird deren Oberfläche unter Energieverbrauch vergrößert und die instabile Rissausbreitung ebenfalls gehemmt (Bild 9.61c). Mit Hilfe der genannten energiedissipativen Mechanismen konnte die Bruchzähigkeit keramischer Hochleistungswerkstoffe beträchtlich erhöht werden; bei 15 bis 20 Vol.-% ZrO_2 und einer Teilchengröße von etwa 1 µm sind somit K_{Ic}-Werte über 10 MPa $m^{1/2}$ erreichbar.

Der prinzipielle Nachteil der Umwandlungsverstärkung – das Beschränken auf relativ niedrige Temperaturen – lässt sich bei faser- oder whiskerverstärkten Verbundkeramiken überwinden. Ist der thermische Ausdehnungskoeffizient der Matrix größer als der des Faserwerkstoffs, treten um die in der Matrix eingesinterten Fasern Druckvorspannungen auf.

Im Fall einer Al_2O_3-Matrix mit SiC-Fasern bildet sich außerdem bei ausreichend hohen Temperaturen in der Phasengrenze eine viskose Glasphase, wodurch der Riss umgelenkt und sein Fortschreiten ebenfalls gehemmt wird. Die Glasphase entsteht durch Reaktion von Al_2O_3 mit SiO_2, das sich auf der Oberfläche der Fasern befindet.

Ein anschauliches Beispiel der energiedissipativen Beeinflussung der Bruchzähigkeit von Polymeren stellen die schlagzähmodifizierten Thermoplaste dar. Es handelt sich dabei insbesondere um Styrol-Co- und Homopolymerisate, die mit Kautschukpartikeln in homogener Feinverteilung modifiziert sind (Bild 9.62). Die mikroskopische Abfolge von Hartphasen (Polystyrol) und Weichphasen (Kautschuk) hat ein hohes mechanisches Arbeitsaufnahmevermögen und somit eine stark erhöhte Schlagzähigkeit zur Folge. Ein Großteil der eingebrachten Energie wird durch die Weichphasenteilchen energiedissipativ absorbiert.

9.8 Härte und Verschleiß

Zu den in der Technik am häufigsten genutzten mechanischen Erscheinungen gehört die *Härte*. Darunter versteht man den Widerstand, den der Werkstoff dem Eindringen eines Eindringkörpers (*Indenter*) entgegensetzt.

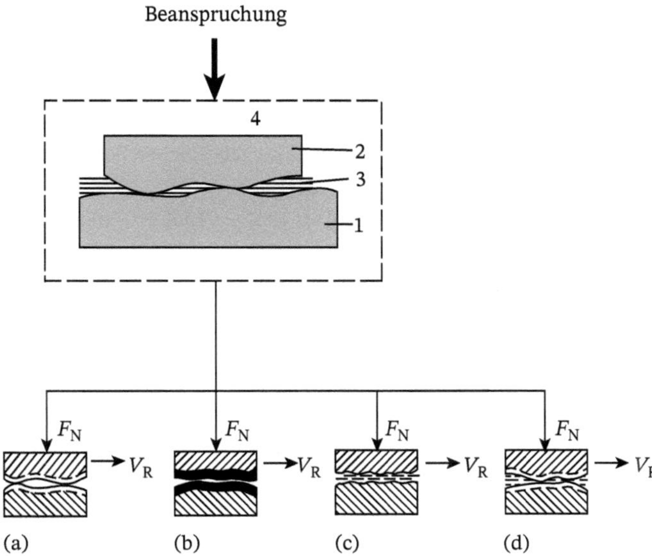

Bild 9.63 Grundstruktur eines tribologischen Systems im Zusammenhang mit verschiedenen Reibungszuständen. *1* Reibkörper 1; *2* Reibkörper 2; *3* Zwischenstoff; *4* Umgebungsmedium; *a* reine Festkörperreibung; *b* Haftschichtenreibung; *c* Flüssigreibung; *d* Mischreibung; F_n äußere Beanspruchung; V_R Geschwindigkeit der Relativbewegung.

Die sich durch Form und Material des Indenters unterscheidenden „klassischen" Härtekennwerte lassen sich schnell und nahezu zerstörungsfrei ermitteln; sie sind deshalb von besonderer Bedeutung für das werkstoffbezogene *Qualitätsmanagement* [38]. Der Nachteil dieser Verfahren ist der werkstoffmechanisch kaum definierbare elastisch-plastische Verformungszustand unterhalb des Eindringkörpers. Bei der *Martenshärte* wird deshalb der Zusammenhang zwischen Belastung und Eindringtiefe während der gesamten Be- und Entlastungsphase registriert. Dieses Verfahren ist auch zur Untersuchung von Mikrokomponenten oder dünnen Funktionsschichten geeignet, und mit einem *Nanoindenter* kann das Gefüge im Mikro- und Nanometerbereich charakterisiert werden.

Neben dem Bruch (Abschn. 9.5) und der Korrosion (Kap. 8) ist der *Verschleiß* eine im Verlauf der Betriebsbeanspruchung auftretende Werkstoffschädigung, von der die Lebensdauer bzw. Zuverlässigkeit eines Bauteils oder Werkzeugs wesentlich bestimmt wird [39, 40]. Unter Verschleiß versteht man den als Folge einer *tribologischen Beanspruchung (Reibung)* fortschreitenden Materialverlust an der Werkstoffoberfläche. Die Grundstruktur eines *tribologischen Systems* ist in Bild 9.63 dargestellt. Es besteht aus den drei aktiven Elementen: dem Reibkörper 1, der die nominelle Berührungsfläche bestimmt, dem Reibkörper (Gegenkörper) 2, der auch als Stoffstrom einwirken kann, und dem Zwischenstoff 3, der bei bewusstem Einbringen als *Schmierstoff* bezeichnet wird. Außerdem kann das Umgebungsmedium, z. B. über Oxidation, Einfluss auf den Verschleißvorgang nehmen.

Die zwischen Reib- und Gegenkörper auftretende Relativbewegung bewirkt eine örtliche und zeitliche Änderung der Kontaktflächen, was zu den in Tab. 9.8 zusammengefassten Verschleißmechanismen und -erscheinungsformen führt.

Tab. 9.8 Verschleißmechanismen und -erscheinungsformen.

Verschleißmechanismus	Verschleißerscheinungsform
Adhäsion durch molekulare Wechselwirkungen in der Kontaktfläche	örtliche Verschweißungen, Löcher, Schuppen, Materialübertrag
Abrasion durch Furchen oder Mikrospanen	Materialabtrag als Kratzer, Riefen, Mulden
Oberflächenzerrüttung infolge tribologischer Schwell- oder Wechselbeanspruchung	Risse, Grübchen (Pittings), Schuppen
Tribochemische Reaktion mit umgebenden Medien (Reiboxidation, Tribokorrosion)	Schichtbildung, Abtrag von Reaktionspartikeln

In der Praxis wirken zumeist mehrere dieser Mechanismen zusammen, was sehr unterschiedliche Erscheinungsbilder des Verschleißes zur Folge hat. Generell aber gilt, dass die Reibung vorrangig von den Mikrokontakten an der Reibkörperoberfläche abhängt, sodass die Mikrogeometrie und stoffliche Beschaffenheit der Randschicht des Werkstoffs die Intensität des Verschleißvorgangs stark beeinflussen. Die Größe der Mikrokontaktfläche und somit auch die Adhäsionsneigung der Reibpartner nehmen bei polykristallinen Werkstoffen vom kfz- über das krz- zum hexagonalen Kristallsystem ab. Weiterhin wird die Festkörperreibung von der Elektronenstruktur beeinflusst; Werkstoffe mit geringer Dichte beweglicher Elektronen (Übergangsmetalle, Kunststoffe) haben nur eine geringe Adhäsionsneigung, was beispielsweise die Anwendung von PTFE als Trockengleitlager ermöglicht. Im Bild 9.64 sind rasterelektronenmikroskopische Aufnahmen der Verschleißoberfläche von Stahl nach Adhäsion und kreidegefülltem Polypropylen nach Abrasion dargestellt.

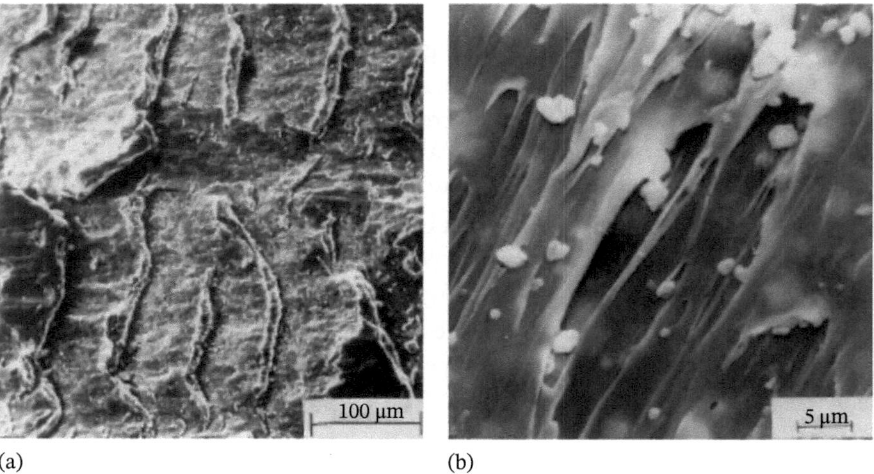

Bild 9.64 Rasterelektronenmikroskopische Aufnahmen von Verschleißoberflächen. (nach *U. Wendt*). (a) Stahloberfläche mit Adhäsionsverschleiß; (b) kreidegefüllter Polypropylen mit Abrasionsverschleiß. Mit freundlicher Genehmigung von Dr. U. Wendt.

Zur quantitativen Beschreibung des Verschleißwiderstandes dienen das ab- bzw. aufgetragene oder in seinen Eigenschaften veränderte Verschleißvolumen, die *Verschleißintensität* (auf den Reibungsweg bezogenes Verschleißvolumen) oder die *Reibungsenergiedichte* (auf das beanspruchte Stoffvolumen bezogene Reibungsenergie).

Literaturhinweise

1 Blumenauer, H. (Hrsg.) (1994). *Werkstoffprüfung*. 6. Aufl. Leipzig, Stuttgart: Deutscher Verlag für Grundstoffindustrie.

2 Grellmann, W. und Seidler, S. (Hrsg.) (2003). *Handbuch der Kunststoffprüfung*. München, Wien: Hanser Verlag.

3 Balke, H. (2008). *Einführung in die Technische Mechanik, Bd. 3. Festigkeitslehre*. Berlin, Heidelberg: Springer Verlag.

4 Altenbach, H. (1993). *Werkstoffmechanik – Einführung*. Leipzig, Stuttgart: Deutscher Verlag für Grundstoffindustrie.

5 Lemaitre, J. und J.-L. Chaboche (1990). *Mechanics of Solid Materials*. Cambridge: Cambridge University Press.

6 Meyers, M.A., R.W. Armstrong und H.O.K. Kirchner (ed.) (1999). *Mechanics and Materials – Fundamentals and Linkages*. New York, Weinheim: J. Wiley & Sons, Inc.

7 Krawietz, A. (1986). *Materialtheorie*. Berlin, Heidelberg, New York, Tokyo: Springer Verlag.

8 Burth, K. und Brocks, W. (1992). *Plastizität Grundlagen und Anwendungen für Ingenieure*. Braunschweig, Wiesbaden: Friedr. Vieweg & Sohn.

9 Cahn, R.W., Hansen, P. und Kramer, E.J. (ed.) (1993). *Materials Science and Technology. Volume 6: Plastic Deformation and Fracture of Materials*. (ed. H. Mughrabi), Weinheim, New York, Basel, Cambridge: VCH Verlagsgesellschaft mbH.

10 Dislocations 2000: An International Conference on the Fundamentals of Plastic Deformation. *Materials Science & Engineerings* A: 309–310, July 2001

11 Schatt, W. und K.-W. Wieters (Hrsg.) (1994). *Pulvermetallurgie*. Düsseldorf: VDI-Verlag.

12 Arzt, E. und Rösler, J. (1988). *Acta metall.* 36: 1053–1060.

13 Bunge, H.-J. (1990). Textur und mechanische Eigenschaften. In: *Beiträge zur Materialkunde* (Hrsg. O.W. Asbeck und K.H. Matucha), DGM Informationsgesellschaft Oberursel.

14 Schott, G. (Hrsg.) (1997). *Werkstoffermüdung*. Stuttgart: Deutscher Verlag für Grundstoffindustrie.

15 Christ, H.-J. (Hrsg.) (1998). *Ermüdungsverhalten metallischer Werkstoffe*. Frankfurt: Werkstoff-Informationsgesellschaft mbH.

16 Schwarzl, F.R. (1990). *Polymermechanik. Struktur und mechanisches Verhalten von Polymeren*. Berlin, Heidelberg: Springer-Verlag.

17 Bürgel, R. (2001). *Handbuch der Hochtemperatur-Werkstofftechnik*. 2. Aufl. Braunschweig, Wiesbaden: Friedr. Vieweg & Sohn.

18 Shi, L. und Northwood, D.O. (1995). Recent progress in the modelling of high-temperature creep and its application to alloy development. *J. of Mat. And Perform.* 4: 196–211.

19 Sähn, S. und Göldner, H. (1993). *Bruch- und Beurteilungskriterien in der Festigkeitslehre*. 2. Aufl. Leipzig, Köln: Fachbuchverlag.

20 Hertzberg, R.W. (1996). *Deformation and Fracture – Mechanics of Engineering Materials*. 4. edition. New York: John Wiley & Sons, Inc.

21 Grellmann, W. und Seidler, S. (2001). *Deformation und Bruchverhalten von Kunststoffen. Berlin u. a.: Springer-Verlag 1998 und Deformation and Fracture Behaviour of Polymers.* Berlin u. a.: Springer-Verlag.

22 Schmitt-Thomas, K.-H.G. (1999). *Integrierte Schadensanalyse.* Berlin, Heidelberg: Springer-Verlag.

23 Lange, G. (Hrsg.) (2001). *Systematische Beurteilung technischer Schadensfälle.* 5. Aufl. Weinheim: Wiley-VCH.

24 Michler, G.H. (1992). *Kunststoff-Mikromechanik.* München,Wien: Hanser Verlag.

25 Blumenauer, H. (ed.) (2001). 100 Jahre Charpy-Versuch. *Materialwissenschaft und Werkstofftechnik* 32 (6): 501–584.

26 Blumenauer, H. und Pusch, G. (1993). *Technische Bruchmechanik.* 3. Aufl. Leipzig, Stuttgart: Deutscher Verlag für Grundstoffindustrie.

27 Schwalbe, K.-H. (1980). *Bruchmechanik metallischer Werkstoffe.* München, Wien: Hauser Velag.

28 Gross, D. und Seelig, Th. (2001). *Bruchmechanik.* Berlin u. a.: Springer-Verlag.

29 Schwalbe, K.-H. (Hrsg.) (1986). *The Crack Tip Opening Displacement in Elastic-Plastic Fracture Mechanics.* Berlin, Heidelberg: Springer-Verlag.

30 Kachanov, L.M. (1986). *Introduction to Continuum Damage Mechanics.* Martinus Nijhoff Publishers.

31 Lemaitre, J. (1996). *A Course on Damage Mechanics.* 2. Aufl. Springer-Verlag.

32 Krajcinovic, D. u. a. (1996). *Damage Mechanics.* Elsevier Science BV.

33 Hauk, V., Hougardy, H.P. Macherauch, E. und Tietz, H.-D. (ed.) (1993). *Residual Stresses.* DGM Informationsgesellschaft Verlag Oberursel.

34 Tietz, H.-D. (1983). *Grundlagen der Eigenspannungen.* Leipzig: Deutscher Verlag für Grundstoffindustrie.

35 Hauk, V. (1997). *Structural and Residual Stress Analysis by Nondestructive Methods: Evaluation – Application – Assessment.* Amsterdam u. a.: Elsevier.

36 Wielage, B. und Leonhardt, G. (2001). *Verbundwerkstoffe und Werkstoffverbunde.* Weinheim: Wiley-VCH.

37 Flemming, M., Ziegmann, G. und Roth, S. (1996). *Faserverbundbauweisen.* Springer-Verlag.

38 Herrmann, K., Kompatscher, M., Polzin, T. et al. (2014). *Härteprüfung an Metallen und Kunststoffen: Grundlagen und Überblick zu modernen Verfahren.* 2. Auflage, Tübingen: expert Verlag.

39 Czichos, H. und Habig, K.-H. (1992). *Tribologie Handbuch, Reibung und Verschleiß.* Braunschweig, Wiesbaden: Friedr. Vieweg & Sohn Verlagsgesellschaft.

40 Fischer, A. (Hrsg.) (2000). *Reibung und Verschleiß.* Weinheim: Wiley-VCH.

41 Roetsch, K., Horst, T. and Stommel, M. (2025). Investigation of Epoxy Resin under Uniaxial, Biaxial, and Triaxial Quasi-Static Loads. *J. Eng. Mech.*, 151(1): 04024099.

10
Physikalische Erscheinungen

10.1 Elektrische Leitfähigkeit

Unter elektrischem Strom versteht man eine gerichtete Bewegung elektrischer Ladungen. *Ladungsträger* können positive und negative Ionen *(Ionenleitung)* oder Elektronen bzw. Defektelektronen *(Elektronenleitung)* sein. Ein Elektron trägt die Ladung $e^- = -1{,}6 \cdot 10^{-19}$ As. Da ein Ion durch Aufnahme oder Abgabe eines oder mehrerer Elektronen entsteht, kann der Betrag seiner elektrischen Ladung nur gleich oder ein Vielfaches der Ladung eines Elektrons sein. Die Ladung eines Elektrons ist daher die *Elementarladung.*

Die *elektrische Leitfähigkeit* κ eines Materials hängt von der Anzahl der Ladungsträger je Volumeneinheit *n (Ladungsträgerdichte)*, von der Ladung *q* jedes Ladungsträgers und von der Beweglichkeit μ der Ladungsträger ab. Die Maßeinheit ist Siemens/Meter (Sm^{-1}) bzw. $\Omega^{-1}m^{-1}$. Die Leitfähigkeit ist dem mit der Temperatur *T* variierenden Produkt aus der Ladungsträgerkonzentration und -beweglichkeit direkt proportional:

$$\kappa(T) = q \cdot n(T) \cdot \mu(T) \tag{10.1}$$

Die *Ionenleitung* ist in Festkörpern bei niedriger Temperatur von untergeordneter Bedeutung. In Ionenkristallen kann die Ionenwanderung nur durch Platzwechsel über Leerstellen oder Zwischengitterplätze (Punktdefekte) erfolgen (s. a. Abschn. 7.1.1). Die Ionenbeweglichkeit μ_I ist daher eng mit den Diffusionsgesetzen verknüpft:

$$\mu_I = qD/kT \tag{10.2}$$

(*D* Diffusionskoeffizient; *k* Boltzmann-Konstante ($1{,}38 \cdot 10^{-23}$ Ws K^{-1}); *T* Temperatur in K). Entsprechend der exponentiellen Temperaturabhängigkeit des Diffusionskoeffizienten und der Konzentration der Punktdefekte (Abschn. 2.1.11) kann die Ionenleitung für erhöhte Temperaturen jedoch erhebliche Beträge annehmen. Bei keramischen Werkstoffen, die als elektrische Isolatoren verwendet werden, wird deshalb das Isolationsverhalten mit steigender Temperatur schnell schlechter (Bild 10.1).

Auch in Gläsern kann eine mehr oder minder große Stromleitung infolge Ionenwanderung auftreten. Die spezifische elektrische Durchgangsleitfähigkeit hängt in starkem Maße von der chemischen Zusammensetzung ab und liegt für die meisten technischen Gläser zwischen 10^{-17} und 10^{-8} Ω^{-1} m^{-1} (bzw. 10^{-8} Sm^{-1}). Sehr geringe Leitfähigkeitswerte zeigt bei tiefen Temperaturen reines Kieselglas, in dessen starrem Netzwerk die Ionen relativ fest gebunden sind

Schatt Werkstoffwissenschaft, 11. Auflage. Hartmut Worch, Wolfgang Pompe und Christoph Leyens.

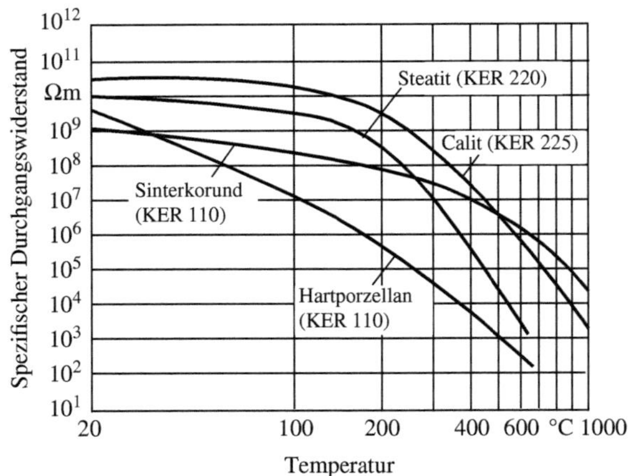

Bild 10.1 Spezifischer Durchgangswiderstand einiger keramischer Werkstoffe in Abhängigkeit von der Temperatur.

und sich deshalb praktisch keine Ladungsträger bewegen können (Abschn. 2.2 und 7.1). Werden in die Netzwerkstruktur jedoch Fremdkationen *(Netzwerkwandler)* eingebracht, die eine Lockerung der Bindungen bzw. eine Aufweitung des Netzwerkes verursachen, dann können sich die Isolationseigenschaften des Glases merklich verändern. So führen bereits geringste Alkaliverunreinigungen im Kieselglas, insbesondere locker gebundene und daher leicht bewegliche Na-Ionen, zu einem Anstieg der elektrischen Leitfähigkeit. Hingegen schränken andere, das Netzwerk verfestigende Bestandteile der technischen Mehrkomponentengläser, beispielsweise Erdalkalioxide, die Beweglichkeit der ionischen Ladungsträger ein.

Die Ionenleitung in Gläsern nimmt oberhalb der Einfriertemperatur T_E infolge der dann einsetzenden Erniedrigung der Viskosität stark zu. Die relativ große elektrische Leitfähigkeit bei hohen Temperaturen gestattet es beispielsweise, Glasschmelzen durch Widerstandserwärmung über eingeführte Elektroden (Molybdänelektroden) direkt zu beheizen.

Zum Verständnis der *Elektronenleitung* müssen, ausgehend von den Energieniveaus im freien Atom, die Energiezustände der Elektronen im Festkörper betrachtet werden. Die Quantentheorie ordnet jedem Elektron im Atom vier Quantenzahlen zu (s. a. Abschn. 2.1.5), die seinen Energiezustand eindeutig beschreiben: Die *Hauptquantenzahl n* kennzeichnet eine Gruppe von Energiezuständen bzw. die Elektronenschale im Bohrschen Modell. Entsprechend $n = 1, 2, 3 \ldots 7$ werden diese vom Kern ausgehend entweder mit den betreffenden Zahlen oder den Buchstaben K, L, M … Q bezeichnet (Tab. 10.1). Die Energieniveaus mit $n = 1$ fasst man zur K-Schale, die mit $n = 2$ zur L-Schale usw. zusammen. Zu einer Hauptquantenzahl n gibt es insgesamt $2\,n^2$ verschiedene Zustände. Folglich enthält die K-Schale bis zu 2, die L-Schale bis zu 8, die M-Schale bis zu 18 usf. Elektronen.

Die *Neben-* oder *Orbitalquantenzahl* $l = 0, 1, 2, 3 \ldots (n-1)$ charakterisiert die durch den Bahndrehimpuls bedingte Abweichung von einer kugelsymmetrischen Ladungsverteilung (Elektronendichteverteilung, Orbitale). In dem einem jeweiligen l-Wert entsprechenden Zustand können bis zu $2(2l + 1)$ Elektronen vorkommen. Demnach sind maximal zwei s-Elektronen, sechs p-Elektronen, zehn d-Elektronen und vierzehn f-Elektronen möglich (Tab. 10.1). Die beiden weiteren Quantenzahlen, die *Magnetquantenzahl* m_l und die *Spinquantenzahl* m_s, berücksichtigen den Einfluss auf die Elektronenenergie, der durch die Orientierung des Bahndrehimpulsvektors gegenüber einem äußeren Magnetfeld und durch den infolge der Eigenrotation (Spin) des Elektrons entstehenden Spindrehimpuls gegeben ist.

Tab. 10.1 Elektronenanordnung in den Elementen

Element		**K (n = 1)**	**L (n = 2)**		**M (n = 3)**			**N (n = 4)**				**O (n = 5)**				**P (n = 6)**			**Q (n = 7)**
Symbol	**Z**	**1s**	**2s**	**2p**	**3s**	**3p**	**3d**	**4s**	**4p**	**4d**	**4f**	**5s**	**5p**	**5d**	**5f**	**6s**	**6p**	**6d**	**7s**
H	1	1	–	–	–	–	–	–	–	–	–	–	–	–	–	–	–	–	–
He	2	2	–	–	–	–	–	–	–	–	–	–	–	–	–	–	–	–	–
Li	3	2	1	–	–	–	–	–	–	–	–	–	–	–	–	–	–	–	–
Be	4	2	2	–	–	–	–	–	–	–	–	–	–	–	–	–	–	–	–
B	5	2	2	1	–	–	–	–	–	–	–	–	–	–	–	–	–	–	–
C	6	2	2	2	–	–	–	–	–	–	–	–	–	–	–	–	–	–	–
N	7	2	2	3	–	–	–	–	–	–	–	–	–	–	–	–	–	–	–
O	8	2	2	4	–	–	–	–	–	–	–	–	–	–	–	–	–	–	–
F	9	2	2	5	–	–	–	–	–	–	–	–	–	–	–	–	–	–	–
Ne	10	2	2	6	–	–	–	–	–	–	–	–	–	–	–	–	–	–	–
Na	11	2	2	6	1	–	–	–	–	–	–	–	–	–	–	–	–	–	–
Mg	12	2	2	6	2	–	–	–	–	–	–	–	–	–	–	–	–	–	–
Al	13	2	2	6	2	1	–	–	–	–	–	–	–	–	–	–	–	–	–
Si	14	2	2	6	2	2	–	–	–	–	–	–	–	–	–	–	–	–	–
P	15	2	2	6	2	3	–	–	–	–	–	–	–	–	–	–	–	–	–
S	16	2	2	6	2	4	–	–	–	–	–	–	–	–	–	–	–	–	–
Cl	17	2	2	6	2	5	–	–	–	–	–	–	–	–	–	–	–	–	–
Ar	18	2	2	6	2	6	–	–	–	–	–	–	–	–	–	–	–	–	–
K	19	2	2	6	2	6	–	1	–	–	–	–	–	–	–	–	–	–	–
Ca	20	2	2	6	2	6	–	2	–	–	–	–	–	–	–	–	–	–	–
Sc	21	2	2	6	2	6	1	2	–	–	–	–	–	–	–	–	–	–	–
Ti	22	2	2	6	2	6	2	2	–	–	–	–	–	–	–	–	–	–	–
V	23	2	2	6	2	6	3	2	–	–	–	–	–	–	–	–	–	–	–
Cr	24	2	2	6	2	6	5	1	–	–	–	–	–	–	–	–	–	–	–
Mn	25	2	2	6	2	6	5	2	–	–	–	–	–	–	–	–	–	–	–
Fe	26	2	2	6	2	6	6	2	–	–	–	–	–	–	–	–	–	–	–
Co	27	2	2	6	2	6	7	2	–	–	–	–	–	–	–	–	–	–	–
Ni	28	2	2	6	2	6	8	2	–	–	–	–	–	–	–	–	–	–	–
Cu	29	2	2	6	2	6	10	1	–	–	–	–	–	–	–	–	–	–	–
Zn	30	2	2	6	2	6	10	2	–	–	–	–	–	–	–	–	–	–	–
Ga	31	2	2	6	2	6	10	2	1	–	–	–	–	–	–	–	–	–	–
Ge	32	2	2	6	2	6	10	2	2	–	–	–	–	–	–	–	–	–	–
As	33	2	2	6	2	6	10	2	3	–	–	–	–	–	–	–	–	–	–
Se	34	2	2	6	2	6	10	2	4	–	–	–	–	–	–	–	–	–	–

(Fortsetzung)

Tab. 10.1 (Fortsetzung)

Element		**K** (n = 1)	**L** (n = 2)		**M** (n = 3)			**N** (n = 4)				**O** (n = 5)				**P** (n = 6)			**Q** (n = 7)
Symbol	**Z**	**1s**	**2s**	**2p**	**3s**	**3p**	**3d**	**4s**	**4p**	**4d**	**4f**	**5s**	**5p**	**5d**	**5f**	**6s**	**6p**	**6d**	**7s**
Br	35	2	2	6	2	6	10	2	5	–	–	–	–	–	–	–	–	–	–
Kr	36	2	2	6	2	6	10	2	6	–	–	–	–	–	–	–	–	–	–
Rb	37	2	2	6	2	6	10	2	6	–	–	1	–	–	–	–	–	–	–
Sr	38	2	2	6	2	6	10	2	6	–	–	2	–	–	–	–	–	–	–
Y	39	2	2	6	2	6	10	2	6	1		2	–	–	–	–	–	–	–
Zr	40	2	2	6	2	6	10	2	6	2		2	–	–	–	–	–	–	–
Nb	41	2	2	6	2	6	10	2	6	4		1	–	–	–	–	–	–	–
Mo	42	2	2	6	2	6	10	2	6	5		1	–	–	–	–	–	–	–
Tc	43	2	2	6	2	6	10	2	6	6		1	–	–	–	–	–	–	–
Ru	44	2	2	6	2	6	10	2	6	7		1	–	–	–	–	–	–	–
Rh	45	2	2	6	2	6	10	2	6	8		1	–	–	–	–	–	–	–
Pd	46	2	2	6	2	6	10	2	6	10		–	–	–	–	–	–	–	–
Ag	47	2	2	6	2	6	10	2	6	10		1	–	–	–	–	–	–	–
Cd	48	2	2	6	2	6	10	2	6	10		2	–	–	–	–	–	–	–
In	49	2	2	6	2	6	10	2	6	10		2	1	–	–	–	–	–	–
Sn	50	2	2	6	2	6	10	2	6	10		2	2	–	–	–	–	–	–
Sb	51	2	2	6	2	6	10	2	6	10		2	3	–	–	–	–	–	–
Te	52	2	2	6	2	6	10	2	6	10		2	4	–	–	–	–	–	–
J	53	2	2	6	2	6	10	2	6	10		2	5	–	–	–	–	–	–
Xe	54	2	2	6	2	6	10	2	6	10		2	6	–	–	–	–	–	–
Cs	55	2	2	6	2	6	10	2	6	10		2	6	–	–	1	–	–	–
Ba	56	2	2	6	2	6	10	2	6	10		2	6	–	–	2	–	–	–
La	57	2	2	6	2	6	10	2	6	10		2	6	1	–	2	–	–	–
Ce	58	2	2	6	2	6	10	2	6	10	2	2	6	–	–	2	–	–	–
Pr	59	2	2	6	2	6	10	2	6	10	3	2	6	–	–	2	–	–	–
Nd	60	2	2	6	2	6	10	2	6	10	4	2	6	–	–	2	–	–	–
Pm	61	2	2	6	2	6	10	2	6	10	5	2	6	–	–	2	–	–	–
Sm	62	2	2	6	2	6	10	2	6	10	6	2	6	–	–	2	–	–	–
Eu	63	2	2	6	2	6	10	2	6	10	7	2	6	–	–	2	–	–	–
Gd	64	2	2	6	2	6	10	2	6	10	7	2	6	1	–	2	–	–	–
Tb	65	2	2	6	2	6	10	2	6	10	8	2	6	1	–	2	–	–	–
Dy	66	2	2	6	2	6	10	2	6	10	10	2	6	–	–	2	–	–	–
Ho	67	2	2	6	2	6	10	2	6	10	11	2	6	–	–	2	–	–	–
Er	68	2	2	6	2	6	10	2	6	10	12	2	6	–	–	2	–	–	–

(Fortsetzung)

Tab. 10.1 (Fortsetzung)

Element		K	L		M			N				O				P			Q
		(n = 1)	(n = 2)		(n = 3)			(n = 4)				(n = 5)				(n = 6)			(n = 7)
Symbol	**Z**	**1s**	**2s**	**2p**	**3s**	**3p**	**3d**	**4s**	**4p**	**4d**	**4f**	**5s**	**5p**	**5d**	**5f**	**6s**	**6p**	**6d**	**7s**
Tm	69	2	2	6	2	6	10	2	6	10	13	2	6	–	–	2	–	–	–
Yb	70	2	2	6	2	6	10	2	6	10	14	2	6	–	–	2	–	–	–
Lu	71	2	2	6	2	6	10	2	6	10	14	2	6	1	–	2	–	–	–
Hf	72	2	2	6	2	6	10	2	6	10	14	2	6	2	–	2	–	–	–
Ta	73	2	2	6	2	6	10	2	6	10	14	2	6	3	–	2	–	–	–
W	74	2	2	6	2	6	10	2	6	10	14	2	6	4	–	2	–	–	–
Re	75	2	2	6	2	6	10	2	6	10	14	2	6	5	–	2	–	–	–
Os	76	2	2	6	2	6	10	2	6	10	14	2	6	6	–	2	–	–	–
Ir	77	2	2	6	2	6	10	2	6	10	14	2	6	7	–	2	–	–	–
Pt	78	2	2	6	2	6	10	2	6	10	14	2	6	8	–	2	–	–	–
Au	79	2	2	6	2	6	10	2	6	10	14	2	6	10		1	–	–	–
Hg	80	2	2	6	2	6	10	2	6	10	14	2	6	10		2	–	–	–
Tl	81	2	2	6	2	6	10	2	6	10	14	2	6	10		2	1	–	–
Pb	82	2	2	6	2	6	10	2	6	10	14	2	6	10		2	2	–	–
Bi	83	2	2	6	2	6	10	2	6	10	14	2	6	10		2	3	–	–
Po	84	2	2	6	2	6	10	2	6	10	14	2	6	10		2	4	–	–
At	85	2	2	6	2	6	10	2	6	10	14	2	6	10		2	5	–	–
Rn	86	2	2	6	2	6	10	2	6	10	14	2	6	10		2	6	–	–
Fr	87	2	2	6	2	6	10	2	6	10	14	2	6	10		2	6	–	1
Ra	88	2	2	6	2	6	10	2	6	10	14	2	6	10		2	6	–	2
Ac	89	2	2	6	2	6	10	2	6	10	14	2	6	10		2	6	1	2
Th	90	2	2	6	2	6	10	2	6	10	14	2	6	10		2	6	2	2
Pa	91	2	2	6	2	6	10	2	6	10	14	2	6	10	2	2	6	1	2
U	92	2	2	6	2	6	10	2	6	10	14	2	6	10	3	2	6	1	2
Np	93	2	2	6	2	6	10	2	6	10	14	2	6	10	5	2	6	–	2
Pu	94	2	2	6	2	6	10	2	6	10	14	2	6	10	6	2	6	–	2
Am	95	2	2	6	2	6	10	2	6	10	14	2	6	10	7	2	6	–	2
Cm	96	2	2	6	2	6	10	2	6	10	14	2	6	10	7	2	6	1	2

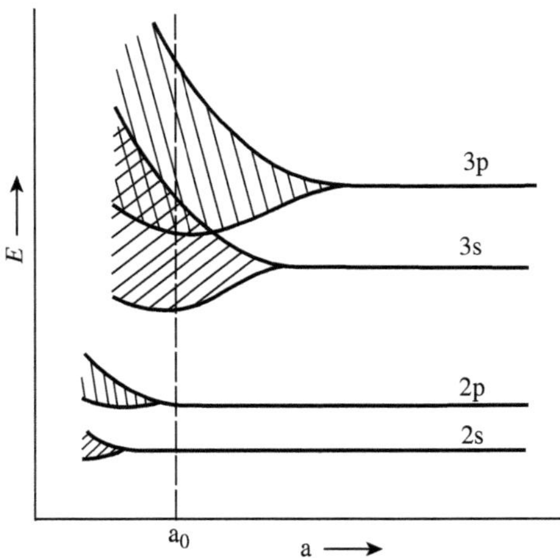

Bild 10.2 Aufspaltung der diskreten Energiezustände der Einzelatome zu Energiebändern bei Annäherung der Atome; a_0 Atomabstand im Gitter.

Gemäß dem Paulischen Ausschließungsprinzip darf sich in jedem der durch die Kombination der vier Quantenzahlen festgelegten Energiezustände nur jeweils ein Elektron befinden, d. h., die den Elektronen zuzuordnenden Quantenzahlen müssen sich mindestens in einer Quantenzahl unterscheiden.

Die Besetzung der möglichen Elektronenzustände mit steigender Ordnungszahl Z der Elemente erfolgt ausgehend von den dem Kern nächsten zu den äußeren Energieniveaus hin. Das geschieht bis zum Element mit der Ordnungszahl 18 (Argon) in der Reihenfolge 1s, 2s, 2p, 3s, 3p. Ab Element 19 (Kalium) wird wegen der energetisch günstigeren Lage die Belegung des s-Zustandes der nächst höheren Schale bereits begonnen, ehe die d- und f-Zustände der darunter liegenden Schalen aufgefüllt sind (Tab. 10.1). So befinden sich z. B. beim Ni bereits Elektronen im 4s-Zustand, bevor die Besetzung des 3d-Zustandes voll aufgefüllt wurde. Die Elemente mit nicht voll aufgefüllten inneren Niveaus (3d, 4d, 5d) werden als *Übergangselemente* bezeichnet.

Treten mehrere Atome zu einem Atomverband zusammen, dann werden die Elektronen nicht mehr nur vom Potenzialfeld des eigenen Atoms, sondern auch durch das benachbarter Atome beeinflusst. Infolge dieser Wechselwirkungen werden die diskreten Energieniveaus der Einzelatome im Kristall gestört und zu *Energiebändern* aufgespalten (Bild 10.2; s. a. Abschn. 2.1.5.4). Da die inneren Elektronen fester an den Kern gebunden und durch weiter außen liegende weitgehend abgeschirmt sind, werden die ihnen entsprechenden Energiezustände vom Potenzialfeld benachbarter Atome wenig beeinflusst. Sie bleiben als Einzelniveaus erhalten. (Das 1s-Niveau ist deshalb in Bild 10.2 nicht mit eingezeichnet.) Beim Atomabstand a_0 des Kristallgitters werden lediglich die äußeren, die die Valenzelektronen betreffenden oder auch im ungestörten Zustand noch nicht besetzten Energieniveaus (beim Mg-Atom z. B. das 3p-Niveau) und erst bei weiterer Annäherung der Atome (unter hohem Druck) auch die darunter liegenden Energieniveaus aufgespalten.

Wie in Abschn. 2.1.5.4 beschrieben wurde, spaltet bei Annäherung zweier Atome jeder Elektronenterm zweifach auf, und zwar umso weiter, je stärker die Elektronen in Wechselwirkung treten. In einem Kristall stehen alle vorhandenen Atome miteinander in Wechselwirkung, sie bilden zusammen ein Atomsystem. Deshalb werden in jedem der entstehenden Bänder so viele neue Energiestufen geschaffen, wie im Kristallgitter Atome enthalten sind

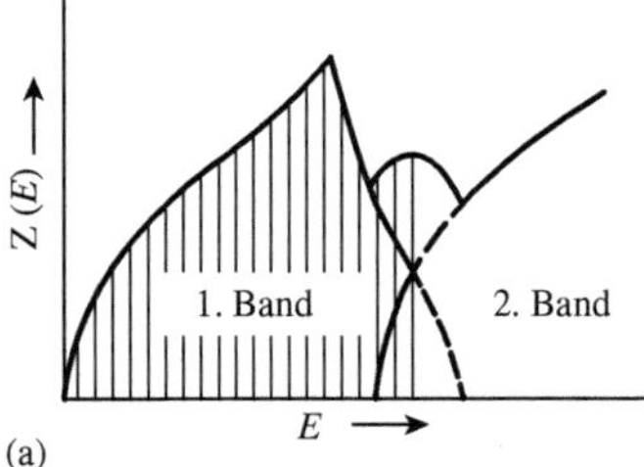

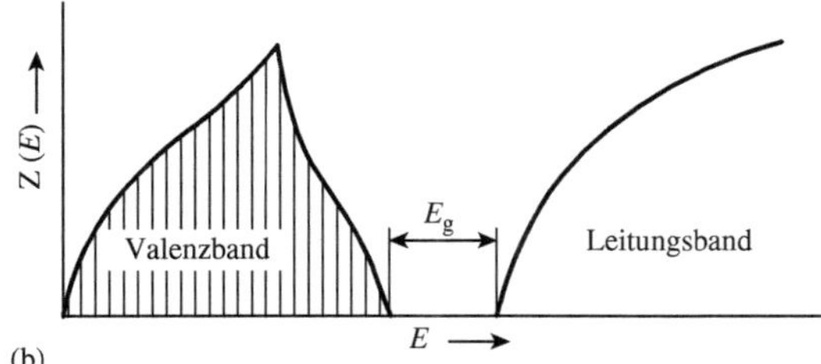

Bild 10.3 Prinzipieller Verlauf der Zustandsdichte $z(E)$ in den Energiebändern: (a) sich überlappende Bänder (elektrisch leitendes Material); (b) voll besetztes Valenzband und leeres Leitungsband mit dazwischen liegendem verbotenem Energiebereich E_g (Isolator).

(s. a. Bild 2.32). Jede Energiestufe kann gemäß dem Pauli-Prinzip mit zwei Elektronen entgegengesetzten Spins besetzt werden. Da ein Kristall aus sehr vielen Atomen besteht, ist die Zustandsdichte $z(E)$ innerhalb eines Energiebandes sehr hoch. Der Energieverlauf über der Bandbreite darf daher als quasikontinuierlich angenommen werden, weil die gequantelten Einzelenergiestufen sehr nahe beieinander liegen. Die Zustandsdichte $z(E)$ ist über der Bandbreite nicht gleichmäßig und im Allgemeinen auch nicht symmetrisch zur Lage des Ausgangsniveaus beim Einzelatom (Bild 10.3).

Wie Bild 10.2 zeigt, nimmt die Bandbreite wegen der stärkeren Wechselwirkung mit geringer werdenden Atomabständen zu, sodass sich die äußeren Bänder teilweise überlappen. Dadurch kann ein Elektron unter Energieaufnahme, z. B. in einem elektrischen Feld oder durch thermische Anregung, nahezu kontinuierlich von einem niedrigeren in ein höheres, im Falle des Bild 10.2 vom 3s- in das 3p-Band, übergehen. Das ist bei Metallen, die relativ hohen Koordinationszahlen haben, in der Regel der Fall und eine der Ursachen für ihre gute elektrische Leitfähigkeit. Überlappen sich die Energiebänder nicht (Isolatoren), besteht in Analogie zum freien Atom zwischen den Bändern ein Energiebereich, der von den Elektronen nicht besetzt werden kann *(verbotene Zone).*

Am absoluten Nullpunkt nehmen die Elektronen die tiefsten Energiewerte an, d. h., sie füllen entsprechend ihrer Anzahl und den durch das Pauli-Prinzip geregelten Besetzungsmöglichkeiten der Reihe nach alle im Kristall verfügbaren niederen Energiezustände. Lediglich bei den Übergangsmetallen werden bereits Zustände mit höheren Quantenzahlen besetzt, während Niveaus mit niederen frei bleiben, da die s-Zustände sehr stark aufspalten und sich mit den darunter liegenden d- bzw. f-Bändern überlappen.

Die Grenzenergie zwischen den bei $T = 0$ K besetzten und nicht besetzten Zuständen wird als *Fermigrenze* oder *Fermienergie* bezeichnet. Sie ist eine Materialkonstante und beträgt in gut leitenden Metallen einige Elektronenvolt (bei Cu etwa 7 eV, bei Na etwa 3,1 eV). Wird die Temperatur erhöht, können Elektronen, die sich an der Fermigrenze aufhalten, eine der thermischen Energie kT entsprechende zusätzliche Energie aufnehmen und sich auf bisher unbesetzte höhere Zustände verteilen. Die Wärmeenergie je Elektron ist gegenüber der Fermienergie jedoch gering. Sie erreicht z. B. bei 300 K den Wert $kT = 0{,}025$ eV, sodass die Schärfe der Fermigrenze mit steigender Temperatur kaum beeinflusst wird.

Wird an einen Kristall ein äußeres elektrisches Feld angelegt, wirkt auf alle Elektronen des Kristalls eine beschleunigende Kraft in Richtung auf den positiven Pol hin. Das elektrische Feld kann den Elektronen einen geringen Energiezuwachs erteilen und sie in Zustände

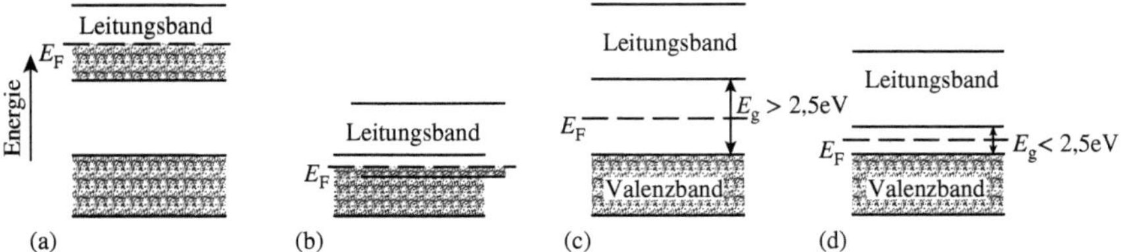

Bild 10.4 Relative Anordnung der äußeren Energiebänder (schematisch). (a) Metall mit unvollständig besetztem oberstem Band (z. B. einwertiges Metall); (b) Metall mit voll besetztem oberstem Band und überlappendem Leitungsband (z. B. zweiwertiges Metall); (c) Isolator; (d) Halbleiter.

höherer Energie anheben. Dafür kommen aber wegen der Bedingungen, die sich aus dem Pauli-Prinzip ergeben, nur die in der Nähe der Fermigrenze befindlichen Elektronen in Frage.

Wenn, wie bei Kristallen mit metallischer bzw. vorherrschend metallischer Bindung, das äußere Band nur teilweise, im günstigsten Fall zur Hälfte, besetzt ist, sind sowohl zahlreiche an der Energieleitung teilnehmende Elektronen als auch in seinem oberen Teil genügend freie Zustände vorhanden, in die die Elektronen infolge Energieaufnahme übergehen können. Bei Alkalimetallen z. B. oder Edelmetallen, wie Cu, Ag und Au, die sich durch eine sehr gute elektrische Leitfähigkeit auszeichnen, ist im Einzelatom der höchste Energiezustand jeweils mit einem s-Elektron besetzt (z. B. Cu $3d^{10}$, $4s^1$). Im äußeren Band ihres Kristallgitters ist folglich die Hälfte aller möglichen Energiestufen frei (Bild 10.4a). Bei anderen Metallen, wie Al, Ga, In, Tl, Sn, Pb, Bi, sind die p-Bänder die äußeren Bänder und unvollständig aufgefüllt (Tab. 10.1).

Ist das äußere Band in Metallkristallen voll besetzt (Erdalkalimetalle, Zn, Cd), dann kann es trotzdem einen stärkeren elektrischen Stromfluss geben, wenn sich das aufgefüllte mit dem darüber liegenden leeren Band überlappt (Bild 10.3a und Bild 10.4b), sodass bei Energieaufnahme Elektronen nahezu kontinuierlich in dieses übergehen können. Das trifft z. B. für das zweiwertige Mg($2p^6$, $3s^2$) zu, dessen mit zwei Elektronen voll besetztes äußeres s-Niveau sich mit dem darüber befindlichen im nicht angeregten Zustand leeren 3p-Band breit überlappt. Die Folge der Bandüberlappung ist, dass ein Teil der Valenzelektronen in die unteren Zustände des darüber liegenden leeren Bandes abfließen wird, weil diese tiefer liegen als die höchsten Zustände im Valenzband. Auf diese Weise entstehen zwei unvollständig besetzte Bänder, in denen Elektronen am Leitungsvorgang teilnehmen können (Zweibandleitung). (In Bild 10.4b wurde nur das obere Band als Leitungsband gekennzeichnet.) Da aber nicht in jedem der sich überlappenden Bänder jeweils gerade die Hälfte der möglichen Energiezustände von Elektronen eingenommen werden kann, sind freilich keine optimalen Bedingungen für die Elektronenleitung gegeben. Die genannten zweiwertigen Metalle weisen daher schlechtere Leitfähigkeitswerte als die einwertigen, mit genau zur Hälfte besetzten Bändern auf.

Ein nur teilweise aufgefülltes Bandsystem liegt auch im Kristallgitter der Übergangselemente vor, in dem ein Teil der äußeren s-Elektronen in das aus den darunter liegenden d-Zuständen gebildete Band zurücktritt, wie aus der effektiven Zahl von Bohrschen Magnetonen je Atom für Fe, Co und Ni (Abschn. 10.6.1) geschlossen werden kann.

Stoffe mit rein kovalenter Bindung (Atombindung) weisen keine freien, sondern stets bestimmten Atomen zugehörige Elektronen und wegen der abgesättigten Valenzen nur voll besetzte Bänder auf. Ist allerdings der Abstand bis zum nächsthöheren leeren Energieband, der durch die Energie E_g (Energielücke) gekennzeichnet wird, gering (Bild 10.4d), so kann bereits durch die Wärmeenergie bei Raumtemperatur der notwendige Energiebetrag aufgebracht werden, um einzelne oder mehrere Elektronen über die Energielücke hinwegzuheben. Dazu darf die Breite der verbotenen Zone im Allgemeinen nicht größer als 2,5 eV sein. Die Anzahl der Elektronen, die aus dem Valenzband in das Leitungsband, in dem sie nun beweglich sind, übergehen, nimmt mit wachsender Temperatur exponentiell zu, und demzufolge steigt auch die elektrische Leitfähigkeit stärker an. Außerdem tragen die

Tab. 10.2 Spezifische elektrische Leitfähigkeit einiger Werkstoffe bei Raumtemperatur

Metalle **10^8 (Sm^{-1})**		**Halbleiter** **(Sm^{-1})**		**Isolatoren** **(Sm^{-1})**	
Na	23	Si	$4{,}4 \cdot 10^{-4}$	Diamant	10^{-14}
Mg	22,4	Si dotiert	$2 \cdot 10^{3}$	Glas	$10^{-12}...10^{-9}$
Al	40	Ge	2,2	Glimmer	10^{-15}
Ti	2,3	Ge dotiert	$3 \cdot 10^{4}$	Hartporzellan	10^{-10}
Fe	11,6	InSb	$1{,}4 \cdot 10^{4}$	Korund	$10^{-11}...10^{-9}$
Co	18	GaAs	$4 \cdot 10^{-7}$	Quarz	$10^{-17}...10^{-15}$
Ni	16,3	Cu_2O	$5 \cdot 10^{-5}$	Paraffin	10^{-14}
Cu	64	FeO	$1 \cdot 10^{-2}$	Phenolharz	$10^{-10}...10^{-8}$
Zn	18	Graphit	$1 \cdot 10^{5}$	Polyvinylchlorid	$10^{-14}...10^{-11}$
Mo	19,8	–	–	Polystyren-Reinpolym.	$10^{-17}...10^{-15}$
Ag	67	–	–	Polycarbonat	10^{-14}
Cd	14	–	–	Polytetrafluorethylen	10^{-17}
Sn	8,7	–	–	Silicone	10^{-11}
W	20,4	–	–	–	–
Pt	10,2	–	–	–	–
Au	48,5	–	–	–	–
Pb	5,2	–	–	–	–
Konstantan (55 % Cu, 44 % Ni, 1 % Mn)	2	–	–	–	–
Maganin (86 % Cu, 12 % Mn, 2 % Ni)	2,3	–	–	–	–
Chromnickel (80 % Ni, 20 % Cr)	0,9	–	–	–	–
$Fe_{80}B_{20}$ (amorph)	0,8	–	–	–	–
$Fe_{40}Ni_{40}P_{14}B_6$ (amorph)	0,74	–	–	–	–
$Fe_{73,5}Si_{13,5}B_9Cu_1Nb_3$ (nanokristallin)	0,87	–	–	–	–

im Valenzband gleichzeitig in entsprechender Zahl gebildeten Löcher *(Defektelektronen)*, die sich wie positive Ladungsträger verhalten, mit zur Leitfähigkeit bei. Man nennt solche Stoffe *Halbleiter*. Ihre elektrische Leitfähigkeit liegt für Raumtemperatur zwischen der der gut leitenden Metalle und der von Isolatoren (Tab. 10.2).

Auch in stöchiometrisch zusammengesetzten Ionenkristallen liegen aufgrund des bestehenden Bindungstyps nur vollständig aufgefüllte Energiebänder vor. Alle Elektronen sind bestimmten Atomen zugeordnet und befinden sich im Potenzialtrichtermodell deshalb auf Energiezuständen, die niedriger als die zwischen den Kernen befindlichen Potenzialberge sind (s. Bild 2.26b). Die starke Bindung der Elektronen hat zur Folge, dass die Bandaufspaltung gering bleibt und sich somit schmale Bänder und breite verbotene Zonen bilden. Die Bänder überlappen sich nicht (Bild 10.3b und Bild 10.4c). Die Elektronen können bei einem angelegten äußeren Feld keinen Zusatzimpuls aufnehmen und damit nicht zur elektrischen Leitung beitragen. Solche Stoffe sind daher bei tiefen Temperaturen, bei denen auch eine Ionendiffusion praktisch ausgeschlossen ist, ideale *Isolatoren*. In nichtstöchiometrischen Ionengittern besteht neben der Ionen- noch eine Elektronenfehlordnung (Abschn. 2.1.11), der zufolge auch bei tiefen Temperaturen eine gewisse Elektronenleitung besteht. Je nach deren Größe werden die entsprechenden Stoffe zu den Isolatoren (Al_2O_3) oder den Halbleitern (FeO, Cu_2O) gezählt (Tab. 10.2; Abschn. 10.1.2.2).

Halbleiter und Isolatoren haben bei $T = 0$ K gleichartige Besetzungsverhältnisse in den Bändern. Sie unterscheiden sich lediglich in der Breite der verbotenen Zone E_g zwischen Valenz- und Leitungsband. Die nach der Fermi-Verteilungsfunktion berechnete Fermienergie E_F liegt etwa in der Mitte zwischen dem oberen Rand des Valenz- und dem unteren Rand des Leitungsbandes.

Das Energiebänder-Modell lässt sich streng nur für kristalline Stoffe anwenden. Bei *amorphen Festkörpern* (Abschn. 2.2) werden die Elektronenzustände und damit auch die elektrischen Eigenschaften weitgehend durch die hier mehr oder weniger ausgeprägte Nahordnung bestimmt. Unter der Voraussetzung nur geringfügig veränderter Atompositionen in den nahgeordneten Bereichen gegenüber denen im Kristall ist das Bändermodell bestenfalls partiell anwendbar. Seine Modifizierung besteht als Folge der regellosen Verknüpfung der Nahordnungsbereiche untereinander im Wesentlichen darin, dass die Bandkanten nicht mehr scharf sind. Den Energiebändern sind nach oben und nach unten in Richtung der verbotenen Zone lokalisierte Elektronenzustände vorgelagert. Die lokalisierten Niveaus können je nach dem Grad der strukturellen Unordnung, der chemischen Zusammensetzung und dem vorherrschenden Bindungstyp eine beträchtliche Dichte aufweisen und tief in die verbotene Zone hineinreichen. Unter diesen Umständen werden als Energiebänder Bereiche mit relativ großer Elektronenzustandsdichte verstanden. Sie sind durch Bereiche mit relativ geringer bzw. nahezu verschwindender Zustandsdichte, auch *Pseudogap* genannt, voneinander getrennt.

Hinsichtlich des Elektronentransports treten, wenn sich Elektronen in nicht lokalisierten Zuständen befinden, Bandleitungsprozesse und außerdem so genannte *Hoppingleitung* auf, die in einem durch Phononen vermittelten thermisch aktivierten Hüpfen der Elektronen zwischen lokalisierten Zuständen besteht. Der Hoppingprozess ist umso wahrscheinlicher, je näher die beteiligten lokalisierten Zustände beieinander liegen und je weniger sich ihre Energien voneinander unterscheiden. Bei ausreichender Häufigkeit der Hüpfprozesse und Ausrichtung durch ein äußeres elektrisches Feld wird auch eine merkliche elektrische

Leitfähigkeit beobachtet. Auf diese Weise lässt sich beispielsweise die Elektronenleitung in den kovalent gebundenen *Halbleitergläsern* erklären.

Durch Nutzung der verschiedenartigen Leitungsmechanismen kann in nichtmetallischen Festkörpern ein breit aufgefächertes Leitfähigkeitsverhalten eingestellt werden. So sind keramische Stoffe in ihrer Leitfähigkeit sehr stark von der chemischen Zusammensetzung abhängig, demzufolge sich die Leitfähigkeitswerte über die Auswahl bestimmter Komponenten in einem größeren Bereich variieren lassen.

Als bekannte Beispiele seien *Thermistoren* und *Varistoren* genannt, die aus Oxiden (Fe_2O_3 und TiO_2) bzw. aus Siliciumcarbid hergestellt werden und als elektrische Widerstände mit Halbleitereigenschaften Verwendung finden. Andere nichtmetallische Stoffe (NiS, VO_2, FeS, V_3O_5) zeigen in Abhängigkeit von der Temperatur oder dem Druck einen sprunghaften Übergang im elektrischen Leitfähigkeitsverhalten, einen so genannten *Metall-Isolator-Übergang*. Damit wird ausgedrückt, dass die Leitfähigkeit von einer Metallen entsprechenden Größe auf einen in Nichtmetallen anzutreffenden Wert (Leitung mit Halbleitercharakter) zurückgeht. Dementsprechende Stoffe haben für Schalt- und Speicherzwecke große technische Bedeutung erlangt. Unter den thermisch steuerbaren Substanzen mit Metall-Isolator-Übergang nimmt das Vanadiumdioxid (VO_2) wegen seiner günstig gelegenen Übergangstemperatur eine besonders gewichtige Stellung ein. Bei $T = 67$ °C wandelt sich die halbleitende VO_2-Tieftemperaturphase (MoO_2-Strukturtyp) in eine metallisch leitende Hochtemperaturphase (TiO_2-Strukturtyp) um. Der spezifische elektrische Widerstand springt dabei von etwa 10^{-1} Ωm auf Werte $< 10^{-5}$ Ωm. Um der mit der Phasenumwandlung verbundenen Gefahr der Rissbildung zu begegnen, werden dem VO_2 glasbildende Bindemittel zugesetzt, oder das VO_2 kommt auf Trägermaterialien in Form von dünnen Schichten zum Einsatz.

In *Polymeren* wird der Ladungstransport vom molekularen Aufbau und von der Struktur bestimmt. Ionenleitung kann durch Verunreinigungen der Ausgangssubstanzen, Reste von Monomeren, niedermolekulare Reaktionsprodukte, Katalysatoren oder durch thermische oder hydrolytische Spaltung bedingt sein. Darüber hinaus beeinflussen bei gegebener Zusammensetzung alle Änderungen der Morphologie (z. B. Sphärolithgröße) und Struktur die Leitfähigkeitswerte polymerer Festkörper beträchtlich. Die elektrische Leitfähigkeit der Polymeren überstreicht einen großen Bereich und reicht vom ausgeprägten Isolator über halbleitendes und quasimetallisches Verhalten bis hin zum polymeren Supraleiter (Polyazasulfen). Ein wesentliches Merkmal der Polymerfestkörper ist die extrem geringe Ladungsträgerbeweglichkeit (10^{-11} bis 10^{-16} $m^2V^{-1}s^{-1}$). Entsprechende Untersuchungen weisen auf einen überwiegenden Elektronen-Ladungstransport hin; nur in wenigen Fällen dominiert die Ionenleitung. Größe und Temperaturabhängigkeit der Ladungsträgerbeweglichkeit lassen erkennen, dass die elektrische Leitfähigkeit (z. B. bei Polyethylen) durch einen *Hoppingmechanismus* über lokalisierte Elektronenniveaus hervorgerufen wird.

Die elektrische Leitfähigkeit der handelsüblichen Polymere liegt bei Raumtemperatur zwischen etwa 10^{-10} und 10^{-17} Sm^{-1}. Höhere Leitfähigkeitswerte, wie sie z. B. für Verbindungselemente benötigt werden, lassen sich erzielen, indem gut leitende Zusätze in die Polymerstruktur eingelagert werden. Dafür sind elektrisch leitende Elastomere (Siliconkautschuk-Ruß-Verbundwerkstoffe) mit $\kappa = 1$ bis 50 Sm^{-1} gebräuchlich.

Aufgrund der bei einer Vielzahl von Polymeren gegebenen Möglichkeit, in ihrer Struktur über eine gezielte Oxidation oder Reduktion bewegliche Ladungsträger zu induzieren, halten die Bemühungen, Polymerwerkstoffe mit metallähnlicher elektrischer Leitfähigkeit zu entwickeln, weiterhin an. Diese chemischen Umsetzungen in Polymeren z. B. mit Halogenen, Pseudohalogenen, Alkalimetallen oder Alkalimetall Derivaten werden wie in der Halbleiterphysik ebenfalls als Dotieren bezeichnet. Als leitfähige Polymere bekannt sind z. B. Polyacetylen-AsF_6-, Poly-p-phenylen- AsF_6- oder Polypyrrol-Iod-Komplexe, bei denen an der Polymerkette Kationenradikale gebildet werden, die mit den Dotierungsanionen im Zwischenraum zwischen den Molekülketten in Wechselwirkung treten. Beide Ladungsträger bewerkstelligen den Ladungstransport. Erklärt wird dieses Verhalten durch die Perkolationstheorie (Tunneln der Ladungsträger durch isolierende Grenzschichten). Technische Anwendungen sind Kontaktierungen in der Halbleiter- und in der elektrochemischen Speicherzellen-Technik [3]. Nachteil der bisher bekannten leitfähigen Polymere ist ihre zu geringe chemische Stabilität (Lebensdauer).

Im Zuge von Entwicklungen hochleitfähiger Werkstoffe haben die Graphitwerkstoffe an Interesse gewonnen. Graphit weist ein hexagonales Schichtgitter mit ausgeprägter Bindungsanisotropie auf [kovalent-metallische Bindung in den (001)-Ebenen, van-der-Waalssche Bindung senkrecht dazu (parallel der *c*-Achse; Bild 2.37)]. In den (001)-Basisebenen erreicht die elektrische Leitfähigkeit des Graphits größenordnungsmäßig die von metallischen Leitern, in *c*-Richtung ist sie um etwa 10^5 kleiner. Als Ursache der guten Leitfähigkeit des Graphits in den Schichtebenen werden die starken Bindungen innerhalb dieser Ebenen angesehen, denen zufolge die thermisch angeregten Schwingungen hohe Frequenzen aufweisen, die Elektron-Phonon-Streuung (Abschn. 10.4) sehr gering und die Beweglichkeit der Elektronen in den Basisebenen außerordentlich groß ist (Tab. 10.3). Insgesamt aber bleibt die Leitfähigkeit wegen der geringen Ladungsträgerkonzentration noch um eine Größenordnung unter der von Cu. Durch die Einlagerung von Elektronen spendenden oder akzeptierenden (s. Abschn. 10.1.2.2) Fremdatomen oder -molekülen (Interkalation) zwischen den Schichtebenen ist es jedoch möglich, die Zahl der Ladungsträger wesentlich zu erhöhen. In dem im Bild 10.5 dargestellten Beispiel ist dies durch Kaliumatome, die als Elektronenspender fungieren, geschehen. Bei Einlagerung von $HF+SbF_5$ als Interkalantsubstanz wurden Leitfähigkeitswerte, die sogar über denen des Cu liegen, gemessen. Eine gleichzeitig auch ausreichende mechanische Stabilität von Graphitleitern ist freilich nur im Verbund mit einem Metall, wie z. B. mit Hilfe des Rohrmantelverfahrens (Hüllenverbund), zu erreichen, bei dem mit Interkalant gemischtes Graphitpulver in ein Cu-Rohr eingefüllt und wärmebehandelt wird. Über nachfolgendes

Tab. 10.3 Ladungsträgerkonzentration und -beweglichkeit in Kupfer, Aluminium und Graphit

Werkstoffe	Ladungsträgerkonzentration m^{-3}	Beweglichkeiten $m^2V^{-1}s^{-1}$
Cu	$1{,}14 \cdot 10^{29}$	$32 \cdot 10^{-4}$
Al	$1{,}74 \cdot 10^{29}$	$13 \cdot 10^{-4}$
Graphit[a)]	$2{,}0 \cdot 10^{25}$	≈ 1

a) parallel den (0001)-Ebenen.

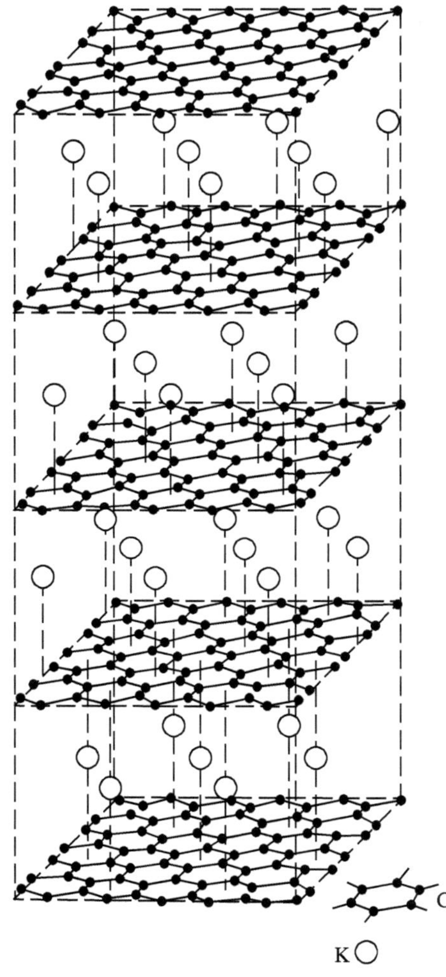

Bild 10.5 Schematische Darstellung einer Graphit-Interkalationsverbindung (nach A *R. Ubbelohde)*

Strangpressen oder Ziehen wird die kristallographische Ausrichtung der Graphitpulverteilchen, die Voraussetzung für eine hohe Leitfähigkeit ist, erzwungen.

10.1.1 Elektrische Leitfähigkeit in Metallen

In Metallen und deren Legierungen sind aufgrund der metallischen Bindung freie Elektronen ($\approx 10^{22}$ cm^{-3}) vorhanden. Beim Anlegen eines elektrischen Potenzials überlagert sich der ungerichteten thermischen Bewegung der Leitungselektronen eine zusätzliche gerichtete Bewegung (Driftbewegung). Die mittlere Driftgeschwindigkeit ist der elektrischen Feldstärke proportional. Der Quotient aus beiden Größen ist als Elektronenbeweglichkeit μ (s. Gl. [10.1]) definiert. Da bei Metallen die Konzentration der Leitungselektronen temperaturunabhängig und selbst bis oberhalb der Schmelztemperatur konstant ist, haben auf den Zahlenwert der elektrischen Leitfähigkeit nach Gl. (10.1) nur jene Faktoren Einfluss, die die Bewegung der Elektronen durch den Kristall einschränken.

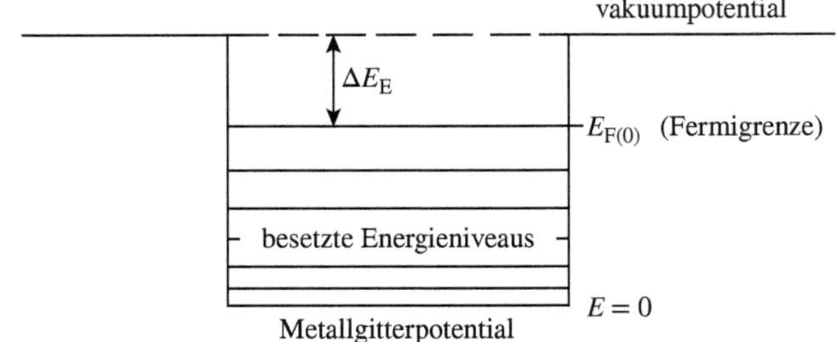

Bild 10.6 Potenzialtopfmodell

Die Theorie geht vom Modell freier Elektronen aus, die sich in einem *Potenzialtopf* konstanter Tiefe befinden, wobei das Grundpotenzial das des Metallgitters darstellt und willkürlich gleich null gesetzt wird (Bild 10.6). Am absoluten Nullpunkt sind alle Elektronenzustände bis zur Fermienergie $E_{F(0)}$ besetzt. Für die Anregung müssen die Elektronen über die Fermigrenze gehoben werden. Bis zur Emission in das umgebende Vakuum muss die Energiedifferenz ΔE_E (Austrittsarbeit) aufgebracht werden. Die Elektronen innerhalb des Topfs sind als ebene Wellen aufzufassen, die durch Wellenfunktionen beschrieben werden. Da sich die Elektronen nur in bestimmten erlaubten Energiezuständen befinden, entspricht jedem von ihnen eine Eigenfunktion, die sich jeweils als Lösung der Schrödinger-Gleichung ergibt.

Die einzelnen Quantenzustände werden durch die Wellenzahl $k = 2\pi/\lambda$ charakterisiert, wodurch die Verknüpfung mit der Wellenlänge λ gegeben ist. k ist der Betrag des Wellenzahlvektors $\boldsymbol{\kappa}$, der dem Impuls und damit auch der Geschwindigkeit der Elektronen proportional ist und gleichzeitig auch die Ausbreitungsrichtung der Welle festlegt. Ein angelegtes äußeres elektrisches Feld verleiht den Elektronen einen Zusatzimpuls, der sie in einen höheren Energiezustand überführt und ihnen eine Vorzugsgeschwindigkeit in Richtung des Potenzialgradienten erteilt. Entsprechend den quantentheoretischen Vorstellungen sind die fortschreitenden Elektronenwellen gitterperiodisch moduliert, sodass ein vollkommen ideal gebauter Kristall die Bewegung der Elektronen nicht beeinträchtigt. Am absoluten Nullpunkt sollte die Leitfähigkeit für eine solche Struktur daher unendlich sein. Die reale Kristallstruktur eines Metalls weist jedoch von der strengen Periodizität seiner Bausteine abweichende Störungen auf, die einen elektrischen Widerstand verursachen. Die fortschreitenden Elektronenwellen werden an den Störungen gestreut und aus ihrer Richtung abgelenkt. Dabei übertragen sie einen Teil ihres Impulses an die Atomrümpfe, worin die Erwärmung (Joulesche Wärme) eines stromdurchflossenen Leiters begründet ist.

Der elektrische Widerstand kann auf zwei einigermaßen voneinander unabhängige Ursachen zurückgeführt werden: auf die mit steigender Temperatur zunehmenden Wärmeschwingungen der Atomrümpfe (Phononenanteil) und auf Gitterbaufehler wie Leerstellen, Fremdatome, Versetzungen und Korngrenzen. Der von Letzteren hervorgerufene Widerstandsanteil ρ_z ist von der Temperatur im Wesentlichen unabhängig. Folglich wird der elektrische Widerstand bei tiefen Temperaturen vornehmlich durch die Gitterbaufehler bestimmt. Aus diesem Grunde lässt sich aus auf den absoluten Nullpunkt extrapolierten Restwiderstandsmessungen auf die Menge der in einem Metall vorhandenen Gitterbaufehler bzw. Verunreinigungen schließen (Bild 10.7). Für Edelmetalle z. B. wurde ermittelt, dass ein Prozent Fehlstellen (Leerstellen, Zwischengitteratome) eine Widerstandserhöhung von

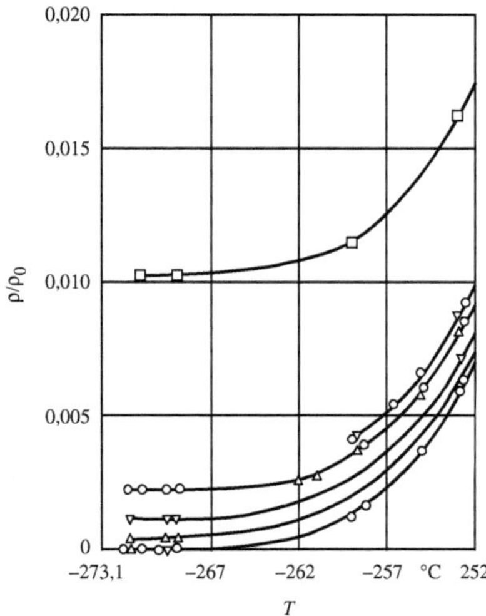

Bild 10.7 Relativer spezifischer elektrischer Widerstand von Goldproben verschiedener Reinheit in der Nähe des absoluten Nullpunktes. ρ_0 spezifischer Widerstand bei Raumtemperatur; ρ spezifischer Widerstand bei der Messtemperatur

etwa $2 \cdot 10^{-8}$ Ωm verursacht. Bei hohen Temperaturen überwiegt der von den thermischen Gitterschwingungen herrührende Anteil ρ_G. Der gesamte spezifische Widerstand ρ eines mit Gitterbaufehlern behafteten oder mit Fremdatomen legierten Metalls ergibt sich dann zu

$$\rho = \rho_G + \rho_z \tag{10.3}$$

(Regel von Matthiessen). Der temperaturabhängige Anteil ρ_G ist materialkennzeichnend, da er nur von der Kristallstruktur und von der Elektronenkonfiguration abhängt. Während ρ_G unterhalb der für jedes Metall charakteristischen Debyeschen Temperatur Θ, die im Bereich von 88 K (Pb) bis etwa 400 K (Al) liegt, proportional T^3 bis T^5 ansteigt, nimmt er oberhalb Θ in erster Näherung linear mit der Temperatur zu. Abweichungen vom linearen Verlauf entstehen bei den ferromagnetischen Metallen (s. Bild 10.11). Zwischen den an Gitterpunkten lokalisierten 3d-Elektronen mit unkompensiertem Spin und den 4s-Leitfähigkeitselektronen tritt eine Austauschwechselwirkung auf, durch die ein magnetisch bedingter Zusatzwiderstand entsteht. Dieser Widerstandsanteil ist bei 0 Kelvin gleich null, da die ferromagnetische Kopplung alle Spins der Elektronen ausgerichtet hat *(Spinordnung)*. Sie schafft damit ein rein periodisches Potenzial für die Leitfähigkeitselektronen. Mit zunehmender Temperatur nimmt die Spinordnung ab, und schließlich werden die Spinrichtungen statistisch verteilt *(Spin-Disorder)*. Dadurch stören sie die Periodizität des Potenzials. Die 4s-Elektronen werden gestreut, und es entsteht ein von der Spin-Disorder abhängiger Zusatzwiderstand, der bis zur Curietemperatur T_c zunimmt. Oberhalb von T_c bleibt der Spin-Disorder-Widerstand temperaturunabhängig.

Bereits in geringer Menge in den Kristall eingebaute Fremdatome setzen wegen ihrer abweichenden Größe und Eigenschaften die elektrische Leitfähigkeit stark herab. Daraus ergibt sich z. B. der typische Widerstandsverlauf in Mischkristallreihen mit lückenloser Mischkristallbildung, wie er für Ag–Au-Legierungen in Bild 10.8 gezeigt wird. Für geringe Legierungszusätze im Mischkristall ist die Widerstandszunahme etwa linear. Dagegen setzt sich in heterogenen Legierungen (Kristallgemischen) der Widerstand additiv aus den Widerständen der beteiligten Phasen, bezogen auf ihren Volumenanteil im Gefüge, zusammen (*Mischungsregel*, Abschn. 6.7.2).

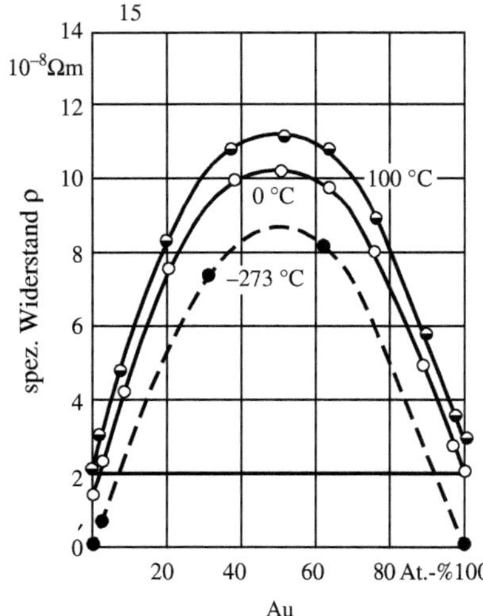

Bild 10.8 Widerstandsverlauf in der Mischkristallreihe Silber-Gold bei verschiedenen Temperaturen

Der temperaturabhängige Verlauf des *spezifischen elektrischen Widerstandes* kann für einen begrenzten Temperaturbereich (mittlere Temperaturen) näherungsweise durch eine Gerade dargestellt werden (Bild 10.9), für die

$$\rho_T = \rho_{293}\,(1 + \alpha\Delta T) \tag{10.4}$$

gilt (ρ_T spezifischer Widerstand bei der Temperatur T in K; $\Delta T = T - 293$ K). Für α ist der im betreffenden Temperaturgebiet maßgebende Temperaturkoeffizient des spezifischen Widerstandes einzusetzen. Bei Raumtemperatur findet man für eine größere Anzahl reiner Metalle (Al, Pb, Au, Cu, Pt, Ag, W, Zn, Sn) $\alpha \approx +0{,}004\ \mathrm{K}^{-1}$, d. h., infolge einer Temperaturänderung von 1 K ändert sich der spezifische elektrische Widerstand um etwa 0,4 %.

Bei Mischkristallbildung und steigendem Fremdatomzusatz ergibt sich für die Temperaturabhängigkeit des spezifischen elektrischen Widerstandes, vom reinen Metall ausgehend, eine Schar paralleler Geraden mit demselben Anstieg (Bild 10.9). Der Differenzialquotient

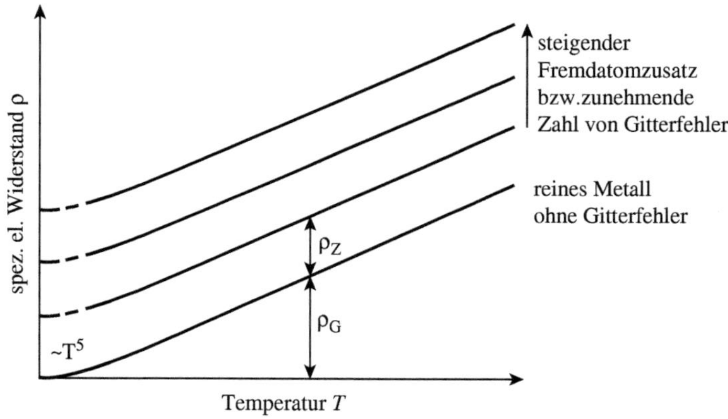

Bild 10.9 Temperaturabhängigkeit des spezifischen Widerstandes eines reinen Metalls und bei geringen Fremdatomzusätzen (Mischkristallbildung)

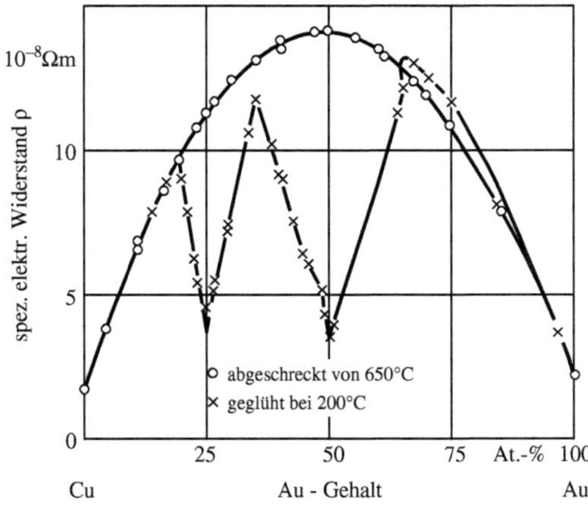

Bild 10.10 Widerstandserniedrigung bei Ausbildung der Überstrukturen Cu_3Au und CuAu in Kupfer-Gold-Legierungen

des Widerstandes nach der Temperatur wird von der Mischkristallbildung praktisch nicht beeinflusst. Geht man auf den Temperaturkoeffizienten des spezifischen Widerstandes $\alpha = (1/\rho)(\mathrm{d}\rho/\mathrm{d}T)$ über, so folgt aus Gl. (10.3)

$$\alpha\rho = \text{const.} \tag{10.5}$$

Das besagt, dass der Temperaturkoeffizient des elektrischen Widerstandes durch Mischkristallbildung immer erniedrigt wird, da der Widerstand der Legierung gegenüber dem der reinen Ausgangsmetalle erhöht ist.

Der mit Gl. (10.5) gegebene Zusammenhang gilt jedoch nur für Mischkristalllegierungen mit statistischer Verteilung der Zusatzatome im Grundgitter. In Legierungen mit Fernordnung der Zusatzatome (Überstruktur, s. a. Abschn. 4.4) wird infolge der wieder vorhandenen Gitterperiodizität der Widerstandsanteil ρ_z weitgehend herabgesetzt. Mit der Ordnungseinstellung tritt deshalb wie bei den Überstrukturen Cu_3Au und CuAu im System Au–Cu eine Widerstandserniedrigung ein (Bild 10.10 und Bild 10.11).

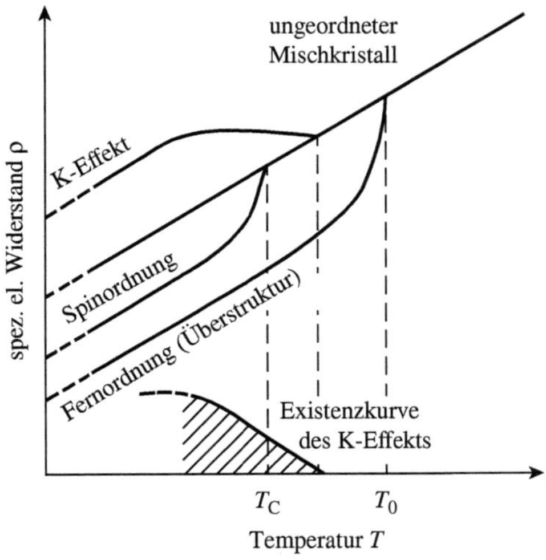

Bild 10.11 Einfluss verschiedener Ordnungserscheinungen auf die $\rho(T)$-Kurve von Mischkristalllegierungen

Bei geeigneter Zusammensetzung und Wärmebehandlung können in Mischkristalllegierungen aber auch Atomanordnungen entstehen, die die umgekehrte Erscheinung zur Folge haben, nämlich dass der Widerstand gegenüber dem der statistisch regellosen Atomverteilung erhöht ist *(K-Effekt)*. Ein derartiges Verhalten wird häufig an Legierungen, die mindestens ein Übergangsmetall als Komponente enthalten, beobachtet. Da der Temperaturbeiwert des durch den K-Effekt gegebenen Zusatzwiderstandes in einem bestimmten Temperaturintervall negativ ist, geht für dieses der Anstieg der resultierenden ρ-T-Kurve gegen null, d. h., dass in diesem Temperaturgebiet der elektrische Widerstand praktisch konstant ist (Bild 10.11). Solche Legierungen, z. B. Cu–Ni + Zusatz und Cu–Mn + Zusatz, finden als Präzisionswiderstände Anwendung.

Der spezifische elektrische Widerstand von amorphen Metallen und Legierungen ist etwa dreimal so groß wie der der gleichen Materialien im kristallinen Zustand; er beträgt für Raumtemperatur meist (1 bis 2) 10^{-6} Ωm. Die Widerstandserhöhung ist auf die zusätzliche Streuung der Leitungselektronen in der nicht ferngeordneten Struktur zurückzuführen. Aufgrund der strukturellen Ähnlichkeit von Schmelzen und amorphen Stoffen zeigen diese für dieselbe Zusammensetzung im amorphen Zustand bei tieferen Temperaturen und im flüssigen Zustand knapp oberhalb der Schmelztemperatur oft nahezu gleiche Widerstandswerte.

Amorphe Metalle und *Legierungen* weisen, wie auch eine Reihe kristalliner ungeordneter Übergangsmetall-Legierungen, deren spezifischer elektrischer Widerstand ρ in derselben Größenordnung liegt (vgl. Tab. 10.2, $Fe_{80}B_{20}$ und Chromnickel), sehr kleine Temperaturkoeffizienten des Widerstandes auf ($\alpha \approx 10^{-4}$ K^{-1}). Sie haben ferner mit jenen gemeinsam, dass für $\rho \gtrsim 1{,}8 \cdot 10^{-6}$ Ωm durchweg sogar negative α-Werte gemessen werden und dass zwischen diesen Größen offenbar ein Zusammenhang besteht. Die Matthiessensche Regel ist hier nicht mehr gültig.

10.1.2 Elektrische Leitfähigkeit in Halbleitern

Halbleiter sind in der Regel kristalline oder amorphe Festkörper, deren spezifischer elektrischer Widerstand ($\rho \approx 10^{-5}$ bis 10^{+7} Ωm) zwischen dem der Metalle und dem von Isolatoren liegt und der einen negativen Temperaturkoeffizienten aufweist. Da sich die Grenzwerte des spezifischen Widerstandes von Halbleitern mit denen von Metallen und Isolatoren überlappen, ist das wichtigste Merkmal der Halbleiter ihr *negativer Temperaturkoeffizient*, d. h. die Tatsache, dass der elektrische Widerstand mit wachsender Temperatur sinkt. Diese Abhängigkeit besteht zumindest in bestimmten Temperaturbereichen und folgt häufig angenähert einem Exponentialgesetz.

10.1.2.1 Eigenhalbleitung

Typische kristalline Halbleiterstoffe sind die vierwertigen, mit Diamantstruktur kristallisierenden Elemente Si und Ge. In ihnen herrscht die kovalente Bindung vor, d. h., es existieren keine freien Elektronen. Wegen der abgesättigten Valenzen weisen sie nur voll besetzte Bänder auf. Bei $T = 0$ K ist das *Valenzband* (VB) voll besetzt, das *Leitungsband* (LB) hingegen völlig leer (Bild 10.4d). Hochreine, von Kristallbaufehlern weitgehend freie Halbleiter sind bei $T = 0$ K Isolatoren, da keine Ladungsträger zum Stromtransport zur Verfügung stehen.

Wegen des geringen Wertes für die *verbotene Zone* (Energielücke E_g) zwischen VB und LB ($E_{g(Si)}$ = 1,1 eV; $E_{g(Ge)}$ = 0,7 eV) reicht die Wärmeenergie bei Raumtemperatur aber bereits aus, um Elektronen aus dem VB in das LB zu heben. Diese Elektronen und die gleichzeitig gebildeten unbesetzten Zustände im VB, die auch als Löcher oder *Defektelektronen* bezeichnet werden, sind unter dem Einfluss eines von außen angelegten elektrischen Feldes beweglich und tragen somit zur elektrischen Leitfähigkeit bei. Die Löcher verhalten sich wie Ladungsträger mit positivem Vorzeichen. Ihre im elektrischen Feld wirksame Masse entspricht der der Elektronen, d. h., es erfolgt auch in diesem Fall der Ladungstransport ohne Massetransport. Der beschriebene Leitungsmechanismus wird als *Eigenleitung* oder Intrinsic-Leitung (i-Leitung) bezeichnet. Die Anzahl der Ladungsträger n im LB und p im VB je m^3 lässt sich aus dem Bandabstand und aus den effektiven Zustandsdichten N_v im VB und N_c im LB als Funktion der Temperatur berechnen, wenn man voraussetzt, dass durch die thermische Anregung stets Ladungsträgerpaare erzeugt werden und die Konzentration der Elektronen im LB gleich der der Defektelektronen im VB ist. Es gilt dann

$$n \cdot p = N_v \cdot N_c \exp(-E_g/kT) \qquad (10.6)$$

Daraus erhält man für Raumtemperatur bei Si eine Ladungsträger-Konzentration von $1{,}5 \cdot 10^{16}$ je m^3 und für Ge $2{,}4 \cdot 10^{19}$ je m^3 oder ein Ladungsträgerpaar auf etwa 10^{12} Si- bzw. 10^9 Ge-Atome [4]. Die Bildung von Elektronen-Defektelektronen-Paaren wird Generation genannt. Sie nimmt gemäß Gl. (10.6) mit der Temperatur zu und der spezifische Widerstand (etwa exponentiell) ab.

10.1.2.2 Störstellenhalbleitung

Für technische Belange ist die Tatsache bedeutungsvoll, dass bereits geringe Mengen substituierender Fremdatome mit anderer Wertigkeit oder andere das Elektronengleichgewicht beeinflussende Störstellen im Kristall die Leitfähigkeit des Halbleiters stark verändern. Die von den Störstellen hervorgerufene *Störstellenleitung* kann die Eigenleitung sogar völlig überdecken. So wird z. B. durch Einbau von Bor in Silicium (Verhältnis $1{:}10^5$) dessen Raumtemperaturleitfähigkeit auf das 1.000fache erhöht. Die Beeinflussung der Leitfähigkeitscharakteristik durch kontrollierte Zugabe von Fremdatomen wird als *Dotieren* bezeichnet. Dafür kommen vor allem 3wertige Elemente (B, Al, Ga, In) und 5wertige Elemente (P, As, Sb, Bi) in Betracht.

Wird dem Si ein P-Atom zugefügt, so substituiert es ein Si-Atom. Das P-Atom kann die von der Diamantstruktur des Si (Bild 2.31b) geforderten 4 Valenzen absättigen, wie es die ebene Darstellung in Bild 10.12a zeigt. Das fünfte Elektron bleibt zunächst locker an das Mutteratom gebunden. Eine geringe Energiezufuhr ΔE_D (Größenordnung $\lesssim$ 0,1 eV) aber genügt bereits, um das P-Atom zu ionisieren und das Elektron in das LB des Halbleiterkristalls zu heben (Tab. 10.4). Im Bändermodell entsteht ein Zwischenenergieniveau (Donatorniveau), das wegen der niedrigen Konzentration der Fremdatome und der daher untereinander nur geringfügigen Wechselwirkung nicht merklich aufspaltet. Die in Bild 10.12b und c gestrichelt angedeuteten Donatorterme stellen lokalisierte Zustände dar. Das Donatorniveau liegt im Energie-Orts-Raum dicht unterhalb der unteren Kante des leeren LB (Bild 10.12b). Da durch das Dotieren mit 5wertigen Elementen zusätzliche negative

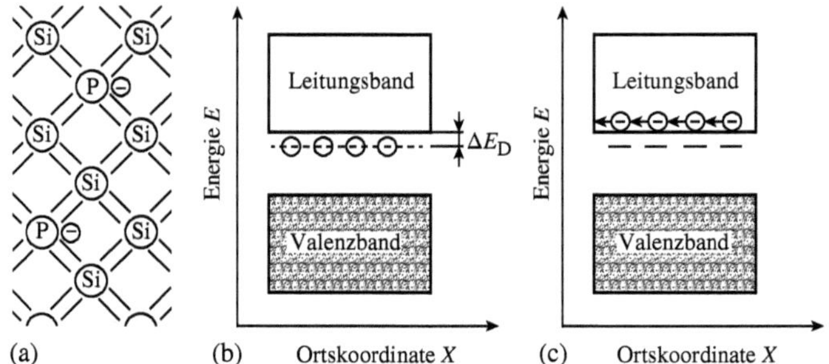

Bild 10.12 Zur Erklärung der n-Leitung in Si: (a) substituierendes Donatoratom in Si; (b) Lage der Donatorniveaus im Bandschema, Besetzung bei $T = 0$ K; (c) Besetzung der Donatorniveaus bei $T \approx 293$ K. Die Elektronen ⊖ sind im Leitungsband frei beweglich. Die gleichzeitig auftretende Eigenleitung ist im Bild nicht eingezeichnet.

Ladungsträger in das LB gegeben werden, bezeichnet man die Elektronen spendenden Fremdatome als *Donatoren* und die so verursachte Leitfähigkeit als *n-Leitung*.

Wird das Si dagegen mit einem 3wertigen Element wie B dotiert, dann fehlt für die vollständige Ausbildung der Bindung ein Elektron (Bild 10.13a). Zu diesem Zweck kann das B-Atom jedoch einem der benachbarten Si-Atome ein Valenzelektron entziehen, wodurch dieses ionisiert wird und gleichzeitig im VB ein Defektelektron entsteht. Derartige Zusatzatome werden als *Akzeptoren* bezeichnet. Das Akzeptorniveau liegt um den Betrag der Ionisierungsenergie ΔE_A (Tab. 10.4) oberhalb der oberen Kante des VB (Bild 10.13b). Bei $T = 0$ K ist es unbesetzt. Mit zunehmender Temperatur überwinden immer mehr Elektronen des VB die geringe Energiedifferenz und gehen auf das Akzeptorniveau über, wo sie ortsfest gebunden bleiben. Die im VB zurückbleibenden Defektelektronen sind als positive Ladungen frei beweglich (Bild 10.13c). Die damit verbundene Leitfähigkeit nennt man *p-Leitung*. Im thermischen Gleichgewicht fallen in gleicher Zahl Elektronen aus dem angeregten in den tieferen Zustand zurück, die durch Energiezufuhr

Tab. 10.4 Ionisierungsenergien von Dotierungselementen in Silicium und Germanium

	Ionisierungsenergie ΔE		
Dotierungselement	**in Si eV**	**in Ge eV**	**Leitungstyp**
P	0,044	0,012	n
As	0,049	0,0127	n
Sb	0,039	0,0096	n
B	0,045	0,0104	p
Al	0,057	0,0102	p
Ga	0,065	0,0108	p
In	0,16	0,0112	p

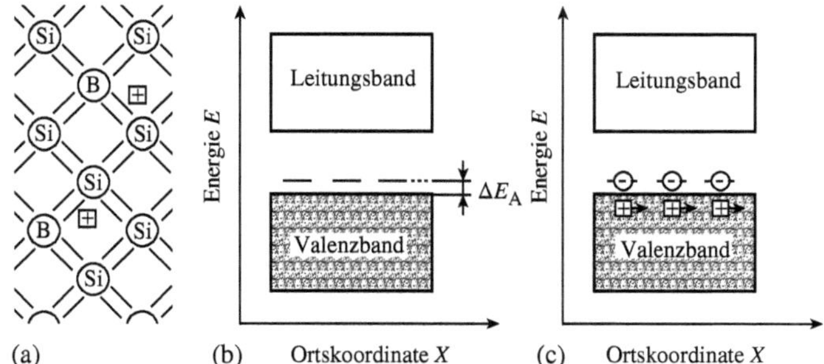

Bild 10.13 Zur Erklärung der p-Leitung in Si: (a) substituierendes Akzeptoratom in Si; (b) Lage der Akzeptorniveaus im Bandschema, Besetzung bei $T = 0$ K; (c) Besetzung der Akzeptorniveaus bei $T \approx 293$ K. Die Defektelektronen ⊞ sind im Valenzband frei beweglich. Die gleichzeitig auftretende Eigenleitung ist im Bild nicht eingezeichnet.

gehoben werden; sie rekombinieren. Wenn alle zugesetzten Atome (Dotanten) ionisiert sind, bleibt die Ladungsträgerkonzentration bei weiterer Temperaturerhöhung konstant (Störstellenerschöpfung). Neben der thermischen Energie können auch Lichtstrahlen, deren Energie $h \cdot f > E_g$ bzw. gleich ΔE ist, die elektrische Leitfähigkeit anregen (Photoleitung).

An die Werkstoffe für *Halbleiterbauelemente* werden höchste Reinheitsforderungen gestellt. Vor der p- bzw. n-Dotierung darf die Summe aller Fremdelemente eine Konzentration von 10^{-5} Masse-% nicht überschreiten. Zur Herstellung von Transistoren oder integrierten Schaltkreisen, wo mehrere hundert Bauelemente in einem Si-Einkristallplättchen von 1 mm^2 bis 10 mm^2 Fläche mit einer Dicke von 0,1 bis 0,2 mm untergebracht sind, werden als Ausgangswerkstoff weitgehend fehlerfreie Einkristalle benötigt. Korngrenzen oder auch Versetzungsdichten $\geq 10^2$ cm^{-2} würden die Eigenschaften so negativ beeinflussen, dass die gewünschten elektronischen Effekte nicht zustande kommen.

Das derzeit wichtigste Halbleitergrundmaterial ist das Silicium. Bauelemente auf Si-Basis zeichnen sich dank der Breite der Energielücke E_g durch ein hinreichend temperaturstabiles Leitfähigkeitsverhalten (bis über 150 °C) aus. Demgegenüber liegt die obere Anwendungsgrenze von Ge-Bauelementen bei nur etwa 90 °C. Neben Si und Ge werden für spezielle Bauelemente halbleitende intermetallische Verbindungen des Typs $A^{III}\,B^{V}$ (A Element aus der III., B Element aus der V. Gruppe des Periodensystems), wie GaAs, GaP, InSb und InP, bzw. des Typs $A^{II}\,B^{VI}$, wie CdS, PbS oder CdSe (Photowiderstände), sowie Oxide (Cu_2O, Fe_2O_3, Al_2O_3, TiO_2) in größerem Umfang technisch genutzt. Bedeutsam ist der Einsatz dotierter halbleitender kristalliner Materialien und Gläsern als Kernkomponenten von Festkörperlasern. Zum Bespiel wird in dotierten Aluminiumoxidkristallen (Korund), den sogenannten Laserstäben, durch eine periodische Anregung der dotierten Kationen (Laserpumpen) kohärente Strahlung im optischen Wellenlängenbereich erzeugt. Einlagerung von Cr^{3+}-Kationen führt zur roten Strahlung des Rubinlasers, während mit Einlagerung von V^{4+}, Ti^{3+}, Fe^{3+} sowie Fe^{2+} und Ti^{4+} in das Korundgitter die Farben Violett (V^{4+}), Rosa (Ti^{3+}), Gelb/Grün (Fe^{3+}) sowie Blau (Fe^{2+} und Ti^{4+}) in den verschiedenen Saphirkristallen entstehen.

Halbleitung ist nicht allein auf kristalline Stoffe beschränkt, sondern auch in amorphen Festkörpern (Polymeren, Gläsern) anzutreffen. Der ausschließlichen Ionenleitung in herkömmlichen Gläsern, die als Netzwerkbildner Si, B oder P enthalten, kann eine Elektronenleitung überlagert werden, indem dem Grundglas solche Metalloxide zugesetzt werden, deren Metallionen in verschiedenen Wertigkeitsstufen auftreten. In Betracht kommen die Oxide fast aller Übergangsmetalle wie V_2O_5, MnO, TiO_2, Fe_2O_3 u. a. Man spricht in diesen Fällen auch von *Übergangsmetalloxid-Gläsern*.

Eine zweite, andersartige Gruppe von Gläsern, die Elektronenleitung zeigen, sind die *Chalkogenidgläser.* Sie stellen Kombinationen der Chalkogene S, Se und Te mit As und/oder Si und Ge (As–Te–Si–Ge, As–Se–Te) dar. Sowohl die Übergangsmetalloxidgläser als auch die Chalkogenidgläser, die auch unter der Bezeichnung Ovonics zusammengefasst werden, verhalten sich elektrisch sehr ungewöhnlich: Oberhalb einer kritischen elektrischen Feldstärke oder Temperatur vermindert sich ihr elektrischer Widerstand sprunghaft um mehrere Zehnerpotenzen. Sie haben für Schaltzwecke und als Speicherelemente großes technisches Interesse gefunden.

10.1.2.3 Sperrschichthalbleitung

Stoßen in einem Halbleitereinkristall Zonen mit *p*- und *n*-leitendem Charakter aufeinander, so liegt ein so genannter *p-n-Übergang* vor.

Nimmt man, wie in Bild 10.14a dargestellt, an, dass die Konzentration der Ladungsträger im *p*- und *n*-Gebiet gleich groß ist und von außen keine elektrische Spannung am *p*-*n*-Übergang anliegt, dann werden die Ladungsträger in der unmittelbaren Umgebung der *p*-*n*-Schicht bestrebt sein, sich durch Diffusion auszugleichen. Es diffundieren Löcher vom *p*-Gebiet in das *n*-Gebiet und umgekehrt, demzufolge entsteht im *p*-Gebiet ein Defizit an Löchern und dadurch eine negative Raumladung, im *n*-Gebiet hingegen ein Mangel an Elektronen, d. h. eine positive Raumladung (Bild 10.14b). Die Diffusion der Ladungsträger hört auf, wenn die Raumladungen groß genug sind, um die gleichgeladenen Defektelektronen bzw. Elektronen zurückdrängen zu können. Am *p*-*n*-Übergang hat sich ein Gebiet mit geringer Ladungsträgerdichte gebildet, der ein hoher elektrischer Widerstand zwischen *p*- und *n*-Zone entspricht. Es liegt ein *Sperrschichthalbleiter* vor.

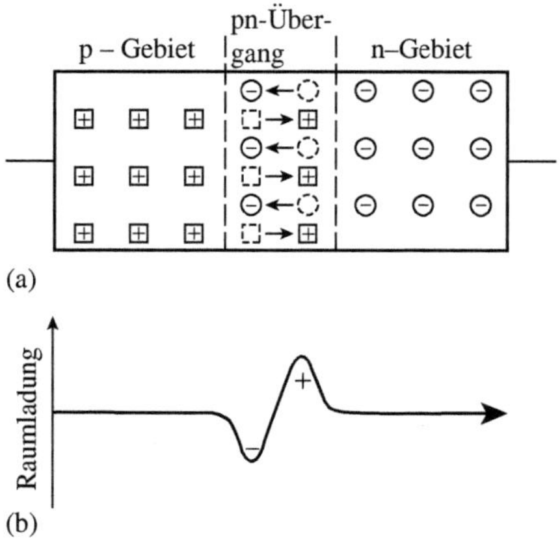

Bild 10.14 *p*-*n*-Übergang ohne äußere Spannung
(a) Ladungsträgerausgleich durch Diffusion;
(b) Ausbildung einer Raumladungsverteilung im *p*-*n*-Übergang

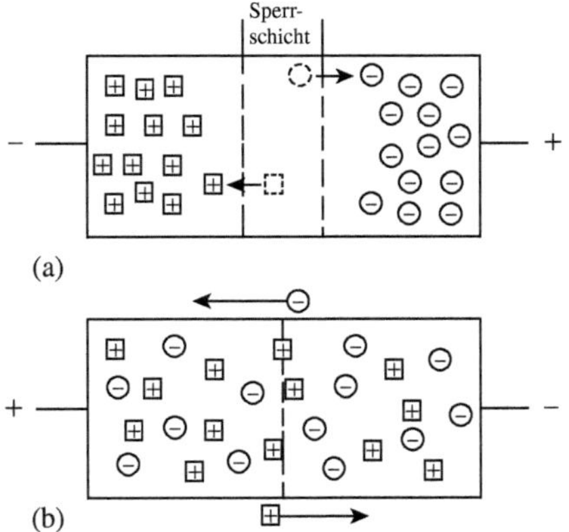

Bild 10.15 *p-n*-Übergang mit äußerer Spannung: a) in Sperrrichtung; b) in Durchlassrichtung

Wird an den Sperrschichthalbleiter eine Spannung angeschlossen, deren negativer Pol am *p*-Gebiet und deren positiver Pol am *n*-Gebiet liegt, dann werden die Löcher und die Elektronen aus dem Grenzgebiet zu den Elektroden abgesaugt (Bild 10.15a). Auf diese Weise wird die hochohmige Sperrschicht verbreitert. Die dadurch erhöhten Raumladungen bilden ein noch größeres Hindernis für die Ladungsträger. Der *p-n*-Übergang wird zur *elektrischen Sperrschicht.*

Im umgekehrten Fall, wenn der positive Pol an das *p*-Gebiet und der negative Pol an das *n*-Gebiet angeschlossen werden, werden Elektronen und Defektelektronen vom äußeren Feld durch den *p-n*-Übergang hindurch bewegt (Bild 10.15b). Damit erhöht sich die Leitfähigkeit des *p-n*-Übergangs, und der Durchlassstrom steigt exponentiell mit wachsender Spannung an. Der *p-n*-Übergang zeigt eine Gleichrichterwirkung, die technisch z. B. in *Dioden* ausgenutzt wird (Bild 10.16).

Der Sperrwiderstand eines *p-n*-Übergangs lässt sich steuern, wenn im gleichen Halbleitereinkristall ein zweiter, in Durchlassrichtung gepolter *p-n*-Übergang angeordnet ist. Technisch wird das entweder mit *pnp*- oder *npn*-Zonen verwirklicht. Eine solche Kombination heißt *Transistor.*

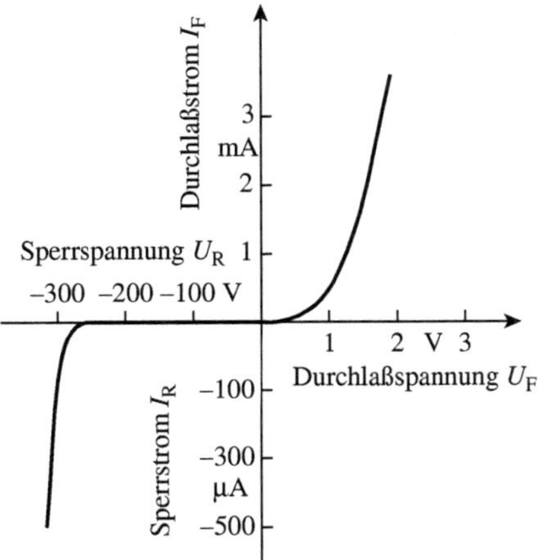

Bild 10.16 Kennlinie einer Si-Diode bei $T \approx 293$ K. Man beachte die unterschiedlichen Maßstäbe an den positiven und negativen Halbachsen des Koordinatenkreuzes

10.2 Supraleitung

Bei vielen Metallen und einer großen Zahl von Legierungen und intermetallischen Verbindungen sowie auch von Oxiden, Boriden, Carbiden, Nitriden und organischen Verbindungen fällt der elektrische Gleichstromwiderstand bei Unterschreiten einer für den betreffenden Stoff charakteristischen Temperatur T_k *(Sprungtemperatur)* innerhalb eines kleinen Temperaturintervalles kontinuierlich auf einen unmessbar kleinen Wert ab (Bild 10.17). Diese Erscheinung wird als *Supraleitung* bezeichnet. Sie tritt in metallischen Materialien bei sehr tiefer Temperatur auf ($T_k \lesssim 23$ K). Eine andere Form der Supraleitung wurde in speziellen oxidischen Keramiken gefunden, für die die Sprungtemperaturen wesentlich höher liegen (bis über 90 K).

10.2.1 Supraleitung in Metallen und intermetallischen Verbindungen

Der supraleitende Zustand steht in enger Wechselbeziehung zu einem äußeren Magnetfeld und dem durch den Leiter fließenden Strom (Stromdichte). Durch ein magnetisches Feld kann der supraleitende Zustand wieder aufgehoben werden. Die dazu notwendige *kritische Feldstärke* H_k und die *kritische Stromdichte* j_k sind umso höher, je tiefer der Supraleiter unter die Sprungtemperatur abgekühlt wird. Näherungsweise gilt die empirisch gefundene Beziehung

$$H_k = H_{k0}\left[1 - \left(\frac{T}{T_k}\right)^2\right] \tag{10.7}$$

(H_{k0} kritische Feldstärke bei $T = 0$ K). Unterhalb der im Bild 10.18 für einige Metalle gezeichneten H_k-T-Kurven besteht der supraleitende, oberhalb der normalleitende Zustand. Der kritische Strom hat in Supraleitern 1. Art (siehe hierzu die weiter unten folgenden Ausführungen in diesem Abschnitt) die gleiche Temperaturabhängigkeit.

Von allen metallischen Elementen hat Nb mit 9,2 K die höchste Sprungtemperatur; die niedrigste wurde an W mit 0,01 K gemessen. Stoffe, die bei Raumtemperatur ein schlechtes Leitvermögen für den elektrischen Strom haben, zeigen die besseren supraleitenden

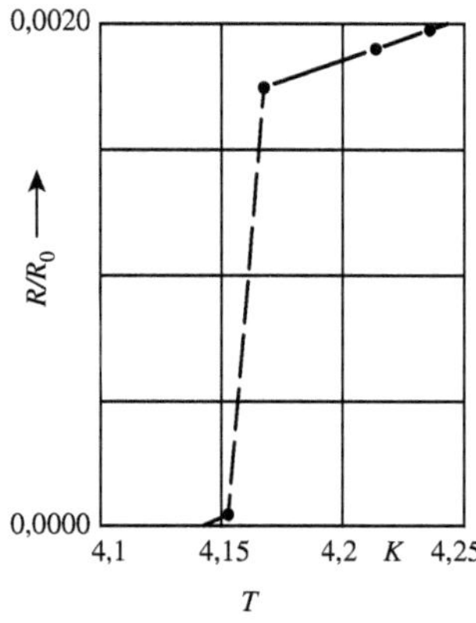

Bild 10.17 Temperaturabhängigkeit des relativen elektrischen Widerstandes von Hg im Bereich der Sprungtemperatur. R_0 elektrischer Widerstand bei Raumtemperatur; R elektrischer Widerstand bei der Messtemperatur

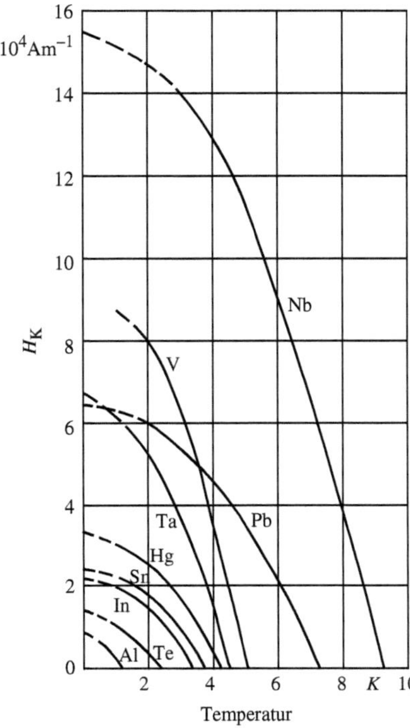

Bild 10.18 Abhängigkeit der kritischen magnetischen Feldstärke H_k von der Temperatur T für einige supraleitende Metalle

Eigenschaften. Für Legierungen und intermetallische Verbindungen liegen die Sprungtemperaturen höher, maximal bei etwa 23 K (Tab. 10.5). In ferromagnetischen Elementen kann infolge der spontanen Magnetisierung und des dadurch vorhandenen inneren Feldes keine Supraleitung auftreten.

Der Übergang in den supraleitenden Zustand ist mit einer Entropieabnahme verbunden, d. h., es stellt sich ein höherer Ordnungszustand im Festkörper ein. Er besteht nach der Theorie von *Bardeen-Cooper-Schrieffer* (BCS-Theorie) darin, dass je zwei benachbarte, in der Nähe der Fermigrenze befindliche Leitungselektronen mit entgegengesetztem Spin Paare bilden (Cooper-Paare), die, in Phase mit den Gitterschwingungen, kollektive Bewegungen ausführen und daher keine Streuung erleiden. Die Paarbildung wird durch die Wechselwirkung mit dem Gitter vermittelt. Beim Übergang zur Normalleitung müssen die Elektronenpaare wieder getrennt werden. Dazu ist eine Energiezufuhr von mindestens 10^{-4} eV notwendig. Infolgedessen tritt zwischen dem supraleitenden und dem normalleitenden Zustand eine Energielücke dieser Größenordnung auf. Die zur Trennung des Elektronenpaares notwendige Anregungsenergie kann entweder durch Temperaturerhöhung, von einer genügend hohen magnetischen Feldenergie oder durch Erhöhung der Stromdichte aufgebracht werden.

Je nach ihrem Verhalten gegenüber einem äußeren Magnetfeld unterscheidet man Supraleiter 1., 2. und 3. Art. Alle supraleitenden reinen Metalle mit Ausnahme des Niobs, Vanadiums und Technetiums sind *Supraleiter 1. Art*, so genannte weiche Supraleiter. Bei ihnen wird im supraleitenden Zustand der magnetische Fluss bis auf eine dünne Randschicht (Eindringtiefe ≈ 10 nm) vollständig aus dem Inneren des Leiters verdrängt

Tab. 10.5 Sprungtemperaturen T_k und kritische Feldstärken H_{k0} bzw. H_{k2} klassischer Supraleiter

Supraleiter 1. Art	**Supraleiter 2. bzw. 3. Art**	**Sprungtemperatur T_k bei $H = 0\ kAm^{-1}$ K**	**Kritische Feldstärke H_k bzw. H_{k2} bei $T = 0$ K kAm^{-1}**
Al	–	1,19	8,4
In	–	3,4	22,5
Sn	–	3,7	24,5
Hg	–	4,15	32,7
Ta	–	4,4	66
Pb	–	7,2	64
–	V	5,3	104
–	Nb	9,2	155
–	Nb–Ti	9,8	11.200
–	Nb–Zr	11	8.800
–	V_3Si	17,1	18.600
–	V_3Ga	16,8	20.000
–	Nb_3Sn	18,1	20.500
–	Nb_3Ga	20,7	26.500
–	Nb_3Ge	23,3	30.700
–	$PbMo_6S_8$	15,2	47.800

(Meißner-Ochsenfeld-Effekt). Die Supraleitung führt zu einem idealen Diamagnetismus, der durch $B = 0$ (B magnetische Induktion) gekennzeichnet ist.

Das Verhalten eines Supraleiters 1. Art im Magnetfeld beschreibt die in Bild 10.19 dargestellte Magnetisierungskurve (Volllinie). Bis zur kritischen Feldstärke H_k dringen keine Flusslinien in das Innere des Supraleiters ein. Bei H_k bricht die Abschirmwirkung der äußeren Randschicht zusammen, und der gesamte Leiterquerschnitt wird homogen vom magnetischen Fluss erfüllt. Der supraleitende Zustand wird damit aufgehoben. Dieser Übergang erfolgt plötzlich und hat thermodynamisch den Charakter einer Umwandlung 1. Art.

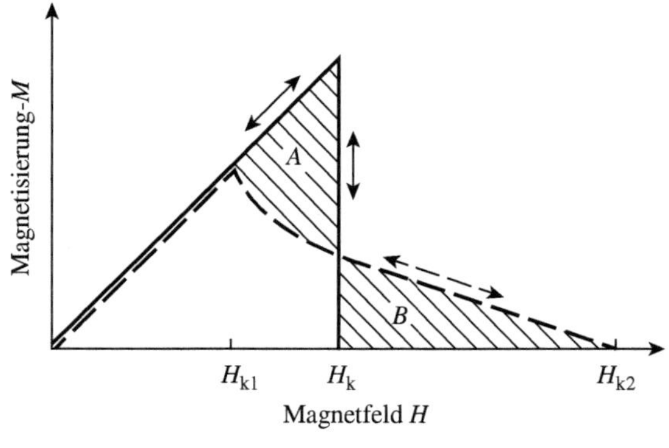

Bild 10.19 Verhalten von Supraleitern 1. Art (Volllinie) und Supraleitern 2. Art (gestrichelte Linie) im Magnetfeld

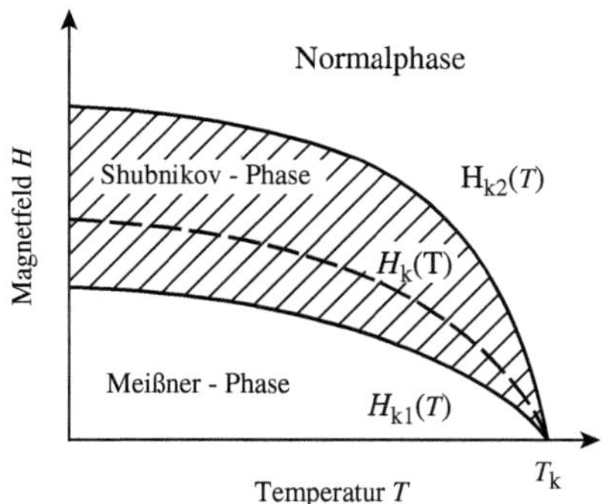

Bild 10.20 *H-T*-Zustandsdiagramm eines Supraleiters 2. Art

Supraleiter 2. Art sind dadurch gekennzeichnet, dass der magnetische Fluss über einen größeren Feldstärkebereich (H_{k1} bis H_{k2}) in Form von dünnen *Flussschläuchen* (oft auch als Flusslinien bezeichnet) reversibel in den Leiter eindringt, ohne dass dieser seine supraleitenden Eigenschaften unstetig verliert (Umwandlung 2. Art). Die Matrix zwischen den Flussschläuchen bleibt supraleitend. Die kritische Feldstärke H_{k2} für den Übergang in den normalleitenden Zustand liegt wesentlich höher als bei Supraleitern 1. Art (Bild 10.19, gestrichelte Kurve). Ein flussfreier Zustand (diamagnetisches Verhalten) besteht nur bis zur unteren kritischen Feldstärke H_{k1} (*Meißner-Phase*). Im Feldstärkebereich $H_{k1} < H < H_{k2}$ befindet sich der Supraleiter im Mischzustand, in dem Normalleitung (im Kerngebiet jedes Flussschlauches) und Supraleitung nebeneinander auftreten (*Shubnikov-Phase*). Die kritischen Feldstärken H_{k1} und H_{k2} sind eine Funktion der Temperatur und für einen gegebenen Supraleiter über den Ginzburg-Landau-Parameter (s. Gl. [10.8]) mit H_k verknüpft. H_k ist das thermodynamische kritische Feld, bei dem die freie Enthalpie im supraleitenden Zustand gleich derjenigen im normalleitenden Zustand ist. Das Feldstärke-Temperatur-Phasendiagramm ist in Bild 10.20 schematisch wiedergegeben.

Im idealen (d. h. defektfreien) Supraleiter 2. Art ordnen sich die Flussschläuche auf Grund ihrer gegenseitigen Abstoßung in Form eines zweidimensionalen so genannten *Flussschlauchgitters* an (Bild 10.21). Die Durchstoßpunkte der Flussschläuche an der Oberfläche lassen sich durch Dekoration mit ferromagnetischen Teilchen elektronenmikroskopisch sichtbar machen. Um jeden einzelnen Flussschlauch bilden sich zirkulare Supraströme,

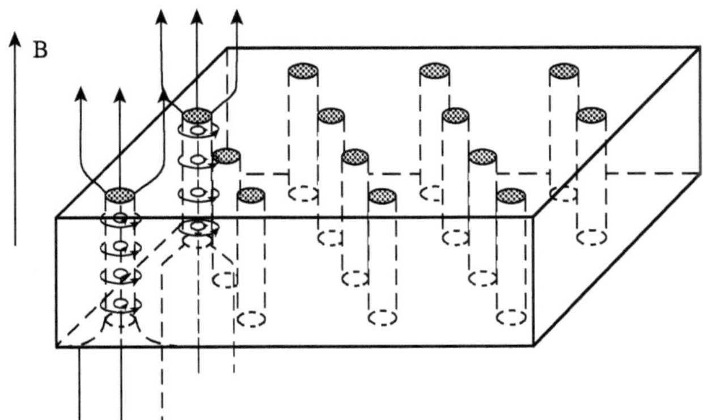

Bild 10.21 Schematische Darstellung des Flussschlauchgitters in einem Supraleiter 2. Art (Mischzustand, Shubnikov-Phase, nach [6])

ähnlich wie in der Oberflächenschicht der Supraleiter 1. Art, die die supraleitende Matrix magnetisch abschirmen. Mit wachsender Feldstärke nimmt die Zahl der normalleitenden Flussschläuche kontinuierlich zu, sodass die zwischen diesen liegende supraleitende Matrix bis H_{k2} gänzlich verschwindet.

Die Ausbildung von Flussschläuchen, die nur ein magnetisches Flussquant $\Phi_0 \approx 2 \cdot 10^{-15} \frac{\text{kgm}^2}{\text{As}^2}$ (kleinste Einheit des quantisierten magnetischen Flusses) tragen, setzt voraus, dass die Grenzflächenenergie zwischen den normal- und supraleitenden Bereichen negativ ist. Während das für Supraleiter 2. und 3. Art zutrifft, ist diese Grenzflächenenergie bei Supraleitern 1. Art positiv. Eine negative Grenzflächenenergie liegt nach *Abrikosov* dann vor, wenn der Ginzburg-Landau-Parameter $\varkappa > 1/\sqrt{2}$ ist. Gemäß

$$\varkappa = H_{k2}/\left(\sqrt{2H_k}\right) \tag{10.8}$$

ist für einen Supraleiter mit gegebenem kritischem Feld H_k die obere kritische Feldstärke H_{k2} umso höher, je größer $\varkappa$ ist. H_k kann nach Bild 10.19 ermittelt werden, da aus energetischen Gründen die schraffierten Flächen A und B gleich groß sein müssen. $\varkappa$ ist mit dem spezifischen Widerstand ρ des Supraleiters im normalleitenden Zustand über die Beziehung (zugeschnittene Größengleichung)

$$\begin{aligned} \varkappa &= \varkappa_0 + 7,5 \cdot 10^3 \sqrt{\frac{\gamma \cdot \text{cm}^3\text{Grad}^2}{\text{erg}}} \cdot \frac{\rho}{\Omega\text{m}} \\ \varkappa &= \varkappa_0 + 2,37 \cdot 10^6 \sqrt{\frac{\gamma \cdot \text{m}^3 T^2}{J}} \cdot \frac{\rho}{\Omega\text{m}} \end{aligned} \tag{10.9}$$

verknüpft ($\varkappa_0$ Ginzburg-Landau-Parameter des reinen Metalls; γ Sommerfeld-Koeffizient der spezifischen Wärme des Elektronensystems, T absolute Temperatur in K). Somit besteht die Möglichkeit, H_{k2} über $\varkappa$ durch Mischkristallbildung oder den Einbau von Gitterfehlern, die den Widerstandsanteil ρ_z des Gesamtwiderstandes ρ erhöhen [s. Gl. (10.3)], zu beeinflussen.

In Supraleitern 2. Art sind die Flussschläuche im Bereich des Mischzustandes $H_{k1} < H < H_{k2}$ relativ leicht beweglich. Unter Strombelastung oberhalb eines kritischen Wertes und Einwirken eines transversalen äußeren Magnetfeldes setzen sich die Flussschläuche in Richtung der auf sie wirkenden Lorentzkraft in Bewegung, wodurch Wirbelströme induziert werden und Verluste entstehen. Das wird verhindert, wenn die Flusslinien an geeigneten Haftstellen (Pinning-Zentren) wie Leerstellen-Cluster, Oxid-, Nitrid- und Carbid-Ausscheidungen oder an bestimmten Versetzungsanordnungen verankert werden. Die Haftwirkung der Gefügeinhomogenitäten ist dann optimal, wenn ihre mittlere Ausdehnung bei $100 \cdot 10^{-10}$ m liegt und $50 \cdot 10^{-10}$ m nicht unterschreitet. Auch die Verringerung der Korngröße auf weniger als $400 \cdot 10^{-10}$ m (wie beim CVD-Verfahren und Sputtern, Abschn. 3.3) bringt einen merklichen Beitrag zum Pinning-Effekt. Für einen höchstmöglichen wirksamen Störgrad lassen sich im Supraleiter kritische Stromdichten bis etwa 10^{10} Am^{-2} bei einem Feld von 4.000 kAm^{-1} erreichen. Diese Hochfeld-Hochstrom-Supraleiter werden als *Supraleiter 3. Art* bezeichnet. In Mehrkernsupraleitern aus NbTi-Legierungen (siehe hierzu auch Bild 10.22), die Anwendungen als supraleitende Magnetspulen in Magnetresonanztomographen und

Bild 10.22 Mehrkernsupraleiter mit Niob-Titan-Kernen in Kupfermatrix, hergestellt durch Verbundziehen. Mit freundlicher Genehmigung von W. Grünberger und P. Müller (ZFW Dresden)

in der Hochenergiephysik finden, konnten Spitzenwert für die kritische Stromdichte von $3 \cdot 10^9$ A/m² bei 4,2 K und 4.000 kAm^{-1} verwirklicht werden.

Die Supraleitung ist nicht auf bestimmte Kristallsysteme beschränkt, doch tritt sie bevorzugt in kubisch kristallisierenden Stoffen auf. Höhere Sprungtemperaturen (T_k > 12 K) werden bei intermetallischen Phasen mit *A*15-Struktur (Cr_3Si-Typ), den so genannten β-Wolfram-Phasen, und bei *B*1-Strukturen (NaCl-Typ) gefunden. Für eine technische Anwendung sind die verformbaren Nb–Ti- und Nb–Zr-Legierungen sowie die spröden intermetallischen Phasen auf Nb- und V-Basis am weitesten entwickelt. Die höchste Sprungtemperatur von intermetallischen Verbindungen wurde bisher an gesputterten (durch Katodenzerstäubung hergestellten) Nb_3Ge-Schichten gemessen (Tab. 10.5).

Eine in anderer Weise herausragende Gruppe von Supraleitern sind die Metall-Chalkogenide, die, obgleich sie nur mittlere Sprungtemperaturen aufweisen, sehr hohe kritische Magnetfelder ertragen. Der an $PbMo_6S_8$ bei 0 K ermittelte Wert von H_{k2} = 47800 kAm^{-1} ist das bisher höchste experimentell festgestellte kritische Feld für Tieftemperatursupraleiter.

Supraleiter werden fast ausnahmslos als Verbundleiter angewendet. Die supraleitende Komponente wird beispielsweise (Bild 10.22) in Form von Filamenten (der Durchmesser eines einzelnen Filamentes reicht bis unter 10 μm) in einen Normalleiter mit hoher elektrischer und thermischer Leitfähigkeit, meist Cu oder Cu-Legierungen, eingebettet (stabilisierter Supraleiter). Damit soll bei eventuell auftretenden örtlichen und zeitlichen Instabilitäten des Supraleiters wie durch das Eindringen eines magnetischen Flusses oder eine Wärmeentwicklung infolge entstehender Verluste eine rasche Wärmeabfuhr und eine kurzfristige Übernahme der Stromführung durch den Normalleiter ermöglicht werden. Die Herstellung supraleitender Magnetspulen aus spröden intermetallischen Phasen geschieht meist durch Wickeln der duktilen Komponente, z. B. von Nb-Drähten, eingebettet in einer duktilen CuSn-Matrix, und anschließendes Eindiffundieren des Sn in Nb unter Bildung von Nb_3Sn. In der Praxis werden die intermetallischen Phasen A_3B durch Strangpressen oder Ziehen eines Verbundleiters hergestellt, der beispielsweise 100 Kerndrähte der Komponente *A* in einer Bronzematrix enthält, die aus Kupfer und der Komponente B besteht. Durch nachfolgendes Reaktions-Diffusionsglühen bei ungefähr 700 °C entsteht dann an den Grenzflächen zwischen Kernen und Matrix die intermetallische Phase A_3B (Bronze-Verfahren, Verfahren der selektiven Diffusion).

10.2.2 Supraleitende Oxidkeramiken mit hoher Sprungtemperatur

Bis zum Jahr 1986 waren nur wenige supraleitende Metalloxide bekannt, deren Sprungtemperatur nicht weit oberhalb des Siedepunktes von flüssigem Helium (4,2 K) lag. Im Wesentlichen handelte es sich um Verbindungen der Zusammensetzungen $BaPb_{1-x}Bi_xO_3$, $Li_{1-x}Ti_{2+x}O_4$ oder A_yWO_3 ($y < 0{,}5$; A = Cs, Rb). Zu einem grundsätzlichen Wandel kam es, als 1986 Bednorz und Müller zum ersten Mal von einem oxidkeramischen Supraleiter ($La_{1,85}Ba_{0,15}CuO_4$) mit einer Sprungtemperatur von 35 K berichteten. Rasch wurden weitere Hochtemperatursupraleiter entdeckt, die neben Lanthan, Barium, Yttrium oder Wismut, Strontium, Thallium und Calcium stets Kupferoxid enthielten. Die ihnen eigenen hohen Sprungtemperaturen, die z. T. weit oberhalb der der klassischen metallischen Supraleiter liegen, wurden zuerst an den Phasen $La_{2-x}Ba_xCuO_{4-y}$ und $La_{2-x}Sr_xCuO_{4-y}$ beobachtet. Der Übergang zur Supraleitung liegt für x-Werte zwischen 0,15 und 0,20 bei etwa 38 K; y kennzeichnet das Sauerstoffdefizit in der Kristallstruktur ($y < 0{,}25$). Wird ein Teil des Lanthans durch Yttrium ersetzt, steigt T_k über 90 K. Weitere Substitutionen führten zur Entdeckung der Supraleitung in Bi, Tl und Hg enthaltenden Cupraten mit noch höheren T_k. An texturiertem Material der Phase $HgBa_2Ca_2Cu_3O_8$ wurde die bisher höchste Sprungtemperatur beobachtet: 134 K unter Normalbedingungen und 164 K bei einem Druck von etwa 30 GPa [7].

Bei den supraleitenden keramischen Substanzen erwies es sich als ein besonderes Problem, eine ausreichende Strombelastbarkeit für den Einsatz bei Temperaturen des flüssigen Stickstoffs zu erreichen. Die technische Forderung, bei einer Sprungtemperatur $T_k > 77$ K gleichzeitig eine kritische Stromdichte von mindestens $4 \cdot 10^8$ Am^{-2} zu gewährleisten, konnte zunächst nur bei Abwesenheit magnetischer Felder erfüllt werden.

Die Mehrzahl der entdeckten keramischen Supraleiter – als Hochtemperatursupraleiter (HTSL) bezeichnet – ist einkristallin oder einphasig polykristallin. Gemeinsames Merkmal ist die Ausbildung von CuO_2-Ebenen in der Kristallstruktur. Die Struktur des nach der Formel $YBa_2Cu_3O_{7-y}$ zusammengesetzten Supraleiters leitet sich aus der kubisch symmetrischen Perowskit-Struktur ABO_3 ab, in der das Y-Ion die Raummittenposition einnimmt und Schichten von CuO_2, BaO und CuO symmetrisch darüber und darunter angeordnet sind [8]. Charakteristisch für oxidische Supraleiter mit relativ hohen Übergangstemperaturen (HTSL) ist, dass die Strukturelemente, die die beweglichen Ladungen (Cooper-Paare) tragen, CuO_2-Monolagen sind, die meist in Stapeln zusammen mit jeweils einer Monolage von Metallen (z. B. Erdalkalimetallen oder Lanthaniden) zwischen den CuO_2-Lagen angeordnet sind. Die Stapel sind sandwichartig zwischen isolierenden Blöcken von Metalloxid-Lagen (z. B. Bi-oxid, Sr-oxid, CuO) eingebettet. Die Eigenschaften des Materials werden stark vom Sauerstoffgehalt und von der Vollkommenheit der Kristallstruktur beeinflusst. Die Sauerstoffkonzentration hat entscheidenden Einfluss auf die Höhe der Sprungtemperatur. Die partielle Substitution von dreiwertigem Lanthan beispielsweise durch zweiwertiges Barium setzt Sauerstoffbindungen frei, die vom Kupfer zusätzlich abgesättigt werden, indem es teilweise in den dreiwertigen Zustand übergeht. Die gemischte Valenz der Kupfer-Kationen ist in Verbindung mit einer starken Elektron-Phonon-Wechselwirkung die Voraussetzung für das Auftreten von Supraleitung in den Oxidphasen. Wie in den konventionellen Supraleitern (Abschn. 10.2.1) liegen unterhalb der Sprungtemperatur ebenfalls Cooper-Paare vor, die den supraleitenden Zustand bewirken. Der Wechselwirkungsmechanismus, der in den Cupraten die Paarbildung der Leitungselektronen bewirkt, ist wie bei den zuvor besprochenen metallischen Supraleitern die Elektron-Phonon-Wechselwirkung, das heißt, die Ausbildung von Cooperpaaren durch Wechselwirkung mit den Gitterschwingungen. Ungeklärt bleibt bisher, welche Wechselwirkung zu der Paarbildung der Leitungselektronen führt.

Die erzielbaren hohen Sprungtemperaturen T_k haben dazu geführt, dass nach der revolutionären Entdeckung von Bednorz und Müller die Gruppe der Hoch-T_k-Cuprate sehr rasch erweitert wurde. Sie lassen sich im Wesentlichen in 5 große Familie einordnen, für die einzelne Beispiele in Tab. 10.6 angegeben sind (zu weiteren Beispielen siehe [9]).

Die oxidischen Supraleiter werden vorzugsweise als Ausgangsmaterial für die Herstellung schmelztexturierter massiver Materialien und Targets für Schichten (PVD) nach der keramischen Technologie hergestellt. Die pulverförmigen Ausgangsanteile von Oxiden und Carbonaten, wie z. B. $BaCO_3$, Y_2O_3 und CuO, werden gepresst und an Luft gesintert. Bei der Sintertemperatur von 800 bis 1.000 °C reagieren die Ausgangsbestandteile so miteinander, dass sich im Verein mit einer geregelten Abkühlung die optimale Sauerstoffkonzentration und die erwähnte Zusammensetzung als homogene Phase einstellen. Die Homogenisierung kann über die Größe der Pulverteilchen sowie deren Aktivität (Zwischenmahlen) beeinflusst werden.

Als besonders bedeutungsvoll bei der Entwicklung der keramischen Supraleiter erwiesen sich die Übergänge an den Korngrenzen. Es wird angestrebt, über das Herstellungsverfahren, das Gefüge, insbesondere die Realstruktur, zu verbessern und damit die kritische Stromdichte wesentlich anzuheben. Die oxidischen Supraleiter zeigen eine noch ausgeprägtere Anisotropie der kritischen Stromdichte parallel und senkrecht zur (Cu–O)-Ebene der orthorhombischen Struktur als die oben erwähnten Metall-Chalkogenide ($PbMo_6S_8$). Die kritische Stromdichte parallel zur a–b-Ebene der Elementarzelle ist viel höher als senkrecht dazu. Aus diesem Grunde spielt die Ausbildung einer kristallographischen Textur in den Materialien eine wichtige Rolle. Ein hoher Texturgrad und guter Kontakt zwischen den Kristalliten, d. h. eine besonders homogene Struktur der Korngrenzen sowie deren geringe Dicke, sind Bedingungen für hohe Stromdichtewerte.

Die keramischen Supraleiter sind wie die metallischen Hochfeld-Hochstrom-Supraleiter spröde und außerordentlich brüchig. Diese Eigenschaft erschwert die Herstellung von Drähten und Bändern ganz wesentlich. Die Bildung hochtexturierter Bänder geschieht zurzeit vorzugsweise über den Einsatz von Dünnschicht-Depositionsverfahren. Als Substrat

Tab. 10.6 Legierungssysteme von Hoch-T_k-Cupraten

Familie	**Beispiel**	**Sprungtemperatur**
A_2CuO_4	$La_{1,85}Sr_{0,15}CuO_4$	39 K
$ABa_2Cu_3O_7$	$YBa_2Cu_3O_7$	92 k
$A_mE_2Ca_{n-1}Cu_nO_{2n+m+2}$	$Bi_2Sr_2Ca_2Cu_3O_{10}$	107 K
AE_2CuO_{4-5}	$HgBa_2CuO_5$	97 K
$A_2Ca_{n-1}Cu_nO_{2n+2}$	$Ba_2Ca_2Cu_3O_8$	120 K

für die Abscheidung werden dünne Bänder aus Ni-Legierungen verwendet, in denen vorher durch Kaltwalzen und Rekristallisationsglühen selbst eine scharfe Textur ausgeprägt worden ist (Abschn. 7.2.4 und 10.6.3). Alternativ kann auch eine ionengestützte texturierte Abscheidung über die Gasphase mittels Sputtern (IBAD-Verfahren) auf untexturierten Bändern erfolgen. In den so hergestellten supraleitenden Schichten werden bei 77 K Stromdichtewerte von $2 \cdot 10^{10}$ Am^{-2} erzielt.

Eine andere Entwicklung mit spektakulärem Ergebnis wurde in letzter Zeit mit Massivmaterial aus $YBa_2Cu_3O_{7-y}$ verfolgt. Durch „Schmelztexturierung" (gerichtete Erstarrung, siehe Abschn. 3.1.1.1) konnte in zylindrischen Scheiben mit Abmessungen von 50 mm Durchmesser und ca. 12 mm Höhe ein Gefüge mit nahezu einheitlicher Kristallitorientierung erzeugt werden. In solchen Scheiben lässt sich magnetischer Fluss dauerhaft verankern bzw. „einfrieren". Zn-Zusatz von 0,12 Masse-% bewirkt dabei zusätzliche Pinningeffekte. An Magnetproben aus diesem Werkstoff wurden mit 16 T bei 24 K und 11,2 T bei 47 K die bisher höchst erreichten Remanenzwerte gemessen [10]. Sie liegen um den Faktor 10 höher als die der metallischen Dauermagnete – allerdings bei Kühlung. Damit das Material wegen der beim Magnetisierungsprozess auftretenden starken mechanischen Spannungen nicht zerplatzt, müssen die Scheiben in Stützhülsen aus Stahl (Cr–Ni-Stahl) eingekapselt werden.

Neben den $YBa_2Cu_3O_{7-y}$ („Y-123-phase") supraleitenden Substanzen sind heute, insbesondere für die Herstellung von Filament-Supraleitern die Systeme $Bi_2Sr_2CaCu_2O_8$ („Bi-2212-phase") mit $T_k = 90$ K als Runddrähte und $Bi_2Sr_2CaCu_3O_{10}$ („Bi-2223-phase") mit $T_k = 120$ K als Bänder (Banddicke ~ 0,3 mm; Filamentdicke ~ 10 µm; Filamentbreite ~ 100 µm) von großem technischem Interesse [11]. Aufgrund ihrer Kristallstruktur ergibt sich die Möglichkeit, aus diesen Materialien Bänder über konventionelle Umformverfahren herzustellen. Dazu wird beispielsweise die bereits gebildete supraleitende Phase oder ein Precursor als Pulver in ein Metallrohr aus Ag oder einer Ag-Legierung eingebracht und bei Raumtemperatur mit Hilfe üblicher Verformungsprozesse wie Hämmern, Walzen und Ziehen zu Draht bzw. Band bis unter 1 mm Dicke verformt („Powder in Tube Processing"). Durch eine thermomechanische Behandlung der Bänder wird ein dichtes, stark texturiertes Gefüge der supraleitenden Phase erzeugt. Ziel ist die Herstellung von Verbundleitern mit hoher Stromtragfähigkeit, in denen lange, durchgehende Filamente beispielsweise in einer Silber-oder Silberlegierungsmatrix eingelagert sind.

In dünnen Schichten (0,35 µm) sind kritische Stromdichten bei 77 K im Eigenfeld, verursacht durch den im Leiter fließenden Strom, für Y-123 (wobei das Y teilweise durch andere seltene Erden ersetzt ist) von $6{,}6 \cdot 10^{10}$ A/m² sowie für Bi-2223 von $3 \cdot 10^{10}$ A/m² erreicht worden.

Bei Mehrkern-Leitern mit der Bi-2223-Phase liegen die kritischen Stromdichten typischerweise im Bereich von $(4–5) \cdot 10^8$ A/m² bei 77 K im Eigenfeld. An kurzen Laborproben wurden durch komplizierte Wärmebehandlungen Werte von $(6–7) \cdot 10^8$ A/m² erreicht.

Der große Vorteil der Hoch-T_k-Cupratverbindungen besteht in der Möglichkeit, Sprungtemperaturen oberhalb des Siedpunktes von Flüssigstickstoff von 77 K zu verwirklichen. Ein Problem stellt jedoch die starke Anisotropie der Kristallstruktur dar. Die Cupratverbindungen sind Supraleiter 2. Art mit einem Flussschlauchgitter. Im Unterschied zu den Tieftemperatur-Supraleitern hängt die Geometrie eines Flussschlauches von der Anisotropie der Kristallstruktur (Abstand der CuO_2-Ebenen) und dem Winkel des äußeren Magnetfeldes zu den CuO_2-Ebenen ab. Er besteht aus Abschnitten, die nur in den CuO_2-Ebenen den Charakter der Abrikosov-Flussschläuche in Tieftemperatursupraleitern haben und, je nach Grad der Anisotropie, schwach miteinander gekoppelt oder ganz entkoppelt sind. Eine Konsequenz ist, dass die „Steifigkeit" der Flussschläuche und des Flussschlauchgitters (Schermoduls) verringert und damit die Beweglichkeit der Flussschläuche, die die kritische Stromdichte bestimmt, erhöht wird. Eine weitere Ursache für die relativ hohe Beweglichkeit der Flussschläuche bei Temperaturen nahe T_K ist ihre schwache Wechselwirkung mit Gitterinhomogenitäten (O_2-Fehlstellen, Versetzungen). Diese Wechselwirkung mit der Realstruktur des Gefüges (Pinning) sowie die Kräfte zwischen den Flussschläuchen sind abhängig von der Temperatur und der Stärke eines äußeren Magnetfeldes.

Die mit der Bewegung der Flusslinien verbundene Energiedissipation bedingt ein Zusammenbrechen des supraleitenden Zustandes bei kleinen Feldstärken. Der Einsatz technisch interessanter Verbindungen für Anwendungen bei 77 K (Siedetemperatur des flüssigen Stickstoffs), die möglichst hohe kritische Stromdichten erfordern, ist auf Grund des beschriebenen Verhaltens des Flussschlauchgitters nur in niedrigen Feldern möglich. (z. B. bei < 0,6 Tesla für $(Bi, Pb)_2Sr_2Ca_2Cu_3O_x$ (Bi-2223) und < 7 Tesla für $YBa_2Cu_3O_7$ (Y-123)). Zur Beschreibung dieses Verhaltens ist der Begriff des so genannten Irreversibilitätsfeldes eingeführt worden. Das für HTSL charakteristische Feld H_{irr} ist kleiner als das obere kritische Feld H_{k2}. In Feldern $H < H_{irr}$ ist die kritische Stromdichte $j_k > 0$, in Feldern $H > H_{irr}$ gilt $j_k = 0$. Zwar befindet sich der Supraleiter in Feldern zwischen H_{irr} und H_{k2} noch im Mischzustand, aber die thermisch aktivierte Flussbewegung ist so stark, dass der Leiter keinen Strom verlustfrei tragen kann. Das äußert sich in der M-H Kurve (M = Magnetisierung, H = äußeres Feld) darin, dass sie für $H < H_{irr}$ ein hysteretisches (irreversibles) Verhalten und für $H_{irr} < H < H_{k2}$ einen komplett reversiblen Verlauf zeigt (deshalb „Irreversibilitätsfeld"). In $YBa_2Cu_3O_7$ (Y-123) zerfallen die Flussschläuche in Magnetfeldern bis nahe H_{k2} aufgrund der moderaten Anisotropie der supraleitenden Eigenschaften noch nicht in zweidimensionale entkoppelte Bereiche („pancake vortices"), sind relativ stark gepinnt und erfahren durch thermische Aktivierung nur eine relativ geringe Beweglichkeit. H_{irr} ist nur wenig geringer als H_{k2}. Aufgrund der wesentlich stärkeren Anisotropie von Bi-2223 unterscheiden sich die beiden Felder für diese Verbindung deutlicher.

Dieses Verhalten führt bei 77 K zu Beschränkungen auf Anwendungen mit kleinen äußeren Magnetfeldern wie in elektronischen Bauelementen (z. B. SQUIDs-Superconducting Quantum Interference Devices), als magnetische Abschirmungen, Infrarotsensoren, in Mikrowellengeräten und in medizintechnischen Abbildungssystemen.

10.2.3 Supraleitung in Boriden, Carbiden und Nitriden

Supraleitende Eigenschaften in Boriden, Carbiden und Nitriden sind bekannt. Übergangsmetalle (T) formen mit den kleinen Atomen wie Bor, Kohlenstoff oder Stickstoff (X) dicht gepackte Gitter. TX-Verbindungen mit T wie Nb, V, Mo bilden zum Beispiel kubische Gitter vom NaCl-Typ, die durch eine große Härte und thermische Stabilität gekennzeichnet sind. Die hohe Elektronendichte der Übergangsmetalle an der Fermigrenze sowie die hochfrequenten Phononenmoden lassen das supraleitende Verhalten im Bild der BCS-Theorie erklären. Zusätzlich trägt die starke Kopplung der Elektronen mit den Phononen zu einer hohen Übergangstemperatur bei.

Tab. 10.7 Supraleitende Boride, Carbide und Nitride

Gruppe	Beispiel	Sprungtemperatur
Boride	B	11,2 K (bei 250 GPa)
–	NbB	4,0 K
–	Mo_2B	5,1 K
–	MgB_2	39 K
Carbide	Rb_3C_{60}	28 K
–	MoC_{1-x}	14,3 K
–	NbC	12 K
–	Mo_3AlC	10 K
Nitride	TiN	6,5 K
–	ZrN	10 K
–	NbN	17,3 K (NaCl-Strukturtyp) 9 K (W-Strukturtyp)

In Tabelle 10.7 sind ausgewählte Beispiele für diese supraleitenden Verbindungen zusammengestellt.

Boride weisen typischerweise Sprungtemperaturen im Bereich von 5–10 K auf. Daraus ragt die intermetallische Phase MgB_2 mit $T_k = 39$ K deutlich heraus. Bor selbst ist unter Normaldruck ein Isolator, es wird jedoch unter hohem Druck supraleitend. Die Boride unterscheiden sich von den Carbiden und Nitriden dadurch, dass die Boratome im Gitter kettenförmige, flächenhafte oder netzwerkartige Unterstrukturen bilden. In MgB_2, das in einer AlB_2-Struktur kristallisiert, sind die Boratome in graphitartigen Lagen angeordnet. Eine große Kohärenzlänge der supraleitenden Phase und eine ausgeprägter Korrelation der Kornorientierung in Polykristallen ermöglicht vergleichbar hohe Ströme. Andererseits bedingen die ausgeprägte Anisotropie und die große Kohärenzlänge, dass das kritische Feld in Richtung der *c*-Achse in Volumenkristallen sehr gering ist. Hohe kritische Felder $\mu_0 H_{k2} (T = 0)$ bis zu 40 Tesla konnten jedoch in dünnen Filmen gemessen werden.

Bei den Carbiden ist es interessant festzustellen, dass auch C_{60}-Fulleren-Kristalle durch Interkalation mit Alkalimetallen bei relativ hohen T_k-Werten eine supraleitende Phase ausbilden. Unter den Nitriden weist das NbN die höchste Sprungtemperatur auf. Als Dünnschichtmaterial findet es Anwendungen in verschiedenen kryotechnischen Geräten wie zum Beispiel hochauflösenden Röntgendetektoren. Ein sehr großer $\mu_0 H_{k2}$-Wert (bis zu 30 Tesla) und hohe kritische Stromdichten (z. B.10^9 Am^{-2} bei 4,2 K in einem äußeren Feld von 19 Tesla) zeichnen solche Filme aus.

10.2.4 Supraleitung in Eisenverbindungen

Cupratbasierte Keramiken und MgB_2 stellen gegenwärtig die meist untersuchten Stoffsysteme dar, um supraleitende Drähte für technische Anwendungen herzustellen. Besondere technologische Herausforderungen bei der Erzeugung von Materialien mit hohen

Tab. 10.8 Legierungssysteme von supraleitenden Eisenverbindungen

Familie	Beispiel	Sprungtemperatur
REFeAsO (111-Phase)	NdFeAsO	47 K
EFe_2As_2 (122-Phase)	$Sr_{0,6}K_{0,4}Fe_2As_2$	35–37 K
AFeAs (111-Phase)	LiFeAs	18 K
Fe(Se,Te) (11-Phase)	$Fe(Se_{0,5}Te_{0,5})$	14,5 K

RE Seltenerdmetalle, E Erdalkalimetalle, A Alkalimetalle

kritischen Stromdichten bestehen in der Verminderung des Korngrenzeneinflusses in oxidischen Hochtemperatursupraleitern und dem Erreichen eines stabilen Fixierens (Pinning) des Flussschlauchgitters. Hierzu eröffnen die entdeckten supraleitenden Eisenverbindungen (Pniktide) interessante Alternativen. In Tabelle 10.8 sind Beispiele für die bisher bekannten 4 Familien zusammengestellt.

Die Eisenpniktide zeigen mit ihrem lagenartigen Aufbau große Ähnlichkeiten mit den Cuprat-Supraleitern. Als vorteilhaft für künftige Anwendungen könnten sich jedoch die wesentlich geringere Anisotropie der Gittereigenschaften für das Erreichen von hohen H_{k2}- und H_{irr}-Werten erweisen. Abschätzungen ergeben zum Beispiel für die 122-Phase $Sr_{0,6}K_{0,4}Fe_2As_2$ für die kritische Feldstärke $\mu_0 H_{k2} \approx 150$ T.

10.3 Thermoelektrizität

Verbindet man zwei verschiedene metallische Leiter 1 und 2 zu einem Stromkreis und befinden sich die beiden Verbindungsstellen auf unterschiedlichen Temperaturen, so entsteht in dem Stromkreis eine elektromotorische Kraft. Es fließt ein Thermostrom *(Seebeck-Effekt)*. Die Potenzialdifferenz zwischen beiden Leitern wird als *Thermospannung* oder *Thermokraft* bezeichnet. Sie hängt von der verwendeten Werkstoffpaarung, von der Temperaturdifferenz zwischen den beiden Kontaktstellen sowie von der Temperaturlage ab. Für eine Temperaturdifferenz dT ergibt sich die relative Thermospannung zu

$$\mathrm{d}E_{12} = e_{12}(T)\,\mathrm{d}T \tag{10.10}$$

Darin ist $e_{12}(T)$ die relative differenzielle Thermospannung (μVK^{-1}) zwischen den Leitern 1 und 2. Sie setzt sich nach $e_{12} = e_1 - e_2$ aus den temperaturabhängigen absoluten differenziellen Thermospannungen der beiden Leiter zusammen. Sie wird positiv gezählt, wenn der von der Thermospannung erregte Strom an der wärmeren Kontaktstelle vom Leiter 2 zum Leiter 1 fließt. Liegt zwischen den Kontaktstellen eine endliche Temperaturdifferenz $T_2 - T_1$ vor, so erhält man nach

$$E_{12} = \int_{T_1}^{T_2} e_{12}(T)\mathrm{d}T \tag{10.11}$$

die relative integrale Thermospannung.

Die absolute differenzielle Thermokraft ist eine Werkstoffkenngröße. Bei tiefen Temperaturen lässt sie sich durch Paarung mit einem Supraleiter bestimmen, dessen absolute Thermospannung null ist. In anderen Temperaturbereichen setzt ihre Berechnung die Ermittlung des Thomson-Koeffizienten voraus.

Die gegen ein Bezugsmetall und über den Temperaturbereich 0 bis 100 °C bestimmten integralen Thermospannungen der metallischen Elemente ergeben die so genannte *thermoelektrische Spannungsreihe*. In Tabelle 10.9 sind die gegen Pt bzw. gegen Cu gemessenen Thermospannungen und die absoluten Thermospannungen einiger Metalle aufgeführt.

Das Entstehen der Thermospannung in einem Stromkreis aus zwei verschiedenen Leitern, zwischen deren Verbindungsstellen eine Temperaturdifferenz besteht, lässt sich vereinfacht mit Hilfe des Potenzialtopfmodells (Bild 10.6) verstehen. Man hat zunächst zu berücksichtigen, dass in verschiedenen Metallen die Fermienergie und die Austrittsarbeit ΔE_E (s. Abschn. 10.1.1) unterschiedlich sein werden. Berühren sich zwei ungleiche Metalle, so können Elektronen aus dem Metall mit der geringeren Austrittsarbeit in das mit der größeren übergehen. Gleichzeitig werden dabei die Metalle unterschiedlich aufgeladen, es entsteht eine Berührungsspannung (Volta-Spannung). Der Elektronenübertritt

Tab. 10.9 Thermoelektrische Spannungsreihe einiger Metalle gegen Platin bzw. gegen Kupfer und absolute Thermospannungen (T_1 = 0 °C, T_2 = 100 °C)

	Thermospannung		
Metall	**gegen Platin mV**	**gegen Kupfer mV**	**absolute Werte mV**
Bismut	−7,0	−8,0	−8,0
Cobalt	−1,6	−2,3	−2,1
Nickel	−1,5	−2,2	−2,0
Palladium	−0,3	−1,0	−0,8
Platin	0,0	−0,75	−0,55
Quecksilber	0,0	−0,75	−0,55
Aluminium	+0,4	−0,35	−0,15
Zinn	+0,45	−0,3	−0,1
Zink	+0,7	−0,05	+0,15
Silber	+0,7	−0,05	+0,15
Gold	+0,7	−0,05	+0,15
Kupfer	+0,75	0,0	+0,2
Wolfram	+0,8	+0,05	+0,25
Molybdän	+1,2	+0,45	+0,65
Eisen	+1,8	+1,05	+1,25
Silicium	+45,0	+0,44	+0,44

erfolgt so lange, bis die Fermienergie in beiden Metallen auf gleichem Niveau liegt. In einem geschlossenen Leiterkreis, in dem sich die Kontaktstellen auf derselben Temperatur befinden, heben sich die Berührungsspannungen gegenseitig auf, sodass kein Strom fließt.

Wird eine der beiden Kontaktstellen erhitzt, so werden an dieser Stelle in beiden Leitern diejenigen Elektronen, deren Energie in der Nähe der Fermigrenze liegt, thermisch so weit angeregt, dass sie in höhere Energieniveaus übergehen. Damit ändert sich auch die Austrittsarbeit, und es entsteht eine vom Temperaturunterschied zwischen den beiden Kontaktstellen abhängige Differenz der Berührungsspannungen, die einen Thermostrom erzeugt. Wie in Abschnitt 10.1 bereits dargelegt wurde, ist die von den Elektronen an der Fermigrenze aufgenommene Wärmeenergie bei Metallen insgesamt gering, sodass sich nur Thermospannungen in der Größenordnung von mV ergeben.

Zwischen der Kristallstruktur eines Leiters und seiner Thermospannung besteht ein enger Zusammenhang. Jede Änderung der Kristallstruktur ist mit einer Änderung der Elektronenverteilung im Gitter verbunden und wirkt sich auf das Verhalten der Leitungselektronen und damit auf die Thermospannung aus. Daher sind Thermospannungsmessungen auch ein empfindlicher Nachweis für Phasenumwandlungen und Änderungen der Atom-Nachbarschaftsverhältnisse durch Ordnungsbildung oder Ausscheidungen, die meist von einer Änderung der Ladungsträgerdichte und ihrer Beweglichkeit begleitet sind. Ebenso wird die Thermospannung von Strukturdefekten, die infolge einer Kaltverformung entstehen, beeinflusst. Die Änderung der relativen differenziellen Thermospannung nach starker Verformung beträgt bei reinen Metallen bis zu 0,3 μVK^{-1}.

Es ist in einer Reihe von Fällen auch möglich, über die Messung der Kontaktthermospannung zwischen einer spitzen beheizten Sonde mit bekannten thermoelektrischen Eigenschaften und einem gegebenen Werkstoff diesen zerstörungsfrei hinsichtlich seiner Zusammensetzung und seines Wärmebehandlungszustandes zu prüfen oder eine Schichtdickenmessung (z. B. Ni-Schichten auf Stahl) vorzunehmen.

Die bekannteste Nutzung der Thermoelektrizität ist die Temperaturmessung und -regelung mit Thermoelementen (s. a. Abschn. 5.2). Dazu werden Metallpaarungen verwendet, deren relative differenzielle Thermospannung in einem größeren interessierenden Temperaturbereich möglichst wenig von der Temperatur abhängt, sodass die integrale Thermospannung nur der Temperaturdifferenz zwischen Mess- und Vergleichsstelle (Bezugstemperatur) proportional ist. Hierfür gebräuchliche Thermoelemente sind

Cu-Konstantan	für Arbeitstemperaturen bis	400 °C, kurzzeitig bis 600 °C
Fe-Konstantan		700 °C, kurzzeitig bis 900 °C
NiCr–Ni		1.000 °C, kurzzeitig bis 1.200 °C
PtRh–Pt		1.300 °C, kurzzeitig bis 1.600 °C

Die Thermospannungen der betreffenden Metallpaarungen sind aus Bild 10.23 ersichtlich.

In elektronischen Mess- und Steuerschaltungen ist das Entstehen von Thermospannungen verständlicherweise unerwünscht. Darum wählt man, sofern Temperaturunterschiede an den Kontaktstellen auftreten können, nach Möglichkeit Metallpaarungen mit geringer Thermospannung.

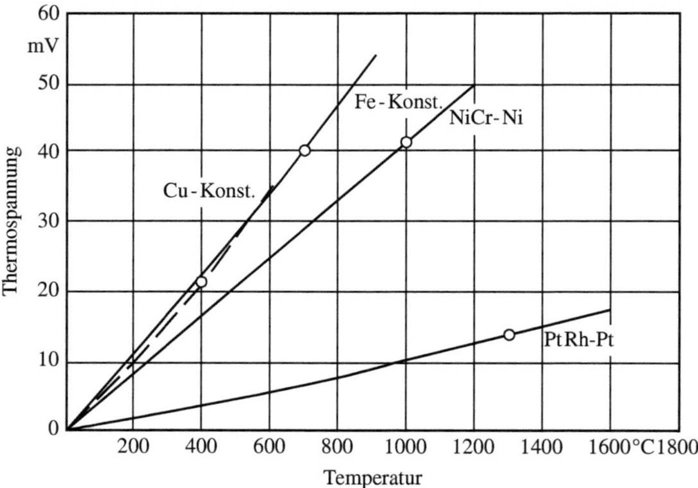

Bild 10.23 Thermospannungen für einige gebräuchliche Thermoelemente

Die Umkehrung des Seebeck-Effektes ist der *Peltier-Effekt*. Wird durch die Berührungsstelle zweier Leiter mit verschiedenen Austrittsarbeiten ein elektrischer Strom geschickt, so lässt sich eine Erwärmung bzw. Abkühlung beobachten. Da zur Überwindung der Berührungsspannung in der Grenzfläche je nach Richtung des Stroms eine positive oder negative Arbeit geleistet werden muss, wird Wärme absorbiert oder entwickelt. Der Peltier-Effekt bildet die Grundlage der Thermokühlelemente.

Da die Thermospannung eines Leiterpaares wesentlich durch das Verhältnis der Anzahl der freien Ladungsträger im Leiter 1 zu der im Leiter 2 bestimmt wird, lassen sich bei Kombination n- und p-leitender Halbleiterwerkstoffe (s. Abschnitt 10.1.2) sehr intensive Thermoeffekte erzeugen, die gegenüber denen von Metallen um Größenordnungen größer sein können. Wegen der starken Temperaturabhängigkeit der Leitfähigkeit von Halbleitern ist deren Anwendung bisher jedoch auf tiefere Temperaturbereiche beschränkt geblieben.

10.4 Wärmeleitfähigkeit

Der Transport thermischer Energie im Festkörper wird als *Wärmeleitung* bezeichnet. Für die in der Zeit $\mathrm{d}t$ in einem Temperaturgefälle $\mathrm{d}T/\mathrm{d}x$ durch die Fläche A strömende Wärmemenge $\mathrm{d}Q$ gilt im stationären Fall die Beziehung

$$\mathrm{d}Q/\mathrm{d}t = -\lambda A \mathrm{d}T/\mathrm{d}x \tag{10.12}$$

λ ist die spezifische Wärmeleitfähigkeit oder Wärmeleitzahl des Stoffes und wird in der Maßeinheit $\mathrm{Wm^{-1}K^{-1}}$ angegeben. Die Wärmeleitfähigkeit ist je nach der Zusammensetzung, Bindungsart und Struktur des Festkörpers sehr unterschiedlich. Für Raumtemperatur liegt sie bei metallischen Werkstoffen um Größenordnungen höher als bei nichtmetallischen (Tab. 10.10).

Da in der Regel dann, wenn eine hohe elektrische Leitfähigkeit vorliegt, auch eine gute Wärmeleitfähigkeit beobachtet wird, darf angenommen werden, dass die im metallischen

Tab. 10.10 Spezifische Wärmeleitfähigkeit einiger Werkstoffe bei Raumtemperatur.

Werkstoff	Spezifische Wärmeleitfähigkeit $Wm^{-1}K^{-1}$
Ag	420
Cu	398
Al	230
Fe	75
Chromnickelstahl (18 % Cr, 8 % Ni)	16
Graphit	100 … 140
Sinterkorund (KER 710)	13 … 16
Hartporzellan	1,13 … 1,6
Kieselglas	1,38
Polyvinylchlorid	0,15 … 0,16
Polystyren-Reinpolymerisat	0,16
Polytetrafluorethylen	0,24
Glasfasern	0,037
Schaumpolystyren	0,030

Festkörper vorhandenen freien Elektronen bei der Wärmeleitung eine maßgebliche Rolle spielen. Andererseits deutet die Tatsache, dass Stoffe mit Ionen oder kovalenter Bindung zwar schlechte Wärmeleiter, aber keine Wärmeisolatoren sind, darauf hin, dass es bei der Wärmeleitung neben dem Energietransport durch Elektronen noch einen weiteren Mechanismus gibt. Dieser besteht darin, dass die Wärme auch durch die gekoppelten Schwingungen der Bausteine im Festkörper transportiert wird. Die *Wärmeleitfähigkeit* λ eines Stoffes setzt sich demnach aus der Elektronenleitfähigkeit λ_e und der Gitterleitfähigkeit λ_G zusammen:

$$\lambda = \lambda_e + \lambda_G \tag{10.13}$$

Die gequantelten Gitterschwingungen werden als *Phononen* und die von ihnen verursachten Beiträge zur Wärmeleitfähigkeit als Phononenanteil bezeichnet.

In Metallen wird der Wärmetransport bei höherer Temperatur vor allem durch die freien Elektronen bewirkt. Sie überführen ihre hohe kinetische Energie von Orten höherer zu Orten niedrigerer Temperatur. Infolge ihrer großen Beweglichkeit fungieren sie nicht nur als Ladungsträger, sondern auch als Träger thermischer Energie. Da der elektronische Anteil überwiegt, ist das Verhältnis von thermischer (λ) zu elektrischer Leitfähigkeit ($\varkappa$) bei Temperaturen oberhalb der Debyeschen Temperatur Θ für alle Metalle annähernd gleich und hängt nur von der absoluten Temperatur ab. Dieser Zusammenhang wird durch das Gesetz von *Wiedemann-Franz* ausgedrückt:

$$\lambda\rho = \frac{\lambda}{\kappa} = \frac{\pi^2}{3}\left(\frac{k}{e}\right)^2 T = LT \tag{10.14}$$

(e Elementarladung, k Boltzmann-Konstante). Die Konstante L (Lorenz-Zahl) liegt für reine Metalle bei Raumtemperatur zwischen $2{,}2 \cdot 10^{-8}$ und etwa $2{,}6 \cdot 10^{-8}\ \mathrm{V^2K^2}$. Bei tieferen Temperaturen ist Gl. (10.14) wegen der Überlagerung unterschiedlich temperaturabhängiger Einflüsse nicht mehr erfüllt.

In kristallinen Stoffen, die aufgrund ihrer Bindungsverhältnisse keine freien Elektronen aufweisen, wird die Wärme als Schwingungsenergie von den in starker gegenseitiger Wechselwirkung stehenden Bausteinen geleitet (Gitterleitfähigkeit). Die Ausbreitungsgeschwindigkeit der angeregten thermischen Gitterwellen wird durch die Anharmonizität der Gitterschwingungen, die mit steigender Temperatur zunimmt und daher zu einem Rückgang der durch diesen Mechanismus bedingten Wärmeleitung führt, begrenzt.

Störungen der Realstruktur wirken sich auf beide zur Wärmeleitung beitragenden Anteile aus und setzen die Gesamtwärmeleitfähigkeit herab. Die thermischen Gitterwellen werden an Leerstellen, Versetzungen, Korngrenzen und Fremdatomen ebenso gestreut wie durch diese Gitterbaufehler die elektrische Leitfähigkeit und damit auch der elektronische Anteil der Wärmeleitfähigkeit empfindlich beeinflusst werden. Daher haben beispielsweise Mischkristalle meist eine wesentlich geringere Wärmeleitfähigkeit als reine Metalle. Bild 10.24 veranschaulicht diesen Sachverhalt für den Zusatz verschiedener Legierungselemente zum reinen Eisen.

Auch in Stählen (Bild 10.25) ist die Wärmeleitfähigkeit im Gebiet um Raumtemperatur bis zu mittleren Temperaturen ausgeprägt vom Legierungsgehalt abhängig. Diese Verhältnisse müssen bei der Wärmebehandlung berücksichtigt werden. Oberhalb etwa 850 °C wird die Wärmeleitfähigkeit nur noch wenig von der chemischen Zusammensetzung beeinflusst; sie ist nicht mehr sonderlich von der des reinen Eisens verschieden.

In nicht elektronenleitenden Kristallen wird die Wärmeenergie ausschließlich durch Phononen transportiert. Nach *Debye* ergibt sich für die *Gitterleitfähigkeit*

$$\lambda_G = \frac{1}{3} c\, v_{Ph}\, l_{Ph} \tag{10.15}$$

(c spezifische Wärmekapazität, bezogen auf die Volumeneinheit; v_{Ph} Phononengeschwindigkeit; l_{Ph} mittlere freie Weglänge der Phononen). Mit steigender Temperatur wird λ_G

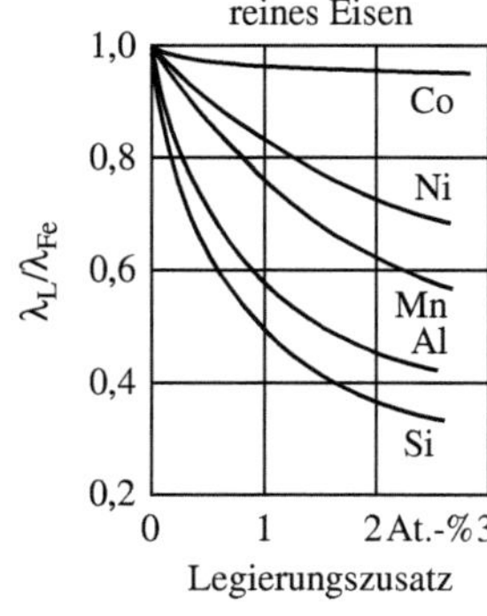

Bild 10.24 Änderung der relativen Wärmeleitfähigkeit λ_L/λ_{Fe} bei Raumtemperatur durch Zusatz verschiedener Legierungselemente zum reinen Eisen

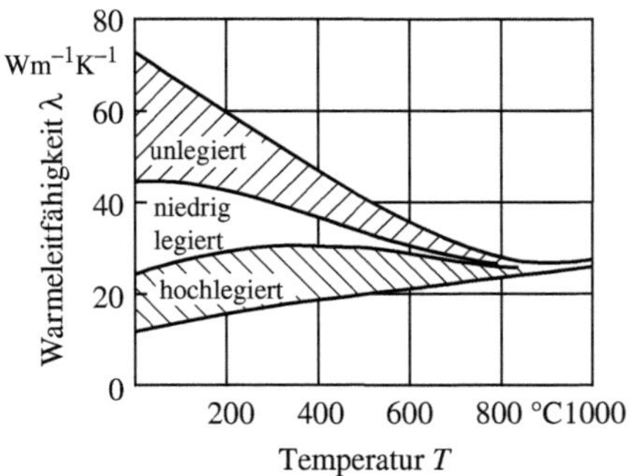

Bild 10.25 Temperaturabhängigkeit der Wärmeleitfähigkeit für unterschiedlich legierte Stähle

durch die Zunahme der spezifischen Wärmekapazität zunächst größer. Die gleichzeitige Erhöhung der Phononendichte und die dadurch bedingte Verringerung der mittleren freien Weglänge wirken dem jedoch entgegen, sodass innerhalb eines weiten Temperaturbereiches λ_G proportional $1/T$ wird.

Materialien mit hoher Fehlstellenkonzentration weisen bereits minimale Werte für l_{Ph} auf, sodass bei einer Temperaturerhöhung die Zunahme von c überwiegt und λ_G leicht ansteigt. Dies trifft sinngemäß auch für metallische Gläser zu. In der Umgebung der Raumtemperatur wird ihre Wärmeleitfähigkeit nur wenig von der Temperatur beeinflusst. Je starrer die Bindungen im Netzwerk sind und je geringer die Zahl der Komponenten ist, desto höher liegt der λ-Wert. Demgegenüber ist der Einbau netzwerklockernder Komponenten in jedem Falle von einer Abnahme der Wärmeleitfähigkeit begleitet. Die λ-Werte für amorphe Gläser liegen um 1 W $m^{-1}K^{-1}$. Glaskeramiken, d. h. mehr oder weniger kristallisierte Gläser, haben eine höhere Wärmeleitfähigkeit ($\lambda \approx 3{,}3$ W $m^{-1}K^{-1}$).

Auch die Wärmeleitfähigkeit von Polymeren steht in enger Beziehung zu ihrem kristallinen Anteil. In amorphen Polymeren ist sie gering und ändert sich mit der Temperatur nur wenig. Mit zunehmendem Kristallisationsgrad steigt die Wärmeleitfähigkeit der Polymeren jedoch an. In gleicher Weise wirken die Zunahme der Molmasse, Vernetzung und Orientierung der Makromoleküle sowie die Modifizierung mit Füll- und Verstärkungsstoffen, wenn deren Wärmeleitzahl deutlich höher liegt.

Keramische Materialien und andere Sinterwerkstoffe weisen häufig noch einen mehr oder weniger hohen Porenanteil P auf. Da sich die Wärmeleitfähigkeit der Matrixphase λ_M von der der Poren stark unterscheidet ($\lambda_{Gas} \ll \lambda_{fest}$), wird die resultierende Wärmeleitfähigkeit λ_R vom Volumenanteil der Poren P abhängen:

$$\lambda_R \approx \lambda_M \frac{1-P}{1-0,5P} \tag{10.16}$$

In grober Näherung erhält man mit

$$\lambda_R \approx \lambda_M (1-P) \tag{10.17}$$

eine lineare Abnahme der Wärmeleitfähigkeit mit steigender Porosität, was besonders für die Bewertung von feuerfesten Werkstoffen zu beachten ist.

Bei hohen Temperaturen wirkt sich die Wärmestrahlung zunehmend auf den Wärmetransport aus. Infolge ihrer T^3-Abhängigkeit nimmt die Strahlungswärmeleitfähigkeit für hohe Temperaturen so stark zu, dass sie für den Wärmetransport bestimmend werden kann. Im Fall poröser Werkstoffe allerdings wird der Strahlungsanteil erst bei hohen Temperaturen (oberhalb etwa 800 °C) erkennbar, da die Photonen an den Poren gestreut werden. Als Beispiel sei Sinterkorund genannt, bei dem eine Porosität von 0,25 Vol.-% die mittlere freie Photonenweglänge auf 0,04 cm gegenüber einer solchen von 10 cm für Al_2O_3-Einkristalle verkürzt.

10.5 Dielektrizität

Wie in Abschnitt 10.1 schon erörtert wurde, sind bei keramischen Werkstoffen und Polymeren (innerhalb der Makromoleküle) die Elektronen infolge der bestehenden Ionen- bzw. Atombindung (kovalente Bindung) mehr oder weniger fest an den Atomkern gebunden. Demzufolge haben diese Werkstoffe (Isolatoren, Halbleiter in Sperrrichtung) eine sehr geringe Elektronenleitfähigkeit (< 10^{-8} S^{-1} m^{-1}, Tab. 10.2). Werden sie einem elektrostatischen Feld ausgesetzt, dann herrscht nicht wie bei den Metallen der Ladungstransport durch Elektronenwanderung vor, sondern es tritt lediglich eine Ladungsverschiebung (dielektrische Verschiebung) ein, die zu einer *Polarisation* und damit zur Entstehung eines elektrischen Dipolmomentes führt, das der von außen wirkenden Feldstärke entgegengerichtet ist.

Die Polarisation kann in verschiedener Weise erfolgen (Bild 10.26). Als Elektronen- oder auch *Atompolarisation* bezeichnet man die Verschiebung der negativen Elektronenhülle gegenüber dem positiven Atomkern, wodurch die Ladungsschwerpunkte eines Atomkerns räumlich getrennt werden (Bild 10.26a).

Entsprechend spricht man bei der Verschiebung von Ionen in Ionenkristallen von einer *Ionenpolarisation* (Bild 10.26b). Eine andere Polarisationserscheinung ist durch die Abstandsvergrößerung der elektrischen Schwerpunkte von polaren Molekülen gegeben, deren Ladungsschwerpunkte schon im feldfreien Raum nicht zusammenfallen, sodass infolge der Polarisation im Feld das bereits vorhandene permanente Dipolmoment noch vergrößert wird (Dipolpolarisation permanenter Dipole, Bild 10.26d). Weiterhin können in inhomogenen Werkstoffen, wenn die dielektrischen Eigenschaften und die Leitfähigkeit ihrer Komponenten voneinander abweichen, an deren Grenzflächen Ladungen entstehen (*Grenzflächenpolarisation*, Bild 10.26c).

Alle diese Polarisationsarten erfordern sehr kleine Einstellzeiten und sind temperaturunabhängig. Von der Temperatur abhängig hingegen ist die so genannte *Orientierungspolarisation* (Bild 10.26e). Darunter versteht man die Ausrichtung der infolge der Wärmebewegung statistisch verteilten permanenten Dipolmomente zum äußeren elektrischen Feld. Sie benötigt wesentlich größere Einstellzeiten, die von der Viskosität des Stoffes abhängen. Die Orientierungspolarisation ist der Temperatur umgekehrt proportional, da den ausrichtenden Kräften des elektrischen Feldes die Wärmebewegung entgegenwirkt. Da Atome kein permanentes Dipolmoment haben können, kann eine Orientierungspolarisation nur in Molekülkristallen oder in amorphen Substanzen auftreten.

Meist wird unter der Dielektrizität das Entstehen von elektrischen Dipolen durch Atom- oder Ionenpolarisation verstanden und die Orientierungspolarisation als *Paraelektrizität*

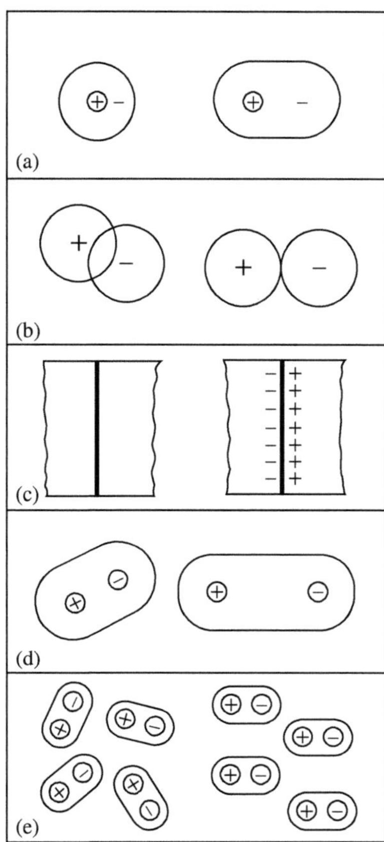

Bild 10.26 Schematische Darstellung von Polarisationen bei Nichtleitern (a) Atompolarisation; (b) Ionenpolarisation; (c) Grenzflächenpolarisation. Die Polarisation entsteht bei a) bis c) erst durch ein äußeres elektrostatisches Feld. (d) Dipolpolarisation permanenter Dipole; (e) Orientierungspolarisation permanenter Dipole. Die Ausrichtung der Dipole erfolgt stets in Richtung des Feldes.

bezeichnet. Für beide ist die Polarisation im Allgemeinen eine lineare Funktion der Feldstärke. Es gibt aber auch Stoffe, bei denen die Polarisation eine Hysterese und in starken elektrischen Feldern eine Sättigung zeigt. Analog dem Ferromagnetismus spricht man dann von *Ferroelektrizität*. Meist liegen mehrere Polarisationserscheinungen gleichzeitig vor, z. B. bei Ionenkristallen die Elektronen- und Ionenpolarisation oder bei Paraelektrizität stets auch Dielektrizität.

Die *Dielektrizitätskonstante* ε ist eine Materialkenngröße, die das Verhalten eines Nichtleiters (Isolators) im elektrostatischen Feld beschreibt. Geht man davon aus, dass die im Werkstoff entstandene Polarisation $\boldsymbol{P}$ die Differenz zwischen den durch ein äußeres Feld der Feldstärke $\boldsymbol{E}$ im Material und im Vakuum verursachten Ladungsverschiebungen $\boldsymbol{D}$ und $\boldsymbol{D}_v$ ist, so gilt

$$\boldsymbol{P} = \boldsymbol{D} - \boldsymbol{D}_v = \boldsymbol{D} - \varepsilon_0 \boldsymbol{E} \tag{10.18}$$

[$\varepsilon_0 = 8{,}8542 \cdot 10^{-12}$ AsV^{-1}m^{-1} (Verschiebungs- oder absolute Dielektrizitätskonstante des Vakuums)]. Wegen $P = \alpha E$ (α Polarisierbarkeit) und $\varepsilon = 1 + \alpha/\varepsilon_0$ erhält man schließlich für die Verschiebung im Material

$$\boldsymbol{D} = \varepsilon_0 \varepsilon \boldsymbol{E} \tag{10.19}$$

ε ist die relative Dielektrizitätskonstante (DK). Sie gibt bei konstanter Feldstärke die Änderung der Verschiebung $\boldsymbol{D}$ in einem Werkstoff gegenüber der im Vakuum an. Im Vakuum hat sie den Wert 1. Sie ist temperatur- und frequenzabhängig, also keine Materialkonstante im eigentlichen Sinn. Zwischen der relativen DK und dem Brechungsindex n besteht der Zusammenhang $\varepsilon = n^2$.

Niedrigste ε-Werte zeigen unpolare Werkstoffe, also solche, deren Moleküle einen völlig symmetrischen Aufbau aufweisen, wie z. B. Kieselglas, Polyethylen oder Polytetrafluorethylen. Relativ niedrige DK liegen auch dann vor, wenn für den Aufbau der Molekülketten nur C- und H-Atome verwendet wurden, wie bei Polystyren, Polyisopren oder Polybutadien. In den genannten Polymeren herrscht die Atompolarisation vor. Sind in die Moleküle Sauerstoff, Stickstoff oder Halogene eingebaut, so liegen die ε-Werte bereits oberhalb 2,5. Auch ein Wassergehalt im Werkstoff erhöht infolge der sehr hohen DK des Wassers ($\varepsilon = 80$) die Polarisation beträchtlich, wie z. B. bei Phenoplasten und Polyamid. Da bei einem Kondensator durch die Verwendung eines Dielektrikums die Kapazität C gegenüber der des Vakuums C_0 gemäß $C = \varepsilon C_0$ beträchtlich erhöht werden kann, sind keramische Werkstoffe mit hoher DK hierfür von technischem Interesse.

Wird das elektrostatische Feld, das zur Polarisation $\boldsymbol{P}$ im Werkstoff geführt hat, abgeschaltet, dann verschwindet die Polarisation nicht sofort, sondern klingt nach einem Exponentialgesetz ab:

$$\boldsymbol{P}_t = \boldsymbol{P}_0 \, e^{-t/\tau} \tag{10.20}$$

($\boldsymbol{P}_t$ Polarisation nach der Zeit t; $\boldsymbol{P}_0$ Polarisation zum Zeitpunkt des Abschaltens des Feldes; τ Relaxationszeit, nach der die Polarisation $\boldsymbol{P}_0$ auf den e-ten Teil abgesunken ist). τ ist temperaturabhängig. Je höher die Temperatur ist, umso kleiner ist τ. Darin kommt die Beweglichkeit der Dipole zum Ausdruck. In Analogie zu mechanischen Relaxationsvorgängen (Abschn. 9.3.) lassen sich daher aus dem dielektrischen Verhalten eines Werkstoffs in Abhängigkeit von der Temperatur Rückschlüsse auf seine Struktur und seinen Zustand ziehen.

Wird ein Dielektrikum in ein elektrisches Wechselfeld gebracht, in dem sich die Feldstärke periodisch ändert, dann ändert sich auch die Polarisation im Werkstoff periodisch. Da die Ladungen an eine Masse gebunden sind, gehorchen die elektrischen Verschiebungen den Gesetzen einer erzwungenen Schwingung, d. h., die Amplitude der Schwingung ist von der Frequenz der Erregung abhängig. Es treten zwischen erregender und erregter Schwingung Phasenverschiebungen auf, die zugleich anzeigen, dass infolge der wirkenden molekularen Bindungskräfte die Ausrichtung der Dipole im Werkstoff behindert wird und die Schwingung nicht trägheitslos vor sich geht. Außerdem nehmen die Moleküldipole Energie aus dem elektrischen Wechselfeld auf, die in Wärme umgesetzt wird und sich in einer Temperaturerhöhung des Dielektrikums äußert. Man bezeichnet diesen Energieanteil als *dielektrische Verluste* und den Vorgang als dielektrische Erwärmung.

Die bei einem derartig verlustbehafteten Dielektrikum beobachtete Phasenverschiebung wird durch den *Verlustwinkel* δ charakterisiert (Winkel zwischen dem Blindstrom $\boldsymbol{I}_C$ in einem verlustfreien Dielektrikum und dem tatsächlich durch das Dielektrikum fließenden Gesamtstrom $\boldsymbol{I}_R$). Der Tangens dieses Winkels wird als *Verlustfaktor* bezeichnet:

$$\tan \delta = \boldsymbol{I}_R / \boldsymbol{I}_C \tag{10.21}$$

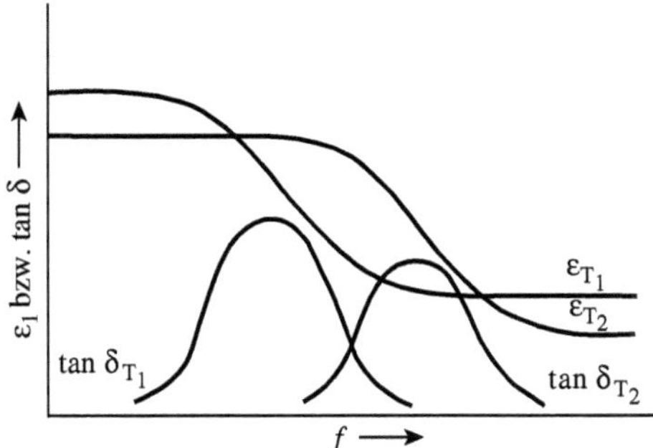

Bild 10.27 Schematische Darstellung der Frequenzabhängigkeit von ε und tan δ für zwei Temperaturen $T_1 < T_2$

Die im Dielektrikum entstehende Wärme hängt vom Produkt $\boldsymbol{I}_R$U ab. Die Verlustleistung ist

$$N_{verl} = 2\pi \cdot f \cdot U^2 C \cdot \tan\delta \tag{10.22}$$

(f Frequenz des elektrischen Wechselfeldes; U Spannung). $C = \varepsilon\varepsilon_0\, F/d$ ist die Kapazität in einem homogenen Feld eines planparallelen Kondensators

$$N_{verl} = 2\pi \cdot f \cdot U^2\, \varepsilon\varepsilon_0 \cdot \tan\delta\, F/d \tag{10.23}$$

(f Frequenz des elektrischen Wechselfeldes; U Spannung; F Kondensatorfläche; d Abstand der Kondensatorbelegung). Im letzteren Fall findet eine gleichmäßige Erwärmung des Dielektrikums statt. Aus der Vorstellung, dass den Dipolen Schwingungen aufgezwungen werden, folgt auch, dass die Energieabsorption am größten sein wird, wenn sie im Resonanzgebiet schwingen. Daraus resultiert die charakteristische *Dispersion,* d. h. die Frequenzabhängigkeit von tan δ (Bild 10.27).

Wie bei einer mechanischen Relaxation relaxieren die verschiedenen Makromoleküle eines polymeren Werkstoffs unterschiedlich. Das hat zur Folge, dass bei Polymeren mehrere Dispersionsgebiete vorliegen. Außerdem sind die verschiedenen Polarisationsmechanismen unterschiedlich frequenzabhängig, sodass sich für die Gesamtheit der Polarisationen die in Bild 10.28 dargestellte Abhängigkeit ergibt. Auch daraus lassen sich Rückschlüsse auf den molekularen Aufbau der Werkstoffe ziehen.

Die Werte für tan δ liegen bei Polymeren etwa zwischen 10^{-4} und 10^{-1}. Extrem niedrige Werte haben unpolare Stoffe wie Polyethylen, Polystyren und Polytetrafluorethylen sowie viele keramische Werkstoffe und Silicatgläser. Sie sind daher wichtige Werkstoffe für die Elektrotechnik. Werkstoffe mit niedrigerem spezifischem Widerstand hingegen zeigen größere Verluste, denn auch die Ionenleitfähigkeit trägt, vor allem bei niedrigen Frequenzen, zum Verlustfaktor bei. Andererseits wird das Auftreten großer dielektrischer Verluste, wie z. B. bei Polyvinylchlorid, vielen Duromeren und Elastomeren oder in wasserhaltigen Werkstoffen, technisch zur Trocknung, Vorwärmung, Vulkanisation, Verleimung oder Schweißung mittels HF-Energie genutzt. Dabei sind extrem kurze Aufheizzeiten erreichbar, da die Leistungsdichte in der Regel 0,2 bis 5 Watt je cm^3 und in günstigsten Fällen sogar bis 100 Watt je cm^3 betragen kann, während bei konventioneller Wärmeübertragung durch Leitung, Strahlung und Konvektion auf Nichtleiter nur 0,01 Watt je cm^3 übertragbar sind.

Bei einigen Ionenkristallen, z. B. Ferroelektrika und Quarzkristallen, kann eine homogene Polarisierung auch über eine äußere mechanische Beanspruchung erzielt werden,

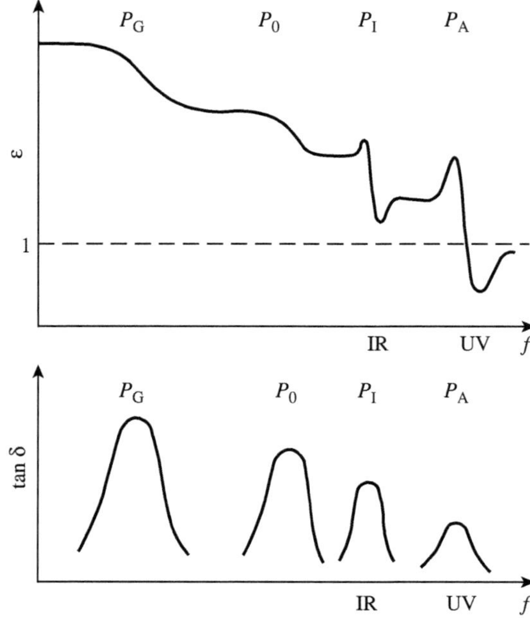

Bild 10.28 Schematische Darstellung der Anteile der Polarisationsmechanismen an der Gesamtheit der Polarisation in Abhängigkeit von der Frequenz. P_G Grenzflächenpolarisation; P_0 Orientierungspolarisation; P_I Ionenpolarisation; P_A Atompolarisation; *IR* Infrarotgebiet; *UV* Ultraviolettgebiet

wenn durch elastische Verformung die Ionen verschoben und elektrische Dipolmomente gebildet werden. Diese Erscheinung wird als *Piezoelektrizität* bezeichnet. Da zwischen Polarisation und Verformung ein linearer Zusammenhang besteht, lassen sich piezoelektrische Stoffe als Kraft- und Druckmesser und in Kristallmikrofonen und -tonabnehmern als mechanisch-elektrische Wandler nutzen. Der Vorgang verläuft umgekehrt, wenn an den unbelasteten Kristall ein elektrisches Feld angelegt wird. Es kommt zur elastischen Verformung *(Elektrostriktion)*. Verwendet man dazu ein elektrisches Wechselfeld, dann wird der Kristall zu erzwungenen mechanischen Schwingungen angeregt, die am stärksten sind, wenn Erregerfrequenz und Eigenfrequenz des Kristalls übereinstimmen, d. h. Resonanz herrscht. Technisch werden piezokeramische Resonatoren (z. B. gesinterte Bariumtitanate oder Bleititanatzirkonate) und Quarz zur Erzeugung von Ultraschall genutzt.

10.6 Magnetismus

10.6.1 Erscheinungsformen des Magnetismus

Bringt man einen Stoff in ein homogenes Magnetfeld, so wird die magnetische Kraftliniendichte gegenüber der im Vakuum verändert. Die Wechselwirkung zwischen Stoff und Magnetfeld steht ursächlich mit den Bewegungen, die die Elektronen um die Atomkerne (Bahnbewegung) sowie um ihre eigene Achse (Eigenrotation, Spin) ausführen und die von einem magnetischen Moment begleitet sind, in Zusammenhang.

Je nach ihrem Verhalten in einem äußeren Magnetfeld werden diamagnetische und paramagnetische Stoffe unterschieden. Von *Diamagnetismus* spricht man, wenn die magnetische Kraftliniendichte durch den Stoff geschwächt wird. In jedem Atom wird ein magnetisches Moment, das der äußeren Feldrichtung entgegengesetzt ist, induziert. Die dadurch entstehende Kraft hat zur Folge, dass diamagnetische Stoffe aus einem inhomogenen Magnetfeld herausgedrängt werden. Diamagnetisch verhalten sich alle Stoffe, die aus Atomen oder Ionen mit abgeschlossenen Elektronenschalen aufgebaut sind. In diesen hat die Hälfte der Elektronen positiven bzw. negativen Spin, sodass sich die Spinmomente bereits innerhalb der Elektronenschale aufheben. Zu diesen Stoffen zählen z. B. die Edelgase, Salze und viele organische Verbindungen, aber auch eine Reihe von Metallen wie Cu, Ag, Au, Zn oder Cd, die ihre locker gebundenen Valenzelektronen an das sog. Elektronengas des Gitters (s. Abschn. 2.1.5) abgeben und deren Atomrümpfe nur voll aufgefüllte Elektronenschalen zeigen.

Sind die Atome hingegen so aufgebaut, dass mindestens eine der Elektronenschalen der Bausteine nicht voll aufgefüllt ist, so werden die magnetischen Momente der Bahnbewegungen und Spins im Einzelatom auch nicht voll kompensiert. Die Atome weisen dann ein resultierendes magnetisches Moment auf. Das damit gegebene Stoffverhalten wird als *Paramagnetismus* bezeichnet.

Das resultierende Moment setzt sich allgemein aus dem magnetischen Moment des Atomkerns und den magnetischen Bahn- und Spinmomenten der Elektronen zusammen. Das magnetische Kernmoment ist für die makroskopischen magnetischen Erscheinungen jedoch vernachlässigbar klein, und auch das Bahnmoment liefert in Festkörpern nur einen geringen Beitrag zum magnetischen Gesamtmoment der Atome. Den ausschlaggebenden Anteil zum resultierenden magnetischen Moment trägt das von der Eigenrotation des Elektrons herrührende Spinmoment bei. Es ist etwa gleich einem Bohrschen Magneton. Das Bohrsche Magneton $\mu_B = 9{,}273 \cdot 10^{-24}$ Am^2 ist der kleinste Wert des magnetischen Momentes.

Da die Energiezustände in der Elektronenhülle von niedrigen zu höheren Niveaus fortschreitend jeweils mit Elektronen positiven und negativen Spins besetzt werden, können Elemente mit regulär besetzten Elektronenschalen nur ein magnetisches Moment der Größe Null (Diamagnetismus) oder 1 μ_B (Paramagnetismus) haben. Eine Ausnahme hiervon bilden die Übergangselemente (Abschn. 10.1), die sich durch nicht voll aufgefüllte innere Elektronenniveaus auszeichnen. Von ihnen sind für die magnetischen Erscheinungen besonders die Elemente, deren 3d-Zustände nicht voll besetzt sind (Cr bis Ni), wichtig. Der Spin der im 3d-Zustand möglichen zehn Elektronen ist mit steigender Ordnungszahl bis zu fünf Elektronen gleichsinnig und erst ab sechstem entgegengesetzt (Hundsche Regel). So treten beispielsweise beim Cr, das gerade fünf 3d-Elektronen aufweist (Tab. 10.1), auch fünf unkompensierte Spinmomente auf. Das resultierende magnetische Moment des Cr-Atoms beträgt 5 μ_B.

Innerhalb eines paramagnetischen Stoffes sind die magnetischen Momente der einzelnen Atome mit gleicher Wahrscheinlichkeit in alle Richtungen orientiert, sodass der Körper nach außen hin kein resultierendes magnetisches Moment zeigt. Wird der Stoff in ein genügend starkes Magnetfeld gebracht, sind die als magnetische Dipole wirkenden Atome bestrebt, sich in Feldrichtung einzustellen. Die Dichte der magnetischen Kraftlinien erfährt eine geringe Verstärkung. Ein paramagnetischer Körper wird deshalb in ein inhomogenes

Magnetfeld hineingezogen. Die wirkende Kraft ist jedoch klein. Der diamagnetische Stoff wird aus einem inhomogenen Magnetfeld herausdrängt.

Während bei den paramagnetischen Stoffen nur eine geringe gegenseitige Beeinflussung benachbarter Atome vorhanden ist, besteht in Werkstoffen mit *Ferromagnetismus* außer einer nicht aufgefüllten inneren Elektronenschale auch eine starke Wechselwirkung zwischen benachbarten Atomen. Unter der Wirkung der quantenmechanischen Austauschkraft richten sich in ferromagnetischen Stoffen Atome mit ihren magnetischen Momenten über größere Kristallbereiche parallel zueinander aus. Dadurch enthält der ferromagnetische Werkstoff bereits kleine magnetische Bezirke mit einem resultierenden magnetischen Moment, die als *Weißsche Bezirke* bezeichnet werden. Sie umfassen durchschnittlich 10^{11} bis 10^{15} Atome. Ihre Größe hängt von der Austauschenergie und den magnetischen Anisotropieenergien sowie vom Magnetisierungszustand des Werkstoffes ab und ist in der Regel nicht identisch mit der Kristallitgröße. Aus dem Gesagten folgt auch, dass der Ferromagnetismus nur bei Festkörpern auftreten kann, während Dia- und Paramagnetismus Stoffen aller Aggregatzustände eigen ist.

Die Energiebeziehung für die Wechselwirkungen zwischen benachbarten Atomen enthält eine charakteristische Größe, das Austauschintegral A, das die Art der Spinkopplung kennzeichnet. Eine Parallelstellung der Atommomente tritt nur bei positivem Austauschintegral ein. Das ist immer dann der Fall, wenn ein bestimmtes Verhältnis von kürzestem Atomabstand im Gitter zum mittleren Durchmesser der nicht voll besetzten Elektronenschale *(Slater-Koeffizient)* vorliegt. Das Austauschintegral ist, wie.

Bild 10.29 zeigt, bei den Elementen Fe, Co, Ni, Gd und einigen weiteren Seltenerdmetallen positiv, während es bei Mn und Cr negative Werte hat. Im Falle des Mn ist das Verhältnis $a/d = 1{,}47$. Es liegt also knapp unterhalb dem für das Auftreten von Ferromagnetismus erforderlichen Wert von 1,5. Wird dem Mn jedoch beispielsweise so viel Cu und Al zulegiert, dass sich die ternäre Überstruktur Cu_2MnAl bildet (Heuslersche Legierung), wird auch der Gitterabstand der Mn-Atome so weit vergrößert, dass der Slater-Koeffizient einen Wert von > 1,5 annimmt. Als Folge dessen wird die aus nichtferromagnetischen Komponenten zusammengesetzte Legierung ferromagnetisch.

Die atomaren magnetischen Momente der ferromagnetischen Metalle Fe, Co und Ni müssten der Anzahl der unkompensierten Spinmomente in den 3d-Zuständen entsprechen. Im Kristallgitter treten jedoch infolge der Überlappung des 4s- und 3d-Bandes einige der 4s-Elektronen in das 3d-Band über und füllen es teilweise auf. Dadurch ergibt sich eine

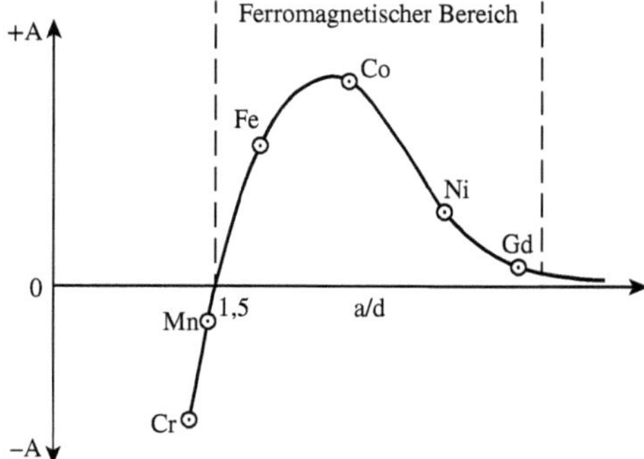

Bild 10.29 Abhängigkeit des Austauschintegrals *A* vom Verhältnis Atomabstand *a* zum Durchmesser *d* der nicht voll besetzten inneren Elektronenschalen (schematisch)

davon abweichende effektive Zahl von Bohrschen Magnetonen je Atom, für Fe = 2,2 μ_B, Co = 1,7 μ_B und Ni = 0,6 μ_B. Das Zulegieren von Fremdatomen zu den ferromagnetischen Elementen kann sogar zur vollen Auffüllung der 3d-Zustände führen. So werden z. B. Valenzelektronen von Cu-Atomen beim Zulegieren zu Ni energetisch günstiger in die 3d-Zustände der Ni-Atome eingebaut und sättigen bei einem Atomverhältnis von 40 % Ni und 60 % Cu alle unkompensierten Spins ab, sodass eine derartige Legierung dann keine ferromagnetischen Eigenschaften mehr aufweist.

Die Parallelstellung der magnetischen Atommomente kann nicht willkürlich erfolgen. Der Zustand geringster Energie wird dann eingenommen, wenn sich die Atommomente parallel zu bestimmten Gitterrichtungen, den magnetischen Vorzugsrichtungen oder auch Richtungen leichtester Magnetisierbarkeit, anordnen. In einem krz Eisenkristall beispielsweise sind das die Richtungen parallel zu den Kanten der Elementarzelle ⟨100⟩ (s. a. Bild 10.36). Sollen die Spinmomente aus diesen Richtungen herausgedreht werden, so ist dazu durch das äußere Magnetfeld eine zusätzliche Energie, die so genannte *Kristallanisotropieenergie* (Kristallenergie), aufzubringen.

Die zwischen den Atomen wirkenden Austauschkräfte haben das Bestreben, möglichst viele Atome im Kristallgitter parallel auszurichten. Bei völliger Parallelstellung über den ganzen Kristall würden aber auf der Kristalloberfläche freie magnetische Pole entstehen, was insgesamt energetisch ungünstig wäre. Zur Verminderung des Streuflusses bildet sich deshalb in den Kristallen unter Beachtung der magnetischen Vorzugsrichtungen eine Vielzahl spontan magnetisierter Weißscher Bezirke mit unterschiedlicher Orientierung so aus, dass sich der magnetische Fluss im Werkstoff insgesamt kompensiert. Obwohl der Werkstoff aus kleinen „Elementarmagneten", den Weißschen Bezirken, besteht, hat er, z. B. ein Stück Eisen, zunächst kein magnetisches Moment, er ist unmagnetisch.

Die Richtungsänderung der Atommomente (Änderung der Magnetisierungsrichtung) von einem Weißschen Bezirk zum anderen erfolgt nicht unstetig, sondern allmählich über einen größeren Gitterbereich hinweg. Solche Übergangsbereiche werden *Blochwände* genannt (Bild 10.30). In ihnen sind die Atommomente aus den magnetischen Vorzugsrichtungen herausgedreht. Sie befinden sich in einem Zustand erhöhter Energie, sodass die Blochwände eine *Wandenergie* (Größenordnung 10^{-4} bis 10^{-2} J m^{-2}, auf die Flächeneinheit der Wand bezogen) haben. Die Dicke einer Blochwand richtet sich nach den durch die anderen magnetischen Grundkonstanten des Werkstoffes vorgegebenen energetischen Verhältnissen und wird im Allgemeinen mit 100 bis 1.000 Atomabständen angegeben. In Kristallen mit

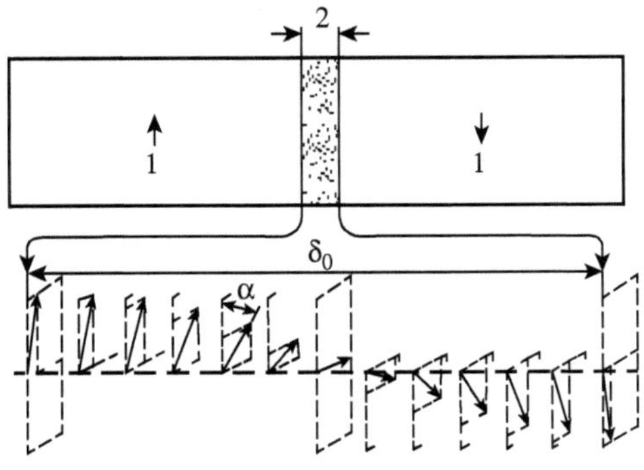

Bild 10.30 Änderung der Magnetisierungsrichtung innerhalb einer 180°-Blochwand. *1* Elementarbezirke; *2* Blochwand von der Dicke δ_0; α Winkel, der die Richtungsänderung der Atommomente kennzeichnet.

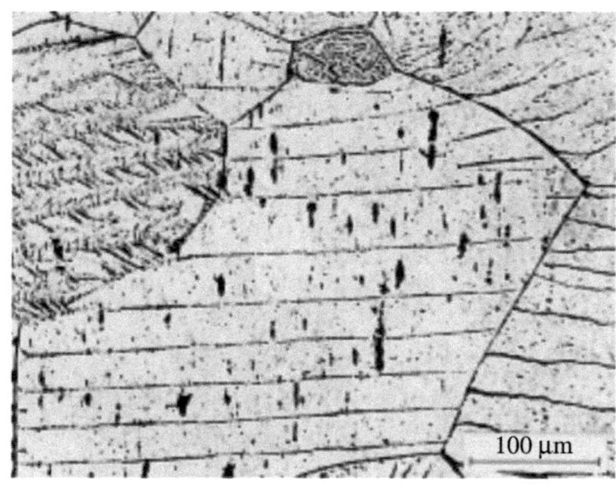

Bild 10.31 Pulvermuster auf polykristallinem Fe–Si-Blech, 180°-Wände im mittleren Kristalliten. Mit freundlicher Genehmigung von J. Edelmann und L. Illgen (ZFW Dresden)

magnetischen ⟨100⟩-Vorzugsrichtungen können benachbarte Weißsche Bezirke Orientierungen von 90° oder 180° zueinander einnehmen. In solchen mit ⟨111⟩-Vorzugsrichtungen (z. B. Ni) treten dagegen neben 180°-Wänden auch 109°- und 71°-Wände auf.

Die Blochwände lassen sich durch den aus der Kristalloberfläche austretenden Streufluss nachweisen. In einer Suspension befindliche ferri- oder ferromagnetische Pulverteilchen (z. B. Fe_3O_4 mit 10^{-8} bis 10^{-7} m Durchmesser) werden durch den Streufluss angezogen und reichern sich dem Verlauf der Blochwände entsprechend auf der Kristalloberfläche an. Die dabei entstehenden Muster werden auch als *Bittersche Streifen* bezeichnet. Mit ihrer Hilfe lässt sich die im Werkstoff vorliegende magnetische Bezirksstruktur sichtbar machen (Bild 10.31). Neben der Bitterstreifenmethode wird auch der magnetooptische Kerr-Effekt zur Abbildung der Weißschen Bezirke benutzt [14]. Er beruht auf einer Drehung der Polarisation eines polarisierten Lichtstrahls durch die magnetischen Streufelder an der Oberfläche des Magnetwerkstoffs.

Die aus den Weißschen Bezirken und Blochwänden bestehende magnetische Bezirksstruktur bildet sich unterhalb einer bestimmten Temperatur *(Curie-Temperatur)* in jedem Werkstoff, bei dem die Bedingungen für das Auftreten von Ferromagnetismus erfüllt sind. Dabei ist jeder Weißsche Bezirk spontan bis zu der der jeweiligen Temperatur entsprechenden magnetischen Sättigung magnetisiert *(spontane Magnetisierung)*. Eine ideale Parallelstellung der magnetischen Atommomente ist nur bei $T = 0$ K möglich (Bild 10.32a).
Die auf eine statistische Anordnung der Atommomentenrichtungen hinwirkende Wärmeenergie überlagert sich mit steigender Temperatur zunehmend den zwischenatomaren Austauschkräften. Schließlich wird eine Temperatur erreicht, bei der die Wärmeenergie die Austauschwechselwirkung überwiegt: die Curie-Temperatur T_c. Sie beträgt für Fe = 768 °C, für Co = 1.128 °C, für Ni = 360 °C und für Gd = 17 °C. Oberhalb T_c befindet sich der Werkstoff im paramagnetischen Zustand. Daraus folgt, dass die Sättigungspolarisation J_s des Werkstoffs temperaturabhängig ist (Bild 10.33).

Die Austauschwechselwirkung kann, wie z. B. beim Cr, die Atommomente aber auch so beeinflussen, dass sich eine Antiparallelstellung benachbarter Atome einstellt (Bild 10.32b) Diese Momentenanordnung wird als *Antiferromagnetismus* bezeichnet. Sie tritt bei negativem Austauschintegral auf, weil dann die Antiparallelstellung die energetisch günstigere Lage ist. Spontan magnetisierte Bereiche mit einem resultierenden magnetischen Moment können dabei in den Kristalliten nicht auftreten, wohl aber ist eine Bezirksstruktur

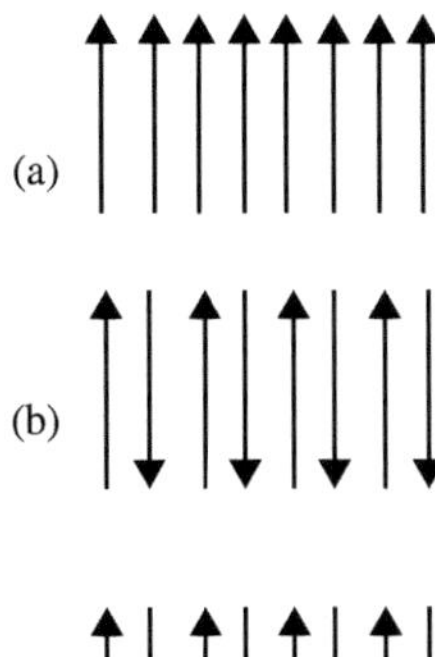

Bild 10.32 Schematische Darstellung der Spinmomente: (a) in Ferromagneten (Fe.- Co.- Ni.- Ce.- Legierungen, Intermetallische Phasen z. B. $ZrZn_2$); (b) in Ferrimagneten (Mn, Cr, FeO_2); (c) in Ferriten (Magnetit, Granate, Sulfide, Selenide)

möglich, da die Antiparallelstellung der Vektoren ebenfalls nur über kleine Bereiche des Kristallgitters erfolgt. Ebenso wie beim Ferromagnetismus ist die Antiparallelstellung der Atommomente von der Temperatur abhängig, sodass ein antiferromagnetischer Curie-Punkt (Néel-Punkt genannt) besteht.

Eine weitere Erscheinungsform des Magnetismus ist der *Ferrimagnetismus* (Bild 10.32c) Ähnlich wie beim Antiferromagnetismus treten antiparallel gestellte Atom- bzw. Ionenmomente auf. Die magnetische Struktur ferrimagnetischer Stoffe (Ferrite) hat man sich als aus Untergittern (s. a.Bild 10.42) mit entgegengesetzter Magnetisierung zusammengesetzt vorzustellen, wobei deren Momente sich aber nur teilweise kompensieren, sodass ein resultierendes magnetisches Moment übrig bleibt. Es treten eine spontane Magnetisierung wie bei Ferromagnetika und eine magnetische Bezirksstruktur auf. Die Temperaturabhängigkeit der spontanen Magnetisierung kann bei ferrimagnetischen Werkstoffen komplizierter sein, da die resultierende Magnetisierung der jeweiligen Untergitter nicht dieselbe Temperaturabhängigkeit aufzuweisen braucht. Daraus ergibt sich unter Umständen beim Verschwinden der Magnetisierung des einen Untergitters und Weiterbestehen der Magnetisierung des anderen Untergitters ein sog. Inversionspunkt.

10.6.2 Technische Magnetisierung

Die in einem ferromagnetischen Werkstoff bereits spontan magnetisierten Weißschen Bezirke lassen sich durch Anlegen eines äußeren magnetischen Feldes in Feldrichtung ausrichten. Der Vorgang wird als technische Magnetisierung bezeichnet. Dabei laufen in Abhängigkeit von der äußeren Feldstärke charakteristische Magnetisierungsprozesse ab,

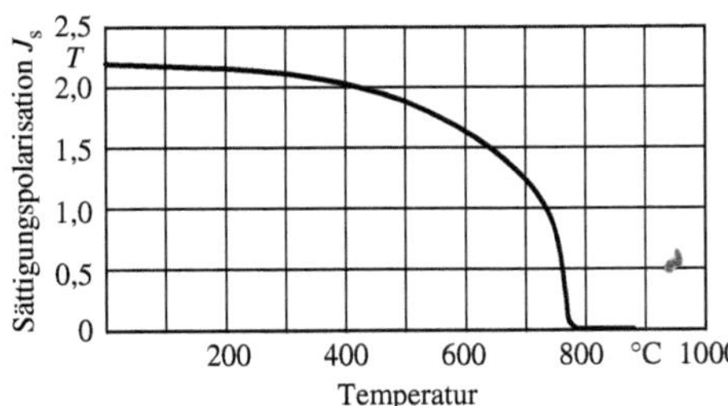

Bild 10.33 Abhängigkeit der Sättigungspolarisation J_s von der Temperatur bei reinem Eisen

die am Beispiel eines in eine stromdurchflossene Spule gebrachten Eisenstabes erläutert werden sollen. Das von der Spule erzeugte Magnetfeld H ist proportional der Stromstärke I und der Windungsdichte w/l (w Windungszahl, l Länge der Zylinderspule):

$$H = I\frac{w}{l} \text{ in Am}^{-1} \tag{10.24}$$

Ausgehend vom pauschal unmagnetischen (entmagnetisierten) Zustand findet bei Feldstärken $H < H_1$ (Bild 10.34) zunächst eine reversible Verschiebung von Blochwänden statt. Dabei wachsen die Bezirke, deren Magnetisierungsvektoren günstig zur äußeren Feldrichtung liegen, auf Kosten der ungünstiger orientierten, vor allem in 90°-Lage befindlichen Nachbarbezirke, indem sich die Blochwände wie eine Membran in diese hineinwölben. Bei Wegnahme des äußeren Feldes wird der Ausgangszustand wieder eingenommen. Bei Feldstärken $H_1 < H < H_2$ erfolgt ein rasches Anwachsen der magnetischen Polarisation. Dabei kommt es neben den weiter ablaufenden Wandverschiebungen nacheinander zu sprunghaften Umklappvorgängen antiparallel orientierter Bezirke, die als *Barkhausensprünge* bekannt sind. Diese Magnetisierungsvorgänge sind irreversibel, sodass nach Abschalten des äußeren Feldes eine magnetische Polarisation des Werkstoffes zurückbleibt. Da die Kristallite in einem polykristallinen Werkstoff hinsichtlich ihrer Kristallorientierung im Allgemeinen regellos angeordnet sind, nehmen die Magnetisierungsvektoren bei H_2 die Vorzugsrichtungen ein, die den kleinsten Winkel mit der äußeren Feldrichtung bilden. Bei Feldstärken > H_2 überwiegt die Energie des äußeren Feldes die Kristallenergie. Alle magnetischen Atommomente werden parallel zur äußeren Feldrichtung eingedreht. Diese Drehprozesse sind reversibel, sodass sich bei Verringerung des äußeren Feldes die Magnetisierungsvektoren wieder in die magnetische Vorzugsrichtung zurückdrehen. Bei H_S ist die technische Sättigung des Werkstoffes erreicht. Die Sättigungspolarisation J_S des gesamten Werkstoffs hat denselben Betrag wie vorher die spontane Magnetisierung innerhalb der einzelnen Weißschen Bezirke. Steigert man die äußere Feldstärke wesentlich über die zur technischen Sättigung notwendige hinaus, wird die bei endlicher Temperatur durch

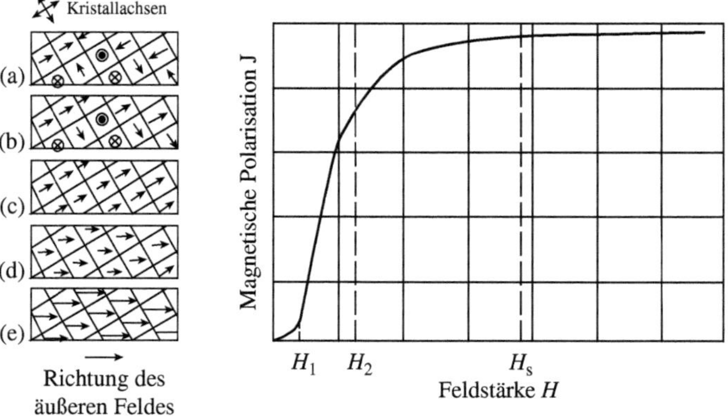

Bild 10.34 Polarisationskurve (Neukurve) und Polarisationsprozesse (schematisch). (a) Ausgangszustand; (b) nach Ablauf der 180°-Wandverschiebungen; (c) nach Beendigung sämtlicher Wandverschiebungen; (d) technische Sättigung nach Ablauf der Drehprozesse; (e) wahre Magnetisierung bei sehr hoher Feldstärke

die Wärmebewegung bedingte geringfügige Abweichung von der idealen Parallelstellung der Atommomente weiter verringert. Dadurch nimmt die Polarisation proportional zur äußeren Feldstärke noch etwas zu, was als „wahre Magnetisierung“ oder auch als „Paraprozess“ bezeichnet wird.

Die ausgehend vom unmagnetischen Zustand im Zuge der technischen Magnetisierung erhaltene und in Bild 10.35 dargestellte Magnetisierungskurve ist die Neukurve des Werkstoffs. J ist die magnetische Polarisation (magnetisches Moment je Volumeneinheit). Die magnetische Kraftliniendichte in der Feldspule, die Induktion B, hat infolge der Polarisation J des ferromagnetischen Werkstoffes sehr stark zugenommen. Zwischen der Induktion B, der magnetischen Polarisation J und dem äußeren Feld H besteht der Zusammenhang:

$$B = J + \mu_0 H \text{ in T (Tesla)} \tag{10.25}$$

Der Faktor μ_0 ist die Induktionskonstante ($\mu_0 = 4\pi \cdot 10^{-7}$ Vs A^{-1}m^{-1}). Die relative Permeabilität $\mu_r = \dfrac{B}{\mu_0 H}$ stellt ein Maß für die Verstärkung der Kraftliniendichte in der Spule durch einen Magnetwerkstoff dar. Während bei diamagnetischen Werkstoffen μ_r wenig kleiner und bei paramagnetischen wenig größer als 1 ist, erreicht die relative Permeabilität bei ferromagnetischen Werkstoffen Werte in der Größenordnung 10^6. Technisch wichtig sind die Anfangspermeabilität μ_i im Gebiet der reversiblen Wandverschiebungen (μ_i ist der Grenzwert der relativen Permeabilität für die Feldstärke $H \to 0$) sowie die Maximalpermeabilität μ_{max}, die sich als Steigung der vom Koordinatenursprung an das Knie der Induktionskurve gelegten Tangente ergibt.

In einem bis zur Sättigung J_s magnetisierten Werkstoff bleibt auf Grund des irreversiblen Anteils der Magnetisierungsprozesse nach Abschalten des äußeren Feldes eine remanente Polarisation J_r zurück. Wegen $H = 0$ ist J_r gleich der remanenten Induktion B_r *(Remanenz)*. Wird ein Gegenfeld angelegt, werden zunächst durch gleichartige Wandverschiebungsprozesse, wie sie oben beschrieben wurden, die Magnetisierungsvektoren aus der ursprünglichen in die neue Feldrichtung umorientiert. Bei einer bestimmten negativen Feldstärke, der *Koerzitivfeldstärke* H_c, heben sich die Komponenten der Magnetisierungsvektoren in alter und neuer Feldrichtung gerade auf, die magnetische Polarisation ist null. Eine weitere Steigerung der negativen Feldstärke führt schließlich zur negativen Sättigung $-J_s$.

Erfolgt ein ständiger Wechsel zwischen positiver und negativer Sättigungsfeldstärke H_s, z. B. durch einen Wechselstrom, so beschreibt die Magnetisierungskurve infolge der im Werkstoff ablaufenden einzelnen Magnetisierungsprozesse eine Hystereseschleife (Bild 10.35). Je nachdem, ob über der Feldstärke H die Induktion B oder die magnetische Polarisation J aufgetragen wird, erhält man sie als Induktions- oder als Polarisationskurve [s. Gl. (10.25)].

Demgemäß werden auch die sich aus den beiden Hysteresekurven ergebenden Koerzitivfeldstärken ${}_JH_c$ und ${}_BH_c$ bzw. H_{cJ} und H_{cB} unterschieden. Während bei weichmagnetischen Werkstoffen $H_{cJ} \cong H_{cB}$ ist, bestehen bei magnetisch harten Werkstoffen mit breiter Hystereseschleife zwischen beiden Größen erhebliche Unterschiede.

Der Flächeninhalt der Induktionskurve ist ein Maß für die zur Ummagnetisierung des Werkstoffes benötigte Energie. Sie wird in Wärme umgesetzt und erscheint als Hystereseverlust P_h. Je kleiner die von der Hystereseschleife eingeschlossene Fläche ist, d. h. je schmaler die Schleife bzw. je kleiner die Koerzitivfeldstärke ist, umso geringer wird der Hystereseverlust sein. Bezogen auf die Masseeinheit ergeben sich die spezifischen

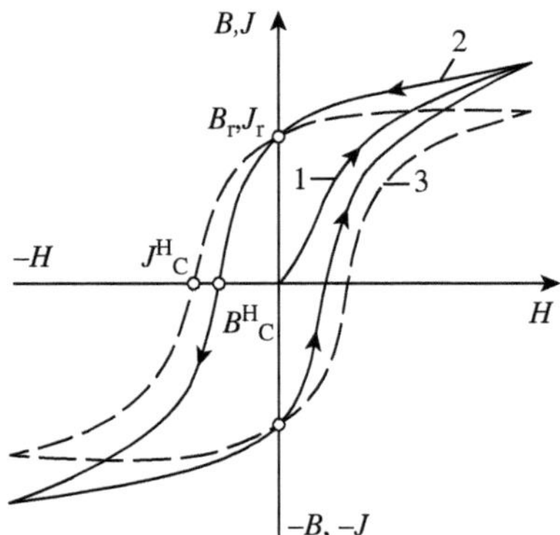

Bild 10.35 Hystereseschleifen eines ferromagnetischen Werkstoffes. *1* Neukurve; *2* Induktionskurve *B* über *H*; *3* Polarisationskurve *J* über *H*

Hystereseverluste aus der *Ummagnetisierungsarbeit* W_u (in Wsm^{-3}) je Zyklus, der Werkstoffdichte γ (in kgm^{-3}) und der Frequenz f (in Hz) zu

$$p_h = (W_u\, f/\gamma)\, 10^{-8} \text{ in } Wkg^{-1} \tag{10.26}$$

Zu dem so aus der statischen Messung mit Gleichstrommagnetisierung berechneten Hystereseverlust addieren sich bei Wechselfeldmagnetisierung noch der Wirbelstrom- und der Nachwirkungsverlust zum Gesamt-Ummagnetisierungsverlust ρ_V (bzw. p_{Fe} oder p_s). Für die einzelnen ferromagnetischen Werkstoffe werden die spezifischen Ummagnetisierungsverluste mit p_1, $p_{1,5}$ bzw. $p_{1,7}$ für Induktionen von 1 T, 1,5 T bzw. 1,7 T bei 50 Hz angegeben.

Gestalt und Flächeninhalt der Hystereseschleife werden außer von der durch die Werkstoffzusammensetzung gegebenen Sättigungspolarisation durch die Beweglichkeit der Blochwände und die den Drehprozessen entgegenwirkenden Kräfte bestimmt. Diese werden sowohl von gefügeabhängigen wie auch -unabhängigen Faktoren beeinflusst.

Allgemein behindern Gefügeinhomogenitäten wie Fremdeinschlüsse, Ausscheidungen und Poren sowie Gitterstörungen, z. B. Versetzungen oder Leerstellen-Clusters, die Wandverschiebungen. Einen wesentlichen Einfluss auf die Magnetisierbarkeit von ferromagnetischen Werkstoffen üben auch die Anisotropieenergien aus. Wie schon erwähnt, sind die Magnetisierungsvektoren an bestimmte Vorzugsrichtungen gebunden, sodass es einer zusätzlichen Energie bedarf, um sie aus diesen herauszudrehen. Wie aus Bild 10.36a hervorgeht, ist für die Magnetisierung eines Eiseneinkristalls bis zur Sättigung in ⟨100⟩-Richtung die geringste äußere Feldenergie erforderlich. Für die Magnetisierung in ⟨111⟩-Richtung dagegen ist eine wesentlich größere Feldenergie aufzubringen. Die Differenz der Magnetisierungsarbeiten je Volumeneinheit zwischen einer magnetischen Vorzugsrichtung und einer beliebigen Gitterrichtung wird als *Kristallenergie* (Kristallanisotropieenergie) bezeichnet, wobei die Größe K_1 in J m^{-3} (Kristallenergiekonstante) ein Maß für diese darstellt. Beim Nickel sind die ⟨111⟩ Vorzugsrichtungen und die ⟨100⟩ die Richtungen der schweren Magnetisierbarkeit bzw. beim Kobalt die [001] und die [$1\bar{1}0$]-Richtung (Bild 10.36b, c). Im polykristallinen ferromagnetischen Werkstoff mit statistischer Verteilung der Kornorientierung muss in jedem Falle beim Eindrehen der Magnetisierungsvektoren in die äußere Feldrichtung die Kristallenergie überwunden werden.

Eine weitere der Magnetisierung entgegenwirkende Anisotropie (Spannungsanisotropie) ist mit dem Auftreten der *Magnetostriktion* verbunden. Die Magnetostriktion ist eine Sekundärerscheinung der spontanen Magnetisierung. Infolge der spontanen Ausrichtung

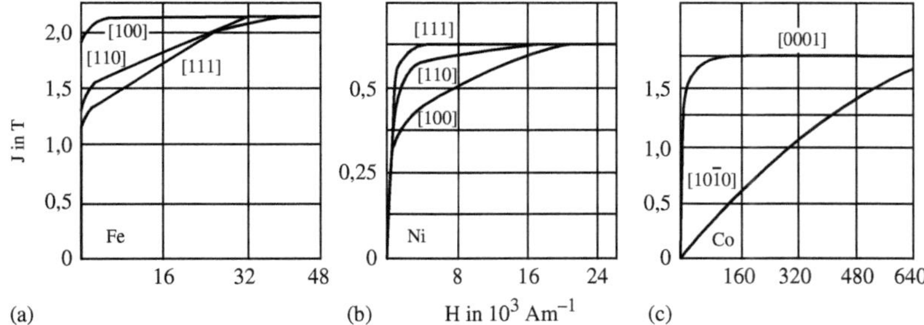

Bild 10.36 Magnetisierungskurven von Eisen-, Nickel- und Kobalteinkristallen in verschiedenen kristallographischen Richtungen

der magnetischen Atommomente innerhalb der Weißschen Bezirke erfahren auch die Atomabstände dieser Gittervolumina eine geringfügige Änderung, wodurch das Gitter anisotrop deformiert wird. Je nach Werkstoffzusammensetzung kann die Gitterdeformation im Hinblick auf die Richtung der spontanen Magnetisierung positiv oder negativ sein. Beim Anlegen eines äußeren Feldes führen die erzwungenen Richtungsänderungen der Magnetisierungsvektoren deshalb zu elastischen Spannungen im Werkstoff und makroskopisch zu einer Gestaltsänderung des ferromagnetischen Körpers. Bei magnetischer Sättigung kann die lineare Magnetostriktion $\lambda_s = \Delta l/l$ je nach Material bis zu 10^{-4} betragen. Im Werkstoff bereits bestehende Eigenspannungen erhöhen die durch die erzwungenen Richtungsänderungen der Magnetisierungsvektoren hervorgerufenen Spannungen noch und erschweren die technische Magnetisierung zusätzlich.

In mehrphasigen Werkstoffen mit ferromagnetischen Gefügebestandteilen, die lang gestreckt und so klein sind, dass sie nur aus einem Elementarbezirk bestehen und keine Blochwände aufweisen, wird der Magnetisierungsvektor in den Teilchen durch deren geometrische Form festgelegt. Die zur Ummagnetisierung aufzubringende Energie ist folglich von der Teilchenform beeinflusst *(Formanisotropie)*. Die Größe der Formanisotropie hängt von der Differenz der Entmagnetisierungsfaktoren in Teilchenlängs- und -querrichtung ab.

10.6.3 Weichmagnetisches Verhalten

Das weichmagnetische Verhalten eines Werkstoffes ist durch eine leichte Magnetisierbarkeit und geringe Hystereseverluste charakterisiert. Es zeichnet sich durch eine kleine Koerzitivfeldstärke und hohe μ_i sowie μ_{max} aus. Derartige Eigenschaftskombinationen sind nur bei homogenen, hochreinen Werkstoffen anzutreffen.

Ein viel genutzter weichmagnetischer Werkstoff ist reines Eisen, das von den ferromagnetischen Elementen bei Zimmertemperatur die höchste magnetische Sättigungspolarisation hat ($J_s = 2{,}16$ T; 1 Tesla $\cong 10^4$ Gauß $\cong 1$ Vs/m²). Es wird vorwiegend als Relaiswerkstoff verwendet. Wegen seiner relativ hohen elektrischen Leitfähigkeit treten bei Wechselfeldmagnetisierung jedoch größere Wirbelstromverluste auf. Um dem zu begegnen, werden beim Eisen bis zu 4,5 Masse-% Si zulegiert. Dadurch wird der spezifische elektrische Widerstand auf das 5 fache erhöht, J_s aber nur auf etwa 1,98 T erniedrigt. Fe–Si-Werkstoffe werden vor allem als Elektrobleche für Generatoren, Motoren und Transformatoren eingesetzt.

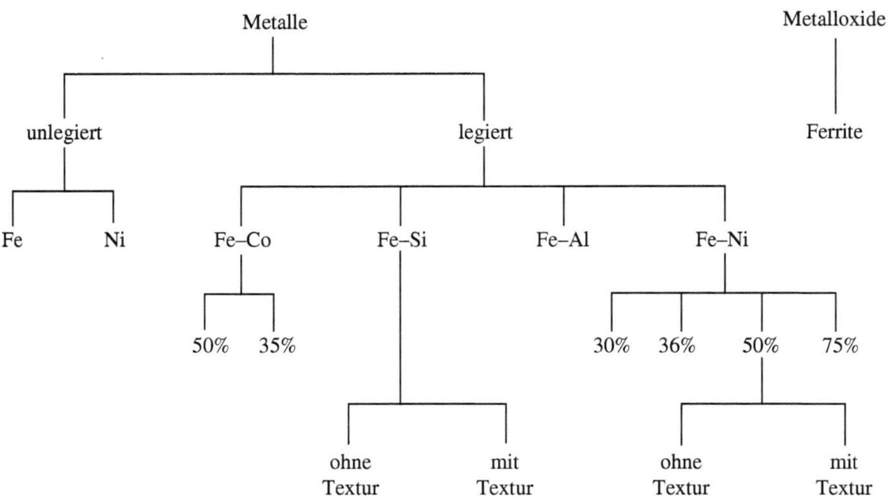

Bild 10.37 Weichmagnetische Werkstoffe (schematische Übersicht)

Weitere weichmagnetische Werkstoffe sind Legierungen auf Basis Fe–Co, Fe–Al und Fe–Ni (Bild 10.37). Fe–Co-Legierungen mit 35 bis 50 % Co erreichen infolge der durch den Co-Zusatz veränderten Atomnachbarschaftsverhältnisse im Gitter und einer dabei eintretenden Erhöhung des atomaren magnetischen Moments des Fe eine Sättigungspolarisation von etwa 2,4 T.

Neben der Sättigungspolarisation J_s sind auch Vorzeichen und Betrag der Kristallenergiekonstanten K_1 sowie der Sättigungsmagnetostriktion λ_s von der Werkstoffzusammensetzung abhängig. Da die Kristallenergiekonstante des Eisens bei Raumtemperatur positiv ($K_1 \approx 4{,}5 \cdot 10^4$ J m^{-3}), die des Nickels aber negativ ist ($K_1 \approx -5{,}6 \cdot 10^3$ J m^{-3}), wechselt K_1 in der Legierungsreihe Fe–Ni sein Vorzeichen. Bei einer bestimmten Zusammensetzung (sie liegt nach geeigneter Wärmebehandlung bei etwa 76 % Ni) ist $K_1 = 0$. Das bedeutet, dass alle Gitterrichtungen des Kristalls magnetische Vorzugsrichtungen sind. Der Werkstoff ist hinsichtlich seiner Magnetisierbarkeit isotrop. Außerdem tritt in der Nähe dieser Zusammensetzung (bei ≈ 81 % Ni) auch ein Nulldurchgang (Vorzeichenwechsel) für λ_s auf. Durch geringen Zusatz von z. B. Mo, Cr oder V gelingt es, dass sowohl K_1 als auch λ_s etwa gleichzeitig den Wert 0 annehmen, sodass in diesem Legierungsgebiet Werkstoffe mit höchster Permeabilität sowie einer sehr niedrigen Koerzitivfeldstärke in der Größenordnung von 0,1 Am^{-1} gefunden werden (Permalloy-Legierungen).

Eine andere Möglichkeit, Werkstoffe mit leichter Magnetisierbarkeit herzustellen, ist durch die Ausbildung bestimmter Texturen gegeben. Fe-Si-Bleche mit rund 3 Masse-% Si beispielsweise können über eine kombinierte Kaltverformungs-Glühbehandlung so kornorientiert werden, dass die [100]-Richtung der Körner in Walzrichtung und ihre (011)-Ebene in der Blechebene liegt (Goss-Textur bzw. Einfach-Textur). Die Walzrichtung ist dann die Richtung leichtester Magnetisierbarkeit (Bild 10.36a und Bild 10.38). Durch eine mehr als 95 %ige Kaltverformung und anschließende Rekristallisation bei 1.050 bis 1.100 °C können in Fe–Ni-Legierungen mit 50 Masse-% Ni die Körner so orientiert werden, dass die Würfelfläche des Gitters der Blechoberfläche parallel und die Würfelkanten längs und quer

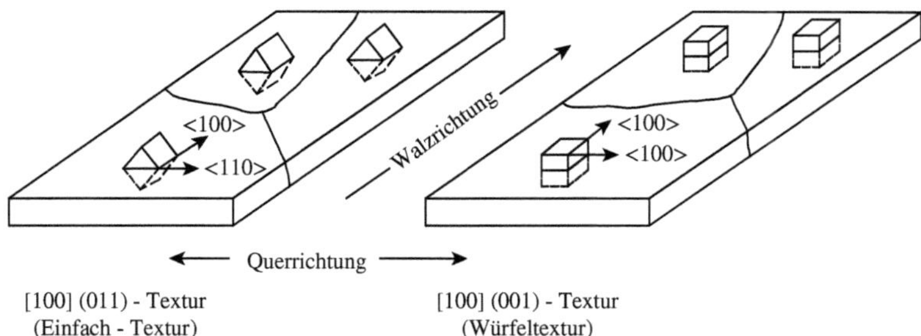

Bild 10.38 Technisch wichtige Texturen in weichmagnetischen Werkstoffen

zur Walzrichtung angeordnet sind (Bild 10.38) (Würfeltextur). Die Hystereseschleife einer solchen Legierung ist schmal und nahezu rechteckig.

Bei der Wärmebehandlung von Mischkristalllegierungen im Magnetfeld unterhalb der Curietemperatur ordnen sich bei ausreichender Diffusionsmöglichkeit gleichartige Atompaare auf benachbarten Gitterplätzen so an, dass ihre Bindungsachse möglichst nahe der Richtung der spontanen Magnetisierung liegt. Es entsteht eine so genannte Richtungsordnung oder Orientierungsüberstruktur, die bei der Abkühlung „einfriert" und eine einachsige magnetische Anisotropie zur Folge hat. Die Anisotropieenergiedichte kann bis zu 10^3 Jm^{-3} betragen. Die entsprechenden technischen Verfahren sind als Magnetfeldglühen oder auch als thermomagnetische Behandlung bekannt. Sie werden in letzter Zeit zunehmend angewendet, um bei Magnetlegierungen hohe Wechselfeldpermeabilitäten zu erzielen (Ni–Fe-Legierungen mit 54 bis 63 % Ni) oder die Form der Hystereseschleife bzw. das Remanenzverhältnis B_r/B_s zu beeinflussen. Ist bei geeignet gewählter Zusammensetzung die Kristallanisotropieenergie klein gegenüber der magnetfeldinduzierten einachsigen Anisotropieenergie, findet man rechteckförmige Hystereseschleifen (Bild 10.39b), wenn das Feld während der Wärmebehandlung parallel zur Schleifen-Messrichtung (Anwendungsrichtung) einwirkte. Wird derselbe Werkstoff dagegen in einem quer zur späteren Anwendungsrichtung anliegenden Feld geglüht, als Querfeldbehandlung bezeichnet, wird die magnetische Polarisation in der Querrichtung energetisch stabilisiert. In diesem Falle erfolgt der Magnetisierungsvorgang ausschließlich über Drehprozesse, und man erhält eine nahezu lineare Abhängigkeit der Induktion B von der Feldstärke H, d. h. eine

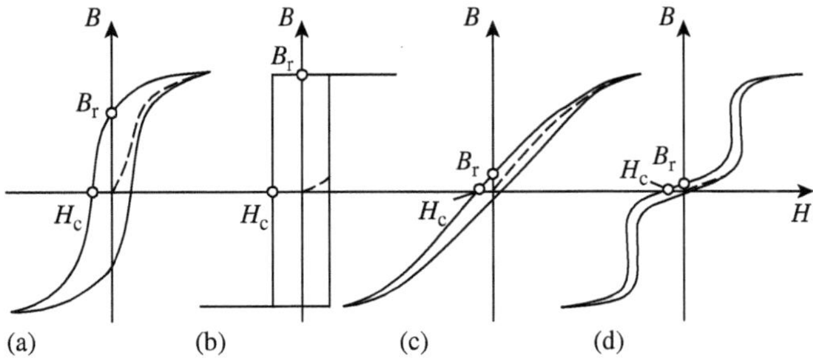

Bild 10.39 Kennzeichnende Formen der Hystereseschleife: (a) normale S-förmige Schleife; (b) Rechteckschleife; (c) flache (Isoperm-)Schleife; (d) Stufenschleife

Hystereseschleife mit sehr kleinem B_r/B_s-Verhältnis (Bild 10.39c). Über die gleichzeitige Erzeugung einer Würfeltextur und die gezielte Beeinflussung der magnetischen Anisotropieenergien durch Querfeldglühen kann bei bestimmten Ni–Fe-Basislegierungen eine schmale stufenförmige Hystereseschleife ausgebildet werden (Bild 10.39d). Sie ist durch einen flachen, fast linearen Verlauf in einem zum Koordinatenursprung symmetrischen Feldstärkebereich und anschließenden steilen Anstieg der Induktion bis zum Sättigungswert gekennzeichnet.

Neben den kristallinen Magnetwerkstoffen finden *amorphe Metalle und Legierungen* (Abschn. 2.2.4 und 3.2.3) als Ferromagnetika zunehmende technische Anwendung [15]. In amorphen Systemen der Zusammensetzung $T_{80}M_{20}$ (T ein oder mehrere Übergangsmetalle; M Metalloide wie P, B, C oder Si) stellen sich bei positivem Austauschintegral die resultierenden magnetischen Momente benachbarter Übergangsmetallatome parallel. Es tritt eine magnetische Bezirksstruktur ähnlich wie in kristallinen Ferromagneten auf. Die Sättigungspolarisation und die Curietemperatur liegen bei Legierungen gleicher Grundzusammensetzung im amorphen Zustand niedriger als im kristallinen. Man nimmt an, dass einzelne Elektronen der Glasbildner (Metalloide) die 3d-Niveaus der Übergangsmetalle zusätzlich auffüllen und dadurch das mittlere magnetische Moment je Metallatom verringern. Im amorphen Fall beträgt dieses bei Fe etwa $2\mu_B$, bei Co etwa $1\mu_B$ und bei Ni weniger als $0{,}3\mu_B$ (für den kristallinen Zustand vgl. Abschn. 10.6.1). Etwas höhere Momente werden gemessen, wenn die Legierungen nur B oder B und Si als Glasbildner enthalten. Außer durch den Legierungseffekt wird die Sättigungspolarisation in amorphen Strukturen infolge der örtlichen Schwankungen der Austauschintegrale, deren Vorzeichen und Größe empfindlich vom Atomabstand abhängen, herabgesetzt.

Homogene isotrope amorphe Legierungen weisen keine makroskopische magnetische Anisotropie auf. Herstellungsbedingte Eigenspannungen können über die Magnetostriktion eine lokale Anisotropie bewirken. Diese lässt sich durch Glühen unterhalb der Kristallisationstemperatur, die bei technischen Werkstoffen über 400 bis 450 °C liegen soll, weitgehend beseitigen. Da die Blochwandverschiebungen auch nicht durch Korngrenzen oder Ausscheidungen behindert werden, verlaufen die Polarisationsvorgänge sehr erleichtert. Amorphe Metalle zeigen daher gute weichmagnetische Eigenschaften, wobei sich bei bestimmten Zusammensetzungen ähnlich hohe Permeabilitäten wie bei den kristallinen Permalloy-Legierungen erzielen lassen. Unterzieht man amorphe Legierungen einer Magnetfeldglühung, so entsteht eine induzierte einachsige Anisotropie in der gleichen Größenordnung wie bei kristallinen Magnetlegierungen. Demzufolge gelingt es, rechteckförmige oder flache Hystereseschleifen einzustellen. Der elektrische Widerstand ist im amorphen Zustand etwa zwei- bis viermal so groß wie im kristallinen (Abschn. 10.1.1), sodass bei Wechselfeldmagnetisierung geringere Verluste auftreten. Industriell werden drei Gruppen von amorphen weichmagnetischen Legierungen gefertigt: Werkstoffe auf Fe–Ni-Basis mit der Zusammensetzung $Ni_{40}Fe_{40}(B, MO, Si)_{20}$, hochcobalthaltige Legierungen mit mindestens 65 At.-% Co, deren Zusammensetzungen $(Co, Fe, Mn, Mo)_{73-80}(B, Si)_{27-20}$ entsprechen und die aufgrund einer sehr kleinen Magnetostriktionskonstante λ_s höchste Permeabilitäten aufweisen, und für Anwendungen, bei denen höhere Flussdichten gefordert werden, auch Legierungen auf Fe-Basis mit $Fe_{76-83}(B, Si)_{24-17}$. Die Herstellung von amorphen Metallen in Band- oder Drahtform direkt aus der Schmelze ist gegenüber konventionellen Technologien prozessstufenarm und vergleichsweise billig.

Die in jüngerer Zeit entwickelten nanokristallinen FeSiB–CuNb-Legierungen stellen eine neue Klasse weichmagnetischer Werkstoffe dar [15]. Sie vereinen die Vorzüge der amorphen Fe- und Co-Basislegierungen mit hoher Sättigungsinduktion, hohen Permeabilitäten und niedrigen Ummagnetisierungsverlusten. Das entsprechend zusammengesetzte Material, z. B. $Fe_{73,5}Si_{13,5}B_9Cu_1Nb_3$, wird durch Rascherstarrung zunächst als amorphes, ≈ 20 μm dickes Band hergestellt. Ein anschließendes Anlassglühen bei Temperaturen um 500 °C führt zur Bildung einer nanokristallinen Fe–Si-Phase in der amorphen Matrix. Die magnetischen Parameter werden entscheidend von der Korngröße der Fe–Si-Phase beeinflusst und lassen sich durch die Legierungszusammensetzung und die Anlassbedingungen optimieren. Beste weichmagnetische Eigenschaften ergeben sich für Korngrößen im Bereich von 5 bis 12 nm. Das Entstehen der Nanokristallite, die einen Volumenanteil von etwa 70 bis 80 % des Gefüges einnehmen, ist auf die kombinierte Zugabe der Elemente Cu und Nb zurückzuführen. Das Cu fördert die Keimbildung, während Nb das Kornwachstum begrenzt.

Das hervorragende weichmagnetische Verhalten erklärt sich aus dem Wechselspiel von lokalen Anisotropieenergien, die in diesem Korngrößenbereich im Mittel sehr erniedrigt sind, und ferromagnetischer Austauschwechselwirkung [17]. Als dessen Folge stellt sich eine besonders leichte Beweglichkeit der Magnetisierungsvektoren ein. Die nanokristallinen Magnetwerkstoffe zeigen gegenüber den amorphen Legierungen eine bessere thermische Stabilität sowie relativ hohe Werte der Sättigungspolarisation (J_s = 1,2 bis 1,3 T) und gestatten über eine Magnetfeldglühung die Induzierung verschiedener Formen der Hystereseschleife. Die geringen Banddicken im Verein mit einem hohen spezifischen elektrischen Widerstand (s. Tab. 10.2) machen diesen Werkstoff insbesondere für induktive Bauelemente der Hochfrequenztechnik geeignet.

10.6.4 Hartmagnetisches Verhalten

Das hartmagnetische Verhalten eines Werkstoffes ist außer durch eine hohe Koerzitivfeldstärke H_c und Remanenz B_r vor allem durch die maximale Energiedichte $(BH)_{max}$ gekennzeichnet. Der einmal bis zur Sättigung aufmagnetisierte Werkstoff soll seinen Magnetisierungszustand auch in einem seiner Polarisation entgegengesetzten Magnetfeld möglichst beibehalten. Das bedingt, dass Ummagnetisierungsprozesse im dauermagnetischen Werkstoff nur mit großem äußerem Feldaufwand ablaufen dürfen. Je größer $(BH)_{max}$ ist, desto weniger Werkstoff wird für die Aufrechterhaltung eines bestimmten magnetischen Flusses im Arbeitsluftspalt benötigt. Die Dauermagneteigenschaften werden durch den Verlauf der Entmagnetisierungskurve (Hystereseschleife im 2. Quadranten) beschrieben. Diese sowie die zugehörige Kurve der Energiedichte (BH) sind schematisch in Bild 10.40 dargestellt.

Das dauermagnetische Verhalten erfordert einen Werkstoff, dessen Gefüge die reversiblen und irreversiblen Blochwandbewegungen sowie Drehprozesse – infolge großer Anisotropieenergien – weitgehend erschwert. Das kann einmal erreicht werden, indem in eine ferromagnetische Matrix Hindernisse in Form kohärent ausgeschiedener Teilchen

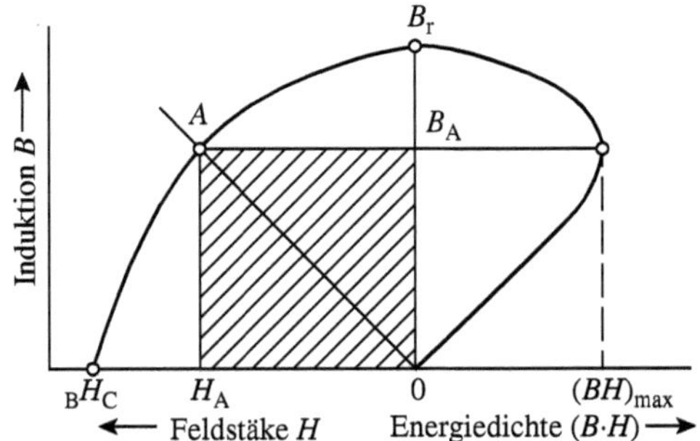

Bild 10.40 Entmagnetisierungskurve eines Dauermagnetwerkstoffes und zugehörige Kurve der Energiedichte (*BH*), *A* günstigster Arbeitspunkt

mit starken Kohärenzspannungen eingelagert werden. Bei einer kritischen Teilchengröße treten maximale Koerzitivfeldstärken auf. Um eine hohe Flussdichte zu gewährleisten sind diese Werkstoffe meist Eisenbasislegierungen.

Für hochwertige Dauermagnetwerkstoffe wird die bereits erwähnte Formanisotropie zur Erzielung hoher Koerzitivfeldstärken genutzt. In den ferromagnetischen Einbereichsteilchen kann die Ummagnetisierung praktisch nur als kohärente Drehung der Magnetisierungsvektoren erfolgen. Blochwände treten aus energetischen Gründen nicht auf, sodass die mit geringerem Energieaufwand ablaufenden Wandverschiebungen ausgeschlossen sind. Der kritische Teilchendurchmesser, unterhalb dem keine Blochwände mehr auftreten, hängt von der Wandenergie des betreffenden Werkstoffs ab. Er liegt in der Größenordnung von 10 nm. Die maximal erreichbare Koerzitivfeldstärke lässt sich nach der Beziehung $H_c = (N_2 - N_1)\, J_s/\mu_0$ abschätzen, wenn N_1 und N_2 die Entmagnetisierungsfaktoren eines Teilchens in Längs- und Querrichtung und J_s die Sättigungspolarisation der Teilchensubstanz sind. Daraus ergibt sich die Folgerung, dass mit nadelförmigen, untereinander möglichst nicht in magnetischer Wechselwirkung stehenden Teilchen die höchsten Koerzitivfeldstärken zu erzielen sind.

Die markantesten Vertreter der auf Formanisotropie beruhenden Dauermagnetlegierungen sind die AlNi- bzw. die AlNiCo-Magnete [18], die außerdem höhere Fe-Anteile aufweisen sowie Cu-Zusätze und zur weiteren H_c-Steigerung bis zu 8 Masse-% Ti. Die bei hohen Temperaturen homogenen Legierungen entmischen sich beim Abkühlen unterhalb 900 °C in eine krz schwach- oder nichtferromagnetische α-Phase und in eine krz ferromagnetische α′-Phase mit hoher Sättigungspolarisation (spinodale Entmischung, s. Abschn. 5.3.5). Dabei bildet die α′-Phase stäbchenförmige Einbereichsteilchen, die den ⟨110⟩-Richtungen der α-Phase parallel angeordnet sind. Die AlNi-Magnete werden in der Regel mit isotropen Eigenschaften hergestellt. Bei den Co-haltigen Legierungen liegt die Curie-Temperatur der α′-Phase oberhalb der Entmischungstemperatur. In diesem Fall kann deren Orientierung durch ein während des Entmischungsvorgangs von außen angelegtes Magnetfeld beeinflusst werden, und zwar wachsen die Fe–Co-reichen α′-Teilchen bevorzugt längs solcher Würfelkanten, die mit der äußeren Feldrichtung den kleinsten Winkel einschließen. Der Werkstoff wird dadurch magnetisch anisotrop und seine Koerzitivfeldstärke auf mehr als 90 kA m^{-1} erhöht. In Bild 10.41 ist das Gefüge eines magnetfeldabgekühlten AlNiCo-Werkstoffs wiedergegeben. Eine zusätzliche Verbesserung des hartmagnetischen Verhaltens lässt sich erreichen, wenn über eine gerichtete Erstarrung und Stengelkornbildung gleichzeitig

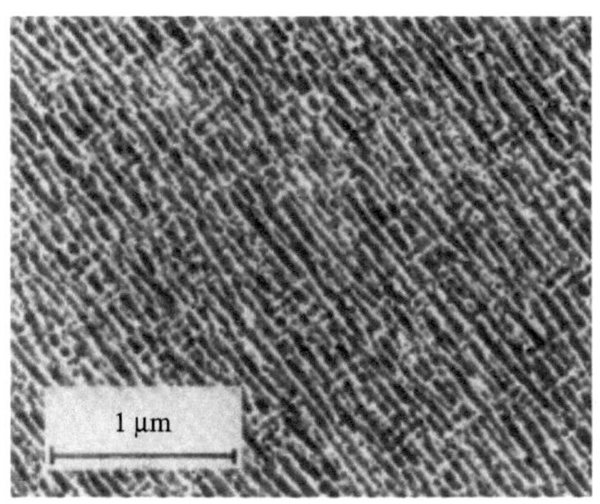

Bild 10.41 Gefüge eines AlNiCo-Werkstoffes mit Ti-Zusatz (Einkristall), im Magnetfeld abgekühlt (nach *J. Edelmann*)

auch die Matrixkristallite in Gebrauchsrichtung des Magneten ausgerichtet werden. Von solchen Werkstoffen sind Spitzenwerte $(BH)_{max} \approx 90$ kJ m^{-3} bekannt.

Die AlNiCo-Werkstoffe sind spröde und lassen sich nur als Sinter- oder Gussformteile herstellen. Verformbare Dauermagnetwerkstoffe hingegen sind die Fe–Co–V-Legierungen mit 52 % Co, 10 bis 14 % V, Rest Fe (Vicalloy). Sie erhalten ihre Dauermagneteigenschaften nach starker Kaltverformung und einer anschließenden Anlassbehandlung bei etwa 600 °C, während der das optimale Gefüge eingestellt wird. Zu den duktilen Dauermagneten sind auch die Fe–Co–Cr-Legierungen (5 bis 23 % Co, 20 bis 30 % Cr, Rest Fe) zu rechnen, die im Laufe ihrer Herstellung einer isothermen Magnetfeldglühung bei 640 °C unterworfen, abgeschreckt und nachfolgend zweistufig (600 °C und 580 °C) angelassen werden. Im abgeschreckten Zustand lässt sich der Werkstoff kalt verformen. Die Dauermagneteigenschaften ($H_{cB} \approx 70$ kAm^{-1}; $(BH)_{max} \approx 60$ kJ m^{-3}) sind auf die Formanisotropie eisenreicher Teilchen, die während der Wärmebehandlung infolge einer spinodalen Entmischung entstehen, zurückzuführen.

Hartmagnetische Werkstoffe mit weit höheren Güteziffern, als sie von den vorwiegend die Formanisotropie nutzenden Legierungen erreicht werden, sind die intermetallischen Verbindungen von Co und Seltene Erden (Magnete auf der Basis $SmCo_5$ und Sm_2Co_{17} mit $H_{cB} = 520$ bis 780 KAm^{-1} und $(BH)_{max} = 160$ bis 240 kJm^{-3}) sowie die Nd–Fe–B-Dauermagnete. Ursache der extremen hartmagnetischen Eigenschaften dieser Legierungen ist eine außerordentlich große Kristallanisotropieenergie. $SmCo_5$ z. B. kristallisiert hexagonal mit der *c*-Achse als magnetischer Vorzugsrichtung und weist eine Kristallenergiekonstante $K_1 = 1{,}3 \cdot 10^7$ Jm^{-3} auf. Die Legierungen auf der Basis Sm_2Co_{17} (rhomboedrisch, Th_2Zn_{17}-Typ), die nicht stöchiometrisch zusammengesetzt sind [$Sm(Co, Cu, Fe)_{6,8 \cdots 8,5}$], erhalten ihre optimalen Eigenschaften über eine mehrstufige Anlassbehandlung, mit der eine zusätzliche Ausscheidungshärtung bewirkt wird [18]. Wegen ihres hohen Preises werden die Seltenerd-Co-Magnete ausschließlich für Sonderzwecke bzw. dort, wo ein möglichst kleines Systemvolumen gefordert wird, eingesetzt. Die Nd–Fe–B-Dauermagnetlegierungen auf der Basis der hochmagnetischen tetragonalen Phase $Nd_2Fe_{14}B$ übertreffen in ihren magnetischen Güteziffern bei Raumtemperatur ($H_{cB} = 950$ kAm^{-1}, $(BH)_{max} = 300$ kJ mm^{-3}) noch die der Seltenerd-Co-Magnete. Allerdings steht einem universellen Einsatz der Nd–Fe–B-Magnete entgegen, dass sich bereits bei Temperaturen oberhalb ≈ 100 °C irreversible Eigenschaftsänderungen vollziehen können.

Sowohl die Seltenerd-Co als auch die Nd–Fe–B-Legierungen sind spröde und hart. Ihre Herstellung geschieht, ausgehend von erschmolzenem und wieder zerkleinertem Vormaterial, pulvermetallurgisch durch Pressen und Sintern. Die einkristallinen Pulverteilchen ($\lesssim 5\ \mu m$) werden unter Einwirkung eines starken Magnetfeldes direkt zu Formkörpern verpresst oder isostatisch verdichtet. Dabei erfolgt die Ausrichtung der Pulverpartikel mit ihren *c*-Achsen parallel zur Richtung des einwirkenden Magnetfeldes. Damit erhalten die Magnete eine kristallographische Vorzugsorientierung und folglich anisotrope Eigenschaften.

10.6.5 Ferrimagnetisches Verhalten

Wie erwähnt, resultiert das ferrimagnetische Verhalten aus einem unkompensierten Antiferromagnetismus (Bild 10.32c), der sich aus der Anordnung der Metallionen in bestimmten Metalloxidverbindungen *(Ferriten)* ergibt. Aus diesem Grunde ist es notwendig, auf die Struktur der Ferrite näher einzugehen [19].

Die technisch am meisten genutzten ferrimagnetischen Oxide kristallisieren in einer Spinellstruktur des Typs $MgAl_2O_4$ oder gehören der Gruppe der Granate an. Ferrite mit Spinellstruktur lassen sich mit der allgemeinen Formel Me^{III} $(Me^{II}, Me^{III})O_4$ als *inverser Spinell* mit statistischer Besetzung der Me^{III}-Plätze beschreiben, wo das Me^{II} zweiwertige Metallionen wie Mg^{II}, Mn^{II}, Fe^{II}, Co^{II}, Ni^{II}, Cu^{II}, Zn^{II} und Cd^{II} oder ein Gemisch dieser Ionen, z. B. Mn^{II}/Zn^{II} oder Ni^{II}/Zn^{II}, Me^{III} entsprechende dreiwertige, vor allem Fe^{III}-Ionen sind. Die Elementarzelle der nach dem Spinelltyp aufgebauten Ferrite enthält zweiunddreißig Sauerstoffionen, die in sich ein kfz Gitter bilden. In dieser sind acht Fe^{III}-Ionen auf Tetraederplätzen sowie die gleiche Anzahl Fe^{III}-Ionen und weitere acht andere Me^{II}-Ionen auf Oktaederplätzen untergebracht, sodass die die Tetraederplätze einnehmenden Metallionen von vier und die die Oktaederplätze besetzenden von sechs O-Ionen in nächster Nachbarschaft umgeben sind. Im *normalen Spinell* sind die sechzehn Fe^{III}-Ionen auf Oktaederplätze verteilt, während die zweiwertigen Metallionen Tetraederplätze einnehmen.

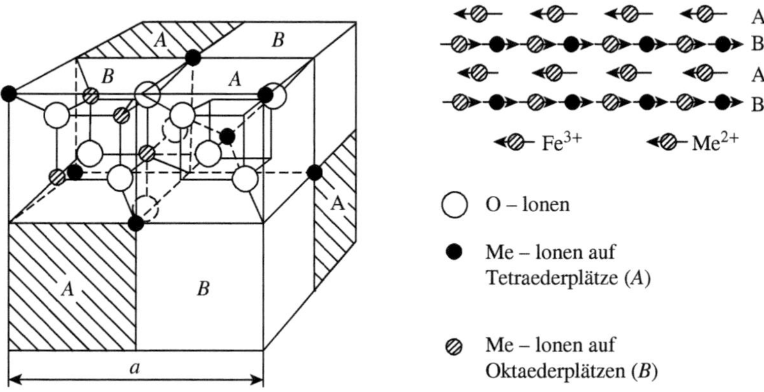

Bild 10.42 Elementarzelle des Spinellgitters und Spinanordnung im inversen Spinell (Ferrit).

In beiden Fällen wird die Elementarzelle des Spinells (Bild 10.42) folglich von sechsundfünfzig Ionen gebildet.

Die Sättigungspolarisation J_s ergibt sich nun als Differenz der resultierenden Momente der von den Metallionen gebildeten Untergitter (die spontane Magnetisierung ist deshalb kleiner als in den meisten ferromagnetischen Stoffen). Die Kationen in den Oktaederlücken kompensieren paarweise die mit ihren magnetischen Momenten antiparallel gerichteten Kationen in den benachbarten Tetraederlücken. Da jedoch die Anzahl der besetzten Oktaederplätze doppelt so groß ist wie die der Tetraederplätze, ist eine vollkommene Kompensation nicht möglich. Ebenso wie in den Ferromagnetika tritt in den Ferriten eine spontane Magnetisierung auf (Weißsche Bezirke), und bei Anlegen eines äußeren Feldes spielen sich ähnliche Magnetisierungsvorgänge wie bei diesen ab.

Während die O-Ionen kein magnetisches Moment haben, beträgt das der Fe^{III}-Ionen jeweils $5\mu_B$. Werden neben den acht Fe^{III}-Ionen auf den Oktaederplätzen beispielsweise acht Ni^{II}-Ionen mit einem magnetischen Moment von je $2\mu_B$ eingebaut, so ergibt sich ein resultierendes Moment von $2\mu_B$ je Formeleinheit oder $16\mu_B$ je Elementarzelle. Durch zusätzlichen Einbau von Zn^{II}-Ionen, die selbst kein magnetisches Moment aufweisen, aber magnetische Fe^{III}-Ionen von den Tetraederplätzen verdrängen, wird die Zahl der sich paarweise kompensierenden magnetischen Momente herabgesetzt, wodurch das resultierende Moment im Gitter und damit die magnetische Sättigungspolarisation J_s insgesamt ansteigen.

Die die Ferrite bei der Verwendung in der Hochfrequenztechnik hauptsächlich auszeichnende Eigenschaft ist ihre geringe elektrische Leitfähigkeit. Sie liegt zwischen 1 und 10^{-7} (Sm^{-1}), weshalb die Ferrite größenordnungsmäßig in das Leitfähigkeitsgebiet der Halbleiter einzuordnen sind. Infolgedessen sind die Wirbelstromverluste sehr klein. Ein weiterer Vorteil ist die geringe Dichte der Ferrite ($3{,}8 \cdot 10^3$ bis $5 \cdot 10^3$ kg m^{-3}).

Das magnetische Verhalten der Ferrite, die nach keramischen Fertigungsmethoden durch Mischen der Oxidpulver, Pressen oder Strangpressen und Sintern in definierter Atmosphäre hergestellt werden, wird durch ihre Zusammensetzung, die Sinterbedingungen und das Gefüge bestimmt. Ebenso wie bei metallischen Magnetwerkstoffen lassen sich über eine geeignete Wahl der Me-Ionenart und ihre Mischungsverhältnisse die Anisotropieenergien erniedrigen und weichmagnetische Eigenschaften einstellen. Dem kommt der Umstand entgegen, dass der Eisenferrit $FeO \times Fe_2O_3$ eine positive lineare Magnetostriktion hat, während alle übrigen Ferrite negative Werte aufweisen. Voraussetzung für ein weichmagnetisches Verhalten ist, dass bei Mischferriten die Kationenradien nur geringfügig voneinander abweichen und die kubische Struktur der Elementarzelle erhalten bleibt. Fügt man größere Kationen hinzu, z. B. Ba^{II}- oder Sr^{II}-Ionen, so entsteht eine hexagonale Kristallstruktur. Ferrite mit der Zusammensetzung $(Ba, Sr)O \cdot 6Fe_2O_3$ zeigen sehr gute hartmagnetische Eigenschaften ($H_{cB} \approx 160$ kA m^{-1}), deren Träger die Phasen $BaFe_{12}O_{19}$ bzw. $SrFe_{12}O_{19}$ sind. Erhält der Werkstoff durch Pressen im Magnetfeld eine Vorzugsorientierung, so werden Koerzitivfeldstärken $H_{cB} = 240$ kA m^{-1} erreicht. Die maximale Energiedichte $(BH)_{max}$ beträgt dann bis zu 32 kJ m^{-3}. Infolge der flachen Entmagnetisierungskurve (geringe Remanenz Br) sind die Bariumferritmagnete gegen entmagnetisierende Felder stabiler als z. B. die AlNiCo-Magnete.

10.7 Thermische Ausdehnung

Als *thermische Ausdehnung* bezeichnet man die durch Temperaturänderung bewirkte Änderung des Volumens. Sie wird durch den *thermischen Ausdehnungskoeffizienten* charakterisiert. Der *Volumen-Temperaturkoeffizient* für konstanten Druck ist als

$$\beta = \frac{1}{V_0}\left(\frac{\partial V}{\partial T}\right)_{\mathrm{P}} \tag{10.27}$$

definiert. V_0 ist dasjenige Volumen, das der mittleren Temperatur des gemessenen $\frac{\mathrm{d}V}{\mathrm{d}T}$ entspricht. Wegen der Kleinheit der Ausdehnungskoeffizienten fester Stoffe wird das Ausgangsvolumen V_0 jedoch meist auf $T = 0$ °C bezogen.

Für die Änderung in einer Dimension ergibt sich analog (10.27) der *Längen-Temperaturkoeffizient* (linearer Ausdehnungskoeffizient):

$$\alpha = \frac{1}{l_0}\left(\frac{\partial l}{\partial T}\right)_{\mathrm{P}} \tag{10.28}$$

Dieser ist bei kristallinen Festkörpern von der Gitterrichtung abhängig. In erster Näherung gilt $3\alpha = \beta$ bei kubischer, $2\alpha_x + \alpha_a = \beta$ bei hexagonaler, trigonaler und tetragonaler, $\alpha_x + \alpha_y + \alpha_z = \beta$ bei rhombischer, mono- und trikliner Kristallstruktur.

Der thermische Ausdehnungskoeffizient eines festen Körpers ist nicht konstant, sondern von der Temperatur abhängig. Daher rechnet man allgemein mit dem mittleren Temperaturkoeffizienten, z. B. für das Volumen

$$\beta = \frac{1}{V_0} \cdot \frac{\Delta V}{\Delta T} \tag{10.29}$$

(ΔV Volumenänderung im Temperaturintervall ΔT). Sofern keine Phasenumwandlung auftritt, steigt der thermische Ausdehnungskoeffizient mit der Temperatur monoton an. Mit Annäherung an den absoluten Nullpunkt fällt er rasch ab und geht mit $T \to 0$ selbst gegen null. Der Temperaturgang des Ausdehnungskoeffizienten entspricht dem der *spezifischen Wärme* C_v bzw. C_p, was im Falle des linearen Ausdehnungskoeffizienten durch folgende von etwa der Temperatur der flüssigen Luft (-193 °C) bis zum Schmelzpunkt gültige Beziehung ausgedrückt wird:

$$\alpha(T) = \mathrm{const} \cdot C_v(T) \approx \mathrm{const.} \cdot C_p(T) \tag{10.30}$$

Aus diesem Zusammenhang geht auch hervor, dass thermische Ausdehnung und spezifische Wärme auf eine gemeinsame Ursache zurückzuführen sind, auf die *Wärmeschwingungen der Atome*.

Die *Gleichgewichtslage* eines Atoms im Kristallgitter wird durch die Wechselwirkung von anziehenden und abstoßenden Kräften bestimmt (Bild 10.43a). Während in der Gleichgewichtslage A auf das Atom keine Kraft wirkt, treten beim Heraustreten aus dieser Gegenkräfte auf. Für den Fall streng harmonischer Schwingungen würde die bei Temperaturerhöhung zunehmende Schwingungsamplitude – die *Eigenfrequenzen* der Kristalle betragen 10^{12} bis 10^{13} Hz – nicht zu einer *Wärmeausdehnung* des Körpers führen, da die Auslenkungen aus den Gleichgewichtslagen über alle Teilchen eines Kristalls gemittelt immer gleich null sind. Im Bild 10.43b ist der Verlauf der *Kraftresultierenden* in der Umgebung der

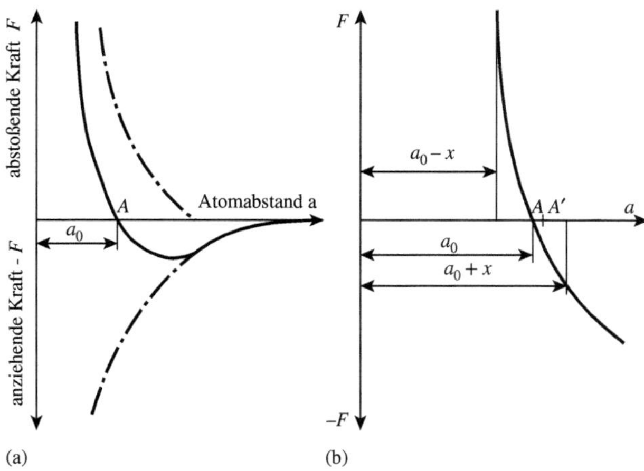

Bild 10.43 (a) Kraftwirkungen zwischen Atomen als Funktion des Abstandes (schematisch); (b) resultierende Kraftfunktion in der Nähe der Gleichgewichtslage eines Atoms

Gleichgewichtslage vergrößert wiedergegeben. Man erkennt, dass die Kraftwirkungen auf ein Atom bei gleichen Auslenkungen asymmetrisch sind. Wenn die Atome um den Punkt *A* schwingen, so werden sie vom Punkt $a_0 - x$ mit einer größeren Kraft in die Gleichgewichtslage zurückgetrieben als vom Punkt $a_0 + x$. Die Folge davon ist, dass sich mit zunehmender Amplitude der *Schwingungsmittelpunkt* verschiebt, und zwar nach $+x$ hin (im Bild 10.43b) von *A* nach *A′*). Im Mittel wird der Atomabstand etwas vergrößert, der Körper dehnt sich aus. Die Wärmeausdehnung fester Körper ist also auf den unsymmetrischen Verlauf der resultierenden Kraftfunktion in der Nähe der Gleichgewichtslage der Teilchen zurückzuführen. Das Verschwinden der thermischen Ausdehnung bei tiefen Temperaturen ($\beta \rightarrow 0$) erklärt sich daraus, dass die Kraftresultierende bei kleinen Schwingungsamplituden und damit geringen Auslenkungen aus der Gleichgewichtslage als eine Gerade mit symmetrischen Kraftverhältnissen betrachtet werden kann. Die anharmonischen Schwingungen der Atome gehen in harmonische über, womit ursächlich keine thermische Ausdehnung stattfindet.

Trägt man für verschiedene Metalle mit kubischer Kristallstruktur die *Volumenänderung*, bezogen auf das Volumen beim absoluten Nullpunkt $(V - V_a)/V_a$, im Bereich zwischen 0 K und der Schmelztemperatur $T_s(K)$ als Funktion von T/T_s auf, so erhält man Kurven von sehr ähnlichem Verlauf. Außerdem zeigt sich, dass fast alle Kurven beim Schmelzpunkt ($T/T_s = 1$) einen Wert von $\Delta V/Va$ = 0,06 bis 0,07 annehmen. Das bedeutet, dass die gesamte Volumenzunahme vom absoluten Nullpunkt bis zum Schmelzpunkt übereinstimmend etwa 6 bis 7 % bzw. die *Längenänderung* etwa 2 % beträgt *(Grüneisensche Regel).* Daraus folgt, dass der thermische Ausdehnungskoeffizient bei Metallen mit hohem Schmelzpunkt wesentlich kleiner ist als der von Metallen mit niedrigem Schmelzpunkt. So hat z. B. Wolfram (Schmelztemperatur 3.410 °C) bei 20 °C einen linearen Ausdehnungskoeffizienten von $14{,}4 \cdot 10^{-6}\ K^{-1}$, Blei (Schmelztemperatur 327 °C) dagegen einen solchen von etwa $28{,}3 \cdot 10^{-6}\ K^{-1}$ (Bild 10.44).

Nach einer Wärmebehandlung können im Verbund befindliche Stoffe mit sehr unterschiedlichen Ausdehnungskoeffizienten bei Raumtemperatur praktisch nicht spannungsfrei sein. Auch bei Kristallgemischen, z. B. bei Legierungen des Nickels mit Eisen, die schmelzmetallurgisch oder durch Sintern hergestellt worden sind, liegt bei tiefen Temperaturen mindestens eine Komponente im verformten Zustand vor.

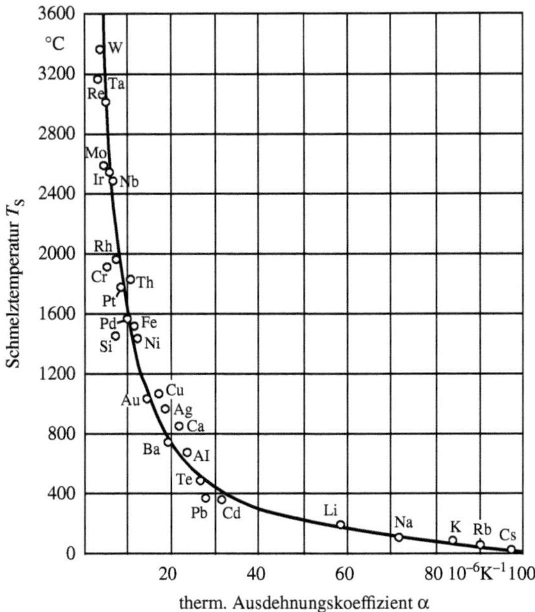

Bild 10.44 Zusammenhang zwischen dem thermischen Ausdehnungskoeffizienten und der Schmelztemperatur ausgewählter Metalle (nach [20])

Die in den Polymeren andersartigen Bindungskräfte und die zu Ketten oder Netzwerken zusammengeschlossenen Moleküle haben ein gegenüber kristallinen Festkörpern verändertes Schwingungsspektrum zur Folge. Spezifische Wärme und thermischer Ausdehnungskoeffizient liegen deutlich höher. Beide Eigenschaften hängen für die einzelnen Polymere von deren strukturellen Besonderheiten ab. Bei den amorphen Polymeren beobachtet man im Einfrierbereich einen Knick in der Volumen-Temperatur-Kurve (s. Bild 3.24b). Im eingefrorenen oder Glaszustand ist der Ausdehnungskoeffizient niedriger (für amorphe Thermoplaste $\alpha = 70 \cdot 10^{-6}$ bis $80 \cdot 10^{-6}\ K^{-1}$) als oberhalb der *Einfriertemperatur* T_E (s. Bild 3.24c). Teilkristalline Polymere zeigen ebenfalls einen Knick in der *V(T)*-Kurve, der auf den amorphen Anteil zurückzuführen ist. Mit zunehmendem Kristallisationsgrad wird dieser jedoch immer flacher. Bei weitgehend kristallisierten Polymeren liegt der Ausdehnungskoeffizient etwas niedriger als bei amorphen, da die Wärmeausdehnung der kristallinen Bereiche geringer als diejenige der amorphen ist.

Das Ausdehnungsverhalten der Werkstoffe wird durch die Stärke der Bindungskräfte zwischen den einzelnen Bausteinen bestimmt. Durch größere Bindungskräfte werden die Schwingungen der Teilchen stärker gehemmt, und ihre Schwingungsamplituden sind relativ klein. Sind die Bindungskräfte hingegen klein, z. B. bei solchen Polymeren, zwischen deren Bausteinen nur schwache Restvalenzkräfte wirken, so ist die thermische Ausdehnung größer. Auch der Ausdehnungskoeffizient eines Glases ist umso größer, je lockerer seine Struktur, d. h. je höher der Netzwerkwandleranteil ist. Deshalb hat reines SiO_2 (Kieselglas) mit $\alpha = 0{,}58 \cdot 10^{-6}\ K^{-1}$ den kleinsten thermischen Ausdehnungskoeffizienten aller Silicatgläser. In der Regel gilt, dass mit sinkender Einfriertemperatur T_E der Gläser der Ausdehnungskoeffizient zunimmt. Gläser mit $\alpha < 6 \cdot 10^{-6}\ K^{-1}$ bezeichnet man als *Hartgläser*, solche mit $\alpha > 6 \cdot 10^{-6}\ K^{-1}$ als *Weichgläser*.

In *ferromagnetischen Werkstoffen* ist mit dem Bestehen der *spontanen Magnetisierung* ein Volumeneffekt verknüpft, der in einem bestimmten Temperaturbereich zu einer *Anomalie der thermischen Ausdehnung* führt. Bei sehr hohen äußeren magnetischen Feldstärken H wird im Innern eines jeden Weißschen Bezirks die Parallelstellung der magnetischen Momente benachbarter Atome, die durch die Austauschkräfte hervorgerufen und durch die Wärmebewegung gestört wird, verbessert (s. a. Abschn. 10.6.2). Die infolgedessen bewirkte Zunahme der Sättigungspolarisation J_s *(wahre Magnetisierung, Paraprozess)* ist gewöhnlich mit einer Volumenänderung, die positiv oder negativ sein kann und die als *erzwungene* oder *Volumenmagnetostriktion* bezeichnet wird, verknüpft. Da J_s aber außer durch starke äußere Felder auch durch die Temperatur zu beeinflussen ist (s. Bild 10.33), kann die Volumenmagnetostriktion auch durch eine Temperaturänderung hervorgerufen werden. Sie überlagert sich der normalen thermischen Ausdehnung von dem Augenblick an, wenn bei der Abkühlung des Werkstoffes der Curiepunkt T_c unterschritten wird und die spontane Magnetisierung mit sinkender Temperatur zunächst rasch, danach langsam bis zum absoluten Nullpunkt anwächst. Umgekehrt nimmt die spontane Magnetisierung mit steigender Temperatur ab, die magnetische Kopplung wird durch die thermische Bewegung der Atome zunehmend beseitigt, bis sie schließlich bei Überschreiten von T_c ganz aufgehoben ist. Da die Änderung von J_s mit der Temperatur dicht unterhalb T_c am größten ist, muss auch die Volumenmagnetostriktion hier am größten sein. Infolgedessen wird in diesem Temperaturgebiet die α(T)-Kurve eines ferromagnetischen Werkstoffes immer eine Anomalie zeigen. Bei tieferen Temperaturen und im paramagnetischen Bereich oberhalb T_c ist der Ausdehnungskoeffizient normal (Bild 10.45).

Im Allgemeinen ist der Einfluss der Volumenmagnetostriktion auf die thermische Ausdehnung gering. Nur bei ferromagnetischen Legierungen, die im Zustandsdiagramm in der Nähe eines kfz–krz-Phasenüberganges liegen, beobachtet man einen großen positiven Wert dV/dH, d. h., mit der Ausbildung der spontanen Magnetisierung ist eine starke Ausdehnung des Kristallgitters gegenüber dem paramagnetischen Zustand ungeordneter Spinrichtungsverteilung verbunden. Ihr überlagert sich die Kontraktion, die jeder feste Körper infolge der Abnahme der Schwingungsamplituden seiner Bausteine bei der Abkühlung erfährt. Je mehr sich Ausdehnung und Kontraktion in einem gegebenen Temperaturgebiet kompensieren, desto kleiner wird in diesem Bereich der resultierende Ausdehnungskoeffizient sein.

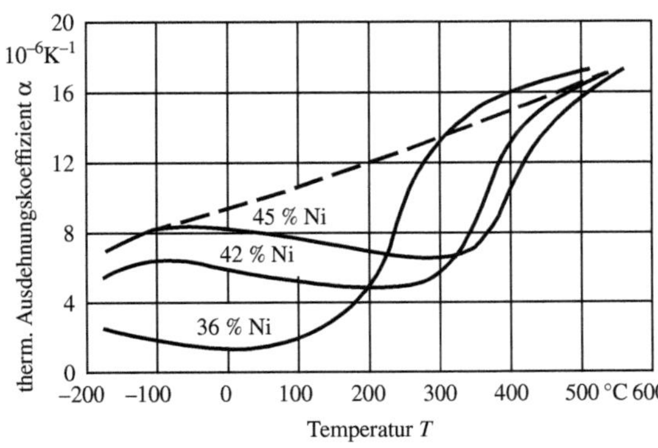

Bild 10.45 Temperaturabhängigkeit des thermischen Ausdehnungskoeffizienten von Fe–Ni-Legierungen

Diese Erscheinung tritt in besonders starkem Maße in Fe–Ni-Legierungen *(Invar-Legierungen)* mit etwa 30 bis 54 % Ni und in einigen davon ausgehenden ternären Systemen auf. Wie Bild 10.45 zeigt, ist der Ausdehnungskoeffizient dieser Legierungen in einem bestimmten Temperaturbereich stark erniedrigt. Die Legierung mit 36 % Ni zeichnet sich zwischen 0 und 100 °C durch einen besonders kleinen Ausdehnungskoeffizienten ($\alpha \approx 1{,}5 \cdot 10^{-6}\ K^{-1}$) aus. Bei höheren Ni-Gehalten liegen die erreichbaren Tiefstwerte zwar höher, jedoch ist der Temperaturbereich der nutzbaren kleinen thermischen Ausdehnungskoeffizienten wesentlich größer. Bild 10.46 verdeutlicht noch einmal, wie das Zusammentreffen von niedriger Curietemperatur und großer Volumenmagnetostriktion zu dem anomalen Ausdehnungsverhalten der Invar-Legierungen führt.

Eine noch ausgeprägtere Ausdehnungsanomalie findet man in der Fe–Pt-Legierungsreihe. Bei einer Legierung mit 56 % Pt ist α in einem begrenzten Temperaturgebiet negativ, d. h., der Stoff zieht sich bei Erwärmung zusammen. Die Volumenmagnetostriktion ist hier so groß, dass sie die normale thermische Ausdehnung weit übertrifft und einen negativen Wärmeausdehnungskoeffizienten verursacht.

Die Ausdehnungsanomalien der Invar-Legierungen werden in starkem Umfang technisch genutzt. Die binären Fe–Ni-Werkstoffe mit den in der Umgebung der Raumtemperatur kleinsten thermischen Ausdehnungskoeffizienten werden als *Ausdehnungslegierungen* bezeichnet. Sie finden breite Anwendung besonders in der Feinwerktechnik und im Messinstrumentebau sowie als passive Komponente für Thermobimetalle. Die ternären Legierungen auf Fe–Ni-Basis (Fe–Ni–Co, Fe–Ni–Cr), bei denen das Ausdehnungsverhalten durch die ternären Zusätze so beeinflusst wird, dass die $\alpha(T)$-Kurven mit denen der Weich- bzw. Hartgläser unterhalb der Einfriertemperatur T_E weitgehend übereinstimmen, werden als *Einschmelzlegierungen* für das bruchsichere und vakuumdichte Verbinden von Glas bzw. Keramik mit Metallteilen oder zum Einschmelzen von Metallen in Gläser verwendet. Binäre Fe–Ni-Legierungen mit höherem Nickelgehalt werden gleichfalls als Einschmelzlegierungen genutzt.

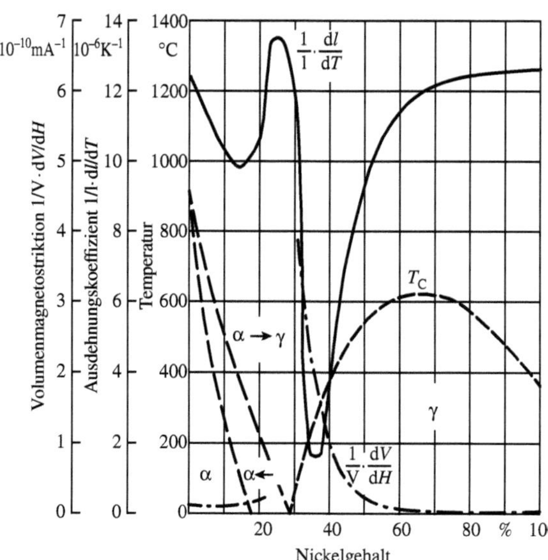

Bild 10.46 Phasengrenzen, Curietemperatur, Volumenmagnetostriktion und thermischer Ausdehnungskoeffizient im System Fe–Ni

10.8 Temperaturunabhängiges elastisches Verhalten

Der *Elastizitätsmodul* (E-Modul) fester Stoffe nimmt in der Regel mit steigender Temperatur infolge der kleiner werdenden zwischenatomaren Bindungskräfte stetig ab, sein Temperaturkoeffizient ist negativ. Für besondere Zwecke, z. B. für Bauelemente in Schwingsystemen der Feingerätetechnik, werden Werkstoffe gefordert, die in einem größeren Temperaturgebiet, meist um Raumtemperatur, einen konstanten oder leicht ansteigenden E-Modul aufweisen. Zur Herstellung derartiger Werkstoffe nutzt man die Anomalie des thermoelastischen Verhaltens aus, die bei bestimmten ferro- und antiferromagnetischen Legierungen in der Nähe des Curie- bzw. Néel-Punktes infolge des *ΔE-Effekts,* einer durch magnetische Vorgänge hervorgerufenen starken Erniedrigung des E-Moduls, entsteht [21].

Wird ein ferromagnetischer Werkstoff einer mechanischen Zugbeanspruchung σ unterworfen, so stellen sich die Vektoren der spontanen Magnetisierung über 90°-Wandverschiebungen und Drehprozesse in der Weise ein, dass außer der rein elastischen Dehnung ε_0 eine zusätzliche *magnetostriktive Dehnung* ε_m entsteht:

$$\varepsilon = \varepsilon_0 + \varepsilon_m = \sigma/E > \varepsilon_0 = \sigma/E_0 \tag{10.31}$$

Mithin verläuft die Spannungs-Dehnungs-Kennlinie im Proportionalitätsbereich flacher, und man misst zunächst einen kleineren Elastizitätsmodul E (Bild 10.47). Nach Beendigung der Ausrichtungsprozesse bei genügend großen Spannungen σ geht dieser in den normalen Wert E_0 über. Die durch Richtungsänderungen der Magnetisierungsvektoren verursachte Dehnung ε_m ist in erster Näherung dem Betrag der *linearen (Gestalts-)Magnetostriktion* $\lambda = \Delta l/l$ (s. Abschn. 10.6.2) und damit auch deren Temperaturabhängigkeit proportional. Der Anfangsteil der Spannungs-Dehnungs-Kurve ist umso weniger geneigt und die Einmündung in den geraden Verlauf erfolgt bei umso höherer Spannung, je stärker Gitterstörungen oder magnetische Richtkräfte anderer Art die zur Erzeugung der magnetostriktiven Dehnung erforderlichen Umorientierungen von magnetischen Bezirken behindern. Werden die Magnetisierungsvektoren durch ein starkes äußeres Magnetfeld oder im Material enthaltene hohe Eigenspannungen festgehalten, so bleibt die Zusatzdehnung ε_m aus, der ΔE-Effekt ($\Delta E = E_0 - E$) verschwindet.

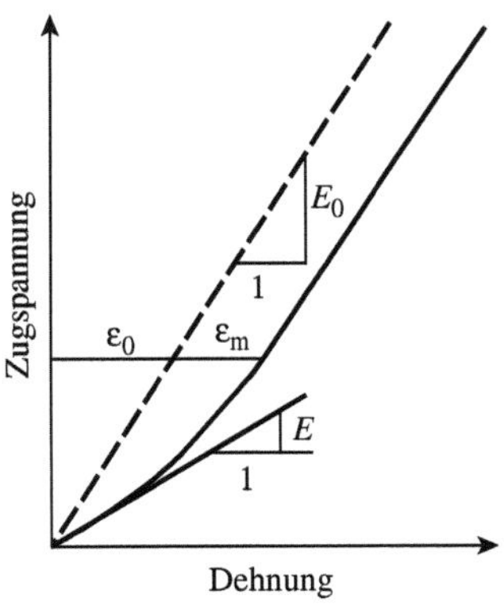

Bild 10.47 Spannungs-Dehnungs-Kurve eines ferromagnetischen Werkstoffes (schematisch)

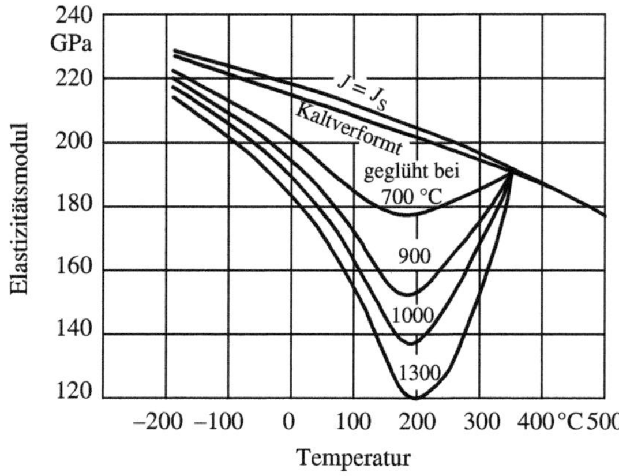

Bild 10.48 Temperaturabhängigkeit des *E*-Moduls von kaltverformtem und bei verschiedenen Temperaturen geglühtem Nickel.

In Bild 10.48 sind die Temperaturabhängigkeit des *E*-Moduls von Nickel sowie der Einfluss eines unterschiedlichen Eigenspannungsgehaltes, der durch eine Kaltverformung induziert und anschließend durch Glühen bei ansteigenden Temperaturen variiert wurde, dargestellt. Nickel zeigt nach Spannungsarmglühen bei hohen Temperaturen (1.300 °C) eine ausgeprägte *E-Modul-Anomalie.* Der beträchtliche ΔE-Effekt im Bereich unterhalb des Curiepunkts (T_c = 360 °C) beruht auf großen λ-Werten und einer hohen Spannungsempfindlichkeit der magnetischen Bezirksstruktur. Die *E(T)*-Kurven durchlaufen bei 150 bis 200 °C ein Minimum, weil die Kristallenergie, die zu tieferen Temperaturen hin größere Beträge annimmt, die Drehung der Magnetisierungsvektoren mehr und mehr erschwert. Bei einem definierten Gehalt an Eigenspannungen nach geeigneter Verformungs- und Glühbehandlung stellt sich in einem schmalen Bereich ein von der Temperatur unabhängiger *E*-Modul ein.

Neben der Gestaltsmagnetostriktion λ tragen in ferromagnetischen Stoffen im allgemeinen noch zwei weitere magnetostriktive Einflüsse zur *E*-Modul-Anomalie bei, und dementsprechend setzt sich ΔE aus drei Anteilen zusammen: $\Delta E = \Delta E_\lambda + \Delta E_w + \Delta E_A$. Die Anteile ΔE_w und ΔE_A rühren von magnetischen Volumeneffekten her. Das Volumen eines Körpers im Zustand ferro- oder antiferromagnetischer Spinordnung ist verschieden von dem, welches er ohne vorliegende Spinordnung haben würde. Deshalb kommt es in dem Maße, wie eine Spinordnung im Werkstoff entsteht oder die Spinkopplung von außen her beeinflusst wird, zu einer Gitterexpansion oder -kontraktion (*Volumenmagnetostriktion*, s. Abschn. 10.7). Das ist der Fall, wenn ein starkes Magnetfeld oder mechanische Spannungen an den Werkstoff angelegt werden (erzwungene Volumenmagnetostriktion, Anteil ΔE_w) oder wenn mit einer Temperaturänderung eine größere Änderung der Spinkopplung (Austauschwechselwirkung) hervorgerufen wird (spontane Volumenmagnetostriktion, Anteil ΔE_A). Ist mit dem Auftreten von ferro- bzw. antiferromagnetischer Spinordnung oder mit deren Veränderung eine Vergrößerung der Atomabstände im Gitter verknüpft, so werden die Bindungskräfte und damit auch der *E*-Modul abnehmen.

Die sich aus magnetischen Volumeneffekten herleitenden relativen Längenänderungen sind meist um ein bis drei Größenordnungen kleiner als die Gestaltsmagnetostriktion und, beispielsweise beim ΔE-Effekt des Nickels, praktisch vernachlässigbar. Wie in Abschnitt 10.7 erörtert wurde, erreicht die Volumenmagnetostriktion in den Fe–Ni-Legierungen mit 30 bis 45 Masse-% Ni (Invarlegierungen) jedoch abnorm hohe Werte (s. Bild 10.46). Demzufolge ergibt sich mit großen volumenmagnetostriktiv bedingten Beträgen $\Delta E_w + \Delta E_A$ auch eine sehr beträchtliche E-Modul-Anomalie. Durch geeignete Maßnahmen lässt sich der $E(T)$-Verlauf so gestalten, dass der Temperaturkoeffizient des E-Moduls in einem weiten Temperaturgebiet (–50 bis 150 °C) nahezu null wird.

Die Einstellung des ($\Delta E_w + \Delta E_A$)-Effektes auf das erforderliche Maß geschieht durch Zusätze ternärer Legierungselemente, z. B. Cr, Mo oder W. Diese Elemente erniedrigen die magnetische Kopplung und damit ΔE_A und setzen gleichzeitig die Curietemperatur herab. In technischen Legierungen wird außerdem durch Kaltverformung und Ausscheidungshärtung der Gehalt an Eigenspannungen modifiziert, wodurch der ΔE_λ-Effekt verringert und zugleich die Streckgrenze und Härte erhöht werden. Als ausscheidungshärtende Elemente werden Ti, Al, Be und Nb verwendet.

Werkstoffe mit temperaturkompensierenden elastischen Eigenschaften bezeichnet man allgemein als „Elinvar" (Konstantmodul-Legierungen). Charakteristische Anwendungen sind temperaturunabhängige Federn (Unruhspiralen), magnetomechanische Resonatoren (magnetostriktive Filter) und Spannbänder in Präzisionsmessinstrumenten.

Prinzipiell besteht bei ferromagnetischen Elinvaren die Möglichkeit der Beeinflussung des thermoelastischen Verhaltens durch äußere Magnetfelder. Um dieser Magnetfeldempfindlichkeit zu begegnen, sind antiferromagnetische Werkstoffe entwickelt worden, bei denen die E-Modul-Anomalie in der Umgebung des Néel-Punkts ausgenutzt wird. Der magnetische Beitrag zum ΔE-Effekt besteht nur aus dem Spinkopplungsanteil ΔE_A. Als geeignet für einen technischen Einsatz haben sich antiferromagnetische Fe–Mn-Basislegierungen erwiesen.

10.9 Dämpfung

Unter Dämpfung versteht man den Energieverlust von mechanischen oder elektrischen Schwingungen. Sie wird häufig durch das *logarithmische Dekrement* Λ, das durch die Gleichung

$$\Lambda = \ln \frac{a_1}{a_2} \tag{10.32}$$

definiert ist, charakterisiert, wobei a_1 und a_2 die Amplitudenwerte zweier aufeinander folgender Schwingungen bedeuten. Der Energieverlust setzt sich aus zwei Anteilen zusammen, nämlich den Energieverlusten, die durch Reibung mit der Umgebung, z. B. der Luft, entstehen, und solchen, die durch innere Reibung infolge werkstoffspezifischer Effekte bedingt sind. Im Folgenden sollen nur die Letzteren betrachtet werden.

Im Spannungs-Dehnungs-Diagramm zeigen sich die Energieverluste im Auftreten einer mechanischen Hysterese (s. Bild 9.3). Die Be- und Entlastungskurven fallen nicht zusammen, wie es für einen ideal elastischen Werkstoff zu erwarten wäre, sondern es entsteht eine Hystereseschleife, deren Flächeninhalt den Verlusten proportional ist. Zwischen Spannung und Dehnung entsteht eine zeitliche Phasenverschiebung. Die Dehnung erreicht ihren Endwert erst nach einer bestimmten Relaxationszeit, deren Größe von den im Werkstoff ablaufenden Prozessen abhängt. In gleicher Weise ist nach der Entlastung noch ein gewisser Restdehnungsbetrag zu finden, der erst nach längerer Zeit auf den Wert Null zurückgeht.

Die Energieverluste sind durch die Höhe der Belastung und die Belastungsgeschwindigkeit, d. h. bei Schwingungen durch die Amplitude und die Frequenz, bestimmt. Sie werden ferner durch die Temperatur beeinflusst.

Aus der Tatsache, dass zwischen dem Spannungs- und dem Dehnungsmaximum eine zeitliche Phasenverschiebung existiert, kann geschlossen werden, dass die Dämpfung im Werkstoff durch zeitabhängige Prozesse hervorgerufen wird. Als solche sind beispielsweise Platzwechselvorgänge interstitiell gelöster Fremdatome in Einlagerungsmischkristallen mit kubisch-raumzentriertem Gitter zu nennen. Im unbeanspruchten Werkstoff sind alle möglichen Plätze hinsichtlich ihrer Besetzung mit Zwischengitteratomen energetisch gleichberechtigt. Durch eine mechanische Beanspruchung werden die Atomabstände des Kristallgitters in Bereichen, die unter Zugspannung stehen, vergrößert. Die in diesen Bereichen vorhandenen möglichen Zwischengitterplätze besitzen jetzt für die Einlagerung der Fremdatome energetisch günstigere Bedingungen, während Bereiche mit Druckbeanspruchung energetisch ungünstiger sind. Im Kristallgitter tritt daher eine Umordnung der eingelagerten Fremdatome ein. Diese Umordnung ist zeitabhängig und bewirkt eine zusätzliche Aufweitung des Kristallgitters in Zugrichtung, d. h. eine zusätzliche Dehnung.

Verändert sich im Verlauf der Schwingung die Beanspruchungsrichtung, so sind die zuvor energetisch günstigen Zwischengitterplätze durch diese Richtungsänderung energetisch ungünstiger geworden. Die eingelagerten Fremdatome ordnen sich nun auf den in der neuen Beanspruchungsrichtung vorhandenen energetisch begünstigten Zwischengitterplätzen an.

Die Energie für diese Platzwechselvorgänge wird der Schwingungsenergie entzogen und ist unter dem Begriff *Snoek-Dämpfung* bekannt. Sie zeigt keine Abhängigkeit von der Amplitude, wohl aber von der Temperatur und der Frequenz. Ähnliche Verhältnisse liegen bei der als *Zener-Effekt* bekannten Dämpfung durch Platzwechselvorgänge von Doppelleerstellen vor.

Da die Relaxationszeiten der Platzwechselvorgänge temperaturabhängig und für verschiedene Atomarten unterschiedlich sind, ist jede Atomart durch ein Dämpfungsmaximum in dem bei konstanter Frequenz in Abhängigkeit von der Temperatur aufgenommenen Dämpfungsspektrum gekennzeichnet. Ein solches Spektrum ist in Bild 10.49 dargestellt.

Als weitere amplitudenunabhängige Dämpfungsanteile sind Vorgänge zu nennen, die mit Strukturdefekten im Zusammenhang stehen und bei denen durch thermisch aktivierte Wechselwirkungen von Versetzungen mit Fremdatomen oder Leerstellen Schwingungsenergie verbraucht wird. Zu diesen Vorgängen gehören Platzwechselvorgänge von an Stufenversetzungen gebundenen Zwischengitteratomen und Leerstellen, Lagewechsel von Versetzungslinien zwischen benachbarten Leerstellen, die als Verankerungspunkte wirken können, sowie Platzwechsel von Versetzungssprüngen und -schleifen in bzw. senkrecht zur Gleitrichtung.

Weitere Energieverluste können durch thermoelastische Effekte hervorgerufen werden, die darauf beruhen, dass in Werkstoffen infolge Änderung der mechanischen Beanspruchung Temperaturänderungen auftreten. So ist bei Zugbeanspruchung neben der elastischen Dehnung noch eine Abkühlung des beanspruchten Werkstoffbereiches zu beobachten. Wird diesem Gebiet durch Wärmeleitung aus der Umgebung wieder Wärme zugeführt, so kann eine zusätzliche, aber zeitlich verzögerte thermische Dehnung festgestellt werden. Bei nur wenigen Belastungszyklen in der Zeiteinheit, d. h. niedrigen Frequenzen, ist ein nahezu vollständiger, bei sehr hohen Frequenzen praktisch kein

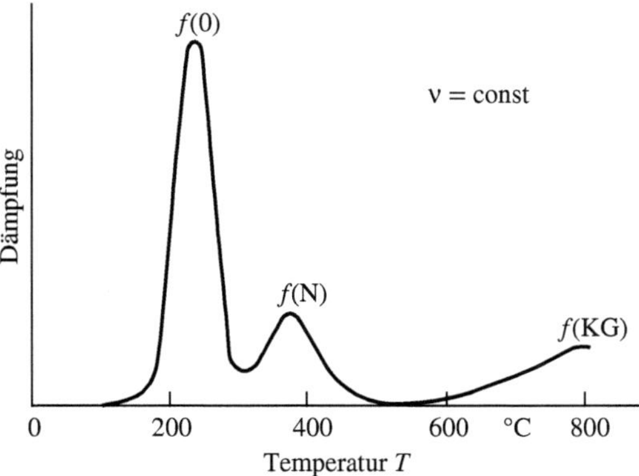

Bild 10.49 Temperaturabhängigkeit der Dämpfung von Niob. *f* (0) Dämpfungsmaximum durch gelöste Sauerstoffatome; *f* (N) Dämpfungsmaximum durch gelöste Stickstoffatome; *f* (KG) Dämpfungseinfluss der Korngrenzen. Die Höhe der einzelnen Maxima ist der Menge der gelösten Atome proportional

Temperaturausgleich möglich. In beiden Fällen ist daher eine geringe Dämpfung zu beobachten, während der durch thermoelastische Effekte hervorgerufene Dämpfungsanteil in mittleren Frequenzbereichen ein Maximum aufweist.

In ferromagnetischen Materialien tritt infolge der mechanischen Beanspruchung außerdem eine Dehnung oder Verschiebung, d. h. Ausrichtung magnetischer Elementarbereiche ein (Abschn. 10.8). Dadurch wird die magnetische Bezirksstruktur entsprechend der Amplitude und Frequenz der Schwingungen verändert, sodass lokale Wirbelströme entstehen. Diese wiederum verursachen örtliche Energieumwandlungen und haben daher eine Dämpfung der Schwingungen zur Folge, die als *magneto-elastische Dämpfung* bezeichnet wird.

In polykristallinen Materialien tritt bei höheren Temperaturen und geringen Frequenzen ein weiterer Dämpfungsanteil in Erscheinung, der auf Fließbewegungen in stark gestörten Kristallbereichen zurückgeführt wird. Als solche sind Korn- und Zwillingsgrenzen sowie in heterogenen Werkstoffen Phasengrenzen zu nennen, die örtlich erhöhte Versetzungsdichten aufweisen und als Bereiche mit großer Viskosität angesehen werden können. Eine Übersicht über die in Metallen auftretenden Dämpfungsmaxima sowie deren Ursachen ist in Bild 10.50 gegeben.

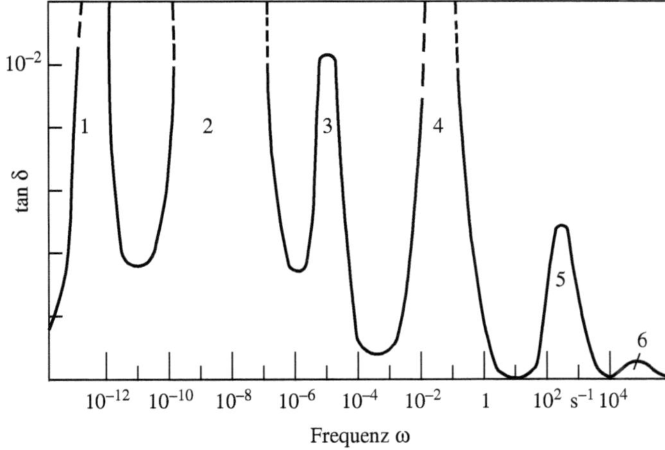

Bild 10.50 Dämpfungsspektrum nach *C. Zener*. *1* Umordnung von Paaren gelöster Fremdatome in Mischkristallen; *2* Korngrenzenfließen; *3* Verschiebung von Zwillingsgrenzen; *4* Bewegung von Zwischengitteratomen; *5* Temperaturausgleich durch Wärmeleitung innerhalb der Kristallite; *6* Wärmeströme zwischen den Kristalliten

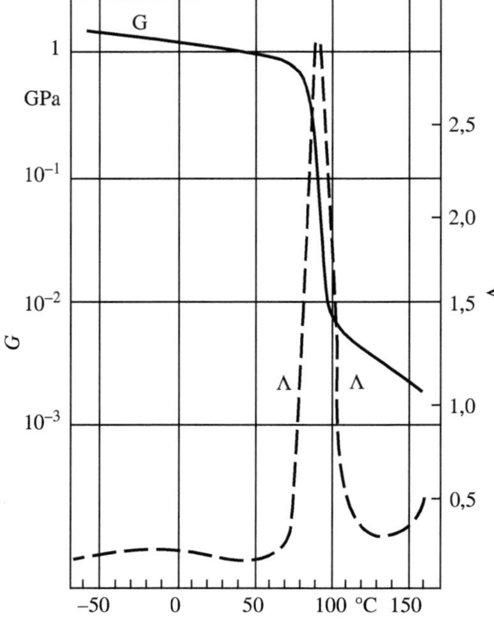

Bild 10.51 Schematische Darstellung des Dämpfungsverhaltens eines Polymeren im Einfrierbereich. *G* Schubmodul; Λ logarithmisches Dekrement der Dämpfung

Ein ausgeprägtes Dämpfungsmaximum wird, wie Bild 10.51 und Bild 2.67 zeigen, auch bei amorphen Strukturen wie in polymeren Werkstoffen im Bereich der Erweichungs- bzw. Einfriertemperatur beobachtet. Es ist dem Freiwerden der mikrobrownschen Bewegung beim Übergang vom Glas- in den kautschukelastischen Zustand zuzuordnen. In diesem Übergangsbereich beginnt die Beweglichkeit von Seitenketten und Molekülsegmenten, sodass molekulare Gleitprozesse ablaufen können.

10.10 Wechselwirkung zwischen Strahlung und Festkörpern

Strahlung ist die räumliche Ausbreitung von Energie in Form von Wellen oder Teilchen (Korpuskeln). Danach unterscheidet man zwischen Wellenstrahlung (Tab. 10.11) und Korpuskularstrahlung (Tab. 10.12). Bei ihrer Wechselwirkung mit Festkörpern treten je

Tab. 10.11 Wellenlänge und Energie elektromagnetischer Strahlungen.

Strahlung	Wellenlänge m	Energie eV
IR-Licht	$10^{-5} \ldots 7{,}6 \cdot 10^{-7}$	0,1 … 1,7
sichtbares Licht	$7{,}6 \cdot 10^{-5} \ldots 3{,}8 \cdot 10^{-7}$	1,7 … 3,5
UV-Licht	$3{,}6 \cdot 10^{-7} \ldots 10^{-8}$	3,5 … 120
Röntgenstrahlen	$10^{-8} \ldots 10^{-13}$	$120 \ldots 10^{6}$
γ-Strahlen	$10^{-11} \ldots 10^{-14}$	$10^{5} \ldots 10^{8}$
kosmische Strahlung	$10^{-14} \ldots 10^{-16}$	$10^{8} \ldots 10^{10}$

Tab. 10.12 Daten einiger Korpuskularstrahlungen

Korpuskelgruppe	Korpuskel	Ladung	Ruhemasse kg
geladene leichte Korpuskeln	Elektron	−e	$9{,}107 \cdot 10^{-31}$
–	Positron	+e	$9{,}107 \cdot 10^{-31}$
geladene schwere Korpuskeln	Proton	+e	$1{,}672 \cdot 10^{-27}$
–	Deuteron	+e	$3{,}343 \cdot 10^{-27}$
–	α-Teilchen	+2e	$6{,}643 \cdot 10^{-27}$
–	(Helium-Kerne)	–	–
ungeladene Korpuskeln	Neutron	–	$1{,}675 \cdot 10^{-27}$

nach Strahlenart und Energie unterschiedliche Prozesse auf, die die Ursache sind für die optischen Eigenschaften der Festkörper, für die Entstehung von Röntgen-, Elektronen- und Neutronenstrahlinterferenzen sowie für gewollte, weil eigenschaftsverbessernde, bzw. ungewollte, weil eigenschaftsverschlechternde Veränderungen in Werkstoffen.

Fällt eine elektromagnetische Welle auf einen Festkörper, so vermag sie mehr oder weniger tief einzudringen. Ist die Intensität der Strahlung beim Eintritt I_0, so misst man, nachdem die Strahlung der Wellenlänge λ die Dicke D durchdrungen hat, die Intensität I gemäß

$$I = I_0 e^{-\mu D} \tag{10.33}$$

(μ Absorptionskoeffizient). Als anschauliches Maß für die Eindringtiefe kann die mittlere Reichweite D_R angesehen werden. Sie ist diejenige Materialdicke, nach der I auf $l/e \approx 38$ % von I_0 gesunken ist. Nach Gleichung (10.33) ist das bei $\mu D_R = 1$ der Fall. Die Größen μ bzw. D_R sind stark von λ abhängig. Ihr Verlauf ist in Bild 10.51 für verschiedene Stoffgruppen schematisch dargestellt. Auffällig ist die hohe Absorption (kleine D_R) elektromagnetischer Wellen in Metallen für alle λ und die Existenz zweier λ-Bereiche äußerst geringer Absorption (großer D_R) in Ionenkristallen, Gläsern, Polymeren und Halbleitern. Dieses Verhalten wird durch unterschiedliche Wechselwirkungsvorgänge der elektromagnetischen Strahlung mit den Leitfähigkeitselektronen, den in der Atomhülle gebundenen Elektronen und den Gitterschwingungen verursacht (Bild 10.52).

In metallischen Werkstoffen regt die Strahlung im gesamten Spektralbereich $\lambda > 0{,}1$ µm die Leitfähigkeitselektronen zu Schwingungen an. Diese erzeugen ein elektromagnetisches Wechselfeld, dessen Energie jedoch bereits in den oberflächennahen Schichten in Joulesche Wärme umgesetzt wird. Die Metalle sind für diesen λ-Bereich undurchsichtig. Unterhalb $\lambda \approx 0{,}1$ µm (UV-Licht) fällt der Anteil der Absorption, der durch die Leitfähigkeitselektronen verursacht ist, stark ab (in Bild 2.52a). Es kommt ein neuer Absorptionsmechanismus ins Spiel. Die kurzwelligere Strahlung ist wegen ihrer größeren Energie $E > 4$ eV ($E = h \cdot f = h \cdot c/\lambda$); f Frequenz, h Plancksches Wirkungsquantum, c Lichtgeschwindigkeit) nun in der Lage, die Elektronen der Atomhülle anzuregen bzw. die Atome zu ionisieren. Äußerst kurzwellige Röntgenstrahlung vermag sogar merklich in Metalle einzudringen. Die zerstörungsfreie Werkstoffprüfung mit Röntgenstrahlung (Röntgengrobstrukturverfahren) beruht auf dem Effekt der unterschiedlichen Absorption in Materialien größerer

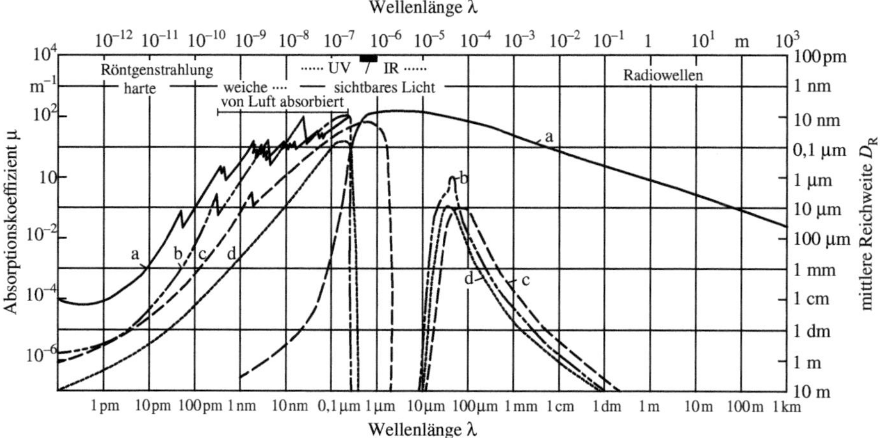

Bild 10.52 Mittlere Eindringtiefe D_R elektromagnetischer Wellen als Funktion der Wellenlänge: a) für Metalle; b) für Ionenkristalle; c) für Halbleiter; d) für Polymere

und geringer Dichte. Ein großes Hauptanwendungsfeld ist die Strahlendiagnostik in der Medizin (Röntgenaufnahmen, insbesondere die Röntgen Computer Tomographie CT). Im Maschinenbau werden neuerdings CT-Anlagen zur Qualitätssicherung und in der Messtechnik angewendet.

10.10.1 Wechselwirkung mit energiearmer Strahlung

In Ionenkristallen, Gläsern, Polymeren und Halbleitern existieren keine freien Elektronen. Energiearme Strahlung, wie Radiowellen, durchdringt diese Werkstoffe (Bild 10.52b bis d). Im Bereich von $\lambda \approx 1$ mm bis $\lambda \approx 10$ μm erreicht die Frequenz $f = \frac{c}{\lambda}$ der Strahlung die Größenordnung der Eigenfrequenzen der Bausteine, wodurch die Strahlung beim Eintritt in den Festkörper diese zu intensiveren Schwingungen anregt und selbst merklich absorbiert wird. Im Gebiet des nahen IR-Lichtes liegt die Frequenz der Strahlung wieder weit ab von der der Bausteineigenschwingungen, sodass keine Resonanz mehr auftritt und demzufolge auch praktisch keine Anregung mehr erfolgt: Die Absorption sinkt. Dies betrifft auch den anschließenden Wellenlängenbereich des sichtbaren Lichtes, weshalb Ionenkristalle, Gläser und amorphe Polymere durchsichtig sind. Erst im UV-Licht, das die Elektronen der Atomhülle anregt, wird die Strahlung wieder weitgehend absorbiert. In Abweichung davon setzt infolge der geringen Energielücke zwischen Valenzband und Leitfähigkeitsband in Halbleitern (s. Bild 10.4d) die Anregung der Hüllenelektronen schon bei $\lambda \approx 1$ μm ein. Halbleiter weisen deshalb im IR-Licht eine gewisse Absorption auf, die jedoch so gering ist, dass man mit IR-Bildwandlern noch durch sie hindurchsehen kann (Prüfmethode); für sichtbares Licht sind Halbleiter undurchsichtig. Gegenüber energiereicher elektromagnetischer Strahlung mit $\lambda < 0{,}1$ μm ist das Verhalten aller Festkörper qualitativ gleich (Bild 10.52a bis d).

Die Durchlässigkeit für sichtbares Licht von Ionenkristallen, Gläsern und Polymeren wird durch matrixeigene und matrixfremde kristalline Bereiche, durch Ausscheidungen, Einschlüsse und Blasen sowie im Fall der Polymeren auch durch Füllstoffe herabgesetzt.

Infolge des meist unterschiedlichen Brechwertes von Matrix und dispergierter Phase wird das einfallende Licht gestreut und der Werkstoff getrübt. Auch seine *Farbe* lässt sich aus dem Absorptionsverhalten erklären. Ein Werkstoff ist farblos, wenn in ihm bei der Bestrahlung mit sichtbarem Licht (760 nm bis 380 nm entsprechend 1,7 eV bis 3,5 eV) praktisch keine Elektronenübergänge stattfinden. Das trifft z. B. für fehlerfreien Diamant (E_g = 5,3 eV), Quarz (SiO_2) und Korund (Al_2O_3) zu. Wird Al_2O_3 mit 0,5 Masse-% Cr bzw. Fe dotiert, färbt es sich dunkelrot (Rubin) bzw. grün (Saphir). Die an Stelle der Al^{3+}-Ionen eingebauten Cr^{3+}-bzw. Fe^{3+}-Ionen haben im grünen bzw. roten Spektralgebiet eine erhöhte Absorption *(Absorptionskanten)*, sodass die Kristalle die nicht verschluckten Komplementärfarben des weißen Lichtes wiedergeben. Kupfer weist im grünen Spektralbereich (500 nm) eine Absorptionskante auf, sodass es in der Komplementärfarbe Rot erscheint. Beim elektronisch verwandten Silber ist die Absorptionskante ins UV verschoben, und es reflektiert die Farbe des auffallenden Lichtes unverändert. Das gilt für die meisten Metalle und Legierungen. Ihr hohes Reflexionsvermögen ist die Ursache des typisch metallischen Glanzes. Das hervorragende Reflexionsvermögen der Metalle wird zur Herstellung von Spiegeln, indem auf das Glas z. B. eine reflektierende Al-Schicht aufgedampft wird, oder zur Erhöhung der Wärmereflexion von Flachglas, das mit Cr oder Cu oberflächenbeschichtet wird, genutzt.

Energiearme Strahlung vermag in Metallen keine Eigenschaftsänderungen auszulösen. In Halbleitern bedingt sie eine starke Zunahme der elektrischen Leitfähigkeit *(Fotoleitung)*, indem Elektronen aus dem Valenzband in das Leitungsband gehoben werden. Sowohl die Löcher im Valenzband als auch die Elektronen im Leitungsband tragen zur Leitung bei. Dieser (innere) lichtelektrische Effekt *(Fotoeffekt)* wird praktisch in Fernsehkameras, Infrarotdetektoren, Fotozellen (Belichtungsmessern) und – auf indirekte Weise – beim fotografischen Prozess verwendet. Reicht die Energie der Strahlung aus, um in den energetisch weiter voneinander entfernten Bändern der Ionenkristalle ($E \approx 5$ eV) Elektron-Loch-Paare zu erzeugen, so nimmt auch in Ionenkristallen die elektrische Leitfähigkeit zu. Ein besonderer Fall liegt dann vor, wenn sich Elektronen in einer Leerstelle des Anionenteilgitters festsetzen: Diese Störstelle absorbiert sichtbares Licht und führt zur Färbung der Ionenkristalle *(Farbzentren)*.

Besonders nachhaltig kann Strahlungsenergie auf Polymere einwirken, indem sie kovalente Bindungen trennt und damit chemische Reaktionen auslöst, die die Makromoleküle wie auch die zugemischten Hilfs- und Füllstoffe verändern. Sie haben irreversible Eigenschaftsänderungen zur Folge, die mit der Zeit fortschreiten und den Werkstoff völlig zerstören können. Meistens laufen diese Vorgänge unter gleichzeitiger Oxidation ab, sodass die tatsächlichen Reaktionen komplizierter sind, als sie hier dargestellt wurden [4].

Insbesondere der UV-Anteil des Lichtes (Tab. 10.13) vermag kovalente Bindungen zu trennen. Im Realfall überlagern sich dem vielfach noch thermische, chemische oder mechanische Einflüsse, die diesen Vorgang begünstigen, sodass bei den meisten Polymeren schon im sichtbaren Licht mit Veränderungen, wie Kettenabbau, Wandlung der chemischen Struktur und Vernetzung, zu rechnen ist.

Kettenabbau tritt bei der Trennung von Bindungen zwischen Atomen der Molekülkette ein, wodurch bindungsfähige Stellen (freie Radikale) entstehen. Im Falle des Polyethylens

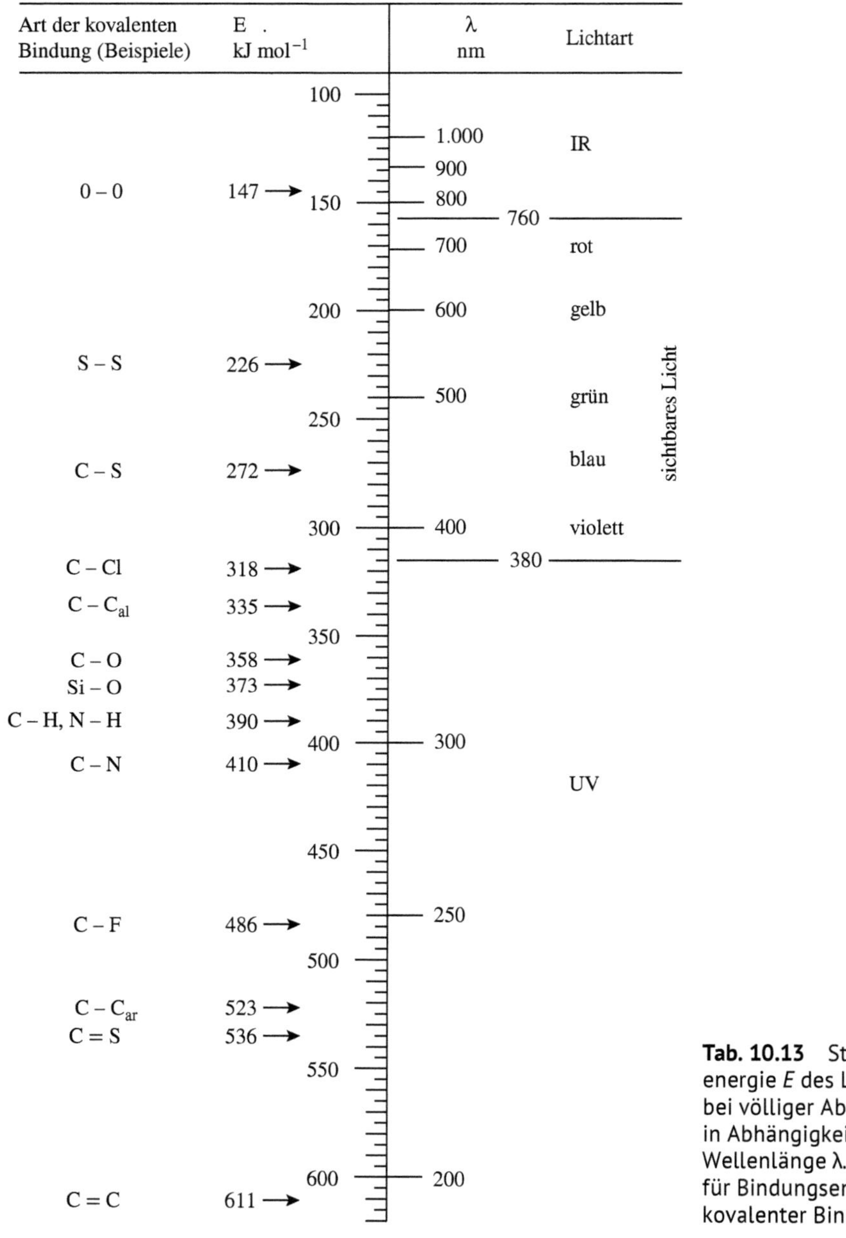

Tab. 10.13 Strahlungsenergie *E* des Lichtes bei völliger Absorption in Abhängigkeit von der Wellenlänge λ. Beispiele für Bindungsenergien kovalenter Bindungen

z. B. werden C–C-Bindungen mit einer Bindungsenergie von 335 kJ mol^{-1} aufgespalten (die Seitengruppen C–H sind mit einer Bindungsenergie von 390 kJ mol^{-1} stabiler):

$$\ldots\text{–}H_2C - CH_2\text{–}\ldots \rightarrow \ldots\text{–}H_2C + CH_2\text{–}\ldots$$

Dadurch wird die Aktivierungsenergie für weitere chemische Reaktionen, vor allem mit O_2 (Oxidation) oder H_2O (Hydrolyse), herabgesetzt. Außerdem können Kettenreaktionen ablaufen, die den Polymerisationsgrad über Kettenabspaltung unter Bildung niedermolekularer

Tab. 10.14 Monomerenausbeute beim Abbau von Thermoplasten

Werkstofftyp	**Kurzzeichen**	**Monomerenausbeute**[a] **%**	**Beispiele für die zum Abbau erforderlichen Aktivierungsenergien kJ mol^{-1}**
Polytetrafluorethylen	PTFE	–	> 440
Polymethylmethacrylat	PMMA	> 95	207 im Innern, 113 am Ende der Kette
Polyamid	PA	–	–
Poly-α-methylstyren	–	–	–
Polyoximethylen	POM	–	–
Polyisobutylen	PIB	46	218
Polystyren	PS	40 … 65	142 ohne O_2 w, 105 mit O_2
Polychlortrifluorethylen	PCTFE	27 … 86	–
Polypropylen	PP	2	–
Polyethylen	PE	< 0,1	251 … 293 an Verzweigungen und oxidierbaren Gruppen
Polyvinylchlorid	PVC	–	153 ohne O_2, 48 mit O_2, 105 bei Vernetzung
Polyvinylacetat	PVAC	0	153
Polyvinylalkohol	PVAL	–	–

a) Hohe Monomerenausbeute ist gleichbedeutend mit echter Depolymerisation, niedrige Ausbeute mit statistischer Kettenspaltung unter Bildung niedermolekularer Bruchstücke einschließlich Monomeren (nach *B. Dolezel* und *W. Foerst*)

Bruchstücke unterschiedlicher Kettenlänge einschließlich von Monomeren oder durch eine echte *Depolymerisation* mit hoher Monomerenausbeute (s. Tab. 10.14) erniedrigen. Als Beispiel sei die Depolymerisation von Polyoximethylen (Polyformaldehyd) zu Methanal (Formaldehyd) aufgeführt:

$$\cdots-\overset{\displaystyle H}{\underset{\displaystyle H}{\overset{|}{\underset{|}{C}}}}-O-\overset{\displaystyle H}{\underset{\displaystyle H}{\overset{|}{\underset{|}{C}}}}-O-\overset{\displaystyle H}{\underset{\displaystyle H}{\overset{|}{\underset{|}{C}}}}-O-\cdots \rightarrow \cdots\overset{\displaystyle H}{\underset{\displaystyle H}{\overset{|}{\underset{|}{C}}}}=O+\overset{\displaystyle H}{\underset{\displaystyle H}{\overset{|}{\underset{|}{C}}}}=O+\overset{\displaystyle H}{\underset{\displaystyle H}{\overset{|}{\underset{|}{C}}}}=O+\cdots$$

Veränderungen der Struktur kommen vor allem als Folge der Trennung endständiger Doppelbindungen sowie der Spaltung kovalenter Bindungen an Verzweigstellen oder Substituenten vor. Polymere mit den Substituenten H- oder Cl- bzw. OH-reagieren beispielsweise so, dass diese von der Hauptkette abgespalten werden und niedermolekulare Produkte (HCl, H_2O) bilden. Dadurch bleibt die Kettenlänge (Polymerisationsgrad) erhalten, die chemische Struktur des Polymeren aber wird verändert. Ein Beispiel ist die Dehydrochlorierung von PVC:

```
     H   H   H   H   H                        H   H   H   H   H
     |   |   |   |   |          - HCl         |   |   |   |   |
···—C—C—C—C—C—···   ————→  ···—C—C—C—C=C—···
     |   |   |   |   |                        |   |   |
     Cl  H   Cl  H   Cl                       Cl  H   Cl
```

Durch die entstehenden Doppelbindungen wird die notwendige Energie zur Abspaltung eines weiteren benachbarten Cl-Atoms von etwa 318 kJ mol^{-1} auf etwa 147 kJ mol^{-1} verringert. Die Reaktion schreitet unter Bildung eines Systems konjugierter Doppelbindungen (Polyene) fort:

```
                 H   H   H   H   H
   - HCl         |   |   |   |   |
  ————→   ···—C—C=C—C=C—···
                 |
                 Cl
```

Sie ist wegen der gleichzeitig veränderten Absorption des sichtbaren Lichtes durch die Doppelbindungen mit einer zunehmenden Verfärbung über Rot und Braun nach Schwarz verbunden.

Die Radikale können aber auch mit gleich- oder fremdartigen anderen Radikalen reagieren, sodass Block- oder Pfropf-Copolymerisation bzw. bei tri- und höherfunktionellen Gruppen oder bei mehr als zwei reaktionsfähigen Stellen im Molekül, z. B. nach Abspaltung von Seitengruppen, eine *Vernetzung* benachbarter Moleküle eintritt. Für PVC sei dieser Vorgang nach der Abspaltung von H- und Cl- (Entstehung von HCl) dargestellt:

```
     H   H   H   H                      H   H   H   H
     |   |   |   |                      |   |   |   |
···—C=C—C—C—···                ···—C=C—C—C—···
             :   |                              |   |
            :Cl: H                              |   H
                          - HCl                 |
     H   H  :H:  H        ————→         H   H   |   H
     |   |   :   |                      |   |   |   |
···—C—C—C—C—···                ···—C—C—C—C—···
     |   |   |   |                      |   |   |   |
     Cl  H   Cl  H                      Cl  H   Cl  H
```

Dabei nehmen Löslichkeit und Schmelzbarkeit sehr stark ab. Ist der Vernetzungsgrad hoch, lässt sich das PVC nicht mehr aufschmelzen. Der Werkstoff versprödet.

Polyamide vernetzen auf ähnliche Weise unter H_2O-Abspaltung. Eine rein thermisch ausgelöste Vernetzung tritt bei Polyethylen während der Verarbeitung bei zu hohen Temperaturen ein. Es entstehen dadurch Gelpartikeln unschmelzbaren Materials, sog. Stippen, die den Verarbeitungsprozess stören.

Alle genannten Reaktionen sind auch möglich, wenn sich der Werkstoff nicht durch Strahlung oder Konvektion, sondern infolge des Auftretens Joulescher Verluste oder, bei Wechselströmen, aufgrund zusätzlicher dielektrischer Verluste, die bei der Stromleitungs-, Spannungs- und dielektrischen Beanspruchung entstehen, erwärmt. Der Grad der Erwärmung hängt von den spezifischen Eigenschaften des Polymeren und seiner Hilfs- und Füllstoffe ab (s. a. Abschn. 10.1 und 10.5).

10.10.2 Wechselwirkung mit energiereicher Strahlung

Die Wechselwirkung zwischen Festkörpern und energiereicher Strahlung kann sich grundsätzlich in drei Effekten äußern:

- Ionisation und Anregung von Atomen (Wechselwirkung mit den Elektronen des Atoms),
- elastische Wechselwirkung zwischen Strahlung und Atomen,
- Wechselwirkung der Strahlung mit den Atomkernen (Kernreaktionen).

10.10.2.1 Elastische Streuung von ionisierenden Strahlen

Bei der *elastischen Streuung von Strahlung* bleibt deren Energie (oder Wellenlänge) erhalten, nur die Richtung der Strahlung ändert sich. Auch energiereiche Strahlung, wie *Röntgen-* oder γ-Strahlung sowie Materiewellen *(Elektronen-, Neutronenstrahlen),* zeigen diese Erscheinung. Die ionisierende (Röntgen-, γ- und Elektronen-) Strahlung wird an den Elektronen der Atomhülle gestreut, die Neutronenstrahlung hingegen vor allem an den Atomkernen. Wegen ihres magnetischen Moments treten die Neutronen dann mit den Elektronen der Atomhülle zusätzlich in Wechselwirkung, wenn diese ein resultierendes magnetisches Moment aufweisen, d. h. in Ferro-, Antiferro- oder Ferrimagnetika.

Werden viele Atome eines Werkstoffes gleichzeitig von Strahlung getroffen, so überlagert sich der von ihnen elastisch gestreute Strahlungsanteil, und es können *Interferenzen* auftreten. Es werden Intensitätsmaxima (Beugungsmaxima, d. h. konstruktive Interferenz) außerhalb der primären Strahlrichtung beobachtet, wenn gleichzeitig zwei Bedingungen erfüllt sind: Die Atome müssen ferngeordnet und die Wellenlänge der Strahlung muss mit der Gitterkonstante vergleichbar oder kleiner als die Gitterkonstante sein. Unabhängig von der Art der Strahlung, ob Röntgen-, Elektronen- oder Neutronenstrahlen, gilt die Braggsche Gleichung

$$2d_{\mathrm{hkl}} \sin \Theta_{\mathrm{hkl}} = n\lambda \tag{10.34}$$

(d_{hkl} Netzebenenabstand der beugenden Netzebenenschar $(h\ k\ l)$, Θ_{hkl} Bragg- oder Glanzwinkel, λ Wellenlänge der Strahlung, n Beugungsordnung, ganze Zahl).

Gl. (10.34) sagt aus, dass Beugungsmaxima von elektromagnetischen und Materiewellen auftreten, wenn diese unter einem definierten Winkel Θ_{hkl} auf die Netzebenenschar $(h\ k\ l)$ auffallen. Die gebeugten Strahlen liegen in der vom einfallenden Strahl und der Netzebenennormale aufgespannten Ebene und verlassen die Netzebenenschar unter dem gleichen Glanzwinkel Θ_{hkl} (Bild 10.53). In diesem Sinne darf man von einer „Reflexion" der Strahlung an einer Netzebenenschar sprechen, muss aber immer im Auge behalten, dass bei Einstrahlung unter einem von Θ_{hkl} verschiedenen Winkel keine Beugungsmaxima auftreten (destruktive Interferenz).

In der Werkstoffforschung werden zahlreiche *Beugungsverfahren* eingesetzt. Sie weisen z. B. nach, ob der untersuchte Werkstoff einkristallin, polykristallin (mit bzw. ohne Textur) oder amorph ist, welche Kristallstruktur vorliegt, wie groß die Konzentration der Versetzungen ist und in welchen Netzebenen ihre Burgersvektoren liegen. Aus Präzisionsbestimmungen der Gitterkonstanten kann gefolgert werden, ob mechanische Spannungen im Werkstück vorliegen. Bei magnetischen Werkstoffen lässt sich mittels Neutronenbeugung

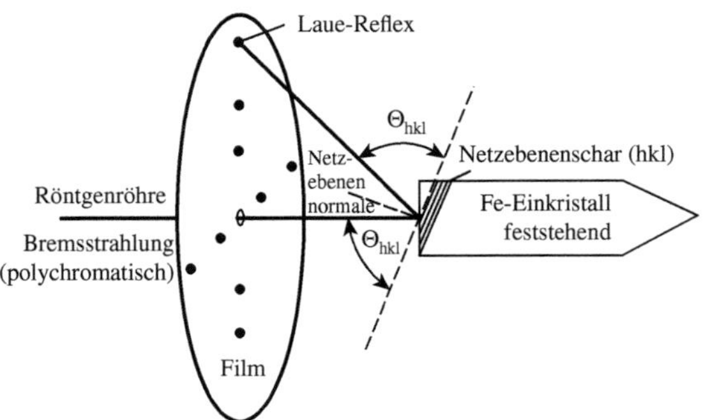

Bild 10.53 Prinzip des Laue-Verfahrens

die Anordnung der magnetischen Momente im Gitter ermitteln (Bild 10.42). Bild 10.54 zeigt als Beispiel die Röntgenbeugungsaufnahme (Laue-Rückstrahl-Verfahren) eines Fe-Einkristalls, der in Richtung [100] mit einem ausgeblendeten polychromatischen Röntgenstrahlenbündel (Bremsstrahlung) bestrahlt wurde. Die Interferenzpunkte sind in bestimmter Weise angeordnet und geben Auskunft über die Kristallsymmetrie. Da mit dem *Laue-Verfahren* die Lage des Kristallgitters zum Probenkoordinatensystem festgestellt wird, dient es vor allem zur Orientierungsbestimmung von Einkristallen. Wird als Probe ein Polykristall verwendet, so sind die Interferenzpunkte statistisch verteilt, bei einem amorphen Werkstoff treten sie nicht auf.

Zur Untersuchung von polykristallinen Werkstoffen dient das *Debye-Scherrer-Verfahren* (Bild 10.55). Ein paralleler monochromatischer Röntgenstrahl (z. B. die $K\alpha$-Strahlung einer Röntgenröhre mit Cu-Anode) wird auf eine in einer Zylinderkammer sich langsam drehende dünne Probe gerichtet. Er erzeugt dabei von jedem Kristalliten einen oder mehrere kleine Beugungspunkte, wenn eine oder mehrere Netzebenenscharen gemäß Gl. (10.34) in

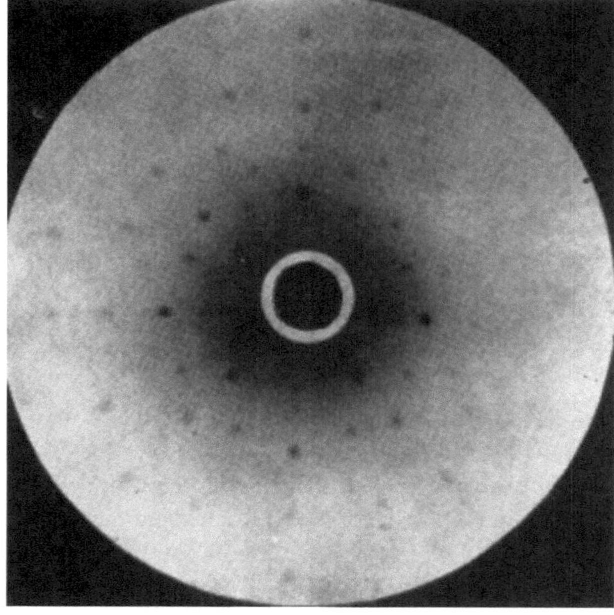

Bild 10.54 Laue-Aufnahme eines Eiseneinkristalls

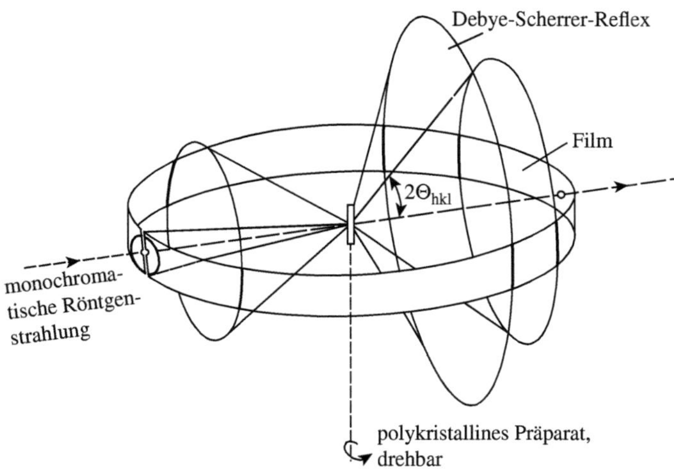

Bild 10.55 Prinzip des Debye-Scherrer-Verfahrens

Reflexionsstellung kommen. Alle von der Probe ausgehenden Interferenzstrahlen liegen auf Halbkegeln, deren Auftreffstellen auf dem Film die Debye-Scherrer-Reflexe ergeben (Bild 10.55). Ist die zu untersuchende Probe amorph, entstehen in der Debye-Scherrer-Aufnahme keine scharfen Reflexe. So zeigen die Bild 10.56d von einer amorphen metallischen Legierung und 10.56f von einem amorphen Polymer diffuse Maxima. Beim Tempern der amorphen metallischen Legierung geht diese in den kristallinen Zustand über, und es treten Beugungsreflexe auf (Bild 10.56e). In gleicher Weise wirkt sich die Erhöhung des Kristallinitätsgrades in Polymeren auf die Debye-Scherrer-Reflexe aus (Bild 10.56g, h).

Aus der Lage der scharfen Reflexe lassen sich Θ_{hkl} und mit Gl. (10.34) die Netzebenenabstände d_{hkl} bestimmen. Bei bekannten $(h\ k\ l)$ folgt daraus für einen kubisch kristallisierenden Werkstoff über Gl. (2.6) die Gitterkonstante a.

Besteht eine Probe aus mehreren kristallinen Phasen (z. B. Stahl mit Ferrit und Austenit oder mit Carbidphasen) oder liegt ein Gemisch von Pulvern verschiedener kristalliner Substanzen vor, dann erscheinen deren Beugungsreflexe getrennt nebeneinander im Röntgendiagramm. Durch Vergleich der daraus ermittelten Gitterkonstanten mit Literaturwerten können die Phasen identifiziert werden. Die Mengenanteile der einzelnen Phasen lassen sich über die Messung der Intensitäten ausgewählter Beugungsreflexe mit dem Zählrohrgoniometer (Bild 10.56) ermitteln [22]. Außerdem kann mit Hilfe des Intensitätsprofils eines Beugungsreflexes auf die Größe der kohärent streuenden Bereiche sowie auf die infolge von Kristallbaufehlern entstandenen inhomogenen Gitterverzerrungen geschlossen werden. Das ist besonders dann der Fall, wenn nach einer plastischen Verformung die Versetzungsdichte über $10^8\ cm^{-2}$ ansteigt. Unter bestimmten Voraussetzungen können über die Profilanalyse Versetzungsdichtebestimmungen vorgenommen werden (Erfassungsbereich 10^9 bis $10^{11}\ cm^{-2}$).

Liegt eine noch stärkere Fehlordnung, wie in amorphen Stoffen, vor, so zeigt das Streudiagramm verbreiterte Maxima und Minima, aus deren Intensitätsverteilung Aussagen über die Wahrscheinlichkeit der Lage von benachbarten Atomen bzw. Molekülen und damit über die Nahordnung (Abschn. 2.2.1) gemacht werden können. Als Beispiel ist in

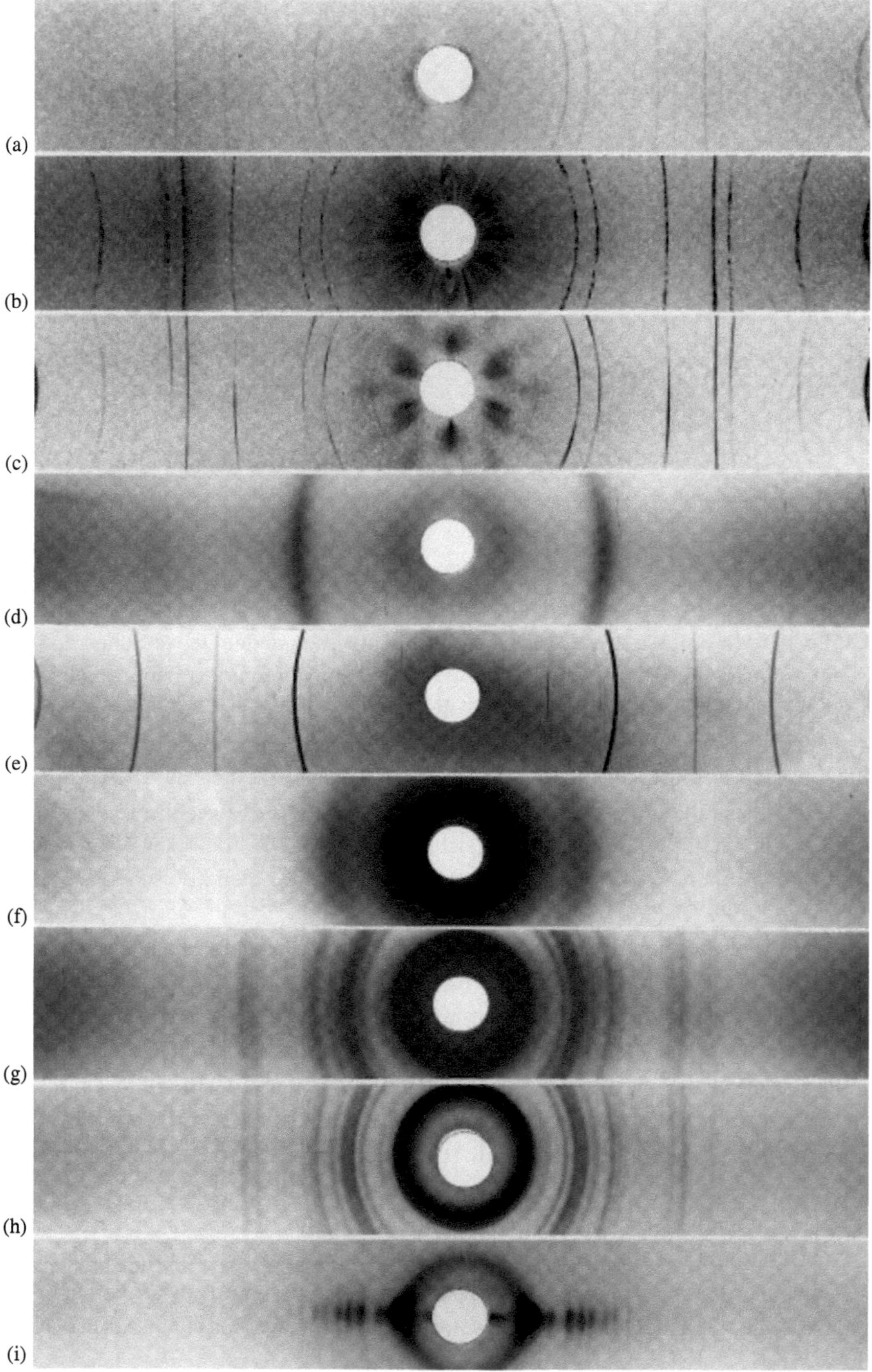

Bild 10.56 Debye-Scherrer-Aufnahmen; (a) feinkristallines Al; (b) grobkristallines Al; (c) mit Textur behaftetes Al; (d) eine amorphe metallische Legierung (Fe mit P und B); (e) Legierung von (d) kristallisiert; (f) ein amorphes Polymer (Polycarbonat); (g) Polyethylen niederer Dichte (Kristallinitätsgrad ≈ 50 %); (h) Polyethylen hoher Dichte (Kristallinitätsgrad ≈ 70 %); (i) Polyethylen mit Faserstruktur (Ausrichtung der kristallinen Bereiche längs der Faserachse); (d) und (e) nach J. Henke und K. Stange, (f) bis (i) nach M. May und Chr. Walther

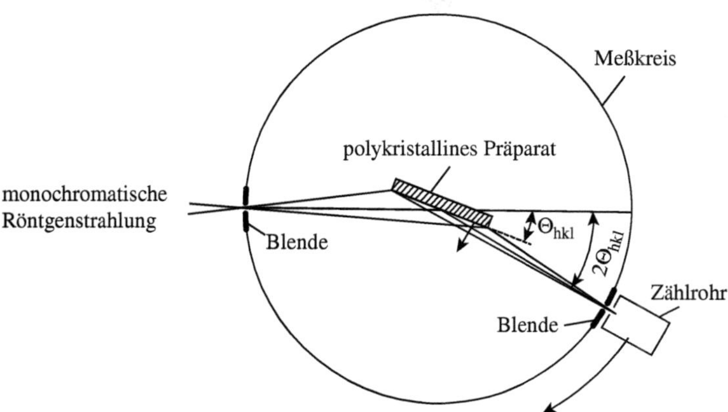

Bild 10.57 Prinzip des Röntgendiffraktometers

Bild 10.58a die Intensitätsverteilung der amorphen Legierung $Fe_{80}P_{13}C_7$ wiedergegeben. Ihre Auswertung liefert die im Bild 2.1f dargestellte Verteilungsfunktion. Sie gibt ein Bild von der Anordnung der Bausteine im amorphen Zustand (Bild 2.1e). Nach einer Temperaturbehandlung von 10^4 min bei 330 °C weist die Streukurve scharf ausgebildete Reflexe auf, die einer krz Struktur mit $a = 2{,}86 \cdot 10^{-10}$ m zugeordnet werden können (Bild 10.58b). Entsprechende Röntgenstreukurven von amorphen und teilkristallinen Polymeren sind im Bild 10.58c, d dargestellt. Aus dem letztgenannten Beispiel wird auch ersichtlich, dass man über die Intensitätsauswertung von Streukurven den Anteil kristalliner und amorpher Phasen in teilkristallinen Werkstoffen bestimmen kann [22].

10.10.2.2 Veränderungen in Festkörpern durch Strahlung

In Ionenkristallen und Halbleitern werden die in Abschn. 10.10.1 genannten Effekte (Farbzentrenbildung, Fotoeffekt) bei Einwirkung energiereicher Strahlung mit verstärkter

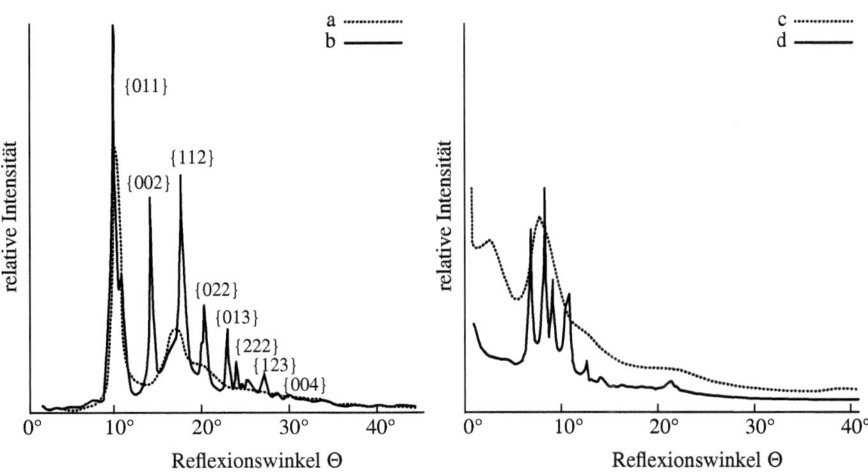

Bild 10.58 Streukurven für amorphe und kristalline Werkstoffe: a) amorphes $Fe_{80}P_{13}C_7$; b) kristallines $Fe_{80}P_{13}C_7$; c) amorphes Polycarbonat; d) isotaktisches Polyethylen (teilkristallin); (a) und (b) nach Y. Waseda und T. Masumoto, (c) und (d) nach *M. May* und *Chr. Walther*

Intensität beobachtet. Der starke Fotoeffekt in Halbleitern für Röntgen-, γ-, Elektronen- und Protonenstrahlen wird für deren Nachweis bzw. energetische Zerlegung ausgenutzt (energiedispersive Halbleiterdetektoren der γ- und Röntgenspektrometrie).

Die durch energiereiche Strahlung hervorgerufenen eigenschaftsverbessernden Veränderungen werden vor allem bei *Polymeren* genutzt. Hier tritt die Elektronen-, Röntgen- und γ-Strahlung mit den Elektronen der Atomhülle in intensive Wechselwirkung. Die dadurch bedingten Reaktionen laufen entweder, nachdem sie durch die Strahlung einmal ausgelöst wurden, als Kettenreaktion weiter, so z. B. Polymerisationsvorgänge und die Vernetzung von Polyestern, oder sie kommen nach Abschaltung der Strahlung wieder zum Stillstand. Letzteres trifft vor allem für Thermoplaste sowie Elastomere zu, die über die Abtrennung von Seitengruppen durch Vernetzung, Gasabspaltung oder Abbau einschneidende Veränderungen erfahren können.

Beim Abtrennvorgang entsteht ein Ion und an der Molekülkette selbst ein freies Radikal. Ist die kinetische Energie des Ions groß genug, kann es an einem benachbarten Molekül eine weitere reaktionsfähige Stelle erzeugen. Da die Lebensdauer der Radikale relativ lang ist (Halbwertszeiten um 2 bis 30 s), wird damit eine *Vernetzungsreaktion* (s. Abschn. 10.10.1) zwischen beiden Molekülen (Radikalmechanismus) möglich. Eine andere Annahme, die auf dem während der Bestrahlung beobachteten Anstieg der elektrischen Leitfähigkeit basiert, besagt, dass infolge der Strahleneinwirkung freie Elektronen bzw. Defektelektronen gebildet werden, die in einem bereits vorhandenen oder durch die Strahlung entstandenen Potenzialfeld entlang den Molekülketten wandern. Treffen solche Ladungen auf unmittelbar benachbarte Seitengruppen zweier Moleküle, dann können, wenn die Bindung untereinander stärker als die zur Molekülkette ist, die betreffenden Seitengruppen miteinander reagieren und sich vom Molekül abspalten. Es entstehen wieder vernetzungsfähige Stellen (Ionenmechanismus).

Treten die unter Strahleneinwirkung abgetrennten Seitengruppen zu gasförmigen Molekülen zusammen *(Gasabspaltung)*, so können diese bei kompakten Bauteilen nur zum Teil entweichen, sodass sich der Werkstoff im Temperaturgebiet des Erweichens ausdehnt oder u. U. sogar ein Schaumstoff entsteht. Je stärker die Molekülketten verzweigt und je größer die Seitengruppen sind, umso geringer ist der H_2-Anteil des entstandenen Gases und umso größer der Anteil von Kohlenwasserstoffen (besonders CH_4), CO und CO_2, bzw. bei stickstoffhaltigen Polymeren auch der von N_2, NH_3, C_2N_2 u. a. Mit der Gasabspaltung geht eine Masseverringerung einher.

Der Abbau der Polymere durch Strahleneinwirkung erfolgt analog dem unter Einwirkung von mechanischer, thermischer oder Lichtenergie (s. a. Abschn. 10.10.1), nämlich durch Kettenbruch, der meist von Oxidationsvorgängen begleitet ist.

Die Neigung von Polymeren zur Vernetzung oder zum *Abbau* hängt von der Größe ihrer Polymerisationswärme ab. Polymere mit Polymerisationswärmen von weniger als 63 kJ mol^{-1}, wie Polymethylmethacrylat, Polyisobutylen oder Polytetrafluorethylen, neigen überwiegend zum Abbau. Bei solchen, deren Polymerisationswärme größer als 63 kJ mol^{-1} ist, herrscht *Vernetzung* vor. Beispiele hierfür sind Polyethylen, Polystyren, Polyvinylchlorid, Polyamid und Kautschuk. Als Folge der Vernetzung werden vor allem die mechanischen Eigenschaften wie der *E*-Modul (Bild 10.59), die Festigkeit (Bild 10.60) oder die Wärmeformbeständigkeit verbessert, sofern durch einen zu hohen Vernetzungsgrad der Werkstoff

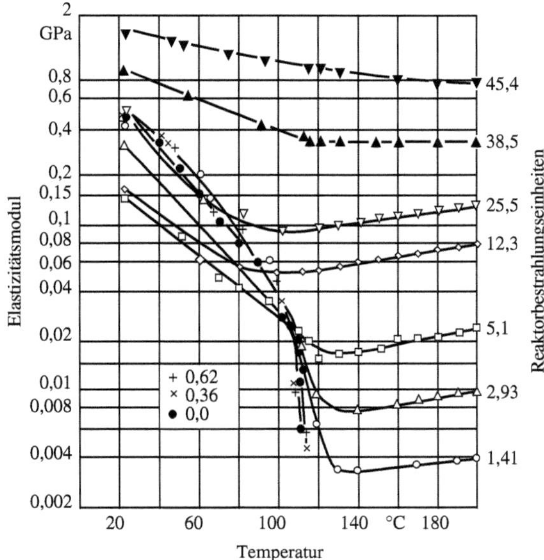

Bild 10.59 Einfluss der Strahlenvernetzung auf den *E*-Modul und die Wärmeformbeständigkeit von Polyethylen (nach *E. Rexer* und *L. Wuckel*). Mit Zunahme der Reaktorbestrahlungseinheiten nimmt auch der Vernetzungsgrad zu, und der *E*-Modul-Abfall im Schmelzbereich der Kristallite um 120 °C wird immer geringer, bis sich schließlich das hochvernetzte Polyethylen ähnlich wie ein Duromer verhält.

nicht unstatthaft versprödet. Bei teilkristallinen Thermoplasten geschieht die Vernetzung zuungunsten des Kristallisationsgrades. Der Abbau führt wegen der damit verbundenen Versprödung, Entstehung von inneren Spannungen und Rissen, Erniedrigung der Viskosität oder verstärkten Feuchtigkeitsaufnahme im Allgemeinen zu Eigenschaftsverschlechterungen. Oft ergeben sich in Abhängigkeit von der Strahlendosis auch Farbänderungen wie beim Polystyren, Polyvinylchlorid oder Polyamid.

Die Vorteile *strahlenchemischer Reaktionen* liegen dann auf der Hand, wenn sie zu Veränderungen führen, die mit herkömmlichen Methoden nicht, unter Schwierigkeiten oder nur unvollständig möglich sind. Technische Bedeutung haben die strahlenchemische Polymerisation von Monomeren im festen Zustand bzw. von solchen, die sonst schwer oder nicht miteinander reagieren, und die Strahlenveretzung von Thermoplasten zur Erhöhung ihrer Wärmeformbeständigkeit, z. B. bei Polyethylen oder Polypropylen, die dadurch sterilisierbar werden und deshalb für medizinische Zwecke Verwendung finden können.

Polymere, die keine schweren Elemente enthalten, haben in ihrer Anwendung als leicht dekontaminierbare und auch nach der Bestrahlung gefahrlos handhabbare Werkstoffe, z. B. für Gefäße oder als Isolier- und Verpackungsmaterial, große Bedeutung erlangt, da sie selbst nicht radioaktiv werden können [4].

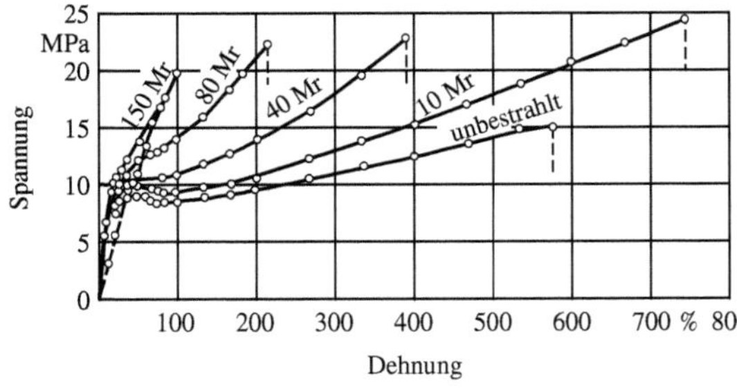

Bild 10.60 Einfluss der Strahlenvernetzung auf das Spannungs-Dehnungs-Verhalten von Polyethylen (nach *E. Rexer* und *L. Wuckel*). Mr Bestrahlungsdosis in Megaröntgen. Bei gleichzeitiger Abnahme der Verstreckbarkeit nimmt die Verfestigung mit der Strahlendosis zu.

Die unter Einwirkung energiereicher Korpuskularstrahlung hervorgerufenen unerwünschten Eigenschaftsänderungen werden unter dem Begriff *Strahlenschäden* zusammengefasst. Bei elastischen Stößen der Korpuskeln mit den Gitterbausteinen werden Letztere von ihren regulären Gitterplätzen entfernt. Die von ihren Gitterplätzen abgelösten Atome oder Ionen lassen Leerstellen zurück und werden nach Verlust ihrer Energie infolge weiterer Wechselwirkungen im Gitter auf Zwischengitterplätzen eingebaut. Die Gitterfehlerkombination Leerstelle-Zwischengitteratom wird auch als *Frenkel-Defekt* bezeichnet (s. Abschn. 2.1.11). Ist die an die Gitterbausteine abgegebene Energie wesentlich größer als die Schwellenenergie, so vermögen diese weitere Atome oder Ionen von ihren Gitterplätzen zu verdrängen. Es entsteht eine so genannte *Schädigungskaskade* (Bild 10.61). Wird mit zunehmender Stoßfolge immer mehr Energie verbraucht und demzufolge die freie Weglänge der Teilchen (Korpuskeln und von ihrem Gitterplatz gestoßene Bausteine) bis in die Größenordnung der Atomabstände reduziert, dann können sich an den Enden der Teilchenbahnen Gebiete größerer Leerstellenkonzentration(-cluster) bilden, deren Berandungen eine erhöhte Dichte von Zwischengitteratomen aufweisen. Solche (atom-) verdünnten Zonen erreichen Durchmesser bis zu 0,1 μm. Infolge ihrer hohen inneren Energie sind diese Störgebiete jedoch nicht stabil. Schon bei relativ niedriger Temperatur werden sie über eine Umordnung ausgeheilt. Die Leerstellen scheiden sich im Gitter aus und bilden *Versetzungsringe* vom Frank-Typ (s. Abschn. 2.1.11), sodass in Abhängigkeit von der Bestrahlungsdauer die Gitterfehlerdichte erhöht und der Festkörper verfestigt wird (Bild 10.62). Diese als *Tieftemperaturversprödung* oder Strahlungsverfestigung bezeichnete

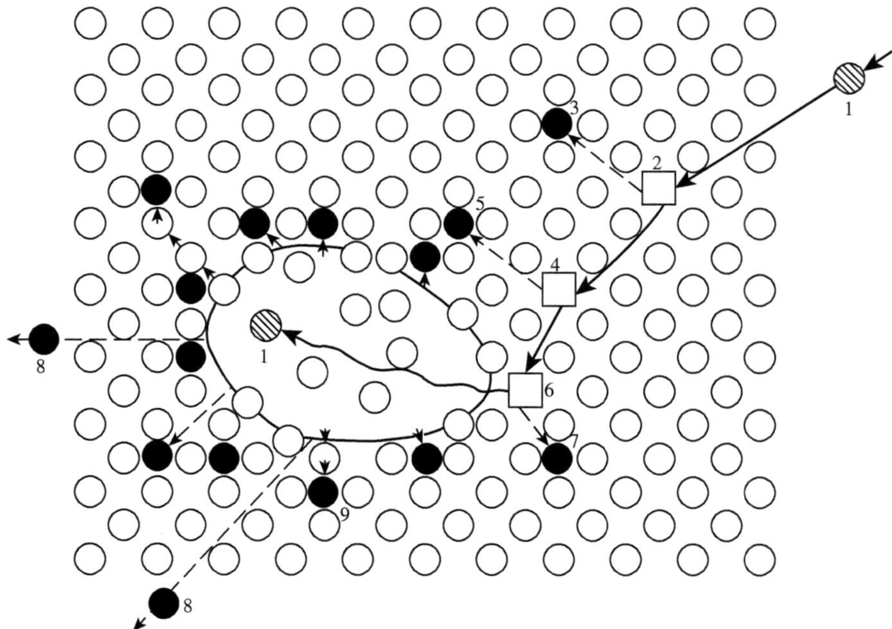

Bild 10.61 Schematische Darstellung einer Schädigungskaskade. *1* Strahlungsteilchen; *2*, *4*, *6* Leerstellen; *3*, *5*, *7*, *9* Zwischengitteratome; 2/3, 4/5, 6/7 Frenkel-Paare; *8* emittierte Atome

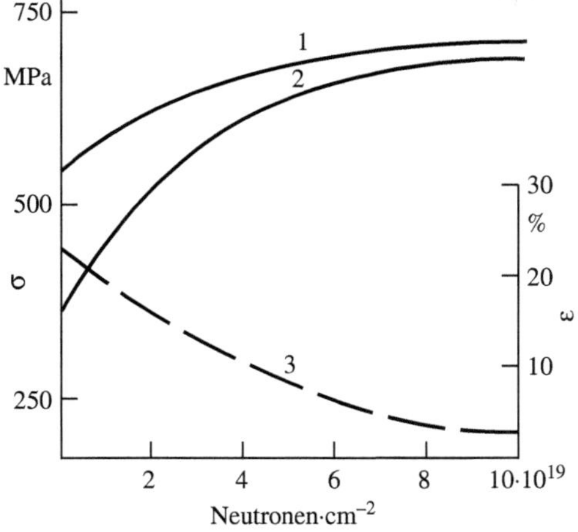

Bild 10.62 Strahlungsverfestigung in Stahl; *1* Zugfestigkeit; *2* Streckgrenze; *3* Dehnung, (nach [24])

Schädigung ist für alle in Kernreaktoren der Neutronenstrahlung ausgesetzten metallischen Konstruktionswerkstoffe (Hüllenwerkstoffe, Werkstoffe für Reaktorgefäß) typisch. Durch Temperatureinwirkung, z. B. im Reaktor selbst oder im Zuge einer nachfolgenden Glühbehandlung, lässt sie sich jedoch wieder rückgängig machen.

Bei sehr starker Neutronenbelastung kann die Leerstellenübersättigung und -clusterbildung so weit gehen, dass diese zu Poren mikroskopischen Ausmaßes [beispielsweise (400 bis 500) $\cdot 10^{-10}$ m] koaleszieren (Hohlraumbildung). Die *Hohlraumbildung* ist insbesondere für warmfeste austenitische Stähle in schnellen Brutreaktoren von technischer Relevanz. Sie tritt bevorzugt im Temperaturgebiet 0,3 T_s bis 0,6 T_s (T_s Schmelztemperatur in K) auf. Das Maximum der durch sie verursachten Volumenzunahme (etwa 10 %) liegt für austenitische Stähle bei 450 bis 500 °C. Diese Schädigungsart ist irreversibel [23].

Weitere strahlenbedingte Eigenschaftsänderungen betreffen die Wärme- und elektrische Leitfähigkeit. Sie werden in Metallen – da beiden der gleiche Mechanismus zugrunde liegt (Elektronenbewegung) – stets erniedrigt. Das Verhältnis aus der Abnahme der elektrischen und Wärmeleitfähigkeit ist annähernd unabhängig von der Strahlendosis. In Ionenkristallen nehmen ebenfalls die elektrische wie auch die Wärmeleitfähigkeit durch Strahlenschädigung ab, solange der Transport von Elektrizität bzw. Wärme durch die Ionenbewegung bzw. die Gitterschwingungen allein verursacht wird. Bei hohen Strahlendosen allerdings treten gehäuft Ionisationsvorgänge auf, die Elektronenübergänge in das vorher leere Leitungsband auslösen und somit eine Zunahme der elektrischen und Wärmeleitfähigkeit bedingen. Besonders empfindlich reagiert die elektrische Leitfähigkeit von Halbleitern auf Gitterstörungen. In Halbleiterbauelementen (Dioden, Transistoren) können schon kleine Bestrahlungsdosen von 10^{17} Neutronen je cm^2 deren Funktion zum Erliegen bringen. Die Wärmeleitung von Halbleitern basiert sowohl auf Gitterschwingungen als auch auf der Bewegung von Elektronen und Defektelektronen. Deshalb ist ihre Änderung bei zunehmender Einwirkung von Strahlung komplex. Der Anteil der Gitterschwingungen an der Wärmeleitfähigkeit nimmt ab, und auch die Beweglichkeit der Ladungsträger wird kleiner. Dagegen steigt die Ladungsträgerdichte an, wodurch die Wärmeleitung wieder verbessert werden kann.

Ein spezieller Anwendungsfall für Korpuskularstrahlung ist die *Ionenimplantation*, bei der Atome oder Moleküle ionisiert, in einem elektrostatischen Feld beschleunigt und in den Werkstoff geschossen (implantiert) werden [23]. Dabei sind beliebige Ion/Werkstoff-Kombinationen möglich wie B/Si, Si/Si, Pt/Fe oder Te/GaAs. Die Beschleunigungsenergie liegt zwischen einigen keV und MeV. Die mittlere Eindringtiefe ist von der Energie und Masse der Ionen sowie der Masse der Atome des Werkstoffes abhängig. Sie beläuft sich beispielsweise für P-Ionen mit der Energie von 10 keV in Si auf 14 nm und für 1-MeV-B-Ionen in Si auf 1.700 nm.

Die *Ionenimplantation* ist in den letzten Jahren als neues Verfahren zur Dotierung von Halbleitereinkristallen entwickelt worden und weist für den Entwurf mikroelektronischer Bauelemente einige technologische Vorzüge auf. Nachteilig wirkt sich die der Implantation einhergehende Strahlenschädigung aus, die bis zur Bildung einer amorphen Schicht in einer bestimmten Tiefe führen kann. Andere Anwendungsformen der Strahlenimplantation sind die Passivierung von Metallen, die Erhöhung bzw. Erniedrigung der Sprungtemperatur bei den klassischen Supraleitern, die Veränderung der elastischen Eigenschaften und die Oberflächenhärtung von Werkstoffen.

Besonders drastische Eigenschaftsänderungen treten auf, wenn Korpuskularstrahlen mit Atomkernen zur Reaktion gelangen. So verursachen Neutronenstrahlen ausreichend hoher Energie Kernspaltungsprozesse. Die Neutronen vereinigen sich mit Atomkernen und bilden metastabile Zwischenkerne, die unter Abgabe von Strahlung in stabile oder radioaktive Kerne, auch eines anderen Elements, zerfallen. Als Folge dessen verändern sich die Eigenschaften der davon betroffenen Werkstoffe wie bei der Legierungsbildung.

Andere Kernreaktionen führen oberhalb 0,5 T_s beispielsweise in Stählen und Nickellegierungen zu einer Hochtemperaturversprödung. Sie äußert sich in einer Abnahme der Bruchdehnung und Zeitstandfestigkeit. Die Ursache liegt in der Bildung von He, das als Folge von (n, α)-Reaktionen der Legierungselemente der genannten Werkstoffe entsteht. Wegen der geringen Löslichkeit für das Helium werden an den Korngrenzen Heliumblasen ausgeschieden, wodurch die Neigung dieser Legierungen zum interkristallinen Bruch zu niedrigen Temperaturen verschoben wird. Die Hochtemperaturversprödung ist im Gegensatz zur Tieftemperaturversprödung irreversibel. In besonderem Maße von ihr betroffen sind die im schnellen Brutreaktor eingesetzten austenitischen Stähle [25].

Literaturhinweise

1. Ibach, H. und Lüth, H. (2002). *Festkörperphysik – Eine Einführung in die Grundlagen.* 6. Aufl. Berlin, Heidelberg, New York, London, Paris, Tokyo: Springer-Verlag.
2. Kittel, C. (1999). *Einführung in die Festkörperphysik.* 12. vollst. überarb. u. aktualis. Aufl. München/Wien: R. Oldenbourg Verlag.
3. Batzer, H. (Hrsg.) (1985). *Polymere Werkstoffe. Bd. I: Chemie und Physik.* Stuttgart/New York: Georg Thieme Verlag.
4. Nitzsche, K. und Ullrich, H.-J. (Hrsg.) (1993). *Funktionswerkstoffe der Elektrotechnik und Elektronik.* 2. Aufl. Leipzig und Stuttgart: Deutscher Verlag für Grundstoffindustrie.
5. Hadamovsky, H.-F. (Hrsg.) (1990). *Werkstoffe der Halbleitertechnik.* 2. Aufl. Leipzig: Deutscher Verlag für Grundstoffindustrie.

6. Buckel, W. (1994). *Supraleitung – Grundlagen und Anwendungen*. 5. Aufl. Weinheim, New York, Basel, Cambridge, Tokyo: VCH.
7. Eschrig, H., Fink, J. und Schultz, L. (2002). 15 Jahre Hochtemperatur-Supraleitung. *Physik Journal* 1 (1): 45–51
8. Pollock, D.D. (1993). *Physical Properties of Materials for Engineers*. 2. Aufl. Boca Raton, Ann Arbor, London, Tokyo: CRC Press.
9. Martienssen, W. und Warlimont, H. (Hrsg.) (2005). *Springer Handbook of Condensed Matter and Materials Data*. Berlin/Heidelberg/New York: Springer-Verlag, 713–715.
10. Gruss, S., Fuchs, G., Krabbes, G. et al. (2001). Superconducting bulk magnets: Very high trapped fields and cracking. *Appl. Phys. Lett.* 79 (19).
11. Goyal, A. (1994). Advances in Processing High – T_c Superconductors for Bulk Applications. *JOM* 46 (12): 11.
12. Salmang, H. und Scholze, H. (2001). *Keramik*. 7. völlig neu bearb. u. erw. Aufl. Berlin/Heidelberg/New York/Tokyo: Springer-Verlag.
13. Wohlfarth, E.P. (Hrsg.) (1986 bis 1990). *Ferromagnetic Materials*. Vol. 1–5. Amsterdam/New York/ Oxford: North-Holland Publishing Company.
14. Hubert, A. und Schäfer, R. (1998). *Magnetic Domains – The Analysis of Magnetic Microstructures*. Berlin, Heidelberg, New York: Springer-Verlag.
15. Moorjani, K. und Coey, J.M.D. (1984). *Metallic Glasses*. Amsterdam: Elsevier Science Publishers.
16. Herzer, G. (1997). Nanocrystalline soft magnetic alloys. In: *Handbook of Magnetic Materials*, Vol. 10, (Hrsg. K.H.J. Buschow Amsterdam), 415–462. Lausanne, New York/u. a.: Elsevier Science BV.
17. Müller, M., Mattern, N. und Illgen, L. (1991). The influence of the Si/B content on the microstructure and on the magnetic properties of magnetically soft nanocrystalline FeBSiCuNb alloys. *Z. Metallkunde*. 82 (12): 895–901.
18. Schatt, W. und Wieters, K.-P. (Hrsg.) (1994). *Pulvermetallurgie – Technologien und Werkstoffe*. Düsseldorf: VDI-Verlag.
19. Michalowsky, L. (Hrsg.) (1994). *Neue Keramische Werkstoffe*. Leipzig und Stuttgart: Deutscher Verlag für Grundstoffindustrie.
20. Hornbogen, E. (1994). *Werkstoffe – Aufbau und Eigenschaften*. 6. neubearb. u. erw. Aufl. Berlin/Heidelberg/New York/London/Paris/Tokyo: Springer-Verlag.
21. Müller, M. (1989). An antiferromagnetic temperature compensating elastic Elinvaralloy on the basis of Fe-Mn. *J. of Magnetism and Magnetic Materials* 78: 337–346.
22. Spieß, L., Teichert, G., Schwarzer, R. et al. (2019). *3. Auflage Springer Fachmedien Wiesbaden GmbH. ein Teil von Springer Nature*.
23. Ryssel, H. und Ruge, I. (1978). *Ionenimplantation*. Leipzig: Akadem. Verlagsgesellschaft Geest & Portig KG. und Chichester: Wiley 1986.
24. van Vlack, L.H. (1989). *Elements of Materials Science and Engineering*. 6. Aufl. Addison-Wesley Publishing Company.
25. Schatt, W., Simmchen, E. und Zouhar, G. (Hrsg.) (1998). *Konstruktionswerkstoffe des Maschinen- und Anlagenbaues*. 5. völlig neu bearb. Aufl. Stuttgart: Deutscher Verlag für Grundstoffindustrie.

11

Bioinspirierte Materialien

Im Verlauf der Evolution haben pflanzliche und tierische Zellen Moleküle und Strukturen entwickelt, die Biologen, Biochemiker, Biophysiker, Mediziner und Werkstoffwissenschaftler zur Weiterentwicklung vorhandener und Entwicklung neuer Materialien inspiriert haben. Sie benötigen dafür Biomoleküle von Zellen von der lebenden Materie. Es ist daher notwendig, einige Grundkenntnisse der Biochemie in diesem Kapitel darzustellen. Auf tiefergreifendes Wissen wird jedoch auf einschlägige Fachliteratur hingewiesen [1]. Biomoleküle haben den gleichen Aufbau und die gleiche Infrastruktur wie synthetische Moleküle (siehe Kap. 2.1.10). Ihre Besonderheit besteht lediglich in der Auswahl ihrer Bausteine.

Die belebte Materie nutzt nur eine relativ kleine Anzahl von Elementen, den Kohlenstoff, Sauerstoff, Wasserstoff, Stickstoff, Phosphor und Schwefel, die allesamt kovalente Bindungen miteinander eingehen können. Zusätzlich können sie Spuren von Ionen enthalten. Die genannten Elemente machen 92 % des Trockengewichtes von lebendem Gewebe aus, dieses besteht jedoch zu etwa 70 % aus Wasser. Es ist daher verständlich, dass sich aus diesen Elementen auf dem Weg der Kondensation Makromoleküle bilden und mithilfe von Nebenvalenzbindungen räumliche Strukturen formieren. Im Zentrum stehen Nucleinsäuren und Proteine, die den Lebewesen zu komplexen Strukturen und einzigartigen Eigenschaften verhelfen.

Der amerikanische Wissenschaftler Russel F. Doolittle hat als Biologe die Proteine als Werkstoffe des Lebens bezeichnet [2]. Initiator für diese sind die Nucleinsäuren mit ihrem einzigartigen Vermögen, sich selbst vervielfältigen zu können. Während die Nucleinsäuren (DNA) den Bauplan des Lebens bereithalten, liefern die Proteine die Bausteine für den Aufbau einer Zelle und von Körpergeweben. Somit übernehmen sie Stützaufgaben und übertragen Kräfte, übermitteln Signale und regulieren sogar ihre eigene Synthese, sind demzufolge Konstruktions- und Funktionsmaterial.

Aus der Sicht der Werkstoffwissenschaft sind Verbünde zwischen Werkstoffen und den Biomolekülen von hohem Interesse, wobei es einerseits darum geht, ihre einzigartigen Eigenschaften zu erhalten und andererseits sie für Bauteile in der Technik zu erweitern und zu nutzen. So beispielsweise in der Medizintechnik, in der Sensorentwicklung sowie in der Bauteilentwicklung für Computer, um nur einige zu nennen.

Schatt Werkstoffwissenschaft, 11. Auflage. Hartmut Worch, Wolfgang Pompe und Christoph Leyens.

11.1 Nucleinsäuren

11.1.1 Struktur der Nucleinsäuren

Nucleinsäuren bestehen aus Stickstoffbasen, Zuckermolekülen und Phosphatgruppen. Entsprechend Bild 11.1 werden sie durch Ketten von Nucleotiden gebildet. Jedes der Nucleotide (Bild 11.1a) besteht aus einer Stickstoffbase, einer Zucker- und einer Phosphatgruppe. Den zentralen Teil des Nucleotids nimmt das Zuckermolekül ein.

Der Zucker ist chemisch gesehen eine Pentose und trägt den Kunstnamen Ribose. Die Kohlenstoffatome in der Ribose sind im Uhrzeigersinn nummeriert. Danach ist die Stickstoffbase an einem 1′-Kohlenstoff glykosidisch an den Zucker gebunden und die Phosphatgruppe mit dem 5′-Kohlenstoff verestert. Ist am 2′-Kohlenstoff eine Hydroxygruppe gebunden, wird entsprechend Bild 11.2 dieses Molekül als Ribose bezeichnet. Trägt hingegen dieser Kohlenstoff ein H-Atom, dann liegt eine Desoxyribose vor.

Stickstoffbasen sind heterocyclische aromatische Verbindungen und meist Derivate von Purin oder Pyrimidin. Zu den Purinbasen gehören das Adenin (A) und Guanin (G) und zu den Pyrimidinbasen Cytosin (C), Thymin (T) und Uracil (U) (RNA) (Bild 11.3). Nucleotide können zu linearen Polymeren verknüpft sein. Das Makromolekül einer Desoxyribonucleinsäure (DNA) oder einer Ribonucleinsäure (RNA) ist jeweils aus vier verschiedenen Nucleotiden zusammengesetzt. Diese sind durch kovalente Bindungen miteinander verknüpft. Je nachdem ob am C2 eine Hydroxygruppe oder ein Wasserstoffatom an dem Zuckermolekül gebunden sind, formiert sich eine Ribonucleinsäure (RNA) oder eine Desoxyribonucleinsäure (DNA).

Der Einzelstrang erhält seine Stabilität durch das Zuckerphosphat-Rückgrat. Bei einem DNA-Doppelstrang (Bild 11.4) liegen die Basen eines Einzelstranges denen der anderen Base gegenüber. Es erfolgt jeweils eine Paarbildung zwischen den kleineren Pyrimidinbasen Thymin bzw. Cytosin und den größeren Purinbasen Adenin und Guanin.

Die genetische Information ist durch Sequenzen der Basen Adenin (A), Guanin (G), Cytosin (C) und Thymin (T) in die DNA eingeschrieben. Diese Information kann durch Paarung zweier zueinander komplementärer Basen Adenin-Thymin und Guanin-Cytosin von zwei DNA-Einzelsträngen übertragen werden. Die gegenüberliegenden Basen sind durch Wasserstoffbrücken miteinander verknüpft (Bild 11.4).

Einzelstränge, die auf größeren Bereichen komplementäre Sequenzen aufweisen, verbinden sich zu einer Doppelhelix. Im Watson-Crick-Modell [3] wird dies durch Ausbildung einer rechtsgängigen Doppelhelix (B-DNA) beschrieben. Eine vollständige Windung umfasst 10 Basenpaare. Bei geringer Hydratisierung wird auch eine dichtere parakristalline rechtsgängige Doppelhelix (A-DNA) mit 11 Basenpaaren in einer vollständigen Windung beobachtet. Weiterhin können sich auch Abschnitte mit entgegengesetzter Schraubenrichtung (Z-DNA) bilden, z. B. *in vitro* bei hohen Salzkonzentrationen (Bild 11.5).

Eine kurze Sequenz der chemischen Struktur einer Doppelhelix zeigt, dass die zwei Einzelstränge um eine gemeinsame Achse von hydrophoben Purin- und Pyrimidin-Basen gewunden sind (Bild 11.4). Das hydrophile Rückgrat eines jeden Stranges, gebildet aus einem Zuckerphosphat-Rückgrat, führt zu einer energetisch stabilen Konfiguration

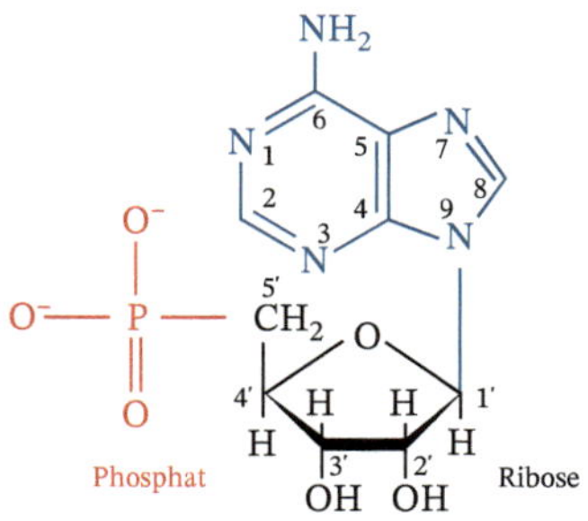

Bild 11.1 Chemische Struktur von Nucleinsäuren (a) Nucleotid, (b) Nucleinsäure (modifiziert aus [1]).

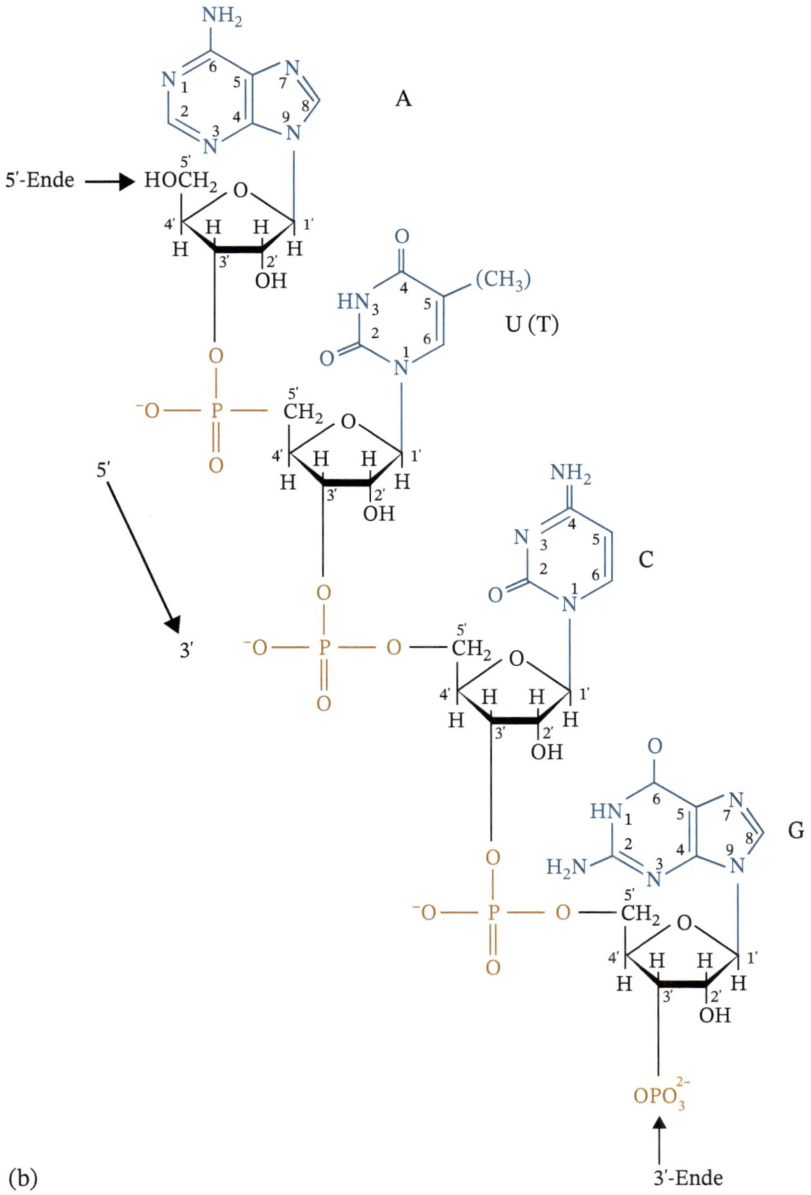

Ribose

Desoxyribose

Bild 11.2 Chemische Strukturen der Ribose und der Desoxyribose [1].

im umgebenden Wasser. Im Bild ist zu erkennen, dass die Basensequenz TGA des linken Stranges antiparallel zu derjenigen des rechten Stranges angeordnet ist (Bild 11.4). Unter physiologischen Bedingungen (pH nahe 7,0) ist die B-DNA stabil. Oberhalb von 70 bis 90 °C oder bei extremem pH-Wert nimmt die Viskosität einer wässrigen Lösung von doppelsträngigen DNA deutlich ab. Man spricht vom „Schmelzen“ der DNA (Bild 11.6). Die doppelsträngige DNA zerfällt in Einzelstränge. GC-reiche DNA haben einen höheren „Schmelzpunkt“ als AT-reiche infolge der drei Wasserstoff-Brücken in den GC-Basenpaaren und nur zwei Wasserstoff-Brücken in den AT-Basenpaaren (siehe Bild 11.4).

Der Abstand zwischen benachbarten Basenpaaren beträgt bei einer B-DNA 0,34 nm und bei einer A-DNA 0,26 nm und der Durchmesser der doppelsträngigen DNA etwa 2 nm (siehe auch Bild 11.4).

Unter physiologischen Bedingungen (pH nahe 7,0) ist die B-DNA stabil. Oberhalb von 70 bis 90 °C oder bei extremem pH-Wert nimmt die Viskosität einer wässrigen Lösung von doppelsträngigen DNA deutlich ab. Man spricht vom „Schmelzen“ der DNA

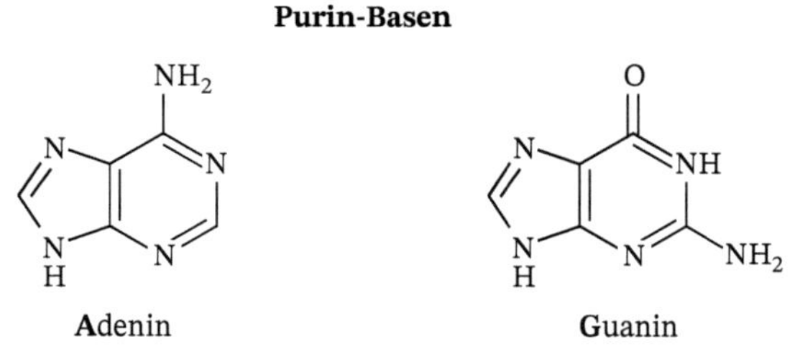

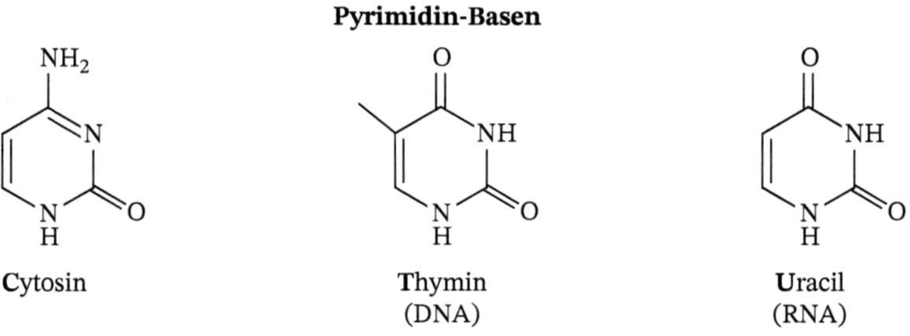

Bild 11.3 Die strukturbildenden Purin- und Pyrimidin-Basen der Nucleinsäuren. In der RNA ist Thymin durch Uracil ersetzt.

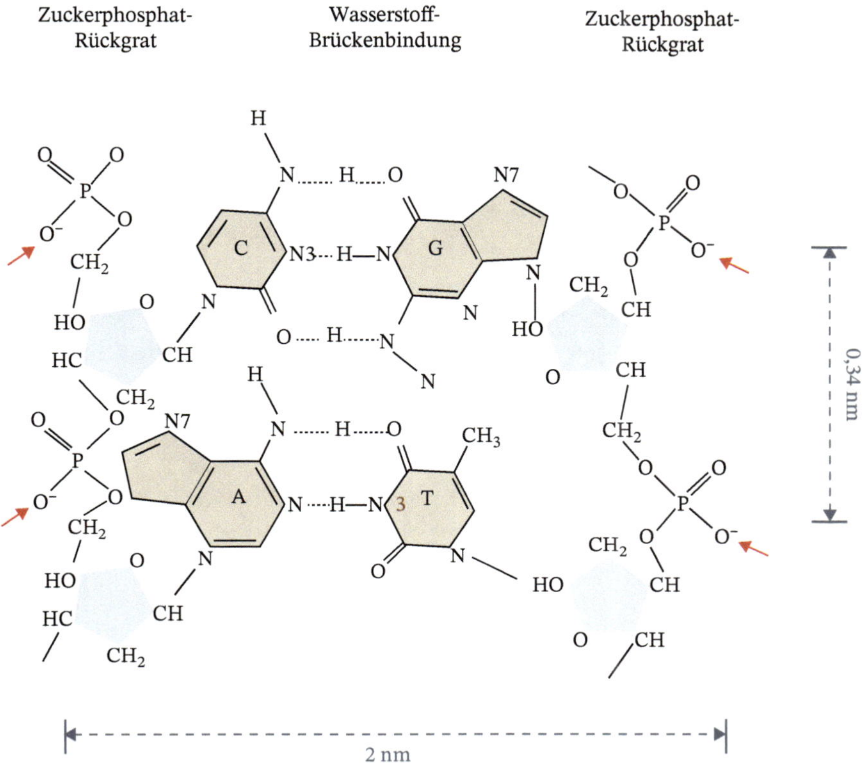

Bild 11.4 Ausschnitt von einem komplementären Strang einer B-DNA (nach G. Voet) [1]. Für die Herstellung von Nanostrukturen auf einem DNA-Templat sind zwei Gruppen von Bindungsplätzen von Interesse: (i) die negativ geladenen Phosphatgruppen auf dem Rückgrat (rote Pfeile); (ii) die als Elektronen-Donatoren wirkenden N2-Atome der Basen G und A sowie die N3-Atome der Basen C und T.

(Bild 11.6). Die doppelsträngige DNA zerfällt in Einzelstränge. GC-reiche DNA haben einen höheren „Schmelzpunkt" als AT-reiche infolge der drei Wasserstoff-Brücken in den GC-Basenpaaren und nur zwei Wasserstoff-Brücken in den AT-Basenpaaren (siehe Bild 11.4).

Eine strukturelle Umwandlung ähnlich der beim Schmelzen wird beim Einwirken einer Zugkraft beobachtet. Nach einem ersten elastischen Verformungsbereich, verbunden mit einer reversiblen Streckung der B-DNA, kommt es zur Bildung einzelner Defekte, sogenannter Nicks (Bild 11.7). Die Verfestigung nimmt im Vergleich zu dem vorhergehenden elastischen Bereich deutlich ab. Bei Entlastung wird eine Hysterese beobachtet. Bei weiterer Kraftzunahme kommt es zu einer Sättigung der Nickbildung. Bis zum Bruch schließt sich ein zweiter elastischer Bereich an. Nach vollständiger Entlastung spiegeln sich die nicht vollständig ausgeheilten Nicks in einer Verkürzung der Doppelhelix wider.

Die DNA steuert ihre eigene Vervielfachung sowie auch die Translation in die RNA, die für die Synthese von Aminosäuren verantwortlich ist (Bild 11.8) [5]. Die Messenger-RNA

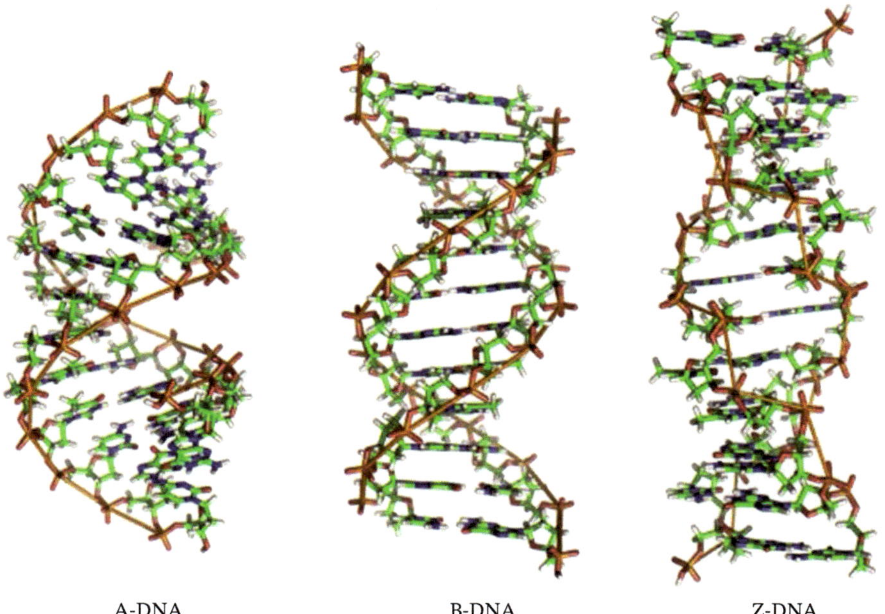

Bild 11.5 Strukturformen von doppelsträngigen (ds) DNA (Quelle: Wikimedia Commons, Autor Richard Wheeler [Zephyris]).

(mRNA) ist eine Abschrift der DNA. Dabei codieren immer drei Basen für eine Aminosäure. Die Transfer-RNA (tRNA) transportiert Aminosäuren zur mRNA, die daraus ein Protein als Abschrift der ursprünglichen DNA erzeugt.

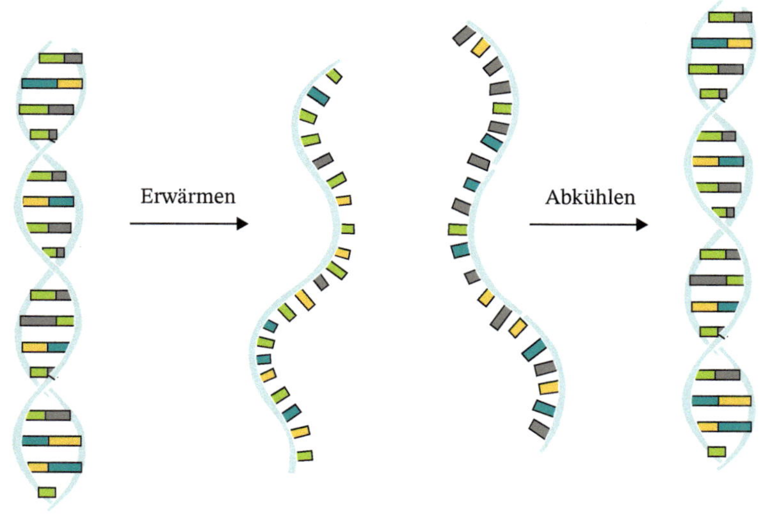

Bild 11.6 Schmelzen und Renaturierung (Hybridisierung) einer doppelsträngigen DNA.

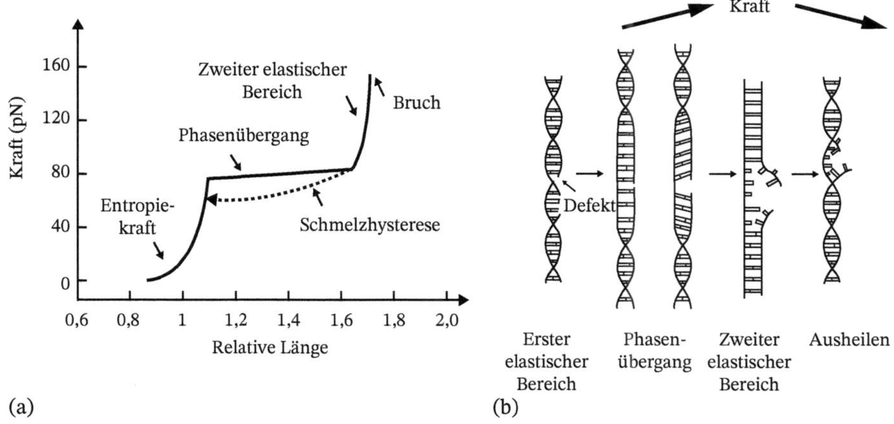

Bild 11.7 Kraft-Verformungs-Diagramm einer B-DNA: (a) Elastische Streckung der B-DNA in zwei Teilbereichen, verbunden durch einen plastischen Bereich infolge von diskreten Defekten (Nicks) der Doppelhelix; (b) Nach Entlastung verursachen die nichtvollständig ausgeheilten Nicks ein Verkürzen der B-DNA [4].

Die Transfer-RNA erzeugt die Aminosäuren, aus deren Verknüpfung die Proteine entstehen. Die genetische Information ist durch Sequenzen der Basen Adenin (A), Guanin (G), Cytosin (C) und Thymin (T) in die DNA eingeschrieben. Diese Information kann durch Paarung zweier zueinander komplementärer Basen Adenin-Thymin und Guanin-Cytosin von zwei DNA-Einzelsträngen übertragen werden.

11.1.2 Anwendungen in der Nanotechnik

Die Möglichkeit des Einschreibens von Information in eine DNA im Subnanometerbereich sowie die Selbstassemblierung von komplementären Einzelsträngen zu doppelsträngigen

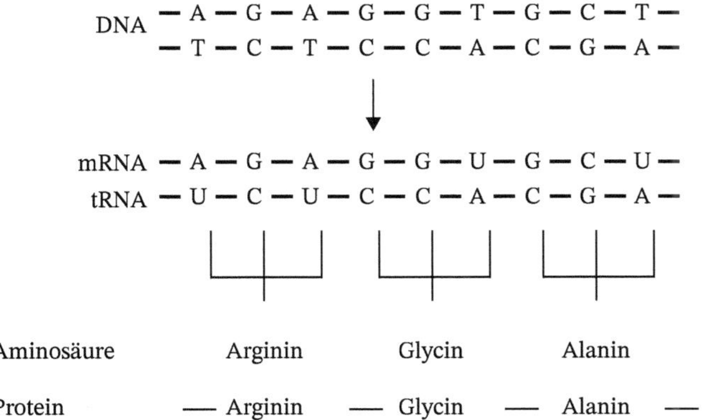

Bild 11.8 Schematische Darstellung der DNA in Wechselwirkung zur RNA und deren Synthese von Aminosäuren. Die RNA, in der Thymin durch Uracil ersetzt ist, wird als Messenger-RNA (mRNA) bezeichnet. Sie wandert zum Ribosom einer Zellorganelle und wird dort in die Transfer-RNA (tRNA) überführt.

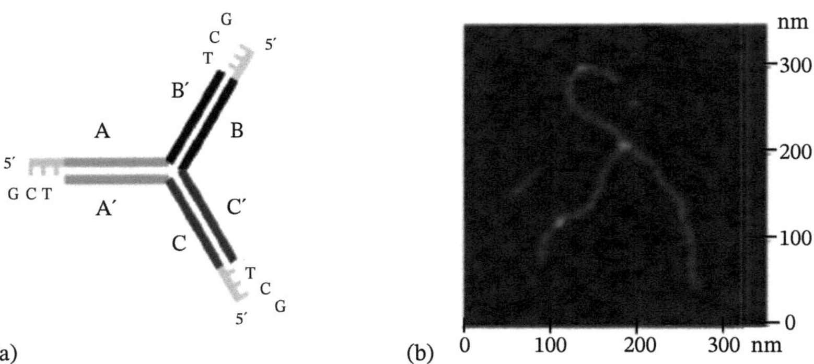

Bild 11.9 Aufbau eines DNA-Dreibeins unter Verwendung eines zentralen Elements für die DNA-Verbindung: (a) Schematischer Aufbau des zentralen Elementes. Jeder Doppelstrang-Arm hat an seinem Ende einen 5′ Überhang. Daran wird jeweils ein B-DNA-Fragment aus etwa 500 Basenpaaren und einem 3′ Überhang angebunden, der komplementär zu dem jeweiligen 5′ Überhang ist. Damit wird jeder Dreibein-Arm um etwa 180 nm verlängert: (b) Rasterkraftmikroskopie einer dreiarmigen DNA-Verbindung (Copyright [2004] [13], reproduziert mit Erlaubnis von Wiley-VCH).

DNA eröffnen den Weg, größere DNA-Netzwerke aus synthetischen Oligonucleotiden aufzubauen. Einzelstranglösungen mit Konzentrationen zwischen 0,5 und 1,0 μM werden dabei langsam von 95 °C auf 4 °C über 48 h abgekühlt. Die Einzelstränge aggregieren zu einzelnen flächenhaften „Tiles", bestehend aus Doppelstrang-DNA. Einzelstrangüberhänge an den Rändern führen dann zur Bildung größerer zweidimensionaler Gitter. Kreuzungspunkte von Doppelsträngen in den Tiles bedingen eine größere Flexibilität. Dort vorhandene Nicks führen lokal zu größeren stabilen Krümmungen und somit zu räumlichen Strukturen. Insbesondere können sich Nanoröhren bilden.

Diese Studien bieten einen systematischen Zugang zur Selbstassemblierung von zwei- und dreidimensionalen Bauelementen für die Nanoelektronik, Nanosensorik und Nanorobotik (Seeman (1982) [6], Seeman (2002) [7], Seemann (2003) [8], Rothemund (2006) [9], Liu (2006) [10], Aldaye (2007) [11], Douglas et al. (2012) [12]). Ein einfaches Beispiel für einen solchen Strukturaufbau ist in Bild 11.9 dargestellt. In einem Zweistufenprozess ist ein Dreibein aus drei Oligonucleotiden gebildet worden, die jeweils Teilbereiche von komplementären Sequenzen haben. Linien mit gleichen Grautönen stellen komplementäre DNA-Doppelstränge dar. Jeder Duplexarm hat an seinem Ende einen GCT 5′ Überhang – ein sogenanntes „sticky end" –, an das jeweils ein Doppelstrang-DNA-Fragment aus etwa 500 Basenpaaren gebunden worden ist. Auf diese Weise ist jeder Arm des Dreibeins etwa 200 nm lang. Ein solches Dreibein kann zum Aufbau größerer Netzwerkstrukturen dienen.

Um die hervorragenden Eigenschaften der DNA für die Gestaltung von nanoelektronischen Bauelementen nutzen zu können, galt es, die Struktur chemisch so zu verändern, dass sie einen elektronischen Transport ermöglicht. In den 1960er Jahren wurden dazu folgende drei Lösungswege erfolgreich verfolgt: (i) Einbau von Metallionen in die Stapel der Basispaare, (ii) DNA-gesteuerte Assemblierung von metallischen oder halbleitenden Nanopartikeln an DNA-Templaten und deren Hybridisierung von ergänzenden Sequenzen und (iii) heterogene Keimbildung und Wachstum von Metallclustern auf der DNA (Bild 11.10).

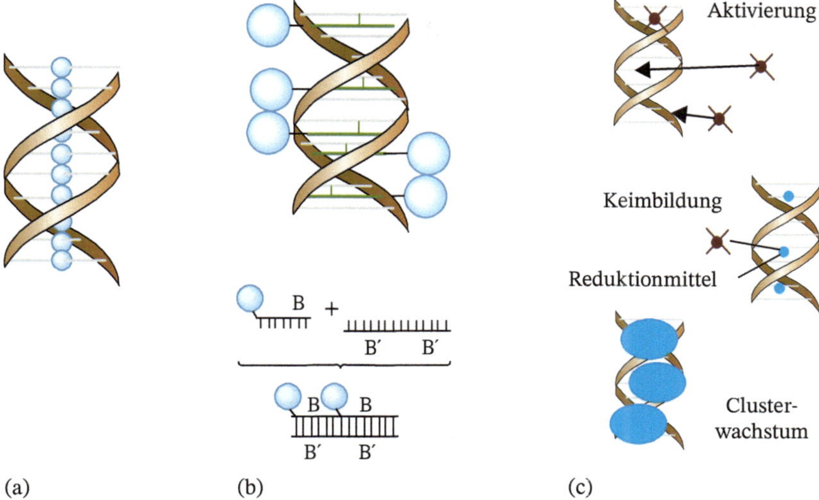

Bild 11.10 Mögliche Konzepte für die Verbesserung der elektronischen Eigenschaften von DNA: (a) Einbau von Metallionen in Basenpaare [14]; (b) Binden von metallischen – oder halbleitenden Partikeln an Einzelstränge und nachfolgende Hybridisierung [15]; (c) heterogene Keimbildung und Wachstum von Metallclustern [16, 17].

Im folgenden Bild 11.11 ist als ein Beispiel die heterogene Keimbildung und das Wachstum von Platinclustern auf einer doppelsträngigen λ-DNA ($\lambda = 600\ 00$) dargestellt [13]. Die stromlose Abscheidung von Platin erfolgte in einer gealterten wässrigen Lösung von K_2PtCl_4-Komplexen (1 mM, Alterungszeit etwa 20 h bei Raumtemperatur mit einem Komplex/Nukleotid-Verhältnis von 65:1).

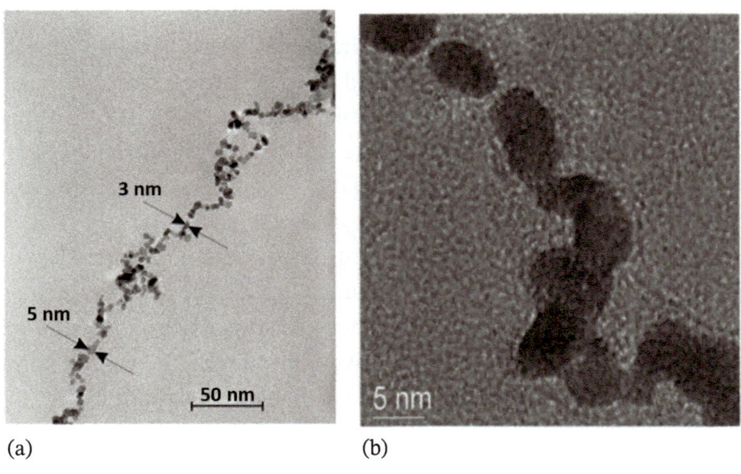

Bild 11.11 Platin Clusterkette, gewachsen auf dem doppelsträngige DNA-Genom des *Lambda*-Phagen mit 48.502 Basenpaaren: (a) TEM-Bild einer kontinuierlichen Platin-Clusterkette (Durchmesser 4+/- 1 nm); (b) Hoch-aufgelöstes TEM-Bild. Die Netzebenen einzelner Kristalle sind zu erkennen. Mehrere Cluster sind direkt verbunden. Sie bilden so eine kurze Leitbahn entlang der DNA [13].

Nach Dissoziation (1) von K_2PtCl_4 und Hydrolyse (2) von Pt Cl_4^{2-} kommt es zu einer bevorzugten stromlosen Abscheidung von $PtCl_2(H_2O)_2$ an den Guanin-Basen der λ-DNA (Macquet &Theophanides, 1975 [16]).

$$K_2PtCl_4^- > Pt\,Cl_4^{2-} + 2\,K^+ \quad (1)$$

$$Pt\,Cl_4^{2-} + H_2O \leftrightarrow Pt\,Cl_3(H_2O)^- + Cl^-,\ Pt\,Cl_3(H_2O)^- + H_2O \leftrightarrow Pt\,Cl_2(H_2O)_2 + Cl^- \quad (2)$$

Teilschritte der Aktivierung der λ-DNA sowie der nachfolgenden Keimbildung der Pt-Cluster sind von Colombi Ciacchi [17] mittels einer First Principles Molecular Dynamics (FPMD)-Simulation aufgeklärt worden. Die Aktivierung durch ein kovalentes Anbinden einzelner negativer Metallkomplexe an Basen wird durch die stereochemischen Beziehungen zwischen dem Metallkomplex und der Struktur der einzelnen Basen bestimmt. Für Platinkomplexe ist Guanin die prozessbestimmende Base (Bild 11.12a). Das nachfolgende Clusterwachstum durch die Aggregation weiterer reduzierter Platinkomplexe $PtCl_2(H_2O)_2$ wird zusätzlich durch Donorelektronen der λ-DNA unterstützt (Bild 11.12b).

Diese und ähnliche Studien bieten auch einen systematischen Zugang zur Selbstassemblierung von zwei- und dreidimensionalen Bauelementen für die Nanoelektronik, Nanosensorik und Nanorobotik. Die Entwicklung wurde mit ersten Arbeiten von Seeman [6–8]. schon 1982 eingeleitet und hat unterdessen wesentliche Erweiterungen erfahren. Bei dem Seemannschen Konzept werden Einzelstranglösungen mit Konzentrationen zwischen 0,5 und 1,0 μM langsam von 95 °C auf 4 °C über 48 h abgekühlt. Die Einzelstränge aggregieren zu einzelnen flächenhaften „Tiles (Fliesen)", bestehend aus Doppelstrang-DNA. Einzelstrangüberhänge an den Rändern führen dann zur Bildung größerer zweidimensionaler Gitter. Kreuzungspunkte von Doppelsträngen in den Tiles bedingen eine größere Flexibilität. Dort vorhandene Nicks können lokal zu größeren stabilen Krümmungen führen und somit zu räumlichen Strukturen.

In Bild 11.13 ist das Prozessschema für den Aufbau einer DNA-Nanoröhre mit Einzelsträngen von 52 Basen dargestellt. Ein einzelnes Tile wird aus sogenannten „double crossover (Doppelkreuzung)" (DX)-Molekülen aufgebaut. Eine relativ einfache DX-Struktur kann aus zwei identischen Strängen gebildet werden, die aus vier selbstkomplementären Segmenten bestehen [10]. Im Ergebnis der Tiles-Aggregation entstehen Nanoröhren mit einem Durchmesser von 20–45 nm und einer Länge bis zu 60 μm.

Als Alternative zum Seemanschen Konzept des Strukturaufbaus aus einzelnen kleinen Bauelementen haben Shih et al. (2004 [18]) sowie Rothemund (2006 [9]) den Aufbau auf das in Japan bekannte Prinzip des Formens kleiner räumlicher Kunstwerke, der sogenannten Origamis, aus einem einzigen Blatt Papier in die DNA-Welt übertragen. Sie bauten komplexe DNA-Strukturen durch das Falten nur einer *einzigen* langen Einzelstrang-DNA auf, die durch eine Anzahl zusätzlicher kurzer Einzelstränge („Haft"-DNAs) stabilisiert werden. Ein Vorteil des Origami-Konzeptes ist die erreichbare große Kompaktheit der Strukturen, die insbesondere für Bauelemente in biologisch/chemischen Nanorobotern genutzt wird. Eine präzise Selektivität an den Bindungsstellen auf der Komponentenoberfläche im Nanometerbereich zeichnet diese Bauelemente aus. Dieser Werkstoffverbund benötigt daher eine hohe Steifigkeit der Komponenten.

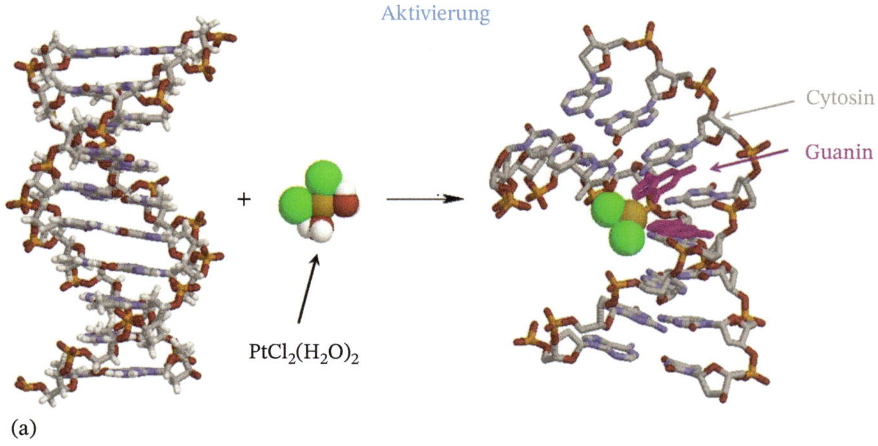

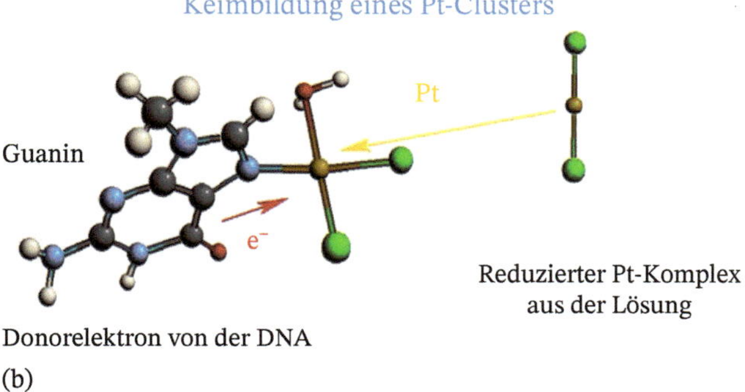

Bild 11.12 Modellierung der stromlosen Metallisierung einer doppelsträngigen DNA mit Platin: (a) Aktivierung der Guanin-Basen mit $PtCl_2(H_2O)_2$. Der $PtCl_2$-Cluster wechselwirkt mit zwei benachbarten Guanin-Basen. Die bevorzugten Bindungsstellen sind die N7-Positionen des Guanins [16, 17]; (b) Keimbildung mit stromloser Abscheidung von weiteren Pt-Komplexen mit Affinitätsverstärkung durch Donorelektronen der DNA [17].

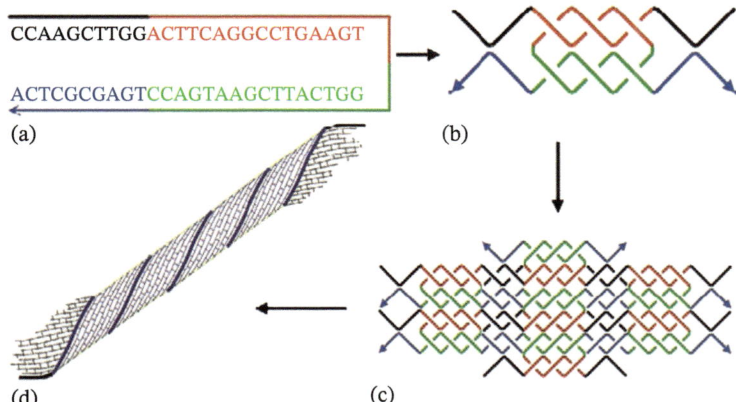

Bild 11.13 Schematische Darstellung der der Selbstassemblierung einer DNA-Nanoröhre: (a) DNA-Sequenz eines Einzelstrangs mit vier selbstkomplementären Elementen. Der Pfeil zeigt das 3′-Ende des DNA-Stranges an. Mit abnehmender Temperatur formen die Stränge zuerst ein Zweistrang-Tile; (b) Die Tiles verbinden sich miteinander zu zweidimensionalen Schichten; (c) Schließlich falten sie sich zu Nanoröhren [10]. (Copyright [2006], reproduziert mit Erlaubnis von Wiley-VCH).

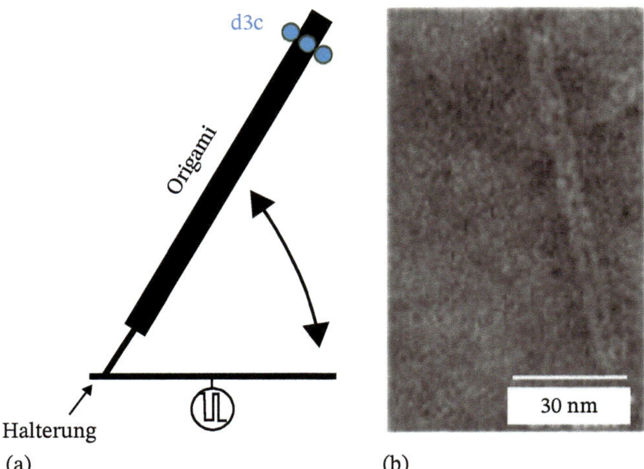

Bild 11.14 Immobilisierung und elektrisch induziertes Schalten der Orientierung von DNA-Origamistäben: (a) Halterung des Origami-Stabes, der mit einem Anker aus 48 DNA-Basenpaaren an eine Goldelektrode gebunden ist. Die Oszillation des Origami-Hebels kann mit einem an der Spitze angebrachten grünen Fluorophor (Peptid Dendrimer d3c [21]) verfolgt werden; (b) TEM-Bild eines negativ geladenen Origami-Stabes.

Ein Beispiel dafür ist ein elektrodynamischer Origami-Hebel als Bauteil in einem Fluoreszenzanalysator für die Untersuchung von Konformationsänderungen von Antikörpern in Wechselwirkung mit Kanalproteinen in der Arzneimittelentwicklung (Bilder 11.14, 11.15) [19, 20].

Ausgangspunkt ist eine Einzelstrang-DNA des M13mp18-Virus, die zu sechs helikalen B-DNA (HB) gefaltet wird. Dieses Origami-Bündel aus 1.765 Basen mit einer Länge von 100 nm und einem Durchmesser von 6 nm wird mit einer B-DNA aus 48 Basenpaaren an einer Goldelektrode verankert (Bild 11.14). Die zu untersuchenden Antikörper sowie ein Fluorophor (d3c) werden auf dem Origami immobilisiert. Der negativ geladene Origami-Hebel wird durch ein periodisch wechselndes Potential der Goldelektrode zu einer erzwungenen Schwingung angeregt (Bild 11.15). Konformationsänderungen der Antikörper in Wechselwirkung mit Analyten aus einer Messlösung werden aus Änderungen des Schwingungsspektrums mit optischer Mikroskopie ermittelt. So kann man eine chemisch/biologisch stimulierte Konformationsänderung mit der Präzision von ca. 0,1 nm nachweisen. Mit der Verwendung eines Origami-Hebels können wegen seiner hohen Steifigkeit größere Moleküle als in bisher üblichen Messverfahren kontrolliert bewegt werden.

11.2 Proteine

Proteine sind Makromoleküle, die von Aminosäuren aufgebaut werden. Umgangssprachlich werden sie auch als Eiweiße bezeichnet. Sie sind in jeder Zelle enthalten und machen mehr als fünfzig Prozent ihres Trockengewichtes aus. In dreidimensionaler Ausdehnung

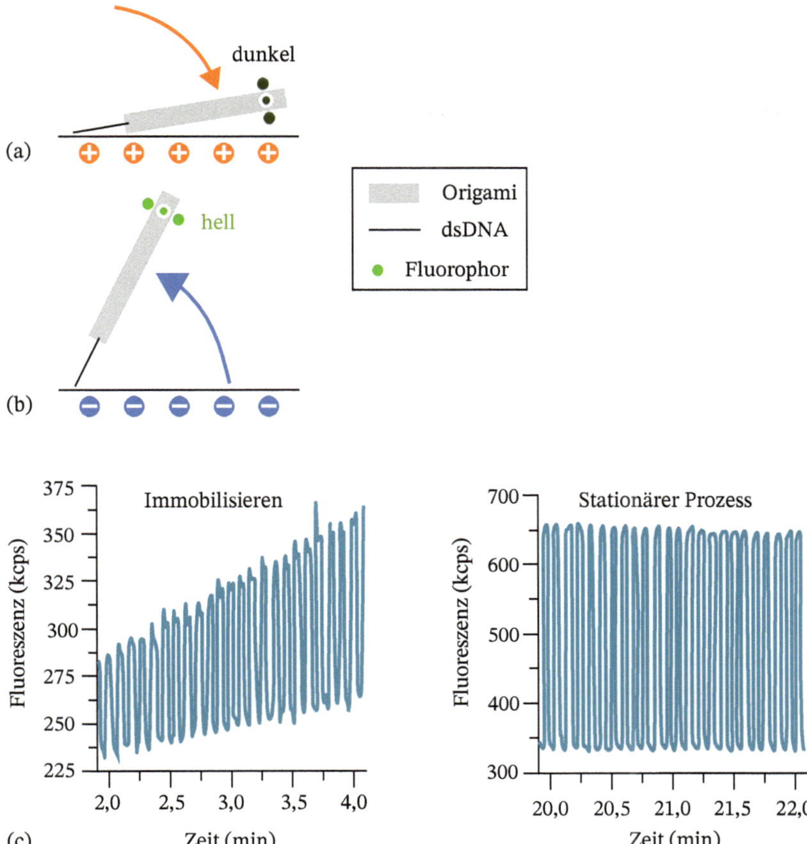

Bild 11.15 Elektrisch induziertes Schalten der Orientierung des Origami-Stabes: (a) Wenn ein positives Potential an der Elektrode anliegt, werden die Origami-Stäbe zur Elektrode gezogen und die Fluoreszenzemission vom Farbstoff, der an den oberen Stabenden gebunden ist, wird durch die Metalloberfläche gedämpft; (b) Bei negativem Potential werden die Origami-Stäbe abgestoßen und die Fluoreszenzemission ist groß; (c) Fluoreszenzintensität, aufgezeichnet während der Immobilisierung der Origami-Stäbe (links) sowie im stationären Regime (rechts). Die Messungen erfolgten bei einer periodischen Potentialänderung im Bereich +/- 0,2 V mit einer Frequenz von 0,2 Hz.

üben sie eine bemerkenswerte Vielfalt von Funktionen aus. Im menschlichen Körper sind sie für alle Organfunktionen von Bedeutung. Ihre Bausteine dienen dem Gewebeaufbau. Sie können als Botenmoleküle und als Rezeptoren wirken. Auch die Heilung von Wunden und Krankheiten ist mit ihrer Existenz verbunden. Einige ausgewählte Proteine binden an der DNA und steuern damit die Genexpression. Darüber hinaus dienen sie zum Erhalt und zur Erneuerung von Körperzellen. Proteine ermöglichen die Zellbewegung, das Pumpen von Ionen, den Transport von Metaboliten. In Form von Enzymen (Katalysatoren) bestimmen sie die Geschwindigkeit biochemischer Prozesse. Diese funktionelle Vielfalt steht in engem Zusammenhang mit ihrem Aufbau und ihrer Infrastruktur.

11.2.1 Aufbau und Infrastruktur der Proteine

11.2.1.1 Aufbau der Proteine

Proteine bestehen gewöhnlich aus nur einem einzelnen langen Polypeptid, das ein Kettenmolekül von einzelnen Aminosäuren ist. Es gibt jedoch auch Proteine, die aus zwei oder mehr, meist nichtkovalent verbundenen Polypeptidketten gebildet sind. Zum Beispiel ist die *E. coli* RNA-Polymerase aus fünf Polypeptidketten aufgebaut. Dieses Enzym vermittelt die Transkription der genetischen Information einer doppelsträngigen DNA in RNA-Stränge. Unter Beachtung ihrer chemischen und physikalischen Eigenschaften werden drei große Gruppen von Proteinen unterschieden [22]:

Skleroproteine: Die wasserunlöslichen Proteine haben Faserstruktur und erfüllen Stütz- und Gerüstfunktionen, zum Beispiel die Proteine des Cytoskeletts, das Kollagen des mineralisierten Knochengewebes und das Myosin des Muskelgewebes.

Globuläre Proteine: Die wasserlöslichen Proteine stellen die größte Gruppe dar, zum Bespiele gehören die Enzyme dazu.

Proteinkomplexe: Sie setzen sich aus einem Proteinanteil und einem Nichtproteinanteil zusammen. Letzterer bestimmt den Namen der einzelnen Gruppen:

- Glykoproteine,
- Lipoproteine,
- Phosphoproteine und
- Metalloproteine.

Alle Aminosäuren haben das gleiche Grundgerüst. An einem Ende tragen sie eine Amino- $(NH)_2$- und am anderen eine Carboxylgruppe- (COOH). Beide Gruppen sind mit einem zentralen Kohlenstoffatom verbunden, das mit C_α bezeichnet wird. Am Alpha-Atom sind ein Wasserstoffatom und eine Seitenkette gebunden (Bild 11.16a).

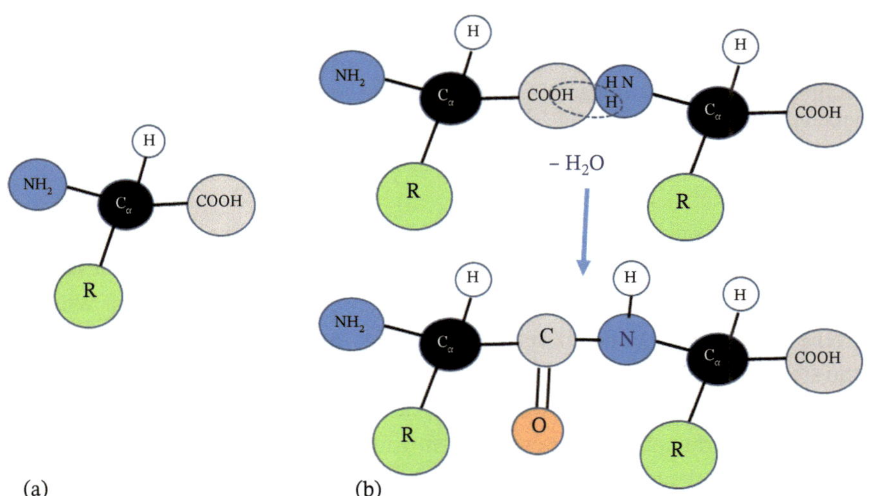

Bild 11.16 Schematische Darstellung einer Aminosäure (a) und einer Peptidbindung (b).

Die einzelnen Aminosäuren unterscheiden sich durch ihre Seitenketten R, deren Form, Größe und Polarisation und damit die elektrischen Ladungsverhältnisse. Die Form und Größe bestimmen, wie sich die Moleküle in der Kette zusammenlagern. Die Polarität sagt etwas darüber aus, in welcher Weise die einzelnen Moleküle aufeinander einwirken und wie sie mit Wassermolekülen wechselwirken. Polare Aminosäuren üben aufeinander elektrostatische Wechselwirkungen aus. Sie sind in der Regel hydrophil. Nichtpolare Seitenketten sind dagegen hydrophob. Aminosäuren werden in der Fachsprache in Form eines Ein- oder Dreibuchstabencodes angegeben. Zu einem Polymer verbinden sie sich durch eine Kondensation (Bild 11.16b). Dabei reagiert die Carboxylgruppe der einen Aminosäure mit der Aminogruppe der zweiten Aminosäure unter Wasserabspaltung, wodurch eine Amidbindung entsteht, die als Peptidbindung bezeichnet wird. Sie besteht aus der Gruppierung –CO–NH–. Die Peptidbindung ist eine kovalente Bindung und daher relativ starr. Eine Faltung einer Kette ist deshalb nur durch eine Verwindung um das C_α-Atom möglich. Gelöst werden kann diese Bindung durch Proteasen, zum Beispiel mithilfe des Enzyms Trypsin

Als Oligopeptide werden Verbindungen bezeichnet, die bis zu zehn Aminosäuren enthalten. Darunter wird die Zahl der Aminosäuren angegeben. Im Bild 11.16b liegt demzufolge ein Dipeptid vor. Geht die Zahl über zehn hinaus, liegen Polypeptide vor. Proteine sind hochmolekulare Polypeptide mit einem Molekulargewicht von mehr als 100 Aminosäuren. Ihre Größe wird in Kilo-Dalton (kDa) angegeben. Das Dalton ist ein anderer Name für die atomare Masseneinheit (Einheitenzeichen: u = unit), somit exakt gleich 1/12 der Masse des Kohlenstoff-Isotops ^{12}C mit $1\ u = 1{,}660\ 538\ 782\ (83) \cdot 10^{-27}$ kg.

Es sind heute mehr als zwanzig Aminosäuren bekannt. Von diesen werden zwanzig sehr häufig vorkommende als Grundbausteine angesehen. Aminosäuren entsprechend Bild 11.17 existieren real nebeneinander so nicht und wurden nach chemischen Gesichtspunkten hinsichtlich der Ähnlichkeit ihrer Eigenschaften geordnet. Anders als synthetische Moleküle lässt sich jede Aminosäure mit einer anderen mithilfe der Peptidbindung verbinden.

In der Regel falten sich die Makromoleküle. Die Faltung der gebildeten Ketten wird wesentlich von den Seitenketten bestimmt. Erlaubte Zustände lassen sich mithilfe eines Ramanchandran-Diagrammes angeben [1]. Die Art und die Sequenz der einzelnen Aminosäuren spiegeln sich in der Primärstruktur wider. Aus dieser lässt sich bereits ablesen und in gewissem Umfang auch berechnen, wie sich die eindimensionale Kette faltet und welche biologisch aktive Form daraus entsteht; zum Beispiel die α-Helix von Kollagen, die sich aus einem sich periodisch wiederholenden Tripel von drei Aminosäuren (G, X, Y) bildet, dem seitenkettenfreien Glycin sowie zwei durch den speziellen genetischen Kode fixierten Aminosäuren X und Y (siehe auch Abschnitt 11.3.2). Die wichtigsten Faltungen sind die Helix- und die Faltblattstrukturen (Bilder 11.18 bzw. 11.19).

Außer dieser Faltung ist eine zweite stabile Form, das Faltblatt, möglich. In diesem legen sich Polypeptidketten parallel oder antiparallel aneinander. Auch in dieser Struktur sind >C=O und H-N< die verbindenden Gruppen. Starre planare Peptidgruppen bilden das Rückgrat eines Proteins. Jede Aminosäure nimmt zur folgenden einen charakteristischen Winkel ein. Er wird als Torsions- oder Diderwinkel bezeichnet.

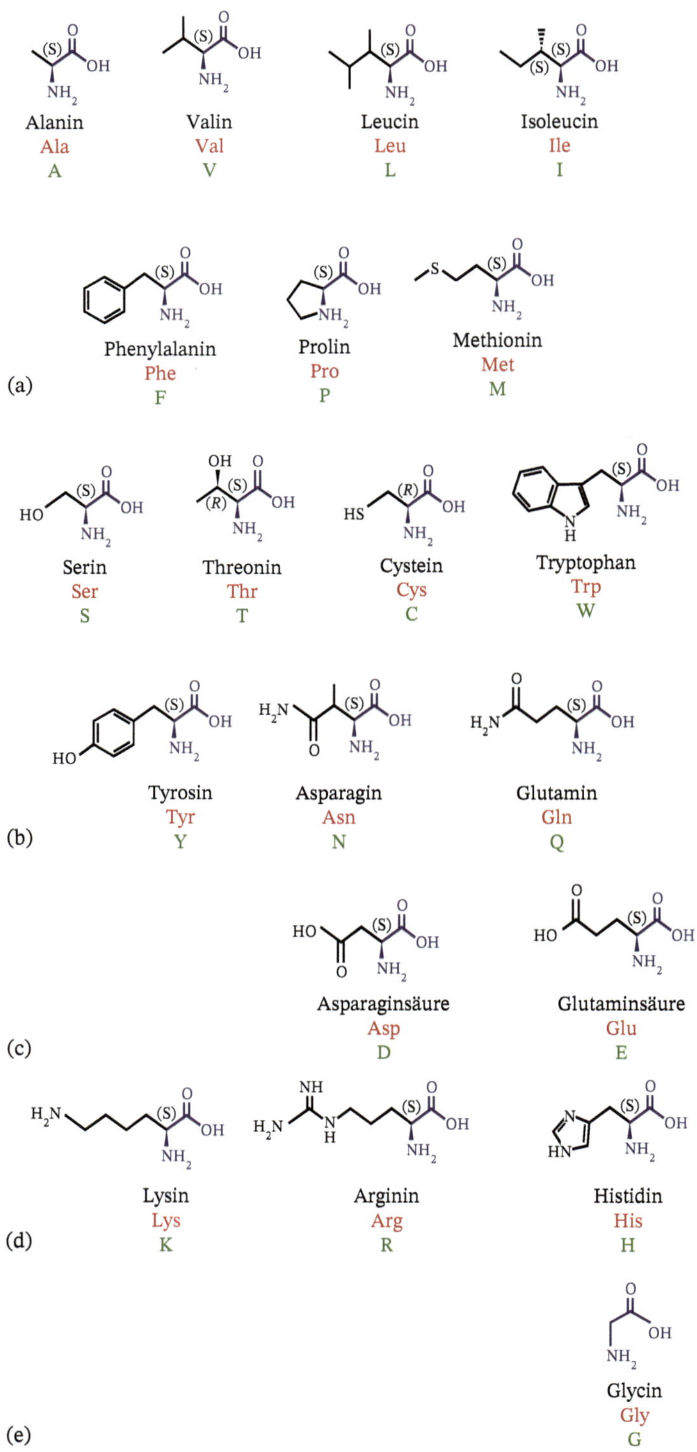

Bild 11.17 Grundbausteine der Aminosäuren: (a) Hydrophobe Seitenketten; (b) polare Seitenketten; (c) saure Seitenketten; (d) basische Seitketten; (e) seitenkettenfrei. (Modifizierte Abbildung unter Verwendung von Wikipedia (Autor Johannes Schneider, Johannes-Gutenberg-Universität Mainz)).

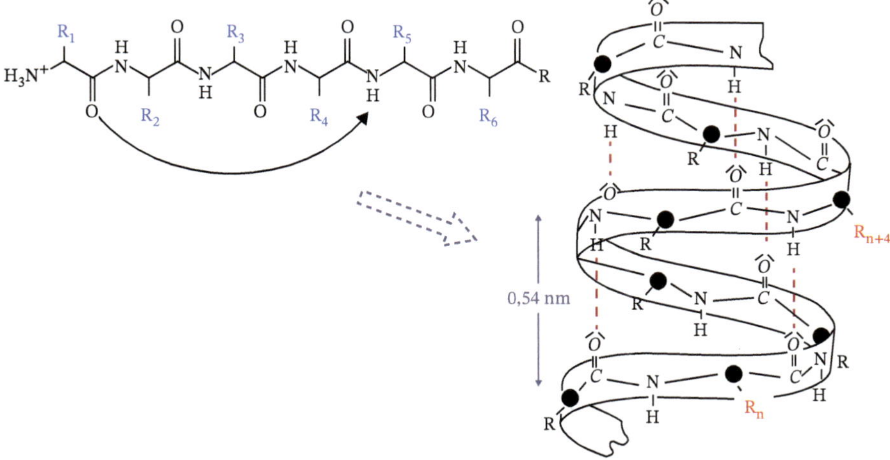

Bild 11.18 α-Helix. Jede volle Wendung besteht aus 3,6 Aminosäuren, sodass die >C=O Gruppe der Aminosäure n exakt mit der H=N< Gruppe der Aminosäure n+4 in einer Reihe steht [1].

Eine β-Helix besteht als Proteinstruktur aus mehreren parallelen β-Strängen in helikaler Anordnung. Die β-Helix hat dabei zwei, drei oder vier Außenflächen.

Zwischen zwei Beta-Faltblatt-Strängen und einem Alphahelix-Segment existieren Verknüpfungen, die als Domänen bezeichnet werden. Diese Beta-Alpha-Beta-Segmente dienen häufig als Taschen für Bindungen mit einem spezifischen Protein. Sobald sich Untereinheiten aus der Sekundärstruktur zu Domänen ordnen, entsteht daraus eine räumliche Anordnung, die Tertiärstruktur.

Langreichweite schwache Wechselwirkungen zwischen sekundären Strukturen können zu Domänenstrukturen führen, deren Ordnungszustand zusätzlich von der Geometrie der sekundären Strukturen abhängt. Ein mögliches Modell für die Aggregation von Röhrenstrukturen zeigt Bild 11.20.

Die Tertiärstruktur (Bild 11.22a) beschreibt die Faltung seiner Sekundärstrukturelemente. Sie spezifiziert die genaue räumliche Position eines jeden Atoms. Auch die

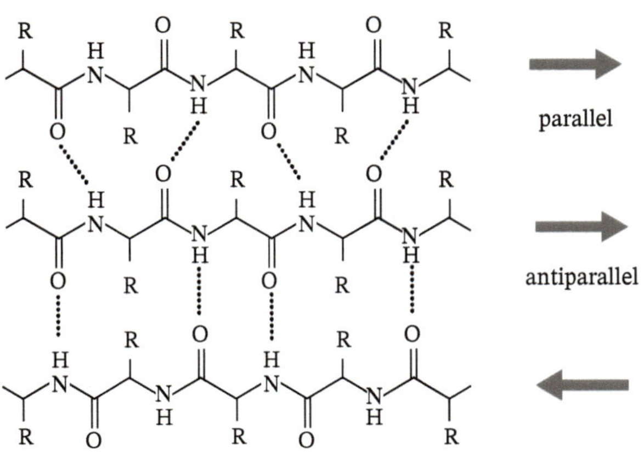

Bild 11.19 β-Faltblatt. Die langen Einzelketten liegen Seite an Seite, sodass >NH–O=C< Brückenbindungen sich von Kette zu Kette formieren können und nach L. Pauling als Protein-Rückgrat bezeichnet werden. Es können parallele oder antiparallele Faltblattstrukturen entstehen [1].

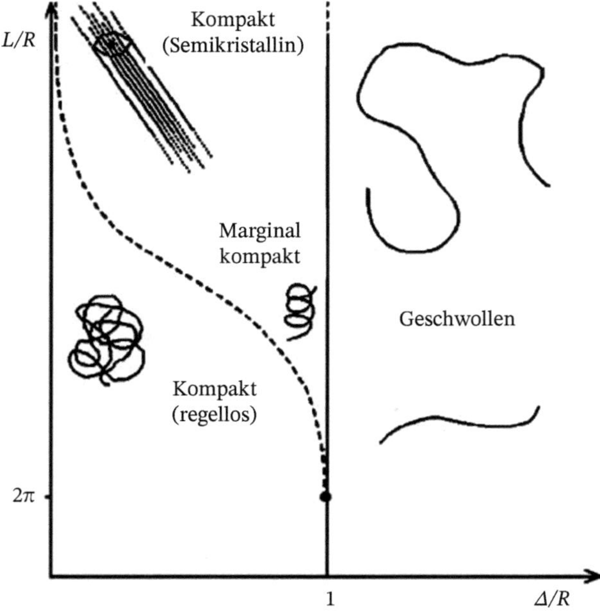

Bild 11.20 Phasendiagramm-Modell für selbst-anziehende Homopolymer-Röhren in Abhängigkeit von der Röhrenlänge L, deren Durchmesser Δ und der Reichweite der Wechselwirkung R. Unter Berücksichtigung der elastischen Biegeenergie, einer gemittelten hydrophoben Wechselwirkung sowie einer effektiven Wasserstoffbindungsenergie wurden mittels Monte-Carlo-Simulation bei $T = 0$ K die verschiedenen Gleichgewichtszustände berechnet [23].

Tertiärstrukturen werden von den Eigenschaften der Seitenketten der Aminosäuren bestimmt. Neben den bereits genannten NH–CO-Bindungen können auch hydrophobe Wechselwirkungen auf die Faltung Einfluss nehmen. Wie Bild 11.20 verdeutlicht, sind verschiedene dreidimensionale Anordnungen der Polypeptidkette möglich. Sie reichen von Knäuel- bis zu Röhrenstrukturen.

Ein Beispiel für mögliche marginal kompakte Strukturen von homopolymeren Röhren aus 48 Aminosäuren zeigt Bild 11.21. Die effektive Reichweite R der Wechselwirkung wurde dabei gleich dem Röhrendurchmesser Δ gesetzt. In Abhängigkeit von der Anfangsgestalt der Röhren und der Variation der Energieparameter liefert die Simulation nur eine begrenzte Anzahl begrenzte Anzahl von Gleichgewichtskonfigurationen, bestehend aus α- und β-Helices sowie β-Faltblattstrukturen [24].

Die Tertiärstruktur beschreibt die Faltung seiner Sekundärstrukturelemente. Sie spezifiziert die genaue räumliche Position eines jeden Atoms. In Bild 11.22 ist eine Knäuelstruktur dargestellt.

Wie Bild 11.22 verdeutlicht, sind verschiedene dreidimensionale Anordnungen der Polypeptidkette möglich. Sie reichen von Knäuel- bis zu Röhrenstrukturen. Bei einer Molekülgröße von mehr als 100 kDa bestehen die Proteine in der Regel aus mehr als einer Polypeptidkette. Sie lagern sich zu einem Proteinkomplex zusammen und werden durch verschiedene schwache Bindungen zusammengehalten. Diese Verknüpfungen werden entsprechend Bild 11.22b) als Quartärstruktur bezeichnet. Die Tertiär- und auch die Quartärstruktur können kovalente Disulfidbindungen enthalten.

Es überrascht, dass die Stabilität eines Proteins unter physiologischen Bedingungen nicht sehr groß ist. Es bedarf nur einer Energie von etwa 20 kJ/mol zum Aufbrechen einer Wasserstoffbrückenbindung. Stabilisierend auf die Proteinstruktur wirken sich vor allem hydrophobe Effekte aus. Darunter versteht man die Einnahme eines geringstmöglichen

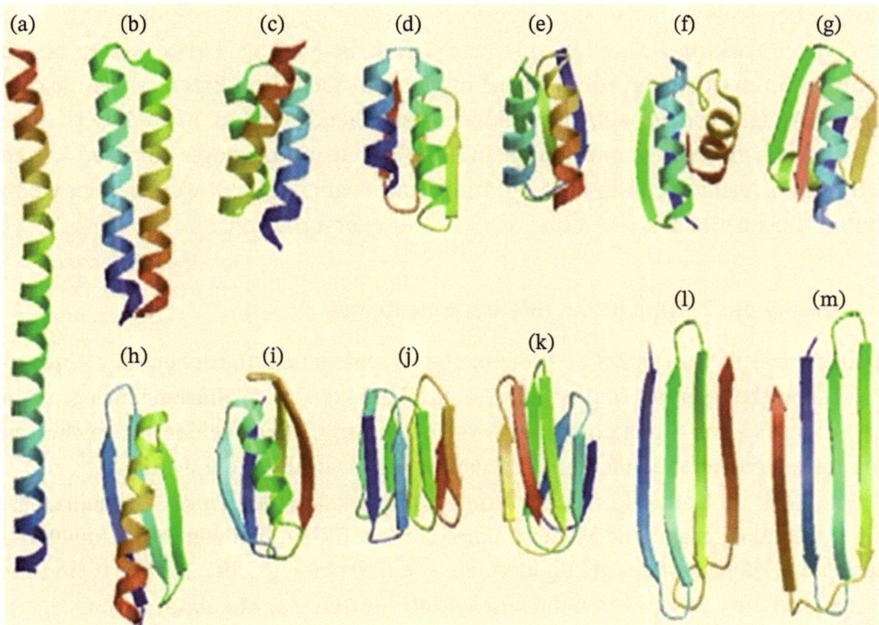

Bild 11.21 Monte-Carlo-Modellierung von möglichen Faltungsmustern eines Homopolymers mit 48 Residuen im marginal-kompakten Phasenbereich für verschiedene Zusammensetzungen aus α-Helices und β-Faltblättern ([Hoang 2006 (24)] [2006] Copyright by the IOP Publishing Ltd).

Kontaktes einer Substanz mit Wasser. Unpolare Seitenketten eines Proteins lagern sich deshalb häufig im Inneren eines Proteins zusammen. Diese Wechselwirkung wird begleitet von einem Entropiegewinn der Wassermoleküle. Die Wechselwirkung zwischen hydrophoben und hydrophilen Tendenzen wird mithilfe der Hydrophobizität ausgedrückt. Bei starker Hydrophobizität steigt die Tendenz für eine Seitenkette, sich im Inneren eines Proteins anzulagern. Aus dem bisher Gesagten leitet sich ab, dass der geringstmögliche Kontaktakt zwischen Wasser und hydrophoben Aminosäuren ein wichtiges Prinzip der Faltung ist.

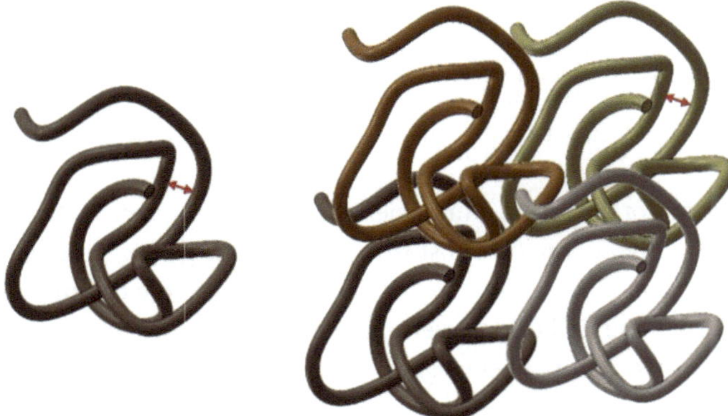

Bild 11.22 Schematische Darstellung einer Tertiärstruktur (a) und einer Quartärstruktur (b) (roter Pfeil-Disulfidbindung).

Ebenso wie bei den synthetischen Polymeren ist auch bei den Biopolymeren für eine funktionsfähige Struktur die Kettenlänge von großer Bedeutung. Lange Ketten bis zu 30.000 Aminosäuren existieren zum Beispiel in Muskeln. Deutlich kürzere Moleküle sind erst mit einer Anzahl von 30–40 Aminosäuren ausreichend stabil, d. h. ab dieser Länge nehmen sie eine bevorzugte Konformation an. Eine Stabilisierung dieser kürzeren Ketten wird auch dann erreicht, wenn in die Struktur Metallionen eingebaut werden oder wenn sich Disulfidbrücken bilden können und die Struktur quervernetzen.

11.2.2 Proteine der Zellmembran (Membranproteine)

Wie eingangs erwähnt, nutzen Zellen Proteine für verschiedene Funktionen. Für Wirkungen in Wechselwirkungen mit Implantaten ist ihre Fähigkeit zur Adhäsion sowie sowohl als Signalgeber als auch Signalempfänger von Bedeutung. Diese beiden ausgewählten Eigenschaften sollen daher den folgenden Ausführungen vorangestellt werden.

Damit eine Zelle im Kontakt mit ihrer Umgebung wirksam werden kann, benötigt sie einen Raum, genauer gesagt eine Membran, mit deren Hilfe sie sich von ihrer Umgebung abgrenzen kann. Diese besteht aus Lipiden, die ebenfalls biologischer Herkunft sind. Es handelt sich dabei um Carbonsäuren mit langkettigen Resten. Zur Membranbildung lagern sich die Lipide zusammen und bilden Doppelschichten (siehe auch Bild 11.24), in denen sich die wasserabweisenden Kohlenwasserstoffgruppen im Inneren der Membran gegenüberstehen. In den inneren und äußeren Membranoberflächen befinden sich Glycerophospholipide. Sie sind amphiphil mit unpolaren Kohlenwasserstoffschwänzen und polar mit dem Phosphat, an das noch Wasserstoff oder Alkohole gebunden sein können. Die Zellmembran besitzt eine gewisse Fluidität und ist in der Lage, Proteine zu integrieren. Sie werden als Membranproteine bezeichnet. Einige Proteine können kovalent an die Lipide gebunden sein und tragen damit zur Stabilität der Membran bei. Umgekehrt vermag das Lipid, die Struktur und damit die Eigenschaft des Proteins zu beeinflussen. Diese Proteine dienen als Rezeptor für Signalproteine (Wachstumsfaktoren). Sie werden von Drüsen des Körpers synthetisiert und freigesetzt und binden spezifisch an den Rezeptoren. Nur wenige dringen direkt in die Zelle ein. Das Bild 11.23 zeigt die Röntgenkristallstruktur eines menschlichen Wachstumsfaktors sowie dessen Einbau in eine Zellmembran.

Die Bindung des Wachstumsfaktors löst, wie es Bild 11.24 schematisch veranschaulicht, ein Signal aus, welches in das Zellinnere weitergeleitet wird und in ihm eine Zellantwort auslöst. Dazu werden im Inneren der Zelle vorhandene Proteine aktiviert. Sie veranlassen den Empfänger (Effektor) zu einer spezifischen Reaktion.

In Bild 11.24 ist die Bindung eines Wachstumsfaktors in der Zelloberfläche schematisch dargestellt.

Die Bindung des Wachstumsfaktors führt zu Dimerisierung seiner Rezeptoren. Dieser Prozess wird als Zelltransduktion bezeichnet. Er löst in der Regel eine ganze Serie von biochemischen Prozessen aus. Dazu gehören der Zellmetabolismus – also die chemische Umsetzung von Stoffen im Körper, die Zelldifferenzierung, das Zellwachstum oder auch die Zellteilung. Zellen antworten jedoch nur auf ein Signal, wenn sie den passenden Rezeptor in ihrer Oberfläche enthalten. Eine Zelle enthält eine ganze Reihe von Rezeptoren in ihrer Oberfläche, sodass sie auf konkrete Signale oder auch Kombinationen von Signalen in Stärke und Dauer reagieren kann.

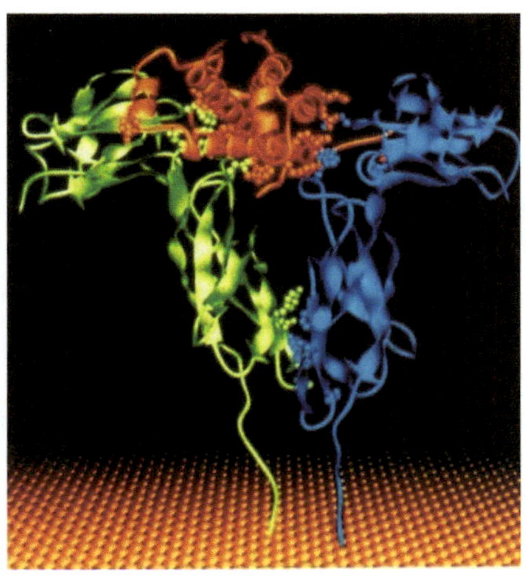

Bild 11.23 Kristallstruktur eines menschlichen Wachstumsfaktors [1]. Das Molekül des Wachstumsfaktors ist rot gekennzeichnet. Zwei extrazelluläre Domänen binden dieses Molekül (rot und blau).

11.2.2.1 Integrine

Zur Verknüpfung der Zellen untereinander sowie zur Haftung an der extrazellulären Matrix und damit auch an Biomaterialien nutzen Zellen Integrine. Das sind Glykoproteine, die an ihren Oberflächen mehrere Zuckerketten tragen. Chemisch gesehen, sind es Heterodimere, in denen Protein- und Zuckermoleküle miteinander verbunden sind. In einigen

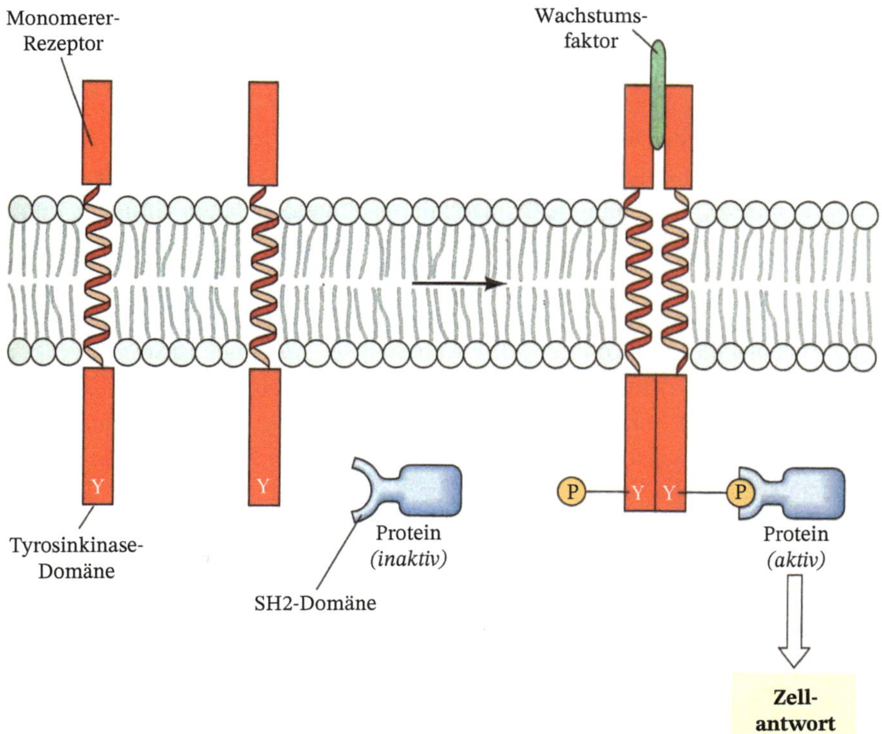

Bild 11.24 Schematische Darstellung einer Lipidmembran mit Bindung eines Wachstumsfaktors in der Zelloberfläche [1].

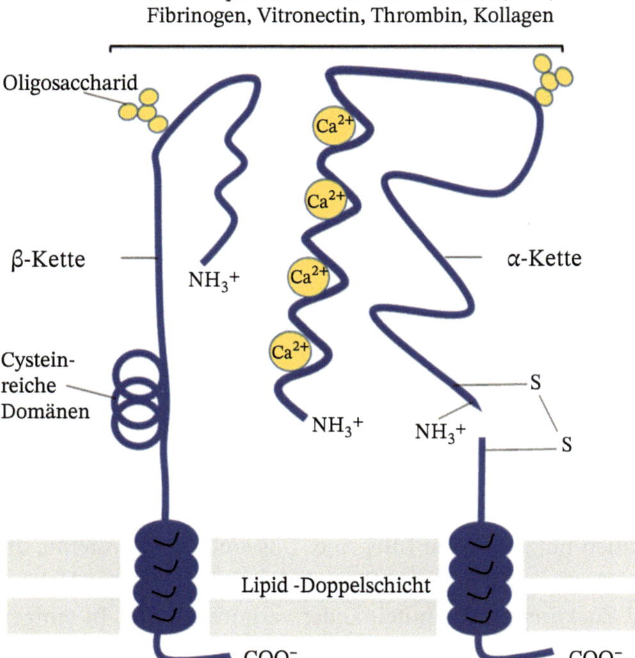

Bild 11.25 Schematische Darstellung zum Aufbau eines Integrins.

Fällen sind auch zusätzlich noch Kationen (Ca^{2+}), wie Bild 11.25 zeigt, in das Heterodimer miteingebunden.

Die beiden Ketten werden als α- und β-Domäne bezeichnet. In der Mehrzahl der Fälle haben beide Domänen Bindungsstellen an Zellen untereinander oder an der extrazellulären Matrix (EZM). Vor allem die extrazellulären Proteindomänen enthalten häufig RGD-Sequenzen, bestehend aus Arginin, Glycin und Asparaginsäure. Sie sind die Bindungsstellen u. a. für Zellen des Bindegewebes. Aber auch „Nicht-RGD-Proteine" können Adhäsionsmoleküle enthalten. Dazu zählen, um nur einige zu nennen, ICAMs (interzelluläre Adhäsionsmoleküle) und Kollagene. Die Aktivität von Integrinen ist streng reguliert. Die Aktivierung des αIIββo-Integrins von Thrombozyten löst beispielsweise die Blutgerinnung aus (siehe auch Abschnitt 11.3). Integrine nehmen auch mechanische Signale wahr. Zugkräfte führen zur Streckung beider Domänen und zu ihrer Aktivierung. Schließlich werden Integrine auch von Viren genutzt, um in Zellen einzudringen. Auch sie nutzen häufig eine RGD-Sequenz zur Adhäsion.

11.3 Bioengineering mit Proteinen für medizinischen Materialien

Die belebte Materie, genauer pflanzliche und tierische Zellen, stellte im Zuge der Evolution extrazelluläre Matrizes (EZM) her, die für ihre Funktion optimale Bedingungen ermöglichen. Unter Gewebe wird eine Ansammlung differenzierter Zellen unter Einschluss der von ihnen produzierten (sezernierten) Proteine und deren Verbindungen verstanden.

Treten Gewebeschäden im Zuge von Erkrankungen oder Traumata auf, dann besteht in ausgewählten Fällen die Möglichkeit, diese durch eine gezielte Gewebezüchtung außerhalb des menschlichen Organismus zu beheben. Dieser Aufgabenstellung nimmt sich die regenerative Medizin an.

11.3.1 Tissue Engineering

Unter dem Überbegriff „Tissue Engineering" ist ein interdisziplinäres Arbeitsgebiet entstanden, das Prinzipien aus dem Ingenieurwesen und der Biowissenschaft anwendet, um biologische Ersatzstoffe zu entwickeln, die die Gewebefunktion wiederherstellen, erhalten oder verbessern. Tissue Engineering beginnt mit der Entnahme von Zellgewebe aus dem menschlichen Organismus. Es wächst im Anschluss „*in vitro*" im Labor auf einen Träger („Scaffold") auf (Bild 11.26) und wird unter streng kontrollierten Bedingungen in einer Nährlösung vermehrt. Nachdem eine ausreichende Menge von Gewebe entstanden ist, wird dieses dem Patienten implantiert. Als Trägermaterial kommen je nach Art des Gewebes dafür verschiedene Biomaterialien, zum Beispiel artifizielle Silikonderivate, semi-artifizielle Hydrogele, Polystyrol sowie auch Kollagenschwämme in Betracht.

Ihre geometrische Form und Oberflächentopographie ist auf die Gewebebildung von Einfluss. Deshalb wird als Herstellungsverfahren häufig das sogenannte 3D-Bio-Printing genutzt. Mit diesem Verfahren können unter dem Überbegriff Tissue Engineering zum Beispiel mesenchymale Stammzellen auf artifiziellen Scaffolds angesiedelt werden, um auf diese Weise meist mit Wachstumsfaktoren eine gerichtete Gewebebildung zu erzeugen. In Bild 11.27 ist ein Beispiel für die Morphologie-Entwicklung von verschiedenen Zellmonokulturen auf 3D-gedruckten Tricalciumphosphat/Hydroxylapatit-Zellcontainern sowie nach deren Kultivierung für 1 und 7 Tage dargestellt [26].

Darüber hinaus ist es im Labor möglich, das Gewebe elektrischen und mechanischen Impulsen, elektromagnetischer Spannung, Licht und Flüssigkeitsströmen auszusetzen. Aus diesem Grund wird in Kombination mit den genannten Verfahren von einer

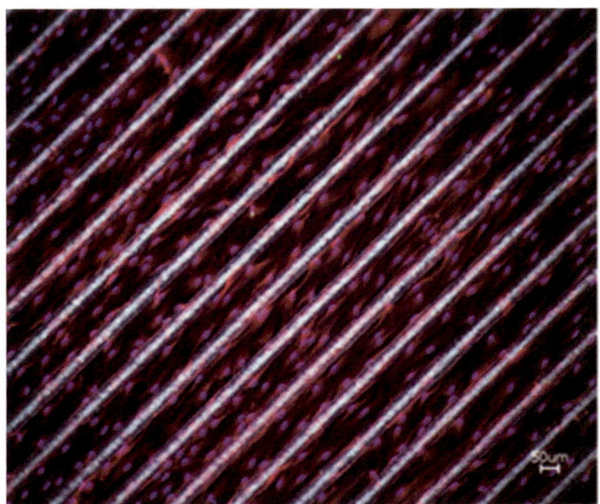

Bild 11.26 Strukturiertes Biomaterial mit gewebespezifischer Steifigkeit und Ansiedlung von Zellen. Als Trägermaterial diente Polyethylenterephthalat (PET), das mit einem UV-härtenden Harz beschichtet und mit einem GelMa-Hydrogel überzogen war. Als Zellen wurden mesenchymale Stammzellen (aMSC) verwendet. Sie erscheinen auf dem Bild rötlich/violett. (mit freundlicher Genehmigung von Frau Dr. Szkazik-Voogt, Fraunhofer Institut für Produktionstechnologie Aachen, Abteilung für Angewandte Zellbiologie) [25].

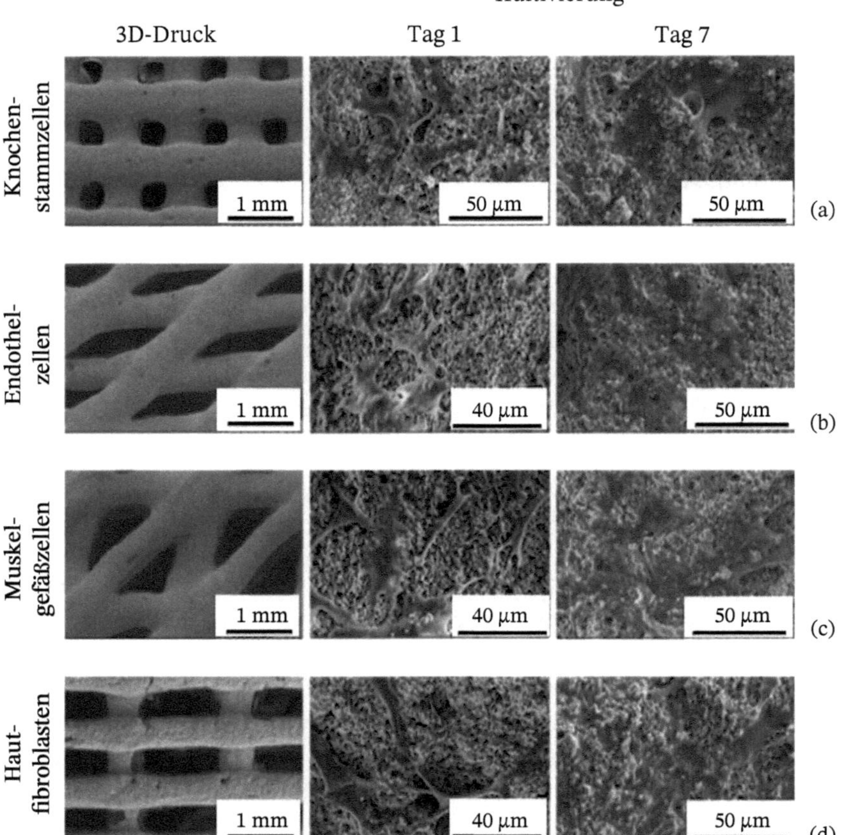

Bild 11.27 Rasterelektronenmikroskopische Abbildung der Morphologie-Entwicklung von verschiedenen Zellmonokulturen auf 3D-gedruckten Tricalciumphosphat/Hydroxylapatit-Zellcontainern sowie nach deren Kultivierung für 1 und 7 Tage: (a) mesenchymale Knochenstammzellen in quadratischen Poren; (b) humane Endothelzellen in Poren-Parallelogrammen; (c) humane Gefäßzellen von glatten Muskeln in triangularen Poren und (d) humane Haut-Fibroblasten [26].

Gewebezüchtung gesprochen. Einsatzgebiete sind der Knorpelersatz in Gelenken, die Tumorchirurgie im Kieferbereich und der Mundschleimhaut. Auch Blutgefäße und Herzklappen werden bereits im klinischen Alltag kultiviert und eingepflanzt. Erfolgreich ist ferner das Tissue Engineering von Hautgewebe im Rahmen von Tumorerkrankungen sowie in der Verbrennungsmedizin. Erwähnt sei schließlich noch die Anwendung des Tissue Engineering für eine Medikamentenentwicklung und damit verknüpft mit dem Verzicht auf Tierversuche.

11.3.2 Kollagen als Biomaterial

Kollagen ist ein weitverbreitetes Biopolymer und dient, wie bereits im vorangegangenen Abschnitt vorgestellt, als Grundbaustein für das Bioengineering von medizinischen Materialien. Es gibt etwa 20 verschiedene Kollagentypen. Im Folgenden werden Kollagen I und

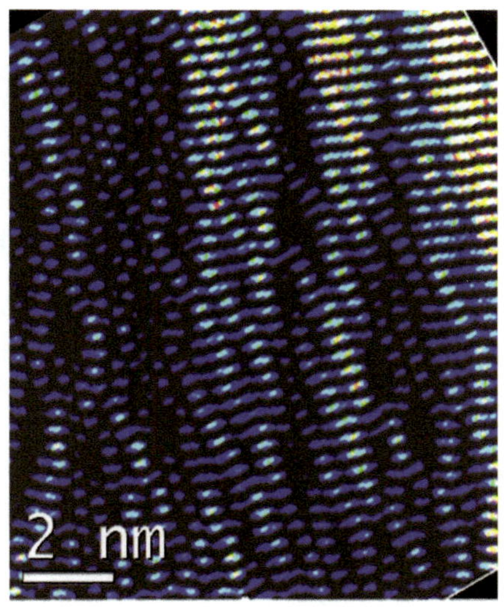

Bild 11.28 Hochaufgelöste elektronenmikroskopische Aufnahme eines humanen Knochens mit mineralisierten Kollagenfibrillen (blau bzw. farbig). [27].

Hydroxylapatit $Ca_5(OH)(PO_4)_3$ als die zwei Hauptbestandteile der Knochenmatrix im Detail vorgestellt. Dabei wird es sich erweisen, dass mit dem Glykoprotein Osteocalcin und dem metastabilen Mineral Octacalciumphosphat $Ca_8H_2(PO_4)_6 \cdot 5H_2O$ zwei weitere strukturbestimmende Materialien in die Betrachtung einbezogen werden müssen. In dem Knochen ist Kollagen I in Form von Fibrillen mit einem Durchmesser von etwa 300–500 nm in eine im Wesentlichen aus Hydroxylapatit bestehende Matrix eingebettet. Durch den Hydroxylapatit und dessen Kontrast lässt sich die Kollagenstruktur elektronenmikroskopisch entsprechend Bild 11.28 abbilden.

Die Fibrillen bestehen aus miteinander vernetzten Mikrofibrillen mit einem Durchmesser von ca. 40 nm. Sie bestehen aus fünf miteinander vernetzten Tropokollagenfasern (Bild 11.29). Diese Sekundärstrukturen bilden in einer hochgeordneten Anordnung die Quartärstruktur. Eine Tropokollagenfaser hat einen Durchmesser von 1,5 nm und eine Länge von etwa 300 nm. Sie hat die Struktur einer rechtsgängigen Tripelhelix. Die sie aufbauenden drei Polypetptidketten (Primärstruktur) sind linksgängige Helices (α-Ketten), aus einem sich periodisch wiederholenden Tripel von Y) besteht, dem seitenkettenfreien Glycin sowie zwei durch den speziellen genetischen Kode fixierten Aminosäuren X und Y. Somit ist eine α-Kette aus etwa 300 (G, X, Y) Triplets sowie zwei kürzeren Enddomänen, den sogenannten Telopeptiden, mit davon verschiedener Struktur aufgebaut. Diese Propeptide machen die Helices wasserlöslich. Nach erfolgter Ausbildung der periodischen Anordnung werden sie von Enzymen abgeschnitten. Die Struktur der Seitenketten der Aminosäuren X und Y bestimmt die Vernetzung der Tripelhelices mit der Mineralmatrix sowie weiteren in der Knochenmatrix vorhandenen Glykoproteinen, insbesondere dem Osteocalcin [27].

Die Tropokollagenstrukturen ordnen sich in Makrofibrillen mit einem Durchmesser von etwa 10–40 nm an (Bild 11.30), welche schließlich dicke Fasern mit einem Durchmesser bis zu 100 µm bilden.

Für den Aufbau von knochenähnlichen Materialien können solche Kollagenstrukturen als Matrizes für die Abscheidung von Hydroxylapatit (HAP), dem festigkeitsbestimmenden

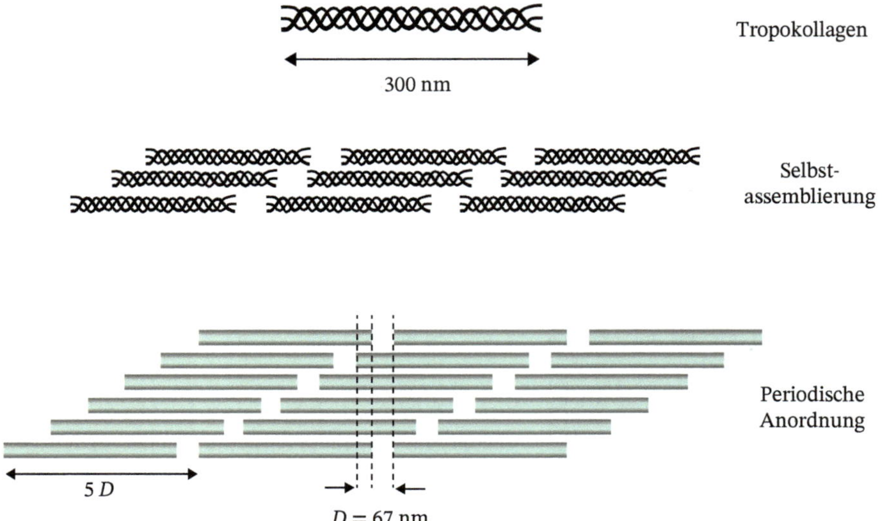

Bild 11.29 Sekundär-, Tertiär- und Quartärstruktur von Kollagen I in der Knochenmatrix. Die aus drei linksgängigen α-Helices (Durchmesser 1,5 nm) aufgebauten Tropokollagen-Fibrillen haben einen Durchmesser von etwa 20–40 nm.

Knochenmineral, dienen. Dabei muss ein in der Natur stattfindender Prozess nachvollzogen werden, bei dem die Mineralisation in den Überlappungsbereichen und in den Hohlräumen (Gaps) der Kollagen I – Fibrillen erfolgt. Mehrere *in vitro* und *in vivo* Studien führten zu der Schlussfolgerung, dass die sauren Aminosäuren Aspartat, Glutamat und γ-Carboxy-Glutamat hierbei eine entscheidende Rolle spielen (Bild 11.31a). Mit Bindungsplätzen für Calcium- und Phosphationen können sie bei hinreichender Konzentration zu einer Phasenseparation in der wässrigen Lösung und nachfolgenden Ausscheidung eines stark hydratisierten amorphen Minerals führen. Solche negativ geladenen flüssigen

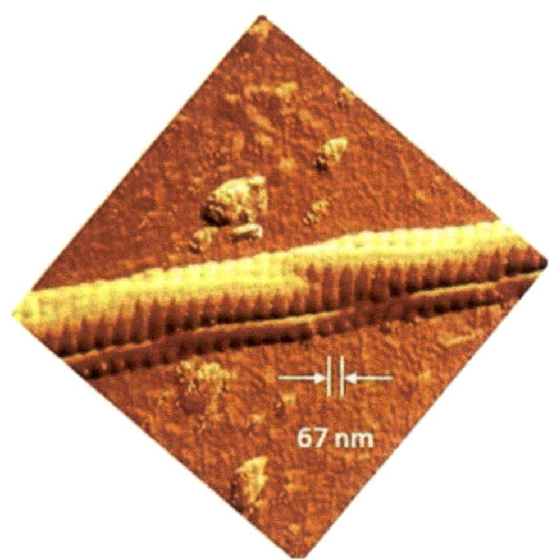

Bild 11.30 Atomkraftmikroskopische Abbildung einer Kollagen I-Makrofibrille.

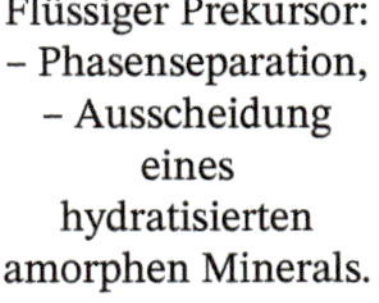

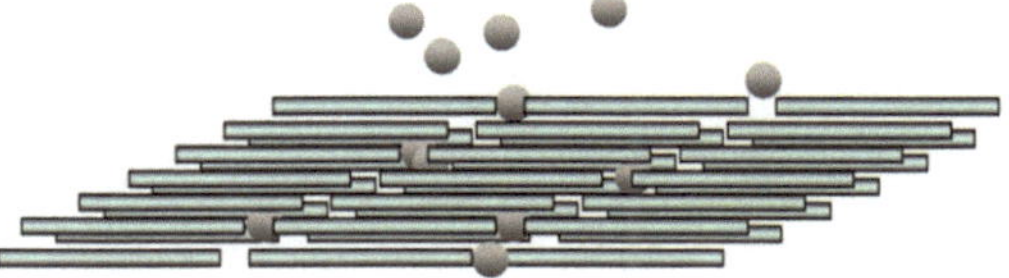

(a)

Abscheidung der negativ geladenen Prekursor-Tropfen in den Gaps und dem interfibrillären Raum.

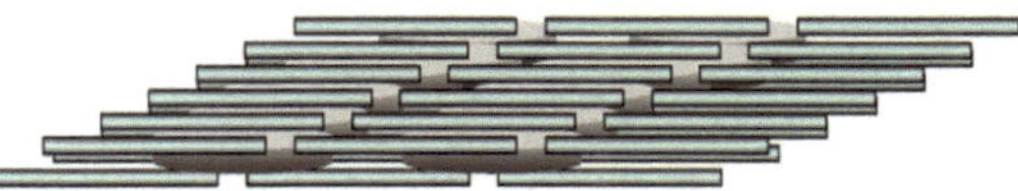

(b)

Keimbildung und Plättchenwachstum von OCP und HAP unter Kontrolle von Osteocalcin.

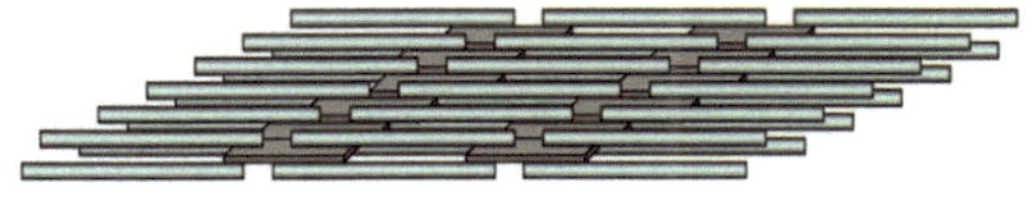

(c)

Bild 11.31 Modell des Flüssig – Prekursor – Prozesses bei der OCP- und HAP-Mineralisation einer Kollagen I-Fibrille in ihren Überlappungsbereichen und in den Gaps nach Olszta et al. und Nudelmann et al. [29, 30].

Prekursor-Tropfen werden durch positive Ladungen in die Gaps und den interfibrillären Raum hineingezogen, wo es zur Keimbildung von metastabilem Octacalciumphosphat (OCP) kommt, der sich anschließend in den stabilen HAP-Keim umwandelt [28]. Dieser von Olszta et al. [29] und Nudelmann et al. [30] aufgeklärte Prozess hat unter dem Namen „Polymer-induced liquid precursor" (PILP) allgemeinere Bedeutung für das Verständnis der Biomineralisation gewonnen.

Im humanen Knochengewebe werden γ-Carboxy-Glutamat (Gla, γE), Glutamat (Glu, E) und Aspartat (Asp, DE) bevorzugt im Osteocalcin (OC) angetroffen, dem häufigsten nichtkollagenen Protein im Knochengewebe (bis zu 20 %). Osteocalcin besteht aus 46–50 Aminosäuren. Darunter gibt es zwei negativ geladene Gruppen, die sogenannte „Gla"-Domäne α1, sowie die „Asp"-Domäne α2, die bevorzugte Bindungsstellen für Ca^{2+}-Ionen sind (Bild 11.32)

Die drei Gla-Seitengruppen der (α)-Helix sowie eine Asp-Seitengruppe können fünf Ca^{2+} Ionen von der Prismenfläche (100) sowie auch von der sekundären Prismenfläche (110) von Octacalciumphosphat-Kristallen und nach deren nachfolgender Phasenumwandlung von HAP-Kristallen koordiniert binden (Hauschka et al. (1982) [31], Fernandez et al. (2003 [15], Hoang et al. (2003 [32])). Diese bevorzugten Bindungen bewirken die Keimbildung von OC und HAP sowie und das Längenwachstum der HAP-Plättchen entlang der selbstassemblierten Kollagen-Mikrofibrillen.

Bild 11.32 Eigenschaftsbestimmende saure Aminosäuren des Osteocalcins.

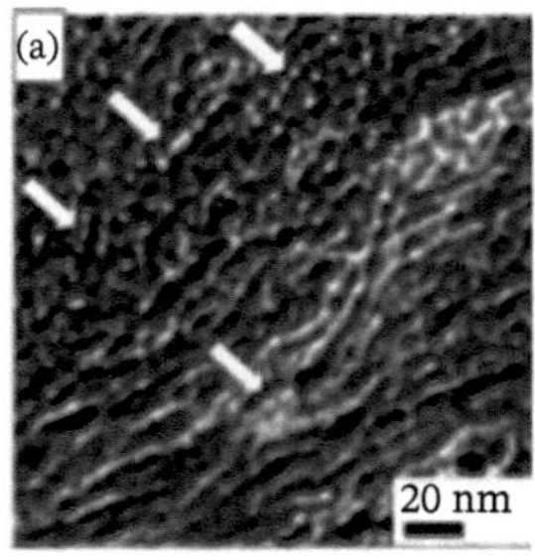

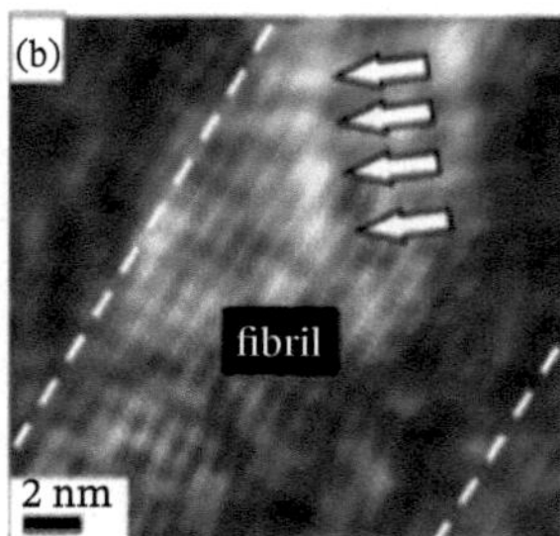

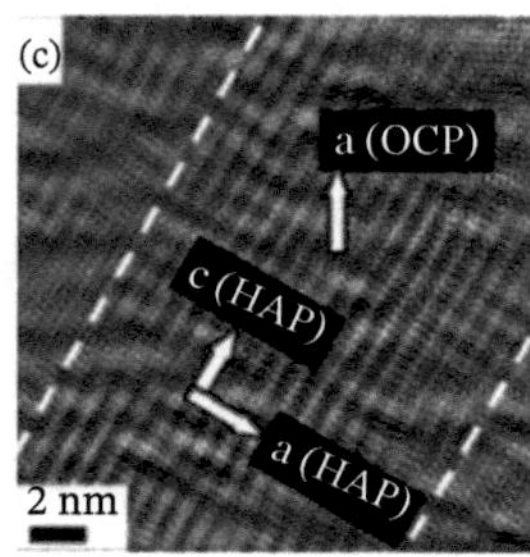

Bild 11.33 Hochauflösende elektronenmikroskopische Abbildung der Strukturbildung bei der Kollagenmineralisation [27].

Mittels hochauflösender Elektronenmikroskopie konnte die bestimmende Rolle von Osteocalcin für die Strukturausrichtung der Knochenmineralisation nachgewiesen werden (Bild 11.33) [27]. OC ordnet sich auf den Kollagenfibrillen sowie in kollagenfreien Bereichen in kettenförmig geordnete OC-Komplexe mit einem Durchmesser von etwa 2 nm an. Dort wirkt es als Ort für die Keimbildung von Octacalciumphosphat (OCP) (Bild 11.33a und b). Für Hydroxylapatit werden zwei mögliche Keimbildungsorte beobachtet. Zum einen erfolgt die Keimbildung und ein orientiertes Wachstum entlang der Kollagenfibrillen (Bild 11.33c). Weiterhin kann es auf den metastabilen OCP-Kristallen aufwachsen, die durch OC induziert werden, sich aber auch auf tripelhelicalen Kollagenfibrillen ausbilden können [28].

OC steuert auch das flächenhafte Wachstum der HAP-Kristalle in der Kollagenmatrix, da es epitaktisch auf (100)-Flächen von Hydroxylapatit (HAP)-Kristallen aufwächst und deren Dickenwachstum behindert. Somit nimmt OC einen besonderen Platz in der Entwicklung von Knochengewebe ein.

Im menschlichen Organismus initiieren die knochenbildenden Zellen, die Osteoblasten, den Knochenaufbau, indem sie das Tropokollagen sezernieren. Außerhalb der Zelle finden dann die Fibrillenbildung und ihre Mineralisation mit Hydroxylapatit statt. Im Zuge dieses Prozesses werden die Osteoblasten zu inaktiven Osteozyten umgewandelt und in die neu gebildete Knochenmatrix „eingemauert“ (Bild 11.34a). Kollagen und Hydroxylapatit sind somit die Hauptkomponenten der organischen bzw. anorganischen extrazellulären Knochenmatrix, welche einem lebenslangen Umbauprozess (Remodeling) unterliegt und nach Traumata für eine Neubildung von Knochen zur Verfügung steht. Diese Prozesse erfordern ein Gleichgewicht von Osteoblasten und Osteoklasten, den knochenabbauenden Riesenzellen (Bild 11.34b), welche über Botenstoffe (Zytokine) miteinander kommunizieren. Im Falle eines Knochenbruches werden deren Vorläuferzellen (mesenchymale Stammzellen bzw. Monozyten und Makrophagen) aus dem Blut rekrutiert. Bei verschiedenen Erkrankungen, wie z. B. Diabetes oder Osteoporose, ist dieses Gleichgewicht gestört, was eine verzögerte Knochenheilung nach Verletzungen oder sogar spontane Knochenbrüche zur Folge haben kann [4].

Die beschriebene Fibrillenbildung und ihre Mineralisation werden gut verstanden, sodass der Gedanke naheliegt, die natürliche Knochenmatrix für Knochenersatzstoffe nachzubilden, welche in traumatische und andere Knochendefekte eingesetzt werden [33, 34]. Entsprechend der Bilder 11.34a, b lassen sich derartige Verbunde herstellen. Für die

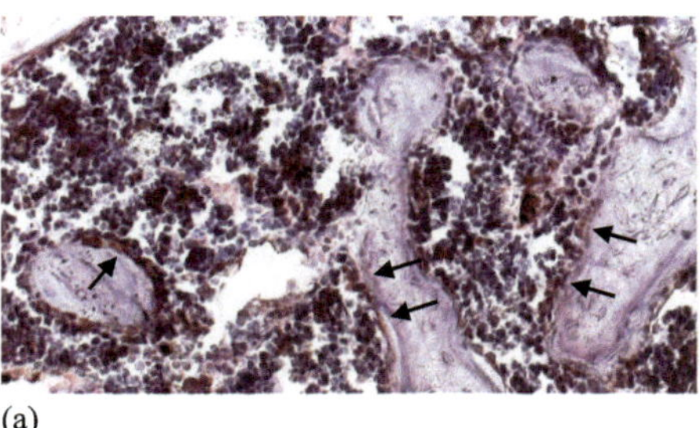
(a)

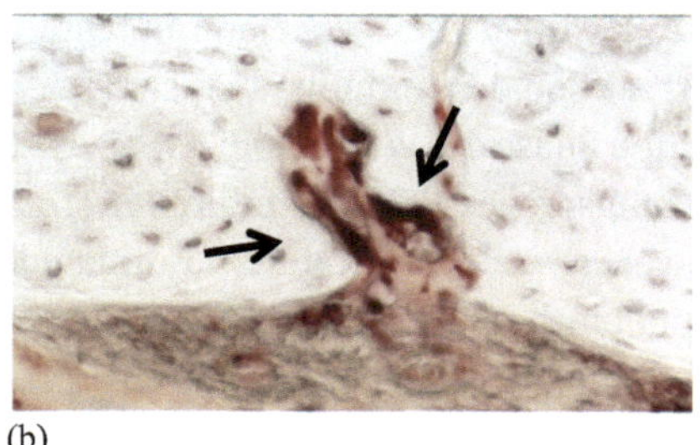
(b)

Bild 11.34 Neubildung und Umformung („remodeling") von trabekuärem Knochen: (a) Osteoblasten (immunhistologisch braun gefärbt mit Osteopontin) sind am Rand des Knochens aufgereiht („lining cells", geschlossene Pfeile) und sezernieren das Osteoid. Sie werden zunehmend von der mineralisierten Matrix eingemauert und formen sich zu den inaktiven Osteozyten im Zentrum der Trabekel um; (b) Osteoklasten (emzymhistochemisch rot gefärbt mit TRAP, offene Pfeile) sind mehrkernige Riesenzellen, welche die Knochematrix um die enzymhistochemisch inaktiven Osteozyten auflösen und so die Knochenumformung entlang der physiologischen Belastung initiieren [33]. (mit freundlicher Genehmigung von S. Rammelt).

Fibrillogenese stand aus Rinderhaut gewonnenes Tropokollagen zur Verfügung, das in Calciumphosphatlösungen sowohl die Mineralisation von Octacalciumphosphat (Bild 11.35a) als auch Hydroxylapatit (Bild 11.35b) auf den Fibrillen ermöglichte.

Die gezeigten Bilder verdeutlichen aber auch, dass der natürliche Knochen mit seiner spezifischen Struktur bisher auf einfache Weise nicht synthetisch nachgebildet werden kann. Dennoch kann dieses Material temporär als Knochenersatz dienen, indem es durch die Einwirkung von Osteoklasten degradiert und nachfolgend durch die Wirkung der Osteoblasten mit körpereigenem Knochen ersetzt wird.

Wird zur Stabilisierung von Knochenbrüchen Osteosynthesematerial aus metallischen Werkstoffen (z. B. der hochlegierte Stahl X2CrNiMo17 12 2 (AISI 316), CoCrNi – oder Titanlegierungen eingesetzt, so besteht die Möglichkeit, auf der Metalloberfläche Kollagenfibrillen aus Tropokollagen abzuscheiden und somit eine Proteinbeschichtung zu erzeugen, die für die Adhäsion von Osteoblasten günstigere Oberflächen bietet (Bild 11.38a) [33].

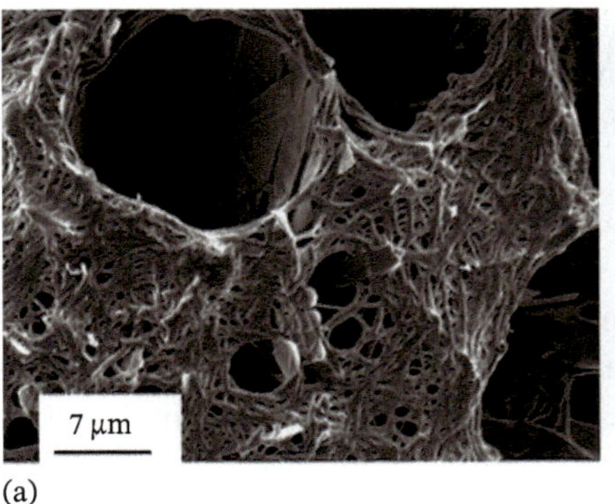

(a)

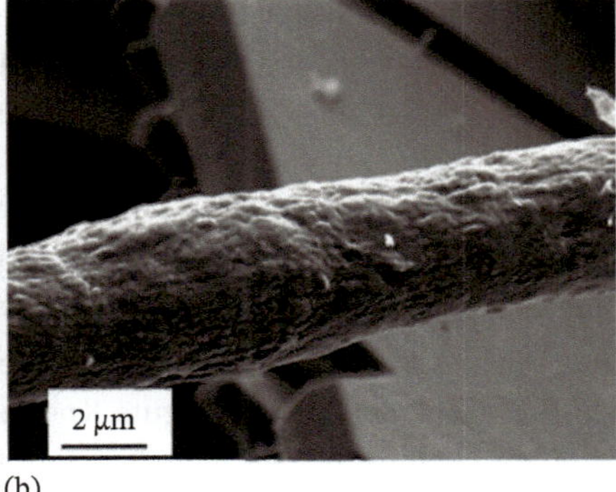

(b)

Bild 11.35 Rasterelektronenmikroskopische Aufnahmen eines mit Octacalciumphosphat beschichteten Kollagennetzwerkes (a) bzw. einer mit Hydroxylapatit mineralisierten Kollagenfibrille (b).

Bei der Auswahl des verwendeten Implantatmaterials muss jedoch zugleich eine mögliche Abwehrreaktion des Immunsystems vermieden werden.

Die frühe Phase der Wund- und Knochenheilung nach einer Verletzung enspricht einem Entzündungsprozess. Eine Entzündung (Inflammation) ist eine Reaktion des körpereigenen Abwehrsystems auf Keime, Trauma oder Fremdkörper. Die Lehre von den biologischen und biochemischen Grundlagen der körperlichen Abwehr von Krankheitserregern ist die Immunologie. In einem Immunsystem werden zelluläre und molekulare Prozesse dargestellt, die sich mit der Erkennung und Inaktivierung von körperfremden Substanzen befassen [35]. Diese Prozesse werden unter dem Begriff Immunantwort zusammengefasst. Weil das menschliche Immunsystem sehr komplex ist, werden bei Störungen und Fehlfunktionen spezifische Antworten gesucht. Das ist auch bei den oben genannten Entzündungserscheinungen der Fall.

Das Immunsystem kennt eine ganze Reihe von Immunzellen. Dazu zählen Granulozyten, Makrophagen, T-Lymphozyten oder auch Osteoklasten, um nur einige zu nennen. Zellen des Immunsystems vermitteln eine Kommunikation mit anderen an der Immunantwort beteiligten Zellen mit Hilfe von körpereigenen Botenstoffen wie Wachstumsfaktoren und Interleukinen (IL-x). Es sind dies zu den Mediatoren zählenden Peptidhormone, die das Wachstum und die Differenzierung von Zielzellen regulieren. Sie spielen eine wichtige Rolle bei Entzündungsreaktionen sowie der Reaktion des Körpers auf Verletzungen oder Implantate [35]. Die Peptidhormone werden von den Immunzellen gebildet und wirken höchst unterschiedlich. Zum Beispiel wird das Interleukin 2 (IL-2) von T-Zellen ausgeschüttet (sezerniert) und bewirkt eine Aktivierung der Makrophagen. Dagegen tritt bei Bindung von IL-10 an der Makrophagenoberfläche eine Hemmung der Makrophagenaktivität ein. Die entzündungshemmenden Zytokine sorgen dafür, dass nach erfolgter Bekämpfung des Erregers bzw. nach Abschluss der ersten Phase der Wund- und Knochenheilung die Entzündungsreaktion abklingt und sich die aktivierenden Zellen abschalten oder in den Zelltod gehen. Im Zuge dieser Reaktion sezernieren sie den transformierenden Wachstumsfaktor Tissue Growth Factor, TGF-β, der Osteoblasten anlockt und bindet. Durch Interleukine werden, wie es das Beispiel zeigt, spezifische Zellen des Immunsystems zu Wachstum, Reifung und Teilung angeregt oder auch gehemmt [35]. Die entzündungshemmenden und -fördernden Zytokine sind in bestimmten Konzentrationen im menschlichen Körper vorhanden. Es existiert ein Gleichgewicht zwischen beiden. Ist letzteres gestört, kommt es zu schwerwiegenden Erkrankungen. Dann liegen entzündungsfördernde Zytokine im Überschuss vor oder es sind auch zu wenig entzündungshemmende Zytokine vorhanden. Die Folge ist eine chronische Entzündung.

Im Knochen sorgen Osteoblasten für einen Aufbau und Osteoklasten für eine Abbau des Gewebes. Das Interleukin 1 (IL-1) sowie IL-6 und IL-8 bewirken eine Aktivierung der Osteoklasten [35]. Ein prolongiert erhöhter IL-6 Spiegel induziert zum Beispiel eine Gelenkzerstörung. Auch bei Insertion (Einsetzen) eines Implantates treten die beschriebenen Abläufe auf. Entscheidend für eine gute Knochenheilung ist daher, dass die initiale Entzündungsphase nach wenigen Tagen von einer proliferativen Phase abgelöst wird, die die Geweberegeneration einleitet (Bild 11.36) [33, 35]. Eine prolongierte Entzündungsreaktion

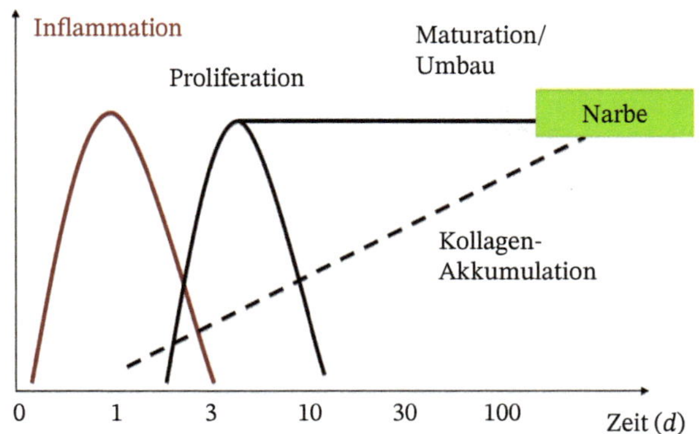

Bild 11.36 Schematische Darstellung der Anläufe bei der physiologischen Wundheilung auf einer logarithmischen Skala. Die Knochenheilung nach Frakturen folgt den gleichen Prinzipien, jedoch mit in Abhängigkeit vom individuellen Knochen längeren Heilungszeiten und der zusätzlichen Mineralisierung. (Bild 11.36 mit freundlicher Genehmigung von S. Rammelt).

kann zu einer verzögern oder ausbleibenden Heilung führen. In der Anwesenheit von Implantaten äußert sich dies in einer chronischen Fremdkörperreaktion.

Ziel der Modifikation von Biomaterialien mit Bestandteilen der natürlichen extrazellulären Matrix (EZM) ist die Beeinflussung dieser Prozesse mit dem Ziel einer verbesserten Geweberegeneration und Vermeidung chronischer Entzündungs- oder Fremdköperreaktionen. Die Struktur und Zusammensetzung der EZM beeinflusst sowohl durch direkte Wechselwirkung mit Zellen als auch indirekt durch ihre Interaktion mit Zytokinen entscheidend Differenzierungsprozesse und damit die Heilung von Geweben. Das heißt, einerseits entzündungsfördernde Zytokine zu binden und andererseits auch entzündungshemmende Zytokine zu binden und freizusetzen. Auf Kollagen übertragen heißt das, zusätzlich in die Fibrillen Komponenten einzubringen, die diese Eigenschaften in den Verbund eintragen. Gute Voraussetzungen dafür bringen Glykosaminoglykane (GAG) mit, die ebenfalls natürliche Bestandteile der organischen EZM sind. Glycosaminoglykane sind lineare saure Polysaccharide, die sich entsprechend Bild 11.37 aus Disacchariden aufbauen. In vielen Fällen ist eine Glucoronsäure, die 1–3 glykosidisch mit einem Amin zu einem einem Aminozucker verbunden ist. Die Disaccharid-Einheiten sind 1–4 glykosidisch verknüpft. Die Zahlen benennen wiederum die bindenden Kohlenstoffatome. In Bild 11.37 ist die Strukturformel von Chondroitinsulfat dargestellt, in der zusätzlich noch ein Sulfatmolekül mit der Disaccharideinheit verestert ist. Der Grad der Sulfatierung beträgt etwa ein Sulfatrest

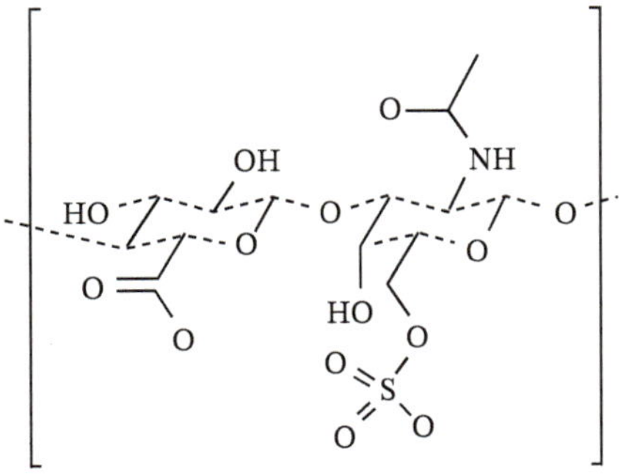

Bild 11.37 Chemische Struktur von Chondroitinsulfat.

pro Disaccharid. Von den Glykosaminoglykanen tragen Dermatan- und Heparansulfat ebenfalls eine Sulfatgruppe, während die Hyaluronsäure frei von dieser ist.

Wie Bild 11.38 verdeutlicht ist die Mischbarkeit von Kollagenfibrillen mit den GAGs begrenzt. Mit zunehmender Konzentration werden die Fibrillen schmaler und verlieren schließlich ihre Konfiguration und Konformation.

Im Tierexperiment wurden verschieden beschichtete Titanstifte in den Unterschenkelknochen (Tibia) von Ratten eingebracht [33]. Relativ wenige Osteoblasten sind in der frühen Heilungsphase (7 Tage nach Implantation) bei einem unbeschichtetem Implantat, Ti (a) und mit nur Kollagen beschichtetem (Ti/Coll) Implantat in Bild 11.39 zu erkennen (Bild 11.39). Etwas mehr Osteoblasten wurden um mit einer Peptidsequenz beschichteteImplantate, Ti/RGD (c) angefärbt, wo bereits Teile von gewebtem Knochen (B) an der Implantatoberfläche abgelagert wurden. Zahlreiche Osteoblasten (Auskleidungszellen), die Osteoid (O) ablagern, befanden sich um mit Kollagen und Chondroitinsulfat beschichteten Implantaten, Ti/Coll/CS (d). Viele dieser Zellen erschienen morphologisch als „schlanke Zellen" vom Osteoblasten-Typ direkt an der Implantatoberfläche.

Dagegen weist die enzymhistochemische Färbung nach 14 Tagen (Bild 11.40d) keine Osteoklasten mehr an der Implantatoberfläche nach, während an der dem Implantat abgewandten Seite der neu gebildeten Knochentrabekel (T) Osteoklasten als Zeichen der stattfinden Umbauprozesse erkennbar sind. Diese Wirkung war erwünscht. Ein faseriges Granulationsgewebe mit einigen TRAP-positiven Zellen ist um unbeschichtete Ti-Pins herum deutlich erkennbar (Teilbild a). Um alle beschichteten Implantate (b)–(d) ist neu gebildeter Knochen gut erkennbar. Es hat bereits ein aktiver Umbau in Trabekel aus lamellaren Knochen (T) stattgefunden.

Dieses Ergebnis bildete die Grundlage für eine weitere Modifizierung der EZM-Komponenten mittels Sulfatierung verschiedener Glycosaminoglycane wie Chondroitinsulfat und Hyaluronsäure [37]. Die bisher erreichten Ergebnisse [35] sind ermutigend für eine Weiterführung dieser Forschungsarbeiten und lassen sogar positive Wirkungen bei Patienten mit gestörter Knochenheilung erwarten [38].

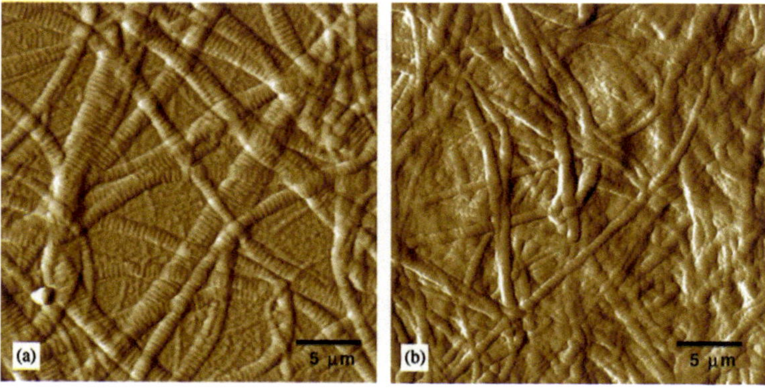

Bild 11.38 a) Mit Kollagen I beschichtete Titanoberfläche und b) beschichtet mit Kollagen I plus RGD-Peptiden und Chondroitinsulfat [11.33]. (mit freundlicher Genehmigung von S. Rammelt)

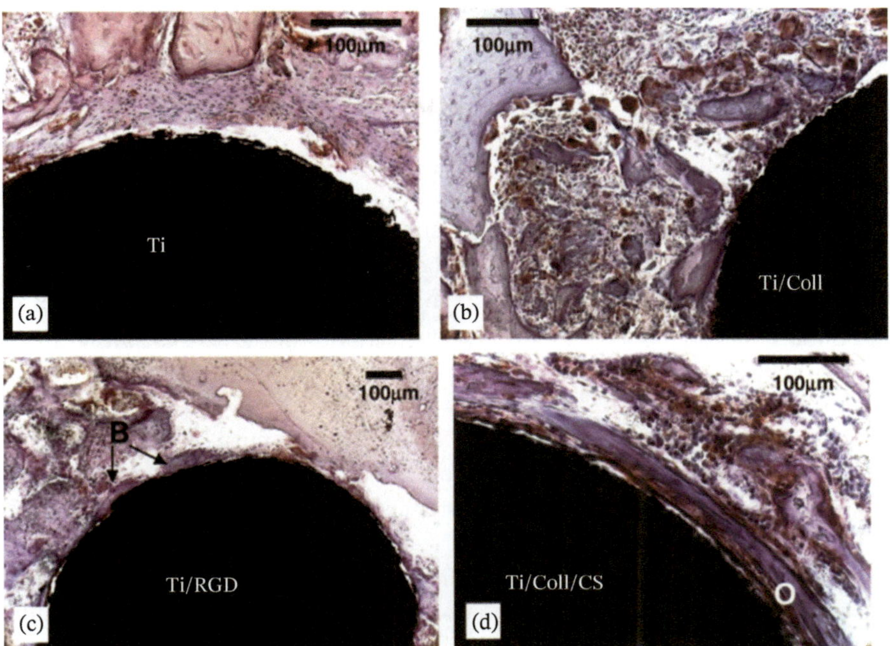

Bild 11.39 Immunhistochemische Färbung von Osteoblasten (Osteopontin, braun, Originalvergrößerung 100) am Tag 7 nach der Implantation von Titanimplantaten in die Rattentibia [33]. Die zu erkennende Färbung wird mithilfe der TRAP-Methode erreicht. Die TRAP-Methode ist ein molekular-biologisches Nachweisverfahren zur quantitativen Bestimmung der Aktivität des Enzyms Telomerase, eines Enzyms des Zellkerns. (mit freundlicher Genehmigung von S. Rammelt).

11.4 Bioinspirierte metallische Legierungen mit modifizierten Oberflächen

Ihren Einsatz in der Implantologie verdanken die metallischen Legierungen empirischen Untersuchungen. Die für den Knochenersatz heute im Einsatz befindlichen austenitischen Chrom-Nickelstähle X2CrNiMo17 12 2 [AISI 316], die CoCrMo-Legierungen [Vitallium] und auch die Titanlegierungen TiAl6V4 sind ausnahmslos für andere Anwendungen entwickelt worden. Die genannten Legierungen sind bioinert und zeichnen sich durch eine oxidische Passivschicht auf ihren Oberflächen aus, die sie in Körperflüssigkeit vor Korrosion/Biodegradation schützt. Titan und seine Legierungen bilden auf ihren Oberflächen ionenleitende und auf hochlegierten Stählen elektronenleitende Schichten. Sie bestimmen die Adhäsion von Zellen und auch die Adsorption von Proteinen. Die Schichten sind polar und verändern die Struktur des Wassers auf ihren Oberflächen. Sowohl die Proteine als auch die adhärierenden Zellen finden auf diesen Oberflächen keine optimalen Bedingungen vor.

Es stellt sich daher die Frage, ob die Eigenschaften metallischer Legierungen an das Gewebe der belebten Materie besser angepasst werden können? Eine derartige Anpassung erscheint denkbar, indem eine Legierungsbildung angestrebt wird, in der die Metallatome

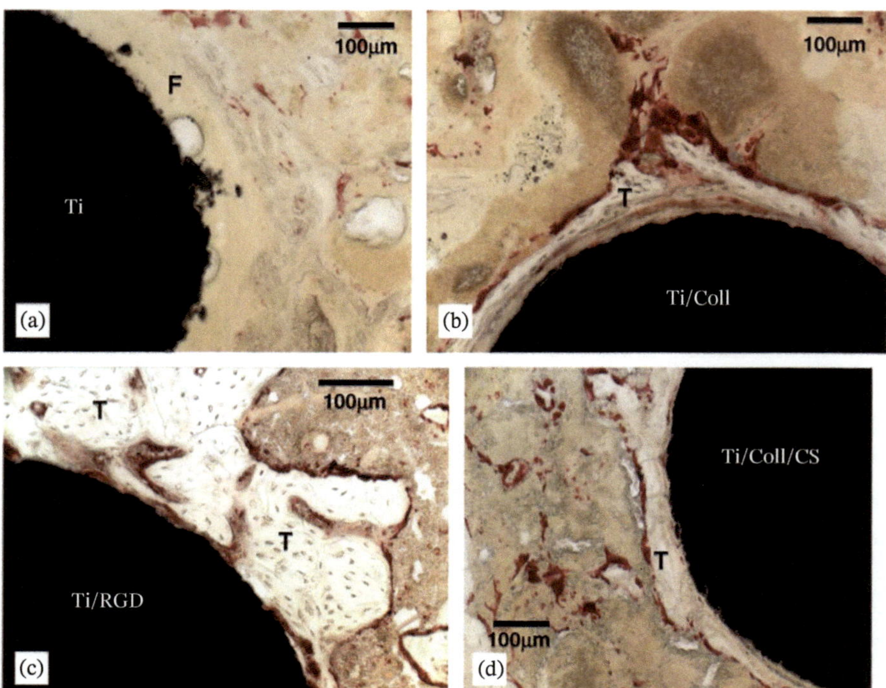

Bild 11.40 Enzymhistochemische Färbung von Osteoklasten und mononukleären Vorläuferzellen (TRAP: rot, Originalvergrößerung 100) am Tag 14 nach Implantation von Titanimplantaten in die Rattentibia (mit freundlicher Genehmigung von S. Rammelt [33].)

kovalente Bindungen eingehen und als deren Folge sich vergleichbar mit Proteinen van der Waals-Bindungen auf diesen Oberflächen einstellen.

Mit einem Nanoglas, bestehend aus einer Vierstofflegierung der Zusammensetzung Ti34Zr14Cu23Pd30, hat H. Gleiter einen Vorschlag unterbreitet [39]. Dieses Nanoglas besteht aus nahgeordneten Prekursorphasen, die sowohl mit ihrer Dimension als auch ihren Bindungsverhältnissen nach den Biomolekülen nahekommen. Wie aus Bild 11.41 zu entnehmen ist, hat sich auf der Nanoglasoberfläche nach sieben Tagen ein dichter Zellrasen gebildet. Dagegen fand auf der schmelzmetallurgisch hergestellten Oberfläche einer amorphen Legierung mit nanokristallinen Bereichen gleicher Zusammensetzung nur eine vergleichbar kleine Zelladhäsion statt.

Mit den Zelluntersuchungen befanden sich Tierversuche mit Zahnimplantaten aus Nanoglas im Kiefer von Hunden in guter Übereinstimmung. Die Oberflächen der Implantate waren mit einem Nanoglas mit obiger Zusammensetzung überzogen. Schon nach wenigen Tagen waren die Implantate eingewachsen.

Der Kieferknochen von Menschen und Tieren wird im Vergleich zu anderen Knochen am besten mit Blutgefäßen versorgt. Im Zuge einer Implantation werden sowohl die Blutgefäße als auch die Kollagenfibrillen des Knochens verletzt bzw. zerstört. Mit diesem Eingriff

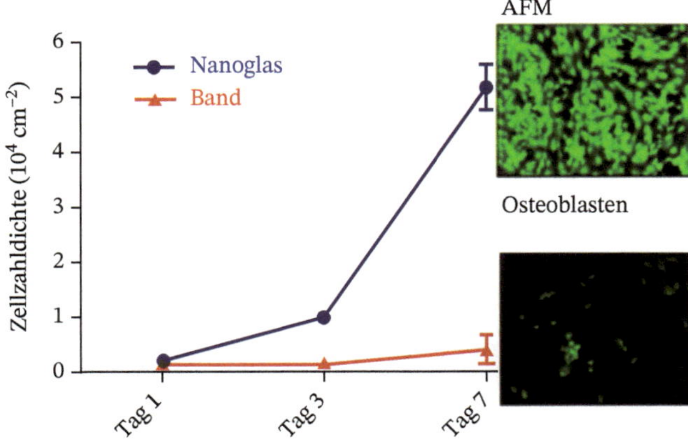

Bild 11.41 Vergleich zwischen dem Zellwachstum auf einer Legierung des Nanoglases Ti34Zr14Cu23Pd30 und einem schmelzmetallurgisch hergestellten Band gleicher Zusammensetzung [35].

werden Thrombozyten als kleinste, kernlose Zellen des Blutkreislaufes freigesetzt. Die Thrombozyten adhärieren aufgrund ihrer Form und Größe sowie durch die auf ihren Membranoberflächen befindlichen Rezeptoren an den Defektstellen. Das sind entweder die verletzten Endotheloberflächen und/oder die Kollagenfibrillen des Knochens. Sie verschließen diese.

Auf der Implantatoberfläche findet ebenfalls eine Thrombozytenadhäsion statt. Infolge dieser Reaktion werden der plasmatische Von-Willebrand-Faktor (vWF) aktiviert (ein Protein, das als Trägerprotein des Blutgerinnungsfaktors VIII eine wichtige Rolle bei der Blutstillung spielt) und auch noch zusätzlich von Endothelzellen freigesetzt. Dieser Faktor wirkt als Bindeglied zwischen der Implantatoberfläche und darüber hinaus bei zerstörten Blutgefäßen und dem Thrombozyten. Wie es das Bild 11.42 deutlich macht, werden dazu das Glycoprotein GP Ib/V/IX sowie für Kollagen $\alpha_2\beta_1$(GPIa/IIa) genutzt. Mit dieser Bindung wird zugleich das Thrombozytenintegrin GPIIb/IIIa aktiviert. Es ist der Rezeptor für Fibrinogen. Sobald Fibrinogen gebunden ist, setzt eine Thrombozytenaggregation ein, die nach mehreren Schritten zur Blutgerinnung führt. Letztere verläuft über eine Kaskade von Zwischenstufen unter Einbindung verschiedener Faktoren u. a. TGF-β. Im Zuge dieser Kaskaden wird Fibrinogen in Fibrin umgewandelt und führt im Ergebnis zu einem stabilen Fibringerinsel. Durch die Thrombozytenaktivierung findet ein weiterer im Bild 11.42 angedeuteter Vorgang statt, das Zusammenschnüren und die Entleerung der Granula. Diese enthält Wachstumsfaktoren, die auch für die Wundheilung des Knochens von Bedeutung sind. Die von dem Fibringerinsel freigesetzten Wachstumsfaktoren sind jene, die für die Defektheilung genau zu diesem Zeitpunkt sowohl der Art z. B. TGF-β („transforming growth factor“) als auch der Konzentration nach benötigt werden. Damit stellen sich optimale Bedingungen für den Heilungsprozess ein und liefern eine Erklärung für die festgestellten kurzen Einwachszeiten. Inwieweit die gewählte Vierstofflegierung auch die mechanischen Anforderungen an ein Implantat erfüllt, müssen künftige Experimente zeigen. Wie es sich jedoch bereits zum jetzigen Zeitpunkt schon abzeichnet, ist eine bioinspirierte Materialentwicklung allein auch mit metallischen Komponenten möglich.

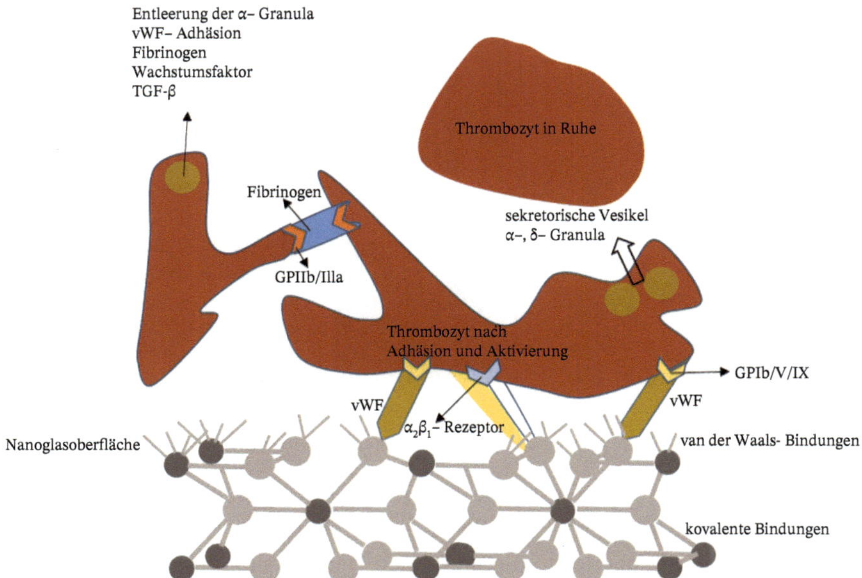

Bild 11.42 Schematische Darstellung der Adhäsion, Aktivierung und Sekretion von Thrombozyten nach einer Implantation auf einem Nanoglas.

11.5 Kohlenhydrate

Die Kohlenhydrate umfassen die größte Gruppe der auf der Erde vorkommenden organischen Substanzen. Sie sind Hauptbestandteil vieler Nahrungsmittel und sind auch, wie bereits in Abschnitt 11.1.1 ausgeführt, als Bausteine in Nukleinsäuren vorhanden.

11.5.1 Strukturmodelle

Als biologische Stütz- und Gerüstsubtanz ist das Polysaccharid *Cellulose* $(C_{12}H_{20}O_{10})_n$ nicht nur als reiner Naturstoff, sondern auch als Ausgangsmaterial für gezielte Entwicklungen von Konstruktions- und Funktionswerkstoffen von Interesse. Cellulose ist ein pflanzliches Polysaccharid. Für technische Anwendungen wird es in der Regel aus Holz gewonnen. Native Cellulose ist ein Kettenmolekül, das aus etwa 8.000 bis 12.000 Glucose-Einheiten besteht (siehe Bild 11.43). Die einzelnen Einheiten sind β-glykosidisch zwischen den Ringpositionen C 1 und C 4 verknüpft.

Die Bezeichnung D kennzeichnet die Struktur einer Kohlenstoffkette von D-Glycerinaldehyd, das die die Zuckerkette schrittweise aufbaut. β kennzeichnet die aufeinander folgenden Positionen der OH-Gruppen der Kohlenstoffkette. Diese langen Ketten (etwa einige mm lang) sind in sich mehrfach gefaltet und durch Wasserstoff-Bindungen untereinander verknüpft. Die so gebildeten Fibrillen (Durchmesser etwa 3,5 nm) bauen in kreuzweisen Lagen die pflanzlichen Zellwände auf. Die Lagen sind durch Hemicellulosen (Polysaccharide, bestehend vor allem aus Xylose und Arabinose) sowie Lignin und dem Protein Extensin zusätzlich verbunden.

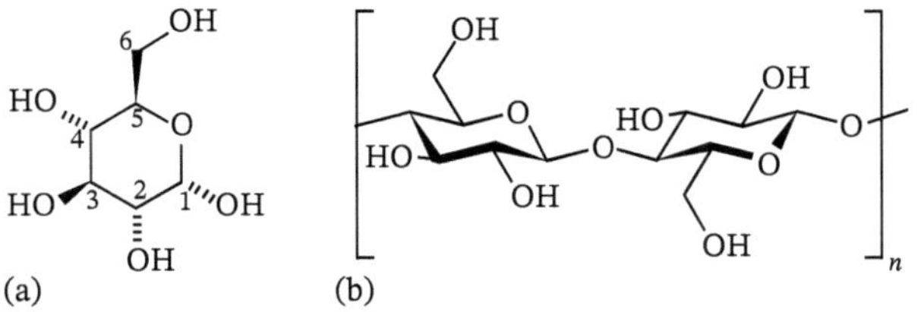

Bild 11.43 Cellulose-Strukturen von β-D-Glucose: (a) Ringstruktur; (b) Lineare Kettenstruktur, bestehend aus einer linearen Kette von mehreren hundert bis zu mehr als 10.000 Glucose-Einheiten in β-glykosidischer Struktur mit den kettenbildenden Positionen C1 und C4. (Autor NEUROtiker, Copyright freie Domäne).

Alginsäure $(C_6H_8O_6)_n$ wird von Braunalgen und von einigen Bakterien gebildet. In der Alge sind ihre Salze, die *Alginate*, die strukturgebenden Komponenten der Zellwände. Die Alginsäure besteht aus homopolymeren Blöcken der α-L-Guluronsäure (G) und der β-D-Mannuronsäure (M), die kovalent miteinander verbunden sind (Bild 11.44). Mehrwertige Kationen wie Cu^{2+} oder Ca^{2+} können über koordinative Bindungen Komplexe mit diesen funktionellen Blöcken bilden. Solche Bindungen können sich zwischen GG-Blöcken und GM-blöcken ausbilden, aber nicht zwischen MM-Sequenzen. Die spezielle Zusammensetzung, abhängig vom Algentyp, bestimmt die visko-elastischen Eigenschaften des Gels. G-reiche Alginatsäuren führen zu hoch-viskosen Gelen.

11.5.2 Anwendungen in der Medizintechnik

Alginat bietet als Sol einen interessanten Ansatzpunkt für medizintechnische Anwendungen. Im folgenden Beispiel wird die Erzeugung einer porösen HAP-Biokeramik für die Ansiedlung von humanen mesenchymalen Stammzellen als einem potenziellen Knochenersatzmaterial skizziert. Die hierzu erforderliche Porenkanalstruktur kann durch einen Diffusions-Reaktionsprozess einer Calciumchlorid-Lösung mit einem Na-Alginatsol erzeugt werden (Bild 11.45) [40]. Die Bildung eines Ca-Alginat-Gels kann durch Gl. (3) beschrieben werden.

$$CaCl_2 + 2NaAlg \rightarrow CaAlg_2 + 2NaCl. \quad (3)$$

Der durch den Diffusions-Reaktions-Mechanismus induzierte Phasenübergang wird von einer anisotropen Phasenseparation begleitet, die zu den angestrebten Kanalstrukturen führt.

Bei Zugabe von HAP-Pulver in das Sol vor dem Gelbildungsprozess kann ein HAP-Volumenanteil bis zu 70 % in der Gelstruktur erzeugt werden. Durch eine anschließende

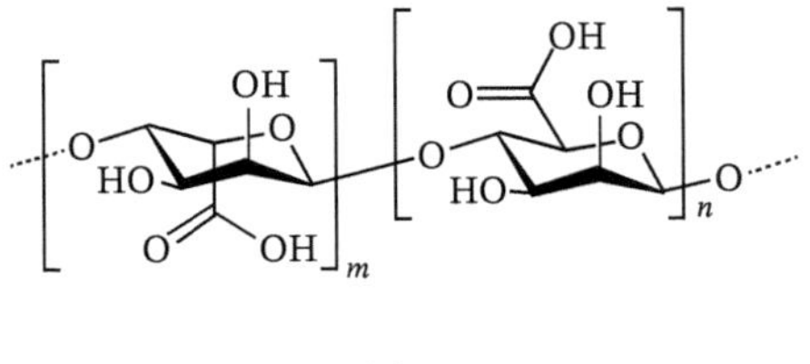

α-L-Guluronsäure und β-D-Mannuronsäure

Bild 11.44 Alginsäure, bestehend aus homopolymeren Blöcken der α-L-Guluronsäure und β-D-Mannuronsäure (Autor NEUROtiker, Copyright freie Domäne).

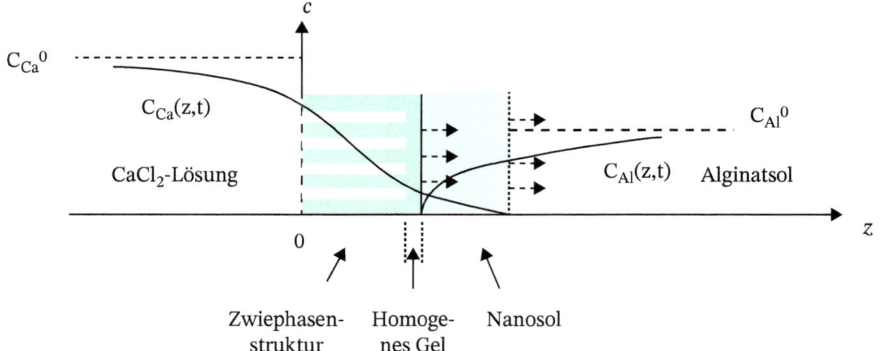

Bild 11.45 Diffusions-Reaktionszone in der Gelfront des Alginatsols. Bei t = 0 wurden die Calciumlösung mit der Konzentration c_{Ca}^0 und das Na-Alginatsol mit der Konzentration c_{Al}^0 bei z = 0 in Kontakt gebracht [37].

Wärmebehandlung (Schrühen) bei 650 °C oder Sintern bei 1.200 °C können die notwendigen Porenkanalgrößen (Bild 11.46a) für das Einwandern der Zellen sowie hinreichende Festigkeiten der HAP-Alginat-Keramiken kontrolliert eingestellt werden. In Bild 11.46b ist das Einwandern von osteogenetisch induzierten humanen mesenchymalen Stammzellen nach 14 Tagen *in vitro* Kultivierung in einen nanokristallinen HAP-Alginat-Träger im geschrühten Zustand dargestellt.

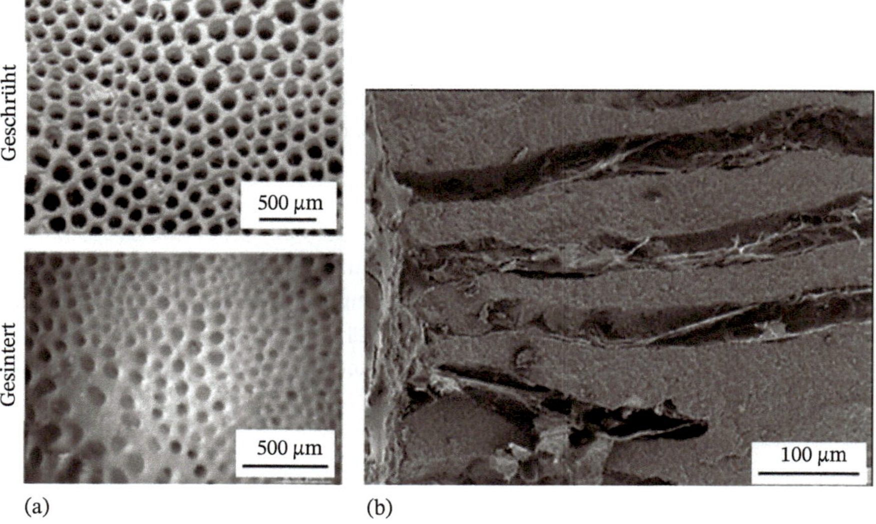

Bild 11.46 HAP-Alginat-Biokeramik: (a) Querschnitte von bei 650 °C geschrühter sowie bei 1.200 °C gesinterter HAP-Alginat-Keramik; (b) Einwanderung von osteogenetisch induzierten, humanen mesenchymalen Stammzellen nach 14 Tagen *in vitro* Kultivierung in einen nanokristallinen HAP-Alginat-Träger im geschrühten Zustand. (Reprints mit Erlaubnis von Despang, F., Dittrich, R., und Gelinsky, M. [2011]) [40].

Literaturhinweise

1 Voet, D., Voet, F.G. und Pratt, J.G.W. (2002). *Lehrbuch der Biochemie*. (Hrsg. A.G. Beck Sickinger und U. Hahn), WILEY-VCH-Verlag GmbH & Co KGaA.

2 Doolittle, R.F. (1996). Determining divergence times of the major Kingdoms of living organisms with a protein clock. *Science* 271 (5248): 470–477, DOI: 10.1126/science.271.5248.470.

3 Watson, J.D. und Crick, F.H. (1953). Molecular structure of Nucleic acids: A structure for deoxyribose Nucleic acid. *Nature* 171: 737–738.

4 Smith, S.B., Cui, Y. und Bustamante, C. (1996). Overstretching B-DNA: the elastic response of individual double-stranded and single-stranded DNA molecules. *Science* 271: 795–799.

5 Carell, T. Vorlesung Biologische Chemie I Nukleinsäuren → online-media.uni-marburg.de/chemie/ bioorganic/vorlesung1.html (7.8.02).

6 Seeman, N.C. (1982). Nucleic acid junctions and lattices. *J Theor Biol.* 99: 237–247.

7 Seeman, N.C., Belcher, A.M. (2002). Emulating biology: Building nanostructures from the bottom up. *Proc Natl Acad Sci USA* 99: 6451–6455.

8 Seeman, N.C. (2003). DNA in a material world. *Nature* 421: 427–431.

9 Rothemund, P.W. (2006). Folding DNA to create nanoscale shapes and patterns. *Nature* 440: 297–302.

10 Liu, H., Chen, Y. and He, Y. (2006). Approaching the limit: Can one DNA oligonucleotide assemble into large nanostructures? *Angew. Chem. Int. Ed. Engl.* 45: 1942–1945.

11 Alday, F.A. und Sleiman, H.F. (2007). Modular access to structurally switchable 3D discrete DNA assemblies. *Journal of the American Chemical Society* 129: 13376–13377.

12 Douglas, S.M., Bachelet, I. und Church, G.M. (2012). A logic-gated nanorobot for targeted transport of molecular payloads. *Science* 335: 831–834.

13 Mertig, L., Colombi Ciacchi, R. und Seidel, W. (2002). DNA as a selective metallization template. *Nano Letters* 2: 841–844.

14 Rakitin, A., Aich, P. und Papadopoulos, C. (2001). Metallic conduction through engineered DNA: DNA nanoelectronic building blocks. *Phys. Rev. Lett.* 86:3670.

15 Patolsky, F., Weizmann, Y. und Lioubashevski, O. (2002). Au-particle nanowires based on DNA and polylysine templates. *Angew. Chem. Int. Ed. Engl.* 41:1323–271.

16 Macquet, J.-P. und Theophanides, T. (1975). Spécificité de l'interaction DNA-platine dosage du platine, pH métrie. *Biopolymers* 14: 781–799.

17 Colombi Ciacchi, L. (2001). Growth of Platinum Clusters in Solution and on Biopolymers. Dissertation. TU Dresden.

18 Shih, W.M., Quispe, J.D. und Joyce, G.F. (2004). A 1.7-kilobase single-stranded DNA that folds into a nanoscale octahedron. *Nature* 427: 618–621.

19 Kroener, F., Heerwig, A., Kaiser, W. et al. (2017). Electrical actuation of a DNA origami nanolever on an electrode. *J. Am. Chem. Soc.* 39 (46): 16510–16513.

20 Kroener, F., Traxler, L., Heerwig, A. et al. (2019). Magesium-dependent electrical actuation and stability of DNA origami rods. *ACS Applied Materials & Interfaces* 11: 2295–2301.

21 Heitz, M., Zamolo., S., Javor, S. et al. (2020). Fluorescent peptide dendrimers for siRNA transfection: Tracking pH responsive aggregation, siRNA binding, and cell penetration. *Bioconjugate Chemistry* 31: 1671–1684.

22 Karlson, P., Doenecke, D. und Koolman, J. (1994). *Kurzes Lehrbuch der Biochemie für Mediziner und Naturwissenschaftler.* 14th edn. New York: Georg Thieme Verlag Stuttgart.

23 Banavar, J.R., Hoang, T.X., Maritan, A. et al. (2004). A unified perspective on poteins - a physics approach. *Physical Review E, Statistical, Nonlinear and soft Matter Physics* 70: 041905.

24 Hoang, T.X., Trovato, A., Seno, F. et al. (2006). Marginal compactness of protein native structures. *Journal of Physics: Condensed Matter* 18: 297–306. DOI 10.1088/0953-8984/18/14/S13.

25 Maassen, J., Guenther, R. und Hondrich, T.J.J. (2023). Stem. Cell. Reviews and Reports, Springer Published online.

26 Wang, X., Zhang, M. und Ma, J. (2020). 3D printing of cell-container-like scaffolds for multi-cell tissue engineering. *Engineering* 6: 1276–1284.

27 Simon P., Gruner, D. und Worch, H. (2018). First evidence of octacalcium phosphate@ osteocalcin nanocomplex as skeletal bone component directing collagen triple–helix nanofibril mineralization. *Nature, Scientific Reports* 8: 13696.

28 Pompe, W., Worch, H. und Habraken, W.J.E.M. (2015). Octacalcium phosphate – a metastable mineral phase controls the evolution of scaffold forming protein. *Journal of Materials Chemistry B* 3(26): 5318–5329.

29 Olszta, M.J., Cheng, X. und Jee, S.S. (2007). Bone structure and formation: A new perspective. *Materials Science and Engineering R.* 58: 77–115.

30 Nudelman, F., Pieterse, K. und George, A. (2010). The role of collagen in bone apatite formation in the presence of hydroxyapatite nucleation inhibitors. *Nat. Mater.* 9: 1004–1009.

31 Hauschka, P.V., Carr, S.A. und Biemann, K. (1982). Primary structure of monkey osteocalcin. *Biochemistry* 21: 638–642.

32 Fernandez, M.E., Zorilla-Cangas, C. und Garcia-Garcia, R. (2003). New model for the hydroxyapatite–octacalcium phosphate interface. *Acta Cryst. B* 59: 175–181; Hoang, Q.Q., Sicheri, F. und Howard, A. (2003). Bone recognition mechanism of porcine osteocalcin from crystal structure. *Nature* 425: 977–980.

33 Rammelt, S., Illert, T. und Bierbaum, S. (2006). Coating of titanium implants with collagen, RGD peptide and chondroitin sulfate. *Biomaterials* 27: 5561–5571.

34 Forster, Y., Hintze, V. und Rentsch, C. (2013). Surface functionalization of biomaterials with tissue-inductive artificial extracellular matrices. *BioNanoMaterials* 14: 143–152.

35 Franz, S., Rammelt, S. und Scharnweber, D. (2011). Immune responses to implants – A review of the implications for the design of immunomodulatory biomaterials. *Biomaterials* 32, 6692–6709.

36 Ehrlich, H., Hanke, T. und Born, R. (2009). Mineralization of biomimetically carboxymethylated collagen fibrils in a model dual membrane diffusion system. *J. Membr. Sci.* 326: 254–259.

37 Schulze, S., Neuber, C. und Möller, S. (2022). Impact of sulfated hyaluronan on bone metabolism in diabetic charcot neuroarthropathy and degenerative arthritis. *Int. Mol. Sci.* 23: 15146.

38 Schulze, S., Neuber, C. und Möller, S. (2023). Microdialysis reveals anti-inflammatory effects of sulfated glycosaminoglycanes in the early phase of bone healing. *Int. J. Mol. Sci.* 24 (3): 2077; Doi: 10.3390/ijms24032077.

39 Gleiter, H. (2013). Nanoglasses: a new kind of noncrystalline materials. *Beilstein J. Nanotechnol,* 4: 517–533.

40 Despang, F., Dittrich, R. und Gelinsky, M. (2011). Novel biomaterials with parallel aligned pore channels by directed ionotropic gelation of alginate: Mimicking the anisotropic structure of bone tissue. In: *Advances in Biomimetics* (ed. A. George), 349–372. Rijeka: InTech.

Sachregister

i

j

k

l

m